Office 2021/2019/2016/Microsoft 365対応版

【改訂新版】

Excel 集計・抽出 テクニック大全集

SAKURA FUJI
不二 桜

技術評論社

【注意】ご購入・ご利用の前に必ずお読みください。

本書で紹介しているテクニックをご利用になるには、Microsoft Excelが必要です。対応バージョンはExcel 2021/2019/2016、Microsoft 365です。またExcel 2019/2016とは、永続ライセンスのExcel2019/2016を指します。

本書に記載された内容は、情報の提供のみを目的としています。したがって、本書を用いた運用は、必ずお客様自身の責任と判断によっておこなってください。これらの情報の運用の結果について、技術評論社および著者はいかなる責任も負いません。

本書記載の情報は、2023年6月1日現在のものを掲載していますので、ご利用時には、変更されている場合もあります。また、ソフトウェアに関する記述は、特に断わりのないかぎり、2023年6月1日現在での最新バージョンをもとにしています。ソフトウェアはバージョンアップされる場合があり、本書での説明とは機能内容や画面図などが異なってしまうこともありえます。

本書では、WindowsやExcelの基本的な操作についての解説は行っておりません。集計表の作成方法などがわからない場合には、Excelの基本操作の解説書やヘルプなどをご参照ください。

以上の注意事項をご承諾いただいたうえで、本書をご利用願います。これらの注意事項をお読みいただかずに、お問い合わせいただいても、技術評論社および著者は対処しかねます。あらかじめ、ご承知おきください。

なお、本書が提供しているサンプルファイルのダウンロード方法はP.020をご参照ください。

はじめに

Excelには、集計・抽出を行うために、さまざまな機能が用意されています。しかし、目の前にあるデータを集計したり抽出したりしなければならなくなったとき、いざとなると使えない……。

「この機能を使えばできるはずなのに、なんでできないの！」

とイライラは募るばかりです。うまく使えないのは、集計・抽出したい表の形が、業務の内容によって異なることが原因。そんな表に、このセルに集計値がほしい、こんな抽出をしたいといっても、使い方の知識だけではどうにもなりません。

そこで本書では、集計や抽出を行う前の表を「いまの状態」とし、「目指す状態」の表にするためのあらゆる集計・抽出テクニックをTips形式でまとめてみました。必要な結果を得るための「Excel機能」はもとより、それだけでは集計・抽出できないケースには「関数」を使うテクニックもご紹介しています。

また、前著『Excel集計・抽出テクニック大全集』から、下記の点を追加し、パワーアップしました。

・操作を根本から速くする「基本操作」の章（第0章）を新設
・数式のコピーが不要になる「スピル」（Excel2021／Microsoft365の機能）を使用したテクニックを追加
・Excel2021／Microsoft365で追加された関数を使ったテクニックを追加

本書でのすべてのサンプルはダウンロードできますので、複雑な数式でも、そのままコピー＆貼り付けで利用できます。つまり、最初から作成する手間は不要です。

刻々と迫る資料の提出期限に「早く解決したい！」と切羽詰まっている方……

今まで力業で集計・抽出を行っていて、もっと効率よくできる方法を探している方……

そのような方はぜひ本書を開いてみてください！

最後になりましたが、本書の出版にあたり、大変なご尽力を頂いた、技術評論社書籍編集部の佐久未佳様に、この場をお借りして心より厚くお礼申し上げます。

2023年6月　不二 桜

本書の使い方 …… 19
サンプルファイルのダウンロード …… 20

第 0 章
効率アップ！ 数式と関数の「基本操作」をおさえよう

数式・関数の入力
テク001 数式の入力方法をマスターしたい …… 22
テク002 関数の入力方法をマスターしたい …… 23
連続行列への自動入力
テク003 連続する行や列にも数式を瞬時に入力したい …… 26
テク004 数式のコピーで参照元のセルをズラしたくない［Excel2019/2016対応］…… 28
合算集計
テク005 複数の計算を1つの数式で求めたい［Excel2019/2016対応］…… 29

第1部
集計編

第 1 章
超簡単！ 数式を使う前に「基本集計」の機能を使いこなす

1-1 基本集計ができるExcel機能をマスター！ 32
3つの集計機能
テク006 選択したセル範囲の集計値を今すぐ確認＆入力したい …… 33
テク007 クリック操作だけで、隣接するセルに集計値を入力したい …… 35
テク008 集計方法をボタン1つで切り替えたい …… 37
演算機能
テク009 表にデータを貼り付けると同時に四則演算したい …… 39
小計機能
テク010 項目ごとに小計行を挿入したい …… 40
テク011 項目ごとに「平均と合計」の小計行をまとめて挿入したい …… 42

第 2 章
数式を使って、思い通りの「集計と小計」を求めよう

2-1 「合計」ボタンの活用テクをマスター！ 44
基本集計
テク012 ワンクリックで集計値を求めたい …… 45
テク013 表の上端や左端にある複数行列の合計欄に、手早く集計値を求めたい …… 47
テク014 離れたセルや複数の表に分かれたデータの集計値を求めたい …… 48
テク015 データが増えても、上行の集計欄を自動更新させたい …… 49
特殊な集計
テク016 文字列から取り出した数字の集計値を求めたい …… 50
テク017 複数セルの文字数を合算して求めたい …… 51
テク018 残高計算で途中行を削除してもエラーにならないようにしたい …… 52
テク019 割引率を適用させた合計値を求めたい …… 53

合算集計

テク020 2列（行）の数値を乗算して、その合計値を一発で求めたい …… 54
テク021 行と列の数値をそれぞれ乗算して、その合計値を求めたい …… 56
テク022 単価表を使って各数量に乗算した金額を合算したい ………… 57
テク023 文字ごとに数値を決めて、その合計値を求めたい …………… 58

2-2 どんな「小計」でも求めるテクをマスター！ 60

小計

テク024 小計と総計を同時に求めたい ……………………………… 61
テク025 複数行列の小計を手早く求めたい ………………………… 62

小計を含む集計

テク026 小計だけ自動選択して集計値を求めたい ………………… 64
テク027 データの上に小計欄がある表や、合計欄と小計欄が別列にある表でも、小計欄だけを一瞬で合計したい ………………… 65
テク028 集計表の下行に平均や最大値の小計をまとめて求めたい …… 66
テク029 表内にある小計を除いて平均や最大値を求めたい …………… 67

別列に小計

テク030 一定の行数ごとの小計を右列に求めたい ………………… 69
テク031 項目ごとの小計を右列に求めたい ………………………… 70
テク032 特定の曜日までの小計を右列に求めたい ………………… 71
テク033 同じデータが連続する表で一定の間隔ごとの小計を右列に求めたい ……………………………………… 72
テク034 項目ごとの最大値を右列に求めたい ……………………… 74
テク035 項目ごとの最小値を右列に求めたい ……………………… 76

小計を挿入

テク036 自分で決めたルールに基づいてデータの小計を挿入したい … 78

2-3 複数のシートやブックの集計をマスター！ 80

複数シート・ブック集計

テク037 複数シートにある表を1つのセルに集計したい ………………… 81
テク038 複数シートの各データを別表や別ブックに集計したい（同位置・同形式の表） …………………………………… 82
テク039 複数シートの表内の文字列をカウントしたい（同位置・同形式の表） …………………………………… 84

シート追加対応

テク040 集計対象のシートを変更できるようにしたい ………………… 85
テク041 前シートまでの累計をシートごとに求めたい ………………… 86

第3章 数式苦手派は必見!「条件付き集計」機能を活用しよう

3-1 テーブル／ピボットテーブルで条件付き集計をマスター！ 90

テーブル集計

テク042 特定の項目を抽出した表に、集計行を自動で追加したい …… 91

ピボット集計

テク043 ドラッグ操作だけで、項目別・クロス・階層見出しの集計表を作成したい …… 93

3-2 ピボットテーブルを使った条件集計表の作成テクをマスター！ 96

集計列の追加・グループ集計

テク044 ドラッグ操作だけで、項目ごとに合計・平均・件数をまとめて求めたい …… 97

テク045 項目ごとに独自の計算方法で求める集計列を追加したい …… 98

テク046 項目を指定の単位でグループ化して、グループごとに集計したい …… 99

抽出3機能の活用

テク047 項目ごとの集計表やクロス集計表を、もう1つの条件で切り替えたい …… 101

テク048 抽出の条件がひと目でわかる集計表にしたい …… 103

3-3 複数表／シート／ブックの条件付き集計テクをマスター！ 106

クロス表集計

テク049 複数シート／ブックの違う位置や行列の数が異なるクロス表を1つのクロス表に集計したい …… 107

テク050 複数シートのクロス表を1つのクロス表に集計してシートごとのクロス表に切り替えられるようにしたい …… 109

1行1件形式集計

テク051 複数シート／ブックの表から、項目を自動でピックアップしたい … 111

テク052 複数シート／ブックの表から、項目別やクロス集計表を作成したい …… 114

テク053 複数シート／ブックの表から、項目別やクロス集計表を作成したい（シート・ブック追加対応） …… 116

マージ集計

テク054 複数シートの共通する項目を関連付けて集計表を作成したい … 120

テク055 複数ブックの共通する項目を関連付けて集計表を作成したい（Power Query編） …… 122

テク056 複数ブックの共通する項目を関連付けて集計表を作成したい（Power Pivot編） …… 125

第 4 章

数式を使えば無敵!「条件付き集計」を完全制覇

4-1 数式を使った条件付き集計をマスター！ 128

条件集計

テク057 条件に一致する項目を集計したい …… 129

テク058 条件に一致する項目の集計を、項目ごとに一発で求めたい … 131

複数条件集計

テク059 複数条件のすべてに一致する項目を集計したい …… 133

テク060 複数条件のいずれかに一致する項目を集計したい［Excel2021/365対応］ …… 135

テク061 複数条件のいずれかに一致する項目を集計したい（合計・件数）［Excel2019/2016対応］…… 136

テク062 複数条件のいずれかに一致する項目を集計したい（平均）［Excel2019/2016対応］…… 138

条件リスト集計

テク063 複数条件のリストをもとに「すべてに一致」「いずれかに一致」の項目を集計したい（データベース関数編） …… 139

テク064 複数条件のリストをもとに「すべてに一致」「いずれかに一致」の項目を集計したい（データベース関数が使えない場合） …… 141

部分一致集計

テク065 セルに入力した文字列が含まれる項目を集計したい …… 143

テク066 一部の文字列のリストをもとに「いずれかに一致」する項目を集計したい …… 145

クロス集計

テク067 別表の行・列見出しを条件にクロス集計したい …… 146

テク068 別表の行・列見出しを条件にデータテーブルでクロス集計したい …… 148

テク069 同じセル内のデータを行列見出しにしてクロス集計したい … 150

結合セル集計

テク070 同じ項目名は2行目以降に表示されない表にして、条件に一致する項目を集計したい …… 151

テク071 結合セルを1つとして条件に一致する項目を数えたい …… 153

複数の条件範囲／集計範囲集計

テク072 複数行列が条件範囲のとき、条件に一致する項目を別列（別行）の数値に乗算して集計したい …… 154

テク073 条件範囲や集計範囲が複数に分かれるとき、条件に一致する項目を集計したい …… 155

4-2 フィルターや非表示の行／列を除く集計をマスター！ 157

非表示列除外集計

テク074 隠れた列を除き、手早く集計したい …… 158

フィルター・非表示行除外集計

テク075 隠れたデータを除き、指定のセルに集計値を求めたい…… 160

テク076 隠れたデータを除き、累計を求めたい …… 162

テク077 隠れたデータを除き、項目ごとに集計したい …… 163

4-3 データの重複を条件にした集計をマスター！ 165

重複集計

テク078 重複を除いた件数と重複件数を数えたい …… 166
テク079 空白やエラー値を含むデータのうち、重複を除いた件数を数えたい［Excel2021/365対応］ …… 168
テク080 重複していないデータの件数を数えたい［Excel2021/365対応］ …… 169
テク081 複数行列にあるデータのうち、重複を除いた件数を数えたい …… 170
テク082 複数のキーで重複しているデータを除いた件数と重複件数を数えたい …… 173
テク083 条件を満たすデータのうち、重複を除いた件数を数えたい …… 175
テク084 クロス表の行列見出しを条件に、文字列の重複を除いた件数を数えたい …… 177
テク085 セルに入力した文字が含まれるデータのうち、重複を除いた件数を数えたい …… 179
テク086 表示されたデータのうち、重複を除いた件数と重複件数を数えたい …… 182

複数表重複集計

テク087 集計範囲に別表を含めるとき、重複を除いた件数と重複件数を数えたい …… 185
テク088 複数シートやブックで重複を除いた件数と重複件数を数えたい …… 187
テク089 複数ブックで重複を除いた件数を数えたい（ブックの追加対応） …… 190

4-4 区間集計をマスター！ 193

区間集計

テク090 「～以下」の形式で、各区間に該当するデータの件数を集計したい …… 194
テク091 「～以上」の形式で、各区間に該当するデータの件数を集計したい …… 195
テク092 「～以上（以下）」が横並びの形式で、各区間に該当するデータの件数を集計したい …… 196
テク093 「～以上（以下）」の形式で、各区間に該当するデータの合計／平均を求めたい …… 198
テク094 「～以上」「～以下」の形式で、区間内に該当するデータの件数を集計したい …… 200
テク095 条件を満たすデータだけ各区間の集計を求めたい …… 201

4-5　集計するセル範囲を「可変」にする集計をマスター！　203

条件集計のデータ追加対応

テク096 条件範囲／集計範囲を自動変更して、条件に一致する項目を集計したい …… 204

テク097 集計する項目を自動追加して、条件に一致する項目を集計したい［Excel2021/365対応］ …… 206

集計範囲の可変集計

テク098 最終データから●件目までなど、直近●件のデータを集計したい …… 208

テク099 指定の行までや行～行までを可変にして集計したい …… 209

テク100 指定の項目までや項目～項目を可変にして1行（1列）を集計したい …… 210

テク101 指定の項目までや項目～項目を可変にして複数行列を集計したい …… 213

テク102 クロス表の指定する行列項目までを可変に集計したい …… 217

4-6　その他のあらゆる条件付き集計をマスター！　220

上位／下位集計

テク103 上位●件のデータを集計したい …… 221

テク104 同順位の重複は除いて上位●件のデータを集計したい …… 223

エラー除外集計

テク105 数式のエラー値を除いて集計したい …… 224

比較集計

テク106 1列（行）前のデータより増加／減少しているデータの件数を数えたい …… 225

テク107 前列のデータより増加／減少しているデータの件数を数えたい …… 226

●行おき／●列おき集計・累計

テク108 ●行おきや●列おきに集計したい …… 227

テク109 1～2列、3列～4列など2列ごとのデータを縦方向に集計したい …… 228

テク110 とびとびで連続していない累計を数式のコピーで求めたい …… 230

4-7　複数のシート／ブックの条件付き集計や重複集計をマスター！　231

シート名集計

テク111 シートの名前を項目にして、複数シートを集計したい …… 232

テク112 指定したシート名～シート名までの同位置にあるセルを集計したい（シート名が連続した数値の場合） …… 234

テク113 指定したシート名～シート名までのセル範囲を集計したい（シート名が文字列の場合） …… 236

複数シート・ブック条件集計

テク114 複数シートのデータをもとに、項目ごとの集計をしたい …… 237

テク115 複数シートのデータをもとに、項目ごとの集計をしたい［Microsoft365 対応］ …… 239
テク116 複数シートのデータをもとに、重複を除いた件数を数えたい［Microsoft365 対応］ …… 241
テク117 別ブックのデータをもとに、項目ごとの集計をしたい …… 242
テク118 複数ブックのデータをもとに、項目別集計や重複集計をしたい（ブックの追加対応） …… 245

第 5 章 今日から足し算／引き算は不要!「日付や時刻の集計」は難しくない

5-1 期間の計算をマスター！ 248

2つの日付の期間

テク119 2つの日付の間の月数や年数を求めたい …… 249
テク120 年月だけ、年だけなど一部の日付しかなくても期間を求めたい …… 251
テク121 生年月日をもとに年齢を求めたい …… 253
テク122 土日祝を除いて、期間内の日数を求めたい …… 255
テク123 特定の曜日を除いて、期間内の日数を求めたい …… 257
テク124 複数の特定の曜日を除いて、期間内の日数を求めたい …… 258
テク125 期間内にある特定の曜日の日数を求めたい …… 259
テク126 期間と別の期間が重なる日数を求めたい …… 260

●年▲ヶ月の期間

テク127 期間を「●年▲ヶ月」の形式で求めたい …… 261
テク128 期間を「●年▲ヶ月」の形式で求め、0なら非表示にしたい …… 262
テク129 期間のうち一定期間を除き「●年▲ヶ月」の形式で求めたい …… 264

5-2 指定日を求める計算をマスター！ 265

日の指定

テク130 ●時までは当日で、●時以降は次の日として日付を求めたい …… 266
テク131 ●ヶ月前／後、●年前／後の日付を求めたい …… 267
テク132 ●ヶ月後の日付を15日など指定の日で求めたい …… 269
テク133 指定の日付をもとに「●日締め▲日払い」を求めたい …… 270

曜日の条件指定

テク134 土日祝を除いて、●日後の日付を求めたい …… 271
テク135 土日祝を除いて、●ヶ月後の日付を求めたい …… 272
テク136 特定の曜日を除いて、●日後の日付を求めたい …… 274
テク137 複数の特定の曜日を除いて、●日後の日付を求めたい …… 275
テク138 ●日後以降で特定の曜日になる最初の日付を求めたい …… 276

5-3 年／月／日／週／曜日ごとの集計をマスター！ 278

年／月／日／週／曜日ごと集計

テク139 年／月／日／週／曜日ごとに集計したい［Excel2021/365 対応］ …… 279
テク140 年／月／日／週／曜日ごとに集計したい［Excel2019/2016 対応］ …… 282

テク141 年／月／日／週／曜日ごとに小計行を挿入したい …… 285
テク142 複数行・複数列にある日付データを年／月／日／週／曜日ごとに集計したい …… 287
テク143 平日と土日祝で別々に集計したい …… 288
テク144 各日付のデータを年月ごとに集計したい …… 291
テク145 各日付のデータを年度ごとに集計したい …… 293
テク146 各日付のデータを半期や四半期ごとに集計したい …… 295
テク147 ●日締めで、月ごとに集計したい …… 298
テク148 期間を指定して集計したい …… 300
テク149 各雇用者の雇用期間をもとに月別の雇用人数を求めたい …… 301

日付合算集計

テク150 複数ある期間の合計を「●年▲ヶ月」の形式で求めたい …… 303

5-4 時間の計算をマスター！ 305

基本時間計算

テク151 日付と時刻を別々に入力した場合の総時間数を求めたい …… 306
テク152 数値で入力した「分」の合計を●時間▲分で求めたい …… 307

勤務時間計算

テク153 勤務時間をもとに給与計算したい …… 308
テク154 深夜の退勤時刻や休憩時間に対応して勤務時間数を求めたい …… 309
テク155 「10:15」が「1015」の形式で入力されている場合に、勤務時間数を求めたい …… 311
テク156 複数の休憩時間がある場合の勤務時間数を求めたい …… 312
テク157 時刻を切り上げ／切り捨てして勤務時間数を求めたい …… 314
テク158 勤務時間数を時間内・時間外に分けて求めたい …… 315
テク159 勤務時間数を「通常」「残業」「深夜」の時間帯別に求めたい …… 316
テク160 シフトによって勤務時間が異なる場合に、勤務時間の合計を求めたい …… 318

第2部 抽出編

第6章 数式が苦手なら「抽出機能」を使いこなそう

6-1 「セル」からの抽出は3つの分割機能をマスター！ 322

分割抽出

テク161 文字と数値を区切りに分割したい …… 323
テク162 「スペース」や「スラッシュ」を区切りに分割したい …… 324
テク163 複数の「スペース」や「スラッシュ」を区切りに分割したい …… 325

テク164 区切り文字や指定の文字数で分割したい（データの追加・変更対応） …… 326

テク165 住所が都道府県・市区町村・番地に自動で分割される表を作成したい …… 328

6-2 「表」からの抽出は4つの機能をマスター！ 331

基本抽出

テク166 表から小計だけを抽出したい …… 332

テク167 条件に一致するデータを抽出したい …… 333

テク168 複数の表それぞれで条件に一致するデータを抽出したい …… 335

テク169 表内に結合セルがあっても、フィルターで抽出したい …… 337

テク170 条件に一致するデータを別表に抽出したい …… 338

部分抽出

テク171 条件に部分的に一致するデータを抽出したい …… 340

テク172 条件に部分的に一致するデータを別表に抽出したい …… 342

テク173 年／月／日を条件にしてデータを抽出したい …… 343

並び指定／切り替え抽出

テク174 抽出列と並び順を指定して、条件に一致するデータを別表に抽出したい …… 344

テク175 抽出条件や行列の非表示を登録して、必要なときに表を一瞬で切り替えたい …… 345

第7章 セルから「必要な値だけ」を抽出するテクを網羅

7-1 文字列から文字の一部や関連情報を抽出するテクをマスター！ 348

文字数で分割抽出

テク176 指定の文字数だけ文字列を抽出したい …… 349

区切り文字で分割抽出

テク177 区切り文字で文字列を縦並びに分割したい …… 351

テク178 区切り文字で文字列を左／真ん中／右から別々に抽出したい …… 353

テク179 複数の同じ区切り文字のうち、指定の番目の区切り文字で分割したい …… 357

その他の基準で分割抽出

テク180 全角と半角を別々に抽出したい …… 359

テク181 住所を都道府県・市区町村・番地に分割したい …… 361

ふりがな抽出

テク182 ふりがなを抽出したい …… 364

テク183 法人格を除いてふりがなを抽出したい …… 365

テク184 抽出した名前からふりがなを抽出したい …… 366

数式抽出

テク185 数式を別のセルに表示したい …… 368

7-2 日付や時刻から日時の一部や関連情報を抽出するテクをマスター！ 369

日付・時刻の抽出

テク186 現在の日付や時刻をパソコンの内蔵時計から抽出したい …… 370
テク187 時刻データから時・分・秒を別々に抽出したい …… 371
テク188 日付データから年・月・日を別々に抽出したい …… 372
テク189 日付データから年月を抽出したい …… 374

年度・締め日抽出

テク190 日付データから年度（4月始まり）を抽出したい …… 375
テク191 日付データから年度（4月始まり）を和暦で抽出したい［令和元年対応］…… 376
テク192 日付データから何月締めになるのかを抽出したい …… 378

週・曜日抽出

テク193 日付データから何週目にあたるのかを抽出したい …… 379
テク194 日付データから曜日を抽出したい …… 380
テク195 日付データから曜日を抽出し、祝日は別の表記にしたい …… 381
テク196 日付データから曜日を抽出し、曜日に応じて指定の表記にしたい …… 382

第8章 大量データから即ピックアップ!「検索抽出」を極める

8-1 検索値で抽出する「基本の検索抽出」をマスター！ 384

指定列から検索抽出

テク197 検索値に該当するデータのうち、特定の項目（列）だけ抽出したい …… 385

複数列・行から検索抽出

テク198 検索値に該当するデータのうち、連続列をスピーディーに抽出したい …… 388
テク199 複数の検索値に該当するデータのうち、連続列を抽出したい［Microsoft365対応］…… 390
テク200 検索値に該当するデータのうち、離れた複数列を抽出したい …… 391

8-2 あらゆる表から検索抽出するテクをマスター！ 394

指定の検索／抽出範囲から抽出

テク201 検索対象列の左にあるデータを抽出したい［Excel2019/2016対応］…… 395
テク202 どの列を検索対象にしても抽出したい …… 397

クロス表検索抽出

テク203 クロス集計表からデータを抽出したい …… 399
テク204 クロス表の見出しとデータを入れ替えた別のクロス表を作成したい …… 401
テク205 ピボットテーブルの行ラベルと列ラベルを入れ替えても正しく抽出したい …… 403

8-3　特殊な検索値で抽出するテクをマスター！ 405

最終から検索抽出

テク206 同じ検索値のうち、最終行のデータを抽出したい［Excel2019/2016対応］ …… 406

部分一致検索抽出

テク207 日付を検索して、該当する期間のデータを抽出したい …… 407

テク208 検索値を含むワードを検索して、該当データを抽出したい … 409

テク209 検索値の一部であるワードを検索して、該当データを抽出したい … 411

複数条件検索抽出

テク210 複数ある検索値のすべてに該当するデータを抽出したい …… 413

テク211 期間や年代などを検索して、該当データを抽出したい …… 415

画像抽出

テク212 検索値で画像を抽出したい …… 417

8-4　複数表／シート／ブックから検索抽出するテクをマスター！ 419

1つの表にして検索抽出

テク213 複数シートから検索抽出したい［Microsoft365対応］ …… 420

各シートから検索抽出

テク214 複数シートから検索抽出したい［Excel2021/2019/2016対応］ …… 422

テク215 同じ検索対象のデータがある複数シートから、シートを選んで検索抽出したい …… 424

テク216 シート名と検索値を入力して該当データを抽出したい …… 426

テク217 検索対象のシートがわからなくても、複数シートから検索値に該当するデータを抽出したい …… 428

複数クロス表検索抽出

テク218 複数のクロス表から検索値に該当するデータを抽出したい … 430

テク219 シートごとのクロス表から検索値に該当するデータを抽出したい …… 432

複数ブック検索抽出

テク220 複数ブックからブック名と検索値に該当するデータを抽出したい …… 433

第9章 目的のデータを導く！「条件抽出」を習得しよう

9-1　条件を満たすデータを抽出する「基本の条件抽出」をマスター！ 438

基本の条件抽出

テク221 条件を満たすデータを抽出したい［Excel2021/365対応］ …… 439

テク222 条件を満たすデータを抽出したい［Excel2019/2016対応］ …… 441

複数条件抽出

テク223 複数条件を満たすデータを抽出したい …… 443

テク224 複数条件のリストをもとに該当するデータを抽出したい［Excel2021/365対応］ …… 445

日付／部分一致抽出

テク225 年／月／日の条件を満たすデータを抽出したい …… 446

テク226 部分一致の条件を満たすデータを抽出したい …… 448

テク227 複数の部分一致の条件を満たすデータを抽出したい ［Excel2021/365対応］ …… 450

9-2 希望の形で条件抽出するテクをマスター！ 452

指定の形で抽出

テク228 条件を満たすデータを横並びで抽出したい …… 453

テク229 条件を満たすデータを「・」「、」「／」で結合して抽出したい … 455

必要な列・行数抽出

テク230 条件を満たす離れた複数列のデータを数式の確定と同時に抽出したい（FILTER関数で抽出）［Excel2021/365対応］ …… 457

テク231 条件を満たす離れた複数列のデータを指定の順番で抽出したい（FILTER関数で抽出）［Excel2021/365対応］ …… 459

テク232 条件を満たすデータの行数を指定して抽出したい（FILTER関数で抽出）［Excel2021/365対応］ …… 461

9-3 複数表／シートから条件抽出するテクをマスター！ 463

複数表／シート抽出

テク233 複数表／シートから条件を満たすデータをすべて抽出したい［Microsoft365対応］ …… 464

テク234 抽出するシートを指定して条件を満たすデータをすべて抽出したい …… 466

第10章 データの傾向を知りたい! 「数値の抽出」をモノにする

10-1 数値の大きさを条件にした抽出をマスター！ 470

数値の大小で抽出

テク235 ●番目の順位にある数値を抽出したい …… 471

テク236 小計やエラー値を除いて●番目の順位にある数値を抽出したい …… 473

条件を満たす数値の大小抽出

テク237 条件を満たす最大値／最小値を抽出したい …… 475

テク238 複数条件を満たす最大値／最小値を抽出したい …… 477

テク239 条件を満たす値のうち、●番目の順位にある数値を抽出したい …… 480

抽出しにくい数値の大小抽出

テク240 同じ数値が複数ある表から●番目の順位にある数値を抽出したい …… 483

テク241 計算結果は指定した下限以上（上限以下）の数値で求めたい … 486

テク242 計算結果は指定した上限～下限の数値で求めたい …… 487

最頻値抽出

テク243 最も多く出現する数値を抽出したい …… 488

テク244 最も多く出現する文字列を抽出したい …… 489
テク245 条件を満たす最も多く出現する数値を抽出したい …… 490

10-2 数値の大きさで順位を付けるテクをマスター！ 492

数値の大小で順位
テク246 数値の大きさに対応した順位を付けたい …… 493
テク247 同じ数値があっても、数値の大きさに対応した順位を付けたい …… 495

条件別順位
テク248 項目ごとに、数値の大きさに対応した順位を付けたい …… 497

複数キー順位
テク249 複数条件で順位を付けたい（別の数値が大きいほうに上の順位を付ける場合） …… 499
テク250 複数条件で順位を付けたい（別の数値が小さいほうに上の順位を付ける場合） …… 500

第 11 章 こんなデータを表から抽出したい!「あらゆる抽出」を制覇

11-1 フィルター抽出を＋数式で完全にマスター！ 502

複数条件スピード抽出
テク251 複数列にそれぞれ条件をつけて、フィルター1つで抽出したい …… 503

フィルター順位抽出
テク252 隠れたデータを除いてトップテンフィルターしたい …… 504
テク253 隠れたデータを除いて順位を付けたい …… 505
テク254 隠れたデータを除いて●番目の順位にあるデータを抽出したい …… 506

フィルター曜日抽出
テク255 フィルターで土日祝や平日のデータを抽出したい …… 507

11-2 データの重複を条件にした抽出をマスター！ 508

重複・重複除外抽出
テク256 重複を除いた表を手早く作成したい …… 509
テク257 フィルターで常に重複を除いた表にしたい …… 510
テク258 重複データを別表に抽出したい …… 511
テク259 重複を除いた表を作成したい（データの変更対応） …… 513
テク260 重複を除いた表を作成したい（データの変更・追加対応） …… 515

希望の形で重複除外抽出
テク261 重複を除いたデータを「・」「、」「／」で結合して抽出したい［Excel2021/2019/365 対応］ …… 517
テク262 複数行列の重複を除いたデータを縦並びで別表に抽出したい …… 518

条件重複除外抽出
テク263 条件を満たすデータの重複を除いて別表に抽出したい［Excel2021/365 対応］ …… 520

テク264 部分一致の条件を満たすデータの重複を除いて別表に抽出したい
[Excel2021/365対応] …… 521

複数表の重複・不一致抽出

テク265 2つの表/シートで重複しているデータを抽出したい …… 522

テク266 2つの表/シートで重複しているデータを抽出したい
(データの変更・追加対応) …… 523

テク267 複数シートのいずれにも存在しないデータを抽出したい
(シートの追加対応) …… 526

テク268 複数表/シート/ブックから重複を除いて1つの表にしたい
[Microsoft365対応] …… 529

テク269 複数ブックから重複を除いて1つの表にしたい
(ブックの追加対応) …… 531

11-3 指定の行列から抽出するテクをマスター! 533

可変最終抽出

テク270 常に最後の行/列にあるデータを抽出したい
(データの追加対応) …… 534

テク271 常に最後の行/列から●件のデータを抽出したい
(データの追加対応) …… 536

指定の行列抽出

テク272 複数の列/行位置を指定し、該当データを抽出したい
[Microsoft365対応] …… 538

テク273 複数の列見出しを指定し、該当データを抽出したい …… 540

テク274 指定の行列数ごとに表を切り分けて抽出したい
[Microsoft365対応] …… 542

11-4 見出しや項目名を抽出するテクをマスター! 543

同じ行/列に複数データの見出し抽出

テク275 複数の数値が並ぶ中で、
0以外の右端の列見出しを抽出したい …… 544

テク276 同じ行/列にある複数のデータの見出しを
すべて連続したセルに抽出したい …… 546

順位による項目名抽出

テク277 大きい/小さいほうから●番目の順位にある
項目名を抽出したい …… 548

テク278 項目ごとの集計値が多い順番で項目名を抽出したい …… 551

11-5 思い通りの順番にする「並べ替え/入れ替え抽出」をマスター! 553

入れ替え抽出

テク279 数式が入力された表の行列を入れ替えて抽出したい …… 554

並べ替え抽出

テク280 数値を並べ替えて別表に抽出したい …… 555

テク281 複数キーで数値を並べ替えて別表に抽出したい …… 557
テク282 同順位の項目は「、」で連結して1行にまとめたランキング表を作成したい［Excel2021/2019/365対応］ …… 559
テク283 五十音順に並べ替えて別表に抽出したい …… 561

複数ブック並べ替え抽出

テク284 複数ブックのデータを指定の順番で並べ替えて1つのブックにまとめたい（ブックの追加対応） …… 564

第12章
手作業だとめんどうな「複数シート／ブックの抽出」を完全攻略

12-1 各シートへデータを振り分けるテクをマスター！ 568

ピボット／クエリで分割

テク285 表のデータを項目ごとに各シートへ振り分けたい …… 569
テク286 複数ブックのデータを項目ごとに各シートへ振り分けたい（ブックの追加対応） …… 571

関数で分割

テク287 項目ごとのデータを各シートの独自の表へ振り分けたい …… 573

12-2 複数シート／ブックを扱うあらゆる抽出テクをマスター！ 576

その他の抽出

テク288 各シートの同じセル番地にあるデータを1つの表にまとめたい …… 577
テク289 表に入力されたデータを、各シートの所定のセル番地に振り分けたい …… 579
テク290 シート名をクリックしたら該当シートにジャンプするリストを作りたい（シートの追加対応）［Excel2021/2019/365対応］ …… 580

巻末　関数一覧 …… 584
索引 …… 601

本書の使い方

本書はExcelで集計・抽出するうえで「こんな表にしたい」を実現するテクニック（以下、「テク」）を紹介しています。さらに、今すぐ解決方法を知りたい場面でもご活用いただけるよう、各テクをページ単位で構成しました。各ページの構成要素は下記のとおりです。

対応バージョン
Excelのバージョンが限られるテクの場合、対応できるバージョンを下記のようなアイコンで掲載
Excel2021/365対応

テクの分類

使うのはコレ!
本テクで使用する関数やExcelの機能。各関数のくわしい解説は**巻末の「関数一覧」**を参照のこと

いまの状態→目指す状態
テクを使う前と後の状態を掲載。各テクの使いどころがわかる

テクの手順

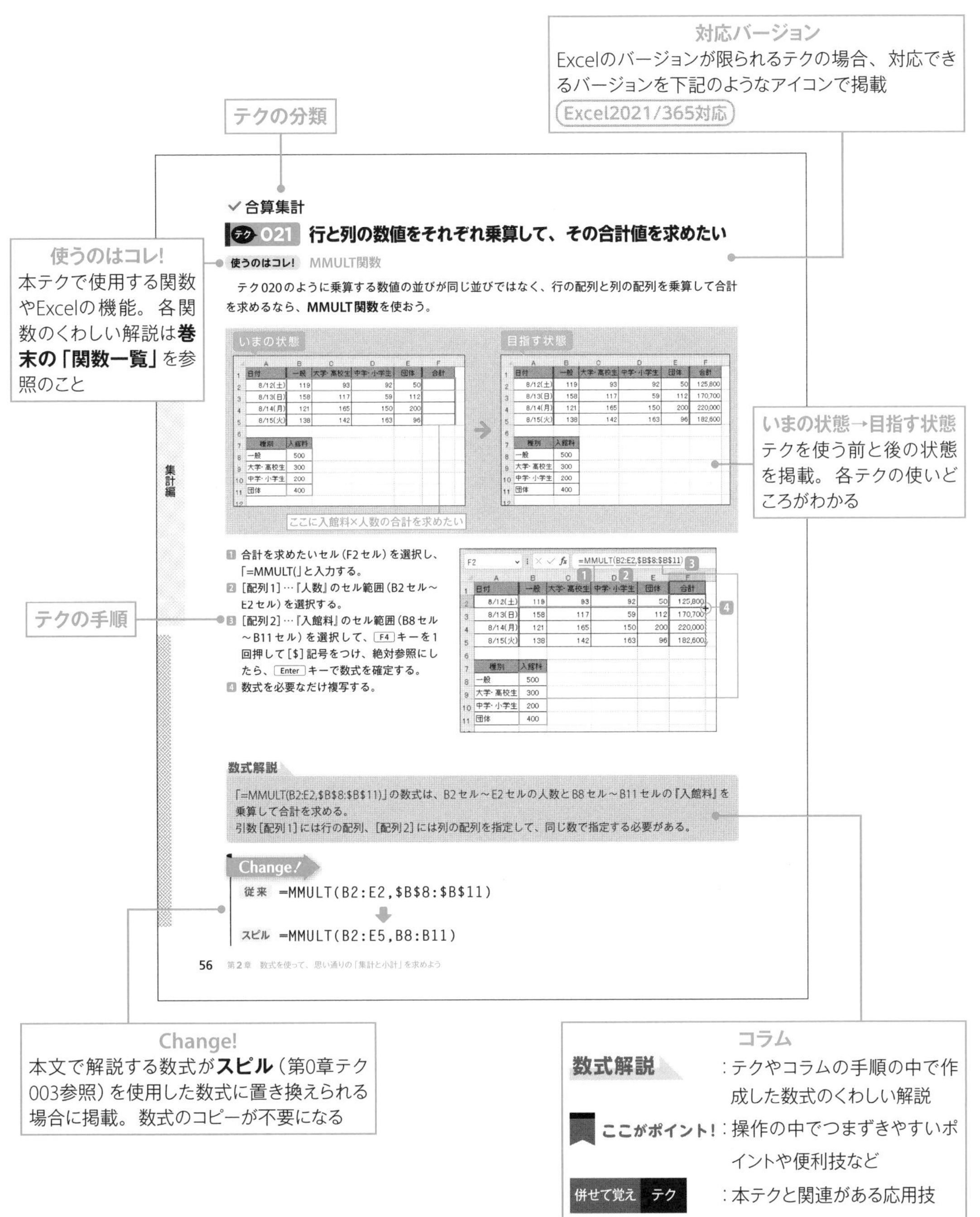

✓合算集計

テク 021 行と列の数値をそれぞれ乗算して、その合計値を求めたい

使うのはコレ! MMULT関数

テク020のように乗算する数値の並びが同じ並びではなく、行の配列と列の配列を乗算して合計を求めるなら、**MMULT関数**を使おう。

いまの状態 → 目指す状態

日付	一般	大学・高校生	中学・小学生	団体	合計
8/12(土)	119	93	92	50	125,800
8/13(日)	158	117	59	112	170,700
8/14(月)	121	165	150	200	220,000
8/15(火)	138	142	163	96	182,600

種別	入館料
一般	500
大学・高校生	300
中学・小学生	200
団体	400

ここに入館料×人数の合計を求めたい

1. 合計を求めたいセル（F2セル）を選択し、「=MMULT(」と入力する。
2. ［配列1］…「人数」のセル範囲（B2セル～E2セル）を選択する。
3. ［配列2］…『入館料』のセル範囲（B8セル～B11セル）を選択して、F4キーを1回押して［$］記号をつけ、絶対参照にしたら、Enterキーで数式を確定する。
4. 数式を必要なだけ複写する。

=MMULT(B2:E2,$B$8:$B$11)

集計編

数式解説

「=MMULT(B2:E2,$B$8:$B$11)」の数式は、B2セル～E2セルの人数とB8セル～B11セルの『入館料』を乗算して合計を求める。
引数［配列1］には行の配列、［配列2］には列の配列を指定して、同じ数で指定する必要がある。

Change!

従来 =MMULT(B2:E2,$B$8:$B$11)

スピル =MMULT(B2:E5,B8:B11)

56 第2章 数式を使って、思い通りの「集計と小計」を求めよう

Change!
本文で解説する数式が**スピル**（第0章テク003参照）を使用した数式に置き換えられる場合に掲載。数式のコピーが不要になる

コラム

- **数式解説**：テクやコラムの手順の中で作成した数式のくわしい解説
- **ここがポイント!**：操作の中でつまずきやすいポイントや便利技など
- **併せて覚え テク**：本テクと関連がある応用技

サンプルファイルのダウンロード

本書第1章～第12章のテクニック解説で例示している表（Excelファイル）をご提供します。表の作り方や動作を確認したり、複雑な数式をコピーしてご自身の資料にそのまま貼り付けたりすることに活用できます。

●ダウンロード方法

サンプルファイルは本書のサポートページ（以下のURL）にアクセスし、ダウンロードしてご利用ください。

https://gihyo.jp/book/2023/978-4-297-13631-4/support

ダウンロードは、下記のアクセスIDとパスワードが必要になります。すべて半角英数字で、大文字・小文字を区別し、入力してください。

- アクセスID：Excel
- パスワード：Daizensyu136

●「Power Query」「Power Pivot」のサンプルファイルについて

「Power Query」や「Power Pivot」の機能を使ったファイルの動作を確認するためには、外部ファイルの保存先を設定しなおす必要があります。保存方法は以下の手順です。

■ Power Query（第3章3節テク053「ここがポイント！」作成後ポイント④）

(1) 集計先のブックを開き、クエリで作成したテーブル内のセルを選択し、[クエリ] タブ→[編集] グループ→[編集] ボタンをクリックして [Power Query エディター] を開く。
(2) Power Query エディターの [ホーム] タブ→ [データソース] グループ→ [データソース設定] ボタンで集計元ファイルを選択する。
(3) [ソースの変更] ボタンをクリックして、「フォルダーパス」の [参照] ボタンで集計元ファイルの保存先を選択して [閉じる] ボタンをクリックする。

■ PowerPivot

(1) 集計先のブックを開き、ピボットテーブル内のセルを選択し、[PowerPivot] タブ→ [データモデル] グループ→ [管理] ボタンをクリックする。
(2) [ホーム] タブ→[外部データの取り込み] グループ→[既存の接続] ボタンで、[Power Pivot データ接続] メニューから集計元ファイルを選択する。
(3) [編集] ボタンをクリックし、「Excel ファイルパス」の [参照] ボタンで集計元ファイルの保存先を選択して [保存] ボタンをクリックする。

●ご注意

本書で提供するサンプルファイルは本書の購入者に限り、個人・法人を問わず無料で使用できますが、再転載や二次使用は禁止いたします。

サンプルファイルのご使用は、必ずご自身の判断と責任によって行ってください。サンプルファイルを使用した結果、生じたいかなる直接的・間接的損害も、著者および小社はいっさいその責任を負いかねます。

第0章

効率アップ！数式と関数の「基本操作」をおさえよう

✔ 数式・関数の入力

テク001 数式の入力方法をマスターしたい

使うのはコレ! セル参照

集計・抽出テクニックを身につける以前の問題として、そもそも数式の基本さえわからない…。そんなときはまず、数式の入力や編集方法をここでカンペキにしておこう！

● 数式の入力方法

セルに数式を入力するには、1 計算結果を求めるセルを選択し、2 半角で「=」と入力したら、計算に使う値と、3 加算は[+]、減算は[-]、乗算は[*]、除算は[/]の算術演算子を組み合わせて作成する。作成したら、Enter キーを押すと、数式がセルに格納されて、計算結果が求められる。

計算に使う値は、数式中に値を直接入力しても計算されるが、4 値を入力した「セル番地」を指定すれば、指定したセルの値を変更しても自動で再計算される。「値を入力したセル番地で指定すること」を**セル参照**という。

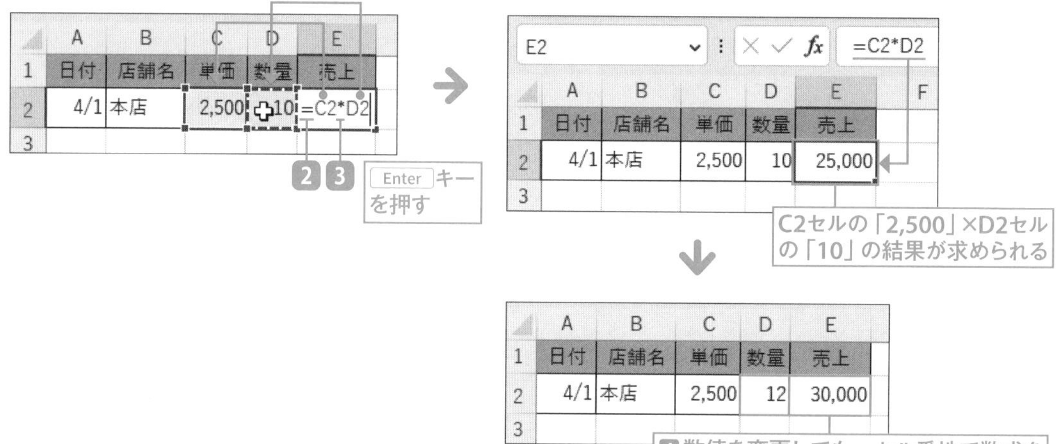

● 指定したセル番地の修正方法

数式の入力後に別のセル番地に指定し直すには、ダブルクリックして数式をまず編集状態にしよう。1 修正するセル番地をドラッグして黒く反転させたら正しいセル番地を選択し直すか、2 カラーリファレンス（色枠）をドラッグして正しいセル番地に移動して、Enter キーで数式を確定する。

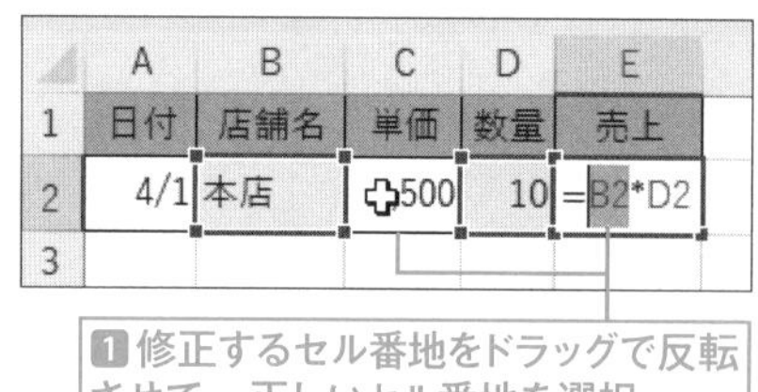

A B C D E
1 日付 店舗名 単価 数量 売上
2 4/1 本店 2,500 10 =B2*D2

2 カラーリファレンスの枠にカーソルを合わせて の形状になったら、正しいセル番地へ移動

テク002 関数の入力方法をマスターしたい

使うのはコレ! 数式オートコンプリート、[関数の引数] ダイアログボックス

関数を使えば、複数のセルでも、セル範囲をドラッグするだけで計算結果がスピーディーに求められる。

関数の書式

関数は、以下の書式に従って、半角でセルに入力することで使えるようになる。

=関数名(引数1,引数2,……)

[,](コンマ)で引数を区切って入力

「=関数名」と入力したら、**引数**(計算で使う値)を( )で囲んで入力して、Enterキーを押すことでセルに計算結果が求められる。このとき、複数の引数を指定する場合は、[,]で区切って入力しよう。

また、引数は以下のように関数を入れることで、より複雑な計算処理が行える。このように関数の中に関数を組み込むことを**ネスト**といい、64レベルまで設定できる。

=ROUND(AVERAGE(A1:A3),2)

どんな引数を指定するのかは、関数の入力時に表示されるポップヒントや、関数の引数ダイアログボックスに表示される。あらかじめ覚えておかなければ入力できないということはないので安心しよう。

関数の入力方法① 直接入力する

求めるセルに 1「=C」と関数の頭文字を入力すると、その頭文字から始まる関数のリストが表示される。この機能を**数式オートコンプリート**という。リストから目的の関数 2 COUNTA関数をダブルクリックすると、セルに 3「=COUNTA(」と入力され、同時にポップヒントで書式が表示されるので、この書式に従って引数を入力していけばいい。4 ここでは人数を数えるセル範囲を選択して、Enterキーで数式を確定すると、5 COUNTA関数の数式が入力され、引数で選択した氏名のセルの数が求められる。

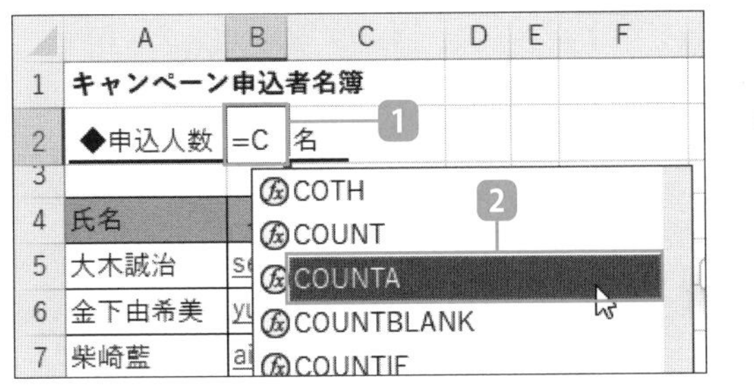

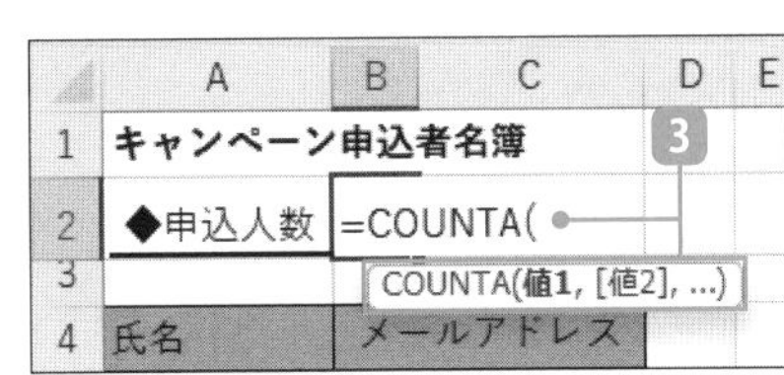

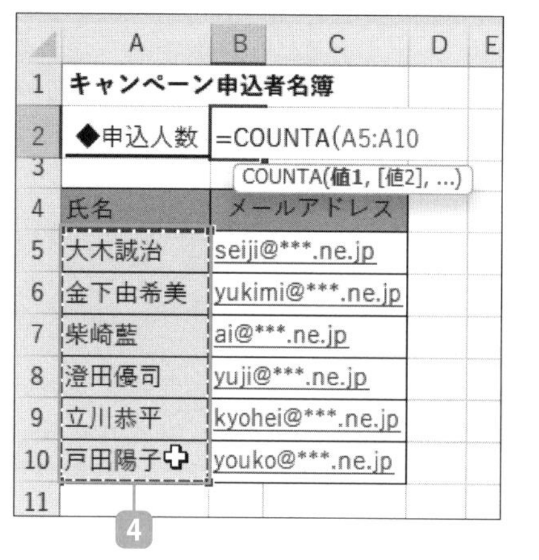

関数の入力方法② 関数の引数ダイアログボックスで入力する

直接入力するのが苦手なら、**[関数の引数] ダイアログボックス**で入力しよう。関数は自動で入力され、それぞれの引数ボックスに必要な内容を入力していくだけなので、直接入力するときのように、引数の[,]を入力する必要はない。

[数式] タブ→[関数ライブラリ] グループにある分類名のボタンから使いたい関数を選択する。COUNTA関数の場合は「統計」関数に分類されるので、1 [その他の関数] ボタン→[統計] ボタンをクリックして表示された一覧から 2「COUNTA」を選択する。

選択したCOUNTA関数の引数ダイアログボックスが表示され、引数ボックスには、自動で隣接するセル範囲が入力される。この例のように隣接していない場合は、3 セル範囲を選択し直して、4 [OK] ボタンをクリックすると、COUNTA関数の数式が入力されて結果が求められる。

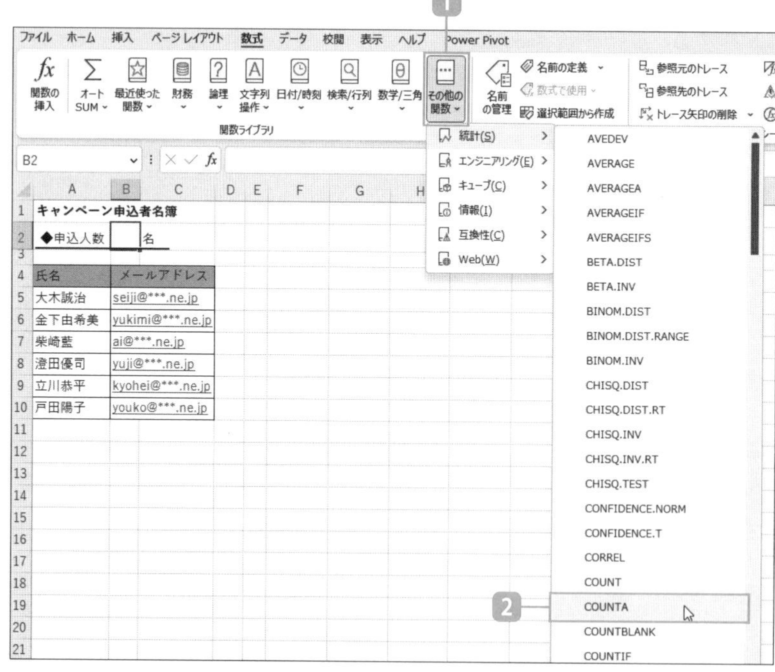

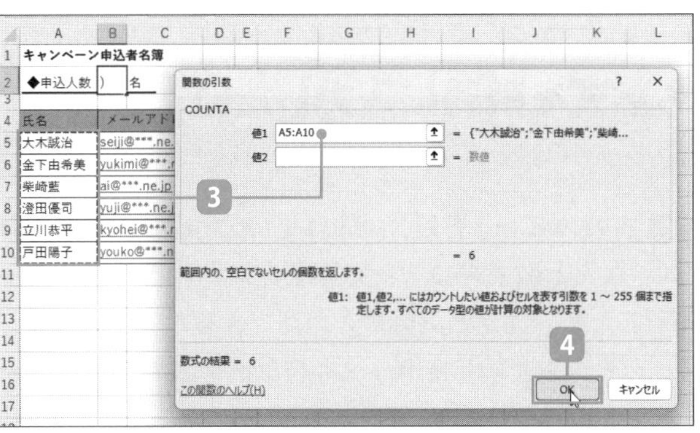

併せて覚えテク　使いたい関数がどこに分類されるかわからないときは?

使いたい関数が、[数式] タブ→[関数ライブラリ] グループのうち、どこに属するかわからないときは、ウィンドウ上部中央にある「Microsoft Search」に関数名を入力して検索することができる。もしくは、1 [関数ライブラリ] グループまたは、数式バーにある **[関数の挿入] ボタン**を使おう。クリックすると [関数の挿入] ダイアログボックスが表示され、2 [関数の分類] から [すべて表示] をクリックすると、アルファベット順に並んだすべての関数名から選ぶことができる。

このとき、スピーディーに探すには、[関数の検索] ボックスに、使いたい関数の用途のキーワードを入力しよう。たとえば、3「個数」と入力して4 [検索開始] ボタンをクリックすると、5 [関数名] のリストに該当する関数の候補が表示されるので、目的の関数を選択して6 [OK] ボタンをクリックすると、選択した関数の引数ダイアログボックスを表示させることができる。

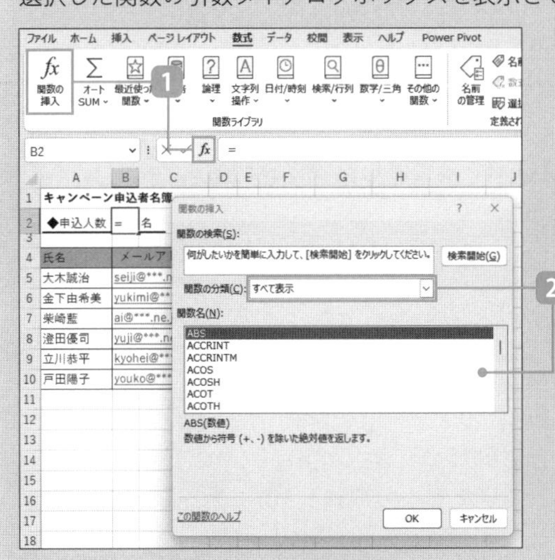

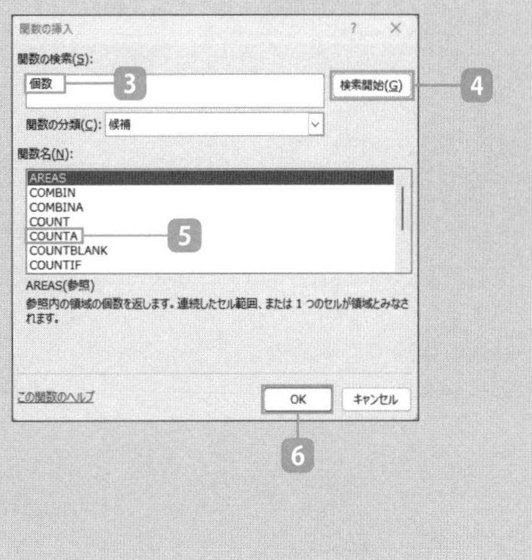

ここがポイント!　最近まで使用していた関数を探すには?

最近まで使用していた関数を使いたいが、関数名をわすれたときは、[数式] タブ→[関数ライブラリ] グループにある **[最近使った関数] ボタン**を使おう。最近まで使用していた10個までの関数のリストが表示される。リストから使いたい関数名をクリックすると、その関数の引数ダイアログボックスを表示させることができる。

✔ 連続行列への自動入力

テク 003 連続する行や列にも数式を瞬時に入力したい

使うのはコレ! スピル、オートフィル

数式がほかの行や列にも必要な場合、「数式のコピー」を行えばいい。ただし、Excel2021/Microsoft365のExcelでは、**スピル**を使えば、なんと数式のコピーは不要。ほかの行や列のデータのセル範囲をすべて使用した数式を作成することで、確定と同時に入力ができる。

Excel2019/2016では、ドラッグ操作で同じデータや連続したデータを自動的に入力できる**オートフィル**を使って数式をコピーしよう。

● Excel2021/365の場合

計算結果を求めるセルを選択し、「=」と入力して、1「単価」×「数量」の数式をすべてのセル範囲で選択して入力したら、Enterキーで確定するとほかの行にも計算結果が求められる。また、関数を使った数式でも、2すべてのセル範囲を引数に選択して、数式を作成したら、Enterキーで確定するとほかの行にも計算結果が求められる。

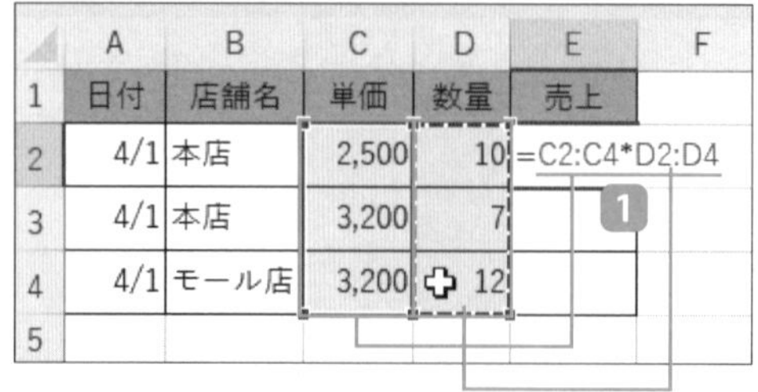

併せて覚え テク **Excel2021/Microsoft365のExcelではスピルが適用される**

Excel2021/Microsoft365のExcelでは、ほかの行や列のデータのセル範囲をすべて使用した数式を作成すると、数式を入力したセルだけではなく、隣接するセルにまで結果がこぼれたように表示される。この機能は「こぼれる」「あふれる」という意味で**スピル**と呼ばれる。つまり、1つのセルに入力した数式の結果を複数のセルに表示させることができる。Excel2021/Microsoft365のExcelでは、このスピル機能を取り入れた関数がいくつか用意されているので本書で解説している。

1スピルによってこぼれだしたスピル領域(青い枠線内)のセルは、数式が薄く表示される。このセルは何も入っていないため、**ゴースト**と呼ばれる。ゴーストを変更したり削除したりすると、「#SPILL!」のエラーが表示されて修正できない。必ず、**最初に入力したセルの数式**を変更・削除しよう。また、編集する際には最初に入力したセルをダブルクリックして編集状態にしてから行おう。

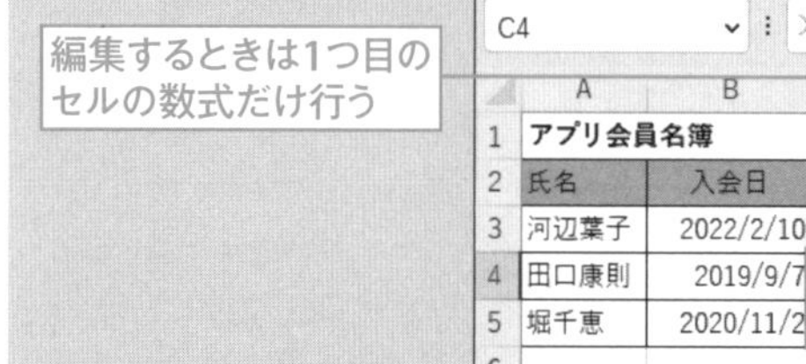

下記の条件では、エラーになったり、スピルが使えなかったりするので、注意しよう。

・数式結果が表示されるセルにデータが入っている
・結合セルがある
・テーブルの中や、引数に行や列全体を指定する
・企業内でのExcelの使用方針で最新機能よりも安定性を重視した設定にしている

なお、スピルで作成した数式はExcel2019/2016でファイルを開いても使用できるが、以下のように、数式の前後に中括弧{}が付いた**配列数式**（テク005解説）になる。併せて覚えておこう。

{=YEAR(B3:B5)}

第0章

Excel2019/ Excel2016の場合

1 求めた数式のセルを選択し、右下隅に表示されるフィルハンドル（■）にカーソルを合わせて、数式をコピーしたい方向へドラッグする。

操作テク この例のように、右か左にデータが隣接して入力されている場合は、ドラッグではなくダブルクリックでもすべての行に数式をコピーできる。

2 罫線などの書式も一緒にコピーされてしまうので、数式だけをコピーするには、同時に自動で表示される［オートフィルオプション］ボタンをクリックする。

3 ［書式なしコピー］を選択しておく。

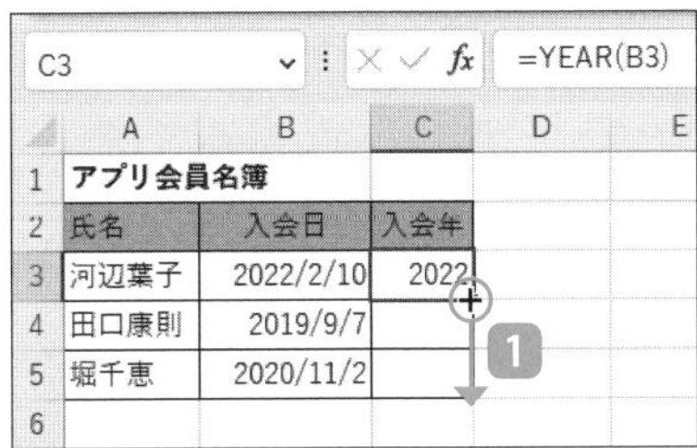

併せて覚え テク

表をテーブルに変換しておけばオートフィルは不要

表を**テーブル**に変換しておけば（変換方法は第1章1節テク008参照）、テーブルのセル範囲を使い数式を作成することになるが、この場合、セル番地ではなく 1 列名で数式が作成され、確定と同時にほかの行に数式を自動でコピーすることができる。さらに、データを追加しても、自動で数式がコピーされる。
1行1件形式の表で、テーブルに変換しても支障がないデータなら併せて覚えておこう。

✔ 連続行列への自動入力

テク004 数式のコピーで参照元のセルをズラしたくない (Excel2019/2016対応)

使うのはコレ! 絶対参照

数式をコピーすると、数式で指定したセル番地をコピーにあわせてズラした数式が入力される。このように相対的に参照する参照形式を**相対参照**という。便利な機能だが、数式をコピーした際に、ズラしたくないセル番地までズレてしまい、正しい結果が求められない場合がある。

たとえば、全体の合計をもとにそれぞれの比率を求めたい場合は、1オートフィルでコピーすると、合計のセル番地までズレてしまい、正しい結果が求められない。

そんなときは、ズラしたくないセル番地を固定しておけば、数式をコピーしてもズレることはない。2セル番地を固定するには、「$B$7」のように、セル番地の行列番号の前に[$]記号を付ける。[$]記号は、セル番地やセル範囲を選択または入力した後に、F4キーを1回押すと自動で付けられる。

C4 =B4/B8

	A	B	C
1	限定商品販売実績		
2		販売数	比率
3	春季	10,526	0.20507
4	夏季	9,687	#DIV/0!
5	秋季	8,542	#DIV/0!
6	冬季	22,575	#DIV/0!
7	合計	51,330	

1

	A	B	C
1	限定商品販売実績		
2		販売数	比率
3	春季	10,526	=B3/$B$7
4	夏季	9,687	
5	秋季	8,542	
6	冬季	22,575	
7	合計	51,330	

2

こうしておけば、オートフィルでコピーしても、横方向にも縦方向にもズレずに、絶対的に[$]記号を付けたセル番地を参照してくれる。このような参照形式を文字通り、**絶対参照**という。

なお、スピルが使えるExcel2021/Microsoft365のExcelでは絶対参照は不要。3計算に用いるすべてのセル範囲を数式に入力するだけで、確定と同時に結果が求められる。

C3 =B3:B6/B7

	A	B	C
1	限定商品販売実績		
2		販売数	比率
3	春季	10,526	0.20507
4	夏季	9,687	0.18872
5	秋季	8,542	0.16641
6	冬季	22,575	0.4398
7	合計	51,330	

3

✓ 合算集計

テク005 複数の計算を1つの数式で求めたい

Excel2019/2016対応

使うのはコレ! 配列数式

『単価』×『数量』のような計算を複数行で行い、それらの集計値（平均など）を求めたい場合、通常は『単価』×『数量』の計算列を作成してから、それをもとに集計する。

しかし、Excel2021/365では**スピル**が適用されるので、各行で計算結果の列を作成しなくても、すべてのセル範囲を指定した数式を作成して、Enter キーを押すだけで求められる（本章のテク003参照）。

● 通常の場合

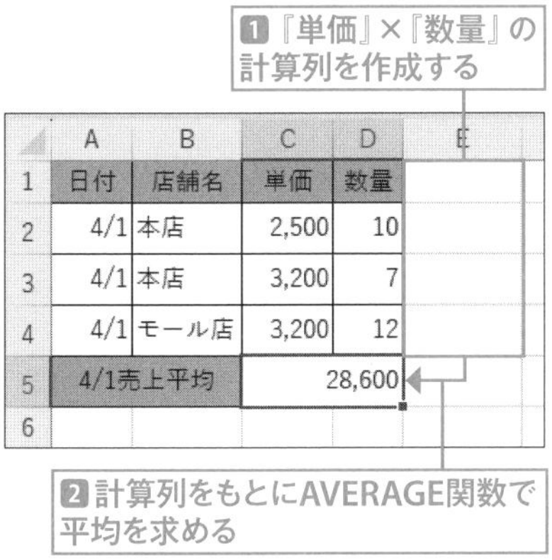

❶『単価』×『数量』の計算列を作成する

	A	B	C	D	E
1	日付	店舗名	単価	数量	
2	4/1	本店	2,500	10	
3	4/1	本店	3,200	7	
4	4/1	モール店	3,200	12	
5	4/1売上平均		28,600		
6					

❷計算列をもとにAVERAGE関数で平均を求める

● スピルを使用した場合

C5 =AVERAGE(C2:C4*D2:D4)

	A	B	C	D	E	F	G
1	日付	店舗名	単価	数量			
2	4/1	本店	2,500	10			
3	4/1	本店	3,200	7			
4	4/1	モール店	3,200	12			
5	4/1売上平均		28,600				
6							

Excel2019/2016でも同様に、1つの数式でスピーディーに求めるなら、**配列数式**を使おう。配列数式とは、**配列**（複数のデータの集まり）に1つの数式を当てはめて、複数の結果や1つの結果を求める計算式をいう。配列数式で入力するには、以下の手順を守ろう。

1. 求めるすべてのセル範囲を選択してから「=」を入力する。
2. すべてのセル範囲（配列）を使い、数式を入力する。
3. 数式の確定時に Ctrl ＋ Shift ＋ Enter キーを押す（これにより、数式の前後に中括弧{ }が付いた数式になる）。

さらに、配列数式は関数と組み合わせて使える。よって、冒頭の『単価』×『数量』の例であれば、下記のように平均が求められる。

1. 「＝AVERAGE(」と入力する。
2. 『単価』と『数量』のすべてのセル範囲を使って、『単価』×『数量』の数式を入力する。
3. Ctrl ＋ Shift ＋ Enter キーで数式を確定する。

第0章

D2 | =AVERAGE(C2:C4*D2:D4)

	A	B	C	D	E	F	G
1	日付	店舗名	単価	数量			
2	4/1	本店	2,500	10			
3	4/1	本店	3,200	7			
4	4/1	モール店	3,200	12			
5	4/1売上平均		=AVERAGE(C2:C4*D2:D4)				
6			AVERAGE(数値1, [数値2], ...)				

1 2

ここがポイント！　配列数式で求めた一部のセルの値を変更するには？

複数のセルを使って配列数式を入力した場合は、一部のセルを削除しようとしてもメッセージが表示されて削除できない。一部のセルを削除するには、配列数式が入力されたすべてのセルを範囲選択してから削除を行う。また、入力した配列数式を修正する場合は、数式を編集状態にして1つ目のセル内の数式を修正したあと、Ctrl＋Shift＋Enterキーで数式を確定しよう。

ここまでで基礎をおさえたら、集計・抽出のテクニックをマスターすべく本編へ進もう！

第1部
集計編

第1章
超簡単! 数式を使う前に「基本集計」の機能を使いこなす

1-1 基本集計ができるExcel機能をマスター！

表にデータを入力したら、集計行や小計行を挿入して、こんな集計表を作成したい。

	A	B	C	D	E
1	アロマキャンドル売上表				
2	日付	店舗名	香り	単価	数量
3	4/1	本店	ローズ	2,500	10
4	4/1	本店	ラベンダー	3,200	7
5	4/1	モール店	ラベンダー	3,200	12
6	4/2	本店	ジャスミン	2,000	15
7	4/2	モール店	ローズ	3,000	18
8	4/2	モール店	ジャスミン	3,000	8
9	4/2	ネット店	ローズ	3,500	11
10	4/2	ネット店	ラベンダー	2,700	20
11	集計				101
12					

集計行を挿入した表にしたい

	A	B	C	D	E
1	アロマキャンドル売上表				
2	日付	店舗名	香り	単価	数量
3	4/2	ネット店	ローズ	3,500	11
4	4/2	ネット店	ラベンダー	2,700	20
5		**ネット店 集計**			31
6	4/1	本店	ローズ	2,500	10
7	4/1	本店	ラベンダー	3,200	7
8	4/2	本店	ジャスミン	2,000	15
9		**本店 集計**			32
10	4/1	モール店	ラベンダー	3,200	12
11	4/2	モール店	ローズ	3,000	18
12	4/2	モール店	ジャスミン	3,000	8
13		**モール店 集計**			38
14		**総計**			101

小計行を挿入した表にしたい

しかし、数式は何よりも苦手。だからこそ、Excelにある機能を使って、何とか集計表を完成させたいが、どれをどう使えばできるのか、いまいち使い方がわからない……。

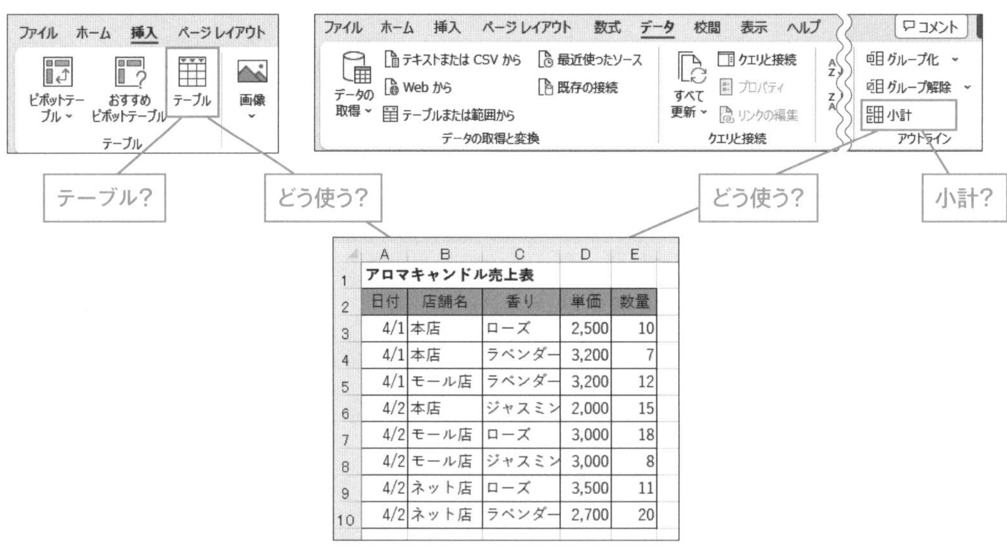

	A	B	C	D	E
1	アロマキャンドル売上表				
2	日付	店舗名	香り	単価	数量
3	4/1	本店	ローズ	2,500	10
4	4/1	本店	ラベンダー	3,200	7
5	4/1	モール店	ラベンダー	3,200	12
6	4/2	本店	ジャスミン	2,000	15
7	4/2	モール店	ローズ	3,000	18
8	4/2	モール店	ジャスミン	3,000	8
9	4/2	ネット店	ローズ	3,500	11
10	4/2	ネット店	ラベンダー	2,700	20

そこで、本節では苦手な数式は作成せずに、スピーディーに希望の集計表が作成できるExcelの機能**「オートカルク」「クイック分析ツール」「テーブル」「形式を選択して貼り付け」「小計」**を使いこなす術を身に付けよう！

✓ 3つの集計機能

テク006 選択したセル範囲の集計値を今すぐ確認&入力したい

使うのはコレ! オートカルク

数式を入力せずに、とにかく今すぐセルの集計値が知りたい！そんなときは、**オートカルク機能**を使おう。選択したセル範囲の集計値をステータスバーに表示してくれる。Excel2021/365なら表示された集計値をセルに貼り付けることができる。

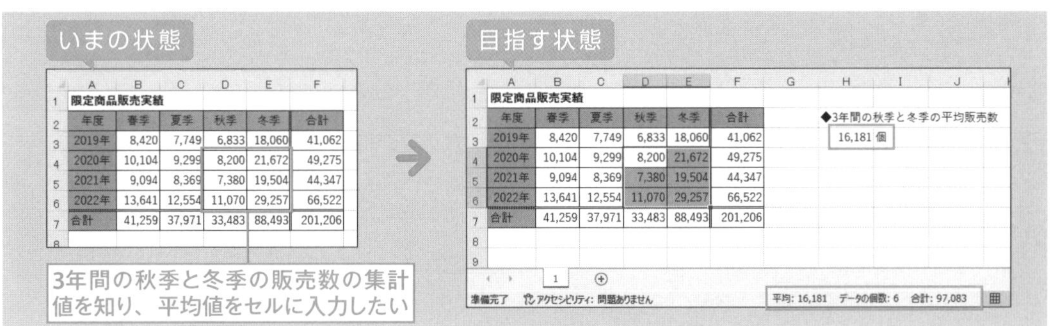

年度	春季	夏季	秋季	冬季	合計
2019年	8,420	7,749	6,833	18,060	41,062
2020年	10,104	9,299	8,200	21,672	49,275
2021年	9,094	8,369	7,380	19,504	44,347
2022年	13,641	12,554	11,070	29,257	66,522
合計	41,259	37,971	33,483	88,493	201,206

1. 3年間の秋季と冬季のセル（D4セル～E6セル）を範囲選択する。
2. ステータスバーに選択したセル範囲の平均、データの個数、合計が表示される。
3. セルに入力したい［平均］にポインタをかざすと「選択したセル範囲の平均（クリップボードにコピー）」のメッセージが表示されるので、クリックする。
4. 入力したいセルを選択して Ctrl ＋ V キーを押すと平均が貼り付けられる。

操作テク　2019/2016では手順❸❹の操作はできません。

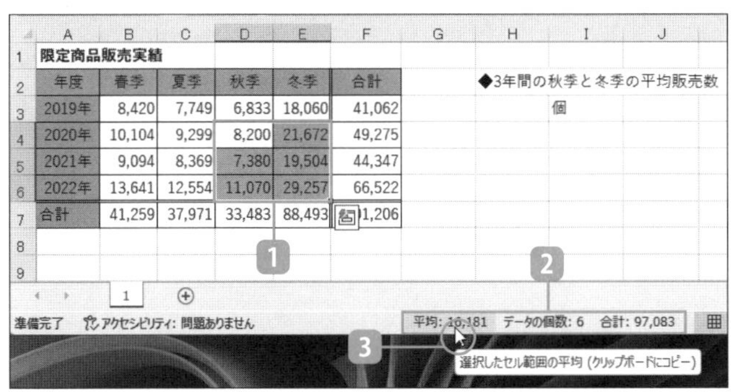

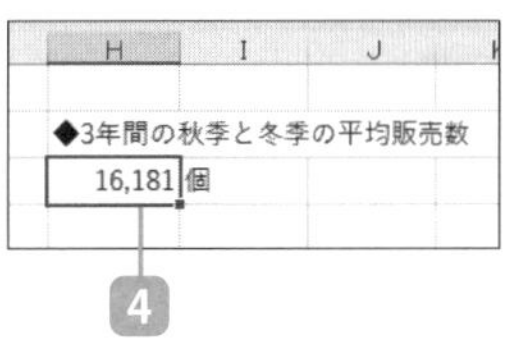

ここがポイント!　ほかの計算方法をステータスバーに表示させるには？

ステータスバーに表示される計算方法は、ステータスバーで右クリックし、表示されたメニューから変更できる。メニューから計算方法を選択するだけで、追加したり削除したりできる。

併せて覚え テク

行や列の非表示を除いた集計値も表示される

フィルターでセルを抽出したり、行列の非表示を設定した表でも、集計したいセル範囲を選択するだけで、行列を除いた集計値が1ステータスバーに表示できる。
さらに、フィルターで抽出した場合は、2抽出した件数がステータスバーの左端に同時に表示されるので、大量のデータを抽出しても、何件抽出したのかわかりやすい。
なお、列の非表示では、集計したいセル範囲を選択した後、3 Alt ＋ ; キーを押して「可視セル」を選択する必要があるので、併せて覚えておこう。

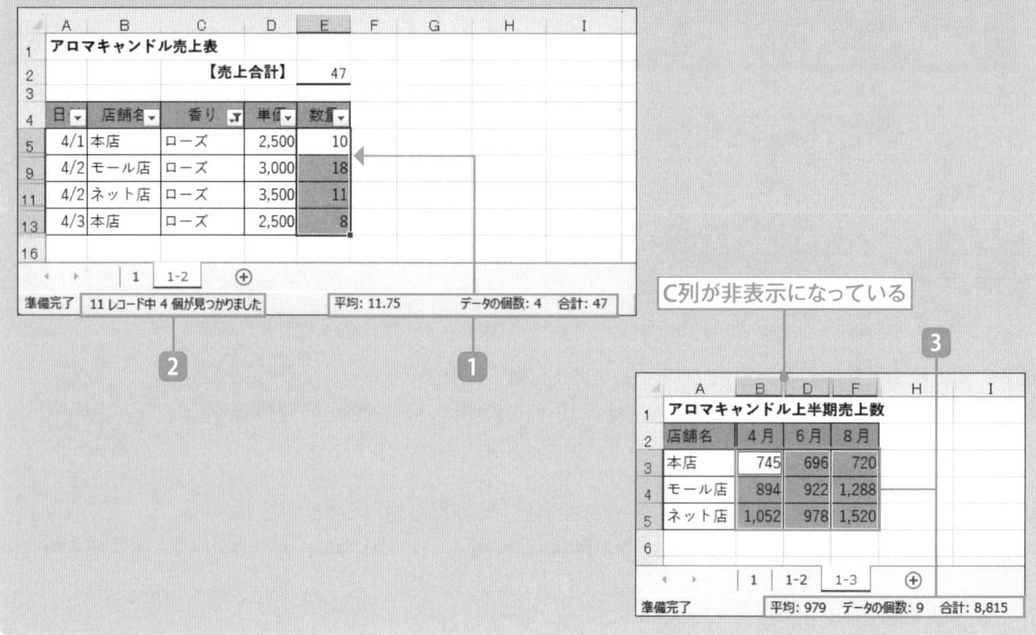

集計編

✔ 3つの集計機能

テク007 クリック操作だけで、隣接するセルに集計値を入力したい

使うのはコレ! クイック分析ツール

データと隣接するセルに集計値を求めるなら、**クイック分析ツール**を使おう。データを範囲選択してボタンをクリックするだけで、隣接するセルに自動で数式を入力して、行ごと列ごとの集計値を求めることができる。

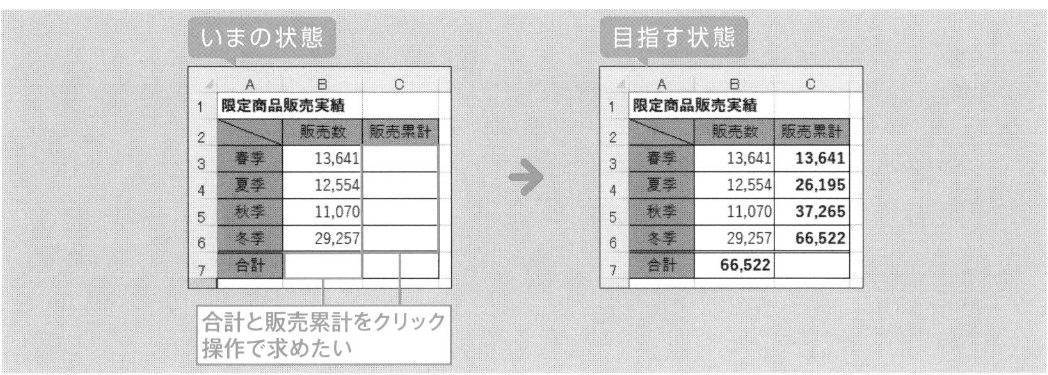

1. 合計するB3セル～B6セルを範囲選択する。
2. 表示された[クイック分析]ボタンをクリックする。
3. 表示されたメニューから、[合計]を選択し、縦方向に求める[合計]ボタンをクリックする。
4. B3セル～B6セルの合計が求められる。
5. [クイック分析]ボタンをクリックし、横方向に求める[累計]ボタンをクリックする。
6. C3セル～C6セルに販売累計が求められる。

操作テク [合計(%)]ボタンは比率を求める。構成比を求めたいときに利用しよう。

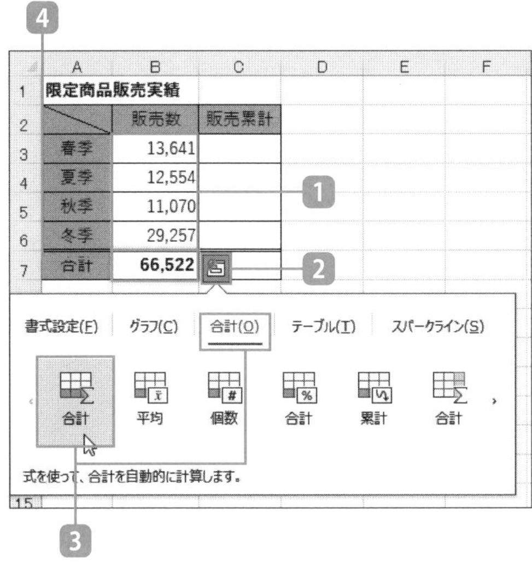

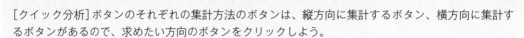

ここがポイント！　求めたい方向のボタンをクリックする

[クイック分析]ボタンのそれぞれの集計方法のボタンは、縦方向に集計するボタン、横方向に集計するボタンがあるので、求めたい方向のボタンをクリックしよう。

併せて覚え テク　集計を求めたセルには数式が自動で入力される

[クイック分析]ボタンで集計値が挿入されたセルには、集計を求めるための数式が自動で入力される。たとえば、[合計]ボタンや[累計]ボタンをクリックすれば、SUM関数の数式が自動で入力される。
累計の場合、通常は足し算で求められるが、途中の行や列を削除するとエラー値になってしまう。しかし、**[累計]ボタンで自動挿入されたSUM関数の数式**は、1セル範囲が絶対参照と相対参照（第0章テク004参照）の組み合わせで作成されるため、**行や列の挿入に対応できる**。
行や列の挿入に対応した「累計の数式」を、[クイック分析]ボタンを使わずに直接入力するなら、この数式を覚えておこう。

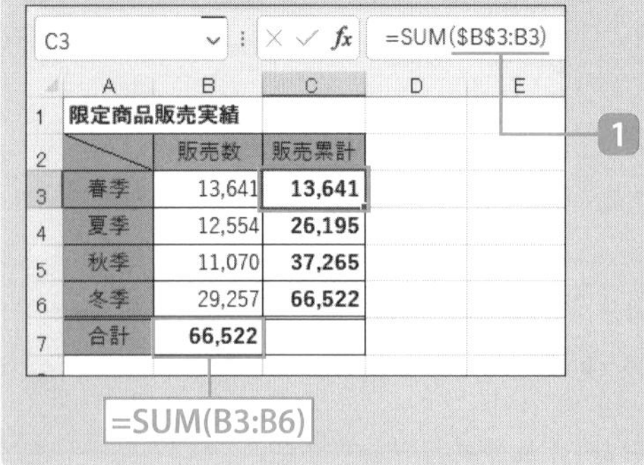

	A	B	C
1	限定商品販売実績		
2		販売数	販売累計
3	春季	13,641	13,641
4	夏季	12,554	26,195
5	秋季	11,070	37,265
6	冬季	29,257	66,522
7	合計	66,522	

集計編

✔ 3つの集計機能

テク008 集計方法をボタン1つで切り替えたい

使うのはコレ! テーブル

合計はSUM関数、平均はAVERAGE関数……と、集計する方法で関数を使い分ける必要があるが、表を**テーブルに変換**しておけば、フィルターボタンから選ぶだけで違う集計方法に瞬時に切り替えられる。

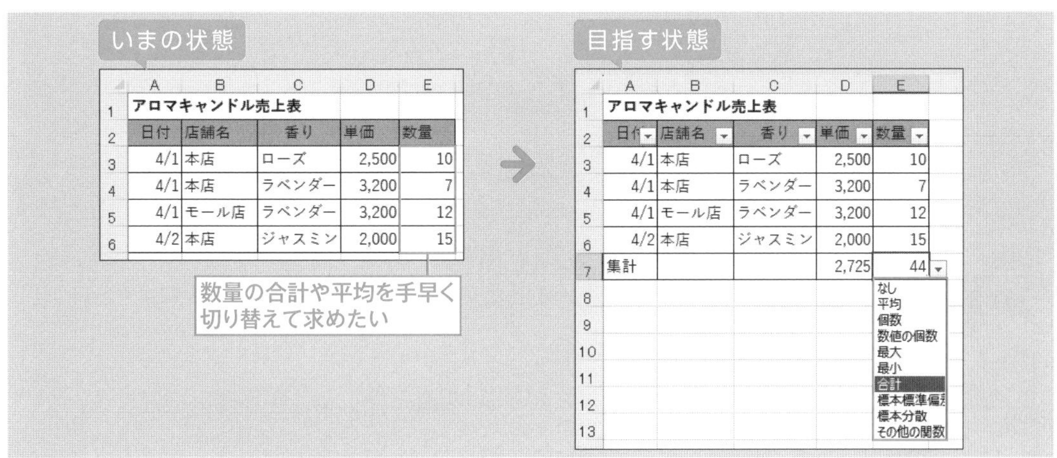

1 列見出しを含めて表全体を範囲選択する。
2 表示された[クイック分析]ボタンをクリックする。
3 表示されたメニューから、[テーブル]を選択する。
4 [テーブル]ボタンをクリックすると表がテーブルに変換される。

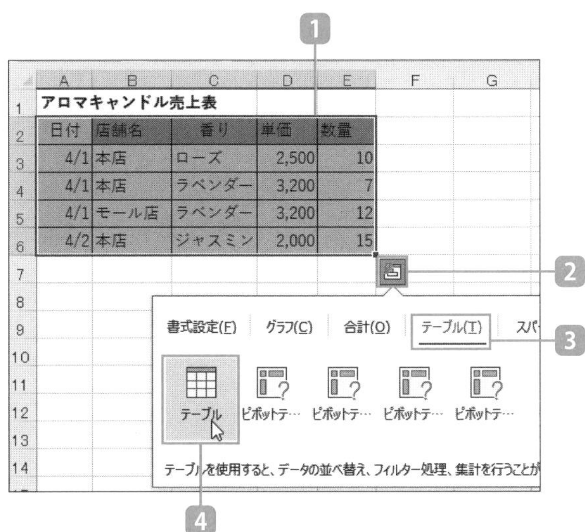

5 自動でテーブルの書式が設定されるので、最初の書式に戻すには、[テーブルデザイン] タブ ([テーブル] タブ) の [テーブルスタイル] グループの [クイックスタイル] ボタンから [なし] を選択する。

6 [テーブルデザイン] タブ ([テーブル] タブ) の [テーブルスタイルのオプション] グループの [集計行] にチェックを入れると、表の最終行に集計行が作成される (表の右端のセルに初期設定で「合計値」が求められる)。

7 合計値ではなく、ほかの集計方法に変更するには、[フィルター] ボタンをクリックして表示されたメニューから選択する。

8 ほかに集計したい列があれば、その列の集計行のセルを選択すると、[フィルター] ボタンが表示されるので、表示されたメニューから集計方法を選び集計値を求める。

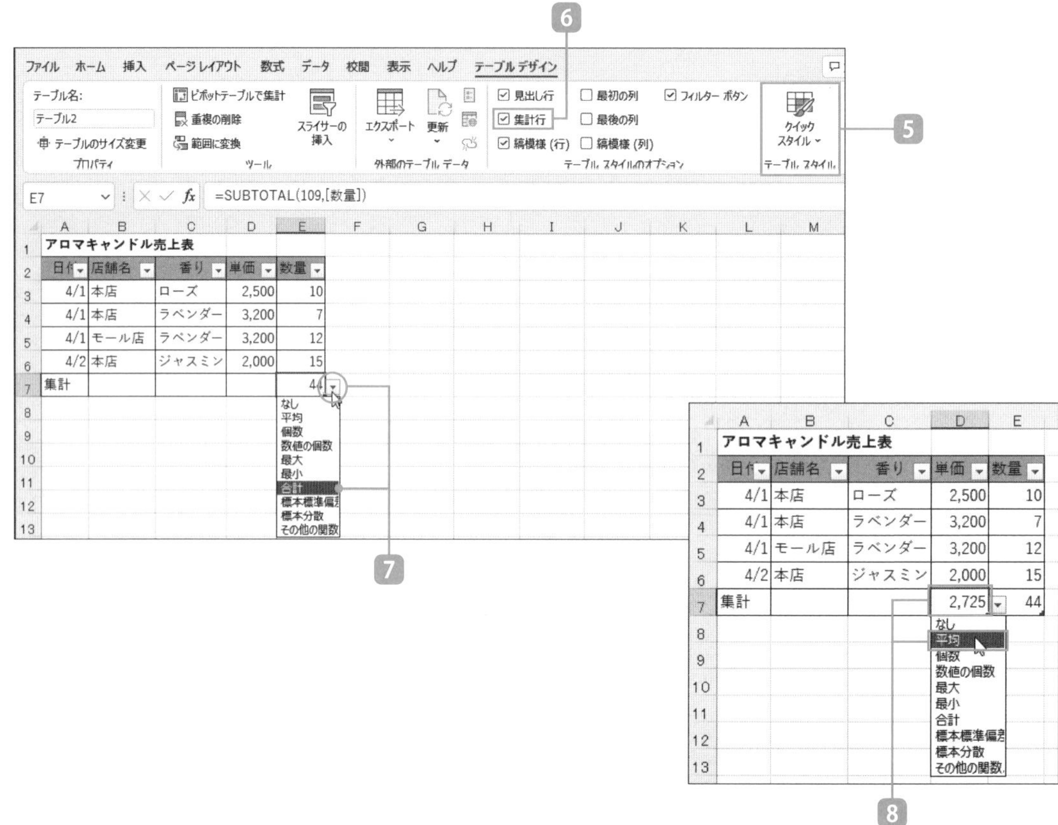

併せて覚え テク

元の表に戻すには?

テーブルに変換した表を元の表に戻すには、[テーブルデザイン] タブ ([テーブル] タブ) → [ツール] グループ→ [範囲に変換] ボタンをクリックしよう。

集計編

✓ 演算機能

テク009 表にデータを貼り付けると同時に四則演算したい

使うのはコレ! 形式を選択して貼り付け

別の表の数値を四則演算したいときは、数式を作成しなくても、**コピーして貼り付ける**だけでできる。足し算したいなら、貼り付ける要素を加算にするだけでいい。

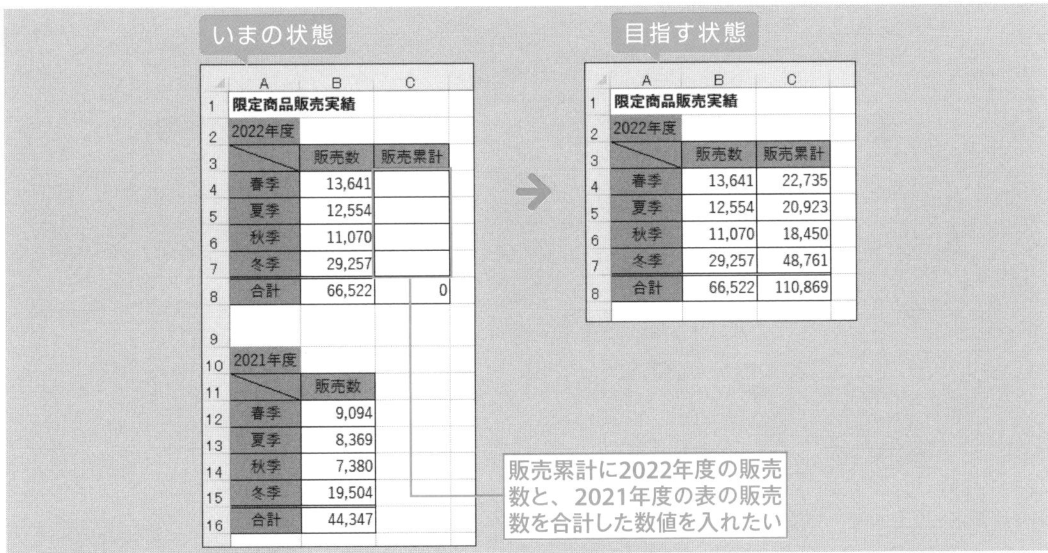

1 販売累計のC4セル～C7セルには、あらかじめ2022年度の販売数を入力しておく。
2 2021年度の販売数B12セル～B15セルを範囲選択し、[ホーム]タブの[クリップボード]グループの[コピー]ボタンをクリックする。C4セルを選択し、右クリックして表示されるメニューから[形式を選択して貼り付け]を選択する。
3 表示された[形式を選択して貼り付け]ダイアログボックスの「演算」から[加算]を選ぶ。

操作テク 書式を貼り付けたくないときは、同時に「値」を選んでおく。

4 [OK]ボタンをクリックすると、2022年度の販売累計に2021年度の販売数が加算される。

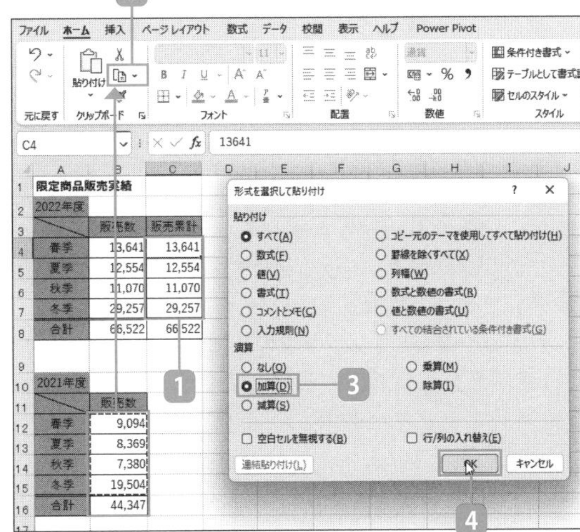

ここがポイント! 演算で貼り付ける要素を選ぶ

[形式を選択して貼り付け]ダイアログボックスの「演算」では、足し算は[加算]、引き算は[減算]、掛け算は[乗算]、割り算は[除算]をそれぞれ選んで貼り付けよう。

✓ 小計機能

テク 010 項目ごとに小計行を挿入したい

使うのはコレ! 小計

作成済みの表内に小計行を挿入するなら**小計機能**を使おう。自動で項目ごとに小計行を挿入して、希望の集計方法で集計値を求めてくれる。

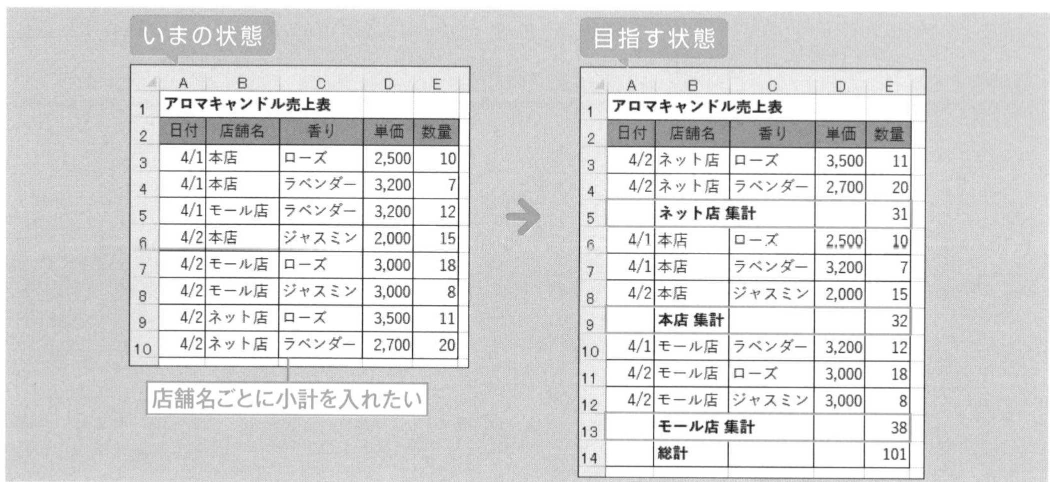

いまの状態

	A	B	C	D	E
1	アロマキャンドル売上表				
2	日付	店舗名	香り	単価	数量
3	4/1	本店	ローズ	2,500	10
4	4/1	本店	ラベンダー	3,200	7
5	4/1	モール店	ラベンダー	3,200	12
6	4/2	本店	ジャスミン	2,000	15
7	4/2	モール店	ローズ	3,000	18
8	4/2	モール店	ジャスミン	3,000	8
9	4/2	ネット店	ローズ	3,500	11
10	4/2	ネット店	ラベンダー	2,700	20

目指す状態

	A	B	C	D	E
1	アロマキャンドル売上表				
2	日付	店舗名	香り	単価	数量
3	4/2	ネット店	ローズ	3,500	11
4	4/2	ネット店	ラベンダー	2,700	20
5		ネット店 集計			31
6	4/1	本店	ローズ	2,500	10
7	4/1	本店	ラベンダー	3,200	7
8	4/2	本店	ジャスミン	2,000	15
9		本店 集計			32
10	4/1	モール店	ラベンダー	3,200	12
11	4/2	モール店	ローズ	3,000	18
12	4/2	モール店	ジャスミン	3,000	8
13		モール店 集計			38
14		総計			101

1. 『店舗名』のセルを1つ選択し、[データ] タブの [並べ替えとフィルター] グループの [昇順] ボタンをクリックして、店舗名ごとに並べ替えをしておく。

   操作テク 小計を挿入したい項目がバラバラに入力されている場合は、小計機能を使う前に必ず項目をグループごとに並べ替えておこう。

2. [データ]タブの[アウトライン]グループの[小計]ボタンをクリックする。
3. 表示された [集計の設定] ダイアログボックスで、[グループの基準] に「店舗名」、[集計の方法] に「合計」、[集計するフィールド] に「数量」を指定する。
4. [OK] ボタンをクリックすると、表に店舗名ごとの小計が挿入される。

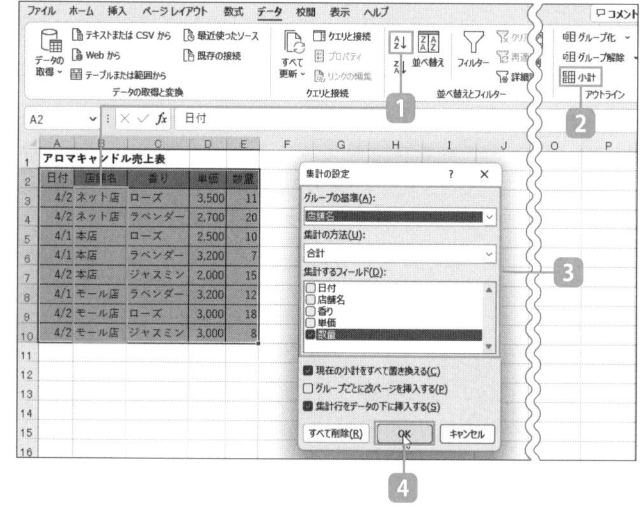

ここがポイント! 元の表に戻すには？

挿入した小計を削除して元の表に戻すには、[集計の設定] ダイアログボックスの [すべて削除] ボタンをクリックしよう。

集計編

併せて覚え テク　複数の基準で小計を挿入するには?

複数の基準で小計を挿入するなら、優先順位で基準ごとに並べ替えを行ってから、基準ごとに[集計の設定]ダイアログボックスで小計を挿入しよう。このとき、2回目以降の[集計の設定]ダイアログボックスでは、必ず、[現在の小計をすべて置き換える]のチェックボックスを外すのがコツ。
たとえば、店舗ごとの小計内でさらに、香りごとの小計も挿入する場合は、以下のように設定しよう。

1. [データ]タブ→[並べ替えとフィルター]グループ→[並べ替え]ボタンをクリックして、「店舗名」を「最優先されるキー」、「香り」を「次に優先されるキーにして並べ替える。
2. 表中のセルを1つ選択し、手順2～4で店舗名ごとの小計を挿入する。
3. もう一度[集計の設定]ダイアログボックスを表示し、「グループの基準」を[香り]、4 [現在の小計をすべて置き換える]のチェックボックスを外して、5 [OK]ボタンをクリックする。

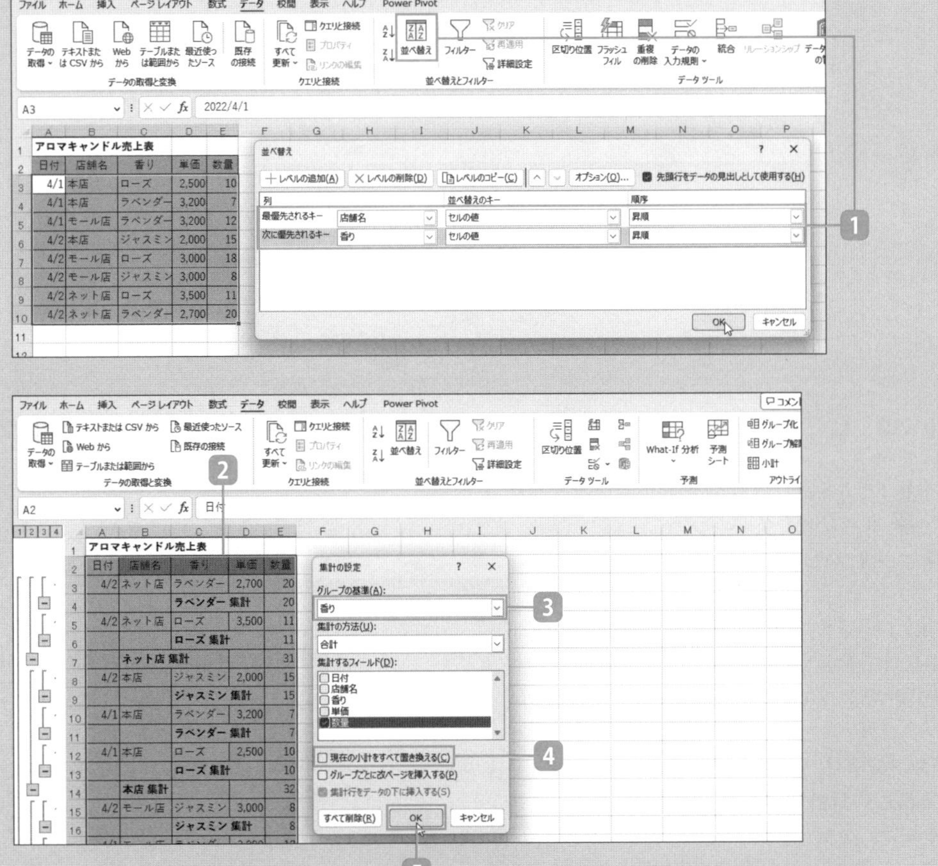

✓ 小計機能

テク011 項目ごとに「平均と合計」の小計行をまとめて挿入したい

使うのはコレ! 小計

テク005でご紹介した小計機能は、**複数の集計方法**でも小計行を作成してくれる。集計方法の数だけ、小計機能を繰り返し使うだけで、合計と平均などまとめて小計行が挿入できる。

いまの状態

	A	B	C	D	E
1	アロマキャンドル売上表				
2	日付	店舗名	香り	単価	数量
3	4/1	本店	ローズ	2,500	10
4	4/1	本店	ラベンダー	3,200	7
5	4/1	モール店	ラベンダー	3,200	12
6	4/2	本店	ジャスミン	2,000	15
7	4/2	モール店	ローズ	3,000	18
8	4/2	モール店	ジャスミン	3,000	8
9	4/2	ネット店	ローズ	3,500	11
10	4/2	ネット店	ラベンダー	2,700	20
11					
12					
13					

店舗名ごとに合計と平均の小計を入れたい

目指す状態

	A	B	C	D	E	F
1	アロマキャンドル売上表					
2	日付	店舗名	香り	単価	数量	
3	4/2	ネット店	ローズ	3,500	11	
4	4/2	ネット店	ラベンダー	2,700	20	
5		**ネット店 平均**			15.5	
6		**ネット店 集計**			31	
7	4/1	本店	ローズ	2,500	10	
8	4/1	本店	ラベンダー	3,200	7	
9	4/2	本店	ジャスミン	2,000	15	
10		**本店 平均**			10.7	
11		**本店 集計**			32	
12	4/1	モール店	ラベンダー	3,200	12	
13	4/2	モール店	ローズ	3,000	18	
14	4/2	モール店	ジャスミン	3,000	8	
15		**モール店 平均**			12.7	
16		**モール店 集計**			38	
17		**全体の平均**			12.6	
18		**総計**			101	

1 テク010の❶〜❹の手順で表に合計の小計を挿入したら、再び、表内のセルを1つ選択し、[データ]タブの[アウトライン]グループの[小計]ボタンをクリックする。

2 [グループの基準]に「店舗名」、[集計の方法]に「平均」、[集計するフィールド]に「数量」を指定する。

3 「現在の小計をすべて置き換える」のチェックを外す。

4 [OK]ボタンをクリックすると、表に店舗名ごとの合計と平均の小計が挿入される。

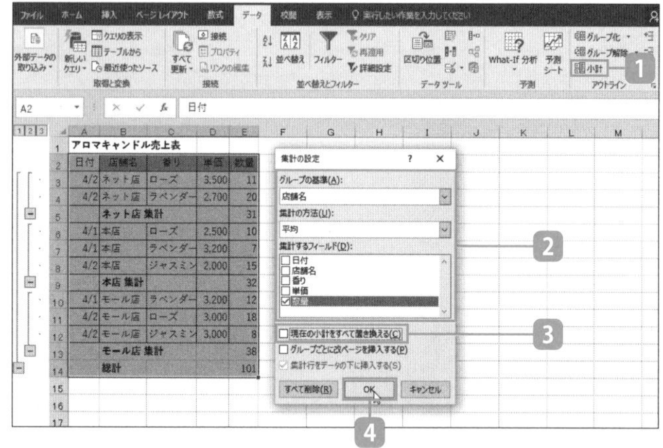

ここがポイント! さらに別の集計方法を選択するには?

さらに別の集計方法での小計行を追加するには、さらに[集計の設定]ダイアログボックスで手順通りに操作を行い、[集計の方法]から追加したい集計方法を選ぼう。
ただし、手順❸の「現在の小計をすべて置き換える」のチェックを外さないと置き換えられてしまうので注意しよう。

第1部
集計編

第2章
数式を使って、思い通りの「集計と小計」を求めよう

2-1 「合計」ボタンの活用テクをマスター！

集計で頻繁に使う集計方法といえば、合計、件数、平均、最大値、最小値である。頻繁に使うからこそ、できるだけスピーディーに求めたい。

そんな基本の集計を最もスピーディーに行ってくれるのが **[合計] ボタン**だ。クリックすれば、セルにSUM関数を自動で挿入して合計を求めてくれる。さらに [▼] をクリックして表示されるメニューを選択すれば、件数、平均、最大値、最小値を求める以下の関数を自動で挿入して集計値を求めてくれる。

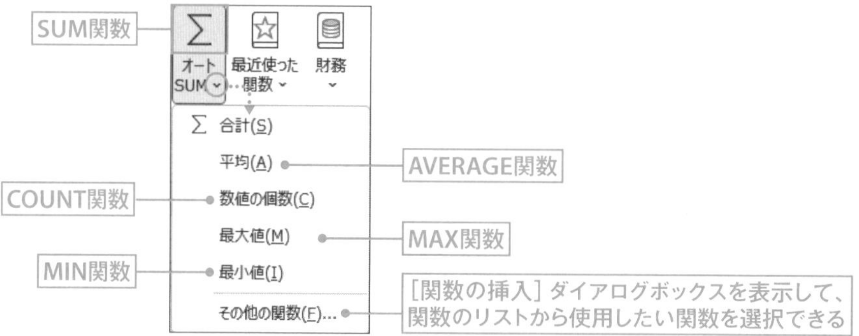

しかし、ボタンのクリックだけしか知らないと、指定の場所に求められない場合がある。たとえば、以下のようなケースだ。

● 2つの表の合計が必要

	A	B	C	D	E
1	**限定商品販売実績**				
2	**【合計】**	**110,869**			
3					
4	**2021年度**			**2022年度**	
5		販売数			販売数
6	春季	9,094		春季	13,641
7	夏季	8,369		夏季	12,554
8	秋季	7,380		秋季	11,070
9	冬季	19,504		冬季	29,257
10					

● 『単価』×『数量』の合計が必要

	A	B	C	D	E
1	**アロマキャンドル売上表**				
2			**【売上合計】**	193,800	
4	日付	店舗名	香り	単価	数量
5	4/1	本店	ローズ	2,500	10
6	4/1	本店	ラベンダー	3,200	7
7	4/1	モール店	ラベンダー	3,200	12
8	4/2	本店	ジャスミン	2,000	15
9	4/2	モール店	ローズ	3,000	18
10	4/2	モール店	ジャスミン	3,000	8

本節では、[合計] ボタンの基本的な使い方や活用テクニックをマスターして、基本の集計を完全制覇しよう！

テク012 ワンクリックで集計値を求めたい

使うのはコレ! [合計] ボタン

合計はSUM関数を使うと求められる。しかし、「=SUM(」と直接入力する場合、集計範囲の選択→ Enter キーで確定という操作が必要になる。そこで **[合計] ボタン**を使うと、最初に選択するセル範囲次第で、ワンクリックで超高速に集計値が求められる。

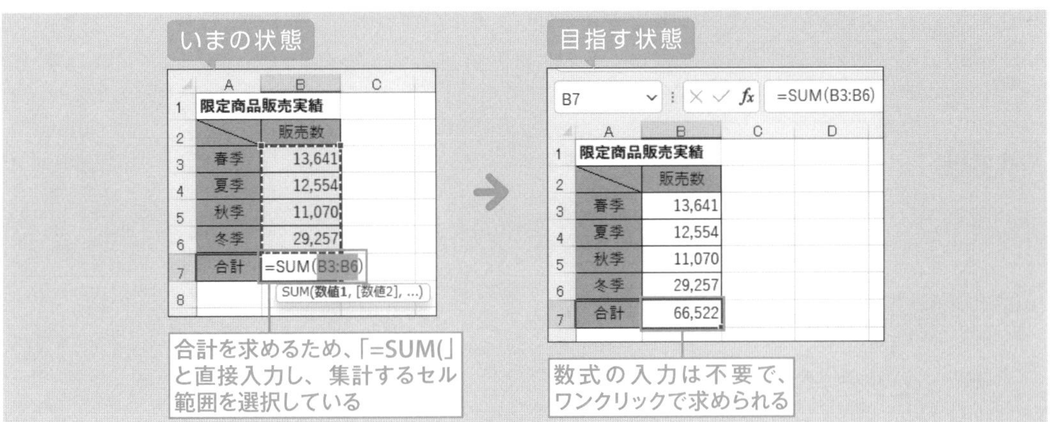

1 合計する『販売数』のB3セル～B6セルを範囲選択する。

操作テク 集計を求めたい列が複数ある場合は、すべての列を範囲選択する。

2 [数式]タブの[関数ライブラリ]グループの[合計]ボタンをクリックすると、B7セルに合計が求められる。

操作テク はじめに選択するセル範囲を「行単位」にすれば横計も求められる。

3 複数行列の表なら、求めるセル(B7セル～E7セル)だけを選択して[合計]ボタンをクリックしても可能。

4 表の右端下端に求める場合は、合計する数値と合計を求めるセルすべてを範囲選択して[合計]ボタンをクリックしよう。

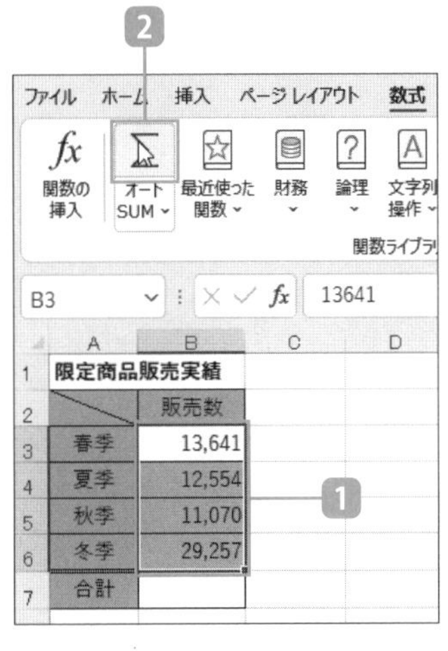

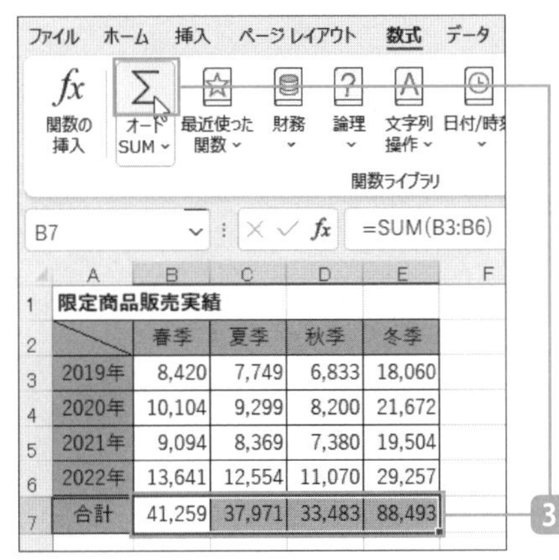

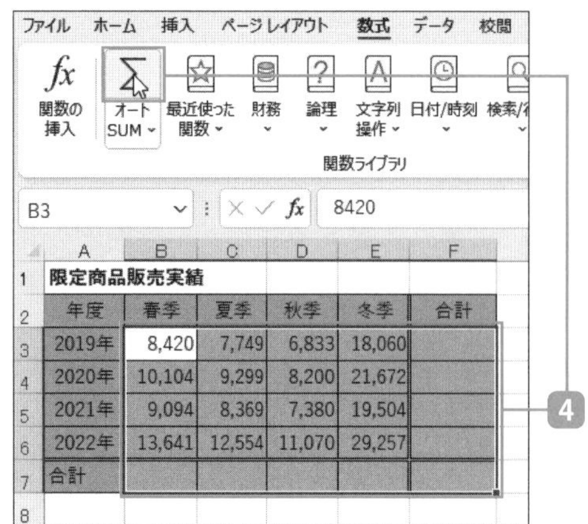

数式解説

「=SUM(B3:B6)」の数式は、B3セル～B6セルの販売数の合計を求める。

併せて覚え テク　ほかの集計方法をワンクリックで求めるには?

手順1のように集計したい数値を選択し、[合計] ボタンの [▼] をクリックして表示されるメニューにある集計方法を選ぶと、選択した集計方法でも求められる(扉ページ参照)。

併せて覚え テク　1行または1列のデータは選択次第で自動選択される

1行または1列のデータの場合、手順1のように、集計するセル範囲(B3セル～B6セル)を選択するのではなく、まずは1求めるセル(B7セル)を選択してから[合計]ボタンをクリックすると、2求めるセルの上か左に隣接している数値のセルを自動で集計範囲として選択する。数式を確定するには、再度[合計]ボタンのクリックが必要。

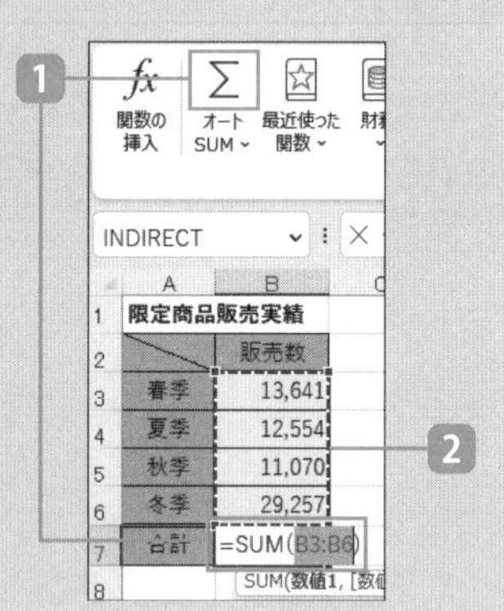

✔ 基本集計

テク 013 表の上端や左端にある複数行列の合計欄に、手早く集計値を求めたい

使うのはコレ! [合計] ボタン

[合計] ボタンを使うと、自動で集計値を入力してくれるセルは、「集計データのセル範囲」の右に隣接しているセル、あるいは下に隣接しているセルになる。もし合計欄が集計表の上端や左端にある場合は、**[合計] ボタン**を2回使って、複数行 (列) の集計値を一度に求めよう。

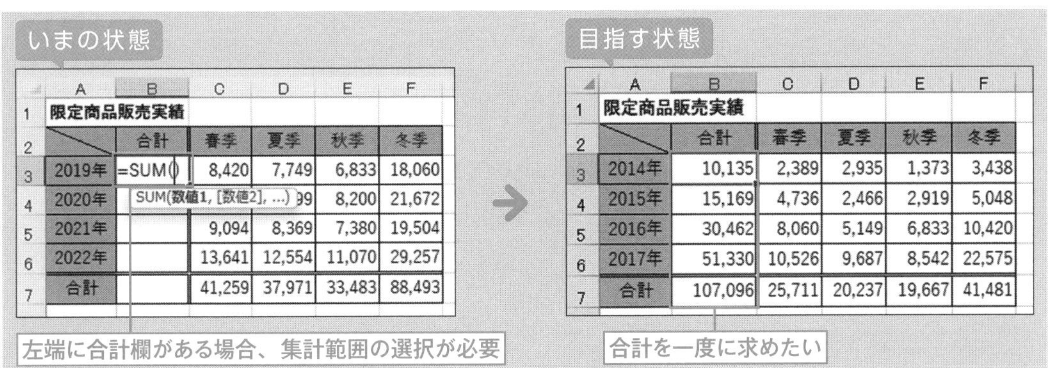

1. 合計欄となるB3セル～B7セルを範囲選択する。
2. [数式] タブの [関数ライブラリ] グループの [合計] ボタンをクリックする。
3. 合計する販売数の1行目C3セル～F3セルを範囲選択する。
4. 再び、[合計] ボタンをクリックすると、B3セル～B7セルに合計が求められる。

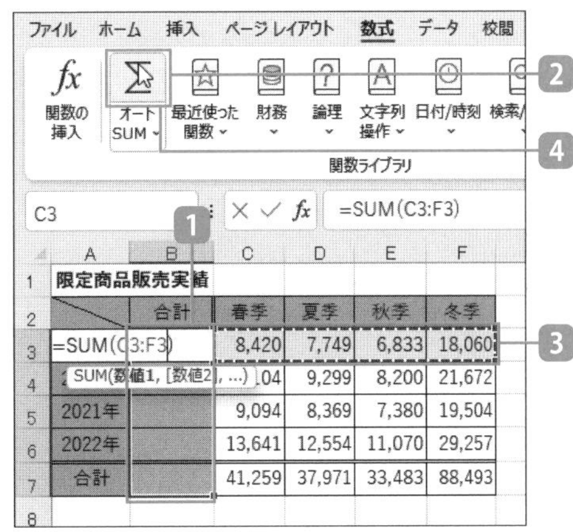

数式解説

「=SUM(C3:F3)」の数式は、C3セル～F3セルの販売数の合計を求める。

ここがポイント!　複数列のデータの上端で一度に集計値を求めるには?

複数列のデータの「上端」で一度に集計値を求めるには、手順1で上端の合計欄を範囲選択し、3で合計したいデータの「1列目」のセル範囲を選択しよう。

併せて覚えテク　ほかの集計方法で求めるには?

ほかの集計方法で求めるには、手順2で [合計] ボタンの [▼] をクリックして表示されるメニューから集計方法を選ぼう。

テク014 離れたセルや複数の表に分かれたデータの集計値を求めたい

使うのはコレ! [合計]ボタン+Ctrlキー

[合計]ボタンを使って、離れたセルや複数の表に分かれているデータの集計値を求めるには、それぞれの集計範囲を Ctrl **キーを使って選択**しよう。

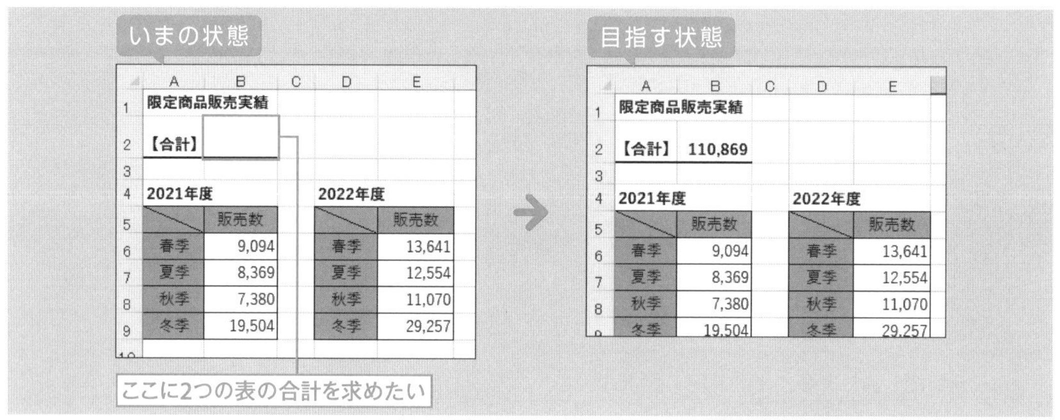

	A	B	C	D	E
1	限定商品販売実績				
2	【合計】	110,869			
3					
4	2021年度			2022年度	
5		販売数			販売数
6	春季	9,094		春季	13,641
7	夏季	8,369		夏季	12,554
8	秋季	7,380		秋季	11,070
9	冬季	19,504		冬季	29,257

1. 『販売数』の合計を求めるセル(B2セル)を選択し、[数式]タブの[関数ライブラリ]グループの[合計]ボタンをクリックする。
2. 1つ目の表のB6セル～B9セルを範囲選択する。
3. Ctrl キーを押しながら、2つ目の表のE6セル～E9セルを範囲選択する。
4. 再度、[合計]ボタンをクリックするか、Enter キーで数式を確定すると、2つの表の合計が求められる。

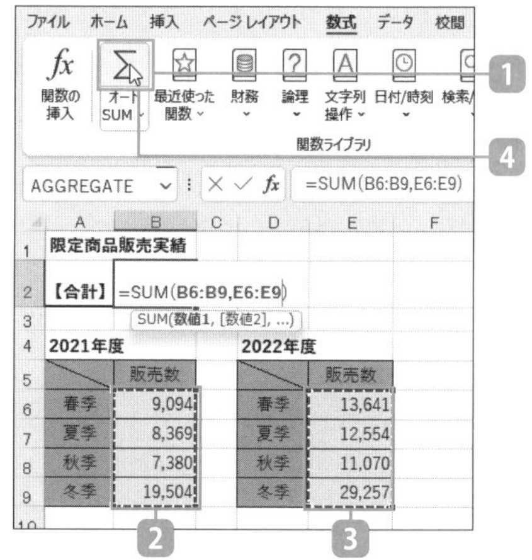

数式解説

「=SUM(B6:B9,E6:E9)」の数式は、B6セル～B9セル、E6セル～E9セルの販売数の合計を求める。手順3で Ctrl キーを押すと、引数の区切りである「,」が入力され、別のセル範囲(E6セル～E9セル)が選択できるようになり、2つのセル範囲をもとに合計が求められる。

併せて覚えテク ほかの集計方法で求めるには?

ほかの集計方法で求めるには、手順1で[合計]ボタンの[▼]をクリックして表示されるメニューから集計方法を選ぼう。

✔ 基本集計

テク015 データが増えても、上行の集計欄を自動更新させたい

使うのはコレ! [エラーチェックオプション] ボタン

データと離れたセルに集計値を求めるときでも、集計欄がデータの下か右のセルにあれば、数式自動拡張機能により、データが追加されても自動で集計範囲が変更される。しかし、集計欄がデータの上か左にある場合は数式自動拡張機能が適用されないので、**[エラーチェックオプション] ボタン**を使おう。クリックするだけで集計範囲を自動的に変更してくれる。

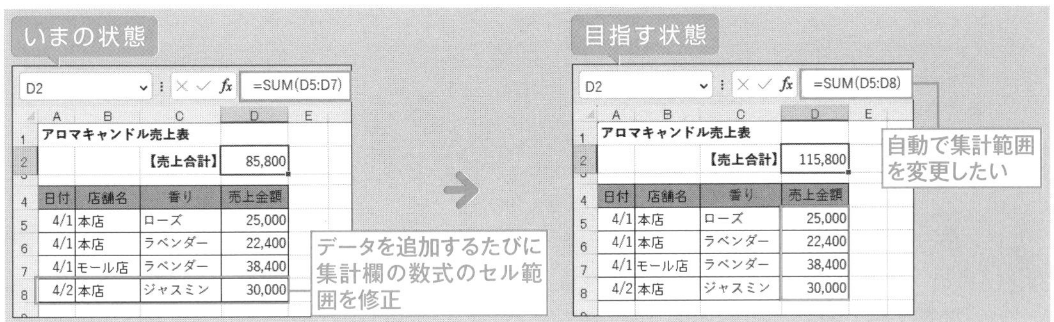

1. データを追加すると、数式を入力したセルに [エラーインジケーター] が表示される。
2. 数式を入力したセルを選択すると、[エラーチェックオプション] ボタンが表示される。
3. [エラーチェックオプション] ボタンをクリックして表示されるメニューから、[数式を更新してセルを含める] を選択する。

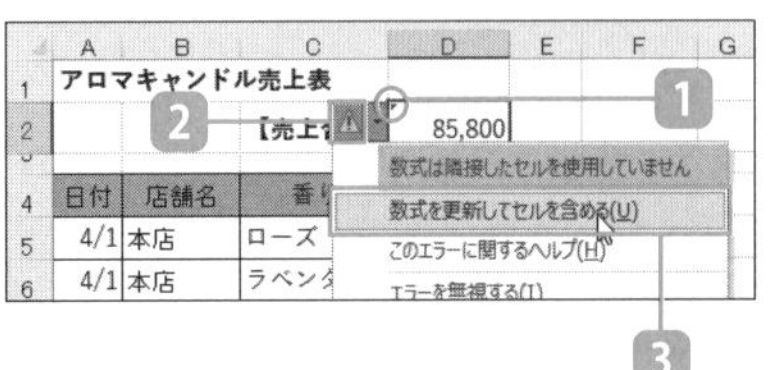

数式解説

「=SUM(D5:D8)」の数式は、D5セル～D8セルの売上金額の合計を求める。

ここがポイント! [エラーインジケーター] が表示されない!?

[エラーインジケーター] が表示されない場合は、[ファイル] タブ→[オプション]→[数式]→[バックグラウンドでエラーチェックを行う] にチェックが外れている。必ず、チェックを入れておこう。ただし、データを追加しても [エラーインジケーター] は、2個以上のセルを集計するように、セル範囲を引数に指定して作成した数式のみに表示される。1個では表示されないので覚えておこう。

併せて覚えテク テーブルに変換しておけば自動で集計範囲は変更される

テーブル（第1章テク008参照）に変換している表内のセル範囲を使って数式を作成すると、数式はセル範囲ではなく表の列見出しになるため、データを追加しても、集計範囲は自動で変更される。併せて覚えておこう。

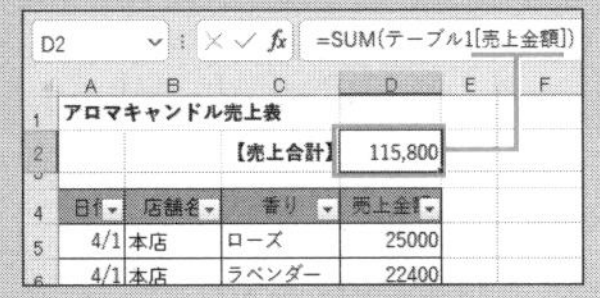

テク016 文字列から取り出した数字の集計値を求めたい

使うのはコレ! [合計]ボタン+VALUE関数

文字列から数値の部分を数式で取り出すと(取り出す数式は第7章1節参照)、数値ではなく文字列になるため、計算することができない。このような場合は**VALUE関数**を使って、文字列で入力されている数字を数値に変換してから**[合計]ボタン**を使おう。

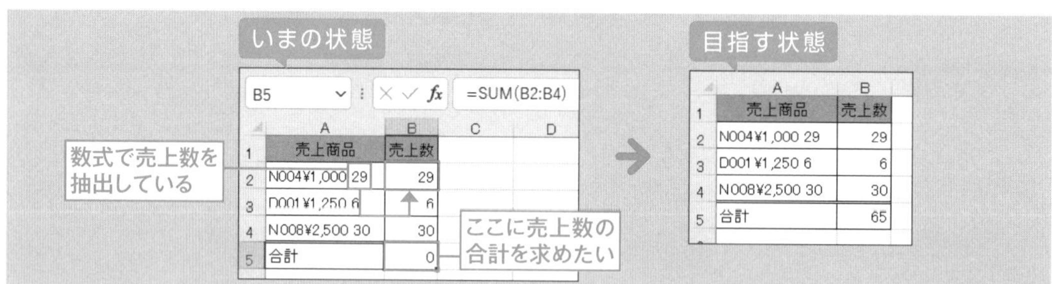

1. 売上数の合計を求めるセル(B5セル)を選択し、[数式]タブの[関数ライブラリ]グループの[合計]ボタンをクリックする。
2. 「VALUE(」と入力する。
3. [文字列]…B2セル～B4セルを範囲選択して、Enterキーで数式を確定する。

操作テク Excel2019/2016の場合はCtrl+Shift+Enterキーで数式を確定する。

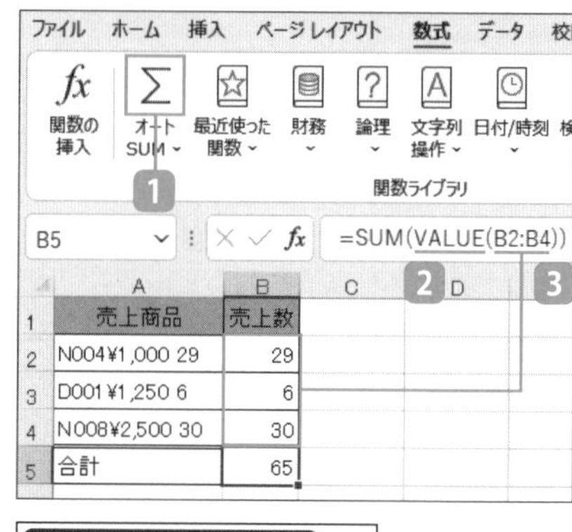

Excel 2019/2016の数式
{=SUM(VALUE(B2:B4))}

数式解説

「=SUM(VALUE(B2:B4))」の数式は、B2セル～B4セルの「売上数」の文字列を数値に変換してその合計を求める。Excel2019/2016では配列数式で求める必要があるため、Ctrl+Shift+Enterキーで数式を確定する(配列数式については第0章テク005を参照)。

併せて覚えテク 文字列の数字は「*1」で数値に変換できる

数式で数値を取り出すときは、数式に「*1」と追加しておけば、数値として取り出せるので、VALUE関数を組み合わせなくても[合計]ボタンだけで集計できる。併せて覚えておこう。

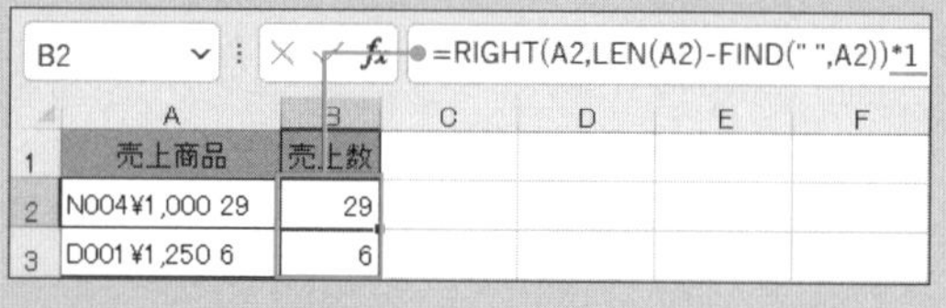

✔ 特殊な集計

テク 017 複数セルの文字数を合算して求めたい

使うのはコレ! [合計] ボタン+LEN関数

複数セル内の文字数を1つひとつ数えるのは、時間を要するばかりか、数え間違いも多くなる。そんなときは、**[合計] ボタン**に**LEN関数**を組み合わせることで、一発で数えられる。

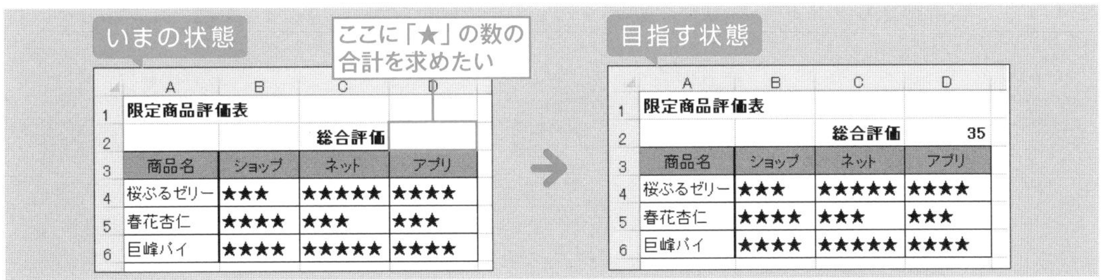

1. 総合評価を求めるセル (D2セル) を選択し、[数式] タブの [関数ライブラリ] グループの [合計] ボタンをクリックする。
2. 「LEN(」と入力する。
3. [文字列] …B4セル～D6セルを範囲選択して、Enter キーで数式を確定する。

操作テク Excel2019/2016の場合は Ctrl + Shift + Enter キーで数式を確定する。

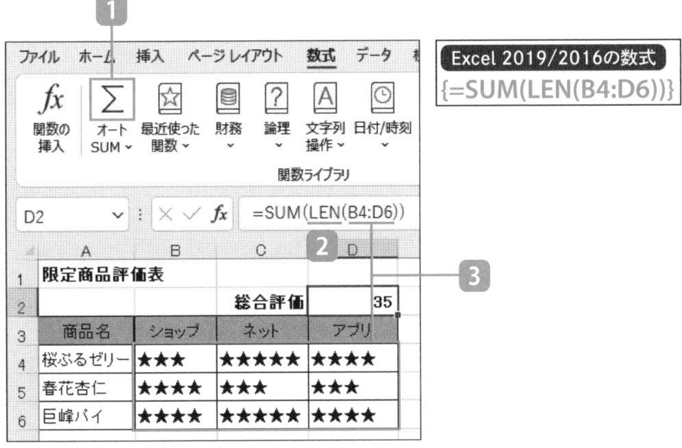

Excel 2019/2016の数式
{=SUM(LEN(B4:D6))}

数式解説

「=SUM(LEN(B4:D6))」の数式は、B4セル～D6セルのセルごとの「★」の数を数えてその数を合計して求める。
Excel2019/2016では配列数式で求める必要があるため、Ctrl + Shift + Enter キーで数式を確定する。

テク 018 残高計算で途中行を削除してもエラーにならないようにしたい

使うのはコレ! [合計] ボタン+SUM関数+「$」記号

「前残高+収入ー支出」の数式を入れている表で、途中の行を削除すると、以降の残高がエラー値になってしまい正しく求められない。対処するには、**SUM関数**で「収入ー支出」の数式を作成しよう。

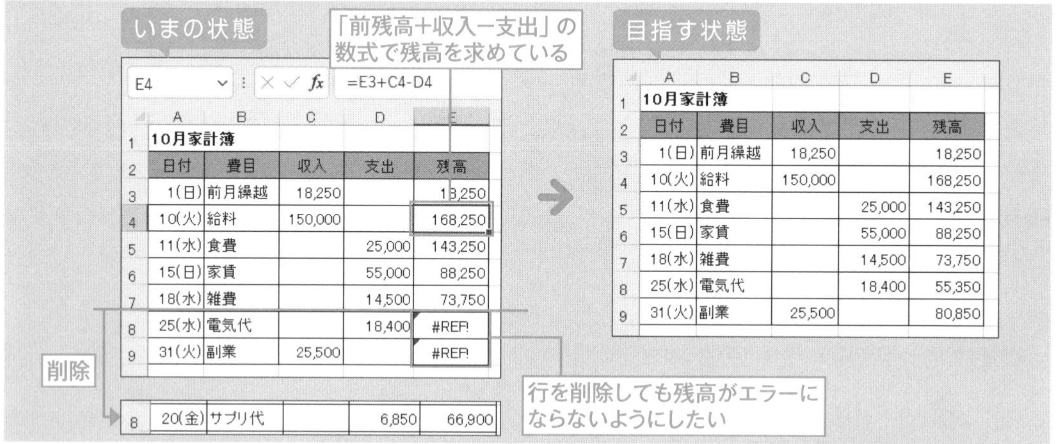

1. 『残高』を求めるセル(E3セル)を選択し、[数式]タブの[関数ライブラリ]グループの[合計]ボタンをクリックする。
2. 『収入』の先頭のC3セルを「$C$3:C3」で指定する。
3. 「)-SUM(」と入力する。
4. 『支出』の先頭のD3セルを「$D$3:D3」で指定して、Enter キーで数式を確定する。
5. 数式を必要なだけ複写する。

数式解説

「=SUM($C$3:C3)-SUM($D$3:D3)」の数式は、それぞれの行までの「収入の合計ー支出の合計」を求める。
この数式をコピーすると、次の行には「=SUM($C$3:C4)-SUM($D$3:D4)」と合計するセル範囲が拡張されていく。途中の行を削除しても、それぞれのセル範囲の行が1つ減るだけなので、結果はエラー値にならずに残高が求められる。

✔ 特殊な集計

テク019 割引率を適用させた合計値を求めたい

使うのはコレ! [合計] ボタン+LOOKUP関数

合計値が、5,000円以上なら10%、10,000円以上なら20%の割引率を適用して求めたい。そんなときは、別途「合計値による割引率の表」を作成しよう。表から合計値による割引率を抽出して、合計に乗算するだけでいい。

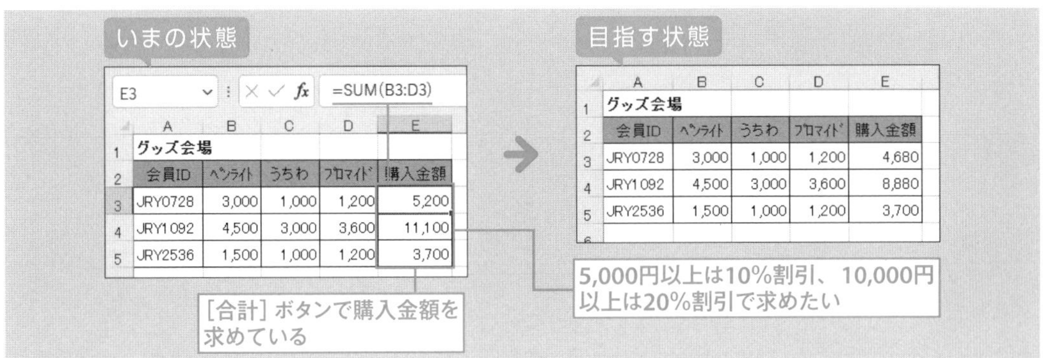

1. 金額による割引率の表を作成しておく。
2. 『購入金額』を求めるセル (E3セル) を選択し、[数式] タブの [関数ライブラリ] グループの [合計] ボタンをクリックする。
3. 合計する1行目B3セル～D3セルを範囲選択する。
4. 「)*(1-LOOKUP(」と入力する。
5. [検査値] …1行目の合計を求める数式をSUM関数で入力する。
6. [検査範囲] …割引率の表の金額のセル範囲を選択し、F4 キーを1回押して [$] 記号をつけ絶対参照にする。
7. [対応範囲] …割引率の表の割引率のセル範囲を選択し、F4 キーを1回押して [$] 記号をつけ絶対参照にしたら、Enter キーで数式を確定する。
8. 数式を必要なだけ複写する。

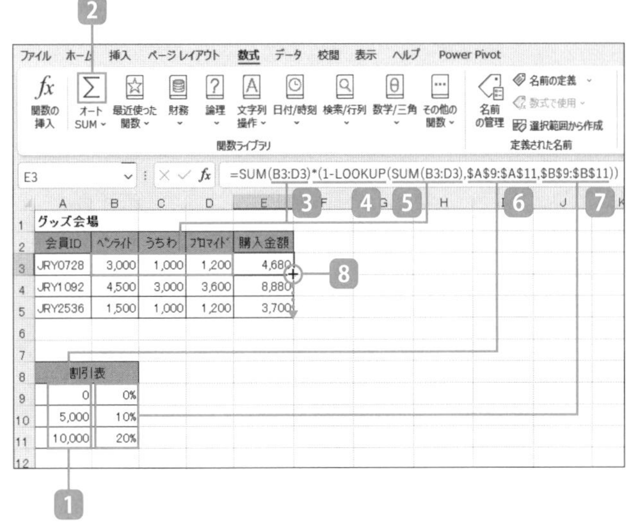

数式解説

「=SUM(B3:D3)*(1-LOOKUP(SUM(B3:D3),$A$9:$A$11,$B$9:$B$11))」の数式は、**LOOKUP関数**でB3セル～D3セルの合計に該当する割引を表から抽出し、1から引き算して掛け率を求め、合計に乗算して結果を求めている。

✓合算集計

テク020 2列（行）の数値を乗算して、その合計値を一発で求めたい

使うのはコレ！ ［合計］ボタン

「単価」「数量」の2列のデータを、行ごとに乗算してその合計を求めたいとき、いちいち乗算した列を作成しなくても、**［合計］ボタン**を使えば一発で求められる。

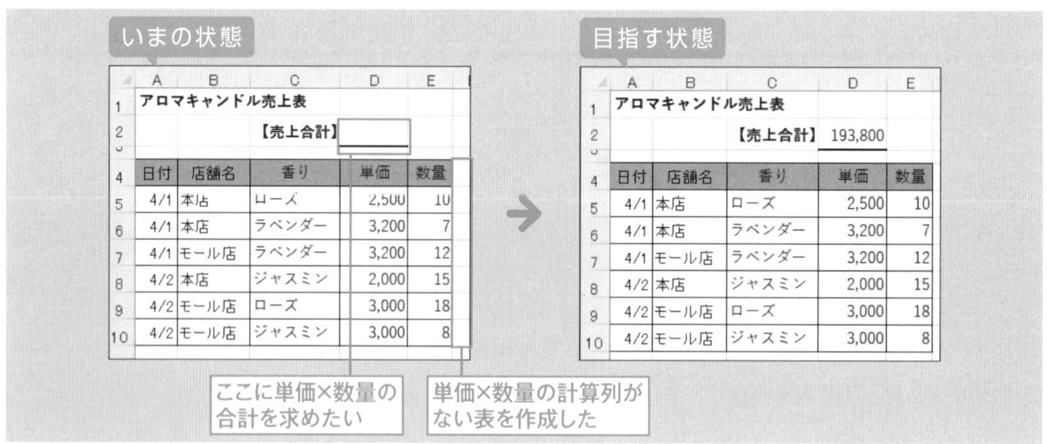

1. 売上合計を求めるセル（D2セル）を選択し、［数式］タブの［関数ライブラリ］グループの［合計］ボタンをクリックする。
2. 乗算する『単価』のセル範囲を選択し、［*］を入力する。
3. 『数量』のセル範囲を選択したら、Enterキーで数式を確定する。

操作テク Excel2019/2016の場合はCtrl＋Shift＋Enterキーで数式を確定する。

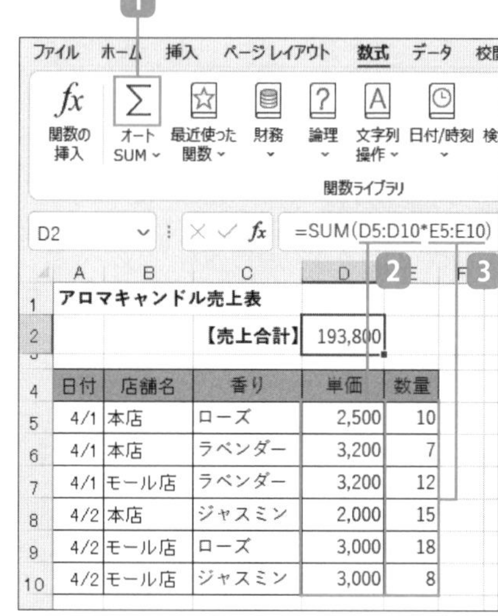

Excel 2019/2016の数式
{=SUM(D5:D10*E5:E10)}

数式解説

「=SUM(D5:D10*E5:E10)」の数式は、D5セル～D10セルの『単価』とE5セル～E10セルの『数量』をそれぞれ乗算して、その合計を求める。配列を扱うため、Excel2019/2016ではCtrl＋Shift＋Enterキーで数式を確定して配列数式で求める必要がある。

ここがポイント！ そのほかの集計方法で求めるには[合計]ボタンのメニューから選ぶ

2列に並ぶデータを行ごとに乗算し、そのほかの集計方法で求めるには、手順❶で該当の関数を入力すればいい。「単価」「数量」の2列のデータを行ごとに乗算してその平均を求めるなら、手順❶で[合計]ボタンの[▼]をクリックして表示されるメニューから「平均」を選び、AVERAGE関数を挿入しよう。

併せて覚え テク 2列に並ぶデータを行ごとに引き算し、その合計を求めるには？

『開始』『終了』の2列のデータを行ごとに引き算してその合計を求める場合は、❶引き算の演算子[−]で数式を使って作成しよう。

C2 =SUM(C4:C8-B4:B8) ❶

	A	B	C	D	E
1	組立作業				
2		作業時間数	32:30		
3	日付	開始	終了		
4	9/1	10:00	18:00		
5	9/2	11:00	17:00		

Excel 2019/2016の数式
{=SUM(C4:C8-B4:B8)}

併せて覚え テク Excel 2019/2016で配列数式を使いたくないときは？

Excel 2019/2016ではスピル機能が搭載されていないので、SUM関数を使って求めるには配列数式が必要になるが、使いたくない場合は、引数を指定するだけで配列計算できる**SUMPRODUCT関数**を使っても求められる。
SUMPRODUCT関数は[配列1]×[配列2]の結果を合計した値を求める。「配列」とは、複数の行や列で構成された複数のデータの集まりのようなもの。

❶ 売上合計を求めるセル（D2セル）を選択し、「=SUMPRODUCT(」と入力する。
❷ [配列1]…『単価』のセル範囲を選択し、Ctrlキーを押す。
❸ [配列2]…『数量』のセル範囲を選択したら、Enterキーで数式を確定する。

D2 =SUMPRODUCT(D5:D10,E5:E10) ❶ ❷ ❸

	A	B	C	D	E
1	アロマキャンドル売上表				
2			【売上合計】	193,800	
4	日付	店舗名	香り	単価	数量
5	4/1	本店	ローズ	2,500	10
6	4/1	本店	ラベンダー	3,200	7
7	4/1	モール店	ラベンダー	3,200	12

数式解説

「=SUMPRODUCT(D5:D10,E5:E10)」の数式は、D5セル～D10セルの『単価』とE5セル～E10セルの『数量』をそれぞれ乗算して、その合計を求める。
[配列1]に単価のセル範囲（配列）、[配列2]に数量のセル範囲（配列）を指定すると、それぞれに対応する値の積を合計することができる。

✓ 合算集計

テク021 行と列の数値をそれぞれ乗算して、その合計値を求めたい

使うのはコレ! MMULT関数

テク020のように乗算する数値の並びが同じ並びではなく、行の配列と列の配列を乗算して合計を求めるなら、**MMULT関数**を使おう。

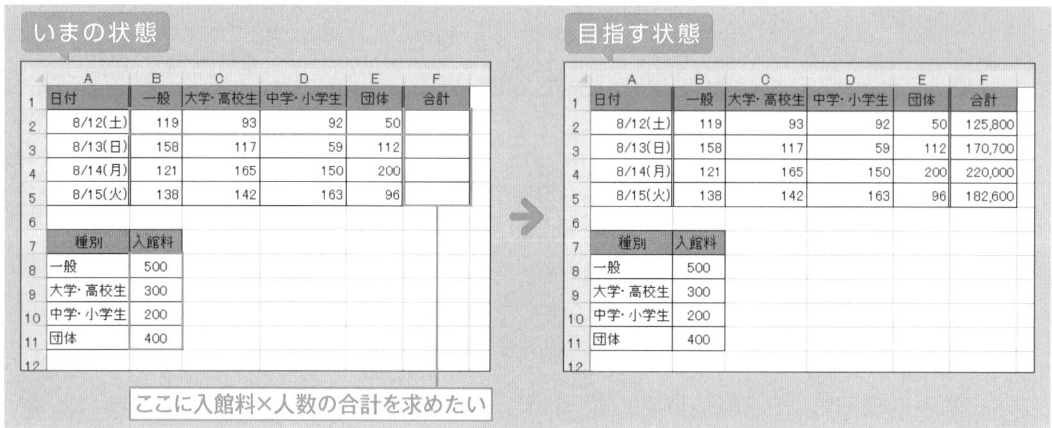

いまの状態

	A	B	C	D	E	F
1	日付	一般	大学・高校生	中学・小学生	団体	合計
2	8/12(土)	119	93	92	50	
3	8/13(日)	158	117	59	112	
4	8/14(月)	121	165	150	200	
5	8/15(火)	138	142	163	96	
6						
7	種別	入館料				
8	一般	500				
9	大学・高校生	300				
10	中学・小学生	200				
11	団体	400				

目指す状態

	A	B	C	D	E	F
1	日付	一般	大学・高校生	中学・小学生	団体	合計
2	8/12(土)	119	93	92	50	125,800
3	8/13(日)	158	117	59	112	170,700
4	8/14(月)	121	165	150	200	220,000
5	8/15(火)	138	142	163	96	182,600
6						
7	種別	入館料				
8	一般	500				
9	大学・高校生	300				
10	中学・小学生	200				
11	団体	400				

1. 合計を求めたいセル（F2セル）を選択し、「=MMULT(」と入力する。
2. ［配列1］…『人数』のセル範囲（B2セル～E2セル）を選択する。
3. ［配列2］…『入館料』のセル範囲（B8セル～B11セル）を選択して、F4 キーを1回押して［$］記号をつけ、絶対参照にしたら、Enter キーで数式を確定する。
4. 数式を必要なだけ複写する。

F2 =MMULT(B2:E2,$B$8:$B$11)

	A	B	C	D	E	F
1	日付	一般	大学・高校生	中学・小学生	団体	合計
2	8/12(土)	119	93	92	50	125,800
3	8/13(日)	158	117	59	112	170,700
4	8/14(月)	121	165	150	200	220,000
5	8/15(火)	138	142	163	96	182,600
6						
7	種別	入館料				
8	一般	500				
9	大学・高校生	300				
10	中学・小学生	200				
11	団体	400				

数式解説

「=MMULT(B2:E2,$B$8:$B$11)」の数式は、B2セル～E2セルの人数とB8セル～B11セルの『入館料』を乗算して合計を求める。
引数［配列1］には行の配列、［配列2］には列の配列を指定して、同じ数で指定する必要がある。

Change!

従来 =MMULT(B2:E2,$B$8:$B$11)

スピル =MMULT(B2:E5,B8:B11)

✓ 合算集計

テク022 単価表を使って各数量に乗算した金額を合算したい

使うのはコレ! [合計] ボタン

列ごとの単価表をもとに、別の表のそれぞれの数値に乗算してその合計を求める場合も、**[合計] ボタン**を使えば、テク020のように乗算の演算子 [*] を使って、セル範囲を指定するだけで一発で求められる。

いまの状態

列ごとの単価表は別に作成した

	A	B	C	D	E
1	入館料				
2	一般	大学・高校生	中学・小学生	団体	
3	500	300	200	400	
4					
5	日付	一般	大学・高校生	中学・小学生	団体
6	8/12(土)	119	93	92	50
7	8/13(日)	158	117	59	112
8	8/14(月)	121	165	150	200
9	8/15(火)	138	142	163	96
10					
11	8月入館料				

ここに入館料×人数の合計を求めたい

→

目指す状態

	A	B	C	D	E
1	入館料				
2	一般	大学・高校生	中学・小学生	団体	
3	500	300	200	400	
4					
5	日付	一般	大学・高校生	中学・小学生	団体
6	8/12(土)	119	93	92	50
7	8/13(日)	158	117	59	112
8	8/14(月)	121	165	150	200
9	8/15(火)	138	142	163	96
10					
11	8月入館料	699,100			

1. 8月の入館料を求めるセル（B11セル）を選択し、[数式] タブの [関数ライブラリ] グループの [合計] ボタンをクリックする。
2. 乗算する『入館料』のセル範囲（A3セル～D3セル）を選択し、[*] を入力する。
3. 『人数』のセル範囲（B6セル～E9セル）を選択したら、Enter キーで数式を確定する。

操作テク Excel2019/2016の場合は Ctrl + Shift + Enter キーで数式を確定する。

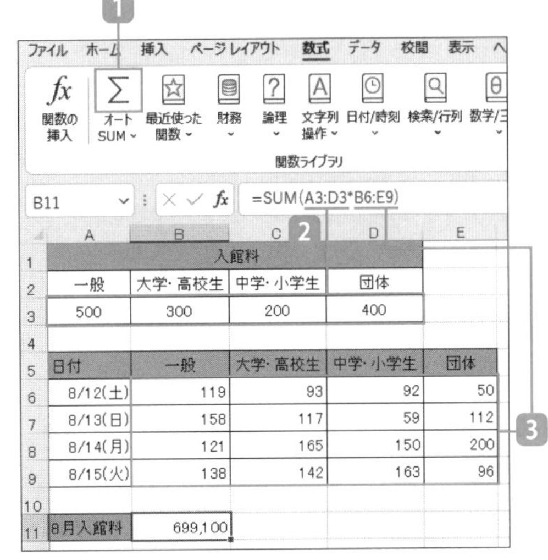

Excel 2019/2016の数式

{=SUM(A3:D3*B6:E9)}

数式解説

「=SUM(A3:D3*B6:E9)」の数式は、A3セル～D3セルの『入館料』とB6セル～E9セルの『人数』をそれぞれ乗算して、その合計を求める。

配列を扱うため、Excel 2019/2016では Ctrl + Shift + Enter キーで数式を確定して配列数式で求める必要がある。

ここがポイント！ Excel 2019/2016で配列数式を使いたくないときはSUMPRODUCT関数を使う

Excel 2019/2016で配列数式を使いたくないときは、引数を指定するだけで配列計算できる**SUMPRODUCT関数**を使って、「=SUMPRODUCT(A3:D3*B6:E9)」と数式を作成しよう。

✓ 合算集計

テク 023 文字ごとに数値を決めて、その合計値を求めたい

使うのはコレ! [合計] ボタン+配列定数

複数列のそれぞれの文字に数値が決められていて、その合計を求める場合、文字の種類が2～3個と少ないなら、数式内に入れ込んで求めてしまおう。

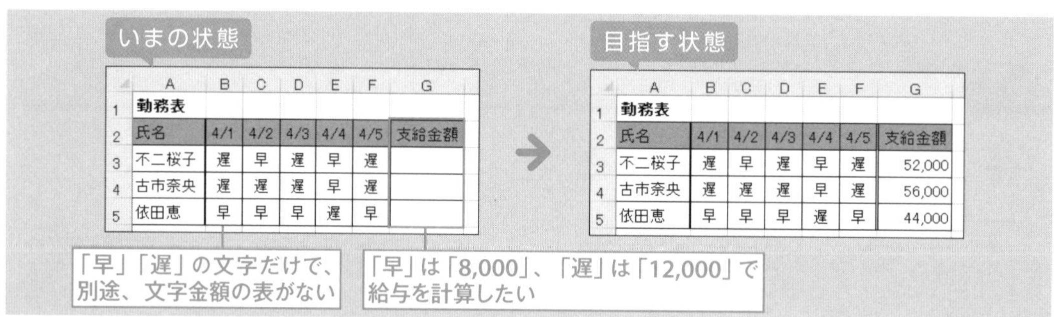

	A	B	C	D	E	F	G
1	勤務表						
2	氏名	4/1	4/2	4/3	4/4	4/5	支給金額
3	不二桜子	遅	早	遅	早	遅	52,000
4	古市奈央	遅	遅	遅	早	遅	56,000
5	依田恵	早	早	早	遅	早	44,000

1. 支給金額を求めるセル(G3セル)を選択し、[数式]タブの[関数ライブラリ]グループの[合計]ボタンをクリックする。
2. B3セル～F3セルの勤務形態が「早」「遅」である場合の条件式を配列定数で入力する。
3. 条件を満たす場合は表の金額を乗算する数式を入力する。乗算の演算子[*]に続けて金額の「8000」「12000」を配列定数で入力して、Enter キーで数式を確定する。
   操作テク Excel2019/2016の場合は Ctrl + Shift + Enter キーで数式を確定する。
4. 数式を必要なだけ複写する。

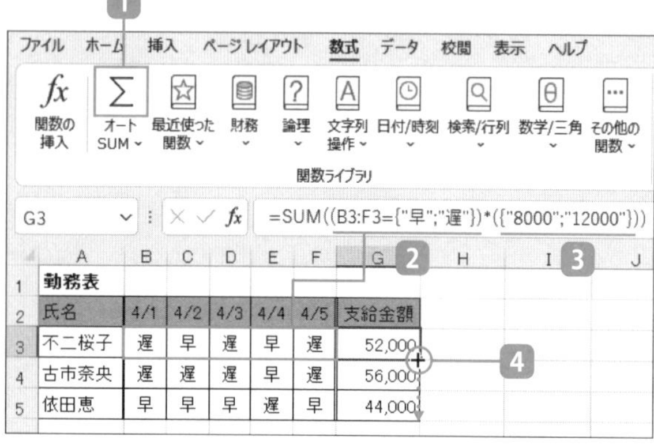

Excel 2019/2016の数式
{=SUM((B3:F3={"早";"遅"})*({"8000";"12000"})}

数式解説

値は配列として数式に組み込むことができる。この値の配列のことを**配列定数**という。配列定数は以下の規則に従って入力することで数式に入れて使うことができる。

- 列は「,」、行は「;」で区切って入力し、行と列は同じ数で指定する。
- 文字列は「" "」で囲んで入力する。
- 配列全体を中括弧「{ }」で囲む。

つまり、この表では「早」「遅」が行並びにあるので、「{"早";"遅"}」と数式内で指定することができる。また、条件式は条件を満たすと「1」、満たさないと「0」が返される。そのため、「B3:F3={"早";"遅"}」のように、条件式を作成すると、B3セル～F3セルのそれぞれの値は「早」「遅」である場合の条件をそれぞれ満たすため「1」「1」「1」「1」「1」と返される。
「早」は「8000」、「遅」は「12000」で計算するため、「*{"8000";"12000"}」と配列で指定すると、「1*12000」「1*8000」「1*12000」「1*8000」「1*12000」が返されることになる。その結果をSUM関数の引数に指定することで、すべてが合計されて支給金額が求められるしくみ。ただし、条件式は下記のようにそれぞれ「( )」で囲んで指定する必要がある。

=SUM((B3:F3={"早";"遅"})*({"8000";"12000"}))

なお、配列を扱うため、Excel2019/2016では Ctrl + Shift + Enter キーで数式を確定して配列数式で求める必要がある。

ここがポイント！　Excel2019/2016で配列数式を使いたくないときはSUMPRODUCT関数を使う

Excel 2019/2016で配列数式を使いたくないときは、引数を指定するだけで配列計算できる**SUMPRODUCT関数**を使って「=SUMPRODUCT((B3:F3={"早";"遅"})*({"8000";"12000"}))」と数式を作成しよう。

2-2 どんな「小計」でも求めるテクをマスター!

表内に項目ごとの小計が必要なときは、第1章1節のテク010で解説の**[小計] ボタン**を使えば、簡単に小計の行を作成できる。

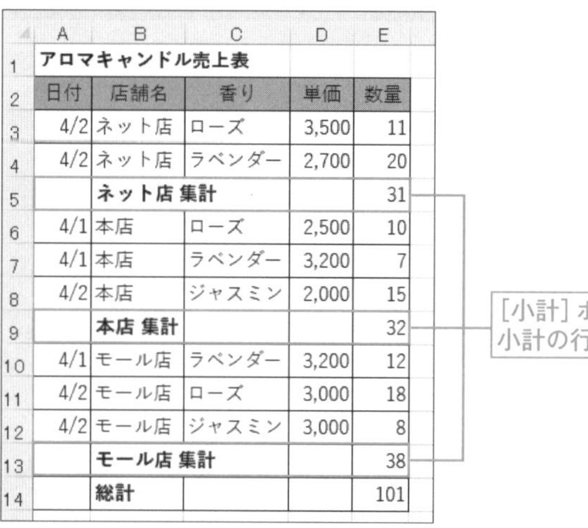

	A	B	C	D	E
1	アロマキャンドル売上表				
2	日付	店舗名	香り	単価	数量
3	4/2	ネット店	ローズ	3,500	11
4	4/2	ネット店	ラベンダー	2,700	20
5		ネット店 集計			31
6	4/1	本店	ローズ	2,500	10
7	4/1	本店	ラベンダー	3,200	7
8	4/2	本店	ジャスミン	2,000	15
9		本店 集計			32
10	4/1	モール店	ラベンダー	3,200	12
11	4/2	モール店	ローズ	3,000	18
12	4/2	モール店	ジャスミン	3,000	8
13		モール店 集計			38
14		総計			101

[小計] ボタンを使えば簡単に小計の行を作成できる

しかし、独自に作成した表の「指定の場所」に小計が必要な場合がある。

● **結合セルの右側に小計が必要**

	A	B	C
1	メニュー別オーダー数		
2	メニュー名	区分	オーダー数
3	パンケーキ	新作	257
4		定番	122
5		計	379
6	フレンチトースト	新作	204
7		定番	89
8		計	293
9	サンドイッチ	新作	186
10		定番	58
11		計	244
12		合計	916
13			

● **別の列に小計が必要**

	A	B	C	D	E
1	9月受電件数				
2	日付	時間帯	担当	受電件数	時間帯件数
3	9/1	10:00	池内	5	
4	9/1	10:00	岩下	7	12
5	9/1	11:00	松岡	6	
6	9/1	11:00	池内	3	
7	9/1	11:00	岩下	9	18
8	9/1	12:00	遠藤	8	
9	9/1	12:00	松岡	8	
10	9/1	12:00	岩下	6	
11	9/1	12:00	田辺	7	29
12	9/2	10:00	池内	7	

表の形式がイレギュラーなものだと、[小計] ボタンだけでは対処できない。本節では、どんなに扱いにくい小計でも求められるようになろう！

✓ 小計

テク024 小計と総計を同時に求めたい

使うのはコレ! [合計] ボタン+Ctrlキー

小計を複数含む表で、すべての小計を求めるとき、小計ごとに[合計]ボタンを使うのはめんどう。Ctrl **キー**を使えば、すべての小計と総計を同時に求められる。

いまの状態

小計と合計を同時に求めたい

	A	B	C
1	メニュー別オーダー数		
2	メニュー名	区分	オーダー数
3	パンケーキ	新作	257
4		定番	122
5		計	
6	フレンチトースト	新作	204
7		定番	89
8		計	
9	サンドイッチ	新作	186
10		定番	58
11		計	
12		合計	

目指す状態

	A	B	C	D
1	メニュー別オーダー数			
2	メニュー名	区分	オーダー数	
3	パンケーキ	新作	257	
4		定番	122	
5		計	379	
6	フレンチトースト	新作	204	
7		定番	89	
8		計	293	
9	サンドイッチ	新作	186	
10		定番	58	
11		計	244	
12		合計	916	

1 オーダー数の小計、合計を求めるセルをCtrlキーを押しながら選択する。

2 [数式]タブの[関数ライブラリ]グループの[合計]ボタンをクリックする。

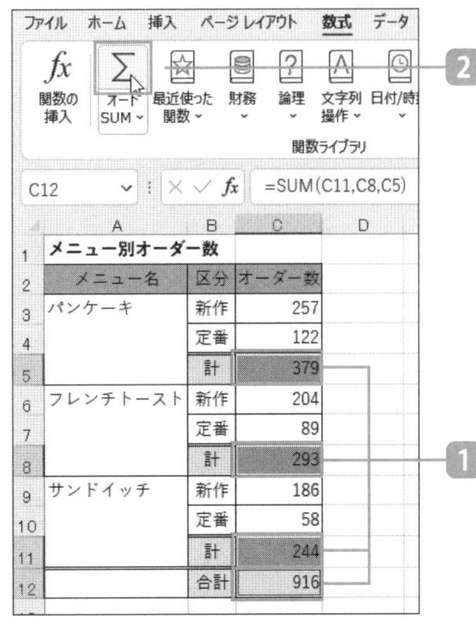

数式解説

C5セルの数式「=SUM(C3:C4)」はC3セル～C4セルの合計、C8セルの数式「=SUM(C6:C7)」はC6セル～C7セルの合計、C11セルの数式「=SUM(C9:C10)」はC9セル～C10セルの合計を求める。
[合計]ボタンを使うと、小計を求めたいセルの**上に隣接するセル範囲**を、集計範囲として自動で選択するため、それぞれの小計が求められる。
そして、[合計]ボタンを使うと、集計するセル範囲に含まれる、**SUM関数で小計を求めたセル**(この例ではC5セル、C8セル、C11セル)を自動で選択するため、「合計」のセルには「=SUM(C11,C8,C5)」の数式が作成され、小計だけの合計が求められる。

✔ 小計

テク025 複数行列の小計を手早く求めたい

使うのはコレ! ［合計］ボタン+ジャンプ機能

テク024では、小計と総計を求めるときに Ctrl キーを使っている。複数行列の小計や総計なら、さらに**ジャンプ機能**を併せて使ってみよう。小計と総計以外に空白セルがない大きな表ならスピーディーに求められる。

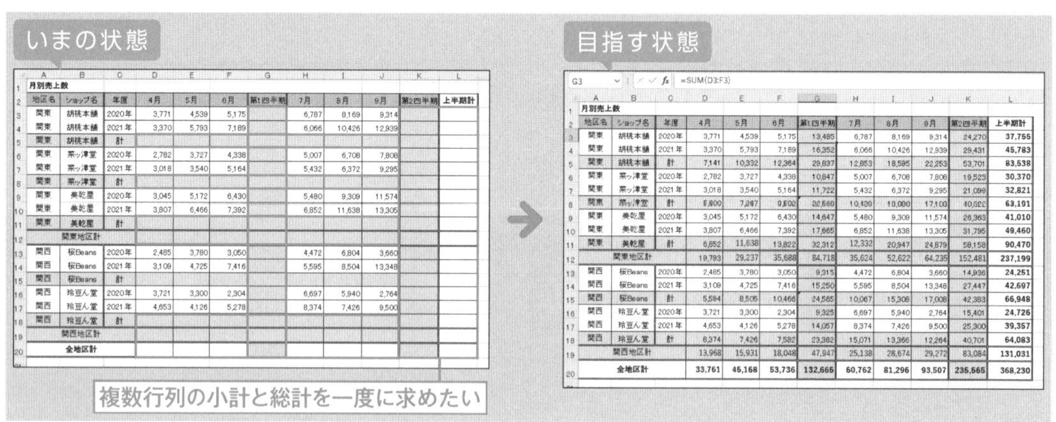

1 Ctrl キーを押しながら、総計以外のセル範囲（D3セル～K11セル、D13セル～K18セル）を選択して、［ホーム］タブの［編集］グループ→［検索と選択］ボタン→［条件を選択してジャンプ］を選択する。
2 表示された［選択オプション］ダイアログボックスで［空白セル］を選ぶ。
3 ［OK］ボタンをクリックすると、小計のセルだけが選択される。

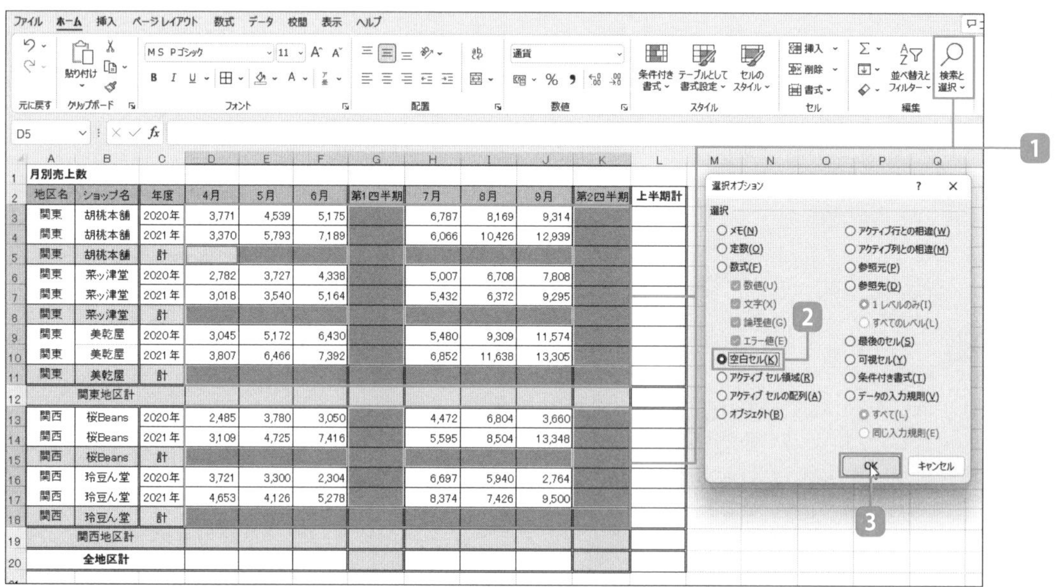

4 Ctrl キーを押しながら、総計のセル範囲（D12セル～K12セル、D19セル～K19セル、D20セル～K20セル、L3セル～L20セル）を選択する。

5 ［数式］タブの［関数ライブラリ］グループの［合計］ボタンをクリックする。

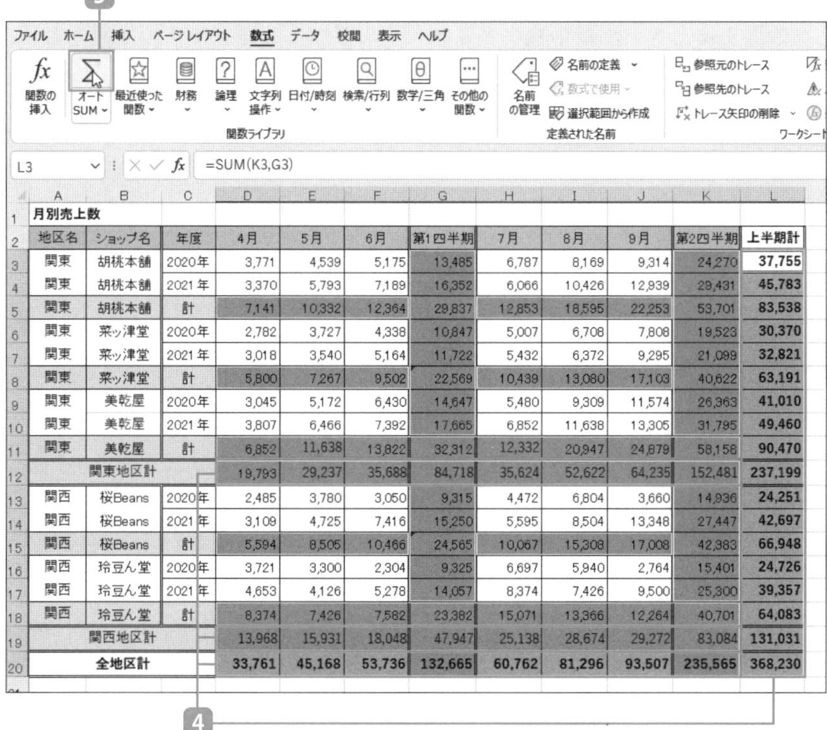

	A	B	C	D	E	F	G	H	I	J	K	L
1	月別売上数											
2	地区名	ショップ名	年度	4月	5月	6月	第1四半期	7月	8月	9月	第2四半期	上半期計
3	関東	胡桃本舗	2020年	3,771	4,539	5,175	13,485	6,787	8,169	9,314	24,270	37,755
4	関東	胡桃本舗	2021年	3,370	5,793	7,189	16,352	6,066	10,426	12,939	29,431	45,783
5	関東	胡桃本舗	計	7,141	10,332	12,364	29,837	12,853	18,595	22,253	53,701	83,538
6	関東	菜ッ津堂	2020年	2,782	3,727	4,338	10,847	5,007	6,708	7,808	19,523	30,370
7	関東	菜ッ津堂	2021年	3,018	3,540	5,164	11,722	5,432	6,372	9,295	21,099	32,821
8	関東	菜ッ津堂	計	5,800	7,267	9,502	22,569	10,439	13,080	17,103	40,622	63,191
9	関東	美乾屋	2020年	3,045	5,172	6,430	14,647	5,480	9,309	11,574	26,363	41,010
10	関東	美乾屋	2021年	3,807	6,466	7,392	17,665	6,852	11,638	13,305	31,795	49,460
11	関東	美乾屋	計	6,852	11,638	13,822	32,312	12,332	20,947	24,879	58,158	90,470
12	関東地区計			19,793	29,237	35,688	84,718	35,624	52,622	64,235	152,481	237,199
13	関西	桜Beans	2020年	2,485	3,780	3,050	9,315	4,472	6,804	3,660	14,936	24,251
14	関西	桜Beans	2021年	3,109	4,725	7,416	15,250	5,595	8,504	13,348	27,447	42,697
15	関西	桜Beans	計	5,594	8,505	10,466	24,565	10,067	15,308	17,008	42,383	66,948
16	関西	玲豆ん堂	2020年	3,721	3,300	2,304	9,325	6,697	5,940	2,764	15,401	24,726
17	関西	玲豆ん堂	2021年	4,653	4,126	5,278	14,057	8,374	7,426	9,500	25,300	39,357
18	関西	玲豆ん堂	計	8,374	7,426	7,582	23,382	15,071	13,366	12,264	40,701	64,083
19	関西地区計			13,968	15,931	18,048	47,947	25,138	28,674	29,272	83,084	131,031
20	全地区計			33,761	45,168	53,736	132,665	60,762	81,296	93,507	235,565	368,230

ここがポイント！　総計はジャンプ機能で選択しない

手順❶で総計も含めてジャンプ機能で選択しても、集計範囲は正しく選択されない。必ず総計は別途、Ctrl キーを使って選択しよう。

✓小計を含む集計

テク026 小計だけ自動選択して集計値を求めたい

使うのはコレ! [合計] ボタン

表内にある小計だけを合計するとき、小計が複数あると、そのすべてを選択するのはめんどう。**[合計] ボタン**を使えば、小計のセルを選択せずに一瞬で求められる。

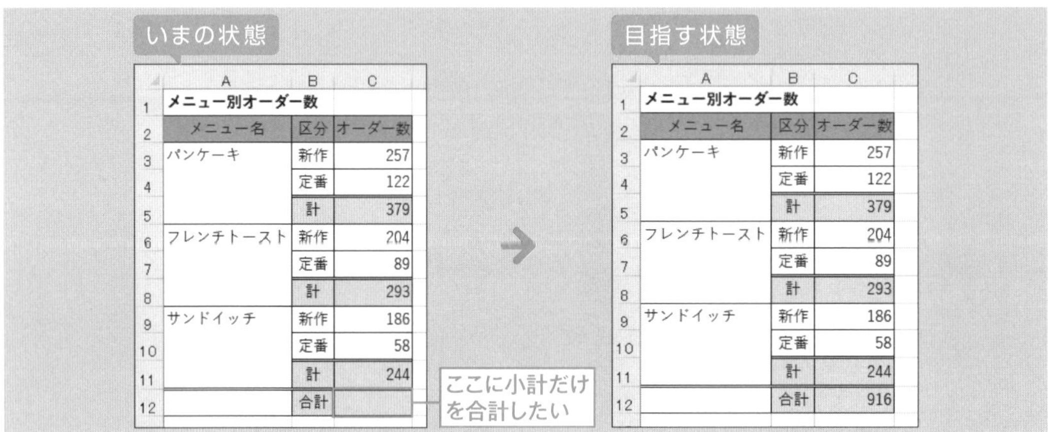

いまの状態

	A	B	C
1	メニュー別オーダー数		
2	メニュー名	区分	オーダー数
3	パンケーキ	新作	257
4		定番	122
5		計	379
6	フレンチトースト	新作	204
7		定番	89
8		計	293
9	サンドイッチ	新作	186
10		定番	58
11		計	244
12		合計	

目指す状態

	A	B	C
1	メニュー別オーダー数		
2	メニュー名	区分	オーダー数
3	パンケーキ	新作	257
4		定番	122
5		計	379
6	フレンチトースト	新作	204
7		定番	89
8		計	293
9	サンドイッチ	新作	186
10		定番	58
11		計	244
12		合計	916

1. オーダー数の合計を求めるセル (C12) を選択し、[数式] タブの [関数ライブラリ] グループの [合計] ボタンをクリックする。
2. 自動で小計のセルが選択される。
3. 再度、[合計] ボタンをクリックするか、Enter キーで数式を確定すると、合計が求められる。

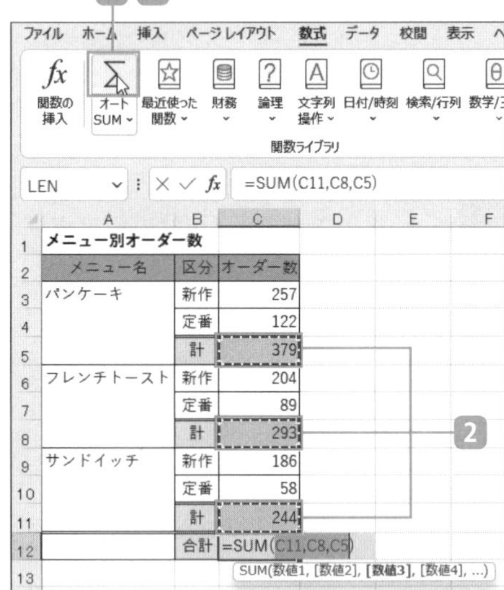

数式解説

C12セルの数式「=SUM(C11,C8,C5)」は、C11セル、C8セル、C5セルの小計の合計を求める。[合計] ボタンを使うと、集計するセル範囲に含まれる、SUM関数で小計を求めたセルだけが選択される。

ここがポイント! ほかの集計方法では選択されない

[合計] ボタンを使うと、求めるセルの上か左に隣接する、データやSUM関数で求めた小計だけが自動選択される。しかし、[合計] ボタンを使って自動選択されるのはSUM関数だけで、[合計] ボタンのメニューにある平均などは選択しても自動選択されない。**小計だけの**平均や最大値を求めたいときは、手順3のあと、数式の「SUM」を平均なら「AVERAGE」、最大値なら「MAX」に修正して変更しよう。

✓ 小計を含む集計

テク027 データの上に小計欄がある表や、合計欄と小計欄が別列にある表でも、小計欄だけを一瞬で合計したい

使うのはコレ! ［合計］ボタン、「/2」

［合計］ボタンで小計だけを自動選択して合計できるのは、求めるセルの上か左に隣接する、SUM関数で求めた小計のみ。自動選択されない、データの上にある小計や、小計とは違う列で離れた位置にある小計だけを合計したいときは、**小計を含んで倍になっている合計を半分**にして求めよう。

いまの状態

小計をデータの上に作成した

小計だけの合計をここに求めたい

	A	B	C
1	メニュー別オーダー数		
2	メニュー名	区分	オーダー数
3	パンケーキ	計	379
4		新作	257
5		定番	122
6	フレンチトースト	計	293
7		新作	204
8		定番	89
9	サンドイッチ	計	244
10		新作	186
11		定番	58
12		合計	

目指す状態

	A	B	C
1	メニュー別オーダー数		
2	メニュー名	区分	オーダー数
3	パンケーキ	計	379
4		新作	257
5		定番	122
6	フレンチトースト	計	293
7		新作	204
8		定番	89
9	サンドイッチ	計	244
10		新作	186
11		定番	58
12		合計	916

1. オーダー数の合計を求めるセル（C12セル）を選択し、［数式］タブの［関数ライブラリ］グループの［合計］ボタンをクリックする。
2. 上に隣接するセル範囲が選択されて、「=SUM(C3:C11)」と入力されるので、続けて「/2」と入力して、Enter キーで数式を確定すると、小計だけの合計が求められる。

数式解説

「=SUM(C3:C11)/2」の数式は、C3セル～C11セルの合計を2で除算する。

ここがポイント!　小計を含み倍になった合計を半分にする

小計を含み倍になった合計を半分にすることで、小計だけの、もしくは小計を除く合計が求められる。

✓ 小計を含む集計

テク028 集計表の下行に平均や最大値の小計をまとめて求めたい

使うのはコレ! [合計] ボタンの [▼] +Ctrlキー

作成した集計表の下に、項目ごとの平均や最大値をまとめて求めたいときは、Ctrl**キーを押しながら**、項目ごとにセル範囲を選択して**[合計] ボタン**を使おう。ただし、この方法で求められるのは、「合計」以外の集計方法のみ。

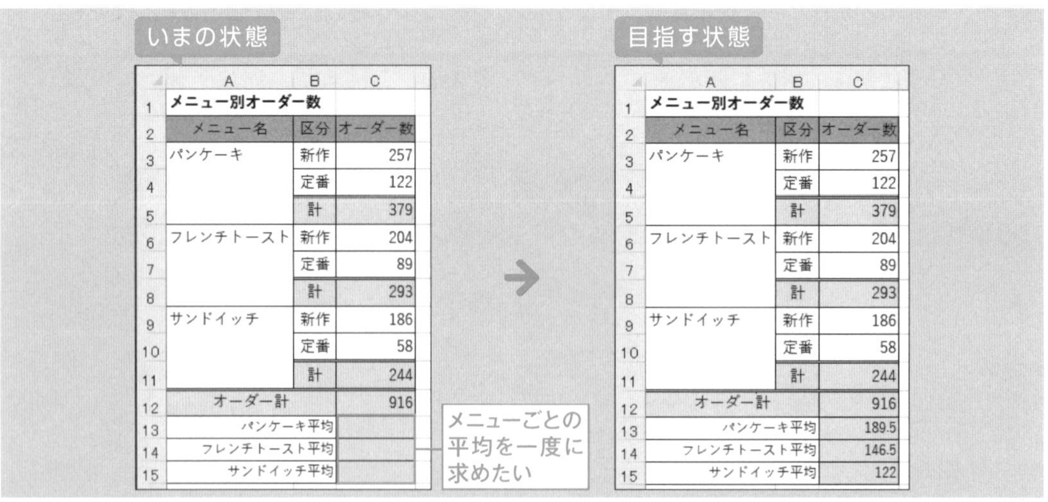

	A	B	C
1	メニュー別オーダー数		
2	メニュー名	区分	オーダー数
3	パンケーキ	新作	257
4		定番	122
5		計	379
6	フレンチトースト	新作	204
7		定番	89
8		計	293
9	サンドイッチ	新作	186
10		定番	58
11		計	244
12	オーダー計		916
13	パンケーキ平均		189.5
14	フレンチトースト平均		146.5
15	サンドイッチ平均		122

1. 平均を求めたい『オーダー数』のセル範囲を、メニューごとにCtrlキーを押しながら選択する。
2. [数式] タブの [関数ライブラリ] グループの [合計] ボタンの [▼] → [平均] を選択する。

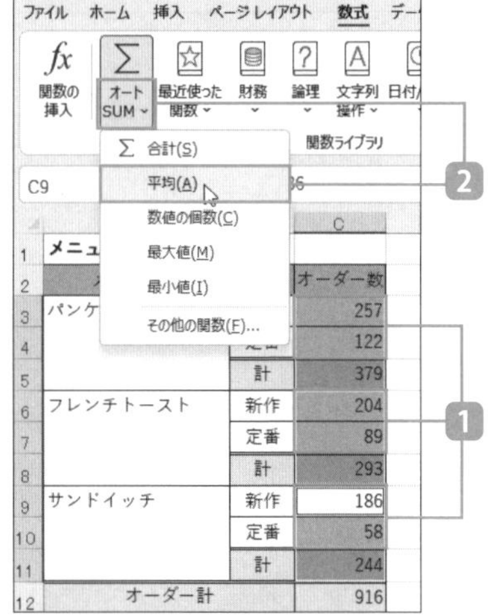

数式解説

C13セルの数式「=AVERAGE(C3:C4)」はC3セル～C4セルの平均、C14セルの数式「=AVERAGE(C6:C7)」はC6セル～C7セルの平均、C15セルの数式は「=AVERAGE(C9:C10)」はC9セル～C10セルのオーダー数の平均を求める。

ここがポイント! Ctrlキーでそれぞれのセル範囲を別々に選択するのがコツ

Ctrlキーを押しながら、セル範囲を項目ごと別々に選択してから[合計]ボタンの[▼]をクリックして、表示される**[合計] 以外の集計方法**を選択すると、選択したセル範囲ごとの集計値が別々の行にまとめて求められる。

✔ 小計を含む集計

テク029 表内にある小計を除いて平均や最大値を求めたい

使うのはコレ！ 置換機能+SUBTOTAL関数

列中のデータから平均や最大値を求めたいが、途中に含む小計は除きたいという場合、データが多くても、小計以外のそれぞれのセル範囲を Ctrl キーで選択しなければなくなる。そこで、**SUBTOTAL関数**を使えば、すべてのセル範囲を選択するだけで、小計を自動で除いて集計してくれるのでスピーディーに求められる。

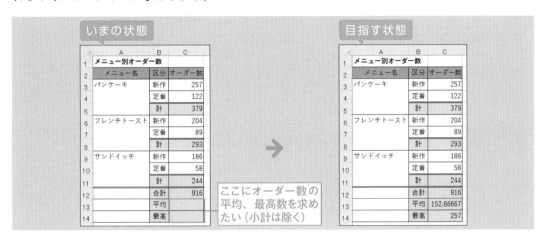

いまの状態

	A	B	C
1	メニュー別オーダー数		
2	メニュー名	区分	オーダー数
3	パンケーキ	新作	257
4		定番	122
5		計	379
6	フレンチトースト	新作	204
7		定番	89
8		計	293
9	サンドイッチ	新作	186
10		定番	58
11		計	244
12		合計	916
13		平均	
14		最高	

ここにオーダー数の平均、最高数を求めたい（小計は除く）

➜

目指す状態

	A	B	C
1	メニュー別オーダー数		
2	メニュー名	区分	オーダー数
3	パンケーキ	新作	257
4		定番	122
5		計	379
6	フレンチトースト	新作	204
7		定番	89
8		計	293
9	サンドイッチ	新作	186
10		定番	58
11		計	244
12		合計	916
13		平均	152.66667
14		最高	257

1. C3セル～C11セルを範囲選択し、[ホーム]タブの[編集]グループの[検索と選択]ボタンから[置換]を選択する。
2. 表示された[検索と置換]ダイアログボックスで[検索する文字列]に「=SUM(」と入力し、[置換後の文字列]に「=SUBTOTAL(9,」と入力する。
3. [すべて置換]ボタンをクリックして、[閉じる]ボタンをクリックする。
4. 平均を求めるセル（C13セル）を選択し、「=SUBTOTAL(」と入力する。
5. [集計方法]…集計する方法「平均」の数値「1」を入力する。
6. [参照1]…集計する範囲C3セル～C11セルを選択し、F4 キーを1回押して[$]記号をつけ絶対参照にしたら、Enter キーで数式を確定する。
7. 数式をコピーし、数式の[集計方法]を「最大値」の数値「4」に変更すると、小計を除く最高数が求められる。

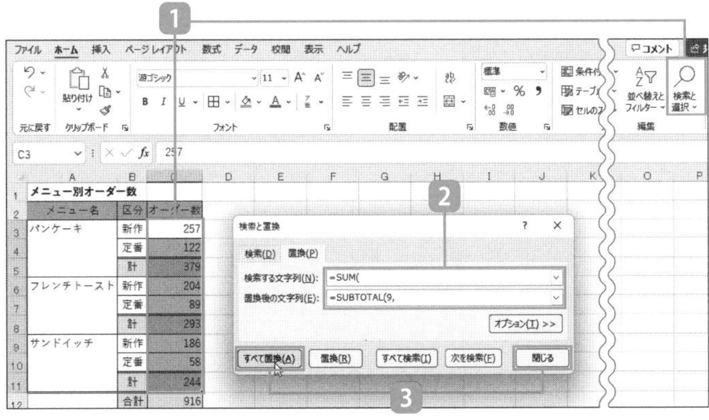

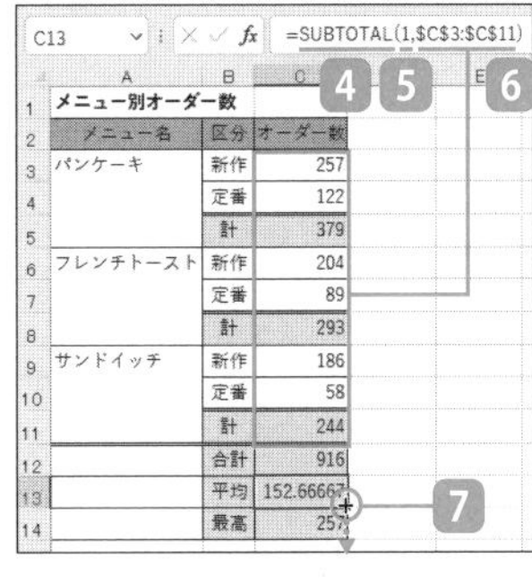

数式解説

SUBTOTAL関数は、**ほかのSUBTOTAL関数の数式で求められた値**を集計範囲に含んでいると、その値を除外して計算を行う。そのため、この表のようにSUM関数で小計を求めている場合は、数式を入力する前に、SUM関数を置換機能で一気にSUBTOTAL関数に置き換えておこう。
C13セルの数式「=SUBTOTAL(1,$C$3:$C$11)」は、C3セル～C11セルの範囲からSUBTOTAL関数で求められる小計を除外したオーダー数の平均、C14セルの数式「=SUBTOTAL(4,$C$3:$C$11)」は、C3セル～C11セルの範囲からSUBTOTAL関数で求められる小計を除外したオーダー数の最高数が求められる。

ここがポイント！　そのほかの集計方法で小計を除いて集計値を求めるには？

SUBTOTAL関数は、11種類の集計方法で、SUBTOTAL関数で求めた小計を除外して集計を行うことができる。集計方法を指定するには、引数[集計方法]に集計方法の数値(巻末の関数一覧参照)を入力する。また、**AGGREGATE関数**も同様の機能を持つ。SUBTOTAL関数にはないプラス8つの集計方法でSUBTOTAL関数／AGGREGATE関数で求めた小計を除外して集計を行うことができる(巻末の関数一覧参照)。

併せて覚え テク　合計、平均、最高値を数式のコピーで求めるには?

合計～最高数まで数式のコピーで求めるには、合計のセルに1「=SUBTOTAL(9,$C$3:$C$11)」と入力して2最高数を求めるセルまで数式をコピーし、3それぞれの集計方法に修正しよう。

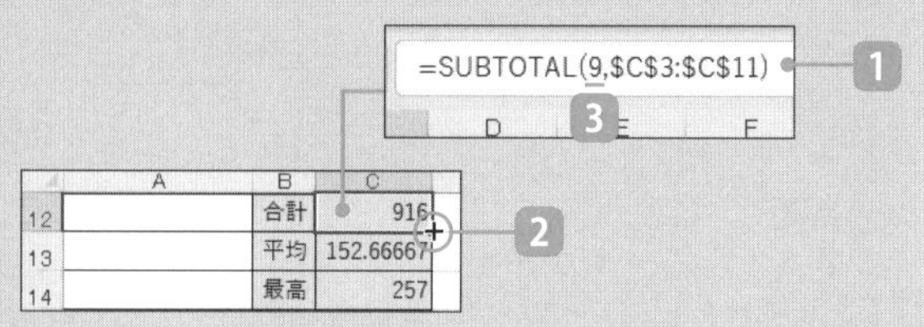

併せて覚え テク　「小計以外」を条件に集計することでも求められる

この表のように、小計を「計」などの名前で入力した表なら、第4章1節で解説の条件に一致する項目を集計する関数を使えば、小計の名前以外を条件にして集計することで求められる。小計を除く平均なら、1AVERAGEIF関数、最大値なら2MAXIFS関数の3引数[条件]に"<>計"」と小計以外を条件に指定するだけで求められる。件数ならCOUNTIF関数を使えばいい(詳しい関数の使い方は第4章1節テク057参照)。SUM関数をSUBTOTAL関数に置き換えなくても求められるので併せて覚えておこう。

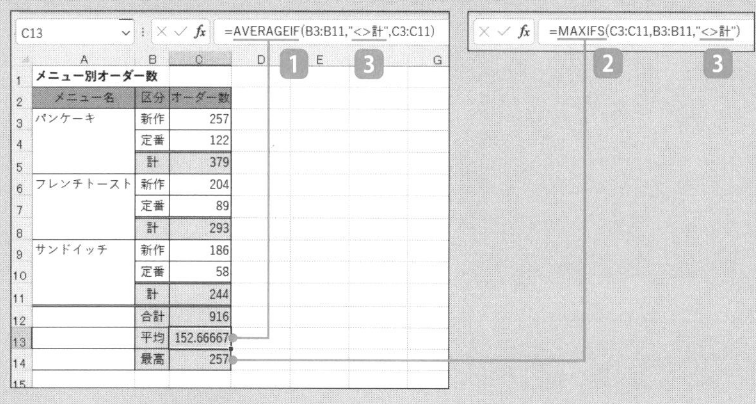

メニュー別オーダー数		
メニュー名	区分	オーダー数
パンケーキ	新作	257
	定番	122
	計	379
フレンチトースト	新作	204
	定番	89
	計	293
サンドイッチ	新作	186
	定番	58
	計	244
	合計	916
	平均	152.66667
	最高	257

✔ 別列に小計

テク030 一定の行数ごとの小計を右列に求めたい

使うのはコレ! ［合計］ボタン

一定の行数ごとのデータの小計を右列に求めたいときは、行ごとに［合計］ボタンを使わなくても、数式のコピー時に**選択するセル範囲**を工夫するだけでできる。たとえば、5行ごとなら5行分範囲選択して数式をコピーしよう。

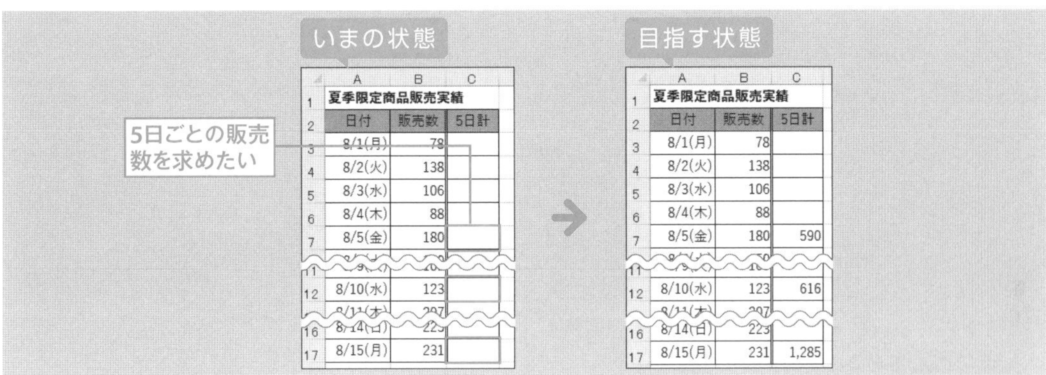

1. 1つ目の5日計を求めるセル（C7セル）を選択し、［数式］タブの［関数ライブラリ］グループの［合計］ボタンをクリックする。
2. 5日分の販売数のセル（B3セル～B7セル）を範囲選択して、再度、［合計］ボタンをクリックするか、Enterキーで数式を確定すると、合計が求められる。
3. C3セル～C7セルを範囲選択し、数式を必要なだけ複写する。

ファイル ホーム 挿入 ページレイアウト 数式
関数の挿入 オートSUM 最近使った関数 財務 論理 文字列操作
関数ライブラリ
B3 =SUM(B3:B7)
夏季限定商品販売実績
日付 販売数 5日計
8/1(月) 78
8/2(火) 138
8/3(水) 106
8/4(木) 88
8/5(金) 180 =SUM(B3:B7)
8/6(土) 150
SUM(数値1, [数値2], ...)

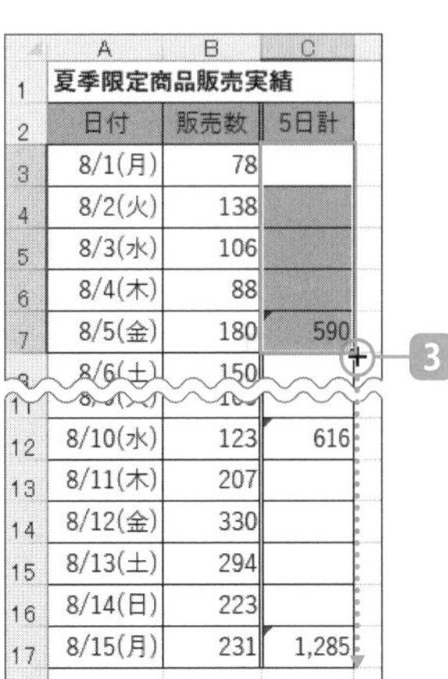

数式解説

C7セルの数式「=SUM(B3:B7)」はB3セル～B7セルの5行分の販売数の合計を求める。この数式を5行分選択してコピーすると、相対参照により数式で指定したセル範囲が5行分ずれて表内の10行目だけに「=SUM(B8:B12)」の数式が設定される。さらにコピーを続けると、5行ごとに販売数が求められる。

ここがポイント! **集計したい行数分のセルを範囲選択してコピーする**

手順1で合計を求めた後、数式をコピーするときは、必ず**集計したい行数分のセル**を範囲選択してコピーしよう。なお、ほかの集計方法（平均など）を求めるには、手順1で［合計］ボタンの［▼］をクリックして表示されるメニューから集計方法を選ぼう。

✔ 別列に小計

テク031 項目ごとの小計を右列に求めたい

使うのはコレ! IF関数、SUM関数

「時間帯ごとに小計を求める」など、あらたに項目を設けて小計を求めるには、**条件式**を用いる。項目列において、小計の区切りとなるタイミング(1つ下のセルと内容が異なるとき)に、計算済みの1行目からの小計を、全累計から引き算することで求められる。

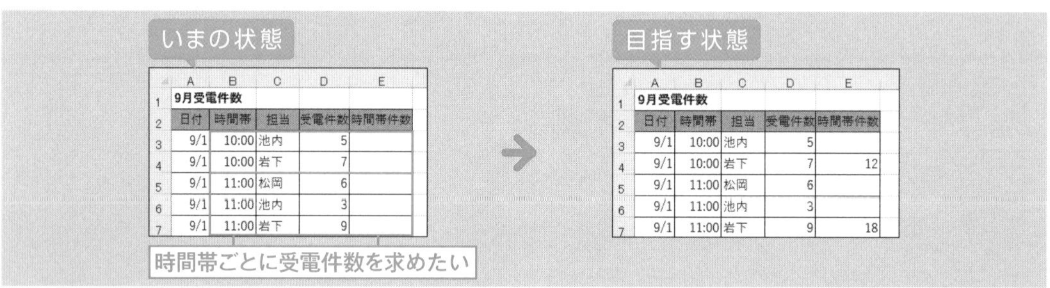

いまの状態

	A	B	C	D	E
1	9月受電件数				
2	日付	時間帯	担当	受電件数	時間帯件数
3	9/1	10:00	池内	5	
4	9/1	10:00	岩下	7	
5	9/1	11:00	松岡	6	
6	9/1	11:00	池内	3	
7	9/1	11:00	岩下	9	

目指す状態

	A	B	C	D	E
1	9月受電件数				
2	日付	時間帯	担当	受電件数	時間帯件数
3	9/1	10:00	池内	5	
4	9/1	10:00	岩下	7	12
5	9/1	11:00	松岡	6	
6	9/1	11:00	池内	3	
7	9/1	11:00	岩下	9	18

1. 『時間帯件数』を求めるセル(E3セル)を選択し、「=IF(」と入力する。
2. [論理式]…「『時間帯』が1つ下の『時間帯』と同じ場合」の条件式を入力する。
3. [値が真の場合]…1つ下の「時間帯」と同じ場合に表示する空白[""]を入力する。
4. [値が偽の場合]…条件を満たさない場合に表示する値として、SUM関数で「1行上からの受電件数の累計」から「小計を求める列の1行上からの受電件数の累計」を引いた受電件数を求める数式を入力する。
5. 数式を必要なだけ複写する。

E3 =IF(B3=B4,"",SUM($D$2:D3)-SUM($E$2:E2))

	A	B	C	D	E
1	9月受電件数				
2	日付	時間帯	担当	受電件数	時間帯件数
3	9/1	10:00	池内	5	
4	9/1	10:00	岩下	7	12
5	9/1	11:00	松岡	6	
6	9/1	11:00	池内	3	
7	9/1	11:00	岩下	9	18
8	9/1	12:00	遠藤	8	
9	9/1	12:00	松岡	8	

数式解説

E3セルの数式「=IF(B3=B4,"",SUM($D$2:D3)-SUM($E$2:E2))」は、『時間帯』が1つ下のセルと「同じ場合は空白を表示」「違う場合、つまり、同じ時間帯の最終行には、前の時間帯までの合計を引いた受電件数の合計」の結果を求める。
「SUM($D$2:D3)」「SUM($E$2:E2)」の数式は、集計するセル範囲を絶対参照と相対参照の組み合わせにしているので、2行目には「SUM($D$2:D4)」「SUM($E$2:E3)」となり、受電件数のセル範囲が拡張されて、それぞれのセル範囲の1行目からの受電件数の累計が求められる。
時間帯ごとの受電件数は前の時間帯までの受電件数を引き算する必要があるので「SUM($D$2:D3)-SUM($E$2:E2)」と数式を作成する。

併せて覚えテク 小計を1行目に求めるには?

それぞれの項目の1行目に小計を求めるには、「=IF(B2=B3,"",SUM($D$2:D3)-SUM($E$2:E2))」と数式を作成しよう。

集計編

✔ 別列に小計

テク032 特定の曜日までの小計を右列に求めたい

使うのはコレ! IF関数、WEEKDAY関数、SUM関数

曜日ごとにデータの小計を右の列に求めたいときは、条件式に**WEEKDAY関数**と**SUM関数**を使おう。日付が違う月に変更されても、常に同じ曜日ごとに小計が求められる。

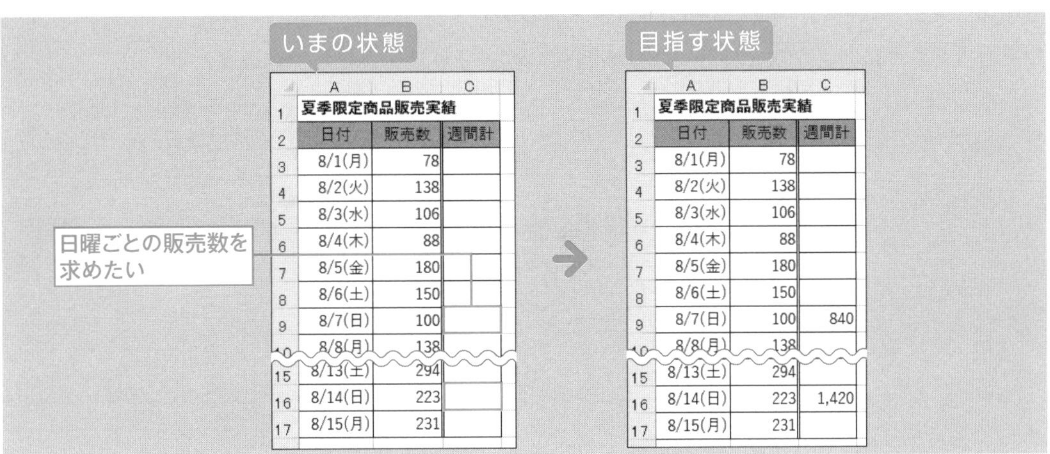

いまの状態

	A	B	C
1	夏季限定商品販売実績		
2	日付	販売数	週間計
3	8/1(月)	78	
4	8/2(火)	138	
5	8/3(水)	106	
6	8/4(木)	88	
7	8/5(金)	180	
8	8/6(土)	150	
9	8/7(日)	100	
10	8/8(月)	138	
15	8/13(土)	294	
16	8/14(日)	223	
17	8/15(月)	231	

目指す状態

	A	B	C
1	夏季限定商品販売実績		
2	日付	販売数	週間計
3	8/1(月)	78	
4	8/2(火)	138	
5	8/3(水)	106	
6	8/4(木)	88	
7	8/5(金)	180	
8	8/6(土)	150	
9	8/7(日)	100	840
10	8/8(月)	138	
15	8/13(土)	294	
16	8/14(日)	223	1,420
17	8/15(月)	231	

1. 週間計を求めるセル(C3セル)を選択し、「=IF(」と入力する。
2. [論理式]…WEEKDAY関数で「日付が日曜の場合」の条件式を入力する。
3. [値が真の場合]…日曜日の場合に表示する値として、SUM関数で「1行目からの販売数の累計」から「小計を求める列の1つ上の曜日までの累計」を引いた販売数を求める数式を入力する。
4. [値が偽の場合]…条件を満たさない場合に表示する空白[""]を入力して、Enterキーで数式を確定する。
5. 数式を必要なだけ複写する。

C3 =IF(WEEKDAY(A3)=1,SUM($B$3:B3)-SUM($C$2:C2),"")

	A	B	C
1	夏季限定商品販売実績		
2	日付	販売数	週間計
3	8/1(月)	78	
4	8/2(火)	138	
5	8/3(水)	106	
6	8/4(木)	88	
7	8/5(金)	180	
8	8/6(土)	150	
9	8/7(日)	100	840
10	8/8(月)	138	
11	8/9(火)	105	
12	8/10(水)	123	

数式解説

C3セルの数式「=IF(WEEKDAY(A3)=1,SUM($B$3:B3)-SUM($C$2:C2),"")」は、「日付」が日曜の場合は「前の日曜日までの合計を引いた販売数の合計」を求め、違う場合は空白を表示する。
「=WEEKDAY(A3)=1」の数式は、日付から「月～日」の曜日を「1～7」の整数で割り当てたとき、取り出した整数が「1」である、つまり、日曜である場合の条件式。
「SUM($B$3:B3)」の数式は、集計するセル範囲を絶対参照と相対参照の組み合わせにしているので、2行目には「SUM($B$3:B4)」となり、1行目からの販売数のセル範囲が拡張されて販売数の累計が求められる。曜日ごとの販売数は前の週の同じ曜日の販売数を引き算する必要があるので「SUM($B$3:B3)-SUM($C$2:C2)」と数式を作成する。結果、日曜日ごとの販売数が求められる。

✓別列に小計

テク033 同じデータが連続する表で一定の間隔ごとの小計を右列に求めたい

使うのはコレ! IF+SUM関数、VLOOKUP関数

同じデータが複数連続する表で2名ごと、2日ごと、2時間ごとなど、一定の間隔ごとにデータの小計を求める場合は、集計したい間隔での**連番表**を作成し、**VLOOKUP関数**でその表から抽出した連番を条件に、テク031の**IF＋SUM関数**の数式で集計することで求められる。

1 2時間ごとに「1」からの連番を付けた表を作成しておく。
2 F列に、「=VLOOKUP(」と入力する。
3 [検索値]…表から検索する『時間帯』のセルを選択する。
4 [範囲]…抽出する表のセル範囲を選択して、F4キーを1回押して[$]記号をつけ絶対参照にする。
5 [列番号]…抽出する表の列番号「2」を入力する。
6 [検索方法]…検索方法は完全一致なので「0」と入力して、Enterキーで数式を確定する。
7 数式を必要なだけ複写すると、2時間ごとの連番が作成される。

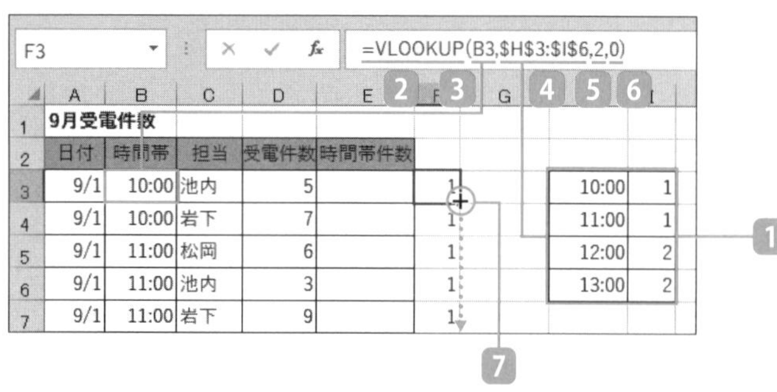

8 2時間ごとの受電件数を求めるセル（E3セル）に「=IF(」と入力する。
9 ［論理式］…「連番が1つ下の連番と同じ場合」の条件式を入力する。
10 ［値が真の場合］…同じ場合に表示する空白［""］を入力する。
11 ［値が偽の場合］…条件を満たさない場合に表示する値として、SUM関数で「1行上からの受電件数の累計」から「小計を求める列の1行上からの受電件数の累計」を引いた受電件数を求める数式を入力する。
12 数式を必要なだけ複写する。

E3 =IF(F3=F4,"",SUM($D$2:D3)-SUM($E$2:E2))

	A	B	C	D	E	F	G	H	I	J
1	9月受電件数									
2	日付	時間帯	担当	受電件数	時間帯件数					
3	9/1	10:00	池内	5		1		10:00	1	
4	9/1	10:00	岩下	7		1		11:00	1	
5	9/1	11:00	松岡	6		1		12:00	2	
6	9/1	11:00	池内	3		1		13:00	2	
7	9/1	11:00	岩下	9	30	1				
8	9/1	12:00	遠藤	8		2				
9	9/1	12:00	松岡	8		2				

数式解説

「=VLOOKUP(B3,$H$3:$I$6,2,0)」）の数式は、2時間ごとの連番表のH3セル～I6セルの範囲から、B3セルの『時間帯』を検索し、同じ行にある2列目の連番を抽出する。
抽出した連番をもとに「=IF(F3=F4,"",SUM($D$2:D3)-SUM($E$2:E2))」の数式を作成すると、連番が1つ下の連番と同じ場合は空白を表示し、違う場合、つまり、同じ連番の最終行（2時間ごとの最終行）には、前の『時間帯』までの合計を引いた受電件数の合計が求められる。結果、2時間ごとの受電件数が求められる。「SUM($D$2:D3)-SUM($E$2:E2)」の詳しい解説はテク031参照。

Change!

従来 =VLOOKUP(B3,$H$3:$I$6,2,0)

スピル =VLOOKUP(B3:B24,H3:I6,2,0)

ここがポイント！ 別表を使わないなら連番の列を作成しておこう

別表から連番を抽出しなくてもよい小さめの表なら、表の横に直接、小計するグループごとに連番を入力しよう。

✔ 別列に小計

テク034 項目ごとの最大値を右列に求めたい

使うのはコレ! IF+MAXIFS関数
Excel2016　IF+MAX+INDEX関数

項目ごとにデータの最大値を求め、結果は右の列に求めたいときは「同じ項目内」に限定して最高値を求める**条件式**を作成しよう。

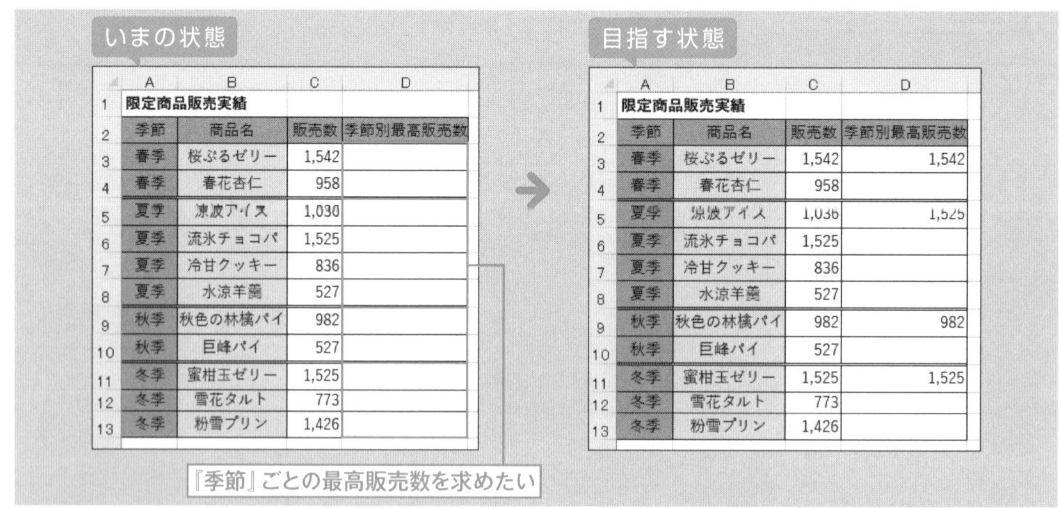

いまの状態
目指す状態
『季節』ごとの最高販売数を求めたい

いまの状態

	A	B	C	D
1	限定商品販売実績			
2	季節	商品名	販売数	季節別最高販売数
3	春季	桜ぷるゼリー	1,542	
4	春季	春花杏仁	958	
5	夏季	涼波アイス	1,036	
6	夏季	流氷チョコパ	1,525	
7	夏季	冷甘クッキー	836	
8	夏季	水涼羊羹	527	
9	秋季	秋色の林檎パイ	982	
10	秋季	巨峰パイ	527	
11	冬季	蜜柑玉ゼリー	1,525	
12	冬季	雪花タルト	773	
13	冬季	粉雪プリン	1,426	

目指す状態

	A	B	C	D
1	限定商品販売実績			
2	季節	商品名	販売数	季節別最高販売数
3	春季	桜ぷるゼリー	1,542	1,542
4	春季	春花杏仁	958	
5	夏季	涼波アイス	1,036	1,525
6	夏季	流氷チョコパ	1,525	
7	夏季	冷甘クッキー	836	
8	夏季	水涼羊羹	527	
9	秋季	秋色の林檎パイ	982	982
10	秋季	巨峰パイ	527	
11	冬季	蜜柑玉ゼリー	1,525	1,525
12	冬季	雪花タルト	773	
13	冬季	粉雪プリン	1,426	

1 『季節別最高販売数』を求めるセル（D3セル）を選択し、「=IF(」と入力する。
2 [論理式]…「『季節』列のデータが1つ上のセルと同じ場合」の条件式を入力する。
3 [値が真の場合]…1つ上の『季節』が同じ場合に表示する空白[""]を入力する。
4 [値が偽の場合]…条件を満たさない場合に表示する値として、MAXIFS関数で『季節』ごとの『販売数』の最高数を求める数式を入力し、Enter キーで数式を確定する。
5 数式を必要なだけ複写する。

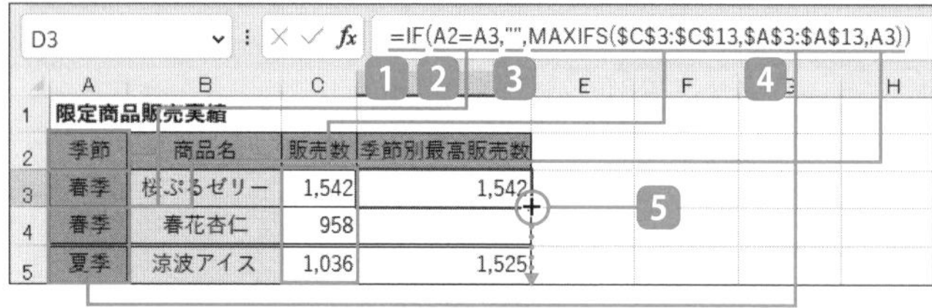

D3
=IF(A2=A3,"",MAXIFS($C$3:$C$13,$A$3:$A$13,A3))
1
2
3
4
5

	A	B	C	D
1	限定商品販売実績			
2	季節	商品名	販売数	季節別最高販売数
3	春季	桜ぷるゼリー	1,542	1,542
4	春季	春花杏仁	958	
5	夏季	涼波アイス	1,036	1,525

数式解説

「MAXIFS($C$3:$C$13,$A$3:$A$13,A3)」の数式は、A3セル〜A13セルの『季節』の中でA3セルの『季節』と一致する『販売数』の最高値を求める。
IF関数の引数[値が偽の場合]に、この数式を指定して作成することで、それぞれの『季節』が1つ下のそれぞれの『季節』と同じ場合は空白を求め、違う場合は、同じ『季節』ごとの『販売数』の最高値が求められる。結果、同じ『季節』は最初の行だけに『販売数』の最高値が求められる。

Change!

従来 =IF(A2=A3,"",MAXIFS($C$3:$C$13,$A$3:$A$13,A3))

スピル =IF(A2:A12=A3:A13,"",MAXIFS(C3:C13,A3:A13,A3:A13))

Excel2016の数式

1 『季節別最高販売数』を求めるセル（D3セル）を選択し、「=IF(」と入力する。
2 [論理式]…「『季節』列のデータが1つ上のセルと同じ場合」の条件式を入力する。
3 [値が真の場合]…1つ上の『季節』と同じ場合に表示する空白[""]を入力する。
4 [値が偽の場合]…条件を満たさない場合に表示する値として、MAX関数にINDEX関数を入れて数式を入力する。
5 INDEX関数の[参照]…「同じ『季節』の場合は『販売数』のセル参照を返す」条件式を入力する。
6 INDEX関数の[行番号]…省略して、Enterキーで数式を確定する。
7 数式を必要なだけ複写する。

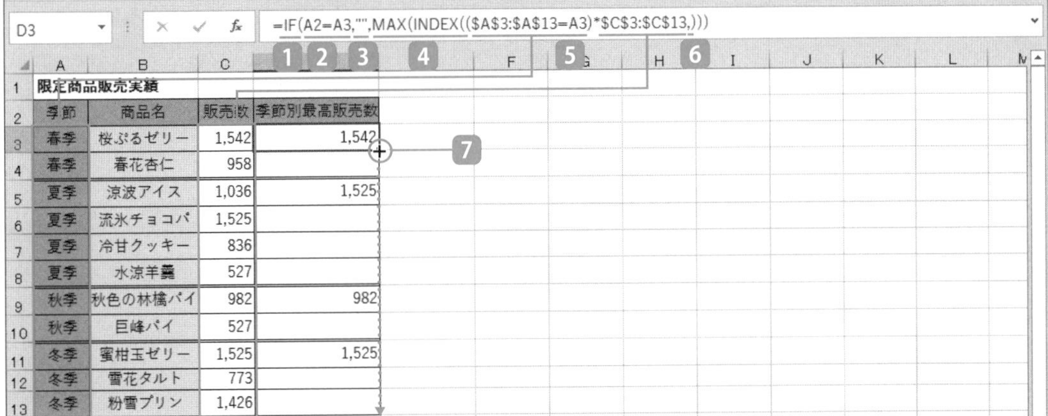

D3
=IF(A2=A3,"",MAX(INDEX(($A$3:$A$13=A3)*$C$3:$C$13,)))
1 2 3 4 5 6 7

	A	B	C	D
1	限定商品販売実績			
2	季節	商品名	販売数	季節別最高販売数
3	春季	桜ぷるゼリー	1,542	1,542
4	春季	春花杏仁	958	
5	夏季	涼波アイス	1,036	1,525
6	夏季	流氷チョコパ	1,525	
7	夏季	冷甘クッキー	836	
8	夏季	水涼羊羹	527	
9	秋季	秋色の林檎パイ	982	982
10	秋季	巨峰パイ	527	
11	冬季	蜜柑玉ゼリー	1,525	1,525
12	冬季	雪花タルト	773	
13	冬季	粉雪プリン	1,426	

数式解説

「INDEX(($A$3:$A$13=A3)*$C$3:$C$13,)」の数式は、A3セル～A13セルの『季節』の中でA3セルの『季節』と一致する『販売数』のセル参照を返す。求められた販売数のセル参照をMAX関数の引数に指定して数式を作成することで、同じ『季節』ごとの『販売数』の最高値が求められる。

✓ 別列に小計

テク035 項目ごとの最小値を右列に求めたい

使うのはコレ! IF+MINIFS関数
Excel2016　MIN関数+配列数式

項目ごとにデータの最小値を求め、結果は右の列に求めたいときは、同じ項目だけ最小値が求められるように**条件式**を作成しよう。

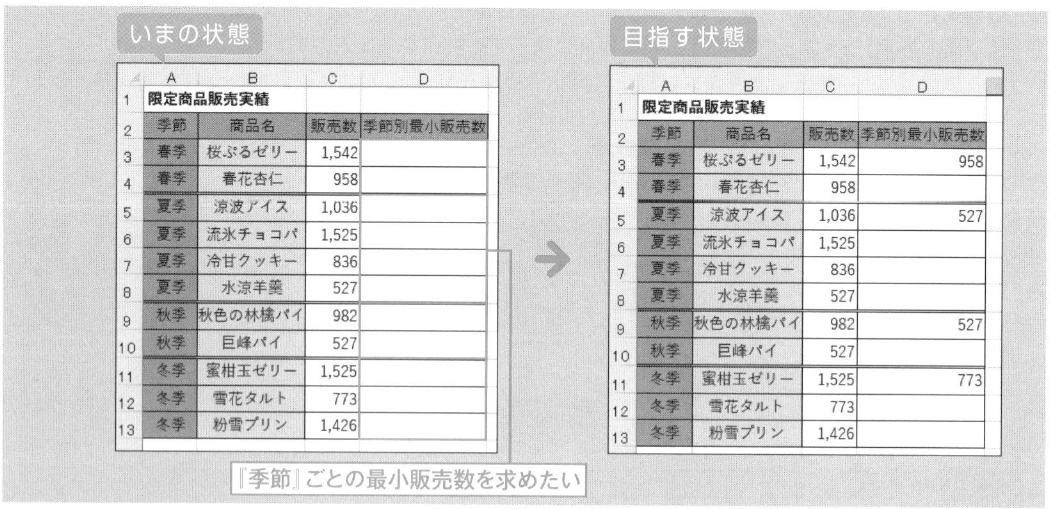

いまの状態
目指す状態
『季節』ごとの最小販売数を求めたい

いまの状態

	A	B	C	D
1	限定商品販売実績			
2	季節	商品名	販売数	季節別最小販売数
3	春季	桜ぷるゼリー	1,542	
4	春季	春花杏仁	958	
5	夏季	涼波アイス	1,036	
6	夏季	流氷チョコパ	1,525	
7	夏季	冷甘クッキー	836	
8	夏季	水涼羊羹	527	
9	秋季	秋色の林檎パイ	982	
10	秋季	巨峰パイ	527	
11	冬季	蜜柑玉ゼリー	1,525	
12	冬季	雪花タルト	773	
13	冬季	粉雪プリン	1,426	

目指す状態

	A	B	C	D
1	限定商品販売実績			
2	季節	商品名	販売数	季節別最小販売数
3	春季	桜ぷるゼリー	1,542	958
4	春季	春花杏仁	958	
5	夏季	涼波アイス	1,036	527
6	夏季	流氷チョコパ	1,525	
7	夏季	冷甘クッキー	836	
8	夏季	水涼羊羹	527	
9	秋季	秋色の林檎パイ	982	527
10	秋季	巨峰パイ	527	
11	冬季	蜜柑玉ゼリー	1,525	773
12	冬季	雪花タルト	773	
13	冬季	粉雪プリン	1,426	

1. 『季節別最小販売数』を求めるセル(D3セル)を選択し、「=IF(」と入力する。
2. [論理式]…「『季節』列のデータが1つ上のセルと同じ場合」の条件式を入力する。
3. [値が真の場合]…1つ上の『季節』が同じ場合に表示する空白[""]を入力する。
4. [値が偽の場合]…条件を満たさない場合に表示する値として、MINIFS関数で『季節』ごとの『販売数』の最小数を求める数式を入力して、Enterキーで数式を確定する。
5. 数式を必要なだけ複写する。

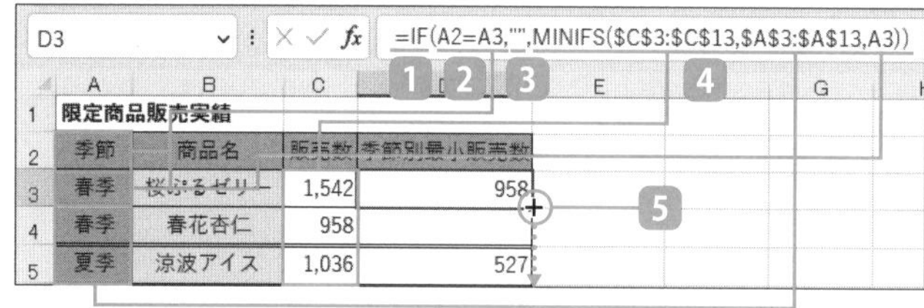

D3
=IF(A2=A3,"",MINIFS($C$3:$C$13,$A$3:$A$13,A3))
1
2
3
4
5

	A	B	C	D
1	限定商品販売実績			
2	季節	商品名	販売数	季節別最小販売数
3	春季	桜ぷるゼリー	1,542	958
4	春季	春花杏仁	958	
5	夏季	涼波アイス	1,036	527

数式解説

「MINIFS($C$3:$C$13,$A$3:$A$13,A3)」の数式は、A3セル～A13セルの『季節』の中でA3セルの『季節』と一致する『販売数』の最小値を求める。
IF関数の引数[値が偽の場合]に、この数式を指定して数式を作成することで、それぞれの『季節』が1つ下のそれぞれの『季節』と同じ場合は空白を求め、違う場合は、同じ『季節』ごとの『販売数』の最小値が求められる。結果、同じ『日付』は最後の行だけに『販売数』の最小値が求められる。

Change!

従来 =IF(A2=A3,"",MAXIFS($C$3:$C$13,$A$3:$A$13,A3))

↓

スピル =IF(A2:A12=A3:A13,"",MAXIFS(C3:C13,A3:A13,A3:A13))

Excel2016の数式

1. 『季節別最小販売数』を求めるセル(D3セル)を選択し、「=IF(」と入力する。
2. [論理式]…「『季節』列のデータが1つ上のセルと同じ場合」の条件式を入力する。
3. [値が真の場合]…1つ上の『季節』と同じ場合に表示する空白[""]を入力する。
4. [値が偽の場合]…条件を満たさない場合に表示する値として、MIN関数にIF関数を入れる。
5. [論理式]…「『季節』列がA3セルと同じ場合」の条件式を入力する。
6. [値が真の場合]…A3セルと同じ場合に表示する値に『販売数』のセル範囲を選択する。
7. [値が偽の場合]…条件を満たさない場合に表示する空白[""]を入力し、Ctrl＋Shift＋Enterキーで数式を確定する。
8. 数式を必要なだけ複写する。

D3 {=IF(A2=A3,"",MIN(IF($A$3:$A$13=A3,$C$3:$C$13,"")))}

	A	B	C	D
1	限定商品販売実績			
2	季節	商品名	販売数	季節別最小販売数
3	春季	桜ぷるゼリー	1,542	958
4	春季	春花杏仁	958	
5	夏季	涼波アイス	1,036	527
6	夏季	流氷チョコパ	1,525	
7	夏季	冷甘クッキー	836	
8	夏季	水涼羊羹	527	

数式解説

「IF($A$3:$A$13=A3,$C$3:$C$13,"")」の数式は、「A3セル～A13セルの『季節』が指定の『季節』である場合は『販売数』のセル範囲を求め、違う場合は空白を求める」という条件式。求められた販売数をMIN関数の引数に指定して配列数式で求めることで、同じ季節は1行目だけに季節ごとの販売数の最小値が求められる。

✔ 小計を挿入

テク036 自分で決めたルールに基づいてデータの小計を挿入したい

使うのはコレ! 小計、VLOOKUP関数

表に小計を挿入するには小計機能でできるが、小計の基準となる項目が別の表にある場合は、**VLOOKUP関数**で別表から基準となる項目を抽出した列を表に追加してから**小計機能**を使おう。

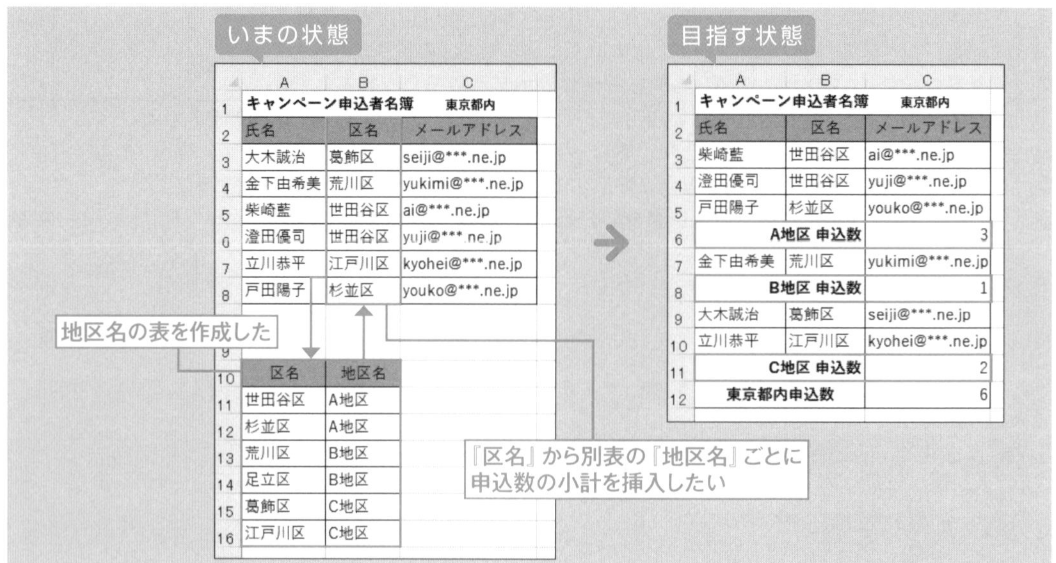

いまの状態
目指す状態
地区名の表を作成した
『区名』から別表の『地区名』ごとに
申込数の小計を挿入したい

いまの状態

	A	B	C
1	キャンペーン申込者名簿		東京都内
2	氏名	区名	メールアドレス
3	大木誠治	葛飾区	seiji@***.ne.jp
4	金下由希美	荒川区	yukimi@***.ne.jp
5	柴崎藍	世田谷区	ai@***.ne.jp
6	澄田優司	世田谷区	yuji@***.ne.jp
7	立川恭平	江戸川区	kyohei@***.ne.jp
8	戸田陽子	杉並区	youko@***.ne.jp
9			
10	区名	地区名	
11	世田谷区	A地区	
12	杉並区	A地区	
13	荒川区	B地区	
14	足立区	B地区	
15	葛飾区	C地区	
16	江戸川区	C地区	

目指す状態

	A	B	C
1	キャンペーン申込者名簿		東京都内
2	氏名	区名	メールアドレス
3	柴崎藍	世田谷区	ai@***.ne.jp
4	澄田優司	世田谷区	yuji@***.ne.jp
5	戸田陽子	杉並区	youko@***.ne.jp
6		A地区 申込数	3
7	金下由希美	荒川区	yukimi@***.ne.jp
8		B地区 申込数	1
9	大木誠治	葛飾区	seiji@***.ne.jp
10	立川恭平	江戸川区	kyohei@***.ne.jp
11		C地区 申込数	2
12	東京都内申込数		6

1. 表の右端列(D列)のセルに、「=VLOOKUP(」と入力する。
2. [検索値]…表から検索する値『区名』のセル(B3セル)を選択する。
3. [範囲]…抽出する表のセル範囲を選択して、F4 キーを1回押して[$]記号をつけ絶対参照にする。
4. [列番号]…抽出する表の列番号「2」を入力する。
5. [検索方法]…検索方法は完全一致なので「0」と入力して、Enter キーで数式を確定する。
6. 数式を必要なだけ複写して、区名から地区名を抽出しておく。

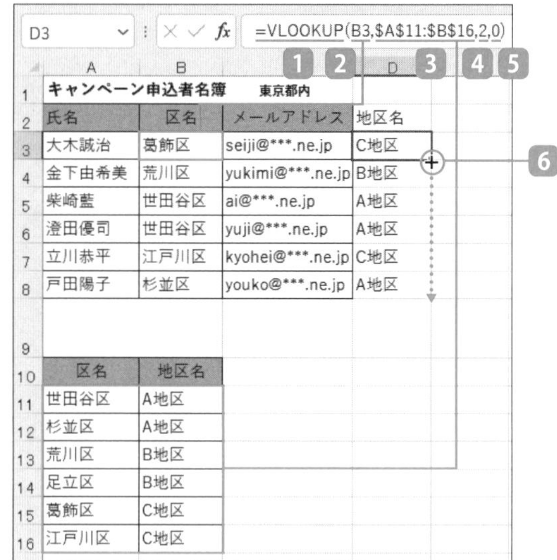

D3
=VLOOKUP(B3,$A$11:$B$16,2,0)
1 2 3 4 5
6

	A	B	C	D
1	キャンペーン申込者名簿		東京都内	
2	氏名	区名	メールアドレス	地区名
3	大木誠治	葛飾区	seiji@***.ne.jp	C地区
4	金下由希美	荒川区	yukimi@***.ne.jp	B地区
5	柴崎藍	世田谷区	ai@***.ne.jp	A地区
6	澄田優司	世田谷区	yuji@***.ne.jp	A地区
7	立川恭平	江戸川区	kyohei@***.ne.jp	C地区
8	戸田陽子	杉並区	youko@***.ne.jp	A地区
9				
10	区名	地区名		
11	世田谷区	A地区		
12	杉並区	A地区		
13	荒川区	B地区		
14	足立区	B地区		
15	葛飾区	C地区		
16	江戸川区	C地区		

集計編

7 D列のセルを1つ選択し、[データ] タブの [並べ替えとフィルター] グループの [昇順] ボタンをクリックして地区名ごとに並べ替えておく。

8 [データ] タブの [アウトライン] グループの [小計] ボタンをクリックする。

9 表示された [集計の設定] ダイアログボックスで、[グループの基準] に「地区名」、[集計の方法] に「個数」、[集計するフィールド] には集計するフィールド名を指定する。

操作テク [集計するフィールド] に指定したフィールドの列に集計値が求められる。ここでは「メールアドレス」の列に求めたいため「メールアドレス」を指定しよう。

10 [OK] ボタンをクリックすると、表に地区名ごとの小計が挿入されるので、体裁良く表を整えておこう。

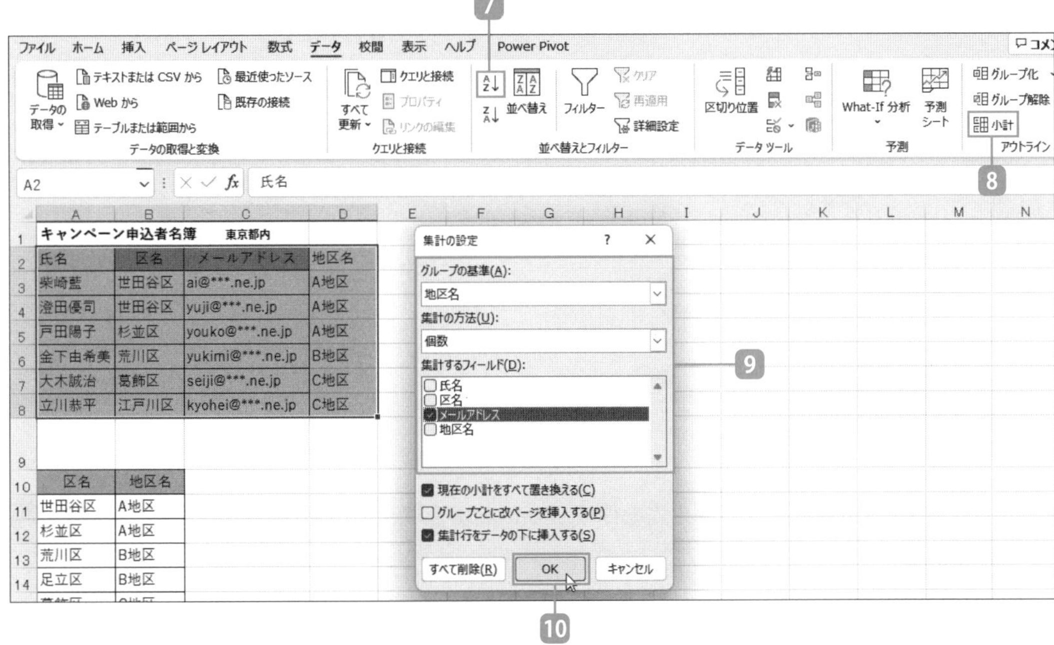

数式解説

「=VLOOKUP(B3,$A$15:$B$20,2,0)」の数式は、区ごとの地区名表のA15セル～B20セルの範囲からB3セルの区名を検索し、同じ行にある2列目の地区名を抽出する。
数式をコピーしてもずれないように [範囲] には絶対参照（第0章テク004参照）を指定しておく。
抽出した地区名を、小計機能の「グループの基準」に指定することで、地区名ごとに小計が挿入される。

ここがポイント！ グループの基準がないなら表に基準となる列を追加する

操作では、別の表からグループの基準を抽出する方法を解説しているが、別の表を作成しない場合は、表にグループの基準となる列を追加しておこう。

2-3 複数のシートやブックの集計をマスター！

データを複数の表に入力したあと、すべてのデータの集計値を求めたい。そんなときに使えるテクとして、本章1節のテク014では、Ctrlキーを押しながら複数の表を選択して集計値を求める方法を解説した。

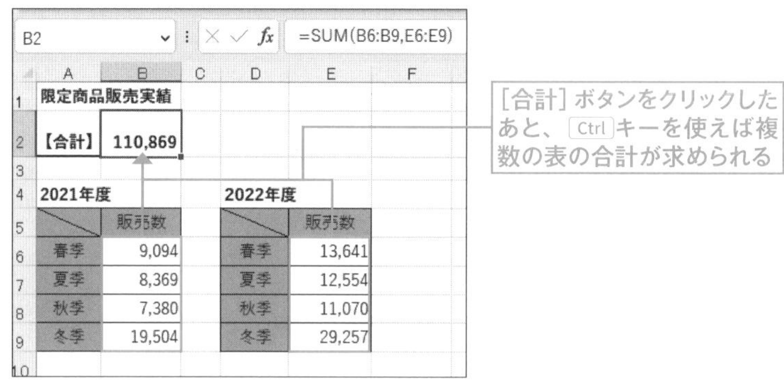

しかし、複数のシート／ブックで表を作成している場合は、Ctrlキーだけでは対処できない場合がある。

● 複数シートの表の合計を1シートの表にまとめる

	A	B	C	D
1	アロマキャンドル売上表			
2	店舗名／香り	本店	モール店	ネット店
3	ローズ	4,368	5,114	4,425
4	ラベンダー	4,048	2,507	3,456
5	ジャスミン	3,496	3,668	3,227
6				

売上集計　4月　5月　6月

● 前のシートからの累計を求める

	A	B	C
1	GW入館者数		
2	時間帯	入館数	累計
3	12:00	2,593	6,505
4	13:00	3,949	7,861
5	14:00	4,692	8,604
6	15:00	2,998	6,910
7	16:00	4,930	8,842
8			

1日　2日　3日

本節では、複数のシートやブックで作成したデータを、希望の形で1つの表やセルに集計するテクニックをマスターしよう！

集計編

✔ 複数シート・ブック集計

テク037 複数シートにある表を1つのセルに集計したい

使うのはコレ! [,] +COUNTA関数

データが複数の表に分かれていても Ctrl キーを使えば集計できるが(2-1節テク014参照)、各表を別シートで作成していると使えない。別シートの表のときは **[,](コンマ)** を使おう。

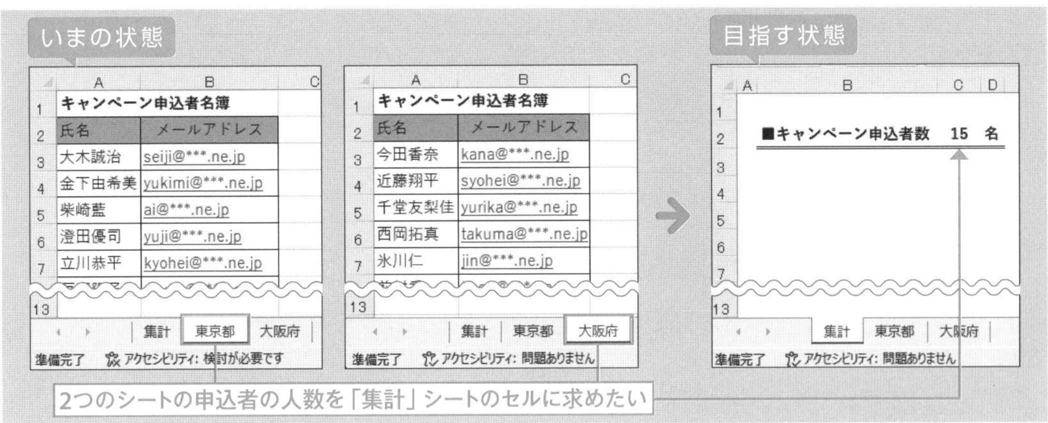

1. 申込者数を求めるセル(「集計」シートのC2セル)を選択し、「=COUNTA(」と入力する。
2. [値1]…「東京都」シートの人数を数えるセル(A3セル~A11セル)を範囲選択する。
3. 「,」を入力する。
4. [値2]…「大阪府」シートの人数を数えるセル(A3セル~A8セル)を範囲選択したら、Enter キーで数式を確定する。

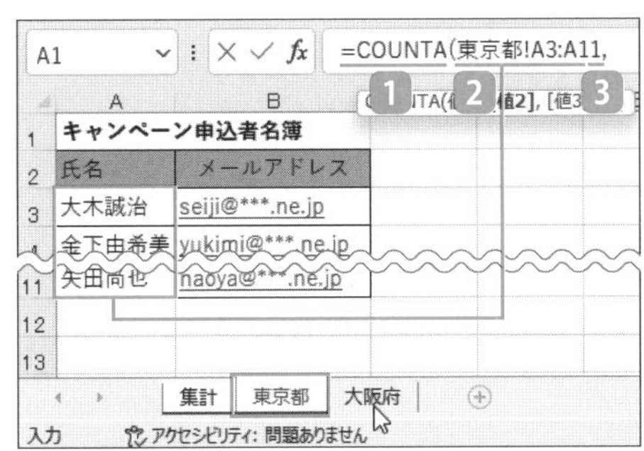

数式解説

「=COUNTA(東京都!A3:A11,大阪府!A3:A8)」の数式は、「東京都」シートと「大阪府」シートの氏名のセル数(空白セルを除く)、つまり、氏名の人数を求める。

ここがポイント! [,] で次の引数が指定できる

数式内で Ctrl キーを使うと、[,] の区切り文字が挿入される。つまり、引数の区切りとして [,] を数式内に直接入力することで、**別のシートのセル範囲**を引数に指定できるようになる。

✓ 複数シート・ブック集計

テク038 複数シートの各データを別表や別ブックに集計したい（同位置・同形式の表）

使うのはコレ! シートのグループ化+［合計］ボタン

複数シートの同じ位置に同じ形式の表があるなら、本章のテク037のようにそれぞれのシートの表を選択しなくても、**シートをグループ化**して**［合計］ボタン**を使うだけで、各データを別表に集計できる。

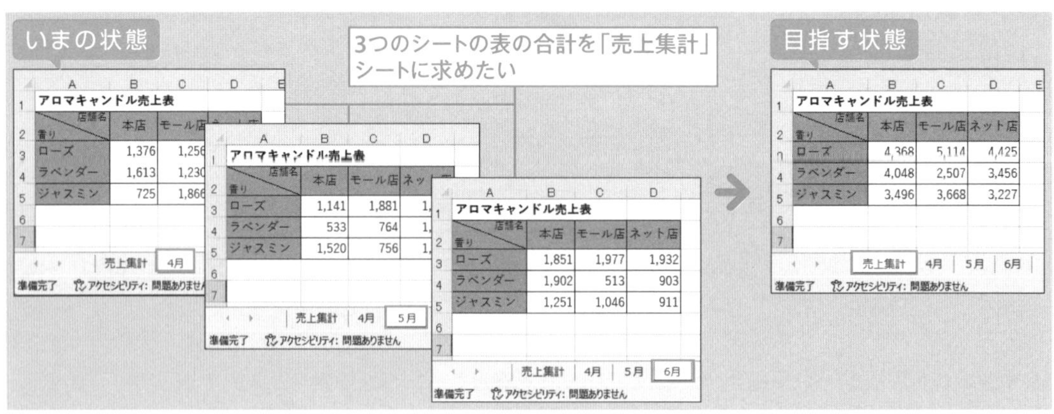

1 合計を求めたい「売上集計」シートの表をすべて範囲選択（B3セル～D5セル）し、［数式］タブの［関数ライブラリ］グループの［合計］ボタンをクリックする。
2 「4月」シート～「6月」シートを Shift キーを押しながら選択する。
3 表の左上のB3セルを選択する。
4 ［数式］タブの［関数ライブラリ］グループの［合計］ボタンをクリックする。

操作テク 「平均」など別の集計方法で求めるには、［合計］ボタンの［▼］をクリックして表示されるメニューから選択しよう。

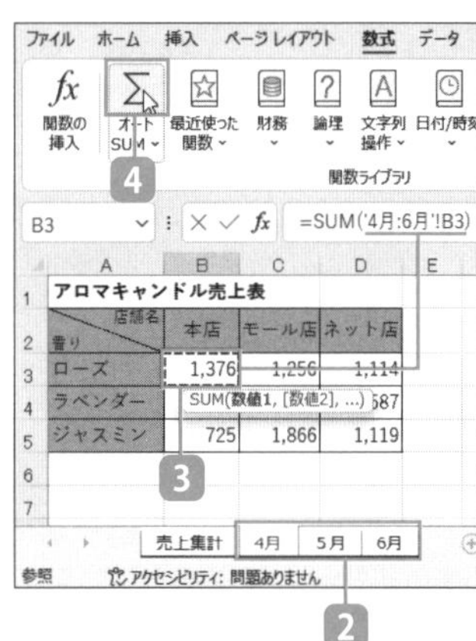

数式解説

「=SUM('4月:6月'!B3)」の数式は、「4月」シート～「6月」シートのB3セルの売上数の合計を求める。SUM関数を入力して、シートをグループ化してから、集計するセル（B3セル）を選択すると、**すべてのシートの同じセルの値**を集計するセルに指定できる。そのため、「売上集計」シートの表に、「4月」シート～「6月」シートの同じセルにある売上数の合計がそれぞれ求められる。

集計編

ここがポイント！　シートのグループ化でセルが串刺しされるようにまとめられる

シートをグループ化してセルを選択すると、同じ位置にあるすべてのシートのセルが同時に選択される。このとき、同時に選択されるセルが串刺しされるようにまとめられるため、このようにして集計する演算方法は**「串刺し演算」**または**「串刺し集計」**とよばれる。

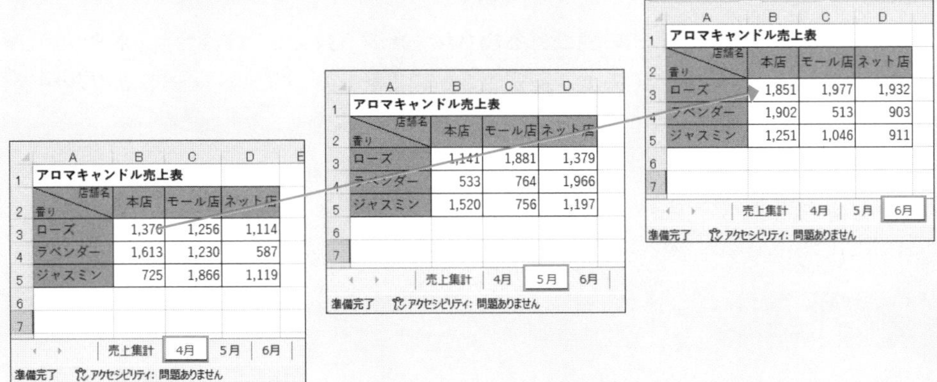

併せて覚えテク　複数ブックを1つのブックの表に集計するには？

月別のブックに同じ行列の表を作成していて、1つのブックの表に集計するときは、**ウィンドウを切り替えながら操作**して、数式を作成しよう。ただし、別ブックのセルを数式内で選択すると、セル番地に[$]記号がつけられ絶対参照になってしまうので**[$]記号を外す**のがコツ。併せて覚えておこう。

「4月.xlsx」～「6月.xlsx」のブックを「売上集計.xlsx」に集計する

1. すべてのブックを開いておく。集計する[売上集計.xlsx]の表の求めるセルをすべて範囲選択し、[数式]タブの[関数ライブラリ]グループの[合計]ボタンをクリックする。
2. [表示]タブ→[ウィンドウ]グループ→[ウィンドウの切り替え]ボタンから[4月.xlsx]を選択して集計する1つ目のブックに切り替える。
3. 「4月.xlsx」の表の左上のB3セルを選択する。「$B$3」と指定されるので、[$]を削除し、[,]と入力する。
4. [ウィンドウの切り替え]ボタンから[5月.xlsx]を選択する。同様に「5月.xlsx」の表の左上のB3セルを選択して[$]を削除したら、[,]と入力する。[ウィンドウの切り替え]ボタンから[6月.xlsx]を選択し、同様に「6月.xlsx」の表の左上のB3セルを選択して[$]を削除したら、[数式]タブの[関数ライブラリ]グループの[合計]ボタンをクリックする。

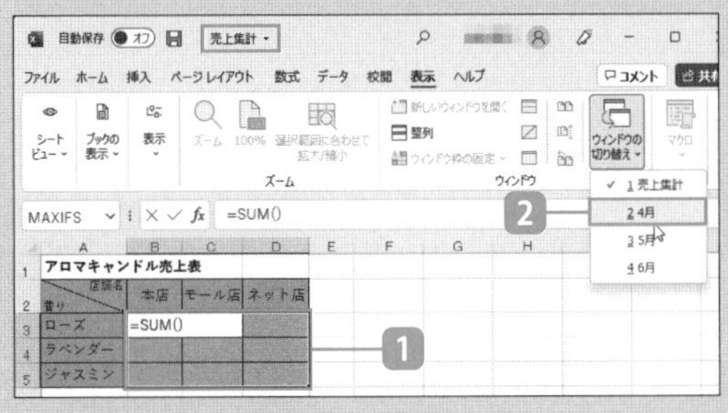

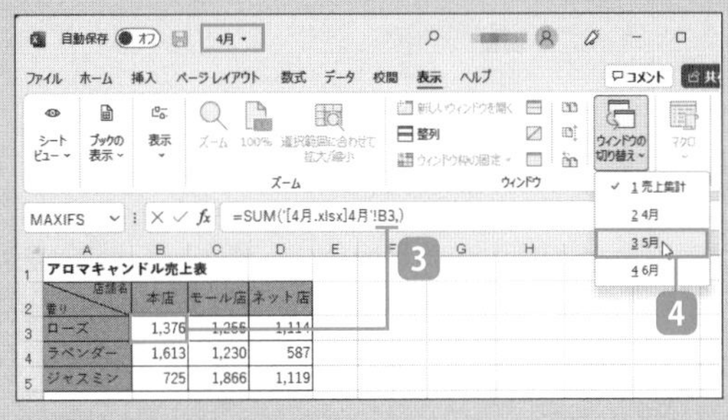

✓ 複数シート・ブック集計

テク039 複数シートの表内の文字列をカウントしたい（同位置・同形式の表）

使うのはコレ！ シートのグループ化+COUNTA関数+Ctrl+Enterキー

複数のシートの同じ位置に同じ形式の表がある場合に、テク037のように［合計］ボタンの［▼］メニューにはない集計方法で、すべてのセル範囲をもとに集計したいなら、**シートをグループ化して関数を入力**しよう。ただし、クロス表のような複数行列の場合は、数式をCtrl＋Enterキーで確定する必要がある。

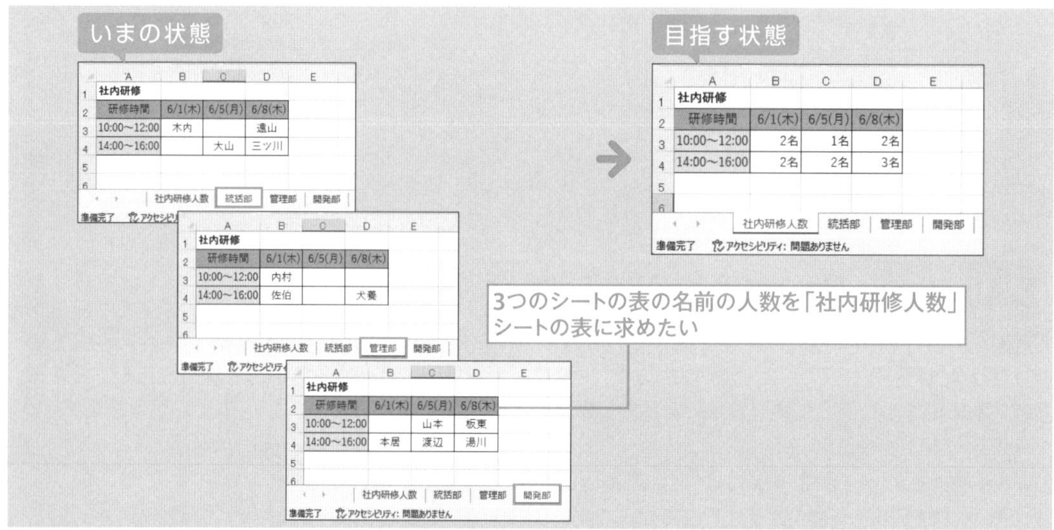

いまの状態
目指す状態
3つのシートの表の名前の人数を「社内研修人数」シートの表に求めたい

1 「社内研修人数」シートのB3セル～D4セル（表の求めるセル）をすべて範囲選択し、「=COUNTA(」と入力する。
2 「統括部」シート～「開発部」シートをShiftキーを押しながら選択する。
3 ［値1］…表の左上のB3セルを選択して、Ctrl＋Enterキーで数式を確定する。

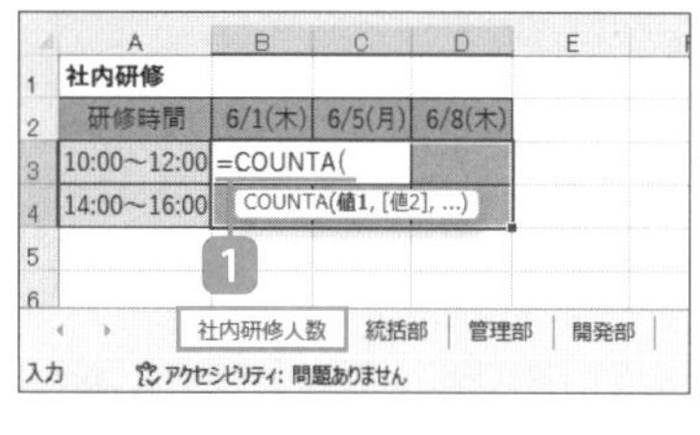

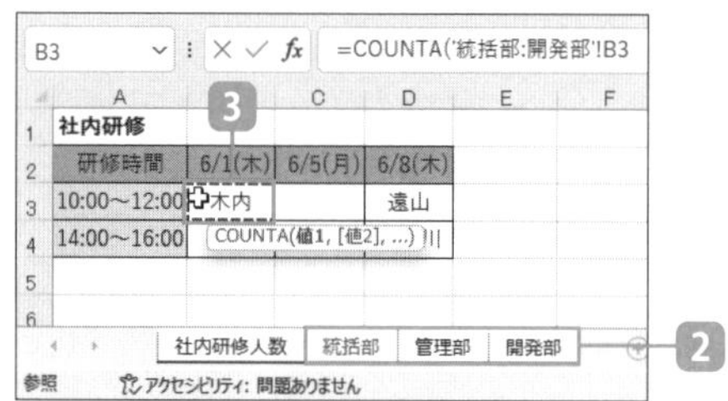

数式解説

「=COUNTA(統括部:開発部!B3)」の数式は、「統括部」シート～「開発部」シートのB3セルの名前の人数を求める。COUNTA関数を入力してシートをグループ化してから集計するセルを選択すると、すべてのシートの同じセルの値が集計するセルとして指定できるため（テク038「ここがポイント！」参照）、「社内研修人数」シートの表に、「統括部」シート～「開発部」シートの同じセルにある名前の人数がそれぞれ求められる。

✔ シート追加対応

テク 040 集計対象のシートを変更できるようにしたい

使うのはコレ! [合計] ボタン+空のシート

テク038や039のように、シートのグループ化を使えば、複数のシートの表のデータを手早く集計できるが、シートを追加しても集計対象のシートを変更できるようにするなら、集計するシートの前後に**空のシート**を配置しておこう。

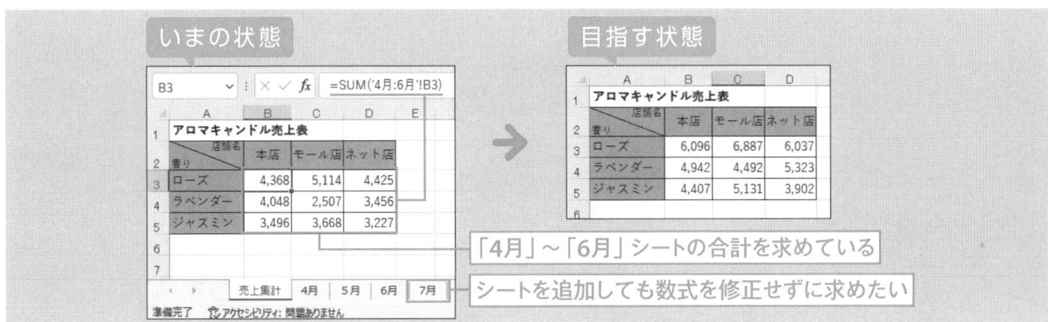

1. 集計するシートの前後に「開始」シートと「終了」シートを作成する。
2. 「売上集計」シートのB3セル~D5セル(表の求めるセル)をすべて範囲選択し、[数式]タブの[関数ライブラリ]グループの[合計]ボタンをクリックする。
3. 「開始」シート~「終了」シートを Shift キーを押しながら選択して、集計する表の左上に該当するB3セルを選択する。
4. [数式]タブの[関数ライブラリ]グループの[合計]ボタンをクリックすると「4月」~「6月」シートの合計が求められる。
5. 「7月」シートを「終了」シートの左側に追加すると合計が自動で再計算される。

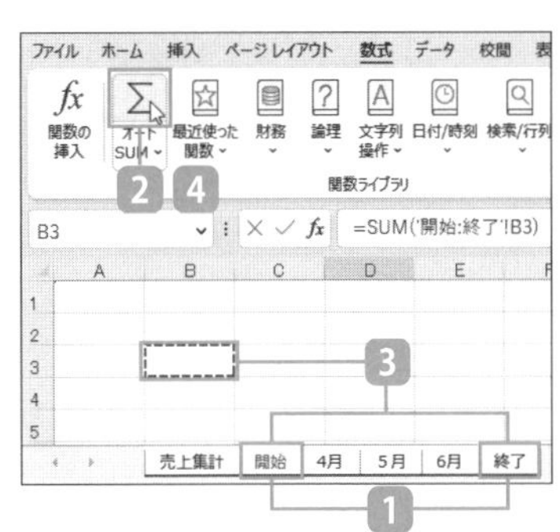

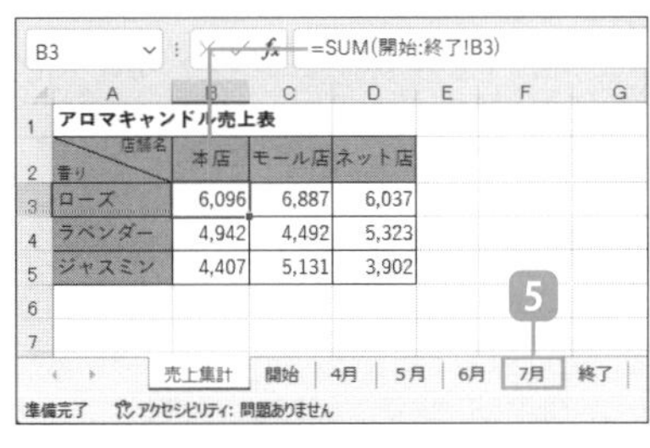

数式解説

「=SUM(開始:終了!B3)」の数式は、「開始」シート~「終了」シートのB3セルの売上数の合計を求める。[合計]ボタンでSUM関数を入力してシートをグループ化してから集計するセルを選択すると、すべてのシートの同じセルの値が集計するセルとして指定できる(テク038参照)。「開始」シートと「終了」シートには何も入力されていないため、この2つのシートの間に集計するシートを配置させることで、数式を変更しなくても、常に「売上集計」シートの表に売上数の合計がそれぞれ求められる。

✔ シート追加対応

テク041 前シートまでの累計をシートごとに求めたい

使うのはコレ! INDIRECT+SHEET関数

各シートの表中に累計列を作り、それぞれ前シートまでの累計を求めたい。しかし、もしシートを30枚ぶん作成済みだったとしたら、それぞれのシートに前シートのデータを足し算した列を追加しなければならない。そこで、**シート番号とシート名の数値を同じ**にしておけば、複数のシートでも一度に累計の列を挿入することができる。

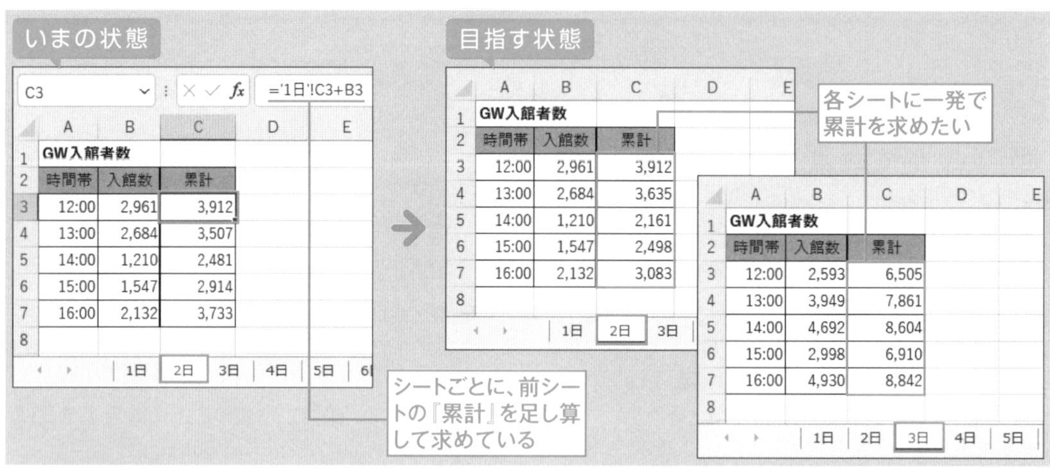

● スピル使用の数式

1. 「1日」シートの『累計』列は『入館数』列の数字をコピーして貼り付ける。
2. Shift キーを押しながら「2日」シート以降のシートをすべて選択する。
3. 「2日」シートの累計を求めるセル(C3セル)を選択し、「=INDIRECT(」と入力する。
4. [参照文字列]…前シートの足し算するデータのC3セル～C7セルのアドレスをSHEET関数で「"前シート番号&日!C3:C7"」となるように入力する。
5. 「)+」と入力し、足し算する『入館数』のB3セル～B7セルを選択して、Enter キーで数式を確定する。

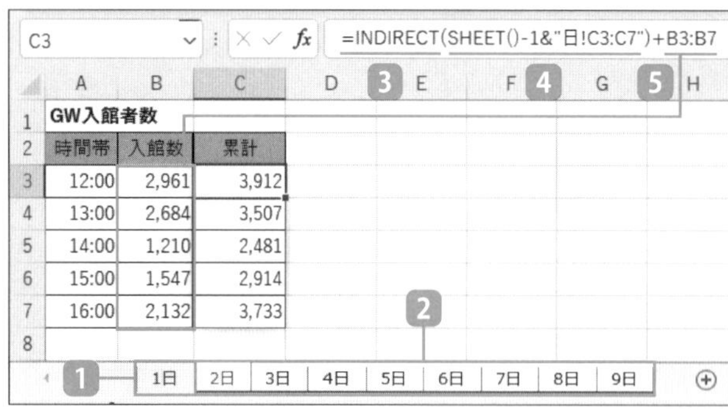

従来の数式

1 「1日」シートの『累計』列は『入館数』列の数字をコピーして貼り付ける。
2 Shift キーを押しながら「2日」シート以降のシートをすべて選択する。
3 「2日」シートの累計を求めるセル（C3セル）を選択し、「=INDIRECT(」と入力する。
4 [参照文字列]…足し算する前シートのC3セルのアドレスをSHEET関数とROW関数で「"前シート番号&日！C3"」となるように入力する。
5 「)+」と入力し、足し算する『入館数』のB3セルを選択して、Enter キーで数式を確定する。
6 数式を必要なだけ複写する。

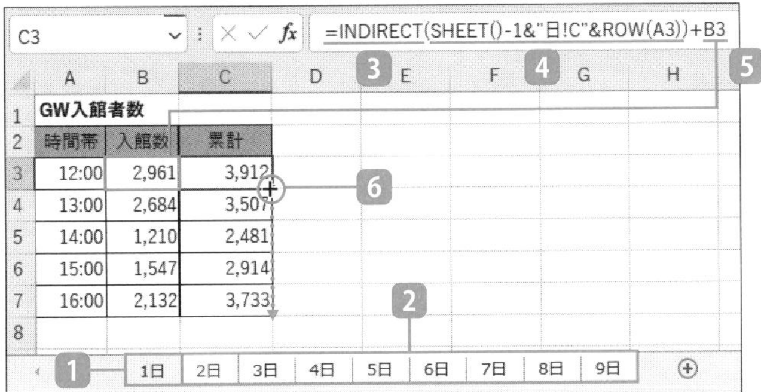

数式解説

SHEET関数はブック内の先頭からシートが何番目にあるかを求める。「SHEET()-1」で前シートの番号「1」が求められる。INDIRECT関数の引数には、スピル使用の数式の場合「SHEET()-1&"日!C3:C7"」と指定することで、1つ前の「1日」シートのC3セル～C7セルの『累計』が間接的に参照される。従来の数式では、「SHEET()-1&"日!C"&ROW(A3)」と指定することで、1つ前の「1日」シートのC3セルの『累計』が間接的に参照される。
続けてスピル使用の数式では「+B3:B7」、従来の数式では「+B3」として、求めたいシートのデータを足し算することで前シートからの累計が求められる。この数式を、Shift キーでシートをすべて選択して入力すると、すべてのシートに数式が作成され、それぞれのシートの『累計』の列に前シートからの累計が求められる。

ここがポイント！　新たにシートを追加するときはシートをコピーするだけでOK

上記の数式で累計の列を作成しておけば、日々、新たにシートを作成する場合でも、シートを Ctrl キーを押しながらドラッグするだけで、累計の列を作成することができる。

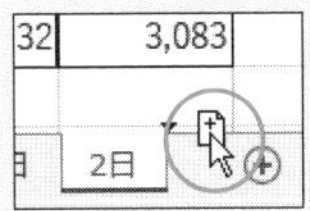

第1部
集計編

第3章
数式苦手派は必見!「条件付き集計」機能を活用しよう

3-1 テーブル／ピボットテーブルで条件付き集計をマスター!

表から特定の項目だけを抽出して集計行を付けたい。あるいは、表をもとに項目別の集計値を求めたい。そんな条件付き集計は、どのようにすればできるのだろうか?

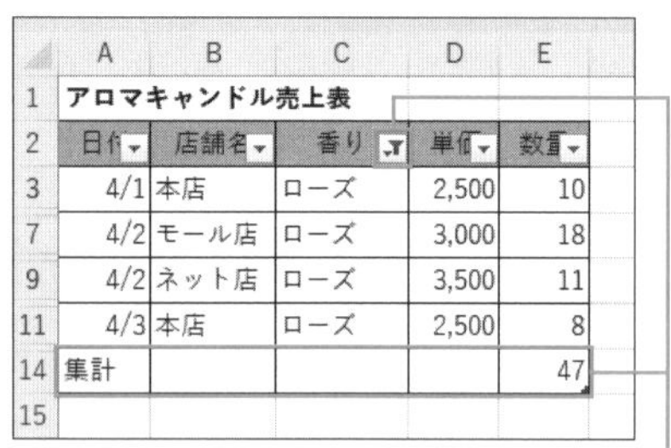

	A	B	C	D	E
1	アロマキャンドル売上表				
2	日付	店舗名	香り	単価	数量
3	4/1	本店	ローズ	2,500	10
7	4/2	モール店	ローズ	3,000	18
9	4/2	ネット店	ローズ	3,500	11
11	4/3	本店	ローズ	2,500	8
14	集計				47
15					

表を特定の項目で抽出して、集計行を付けたい

	A	B	C	D	E	F	G	H
1	アロマキャンドル売上表							
2	日付	店舗名	香り	単価	数量		香り	売上数
3	4/1	本店	ローズ	2,500	10		ローズ	47
4	4/1	本店	ラベンダー	3,200	7		ラベンダー	44
5	4/1	モール店	ラベンダー	3,200	12		ジャスミン	27
6	4/2	本店	ジャスミン	2,000	15			
7	4/2	モール店	ローズ	3,000	18			
8	4/2	モール店	ジャスミン	3,000	8			
9	4/2	ネット店	ローズ	3,500	11			
10	4/2	ネット店	ラベンダー	2,700	20			
11	4/3	本店	ローズ	2,500	8			
12	4/3	モール店	ラベンダー	2,700	5			
13	4/3	モール店	ジャスミン	2,000	4			

項目別の集計表を作成したい

もしも、第2章2節解説の[合計]ボタンしか知らなければ、集計項目を Ctrl キーを押しながら選択したり、集計項目を1つずつピックアップしたりする必要があるなど、手間がかかる。

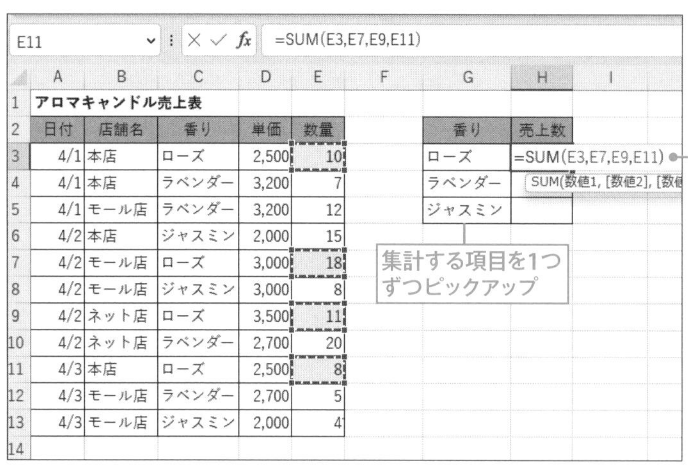

E11　=SUM(E3,E7,E9,E11)

	A	B	C	D	E	F	G	H
1	アロマキャンドル売上表							
2	日付	店舗名	香り	単価	数量		香り	売上数
3	4/1	本店	ローズ	2,500	10		ローズ	=SUM(E3,E7,E9,E11)
4	4/1	本店	ラベンダー	3,200	7		ラベンダー	
5	4/1	モール店	ラベンダー	3,200	12		ジャスミン	
6	4/2	本店	ジャスミン	2,000	15			
7	4/2	モール店	ローズ	3,000	18			
8	4/2	モール店	ジャスミン	3,000	8			
9	4/2	ネット店	ローズ	3,500	11			
10	4/2	ネット店	ラベンダー	2,700	20			
11	4/3	本店	ローズ	2,500	8			
12	4/3	モール店	ラベンダー	2,700	5			
13	4/3	モール店	ジャスミン	2,000	4			
14								

SUM(数値1, [数値2], [数値
集計する項目を1つずつピックアップ

[合計]ボタンをクリックしたあと、すべての項目を Ctrl キーを押しながら選択して求める

そこで、本節では**テーブル**と**ピボットテーブル**という、2つの条件付き集計機能を使えるようになろう。テーブルは、フィルターで項目を抽出するだけで、抽出した項目の集計行を付けた表が作れる。また、ピボットテーブルは、ドラッグするだけで項目別の集計表を作成できる機能だ。

テク 042 特定の項目を抽出した表に、集計行を自動で追加したい

使うのはコレ! テーブル+集計行

特定の項目で抽出した表にするなら、第6章2節テク167と168で解説の**フィルター**や**テーブル**を使えば可能。このとき「テーブル」を使えば、最終行に自動で集計行を付けることができる。「フィルター」で特定の項目を抽出するだけで、常に特定の項目だけの表に集計行を付けた表が作成できる。

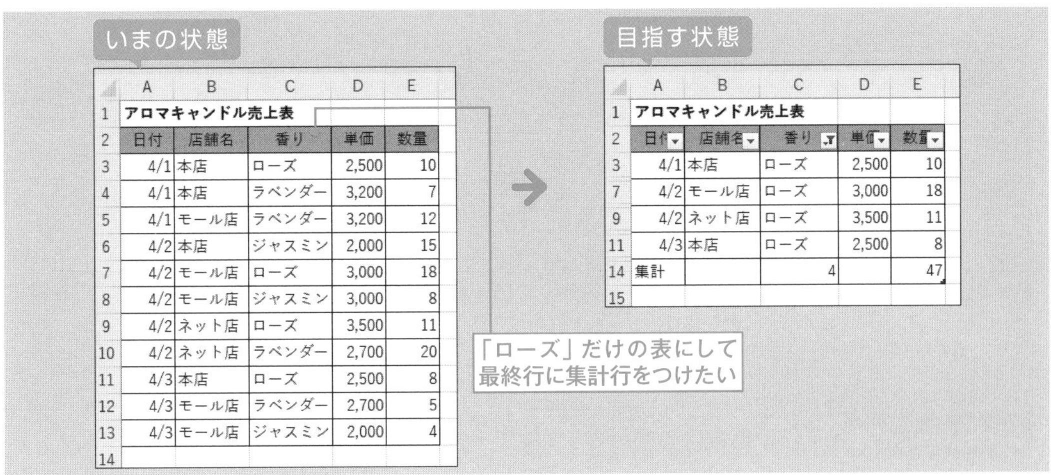

	A	B	C	D	E
1	アロマキャンドル売上表				
2	日付	店舗名	香り	単価	数量
3	4/1	本店	ローズ	2,500	10
4	4/1	本店	ラベンダー	3,200	7
5	4/1	モール店	ラベンダー	3,200	12
6	4/2	本店	ジャスミン	2,000	15
7	4/2	モール店	ローズ	3,000	18
8	4/2	モール店	ジャスミン	3,000	8
9	4/2	ネット店	ローズ	3,500	11
10	4/2	ネット店	ラベンダー	2,700	20
11	4/3	本店	ローズ	2,500	8
12	4/3	モール店	ラベンダー	2,700	5
13	4/3	モール店	ジャスミン	2,000	4
14					

	A	B	C	D	E
1	アロマキャンドル売上表				
2	日付	店舗名	香り	単価	数量
3	4/1	本店	ローズ	2,500	10
7	4/2	モール店	ローズ	3,000	18
9	4/2	ネット店	ローズ	3,500	11
11	4/3	本店	ローズ	2,500	8
14	集計		4		47
15					

1. 第1章テク008の手順❶~❻の手順で、表をテーブルに変換して集計行を追加する。
2. 表の右端のセルに初期設定で「合計」が求められるので、ほかの集計方法に変更するには、[フィルター]ボタンをクリックして表示されたメニューから選択する。
3. 「香り」のフィルターボタンから「ローズ」を選択すると、ローズの数量の合計が求められる。
4. ほかの列も集計値を求めるなら、集計したい列のセルを選択し、表示されたフィルターボタンから集計方法を選ぶ。

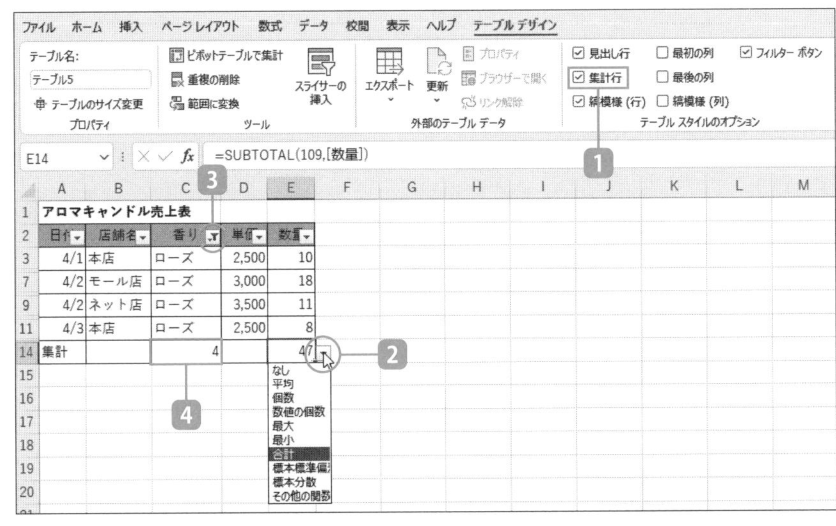

ここがポイント！　どうして集計されるのか？

テーブルに集計行を追加し、フィルターボタンから集計方法を選択すると、セルには自動で1SUBTOTAL関数が設定される。SUBTOTAL関数は、「フィルターと行の非表示」で**非表示になったセルを除外して**計算してくれる。フィルターボタンから集計方法を選択すると、SUBTOTAL関数の2引数の［集計方法］に、集計方法に該当する数値（巻末の関数一覧参照）が自動で設定され、選択した集計方法で集計値が求められるしくみになっている。

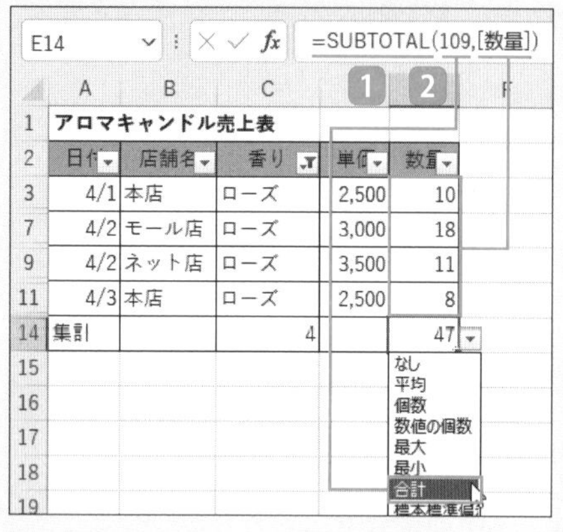

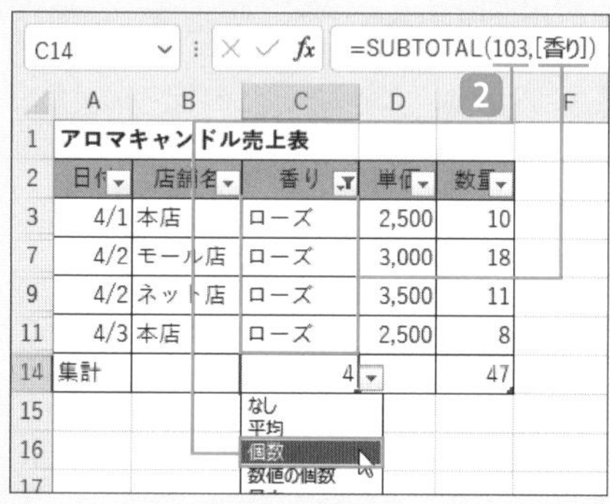

併せて覚え テク　色を付けた数値の集計もフィルターボタンから選択するだけ

色を付けた数値だけ集計したい。そんなときも、表をテーブルに変換して集計行を追加すれば、1**色フィルター**を使って抽出するだけでできる。併せて覚えておこう。

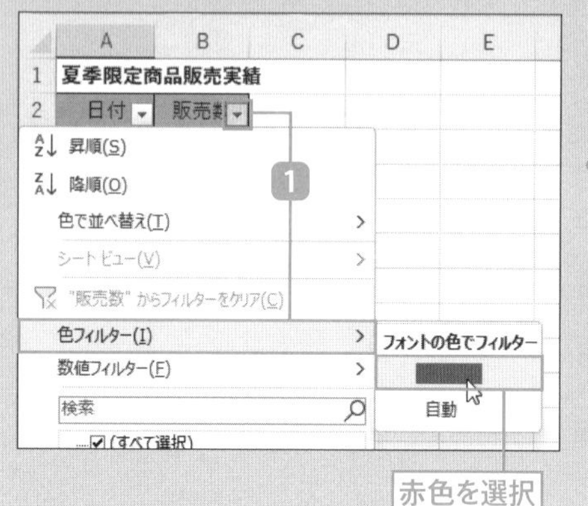

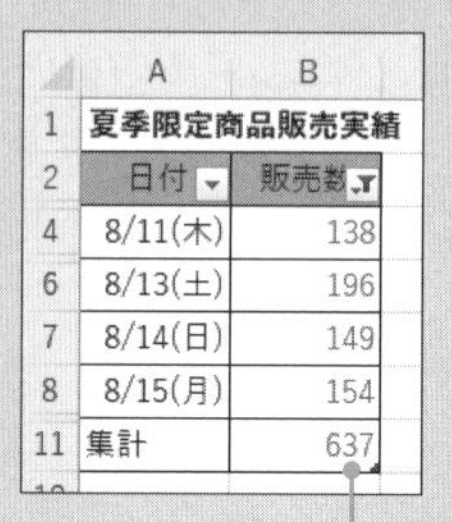

✔ ピボット集計

テク043 ドラッグ操作だけで、項目別・クロス・階層見出しの集計表を作成したい

使うのはコレ! ピボットテーブル

ピボットテーブルは、ドラッグ操作だけでスピーディーに項目別やクロス集計表、階層見出しの表が作成できる。独自の形式の表にこだわらず、とにかくすぐに必要な時はピボットテーブルを利用しよう。

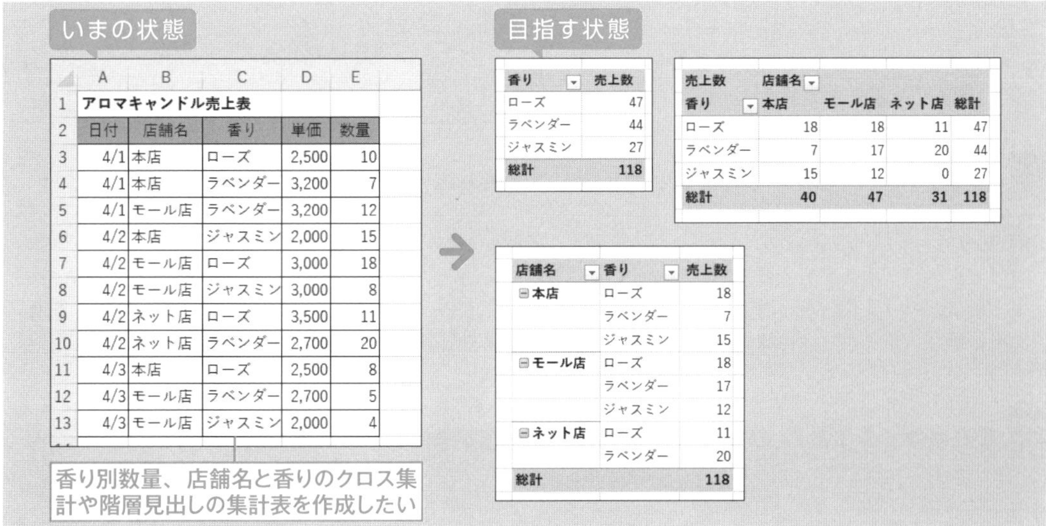

アロマキャンドル売上表

日付	店舗名	香り	単価	数量
4/1	本店	ローズ	2,500	10
4/1	本店	ラベンダー	3,200	7
4/1	モール店	ラベンダー	3,200	12
4/2	本店	ジャスミン	2,000	15
4/2	モール店	ローズ	3,000	18
4/2	モール店	ジャスミン	3,000	8
4/2	ネット店	ローズ	3,500	11
4/2	ネット店	ラベンダー	2,700	20
4/3	本店	ローズ	2,500	8
4/3	モール店	ラベンダー	2,700	5
4/3	モール店	ジャスミン	2,000	4

香り	売上数
ローズ	47
ラベンダー	44
ジャスミン	27
総計	118

売上数	店舗名			
香り	本店	モール店	ネット店	総計
ローズ	18	18	11	47
ラベンダー	7	17	20	44
ジャスミン	15	12	0	27
総計	40	47	31	118

店舗名	香り	売上数
⊟本店	ローズ	18
	ラベンダー	7
	ジャスミン	15
⊟モール店	ローズ	18
	ラベンダー	17
	ジャスミン	12
⊟ネット店	ローズ	11
	ラベンダー	20
総計		118

● 項目別の集計表を作成する

1. 表内のセルを1つ選択し、[挿入]タブの[テーブル]グループの[ピボットテーブル]ボタンをクリックする。
2. 表示された[テーブルまたは範囲からのピボットテーブル]ダイアログボックスで、[表または範囲の選択]に売上表のA2セル～E13セルを範囲選択する。

   操作テク 2019/2016の場合、表示された[ピボットテーブルの作成]ダイアログボックスで、[テーブルまたは範囲を選択]に売上表のA2セル～E13セルを範囲選択する。
3. ピボットテーブルをここでは表の横に作成するので、作成する場所の指定で[既存のワークシート]をオンにし、[場所]にG2セルを選択する。
4. [OK]ボタンをクリックする。

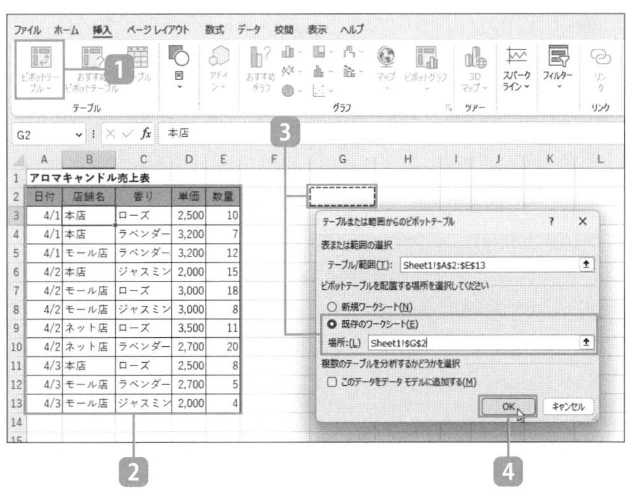

5 『香り』を行見出しに『数量』を集計するので、[ピボットテーブルのフィールド]ウィンドウで「行」エリアに『香り』、「値」エリアに『数量』のフィールドをドラッグする。

操作テク> 行見出しにしたいフィールドは「行」エリア、列見出しにしたいフィールドは「列」エリア、集計したいフィールドは「値」エリアに配置する。

6 ピボットテーブルの列見出しを表の列見出しと同じにするには、[デザイン]タブの[レイアウト]グループの[レポートのレイアウト]ボタンから[表形式で表示]を選択する。

7 数量の列見出し(H2セル)に「売上数」と直接入力し、列見出しの名称を修正。

8 項目はドラッグするだけで移動できる。希望の順番に並び替えよう。

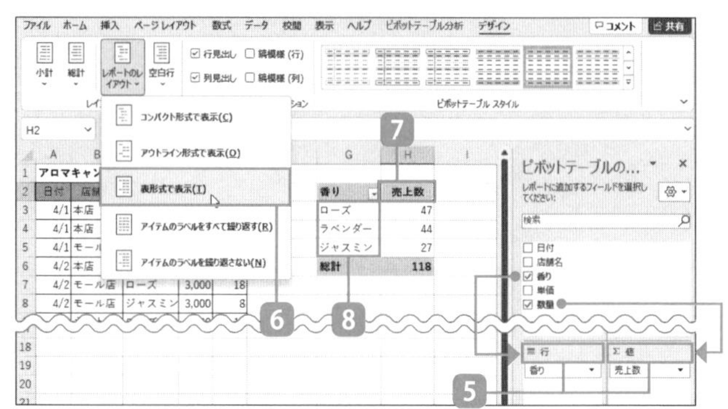

集計編

ここがポイント! フィールドにチェックを入れるだけでエリアに配置できる

[ピボットテーブルのフィールド]ウィンドウでは、ドラッグ操作ではなく、フィールドに付けられたチェックボックスにチェックを入れても、エリアに配置することができる。ただし、この場合、文字列のフィールドにチェックを入れると「行」エリア、数値のフィールドにチェックを入れると「値」エリアに自動で配置されるので、別のエリアに移動したいときは、フィールドを別のエリアにドラッグして変更しよう。

ここがポイント! データの変更や追加に対応するには?

ピボットテーブルに**データの変更**を反映させるには、[ピボットテーブル分析]タブ(2019/2016は[分析]タブ)の[データ]グループ→[更新]ボタンをクリックしよう。
なお、**データの追加**を反映させるには、集計元の表をテーブルに変換(作成方法は第1章テク008参照)してからピボットテーブルを作成して、[更新]ボタンをクリックしよう。

併せて覚え テク 集計方法や計算方法を変更するには?

「平均売上数を求めたい」などの集計方法や計算方法の変更は、1[ピボットテーブル分析]タブ(2019/2016は[分析]タブ)の[アクティブなフィールド]グループ→[フィールドの設定]ボタンをクリックして表示される[値フィールドの設定]ダイアログボックスで設定できる。2[集計方法]タブで変更したい集計方法、3[計算の種類]タブで比率など変更したい計算方法を選ぼう。4[名前の指定]に入力すると列見出しも同時に変更にすることができる。
なお、ピボットテーブルの値を右クリックして表示されるメニューから[値の集計方法]や[計算の種類]で選択して変更することも可能(次節のテク044参照)。

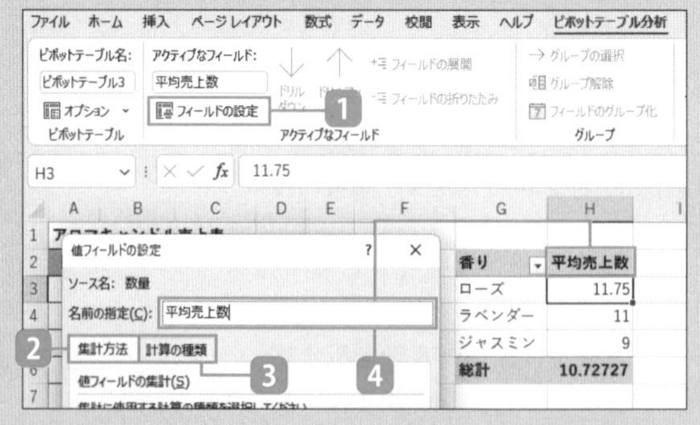

クロス集計表を作成する

1. 前ページの手順5の後に［ピボットテーブルのフィールド］ウィンドウの「列」エリアへ『店舗名』のフィールドをドラッグすると、香りと店舗のクロス表が作成できる。
2. データがない空白セルに「0」を表示するには、［ピボットテーブル オプション］ダイアログボックスの［レイアウトと書式］タブで「空白セルに表示する値」に「0」と入力しよう。

操作テク ［ピボットテーブルオプション］ダイアログの表示は［ピボットテーブル分析］タブ（2019/2016は［分析］タブ）→［ピボットテーブル］グループ→［オプション］ボタンをクリック。

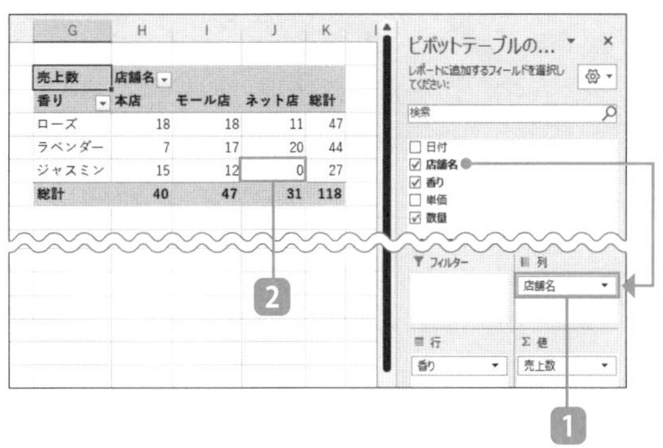

売上数	店舗名			
香り	本店	モール店	ネット店	総計
ローズ	18	18	11	47
ラベンダー	7	17	20	44
ジャスミン	15	12	0	27
総計	40	47	31	118

ここがポイント！ エリアに配置したフィールドはドラッグ操作で移動できる

通常の表とは違い、それぞれのフィールドは、**別のエリアにドラッグするだけ**で簡単に移動できるのでさまざまな角度からの集計表が一瞬で作成できる。

階層見出しの集計表を作成する

1. ［ピボットテーブルのフィールド］ウィンドウのそれぞれのエリアには、複数のフィールドが配置できる。「行」エリアの『香り』の上に「列」エリアの『店舗名』のフィールドをドラッグして移動し、『店舗名』を大項目、『香り』を小項目とした階層見出しで構成された集計表を作成できる。
2. 自動で挿入された小計が不要なときは、［デザイン］タブの［レイアウト］グループの［小計］ボタンから［小計を表示しない］を選択して削除しよう。

操作テク 希望の体裁になるように、ピボットテーブルの見出しや項目の順番を変更しよう。

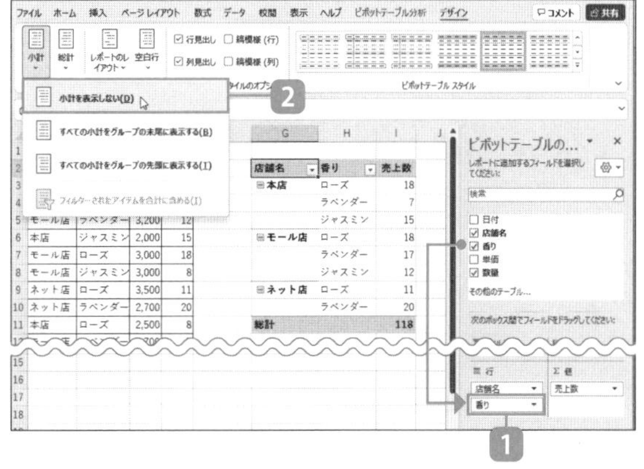

店舗名	香り	売上数
本店	ローズ	18
	ラベンダー	7
	ジャスミン	15
モール店	ローズ	18
	ラベンダー	17
	ジャスミン	12
ネット店	ローズ	11
	ラベンダー	20
総計		118

併せて覚え テク 大項目の見出しを小項目の隣にすべて表示するには?

大項目の見出しを小項目の隣にすべて表示するには、大項目のセルを1つ選択し、［デザイン］タブの［レイアウト］グループの［レポートのレイアウト］ボタンから［アイテムのラベルをすべて繰り返す］を選択しよう。

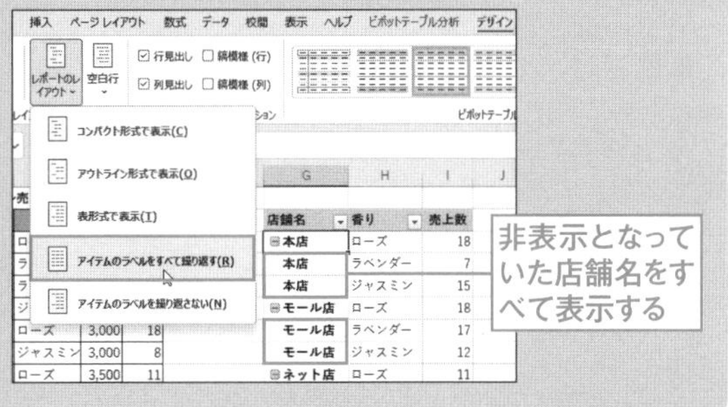

3-2 ピボットテーブルを使った条件集計表の作成テクをマスター!

前節で解説した**ピボットテーブル**を使うと、項目別の集計表だけではなく、さまざまな集計表を簡単に作成できる。

たとえば、価格帯ごとの集計表がほしい、1つの表を条件で切り替えて集計したいなど、一見複雑な集計表でも「ドラッグ操作」だけでいとも簡単に作成できる。

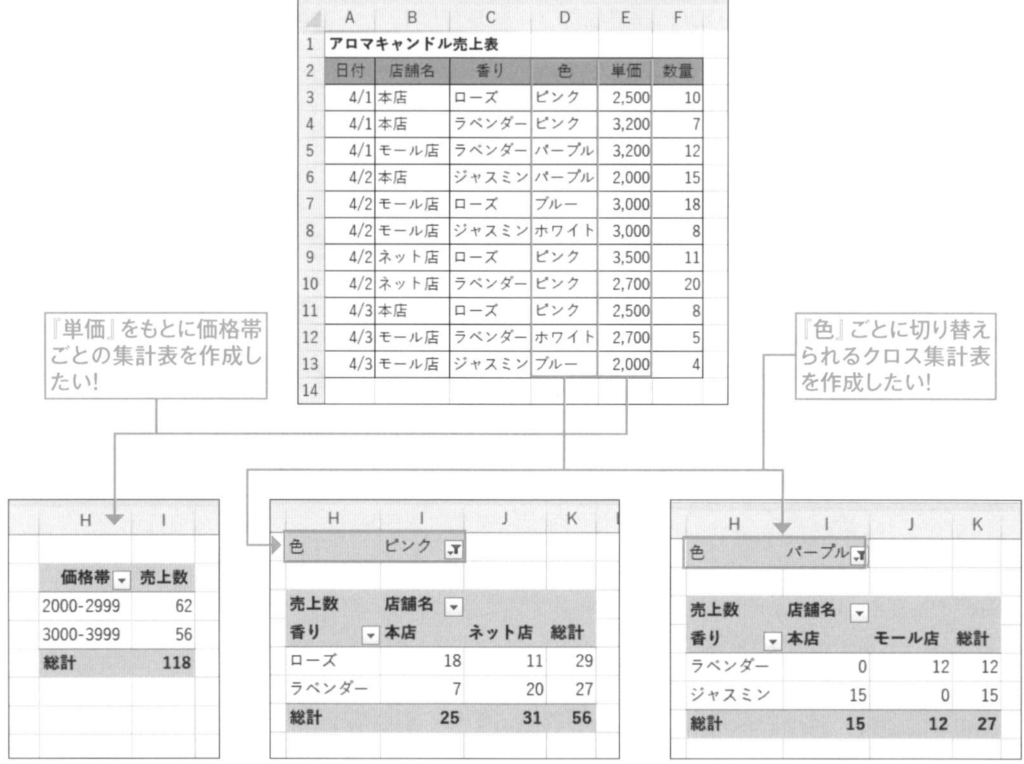

	A	B	C	D	E	F
1	アロマキャンドル売上表					
2	日付	店舗名	香り	色	単価	数量
3	4/1	本店	ローズ	ピンク	2,500	10
4	4/1	本店	ラベンダー	ピンク	3,200	7
5	4/1	モール店	ラベンダー	パープル	3,200	12
6	4/2	本店	ジャスミン	パープル	2,000	15
7	4/2	モール店	ローズ	ブルー	3,000	18
8	4/2	モール店	ジャスミン	ホワイト	3,000	8
9	4/2	ネット店	ローズ	ピンク	3,500	11
10	4/2	ネット店	ラベンダー	ピンク	2,700	20
11	4/3	本店	ローズ	ピンク	2,500	8
12	4/3	モール店	ラベンダー	ホワイト	2,700	5
13	4/3	モール店	ジャスミン	ブルー	2,000	4
14						

『単価』をもとに価格帯ごとの集計表を作成したい!
『色』ごとに切り替えられるクロス集計表を作成したい!

価格帯	売上数
2000-2999	62
3000-3999	56
総計	118

色：ピンク

売上数	店舗名		
香り	本店	ネット店	総計
ローズ	18	11	29
ラベンダー	7	20	27
総計	25	31	56

色：パープル

売上数	店舗名		
香り	本店	モール店	総計
ラベンダー	0	12	12
ジャスミン	15	0	15
総計	15	12	27

本節では、ピボットテーブルを使った、さまざまな条件付き集計のテクニックをマスターしよう!

✔ 集計列の追加・グループ集計

テク044 ドラッグ操作だけで、項目ごとに合計・平均・件数をまとめて求めたい

使うのはコレ! ピボットテーブル+値フィールドの設定

表から合計、平均、件数を求めたい時、それぞれに違う関数を使った数式が必要になるが、**ピボットテーブル**を使えば、ドラッグ操作だけでまとめて求めることができる。

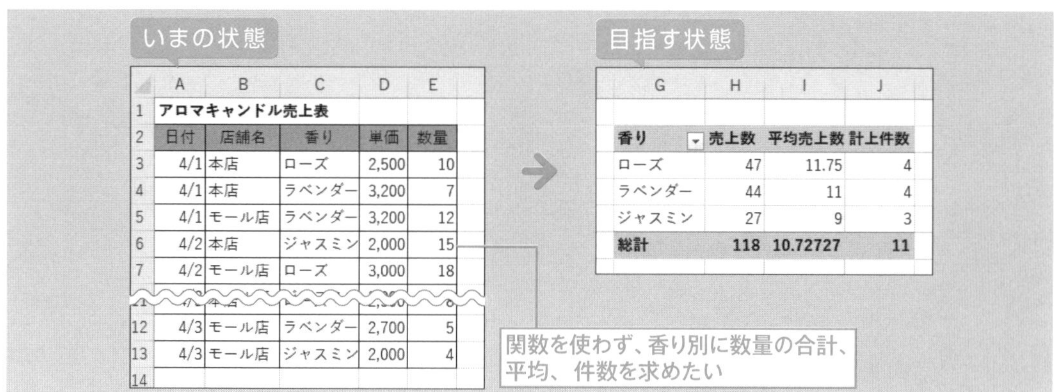

いまの状態
アロマキャンドル売上表
日付 店舗名 香り 単価 数量
4/1 本店 ローズ 2,500 10
4/1 本店 ラベンダー 3,200 7
4/1 モール店 ラベンダー 3,200 12
4/2 本店 ジャスミン 2,000 15
4/2 モール店 ローズ 3,000 18
4/3 モール店 ラベンダー 2,700 5
4/3 モール店 ジャスミン 2,000 4
目指す状態
香り 売上数 平均売上数 計上件数
ローズ 47 11.75 4
ラベンダー 44 11 4
ジャスミン 27 9 3
総計 118 10.72727 11
関数を使わず、香り別に数量の合計、平均、件数を求めたい

1. テク043の手順❶～❹(P.93)で売上表から空のピボットテーブルを作成する。
2. [ピボットテーブルのフィールド]ウィンドウで、「行」エリアに『香り』フィールドを1回、「値」エリアに『数量』フィールドを3回ドラッグしてピボットテーブルを作成する。
   操作テク 「合計、平均、件数」の3つを求めるので3回ドラッグする。
3. テク043の手順❻～❽(P.94)で表を希望の体裁に整える。
4. 平均を求める2列目の値を選択し、右クリックして表示されたメニューから、[値の集計方法]→[平均]を選択する。
5. 件数を求める3列目の値を選択し、右クリックして表示されたメニューから、[値の集計方法]→[データの個数]を選択する。
6. それぞれの列見出しを「売上数」「売上平均」「計上件数」に変更する。

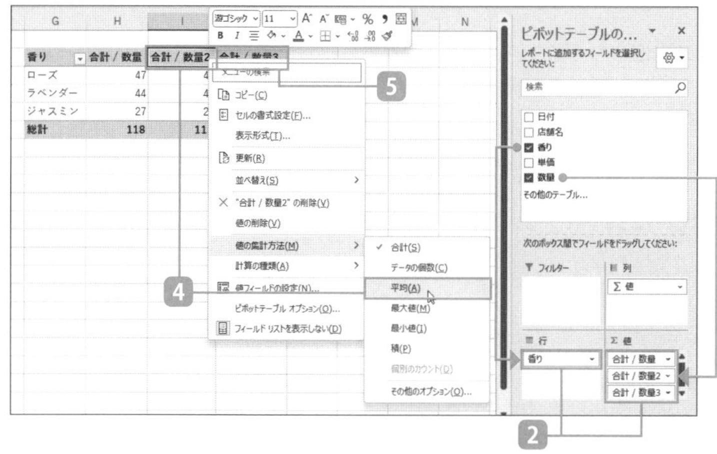

✔ 集計列の追加・グループ集計

テク045 項目ごとに独自の計算方法で求める集計列を追加したい

使うのはコレ! ピボットテーブル+集計フィールド

表を項目ごとに集計したあと「税込」など独自の計算で求める集計列を追加したい。そんなときも、**ピボットテーブル**を使えば手軽に作成できる。

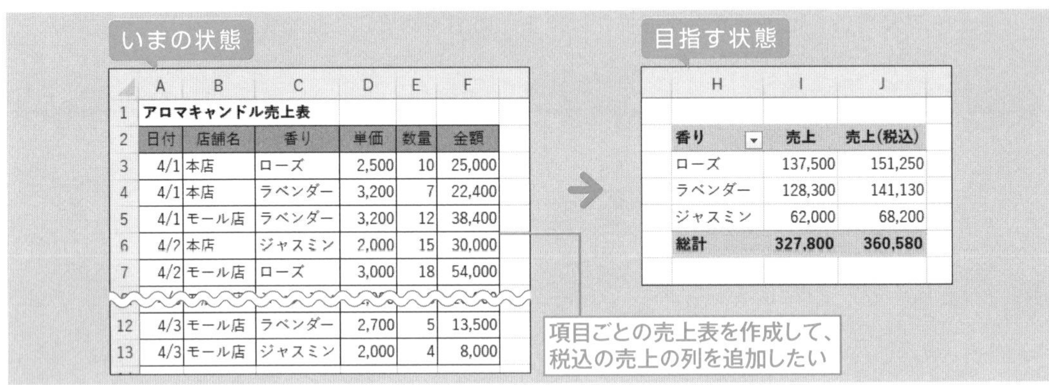

いまの状態
目指す状態
項目ごとの売上表を作成して、
税込の売上の列を追加したい

	A	B	C	D	E	F
1	アロマキャンドル売上表					
2	日付	店舗名	香り	単価	数量	金額
3	4/1	本店	ローズ	2,500	10	25,000
4	4/1	本店	ラベンダー	3,200	7	22,400
5	4/1	モール店	ラベンダー	3,200	12	38,400
6	4/2	本店	ジャスミン	2,000	15	30,000
7	4/2	モール店	ローズ	3,000	18	54,000
12	4/3	モール店	ラベンダー	2,700	5	13,500
13	4/3	モール店	ジャスミン	2,000	4	8,000

H	I	J
香り	売上	売上(税込)
ローズ	137,500	151,250
ラベンダー	128,300	141,130
ジャスミン	62,000	68,200
総計	327,800	360,580

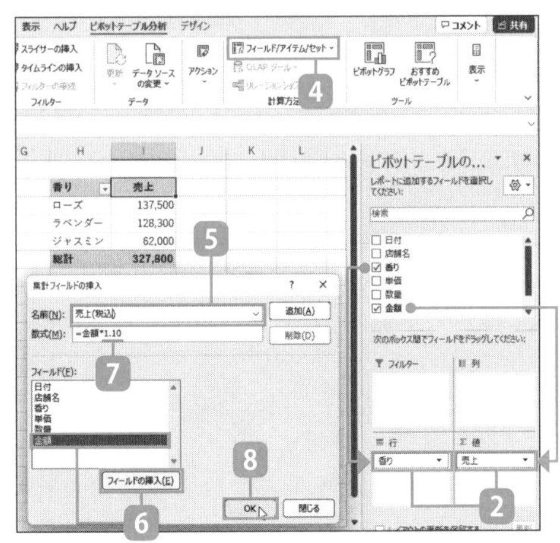

1 テク043の手順1〜4で表から空のピボットテーブルを作成する。
2 表示された[ピボットテーブルのフィールド]ウィンドウで、「行」エリアに『香り』、「値」エリアに『金額』のフィールドをドラッグしてピボットテーブルを作成する。
3 テク043の手順6〜8で表を希望の体裁に整える。ここでは「合計/金額」を「売上」に修正。
4 売上のセルを1つ選択し、[ピボットテーブル分析]タブ(2019/2016は[分析]タブ)の[計算方法]グループの[フィールド/アイテム/セット]ボタンから[集計フィールド]を選択する。
5 表示された[集計フィールドの挿入]ダイアログボックスで、[名前]に列見出しにする名前「売上(税込)」を入力する。
6 [数式]に数式を入力する。ボックス内をクリックして、「=」と入力したら、フィールドリストから集計に使うフィールド「金額」を選択して[フィールドの挿入]ボタンをクリックする。
7 続けて残りの数式「*1.10」を入力する。
8 [OK]ボタンをクリックする。

ここがポイント!　一度作成したらフィールドリストに追加される

作成した集計フィールド(さきほどの例では「売上(税込)」)は、[ピボットテーブルのフィールド]ウィンドウの**フィールドリスト**に追加されるので、他のフィールドと同様にドラッグするだけで削除したり、ふたたび追加したりできる。フィールドリストから削除してやり直す場合は、[集計フィールドの挿入]ダイアログボックスで、「名前」の[▼]をクリックして、作成した集計フィールド名を選択し、[削除]ボタンをクリックしよう。

✓ 集計列の追加・グループ集計

テク046 項目を指定の単位でグループ化して、グループごとに集計したい

使うのはコレ! ピボットテーブル+[グループの選択]ボタン

1,000円単位、月別など、項目を「指定の単位」で集計するときは、数式をあれこれと考えなければならない。しかし、**ピボットテーブル**を使えば、**項目をグループ化**し、集計列を追加するだけで手早く集計できる。

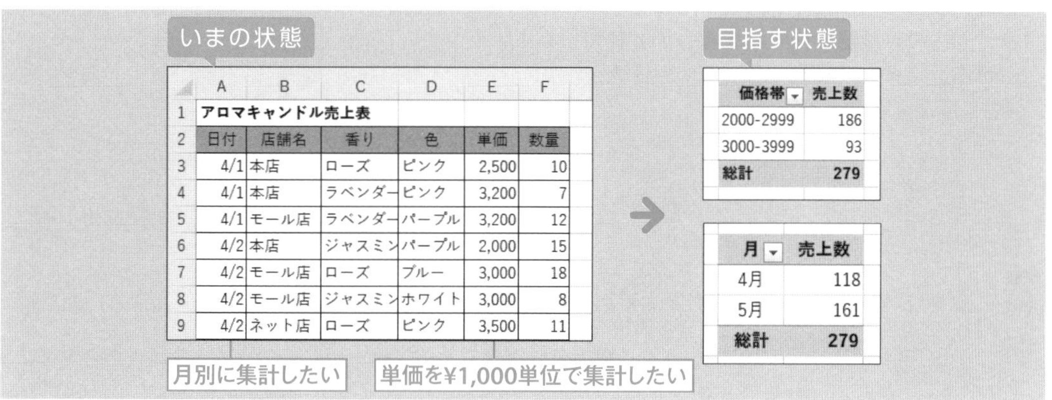

	A	B	C	D	E	F
1	アロマキャンドル売上表					
2	日付	店舗名	香り	色	単価	数量
3	4/1	本店	ローズ	ピンク	2,500	10
4	4/1	本店	ラベンダー	ピンク	3,200	7
5	4/1	モール店	ラベンダー	パープル	3,200	12
6	4/2	本店	ジャスミン	パープル	2,000	15
7	4/2	モール店	ローズ	ブルー	3,000	18
8	4/2	モール店	ジャスミン	ホワイト	3,000	8
9	4/2	ネット店	ローズ	ピンク	3,500	11

価格帯	売上数
2000-2999	186
3000-3999	93
総計	279

月	売上数
4月	118
5月	161
総計	279

● 単価を¥1,000単位で集計する

1. テク043の手順❶〜❹で表から空のピボットテーブルを作成する。
2. 表示された[ピボットテーブルのフィールド]ウィンドウで、「行」エリアに『単価』、「値」エリアに『数量』のフィールドをドラッグしてピボットテーブルを作成する。
3. テク043の手順❻〜❽で表を希望の体裁に整える。ここでは列見出しを「価格帯」「売上数」に修正する。
4. 『価格帯』のセルを1つ選択し、[ピボットテーブル分析]タブ(2019/2016は[分析]タブ)の[グループ]グループの[グループの選択]ボタンを選択する。
5. 表示された[グループ化]ダイアログボックスには、「先頭の値」「末尾の値」に単価の最小値と最大値が自動で挿入されるので、適宜修正する。ここでは[単位]は¥1,000単位なので「1000」と修正する。
6. [OK]ボタンをクリックする。

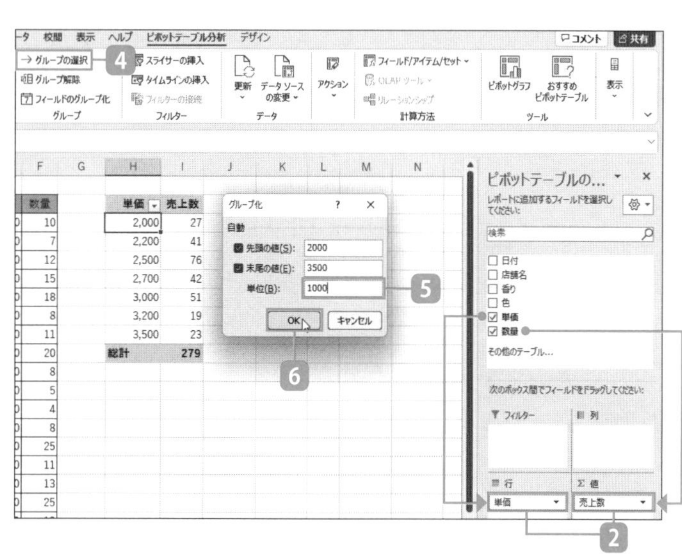

月別に集計する

1 テク043の手順1～4で表から空のピボットテーブルを作成する。

2 ［ピボットテーブルのフィールド］ウィンドウで、「値」エリアに『数量』のフィールドをドラッグする。「行」エリアに『日付』をドラッグすると、自動で「月」「日」でグループ化され、「月」のフィールドが配置される。

操作テク 年を含む日付をドラッグして配置すると、自動で「月」「年」「四半期」でグループ化され、「年」「四半期」のフィールドが配置される。

3 テク043の手順6～8で表を希望の体裁に整える。この表では列見出しを「月」「売上数」に修正する。

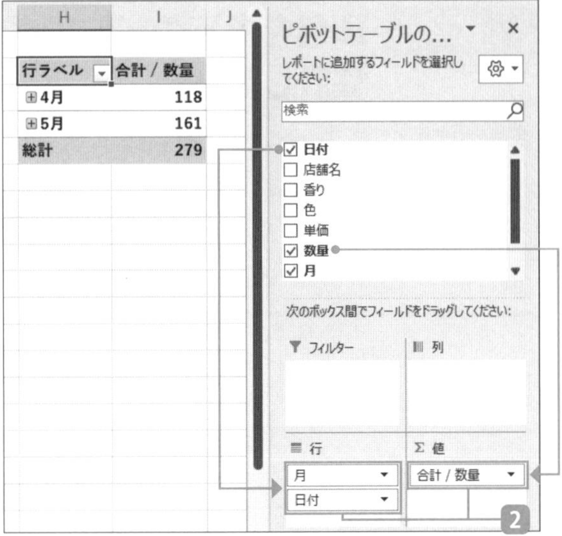

ここがポイント！ ［+］ボタンで日付の展開ができる

「日付」のフィールドを「行」や「列」エリアにドラッグすると、自動で「月」のフィールドが配置される。このとき「日付」のフィールドも配置されたままなので、各月の左横にある［+］ボタンをクリックすると、月ごとに日付の展開ができる。なお、この日付が不要な場合は「行」エリアから「日付」のフィールドをドラッグして削除しておこう。

ここがポイント！ 別の日付の単位でグループ化するには？

自動でグループ化される日付の単位を10日ごとに集計したい、など日付を別の単位でグループ化する場合は、［グループ化］ダイアログボックスの「単位」でグループ化する単位を選択しなおそう。
たとえば、4/1～4/30までの期間で10日ごとにグループ化した売上数の表を作成するなら、［開始日］に「2022/4/1」、［最終日］に「2022/4/30」、［単位］に「日」、［日数］に「10」と指定して、［OK］ボタンをクリックしよう。

ここがポイント！ グループ化の解除とグループ化できるエリア

グループ化を解除するには、［ピボットテーブル分析］タブ（2019/2016は［分析］タブ）の［グループ］グループから［グループ解除］ボタンを選択しよう。
なお、ピボットテーブルでグループ化できるのは「行」エリア、「列」エリアのみ。
「フィルター」エリアにグループ化したい項目を追加したい場合は、一度、**「行」エリアまたは「列」エリアでグループ化**してから、「フィルター」エリアへドラッグして移動しよう（テク047「併せて覚えテク」参照）。

✔ 抽出3機能の活用

テク047 項目ごとの集計表やクロス集計表を、もう1つの条件で切り替えたい

使うのはコレ! 「フィルター」エリア

ピボットテーブルで作成したクロス表を、もう1つの条件ごとで切り替え集計したいときは、[ピボットテーブルのフィールド]ウィンドウの**「フィルター」エリア**に、条件のフィールドを配置しよう。

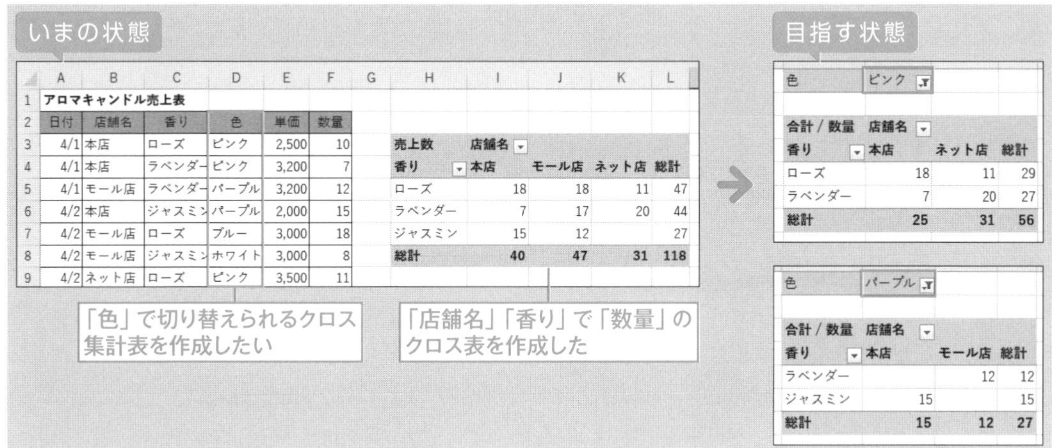

いまの状態
目指す状態
「色」で切り替えられるクロス集計表を作成したい
「店舗名」「香り」で「数量」のクロス表を作成した

1 テク043(P.95)のように『香り』と『店舗名』の売上数のクロス表をピボットテーブルで作成する。
2 [ピボットテーブルのフィールド]ウィンドウで、「フィルター」エリアに『色』のフィールドをドラッグする。
3 ピボットテーブルに配置された『色』のフィルターボタンをクリックし、「複数のアイテムを選択」にチェックを入れる。
4 抽出したい項目にチェックを入れる。
5 [OK]ボタンをクリックすると、チェックを入れた項目でクロス表が切り替えられる。

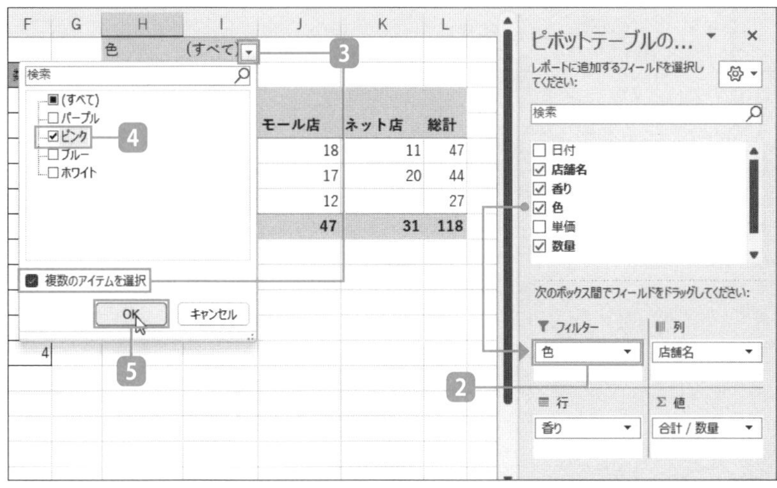

併せて覚え テク　グループ化した項目を「フィルター」エリアに配置するには?

「フィルター」エリアに配置した項目はグループ化できない。クロス表を月ごとに切り替えたいので、日付を「月」単位でグループ化した項目を「フィルター」エリアに配置する場合は、1「行」エリアまたは「列」エリアに『日付』を配置して、2日付のセルを1つ選択したら[グループ化]ダイアログボックスで[単位]に「月」を選択して、3[OK]ボタンをクリックする。4「月」単位でグループ化した『日付』を「フィルター」エリアへドラッグして移動しよう。

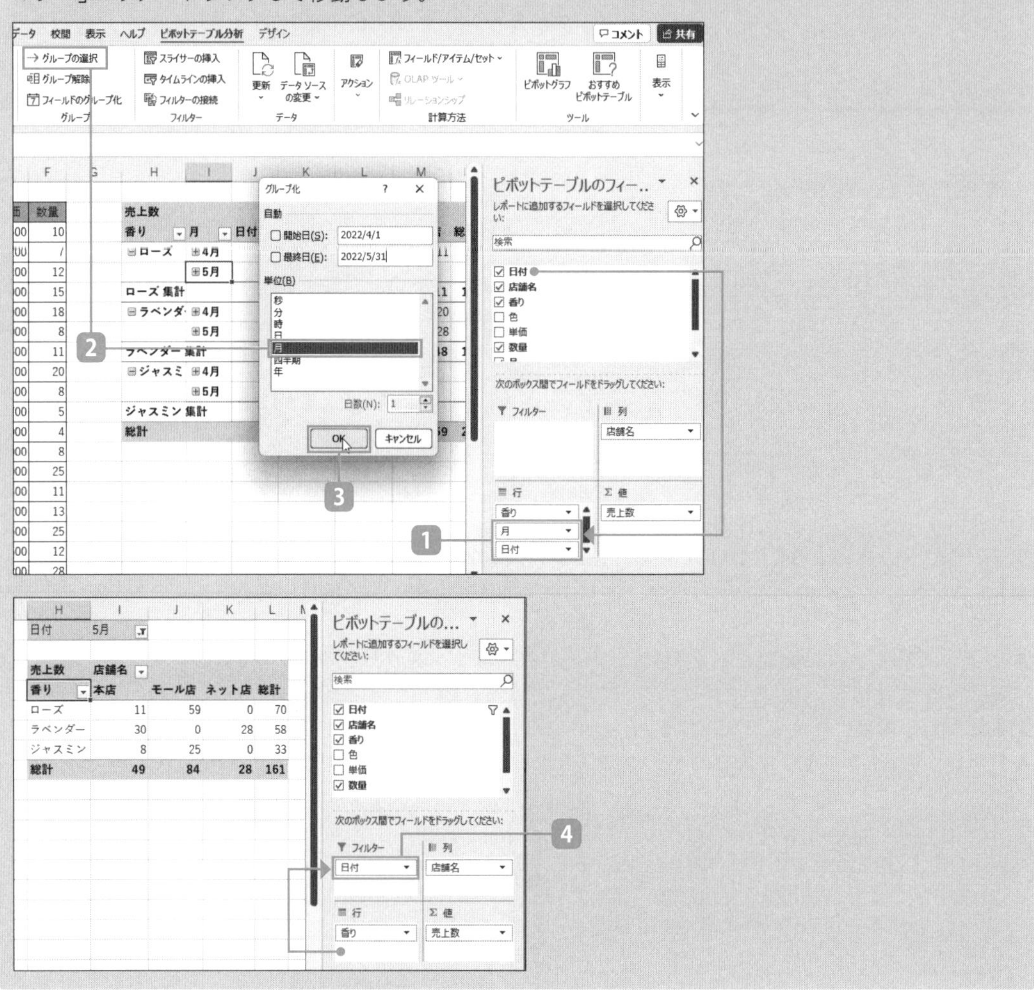

集計編

テク048 抽出の条件がひと目でわかる集計表にしたい

使うのはコレ! ピボットテーブル+スライサー／タイムライン

ピボットテーブルの「フィルター」エリア（テク047参照）で**複数の項目を条件に指定**すると、「複数のアイテム」表示になり、どんな条件で抽出した集計表なのかさっぱりわからない。**スライサー**や**タイムライン**を使えば、抽出する条件の項目をパレットで一覧表示できる。

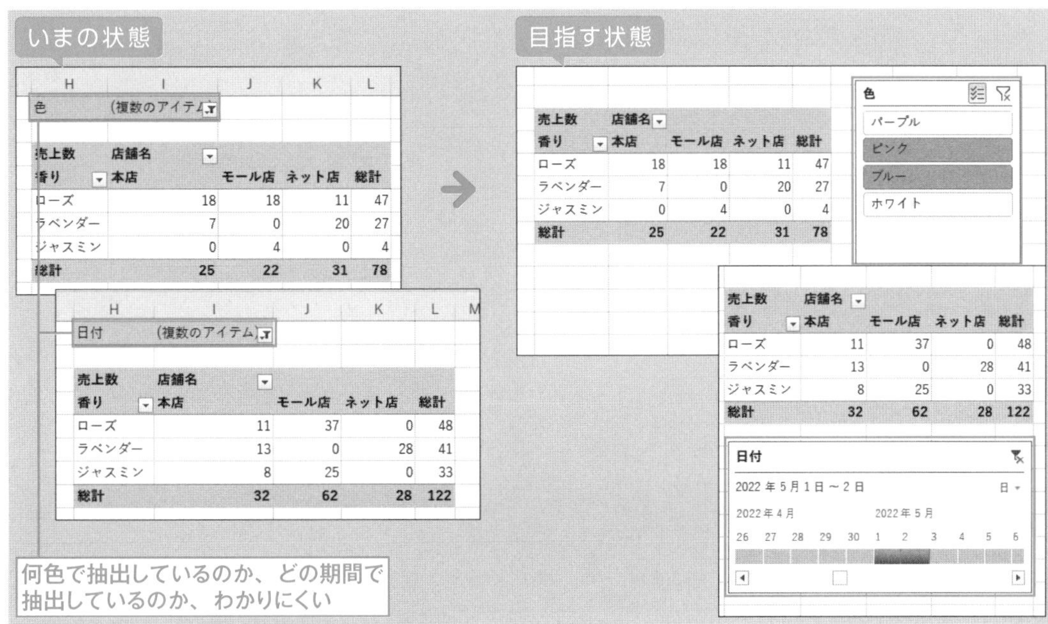

● スライサーで「抽出項目」をわかりやすくする

1 テク043（P.95）のように『香り』と『店舗名』の売上数のクロス表をピボットテーブルで作成する。
2 ［ピボットテーブル分析］タブ（2019/2016は［分析］タブ）の［フィルター］グループの［スライサーの挿入］ボタンをクリックする。
3 表示された［スライサーの挿入］ダイアログボックスで、表を切り替えたい条件の項目を選ぶ。ここでは、『色』にチェックを入れる。
4 ［OK］ボタンをクリックすると、スライサーが表示され、選んだ項目のアイテム、つまり条件のリストが表示される。
5 切り替えたい条件の色をそれぞれクリックすると、その色のクロス集計表に切り替えられる。
6 複数選択するには、スライサー右上の［複数選択］ボタンをクリックしたあと、7それぞれのアイテムをクリックしよう。
8 選択した条件は、スライサー右上の［フィルターのクリア］ボタンをクリックして削除できる。

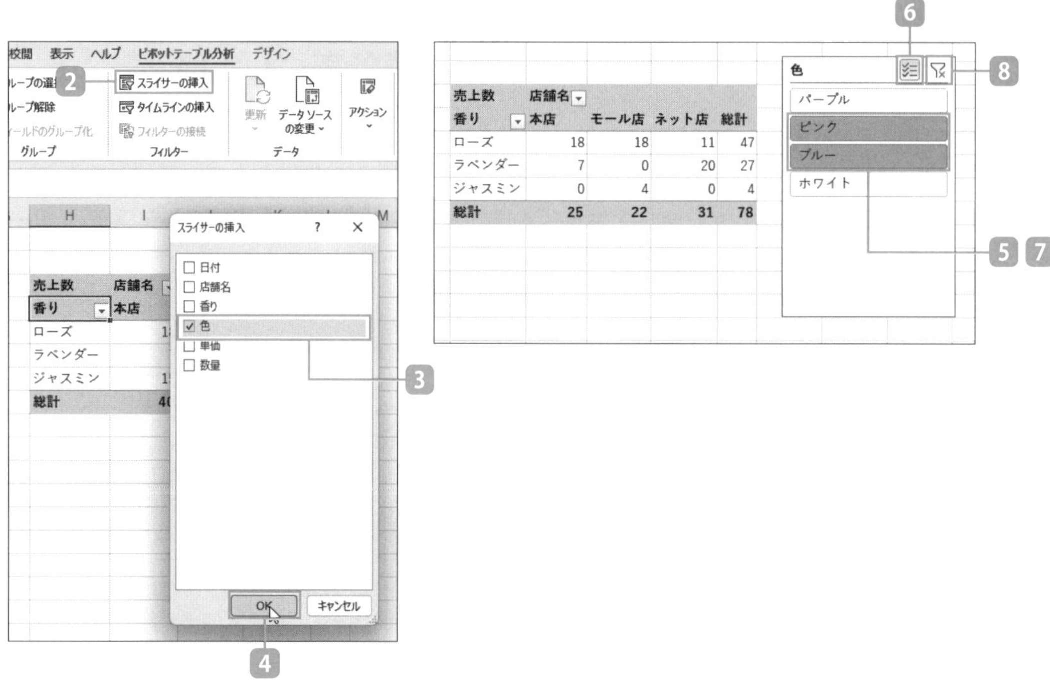

併せて覚え テク 複数のスライサーでスピーディーに抽出条件を変更する

手順3でチェックを入れたアイテムがすべてスライサーとして表示できるので、複数のスライサーを使って抽出できる。行列の抽出項目の変更も、フィルターボタンを使わずに、パレット内のアイテムのクリックだけでスピーディーに変更することができる。併せて覚えておこう。

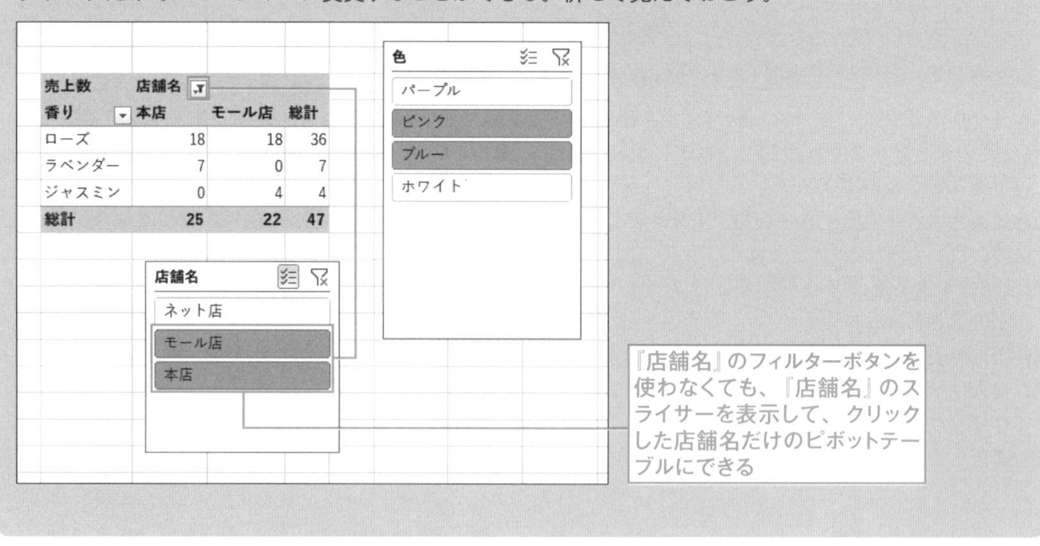

集計編

タイムラインで「抽出の期間」をわかりやすくする

1 テク043（P.95）のように『香り』と『店舗名』の売上数のクロス表をピボットテーブルで作成する。
2 ［ピボットテーブル分析］タブ（2019/2016は［分析］タブ）の［フィルター］グループの［タイムラインの挿入］ボタンをクリックする。
3 表示された［タイムラインの挿入］ダイアログボックスで、「日付」にチェックを入れる。
4 ［OK］ボタンをクリックするとタイムラインが表示される。
5 2022/5/1～2022/5/2の期間で日付の条件を指定するには、「5」のバーをクリックして5月表示にしてから、6タイムライン右上の［日］をクリックして表示されるリストから「日」を選択する。7 2022/5/1～2022/5/2の期間になるように日付のバーをドラッグする。
8 タイムラインで指定した日付の条件を削除するには、タイムライン右上の［フィルターのクリア］ボタンをクリックしよう。

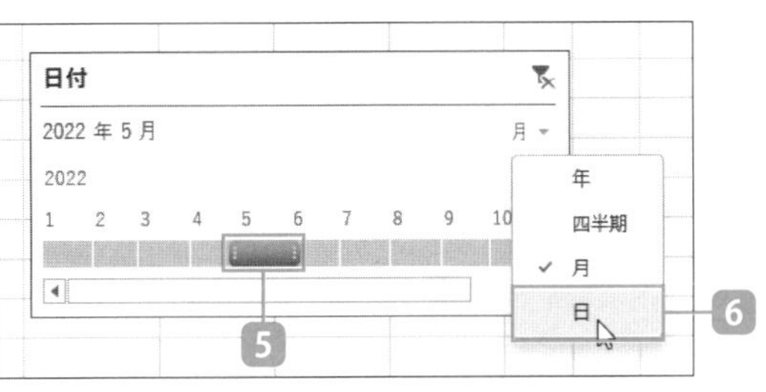

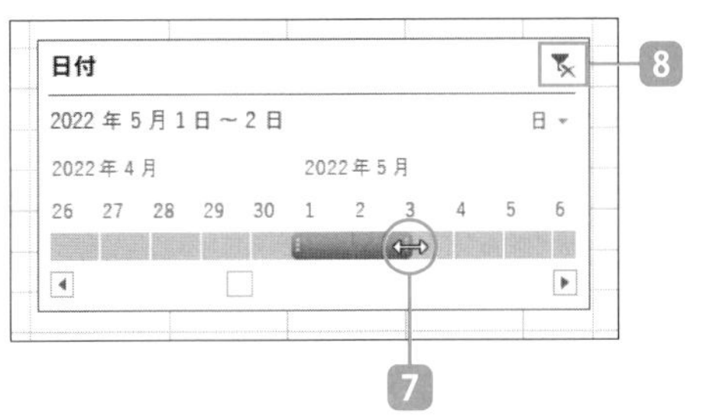

ここがポイント！　ほかの単位で日付の条件を指定するには？

タイムラインでは、手順6の［日］をクリックして表示されるリストから選択した単位で、日付バーを変えて条件を指定することができる。

3-3 複数表／シート／ブックの条件付き集計テクをマスター!

集計編

データを複数の表／シート／ブックで管理していて、すべてのデータをもとにした条件付き集計がしたい。そんなときは、すべての集計表を統合する必要がある。もし、コピペで1つの表にできるデータなら問題ないが、特殊な形の表やシート／ブックの追加が多いデータの場合は難しい……。

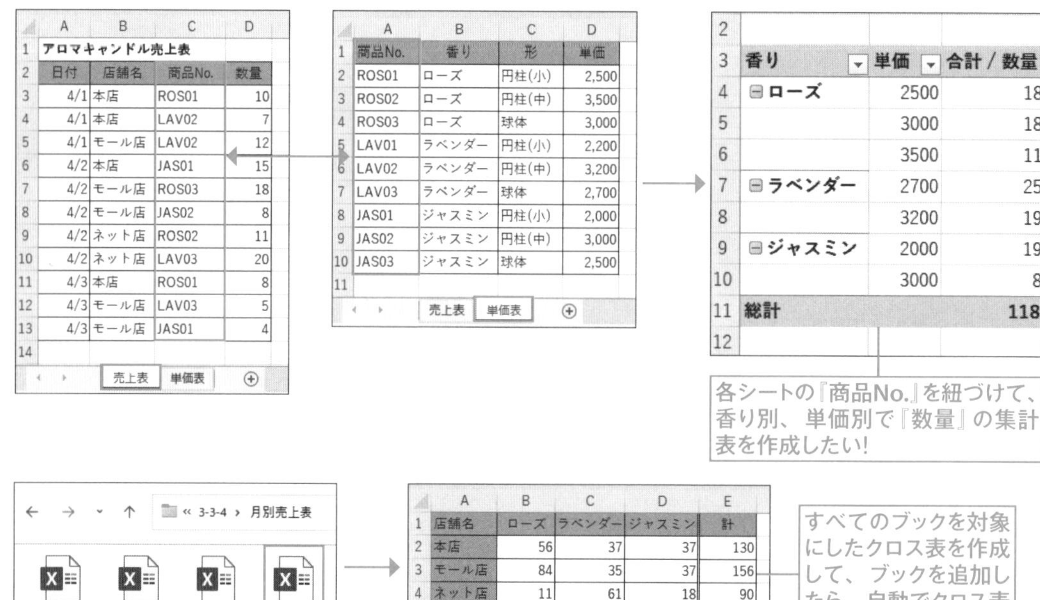

アロマキャンドル売上表

日付	店舗名	商品No.	数量
4/1	本店	ROS01	10
4/1	本店	LAV02	7
4/1	モール店	LAV02	12
4/2	本店	JAS01	15
4/2	モール店	ROS03	18
4/2	モール店	JAS02	8
4/2	ネット店	ROS02	11
4/2	ネット店	LAV03	20
4/3	本店	ROS01	8
4/3	モール店	LAV03	5
4/3	モール店	JAS01	4

商品No.	香り	形	単価
ROS01	ローズ	円柱(小)	2,500
ROS02	ローズ	円柱(中)	3,500
ROS03	ローズ	球体	3,000
LAV01	ラベンダー	円柱(小)	2,200
LAV02	ラベンダー	円柱(中)	3,200
LAV03	ラベンダー	球体	2,700
JAS01	ジャスミン	円柱(小)	2,000
JAS02	ジャスミン	円柱(中)	3,000
JAS03	ジャスミン	球体	2,500

香り	単価	合計 / 数量
ローズ	2500	18
	3000	18
	3500	11
ラベンダー	2700	25
	3200	19
ジャスミン	2000	19
	3000	8
総計		118

店舗名	ローズ	ラベンダー	ジャスミン	計
本店	56	37	37	130
モール店	84	35	37	156
ネット店	11	61	18	90
計	151	133	92	376

売上表
単価表
各シートの『商品No.』を紐づけて、香り別、単価別で『数量』の集計表を作成したい!
« 3-3-4 › 月別売上表
4月
5月
6月
7月
すべてのブックを対象にしたクロス表を作成して、ブックを追加したら、自動でクロス表の数値を変更したい!

本節では、**「統合」「ピボットテーブルウィザード」「Power Query」「Power Pivot」**といった機能を使って、数式を使わずに、複数の表／シート／ブックを扱うさまざまな条件付き集計のテクニックをマスターしよう！

✔ クロス表集計

テク049 複数シート／ブックの違う位置や行列の数が異なるクロス表を1つのクロス表に集計したい

使うのはコレ! 統合

複数のシートのデータが同じ位置にあり、かつ同じ形式の表であれば、2章3節テク038で解説した「串刺し演算」で集計できる。しかし、それぞれの表が違う位置にあったり、行列数が異なったりする場合には使えない。この場合は**統合機能**を使おう。

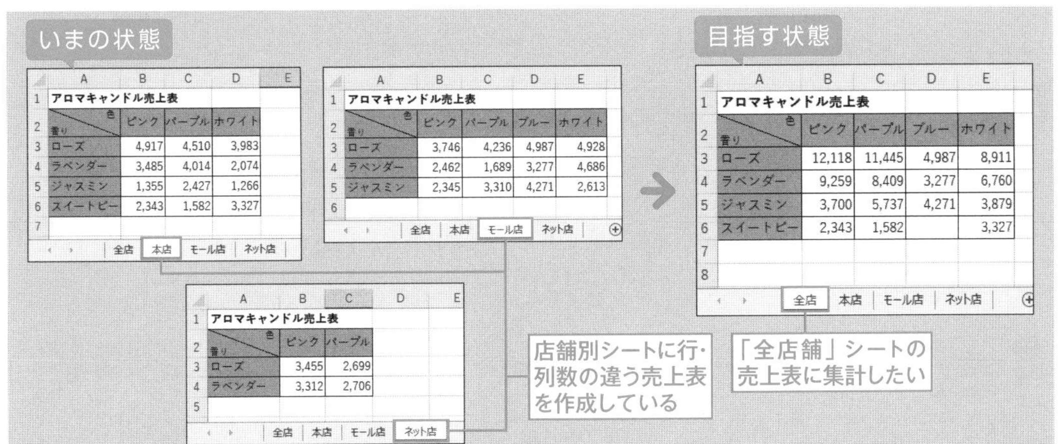

1. 集計する「全店」シートで求めるセル(A2セル)を選択し、[データ]タブの[データツール]グループの[統合]ボタンをクリックする。
2. 表示された[統合の設定]ダイアログボックスで、[集計の方法]から集計方法を選択する。ここでは「合計」を選択する。
3. [統合元範囲]のボックス内をクリックし、「本店」シートを選択する。

4 表の行列見出しを含めたA2セル～D6セルを範囲選択する。
5 [追加] ボタンをクリックする。
6 残りのシートの表も同様に範囲選択して [追加] ボタンで追加していく。
7 [統合の基準] の [上端行] [左端列] にチェックを入れる。
8 [OK] ボタンをクリックする。

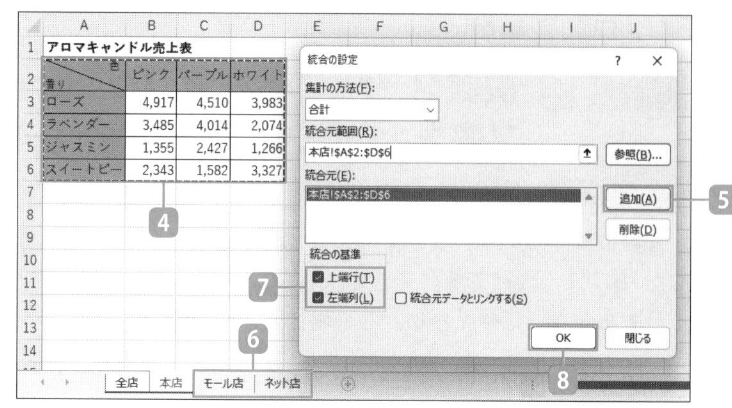

ここがポイント！　統合の基準の設定で集計する基準を決める

統合では、[統合の基準] で、[上端行] にチェックを入れると [統合元範囲] に指定したセル範囲の列見出し、[左端列] にチェックを入れると [統合元範囲] に指定したセル範囲の行見出しを基準にして集計が行われる。ここでは、行列見出しの両方を基準に集計するため、両方にチェックを入れる。なお、両方にチェックを入れない場合は、位置による統合が行われる。

ここがポイント！　複数ブックは [参照] ボタンより [ウィンドウの切り替え] ボタンを使う

[統合の設定] ダイアログボックスの [参照] ボタンをクリックすると、別ブックが指定できる。これにより、複数のブックをもとに集計できるが、**ブックを選択するまで**しかできないため、集計したい**セル範囲**は直接、入力しなければならない。手早く集計するなら、あらかじめすべてのブックを開いて、[ウィンドウの切り替え] ボタンでブックを切り替えながら、統合の設定を行おう（[ウィンドウの切り替え] ボタンでの操作は2章3節テク038の併せて覚えテク参照）。

併せて覚え テク　あらかじめ作成した行列見出しの順番で集計するには?

あらかじめ「全店」シートに作成した表に集計するなどの場合は、1作成した表の行列見出しを含めて範囲選択してから、2 [統合] ボタンをクリックしよう。

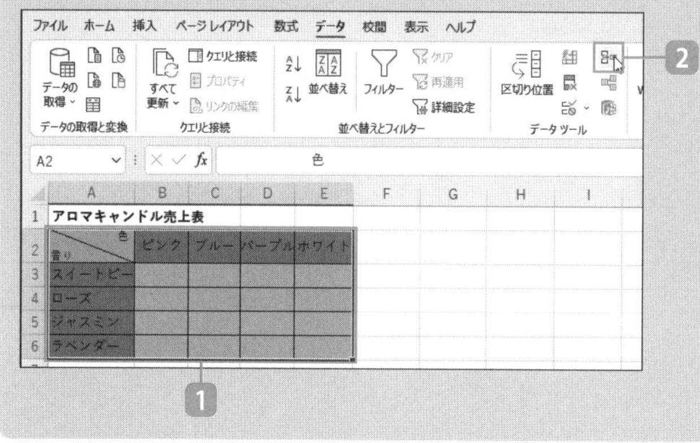

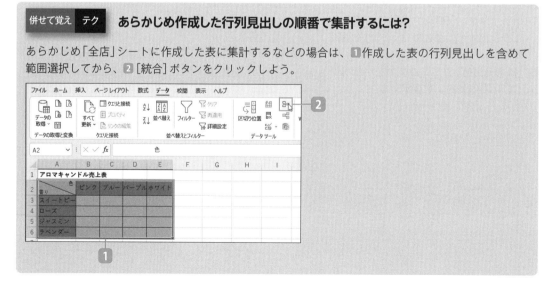

✔ クロス表集計

テク050 複数シートのクロス表を1つのクロス表に集計してシートごとのクロス表に切り替えられるようにしたい

使うのはコレ! ピボットテーブルウィザード

テク049では、統合を使用して複数シートのクロス表をもとに1つのクロス表を作成したが、1つのクロス表で各シートのクロス表に切り替えるなら、**ピボットテーブルウィザード**を使おう。

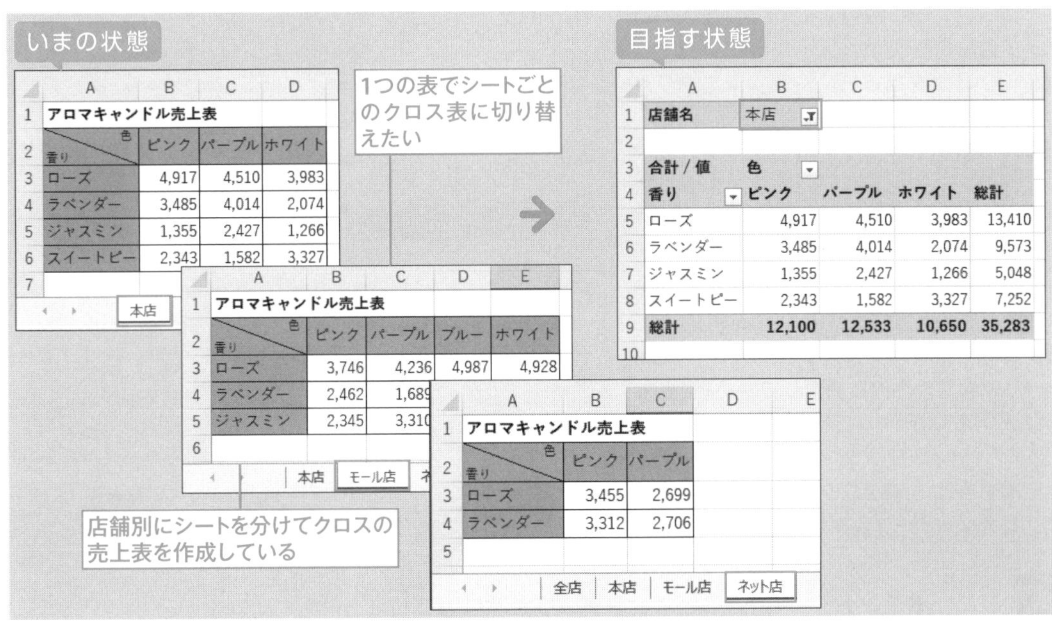

1 Alt＋Dキーを押し、画面上部に「Officeのアクセスキー」のポップヒントが表示されたら、Pキーを押すと「ピボットテーブル／ピボットグラフウィザード」が起動する。1/3画面では、「データの場所」で［複数のワークシート範囲］をオンにして、［次へ］ボタンをクリックする。

2 2a/3画面では、「ページフィールドの作成方法」で［指定］をオンにして［次へ］ボタンをクリックする。

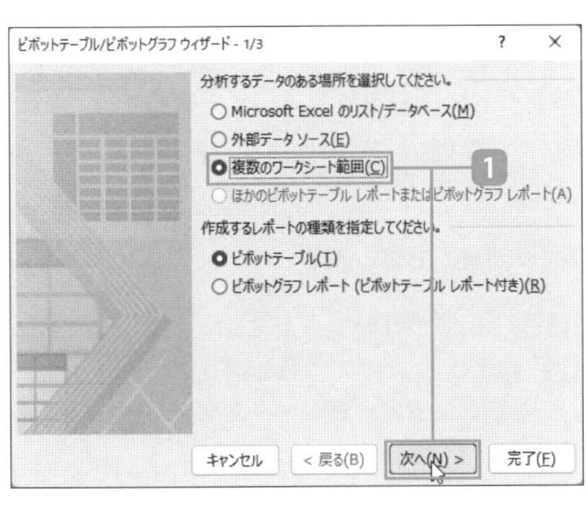

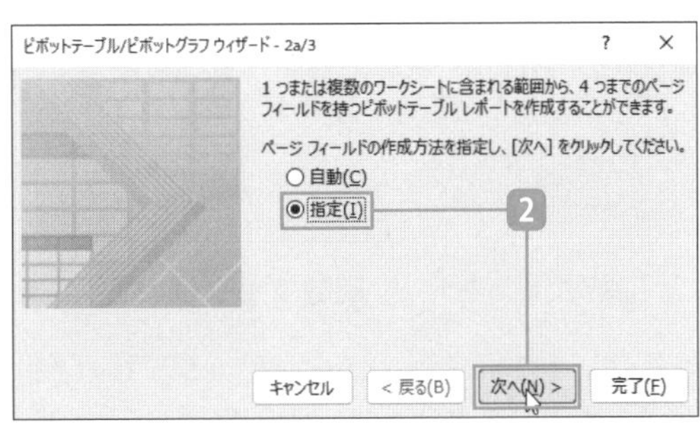

3. 2b/3画面で[範囲]のボックス内にカーソルを挿入し、それぞれのシートの表のセル範囲を選択してシートごとに[追加]ボタンをクリックして追加していく。
4. 表を1つのフィールドで切り替えるので、ページフィールド数に[1]を選ぶ。
5. [フィールド1]に、追加したシートごとの範囲を1つずつ選択して、シート名の「本店」「モール店」「ネット店」を入力して名前を割り付ける。
6. [次へ]ボタン→[完了]ボタンをクリックする。
7. 左端のフィールドが「行」エリア、上端行のフィールドが「列」エリア、クロスしたデータが「値」エリア、手順❹❺で追加したシート名のフィールドが「フィルター」エリアに配置されたピボットテーブルが作成される。
8. ピボットテーブルのレイアウトや見出しは希望の名前に変更しておく(変更方法は第3章テク043参照)。
9. [フィルター]ボタンから、「本店」で抽出すると、「本店」シートのクロス表にピボットテーブルが切り替えられる。

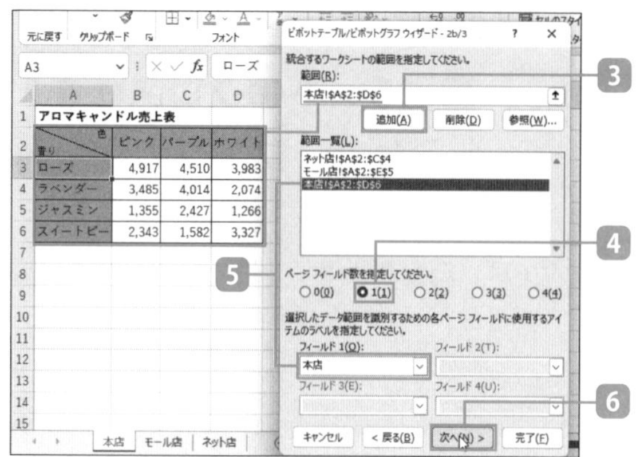

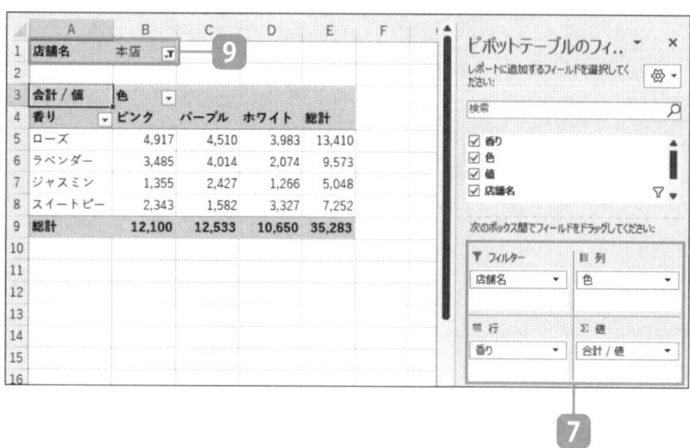

ここがポイント! 普通のピボットテーブルとは違う!?

普通のピボットテーブルとは違い、ここでご紹介した複数のワークシート範囲を元にしたピボットテーブルは、行と列に見出しがあるクロス表を元に集計する。
つまり、範囲に選択したデータの左端列がピボットテーブルの「行」エリア、上端行が「列」エリアに配置され、クロスしたデータが「値」エリアに配置される。
そのため、この例のようにクロス表ではなく、1行1件形式の表をもとに作成するときは、手順❸で指定する集計する範囲を必ず、集計する項目の列を左端にして指定しよう。また、複数の列がある表では、「列」エリアの項目を、集計する項目だけが表示されるように、残りの項目はエリアの外にドラッグして削除しておこう。

ここがポイント! 複数ブックは[ウィンドウの切り替え]ボタンを使う

複数のブックごとのクロス表を1つのブックのクロス表に集計して切り替えられるようにするには、あらかじめすべてのブックを開いておき、手順❸で[範囲]のボックス内にカーソルを挿入したら、[ウィンドウの切り替え]ボタンでそれぞれのブックに切り替えてシートの表のセル範囲を選択し[追加]ボタンをクリックして追加していこう。

集計編

✔ 1行1件形式集計

テク 051 複数シート／ブックの表から、項目を自動でピックアップしたい

使うのはコレ! 統合

項目ごとの集計が必要なのに、数式は苦手だし、ピボットテーブルはシートの都合上、使いたくない……。そんなときは、**統合機能**を使おう。複数のシート／ブックでも、瞬時に項目を1つずつピックアップして項目別に自動で集計してくれる。

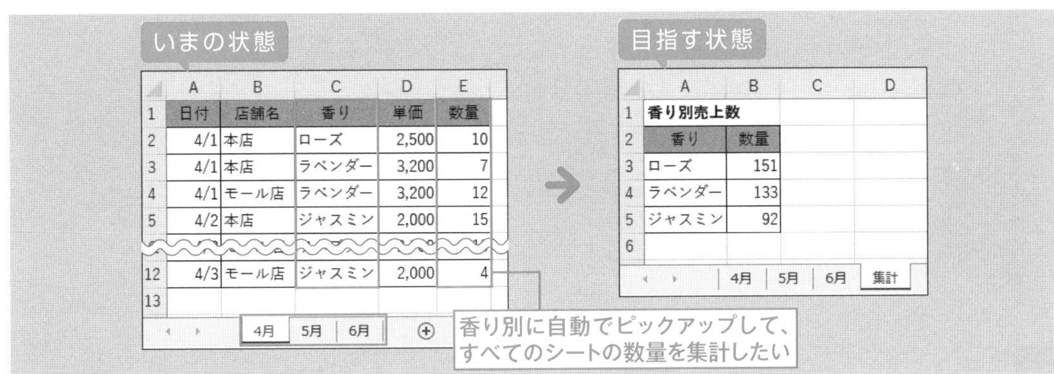

いまの状態
目指す状態
香り別に自動でピックアップして、
すべてのシートの数量を集計したい

1. 集計する『香り』『数量』の列見出しを入力しておく。
   操作テク 集計したい項目がそれぞれ離れた列にある場合は、列見出しをあらかじめ入力しておこう。
2. 入力した列見出しを範囲選択して、[データ] タブの [データツール] グループの [統合] ボタンをクリックする。
   操作テク 集計したい列見出しが連続していて手順1で列見出しを入力しない場合は、[統合] ボタンをクリックするだけでいい。
3. 表示された [統合の設定] ダイアログボックスで、[集計の方法] から集計方法を選択する。ここでは「合計」を選択する。
4. [統合元範囲] のボックス内をクリックし、「4月」シートをクリックして、表の行列見出しを含めて、集計する項目を左端にしたC1セル～E12セルを範囲選択し、[追加] ボタンをクリックする。
5. ほかのシートも同様に追加する。
6. [統合の基準] の [上端行] [左端列] にチェックを入れる。
7. [OK] ボタンをクリックする。

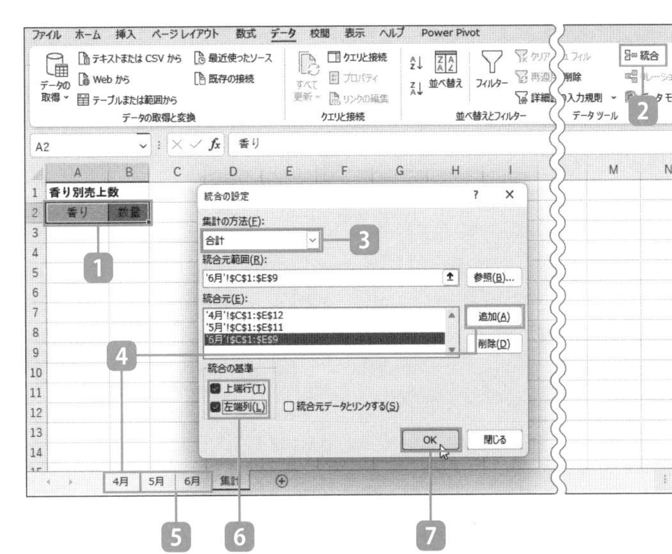

ここがポイント！　集計する項目を左端にして統合元範囲に指定する

統合機能は、[統合の基準]の[上端行]にチェックを入れると[統合元範囲]に指定したセル範囲の列見出し、[左端列]にチェックを入れると[統合元範囲]に指定したセル範囲の行見出しを基準にして集計が行われる。そのため、必ず、**集計したい項目を左端**にして統合元範囲に指定しよう。

ここがポイント！　一部の項目だけ集計するには？

この例で「ローズ」と「ジャスミン」だけのように、一部の項目だけを集計するなら、手順❶で、あらかじめ集計する項目も入力した表を範囲選択して、[統合]ボタンをクリックしよう。

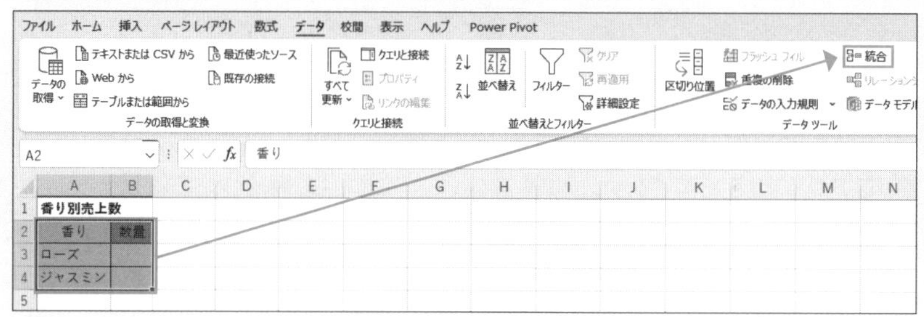

ここがポイント！　複数ブックは[参照]ボタンより[ウィンドウの切り替え]ボタンを使う

[統合の設定]ダイアログボックスの[参照]ボタンをクリックすると、別ブックが指定できるため、複数のブックをもとに集計できるが、ブックを選択するまでしかできないため、集計したいセル範囲を直接、入力しなければならない。手早く集計するなら、あらかじめすべてのブックを開いて、[ウィンドウの切り替え]ボタンでブックを切り替えながら統合の設定を行おう（[ウィンドウの切り替え]ボタンでの操作は2章3節テク038の併せて覚えテク参照）。

併せて覚え テク　大項目と小項目で構成された階層見出しの表に集計するには?

統合に区切り位置指定ウィザードをプラスすることで、ピボットテーブルのように大項目と小項目で構成された階層見出しの表に集計することができる。たとえば、右図のような店舗別の香り別集計表を作成するなら次の手順で作成しよう。

	A	B	C
1	店舗別香り別売上数		
2	店舗名	香り	数量
3	本店	ローズ	56
4	本店	ラベンダー	37
5	本店	ジャスミン	37
6	モール店	ローズ	84
7	モール店	ラベンダー	35

❶ 各シートの集計列（ここでは『数量』）の左に1列空列を挿入する

❷ 各シートのE2セルを選択し、それぞれに「=B2:B12&" "&C2:C12」を入力する。

操作テク　階層見出しにしたい列見出しを、すべてスペースで結合した列を作成するのが目的。ここでは、「大項目&スペース&小項目」の列になるので「店舗名　香り」を作成する。大項目、中項目、小項目の見出しならすべてをスペースで結合した列を作成しよう。

E2　=B2:B12&" "&C2:C12

	A	B	C	D	E	F
1	日付	店舗名	香り	単価	店舗名 香り	数量
2	4/1	本店	ローズ	2,500	本店 ローズ	10
3	4/1	本店	ラベンダー	3,200	本店 ラベン	7
4	4/1	モール店	ラベンダー	3,200	モール店 ラ	12

Excel 2019/2016の数式
=B3&"　"&C3

3 「集計」シートのセルを選択し、[データ] タブの [データツール] グループの [統合] ボタンをクリックする。
4 表示された [統合の設定] ダイアログボックスで、各シートの「手順2で作成した列」と「数量」のセル範囲を [追加] ボタンで追加する。
5 [統合の基準] の [上端行] [左端列] にチェックを入れる。
6 [OK] ボタンをクリックする。

7 作成された表内の「店舗名　香り」列の右に1列挿入する。
8 「店舗名　香り」の列を範囲選択し、[データ] タブの [データツール] グループの [区切り位置] ボタンをクリックする。
9 表示された「区切り位置指定ウィザード1/3」で [コンマやタブなどの区切り文字によってフィールドごとに区切られたデータ] をオンにする。
10 「区切り位置指定ウィザード2/3」では [区切り文字] の [スペース] にチェックを入れる。
11 [完了] ボタンをクリックする。作成した表は見栄え良く整えておこう。

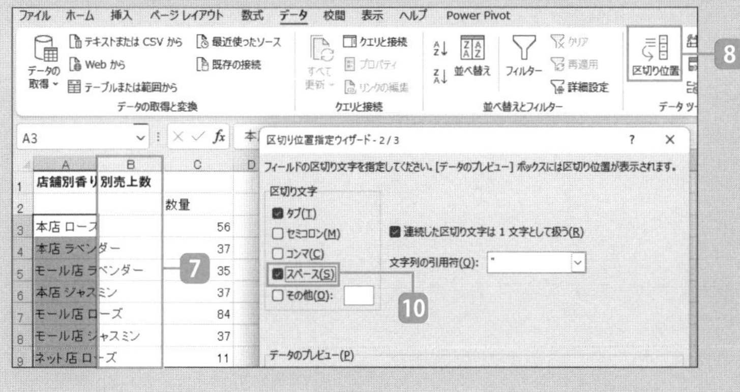

✓ 1行1件形式集計

テク052 複数シート／ブックの表から、項目別やクロス集計表を作成したい

使うのはコレ! クリップボード+ピボットテーブル

複数シート／ブックの1行1件形式で作成された表をもとに項目ごとやクロスで集計表を作成する場合も、テク043の**ピボットテーブル**でできる。ただし、使う前に表を1つにまとめておこう。このとき、シートやブックの数が多いときは**クリップボード**を使えば、シートごとにコピーするだけで、一度に貼り付けることができる。

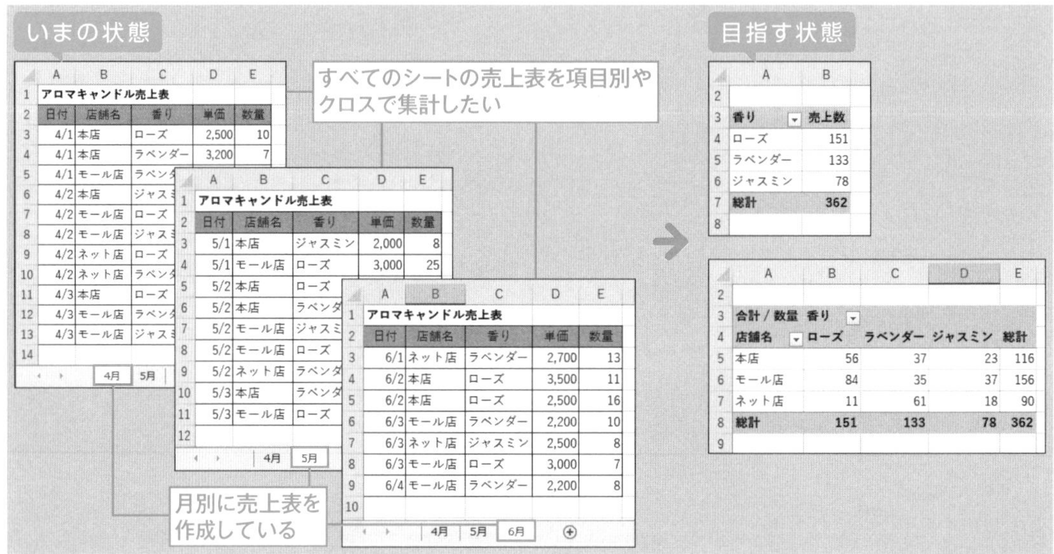

1. ［ホーム］タブの［クリップボード］グループの⧅をクリックして、［クリップボード］作業ウィンドウを表示させる。
2. 「4月」シートの列見出しを含めたA2セル～E13セルを範囲選択し、［ホーム］タブの［クリップボード］グループの［コピー］ボタンをクリックする。
3. 残りのシートは列見出し以外の表のセル範囲を選択し、［ホーム］タブの［クリップボード］グループの［コピー］ボタンをクリックして、［クリップボード］作業ウィンドウに格納する。
4. 「作業用」シートのA1セルを選択し、［クリップボード］作業ウィンドウの［すべて貼り付け］ボタンをクリックする。貼り付けた表をもとに、項目別やクロスのピボットテーブルを作成しよう（作成方法は第3章1節テク043参照）。
5. 「作業用」シートの表はテーブルに変換しておく（作成方法は第1章1節テク008参照）と、「作業用」シートの表に新たに貼り付けたり、入力したりすると、ピボットテーブルを自動で更新できる。たとえば、それぞれのシートにデータが追加されたら、「作業用」シートにコピーして追加して、6作成したピボットテーブル内を選択して、［ピボットテーブル分析］タブ（2019/2016は［分析］タブ）→［データ］グループ→［更新］ボタンをクリックするだけで、ピボットテーブルに反映させることができる。

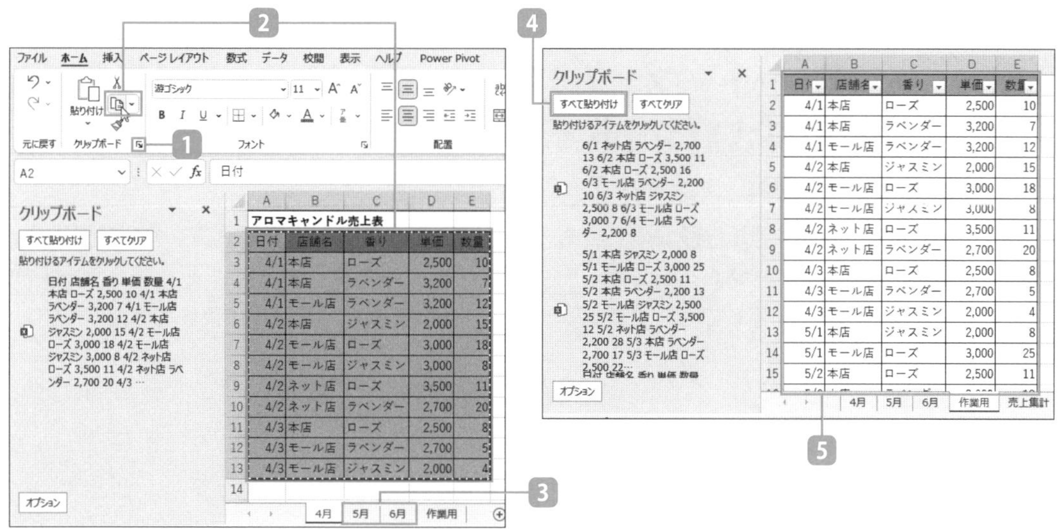

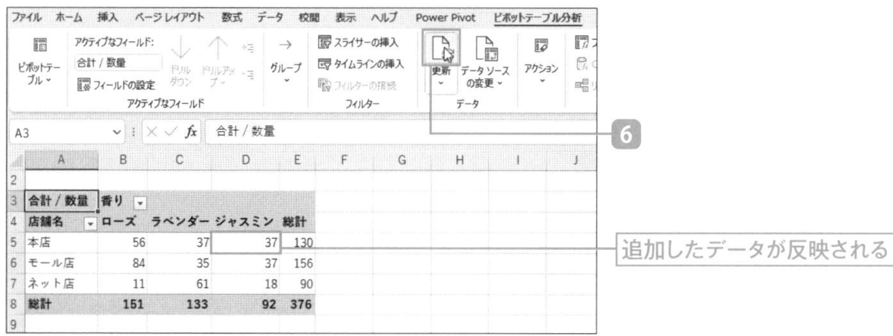
追加したデータが反映される

ここがポイント！ 複数ブックはブックを切り替えながらクリップボードに格納する

複数のブックをもとに項目ごとやクロスで集計表を作成するには、すべてのブックを開いておき、[表示] タブ→ [ウィンドウ] グループ→ [ウィンドウの切り替え] ボタンで、それぞれのブックに切り替えながらクリップボードに格納して、表を1つにまとめよう。

併せて覚え テク 日付が「m/d(aaa)」形式は文字列になってしまう!?

手順1～5でクリップボートを使ってシートに貼り付けるとき、日付を「4/1(土)」のように「m/d(aaa)」形式で入力していると文字列になってしまう。この場合は、置換機能で**曜日を空白に置き換えて削除する**だけで日付に変換できる。貼り付けた日付をすべて選択して、[検索と置換] ダイアログボックス([ホーム] タブの [編集] グループの [検索と選択] ボタンから [置換] を選択) で [検索する文字列] に「(*)」と入力して、[すべて置換] ボタンをクリックしよう。

テク053 複数シート／ブックの表から、項目別やクロス集計表を作成したい（シート・ブック追加対応）

使うのはコレ! Power Query+ピボットテーブル

複数シート／ブックの1行1件形式の表をもとに、項目ごとやクロスで集計表を作成するとき、**Power Query**で1つのテーブルにしてからピボットテーブルで集計すると、あとからシートやブックのデータを追加／変更しても、更新ボタンのクリックだけで、集計表に反映できる。

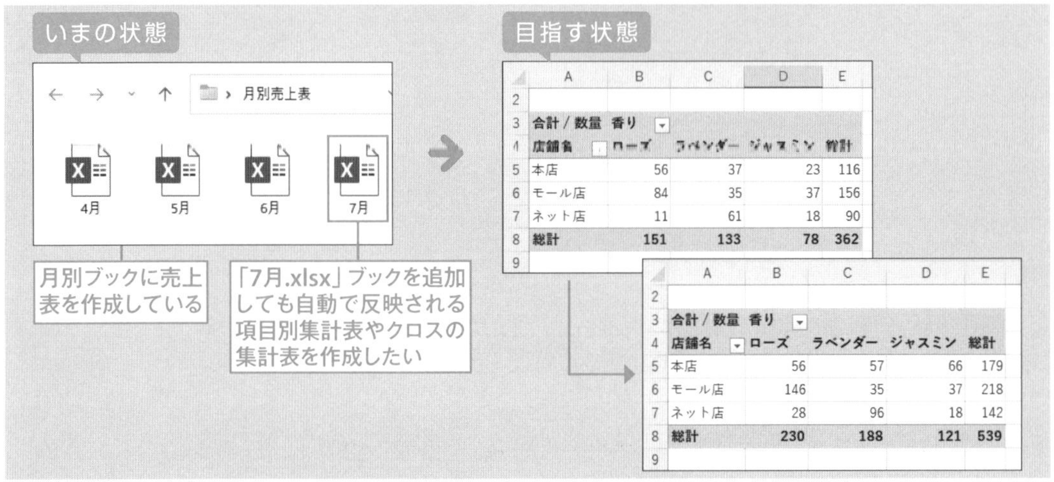

	A	B	C	D	E
3	合計 / 数量	香り			
4	店舗名	ローズ	ラベンダー	ジャスミン	総計
5	本店	56	37	23	116
6	モール店	84	35	37	156
7	ネット店	11	61	18	90
8	総計	151	133	78	362

	A	B	C	D	E
3	合計 / 数量	香り			
4	店舗名	ローズ	ラベンダー	ジャスミン	総計
5	本店	56	57	66	179
6	モール店	146	35	37	218
7	ネット店	28	96	18	142
8	総計	230	188	121	539

1. あらかじめ、すべてのブックを1つのフォルダー（ここでは「月別売上表」フォルダー）に格納しておき、それぞれのブックをテーブルに変換し、テーブル名は「テーブル1」で統一しておく。
   操作テク テーブルに変換しない表の場合は、シート名を統一しておこう。
2. 集計する「年間売上表」ブックを開き、[データ]タブ→[データの取得と変換]グループ→[データの取得]ボタン→[ファイルから]→[フォルダーから]を選択して、「月別売上表」フォルダーを選択して取り込む。
   操作テク 2016の場合は、[データ]タブ→[取得と変換]グループ→[新しいクエリ]ボタン→[ファイルから]→[フォルダーから]を選択して、「月別売上表」フォルダーを選択。
3. フォルダー内のブック名が表示されたダイアログボックスが表示されるので、[結合]ボタンの[▼]から[データの結合と変換]（もしくは[結合および編集]）を選択する。

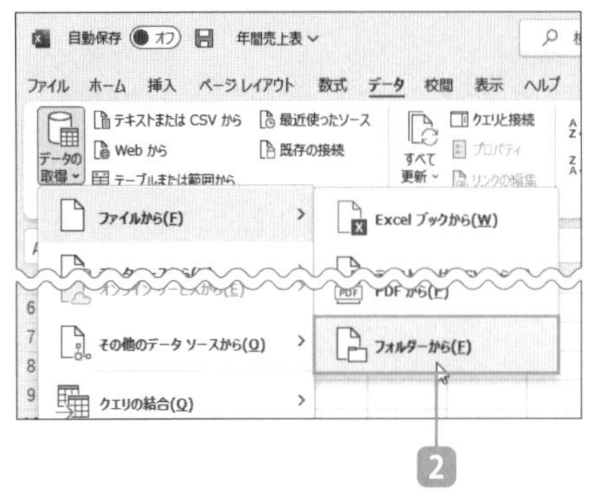

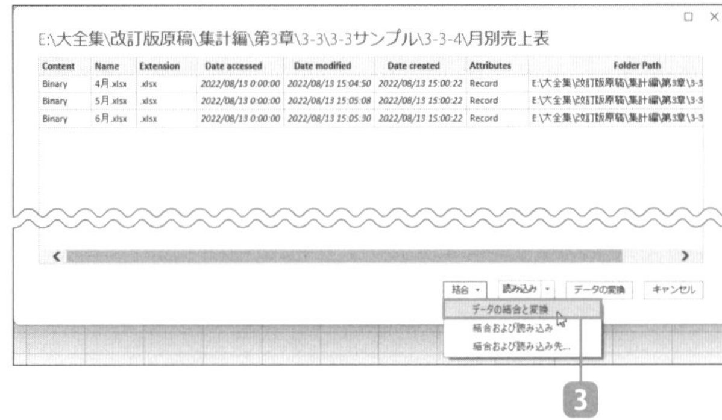

4 [Fileの結合] ダイアログボックスが表示されるので、テーブル名の[テーブル1]を選択する。
5 [OK] ボタンをクリックすると、Power Queryエディターが起動し、3つのブックが結合されて表示される。
6 列見出し名やクエリの名前を、希望の名前に変更する。

操作テク 列見出し名はダブルクリックで修正できる。

7 [ホーム] タブ→[閉じて読み込む] ボタンをクリックする。

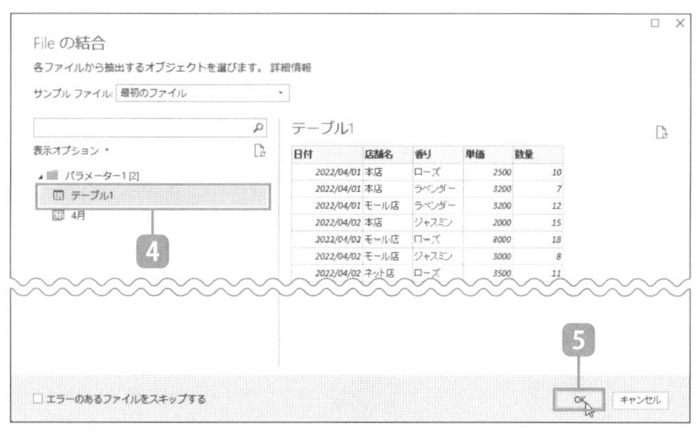

8 作成されたテーブルをもとに、ピボットテーブルを作成する。
9 それぞれのブックでデータの追加や変更、または新しいブックを同じフォルダー内に入れて追加する。
10 1つにまとめたテーブルで[クエリ] タブ→[読み込み] グループ→[更新] ボタンをクリックする。
11 ピボットテーブルで[ピボットテーブル分析] タブ(2019/2016は[分析] タブ)の[データ] グループ→[更新] ボタンをクリックすると自動で反映される。

操作テク この例のように、複数のシートにピボットテーブルを作成している場合は、[データ] タブ→[クエリと接続] (Excel2016では[接続]) グループ→[すべて更新] ボタンをクリックすると、すべてのピボットテーブルを一度に更新できる。

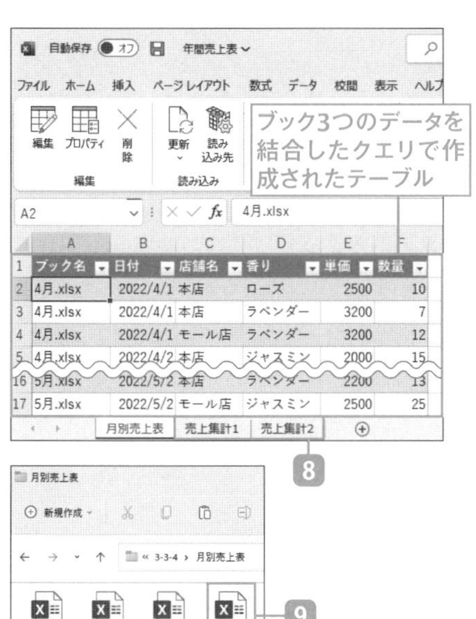

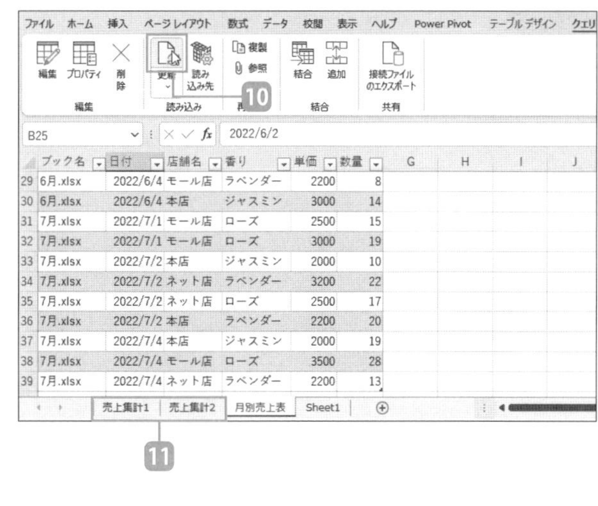

第3章

ここがポイント！　Power Queryを使うときの注意点

Power Queryを使ってファイルを作成するときは、ここでのポイントを抑えておこう。

● 作成前ポイント①　それぞれのシートやブックの表は1行1件の表である必要がある

Power Queryを利用するには、列見出しを付けた1行1件の形式で作成された表にしておく必要がある。クロス表をもとにPower Queryを利用したい場合は1行1件の形式の表に変更してから利用しよう。

● 作成前ポイント②　Power Queryが使えないときは？

シート名やテーブル名が統一していなかったり、ブックに規則性がなかったりすると、正しくまとめられない、もしくはまとめた後の追加が自動で反映されないなど不都合が生じるので注意が必要。この例では、「4月.xlsx」「5月.xlsx」「6月.xlsx」のように規則性のあるブック名にし、それぞれのブックのテーブル名は「テーブル1」で統一している。

なお、ブック名、シート名、テーブル名の調整をしてもPower Queryが使えないときは、ブックにパスワードが設定されているどうかを確認して、パスワードを外しておこう。

● 作成後ポイント①　再度、Power Queryエディターを開いて編集するには？

作成後に、再度、Power Queryエディターを開いて編集するには、[クエリ]タブ→[編集]グループ→[編集]ボタンをクリックしよう。

● 作成後ポイント②　ファイルを開くと同時に自動で更新させるには？

1つにまとめたブックを開くと同時にブックの追加や変更が反映させるようにしたいなら、[テーブルデザイン]タブ（[テーブル]タブ）→[外部のテーブルデータ]→[更新]ボタンの[▼]→[接続のプロパティ]をクリックして表示された[クエリプロパティ]（Excel2016では[接続のプロパティ]）ダイアログボックスの[使用]タブで[ファイルを開くときにデータを更新する]にチェックを入れて[OK]ボタンをクリックしよう。

● 作成後ポイント③　ブックを軽くしたいときは？

複数のブックを取り込むと、複数のクエリが作成されるので、大量データの読み込みでブックを軽くしたいときは、シートに接続のみを行おう。

手順8で、[ホーム]タブ→[閉じて次に読み込む]ボタンをクリックして、表示された[データのインポート]（Excel2016では[読み込み先]）ダイアログボックスで[接続の作成のみ]を選択して、[OK]（Excel2016では[読み込み]）ボタンをクリックする。

結合したクエリをシートに読み込むには、右端に表示された[クエリと接続]（Excel2016では[ブッククエリ]）ウィンドウの[その他のクエリ]の「接続専用」と表示された取り込んだフォルダー名を右クリックし、ふたたび[データのインポート]（Excel2016では[読み込み先]）ダイアログボックスを表示させたら、[テーブル]を選択して、読み込む先を指定して[OK]（Excel2016では[読み込み]）ボタンをクリックする。

● 作成後ポイント④　集計元のファイルの保存先を変更するには？

集計元のファイルの保存先が変更になったなら、Power Queryエディターの[ホーム]タブ→[データソース]グループ→[データソース設定]ボタンで変更するファイルを選択して、[ソースの変更]ボタンをクリックしよう。

併せて覚え テク　シートの追加に対応するには?

1つのブックだけを利用し、シートの追加に対応できるようにしたい。複数シートの1行1件形式の表をもとに集計表を作成するなら、以下のように操作しよう。この例では、それぞれのシートの表はテーブルに変換せずに、通常の表のままで操作する。

1 集計する「年間売上表」ブックを開き、[データ] タブ→[データの取得と変換] グループ→[データの取得] ボタン→[ファイルから]→[Excelブックから] を選択して、集計元のブックを取り込む。

操作テク 2016の場合、[データ] タブ→[取得と変換] グループ→[新しいクエリ] ボタン→[ファイルから]→[Excelブックから] を選択して、集計元のブックを取り込む。

2 [ナビゲーター] ダイアログボックスが表示されるので、集計元のブック名を選択する。
3 [データの変換] (もしくは [編集]) ボタンをクリックすると、Power Queryエディターを起動する。
4 [ファイル展開] ボタンをクリックする。
5 [OK] ボタンをクリックする。

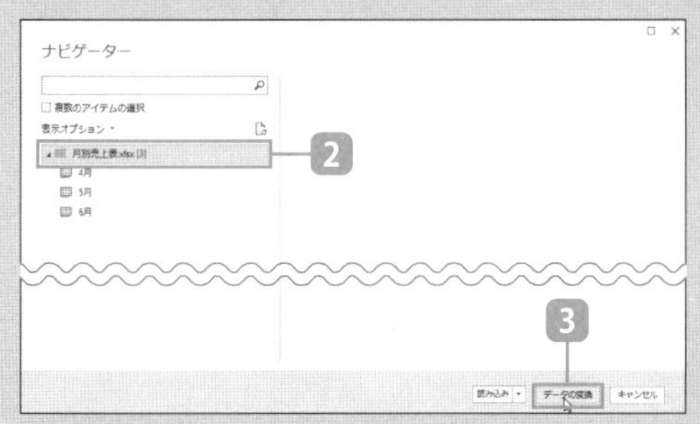

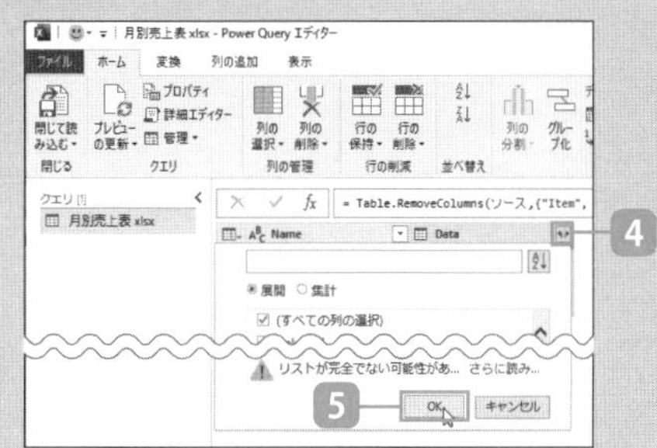

6 [変換] タブ→[テーブル] グループ→[1行目をヘッダーとして使用] ボタンをクリックして1行目を列見出しに変更する。
7 列見出しのフィルターボタンをクリックする。
8 列見出しのチェックを外して [OK] ボタンをクリックする。
9 余分な列は [ホーム] タブ→[列の管理] グループ→[列の削除] ボタンで削除する。
10 表の体裁を整えたら、[ホーム] タブ→[閉じて読み込む] ボタンをクリックする。
11 作成されたテーブルをもとに、ピボットテーブルを作成する。
12 シートを追加したら、1つにまとめたテーブルで [クエリ] タブ→[読み込み] グループ→[更新] ボタンをクリックする。
13 ピボットテーブルで [ピボットテーブル分析] タブ (2019/2016は [分析] タブ) の [データ] グループ→[更新] ボタンをクリックすると、自動で反映される。

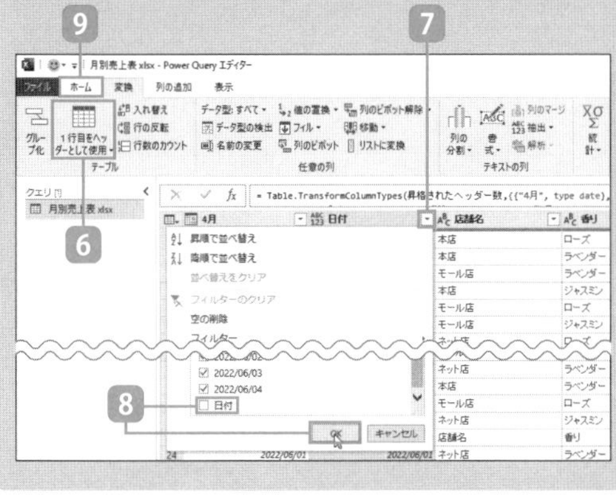

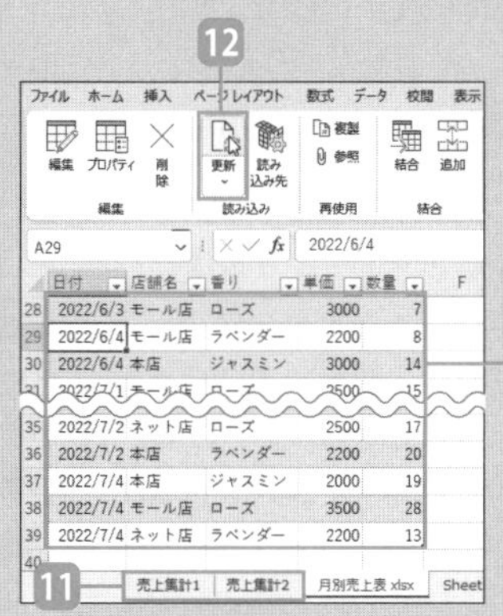

集計元ブックの各シートの表のデータを、1つに結合したクエリで作成されたテーブル

第3章

✔ マージ集計

テク054 複数シートの共通する項目を関連付けて集計表を作成したい

使うのはコレ! ピボットテーブル+テーブル+リレーションシップ

項目ごとの集計表を作成するとき、ほかのシートの表の共通する項目も見出しに入れなければならない場合は、それぞれの表に**リレーションシップ**を設定しておこう。設定しておけば、ピボットテーブルで簡単に作成できる。

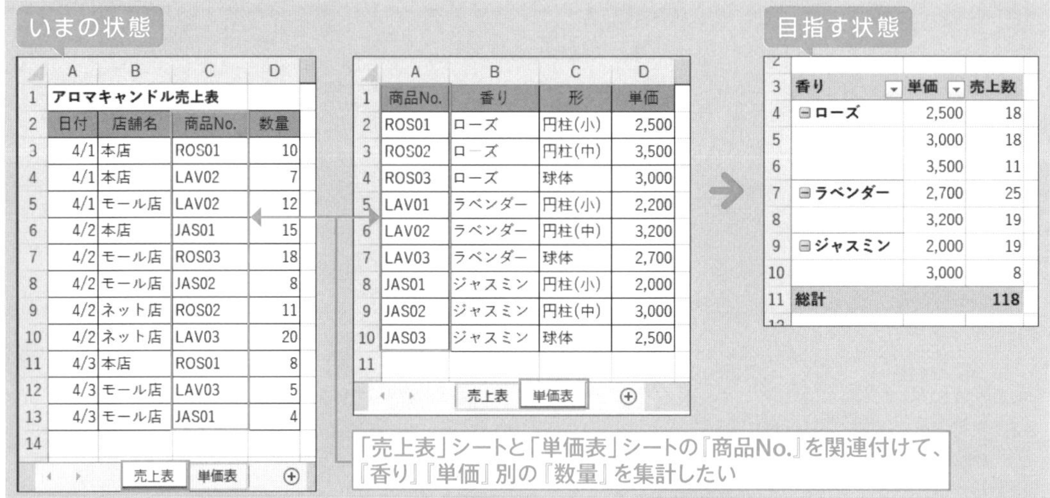

日付	店舗名	商品No.	数量
4/1	本店	ROS01	10
4/1	本店	LAV02	7
4/1	モール店	LAV02	12
4/2	本店	JAS01	15
4/2	モール店	ROS03	18
4/2	モール店	JAS02	8
4/2	ネット店	ROS02	11
4/2	ネット店	LAV03	20
4/3	本店	ROS01	8
4/3	モール店	LAV03	5
4/3	モール店	JAS01	4

商品No.	香り	形	単価
ROS01	ローズ	円柱(小)	2,500
ROS02	ローズ	円柱(中)	3,500
ROS03	ローズ	球体	3,000
LAV01	ラベンダー	円柱(小)	2,200
LAV02	ラベンダー	円柱(中)	3,200
LAV03	ラベンダー	球体	2,700
JAS01	ジャスミン	円柱(小)	2,000
JAS02	ジャスミン	円柱(中)	3,000
JAS03	ジャスミン	球体	2,500

香り	単価	売上数
⊟ローズ	2,500	18
	3,000	18
	3,500	11
⊟ラベンダー	2,700	25
	3,200	19
⊟ジャスミン	2,000	19
	3,000	8
総計		118

1. ピボットテーブルにする「売上表」「単価表」シートの表は、テーブルに変換しておく(作成方法は第1章1節テク008参照)。
2. それぞれのテーブルには、[テーブルデザイン]タブの[プロパティ]グループの[テーブル名]で名前を付けておく。ここでは、「売上表」シートの表に「売上表」、「単価表」シートの表に「単価表」と名前を付ける。

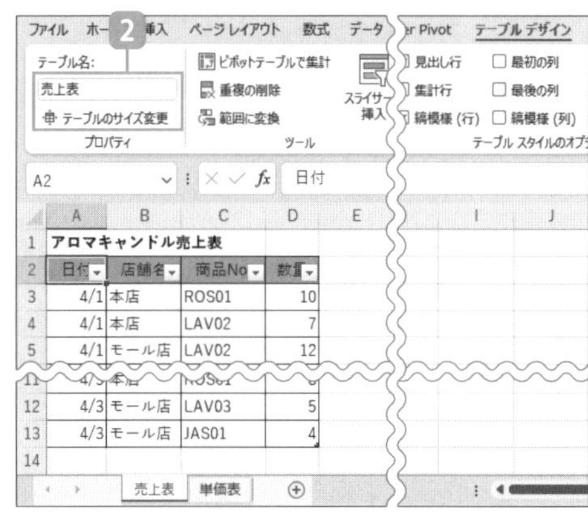

3. [データ]タブ→[データツール]グループの[リレーションシップ]ボタンをクリックする。
4. 表示された[リレーションシップの管理]ダイアログボックスで[新規作成]ボタンをクリックする。
5. 表示された[リレーションシップの作成]ダイアログボックスで、関連付けるテーブル名とフィールド名を選択する。ここでは、『商品No.』を関連付けるので、「データモデルのテーブル:売上表」「商品No.」、「データモデルのテーブル:単価表」「商品No.」を指定する。

   操作テク Excel2019/2016では「ワークシートテーブル:売上表」「商品No.」、「ワークシートテーブル:単価表」「商品No.」を指定する。
6. [OK]ボタンをクリックする。

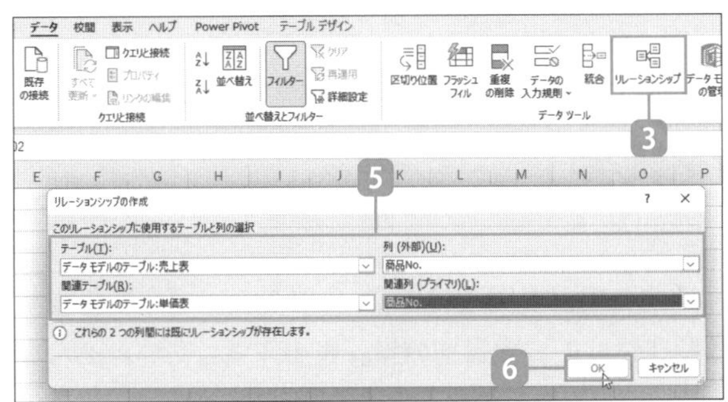

7 「売上表」内のセルを1つ選択し、[挿入]タブの[テーブル]グループの[ピボットテーブル]ボタンをクリックする。
8 表示された[ピボットテーブルの作成]ダイアログボックスで、作成するセル範囲と場所を指定し、[このデータをデータモデルに追加する]にチェックを入れる。
9 [OK]ボタンをクリックする。
10 表示された[ピボットテーブルのフィールド]ウィンドウで、[すべて]をクリックした後、それぞれのテーブル名をクリックして、テーブルごとにフィールド名を表示させる。
11 「行」エリアに「単価表」テーブルの『香り』『単価』、「値」エリアに「売上表」テーブルの『数量』をドラッグすると、香り別単価別の集計表が作成できる。

操作テク ピボットテーブルのレイアウトや見出しは希望の名前に変更しておこう（変更方法は第3章2節テク043参照）。

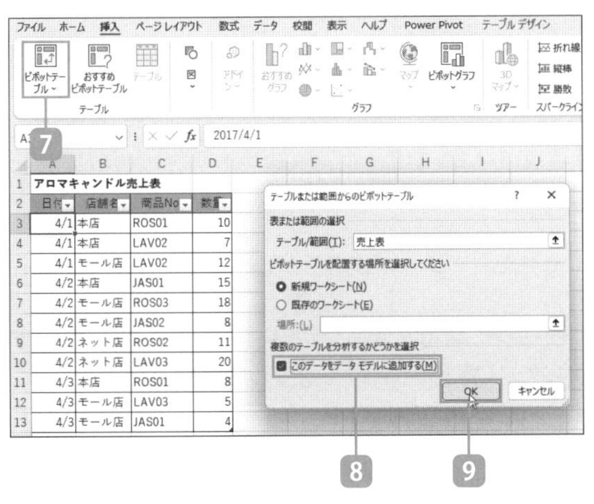

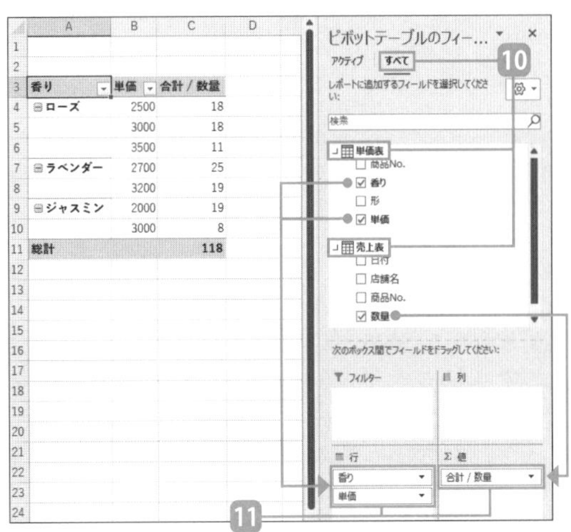

ここがポイント！　テーブル+リレーションシップは必ず設定する

手順3の[リレーションシップ]ボタンは、表をテーブルに変換していなかったり、テーブルに変換した表が1つのシートにしかなかったりする場合は、選択できない。
また、必ずほかのシートと関連する見出しでリレーションシップを設定しておこう。

ここがポイント！　複数シートの関連する項目を入れた集計表を作成するには？

ここでは2つのシートの項目を関連付ける操作を行っているが、3つのシートなら、もう1つのシートも、手順通りにリレーションシップを設定して、項目を関連付ける操作を行おう。

✓マージ集計

テク055 複数ブックの共通する項目を関連付けて集計表を作成したい（Power Query編）

使うのはコレ! Power Query+ピボットテーブル

Power Queryを使うと、複数のブックに共通する項目を関連付けて、1つのテーブルを作成することができる。ほかのブックの「商品No.」を関連付けて、項目別の集計表を作成したい。そんなときは、1つにしたテーブルをもとにピボットテーブルで集計しよう。

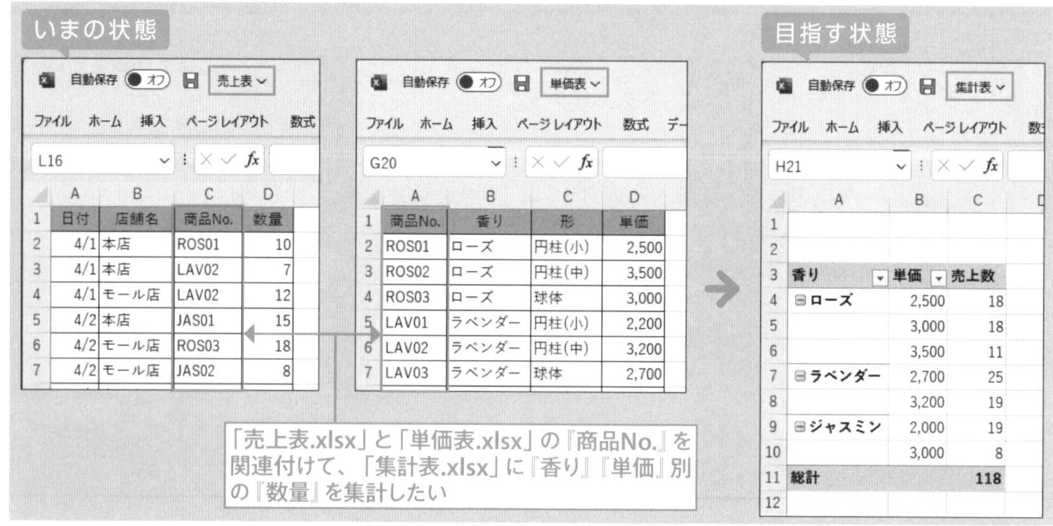

いまの状態
目指す状態
「売上表.xlsx」と「単価表.xlsx」の『商品No.』を関連付けて、「集計表.xlsx」に『香り』『単価』別の『数量』を集計したい

1. それぞれのブックの表はテーブルに変換しておき、それぞれのテーブル名を「売上表.xlsx」は「売上表」、「単価表.xlsx」は「単価表」にしておく。
2. 集計する「集計表」ブックを開き、[データ]タブ→[データの取得と変換]グループ→[データの取得]ボタン→[ファイルから]→[Excelブックから]を選択して、「売上表.xlsx」を選択して取り込む。
   操作テク 2016の場合、[データ]タブ→[取得と変換]グループ→[新しいクエリ]ボタン→[ファイルから]→[Excelブックから]を選択して、「売上表.xlsx」を選択する。
3. 表示された[ナビゲーター]ダイアログボックスで、テーブル名を選択する。
4. [読み込み]ボタンをクリックしてブック内に取り込む。
5. 「単価表.xlsx」も手順2～4と同じ操作で取り込む。

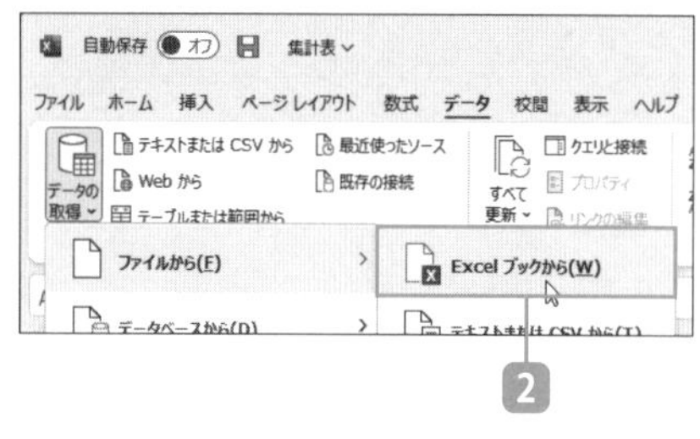

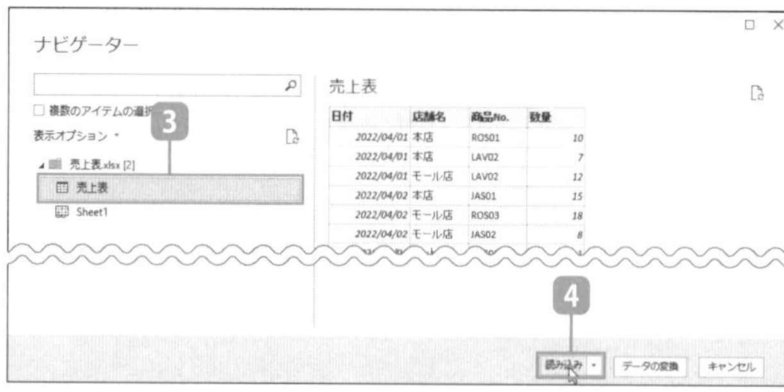

6 取り込んだどちらかのテーブルで、［クエリ］タブ→［結合］グループ→［結合］ボタンをクリックする。

7 表示された［マージ］ダイアログボックスで、共通フィールドの『商品No.』を関連付けるために、テーブル「売上表」「商品No.」、テーブル「単価表」「商品No.」の4つを選択する。

8 ［結合の種類］には結合の種類を選択する。ここでは初期設定の左外部の結合のままにし、一致した件数を確認する。

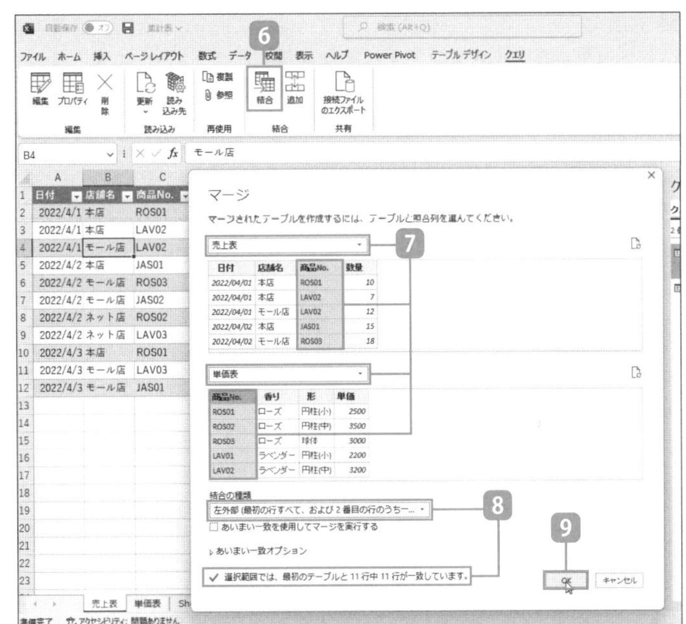

9 ［OK］ボタンをクリックすると、Power Queryエディターが起動する。

10 右端に結合されたテーブル「単価表」の［展開］ボタンをクリックすると、ダイアログボックスにテーブルのフィールド名が表示される。

11 ［元の列名をプレフィックスとして使用します］のチェックを外す。

操作テク 表をテーブルに変換していると、列名にクエリの名前がついてしまうので、必ずチェックを外しておく。

12 ［OK］ボタンをクリックする。

第3章

⑬ 共通フィールドの「単価表」テーブルの『商品No.』を削除するために[ホーム]タブ→[列の管理]グループ→[列の削除]ボタンをクリックする。

⑭ 希望の体裁に整えた後、[ホーム]タブの[閉じて読み込む]ボタンをクリックする。

操作テク フィールドを希望の位置に移動させる場合は、フィールド名を選択してドラッグする。

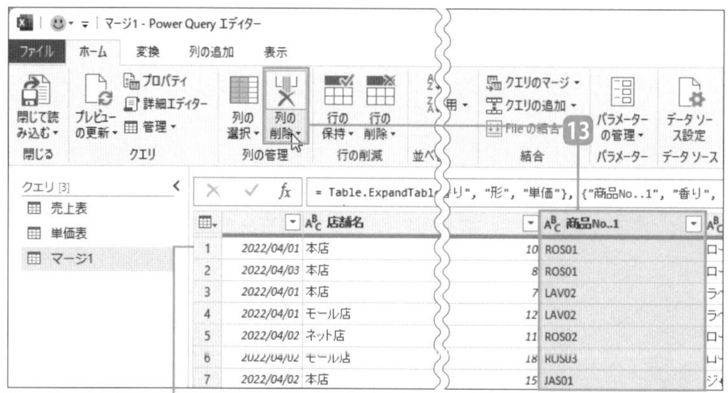

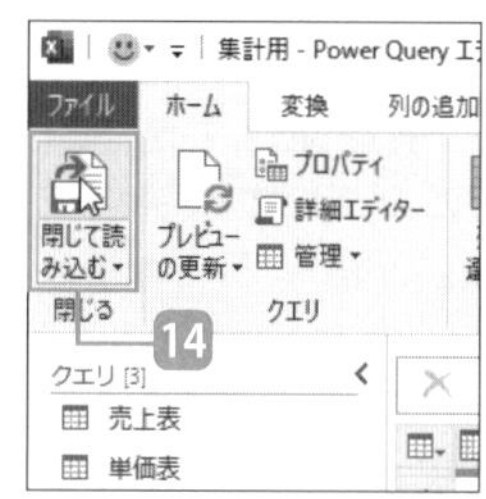

⑮ 作成されたテーブルをもとに、ピボットテーブルを作成する。

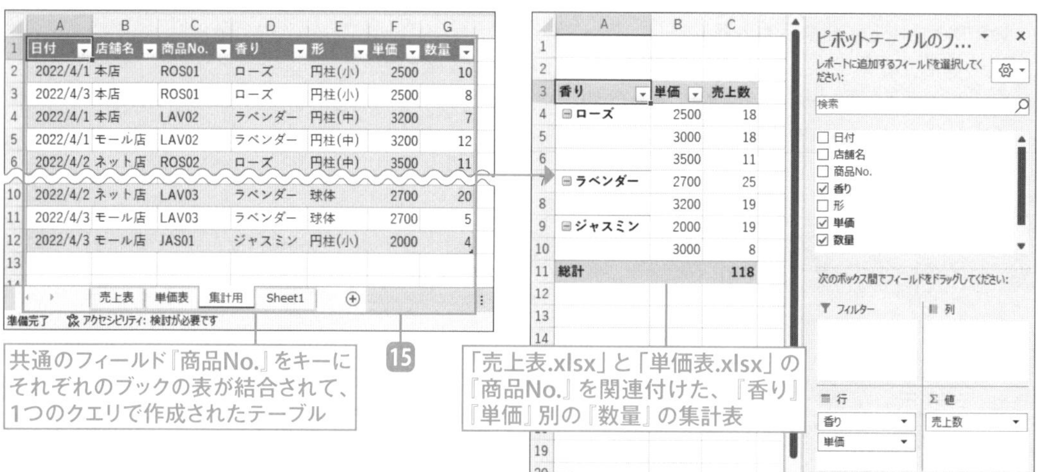

共通のフィールド『商品No.』をキーにそれぞれのブックの表が結合されて、1つのクエリで作成されたテーブル
15
「売上表.xlsx」と「単価表.xlsx」の『商品No.』を関連付けた、『香り』『単価』別の『数量』の集計表

ここがポイント!　3つのブックの関連する項目を入れた集計表を作成するには?

[マージ]ダイアログボックスでは、一度に2つのブックまでしか関連付けられない。もし、3つのブックを関連付けるなら、もう1つのブックも、手順通りに[マージ]ダイアログボックスを表示させて、項目を関連付ける操作を行おう。

なお、そのほかのPower Queryを使用する際のポイントは、本節のテク053の「ここがポイント!」にまとめている。

✓マージ集計

テク056 複数ブックの共通する項目を関連付けて集計表を作成したい（Power Pivot編）

使うのはコレ! Power Pivot

Power Pivotを使えば、自動でリレーションシップを設定できるので、複数ブックでも、共通する項目を見出しに入れた集計表をスピーディーに作成することができる。

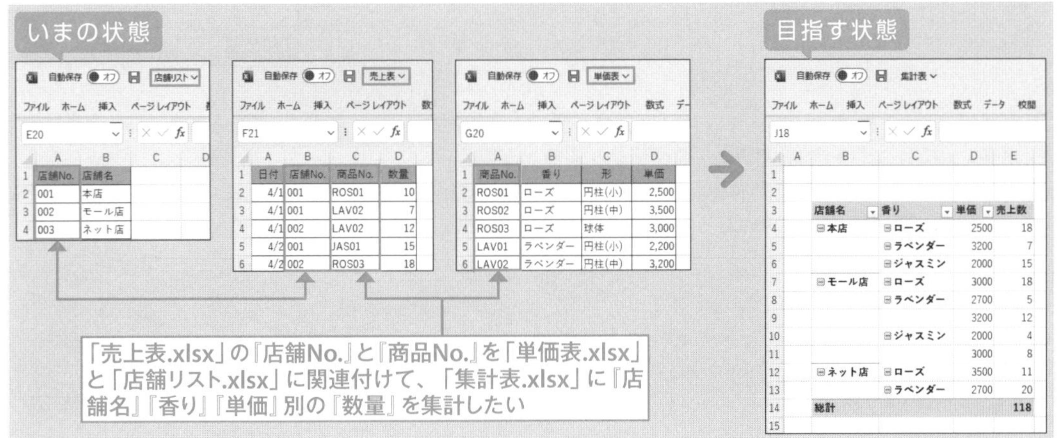

いまの状態
目指す状態
「売上表.xlsx」の『店舗No.』と『商品No.』を「単価表.xlsx」と「店舗リスト.xlsx」に関連付けて、「集計表.xlsx」に『店舗名』『香り』『単価』別の『数量』を集計したい

1 それぞれのブックの表はテーブルにしておき、それぞれのテーブル名を「売上表.xlsx」は「売上表」、「単価表.xlsx」は「単価表」、「店舗リスト.xlsx」は「店舗リスト」にしておく。

2 集計する「集計表」ブックを開き、[PowerPivot]タブ→[データモデル]グループ→[管理]ボタンをクリックする。

操作テク [Power Pivot]タブの表示方法は次ページのコラムを参照。

3 起動した[Power Pivot for Excel]ウィンドウで、[ホーム]タブの[外部データの取り込み]グループ→[その他のソース]ボタン→[Excelファイル]→[次へ]ボタンをクリックする。

4 [参照]ボタンをクリックして、「売上表.xlsx」を選択する。

5 [先頭の行を列見出しとして使用する]にチェックを入れる。

6 [次へ]→[完了]→[閉じる]ボタンを順にクリックすると、[Power Pivot for Excel]ウィンドウに取り込まれる。

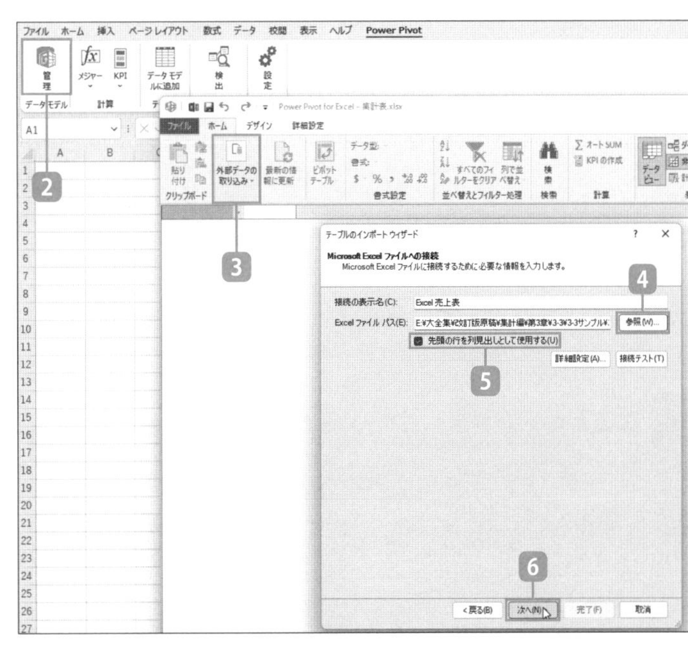

7 手順4～6と同じ操作で「単価表.xlsx」「店舗リスト.xlsx」を取り込む。

8 [Power Pivot for Excel] ウィンドウの [ホーム] タブ→ [ピボットテーブル] ボタンをクリックして、それぞれのテーブルからピボットテーブルを作成する。

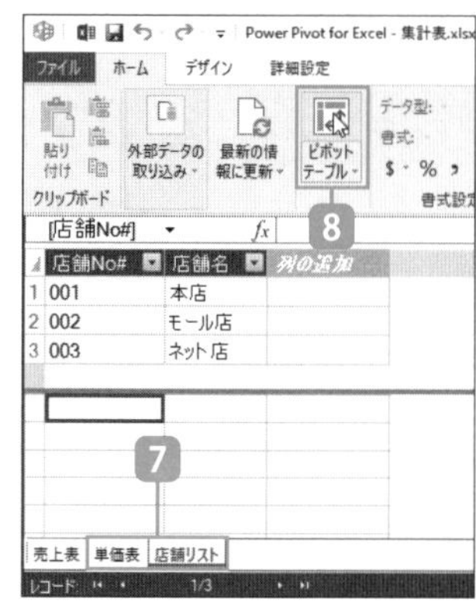

9 上部に [テーブル間にリレーションシップが必要である可能性があります] と表示されるので [自動検出] ボタン (2016では [作成] ボタン) をクリックする。

10 [リレーションシップの自動検出] ダイアログボックスが表示されて、リレーションシップが自動的に検出される。問題なく検出されたら [完了] と表示されるので、[閉じる] ボタンをクリックする。

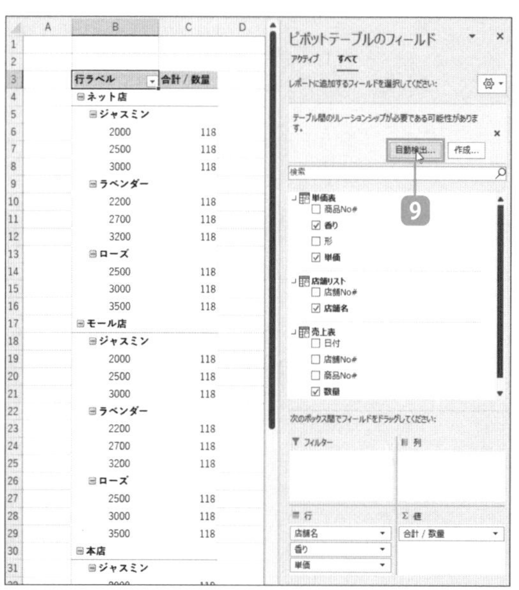

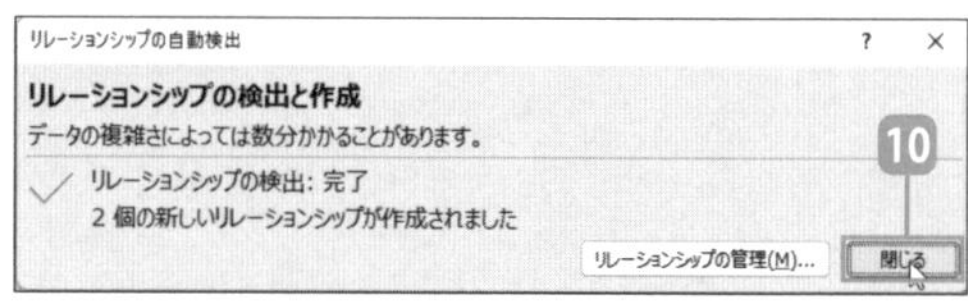

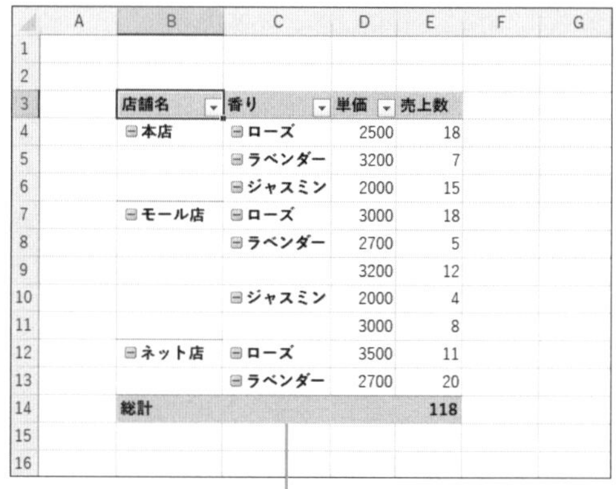

店舗名	香り	単価	売上数
本店	ローズ	2500	18
	ラベンダー	3200	7
	ジャスミン	2000	15
モール店	ローズ	3000	18
	ラベンダー	2700	5
		3200	12
	ジャスミン	2000	4
		3000	8
ネット店	ローズ	3500	11
	ラベンダー	2700	20
総計			118

「売上表.xlsx」と「店舗リスト.xlsx」の「店舗No.」、「売上表.xlsx」と「単価表.xlsx」の「商品No.」を関連付けた、「店舗名」「香り」「単価」別の「数量」の集計表

ここがポイント! 「Power Pivot」タブを表示させるには?

Excel 2019/2016で「Power Pivot」タブを表示するには、[ファイル] タブ→ [オプション] → [アドイン] で、[管理] のリストから [COMアドイン] を選択して [設定] ボタンをクリックする。表示された [COMアドイン] ダイアログボックスで [Microsoft Power Pivot for Excel] にチェックを入れて、[OK] ボタンをクリックしよう。

第4章

数式を使えば無敵!「条件付き集計」を完全制覇

4-1 数式を使った条件付き集計をマスター!

第3章で解説したExcelの機能を使えば、数式を使わずに手早く条件付き集計ができる。

	A	B	C	D	E	F	G	H
1	アロマキャンドル売上表							
2	日付	店舗名	香り	単価	数量		香り	売上数
3	4/1	本店	ローズ	2,500	10		ローズ	47
4	4/1	本店	ラベンダー	3,200	7		ラベンダー	44
5	4/1	モール店	ラベンダー	3,200	12		ジャスミン	27
6	4/2	本店	ジャスミン	2,000	15		総計	118
7	4/2	モール店	ローズ	3,000	18			
8	4/2	モール店	ジャスミン	3,000	8			
9	4/2	ネット店	ローズ	3,500	11			
10	4/2	ネット店	ラベンダー	2,700	20			
11	4/3	本店	ローズ	2,500	8			
12	4/3	モール店	ラベンダー	2,700	5			
13	4/3	モール店	ジャスミン	2,000	4			
14								

ピボットテーブルを使えば、ドラッグ操作だけで項目別集計ができる

しかし、独自に作成した表で条件付きの集計をしたい場合や、1行1件形式のデータではない表をもとに条件集計したい場合など、Excelの機能だけでは作成しづらい場合がある。

	A	B	C	D	E	F	G	H
1	アロマキャンドル売上表							
2	日付	店舗名	香り	単価	数量		◆香り	ローズ
3	4/1	本店	ローズ	2,500	10			
4	4/1	本店	ラベンダー	3,200	7		合計	39
5	4/1	モール店	ラベンダー	3,200	12		平均	13
6	4/2	本店	ジャスミン	2,000	15		件数	3
7	4/2	モール店	ローズ	3,000	18			
8	4/2	モール店	ジャスミン	3,000	8			
9	4/2	ネット店	ローズ	3,500	11			
10	4/2	ネット店	ラベンダー	2,700	20			
11								

「ローズ」の『数量』について、指定の位置にさまざまな集計値を求めたい

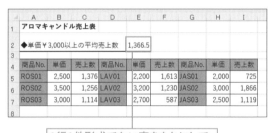

	A	B	C	D	E	F	G	H	I
1	アロマキャンドル売上表								
2	◆単価￥3,000以上の平均売上数				1,366.5				
3									
4	商品No.	単価	売上数	商品No.	単価	売上数	商品No.	単価	売上数
5	ROS01	2,500	1,376	LAV01	2,200	1,613	JAS01	2,000	725
6	ROS02	3,500	1,256	LAV02	3,200	1,230	JAS02	3,000	1,866
7	ROS03	3,000	1,114	LAV03	2,700	587	JAS03	2,500	1,119
8									

1行1件形式でない表をもとにして、条件付きの集計値を求めたい

そこで、**関数**を使って条件付き集計を行いたいが、どの関数を使えばいいのかたくさんありすぎてわからない……。

迷っている間に資料の提出期限が迫って困らないように、本節では、関数を使って条件付き集計を行うテクニックを完全マスターしよう！

✓ 条件集計

テク 057 条件に一致する項目を集計したい

使うのはコレ! SUMIF関数、AVERAGEIF関数、COUNTIF関数

表から特定の項目の集計が必要なときは、**合計ならSUMIF関数、平均ならAVERAGEIF関数、件数ならCOUNTIF関数**を使おう。大量のデータでも手早く条件に一致する項目が集計できる。

いまの状態

	A	B	C	D	E	F	G	H
1	アロマキャンドル売上表							
2	日付	店舗名	香り	単価	数量		◆香り	ローズ
3	4/1	本店	ローズ	2,500	10			
4	4/1	本店	ラベンダー	3,200	7		合計	
5	4/1	モール店	ラベンダー	3,200	12		平均	
6	4/2	本店	ジャスミン	2,000	15		件数	
7	4/2	モール店	ローズ	3,000	18			
8	4/2	モール店	ジャスミン	3,000	8			
9	4/2	ネット店	ローズ	3,500	11			
10	4/2	ネット店	ラベンダー	2,700	20			

売上表を作成している

ここに「ローズ」の香りの売上合計、平均、件数を求めたい

目指す状態

	A	B	C	D	E	F	G	H
1	アロマキャンドル売上表							
2	日付	店舗名	香り	単価	数量		◆香り	ローズ
3	4/1	本店	ローズ	2,500	10			
4	4/1	本店	ラベンダー	3,200	7		合計	39
5	4/1	モール店	ラベンダー	3,200	12		平均	13
6	4/2	本店	ジャスミン	2,000	15		件数	3
7	4/2	モール店	ローズ	3,000	18			
8	4/2	モール店	ジャスミン	3,000	8			
9	4/2	ネット店	ローズ	3,500	11			
10	4/2	ネット店	ラベンダー	2,700	20			

● 条件に一致する項目を合計する

1. 「ローズ」の売上合計を求めるセル(H4セル)を選択し、「=SUMIF(」と入力する。
2. [範囲]…条件を含む『香り』のセル範囲を選択する。
3. [検索条件]…条件のセルを選択する。
4. [合計範囲]…合計する『数量』のセル範囲を選択して、Enter キーで数式を確定する。

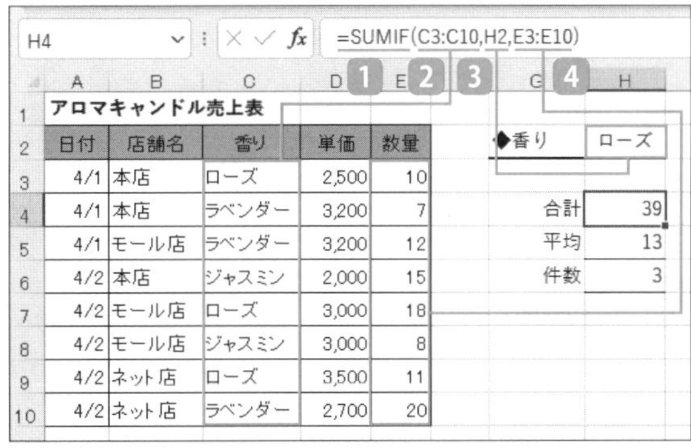

	A	B	C	D	E	F	G	H
1	アロマキャンドル売上表							
2	日付	店舗名	香り	単価	数量		◆香り	ローズ
3	4/1	本店	ローズ	2,500	10			
4	4/1	本店	ラベンダー	3,200	7		合計	39
5	4/1	モール店	ラベンダー	3,200	12		平均	13
6	4/2	本店	ジャスミン	2,000	15		件数	3
7	4/2	モール店	ローズ	3,000	18			
8	4/2	モール店	ジャスミン	3,000	8			
9	4/2	ネット店	ローズ	3,500	11			
10	4/2	ネット店	ラベンダー	2,700	20			

数式解説

「=SUMIF(C3:C10,H2,E3:E10)」の数式は、C3セル～C10セルの「香り」の中でH2セルの条件「ローズ」に該当するセルを探し、E3セル～E10セルの中でそのセルと同じ番目にある「数量」の合計を求める。

条件に一致する項目を平均する

1. 「ローズ」の売上平均を求めるセル(H5セル)を選択し、「=AVERAGEIF(」と入力する。
2. [範囲]…条件を含む『香り』のセル範囲を選択する。
3. [条件]…条件のセルを選択する。
4. [平均対象範囲]…平均する『数量』のセル範囲を選択して、Enter キーで数式を確定する。

H5　=AVERAGEIF(C3:C10,H2,E3:E10)

	A	B	C	D	E	F	G	H
1	アロマキャンドル売上表							
2	日付	店舗名	香り	単価	数量		◆香り	ローズ
3	4/1	本店	ローズ	2,500	10			
4	4/1	本店	ラベンダー	3,200	7		合計	39
5	4/1	モール店	ラベンダー	3,200	12		平均	13
6	4/2	本店	ジャスミン	2,000	15		件数	3
7	4/2	モール店	ローズ	3,000	18			
8	4/2	モール店	ジャスミン	3,000	8			
9	4/2	ネット店	ローズ	3,500	11			
10	4/2	ネット店	ラベンダー	2,700	20			

数式解説

「=AVERAGEIF(C3:C10,H2,E3:E10)」の数式は、C3セル～C10セルの『香り』の中でH2セルの条件「ローズ」に該当するセルを探し、E3セル～E10セルの中でそのセルと同じ番目にある『数量』の平均を求める。

条件に一致する項目を数える

1. 「ローズ」の売上件数を求めるセル(H6セル)を選択し、「=COUNTIF(」と入力する。
2. [範囲]…条件を含む『香り』のセル範囲を選択する。
3. [検索条件]…条件のセルを選択して、Enter キーで数式を確定する。

H6　=COUNTIF(C3:C10,H2)

	A	B	C	D	E	F	G	H
1	アロマキャンドル売上表							
2	日付	店舗名	香り	単価	数量		◆香り	ローズ
3	4/1	本店	ローズ	2,500	10			
4	4/1	本店	ラベンダー	3,200	7		合計	39
5	4/1	モール店	ラベンダー	3,200	12		平均	13
6	4/2	本店	ジャスミン	2,000	15		件数	3
7	4/2	モール店	ローズ	3,000	18			
8	4/2	モール店	ジャスミン	3,000	8			
9	4/2	ネット店	ローズ	3,500	11			
10	4/2	ネット店	ラベンダー	2,700	20			

数式解説

「=COUNTIF(C3:C10,H2)」の数式は、C3セル～C10セルの『香り』の中でH2セルの条件「ローズ」に該当するセルの数を数える。

併せて覚え テク　**セルに入力した数値を「～以上」の条件で指定するには?**

セルに数値を入力していて、「～以上」のセルの数を求めたいなど、セルに入力した数値が演算子と組み合わさった条件で集計したいときは、1演算子は[""]で囲んで条件のセル番地とを[&]で結合して条件を作成しよう。

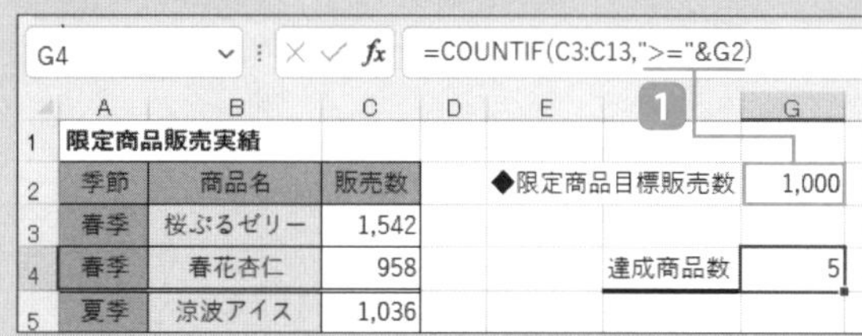
G4　=COUNTIF(C3:C13,">="&G2)

	A	B	C	D	E	F	G
1	限定商品販売実績						
2	季節	商品名	販売数		◆限定商品目標販売数		1,000
3	春季	桜ぷるゼリー	1,542				
4	春季	春花杏仁	958		達成商品数		5
5	夏季	涼波アイス	1,036				

集計編

✓ 条件集計

テク 058 条件に一致する項目の集計を、項目ごとに一発で求めたい

使うのはコレ! SUMIF関数
Excel2019/2016　SUMIF関数＋絶対参照

表内のいくつかの項目別に集計したいときは、あらかじめ項目をセルに入力しておけば、スピルが使用できるExcel2021/365では確定と同時に一度で求められる。Excel2019/2016の場合は、数式で使うセル範囲を**絶対参照**にしておけば数式のコピーで一気に求められる。

いまの状態

	A	B	C	D	E	F	G	H
1	アロマキャンドル売上表							
2	日付	店舗名	香り	単価	数量		香り	売上数
3	4/1	本店	ローズ	2,500	10		ローズ	
4	4/1	本店	ラベンダー	3,200	7		ラベンダー	
5	4/1	モール店	ラベンダー	3,200	12		ジャスミン	
6	4/2	本店	ジャスミン	2,000	15			
7	4/2	モール店	ローズ	3,000	18			
8	4/2	モール店	ジャスミン	3,000	8			

ここに香り別の売上数を手早く求めたい

目指す状態

	A	B	C	D	E	F	G	H
1	アロマキャンドル売上表							
2	日付	店舗名	香り	単価	数量		香り	売上数
3	4/1	本店	ローズ	2,500	10		ローズ	47
4	4/1	本店	ラベンダー	3,200	7		ラベンダー	44
5	4/1	モール店	ラベンダー	3,200	12		ジャスミン	27
6	4/2	本店	ジャスミン	2,000	15			
7	4/2	モール店	ローズ	3,000	18			
8	4/2	モール店	ジャスミン	3,000	8			

スピル使用の数式

1. 売上数を求めるセル(H3セル)を選択し、「=SUMIF(」と入力する。
2. [範囲]…条件を含む『香り』のセル範囲を選択する。
3. [検索条件]…条件のセル範囲を選択する。
4. [合計範囲]…合計する『数量』のセル範囲を選択して、Enter キーで数式を確定する。

H3　=SUMIF(C3:C13,G3:G5,E3:E13)

	A	B	C	D	E	F	G	H
1	アロマキャンドル売上表							
2	日付	店舗名	香り	単価	数量		香り	売上数
3	4/1	本店	ローズ	2,500	10		ローズ	47
4	4/1	本店	ラベンダー	3,200	7		ラベンダー	44
5	4/1	モール店	ラベンダー	3,200	12		ジャスミン	27
6	4/2	本店	ジャスミン	2,000	15			
7	4/2	モール店	ローズ	3,000	18			

従来の数式

1. 売上数を求めるセルを選択し、「=SUMIF(」と入力する。
2. [範囲]…条件を含む『香り』のセル範囲を選択して F4 キーを1回押して絶対参照をつける。
3. [検索条件]…条件のセルを選択する。
4. [合計範囲]…合計する『数量』のセル範囲を選択して F4 キーを1回押して絶対参照をつけたら、Enter キーで数式を確定する。
5. 数式を必要なだけ複写する。

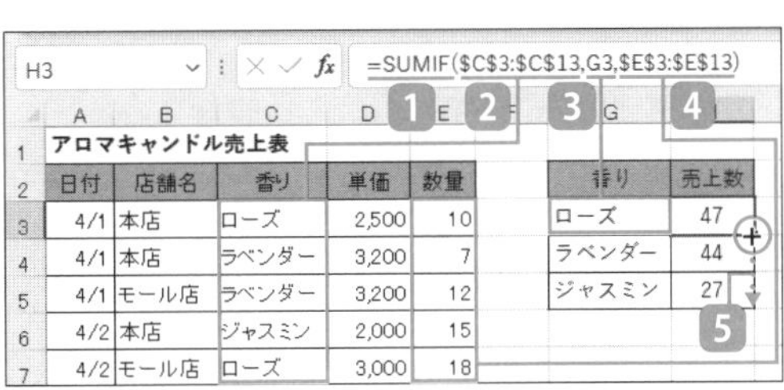

数式解説

「=SUMIF(C3:C13,G3:G5,E3:E13)」「=SUMIF($C$3:$C$13,G3,$E$3:$E$13)」の数式は、C3セル～C13セルの『香り』の中で条件『香り』に該当するセルを探し、E3セル～E13セルの中で同じ番目にある『数量』の合計を求める。条件は入力せずにセル参照にしておくことで、数式の確定と同時に、**相対参照**（第0章テク004参照）によりそれぞれの行に入力したセル番地が数式に入るので条件を自動的に指定できるようになる。
数式のコピーが必要な従来の数式では、同じように[範囲][合計範囲]もセル参照のままだと、数式をコピーしたとき「相対参照」でセル範囲がズレてしまうため、ズレないようにセル範囲を**絶対参照**（第0章テク004参照）にして固定する必要がある。

併せて覚え テク　離れた各項目の集計を一度に求めるには?

集計を求める各項目が離れた位置にあって、一度で求めたい場合は、1 1つ目のセルに数式を入力したら、Ctrl＋Cキーでコピーして、2 それぞれの求めるセルをCtrlキーを押しながらすべて選択して、Ctrl＋Vキーで貼り付けよう。

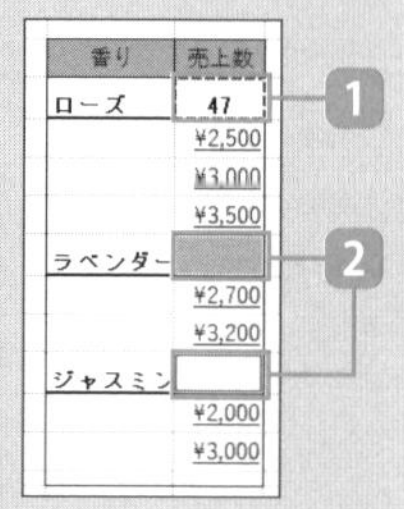

香り
売上数
ローズ
47
¥2,500
¥3,000
¥3,500
ラベンダー
¥2,700
¥3,200
ジャスミン
¥2,000
¥3,000
1
2

併せて覚え テク　Excel2019/2016では表をテーブルに変換すれば、絶対参照は不要

Excel2019/2016でも、表を**テーブル**に変換しておけば、テーブルの外に、テーブル内のセル範囲を使用した数式を作成する場合、絶対参照は不要。テーブルのセル範囲を使い数式を作成すると、セル参照ではなく、テーブル名と列名の組み合わせで参照される。この参照形式は**構造化参照**という。
テーブルの外に、テーブル内のセル範囲を使用した数式を作成しても構造化参照が適用される。つまり、数式内のセル範囲はテーブル名と列名の組み合わせで指定されるため絶対参照にしなくても、数式のコピーでズレることはない。併せて覚えておこう。

1 表をテーブルに変換し（作成方法は第1章1節テク008参照）、テーブル名「売上表」を付けておく。
操作テク＞テーブル名を付けるには[テーブルデザイン]タブ([テーブル]タブ)→[プロパティ]グループのテーブル名に入力する。
2 「ローズ」の売上合計を求めるセル（H3セル）を選択し、「=SUMIF(」と入力する。
3 [範囲]…条件を含む『香り』のセル範囲を「売上表[香り]」で指定する。
操作テク＞テーブル内のセル範囲を選択すれば、手入力しなくても自動で入力される。
4 [検索条件]…条件のセルを選択する。
5 [合計範囲]…合計する『数量』のセル範囲を「売上表[数量]」で指定して、Enterキーで数式を確定する。
6 数式を必要なだけ複写する。

✔ 複数条件集計

テク059 複数条件のすべてに一致する項目を集計したい

使うのはコレ! SUMIFS関数、AVERAGEIFS関数、COUNTIFS関数

複数ある条件のすべてに一致する項目の集計が必要な時は、**合計ならSUMIFS関数、平均ならAVERAGEIFS関数、件数ならCOUNTIFS関数**を使おう。

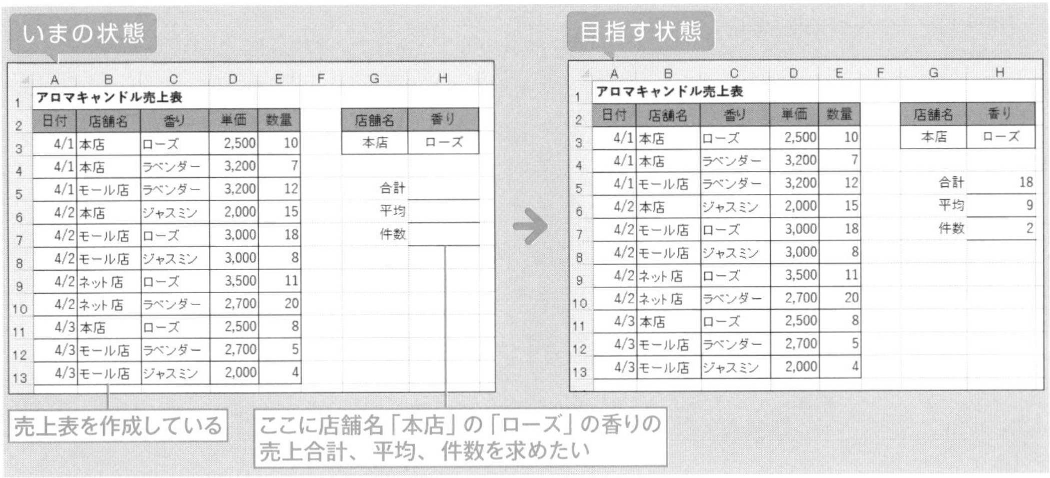

いまの状態

アロマキャンドル売上表

日付	店舗名	香り	単価	数量
4/1	本店	ローズ	2,500	10
4/1	本店	ラベンダー	3,200	7
4/1	モール店	ラベンダー	3,200	12
4/2	本店	ジャスミン	2,000	15
4/2	モール店	ローズ	3,000	18
4/2	モール店	ジャスミン	3,000	8
4/2	ネット店	ローズ	3,500	11
4/2	ネット店	ラベンダー	2,700	20
4/3	本店	ローズ	2,500	8
4/3	モール店	ラベンダー	2,700	5
4/3	モール店	ジャスミン	2,000	4

店舗名	香り
本店	ローズ

合計	
平均	
件数	

売上表を作成している

ここに店舗名「本店」の「ローズ」の香りの売上合計、平均、件数を求めたい

目指す状態

店舗名	香り
本店	ローズ

合計	18
平均	9
件数	2

複数条件のすべてに一致する項目を合計する

1. 「本店」の「ローズ」の香りの合計を求めるセル(H5セル)を選択し、「=SUMIFS(」と入力する。
2. [合計対象範囲]…合計する『数量』のセル範囲を選択する。
3. [条件範囲1]…1つ目の条件「本店」を含むセル範囲を選択する。
4. [条件1]…1つ目の条件「本店」のセルを選択する。
5. [条件範囲2]…2つ目の条件「ローズ」を含むセル範囲を選択する。
6. [条件2]…2つ目の条件「ローズ」のセルを選択したら、Enterキーで数式を確定する。

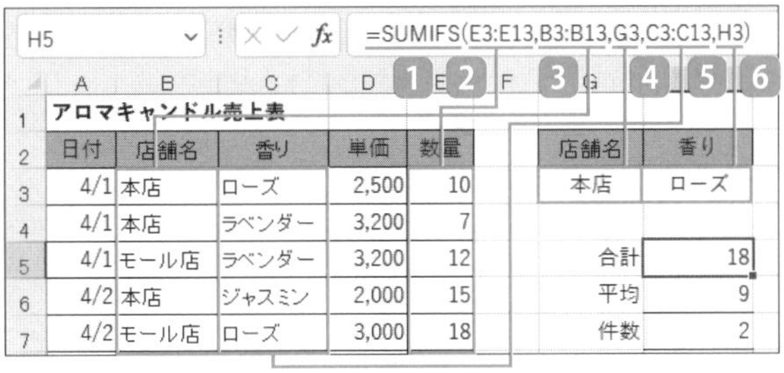

H5 =SUMIFS(E3:E13,B3:B13,G3,C3:C13,H3)

数式解説

「=SUMIFS(E3:E13,B3:B13,G3,C3:C13,H3)」の数式は、B3セル～B13セルの『店舗名』の中で「本店」、C3セル～C13セルの『香り』の中で「ローズ」の両方の条件に該当するセルを探し、E3セル～E13セルの中でそのセルと同じ番目にある『数量』の合計を求める。

複数条件のすべてに一致する項目を平均する

1. 「本店」の「ローズ」の香りの平均を求めるセルを選択し、「=AVERAGEIFS(」と入力する。
2. [平均対象範囲]…平均する『数量』のセル範囲を選択する。
3. [条件範囲1]…1つ目の条件「本店」を含むセル範囲を選択する。
4. [条件1]…1つ目の条件「本店」のセルを選択する。
5. [条件範囲2]…2つ目の条件「ローズ」を含むセル範囲を選択する。
6. [条件2]…2つ目の条件「ローズ」のセルを選択したら、Enter キーで数式を確定する。

H6 =AVERAGEIFS(E3:E13,B3:B13,G3,C3:C13,H3)

	A	B	C	D	E	F	G	H
1	アロマキャンドル売上表							
2	日付	店舗名	香り	単価	数量		店舗名	香り
3	4/1	本店	ローズ	2,500	10		本店	ローズ
4	4/1	本店	ラベンダー	3,200	7			
5	4/1	モール店	ラベンダー	3,200	12		合計	18
6	4/2	本店	ジャスミン	2,000	15		平均	9
7	4/2	モール店	ローズ	3,000	18		件数	2
8	4/2	モール店	ジャスミン	3,000	8			

数式解説

「=AVERAGEIFS(E3:E13,B3:B13,G3,C3:C13,H3)」の数式は、B3セル～B13セルの『店舗名』の中で「本店」、C3セル～C13セルの『香り』の中で「ローズ」の両方の条件に該当するセルを探し、E3セル～E13セルの中でそのセルと同じ番目にある『数量』の平均を求める。

集計編

複数条件のすべてに一致する項目を数える

1. 「本店」の「ローズ」の香りの件数を求めるセルを選択し、「=COUNTIFS(」と入力する。
2. [検索条件範囲1]…1つ目の条件「本店」を含むセル範囲を選択する。
3. [検索条件1]…1つ目の条件「本店」のセルを選択する。
4. [検索条件範囲2]…2つ目の条件「ローズ」を含むセル範囲を選択する。
5. [検索条件2]…2つ目の条件「ローズ」のセルを選択したら、Enter キーで数式を確定する。

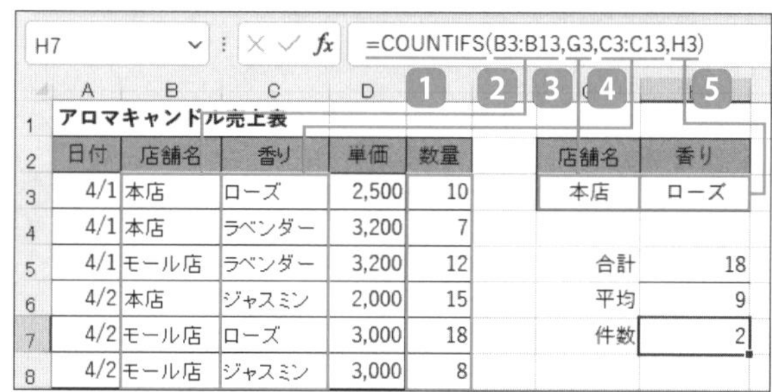

H7 =COUNTIFS(B3:B13,G3,C3:C13,H3)

	A	B	C	D	E	F	G	H
1	アロマキャンドル売上表							
2	日付	店舗名	香り	単価	数量		店舗名	香り
3	4/1	本店	ローズ	2,500	10		本店	ローズ
4	4/1	本店	ラベンダー	3,200	7			
5	4/1	モール店	ラベンダー	3,200	12		合計	18
6	4/2	本店	ジャスミン	2,000	15		平均	9
7	4/2	モール店	ローズ	3,000	18		件数	2
8	4/2	モール店	ジャスミン	3,000	8			

数式解説

「=COUNTIFS(B3:B13,G3,C3:C13,H3)」の数式は、B3セル～B13セルの『店舗名』の中で「本店」、C3セル～C13セルの『香り』の中で「ローズ」の両方の条件に該当するセルの数を数える。

ここがポイント！　条件の数だけ[条件範囲][条件]を対で入力する

これらの関数の引数[条件範囲][条件]（[検索条件範囲][検索条件]）は、**条件の数だけ対で入力**しよう。条件は127個まで指定できる。

✔ 複数条件集計

テク060 複数条件のいずれかに一致する項目を集計したい

Excel2021/365対応

使うのはコレ! SUM+FILTER関数

Excel2021/365では、**FILTER関数**を使えば、複数ある条件のいずれかを満たすデータを抽出できるので、抽出した結果を、**合計ならSUM関数**、**件数ならCOUNT(A)関数**、**平均ならAVERAGE関数**に組み合わせるだけで、複数ある条件のいずれかに一致する項目を集計することができる。

いまの状態

	A	B	C	D	E	F	G	H
1	アロマキャンドル売上表							
2	日付	店舗名	香り	単価	数量		◆香り	ローズ
3	4/1	本店	ローズ	2,500	10			ラベンダー
4	4/1	本店	ラベンダー	3,200	7			
5	4/1	モール店	ラベンダー	3,200	12		合計	
6	4/2	本店	ジャスミン	2,000	15		平均	
7	4/2	モール店	ローズ	3,000	18		件数	
8	4/2	モール店	ジャスミン	3,000	8			

売上表を作成している

ここに「ローズ」と「ラベンダー」の香りの売上合計、平均、件数を求めたい

目指す状態

	A	B	C	D	E	F	G	H
1	アロマキャンドル売上表							
2	日付	店舗名	香り	単価	数量		◆香り	ローズ
3	4/1	本店	ローズ	2,500	10			ラベンダー
4	4/1	本店	ラベンダー	3,200	7			
5	4/1	モール店	ラベンダー	3,200	12		合計	91
6	4/2	本店	ジャスミン	2,000	15		平均	11.38
7	4/2	モール店	ローズ	3,000	18		件数	8
8	4/2	モール店	ジャスミン	3,000	8			

1. 求めるセル(H5セル)を選択し、合計は[数式]タブの[関数ライブラリ]グループの[合計]ボタンをクリックする。平均は[合計]ボタンの[▼]から[平均]を選択、件数は[合計]ボタンの[▼]から[数値の個数]を選択する。
2. [数値1]…「FILTER(」と入力する。
3. [配列]…集計する『数量』のセル範囲を選択する。
4. [含む]…『香り』が「ローズ」または「ラベンダー」である場合の条件式を入力する。
5. [空の場合]…省略して、Enterキーで数式を確定する。

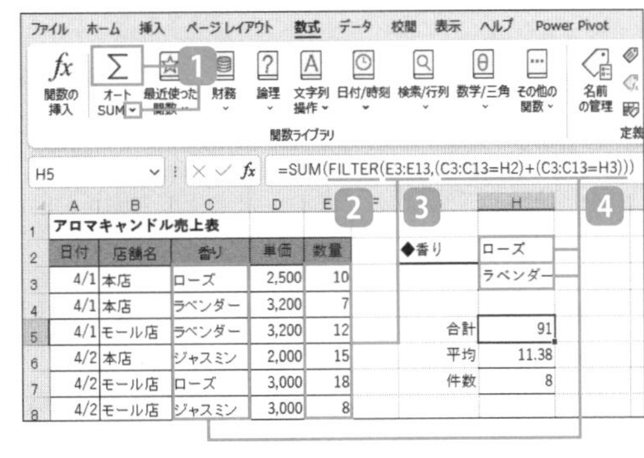

=SUM(FILTER(E3:E13,(C3:C13=H2)+(C3:C13=H3)))

数式解説

FILTER関数の引数には複数の条件式が指定できる。複数の条件式を指定するときは、それぞれの条件は[()]で囲み、AND条件は[*]、OR条件は[+]の演算子でそれぞれの条件式を結合して数式を作成する。つまり、「FILTER(E3:E13,(C3:C13=H2)+(C3:C13=H3))」の数式は、『香り』が「ローズ」または「ラベンダー」である場合の条件を満たす『数量』を抽出する。抽出した「ローズ」または「ラベンダー」の『数量』を、合計はSUM関数、平均はAVERAGE関数、件数はCOUNT関数(空白以外のセルの数えるときはCOUNTA関数)に組み合わせて数式を作成することで「ローズ」と「ラベンダー」の『数量』の合計、平均、件数が求められる。

✓ 複数条件集計

テク 061 複数条件のいずれかに一致する項目を集計したい（合計・件数）

Excel2019/2016対応

使うのはコレ! SUMIF（COUNTIF）+SUMIF（COUNTIF）関数

Excel2019/2016で、複数ある条件のいずれかに一致する項目の集計が必要なときは、**合計ならSUMIF関数、件数ならCOUNTIF関数**を足し算して数式を作成しよう。

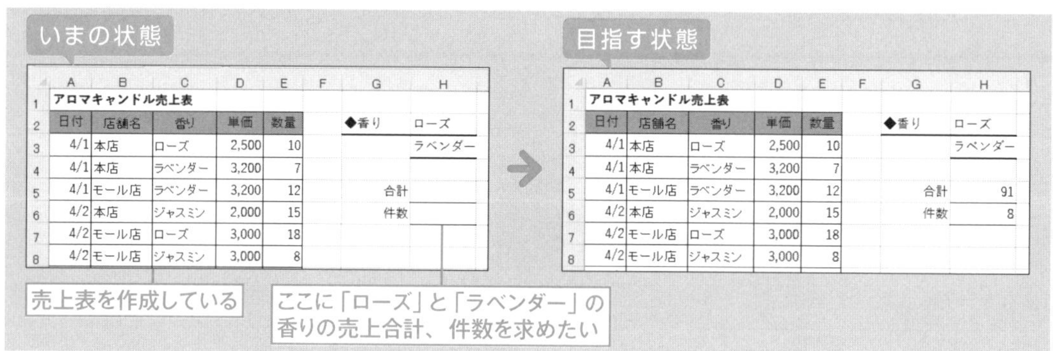

いまの状態
目指す状態
アロマキャンドル売上表
売上表を作成している
ここに「ローズ」と「ラベンダー」の香りの売上合計、件数を求めたい

複数条件のいずれかに一致する項目を合計する

H5 =SUMIF(C3:C13,H2,E3:E13)+SUMIF(C3:C13,H3,E3:E13)

	A	B	C	D	E	F	G	H
1	アロマキャンドル売上表							
2	日付	店舗名	香り	単価	数量		◆香り	ローズ
3	4/1	本店	ローズ	2,500	10			ラベンダー
4	4/1	本店	ラベンダー	3,200	7			
5	4/1	モール店	ラベンダー	3,200	12		合計	91
6	4/2	本店	ジャスミン	2,000	15		件数	8
7	4/2	モール店	ローズ	3,000	18			

1. 「ローズ」と「ラベンダー」の香りの合計を求めるセル（H5セル）を選択し、「=SUMIF(」と入力する。
2. ［範囲］…条件を含む『香り』のセル範囲を選択する。
3. ［検索条件］…1つ目の条件「ローズ」のセルを選択する。
4. ［合計範囲］…合計する『数量』のセル範囲を選択する。
5. 「+SUMIF(」と入力し、［範囲］［合計範囲］は同じようにセル範囲を選択する。
6. ［検索条件］は2つ目の条件「ラベンダー」のセルを選択して、Enter キーで数式を確定する。

数式解説

「SUMIF(C3:C13,H2,E3:E13)」の数式は、C3セル～C13セルの『香り』の中でH2セルの条件「ローズ」に該当するセルを探し、E3セル～E13セルの中でそのセルと同じ番目にある『数量』の合計を求める。「SUMIF(C3:C13,H3,E3:E13)」の数式は、C3セル～C13セルの『香り』の中でH3セルの条件「ラベンダー」に該当するセルを探し、E3セル～E13セルの中でそのセルと同じ番目にある『数量』の合計を求める。この2つの数式を足し算することで、「ローズ」と「ラベンダー」の『数量』の合計が求められる。

複数条件のいずれかに一致する項目を数える

1 「ローズ」と「ラベンダー」の香りの売上件数を求めるセル(H6セル)を選択し、「=COUNTIF(」と入力する。
2 [範囲]…条件を含む『香り』のセル範囲を選択する。
3 [検索条件]…1つ目の条件「ローズ」のセルを選択する。
4 「+COUNTIF(」と入力し、[範囲]は同じようにセル範囲を選択する。
5 [検索条件]…2つ目の条件「ラベンダー」のセルを選択して、Enter キーで数式を確定する。

H6 =COUNTIF(C3:C13,H2)+COUNTIF(C3:C13,H3)

	A	B	C	D	E	F	G	H
1	アロマキャンドル売上表							
2	日付	店舗名	香り	単価	数量		◆香り	ローズ
3	4/1	本店	ローズ	2,500	10			ラベンダー
4	4/1	本店	ラベンダー	3,200	7			
5	4/1	モール店	ラベンダー	3,200	12		合計	91
6	4/2	本店	ジャスミン	2,000	15		件数	8
7	4/2	モール店	ローズ	3,000	18			

数式解説

「COUNTIF(C3:C13,H2)」の数式は、C3セル～C13セルの『香り』の中でH2セルの条件「ローズ」に該当するセルの数を数える。
「COUNTIF(C3:C13,H3)」の数式は、C3セル～C13セルの『香り』の中でH3セルの条件「ラベンダー」に該当するセルの数を数える。
この2つの数式を足し算することで、「ローズ」と「ラベンダー」の『数量』の件数が求められる。

併せて覚え テク　同じ列内(行内)の条件で集計するとき、配列定数を使えば1つの数式で求める

この例のように、同じ列内(行内)に複数の条件がある場合は、1条件を**配列定数**(第2章1節テク023の数式解説参照)にして、SUMIF関数やCOUNTIF関数の引数[検索条件]に指定すると、2SUM関数の引数に組み合わせて1つの数式で求めることができる。なお、配列を扱うため、Ctrl + Shift + Enter キーで確定して配列数式で求める必要がある。
ただし、配列定数で指定する条件の値にセル参照は使えない。リストにしたセル範囲の条件を指定する場合はテク063と064の数式を使おう。

{=SUM(SUMIF(C3:C13,{"ローズ","ラベンダー"},E3:E13))}
(2 = SUM、1 = {"ローズ","ラベンダー"})

✓ 複数条件集計

テク062 複数条件のいずれかに一致する項目を集計したい（平均）

Excel2019/2016対応

使うのはコレ! AVERAGE+IF関数+配列数式

Excel2019/2016で、複数ある条件のいずれかに一致する平均を求めるには、テク061のように足し算ではできない。そこで、**IF関数でOR条件式を作成**して求めよう。

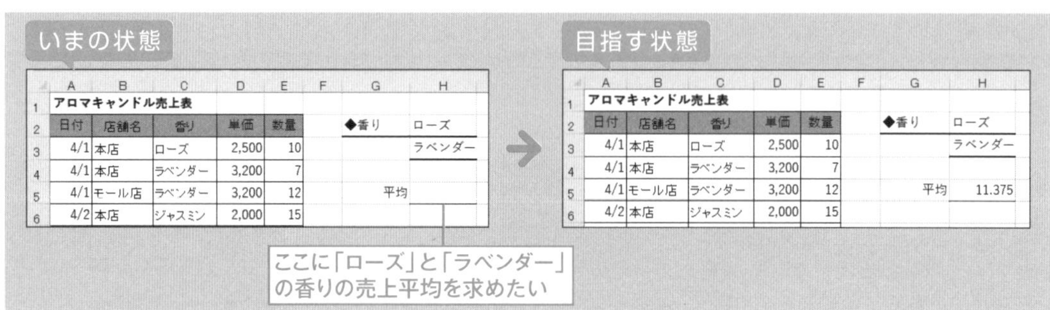

いまの状態
目指す状態
ここに「ローズ」と「ラベンダー」の香りの売上平均を求めたい

1. 売上平均を求めるセル（H5セル）を選択し、［数式］タブの［関数ライブラリ］グループの［合計］ボタンの［▼］から［平均］を選択する。
2. ［数値1］…「IF(」と入力する。
3. ［論理式］…『香り』が「ローズ」または「ラベンダー」である場合の条件式を入力する。
4. ［値が真の場合］…「ローズ」または「ラベンダー」の場合に表示する値として、『数量』のセル範囲を選択する。
5. ［値が偽の場合］…条件を満たさない場合に表示する空白［""］を入力して、Ctrl＋Shift＋Enterキーで数式を確定する。

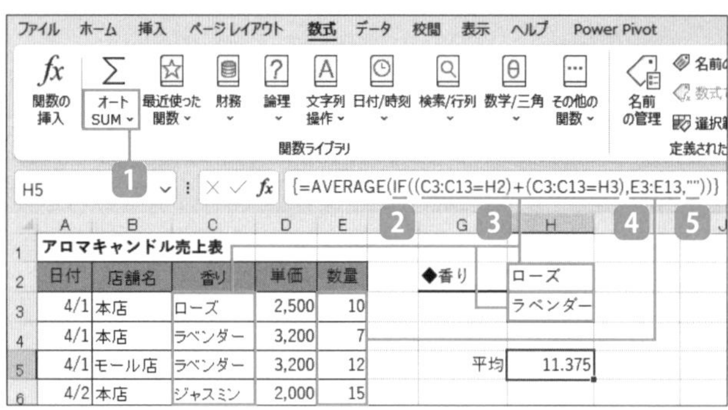

{=AVERAGE(IF((C3:C13=H2)+(C3:C13=H3),E3:E13,""))}

数式解説

「IF((C3:C13=H2)+(C3:C13=H3),E3:E13,"")」の数式は、『香り』が「ローズ」または「ラベンダー」である場合はE3セル～E13セルの『数量』を求め、違う場合は空白を求める。求められた『数量』をAVERAGE関数の引数に指定して配列数式で求めることで、「ローズ」または「ラベンダー」の香りの『数量』の平均が求められる。数式の詳しい解説は、第10章1節テク245「ここがポイント！」でご紹介しているので参考にしよう。

✔ 条件リスト集計

テク063 複数条件のリストをもとに「すべてに一致」「いずれかに一致」の項目を集計したい（データベース関数編）

使うのはコレ! データベース関数

テク059～テク061の数式では、条件の数だけ条件式の作成が必要になる。複数条件でも、条件のリストを範囲選択するだけでサクッと求めたいなら、**データベース関数**を使おう。「関数1つで」スピーディーに求められる。

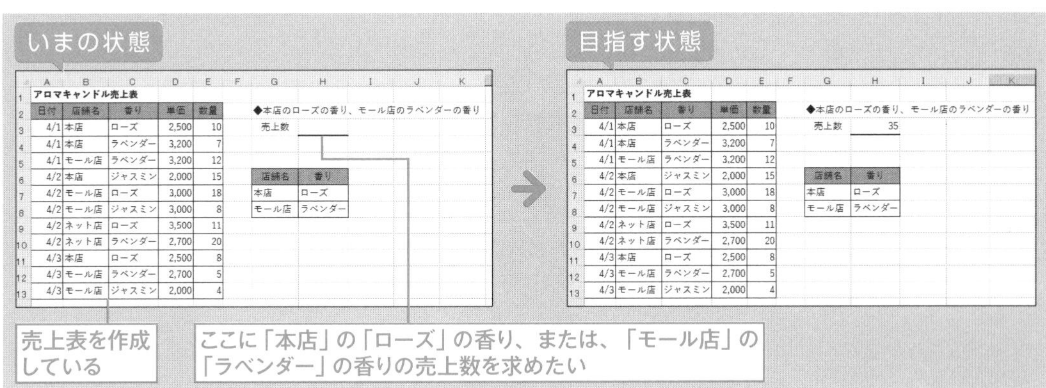

いまの状態
目指す状態
売上表を作成している
ここに「本店」の「ローズ」の香り、または、「モール店」の「ラベンダー」の香りの売上数を求めたい

1 条件を表の列見出しの下に入力する。ここでは、条件の列見出し『店舗名』の下に「本店」「モール店」、『香り』の下に「ローズ」「ラベンダー」と入力して作成する。
2 売上数を求めるセル（H3セル）を選択し、「=DSUM(」と入力する。
3 ［データベース］…表の列見出しを含むセル範囲を選択する。
4 ［フィールド］…売上数を求める列見出し『数量』のセルを選択する。
5 ［条件］…手順1で入力した列見出しを含む条件のセル範囲を選択したら、Enter キーで数式を確定する。

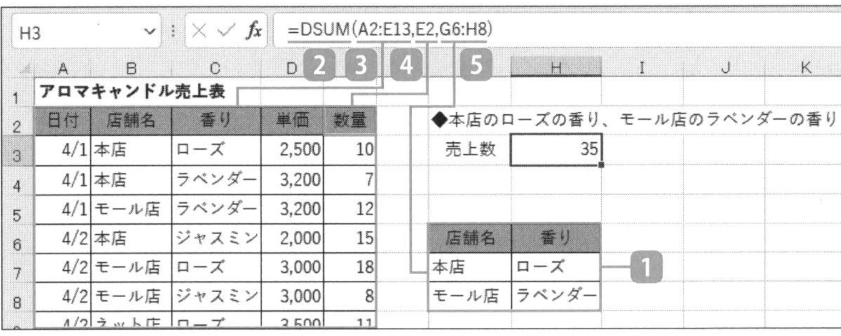

=DSUM(A2:E13,E2,G6:H8)
2
3
4
5
1

数式解説

「=DSUM(A2:E13,E2,G6:H8)」の数式は、「本店」の「ローズ」の香りと「モール店」の「ラベンダー」の香りいずれかの条件を満たす『数量』の合計を求める。

併せて覚え テク

データベース関数の使い方をおさえよう

この例のように1行目にタイトルを付けた1行1件形式のデータの表にしておくと、**データベース**（さまざまな情報を取り集めてまとめたもの）として、テーブルや小計などのExcelの機能を使って目的の集計ができるようになる。この1行目にタイトルを付けた1行1件形式の表には、以下の名称が付けられている。

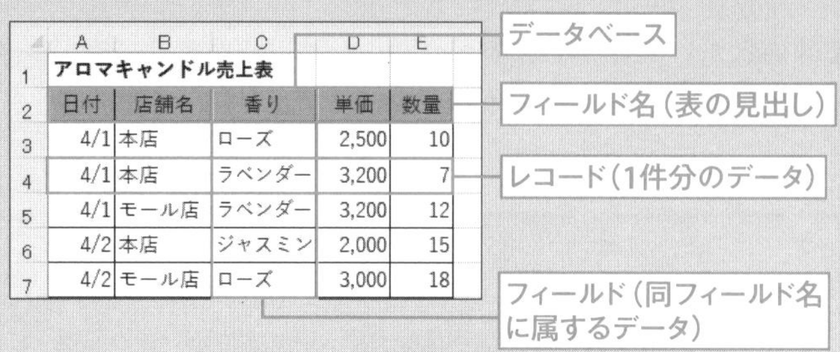

	A	B	C	D	E
1	アロマキャンドル売上表				
2	日付	店舗名	香り	単価	数量
3	4/1	本店	ローズ	2,500	10
4	4/1	本店	ラベンダー	3,200	7
5	4/1	モール店	ラベンダー	3,200	12
6	4/2	本店	ジャスミン	2,000	15
7	4/2	モール店	ローズ	3,000	18

データベース関数は、このような表で作成したデータベースでしか集計できない関数で、関数の頭文字に「Database」の頭文字「D」が付いた関数になる。
たとえば、この例えは「合計」なのでSUM（合計）に「D」が付いた**DSUM関数**を使えば求められる。AVERAGE（平均）なら**DAVERAGE関数**、COUNT（数値の個数）なら**DCOUNT関数**、COUNTA（空白以外のセルの個数）なら**DCOUNTA関数**、MAX/MIN（最大値／最小値）なら**DMAX/DMIN関数**を使えば求められる。
データベース関数の引数の名称は、ほかの関数とは違い上記の名称を参考にしているため、「データベース」「フィールド」「条件」の3つの引数で構成され、「データベース」から「条件」に該当する値を探し、指定した「フィールド」にある値を集計する。表内で指定するそれぞれの引数の場所は以下のように指定しよう。

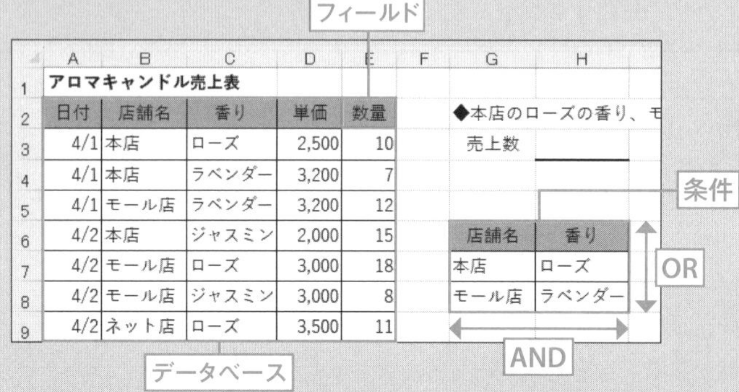

	A	B	C	D	E	F	G	H
1	アロマキャンドル売上表							
2	日付	店舗名	香り	単価	数量		◆本店のローズの香り、モ	
3	4/1	本店	ローズ	2,500	10		売上数	
4	4/1	本店	ラベンダー	3,200	7			
5	4/1	モール店	ラベンダー	3,200	12			
6	4/2	本店	ジャスミン	2,000	15		店舗名	香り
7	4/2	モール店	ローズ	3,000	18		本店	ローズ
8	4/2	モール店	ジャスミン	3,000	8		モール店	ラベンダー
9	4/2	ネット店	ローズ	3,500	11			

上図のように、引数「条件」は、条件の上に「条件を含む表の列見出し」を必ず入力し、OR条件は違う行、AND条件は同じ行に入力して作成する必要がある。
なお、日付の期間「2023/4/1～2023/4/5」などの条件は、「2023/4/1以上2023/4/5以下」となり、同じ列のAND条件なので、引数「条件」には条件ごとに同じ列見出しを付けて以下のように入力しよう。

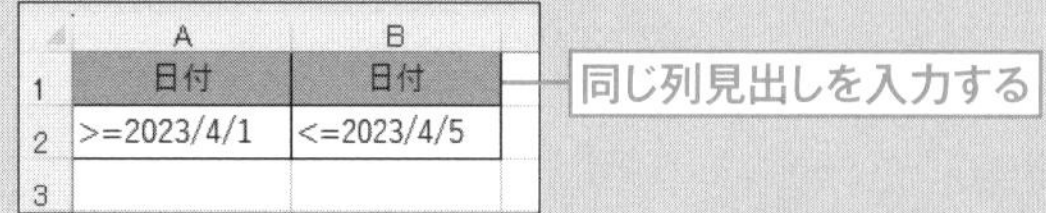

	A	B
1	日付	日付
2	>=2023/4/1	<=2023/4/5
3		

データベース関数を使えば、本節で解説したSUMIFS関数のように複数条件ごとに引数を入力しなくても、条件のセルを範囲選択するだけで集計値が求められるので、たった1つの関数でスピーディーに条件集計できる。

✔条件リスト集計

テク064 複数条件のリストをもとに「すべてに一致」「いずれかに一致」の項目を集計したい（データベース関数が使えない場合）

使うのはコレ! SUM+SUMIFS関数

テク063のデータベース関数は、1行目にタイトルを付けた1行1件形式のデータの表でしか使えず、タイトルを結合や2行にしているなどの場合は使えない。そんなときは、**SUMIFS／COUNTIFS関数の結果をSUM関数で合計**して求めよう。

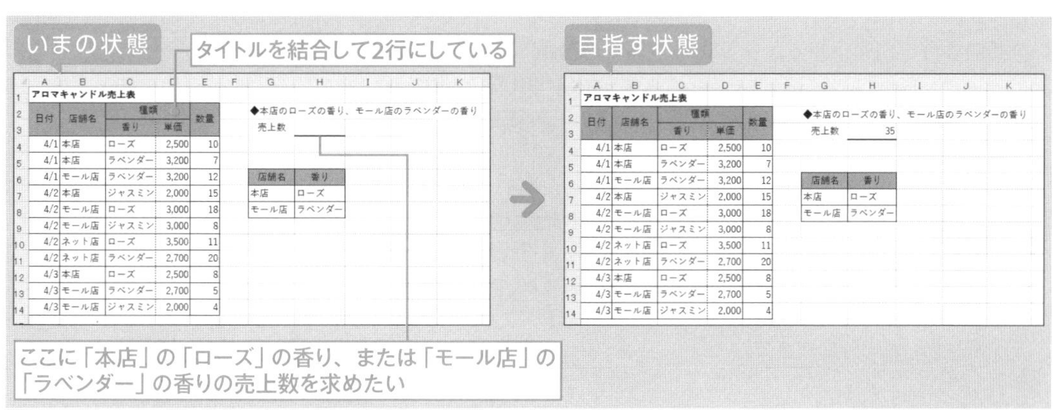

1. 売上数を求めるセル（H3セル）を選択し、［数式］タブの［関数ライブラリ］グループの［合計］ボタンをクリックする。
2. ［数値1］…「SUMIFS(」と入力する。
3. ［合計対象範囲］…合計する『数量』のセル範囲を選択する。
4. ［条件範囲1］…1つ目の条件を含む『店舗名』のセル範囲を選択する。
5. ［条件1］…1つ目の条件のセル範囲を選択する。
6. ［条件範囲2］…2つ目の条件を含む『香り』のセル範囲を選択する。
7. ［条件2］…2つ目の条件のセル範囲を選択したら、Enter キーで数式を確定する。

操作テク Excel2019/2016の場合は Ctrl ＋ Shift ＋ Enter キーで数式を確定する。

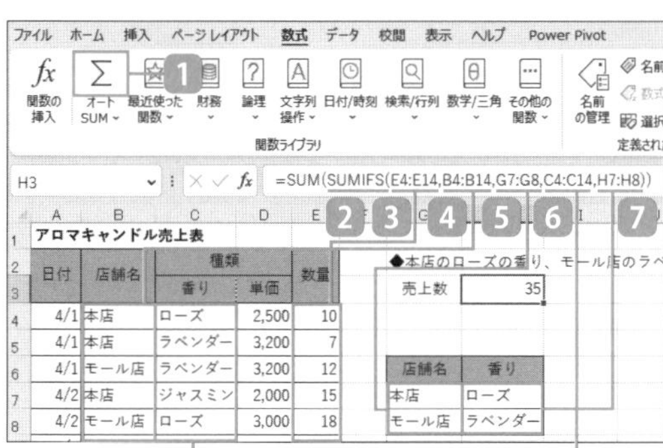

Excel 2019/2016の数式

{=SUM(SUMIFS(E4:E14,B4:B14,G7:G8,C4:C14,H7:H8))}

数式解説

SUM関数の引数にSUMIFS関数を組み合わせた数式にすると、手順❺❼の引数［条件］に「同じ列内（行内）にある複数セルを1つのセル範囲で指定した」場合、複数セル間でOR条件が指定される。一方、引数［条件1］と［条件2］の間にはAND条件が指定されるので、「本店」の「ローズ」の香り、または、「モール店」の「ラベンダー」の香りの『数量』の合計が求められる。
配列を扱うため、Excel2019/2016ではCtrl＋Shift＋Enterキーで数式を確定して配列数式で求める必要がある。

ここがポイント！　そのほかの集計方法で求めるには？

手順❶で「件数」を求めるなら、SUM関数に**COUNTIF関数**を入れて数式を作成しよう。ただし、平均の場合は、Excel2021/365ならテク060のように**FILTER関数**、Excel2019/2016ならテク062のようにIF関数で条件の数だけ条件式を作成して**AVERAGE関数**で求める必要がある。

併せて覚え テク　「いずれかに一致する」条件は複数行列でも指定できる

テク063のデータベース関数では、いずれかに一致する複数条件を指定する場合、それぞれの条件を違う行に入力しなければならないが、この例での数式を覚えておけば、同じ列内（行内）にある条件を複数行列に並べても集計できる。
たとえば、以下のように、センターA内のいずれかの担当者名に一致する受電件数の合計を求めたいなら、1つのセル範囲で指定できるのでSUMIF関数をSUM関数の引数に組み合わせて数式を作成しよう。

操作テク　Excel2019/2016の場合はCtrl＋Shift＋Enterキーで数式を確定する。

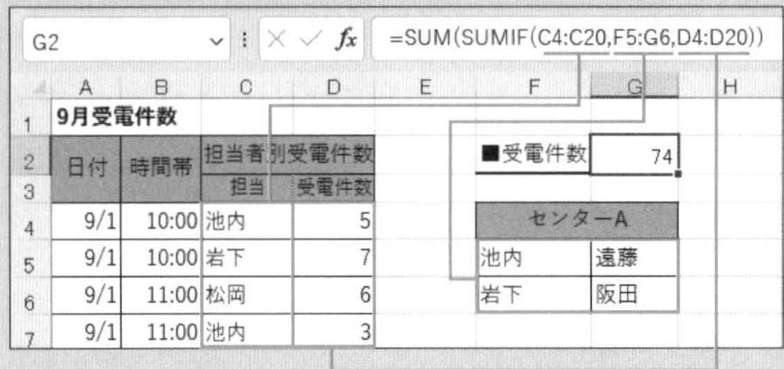

Excel 2019/2016の数式
{=SUM(SUMIF(C4:C20,F5:G6,D4:D20))}

✓ 部分一致集計

テク 065 セルに入力した文字列が含まれる項目を集計したい

使うのはコレ! COUNTIF関数＋["*"&セル番地&"*"]の条件

セル内の「中島」を含むセルの数を求めたいなど、セルに入力した文字列が含まれる項目を集計するときは、**[*](アスタリスク)**を条件に使って数式を作成しよう。

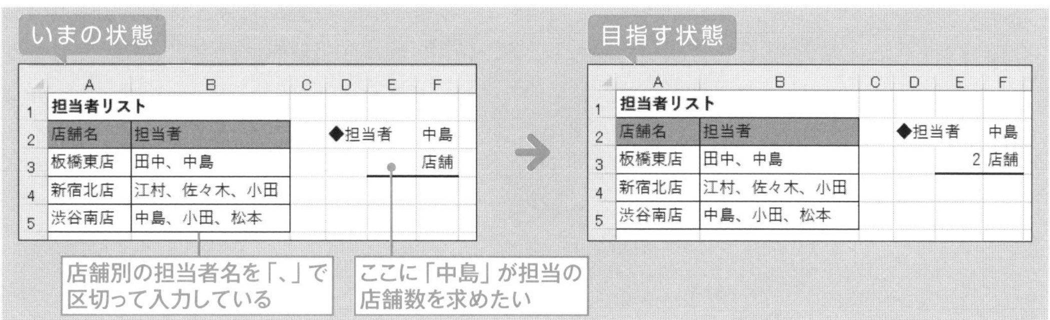

1 担当者「中島」の店舗数を求めるセル(E3セル)を選択し、「=COUNTIF(」と入力する。
2 [範囲]…条件を含む『担当者』のセル範囲を選択する。
3 [検索条件]…["*"]を条件「中島」のセル番地の前後に[&]で結合して入力したら、Enterキーで数式を確定する。

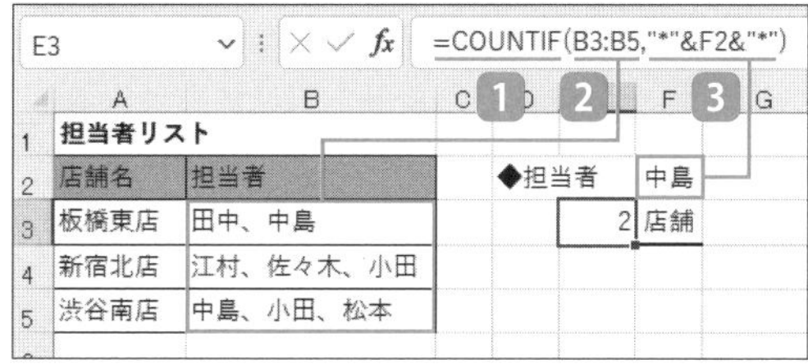

数式解説

「=COUNTIF(B3:B5,"*"&F2&"*")」の数式は、B3セル～B5セルの『担当者』の中でF2セルの条件「中島」を含むセルの数を数える。

ここがポイント！　[*]を条件に使うと一部の条件が指定できる

COUNTIF関数の引数の[検索条件]に「*中島*」と入力すると、「中島を含む文字列」を条件にセルの数が数えられる。ただし、セル参照で条件を指定するときは、**[*](アスタリスク)を[""]で囲んで、条件のセル番地と[&]で結合**して「"*"&F2&"*"」と入力する。
数式の[*]はワイルドカードの1つ。**ワイルドカード**とは、任意の文字を表す特殊な文字記号のこと。ワイルドカートには以下の3つがあり、条件にする一部の文字と一緒に使うことで、一部の条件が指定できる。

ワイルドカード(読み方)	意味	使用例	指定できる条件
*(アスタリスク)	あらゆる文字列を表す	*	数値以外の文字
		*旭	「旭」で終わる文字列
		旭*	「旭」で始まる文字列
		旭	「旭」を含む文字列
?(クエスチョンマーク)	「?」で1文字を表す	??旭	「旭」の前に2文字ある文字列
		??	2文字の文字列
~(チルダ)	「*」「?」をワイルドカードと認識させないようにする	~?	「?」の記号
		~*	「*」の記号

なお、合計は**SUMIF(S)関数**、平均は**AVERAGEIF(S)関数**の引数の条件に[*]を使って数式を作成しよう。
また、列見出しがある1行1件のデータなら、テク063の**データベース関数**でも求められる。以下の場合は、1列見出しを付けて[*]を付けた条件を別途作成し、2文字列の件数を数えられる**DCOUNTA関数**で求めよう。

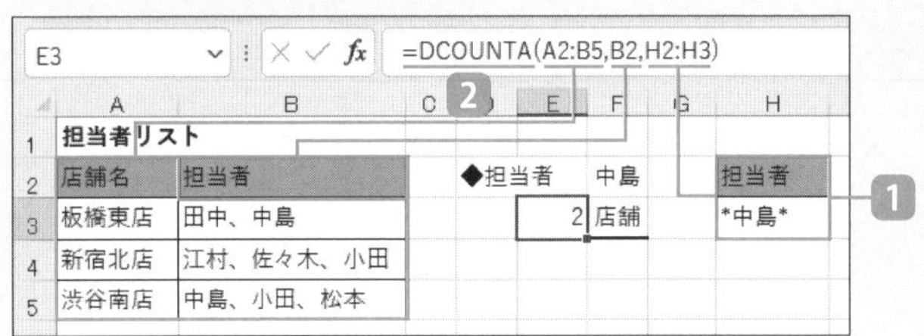

テク066 一部の文字列のリストをもとに「いずれかに一致」する項目を集計したい

使うのはコレ! SUM+COUNTIF関数+["*"&セル範囲&"*"]の条件

都道府県のリストをもとに住所の件数を求めたい。その場合、テク065の数式では、テク061のように都道府県の数だけ条件式を加算しなければならない。そんなときは、テク065の数式に**SUM関数**を併せて使えば、都道府県のリストを範囲選択するだけで求められる。

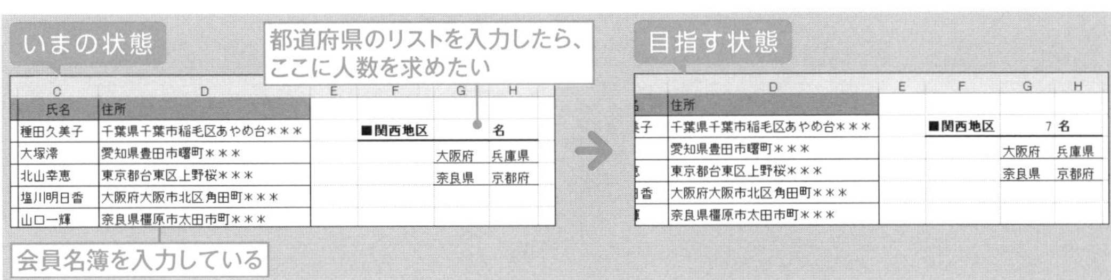

1. 人数を求めるセル(G2セル)を選択し、[数式]タブの[関数ライブラリ]グループの[合計]ボタンをクリックする。
2. [数値1]…「COUNTIF(」と入力する。
3. [範囲]…条件を含む『住所』のセル範囲を選択する。
4. [検索条件]…["*"]を条件G3セル～H4セルのセル範囲の前後に[&]で結合して入力したら、Enterキーで数式を確定する。

操作テク Excel2019/2016の場合はCtrl+Shift+Enterキーで数式を確定する。

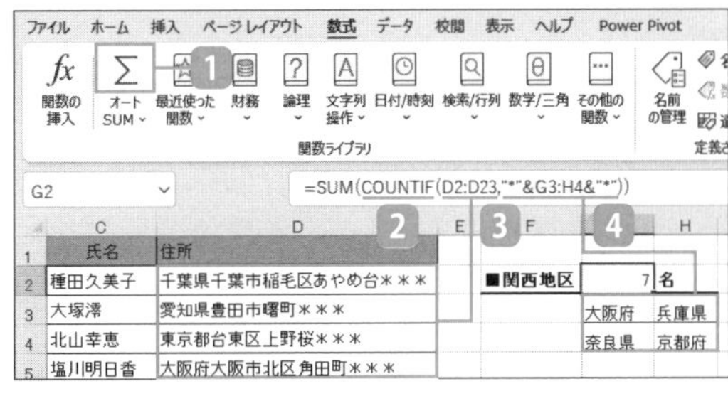

Excel 2019/2016の数式

{=SUM(COUNTIF(D2:D23,"*"&G3:H4&"*"))}

数式解説

「=SUM(COUNTIF(D2:D23,"*"&G3:H4&"*"))」の数式は、D2セル～D23セルの「住所」の中でG3セル～H4セルのそれぞれの都道府県を含むセルの数を数える。

配列を扱うため、Excel2019/2016ではCtrl+Shift+Enterキーで数式を確定して配列数式で求める必要がある。

併せて覚えテク 空白を含むときは条件式を追加しよう

この数式では、条件に指定したセル範囲内に**空白があると正しく求められない**。この場合は、1空白以外を条件式に追加して求めよう。

Excel 2019/2016の数式

{=SUM(COUNTIF(D2:D23,"*"&G3:H5&"*")*(G3:H5<>""))}

=SUM(COUNTIF(D2:D23,"*"&G3:H5&"*")*(G3:H5<>""))

D	E	F	G	H
所				
葉県千葉市稲毛区あやめ台＊＊＊		■関東地区	11	名
知県豊田市曙町＊＊＊			東京都	千葉県
京都台東区上野桜＊＊＊			神奈川県	埼玉県
阪府大阪市北区角田町＊＊＊			栃木県	

✓クロス集計

テク067 別表の行・列見出しを条件にクロス集計したい

使うのはコレ! SUMIFS関数

Excel2019/2016 SUMIFS関数＋複合参照＋絶対参照

別表の行・列見出しに項目名を入力しておき、対応のデータを売上表など複数行のデータをもとにクロス集計するときは、行見出しと列見出しの両方の条件を満たすデータを集計することで求められる。つまり、**AND条件式で集計できる関数**を使えば求められる。

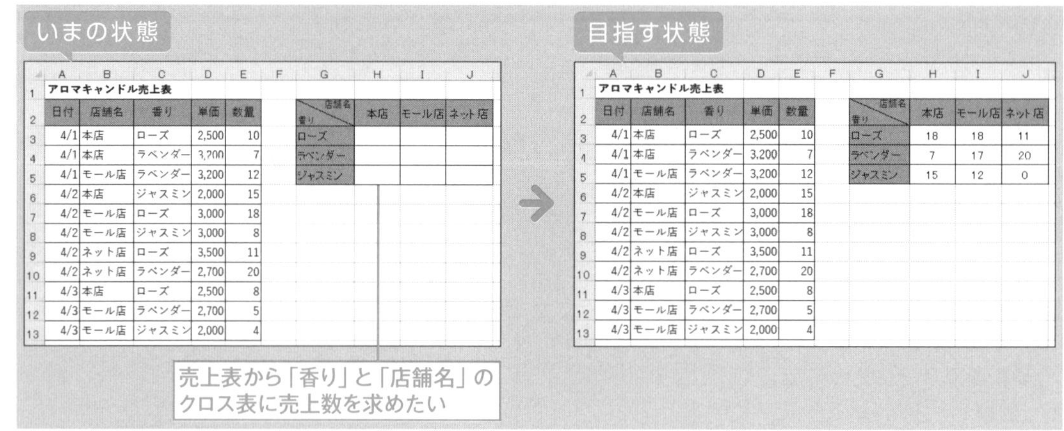

日付	店舗名	香り	単価	数量
4/1	本店	ローズ	2,500	10
4/1	本店	ラベンダー	3,200	7
4/1	モール店	ラベンダー	3,200	12
4/2	本店	ジャスミン	2,000	15
4/2	モール店	ローズ	3,000	18
4/2	モール店	ジャスミン	3,000	8
4/2	ネット店	ローズ	3,500	11
4/2	ネット店	ラベンダー	2,700	20
4/3	本店	ローズ	2,500	8
4/3	モール店	ラベンダー	2,700	5
4/3	モール店	ジャスミン	2,000	4

香り＼店舗名	本店	モール店	ネット店
ローズ	18	18	11
ラベンダー	7	17	20
ジャスミン	15	12	0

● スピル使用の数式

1. クロス表の左上のセル（H3セル）を選択し、「=SUMIFS(」と入力する。
2. ［合計対象範囲］…合計する『数量』のセル範囲を選択する。
3. ［条件範囲1］…行見出しの条件を含む『香り』のセル範囲を選択する。
4. ［条件1］…クロス表の行見出しのセル範囲を選択する。
5. ［条件範囲2］…列見出しの条件を含む『店舗名』のセル範囲を選択する。
6. ［条件2］…クロス表の列見出しのセル範囲を選択して、Enterキーで数式を確定する。

従来の数式

1. クロス表の左上のセル（H3セル）を選択し、「=SUMIFS(」と入力する。
2. ［合計対象範囲］…合計する『数量』のセル範囲を選択し、F4 キーを1回押して絶対参照をつける。
3. ［条件範囲1］…行見出しの条件を含む『香り』のセル範囲を選択し、F4 キーを1回押して絶対参照をつける。
4. ［条件1］…クロス表の行見出しの1行目のセルを選択し、F4 キーを3回押して列番号の前に［$］記号をつける。
5. ［条件範囲2］…列見出しの条件を含む『店舗名』のセル範囲を選択、F4 キーを1回押して絶対参照をつける。
6. ［条件2］…クロス表の列見出しの1列目のセルを選択し、F4 キーを2回押して行番号の前に［$］記号をつけて、Enter キーで数式を確定する。
7. 数式を必要なだけ複写する。

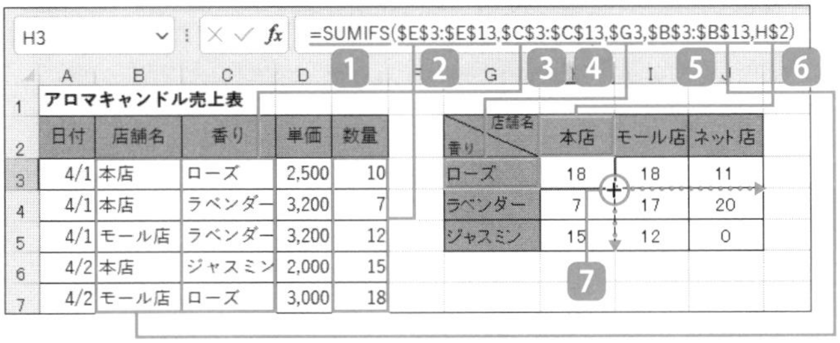

H3　=SUMIFS($E$3:$E$13,$C$3:$C$13,$G3,$B$3:$B$13,H$2)

	A	B	C	D	E
1	アロマキャンドル売上表				
2	日付	店舗名	香り	単価	数量
3	4/1	本店	ローズ	2,500	10
4	4/1	本店	ラベンダー	3,200	7
5	4/1	モール店	ラベンダー	3,200	12
6	4/2	本店	ジャスミン	2,000	15
7	4/2	モール店	ローズ	3,000	18

香り＼店舗名	本店	モール店	ネット店
ローズ	18	18	11
ラベンダー	7	17	20
ジャスミン	15	12	0

数式解説

「=SUMIFS(E3:E13,C3:C13,G3:G5,B3:B13,H2:J2)」「=SUMIFS($E$3:$E$13,$C$3:$C$13,$G3,$B$3:$B$13,H$2)」の数式は、売上表のC3セル～C13セルの『香り』の中で、クロス表の行見出し、B3セル～B13セルの『店舗名』中で、クロス表の列見出しの両方のそれぞれの条件に該当するセルを探し、これらのセルと同じ番目にあるE3セル～E13セルの『数量』の合計を求める。

ここがポイント！　従来の数式でクロス集計するときは範囲を絶対参照、行列見出しを複合参照でセル範囲を指定する

行・列見出しに項目名を入力し、対応のデータをクロス集計するには、行見出しと列見出しの2つのAND条件で集計値が求められる関数を使う。
AND条件で集計値が求められる関数には、**SUMIFS関数**、**AVERAGEIFS関数**、**COUNTIFS関数**がある。ここでは合計を求めるため、SUMIFS関数を使って求めている。
ただし、スピルが使えない従来の数式では、引数に指定するセル範囲に工夫が必要。
「=SUMIFS(E3:E13,C3:C13,G3,B3:B13,H2)」と数式を作成して、数式をほかの列や行にコピーすると、引数の［合計対象範囲］と［条件範囲］に指定するセル範囲は「相対参照」でズレてしまう。しかし、手順3 5のように行列番号の前に［$］記号を付けて「絶対参照」にしておくとセル番地を固定できるので数式をコピーしてもセル範囲はズレなくなる（第0章テク004参照）。
そして、引数の［条件1］は条件の行見出しの列がズレないように列番号だけを固定しなければならないので、手順4のように［$］記号は列番号の前だけに付ける。一方、［条件2］は条件の列見出しの行がズレないように行番号だけを固定しなければならないので手順6のように［$］記号を行番号の前だけに付ける。このように行列のセル番地どちらかがズレないように固定する参照形式を**複合参照**という。
つまり、Excel2019/2016では、絶対参照と複合参照を使い「=SUMIFS($E$3:$E$13,$C$3:$C$13,$G3,$B$3:$B$13,H$2)」のように数式を作成して、ほかの行列にコピーすることで、行・列見出しに入力した項目名に対応するデータのクロス集計が行える。

✓ クロス集計

テク068 別表の行・列見出しを条件にデータテーブルでクロス集計したい

使うのはコレ! データベース関数+データテーブル

テク067の数式を使えば、表の行・列見出しに項目名を入力し、対応のデータをクロス集計できるが、**データテーブル**を使えば簡単な数式で求められる。

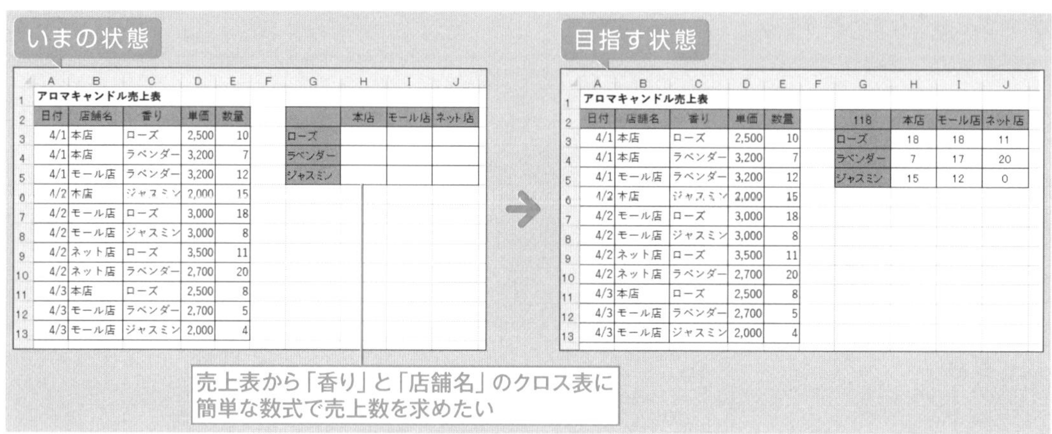

いまの状態
目指す状態
売上表から「香り」と「店舗名」のクロス表に
簡単な数式で売上数を求めたい

アロマキャンドル売上表

日付	店舗名	香り	単価	数量
4/1	本店	ローズ	2,500	10
4/1	本店	ラベンダー	3,200	7
4/1	モール店	ラベンダー	3,200	12
4/2	本店	ジャスミン	2,000	15
4/2	モール店	ローズ	3,000	18
4/2	モール店	ジャスミン	3,000	8
4/2	ネット店	ローズ	3,500	11
4/2	ネット店	ラベンダー	2,700	20
4/3	本店	ローズ	2,500	8
4/3	モール店	ラベンダー	2,700	5
4/3	モール店	ジャスミン	2,000	4

いまの状態（クロス表）

	本店	モール店	ネット店
ローズ			
ラベンダー			
ジャスミン			

目指す状態（クロス表）

118	本店	モール店	ネット店
ローズ	18	18	11
ラベンダー	7	17	20
ジャスミン	15	12	0

1. クロス表にする行見出し、列見出しを入力する。
2. クロス表の左上のセル（G2セル）を選択し、「=DSUM(」と入力する。
3. [データベース]…表の列見出しを含むセル範囲を選択する。
4. [フィールド]…売上数を求める列見出し『数量』のセルを選択する。
5. [条件]…手順1で入力した見出しを1つ下のセルを含めたセル範囲で入力したら、Enterキーで数式を確定する。

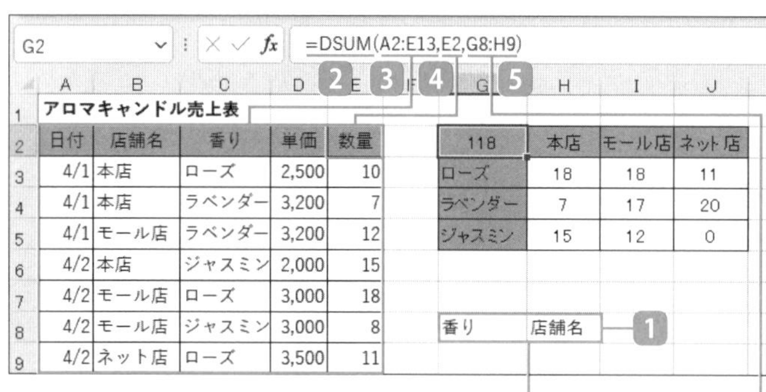

G2
=DSUM(A2:E13,E2,G8:H9)
2
3
4
5
香り
店舗名
1

日付	店舗名	香り	単価	数量
4/1	本店	ローズ	2,500	10
4/1	本店	ラベンダー	3,200	7
4/1	モール店	ラベンダー	3,200	12
4/2	本店	ジャスミン	2,000	15
4/2	モール店	ローズ	3,000	18
4/2	モール店	ジャスミン	3,000	8
4/2	ネット店	ローズ	3,500	11

118	本店	モール店	ネット店
ローズ	18	18	11
ラベンダー	7	17	20
ジャスミン	15	12	0

6 行列見出しを含むクロス表のG2セル～J5セルを範囲選択し、[データ]タブの[予測]グループの[What-If分析]ボタンをクリックし[データテーブル]を選択する。
7 表示された[データテーブル]ダイアログボックスで、[行の代入セル]にH9セルを選択し、[列の代入セル]にG9セルを選択する。
8 [OK]ボタンをクリックする。

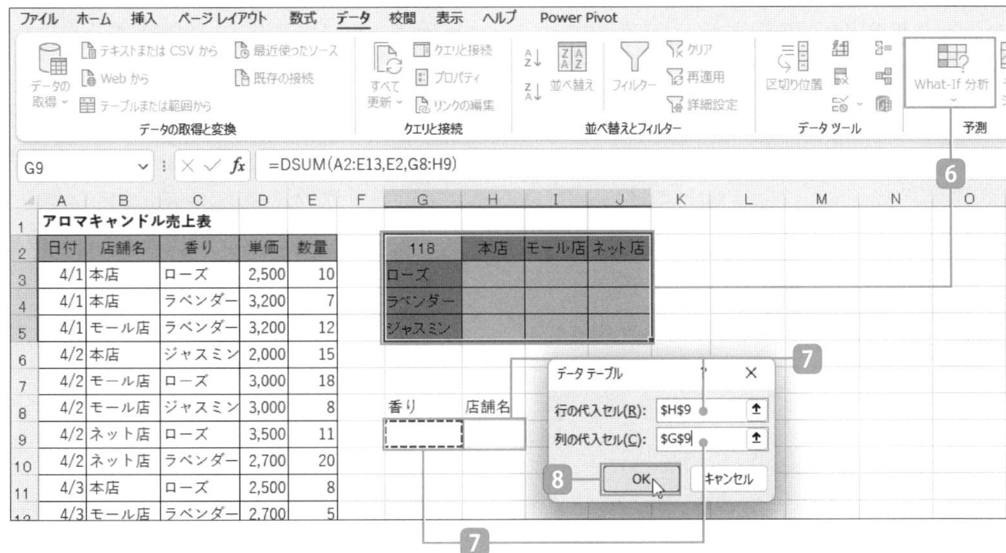

数式解説

「データテーブル」を使うと、数式で使用したセルのデータを変更することで、その計算結果の一覧表を作成できる。数式に含まれる2つの引数を変更したい場合、つまり、『香り』と『店舗名』の2つの値を変更したときの『数量』の合計を『香り』と『店舗名』を見出しにした表に表示することができる。
クロス表を作成して行見出しと列見出しが交差するセルに合計を求める場合は、行見出しと列見出しの表の左上のセルにDSUM関数を使う。『香り』と『店舗名』の両方を満たす条件で合計するので「=DSUM(A2:E13,E2,G8:H9)」と入力する。
この場合、**条件のセルは空白**にして列見出しだけを付けて引数の[条件]に指定する。

ここがポイント！　集計方法によってデータベース関数を変更する

「データテーブル」を使って集計する場合、手順2でクロス表の左上のセルに作成する関数は、平均なら**DAVERAGE関数**、件数なら**DCOUNT(A)関数**、最大値なら**DMAX関数**など、集計方法によって変更しよう（データベース関数については、テク063参照）。

✔クロス集計

テク069 同じセル内のデータを行列見出しにしてクロス集計したい

使うのはコレ! SUMIF関数
Excel2019/2016　SUMIF関数+複合参照+絶対参照

別表の行・列見出しに項目名を入力し、対応のデータをクロス集計するとき、集計したい表の項目名が同じセル内に含まれているときは、行列見出しと列見出しを結合した1つの項目が条件となるため、1つの条件で集計できる関数で求めることができる。

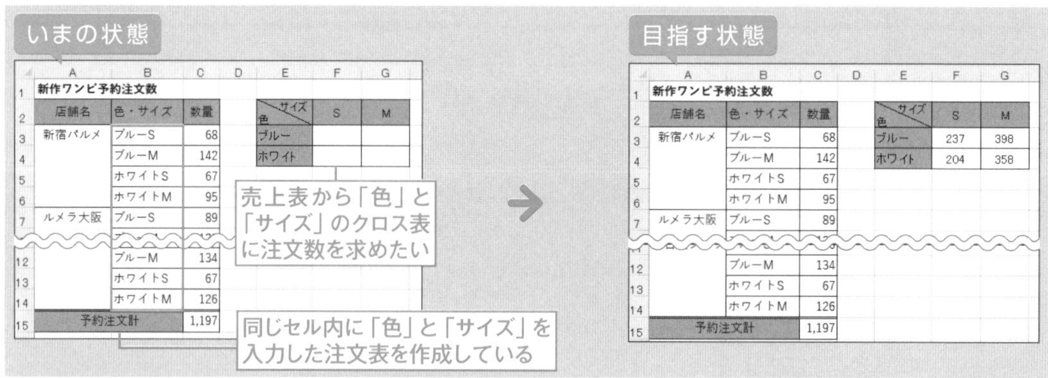

1. クロス表の左上のセルを選択し、「=SUMIF(」と入力する。
2. ［範囲］…条件を含む『色・サイズ』のセル範囲を選択し、F4 キーを1回押して絶対参照をつける。
3. ［検索条件］…クロス表の行見出しの1行目のセルを選択し、F4 キーを3回押して列番号の前に［$］記号をつける。続けて［&］と入力し、1列目のセルを選択し、F4 キーを2回押して行番号の前に［$］記号をつける。
4. ［合計範囲］…合計する『数量』のセル範囲を選択し F4 キーを1回押して絶対参照をつけて、Enter キーで数式を確定する。
5. 数式を必要なだけ複写する。

数式解説

「=SUMIF($B$3:$B$14,$E3&F$2,$C$3:$C$14)」の数式は、B3セル～B14セルの『色・サイズ』の中で、クロス表の行見出し&列見出しのそれぞれの条件に該当するセルを探し、C3セル～C14セルの中でそのセルと同じ番目にある『数量』の合計を求める。
スピルが使えない従来の数式では、それぞれの行列に数式をコピーする必要があるため、引数の［範囲］と［合計範囲］に指定するセル範囲は絶対参照、［検索条件］に指定するセル範囲は複合参照にして数式を作成する（詳しい解説はテク067のポイント参照）。

Change!

従来 =SUMIF($B$3:$B$14,$E3&F$2,$C$3:$C$14)

↓

スピル =SUMIF(B3:B14,E3:E4&F2:G2,C3:C14)

✔ 結合セル集計

テク070 同じ項目名は2行目以降に表示されない表にして、条件に一致する項目を集計したい

使うのはコレ! ジャンプ機能+SUMIF関数

条件に一致する項目を集計したいが、同じ項目名は2行目以降省略されるようにしたい。そんなときは、2行目以降もデータを入力し、**非表示**にしておけばいい。**ジャンプ機能**を使えば、一瞬で入力&非表示が行える。

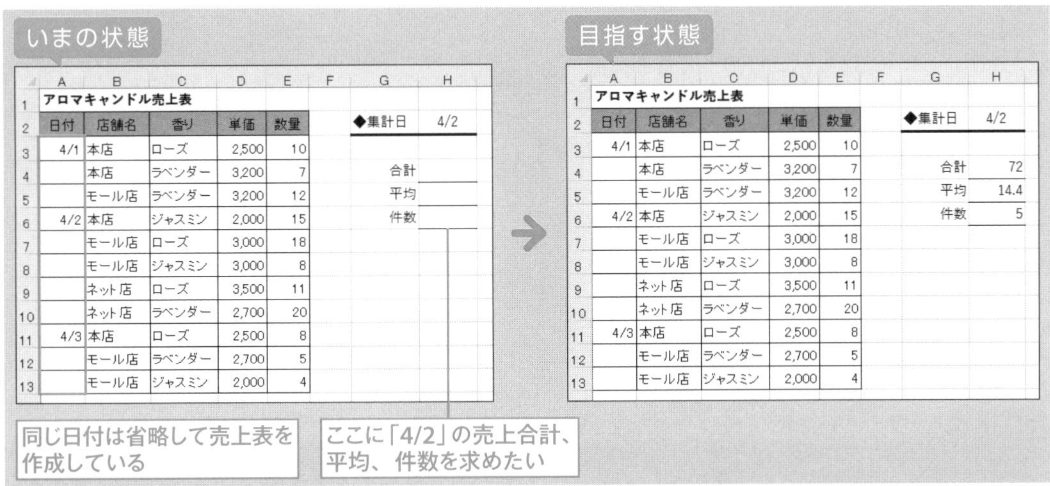

	A	B	C	D	E
1	アロマキャンドル売上表				
2	日付	店舗名	香り	単価	数量
3	4/1	本店	ローズ	2,500	10
4		本店	ラベンダー	3,200	7
5		モール店	ラベンダー	3,200	12
6	4/2	本店	ジャスミン	2,000	15
7		モール店	ローズ	3,000	18
8		モール店	ジャスミン	3,000	8
9		ネット店	ローズ	3,500	11
10		ネット店	ラベンダー	2,700	20
11	4/3	本店	ローズ	2,500	8
12		モール店	ラベンダー	2,700	5
13		モール店	ジャスミン	2,000	4

目指す状態: 合計 72 / 平均 14.4 / 件数 5

1 A3セル～A13セルを範囲選択して、[ホーム]タブの[編集]グループの[検索と選択]ボタンから[条件を選択してジャンプ]を選択する。

2 表示された[選択オプション]ダイアログボックスで、[空白セル]を選ぶ。

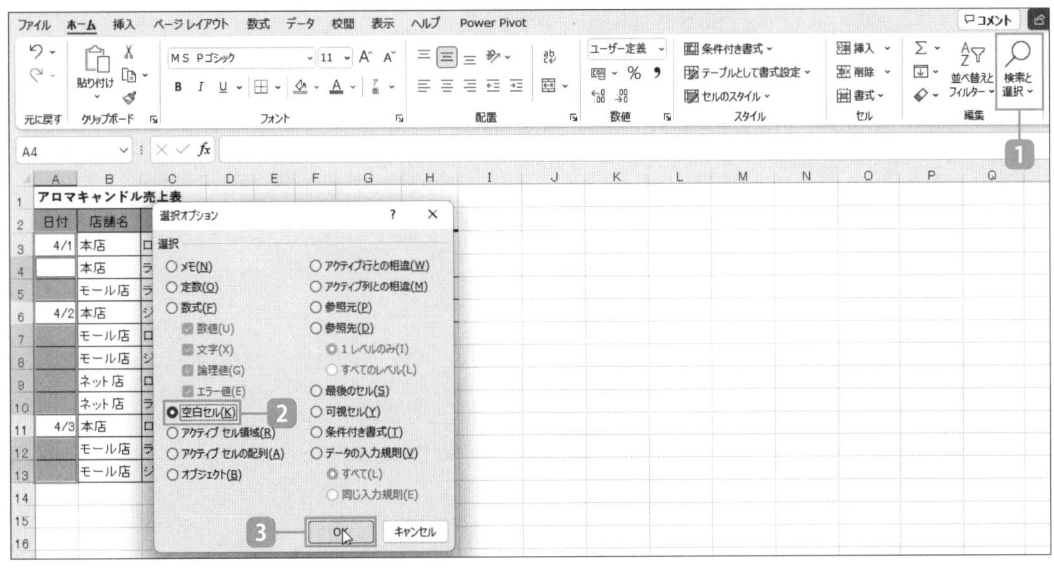

3 [OK]ボタンをクリックする。
4 「=A3」と入力し、Ctrl + Enter キーで数式を確定する。
5 [ホーム]タブの[フォント]グループの[フォント]ボタンから[白]を選択する。

	A	B	C	D	E
1	アロマキャンドル売上表				
2	日付	店舗名	香り	単価	数量
3	4/1	本店	ローズ	2,500	10
4	=A3	本店	ラベンダー	3,200	7
5		モール店	ラベンダー	3,200	12

6 「4/2」の売上合計を求めるセル(H4セル)を選択し、「=SUMIF(」と入力する。
7 [範囲]…条件を含む『日付』のセル範囲を選択する。
8 [検索条件]…条件のセルを選択する。
9 [合計範囲]…合計する『数量』のセル範囲を選択して、Enter キーで数式を確定すると、「4/2」の売上合計が求められる。
10 「4/2」の売上平均はAVERAGEIF関数で合計と同じように数式を作成して求める。
11 「4/2」の売上件数はCOUNTIF関数で合計と同じように数式を作成して求める。

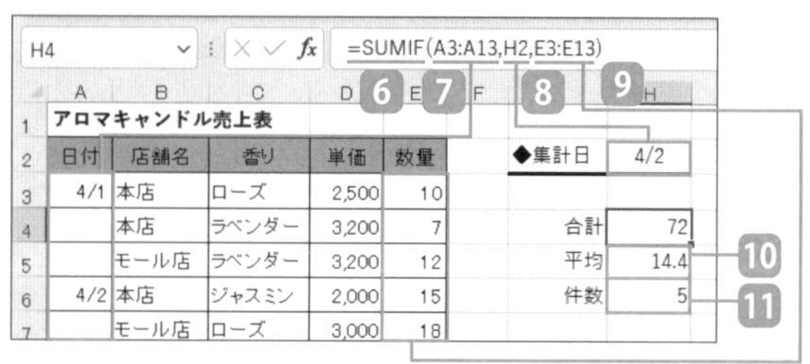

集計編

数式解説

「=SUMIF(A3:A13,H2,E3:E13)」の数式は、A3セル～A13セルの中でH2セルの条件「4/2」に該当するセルを探し、E3セル～E13セルの中でそのセルと同じ番目にある『数量』の合計を求める。
「=AVERAGEIF(A3:A13,H2,E3:E13)」の数式は、A3セル～A13セルの中でH2セルの条件「4/2」に該当するセルを探し、E3セル～E13セルの中でそのセルと同じ番目にある『数量』の平均を求める。
「=COUNTIF(A3:A13,H2)」の数式は、A3セル～A13セルの中でH2セルの条件「4/2」に該当するセルの数を数える。

併せて覚え テク 同じ項目名は結合している表の場合は別列にコピー&貼り付けする

同じ項目名をセル結合している表なら、コピーして、1表外の列に「値と数値の書式」(文字列や数値なら「値」で貼り付け)で貼り付けて、本文の手順1～5を行い、2貼り付けた列のデータを引数の[範囲]に指定した数式を作成して求めよう。

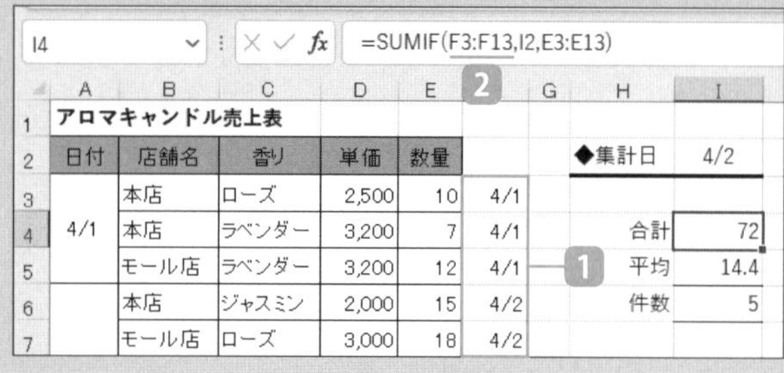

テク071 結合セルを1つとして条件に一致する項目を数えたい

使うのはコレ! COUNTIFS関数+「空白以外」の条件

条件に一致するセルの数はCOUNTIF関数で求められるが（テク057参照）、数えるセルが結合されている時は、さらに「空白以外」を条件にする必要があるので、複数条件で集計できる**COUNTIFS関数**を使おう。

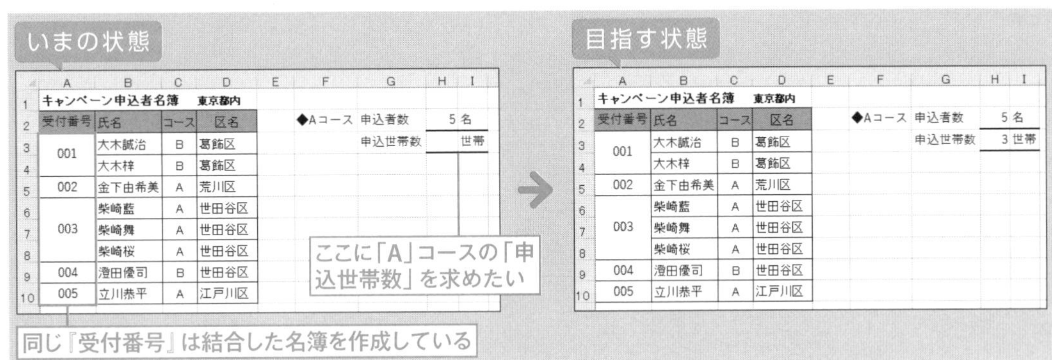

1. Aコースの申込世帯数を求めるセル（H3セル）を選択し、「=COUNTIFS(」と入力する。
2. [検索条件範囲1]…1つ目の条件「A」を含む『コース』のセル範囲を選択する。
3. [検索条件1]…1つ目の条件「A」を入力する。
4. [検索条件範囲2]…2つ目の条件「空白以外」を含む『受付番号』のセル範囲を選択する。
5. [検索条件2]…2つ目の「空白以外」条件「"<>"」を入力して、Enterキーで数式を確定する。

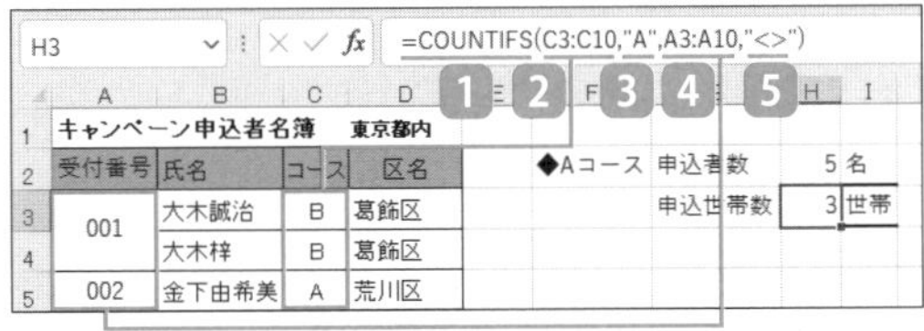

数式解説

「=COUNTIFS(C3:C10,"A",A3:A10,"<>")」の数式は、C3セル～C10セルの中で「A」、A3セル～A10セルの中で「空白以外」の両方の条件に該当するセルの数を数える。
つまり、結合されている『受付番号』のセルは、それぞれの1行目に入力されているため、条件のコース「A」と同じ番目にある『受付番号』だけ数えられる。結果、結合している「受付番号」は1世帯として「A」コースの申込世帯数が求められる。

ここがポイント!　空白以外を条件にするには演算子「<>」を使う

関数で条件を指定するとき、「空白」なら「""」（ダブルクォーテーション）で可能だが、「空白以外」は「<>""」と入力しても結果は求められない。
必ず、「空白以外」の条件は「"<>"」と指定しよう。

✓ 複数の条件範囲／集計範囲集計

テク072 複数行列が条件範囲のとき、条件に一致する項目を別列（別行）の数値に乗算して集計したい

使うのはコレ！ ［合計］ボタン＋条件式

条件範囲が複数行列にある表でも、条件ごとの件数はCOUNTIF関数（本章のテク057参照）で求められるが、行ごとまたは列ごとに決められた数値に**乗算して集計**したい場合は、**SUM関数**で条件式を作成して求めよう。

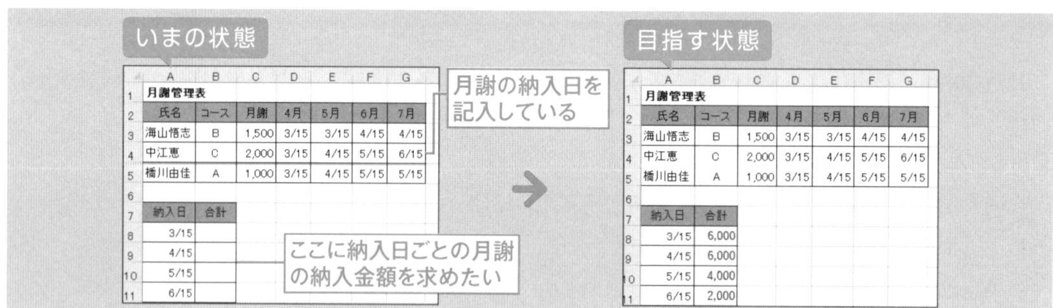

1. 納入金額を求めるセル（B8セル）を選択し、［数式］タブの［関数ライブラリ］グループの［合計］ボタンをクリックする。
2. 「表中に入力された納入日が集計する納入日である場合」の条件式を入力する。
3. ［*］を入力する。
4. 集計する「月謝」のセル範囲を選択して、F4キーを1回押して絶対参照をつけたら、Enterキーで数式を確定する。
   操作テク Excel2019/2016の場合はCtrl＋Shift＋Enterキーで数式を確定する。
5. 数式を必要なだけ複写する。

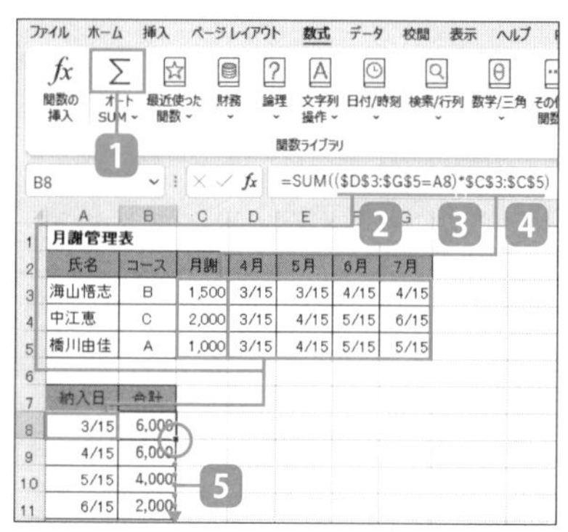

Excel 2019/2016の数式
{=SUM(($D$3:$G$5=A8)*$C$3:$C$5)}

数式解説

「($D$3:$G$5=A8)」の数式は、「D3セル～G5セルの納入日が集計表の日付の場合」の条件式。条件を満たすと「1」、満たさないと「0」が求められるため、結果をC3セル～C5セルの月謝と乗算することで、集計表の日付の場合だけ月謝が求められる。結果をSUM関数の引数に指定して「=SUM(($D$3:$G$5=A8)*$C$3:$C$5)」と数式を作成することで、集計表の日付の月謝の合計が求められる。
配列を扱うため、Excel2019/2016ではCtrl＋Shift＋Enterキーで数式を確定して配列数式で求める必要がある。

ここがポイント！ Excel2019/2016で配列数式を使いたくないときはSUMPRODUCT関数を使う

Excel2019/2016で配列数式を使いたくないときは、引数を指定するだけで配列計算できる**SUMPRODUCT関数**を使って、「=SUMPRODUCT(($C$3:$G$5=A8)*$C$3:$C$5)」と数式を作成しよう。

✔ 複数の条件範囲／集計範囲集計

テク 073 条件範囲や集計範囲が複数に分かれるとき、条件に一致する項目を集計したい

使うのはコレ! AVERAGEIF関数+1つにした条件範囲／集計範囲

条件に一致する項目の集計で、集計範囲が、同じ表内でも離れていたり、複数の表で分かれていたりする時は、**条件範囲／集計範囲を1つの範囲**にして数式を作成しよう。

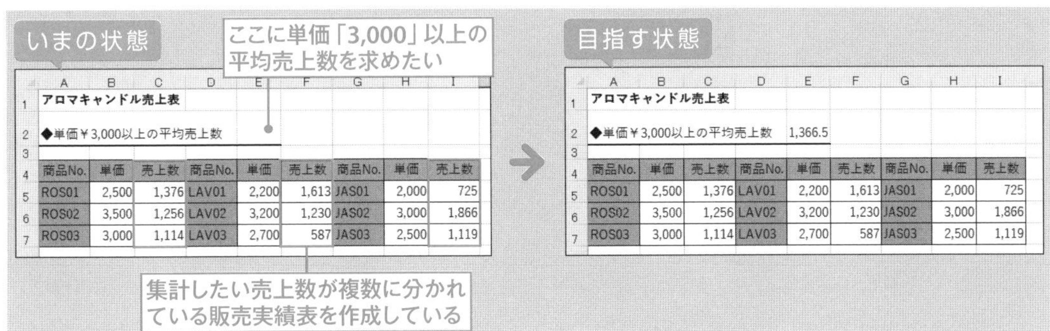

商品No.	単価	売上数	商品No.	単価	売上数	商品No.	単価	売上数
ROS01	2,500	1,376	LAV01	2,200	1,613	JAS01	2,000	725
ROS02	3,500	1,256	LAV02	3,200	1,230	JAS02	3,000	1,866
ROS03	3,000	1,114	LAV03	2,700	587	JAS03	2,500	1,119

1. 単価「3,000以上」の平均売上数を求めるセル（E2セル）を選択し、「=AVERAGEIF(」と入力する。
2. ［範囲］…条件を含む『単価』のセル範囲を、1列目と最終列が『単価』の列になるように範囲選択する。
3. ［条件］…条件「">=3000"」を入力する。
4. ［平均対象範囲］…平均する『売上数』のセル範囲を、1列目と最終列が『売上数』の列になるように範囲選択して、Enter キーで数式を確定する。

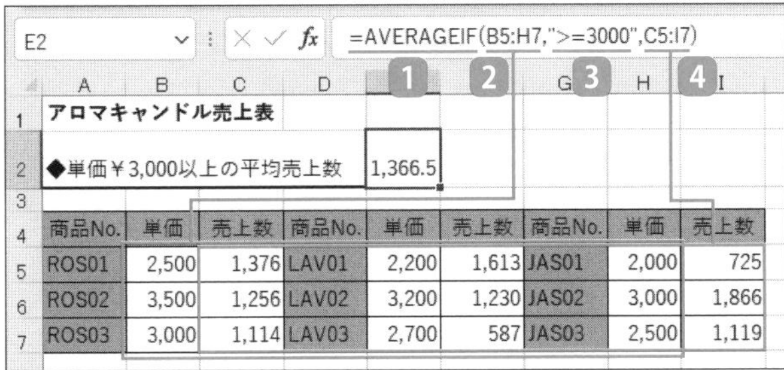

商品No.	単価	売上数	商品No.	単価	売上数	商品No.	単価	売上数
ROS01	2,500	1,376	LAV01	2,200	1,613	JAS01	2,000	725
ROS02	3,500	1,256	LAV02	3,200	1,230	JAS02	3,000	1,866
ROS03	3,000	1,114	LAV03	2,700	587	JAS03	2,500	1,119

数式解説

「=AVERAGEIF(B5:H7,">=3000",C5:I7)」の数式は、B5セル～H7セルの『単価』の列で「3000以上」の条件に該当するセルを探し、C5セル～I7セルの『売上数』の列でそのセルと同じ番目にある「売上数」の平均を求める。

ここがポイント！　同じ行にあるなら範囲の数だけ関数はいらない!?

IF(S)関数、AVERAGEIF(S)関数、COUNTIF(S)関数などの条件付き集計ができる関数は、条件を含むセル範囲と集計するセル範囲が、範囲内で同じ番目にあるセルの値を集計する。
つまり、数式ではそれぞれを別の範囲として指定しなくても、1つの範囲として指定すると、同じ表内に条件や集計するセル範囲がとびとびの列にあっても集計が可能になる。
ここでのサンプルでは、条件を含むセル範囲と集計するセル範囲をそれぞれ1列ズラして、それぞれのセルの位置が同じ番目になるように調整している。

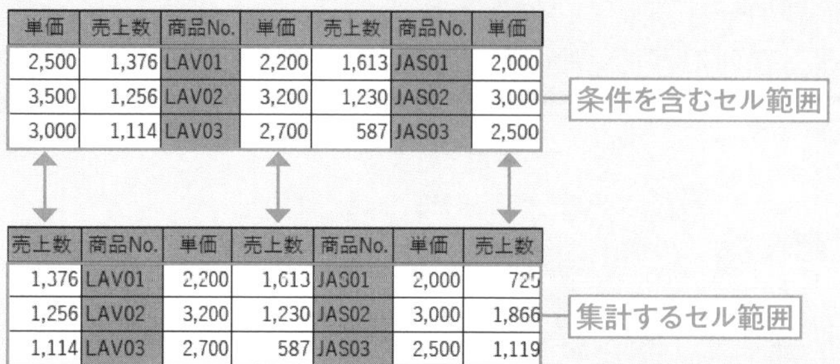

単価	売上数	商品No.	単価	売上数	商品No.	単価
2,500	1,376	LAV01	2,200	1,613	JAS01	2,000
3,500	1,256	LAV02	3,200	1,230	JAS02	3,000
3,000	1,114	LAV03	2,700	587	JAS03	2,500

売上数	商品No.	単価	売上数	商品No.	単価	売上数
1,376	LAV01	2,200	1,613	JAS01	2,000	725
1,256	LAV02	3,200	1,230	JAS02	3,000	1,866
1,114	LAV03	2,700	587	JAS03	2,500	1,119

なお、2行ごとにデータを作成した表なら、条件を含むセル範囲と集計するセル範囲をそれぞれ1行ずらして、それぞれのセルの位置が同じ番目になるように調整しよう。

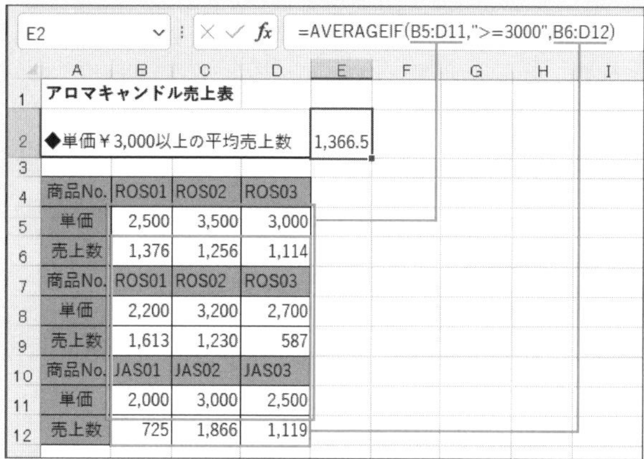

	A	B	C	D	E
1	アロマキャンドル売上表				
2	◆単価￥3,000以上の平均売上数				1,366.5
3					
4	商品No.	ROS01	ROS02	ROS03	
5	単価	2,500	3,500	3,000	
6	売上数	1,376	1,256	1,114	
7	商品No.	ROS01	ROS02	ROS03	
8	単価	2,200	3,200	2,700	
9	売上数	1,613	1,230	587	
10	商品No.	JAS01	JAS02	JAS03	
11	単価	2,000	3,000	2,500	
12	売上数	725	1,866	1,119	

4-2 フィルターや非表示の行／列を除く集計をマスター!

本章の1節では、関数でデータを集計するテクニックを解説した。しかし、フィルターや行の非表示でデータを隠しても、隠れたデータを除いた集計値にはならない。そこで、第3章1節テク042では「テーブル」を解説したが、表外のセルに集計値を求めたいときには使えない……。

	A	B	C	D	E
1	アロマキャンドル売上表				
2			【売上合計】		118
3			【売上平均】		10.73
4					
5	日	店舗名	香り	単価	数量
6	4/1	本店	ローズ	2,500	10
10	4/2	モール店	ローズ	3,000	18
12	4/2	ネット店	ローズ	3,500	11
14	4/3	本店	ローズ	2,500	8
17					

すべての合計と平均が求められてしまう……
フィルターで抽出

フィルターや、行や列の非表示に対応して、表示されたデータだけの集計値を指定のセルに求めるにはどうすればいいだろうか。

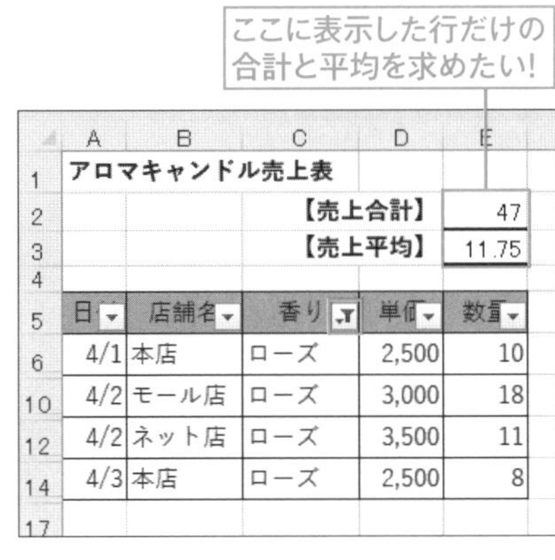
ここに表示した行だけの合計と平均を求めたい!

	A	B	C	D	E
1	アロマキャンドル売上表				
2			【売上合計】		47
3			【売上平均】		11.75
4					
5	日	店舗名	香り	単価	数量
6	4/1	本店	ローズ	2,500	10
10	4/2	モール店	ローズ	3,000	18
12	4/2	ネット店	ローズ	3,500	11
14	4/3	本店	ローズ	2,500	8
17					

	A	E	F	H
1	アロマキャンドル上半期売上数			
2	店舗名	7月	8月	売上数
3	本店	525	720	1,245
4	モール店	1,036	1,288	2,324
5	ネット店	1,114	1,520	2,634
6				

列の非表示
ここに表示した列だけの売上数を求めたい!

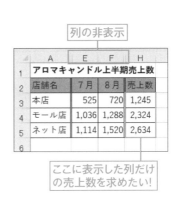

本節では、フィルターや、行または列の非表示で隠れたデータを除いて集計するテクニックを完全マスターしよう！

✔ 非表示列除外集計

テク074 隠れた列を除き、手早く集計したい

使うのはコレ! CELL関数、SUMIF関数

列の非表示で隠れたデータを除き集計するには、**CELL関数**で求めた列幅を条件にして、本章1節のテク057で解説した**条件付き集計ができる関数**で集計しよう。

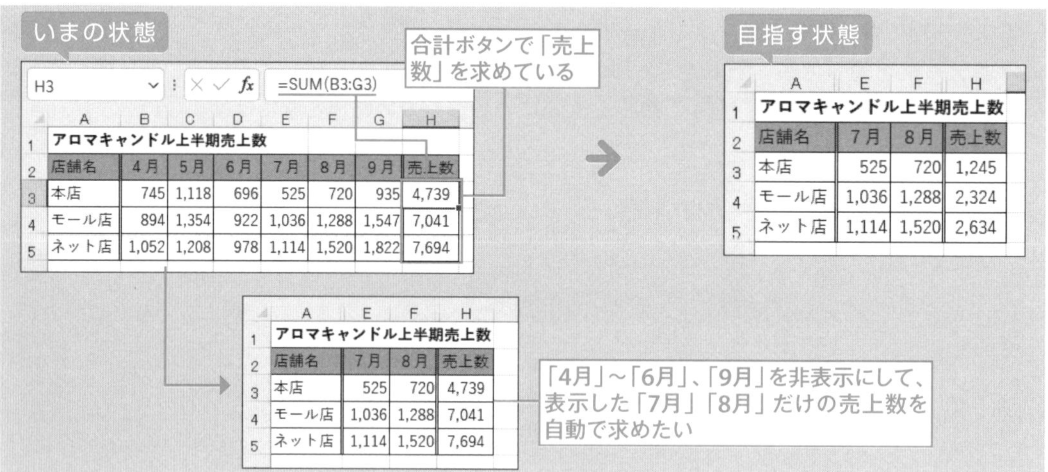

1 表の下の左端セル(B6セル)を選択し、「=@CELL(」と入力する。
操作テク Excel2019/2016の場合は「=CELL(」と入力する。
2 [検査の種類]…「"width"」と入力する。
3 [参照]…非表示にする列の先頭列のB1セルを選択したら、Enter キーで数式を確定する。
4 数式を必要なだけ複写する。

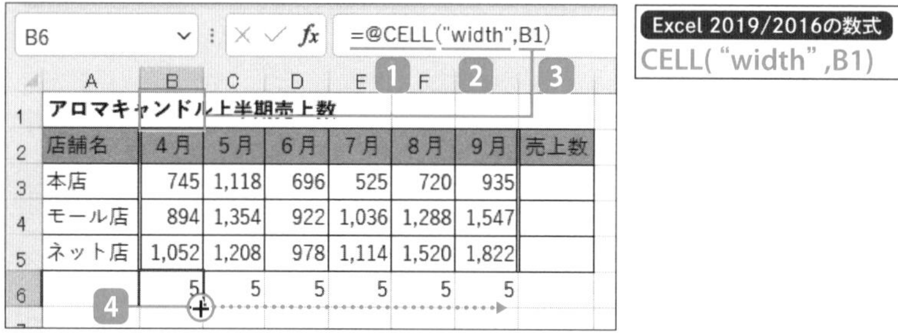

5 売上数を求めるセル(H3セル)を選択し、「=SUMIF(」と入力する。
6 [範囲]…作成した列幅のセル範囲を選択し、F4 キーを1回押して[$]記号を付ける。
7 [検索条件]…列幅が0より大きい条件「">0"」を入力する。
8 [合計範囲]…合計する売上数のセル範囲を選択して、Enter キーで数式を確定する。
9 数式を必要なだけ複写する。「7月」「8月」以外の列を非表示にして、F9 キーを押すと、「7月」「8月」の売上数が求められる。

集計編

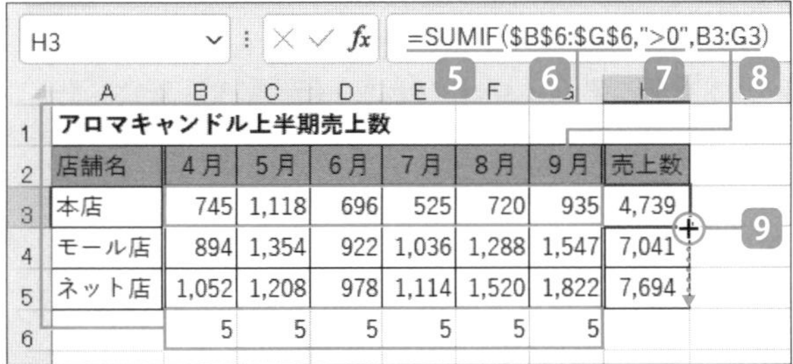

H3 =SUMIF($B$6:$G$6,">0",B3:G3)

5 6 7 8 9

	A	B	C	D	E	F	G	H
1	アロマキャンドル上半期売上数							
2	店舗名	4月	5月	6月	7月	8月	9月	売上数
3	本店	745	1,118	696	525	720	935	4,739
4	モール店	894	1,354	922	1,036	1,288	1,547	7,041
5	ネット店	1,052	1,208	978	1,114	1,520	1,822	7,694
6		5	5	5	5	5	5	

数式解説

「=CELL("width",B1)」の数式は、B1セルの列幅を求める。スピル機能があるExcel2021/365では、2つの項目を含む配列を返すため、必ず関数名の前に**[@]**を付けて「=@CELL("width",B1)」と入力するのがコツ。[@]を付けることで**スピルを使用しない**ようにすることができる。
「=SUMIF($B$6:$G$6,">0",B3:G3)」の数式は、B6～G6セルの列幅が条件「0より大きい」に該当するセルを探し、B3セル～G3セルの売上数の中でそのセルと同じ番目にある『売上数』の合計を求める。
CELL関数で求められた列幅は、表示されている列幅になる。非表示にすると、列幅は「0」になるので、「0より大きい」を条件にすることで非表示を除く集計、つまり、表示された「7月」「8月」の『売上数』だけの合計が求められる。

ここがポイント！　F9 キーで更新する

CELL関数で求められた列幅は F9 キーを押さないと更新されない。非表示にするたび、必ず F9 キーを押そう。

✔ フィルター・非表示行除外集計

テク075 隠れたデータを除き、指定のセルに集計値を求めたい

使うのはコレ! SUBTOTAL関数

フィルターや行の非表示で隠れたデータを除いて集計するには、テーブル機能を使うとできるが(第3章1節テク042参照)、表外のセルに求めるには**SUBTOTAL関数**を使って数式を作成しよう。SUBTOTAL関数は、[合計]ボタンを使う順番を工夫するだけで自動挿入できる。

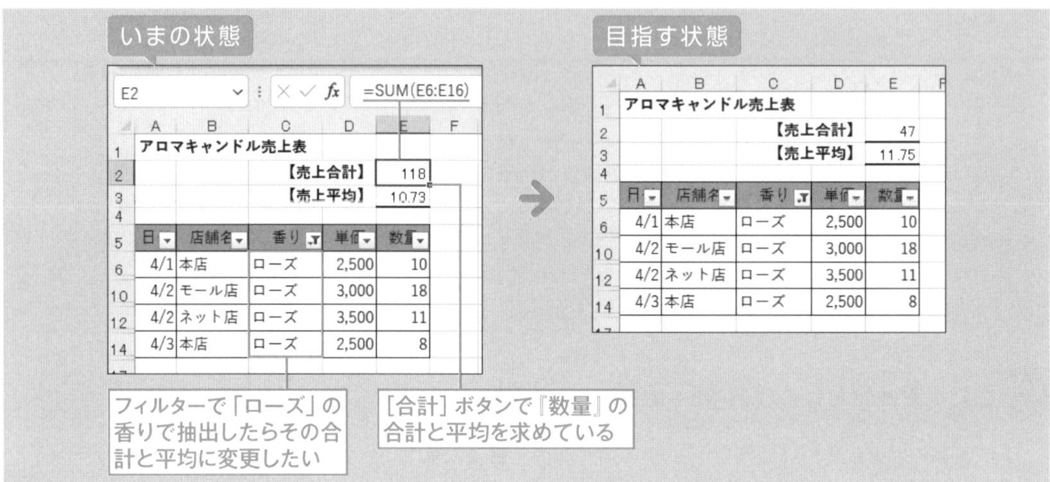

1. 『香り』のフィルターで「ローズ」を抽出する。
2. 「ローズ」の香りの売上合計を求めるセル(E2セル)を選択し、[数式]タブの[関数ライブラリ]グループの[合計]ボタンをクリックする。
3. 「=SUBTOTAL(9,)」と入力される。
4. 引数の[参照1]に集計する『数量』のセル範囲を入力して、Enter キーで数式を確定すると、「ローズ」の香りの売上合計が求められる。

   操作テク セル範囲を選択すると「E6:E14」になる。非表示になっている『数量』も指定できるように「E6:E16」に修正しよう。
5. 「ローズ」の香りの売上平均は、E2セルの数式を数式バーでドラッグしてコピーしたら、求めるセル(E3セル)に貼り付ける。
6. 引数の[集計方法]を平均の集計方法の数値「1」に変更して、Enter キーで数式を確定する。

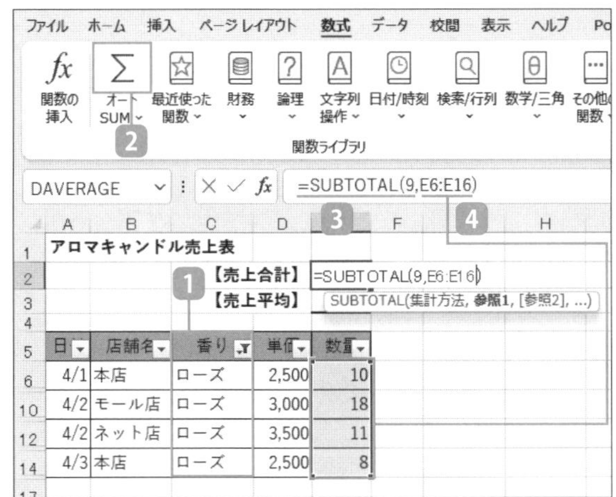
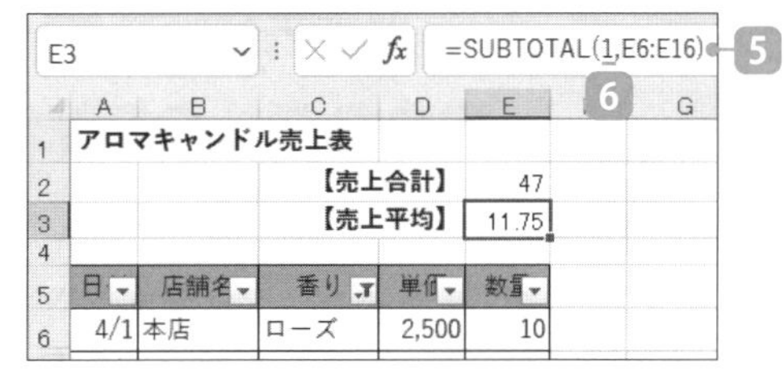

数式解説

第3章1節テク042の「ここがポイント！」で解説しているが、テーブルの集計行に自動で挿入されるSUBTOTAL関数は、引数の「集計方法」に指定した集計方法で、フィルターや行の非表示になったデータを除いた集計値を求めることができる。
つまり、表とは違うセルにフィルターや行の非表示を除く集計値を求めるには、このSUBTOTAL関数を使えばいいことになる。SUBTOTAL関数はいちいち入力しなくても、フィルターで抽出したあとに[合計]ボタンをクリックするだけで挿入することができる。
このとき、[合計]ボタンは合計なので引数の[集計方法]には合計の集計方法の数値「9」が挿入されて「=SUBTOTAL(9,)」とセルに自動で数式が挿入される。別の集計方法で求めたいときは、この数値を変更しよう。あとは、残りの引数[参照]に集計対象のセル範囲を指定するだけでいい。ここでは『数量』を集計するので、『数量』のセル範囲を指定して、「=SUBTOTAL(9,E6:E16)」と数式を作成しよう。そのあとは、フィルターで抽出するたび、表示された『数量』の合計だけが求められるようになる。
なお、1行の非表示を除くには、2引数の[集計方法]に「109」として100を足した数値を指定しよう（巻末関数一覧参照）。

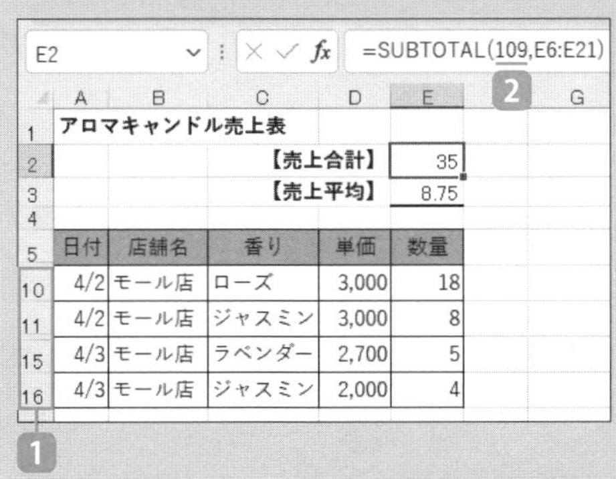

ここがポイント！　[合計]ボタンはフィルターで抽出したあとにクリックする

[合計]ボタンは、表をフィルターで抽出してからクリックしないと、手順3でSUBTOTAL関数ではなく、通常のようにSUM関数が挿入されてしまうので、順番を間違えないように気を付けよう。

✓フィルター・非表示行除外集計

テク076 隠れたデータを除き、累計を求めたい

使うのはコレ! SUMIF関数＋絶対参照＋相対参照の条件範囲

累計は足し算でできるが、フィルターや行の非表示で隠れたデータがあると表示されたデータだけの累計は求められない。この場合は**SUMIF関数の条件範囲を絶対参照＋相対参照で指定**して数式を作成しよう。

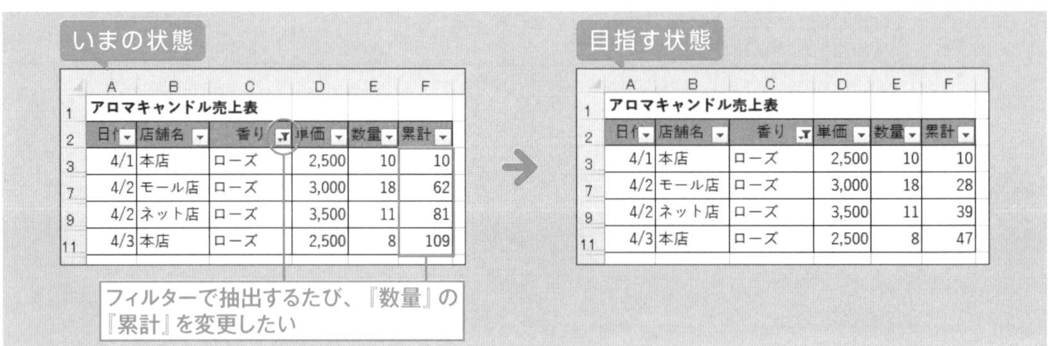

1. 累計を求めるセル（F3セル）を選択し、「=SUMIF(」と入力する。
2. ［範囲］…累計を求める条件『香り』の1つ目のセルを「$C$3:C3」で入力する。
3. ［検索条件］…累計を求める条件『香り』のセルを選択する。
4. ［合計範囲］…累計を求める『数量』のセル範囲を選択して、F4キーを1回押して［$］記号をつけ絶対参照にしたら、Enterキーで数式を確定する。
5. 数式を必要なだけ複写する。フィルターで「ローズ」を抽出すると「ローズ」の累計が求められる。

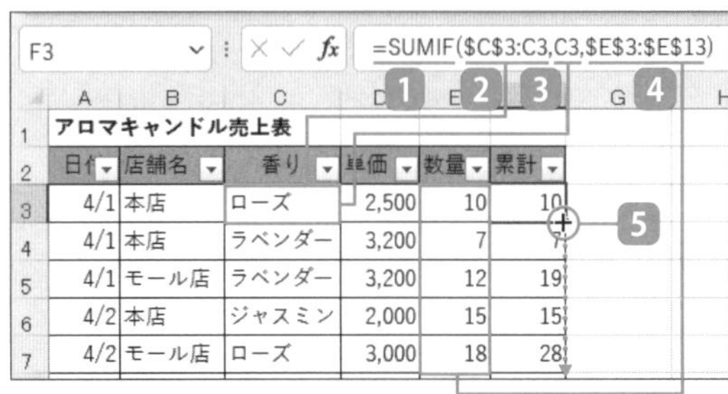

数式解説

「$C$3:C3」のように条件を含むセル範囲を、絶対参照と相対参照の組み合わせで指定し数式をコピーすると、次の行には、「$C$3:C4」のように先頭の1行目からのセル範囲が拡張されて、1行目からのそれぞれの『香り』を条件にした『数量』の合計、つまり累計が常に求められる。そのため、オートフィルターで「ローズ」だけを抽出しても「ローズ」の累計が求められる。絶対参照と相対参照についての解説は、第0章テク004参照。

✔ フィルター・非表示行除外集計

テク077 隠れたデータを除き、項目ごとに集計したい

使うのはコレ! IF+SUBTOTAL関数、SUMIFS関数

フィルターや行の非表示で隠れたデータを除いて集計するには、テク075のSUBTOTAL関数でできるが、さらの項目ごとに集計するには、**表示された行のみに「1」が求められる**ように条件式を作成して、この「1」と集計する項目の2条件で集計しよう。

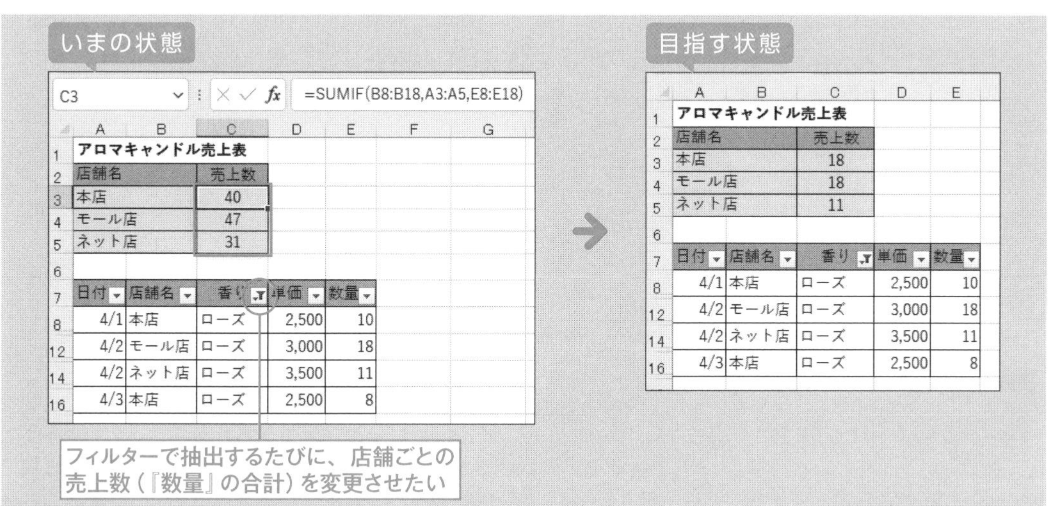

1. F列のセル(F8セル)を選択し、「=IF(」と入力する。
2. [論理式]…「フィルターで非表示にしたとき、『香り』の件数が1個でもある場合」の条件式をSUBTOTAL関数で入力する。
3. [値が真の場合]…1個でもある場合に求める「1」を入力する。
4. [値が偽の場合]…条件を満たさない場合に表示する値として、「0」を入力して、Enterキーで数式を確定する。
5. 数式を必要なだけ複写する。

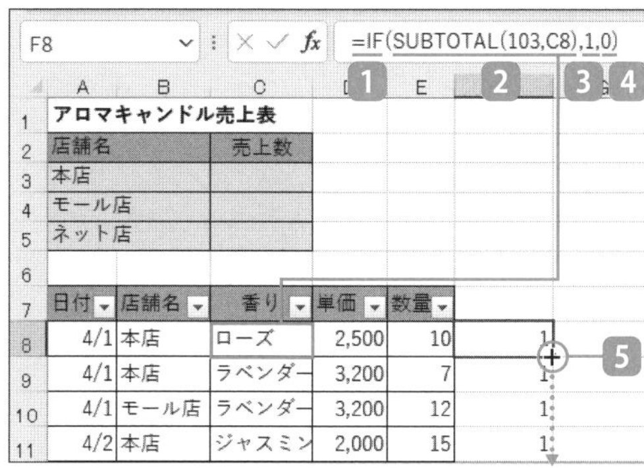

6 店舗別の売上数を求めるセル（C3セル）を選択し、「=SUMIFS(」と入力する。
7 ［合計対象範囲］…合計する『数量』のセル範囲を選択し、F4 キーを1回押して絶対参照をつける。
8 ［条件範囲1］…表示された行に求められる「1」を含むセル範囲を選択し、F4 キーを1回押して絶対参照をつける。
9 ［条件1］…1つ目の条件「1」を入力する。
10 ［条件範囲2］…2つ目の条件『店舗名』を含むセル範囲を選択し、F4 キーを1回押して絶対参照をつける。
11 ［条件2］…2つ目の条件の『店舗名』のセルを選択したら、Enter キーで数式を確定する。
12 数式を必要なだけ複写する。

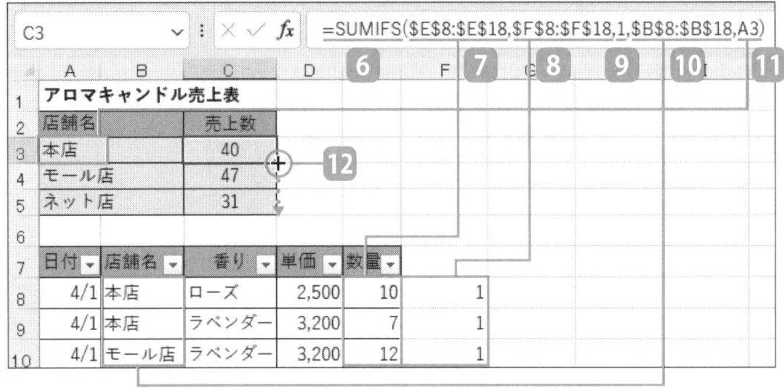

数式解説

「=IF(SUBTOTAL(103,C8),1,0)」の数式は、フィルターで非表示にしたとき、表示された値のみに「1」を表示する。「=SUBTOTAL(103,C8)」でもできるが、まれにフィルターで抽出しても一致しない最終行の値が表示されることがあるため、ここではIF関数を併せた数式とする。
「=SUMIFS($E$8:$E$18,$F$8:$F$18,1,$B$8:$B$18,A3)」の数式は、F8セル～F18セルの中で「1」、B8セル～B18セルの『店舗名』の中で条件の『店舗名』、両方の条件に該当するセルを探し、E8セル～E18セルの中でそのセルと同じ番目にある『数量』の合計を求める。
結果、フィルターで抽出しても、常に表示されている『数量』の店舗別の売上数が求められる。

Change!

従来 =SUMIFS($E$8:$E$18,$F$8:$F$18,1,$B$8:$B$18,A3)

スピル =SUMIFS(E8:E18,F8:F18,1,B8:B18,A3:B5)

4-3 データの重複を条件にした集計をマスター!

データの入力時には、うっかり重複して入力してしまう場合がある、

	A	B	C
1	キャンペーン申込者名簿		
2	氏名	メールアドレス	
3	大木誠治	seiji@***.ne.jp	
4	金下由希美	yukimi@***.ne.jp	
5	柴崎藍	ai@***.ne.jp	
6	澄田優司	yuji@***.ne.jp	
7	立川恭平	kyohei@***.ne.jp	
8	戸田陽子	youko@***.ne.jp	
9	澄田優司	yuji@***.ne.jp	
10	根川幸代	sachiyo@***.ne.jp	
11			

データの数が必要なときは、重複を除いて数えたい。また、重複の数も知りたい。しかし、データが大量だと、どこに重複があるのかも、わからない……。

	A	B	C	D	E	F
1	キャンペーン申込者名簿					
2	氏名	メールアドレス		◆申込人数	7	名
3	大木誠治	seiji@***.ne.jp		重複申込	1	件
4	金下由希美	yukimi@***.ne.jp				
5	柴崎藍	ai@***.ne.jp				
6	澄田優司	yuji@***.ne.jp				
7	立川恭平	kyohei@***.ne.jp				
8	戸田陽子	youko@***.ne.jp				
9	澄田優司	yuji@***.ne.jp				
10	根川幸代	sachiyo@***.ne.jp				
11						

そこで、本節では、どんなに大量のデータでも、手早く重複の数や重複を除く数をカウントできるテクニックを完全マスターしよう！

✓ 重複集計

テク078 重複を除いた件数と重複件数を数えたい

使うのはコレ! COUNT(A)+UNIQUE関数
Excel2019/2016　COUNTIF+COUNTIF関数

データの重複を除いた件数や、重複の件数が必要なときは、**UNIQUE関数**で重複を除いて抽出したデータをもとに**COUNT(A)関数**で数える数式を作成して求めよう。Excel2019/2016では、**COUNTIF関数の2度使い**で求められる。

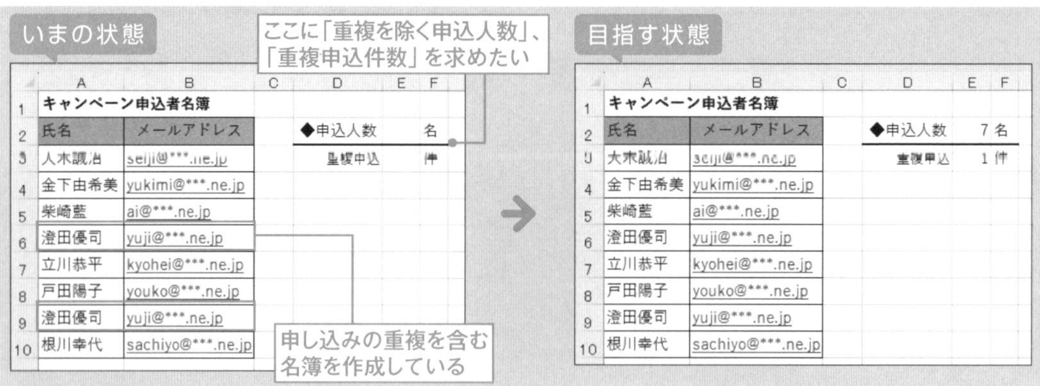

Excel2021/365の数式　重複を除く人数を求める

1. 申込人数を求めるセル(E2セル)を選択し、「=COUNTA(」と入力する。
2. [値1]…「UNIQUE(」と入力する。
3. [配列]…重複を除いて数える『氏名』のセル範囲を選択する。
4. [列の比較][回数指定]…省略して、Enter キーで数式を確定する。

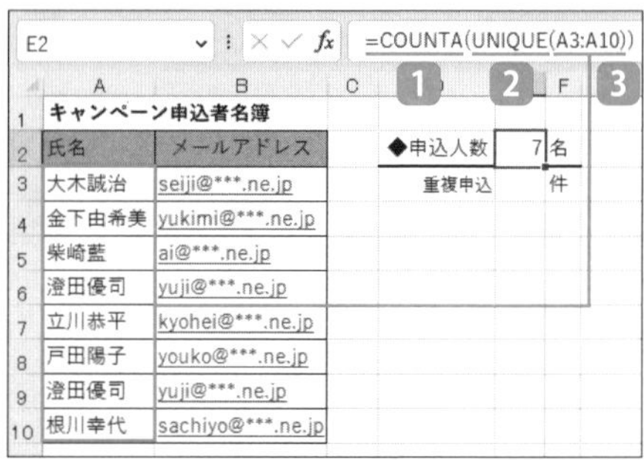

Excel2021/365の数式　重複する件数を求める

1. 重複申込を求めるセル(E3セル)を選択し、「=COUNTA(」と入力する。
2. [値1]…重複を数える『氏名』のセル範囲を選択する。
3. 「)-」と入力して、求めた重複を除く人数のセルを選択し、Enter キーで数式を確定する。

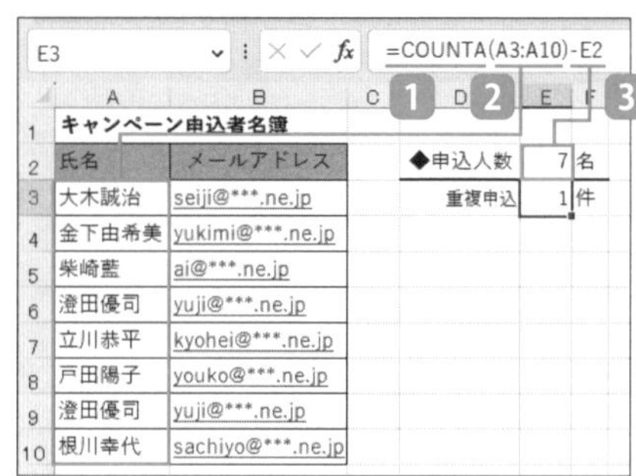

数式解説

「UNIQUE(A3:A10)」の数式は、A3セル～A10セルの『氏名』の重複を除いたデータを抽出する。抽出したデータをCOUNTA関数の(数値を数えるときはCOUNT関数でも可能)の引数に使い、「=COUNTA(UNIQUE(A3:A10))」と数式を作成することで、「氏名」の重複を除いた人数が求められる。
重複の件数は、求めた重複を除く人数をすべての人数から引き算することで求められるため、COUNTA関数ですべての件数を求めて、求めた重複を除く人数を引き算する数式を作成している。

● Excel2019/2016の数式　重複を除く人数を求める

1. C列のセルを選択し、「=COUNTIF(」と入力する。
2. [範囲]…重複を除いて数える『氏名』のセル範囲を「$A$3:A3」と入力する。
3. [検索条件]…『氏名』のセルを選択したら、Enterキーで数式を確定する。
4. 数式を必要なだけ複写する。
5. 申込人数を求めるセル(F2セル)を選択し、「=COUNTIF(」と入力する。
6. [範囲]…作成したC列のセル範囲を選択する。
7. [検索条件]…「1」と入力したら、Enterキーで数式を確定する。

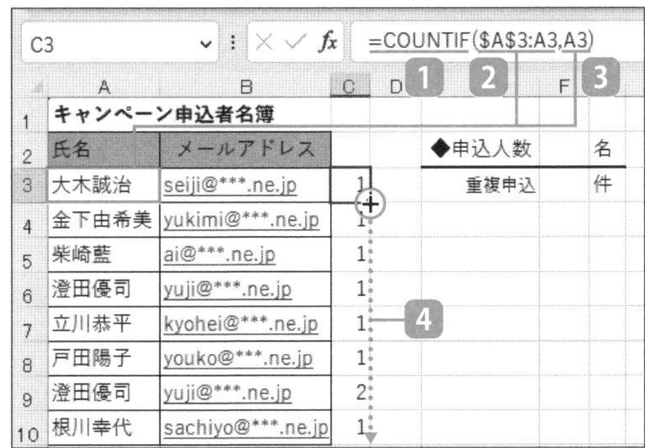

● Excel2019/2016の数式　重複する件数を求める

1. 重複申込人数は、Excel2021/365の場合と同じく、「=COUNTA(A3:A10)-E2」で求められる。あるいは、上記手順7で入力したCOUNTIF関数の引数[検索条件]を「>1」に変更するだけで求められる。

数式解説

「=COUNTIF($A$3:A3,A3)」の数式は、引数の[範囲]に最初のセル番地を絶対参照と相対参照の組み合わせで指定する事により、次のセルに数式をコピーしたとき、「=COUNTIF($A$3:A4,A4)」となり、先頭のA3セルからのセル範囲が拡張され、同じ『氏名』が1つなら「1」、2つなら「2」、3つなら「3」とカウントされた数を求める。
つまり、重複していない「氏名」は「1」、重複している『氏名』は「1より大きい」数値が求められるので、「=COUNTIF(C3:C10,1)」の数式で重複を除く申込人数、「=COUNTIF(C3:C10,">1")」の数式で、重複した申込件数が求められる。

✔ 重複集計

テク079 空白やエラー値を含むデータのうち、重複を除いた件数を数えたい

Excel2021/365対応

使うのはコレ! COUNT(A)+UNIQUE+FILTER関数

空白を含むデータの重複を除く件数を求める場合、テク078のExcel2019/2016のCOUNTIF関数の数式なら数えられるが、UNIQUE関数の数式では空白も1個として重複を除くため正しく数えられない。**UNIQUE関数**を使う場合は、**FILTER関数**と組み合わせて空白以外のデータの重複を除いて抽出したデータを数える数式にしよう。

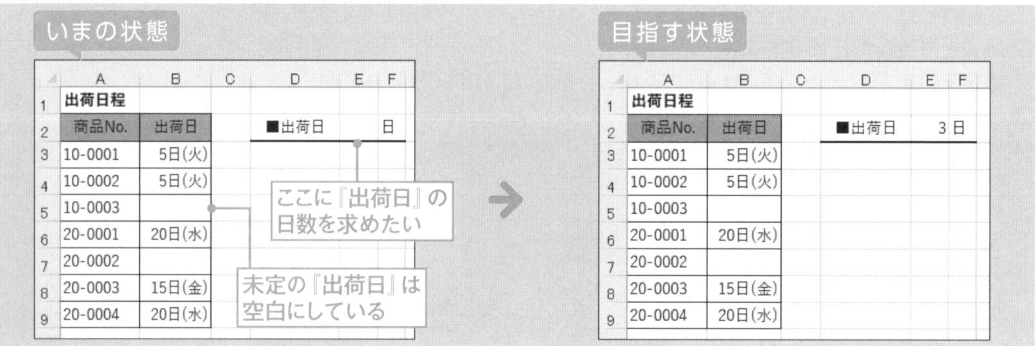

1. 出荷日を求めるセル(E2セル)を選択し、「=COUNTA(」と入力する。
2. [値1]…「UNIQUE(」と入力する。
3. [配列]…「FILTER(」と入力して、『出荷日』が空白以外を抽出する数式を入力する。
4. [配列]…抽出する『出荷日』のセル範囲を選択する。
5. [含む]…「『出荷日』のセル範囲が空白以外の場合」の条件式を入力する。
6. [空の場合]…省略して、Enterキーで数式を確定する。

数式解説

「FILTER(B3:B9,B3:B9<>"")」の数式は、B3セル～B9セルの空白以外の出荷日を抽出する。結果をUNIQUE関数の引数[配列]に指定することで、B3セル～B9セルの空白以外の重複を除いた出荷日が抽出される。抽出したデータをCOUNTA関数の(数値を数えるときはCOUNT関数でも可能)の引数に使い、「=COUNTA(UNIQUE(FILTER(B3:B9,B3:B9<>"")))」と数式を作成することで、空白以外の重複を除いた出荷日の日数が求められる。

併せて覚え テク 数値データならCOUNTA関数でなくCOUNT関数を使うだけでOK

データが数値や日付の場合は空白セルを含んでいても、FILTER関数と組み合わせなくても、1数値データを数えるCOUNT関数にUNIQUE関数を使う数式にするだけで数えられる。併せて覚えておこう。

```
=COUNT(UNIQUE(B3:B9))
  1
```

✔ 重複集計

テク080 重複していないデータの件数を数えたい

(Excel2021/365対応)

使うのはコレ! COUNT(A)+UNIQUE関数

Excel2021/365で追加された**UNIQUE関数**を使えば、引数の[回数指定]に「TRUE」を指定するだけで、重複がないデータの件数を数えることができる。

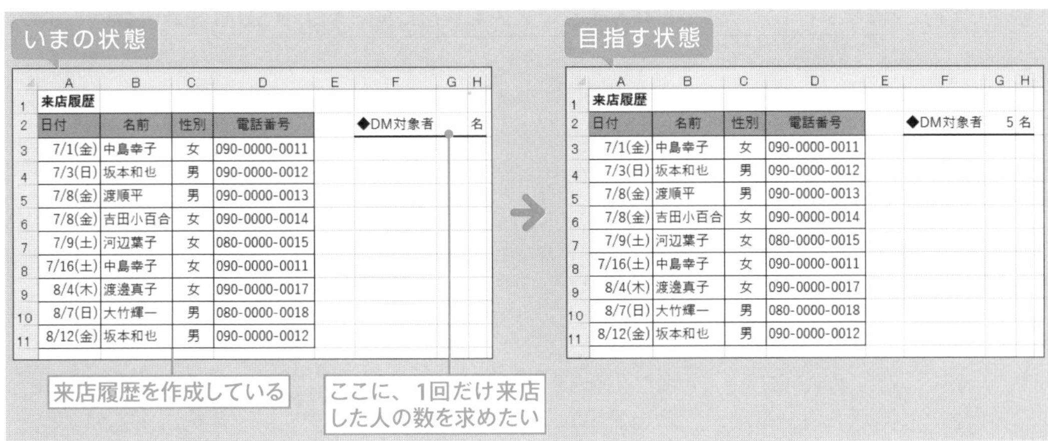

日付	名前	性別	電話番号
7/1(金)	中島幸子	女	090-0000-0011
7/3(日)	坂本和也	男	090-0000-0012
7/8(金)	渡順平	男	090-0000-0013
7/8(金)	吉田小百合	女	090-0000-0014
7/9(土)	河辺葉子	女	080-0000-0015
7/16(土)	中島幸子	女	090-0000-0011
8/4(木)	渡邊真子	女	090-0000-0017
8/7(日)	大竹輝一	男	080-0000-0018
8/12(金)	坂本和也	男	090-0000-0012

1. 『DM対象者』を求めるセル(G3セル)を選択し、「=COUNTA(」と入力する。
2. [値1]…「UNIQUE(」と入力する。
3. [配列]…数える『名前』のセル範囲を選択する。
4. [列の比較]…省略する。
5. [回数指定]…「TRUE」と入力して、Enterキーで数式を確定する。

数式解説

「UNIQUE(B3:B11,,TRUE)」の数式は、B3セル～B11セルの中で同じ『名前』が1個しかないデータを抽出する。抽出したデータをCOUNTA関数の(数値を数えるときはCOUNT関数でも可能)の引数に使い、「=COUNTA(UNIQUE(B3:B11,,TRUE))」と数式を作成することで、『名前』が1回だけ出現するデータの人数が求められる。

✓重複集計

テク081 複数行列にあるデータのうち、重複を除いた件数を数えたい

使うのはコレ! SUM+COUNTIF関数

データが複数の行・列にある場合で、重複を除いて数えるには、**COUNTIF関数**で同じデータが1個なら「1」、2個なら「1/2」で求められるように数式を作成して、結果を**SUM関数**で合計しよう。

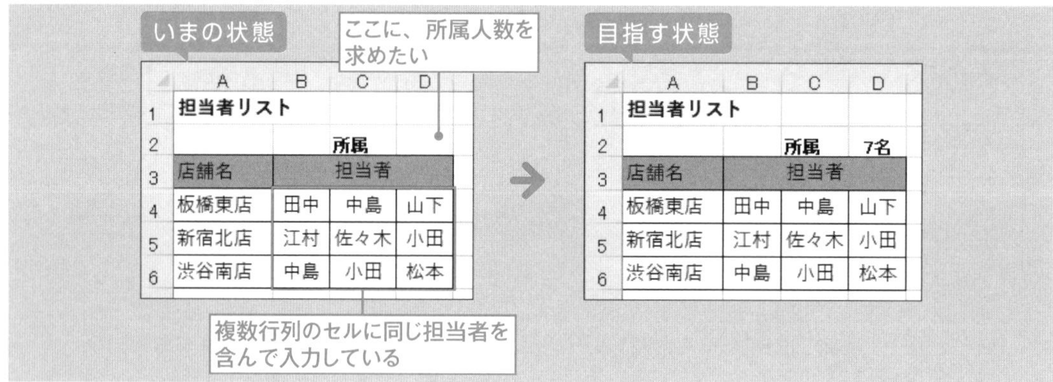

1. 所属人数を求めるセル(D2セル)を選択し、[数式]タブの[関数ライブラリ]グループの[合計]ボタンをクリックする。
2. 「1/COUNTIF(」と入力する。
3. [範囲]…重複を除いて数える『担当者』のセル範囲を選択する。
4. [検索条件]…条件の『担当者』のセル範囲を選択して、Enterキーで数式を確定する。

操作テク 2019/2016の場合はCtrl+Shift+Enterキーで数式を確定する。

Excel 2019/2016の数式
{=SUM(1/COUNTIF(B4:D6,B4:D6))}

集計編

数式解説

「=SUM(1/COUNTIF(B4:D6,B4:D6))」の数式は、

1/COUNTIF(B4:D6,B4)
1/COUNTIF(B4:D6,B5)
1/COUNTIF(B4:D6,B6)……

と、それぞれのセルの値がB4セル～D6セルの範囲内にある数を合計して求める。では、なぜ数式で「1」を除算すると、複数行列に値があっても重複を除いたセルの数が求められるのか、ここで理解しておこう。

1. まず、それぞれの担当者のB4セル～D6セルの範囲内の数は「=COUNTIF(B4:D6,B4)」の数式で求められる。
2. その値を「1」で除算すると、以下のようになる。
   - B4セル～D6セルの範囲内に同じ担当者が1個なら「1/1」
   - B4セル～D6セルの範囲内に同じ担当者が2個なら「1/2」
3. これらの値をSUM関数で合計すると同じ担当者は1個で求められるため、重複を除く人数が求められる。

これらの計算は、SUM関数を使えば、1つの数式で求めることができる。また、配列を扱うため、Excel2019/2016では Ctrl ＋ Shift ＋ Enter キーで数式を確定して配列数式で求める必要がある。

テク078で、Excel2019/2016の数式では重複を除く件数を求める場合、COUNTIF関数を2度使いして求めているが、配列数式がOKなら、この数式1つで求めることができる。

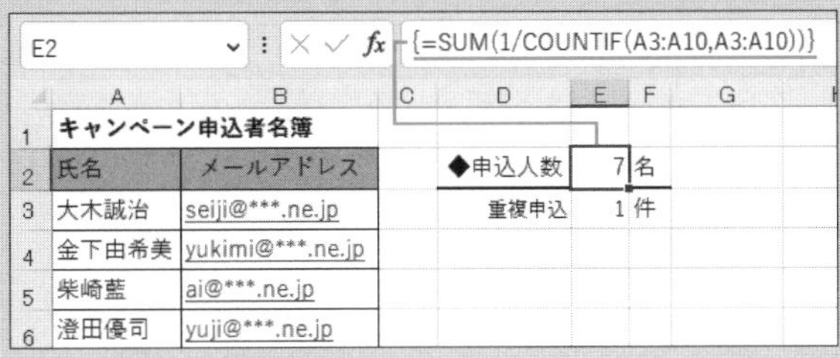

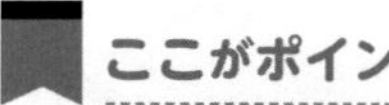

ここがポイント！ Excel2019/2016で配列数式を使いたくないときはSUMPRODUCT関数を使う

Excel2019/2016で配列数式を使いたくないときは、引数を指定するだけで配列計算できるSUMPRODUCT関数を使って、「=SUMPRODUCT(1/COUNTIF(B4:D6,B4:D6))」と数式を作成しよう。

併せて覚え テク 表に空白を含む場合

表に空白を含む場合は、1 COUNTIF関数で引数の［検索条件］で指定する条件のセル範囲に空白を結合して、SUM関数（またはSUMPRODUCT関数）の条件式では、2空白以外の条件式を追加して数式を作成しよう。
配列を扱うため、Excel2019/2016では Ctrl ＋ Shift ＋ Enter キーで数式を確定して配列数式で求める必要がある。配列数式を使いたくないときは、SUMPRODUCT関数で「=SUMPRODUCT((B4:D6<>"")/COUNTIF(B4:D6,B4:D6&""))」と数式を作成しよう。

Excel 2019/2016の数式
{=SUM((B4:D6<>"")/COUNTIF(B4:D6,B4:D6&""))}

数式解説

SUM関数やSUMPRODUCT関数の引数には条件式が指定できる。条件式を指定するときは、条件は［()］で囲む。それぞれのセルが条件を満たす場合は「TRUE」、満たさない場合は「FALSE」が返されるが、数式内では「TRUE」は「1」、「FALSE」は「0」として計算される。
つまり、1行目のB3セルは条件を満たすため「1」が求められ、「1/COUNTIF(B4:D6,B4:D6&"")」となる。この数式で求められたそれぞれのセルの値が合計されるので、空白以外の重複を除く人数が求められる。

✓ 重複集計

テク082 複数のキーで重複しているデータを除いた件数と重複件数を数えたい

使うのはコレ! COUNT(A)+UNIQUE関数
Excel2019/2016　COUNTIFS+COUNTIF関数

テク078のように1つのキーではなく、『氏名』と『電話番号』など**複数のキー**でデータの重複を除いた件数や重複の件数を数えたいときは、**それぞれのキーを結合したセル範囲**を使って数式を作成しよう。Excel2019/2016では**COUNTIFS関数**で2つのキーでの重複をカウントしてテク078のように**COUNTIF関数**で数えよう。

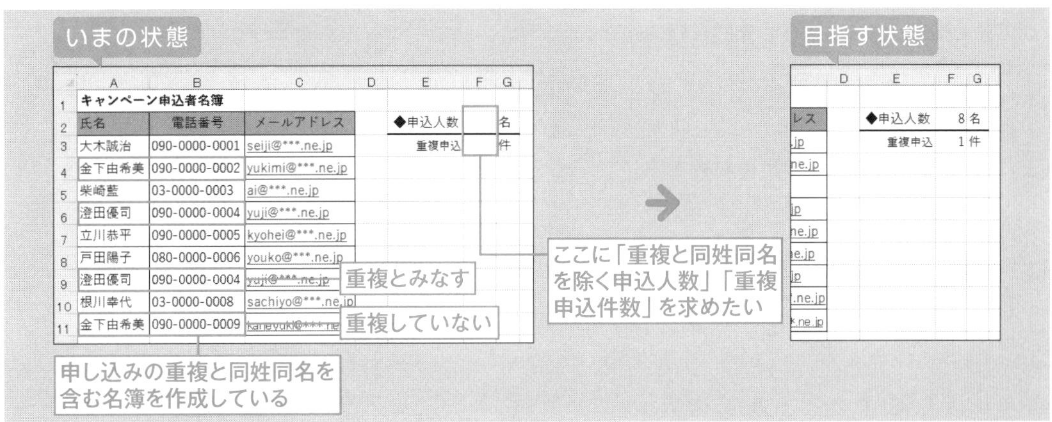

● **Excel2021/365の数式**

1. 申込人数を求めるセル(F2セル)を選択し、「=COUNTA(」と入力する。
2. [値1]…「UNIQUE(」と入力する。
3. [配列]…重複を除いて数える『氏名』のセル範囲を選択し、[&]と入力し、『電話番号』のセル範囲を選択する。
4. [列の比較][回数指定]…省略して、Enterキーで数式を確定する。
5. 重複申込を求めるセル(F3セル)を選択し、「=COUNTA(」と入力する。
6. [値1]…重複を数える『氏名』のセル範囲を選択する。
7. 「)-」と入力して、求めた重複を除く人数のセルを選択して、Enterキーで数式を確定する。

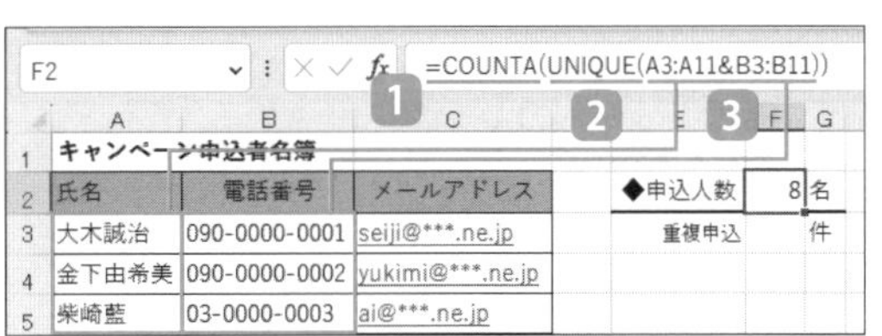

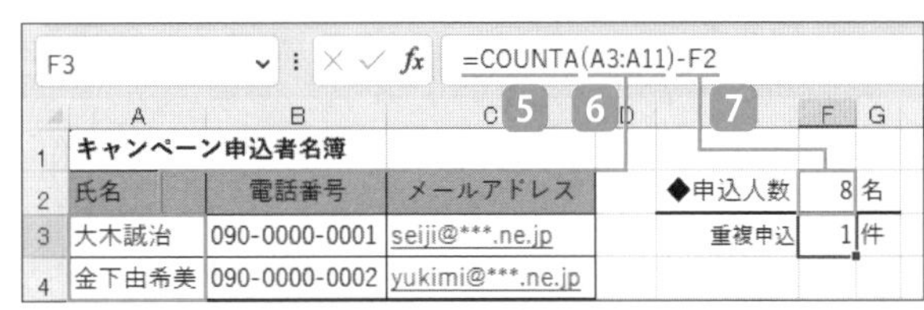

数式解説

「UNIQUE(A3:A11&B3:B11)」の数式は、A3セル～A10セルの『氏名』とB3セル～B11セルの『電話番号』の2つのキーで重複を除いたデータを抽出する。抽出したデータをCOUNTA関数の（数値を数えるときはCOUNT関数でも可能）の引数に使い、「=COUNTA(UNIQUE(A3:A11&B3:B11))」と数式を作成することで、『氏名』と『電話番号』の2つのキーで重複を除いた人数が求められる。
重複の件数は、求めた重複を除く人数をすべての人数から引き算することで求められるため、COUNTA関数ですべての人数を求めて、求めた重複を除く人数を引き算する数式を作成している。

Excel2019/2016の数式

1. D列のセルを選択し、「=COUNTIFS(」と入力する。
2. ［検索条件範囲1］…1つ目の重複を除いて数える『氏名』のセル範囲を「$A$3:A3」と入力する。
3. ［検索条件1］…条件の『氏名』のセルを選択する。
4. ［検索条件範囲2］…2つ目の重複を除いて数える『電話番号』のセル範囲を「$B$3:B3」と入力する。
5. ［検索条件2］…条件の『電話番号』のセルを選択して、Enterキーで数式を確定する。
6. 数式を必要なだけ複写する。

D3 =COUNTIFS($A$3:A3,A3,$B$3:B3,B3)

	A	B	C	D	G	H
1	キャンペーン申込者名簿					
2	氏名	電話番号	メールアドレス		◆申込人数	名
3	大木誠治	090-0000-0001	seiji@***.ne.jp	1	重複申込	件
4	金下由希美	090-0000-0002	yukimi@***.ne.jp	1		
5	柴崎藍	03-0000-0003	ai@***.ne.jp	1		

7. 申込人数を求めるセルを選択し、「=COUNTIF(」と入力する。
8. ［範囲］…作成したD列のセル範囲を選択する。
9. ［検索条件］…「1」と入力したら、Enterキーで数式を確定する。
10. 重複申込を求めるセル（G3セル）を選択し「=COUNTA(A3:A11)-G2」と入力する。

操作テク Excel2019/2016の数式では、COUNTIF関数の引数［検索条件］を「">1"」に変更しても求められる。

数式解説

「=COUNTIFS($A$3:A3,A3,$B$3:B3,B3)」の数式は、引数の［検索条件範囲1］［検索条件範囲2］に最初のセル番地を絶対参照と相対参照の組み合わせで指定する事により、次のセルに数式をコピーしたとき、「=COUNTIFS($A$3:A4,A4,$B$3:B4,B4)」となり、先頭のA3セルからのセル範囲が拡張され、同じ『氏名』と『電話番号』が1つなら「1」、2つなら「2」、3つなら「3」とカウントされた数を求める。
つまり、『氏名』と『電話番号』の2つのキーで重複していないなら「1」、重複しているなら「1より大きい」数値が求められるので、
「=COUNTIF(D3:D11,1)」の数式で、『氏名』と『電話番号』の2つのキーで重複を除く申込人数が求められ、「検索条件」を「">1"」にした数式で、『氏名』と『電話番号』の2つのキーで重複した申込件数が求められる。

✓重複集計

テク083 条件を満たすデータのうち、重複を除いた件数を数えたい

使うのはコレ! COUNT(A)+UNIQUE+FILTER関数
Excel2019/2016　COUNTIF+COUNTIFS関数

男性の重複を除いた人数など、条件を満たすデータの重複を除いた件数を数えるには、**UNIQUE関数**に**FILTER関数**を使い、条件を満たすデータの重複を除いて抽出した結果を**COUNT(A)関数で数える数式**を作成して求めよう。Excel2019/2016では、**COUNTIF関数**で重複をカウントして、**COUNTIFS関数**で数えよう。

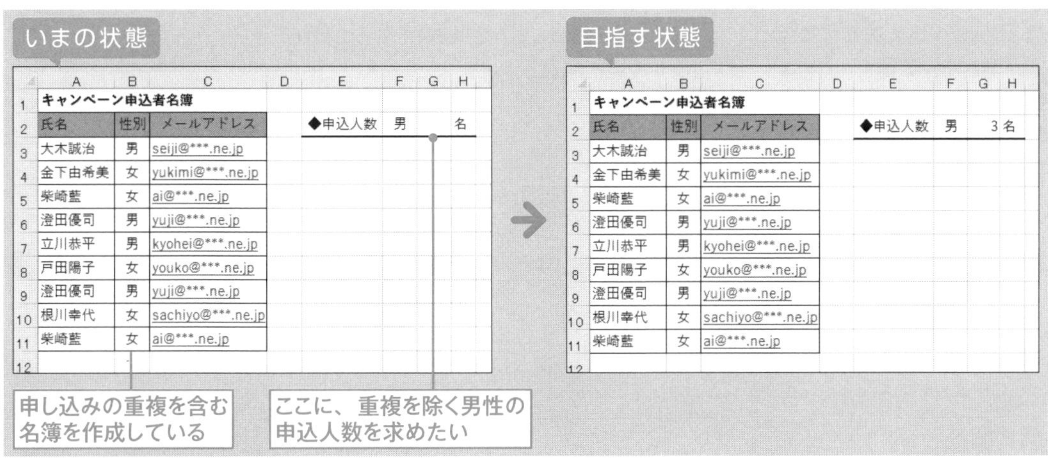

	A	B	C
1	キャンペーン申込者名簿		
2	氏名	性別	メールアドレス
3	大木誠治	男	seiji@***.ne.jp
4	金下由希美	女	yukimi@***.ne.jp
5	柴崎藍	女	ai@***.ne.jp
6	澄田優司	男	yuji@***.ne.jp
7	立川恭平	男	kyohei@***.ne.jp
8	戸田陽子	女	youko@***.ne.jp
9	澄田優司	男	yuji@***.ne.jp
10	根川幸代	女	sachiyo@***.ne.jp
11	柴崎藍	女	ai@***.ne.jp

Excel2021/365の数式

1. 男性の申込人数を求めるセル(G2セル)を選択し、「=COUNTA(」と入力する。
2. [値1]…「UNIQUE(」と入力する。
3. [配列]…「FILTER(」と入力して、『性別』が「男」の『氏名』を抽出する数式を入力する。
4. [配列]…抽出する『氏名』のセル範囲を選択する。
5. [含む]…「『性別』のセル範囲がF2セルの「男」である場合」の条件式を入力する。
6. [空の場合]…省略して、Enter キーで数式を確定する。

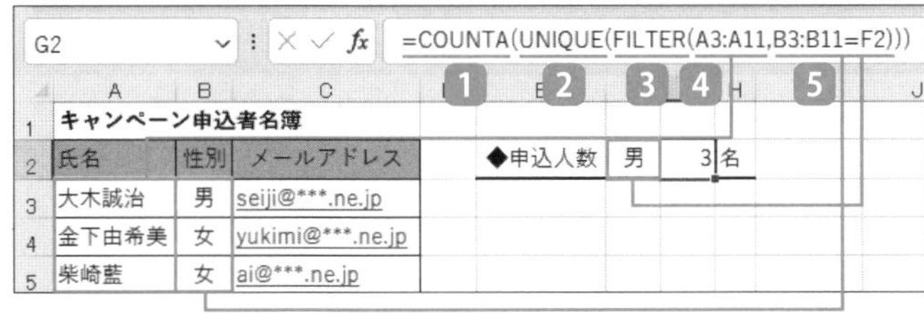

数式解説

「FILTER(A3:A11,B3:B11=F2)」の数式は、B3セル～B11セルの「性別」がF2セルの「男」の条件を満たす『氏名』を抽出する。その結果をUNIQUE関数の引数に指定することで、『氏名』が「男」の重複が削除されて抽出される。抽出したデータをCOUNTA関数の(数値を数えるときはCOUNT関数でも可能)の引数に使い、「=COUNTA(UNIQUE(FILTER(A3:A11,B3:B11=F2)))」と数式を作成することで、重複を除く男性の申込人数が求められる。

Excel2019/2016の数式

1. D列のセルを選択し、「=COUNTIF(」と入力する。
2. [範囲]…重複を除いて数える『氏名』のセル範囲を「$A$3:A3」と入力する。
3. [検索条件]…『氏名』のセルを選択したら、Enterキーで数式を確定する。
4. 数式を必要なだけ複写する。
5. 「男」の申込人数を求めるセル(H2セル)を選択し、「=COUNTIFS(」と入力する。
6. [検索条件範囲1]…作成したD列のセル範囲を選択する。
7. [検索条件1]…「1」と入力する。
8. [検索条件範囲2]…『性別』のセル範囲を選択する。
9. [検索条件2]…条件の「男」のセルを選択して、Enterキーで数式を確定する。

数式解説

「=COUNTIF($A$3:A3,A3)」の数式は、『氏名』が重複していないなら「1」、重複しているなら「1より大きい」数値を求める(詳しい解説はテク078参照)。つまり、『氏名』が重複していないなら「1」、重複しているなら「1より大きい」数値が求められる。
重複していない「1」と「男」の2つの条件を満たす人数を求める数式「=COUNTIFS(D3:D11,1,B3:B11,G2)」を作成することで、重複を除く男性の申込人数が求められる。

集計編

✔ 重複集計

テク084 クロス表の行列見出しを条件に、文字列の重複を除いた件数を数えたい

使うのはコレ! COUNT(A)+ISTEXT+UNIQUE+FILTER関数
Excel2019/2016　COUNTIFS+COUNTIFS関数

クロス表の行列見出しを条件に重複を除いた件数を数えるには、行見出しと列見出しの2条件を満たす必要があるので、**UNIQUE関数**に**FILTER関数**を使い、2条件を満たすデータの重複を除いて抽出した結果を数える数式を作成して求めよう。ただし、重複対象が文字列の場合は重複が1件もなくても「1」と求められるので、さらに**ISTEXT関数**を組み合わせる必要がある。Excel2019/2016では、**COUNTIFS関数**で3つのキーで重複をカウントして、**COUNTIFS関数**で数えよう。

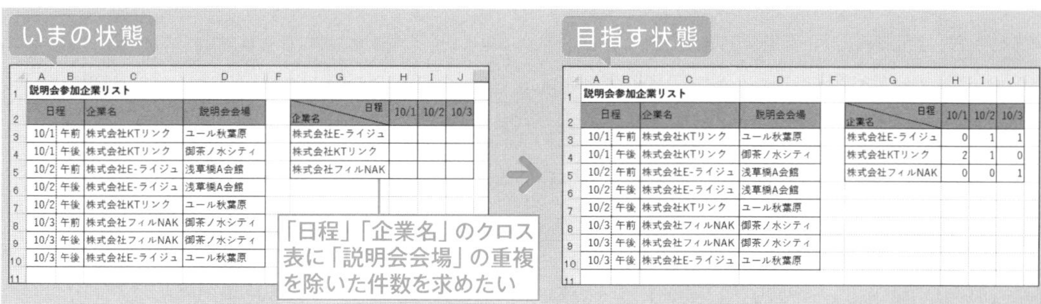
いまの状態
目指す状態
説明会参加企業リスト
日程
企業名
説明会会場
「日程」「企業名」のクロス表に「説明会会場」の重複を除いた件数を求めたい

Excel2021/365の数式

1. クロス表の求めるセル(G3セル)を選択し、[数式]タブの[関数ライブラリ]グループの[合計]ボタンをクリックする。
2. 「ISTEXT(UNIQUE(FILTER(」と入力する。
3. [配列]…抽出する『説明会会場』のセル範囲を選択し、F4 キーを1回押して[$]記号をつけ絶対参照にする。
4. [含む]…「表の『企業名』がクロス表行見出しの『企業名』であり、表の『日程』がクロス表列見出しの『日程』である場合」の条件式を入力する。
5. [空の場合]…省略する。
6. SUM関数の引数の最後に「*1」と入力して、Enter キーで数式を確定する。
7. 数式を必要なだけ複写する。

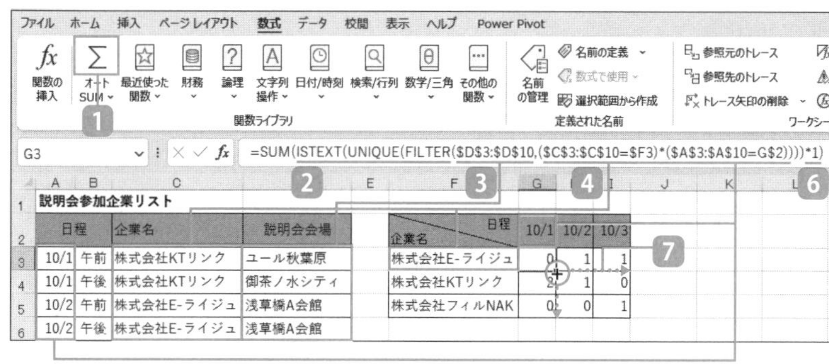
=SUM(ISTEXT(UNIQUE(FILTER($D$3:$D$10,($C$3:$C$10=$F3)*($A$3:$A$10=G$2))))*1)
説明会参加企業リスト

数式解説

「FILTER($D$3:$D$10,($C$3:$C$10=$F3)*($A$3:$A$10=G$2)))」の数式は、「表の『企業名』がクロス表行見出しの『企業名』であり、表の『日程』がクロス表列見出しの『日程』である場合」の条件を満たす『説明会会場』をそれぞれに抽出する。その結果をUNIQUE関数の引数に指定することで、『日程』『企業名』の2つの条件で『説明会会場』の重複が削除されて抽出される。抽出したデータには、重複がないと求められる「#CALC!」が数えられないように、文字列かどうかを判断するISTEXT関数の引数に組み合わせる。ISTEXT関数は文字列を「TRUE(1)」、文字列以外を「FALSE(0)」で返すので、結果をSUM関数の引数に組み合わせで数式を作成することで、『企業名』『日程』のクロス表に『説明会会場』の重複を除いた件数が求められる。

ここがポイント！　重複対象が数値や、必ず1件ある場合は？

この例の数式は、それぞれの重複を除くデータが1件もない場合にも対応している。それぞれの重複を除くデータが1件でもある場合なら、COUNTA関数で数えられる。

=COUNTA(UNIQUE(FILTER($D$3:$D$10,($C$3:$C$10=$F3)*($A$3:$A$10=G$2))))

なお、重複を除くデータが数値なら、重複を除くデータが1件もなくても、COUNT関数で数えられるので、この例のようにISTEXT関数を組み合わせる必要はない。

=COUNT(UNIQUE(FILTER($D$3:$D$10,($C$3:$C$10=$F3)*($A$3:$A$10=G$2))))

集計編

Excel2019/2016の数式

1. E列のセルを選択し、「=COUNTIFS(」と入力し、[検索条件1]に『日程』のセル、[検索条件2]に『企業名』のセル、[検索条件3]に『説明会会場』のセルを指定して数式を作成する。
2. 数式を必要なだけ複写する。
3. クロス表の求めるセル（H3セル）を選択し、「=COUNTIFS(」と入力し、[検索条件1]にクロス表の『説明会会場』のセル、[検索条件2]にクロス表の『日程』のセル、[検索条件3]に「1」と入力して数式を作成する。
4. 数式を必要なだけ複写する。

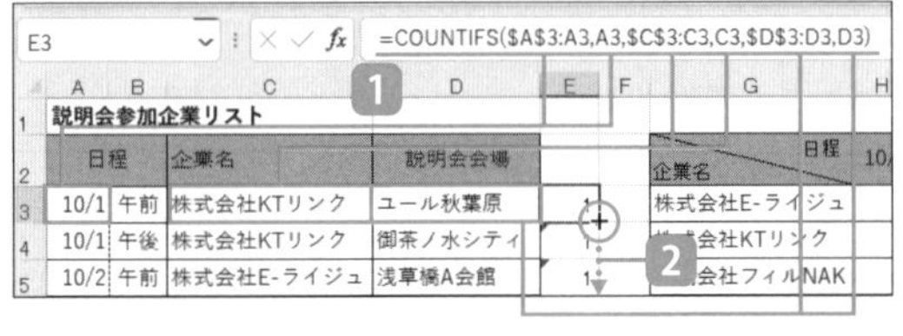

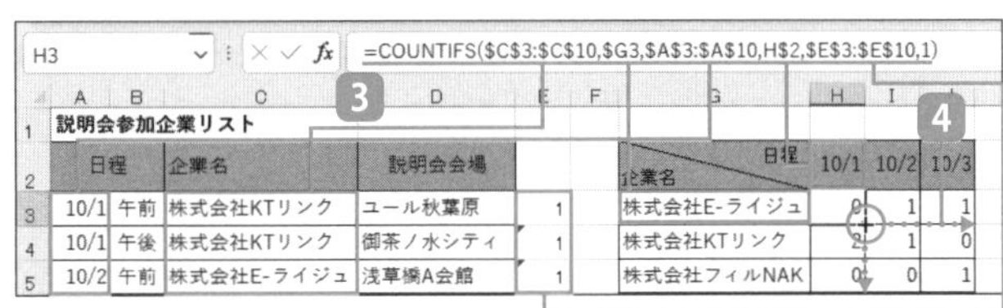

数式解説

「=COUNTIFS($A$3:A3,A3,$C$3:C3,C3,$D$3:D3,D3)」の数式は、『日程』『企業名』『説明会会場』の3つのキーで重複していないなら「1」、重複しているなら「1より大きい」数値を求める（詳しい解説はテク082参照）。
求められた重複していない「1」と、クロス表の行列見出し『企業名』『日程』の3つの条件を満たす件数を求める数式「=COUNTIFS($C$3:$C$10,$G3,$A$3:$A$10,H$2,$E$3:$E$10,1)」を作成して、それぞれの行列に数式をコピーすることで、『企業名』『日程』のクロス表に『説明会会場』の重複を除いた件数が求められる。

✓ 重複集計

テク085 セルに入力した文字が含まれるデータのうち、重複を除いた件数を数えたい

使うのはコレ! COUNT(A)+UNIQUE+FILTER+IFERROR+FIND関数
Excel2019/2016　COUNTIF+COUNTIFS関数

セルに入力した文字が含まれるデータの重複を除いて件数を数えるには、**UNIQUE関数＋FILTER関数**で、文字列の一部を満たすデータの重複を除いて抽出した結果を**COUNT(A)関数**で数える数式を作成して求めよう。Excel2019/2016では、**COUNTIF関数**と**COUNTIFS関数**で数えよう。

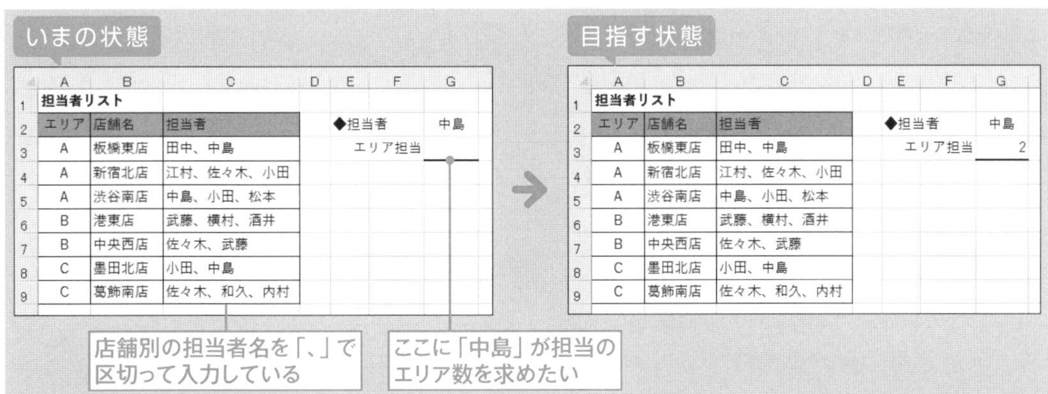

エリア	店舗名	担当者
A	板橋東店	田中、中島
A	新宿北店	江村、佐々木、小田
A	渋谷南店	中島、小田、松本
B	港東店	武藤、横村、酒井
B	中央西店	佐々木、武藤
C	墨田北店	小田、中島
C	葛飾南店	佐々木、和久、内村

Excel2021/365の数式

1. エリア数を求めるセル(G3セル)を選択し、「=COUNTA(UNIQUE(FILTER(」と入力する。
2. [配列]…抽出する『担当者』のセル範囲を選択する。
3. [含む]…「IFERROR(」と入力し、G2セルの「中島」を含むセルが表の『担当者』にある位置を求め、ない場合のエラー値は「0」を求める数式を入力して、Enterキーで数式を確定する。

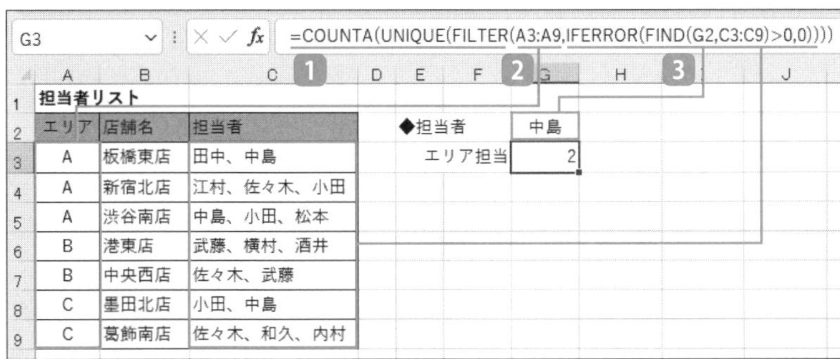

数式解説

「FIND(G2,C3:C9)」の数式は、G2セルの「中島」を含むセルが表の「担当者」C3セル～C9セルにある位置を求める。見つからないとエラー値が返されるため、「IFERROR(FIND(G2,C3:C9)>0,0)」の数式を作成して、見つからないとエラー値を「0」で返すようにする。この結果をFILTER関数の引数[含む]に指定して、「UNIQUE(FILTER(A3:A9,IFERROR(FIND(G2,C3:C9)>0,0)))」の数式を作成することで、G2セルの「中島」を含む表の「エリア」の重複を除いたセル範囲が抽出される。抽出したデータをCOUNTA関数の(数値を数えるときはCOUNT関数でも可能)の引数に使って求めることで、G2セルの「中島」のエリア数が求められる。

Excel2019/2016の数式

1. D列のセルを選択し、「=COUNTIF(」と入力して、I2セルの「中島」を含む「担当者」のセルを数える数式(第4章1節テク065参照)を入力する。
2. 数式を必要なだけ複写する。
3. E列のセルを選択し、「=COUNTIFS(」と入力し、エリアとD列の2つのキーで同じ値をカウントする数式(第4章3節テク082参照)を入力する。
4. 数式を必要なだけ複写する。

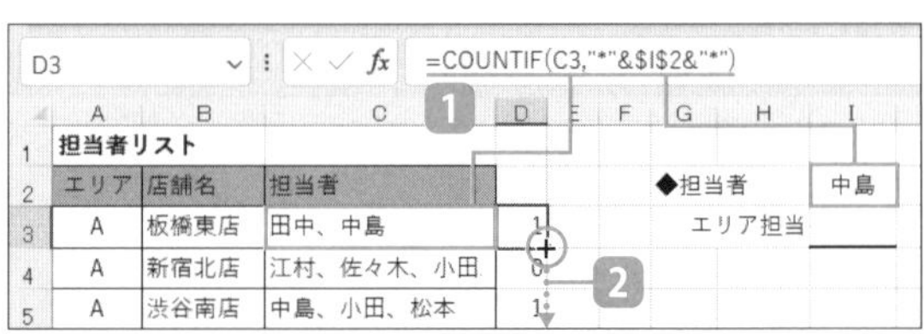

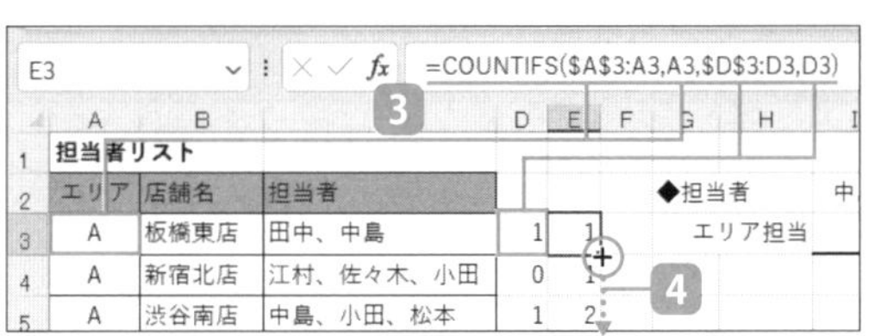

5. エリア数を求めるセル(I3セル)を選択し、「=COUNTIFS(」と入力する。
6. [検索条件範囲1]…D列のセル範囲を選択する。
7. [検索条件1]…「1」を入力する。
8. [検索条件範囲2]…E列のセル範囲を選択する
9. [検索条件2]…「1」を入力して、Enterキーで数式を確定する。

数式解説

D列の数式は、I2セルの「中島」を含むセルには「1」が求められる・E列の数式は、「エリア」とD列の2つのキーで同じ値がカウントされるため、同じ値がない、つまり、2つのキーで重複がないセルには「1」が求められる。「=COUNTIFS(D3:D9,1,E3:E9,1)」の数式は、D列が「1」、E列が「1」の2つの条件を満たすセルの数を数えることで、I2セルの「中島」を含む「エリア」の重複を除いて求められるので、結果、「中島」を含むエリア数が求められる。

併せて覚え テク　セルに入力した文字が指定の位置にあるデータなら文字を抽出する関数でも可能

セルに入力した文字が左端から指定の文字数分なら**LEFT関数**、右端から指定の文字数分なら**RIGHT関数**をFILTER関数の引数の[含む]に使って数式を作成しよう。
たとえば、商品番号の左端から2文字が「30」のデータの重複を除く場合は、1 LEFT関数で左端から2文字抽出した文字が「30」の場合の条件式を指定して数式を作成しよう。

Excel2019/2016では、1 1つ目の数式をLEFT関数の条件式にして、2 COUNTIFS関数の1つ目の条件に「TRUE」を指定して数式を作成しよう。

この例の条件は数値のため、LEFT関数で抽出した左から2文字は文字列なので、「*1」として数値に変換している。条件が文字列の場合は不要。

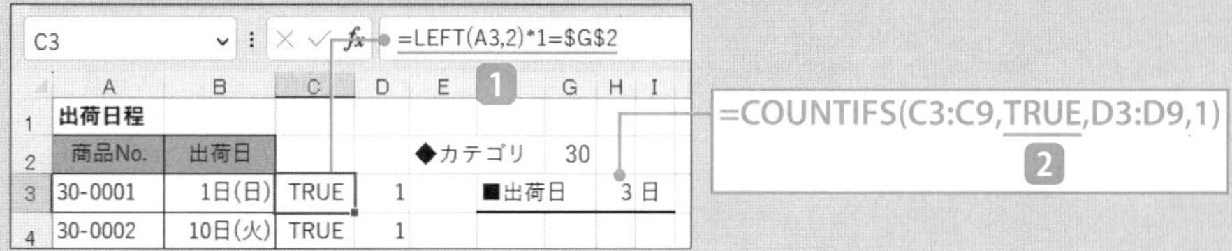

✓ 重複集計

テク086 表示されたデータのうち、重複を除いた件数と重複件数を数えたい

使うのはコレ! IF+SUBTOTAL関数、COUNT(A)+UNIQUE+FILTER関数
Excel2019/2016　IF+SUBTOTAL関数、COUNTIF関数

フィルターや行の非表示で隠れたデータを省き、重複データを除いた件数を数えるには、**表示された行のみに「1」**が求められるように条件式を作成して、この「1」を条件にデータの重複を除いて抽出して数えよう。Excel2019/2016では、**COUNTIF関数を2度使い**して数えよう。

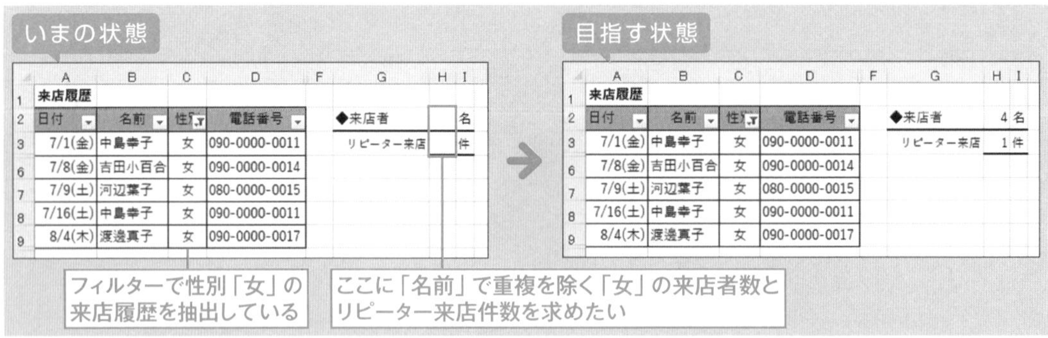

Excel2021/365の数式

1. E列のセルを選択し、「=IF(SUBTOTAL(」と入力する。
2. 「非表示にしたときA3セルの個数がある場合」の条件式、条件を満たす場合に返す「1」、満たさない場合に返す「0」を入力したら、Enter キーで数式を確定する。
3. 数式を必要なだけ複写する。

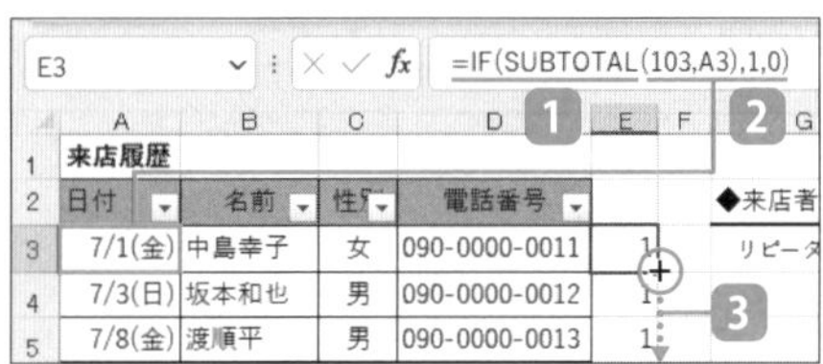

4. 来店者の人数を求めるセル(H2セル)を選択し、「=COUNTA(UNIQUE(FILTER(」と入力する。
5. [配列]…抽出する『名前』のセル範囲を選択する。
6. [含む]…「E列の結果が「1」の場合」の条件式を入力する。
7. [空の場合]…省略して、Enter キーで数式を確定すると、フィルターで「女」を抽出すると、『名前』の重複を除く性別「女」の人数が求められる。

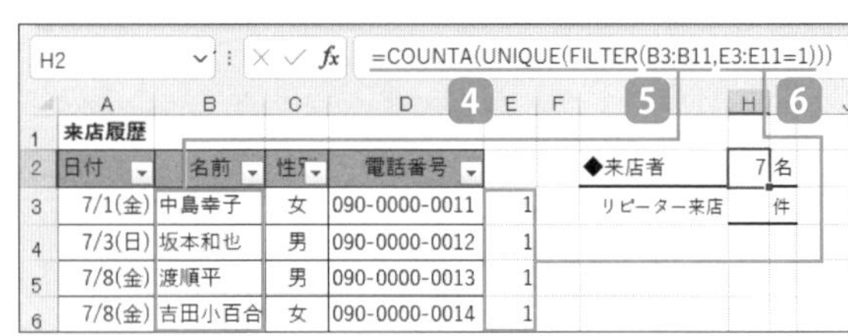

集計編

8 リピーター来店件数を求めるセル(H3セル)を選択し、「=SUBTOTAL(」と入力する。
9 [集計方法]…集計する方法の数値「103」を入力する。
10 [参照1]…数える『名前』のセル範囲を選択する。
11 「)-」と入力して、求めた『名前』の重複を除く性別「女」の人数のセルを選択して、Enter キーで数式を確定する。

数式解説

「=IF(SUBTOTAL(103,A3),1,0)」の数式は、フィルターで非表示にしたとき、表示された値のみに「1」を表示する。「UNIQUE(FILTER(B3:B11,E3:E11=1))」の数式は、この「1」を条件にB3セル～B11セルの『氏名』の重複を除いて表のデータが抽出される。つまり、フィルターで表示されたデータだけが抽出されるので、結果をCOUNTA関数の(数値を数えるときはCOUNT関数でも可能)の引数に使い、「=COUNTA(UNIQUE(FILTER(B3:B11,E3:E11=1))」と数式を作成することで、『性別』のフィルターで「女」を抽出すると、『氏名』の重複を除いた人数が求められる。
リピーター来店件数は、フィルターで非表示にしたデータを除外して集計できるSUBTOTAL関数を使う。「=SUBTOTAL(3,B3:B11)」の数式を作成すると、フィルターで抽出した『名前』の人数が求められるので、求めたフィルターで抽出したデータの重複を除く人数を引き算することで求められる。

Excel2019/2016の数式

1 前項「Excel2021/365の数式」の手順1～3と同じ操作を行う。
2 F列のセルを選択し、「=COUNTIF(」と入力する。
3 [範囲]…重複を除いて数える『名前』のセル範囲を「$B$3:B3」と入力する。
4 [検索条件]…『名前』のセルを選択したら、Enter キーで数式を確定する。
5 数式を必要なだけ複写する。

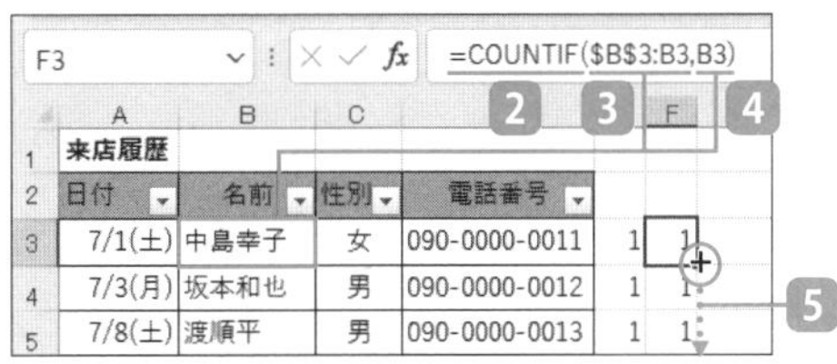

6 来店者の人数を求めるセル(I2セル)を選択し、「=COUNTIFS(」と入力する。
7 [検索条件範囲1]…求めたE列のセル範囲を選択する。
8 [検索条件1]…「1」と入力する。
9 [検索条件範囲2]…求めたF列のセル範囲を選択する。
10 [検索条件2]…「1」と入力して、Enter キーで数式を確定する
11 リピーター来店件数は、引数[検索条件2]を「">1"」に変更するだけで求められる。

=COUNTIFS(E3:E11,1,F3:F11,1)
11 =COUNTIFS(E3:E11,1,F3:F11,">1")

数式解説

「=COUNTIF($B$3:B3,B3)」の数式は、『名前』が重複していないなら「1」、重複しているなら「1より大きい」数値を求める（詳しい解説はテク078参照）。「=COUNTIFS(E3:E11,1,F3:F11,1)」の数式は、E3セル〜E11セルの中で「1」、F3セル〜F11セルの中で「1」の両方の条件に該当するセル、つまり、フィルターで抽出された『名前』の2条件で重複を除く人数が求められる。リピーター来店件数は、「検索条件2」を「">1"」にした数式で求められる。

併せて覚え テク　複数のキーでの重複データを除いた件数を数えるには？

フィルターや行の非表示で隠れたデータを除き、複数のキーでの重複データを除いた件数を数えたい。その場合は、1それぞれのキーのセル範囲を[&]で結合した範囲にして、「1」を条件にデータの重複を除いて抽出して数えよう。Excel2019/2016では、2F列にCOUNTIFS関数で複数のキーで重複をカウントする数式を作成して求めよう。下図では、『性別』のフィルターで「女」を抽出したうえで『氏名』と『電話番号』の2つのキーでの重複データを除いた件数を数えている。

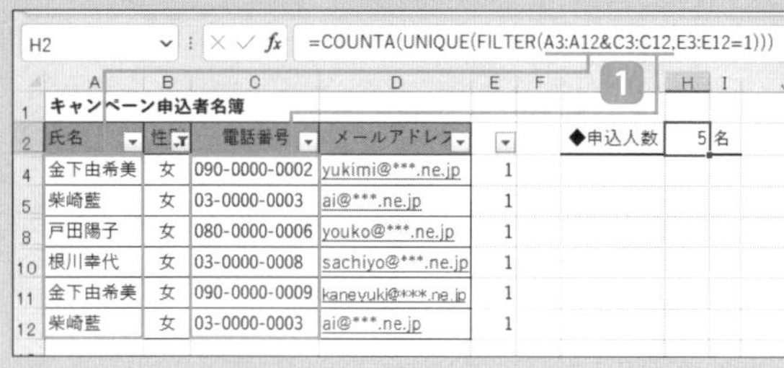

Excel 2019/2016の数式

=COUNTIFS($A$3:A4,A4,$C$3:C4,C4)

2

テク087 集計範囲に別表を含めるとき、重複を除いた件数と重複件数を数えたい

使うのはコレ! SUM+COUNTIF関数、COUNT(A)関数

別表のデータの重複を除いた件数や重複の件数が必要なときは、**COUNTIF関数**で片方の表に含まれるデータの件数を求めて、その件数を**SUM関数**で合計しよう。

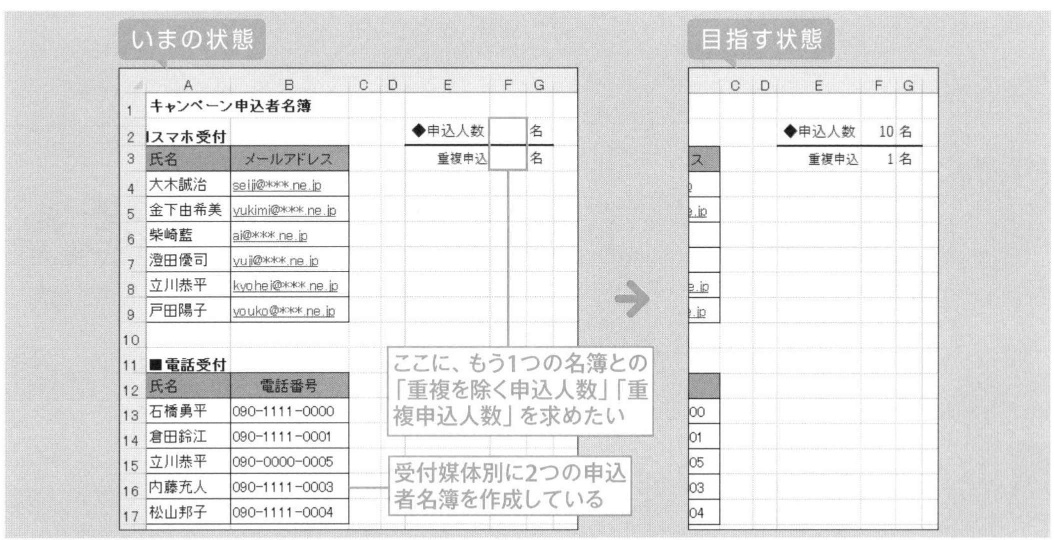

2つの表で重複した人数を求める

1. 重複申込を求めるセル(F3セル)を選択し、[数式]タブの[関数ライブラリ]グループの[合計]ボタンをクリックする。
2. 「COUNTIF(」と入力する。
3. [範囲]…1つ目の表の『氏名』のセル範囲を選択する。
4. [検索条件]…2つ目の表の『氏名』のセル範囲を選択して、Enterキーで数式を確定する。

操作テク Excel2019/2016の場合はCtrl+Shift+Enterキーで数式を確定する。

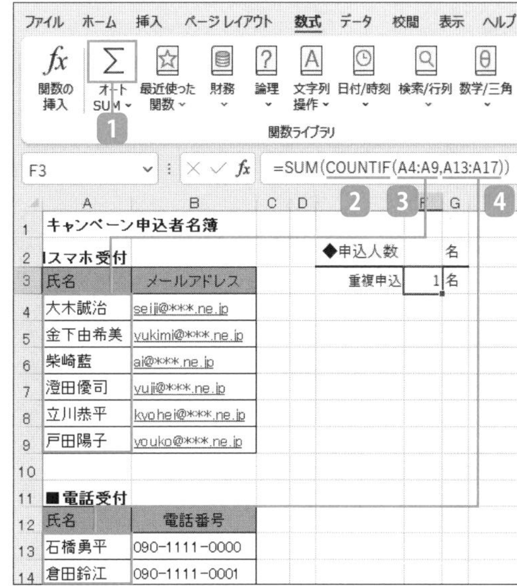

Excel 2019/2016の数式
{=SUM(COUNTIF(A4:A9,A13:A17))}

2つの表で重複を除く人数を求める

1 申込人数を求めるセル(F2セル)を選択し、「=COUNTA(」と入力する。
2 [値1]…重複を数える2つの表の『氏名』のセル範囲を Ctrl キーで選択する。
3 「)-」と入力して、求めた重複の人数のセルを選択して、Enter キーで数式を確定する。

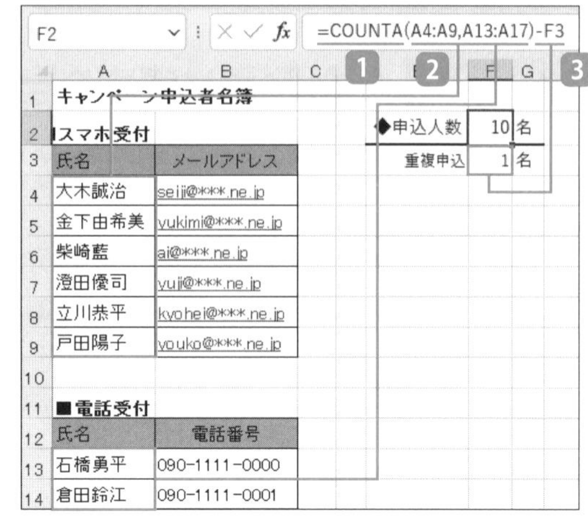

数式解説

「=SUM(COUNTIF(A4:A9,A13:A17))」の数式は、1つ目の表のA4セル～A9セルの『氏名』の中にある、2つ目の表のA13セル～A17セルの『氏名』のセルの数を合計して求める。結果、2つの表の重複した人数が求められる。Excel2019/2016では配列数式で求める必要があるため、Ctrl ＋ Shift ＋ Enter キーで数式を確定する。
重複を除く人数は、求めた重複の人数を2つの表の人数から引き算することで求められるため、COUNTA関数で2つの表の人数を求めて、求めた重複の人数を引き算する数式「=COUNTA(A4:A9,A13:A17)-F3」を作成している。

ここがポイント！ 別ブックに表がある場合はこうしよう

別ブックのデータの重複を除いた件数や重複の件数を数えたいときは、それぞれのブックはあらかじめ開いて数式を作成しよう。

ここがポイント！ Excel2019/2016で配列数式を使いたくないときはSUMPRODUCT関数を使う

Excel2019/2016で配列数式を使いたくないときは、重複申込の人数は引数を指定するだけで配列計算できるSUMPRODUCT関数を使って、「=SUMPRODUCT(COUNTIF(A4:A9,A13:A17))」と数式を作成して求めよう。

併せて覚え テク 重複を除く件数だけが必要なときは?

ここでの数式は、重複の人数から求めてから、重複を除く人数を求めているが、重複を除く人数だけが必要なときは、この2つの関数を組み合わせて「=COUNTA(A4:A9,A13:A17)-SUM(COUNTIF(A4:A9,A13:A17))」と数式を作成しよう。
なお、Excel2019/2016の場合は Ctrl ＋ Shift ＋ Enter キーで数式を確定する。

✓ 複数表重複集計

テク088 複数シートやブックで重複を除いた件数と重複件数を数えたい

使うのはコレ! クリップボード＋COUNT(A)＋UNIQUE関数
Excel2019/2016　クリップボード＋COUNTIF＋COUNTIF関数

複数シートやブックのデータの重複を除いた件数や重複の件数が必要なときは**クリップボード**で1つの表にしてから数式を作成しよう。

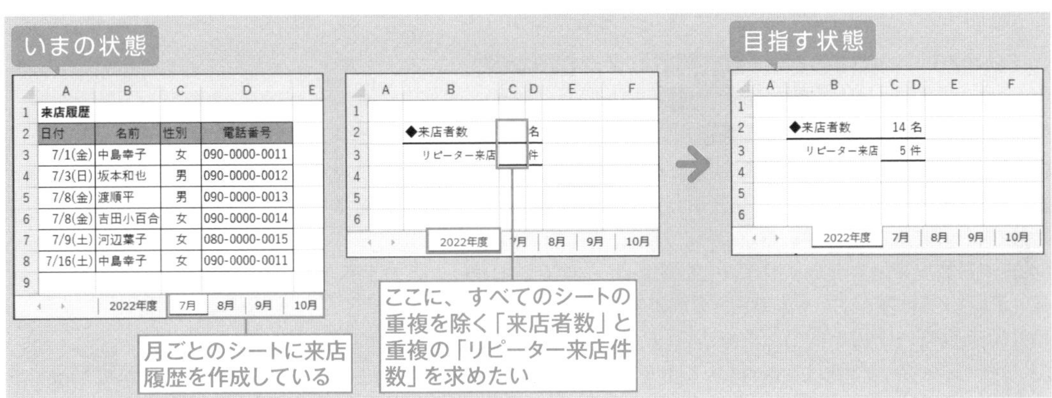

いまの状態
来店履歴
日付 名前 性別 電話番号
7/1(金) 中島幸子 女 090-0000-0011
7/3(日) 坂本和也 男 090-0000-0012
7/8(金) 渡瀬平 男 090-0000-0013
7/8(金) 吉田小百合 女 090-0000-0014
7/9(土) 河辺葉子 女 080-0000-0015
7/16(土) 中島幸子 女 090-0000-0011
2022年度 7月 8月 9月 10月
月ごとのシートに来店履歴を作成している
◆来店者数 名
リピーター来店 件
ここに、すべてのシートの重複を除く「来店者数」と重複の「リピーター来店件数」を求めたい
目指す状態
◆来店者数 14 名
リピーター来店 5 件

スピル使用の数式（数式解説はテク078参照）

1. ［ホーム］タブの［クリップボード］グループの◰をクリックして、［クリップボード］作業ウィンドウを表示させる。
2. 「7月」シートの列見出しを含めたA2セル～D8セルを範囲選択する。
3. ［ホーム］タブの［クリップボード］グループの［コピー］ボタンをクリックする。
4. 残りのシートは列見出し以外の表のセルを範囲選択し、［ホーム］タブの［クリップボード］グループの［コピー］ボタンをクリックして［クリップボード］作業ウィンドウに格納していく。
5. 「作業用」シートのA2セルを選択し、［クリップボード］作業ウィンドウの［すべて貼り付け］ボタンをクリックする。

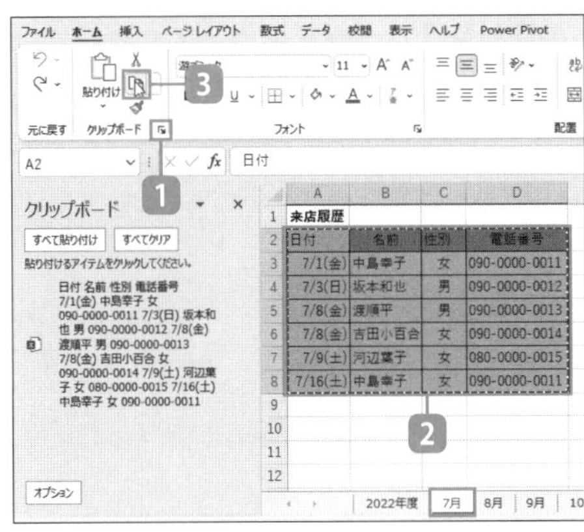

	A	B	C	D
1	来店履歴			
2	日付	名前	性別	電話番号
3	7/1(金)	中島幸子	女	090-0000-0011
4	7/3(日)	坂本和也	男	090-0000-0012
5	7/8(金)	渡瀬平	男	090-0000-0013
6	7/8(金)	吉田小百合	女	090-0000-0014
7	7/9(土)	河辺葉子	女	080-0000-0015
8	7/16(土)	中島幸子	女	090-0000-0011
9	8/4(木)	渡邊真子	女	090-0000-0017
10	8/7(日)	大竹輝一	男	080-0000-0018
11	8/12(金)	坂本和也	男	090-0000-0019
12	8/17(水)	田口康則	男	090-0000-0020
13	8/24(水)	池谷裕子	女	090-0000-0021
14	9/1(木)	青江佑真	男	090-0000-0022
15	9/7(水)	村尾泰雄	男	090-0000-0023
16	9/15(木)	河辺葉子	女	080-0000-0015

2022年度　7月　8月　9月　10月　作業用

6 来店者数を求めるセル(C2セル)を選択し、「作業用」シートの『名前』のセル範囲を使い、「=COUNTA(UNIQUE(作業用!B3:B21))」と入力する。
7 リピーター来店件数を求めるセル(C3セル)を選択し、「=COUNTA(A3:A10)-E2」と入力する。

● Excel2019/2016の数式(数式解説はテク078参照)

1 前項「●スピル使用の数式」の手順1～5と同じ操作を行う。
2 「作業用」シートのE列のセルを選択し、「=COUNTIF(」と入力する。
3 [範囲]…重複を除いて数える『名前』のセル範囲を「$B$3:B3」と入力する。
4 [検索条件]…『名前』のセルを選択したら、Enterキーで数式を確定する。
5 数式を必要なだけ複写する。
6 来店者数を求めるセル(C2セル)を選択し、「=COUNTIF(」と入力する。
7 [範囲]…「作業用」シートのE列のセル範囲を選択する。
8 [検索条件]…「1」と入力したら、Enterキーで数式を確定する。
9 リピーター来店件数は、条件に「">1"」として「=COUNTIF(作業用!E3:E21,">1")」の数式を作成すると求められる。

ここがポイント! 複数ブックの場合はウィンドウの切り替えボタンを使う

複数のブックのデータの重複を除いた件数や重複の件数を数えたいときは、それぞれのブックはあらかじめすべて開いておき、それぞれのブックを[表示]タブ→[ウィンドウ]グループ→[ウィンドウの切り替え]ボタンで、それぞれのブックに切り替えて、クリップボードにコピーしていこう。

併せて覚え テク　日付が「m/d(aaa)」形式は文字列になってしまう!?

手順**1**～**5**でクリップボートを使ってシートに貼り付けると、日付を「7/1(金)」のように「m/d(aaa)」形式で入力していると文字列になってしまう。このような場合は、置換機能で曜日を空白に置き換えて削除するだけで日付に変換できる。併せて覚えておこう。

1 クリップボートを使ってシートに貼り付けた日付を範囲選択し、[ホーム] タブの [編集] グループの [検索と選択] ボタンから [置換] を選択する。
2 表示された [検索と置換] ダイアログボックスで [検索する文字列] に「(*)」と入力する。
3 [すべて置換] ボタンをクリックする。

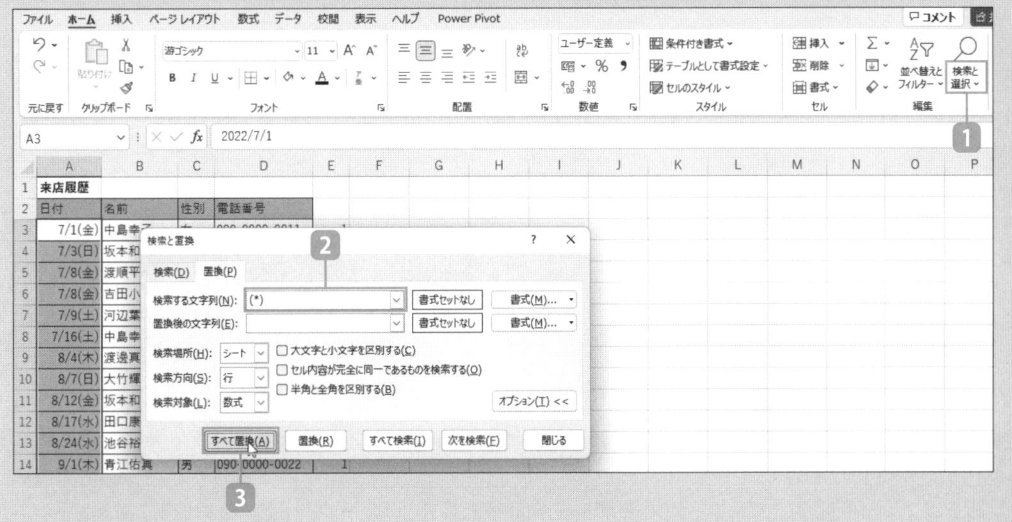

併せて覚え テク　Microsoft365ならVSTACK関数を使おう

Microsoft365ならクリップボードは不要。1 **VSTACK関数**を使えば、複数シートの表を縦方向に1つにまとめることができる。そのデータをもとに2 UNIQUE関数で重複を除いて抽出し、3 COUNT(A)関数で数えることで重複を除いた件数が求められる。VSTACK関数で1つにまとめてUNIQUE関数で重複を除いて抽出する数式は、11章2節テク268で解説しているので参考にしよう。

=COUNTA(UNIQUE(VSTACK('7月'!B3:B8,'8月'!B3:B7,'9月'!B3:B6,'10月'!B3:B6)))

3  

✓ 複数表重複集計

テク 089 複数ブックで重複を除いた件数を数えたい（ブックの追加対応）

使うのはコレ！ Power Query+COUNT(A)関数

ブックが追加されても、複数ブックの重複データを除く件数を自動で数えるなら、**Power Query**で重複を除いて1つのテーブルにまとめておこう。そのテーブルをもとに**COUNT(A)関数**で数える数式を作成しておけば、ブックが追加されても、[更新]ボタンのクリックだけで、常にすべてのブックの重複データを除く件数が求められる。

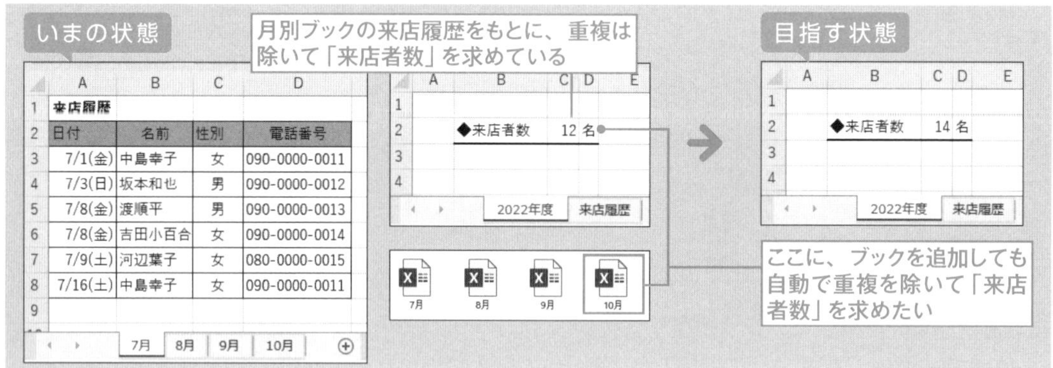

1 すべてのブックを1つのフォルダーに保存して、それぞれのブックの表をテーブルに変換し、「テーブル1」の名前を付けておく。
2 集計するブックを開き、[データ]タブ→[データの取得と変換]グループ→[データの取得]ボタン→[ファイルから]→[フォルダーから]を選択して、ブックを保存しているフォルダーを選択して取り込む。
操作テク Excel2016の場合、[データ]タブ→[取得と変換]グループ→[新しいクエリ]ボタン→[ファイルから]→[フォルダーから]を選択して、ブックを保存しているフォルダーを選択して取り込む。
3 フォルダー内のブック名が表示されたダイアログボックスが表示されるので、[結合]ボタンの[▼]から[データの結合と変換]（もしくは[結合および編集]）を選択する。

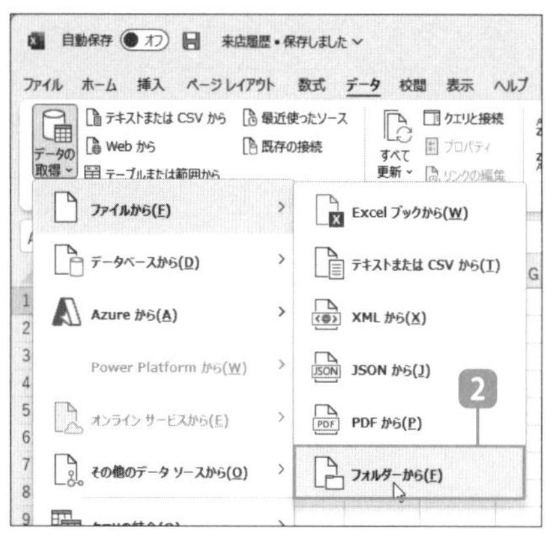

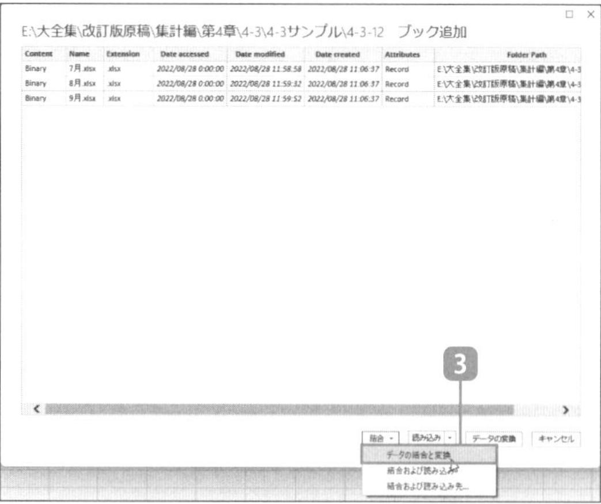

4 [Fileの結合] ダイアログボックスが表示されるので、テーブル名の[テーブル1] を選択する。
5 [OK] ボタンをクリックする。
6 Power Queryエディターが起動して、3つのブックが結合されて表示される。
7 重複データを除く「名前」の列を選択し、[ホーム] タブ→ [行の削減] グループ→ [行の削除] ボタン→ [重複の削除] を選択する。
8 列見出し名を変更するときは、ダブルクリックで修正する。
9 クエリの名前を希望の名前に変更する。
10 [ホーム] タブ→ [閉じて読み込む] ボタンをクリックする。

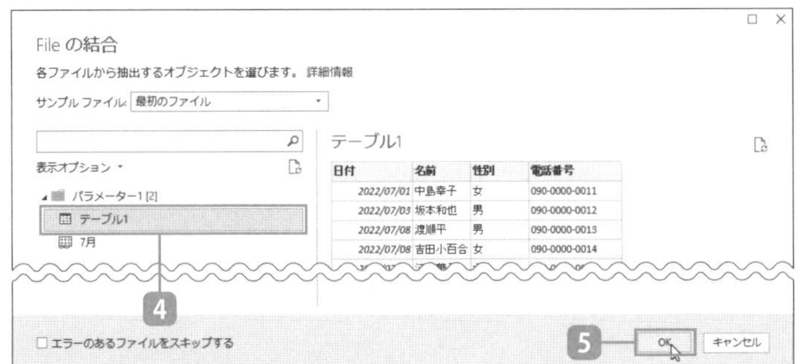

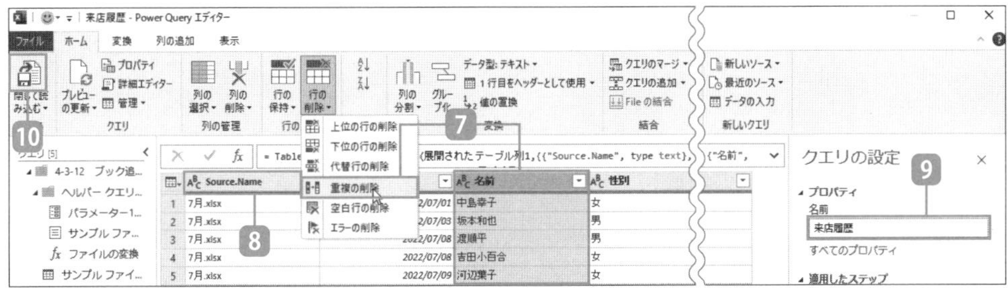

11 3つブックのデータを結合したクエリで作成されたテーブルが作成される。
12 集計するシートに、「=COUNTA(」と入力して、1つにまとめたテーブルの、重複を除いて数える『名前』のセル範囲を指定して、Enter キーで数式を確定する。

	A	B	C	D	E
1	ブック名	日付	名前	性別	電話番号
2	7月.xlsx	2022/7/1	中島幸子	女	090-0000-0011
3	7月.xlsx	2022/7/3	坂本和也	男	090-0000-0012
4	7月.xlsx	2022/7/8	渡順平	男	090-0000-0013
5	7月.xlsx	2022/7/8	吉田小百合	女	090-0000-0014
6	7月.xlsx	2022/7/9	河辺葉子	女	080-0000-0015
7	8月.xlsx	2022/8/4	渡邊真子	女	090-0000-0017
8	8月.xlsx	2022/8/7	大竹輝一	男	080-0000-0018
9	8月.xlsx	2022/8/17	田口康則	男	090-0000-0020
10	8月.xlsx	2022/8/24	池谷裕子	女	090-0000-0021
11	9月.xlsx	2022/9/1	青江佑真	男	090-0000-0022
12	9月.xlsx	2022/9/7	村尾泰雄	男	090-0000-0023
13	9月.xlsx	2022/9/22	堀千恵	女	090-0000-0025
14					
15					

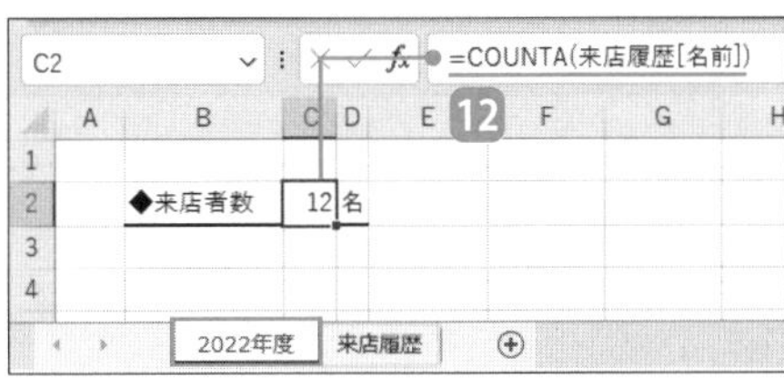

⑬ 同じフォルダー内に「10月.xlsx」を追加したら、[クエリ] タブ→[読み込む] グループ→[更新] ボタンをクリックすると、「10月.xlsx」のデータが重複を除いて追加されるので、求めたい重複を除いた人数も自動で更新される。

ブック名	日付	名前	性別	電話番号
7月.xlsx	2022/7/1	中島幸子	女	090-0000-0011
7月.xlsx	2022/7/3	坂本和也	男	090-0000-0012
7月.xlsx	2022/7/8	渡順平	男	090-0000-0013
7月.xlsx	2022/7/8	吉田小百合	女	090-0000-0014
7月.xlsx	2022/7/9	河辺葉子	女	080-0000-0015
8月.xlsx	2022/8/4	渡邊真子	女	090-0000-0017
8月.xlsx	2022/8/7	大竹輝一	男	080-0000-0018
8月.xlsx	2022/8/17	田口康則	男	090-0000-0020
8月.xlsx	2022/8/24	池谷裕子	女	090-0000-0021
9月.xlsx	2022/9/1	青江佑真	男	090-0000-0022
9月.xlsx	2022/9/7	村尾泰雄	男	090-0000-0023
9月.xlsx	2022/9/22	堀千恵	女	090-0000-0025
10月.xlsx	2022/10/2	古山正博	男	090-0000-0026
10月.xlsx	2022/10/12	水谷俶子	女	090-0000-0027

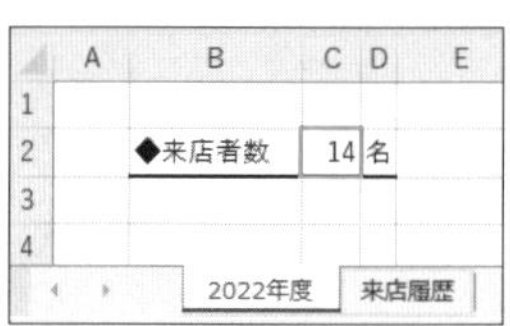

ここがポイント！ シートの追加に対応するには？

シートの追加に対応して、複数シートの重複データを除く件数を自動で数えるには、第3章3節テク053のコラムの操作で別ブックを取り込み、Power Queryエディターで手順❼～❿の操作を行おう。Power Queryを使用する際のポイントは、第3章3節テク035「ここがポイント！」で解説しているので参考にしよう。

4-4 区間集計をマスター!

年代別の人数や価格帯別の合計など、指定の区間ごとに集計したい。そんなときは、第3章2節テク046で解説のピボットテーブルのグループ化機能でもできるが、独自に作成した表で集計したい場合などでは、対応できない。

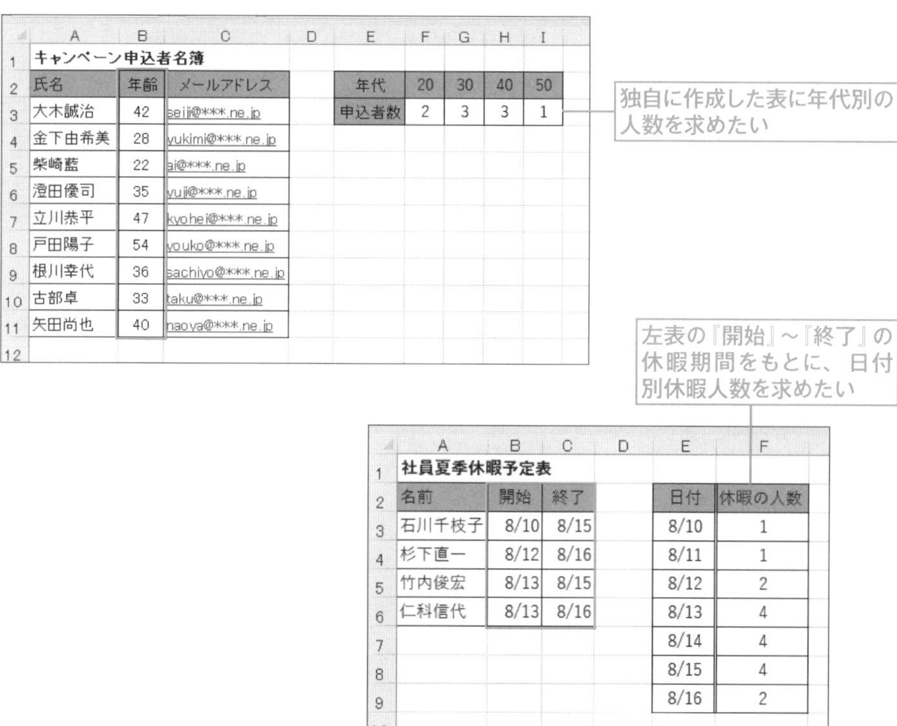

独自に作成した表に年代別の人数を求めたい
左表の『開始』～『終了』の休暇期間をもとに、日付別休暇人数を求めたい

キャンペーン申込者名簿

氏名	年齢	メールアドレス
大木誠治	42	seiji@***.ne.jp
金下由希美	28	yukimi@***.ne.jp
柴崎藍	22	ai@***.ne.jp
澄田優司	35	yuji@***.ne.jp
立川恭平	47	kyohei@***.ne.jp
戸田陽子	54	youko@***.ne.jp
根川幸代	36	sachiyo@***.ne.jp
古部卓	33	taku@***.ne.jp
矢田尚也	40	naoya@***.ne.jp

年代	20	30	40	50
申込者数	2	3	3	1

社員夏季休暇予定表

名前	開始	終了
石川千枝子	8/10	8/15
杉下直一	8/12	8/16
竹内俊宏	8/13	8/15
仁科信代	8/13	8/16

日付	休暇の人数
8/10	1
8/11	1
8/12	2
8/13	4
8/14	4
8/15	4
8/16	2

本節では、どんな区間でも独自に作成した表で集計を求められるように、区間集計のテクニックを完全マスターしよう！

✔ 区間集計

テク090 「～以下」の形式で、各区間に該当するデータの件数を集計したい

使うのはコレ! FREQUENCY関数

「100まで」「200まで」など、「～以下」の形式で区切られた別表に、各区間の該当データの件数を集計したいときは、**FREQUENCY関数**を使おう。

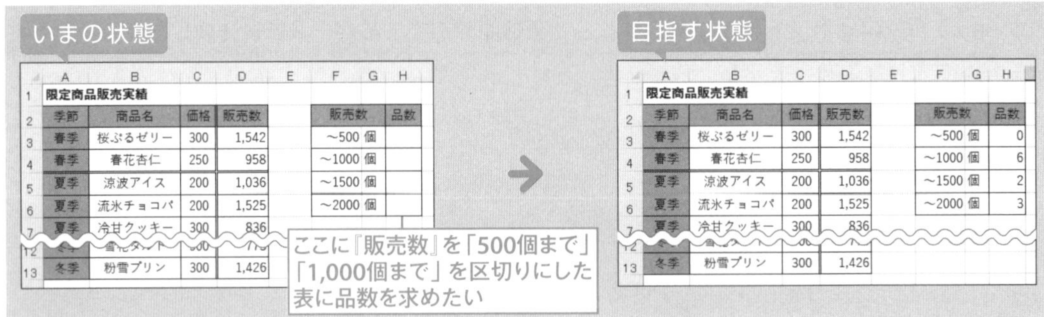
いまの状態
目指す状態
ここに『販売数』を「500個まで」「1,000個まで」を区切りにした表に品数を求めたい

集計編

スピル使用の数式

1. 品数を求めるセル（H3セル）を選択し、「=FREQUENCY(」と入力する。
2. [データ配列]…数える『販売数』のセル範囲を選択する。
3. [区間配列]…「～以下」で区切ったセル範囲を最後のセルは除いて選択して、Enter キーで数式を確定する。

Excel2019/2016の数式

1. 品数を求めるセル範囲（H3セル～H6セル）を選択し、「=FREQUENCY(」と入力する。
2. [データ配列]…数える『販売数』のセル範囲を選択する。
3. [区間配列]…「～以下」で区切ったセル範囲を選択して、Ctrl + Shift + Enter キーで数式を確定する。

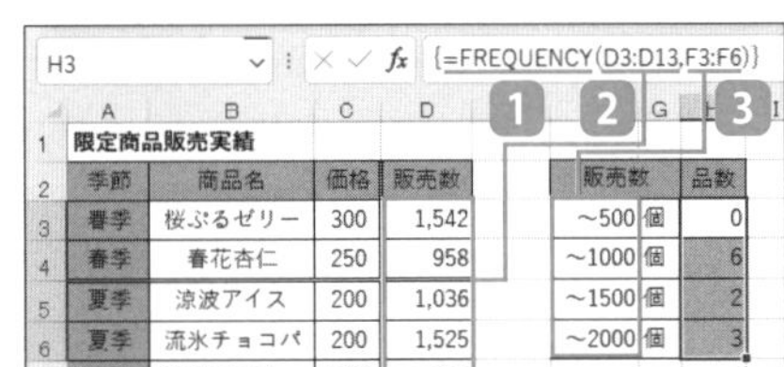
{=FREQUENCY(D3:D13,F3:F6)}

数式解説

「=FREQUENCY(D3:D13,F3:F5)」の数式は、F3セル～F5セルに入力したそれぞれの数値以下に該当するD3セル～D13セルの『販売数』のセルの数を求める。結果、500個ごとの品数が求められる。Excel2019/2016では配列数式で求める必要があるため、Ctrl + Shift + Enter キーで数式を確定する。

ここがポイント！　スピルを使用するとき、引数[区間配列]で指定するセル範囲のコツ

Excel2021/365では、スピルが適用されるため、引数[区間配列]で最後のセルまで選択して数式を作成すると、表の区間より下のセルに「0」が求められる。求めたくない場合は、手順のように1つ上の行にある区間までを範囲選択するのがコツ。なお、最後の区間の数値以上の数値を表内に含む場合は合算されてしまうので注意が必要。

✓ 区間集計

テク 091 「～以上」の形式で、各区間に該当するデータの件数を集計したい

使うのはコレ! 「～以下」の値、FREQUENCY関数

「20代」「30代」など、「～以上」の形式で区切られた別表に、各区間の該当データの件数を集計したい時も、テク090の**FREQUENCY関数**で求められるが、表の横に「～以下」の数値をあらかじめ入力しておく必要がある。

いまの状態
目指す状態
ここに『年代』別の『申込者数』を求めたい

スピル使用の数式

1. 「～以下」の値を年代の横に入力する。20代は「29以下」なので「29」と入力する。
2. 申込者数を求めるセル（G3セル）を選択し、「=FREQUENCY(」と入力する。
3. ［データ配列］…数える『年齢』のセル範囲を選択する。
4. ［区間配列］…「～以下」の数値のセル範囲を選択して、Enterキーで数式を確定する。

=FREQUENCY(B3:B11,E3:E5)

Excel2019/2016の数式

1. 「～以下」の値を年代の横に入力する。20代は「29以下」なので「29」と入力する。
2. 申込者数を求めるセル範囲（G3セル～G6セル）を選択し、「=FREQUENCY(」と入力する。
3. ［データ配列］…数える『年齢』のセル範囲を選択する。
4. ［区間配列］…「～以下」の数値のセル範囲を選択して、Ctrl＋Shift＋Enterキーで数式を確定する。

数式解説

「=FREQUENCY(B3:B11,E3:E5)」の数式は、E3セル～E5セルに入力したそれぞれの数値以下に該当するB3セル～B11セルの年齢のセルの数を求める。結果、年代別の申込者数が求められる。Excel2019/2016では配列数式で求める必要があるため、Ctrl＋Shift＋Enterキーで数式を確定する。

併せて覚えテク 最後の区間を「～以上（以降）」で数えるには?

最後の区間をまとめて「～以上（以降）」として数えるには、最後の区間は空白にしたセルを含めて数式を作成しよう。

第4章

✔ 区間集計

テク 092 「～以上（以下）」が横並びの形式で、各区間に該当するデータの件数を集計したい

使うのはコレ! TRANSPOSE＋FREQUENCY関数

「～以上（以下）」の形式で区切られた別表が列並びの場合に、各区間の該当データの件数を集計するには、テク090のFREQUENCY関数だけではできない。**FREQUENCY関数**で求められた結果を**TRANSPOSE関数**で行列を入れ替えて求めよう。

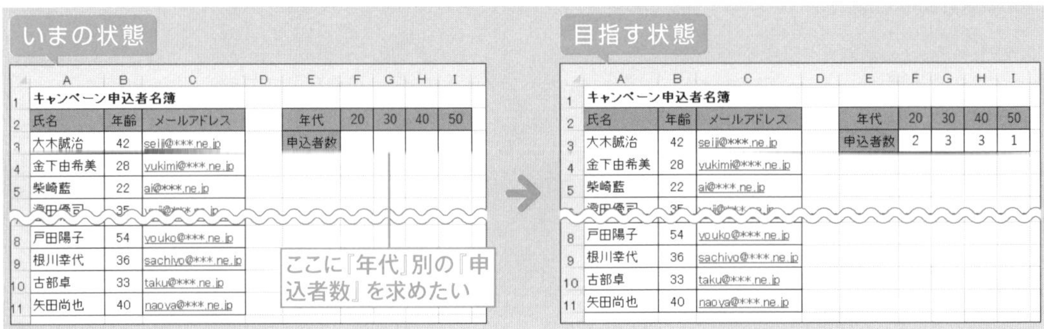

● Excel2021/365の数式

1. 年代は「～以上」を区切りにして集計するので、テク091と同じように「～以下」の値を年代の上に入力する。20代は「29以下」なので「29」と入力する。
2. 申込者数を求めるセル（F3セル）を選択し、「=TRANSPOSE(」と入力する。
3. ［配列］…「=FREQUENCY(」と入力する。
4. ［データ配列］…数える『年齢』のセル範囲を選択する。
5. ［区間配列］…「～以下」の数値のセル範囲を選択して、Enter キーで数式を確定する。

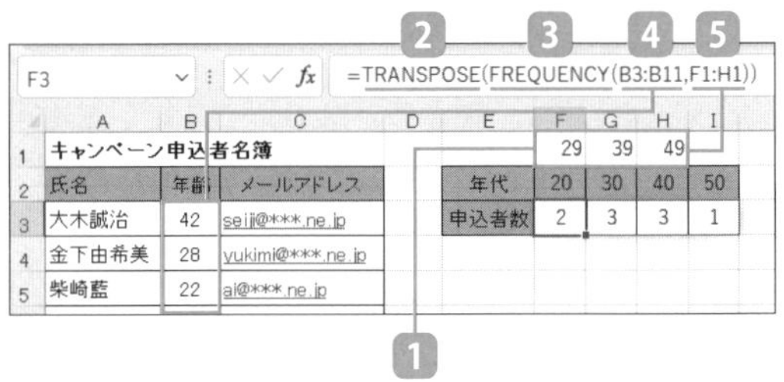

● Excel2019/2016の数式

1. 「～以下」の値を年代の上に入力する。20代は「29以下」なので「29」と入力する。
2. 申込者数を求めるセル範囲（F3セル～I3セル）を選択し、「=TRANSPOSE(」と入力する。
3. ［配列］…「=FREQUENCY(」と入力する。
4. ［データ配列］…数える『年齢』のセル範囲を選択する。
5. ［区間配列］…「～以下」の数値のセル範囲を最後のセルは除いて選択して、Ctrl ＋ Shift ＋ Enter キーで数式を確定する。

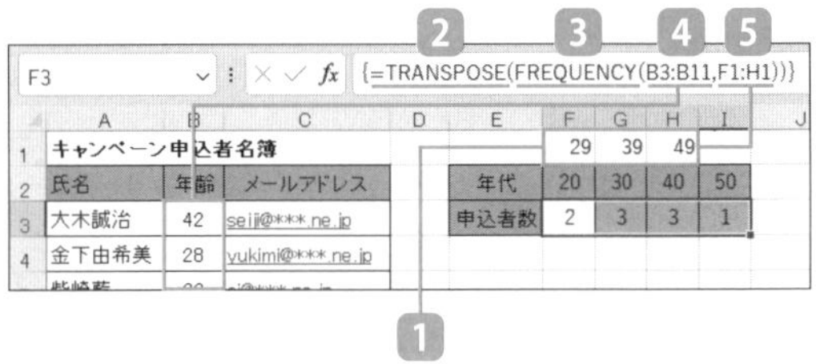

数式解説

「FREQUENCY(B3:B11,F1:H1)」の数式は、F1セル～H1セルに入力したそれぞれの数値以下に該当するB3セル～B11セルの「年齢」のセルの数を求める。求められたそれぞれのセルの数は行並びで返されるので、TRANSPOSE関数の引数に使うことで、列並びで返すことができる。結果、列並びの年代別の表に申込者数が求められる。

ここがポイント！　Excel2021/365では、先頭のセルを選択するだけ

Excel2021/365では、先頭のセルに関数を入力して Enter キーを押すと、スピルが適用されるため、ほかのセルにも結果が求められる。Excel2019/2016では配列数式で求める必要があるため、すべてのセル範囲を選択してから、関数を入力して、Ctrl ＋ Shift ＋ Enter キーで数式を確定する。

第4章

✔ 区間集計

テク093 「～以上（以下）」の形式で、各区間に該当するデータの合計／平均を求めたい

使うのはコレ! SUMIFS関数、AVERAGEIFS関数

「～以上（以下）」の形式で区切られた別表に、各区間の該当データを合計して求めるには**SUMIFS関数**、平均を求めるには**AVERAGEIFS関数**を使って数式を作成しよう。

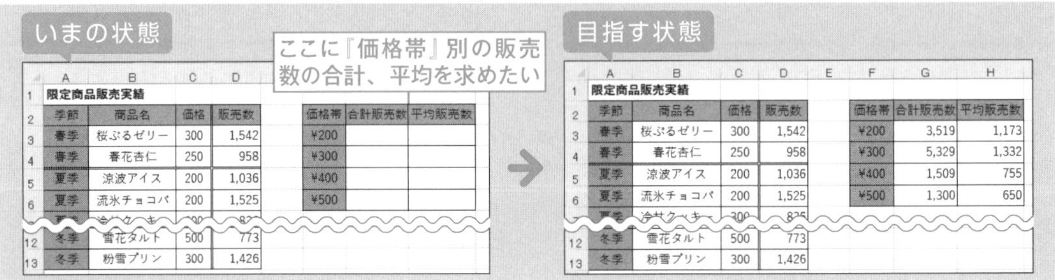

いまの状態
ここに『価格帯』別の販売数の合計、平均を求めたい
目指す状態

いまの状態

	A	B	C	D	E	F	G	H
1	限定商品販売実績							
2	季節	商品名	価格	販売数		価格帯	合計販売数	平均販売数
3	春季	桜ぷるゼリー	300	1,542		¥200		
4	春季	春花杏仁	250	958		¥300		
5	夏季	涼波アイス	200	1,036		¥400		
6	夏季	流氷チョコパ	200	1,525		¥500		
12	冬季	雪花タルト	500	773				
13	冬季	粉雪プリン	300	1,426				

目指す状態

	A	B	C	D	E	F	G	H
1	限定商品販売実績							
2	季節	商品名	価格	販売数		価格帯	合計販売数	平均販売数
3	春季	桜ぷるゼリー	300	1,542		¥200	3,519	1,173
4	春季	春花杏仁	250	958		¥300	5,329	1,332
5	夏季	涼波アイス	200	1,036		¥400	1,509	755
6	夏季	流氷チョコパ	200	1,525		¥500	1,300	650
12	冬季	雪花タルト	500	773				
13	冬季	粉雪プリン	300	1,426				

● 価格帯別合計販売数を求める

G3 =SUMIFS($D$3:$D$13,$C$3:$C$13,">="&F3,$C$3:$C$13,"<"&F4)

	A	B	C	D	E	F	G	H
1	限定商品販売実績							
2	季節	商品名	価格	販売数		価格帯	合計販売数	平均販売数
3	春季	桜ぷるゼリー	300	1,542		¥200	3,519	
4	春季	春花杏仁	250	958		¥300	5,329	
5	夏季	涼波アイス	200	1,036		¥400	1,509	
6	夏季	流氷チョコパ	200	1,525		¥500	1,300	
7	夏季	冷甘クッキー	300	836		¥600		
8	夏季	水涼羊羹	450	527				

1. 区切りにしたい価格帯の下に1つ多い区切りを入力する。
2. 価格帯別の合計販売数を求めるセル（G3セル）を選択し、「=SUMIFS(」と入力する。
3. ［合計対象範囲］…合計する『販売数』のセル範囲を選択して、F4キーを1回押して絶対参照をつける。
4. ［条件範囲1］…条件範囲となる『価格』のセル範囲を選択して、F4キーを1回押して絶対参照をつける。
5. ［条件1］…1つ目の条件「">="&F3」を入力する。
6. ［条件範囲2］…条件範囲となる『価格』のセル範囲を選択して、F4キーを1回押して絶対参照をつける。
7. ［条件2］…2つ目の条件「"<"&F4」を入力したら、Enterキーで数式を確定する
8. 数式を必要なだけ複写する。

数式解説

「=SUMIFS($D$3:$D$13,$C$3:$C$13,">="&F3,$C$3:$C$13,"<"&F4)」の数式は、C3セル～C13セルの『価格』の中で、「F3セル～F6セルの『価格帯』以上」「F4セル～F7セルの『価格帯』未満」の2つの条件を満たすセルを探し、D3セル～D13セルの中でそのセルと同じ番目にある『販売数』の合計を求める。結果、価格帯別の合計販売数が求められる。

Change!

従来
```
=SUMIFS($D$3:$D$13,$C$3:$C$13,">="&F3,$C$3:$C$13,"<"&F4)
```

スピル
```
=SUMIFS(D3:D13,C3:C13,">="&F3:F6,C3:C13,"<"&F4:F7)
```

集計編

価格帯別平均販売数を求める

H3 =AVERAGEIFS($D$3:$D$13,$C$3:$C$13,">="&F3,$C$3:$C$13,"<"&F4)

	A	B	C	D	E	F	G	H
1	限定商品販売実績							
2	季節	商品名	価格	販売数		価格帯	合計販売数	平均販売数
3	春季	桜ぷるゼリー	300	1,542		¥200	3,519	1,173
4	春季	春花杏仁	250	958		¥300	5,329	1,332
5	夏季	涼波アイス	200	1,036		¥400	1,509	755
6	夏季	流氷チョコバ	200	1,525		¥500	1,300	650
7	夏季	冷甘クッキー	300	836		¥600		
8	夏季	水涼羊羹	450	527				

1. 区切りにしたい価格帯の下に1つ多い区切りを入力する。
2. 価格帯別の平均販売数を求めるセル（H3セル）を選択し、「=AVERAGEIFS(」と入力する。
3. ［平均対象範囲］…平均する『販売数』のセル範囲を選択して、F4 キーを1回押して絶対参照をつける。
4. ［条件範囲1］…条件『価格』のセル範囲を選択して、F4 キーを1回押して絶対参照をつける。
5. ［条件1］…1つ目の条件「">="&F3」を入力する。
6. ［条件範囲2］…条件『価格』のセル範囲を選択して、F4 キーを1回押して絶対参照をつける。
7. ［条件2］…2つ目の条件「"<"&F4」を入力したら、Enter キーで数式を確定する
8. 数式を必要なだけ複写する。

数式解説

「=AVERAGEIFS($D$3:$D$13,$C$3:$C$13,">="&F3,$C$3:$C$13,"<"&F4)」の数式は、C3セル～C13セルの『価格』の中で、「F3セル～F6セルの『価格帯』以上」「F4セル～F7セルの『価格帯』未満」の2つの条件を満たすセルを探し、D3セル～D13セルの中でそのセルと同じ番目にある『販売数』の平均を求める。結果、価格帯別の平均販売数が求められる。

Change!

従来 =AVERAGEIFS($D$3:$D$13,$C$3:$C$13,">="&F3,$C$3:$C$13,"<"&F4)

スピル =AVERAGEIFS(D3:D13,C3:C13,">="&F3:F6,C3:C13,"<"&F4:F7)

ここがポイント！ 「～以下」の形式で区切られた表では？

「～以下」の形式で区切られた表では、隣の列に「～以上」の数値を作成しておき、その列の数値を手順4～7で指定して数式を作成しよう。

併せて覚え テク 「～以上」の形式で区切られたクロス表に集計するには？

「～以上」の形式で区切られたクロス表に集計する場合は、操作の関数で、1列見出しを3つ目の条件に追加して数式を作成しよう。

H3 =SUMIFS($E$3:$E$13,$D$3:$D$13,">="&$G3,$D$3:$D$13,"<"&$G4,$B$3:$B$13,H$2)

	A	B	C	D	E	F	G	H	I	J
1	アロマキャンドル売上表									
2	日付	店舗名	香り	単価	数量		店舗名／価格帯	本店	モール店	ネット店
3	4/1	本店	ローズ	2,500	10		2,000	33	9	20
4	4/1	本店	ラベンダー	3,200	7		3,000	7	38	11
5	4/1	モール店	ラベンダー	3,200	12		4,000			
6	4/2	本店	ジャスミン	2,000	15					

スピル使用の数式

=SUMIFS(E3:E13,D3:D13,">="&G3:G4,D3:D13,"<"&G4:G5,B3:B13,H2:J2)

✓ 区間集計

テク094 「～以上」「～以下」の形式で、区間内に該当するデータの件数を集計したい

使うのはコレ! COUNTIFS関数

「～以上」「～以下」の2列で区切られた表から、区間内の各データに該当するデータの件数や合計を求めるには、2つの条件を満たす集計となるので、**COUNTIFS関数**や**SUMIFS関数**を使おう。たとえば、複数の期間からその期間内に含まれる日付の件数が求められる。

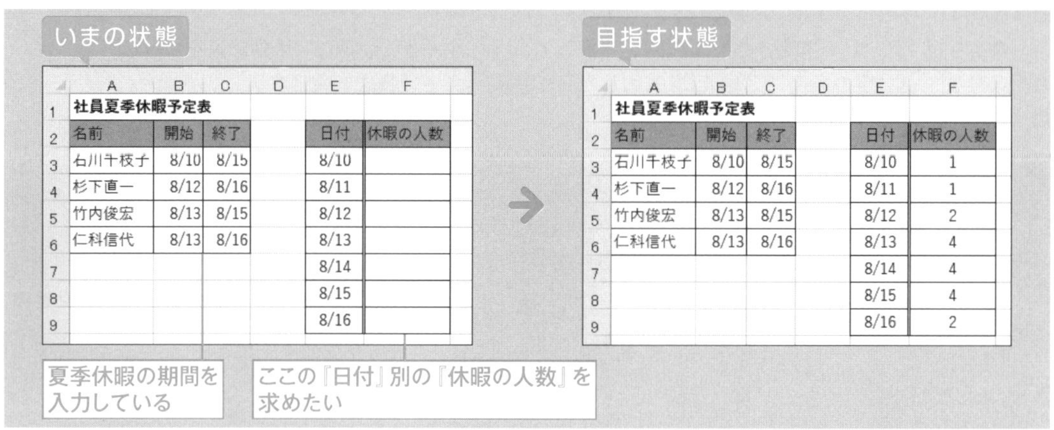

いまの状態
目指す状態
夏季休暇の期間を入力している
ここの『日付』別の『休暇の人数』を求めたい

	A	B	C	D	E	F
1	社員夏季休暇予定表					
2	名前	開始	終了		日付	休暇の人数
3	石川千枝子	8/10	8/15		8/10	1
4	杉下直一	8/12	8/16		8/11	1
5	竹内俊宏	8/13	8/15		8/12	2
6	仁科信代	8/13	8/16		8/13	4
7					8/14	4
8					8/15	4
9					8/16	2

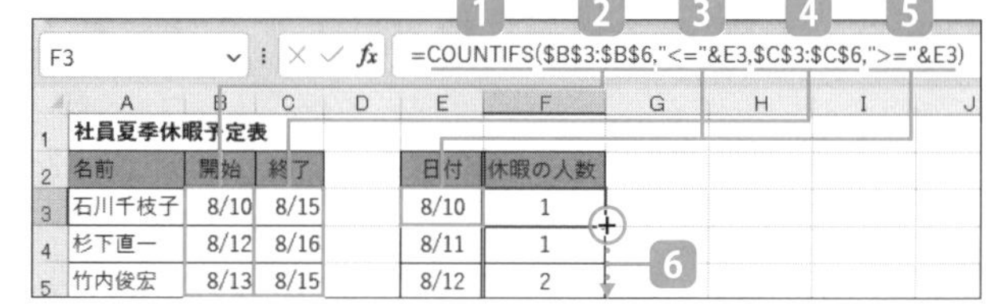

F3
=COUNTIFS($B$3:$B$6,"<=''&E3,$C$3:$C$6,">=''&E3)

1. 休暇人数を求めるセル（F3セル）を選択し、「=COUNTIFS(」と入力する。
2. [検索条件範囲1]…『開始』のセル範囲を選択して、F4キーを1回押して絶対参照をつける。
3. [検索条件1]…1つ目の条件「"<="&E3」を入力する。
4. [検索条件範囲2]…『終了』のセル範囲を選択して、F4キーを1回押して絶対参照をつける。
5. [検索条件2]…2つ目の条件「">="&E3」を入力したら、Enterキーで数式を確定する。
6. 数式を必要なだけ複写する。

数式解説

「=COUNTIFS($B$3:$B$6,"<="&E3,$C$3:$C$6,">="&E3)」の数式は、『開始』の日付が表の『日付』以上、『終了』の日付が表の『日付』以下である場合の条件を満たすセルの数を求める。結果、日付ごとの休暇人数が求められる。

Change!

従来 =COUNTIFS($B$3:$B$6,"<="&E3,$C$3:$C$6,">="&E3)

スピル =COUNTIFS(B3:B6,"<="&E3:E9,C3:C6,">="&E3:E9)

✓ 区間集計

テク095 条件を満たすデータだけ各区間の集計を求めたい

使うのはコレ! FREQUENCY＋FILTER関数
Excel2019/2016　FREQUENCY＋IF関数＋配列数式

男性だけの年代別集計を求めたいなど、条件を満たす各区間の該当データの件数を集計するには、**FILTER関数**（Excel2019/2016では**IF関数**）で条件を満たすデータを抽出し、そのデータをもとに、テク090の**FREQUENCY関数**で区間ごとのセルの数を数えて求めよう。

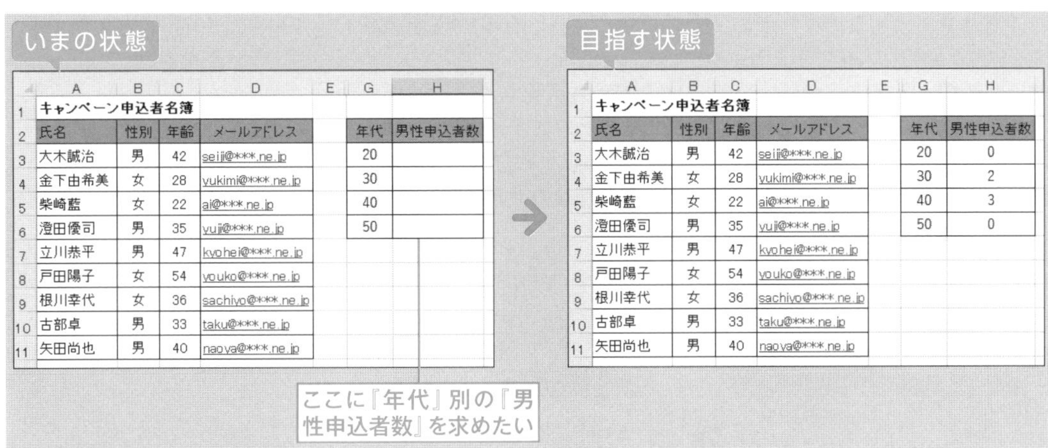
いまの状態
目指す状態
ここに『年代』別の『男性申込者数』を求めたい

	A	B	C	D	E	G	H
1	キャンペーン申込者名簿						
2	氏名	性別	年齢	メールアドレス		年代	男性申込者数
3	大木誠治	男	42	seiji@***.ne.jp		20	0
4	金下由希美	女	28	yukimi@***.ne.jp		30	2
5	柴崎藍	女	22	ai@***.ne.jp		40	3
6	澄田優司	男	35	yuji@***.ne.jp		50	0
7	立川恭平	男	47	kyohei@***.ne.jp			
8	戸田陽子	女	54	youko@***.ne.jp			
9	根川幸代	女	36	sachiyo@***.ne.jp			
10	古部卓	男	33	taku@***.ne.jp			
11	矢田尚也	男	40	naoya@***.ne.jp			

Excel2021/365の数式

1. 「～以下」の値を年代の横に入力する。20代は「29以下」なので「29」と入力する。
2. 男性申込者数を求めるセル（H3セル）を選択し、「=FREQUENCY(」と入力する。
3. [データ配列]…「FILTER(」と入力して、『性別』が「男」の『年齢』を抽出する数式を入力する。
4. [配列]…抽出する『年齢』のセル範囲を選択する。
5. [含む]…「『性別』のセル範囲が「男」の場合」の条件式を入力する。
6. [空の場合]…省略する。
7. [区間配列]…「～以下」の数値のセル範囲を最後のセルは除いて選択して、Enterキーで数式を確定する。

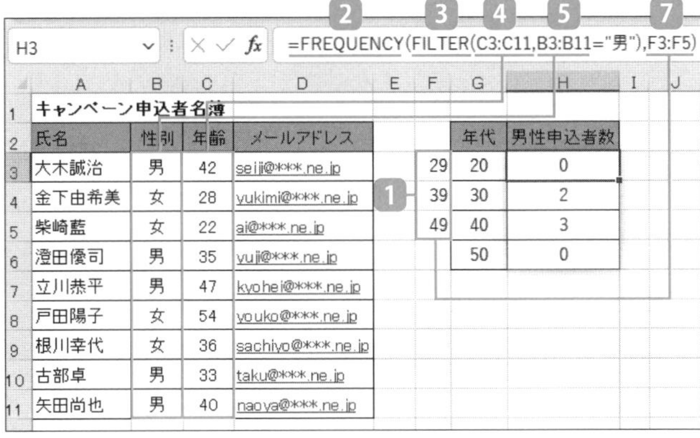
H3
=FREQUENCY(FILTER(C3:C11,B3:B11="男"),F3:F5)
1
2
3
4
5
7

	A	B	C	D	E	F	G	H
1	キャンペーン申込者名簿							
2	氏名	性別	年齢	メールアドレス			年代	男性申込者数
3	大木誠治	男	42	seiji@***.ne.jp		29	20	0
4	金下由希美	女	28	yukimi@***.ne.jp		39	30	2
5	柴崎藍	女	22	ai@***.ne.jp		49	40	3
6	澄田優司	男	35	yuji@***.ne.jp			50	0
7	立川恭平	男	47	kyohei@***.ne.jp				
8	戸田陽子	女	54	youko@***.ne.jp				
9	根川幸代	女	36	sachiyo@***.ne.jp				
10	古部卓	男	33	taku@***.ne.jp				
11	矢田尚也	男	40	naoya@***.ne.jp				

数式解説

「FILTER(C3:C11,B3:B11="男")」の数式は、B3セル～B11セルの『性別』が「男」の条件を満たすC3セル～C11セルの『年齢』を抽出する。結果をFREQUENCY関数の引数［データ配列］に指定して「=FREQUENCY(FILTER(C3:C11,B3:B11="男"),F3:F5)」の数式を作成することで、『性別』が「男」の条件を満たす『年齢』だけ、引数［区間配列］に指定した、それぞれの数値以下に該当する、C3セル～C11セルの『年齢』のセルの数が求められる。結果、『年代』別の「男性申込者数」が求められる。

Excel2019/2016の数式

1. 「～以下」の値を年代の横に入力する。20代は「29以下」なので「29」と入力する。
2. 男性申込者数を求めるすべてのセル（H3セル～H6セル）を範囲選択し、「=FREQUENCY(」と入力する。
3. ［データ配列］…「IF(」と入力する。
4. ［論理式］…「『性別』が「男」の場合」の条件式を入力する。
5. ［値が真の場合］…「男」の場合に表示する値として、『年齢』のセル範囲を選択する。
6. ［値が偽の場合］…条件を満たさない場合に表示する空白［""］を入力する。
7. ［区間配列］…「～以下」の数値のセル範囲を最後のセルは除いて選択して、Ctrl＋Shift＋Enterキーで数式を確定する。

数式解説

「IF(B3:B11="男",C3:C11,"")の数式は、B3セル～B11セルの『性別』が「男」の条件を満たすC3セル～C11セルの『年齢』のセル範囲を返し、違う場合は、空白を求める。結果をFREQUENCY関数の引数［データ配列］に指定して「=FREQUENCY(IF(B3:B11="男",C3:C11,""),F3:F5)」の数式を作成することで、『性別』が「男」の条件を満たす『年齢』だけ、引数［区間配列］に指定した、それぞれの数値以下に該当する、C3セル～C11セルの『年齢』のセルの数が求められる。結果、『年代』別の『男性申込者数』が求められる。なお、配列のため、Ctrl＋Shift＋Enterキーで数式を確定して、配列数式で求める必要がある。

4-5 集計するセル範囲を「可変」にする集計をマスター!

項目別の集計は、本章の1節で解説した数式で対応できる。しかし、集計元のデータは毎日データを追加する……といった場合は、追加のたびに数式の集計範囲を選択し直さなくてはならない。

	A	B	C	D	E	F	G	H
1	アロマキャンドル売上表							
2	日付	店舗名	香り	単価	数量		◆香り	ローズ
3	4/1	本店	ローズ	2,500	10			
4	4/1	本店	ラベンダー	3,200	7		合計	39
5	4/1	モール店	ラベンダー	3,200	12		平均	13
6	4/2	本店	ジャスミン	2,000	15		件数	3
7	4/2	モール店	ローズ	3,000	18			
8	4/2	モール店	ジャスミン	3,000	8			
9	4/2	ネット店	ローズ	3,500	11			
10								

データの追加を集計値に反映させるために、集計範囲を変更する

あるいは、日別や月別の集計表をもとにして、指定の日や月までの集計値を求めたい場合も、条件の月や日を変更する度に数式中の条件範囲を修正する必要がある。

	A	B	C	D	E	F	G	H	I	J
1	■売上数									
2	6月	まで	8,967							
3										
4	店舗名	4月	5月	6月	7月	8月	9月	10月	11月	12月
5	本店	745	1,118	696	525	720	935	1,252	1,005	1,502
6	モール店	894	1,354	922	1,036	1,288	1,547	1,856	1,352	2,228
7	ネット店	1,052	1,208	978	1,114	1,520	1,822	2,186	1,687	2,624
8	全店	2,691	3,680	2,596	2,675	3,528	4,304	5,294	4,044	6,354
9										

指定の月までの集計値を求めるために、条件範囲を変更する

	A	B	C	D	E	F	G	H	I	J
1	■売上数									
2	9月	まで	19,474							
3										
4	店舗名	4月	5月	6月	7月	8月	9月	10月	11月	12月
5	本店	745	1,118	696	525	720	935	1,252	1,005	1,502
6	モール店	894	1,354	922	1,036	1,288	1,547	1,856	1,352	2,228
7	ネット店	1,052	1,208	978	1,114	1,520	1,822	2,186	1,687	2,624
8	全店	2,691	3,680	2,596	2,675	3,528	4,304	5,294	4,044	6,354
9										

こういった集計セル範囲の変更は、自動で反映されるようになれば、もっとスピーディーに集計できるはず。そこで、本節では、集計するセル範囲を自動で可変にする、さまざまな可変集計テクニックを完全マスターしよう！

✓ 条件集計のデータ追加対応

テク096 条件範囲／集計範囲を自動変更して、条件に一致する項目を集計したい

使うのはコレ! テーブル+SUMIF関数

関数でデータを**条件付き集計**した場合、データの追加に備えるなら、条件範囲／集計範囲を広めに指定した数式を作成することで回避できる。しかし、1行1件形式のデータなら集計する表を**テーブルに変換**しておけば、データを追加するたび、自動で条件範囲／集計範囲を拡張することができる。

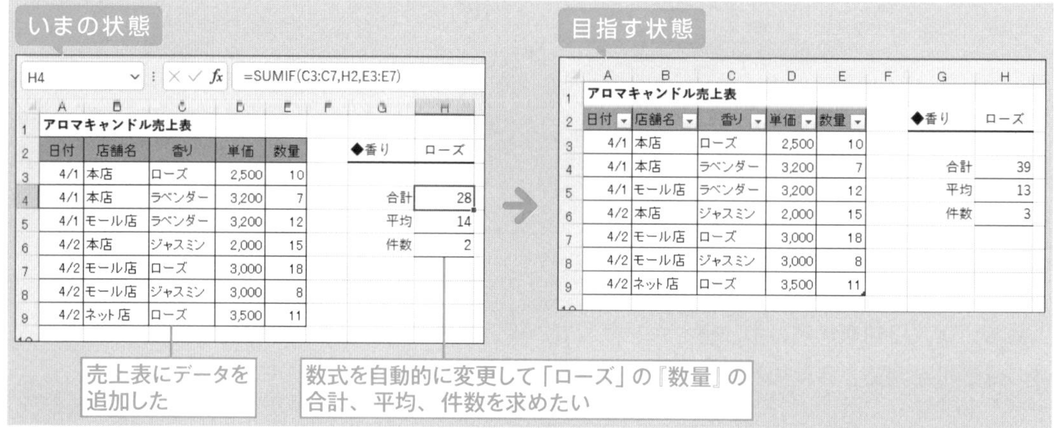

1 表をテーブルに変換し（作成方法は第1章1節テク008参照）、テーブル名に「売上表」を付ける。

操作テク テーブル名を付けるには、［テーブルデザイン］タブ（［テーブル］タブ）→［プロパティ］グループのテーブル名に入力する。

2 「ローズ」の売上合計を求めるセル（H4セル）を選択し、「=SUMIF(」と入力する。

3 ［範囲］…条件を含む『香り』のセル範囲を「売上表［香り］」で指定する。

4 ［検索条件］…条件のセルを選択する。

5 ［合計範囲］…合計する『数量』のセル範囲を「売上表［数量］」で指定して、Enter キーで数式を確定すると、表にデータを追加しても自動で「ローズ」の売上合計が求められる。

6 「ローズ」の『数量』の平均は「=AVERAGEIF(」、7 売上件数は「=COUNTIF(」と入力して同様に数式を入力すると求められる。

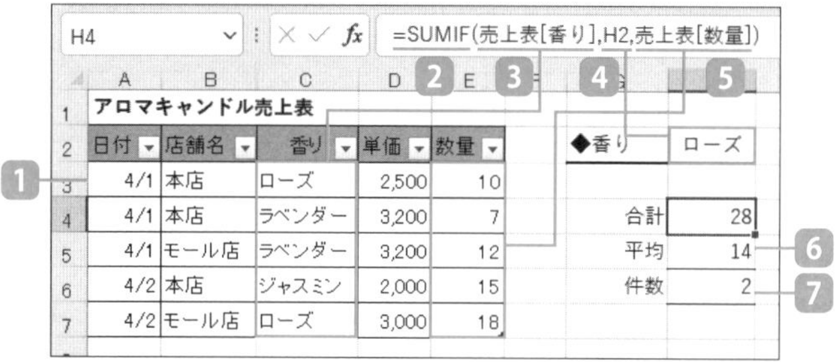

数式解説

「=SUMIF(売上表[香り],H2,売上表[数量])」の数式は、「売上表」のテーブルの『香り』の中でH2セルの条件「ローズ」に該当するセルを探し、「売上表」のテーブルの『数量』の中でそのセルと同じ番目にある数量の合計を求める。

ここがポイント！　テーブルに変換するとテーブル名と列見出しで数式が作成できる

表をテーブルに変換し、テーブル内のセルを選択して数式を作成すると、テーブル名と列見出しを使って作成される（手入力は不要）。そのため、データを追加しても結果が反映される。
テーブル名を付けずにテーブル内のセルを選択すると「=SUMIF(テーブル1[香り],H2,テーブル1[数量])」のように作成されるので、わかりやすいようにテーブル名は付けておこう。

ここがポイント！　セル範囲で数式を作成するには？

手順のように表をテーブルに変換してから数式を作成すると、数式がテーブル内の名称になってしまう。通常のセル範囲の数式にしたいなら、**数式を作成してから、表をテーブルに変換**しよう。

併せて覚え テク　連続した各項目の数式を自動で追加するには？

上記のように1つの項目（「ローズ」だけ）ではなく、連続した項目ごとの数式を求める場合は、**数式の表もテーブルに変換**しておこう。そうすれば、❶データと条件の項目を追加するだけで、❷上の数式が自動でコピーされる。

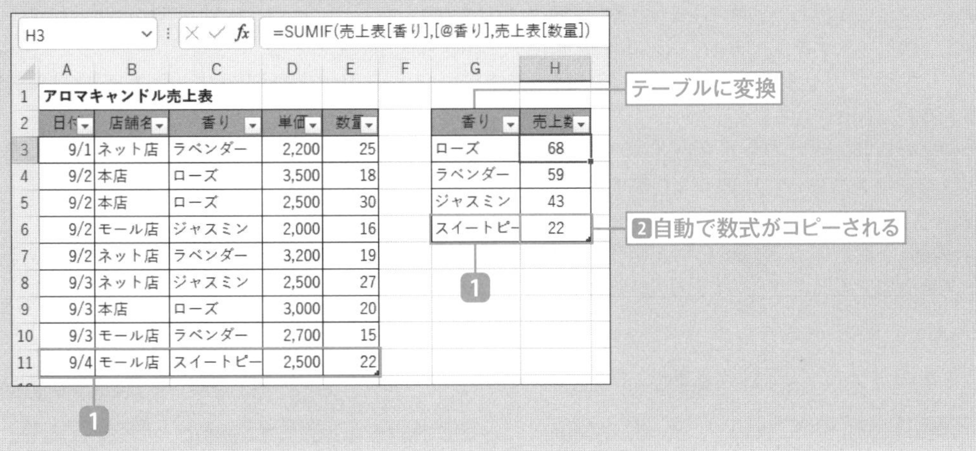

日付	店舗名	香り	単価	数量
9/1	ネット店	ラベンダー	2,200	25
9/2	本店	ローズ	3,500	18
9/2	本店	ローズ	2,500	30
9/2	モール店	ジャスミン	2,000	16
9/2	ネット店	ラベンダー	3,200	19
9/3	ネット店	ジャスミン	2,500	27
9/3	本店	ローズ	3,000	20
9/3	モール店	ラベンダー	2,700	15
9/4	モール店	スイートピー	2,500	22

香り	売上数
ローズ	68
ラベンダー	59
ジャスミン	43
スイートピー	22

✓ 条件集計のデータ追加対応

テク 097 集計する項目を自動追加して、条件に一致する項目を集計したい

Excel2021/365対応

使うのはコレ! テーブル+UNIQUE+SUMIF関数

項目ごとの集計値を求める場合、**集計する項目は手入力せず**に、**UNIQUE関数**で抽出しておけば、データに新たな項目が追加されても自動でピックアップして、その集計値を追加することができる。

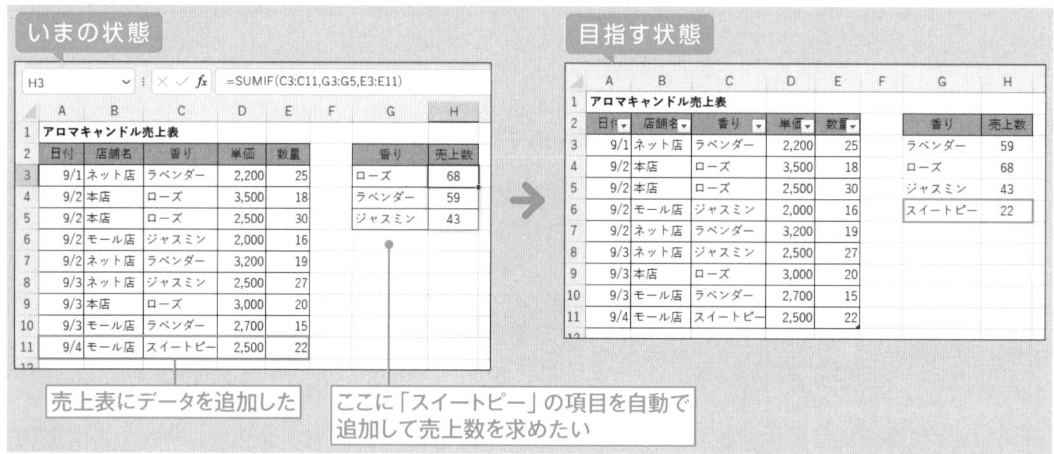

いまの状態

	A	B	C	D	E	F	G	H
1	アロマキャンドル売上表							
2	日付	店舗名	香り	単価	数量		香り	売上数
3	9/1	ネット店	ラベンダー	2,200	25		ローズ	68
4	9/2	本店	ローズ	3,500	18		ラベンダー	59
5	9/2	本店	ローズ	2,500	30		ジャスミン	43
6	9/2	モール店	ジャスミン	2,000	16			
7	9/2	ネット店	ラベンダー	3,200	19			
8	9/3	ネット店	ジャスミン	2,500	27			
9	9/3	本店	ローズ	3,000	20			
10	9/3	モール店	ラベンダー	2,700	15			
11	9/4	モール店	スイートピー	2,500	22			

目指す状態

	A	B	C	D	E	F	G	H
1	アロマキャンドル売上表							
2	日付	店舗名	香り	単価	数量		香り	売上数
3	9/1	ネット店	ラベンダー	2,200	25		ラベンダー	59
4	9/2	本店	ローズ	3,500	18		ローズ	68
5	9/2	本店	ローズ	2,500	30		ジャスミン	43
6	9/2	モール店	ジャスミン	2,000	16		スイートピー	22
7	9/2	ネット店	ラベンダー	3,200	19			
8	9/3	ネット店	ジャスミン	2,500	27			
9	9/3	本店	ローズ	3,000	20			
10	9/3	モール店	ラベンダー	2,700	15			
11	9/4	モール店	スイートピー	2,500	22			

1. 表をテーブルに変換し（作成方法は第1章1節テク008参照）、テーブル名「売上表」を付ける。
2. 集計する項目を入力するセル（G3セル）を選択し、「=UNIQUE(」と入力する。
3. ［配列］…『香り』のセル範囲を「売上表［香り］」で指定して、Enter キーで数式を確定すると『香り』の種類が1個ずつ抽出される。
4. 合計を求める『売上数』のセル（H3セル）を選択し、「=SUMIF(」と入力する
5. ［範囲］…条件を含む『香り』のセル範囲を「売上表［香り］」で指定する。
6. ［検索条件］…条件のセルを選択して、続けて［#］と入力する。
7. ［合計範囲］…合計する『数量』のセル範囲を「売上表［数量］」で指定して、Enter キーで数式を確定する。データを追加すると、条件の「香り」が自動で集計する条件に追加され、同時に「売上数」が求められる。

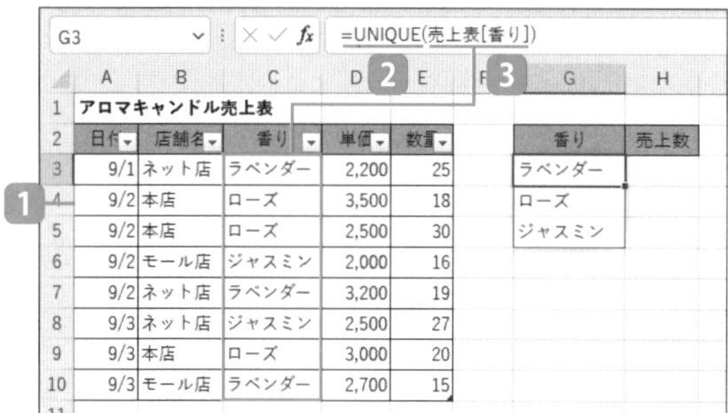

	A	B	C	D	E	F	G	H
1	アロマキャンドル売上表							
2	日付	店舗名	香り	単価	数量		香り	売上数
3	9/1	ネット店	ラベンダー	2,200	25		ラベンダー	
4	9/2	本店	ローズ	3,500	18		ローズ	
5	9/2	本店	ローズ	2,500	30		ジャスミン	
6	9/2	モール店	ジャスミン	2,000	16			
7	9/2	ネット店	ラベンダー	3,200	19			
8	9/3	ネット店	ジャスミン	2,500	27			
9	9/3	本店	ローズ	3,000	20			
10	9/3	モール店	ラベンダー	2,700	15			

H3 =SUMIF(売上表[香り],G3#,売上表[数量]) 4 5 6 7

	A	B	C	D	E	F	G	H
1	アロマキャンドル売上表							
2	日付	店舗名	香り	単価	数量		香り	売上数
3	9/1	ネット店	ラベンダー	2,200	25		ラベンダー	59
4	9/2	本店	ローズ	3,500	18		ローズ	68
5	9/2	本店	ローズ	2,500	30		ジャスミン	43
6	9/2	モール店	ジャスミン	2,000	16			
7	9/2	ネット店	ラベンダー	3,200	19			
8	9/3	ネット店	ジャスミン	2,500	27			
9	9/3	本店	ローズ	3,000	20			
10	9/3	モール店	ラベンダー	2,700	15			

数式解説

数式のセル範囲にテーブルのデータを範囲選択すると、テーブル名[列見出し]で数式が作成されるため、「=UNIQUE(売上表[香り])」の数式が作成され、データを追加しても、常に『香り』の重複を除いて抽出される。UNIQUE関数の数式はスピルが適用されるので、SUMIF関数の引数[検索条件]に「G3#」と指定して、スピルの数式を入れたセル番地に[#](**スピル演算子**)を付けることで、**スピル範囲**(スピルによってこぼれる範囲)全体が参照される。
つまり、表をテーブルに変換することで、データを追加しても、常にUNIQUE関数で『香り』が1種類ずつ抽出され、その香りを参照して、香り別の集計値を求めることができる。

併せて覚え テク クロス表の集計する項目を自動追加して集計するには?

第11章2節テク259「ここがポイント!」で解説しているが、TRANSPOSE関数にUNIQUE関数を組み合わせると、横並びに重複を除くデータを抽出することができる。つまり、1行見出しをUNIQUE関数、2列見出しをTRANSPOSE+UNIQUE関数で抽出しておき、3SUMIFS関数でクロス集計(第4章1節テク067参照)すれば、データが増えても集計する行列項目を自動追加して、クロス表に集計することができる。なお、4スピルの数式を入れた行列見出しのセル番地には必ず[#](スピル演算子)を付けて数式を作成しよう。

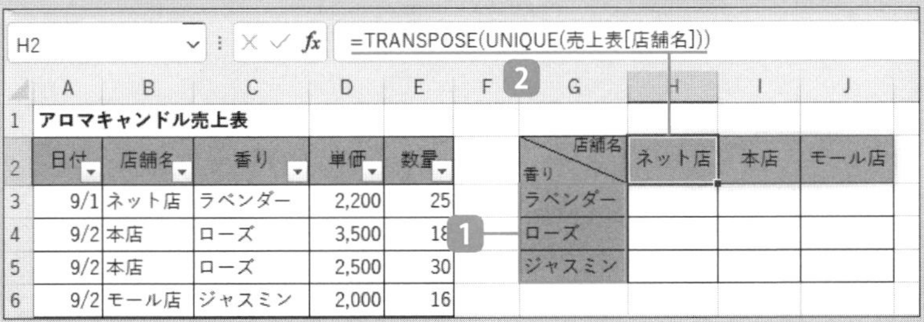

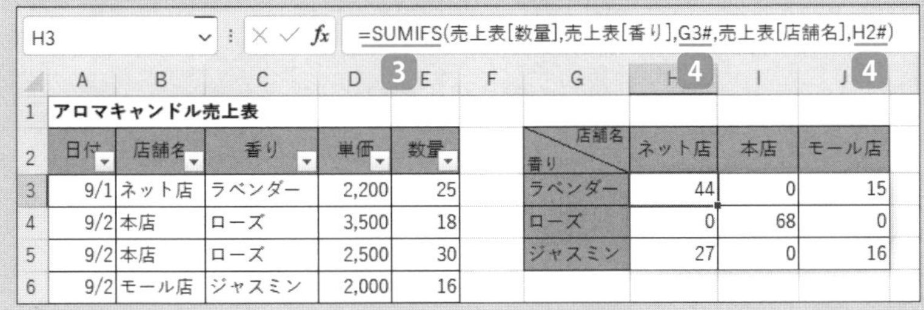

H2 =TRANSPOSE(UNIQUE(売上表[店舗名])) 2

	A	B	C	D	E	F	G	H	I	J
1	アロマキャンドル売上表									
2	日付	店舗名	香り	単価	数量		店舗名/香り	ネット店	本店	モール店
3	9/1	ネット店	ラベンダー	2,200	25		ラベンダー			
4	9/2	本店	ローズ	3,500	18	1	ローズ			
5	9/2	本店	ローズ	2,500	30		ジャスミン			
6	9/2	モール店	ジャスミン	2,000	16					

H3 =SUMIFS(売上表[数量],売上表[香り],G3#,売上表[店舗名],H2#) 3 4 4

	A	B	C	D	E	F	G	H	I	J
1	アロマキャンドル売上表									
2	日付	店舗名	香り	単価	数量		店舗名/香り	ネット店	本店	モール店
3	9/1	ネット店	ラベンダー	2,200	25		ラベンダー	44	0	15
4	9/2	本店	ローズ	3,500	18		ローズ	0	68	0
5	9/2	本店	ローズ	2,500	30		ジャスミン	27	0	16
6	9/2	モール店	ジャスミン	2,000	16					

第4章

テク098 最終データから●件目までなど、直近●件のデータを集計したい

使うのはコレ! SUM+OFFSET+COUNT(A)関数

データの直近5日など、直近●件を条件に集計するには、**OFFSET+COUNT(A)関数**でデータの最下行(または最終列)から●件の範囲を取得できるように数式を作成しよう。

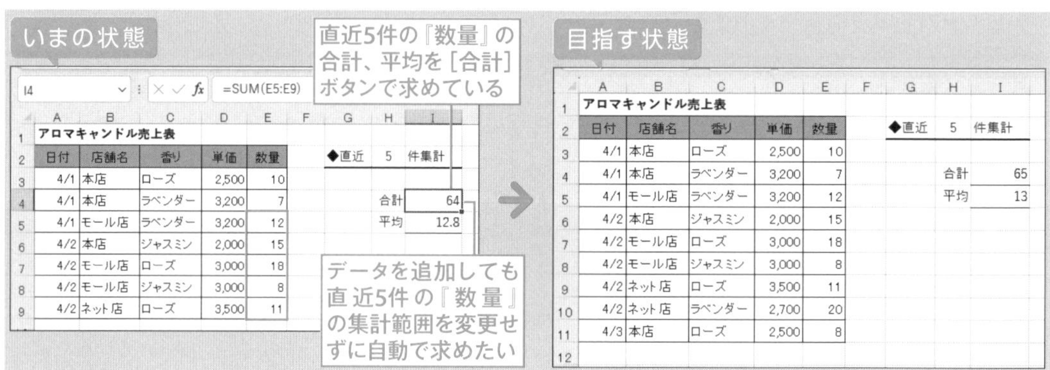

1. 直近5件の合計を求めるセル(I4セル)を選択し、[数式]タブの[関数ライブラリ]グループの[合計]ボタンをクリックする。
2. 「OFFSET(」と入力する。
3. [参照]…集計する『数量』の先頭セルを選択する。
4. [行数]…「COUNT(」と入力して、『数量』を今後入力するセル範囲まで入力する。
5. [列数]…省略する。
6. [高さ]…直近件数のH2セルを[-](ハイフン)を付けて入力する。
7. [幅]…省略して、Enterキーで数式を確定する。
8. 直近「5」件の売上平均は「=AVERAGE(OFFSET(」と入力して同様に数式を入力する。
   H2セルの件数を「3」にすると、直近3件の「数量」の合計と平均が求められる。

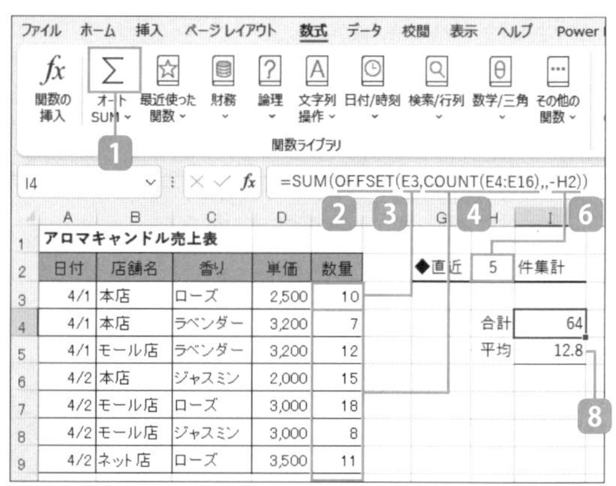

数式解説

「=SUM(OFFSET(E3,COUNT(E4:E18),,-H2))」の数式は、E3セルからE4セル～E18の件数の行数だけ離れたところにある−5行分の高さのセル範囲、つまり、E5セル～E9セルを取得してその合計を求める。結果、直近「5」件の売上合計が求められる。
「=AVERAGE(OFFSET(E3,COUNT(E4:E18),,-H2))」の数式は、E3セルからE4セル～E18の件数の行数だけ離れたところにある−5行分の高さのセル範囲、つまり、E5セル～E9セルを取得してその平均を求める。結果、直近「5」件の売上平均が求められる。

テク099 指定の行までや行〜行までを可変にして集計したい

使うのはコレ! SUM+INDEX関数

表の5行目まで、5行目〜10行目までなど、集計する行まで、あるいは行から行までを可変にして集計するなら、集計するセル範囲のセル参照を**INDEX関数**で抽出する数式を作成しよう。

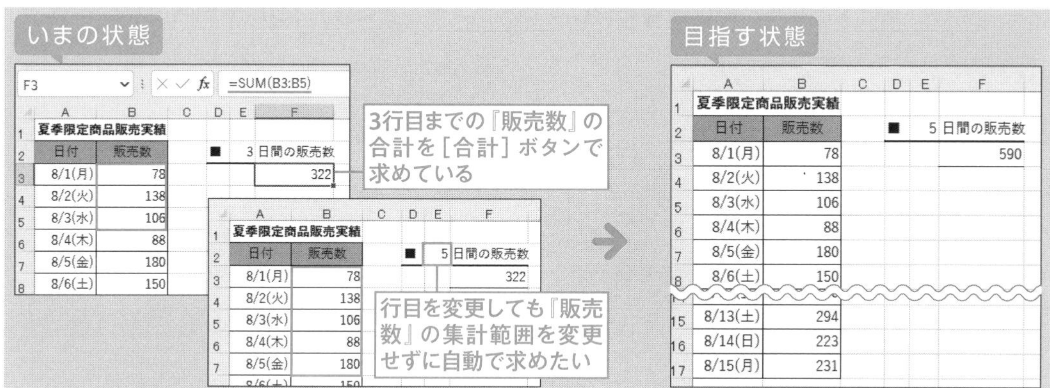

いまの状態
=SUM(B3:B5)
3行目までの『販売数』の合計を[合計]ボタンで求めている
行目を変更しても『販売数』の集計範囲を変更せずに自動で求めたい
目指す状態

1. 3日間の販売数を求めるセル(F3セル)を選択し、[数式]タブの[関数ライブラリ]グループの[合計]ボタンをクリックする。
2. [数値1]…集計する『販売数』の先頭セルを選択して[:](コロン)を入力する。
3. 「INDEX(」と入力する。
4. [参照]…集計する『販売数』のセル範囲を選択する。
5. [行番号]…集計する行数「3」のセルを選択して、Enterキーで数式を確定する。E2セルの行数を「5」にすると、5日間の販売数の合計が求められる。

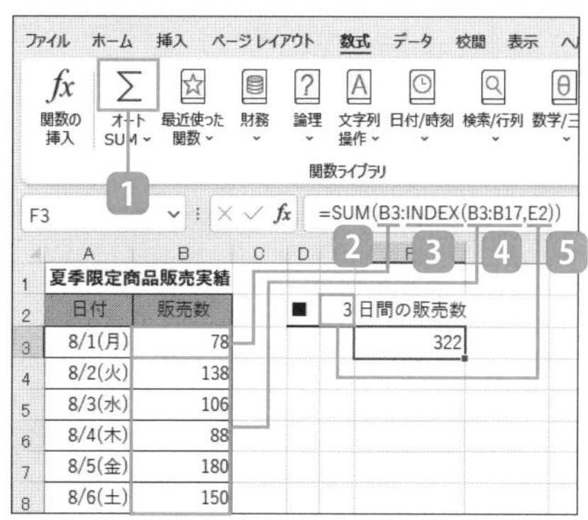

=SUM(B3:INDEX(B3:B17,E2))

数式解説

「INDEX(B3:B17,E2)」の数式は、『販売数』のB3セル〜B17セルの「3」行目のセル参照のB5セルが返される。つまり、「=SUM(B3:INDEX(B3:B17,E2))」の数式は、「=SUM(B3:B5)」」の結果を求めるため、『販売数』の「3」行目までの合計が求められる。

併せて覚え テク 指定の行〜行までを条件に集計するには?

5行目〜10行目までなど、集計する行〜行を可変にして集計する場合は、1集計範囲の先頭セルも同様にINDEX関数でセル参照を抽出する数式にして作成しよう。

✓ 集計範囲の可変集計

テク100 指定の項目までや項目〜項目を可変にして1行（1列）を集計したい

使うのはコレ! SUMIF＋MATCH関数

6月まで、10月〜12月まで、東京都〜千葉県など、指定の項目までや項目〜項目を可変にして特定の行（列）集計するなら、表に**連番**を付けておこう。連番を条件に**SUMIF関数**で集計する。

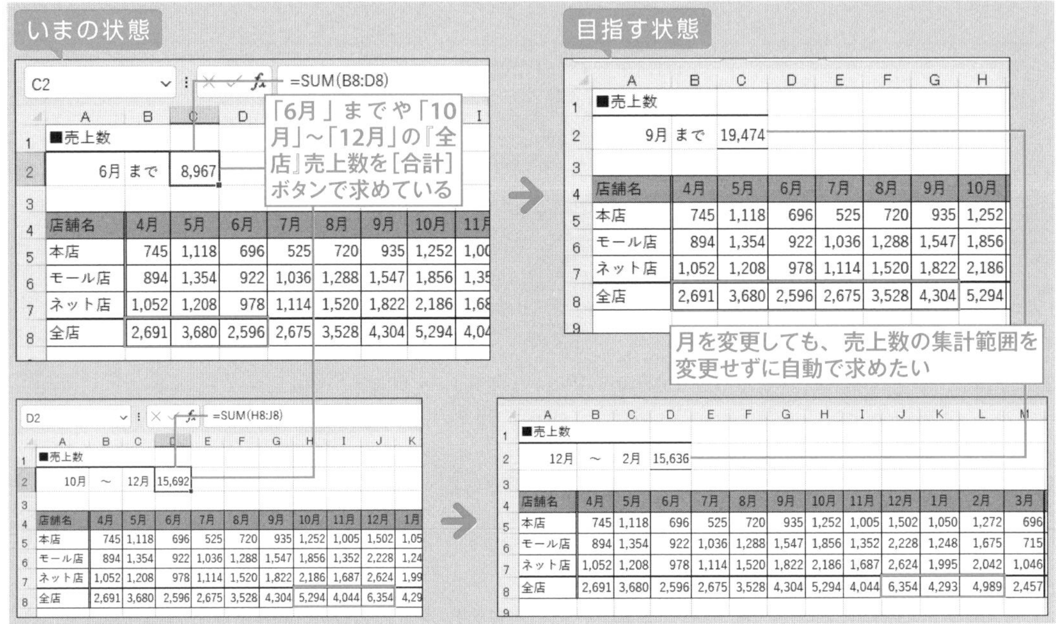

● 指定の月までの「全店」の売上数を求める

1. 表の下に連番を入力する。
2. 売上数を求めるセル（B2セル）を選択し、「=SUMIF(」と入力する。
3. [範囲]…条件の連番のセル範囲を選択する。
4. [検索条件]…MATCH関数で集計する月名『6月』の位置を求めて「"<="」（〜以下）と入力する。
5. [合計範囲]…合計する『全店』のセル範囲を選択して、Enterキーで数式を確定する。月を変更すると、その月までの『全店』の売上数が求められる。

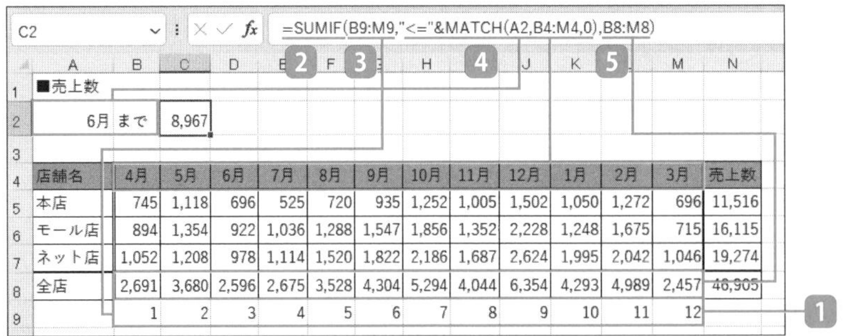

	A	B	C	D	E	F	G	H	I	J	K	L	M	N
1	■売上数													
2	6月	まで	8,967											
3														
4	店舗名	4月	5月	6月	7月	8月	9月	10月	11月	12月	1月	2月	3月	売上数
5	本店	745	1,118	696	525	720	935	1,252	1,005	1,502	1,050	1,272	696	11,516
6	モール店	894	1,354	922	1,036	1,288	1,547	1,856	1,352	2,228	1,248	1,675	715	16,115
7	ネット店	1,052	1,208	978	1,114	1,520	1,822	2,186	1,687	2,624	1,995	2,042	1,046	19,274
8	全店	2,691	3,680	2,596	2,675	3,528	4,304	5,294	4,044	6,354	4,293	4,989	2,457	46,905
9		1	2	3	4	5	6	7	8	9	10	11	12	

集計編

数式解説

「"<="&MATCH(A2,B4:M4,0)」の数式は、A2セルの『6月』の表の月名の位置「3」以下を求めるため、1～3がSUMIF関数の条件に指定される。つまり、この数式は、B9セル～M9セルまでの連番の中で1～3の条件に一致する、B8セル～M8セルの『全店』の合計を求めるので結果、A2セルの『6月』までの『全店』の合計が求められる。

● 指定の月～月までの「全店」の売上数を求める

1. 表の下に連番を入力する。
2. 売上数を求めるセル（D2セル）を選択し、「=SUMIFS(」と入力する。
3. ［合計対象範囲］…合計する『全店』のセル範囲を選択する。
4. ［条件範囲1］…条件の連番のセル範囲を選択する。
5. ［条件1］…MATCH関数で集計開始の月名『10月』の位置を求めて「">="」（～以上）と入力する。
6. ［条件範囲2］…条件の連番のセル範囲を選択する。
7. ［条件2］…MATCH関数で集計終了の月名『12月』の位置を求めて「"<="」（～以下）と入力したら、Enter キーで数式を確定する。月を変更すると、その月～月までの『全店』の売上数が求められる。

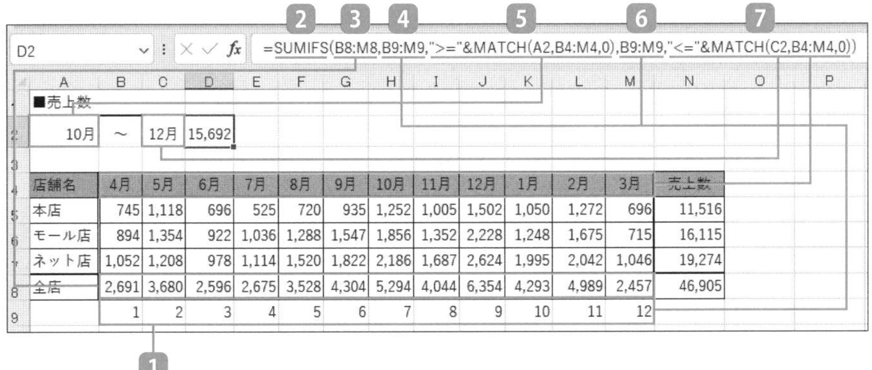

	A	B	C	D	E	F	G	H	I	J	K	L	M	N
1	■売上数													
2	10月	～	12月	15,692										
3														
4	店舗名	4月	5月	6月	7月	8月	9月	10月	11月	12月	1月	2月	3月	売上数
5	本店	745	1,118	696	525	720	935	1,252	1,005	1,502	1,050	1,272	696	11,516
6	モール店	894	1,354	922	1,036	1,288	1,547	1,856	1,352	2,228	1,248	1,675	715	16,115
7	ネット店	1,052	1,208	978	1,114	1,520	1,822	2,186	1,687	2,624	1,995	2,042	1,046	19,274
8	全店	2,691	3,680	2,596	2,675	3,528	4,304	5,294	4,044	6,354	4,293	4,989	2,457	46,905
9		1	2	3	4	5	6	7	8	9	10	11	12	

数式解説

「">="&MATCH(A2,B4:M4,0)」の数式は、A2セルの『10月』の表の月名の位置「7」以上、「"<="&MATCH(C2,B4:M4,0)」の数式は、C2セルの『12月』の表の月名の位置「9」以下を求めるため、7～9がSUMIFS関数の条件に指定される。つまり、この数式は、B9セル～M9セルまでの連番の中で7～9の条件に一致する、B8セル～M8セルの『全店』の合計を求めるので結果、A2セルの『10月』～C2セルの『12月』までの『全店』の合計が求められる。

ここがポイント！　ほかの集計方法で求めるには？

平均を求めるならAVERAGEIF(S)関数、件数を求めるならCOUNTIF(S)関数で数式を作成しよう。

併せて覚え テク　集計する項目が昇順や降順に並ぶ数値なら連番は不要

この例では、表に付けた連番を条件にしているため、集計したい項目が、文字列でも順不同な数値でも対応できる。昇順や降順に並ぶ数値の項目なら、表に連番を付けなくてもSUMIF関数1つでできる。たとえば、以下のように『1月』～『12月』に並ぶ表なら、1可変にしたい項目を表示形式で「月」を付けた数値にしておくと、項目が数値なので、SUMIF関数の2引数［検索条件］に項目の数値以下を条件にするだけで求められる。併せて覚えておこう。

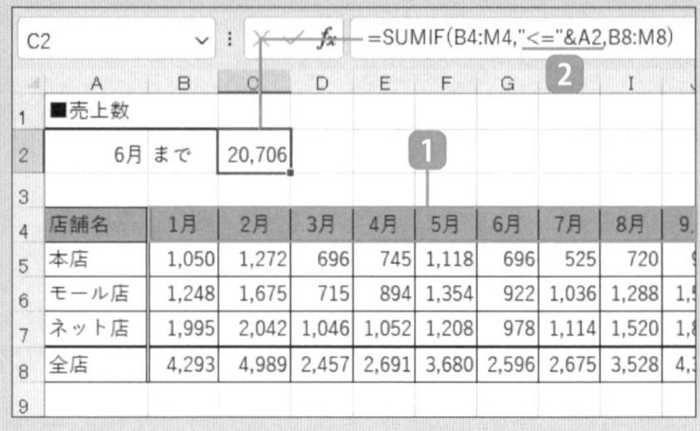
C2　=SUMIF(B4:M4,"<="&A2,B8:M8)

	A	B	C	D	E	F	G	H	I
1	■売上数								
2	6月 まで		20,706						
3									
4	店舗名	1月	2月	3月	4月	5月	6月	7月	8月
5	本店	1,050	1,272	696	745	1,118	696	525	720
6	モール店	1,248	1,675	715	894	1,354	922	1,036	1,288
7	ネット店	1,995	2,042	1,046	1,052	1,208	978	1,114	1,520
8	全店	4,293	4,989	2,457	2,691	3,680	2,596	2,675	3,528

併せて覚え テク　途中に小計を含む場合は小計以外を条件に追加する

集計する範囲内に小計を含む場合は、小計以外を条件に追加して数式を作成しよう。
この場合、複数条件を集計するので、合計は1SUMIFS関数、平均はAVERAGEIFS関数、件数はCOUNTIFS関数を使い、22つ目の引数［条件2］に「小計以外」を指定して数式を作成する。

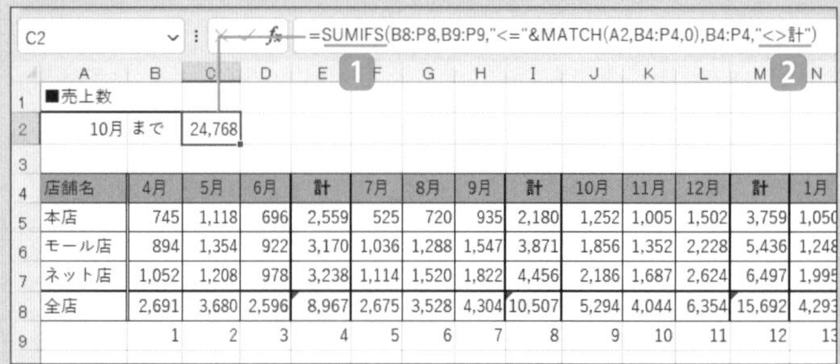
C2　=SUMIFS(B8:P8,B9:P9,"<="&MATCH(A2,B4:P4,0),B4:P4,"<>計")

	A	B	C	D	E	F	G	H	I	J	K	L	M	N
1	■売上数													
2	10月 まで		24,768											
3														
4	店舗名	4月	5月	6月	計	7月	8月	9月	計	10月	11月	12月	計	1月
5	本店	745	1,118	696	2,559	525	720	935	2,180	1,252	1,005	1,502	3,759	1,050
6	モール店	894	1,354	922	3,170	1,036	1,288	1,547	3,871	1,856	1,352	2,228	5,436	1,248
7	ネット店	1,052	1,208	978	3,238	1,114	1,520	1,822	4,456	2,186	1,687	2,624	6,497	1,995
8	全店	2,691	3,680	2,596	8,967	2,675	3,528	4,304	10,507	5,294	4,044	6,354	15,692	4,293
9		1	2	3	4	5	6	7	8	9	10	11	12	13

併せて覚え テク　指定の項目までを可変にしてとびとびのデータを集計するには？

月ごとに「目標」「実績」が並ぶ表で、指定の月までの「実績」の合計を求めたい、そんなときも、複数の条件なので、合計は1SUMIFS関数、平均はAVERAGEIFS関数、件数はCOUNTIFS関数を使えば求められる。ただし、集計の条件になる月名が複数あるので、2XMATCH関数の［検索モード］に「-1」、Excel2019/2016ならMATCH関数の引数［照合の種類］を省略して数式を作成するのがコツ。

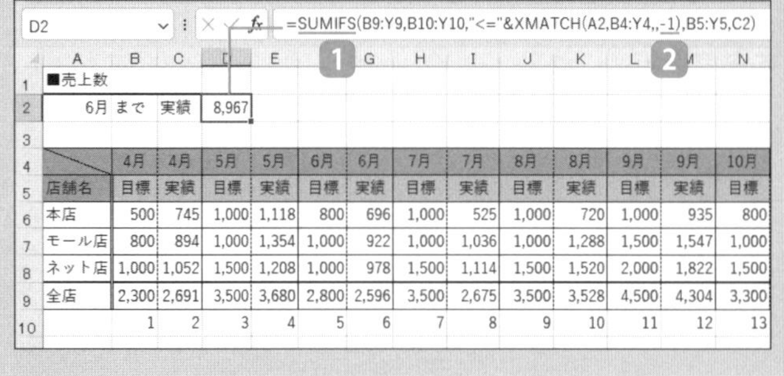
D2　=SUMIFS(B9:Y9,B10:Y10,"<="&XMATCH(A2,B4:Y4,,-1),B5:Y5,C2)

	A	B	C	D	E	F	G	H	I	J	K	L	M	N
1	■売上数													
2	6月 まで		実績	8,967										
3														
4		4月	4月	5月	5月	6月	6月	7月	7月	8月	8月	9月	9月	10月
5	店舗名	目標	実績	目標	実績	目標	実績	目標	実績	目標	実績	目標	実績	目標
6	本店	500	745	1,000	1,118	800	696	1,000	525	1,000	720	1,000	935	800
7	モール店	800	894	1,000	1,354	1,000	922	1,000	1,036	1,000	1,288	1,500	1,547	1,000
8	ネット店	1,000	1,052	1,500	1,208	1,000	978	1,500	1,114	1,500	1,520	2,000	1,822	1,500
9	全店	2,300	2,691	3,500	3,680	2,800	2,596	3,500	2,675	3,500	3,528	4,500	4,304	3,300
10		1	2	3	4	5	6	7	8	9	10	11	12	13

Excel 2019/2016の数式
=SUMIFS(B9:Y9,B10:Y10," <=" & MATCH(A2,B4:Y4),B5:Y5,C2)
2

集計編

✔ 集計範囲の可変集計

テク101 指定の項目までや項目〜項目を可変にして複数行列を集計したい

使うのはコレ! AVERAGE+XLOOKUP関数
Excel2019/2016　AVERAGE+INDEX+MATCH関数

6月まで、6月〜10月まで、東京都〜千葉県など、集計する項目までや項目〜項目を可変にして複数の行列を集計するなら、集計する範囲のセル参照を、**XLOOKUP**関数で抽出する数式を作成しよう。Excel2019/2016なら、**INDEX関数**に**MATCH関数**を組み合わせて抽出しよう。

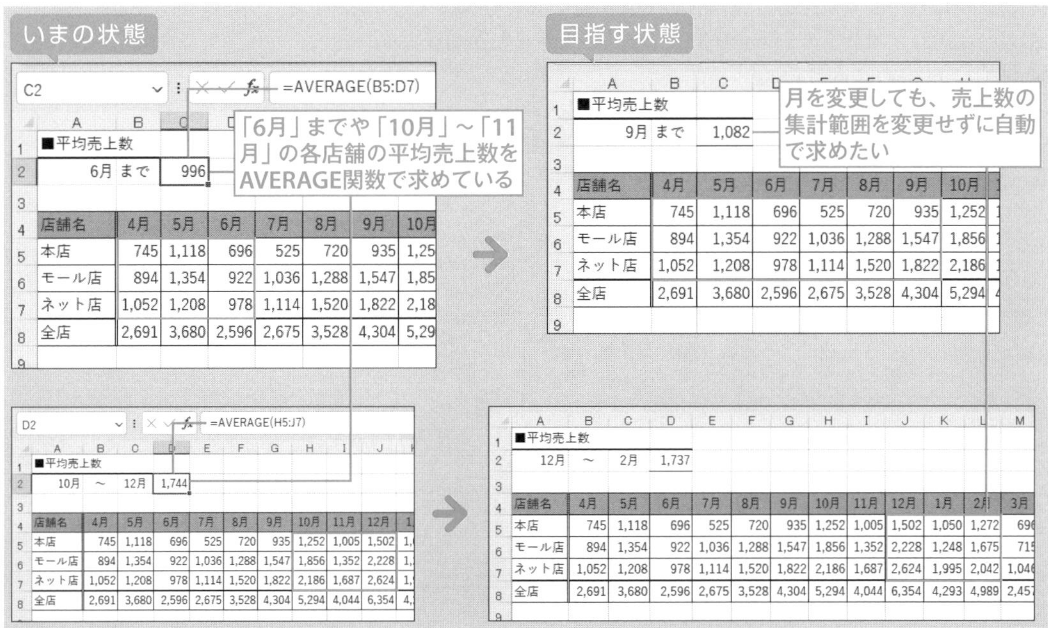

● **Excel2021/365の数式　指定の月までの各店舗の平均売上数を求める**

1. 売上数を求めるセル（C2セル）を選択し、［数式］タブの［関数ライブラリ］グループの［合計］ボタン→［▼］→［平均］を選択する。
2. 「B5:XLOOKUP(」と入力する。
3. ［検索値］…集計する月名『6月』のセル（A2セル）を選択する。
4. ［検索範囲］…表の列見出し（月名）のセル範囲を選択する。
5. ［戻り範囲］…集計する最終行のB7セル〜M7セルを範囲選択して、Enterキーで数式を確定する。

数式解説

「XLOOKUP(A2,B4:M4,B7:M7)」の数式は、表の月名の中で『6月』を表の月名から検索し、一致した列位置に対応するD7セルのセル参照を返す。つまり、「=AVERAGE(B5:XLOOKUP(A2,B4:M4,B7:M7))」の数式は、「=AVERAGE(B5:D7)」となるため、『6月』までの平均売上数が求められる。

● Excel2021/365の数式　指定の月～月までの各店舗の平均売上数を求める

1. 売上数を求めるセル(D2セル)を選択し、[数式]タブの[関数ライブラリ]グループの[合計]ボタン→[▼]→[平均]を選択する。
2. 「XLOOKUP(」と入力する。
3. [検索値]…集計開始の月名『10月』のセルを選択する。
4. [検索範囲]…表の列見出し(月名)のセル範囲を選択する。
5. [戻り範囲]…集計する1行目のB5セル～M5セルを範囲選択する。
6. 「):XLOOKUP(」と入力する。
7. [検索値]…集計終了の月名『12月』のセルを選択する。
8. [検索範囲]…表の列見出し(月名)のセル範囲を選択する。
9. [戻り範囲]…集計する最終行のB7セル～M7セルを範囲選択して、Enterキーで数式を確定する。

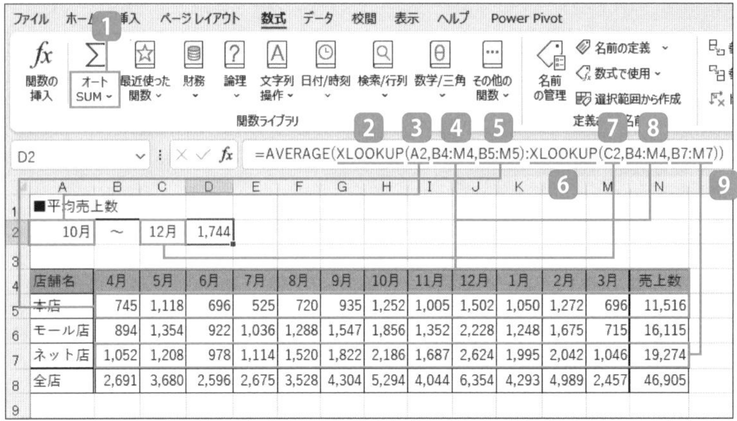

	A	B	C	D	E	F	G	H	I	J	K	L	M	N
1	■平均売上数													
2	10月	～	12月	1,744										
3														
4	店舗名	4月	5月	6月	7月	8月	9月	10月	11月	12月	1月	2月	3月	売上数
5	本店	745	1,118	696	525	720	935	1,252	1,005	1,502	1,050	1,272	696	11,516
6	モール店	894	1,354	922	1,036	1,288	1,547	1,856	1,352	2,228	1,248	1,675	715	16,115
7	ネット店	1,052	1,208	978	1,114	1,520	1,822	2,186	1,687	2,624	1,995	2,042	1,046	19,274
8	全店	2,691	3,680	2,596	2,675	3,528	4,304	5,294	4,044	6,354	4,293	4,989	2,457	46,905
9														

数式解説

「XLOOKUP(A2,B4:M4,B5:M5)」の数式は、A2セルの『10月』を表の月名から検索し、一致した列位置に対応する売上数のH5セルのセル参照を返す。「XLOOKUP(C2,B4:M4,B7:M7)」の数式は、C2セルの『12月』を表の月名から検索し、一致した列位置に対応する売上数のJ7セルのセル参照を返す。つまり、「=AVERAGE(XLOOKUP(A2,B4:M4,B5:M7):XLOOKUP(C2,C4:K4,B5:M7,,,-1))」の数式は、「=AVERAGE(H5:J7)」となるため、『10月』～『12月』までの平均売上数が求められる。

● Excel2019/2016の数式　指定の月までの各店舗の平均売上数を求める

1. 売上数を求めるセル(C2セル)を選択し、[数式]タブの[関数ライブラリ]グループの[合計]ボタン→[▼]→[平均]を選択する。
2. 「B5:INDEX(」と入力する。
3. [参照]…集計する最終行のB7セル～M7セルを範囲選択する。
4. [列番号]…集計する『6月』の列位置をMATCH関数で求めて、Enterキーで数式を確定する。

数式解説

「MATCH(A2,B4:M4,0)」の数式は、A2セルの『6月』が表の月名の左端からの位置を求める。結果は「3」番目と求められるので、「INDEX(B7:M7,,MATCH(A2,B4:M4,0))」と数式を作成することで、表の3番目の月名までにあるD7セルのセル参照を返す。つまり、「=AVERAGE(B5:INDEX(B7:M7,,MATCH(A2,B4:M4,0)))」の数式は、「=AVERAGE(B5:D7)」となるため、『6月』までの平均売上数が求められる。

Excel2019/2016の数式　指定の月～月までの各店舗の平均売上数を求める

1 平均売上数を求めるセル(D2セル)を選択し、[数式]タブの[関数ライブラリ]グループの[合計]ボタン→[▼]→[平均]を選択する。
2 「INDEX(」と入力する。
3 [参照]…集計するB5セル～M5セルを範囲選択する。
4 [列番号]…集計開始の月名『10月』の列位置をMATCH関数で求める。
5 「):INDEX(」と入力する。
6 [参照]…集計するB7セル～M7セルを範囲選択する。
7 [列番号]…集計終了の月名『12月』の列位置をMATCH関数で求めて、Enterキーで数式を確定する。

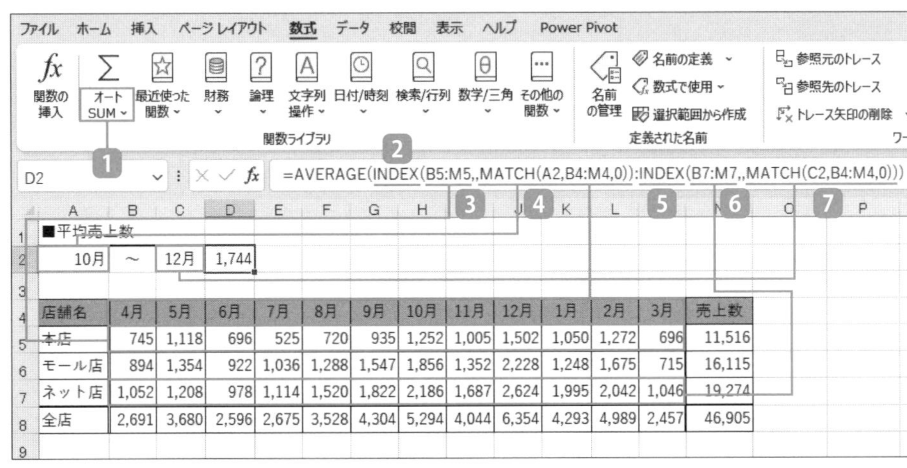

数式解説

「INDEX(B5:M5,,MATCH(A2,B4:M4,0))」の数式は、A2セルの『10月』を表の月名から検索し、一致した列位置に対応する売上数のH5セルのセル参照を返す。「INDEX(B7:M7,,MATCH(C2,B4:M4,0))」の数式は、C2セルの『12月』を表の月名から検索し、一致した列位置に対応する売上数のJ7セルのセル参照を返す。つまり、「=AVERAGE(INDEX(B5:M5,,MATCH(A2,B4:M4,0)):INDEX(B7:M7,,MATCH(C2,B4:M4,0)))」の数式は、「=AVERAGE(H5:J7)」となるため、『10月』～『12月』までの平均売上数が求められる。

ここがポイント！　ほかの集計方法で求めるには？

手順**1**では、合計を求めるならSUM関数、件数を求めるならCOUNT(A)関数で数式を作成しよう。

併せて覚え テク　途中に小計を含む場合は小計を除く集計ができるSUBTOTAL関数を使う

集計する範囲内に小計を含む場合は、小計を除く集計ができるSUBTOTAL関数で集計しよう。SUBTOTAL関数で除かれる小計はSUBTOTAL関数で求めた小計のみ。SUM関数で求めている場合は、まず、**1**置換機能ですべて置き換えておく（第2章2節テク029参照）。
2 SUBTOTAL関数の引数［集計方法］には、集計方法の数値「1」（平均）を入力して、以下のように数式を作成しよう。

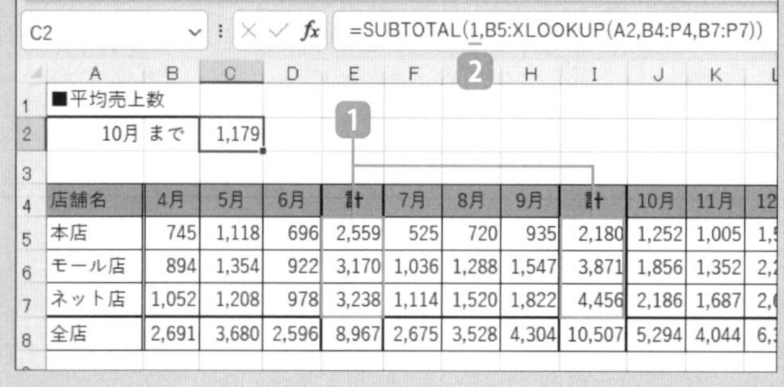

店舗名	4月	5月	6月	計	7月	8月	9月	計	10月	11月	12
本店	745	1,118	696	2,559	525	720	935	2,180	1,252	1,005	1,5
モール店	894	1,354	922	3,170	1,036	1,288	1,547	3,871	1,856	1,352	2,2
ネット店	1,052	1,208	978	3,238	1,114	1,520	1,822	4,456	2,186	1,687	2,
全店	2,691	3,680	2,596	8,967	2,675	3,528	4,304	10,507	5,294	4,044	6,3

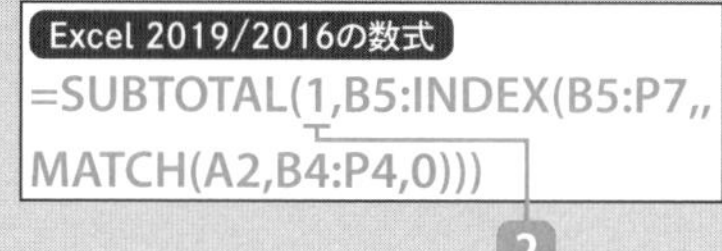

Excel 2019/2016の数式
=SUBTOTAL(1,B5:INDEX(B5:P7,,
MATCH(A2,B4:P4,0)))
2

テク 102 クロス表の指定する行列項目を可変に集計したい

使うのはコレ! AVERAGE+XLOOKUP関数
Excel2019/2016　AVERAGE+INDEX+MATCH関数

年度と月のクロス表から、2021年の5月までなど、クロス表の行列見出しを可変にして集計するなら、集計する範囲のセル参照を、**XLOOKUP関数**で抽出する数式を作成しよう。Excel2019/2016なら、**INDEX関数**に**MATCH関数**を組み合わせて抽出しよう。

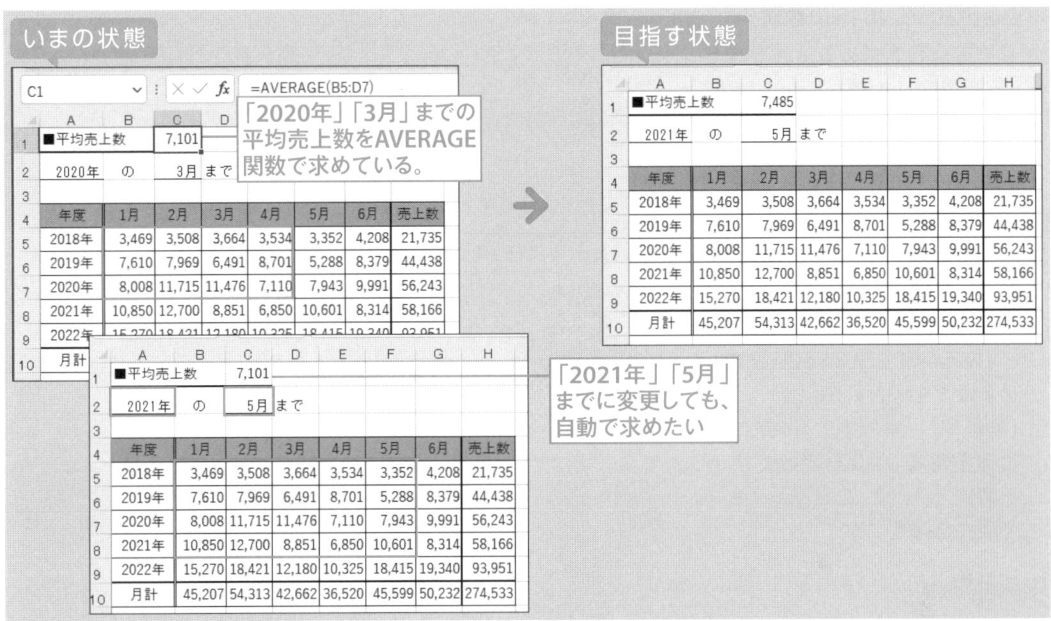

年度	1月	2月	3月	4月	5月	6月	売上数
2018年	3,469	3,508	3,664	3,534	3,352	4,208	21,735
2019年	7,610	7,969	6,491	8,701	5,288	8,379	44,438
2020年	8,008	11,715	11,476	7,110	7,943	9,991	56,243
2021年	10,850	12,700	8,851	6,850	10,601	8,314	58,166
2022年	15,270	18,421	12,180	10,325	18,415	19,340	93,951
月計	45,207	54,313	42,662	36,520	45,599	50,232	274,533

Excel2021/365の数式

1. 平均売上数を求めるセル(C1セル)を選択し、[数式]タブの[関数ライブラリ]グループの[合計]ボタン→[▼]→[平均]を選択する。
2. 「B5:XLOOKUP(」と入力する。
3. [検索値]…集計する条件の年度「2020年」のセル(A2セル)を選択する。
4. [検索範囲]…表の行見出し『年度』のセル範囲を選択する。
5. [戻り範囲]…「XLOOKUP(」と入力する。
6. [検索値]…集計する条件の月名「3月」のセル(C2セル)を選択する。
7. [検索範囲]…表の列見出しの各月名のセル範囲を選択する。
8. [戻り範囲]…集計する売上数のセル範囲を選択して、Enterキーで数式を確定する。

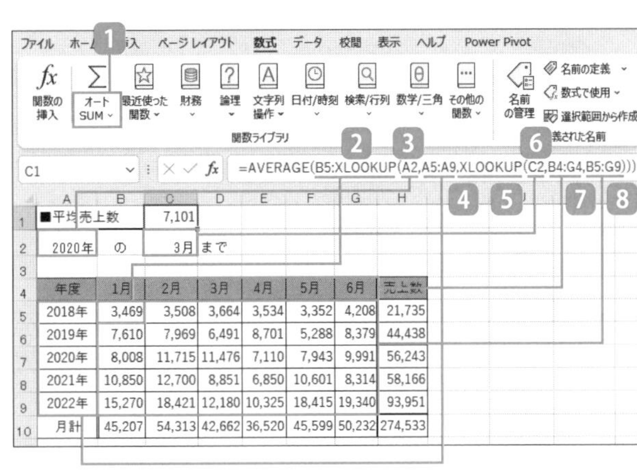

数式解説

「XLOOKUP(C2,B4:G4,B5:G9)」の数式は、C2セルの「3月」を表の列見出しの各月名から検索し、一致した列位置に対応する売上数のD5セル〜D9セルのセル参照を返す。その結果をもう1つのXLOOKUP関数の引数[戻り範囲]に指定して、「XLOOKUP(A2,A5:A9,XLOOKUP(C2,B4:G4,B5:G9))」と数式を作成することで、A2セルの「2020年」を表の行見出し『年度』から検索し、一致した行位置にあるD5セル〜D9セルの範囲内にあるD7セルのセル参照が返される。つまり、「=AVERAGE(B5:XLOOKUP(A2,A5:A9,XLOOKUP(C2,B4:G4,B5:G9)))」の数式は「=AVERAGE(B5:D7)」の結果を求めるため、『2020年』の『6月』までの平均売上数が求められる。

Excel2019/2016の数式

1. 平均売上数を求めるセル(C1セル)を選択し、[数式]タブの[関数ライブラリ]グループの[合計]ボタン→[▼]→[平均]を選択する。
2. 「B5:INDEX(」と入力する。
3. [参照]…集計する売上数のセル範囲を選択する。
4. [行番号]…集計する年度「2020年」の行位置をMATCH関数で求める数式を入力する。
5. [列番号]…集計する月名「3月」の列位置をMATCH関数で求める数式を入力して、Enterキーで数式を確定する。

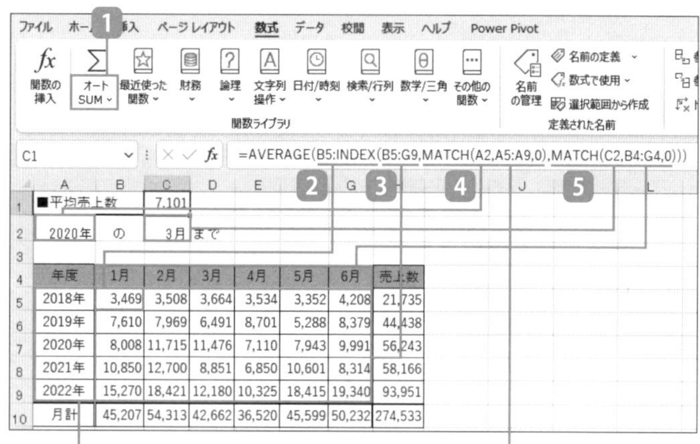

年度	1月	2月	3月	4月	5月	6月	売上数
2018年	3,469	3,508	3,664	3,534	3,352	4,208	21,735
2019年	7,610	7,969	6,491	8,701	5,288	8,379	44,438
2020年	8,008	11,715	11,476	7,110	7,943	9,991	56,243
2021年	10,850	12,700	8,851	6,850	10,601	8,314	58,166
2022年	15,270	18,421	12,180	10,325	18,415	19,340	93,951
月計	45,207	54,313	42,662	36,520	45,599	50,232	274,533

数式解説

「MATCH(A2,A5:A9,0)」の数式は、A2セルの「2020年」が表の「年度」にある行位置「3」番目を求め、「MATCH(C2,B4:G4,0)」の数式は、C2セルの「3月」が表の月名にある列位置「3」番目を求める。それぞれの行列番号をINDEX関数の引数[行番号][列番号]に指定して「NDEX(B5:G9,MATCH(A2,A5:A9,0),MATCH(C2,B4:G4,0))」の数式を作成することで、表の「3」行目と「3」列目が交差するD7セルのセル参照が返される。つまり、「=AVERAGE(B5:INDEX(B5:G9,MATCH(A2,A5:A9,0),MATCH(C2,B4:G4,0)))」の数式は「=AVERAGE(B5:D7)」の結果を求めるため、「2020年」の「6月」までの平均売上数が求められる。

ここがポイント！　そのほかの集計方法で求めるには？

手順1では、合計を求めるならSUM関数、件数を求めるならCOUNT(A)関数を入力して数式を作成しよう。

併せて覚え テク

クロス表の指定の項目までの行数を可変にして集計するには?

年度と月のクロス表から、2行目の年度から3列目の月までの集計を求めたいなど、集計する項目までの行数までを可変にしてデータを集計する場合は、集計する範囲のセル参照をXLOOKUP関数の1引数[戻り範囲]にINDEX関数を組み合わせて抽出する数式を作成しよう。Excel2019/2016なら、INDEX関数の2[列番号]のみにMATCH関数を組み合わせて抽出しよう。

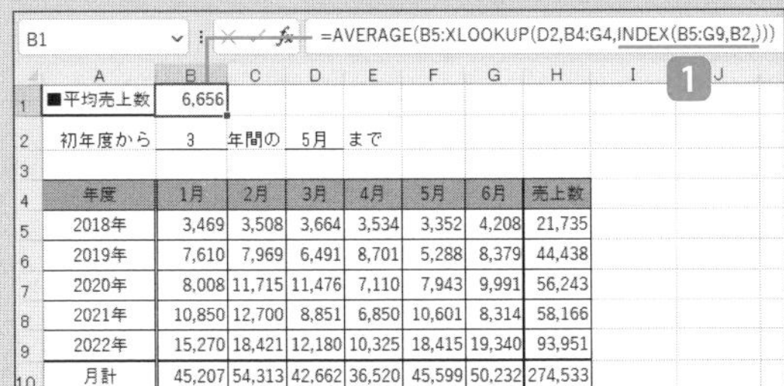

B1 =AVERAGE(B5:XLOOKUP(D2,B4:G4,INDEX(B5:G9,B2,)))

	A	B	C	D	E	F	G	H
1	■平均売上数	6,656						
2	初年度から	3	年間の	5月	まで			
3								
4	年度	1月	2月	3月	4月	5月	6月	売上数
5	2018年	3,469	3,508	3,664	3,534	3,352	4,208	21,735
6	2019年	7,610	7,969	6,491	8,701	5,288	8,379	44,438
7	2020年	8,008	11,715	11,476	7,110	7,943	9,991	56,243
8	2021年	10,850	12,700	8,851	6,850	10,601	8,314	58,166
9	2022年	15,270	18,421	12,180	10,325	18,415	19,340	93,951
10	月計	45,207	54,313	42,662	36,520	45,599	50,232	274,533

Excel 2019/2016の数式

=AVERAGE(B5:INDEX(B5:G9,B2,MATCH(D2,B4:G4,0)))

2

併せて覚え テク

クロス表の指定の位置から●行●列のセル範囲を可変にして集計するには?

年度と月のクロス表から、2020年の2年間の3月から3ヶ月間の平均を求めたいなど、クロス表の指定の位置から●行●列のセル範囲を可変にして集計するには、1 **OFFSET関数＋MATCH関数**で集計するセル参照を抽出する数式を作成しよう。

なお、OFFSET関数はINDIRECT関数と同じく、シートに変更があった際に常に再計算される**揮発性関数**。操作のたびに再計算処理が行われ、動作が重くなってしまうので使う場合は注意が必要。

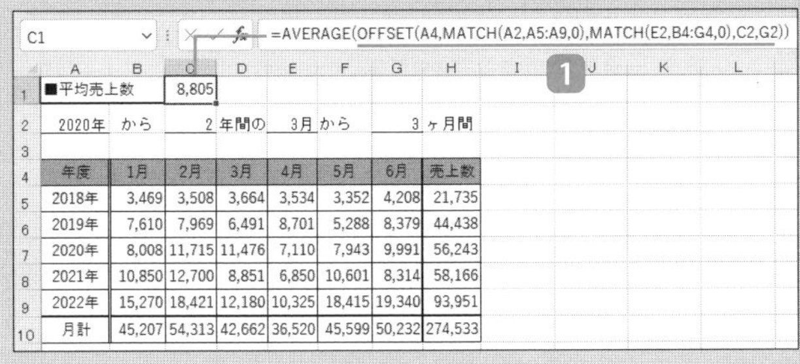

C1 =AVERAGE(OFFSET(A4,MATCH(A2,A5:A9,0),MATCH(E2,B4:G4,0),C2,G2))

	A	B	C	D	E	F	G	H
1	■平均売上数		8,805					
2	2020年	から	2	年間の	3月	から	3	ヶ月間
3								
4	年度	1月	2月	3月	4月	5月	6月	売上数
5	2018年	3,469	3,508	3,664	3,534	3,352	4,208	21,735
6	2019年	7,610	7,969	6,491	8,701	5,288	8,379	44,438
7	2020年	8,008	11,715	11,476	7,110	7,943	9,991	56,243
8	2021年	10,850	12,700	8,851	6,850	10,601	8,314	58,166
9	2022年	15,270	18,421	12,180	10,325	18,415	19,340	93,951
10	月計	45,207	54,313	42,662	36,520	45,599	50,232	274,533

4-6 その他のあらゆる条件付き集計をマスター!

本章の1節～5節まで条件を満たす集計を解説してきたが、そのほかにもさまざま集計がある。たとえば、販売上位3件を条件に集計したい、1行おきにある数量の合計を求めたいなど、集計したい条件はさまざまである。

	A	B	C	D	E	F	G	H
1	限定商品販売実績							
2	季節	商品名	販売数		◆販売数上位		3	商品
3	春季	桜ぷるゼリー	1,542			合計		4,103
4	春季	春花杏仁	958			平均		1,368
5	夏季	涼波アイス	1,036					
6	夏季	流氷チョコパ	1,525					
7	夏季	冷甘クッキー	836					
8	夏季	水涼羊羹	527					
9								

『販売数』の上位3商品の集計値を求めたい

	A	B	D	E	F	G
1	夏季限定商品販売実績					
2	日付	売上/数量		◆限定商品販売数		
3	8/1(月)	23,400			2,491	
4	8/1(月)	78				
5	8/2(火)	41,400				
6	8/2(火)	138				
7	8/3(水)	31,800				
8	8/3(水)	106				
9	8/4(木)	26,400				
10	8/4(木)	88				
11	8/5(金)	54,000				
12	8/5(金)	180				
13	8/6(土)	45,000				
14	8/6(土)	150				

1行おきの『数量』の合計を求めたい

本節では、どんな条件付き集計でも行えるように、あらゆる条件付き集計を行うテクニックを完全マスターしよう！

✔ 上位／下位集計

テク 103 上位●件のデータを集計したい

使うのはコレ! SUM+LARGE+SEQUENCE関数
Excel2019/2016　SUMIF+LARGE関数

売上上位3店舗や3商品など、データの上位から●件のデータを集計するなら、**LARGE関数**で大きいほうから指定の順位にある数値を抽出して、その数値をもとに集計する数式を作成しよう。

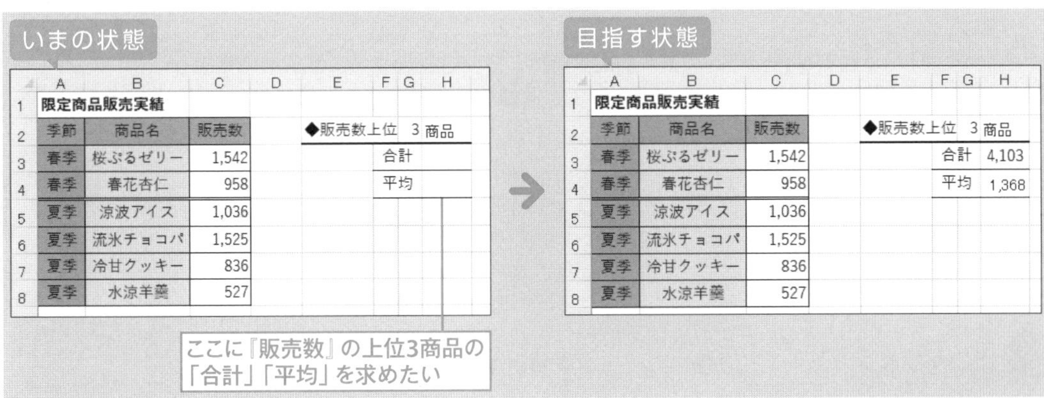

いまの状態
目指す状態
限定商品販売実績
季節
商品名
販売数
◆販売数上位 3 商品
合計
平均
春季 桜ぷるゼリー 1,542
春季 春花杏仁 958
夏季 涼波アイス 1,036
夏季 流氷チョコパ 1,525
夏季 冷甘クッキー 836
夏季 水涼羊羹 527
合計 4,103
平均 1,368
ここに『販売数』の上位3商品の「合計」「平均」を求めたい

Excel2021/365の数式

1. 販売数上位3商品の合計を求めるセル（H3セル）を選択し、［数式］タブの［関数ライブラリ］グループの［合計］ボタンをクリックする。
2. 「LARGE(」と入力する。
3. ［配列］…抽出する『販売数』のセル範囲を選択する。
4. ［順位］…「SEQUENCE(3)」と入力して、Enterキーで数式を確定する。
5. 平均は、手順1で［合計］ボタン→［▼］から［平均］を選択して同様の手順で数式を作成する。

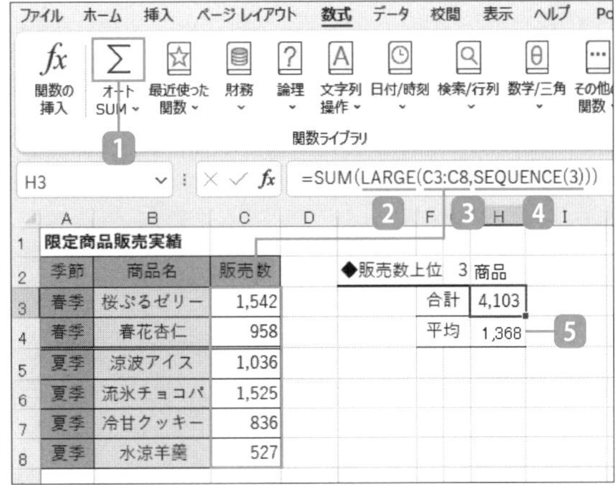

数式解説

「SEQUENCE(3)」の数式は、「1」「2」「3」の連続した数値の配列を作成するため、「LARGE(C3:C8,SEQUENCE(3))」の数式を作成すると、C3セル～C8セルの『販売数』の中で大きいほうから「1」番目「2」番目「3」番目の3件の『販売数』を返す。返された3件の『販売数』をSUM関数（AVERAGE関数）の引数に指定する数式を作成することで、販売数上位「3」商品の合計（平均）が求められる。

Excel2019/2016の数式

1 販売数上位3商品の合計を求めるセル（H3セル）を選択し、「=SUMIF(」と入力する。
2 ［範囲］…上位3位以上の条件を含む『販売数』のセル範囲を選択する。
3 ［検索条件］…「">="&LARGE(」と入力する。
4 ［配列］…抽出する『販売数』のセル範囲を選択する。
5 ［順位］…上位から抽出する順位「3」を入力する。
6 ［合計範囲］…合計する『販売数』のセル範囲を選択して、Enter キーで数式を確定する。
7 平均は、手順1で「=AVERAGEIF(」と入力して、同様の手順で数式を作成する。

H3 =SUMIF(C3:C8,">="&LARGE(C3:C8,3),C3:C8)

	A	B	C	D	E	F	G	H
1	限定商品販売実績							
2	季節	商品名	販売数		◆販売数上位		3	商品
3	春季	桜ぷるゼリー	1,542				合計	4,103
4	春季	春花杏仁	958				平均	1,368
5	夏季	涼波アイス	1,036					
6	夏季	流氷チョコパ	1,525					
7	夏季	冷甘クッキー	836					
8	夏季	水涼羊羹	527					

数式解説

「">="&LARGE(C3:C8,3)」の数式は、C3セル～C8セルの『販売数』の中で大きいほうから3番目の『販売数』以上の『販売数』を返す。返された『販売数』をSUMIF関数（AVERAGEIF関数）の引数［検索条件］に指定して数式を作成することで、販売数上位「3」商品の合計（平均）が求められる。

ここがポイント！　下位●件のデータを集計するには？

データの下位から●件のデータを集計するなら、1 SMALL関数で小さいほうから指定の番目にある数値をデータから抽出して、その数値をもとに集計する数式を作成しよう。
なお、SUMIF関数（AVERAGEIF関数）の数式では、引数［検索条件］で指定する演算子は2「<=」で指定する。

- Excel2021/365の数式　=SUM(SMALL(C3:C8,SEQUENCE(3)))」（1 SMALL）
- Excel2019/2016の数式　=SUMIF(C3:C8,"<="&SMALL(C3:C8,3),C3:C8)」（2 "<="　1 SMALL）

併せて覚えテク　上位●%のデータを集計するには？

売上上位10%や20%を占めるデータを集計するなら、PERCENTILE.INC関数で●%の位置にあるデータを抽出して、その数値をもとにSUMIF関数やAVERAGEIF関数で集計する数式を作成しよう。
たとえば、上位20%の販売数の合計を求める場合は、販売数の80%以上の位置にあるデータをもとに集計すればいいので、1 PERCENTILE.INC関数の2引数［率］に「1-20%」と指定し、SUMIF関数（AVERAGEIF関数）の引数［検索条件］に組み合わせて以下のように数式を作成しよう。

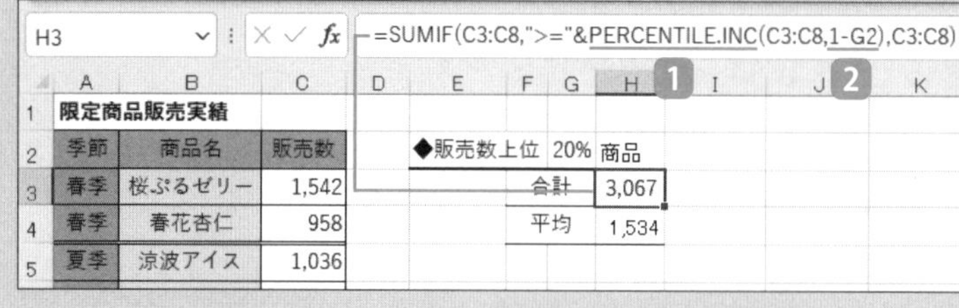
H3 =SUMIF(C3:C8,">="&PERCENTILE.INC(C3:C8,1-G2),C3:C8)

	A	B	C	D	E	F	G	H
1	限定商品販売実績							
2	季節	商品名	販売数		◆販売数上位		20%	商品
3	春季	桜ぷるゼリー	1,542				合計	3,067
4	春季	春花杏仁	958				平均	1,534
5	夏季	涼波アイス	1,036					

✓ 上位／下位集計

テク 104 同順位の重複は除いて上位●件のデータを集計したい

使うのはコレ! IF+COUNTIF関数
Excel2021/365　SUM+LARGE+SEQUENCE関数
Excel2019/2016　SUMIF+LARGE関数

データの上位から●件のデータを集計する場合、テク103の数式では**同じ順位の数値があってもすべて計算されてしまう**。上位からの数値を1件ずつ抽出して、その数値をもとに集計するなら、**同じ数値は1個だけ表示された列**を数式で作成しておこう。

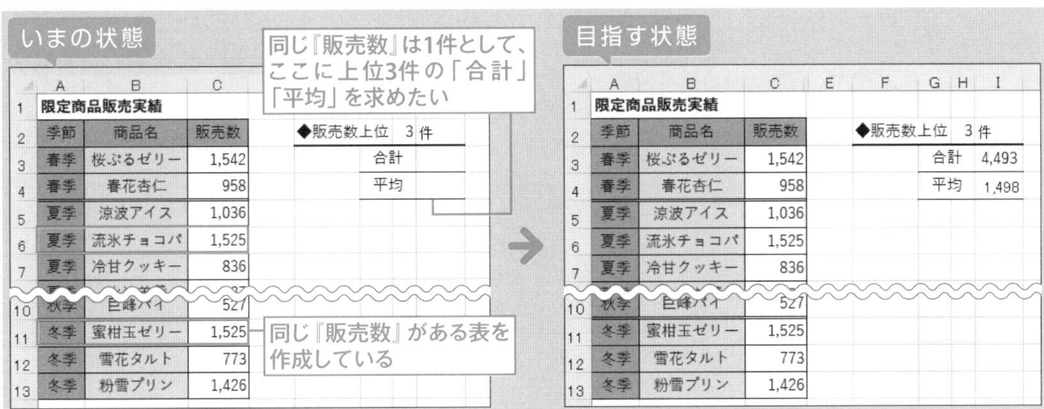

1. 同じ『販売数』は1個だけ表示されるセル（D3セル）を選択し、「=IF(」と入力する。
2. ［論理式］…COUNTIF関数で「『販売数』が2個以上ある場合」の条件式を入力する。
3. ［値が真の場合］…『販売数』が2個以上ある場合に表示する空白［""］を入力する。
4. ［値が偽の場合］…条件を満たさない場合に返す『販売数』のセルを選択して、Enter キーで数式を確定する。
5. 数式を必要なだけ複写する。

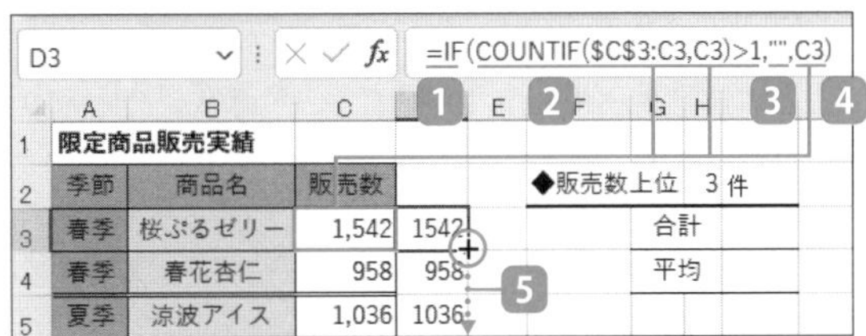

6. 販売数上位3商品の合計を求めるセル（I3セル）を選択する。
7. 作成した販売数のセル範囲を使い、合計と平均をテク103と同じ数式で求める。

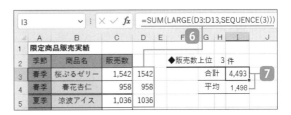

I3　=SUM(LARGE(D3:D13,SEQUENCE(3)))

	A	B	C	D	G	H	I
1	限定商品販売実績						
2	季節	商品名	販売数		◆販売数上位		3 件
3	春季	桜ぷるゼリー	1,542	1542		合計	4,493
4	春季	春花杏仁	958	958		平均	1,498
5	夏季	涼波アイス	1,036	1036			

Excel 2019/2016の数式
=SUMIF(D3:D13,">="&LARGE(D3:D13,3),D3:D13)

数式解説

「=IF(COUNTIF($C$3:C3,C3)>1,"",C3)」の数式は、同じ『販売数』が2個以上ある場合は空白、1個しかない場合は「販売数」を返す。つまり、同じ『販売数』は1個しか表示されないため、求められた列の販売数をLARGE関数の引数［配列］に組み合わせて作成することで、同順位の『販売数』は1件だけを対象にして、販売数上位「3」商品の合計（平均）が求められる。

✓ エラー除外集計

テク105 数式のエラー値を除いて集計したい

使うのはコレ! AGGREGATE関数

表のデータに**エラー値**を含んでいると、SUM関数やAVEREAGE関数で合計や平均を求めてもエラー値になってしまう。このような場合は、**AGGREGATE関数**で集計しよう。

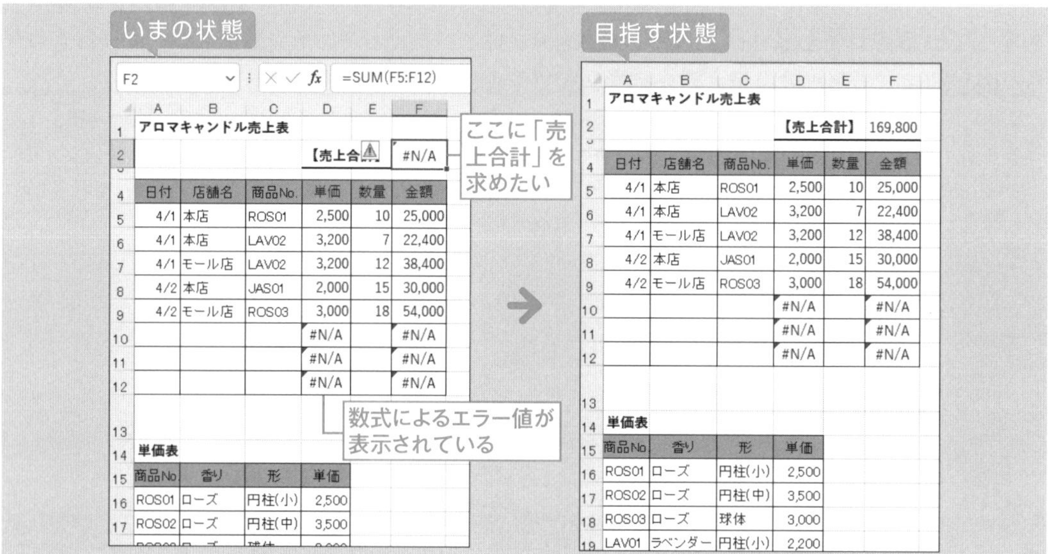

1. 売上合計を求めるセル(F2セル)を選択し、「=AGGREGATE(」と入力する。
2. [集計方法]…集計方法(合計)の数値「9」を入力する。
3. [オプション]…集計から無視する内容(エラー値)の数値「6」を入力する。
4. [配列]…『金額』のセル範囲を選択して、Enterキーで数式を確定する。

数式解説

「=AGGREGATE(9,6,F5:F12)」の数式は、エラー値のセルを除外してF5セル〜F12セルの『金額』の合計を求める。

✓比較集計

テク106 1列（行）前のデータより増加／減少しているデータの件数を数えたい

使うのはコレ! SUM関数+条件式

データが連続している表で、1つ前のデータより増加／減少しているデータの件数は、**SUM関数**で列（または行）ごとに比較する条件式を作成して求めよう。

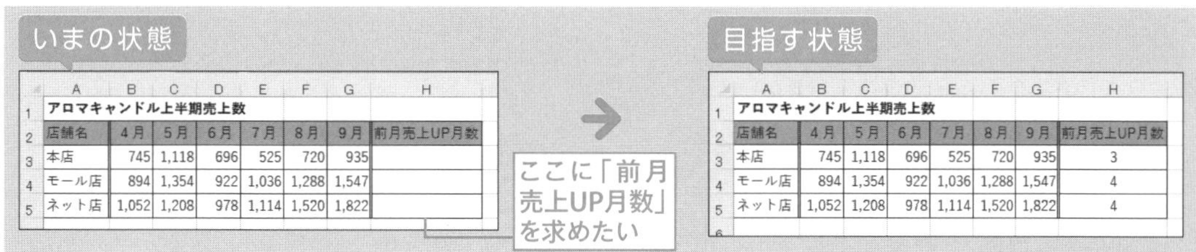

いまの状態

	A	B	C	D	E	F	G	H
1	アロマキャンドル上半期売上数							
2	店舗名	4月	5月	6月	7月	8月	9月	前月売上UP月数
3	本店	745	1,118	696	525	720	935	
4	モール店	894	1,354	922	1,036	1,288	1,547	
5	ネット店	1,052	1,208	978	1,114	1,520	1,822	

目指す状態

	A	B	C	D	E	F	G	H
1	アロマキャンドル上半期売上数							
2	店舗名	4月	5月	6月	7月	8月	9月	前月売上UP月数
3	本店	745	1,118	696	525	720	935	3
4	モール店	894	1,354	922	1,036	1,288	1,547	4
5	ネット店	1,052	1,208	978	1,114	1,520	1,822	4

1. 前月売上UP月数を求めるセル（H3セル）を選択し、［数式］タブの［関数ライブラリ］グループの［合計］ボタンをクリックする。
2. 「『4月』～『8月』の売上数より『5月』～『9月』の売上数のほうが多い場合」の条件式を「()」で囲んで「*1」を入力したら、Enterキーで数式を確定する。

   操作テク Excel2019/2016の場合はCtrl＋Shift＋Enterキーで数式を確定する。
3. 数式を必要なだけ複写する。

Excel 2019/2016の数式
{=SUM((B3:F3<C3:G3)*1)}

数式解説

条件式を満たす場合は「TRUE」(1)、満たさない場合は「FALSE」(0)が返される。
つまり、「=SUM((B3:F3<C3:G3)*1)」の数式は、「B3セル～F3セルのそれぞれの売上数よりC3セル～G3セルのそれぞれの売上数が多い」条件式を満たす場合だけに「1」が返され、結果をSUM関数の引数に指定することで、「1」の合計が求められ、前月より売上がアップしている月数が求められるしくみ。
ただし、条件式が1つで、値を合計せずにセルの数を数えるだけの場合は、「1」と「0」の数値に変換する必要があるため、「*1」として数式を作成している。
配列を扱うため、Excel2019/2016ではCtrl＋Shift＋Enterキーで数式を確定して配列数式で求める。

ここがポイント！ 1つ上のデータと比較して数えるには？

それぞれの1つ上にある値と比較して数えるには、たとえば、A1セル～A5セルに値が並ぶなら、「=SUM((A1:A4<A2:A5)*1)」と数式を作成しよう。

ここがポイント！ Excel2019/2016で配列数式を使いたくないときはSUMPRODUCT関数を使う

Excel2019/2016で配列数式を使いたくないときは、引数を指定するだけで配列計算できるSUMPRODUCT関数を使って、「=SUMPRODUCT((B3:F3<C3:G3)*1)」と数式を作成しよう。

テク107 前列のデータより増加／減少しているデータの件数を数えたい

使うのはコレ! SUM関数+条件式

テク106のようにそれぞれの列(または行)ごとではなく、**前列(前行)のデータより増加／減少しているデータ**の件数も**SUM関数**で条件式を作成すれば求められる。

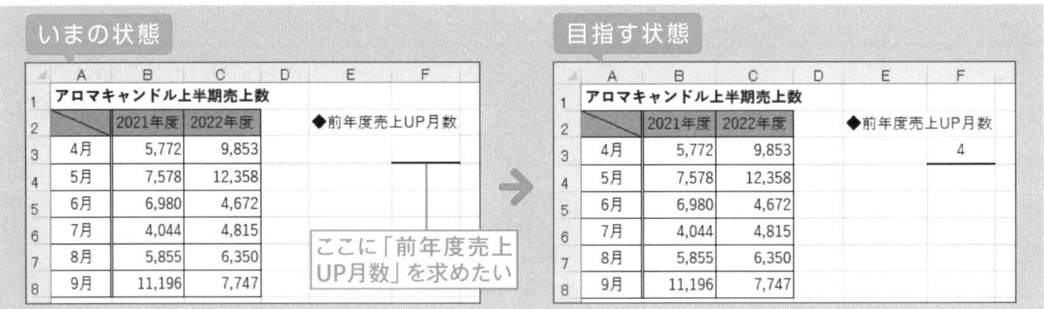

いまの状態
目指す状態
アロマキャンドル上半期売上数
2021年度
2022年度
◆前年度売上UP月数
4月 5,772 9,853
5月 7,578 12,358
6月 6,980 4,672
7月 4,044 4,815
8月 5,855 6,350
9月 11,196 7,747
ここに「前年度売上UP月数」を求めたい
4

1 前年度売上UP月数を求めるセル(F3セル)を選択し、[数式]タブの[関数ライブラリ]グループの[合計]ボタンをクリックする。

2 「『2021年度』の売上数より『2022年度』の売上数のほうが多い場合」の条件式を「()」で囲んで「*1」を入力したら、Enter キーで数式を確定する。

操作テク Excel2019/2016の場合は Ctrl + Shift + Enter キーで数式を確定する。

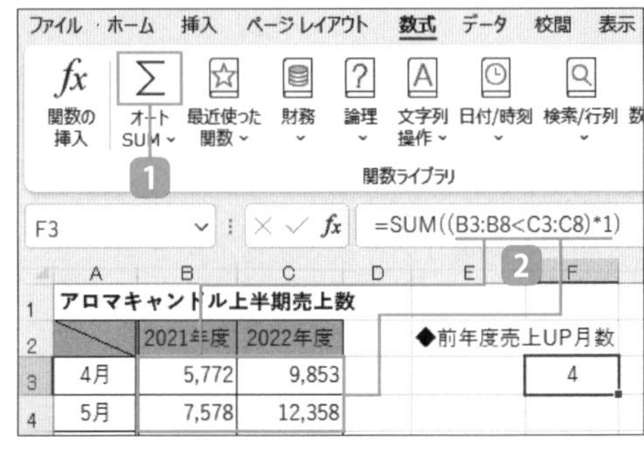

Excel 2019/2016の数式
{=SUM((B3:B8<C3:C8)*1)}

数式解説

条件式を満たす場合は「TRUE」、満たさない場合は「FALSE」が返される。
つまり、「=SUM((B3:B8<C3:C8)*1)」の数式は、B3セル～B8セルのそれぞれの売上数よりC3セル～C8セルのそれぞれの売上数が多い場合だけに「1」が返され、結果をSUM関数の引数に指定することで、「1」の合計が求められ、前年度より売上がアップしている月数が求められるしくみ。
ただし、条件式が1つで、値を合計せずにセルの数を数えるだけの場合は、「1」と「0」の数値に変換する必要があるため、「*1」として数式を作成している。
配列を扱うため、Excel2019/2016では Ctrl + Shift + Enter キーで数式を確定して配列数式で求める。

ここがポイント! Excel2019/2016で配列数式を使いたくないときはSUMPRODUCT関数を使う

Excel2019/2016で配列数式を使いたくないときは、引数を指定するだけで配列計算できるSUMPRODUCT関数を使って、「=SUMPRODUCT((B3:B8<C3:C8)*1)」と数式を作成しよう。

✔ ●行おき／●列おき集計・累計

テク108 ●行おきや●列おきに集計したい

使うのはコレ! SUMIF関数＋「●」の条件

表のデータを●行おきや●列おきに集計するには、集計したい位置に別途、**同じ文字や記号を入力**しておこう。その文字や記号を条件に**SUMIF関数**など条件付き集計ができる関数で集計すればいい。

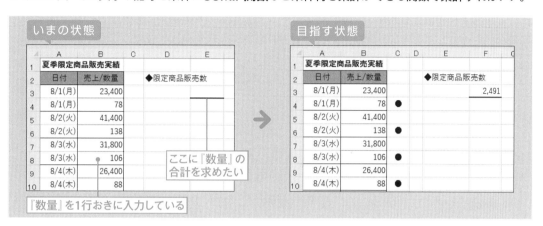

いまの状態

	A	B	C	D	E
1	夏季限定商品販売実績				
2	日付	売上/数量		◆限定商品販売数	
3	8/1(月)	23,400			
4	8/1(月)	78			
5	8/2(火)	41,400			
6	8/2(火)	138			
7	8/3(水)	31,800			
8	8/3(水)	106			
9	8/4(木)	26,400			
10	8/4(木)	88			

ここに『数量』の合計を求めたい

『数量』を1行おきに入力している

目指す状態

	A	B	C	D	E	F
1	夏季限定商品販売実績					
2	日付	売上/数量			◆限定商品販売数	
3	8/1(月)	23,400				2,491
4	8/1(月)	78	●			
5	8/2(火)	41,400				
6	8/2(火)	138	●			
7	8/3(水)	31,800				
8	8/3(水)	106	●			
9	8/4(木)	26,400				
10	8/4(木)	88	●			

1. 集計する『数量』と同じ行のC列に「●」を入力して、数式を必要なだけ複写して1行おきに「●」を入力する。
2. 『数量』の合計を求めるセル（F3セル）を選択し、「=SUMIF(」と入力する。
3. ［範囲］…「●」を入力した列のセル範囲を選択する。
4. ［検索条件］…条件の「●」を入力する。
5. ［合計範囲］…合計する『売上／数量』のセル範囲を選択して、Enter キーで数式を確定する。

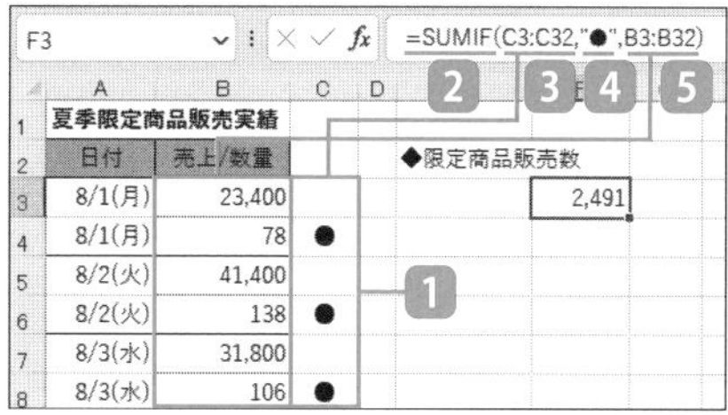

数式解説

「=SUMIF(C3:C10,"●",B3:B10)」の数式は、C3セル～C10セルの中で条件「●」に該当するセルを探し、B3セル～B10セルの中でそのセルと同じ番目にある『数量』の合計を求める。
「●」は1行おきに入力されているので、結果、1行おきにある『数量』だけの合計が求められる。

ここがポイント!　印は集計したい間隔で作成する

手順1で作成する、条件となる「●」は好みの記号を使おう。記号は集計したい間隔で作成するのがコツ。また、●行おきや●列おきに「平均」したいならAVERAGEIF関数の条件に記号を使う。使用する関数は集計方法によって変更しよう。

●行おき／●列おき集計・累計

テク109 1～2列、3列～4列など2列ごとのデータを縦方向に集計したい

使うのはコレ! SUMIF+ROW関数

2列ごとや3列ごとなど、一定の列ごとの集計値を**縦方向**に求めたいときは、単純に数式をコピーしただけでは求められない。複数列のデータだと手間が掛かるが、**2列ごとなら2個ずつの連番の行**を作成しておけば、**SUMIF関数**や**AVERAGEIF**関数を使って数式のコピーで求められる。

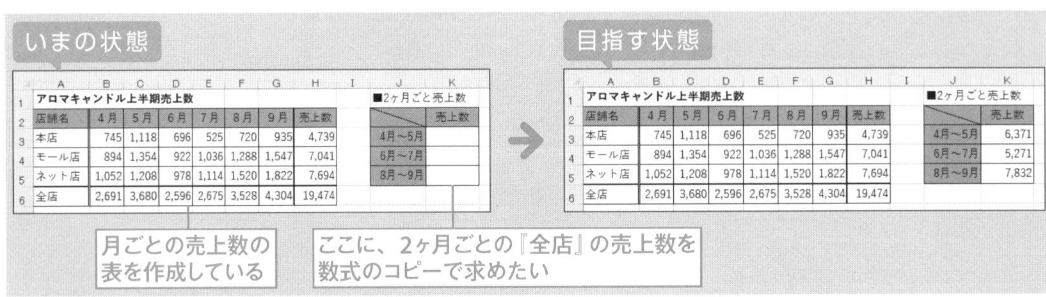

いまの状態
目指す状態
アロマキャンドル上半期売上数
■2ヶ月ごと売上数
月ごとの売上数の表を作成している
ここに、2ヶ月ごとの『全店』の売上数を数式のコピーで求めたい

店舗名	4月	5月	6月	7月	8月	9月	売上数
本店	745	1,118	696	525	720	935	4,739
モール店	894	1,354	922	1,036	1,288	1,547	7,041
ネット店	1,052	1,208	978	1,114	1,520	1,822	7,694
全店	2,691	3,680	2,596	2,675	3,528	4,304	19,474

	売上数
4月～5月	6,371
6月～7月	5,271
8月～9月	7,832

1. 2ヶ月ごとに集計するので、2個ずつの連番を作成する。
2. 2ヶ月ごとの売上数を求めるセル（K3セル）を選択し、「=SUMIF(」と入力する。
3. [範囲]…連番のセル範囲を選択して、F4キーを1回押して[$]記号をつけ絶対参照にする。
4. [検索条件]…「ROW(A1)」と入力する。
5. [合計範囲]…合計する『全店』のセル範囲を選択して、F4キーを1回押して[$]記号をつけたら、Enterキーで数式を確定する。
6. 数式を必要なだけ複写する。

操作テク 平均を求めるには、手順2でAVERAGEIF関数を使って同様に数式を作成しよう。

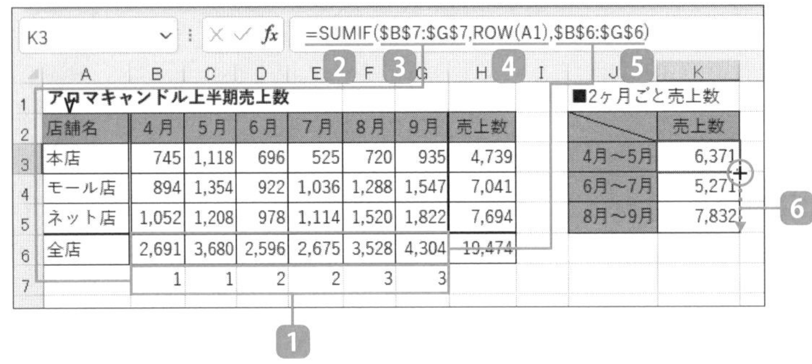

K3
=SUMIF($B$7:$G$7,ROW(A1),$B$6:$G$6)
アロマキャンドル上半期売上数
■2ヶ月ごと売上数

	A	B	C	D	E	F	G	H
2	店舗名	4月	5月	6月	7月	8月	9月	売上数
3	本店	745	1,118	696	525	720	935	4,739
4	モール店	894	1,354	922	1,036	1,288	1,547	7,041
5	ネット店	1,052	1,208	978	1,114	1,520	1,822	7,694
6	全店	2,691	3,680	2,596	2,675	3,528	4,304	19,474
7		1	1	2	2	3	3	

J	K
	売上数
4月～5月	6,371
6月～7月	5,271
8月～9月	7,832

数式解説

「=SUMIF($B$7:$G$7,ROW(A1),$B$6:$G$6)」の数式は、B7セル～G7セルの中で、「1」の条件を満たすB6セル～G6セルの売上数を求める。
B7セル～G7セルには、2個ずつ連番を作成しているので、結果、4月～5月、6月～7月、8月～9月の2ヶ月ごとの売上数が求められる。

Change!

従来 =SUMIF($B$7:$G$7,ROW(A1),$B$6:$G$6)

スピル =SUMIF(B7:G7,ROW(A1:A3),B6:G6)

併せて覚え テク　2列ごとのデータを横方向に集計するには?

2列ごとのデータを横方向に集計するなら、1 COLUMN関数をSUMIF関数やAVERAGEIF関数の引数[検索条件]に組み合わせて求めよう。

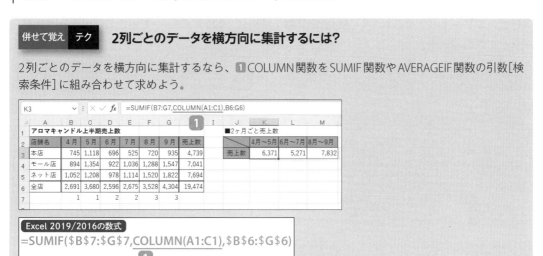

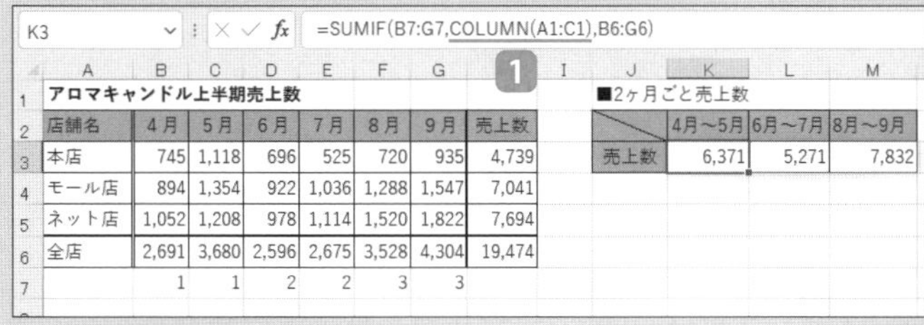

K3　=SUMIF(B7:G7,COLUMN(A1:C1),B6:G6)

アロマキャンドル上半期売上数

店舗名	4月	5月	6月	7月	8月	9月	売上数
本店	745	1,118	696	525	720	935	4,739
モール店	894	1,354	922	1,036	1,288	1,547	7,041
ネット店	1,052	1,208	978	1,114	1,520	1,822	7,694
全店	2,691	3,680	2,596	2,675	3,528	4,304	19,474
	1	1	2	2	3	3	

■2ヶ月ごと売上数

	4月〜5月	6月〜7月	8月〜9月
売上数	6,371	5,271	7,832

Excel 2019/2016の数式

=SUMIF($B$7:$G$7,COLUMN(A1:C1),$B$6:$G$6)
1

✓ ●行おき／●列おき集計・累計

テク 110 とびとびで連続していない累計を数式のコピーで求めたい

使うのはコレ! SUMIF関数

累計を行や列ごとに求める場合は足し算で求められるが、**とびとびのセルに累計が必要な表**では数式のコピーでは求められない。**SUMIF関数**を使えば、数式のコピーでとびとびの累計がスピーディーに求められる。

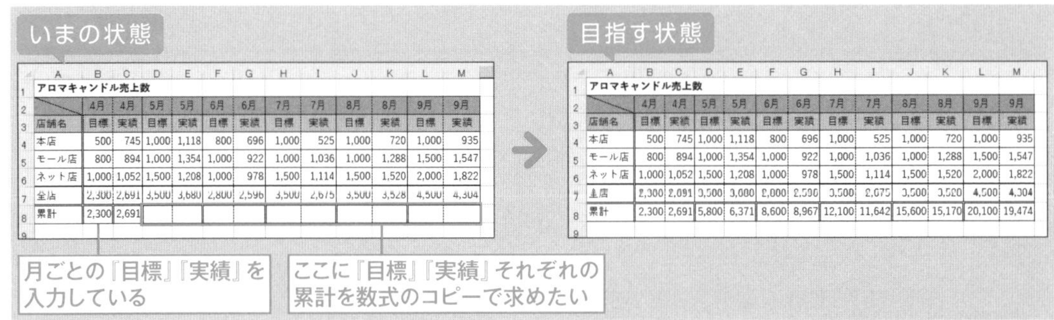

いまの状態
月ごとの『目標』『実績』を入力している
ここに『目標』『実績』それぞれの累計を数式のコピーで求めたい
目指す状態

いまの状態

アロマキャンドル売上数												
	4月	4月	5月	5月	6月	6月	7月	7月	8月	8月	9月	9月
店舗名	目標	実績	目標	実績	目標	実績	目標	実績	目標	実績	目標	実績
本店	500	745	1,000	1,118	800	696	1,000	525	1,000	720	1,000	935
モール店	800	894	1,000	1,354	1,000	922	1,000	1,036	1,000	1,288	1,500	1,547
ネット店	1,000	1,052	1,500	1,208	1,000	978	1,500	1,114	1,500	1,520	2,000	1,822
全店	2,300	2,691	3,500	3,680	2,800	2,596	3,500	2,675	3,500	3,528	4,500	4,304
累計	2,300	2,691										

目指す状態

アロマキャンドル売上数												
	4月	4月	5月	5月	6月	6月	7月	7月	8月	8月	9月	9月
店舗名	目標	実績	目標	実績	目標	実績	目標	実績	目標	実績	目標	実績
本店	500	745	1,000	1,118	800	696	1,000	525	1,000	720	1,000	935
モール店	800	894	1,000	1,354	1,000	922	1,000	1,036	1,000	1,288	1,500	1,547
ネット店	1,000	1,052	1,500	1,208	1,000	978	1,500	1,114	1,500	1,520	2,000	1,822
全店	2,300	2,691	3,500	3,680	2,800	2,596	3,500	2,675	3,500	3,528	4,500	4,304
累計	2,300	2,691	5,800	6,371	8,600	8,967	12,100	11,642	15,600	15,170	20,100	19,474

1. 『目標』の累計を求めるセル（B8セル）を選択し、「=SUMIF(」と入力する。
2. ［範囲］…条件の『目標』のセルを「$B$3:B3」で指定する。
3. ［検索条件］…条件の『目標』のセル（B3セル）を選択する。
4. ［合計範囲］…累計を求める『目標』のセルを「$B$7:B7」で指定して、Enter キーで数式を確定する。
5. 数式を必要なだけ複写する。

B8 =SUMIF($B$3:B3,B3,$B$7:B7)

アロマキャンドル売上数								
	4月	4月	5月	5月	6月	6月	7月	7月	8月
店舗名	目標	実績	目標	実績	目標	実績	目標	実績	目標
本店	500	745	1,000	1,118	800	696	1,000	525	1,000
モール店	800	894	1,000	1,354	1,000	922	1,000	1,036	1,000
ネット店	1,000	1,052	1,500	1,208	1,000	978	1,500	1,114	1,500
全店	2,300	2,691	3,500	3,680	2,800	2,596	3,500	2,675	3,500
累計	2,300	2,691	5,800	6,371	8,600	8,967	12,100	11,642	15,600

数式解説

累計を1行おきや1列おきに求めるには、1行おきや1列おきに同じ値が入力されていれば、その値を条件にSUMIF関数で求められる（本節のテク108参照）。このSUMIF関数の引数［範囲］と［合計範囲］を絶対参照と相対参照の組み合わせにすることで、最初のセルからのそれぞれのセル範囲を数式のコピーで拡張させることができる。この表の場合、条件は『目標』と『実績』になるので、それぞれのセルには、1列目からの累計が『目標』と『実績』ごとに求められる。
なお、この表のような条件がない場合は、本節のテク108のように表外に条件となる記号を入力して、その記号を条件に数式を作成しよう。

ここがポイント！　1行おきの累計は縦方向へコピーするだけ

1行おきの累計を求める場合も、SUMIF関数の引数［範囲］と［合計範囲］を絶対参照と相対参照の組み合わせにして数式を作成しておけば、ほかの行にコピーするだけで求められる。

4-7 複数のシート／ブックの条件付き集計や重複集計をマスター!

データを複数のシートやブックで入力している場合の集計は、第2章3節で解説しているが、指定のシート名～シート名だけを条件に集計したい場合もある。

また、すべてのシートやブックを対象にした項目別の集計も必要になる。そんなときはシートやブックの追加にも対応したい……。

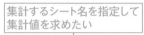

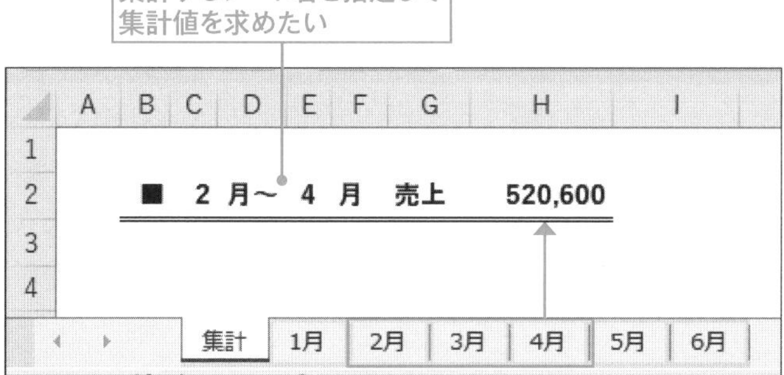

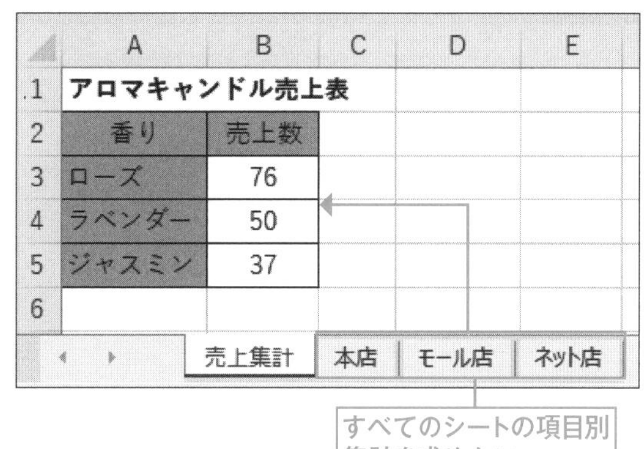

本節では、複数のシート／ブックにあるデータをもとに、**関数**や**Power Query**を使って、シート名、項目、重複を条件に集計を行うテクニックを完全マスターしよう！

テク 111 シートの名前を項目にして、複数シートを集計したい

使うのはコレ! SUM+INDIRECT関数

シート名を見出しにした別表に、複数のシートのデータを集計するには、集計するセル範囲を、シート名とセル範囲を間接的に参照してくれる**INDIRECT関数**で指定して求めよう。

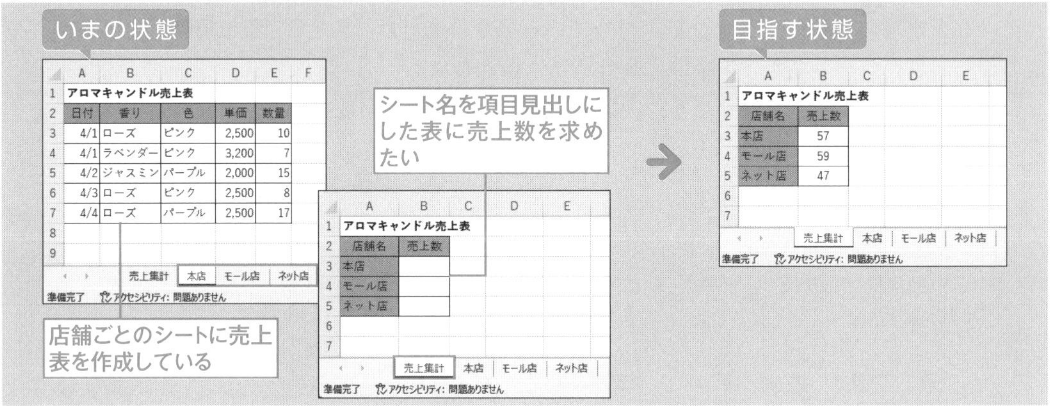

1. 『売上数』を求めるセル（B3セル）を選択し、［数式］タブの［関数ライブラリ］グループの［合計］ボタンをクリックする。
2. 「INDIRECT(」と入力する。
3. ［参照文字列］…シート名を入力した項目見出しのセル（A3セル）と、別シートで集計する『数量』のセル範囲「E3セル～E10セル」を「シート名&"!セル範囲"」の形式で入力したら、Enter キーで数式を確定する。
4. 数式を必要なだけ複写する。

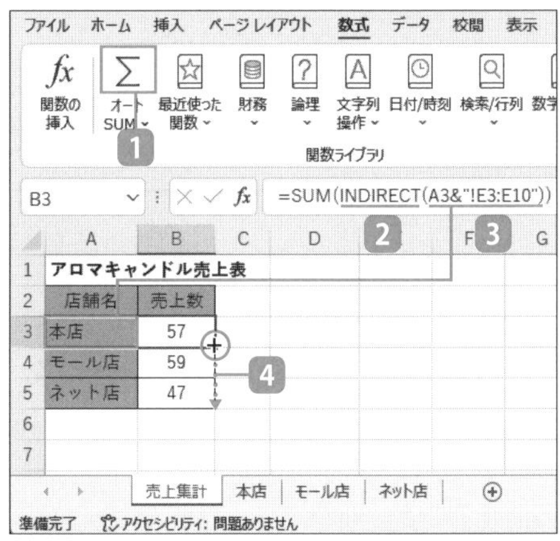

数式解説

「INDIRECT(A3&"!E3:E10")」の数式は、A3セルに入力した「本店」と同名のシートにあるE3セル～E10セルの値を間接的に参照する。この数式を［合計］ボタンで挿入したSUM関数の引数に指定することで、「本店」シートの『数量』の合計が求められる。数式をコピーすると、それぞれのセルに入力したシート名の『数量』の合計が求められる。

ここがポイント！ 平均や件数を求めるには？

手順1で、平均を求めるにはAVERAGE関数、件数を求めるにはCOUNT(A)関数にINDIRECT関数を使って数式を作成しよう。

ここがポイント！　シート名に「-」やスペースがある場合

INDIRECT関数でシートのセル範囲を間接参照する場合、シート名に[-]やスペースが入っていると正しく参照されない。このような場合は、シート名を入力したセル番地を[']（シングルクォーテーション）で囲んで「"'"&A3&"'!E3:E10"」のように指定しよう。

併せて覚え テク　シート名と項目名のクロス表に集計するには？

シート名と項目名を行・列見出しにした別表に、複数のシートからデータをクロス集計するには、SUMIF関数の引数1［範囲］と2［合計範囲］の両方にINDIRECT関数でそれぞれのシートのセル範囲を間接的に参照した数式を入れて作成しよう。

B3　=SUMIF(INDIRECT(B$2&"!B3:B10"),$A3,INDIRECT(B$2&"!E3:E10"))

（1: INDIRECT(B$2&"!B3:B10")　2: INDIRECT(B$2&"!E3:E10")）

	A	B	C	D
1	アロマキャンドル売上表			
2	店舗名 / 香り	本店	モール店	ネット店
3	ローズ	35	30	11
4	ラベンダー	7	17	26
5	ジャスミン	15	12	10
6				

スピル使用の数式

=SUMIF(INDIRECT(B2:D2&"!B3:B10"),A3:A5,INDIRECT(B2:D2&"!E3:E10"))

（1: INDIRECT(B2:D2&"!B3:B10")　2: INDIRECT(B2:D2&"!E3:E10")）

数式解説

「INDIRECT(B$2&"!B3:B10")」の数式は、B2セルに入力したそれぞれの店舗名シートにあるB3セル～B10セルの値を間接的に参照し、「INDIRECT(B$2&"!E3:E10")」の数式は、B2セルに入力した店舗名シートにあるE3セル～E10セルの値を間接的に参照する。これらの数式をSUMIF関数の引数の[範囲]と[合計範囲]にそれぞれ指定することで、「シート名」と『香り』を見出しにしたクロス表に売上数が求められる。

✔ シート名集計

テク 112 指定したシート名〜シート名までの同位置にあるセルを集計したい（シート名が連続した数値の場合）

使うのはコレ! SUM+INDIRECT+SEQUENCE関数
Excel2019/2016　SUM+N+INDIRECT+ROW関数+配列数式

SEQUENCE関数を使えば、数値が付くシート名〜シート名にあるセル範囲の集計が求められる。たとえば、「1月」〜「2月」と指定すると「1月」〜「2月」シートの合計を求めることができる。Excel2019/2016では**INDIRECT関数を2度使い**して求めよう。

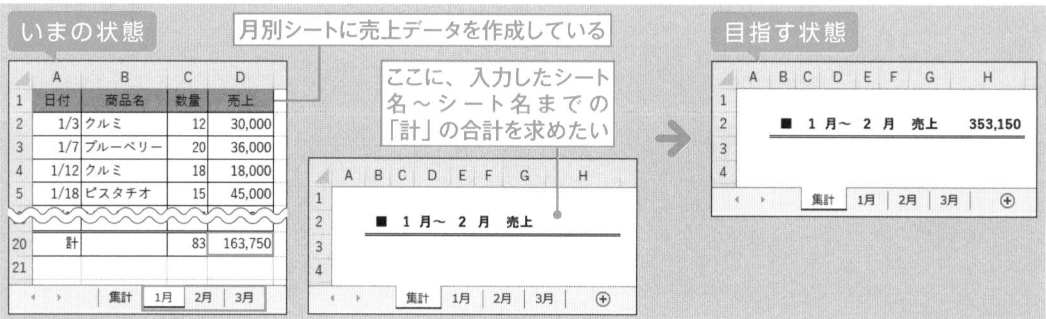

● **Excel2021/365の数式**

1 売上を求めるセル（H2セル）を選択し、[数式]タブの[関数ライブラリ]グループの[合計]ボタンをクリックする。
2 「INDIRECT(」と入力する。
3 [参照文字列]…「SEQUENCE(」と入力する。
4 [行]…集計したい「●シート〜●シートの枚数」を指定するために「E2-C2+1」と入力する。
5 [列]…省略する。
6 [開始]…集計を開始するシート名のセル（C2セル）を選択する。
7 [目盛り]…省略する。
8 「)&"月!D20"」と入力して、Enterキーで数式を確定する。

操作テク ここで入力した「D20セル」は各シートの同位置にある集計したいセル。

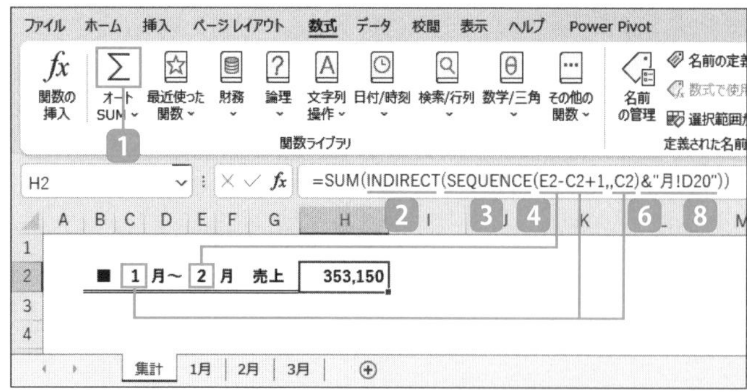

数式解説

SEQUENCE関数は連続した数値の配列を作成することができる。
「SEQUENCE(E2-C2+1,,C2)」の数式は、引数[行]に「2」、[開始]に「1」が指定され、[目盛り](数値の間隔)は省略することで「1」が返される。つまり、「1」から開始して2行分の数値が「1」の間隔で作成されるため結果、「1」「2」の数値が作成される。続けて「&"月!D20"」とすることで、1月～2月のシートD20セルを指定できるので、INDIRECT関数の引数[参照文字列]に入れて「=SUM(INDIRECT(SEQUENCE(E2-C2+1)&"月!D20"))」の数式を作成することで、間接的に参照された「1」月シートのD20セルと「2」月シートのD20セルの合計が求められる。

Excel2019/2016の数式

1. 売上を求めるセル(H2セル)を選択し、[数式]タブの[関数ライブラリ]グループの[合計]ボタンをクリックする。
2. 「N(INDIRECT(」と入力する。
3. [参照文字列]…「ROW(INDIRECT(」と入力する。
4. [参照文字列]…シート名が「1:2」になるように「C2&":"&E2」と入力する。
5. 1つ目のINDIRECT関数に戻り、続けて「)&"月!D20"」と入力して、Ctrl＋Shift＋Enterキーで数式を確定する。

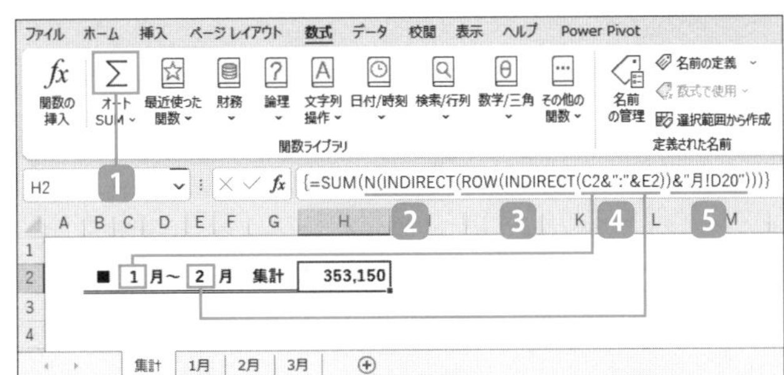

数式解説

「INDIRECT(ROW(INDIRECT(C2&":"&E2))&"月!D20")」の数式は、「INDIRECT({"1月!D20";"2月!D20"})」の結果を求める。つまり、C2セルの「1」月シートのD20セル～E2セルと「2」月シートのD20セルを間接的に参照する。合計するには数値に変換する必要があるので、N関数で数値に変換した結果をSUM関数に組み合わせることで、C2セルの「1」月シートのD20セルと「2」月シートのD20セルの合計が求められる。配列を扱うため、Ctrl＋Shift＋Enterキーで数式を確定して、配列数式で求める必要がある。

ここがポイント！　月をまたぐシート名には対応していない

ここでの数式は、「12月」～「2月」シートなどのように、月をまたぐシートの集計には対応していない。

ここがポイント！　Excel2019/2016で配列数式を使いたくないときはSUMPRODUCT関数を使う

Excel2019/2016で配列数式を使いたくないときは、引数を指定するだけで配列計算できるSUMPRODUCT関数を使って、「=SUMPRODUCT(N(INDIRECT(ROW(INDIRECT(C2&":"&E2))&"月!D20")))」と数式を作成しよう。

✔ シート名集計

テク 113 指定したシート名～シート名までのセル範囲を集計したい（シート名が文字列の場合）

使うのはコレ! ［合計］ボタン+空のシート

テク112の数式ではシート名が文字列だと対応できない。シート名が文字列のときは、第2章3節テク040で解説の**「開始」シート**と**「終了」シート**を使おう。集計するシート名の前後に配置しておけば、［合計］ボタンを使うだけの簡単数式で、常に指定したシート～シートのデータを集計することができる。

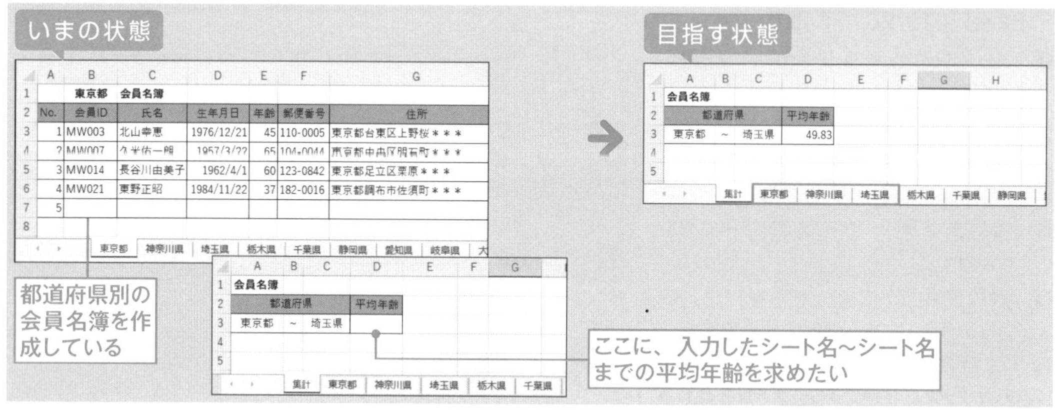

1. 空の「開始」シートと「終了」シートを作成しておき、集計するシートの前後に「開始」シートと「終了」シートを配置する。
2. 平均年齢を求めるセル（D3セル）を選択し、［数式］タブの［関数ライブラリ］グループの［合計］ボタン→［▼］→［平均］を選択する。
3. 「開始」シート～「終了」シートを Shift キーを押しながら選択してグループ化し、集計するシートの『年齢』のセル範囲を選択して、Enter キーで数式を確定する。

操作テク 以降は、集計するシート名を変更したら、「開始」シートと「終了」シートを集計するシートの前後に移動するだけで、そのシート間の『年齢』の平均が求められる。「開始」シートや「終了」シートが不要なときは、非表示にしておこう。

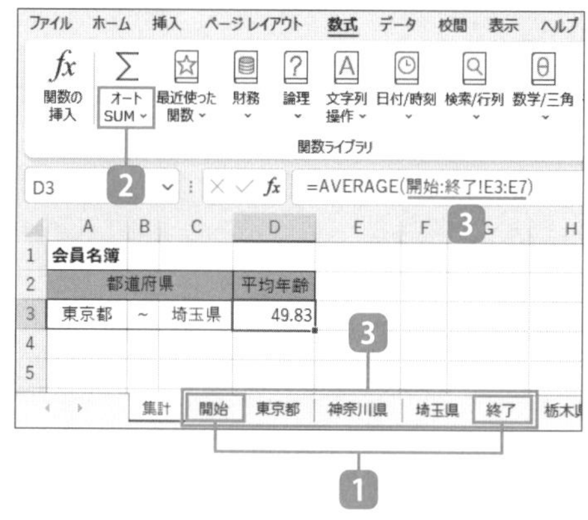

数式解説

「=AVERAGE(開始:終了!E3:E7)」の数式は、「開始」シートと「終了」シートの間にある「東京都」シート～「埼玉県」シートにあるE3セル～E7セルの「年齢」の平均を求める。

ここがポイント！ そのほかの集計方法で求めるには？

そのほかの集計方法で求めるには、手順2で［合計］ボタンの［▼］をクリックして表示されるメニューから選択しよう。

✔ 複数シート・ブック条件集計

テク114 複数シートのデータをもとに、項目ごとの集計をしたい

使うのはコレ! SUMIF+SUMIF関数

複数あるシートのデータをもとに、条件に一致する項目の集計を行うには、複数ある条件のいずれかに一致する項目を集計する場合と同じなので、本章の1節テク060で解説の数式のように、**演算子[+]**を使おう。シートごとの数式を足し算[+]することで求められる。

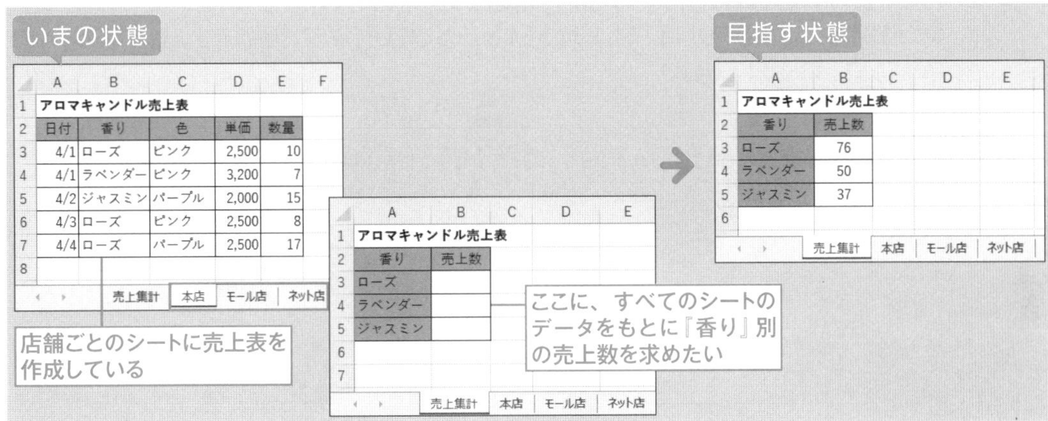

1. 『香り』別の売上数を求めるセル(B3セル)を選択し、「本店」シートの『香り』ごとの『数量』の合計を求める数式「=SUMIF(本店!$B$3:$B$7,A3,本店!$E$3:$E$7)」を入力する。
2. [+]を入力して、「モール店」シートの『香り』ごとの『数量』の合計を求める数式「SUMIF(モール店!$B$3:$B$8,A3,モール店!$E$3:$E$8)」を入力する。
3. [+]と入力して、「ネット店」シートの『香り』ごとの『数量』の合計を求める数式「SUMIF(ネット店!$B$3:$B$6,A3,ネット店!$E$3:$E$6)」を入力したら、Enterキーで数式を確定する。
4. 数式を必要なだけ複写する。

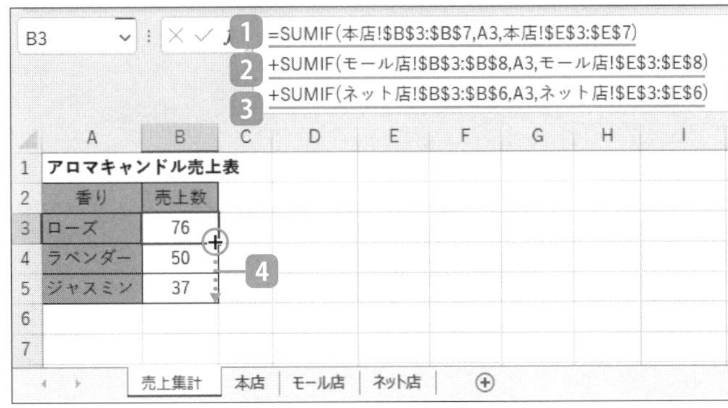

数式解説

「=SUMIF(本店!$B$3:$B$7,A3,本店!$E$3:$E$7)+SUMIF(モール店!$B$3:$B$8,A3,モール店!$E$3:$E$8)+SUMIF(ネット店!$B$3:$B$6,A3,ネット店!$E$3:$E$6)」の数式は、「本店」シートの「ローズ」の『数量』の合計と「モール店」シートの「ローズ」の『数量』の合計と、「ネット店」シートの「ローズ」の『数量』の合計を足し算して求める。

Change!

従来 =SUMIF(本店!$B$3:$B$7,A3,本店!$E$3:$E$7)+SUMIF(モール店!$B$3:$B$8,A3,モール店!$E$3:$E$8)+SUMIF(ネット店!$B$3:$B$6,A3,ネット店!$E$3:$E$6)

スピル =SUMIF(本店!B3:B7,A3:A5,本店!E3:E7)+SUMIF(モール店!B3:B8,A3:A5,モール店!E3:E8)+SUMIF(ネット店!B3:B6,A3:A5,ネット店!E3:E6)

集計編

ここがポイント！ ほかの集計方法で求めるには？

件数を求める場合は、COUNTIF関数の数式をシートごとに足し算[+]することで求められる。平均を求める場合は、本章の1節テク062のように配列数式でシートごとの条件式を足し算[+]して求める必要がある。

ここがポイント！ 大量シートですべてのシートのセル範囲が同じなら数式をコピペしよう

集計するシートが多いとシートごとに数式を作成して足し算するのは手間が掛かる。すべてのシートの表のセル範囲が同じなら、手順で[+]と入力したら、入力済みの数式をドラッグしてコピーし、[+]の後に貼り付けた後、数式内のシート名を変更して作成しよう。

ここがポイント！ データの変更に対応しない場合は？

データの変更に対応しない場合は、第3章3節テク052で解説のクリップボードで1つの表にまとめてから、その表をもとにSUMIF/AVERAEGIF/COUNTIF関数で集計しよう。

併せて覚え テク 複数シートのデータをもとにクロス表に集計するには?

本章の1節テク067では、クロス表に集計するためにSUMIFS関数を解説しているが、複数シートのデータなら、シートごとのSUMIFS関数の数式を足し算[+]して求めよう。
件数を求める場合は、COUNTIFS関数の数式を足し算[+]して求めよう。

✓ 複数シート・ブック条件集計

テク 115 複数シートのデータをもとに、項目ごとの集計をしたい

(Microsoft365対応)

使うのはコレ! SUM+FILTER+VSTACK関数

テク114の数式はシートごとに数式をプラスする必要があるが、Microsoft365なら、**VSTACK関数**を使えば複数のシートの表を縦方向にまとめることができるので、その表のデータをもとに**FILTER関数**で条件に一致するデータを抽出して集計することができる。複数シートでもグループ化して数式作成ができるので、スピーディーに求められる。

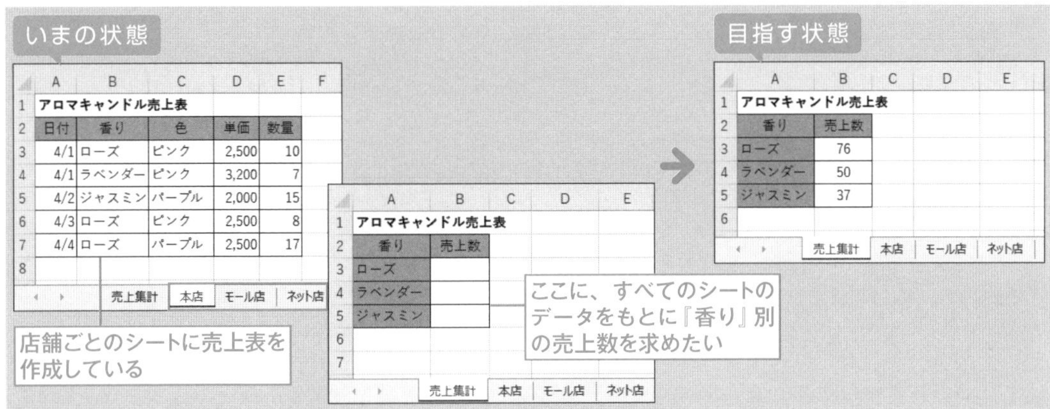

1. 『売上数』を求めるセル(B3セル)を選択し、[数式]タブの[関数ライブラリ]グループの[合計]ボタンをクリックする。
2. [数値1]…「FILTER(」と入力する。
3. [配列]…「VSTACK(」と入力し、「本店」シート～「ネット店」シートを Shift キーで選択し、集計する『数量』のセル範囲を、F4 キーを1回押して[$]記号をつけ絶対参照にして指定する。
4. [含む]…「VSTACK(」と入力し、「本店」シート～「ネット店」シートを Shift キーで選択し、『香り』のセル範囲を、F4 キーを1回押して[$]記号をつけ絶対参照にして指定する。続けて「)=A3」と入力する。
5. [空の場合]…省略して、Enter キーで数式を確定する。
6. 数式を必要なだけ複写する。

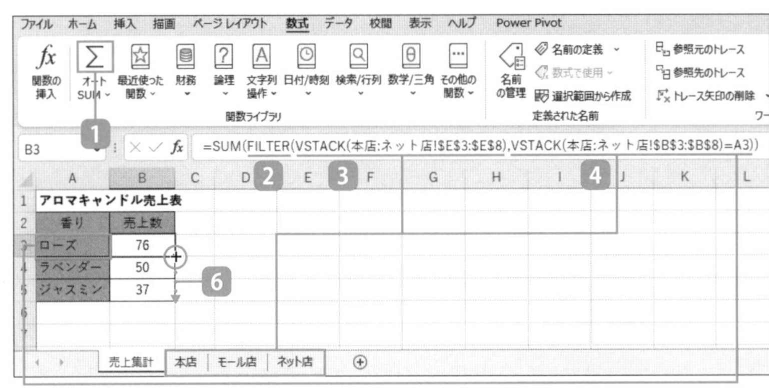

数式解説

「VSTACK(本店:ネット店!$E$3:$E$8)」の数式は、「本店」シート～「ネット店」シートの『数量』を、「VSTACK(本店:ネット店!$B$3:$B$8)」の数式は、「本店」シート～「ネット店」シートの『香り』を縦方向に結合する。
「FILTER(VSTACK(本店:ネット店!$E$3:$E$8),VSTACK(本店:ネット店!$B$3:$B$8)=A3)」と数式を作成すると、「本店」シート～「ネット店」シートの『香り』が「ローズ」であるときの『数量』が抽出できる。抽出した「ローズ」の『数量』を、SUM関数の引数に指定することで、「本店」シート～「ネット店」シートの「ローズ」の『数量』の合計が求められる。

ここがポイント！　そのほかの集計方法や横方向にまとめて集計するには？

手順1では平均ならAVERAGE関数、件数ならCOUNT(A)関数を使って求めよう。
複数シートのデータを横方向に1つにまとめて集計するなら、HSTACK関数で数式を作成しよう。

併せて覚えテク　SUMIF/AVERAEGIF/COUNTIF関数で求めたいときは?

SUMIF/AVERAEGIF/COUNTIF関数で求めたいときは、別の場所に1VSTACK関数で複数のシートの表を縦方向にまとめておき、そのまとめたデータを2SUMIF/AVERAEGIF/COUNTIF関数の引数に使って数式を作成しよう。

D	E	F	G
ローズ	ピンク	2500	10
ラベンダー	ピンク	3200	7
ジャスミン	パープル	2000	15
ローズ	ピンク	2500	8

	A	B	C	D	E	F	G
1	アロマキャンドル売上表						
2	香り	売上数					
3	ローズ	76		ローズ	ピンク	2500	10
4	ラベンダー	50		ラベンダー	ピンク	3200	7
5	ジャスミン	37		ジャスミン	パープル	2000	15
6				ローズ	ピンク	2500	8

併せて覚えテク　複数シートのデータをもとにクロス表に集計するには?

FILTER関数の引数[含む]には、AND条件は[*]、OR条件は[+]の演算子でそれぞれの条件式を結合して数式を作成することができる（本章の1節テク060参照）。そのため、複数シートのデータをもとにクロス表に集計するには、1列見出しとのAND条件が必要なので、引数[含む]で以下のように数式を作成しよう。なお、2行列見出しの条件に該当するデータがない場合は「#CALC!」が求められるため、「0」で求めるなら、IFERROR関数に組み合わせて数式を作成するのがコツ。

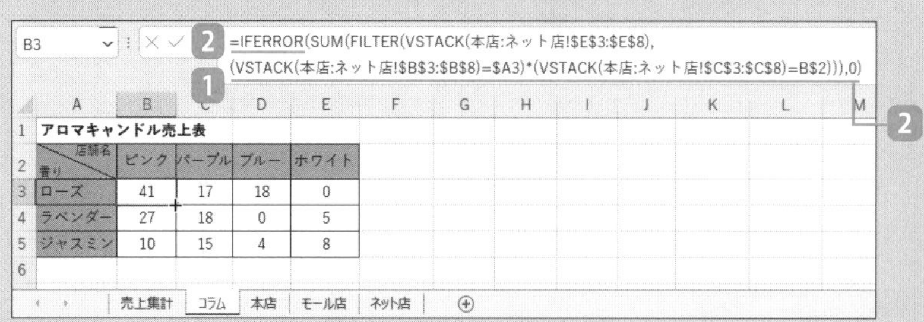

	A	B	C	D	E
1	アロマキャンドル売上表				
2	店舗名／香り	ピンク	パープル	ブルー	ホワイト
3	ローズ	41	17	18	0
4	ラベンダー	27	18	0	5
5	ジャスミン	10	15	4	8

テク 116 複数シートのデータをもとに、重複を除いた件数を数えたい

Microsoft365対応

使うのはコレ! COUNTA+UNIQUE+VSTACK関数

複数シートのデータをもとに重複を除く件数を数えるなら、**VSTACK関数**で複数のシートの表を縦方向にまとめて、**UNIQUE関数**で重複を除いて抽出したデータを**COUNT(A)関数**を使って数式を作成しよう。

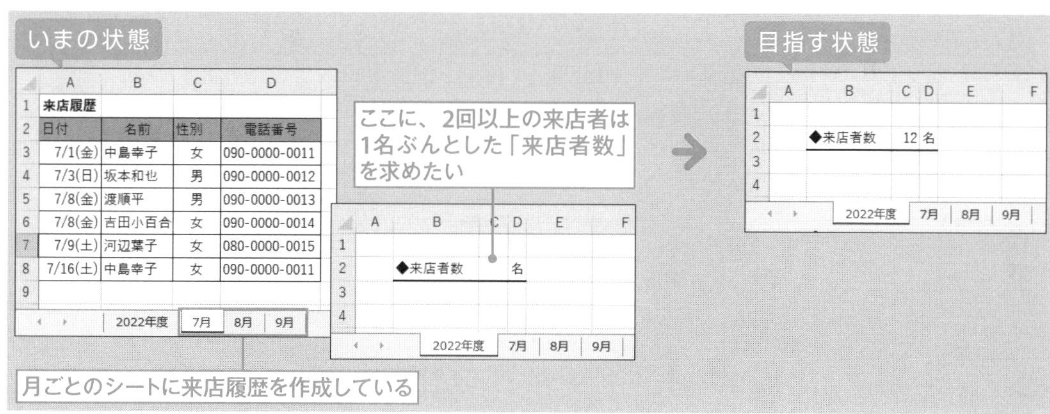

1. 2回以上の来店者は1名ぶんとカウントした『来店者数』を求めるセル(C2セル)を選択し、「=COUNTA(」と入力する。
2. [値1]…「UNIQUE(」と入力する。
3. [配列]…「VSTACK(」と入力し、「7月」シート～「9月」シートを Shift キーで選択し、数える『名前』のセル範囲を選択する。
4. [列の比較][回数指定]…省略して、「)-1」を入力して、Enter キーで数式を確定する。

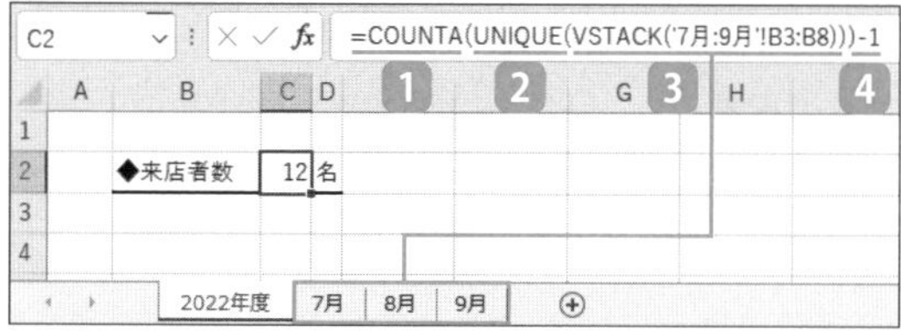

数式解説

「UNIQUE(VSTACK('7月:9月'!B3:B8))」の数式は、「7月」シート～「9月」シートの『名前』を縦方向に結合して、そのデータの重複を除いて抽出する。抽出したデータをCOUNTA関数の(数値を数えるときはCOUNT関数でも可能)の引数に使い、「=COUNTA(UNIQUE(VSTACK('7月:9月'!B3:B8)))-1」と数式を作成することで、「7月」シート～「9月」シートの『名前』の重複を除いた人数が求められる。なお、この例の数式で指定しているそれぞれのシートのセル範囲内には空白を含んでいるため、UNIQUE関数で重複を除いた名前をCOUNTA関数で数えると、空白が1件としてプラスされてしまう。そのため、「-1」としている。空白を含まない場合は「-1」は不要。

✔複数シート・ブック条件集計

テク117 別ブックのデータをもとに、項目ごとの集計をしたい

使うのはコレ! SUM+FILTER関数
Excel2019/2016　SUMPRODUCT関数

条件付き集計ができるSUMIF(S)/AVERAGEIF(S)/COUNIIF(S)関数は、別ブックに求めて集計元ブックを閉じるとエラー値になる。別ブックに求めるには、**FILTER関数**で条件に一致する集計元のデータを抽出して集計しよう。Excel2019/2016なら、**SUMPRODUCT関数**使って集計しよう。

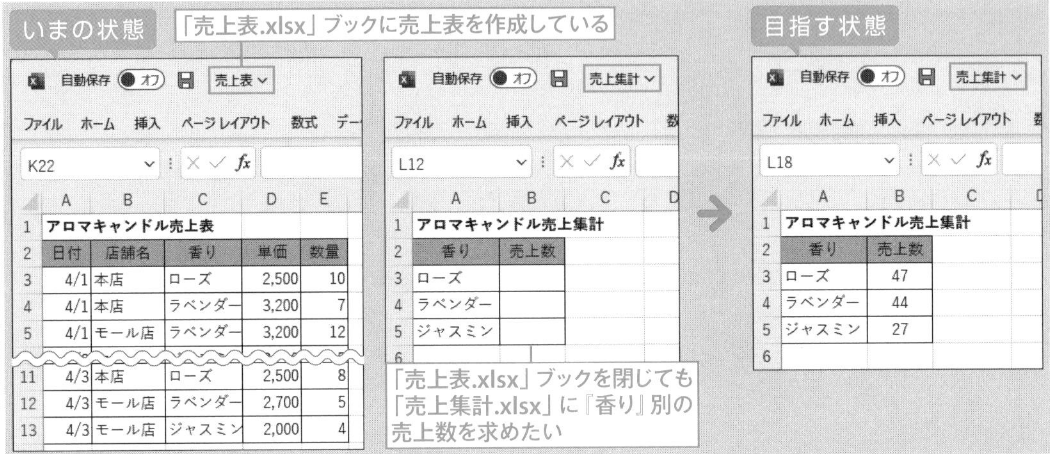

Excel2021/365の数式

1. 「売上集計.xlsx」ブックと「売上表.xlsx」ブックを開いておき、ウィンドウを左右に並べる。タイトルバーをドラッグして左右に並べるか、[表示]タブ→[ウィンドウ]グループ→[整列]ボタンで表示された[ウィンドウの整列]ダイアログボックスで[左右に並べて表示]をオンにする。
2. 「売上集計.xlsx」ブックの『香り』別の売上数を求めるセル(B3セル)を選択し、[数式]タブの[関数ライブラリ]グループの[合計]ボタンをクリックする。
3. [数値1]…「FILTER(」と入力する。
4. [配列]…「売上表.xlsx」の抽出する『数量』のセル範囲を選択する。
5. [含む]…「「売上表.xlsx」の『香り』がA3セルの「ローズ」の場合」の条件式を入力する。
6. [空の場合]…省略して、Enterキーで数式を確定する。
7. 数式を必要なだけ複写する。

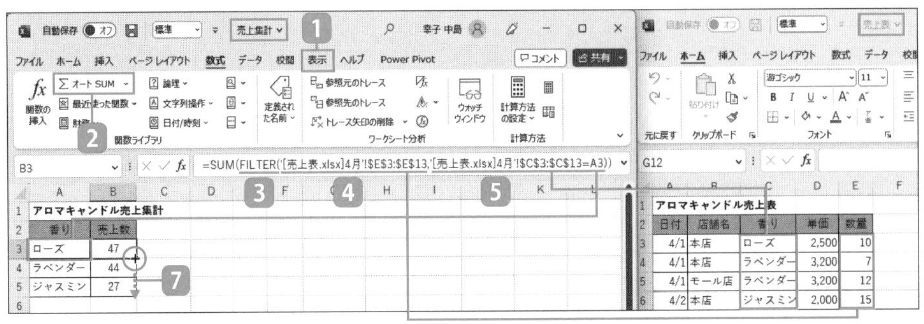

数式解説

「FILTER('[売上表.xlsx]4月'!$E$3:$E$13,'[売上表.xlsx]4月'!$C$3:$C$13=A3)」の数式は、「売上表.xlsx」ブックの『香り』が「売上集計.xlsx」ブックの「ローズ」である場合に「売上表.xlsx」ブックの『数量』を抽出する。抽出した「ローズ」の『数量』を、SUM関数の引数に指定することで、「売上集計.xlsx」ブックの「ローズ」の『数量』の合計が求められる。

ここがポイント！　件数や平均を求める場合は？

別のブックにあるデータをもとに項目ごとに件数を求めるにはCOUNT関数（空白以外のセルの数えるときはCOUNTA関数）、平均を求めるにはAVERAGE関数の引数に上記のFILTER関数の数式を組み合わせて求めよう。

ここがポイント！　Excel2019/2016で利用できるように求めるには？

スピルに対応したFILTER関数を使わずに数式を作成するなら、
合計「=SUM(('[売上表.xlsx]4月'!$C$3:$C$13=A5)*'[売上表.xlsx]4月'!$E$3:$E$13)」
件数「=SUM(('[売上表.xlsx]4月'!$C$3:$C$13=A3)*1)」
とSUM関数で条件式を作成して求めよう。Excel2019/2016でブックを開くと自動で配列数式になり、Excel2019/2016でも利用できるようになる。

Excel2019/2016の数式

1. 「売上集計.xlsx」ブックと「売上表.xlsx」ブックを開いておき、ウィンドウを左右に並べる。タイトルバーをドラッグして左右に並べるか、[表示]タブ→[ウィンドウ]グループ→[整列]ボタンで表示された[ウィンドウの整列]ダイアログボックスで[左右に並べて表示]をオンにする。
2. 「売上集計」ブックの『香り』別の売上数（B3セル）を求めるセルを選択し、「=SUMPRODUCT(」と入力する。
3. [配列1]…「「売上表.xlsx」の『香り』がA3セルの「ローズ」の場合」の条件式を満たす場合は「売上表.xlsx」の『数量』を乗算する、という数式を入力して、Enterキーで確定する。
4. 数式を必要なだけ複写する。

数式解説

SUMPRODUCT関数の引数には条件式が指定できる。条件式を指定するときは、それぞれの条件は[()]で囲み、**AND条件は[*]、OR条件は[+]**の演算子でそれぞれの条件式を結合して数式を作成する。このとき、それぞれのセルが条件を満たす場合は**「TRUE」**、満たさない場合は**「FALSE」**が返されるが、数式内では「TRUE」は「1」、「FALSE」は「0」として計算される。つまり、この数式の場合は、([売上表.xlsx]4月'!$C$3:$C$13=A3)の結果は

・「売上表.xlsx」の1行目は「ローズ」なので「1」
・2行目は「ラベンダー」なので「0」
…

となる。この結果に「*[売上表.xlsx]4月'!$E$3:$E$13」として『数量』を乗算することで、

・1行目は1*10
・2行目は0*7
…

となり、この合計が求められて、結果、「売上表.xlsx」の「ローズ」の合計が求められる。

集計編

ここがポイント！　件数や平均を求める場合は？

SUMPRODUCT関数で条件式を作成する場合、条件式が1つで、値を合計せずにセルの数を数えるだけの場合は、「*1」として「1」と「0」の数値に変換する必要があるため、件数を求めるときは、

=SUMPRODUCT(('[売上表.xlsx]4月'!$C$3:$C$13=A3)*1

と数式を作成する。条件が2つ以上あるなら「*1」は必要ない。平均は、「合計／件数」で求められるので、手順の合計と上記の件数を使い、

=SUMPRODUCT(('[売上表.xlsx]4月'!$C$3:$C$13=A3)*'[売上表.xlsx]4月'!$E$3:$E$13)/SUMPRODUCT(('[売上表.xlsx]4月'!$C$3:$C$13=A3)*1)

と数式を作成しよう。

テク 118 複数ブックのデータをもとに、項目別集計や重複集計をしたい（ブックの追加対応）

使うのはコレ! 項目別集計 Power Query＋SUMIF関数
重複集計 Power Query＋COUNT(A)関数

Power Queryは重複を除いて抽出できる（第11章2節テク268参照）。よって、複数ブックでも**SUMIF関数**1つで項目別集計、**COUNT(A)関数**だけで重複集計が可能。さらに、ブックの追加に対応した項目別集計や重複集計を行うこともできる。

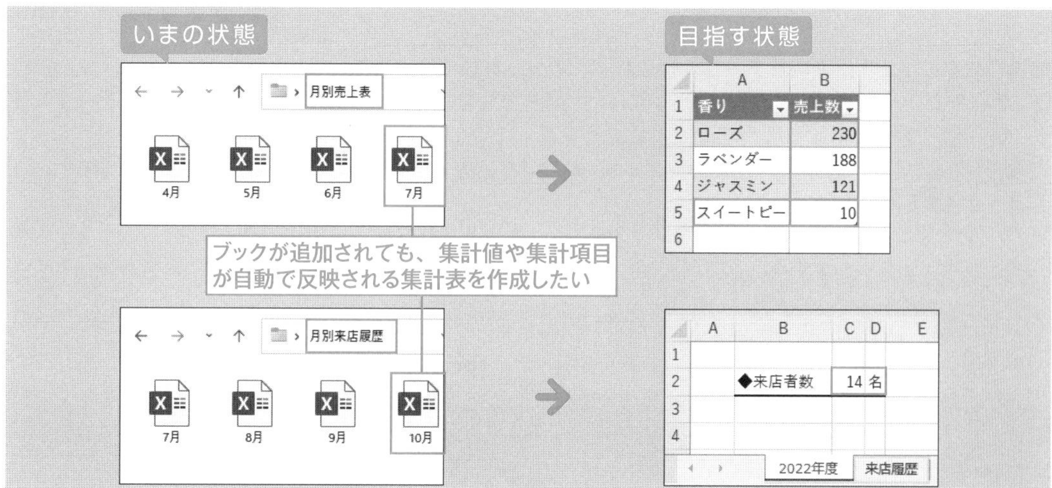

● ブックの追加で集計項目と集計値を自動で追加する

1 Power Queryを使い、第3章3節テク053の手順❶～❺ですべてのブックのデータを1つのクエリで作成されたテーブルにまとめておく。クエリの名前はフォルダー名「月別売上表」が付けられる。

2 クエリ名「月別売上表」の右クリックメニューから［複製］を選択して、もう1つクエリを作成し、「香り別売上数」に名前を変更する。

3 作成したクエリ「香り別売上数」の集計する項目（ここでは『香り』）の列を選択して、［ホーム］タブ→［行の削減］グループ→［行の削除］→［重複の削除］を選択する。

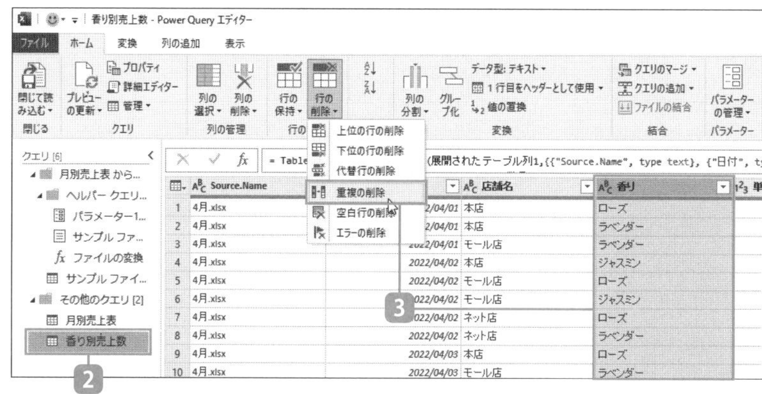

4 集計する項目（ここでは『香り』）以外の列は、［ホーム］タブ→［列の管理］グループ→［列の削除］を選択して削除しておく。
5 ［ホーム］タブ→［閉じて読み込む］ボタンをクリックする。

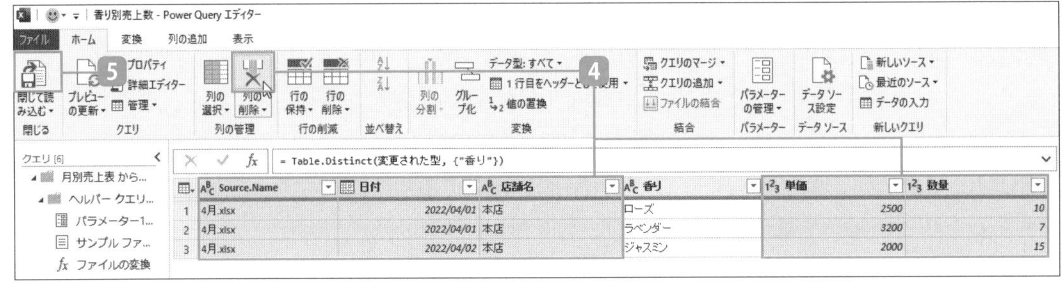

6 2つのクエリで作成されたテーブルがそれぞれのシートに作成される。
7 「香り別売上数」テーブルの隣の列（B列）にSUMIF関数を入力し、「月別売上表」テーブルのデータを使用して香り別に集計する数式を作成する。

操作テク 数式の入力時に「月別売上表」テーブルの、条件の『香り』と集計する『数量』のセル範囲を選択すると自動で「テーブル名［名前］」が入力される。

8 ブックを追加して、テーブル内のセルを選択し、［データ］タブ→［クエリと接続］グループ→［すべて更新］ボタンをクリックする。

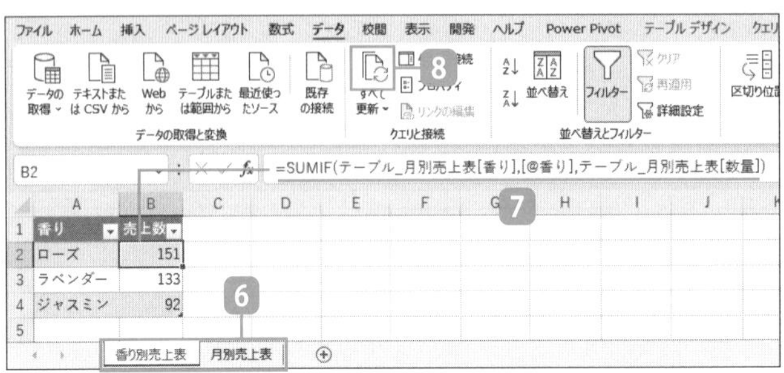

ブックの追加で重複を除く件数を自動で追加する（詳しい解説はテク089参照）

1 Power Queryを使い、第11章2節テク268の操作で『名前』『電話番号』の重複を除いて、すべてのブックのデータを1つのクエリで作成されたテーブルにまとめておく。
2 集計するシートに、COUNTA関数を入力し、「来店履歴」テーブルの『名前』のデータを使用して人数を数える数式を作成する。

操作テク 数式の入力時に「来店履歴」テーブルの、重複を除いて数える『名前』のセル範囲を選択すると自動で「テーブル名［名前］」が入力される。

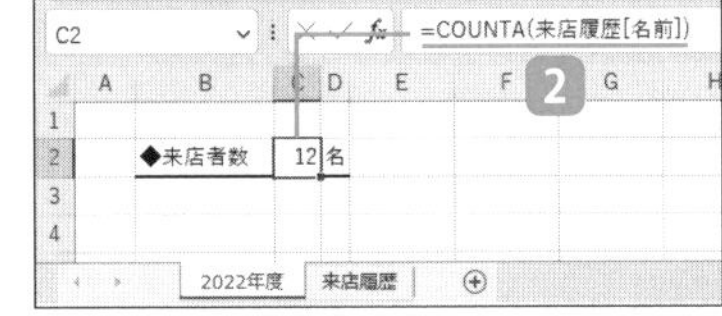

3 ブックを追加して、テーブル内のセルを選択し、［クエリ］タブ→［読み込み］グループ→［更新］ボタンをクリックすると、追加したブックのデータの重複が除かれて人数に追加される。

ここがポイント！　シートの追加に対応するには？

シートの追加に対応するには、第3章3節テク053の「併せて覚えテク」の操作で1つのブックに取り込み、Power Queryエディターで操作を行おう。そのほかのPower Queryを使用する際のポイントは、第3章3節テク053の「ここがポイント!」にまとめているので参考にしよう。

第1部
集計編

第5章
今日から足し算／引き算は不要!「日付や時刻の集計」は難しくない

5-1 期間の計算をマスター!

日付データを入力した表では、日数や月数を計算できる。

しかし、日付の期間計算は、単純に2つの日付を引き算しただけでは求められない場合もある。たとえば、2つの日付から「土日祝を除いた日数」がほしいときは、カレンダーで土日や祝日の日数をカウントして、引き算することになる。

カレンダーで土日や祝日の日数を数えて引き算して求めている

	A	B	C	D	E	F
1	案件一覧					
2	案件NO.	クライアント名	期間			営業日数
3	001	株式会社桜咲興産	9/4(月)	~	9/29(金)	19
4	002	春風ライフ有限会社	9/7(木)	~	9/25(月)	12
5	003	風吹技工株式会社	9/15(金)	~	10/10(火)	16

こんなめんどうな期間計算を行わなくてもいいように、**日付／時刻関数**にはさまざまな期間を求める関数が用意されている。土日は自動的に除かれ、祝日は入力したセルを範囲選択しただけで除かれて日数が求められる。

	A	B	C	D	E	F
1	案件一覧					
2	案件NO.	クライアント名	期間			営業日数
3	001	株式会社桜咲興産	9/4(月)	~	9/29(金)	19
4	002	春風ライフ有限会社	9/7(木)	~	9/25(月)	12
5	003	風吹技工株式会社	9/15(金)	~	10/10(火)	16
6						
7	祝日					
8	9/18(月)					
9	10/9(月)					
10	11/23(木)					
11						

入力した祝日のセルを範囲選択するだけで、土日と祝日を除いた日数が求められる

本節では、日付データを扱う上で必須の、あらゆる期間計算のテクニックをマスターしよう！

テク119 2つの日付の間の月数や年数を求めたい

使うのはコレ! DATEDIF関数

引き算だけでは困難な2つの日付の間の月数や年数は、**DATEDIF関数**を使おう。また、指定すれば、1年未満の月数や1ヶ月未満の日数も手軽に求められる。

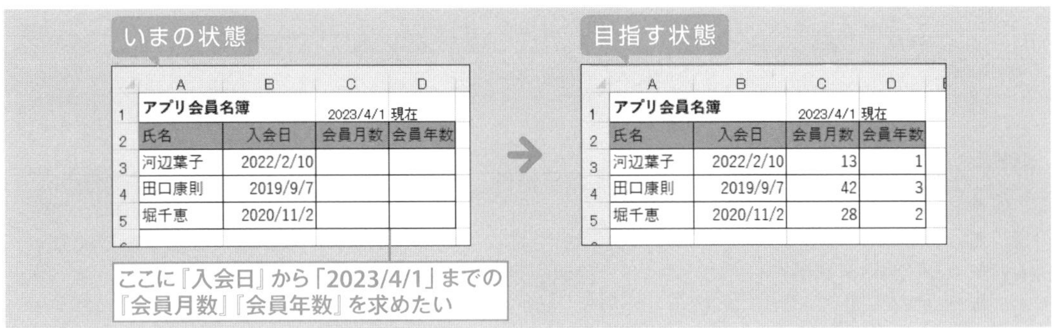

1. 『会員月数』を求めるセル(C3セル)を選択し、「=DATEDIF(」と入力する。
2. [開始日]…『入会日』のセルを選択する。
3. [終了日]…「2023/4/1」のセルを選択して F4 キーを1回押して[$]記号をつけ絶対参照にする。
4. [単位]…月数の単位「"M"」を入力して、Enter キーで数式を確定する。
5. 数式を必要なだけ複写する。
6. 『会員年数』は、引数の[単位]に「"Y"」を入力して数式を作成する。

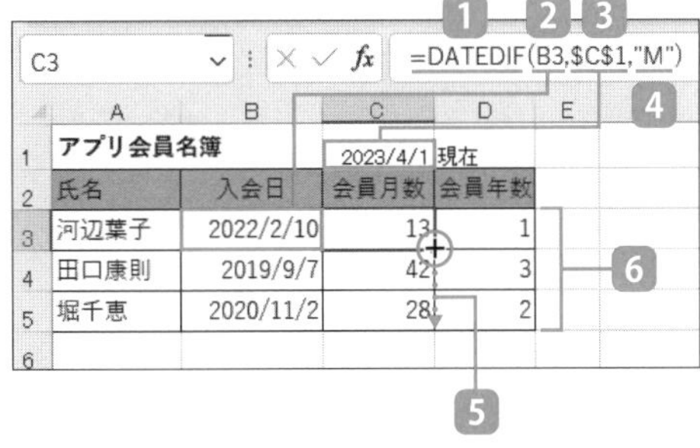

数式解説

「=DATEDIF(B3,$C$1,"M")」の数式は、『入会日』の日付からC1セルの「2023/4/1」までの月数、「=DATEDIF(B3,$C$1,"Y")」の数式は、『入会日』の日付から「2023/4/1」までの年数を求める。

Change!

従来 `=DATEDIF(B3,$C$1,"M")`

↓

スピル `=DATEDIF(B3:B5,C1,"M")`

Change!

従来 =DATEDIF(B3,$C$1,"Y")

↓

スピル =DATEDIF(B3:B5,C1,"Y")

ここがポイント！ DATEDIF関数は関数のリストにない!?

DATEDIF関数は、関数のリストにないので、DATEDIF関数の書式に従って、直接入力して使う（巻末の関数一覧参照）。なお、引数の［単位］は必ず［""］で囲んで指定する。

併せて覚え テク 8桁数値や「22/02/10」の日付は、西暦日付に変換してから計算に使おう

日付が「20200210」のような8桁数値や「22/02/10」のような表示の場合は、**区切り位置指定ウィザード**（［データ］タブ［データツール］グループの［区切り位置］ボタン）で、西暦日付に一瞬で変換できる。「区切り位置指定ウィザード1/3」では［カンマやタブなどの区切り文字によってフィールドごとに区切られたデータ］をオンにし、［次へ］ボタンをクリックして進み、「区切り位置指定ウィザード3/3」で1［日付］をオンにし、2［完了］ボタンをクリックすると、西暦日付に変換されるので、日付の計算に使うことができる。

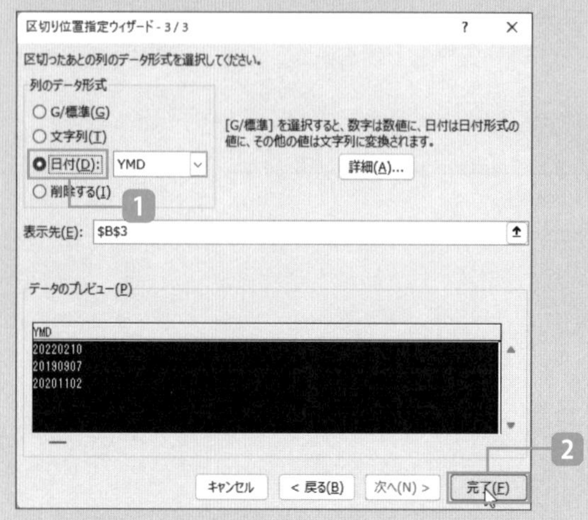

✓ 2つの日付の期間

テク120 年月だけ、年だけなど一部の日付しかなくても期間を求めたい

使うのはコレ! DATEDIF関数＋「&.1」、DATE関数

日付をもとに期間を求めたくても年月だけしかないと、日付として認識されず計算できない。日付になるように、足りない要素は結合してから、**DATEDIF関数**で期間を求めよう。

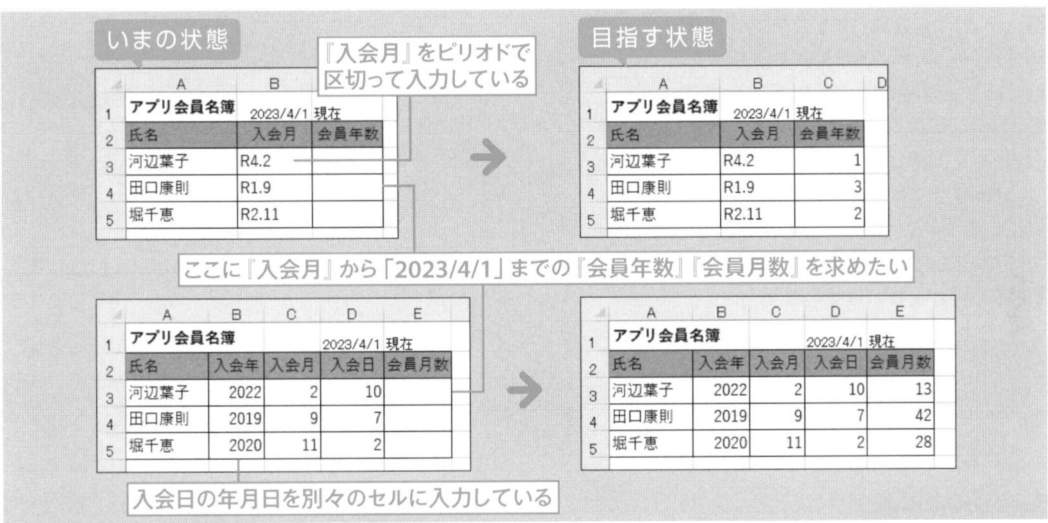

	A	B	C
1	アプリ会員名簿	2023/4/1	現在
2	氏名	入会月	会員年数
3	河辺葉子	R4.2	
4	田口康則	R1.9	
5	堀千恵	R2.11	

→

	A	B	C
1	アプリ会員名簿	2023/4/1	現在
2	氏名	入会月	会員年数
3	河辺葉子	R4.2	1
4	田口康則	R1.9	3
5	堀千恵	R2.11	2

	A	B	C	D	E
1	アプリ会員名簿			2023/4/1	現在
2	氏名	入会年	入会月	入会日	会員月数
3	河辺葉子	2022	2	10	
4	田口康則	2019	9	7	
5	堀千恵	2020	11	2	

→

	A	B	C	D	E
1	アプリ会員名簿			2023/4/1	現在
2	氏名	入会年	入会月	入会日	会員月数
3	河辺葉子	2022	2	10	13
4	田口康則	2019	9	7	42
5	堀千恵	2020	11	2	28

● 年月しかない和暦日付から会員年数を求める

1. 『会員年数』を求めるセル(C3セル)を選択し、「=DATEDIF(」と入力する。
2. [開始日]…『入会月』のセルを使い、「(B3&".1")*1」と入力する。
3. [終了日]…「2023/4/1」のセルを選択する。
4. [単位]…年数の単位「"Y"」を入力して、Enter キーで数式を確定する。
5. 数式を必要なだけ複写する。

C3 =DATEDIF((B3&".1")*1,$B$1,"Y")

	A	B	C
1	アプリ会員名簿	2023/4/1	現在
2	氏名	入会月	会員年数
3	河辺葉子	R4.2	1
4	田口康則	R1.9	3
5	堀千恵	R2.11	2

数式解説

「=DATEDIF(B3&".1",$B$1,"Y")」の数式は、『入会月』からB1セルの「2023/4/1」までの年数を求める。『入会月』の年月に「.1」を結合して1を乗算することで「年月日」の日付に変換されるため、日付計算が行えるようになる。

Change!

従来 =DATEDIF(B3&".1",$B$1,"Y")

↓

スピル =DATEDIF((B3:B5&".1")*1,B1,"Y")

併せて覚え テク　西暦の年月は区切り位置指定ウィザードで日付に変換できる

西暦の年月は、テク119のコラムで解説の区切り位置指定ウィザードで、簡単に「年月日」の日付に変換して、日付計算が行えるようになる。
なお、変換後に年月の日付にしておくなら、セルの表示形式を「yyyy.m」に変更しておこう。

年月日を別々のセルから会員年数を求める

1. 『会員月数』を求めるセル（E3セル）を選択し、「=DATEDIF(DATE(」と入力する。
2. ［年］…『入会年』のセルを選択する。
3. ［月］…『入会月』のセルを選択する。
4. ［日］…『入会日』のセルを選択する。
5. DATEDIF関数の［終了日］…「2023/4/1」のセルを選択して、F4 キーを1回押して絶対参照をつける。
6. DATEDIF関数の［単位］…年数の単位「"M"」を入力して、Enter キーで数式を確定する。
7. 数式を必要なだけ複写する。

E3　=DATEDIF(DATE(B3,C3,D3),$D$1,"M")

	A	B	C	D	E
1	アプリ会員名簿			2023/4/1	現在
2	氏名	入会年	入会月	入会日	会員月数
3	河辺葉子	2022	2	10	13
4	田口康則	2019	9	7	42
5	堀千恵	2020	11	2	28

数式解説

「=DATEDIF(DATE(B3,C3,D3),$C$1,"M")」の数式は、『入会年』『入会月』『入会日』の数値を年月日の日付に変換して、C1セルの「2023/4/1」までの月数を求める。

Change!

従来　=DATEDIF(DATE(B3,C3,D3),$D$1,"M")

スピル　=DATEDIF(DATE(B3:B5,C3:C5,D3:D5),D1,"M")

併せて覚え テク　和暦の年月日は結合して日付を作成しよう

和暦の年月日が別々のセルにあるときは、1年月日を［.］で結合して日付にしてから、DATEDIF関数の引数［開始日］に使おう。なお、**元号も必ず結合**しなければ日付にはならないので注意が必要。

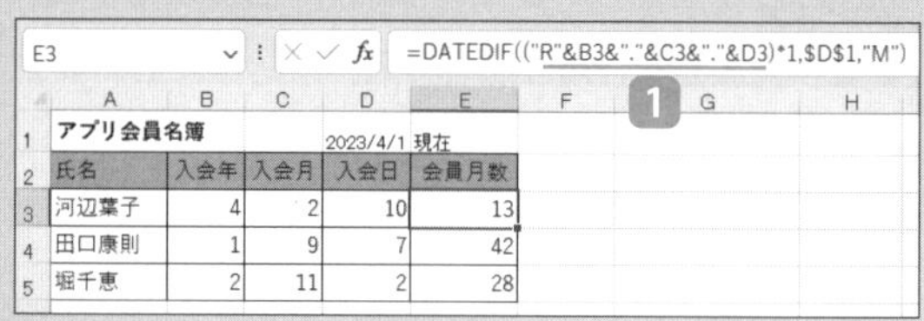

E3　=DATEDIF(("R"&B3&"."&C3&"."&D3)*1,$D$1,"M")

	A	B	C	D	E
1	アプリ会員名簿			2023/4/1	現在
2	氏名	入会年	入会月	入会日	会員月数
3	河辺葉子	4	2	10	13
4	田口康則	1	9	7	42
5	堀千恵	2	11	2	28

スピル使用の数式

=DATEDIF((“R”&B3:B5&”.”&C3:C5&”.”&D3:D5)*1,D1,”M”)

✓ 2つの日付の期間

テク 121 生年月日をもとに年齢を求めたい

使うのはコレ! DATEDIF+TODAY関数

年齢は、生年月日から現在の日付までの年数。現在の日付は**TODAY関数**で求められるので、日付の期間が求められる**DATEDIF関数**に組み合わせることで、生年月日をもとに年齢を求めることができる。

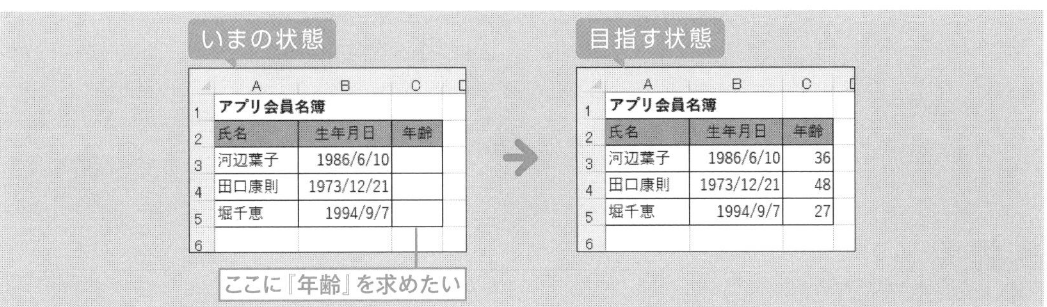

1. 『年齢』を求めるセル(C3セル)を選択し、「=DATEDIF(」と入力する。
2. [開始日]…『生年月日』のセルを選択する。
3. [終了日]…「TODAY()」と入力する。
4. [単位]…年数の単位「"Y"」を入力して、Enterキーで数式を確定する。
5. 数式を必要なだけ複写する。

C3 =DATEDIF(B3,TODAY(),"Y")

	A	B	C
1	アプリ会員名簿		
2	氏名	生年月日	年齢
3	河辺葉子	1986/6/10	36
4	田口康則	1973/12/21	48
5	堀千恵	1994/9/7	27

数式解説

「=DATEDIF(B3,TODAY(),"Y")」の数式は、『生年月日』から本日の日付までの年数を求める。つまり、『年齢』が求められる。

Change!

従来 =DATEDIF(B3,TODAY(),"Y")

↓

スピル =DATEDIF(B3:B5,TODAY(),"Y")

ここがポイント!　パソコンの内臓時計は正しい日付/時刻にしておく

TODAY関数は現在の日付を求める関数。パソコンの内臓時計をもとに日付が求められるので、正しい日付/時刻に合わせておこう。

集計編

併せて覚え テク
生年月日内の余分なスペースを「関数」で処理する

顧客システムなど別のシステムからシートに日付を貼り付けると余分なスペースが入ってしまう場合が多い。このような場合で年齢を求めるには、**NUMBERVALUE関数**でスペースを取り除いた日付をもとにDATEDIF+TODAY関数で数式を作成しよう。

1. 『年齢』を求めるセル(C3セル)を選択し、「=DATEDIF(NUMBERVALUE(」と入力する。
2. 『生年月日』のセルを選択、「TODAY()」、年数の単位「"Y"」を入力して、Enterキーで数式を確定する。
3. 数式を必要なだけ複写する。

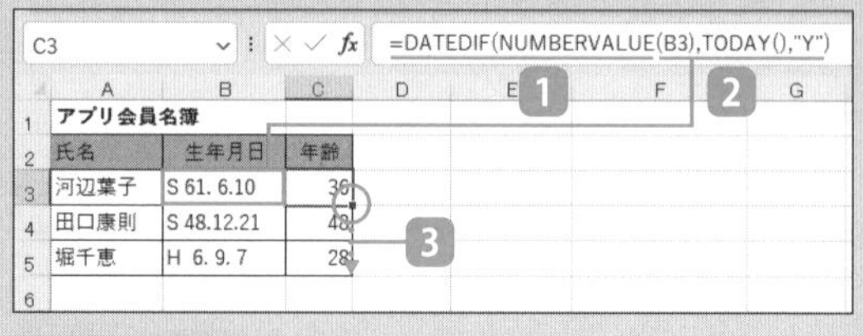

スピル使用の数式
=DATEDIF(NUMBERVALUE(B3:B5),TODAY(),"Y")

数式解説

「=DATEDIF(NUMBERVALUE(B3),TODAY(),"Y")」の数式は、『生年月日』の文字列の日付を数値に変換して、変換した和暦の日付から本日の日付までの年数が求められる。結果、年齢が求められる。

併せて覚え テク
生年月日内の余分なスペースを「置換機能」で処理する

システム等から貼り付けたデータをどこかに参照せずに、そのまま使い、追加や変更にも対応しない場合は、**置換機能**で余分なスペースを削除すれば、日付としてDATEDIF関数で年齢計算が行えるようになる。併せて覚えておこう。

1. [ホーム]タブの[編集]グループの[検索と選択]ボタンから[置換]を選択する。
2. 表示された[検索と置換]ダイアログボックスで[検索する文字列]に半角スペースを入力する([置換後の文字列]には何も入力しない)。
3. [すべて置換]ボタンをクリックする。

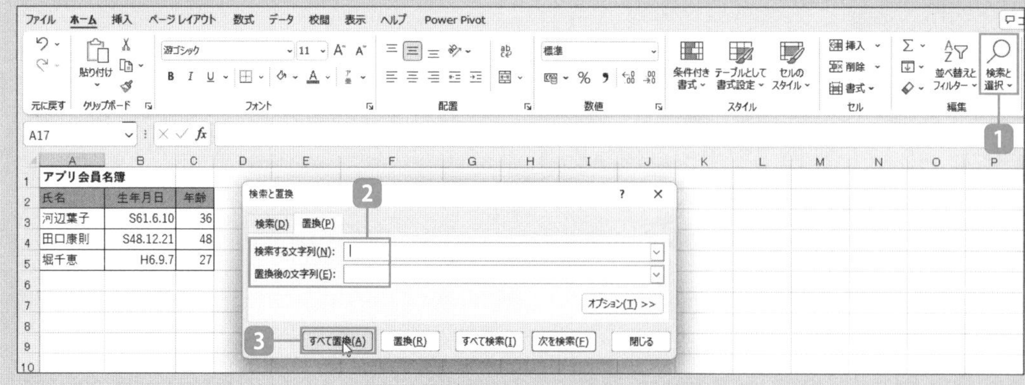

✓ 2つの日付の期間

テク122 土日祝を除いて、期間内の日数を求めたい

使うのはコレ! NETWORKDAYS関数

指定の期間内の日数を、土日祝を除いて求めるには、**NETWORKDAYS関数**を使おう。祝日は別表に作成しておくだけでいい。

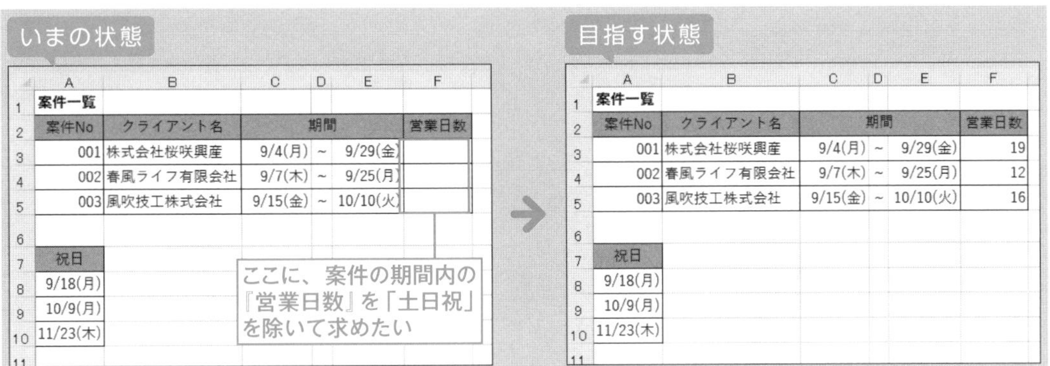

いまの状態
目指す状態
ここに、案件の期間内の『営業日数』を「土日祝」を除いて求めたい

	A	B	C	D	E	F
1	案件一覧					
2	案件No	クライアント名	期間			営業日数
3	001	株式会社桜咲興産	9/4(月)	~	9/29(金)	19
4	002	春風ライフ有限会社	9/7(木)	~	9/25(月)	12
5	003	風吹技工株式会社	9/15(金)	~	10/10(火)	16
6						
7	祝日					
8	9/18(月)					
9	10/9(月)					
10	11/23(木)					

1. 『営業日数』を求めるセル(F3セル)を選択し、「=NETWORKDAYS(」と入力する。
2. [開始日]…『期間』の開始日のセルを選択する。
3. [終了日]…『期間』の終了日のセルを選択する。
4. [祭日]…『祝日』のセル範囲を選択し、F4キーを1回押して[$]記号をつけ絶対参照にしたら、Enterキーで数式を確定する。
5. 数式を必要なだけ複写する。

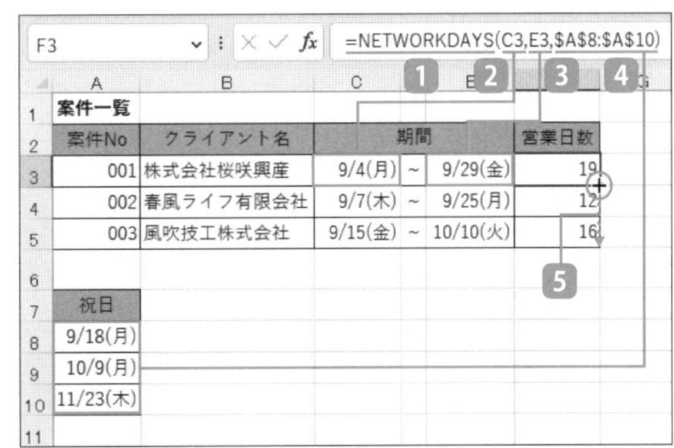

F3
=NETWORKDAYS(C3,E3,$A$8:$A$10)
1
2
3
4
5

数式解説

「=NETWORKDAYS(C3,E3,$A$8:$A$10)」の数式は、『期間』の開始日から終了日までの日数を、「土日」とA8セル～A10セルの「祝日」を除いて求める。

Change!

従来 =NETWORKDAYS(C3,E3,$A$8:$A$10)

↓

スピル =NETWORKDAYS(C3:C5*1,E3:E5*1,A8:A10)

ここがポイント！　土日だけを除いて日数を求める

NETWORKDAYS関数の引数［祭日］は省略すると、土日だけが除かれて日数が求められる。

併せて覚え テク　土日祝を除いて常に今月の営業日数を求める

本章2節テク131のコラムで解説している●ヶ月後の月末日が求められる**EOMONTH関数**は、引数［月］に「0」を指定すると月末日、「-1」を指定して求めた結果に「+1」とすると月初めの日が求められる。そのため、引数［開始日］に現在の日付を求めるTODAY関数を組み合わせた数式にすると今月の月初めの日や今月の月末日が求められる。
つまり、NETWORKDAYS関数の❶引数［開始日］にEOMONTH関数で今月の月初めの日を求める数式、❷［終了日］にEOMONTH関数で月末日を求める数式を指定し、❸［祝日］には祝日の表のセル範囲を指定して数式を作成すると、常に今月の土日祝を除く営業日数が求められる。併せて覚えておこう。

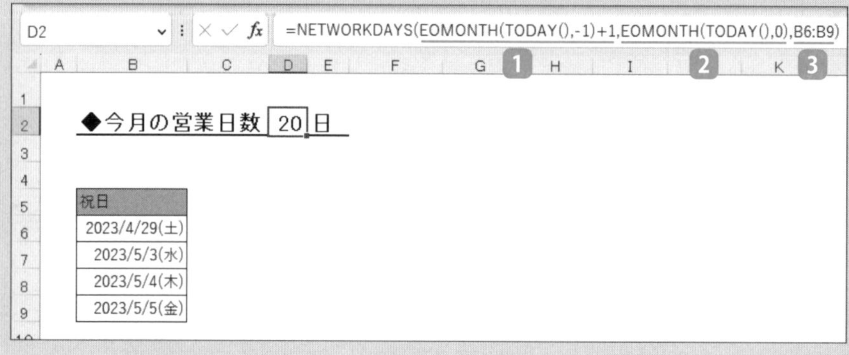

集計編

✔ 2つの日付の期間

テク123 特定の曜日を除いて、期間内の日数を求めたい

使うのはコレ! NETWORKDAYS.INTL関数

指定の期間内の日数を、月曜など特定の曜日を除いて求めるには、**NETWORKDAYS.INTL関数**を使おう。複雑な数式を作成しなくても関数1つで求められる。

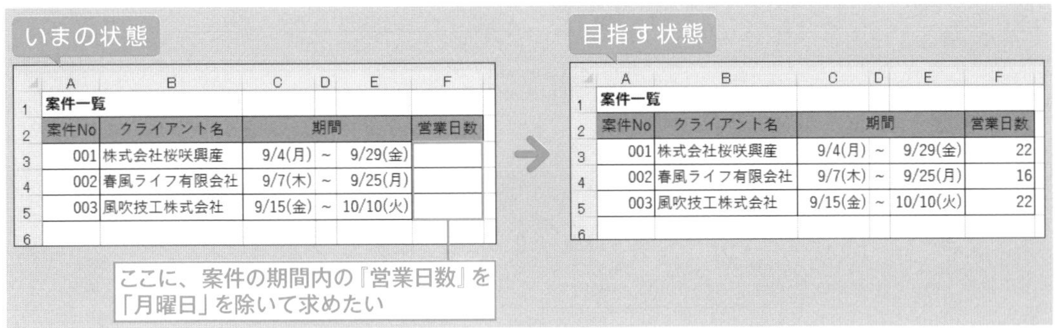

いまの状態
目指す状態
ここに、案件の期間内の『営業日数』を「月曜日」を除いて求めたい

案件No	クライアント名	期間			営業日数
001	株式会社桜咲興産	9/4(月)	~	9/29(金)	22
002	春風ライフ有限会社	9/7(木)	~	9/25(月)	16
003	風吹技工株式会社	9/15(金)	~	10/10(火)	22

1. 『営業日数』を求めるセル（F3セル）を選択し、「=NETWORKDAYS.INTL(」と入力する。
2. [開始日]…『期間』の開始日のセルを選択する。
3. [終了日]…『期間』の終了日のセルを選択する。
4. [週末]…日数から除く曜日（月曜日）の番号「12」を入力する。
5. [祭日]…この表では日数から除かないので省略して、Enter キーで数式を確定する。
6. 数式を必要なだけ複写する。

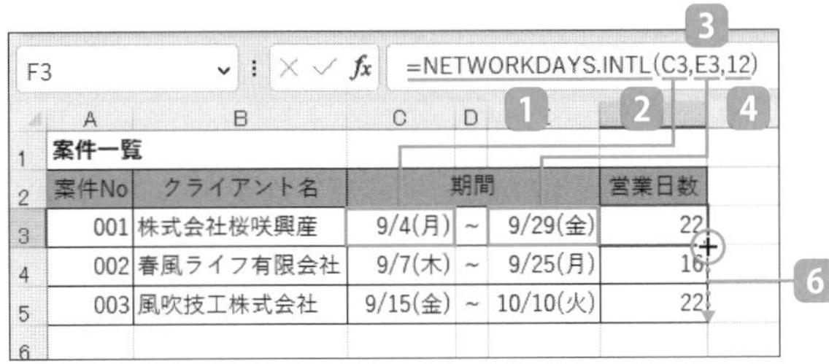

F3
=NETWORKDAYS.INTL(C3,E3,12)

数式解説

「=NETWORKDAYS.INTL(C3,E3,12)」の数式は、『期間』の開始日から終了日までの日数を、「月曜日」を除いて求める。

Change!

従来 =NETWORKDAYS.INTL(C3,E3,12)

↓

スピル =NETWORKDAYS.INTL(C3:C5*1,E3:E5*1,12)

第5章

✓ 2つの日付の期間

テク124 複数の特定の曜日を除いて、期間内の日数を求めたい

使うのはコレ! NETWORKDAYS.INTL関数

指定の期間内の日数を「月曜と水曜」など複数の曜日を除いて求める場合、複雑な数式が必要になる。テク123の**NETWORKDAYS.INTL関数**を使えば、関数1つで求められる。

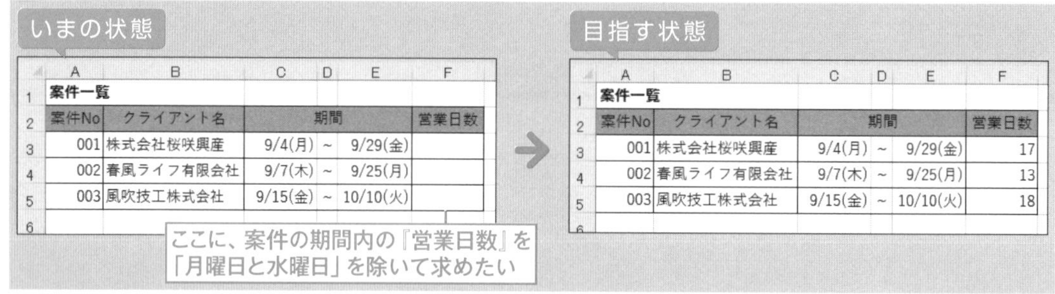

いまの状態
目指す状態
ここに、案件の期間内の『営業日数』を「月曜日と水曜日」を除いて求めたい

いまの状態

案件No	クライアント名	期間			営業日数
001	株式会社桜咲興産	9/4(月)	~	9/29(金)	
002	春風ライフ有限会社	9/7(木)	~	9/25(月)	
003	風吹技工株式会社	9/15(金)	~	10/10(火)	

目指す状態

案件No	クライアント名	期間			営業日数
001	株式会社桜咲興産	9/4(月)	~	9/29(金)	17
002	春風ライフ有限会社	9/7(木)	~	9/25(月)	13
003	風吹技工株式会社	9/15(金)	~	10/10(火)	18

1. 『営業日数』を求めるセル(F3セル)を選択し、「=NETWORKDAYS.INTL(」と入力する。
2. [開始日]…『期間』の開始日のセルを選択する。
3. [終了日]…『期間』の終了日のセルを選択する。
4. [週末]…日数から除く曜日(月曜日と水曜日)の文字列「"1010000"」を入力する。
5. [祭日]…この表では祭日を除かないので省略して、続けて「)-1」と入力したら、Enterキーで数式を確定する。
6. 数式を必要なだけ複写する。

F3 =NETWORKDAYS.INTL(C3,E3,"1010000")-1

数式解説

「=NETWORKDAYS.INTL(C3,E3,"1010000")-1」の数式は、『期間』の開始日から終了日までの日数を、「月曜日と水曜日」を除いて求める。

Change!

従来 =NETWORKDAYS.INTL(C3*1,E3*1,"1010000")-1

スピル =NETWORKDAYS.INTL(C3:C5*1,E3:E5*1,"1010000")-1

ここがポイント! [週末番号]の一覧にない曜日は7文字で指定する

NETWORKDAYS.INTL関数の引数の[週末]には、除く曜日を週末番号だけでなく文字列でも指定できる。文字列で指定するには、月曜日から始まる各曜日を、稼働日を表す数値「0」と非稼働日を表す数値「1」を7文字で表し[""(ダブルクォーテーション)]で囲んで入力しよう。
つまり、「"1010000"」と入力すると、月曜日と水曜日を非稼働日、つまり休日と指定できる。
引数の[週末番号]に指定できない曜日は、7文字で指定しよう。

✔ 2つの日付の期間

テク125 期間内にある特定の曜日の日数を求めたい

使うのはコレ! NETWORKDAYS.INTL関数

テク124と反対に、指定の期間内にある特定の曜日の日数も、**NETWORKDAYS.INTL関数**を使えば求められる。月曜、火曜、木曜の日数など複数曜日でも手早く求められる。

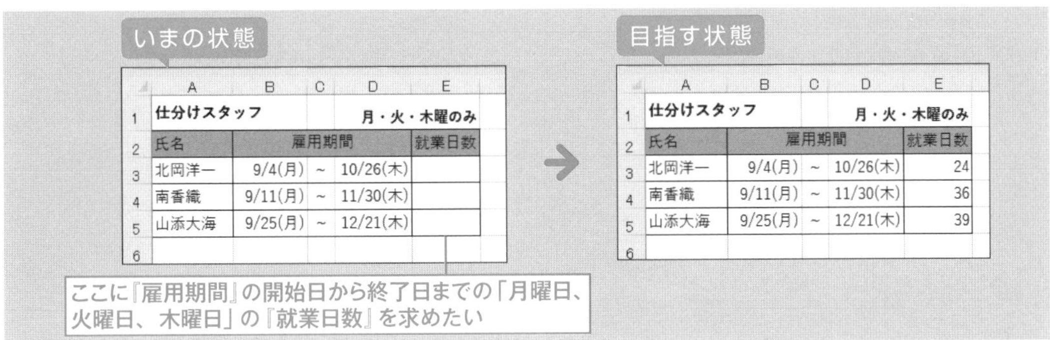
いまの状態
目指す状態
ここに『雇用期間』の開始日から終了日までの「月曜日、火曜日、木曜日」の『就業日数』を求めたい

いまの状態

	A	B	C	D	E
1	仕分けスタッフ			月・火・木曜のみ	
2	氏名	雇用期間			就業日数
3	北岡洋一	9/4(月)	~	10/26(木)	
4	南香織	9/11(月)	~	11/30(木)	
5	山添大海	9/25(月)	~	12/21(木)	
6					

目指す状態

	A	B	C	D	E
1	仕分けスタッフ			月・火・木曜のみ	
2	氏名	雇用期間			就業日数
3	北岡洋一	9/4(月)	~	10/26(木)	24
4	南香織	9/11(月)	~	11/30(木)	36
5	山添大海	9/25(月)	~	12/21(木)	39
6					

1. 『就業日数』を求めるセル(E3セル)を選択し、「=NETWORKDAYS.INTL(」と入力する。
2. [開始日]…『雇用期間』の開始日のセルを選択する。
3. [終了日]…『雇用期間』の終了日のセルを選択する。
4. [週末]…就業日の曜日(月曜日、火曜日、木曜日)の文字列「"0010111"」を入力する。
5. [祭日]…この表では祭日を除かないので省略して、Enter キーで数式を確定する。
6. 数式を必要なだけ複写する。

E3 =NETWORKDAYS.INTL(B3,D3,"0010111")

	A	B	C	D	E
1	仕分けスタッフ			月・火・木曜のみ	
2	氏名	雇用期間			就業日数
3	北岡洋一	9/4(月)	~	10/26(木)	24
4	南香織	9/11(月)	~	11/30(木)	36
5	山添大海	9/25(月)	~	12/21(木)	39
6					

数式解説

「=NETWORKDAYS.INTL(B3,D3,"0010111")」の数式は、『雇用期間』の開始日から終了日までの「月曜日、火曜日、木曜日」の日数を求める。

Change!

従来 =NETWORKDAYS.INTL(B3,D3,"0010111")

スピル =NETWORKDAYS.INTL(B3:B5*1,D3:D5*1,"0010111")

ここがポイント! **求めたい曜日は「0」、除きたい曜日は「1」で指定する**

NETWORKDAYS.INTL関数の引数の[週末]には、除く曜日を週末番号だけでなく文字列でも指定できる(前テク124「ここがポイント!」参照)。求めたい曜日(稼働日)を「0」、除く曜日(非稼働日)を「1」で指定して「"0010111"」で指定することで、就業日「月曜日」「火曜日」「木曜日」の日数が求められる。

✓ 2つの日付の期間

テク126 期間と別の期間が重なる日数を求めたい

使うのはコレ! MAX+MIN関数

指定の期間と別の期間が重なる日数は、期間が多いと数えるために時間を費やしてしまう。**MAX関数**に**MIN関数**を使って数式を作成すれば数式のコピーで手早く数えられる。

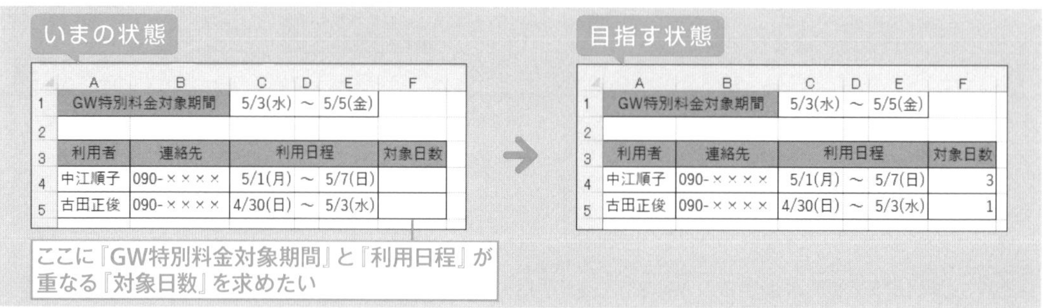

	A	B	C	D	E	F
1	GW特別料金対象期間		5/3(水)	～	5/5(金)	
2						
3	利用者	連絡先	利用日程			対象日数
4	中江順子	090-××××	5/1(月)	～	5/7(日)	3
5	古田正俊	090-××××	4/30(日)	～	5/3(水)	1

1. 『対象日数』を求めるセル(F4セル)を選択し、「=MAX(MIN(」と入力する。
2. [数値1]…『GW特別料金対象期間』の最終日のセルを選択し、F4キーを1回押して[$]記号をつけ絶対参照にする。
3. [数値2]…『利用日程』の最終日のセルを選択する。
4. 「)-MAX(」と入力する。
5. [数値1]…『GW特別料金対象期間』の開始日のセルを選択し、F4キーを1回押して[$]記号をつけ絶対参照にする。
6. [数値2]…『利用日程』の開始日のセルを選択する。
7. 「)+1,0」と入力したら、Enterキーで数式を確定する。
8. 数式を必要なだけ複写する。

```
=MAX(MIN($E$1,E4)-MAX($C$1,C4)+1,0)
```

数式解説

『GW特別料金対象期間』と重なる『利用日程』の日数は、『GW特別料金対象期間』の最終日と『利用日程』の最終日を比較して早いほうの日付から、『GW特別料金対象期間』の開始日と『利用日程』の開始日を比較して遅いほうの日付を引き算して求められる。
比較して早いほうの日付を求めるには、それぞれをMIN関数の引数に、比較して遅いほうの日付を求めるにはそれぞれをMAX関数の引数に指定して、「MIN($E$1,E4)-MAX($C$1,C4)+1」と数式を作成すると求められる。
ただし、この数式だけでは、『GW特別料金対象期間』が『利用日程』にまったく含まれない場合はマイナスとなってしまうため、「0」と比較して大きいほうの「0」が返されるように、引き算して求められた日数と「0」をMAX関数の引数に使い「=MAX(MIN($E$1,E4)-MAX($C$1,C4)+1,0)」と数式を作成している。

✓ ●年▲ヶ月の期間

テク 127 期間を「●年▲ヶ月」の形式で求めたい

使うのはコレ! DATEDIF関数+[&]+DATEDIF関数

指定の期間を「●年」や「▲ヶ月」ではなく、「●年▲ヶ月」で求めるには、**DATEDIF関数**でそれぞれの期間を求めて、**[&]**で結合する数式を作成しよう。

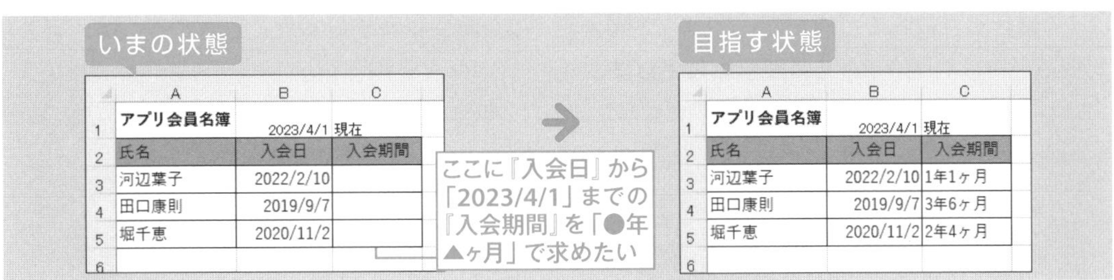

1. 『入会期間』を求めるセル(C3セル)を選択し、「=DATEDIF(」と入力する。
2. [開始日]…『入会日』のセルを選択する。
3. [終了日]…現在の日付「2023/4/1」のセルを選択して、F4 キーを1回押して[$]記号をつけ絶対参照にする。
4. [単位]…年数の単位「"Y"」を入力して、「)」と入力する。
5. 続けて「&"年"&DATEDIF(」と入力して、もう1つのDATEDIF関数を入力する。
6. [開始日]…『入会日』のセルを選択する。
7. [終了日]…現在の日付「2023/4/1」のセルを選択して、F4 キーを1回押して[$]記号をつけ絶対参照にする。
8. [単位]…1年未満の月数の単位「"YM"」を入力して、「)」と入力する。
9. 続けて「&"ヶ月"」と入力して、Enter キーで数式を確定する。
10. 数式を必要なだけ複写する。

=DATEDIF(B3,$B$1,"Y")&"年"&DATEDIF(B3,$B$1,"YM")&"ヶ月"

	A	B	C
1	アプリ会員名簿	2023/4/1	現在
2	氏名	入会日	入会期間
3	河辺葉子	2022/2/10	1年1ヶ月
4	田口康則	2019/9/7	3年6ヶ月
5	堀千恵	2020/11/2	2年4ヶ月

数式解説

「=DATEDIF(B3,$B$1,"Y")&"年"&DATEDIF(B3,$B$1,"YM")&"ヶ月"」の数式は、「入会日」からB1セルの「2023/4/1」までの「年数&1年未満の月数」を求める。結果、「入会期間」が「●年▲ヶ月」で求められる。

Change!

従来 =DATEDIF(B3,$B$1,"Y")&"年”&DATEDIF(B3,$B$1,"YM")&"ヶ月"

↓

スピル =DATEDIF(B3:B5,B1,"Y")&"年"&DATEDIF(B3:B5,B1,"YM")&"ヶ月"

併せて覚え テク 4/1～3/31を1年で求めるには?

DATEDIF関数の引数[開始日]に指定した日付は計算に含まれない為、4/1～翌3/31を、上記のように●年▲ヶ月で求めると、「0年11ヶ月」で求められてしまう。「1年0ヶ月」で求めたいときは、引数[終了日]に「+1」として数式を作成しよう。なお、「1年」で求めるには、次のテク128の数式を参考に作成しよう。

✔ ●年▲ヶ月の期間

テク 128 期間を「●年▲ヶ月」の形式で求め、0なら非表示にしたい

使うのはコレ! TEXT+DATEDIF関数

指定の期間を「●年▲ヶ月」で求めるには、テク127の**DATEDIF関数**でそれぞれの期間を求めて、「&」で結合した数式で可能だが、「0年」や「0ヶ月」でも結合されてしまう。回避するには、**TEXT関数**で「0年」や「0ヶ月」を非表示にしてしまおう。

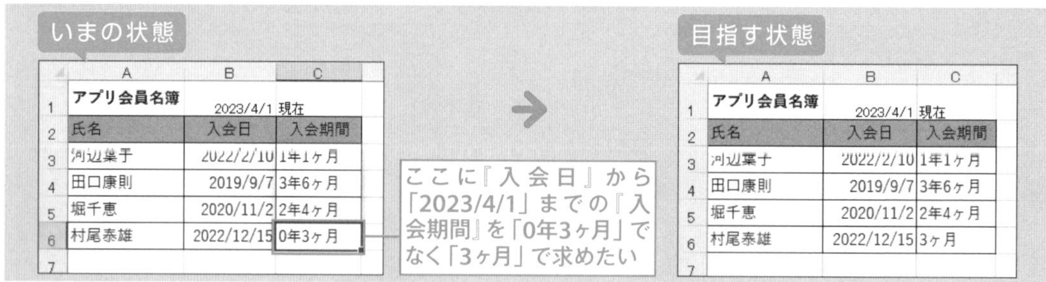

いまの状態

	A	B	C
1	アプリ会員名簿	2023/4/1	現在
2	氏名	入会日	入会期間
3	河辺葉子	2022/2/10	1年1ヶ月
4	田口康則	2019/9/7	3年6ヶ月
5	堀千恵	2020/11/2	2年4ヶ月
6	村尾泰雄	2022/12/15	0年3ヶ月

目指す状態

	A	B	C
1	アプリ会員名簿	2023/4/1	現在
2	氏名	入会日	入会期間
3	河辺葉子	2022/2/10	1年1ヶ月
4	田口康則	2019/9/7	3年6ヶ月
5	堀千恵	2020/11/2	2年4ヶ月
6	村尾泰雄	2022/12/15	3ヶ月

1. 『入会期間』を求めるセル(C3セル)を選択し、「=TEXT(DATEDIF(」と入力する。
2. [開始日]…『入会日』のセルを選択する。
3. [終了日]…現在の日付「2023/4/1」のセルを選択して、F4キーを1回押して[$]記号をつけ絶対参照にする。
4. [単位]…年数の単位「"Y"」を入力して、「)」と入力する。
5. TEXT関数の[表示形式]…「"0年;;"」と入力する。
6. 続けて「)&TEXT(DATEDIF(」と入力して、もう1つのDATEDIF関数を入力する。
7. [開始日]…『入会日』のセルを選択する。
8. [終了日]…現在の日付「2023/4/1」のセルを選択して、F4キーを1回押して[$]記号をつけ絶対参照にする。
9. [単位]…1年未満の月数の単位「"YM"」を入力して、「)」と入力する。
10. TEXT関数の[表示形式]…「"0ヶ月;"」と入力して、Enterキーで数式を確定する。
11. 数式を必要なだけ複写する。

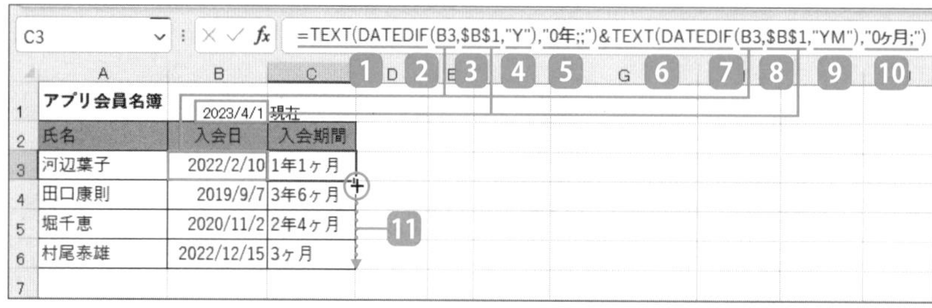

	A	B	C
1	アプリ会員名簿	2023/4/1	現在
2	氏名	入会日	入会期間
3	河辺葉子	2022/2/10	1年1ヶ月
4	田口康則	2019/9/7	3年6ヶ月
5	堀千恵	2020/11/2	2年4ヶ月
6	村尾泰雄	2022/12/15	3ヶ月

数式解説

「=TEXT(DATEDIF(B3,$B$1,"Y"),"0年;;")&TEXT(DATEDIF(B3,$B$1,"YM"),"0ヶ月;")」の数式は、『入会日』からB1セルの「2023/4/1」までの「年数＆1年未満の月数」を「0年」「0ヶ月」なら非表示の表示形式を付けて求める。

Change!

従来
```
=TEXT(DATEDIF(B3,$B$1,"Y"),"0年;;")&TEXT(DATEDIF(B3,
$B$1,"YM"),"0ヶ月;")
```

↓

スピル
```
=TEXT(DATEDIF(B3:B6,B1,"Y"),"0年;;")&TEXT(DATEDIF(B3
:B6,B1,"YM"),"0ヶ月;")
```

ここがポイント！　TEXT関数で「0」は非表示にする表示形式を付ける

TEXT関数の引数［表示形式］に「0;;」と指定すると、「0」は非表示にし、「0より大きい数値」はそのまま表示される。つまり、「"0年;;"」と指定すると、DATEDIF関数で求めた年数が「0」なら非表示、正の値なら「0年」の表示形式を付けて返されるため、「0年3ヶ月」は「3ヶ月」で求められる。

✓ ●年▲ヶ月の期間

テク 129 期間のうち一定期間を除き「●年▲ヶ月」の形式で求めたい

使うのはコレ! DATEDIF関数、INT+MOD関数

勤務期間を育児休業などの一定の期間を除いて●年▲ヶ月で求めるには、**入社日から除く期間前までの月数**と、**除く期間後から退職日までの月数**の合計を計算に使う。月数の合計をもとに、年数と月数を算出して●年▲ヶ月で求めよう。

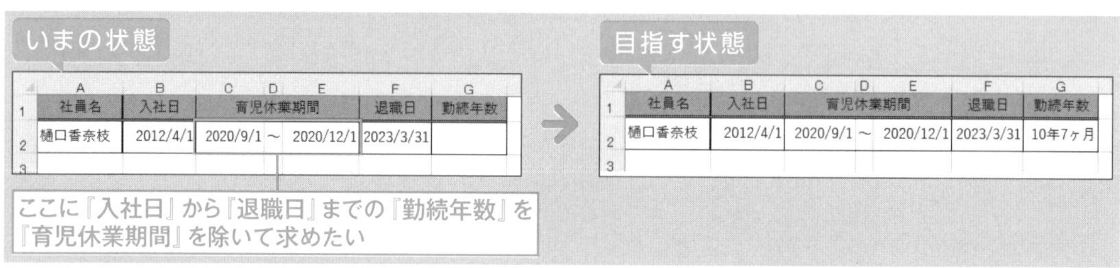

	A	B	C	D	E	F	G
1	社員名	入社日	育児休業期間			退職日	勤続年数
2	樋口香奈枝	2012/4/1	2020/9/1	～	2020/12/1	2023/3/31	

	A	B	C	D	E	F	G
1	社員名	入社日	育児休業期間			退職日	勤続年数
2	樋口香奈枝	2012/4/1	2020/9/1	～	2020/12/1	2023/3/31	10年7ヶ月

1. 育児休業期間以外の月数を求める表外のセル(H2セル)を選択し、「=DATEDIF(」と入力する。
2. 『入社日』から『育児休業期間』の開始日前の月数を求める数式を入力する。
3. 「)+DATEDIF(」と入力する。
4. 『育児休業期間』の終了日後から『退職日』までの月数を求める数式を入力する。

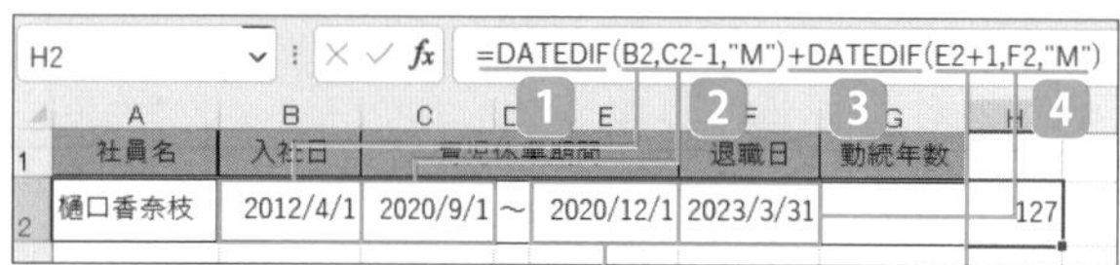

5. 『勤続年数』を求めるセル(G2セル)を選択し、「=INT(」と入力する。
6. [数値]…「求めた月数のセル/12」の数式を入力する。
7. 「)&"年"&+MOD(」と入力して月数以外の余りを求める数式を入力する。
8. 「)&"ヶ月"」と入力して、Enter キーで数式を確定する。

数式解説

「=DATEDIF(B2,C2-1,"M")+DATEDIF(E2+1,F2,"M")」の数式は、『入社日』から『育児休業期間』の開始日前の月数と、『育児休業期間』の終了日後から『退職日』までの月数を足し算して求める。結果、『育児休業期間』以外の月数が求められるので、「=INT(H2/12)」の数式でその月数から年数が求められる。「MOD(H2,12)」の数式でその月数から年数を除く月数が求められる。この2つの数式を「年」で結合して「=INT(H2/12)&"年"&+MOD(H2,12)&"ヶ月"」と数式を作成することで、『育児休業期間』を除いた勤務期間が●年▲ヶ月の形式で求められる。

5-2 指定日を求める計算をマスター!

「日付データをもとに5日後の日付がほしい」

このような指定の日付を求めるには、単純に足し算を使えばよさそうだ。しかし、もし「土日祝を除いた」5日後の日付がほしいときはどうすればいいだろうか。その場合、土日や祝日の日数をわざわざ数えて足し算する必要がある。

カレンダーで土日や祝日の日数を数えて足し算して求めている

	A	B	C	D	E	F
1	受注表					
2	受注No.	受注日	商品ID	数量	納入日数	納品予定日
3	01	2023/4/21	N010	30	5	2023/4/28
4	02	2023/5/2	N008	10	3	2023/5/10
5	03	2023/5/9	N002	50	5	2023/5/16
6						

このような作業を回避するために、前節で扱った**日付**／**時刻関数**を使いこなそう。

	A	B	C	D	E	F
1	受注表					
2	受注No.	受注日	商品ID	数量	納入日数	納品予定日
3	01	2023/4/21	N010	30	5	2023/4/28
4	02	2023/5/2	N008	10	3	2023/5/10
5	03	2023/5/9	N002	50	5	2023/5/16
6						
7						
8		祝日				
9		2023/4/29				
10		2023/5/3				
11		2023/5/4				
12		2023/5/5				
13						

入力した祝日のセルを範囲選択するだけで、土日祝を除いた『受注日』＋『納入日数』の日付が求められる。

本節では、日付データを扱ううえで必須となる、あらゆる指定日計算のテクニックをマスターしよう！

✔ 日の指定

テク130 ●時までは当日で、●時以降は次の日として日付を求めたい

使うのはコレ! 「24:00」までの残りの時間数

表の日付が指定の時刻以降は次の日で求めたい、そんな時は、**「24:00」までの残りの時間数**を足し算して求めよう。たとえば「17:00」以降なら7時間を足し算して日付を作成する。

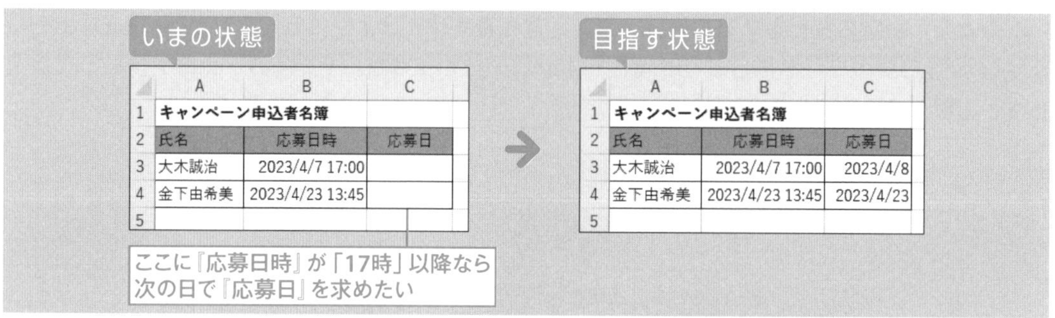

	A	B	C
1	キャンペーン申込者名簿		
2	氏名	応募日時	応募日
3	大木誠治	2023/4/7 17:00	2023/4/8
4	金下由希美	2023/4/23 13:45	2023/4/23
5			

1. 『応募日』を求めるセル（C3セル）を選択し、「=B3+"7:0:0"」と入力して、Enter キーで数式を確定する。
2. 数式を必要なだけ複写する。

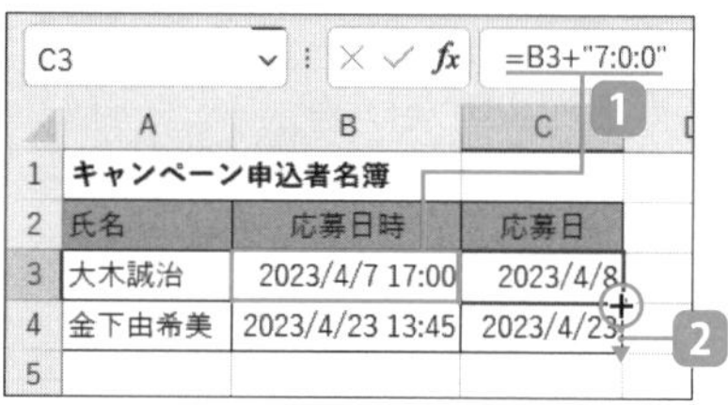

数式解説

1日は24時間なので「24:00」になったら次の日の日付になる。「17:00」以降を次の日とするには、「17:00」で次の日となるよう日付に7時間足して調整すればよい。そのために「=B3+"7:0:0"」と数式を作成している。

Change!

従来 =B3+"7:0:0"

スピル =B3:B4+"7:0:0"

併せて覚え テク　●時までは前日で、●時以降は当日で日付を求めるには?

●時までは前日で、●時以降は当日で日付を求めるには、前日の日付にする時間までの時間数を引き算する。たとえば、「6:59」までは前日で「7:00」以降は当日の日付で求めるには、「=B3-"6:59:59"」と数式を作成しよう。

✔ 日の指定

テク 131 ●ヶ月前／後、●年前／後の日付を求めたい

使うのはコレ! EDATE関数

10ヶ月後（前）など●ヶ月後（前）の日付は、10日後（前）の日付のように日数とは違って、単純に足し算では求められない。**EDATE関数**を使えば月数を指定するだけで求められる。

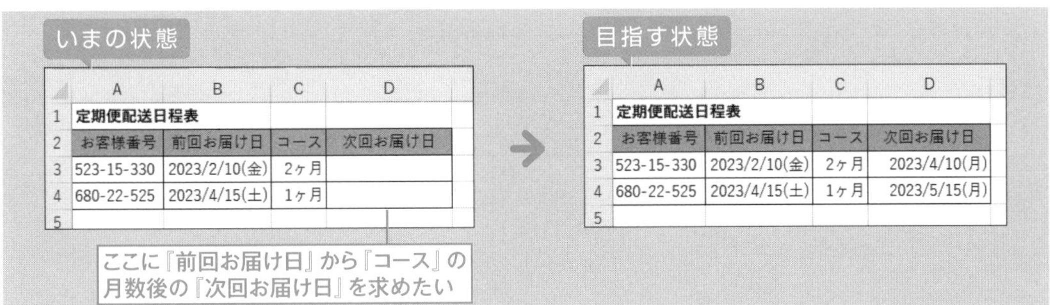

いまの状態
目指す状態
ここに『前回お届け日』から『コース』の月数後の『次回お届け日』を求めたい

いまの状態

	A	B	C	D
1	定期便配送日程表			
2	お客様番号	前回お届け日	コース	次回お届け日
3	523-15-330	2023/2/10(金)	2ヶ月	
4	680-22-525	2023/4/15(土)	1ヶ月	
5				

目指す状態

	A	B	C	D
1	定期便配送日程表			
2	お客様番号	前回お届け日	コース	次回お届け日
3	523-15-330	2023/2/10(金)	2ヶ月	2023/4/10(月)
4	680-22-525	2023/4/15(土)	1ヶ月	2023/5/15(月)
5				

1. 『次回お届け日』を求めるセル（D3セル）を選択し、「=EDATE(」と入力する。
2. ［開始日］…『前回お届け日』のセルを選択する。
3. ［月］…『コース』のセルを選択して、Enter キーで数式を確定する。
4. シリアル値で求められるので、日付の表示形式に変更して、数式を必要なだけ複写する。

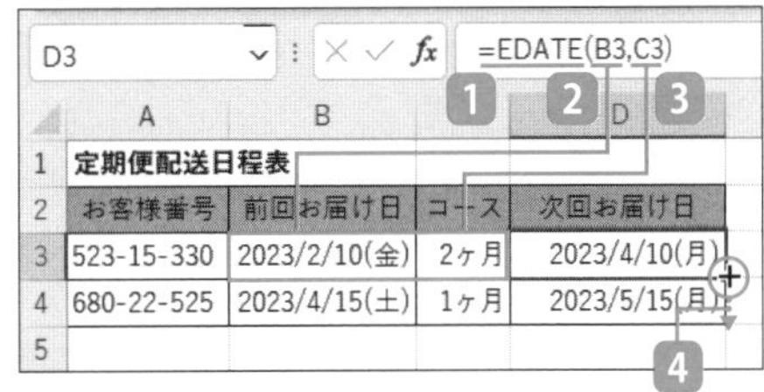

D3
=EDATE(B3,C3)
1
2
3
4

	A	B	C	D
1	定期便配送日程表			
2	お客様番号	前回お届け日	コース	次回お届け日
3	523-15-330	2023/2/10(金)	2ヶ月	2023/4/10(月)
4	680-22-525	2023/4/15(土)	1ヶ月	2023/5/15(月)
5				

数式解説

「=EDATE(B3,C3)」の数式は、『前回お届け日』から『コース』の月数後の日付を求める。なお、引数の［月］に負の数値を指定すると指定の月数前の日付が求められる。

Change!

従来 =EDATE(B3,C3)

スピル =EDATE(B3:B4*1,C3:C4*1)

ここがポイント!　シリアル値で計算される!?

日付や時刻の計算は**シリアル値**（日付と時刻を表す数値）で行われる。シリアル値は、1900年1月1日～9999年12月31日の日付を1～2958465の整数部、1日の0時0分0秒～翌日の0時0分0秒までの時刻を0.0～1.0の小数部で表される。
EDATE関数で求めた日付はシリアル値で返されるので、表示形式を日付に変更する必要がある。

ここがポイント！ ●年後（前）の日付は12を乗算する

2年後、2年前など、指定の年数後（前）の日付を求めるときは、1年は12ヶ月なので、「=EDATE(B3,C3*12)」のように、引数［月］に「年数*12」と数式を作成しよう。

併せて覚え テク ●ヶ月後（前）、●年後（前）の月末日を求めるには？

2ヶ月後（前）、2年後（前）の月末日を求めるには、1 **EOMONTH関数**で数式を作成しよう。
たとえば、「伝票発行日」から1ヶ月後の月末日を求めるなら、2引数［開始日］に「伝票発行日」の日付、3［月］に「1」を指定して数式を作成する。1年後の月末日は、［月］に「1*12」と数式を作成して求めよう。

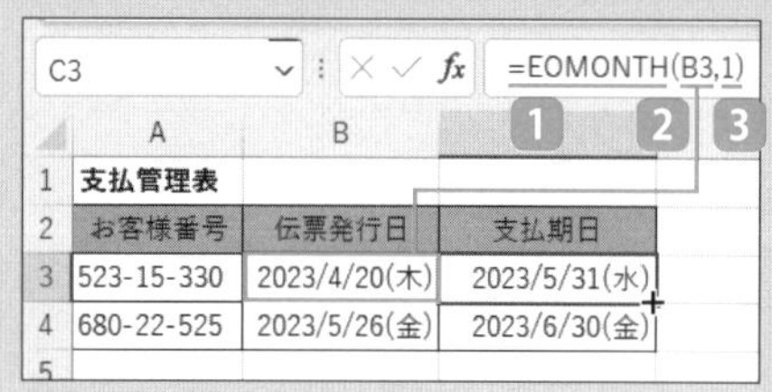

	A	B	C
1	支払管理表		
2	お客様番号	伝票発行日	支払期日
3	523-15-330	2023/4/20(木)	2023/5/31(水)
4	680-22-525	2023/5/26(金)	2023/6/30(金)
5			

スピル使用の数式
=EOMONTH(B3:B4*1,1)

✔ 日の指定

テク132 ●ヶ月後の日付を15日など指定の日で求めたい

使うのはコレ! DATE+YEAR+MONTH関数

●ヶ月後の日付はテク131のEDATE関数で求められるが、15日など指定の日で求めたいときは、**DATE関数**を使おう。日付から取り出した年月と、指定したい日をDATE関数で1つの日付にすることで求められる。

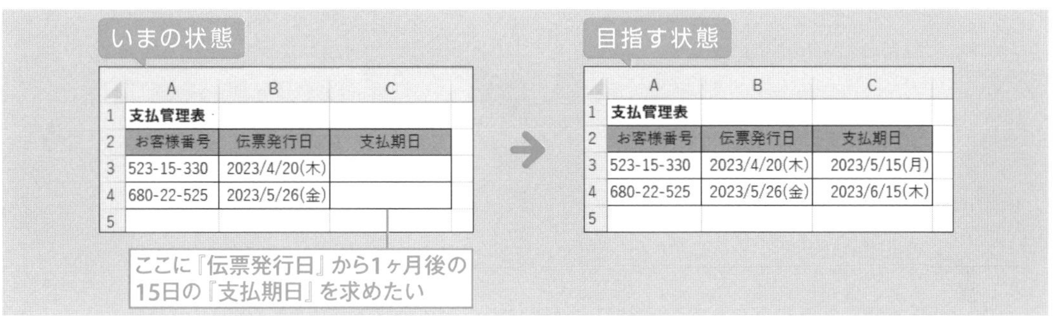

1. 『支払期日』を求めるセル(C3セル)を選択し、「=DATE(」と入力する。
2. [年]…YEAR関数で『伝票発行日』のB3セルから年を取り出す数式を作成する。
3. [月]…MONTH関数で『伝票発行日』のB3セルから月を取り出す数式を作成して、1ヶ月後なので「+1」と入力する。
4. [日]…15日で求めるので「15」と入力して、Enter キーで数式を確定する。
5. 数式を必要なだけ複写する。

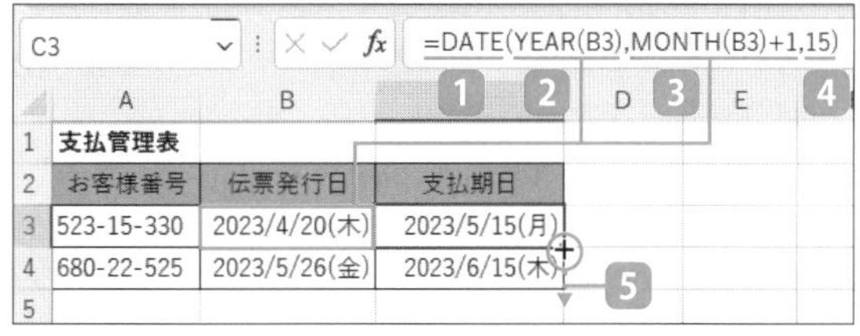

数式解説

「YEAR(B3)」の数式は、『伝票発行日』の日付から年を取り出し、「MONTH(B3)+1」の数式は月を取り出して「1」を足し算する。つまり、これらの数式をそれぞれ、DATE関数の引数[年][月]に指定し、[日]に「15」を指定した数式にすると、『支払期日』の日付の1ヶ月後で15日の日付が求められる。

Change!

従来 =DATE(YEAR(B3),MONTH(B3)+1,15)

スピル =DATE(YEAR(B3:B4),MONTH(B3:B4)+1,15)

✔日の指定

テク 133 指定の日付をもとに「●日締め▲日払い」を求めたい

使うのはコレ! DATE+YEAR+MONTH+DAY関数

指定の日付をもとに「25日締め15日払い」など「●日締め▲日払い」の支払い日を求めるには、**DATE関数**の引数の［月］に**条件式**を作成して日付を作成しよう。

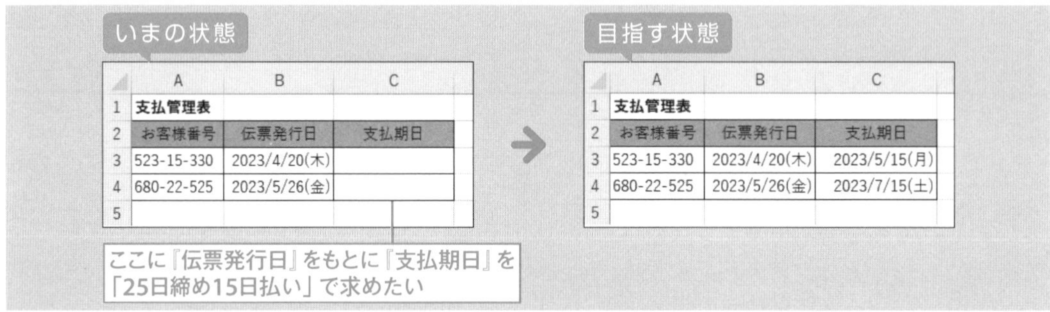

いまの状態

	A	B	C
1	支払管理表		
2	お客様番号	伝票発行日	支払期日
3	523-15-330	2023/4/20(木)	
4	680-22-525	2023/5/26(金)	
5			

目指す状態

	A	B	C
1	支払管理表		
2	お客様番号	伝票発行日	支払期日
3	523-15-330	2023/4/20(木)	2023/5/15(月)
4	680-22-525	2023/5/26(金)	2023/7/15(土)
5			

1. 『支払期日』を求めるセル（C3セル）を選択し、「=DATE(」と入力する。
2. ［年］…YEAR関数で『伝票発行日』から年を取り出す数式を作成する。
3. ［月］…MONTH関数で『伝票発行日』から月を取り出す数式を作成して、1ヶ月後なので「+1」と入力して、さらに「+」を入力する。
4. DAY関数で『伝票発行日』から日を取り出す数式を作成して、続けて「>25」と入力する。
5. ［日］…15日で求めるので「15」と入力して、Enterキーで数式を確定する。
6. 数式を必要なだけ複写する。

C3 =DATE(YEAR(B3),MONTH(B3)+1+(DAY(B3)>25),15)

	A	B	C
1	支払管理表		
2	お客様番号	伝票発行日	支払期日
3	523-15-330	2023/4/20(木)	2023/5/15(月)
4	680-22-525	2023/5/26(金)	2023/7/15(土)
5			

数式解説

「MONTH(B3)+1+(DAY(B3)>25」の数式は、『伝票発行日』のそれぞれの日が25日より後である場合は「1」、25日までなら「0」がMONTH関数で取り出した月に加算される。さらに25日まででも1ヶ月後の引落日で求めるので「+1」とした月がDATE関数の引数［月］に指定される。引数［日］には求める日「15」を指定することで、『伝票発行日』をもとに25日締めの15日払いで『支払期日』が求められる。

Change!

従来 `=DATE(YEAR(B3),MONTH(B3)+1+(DAY(B3)>25),15)`

↓

スピル `=DATE(YEAR(B3:B4),MONTH(B3:B4)+1+(DAY(B3:B4)>25),15)`

✔ 曜日の条件指定

テク 134 土日祝を除いて、●日後の日付を求めたい

使うのはコレ! WORKDAY関数

土日祝を除く●日後の日付は、**WORKDAY関数**を使うと求められる。祝日は別表に作成しておくだけでいい。

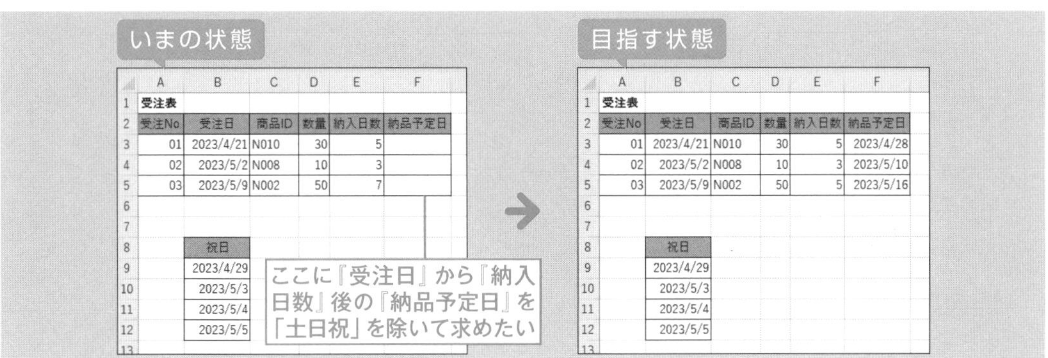

いまの状態
目指す状態
ここに『受注日』から『納入日数』後の『納品予定日』を「土日祝」を除いて求めたい

1. 『納品予定日』を求めるセル(F3セル)を選択し、「=WORKDAY(」と入力する。
2. [開始日]…『受注日』のセルを選択する。
3. [日数]…『納入日数』のセルを選択する。
4. [祭日]…『祝日』のセル範囲を選択し、F4キーを1回押して[$]記号をつけ絶対参照にしたら、Enterキーで数式を確定する。
5. シリアル値で求められるので、日付の表示形式に変更して、数式を必要なだけ複写する。

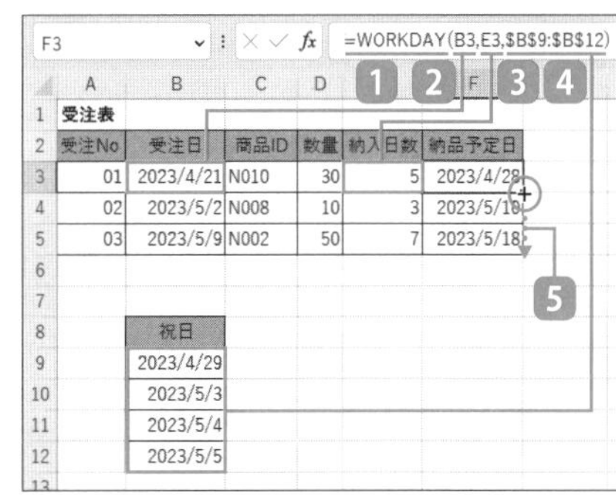

=WORKDAY(B3,E3,$B$9:$B$12)

数式解説

「=WORKDAY(B3,E3,$B$9:$B$12)」の数式は、『受注日』から『納入日数』後の『納品予定日』を「土日」とB9セル～B12セルの『祝日』を除いて求める。

Change!

従来 =WORKDAY(B3,E3,$B$9:$B$12)

スピル =WORKDAY(B3:B5*1,E3:E5*1,B9:B12)

ここがポイント! 日付の表示形式に変更する

WORKDAY関数はシリアル値(解説は本章のテク131「ここがポイント!」参照)で求められるため、必ず、日付の表示形式に変更しておこう。なお、[祭日]は省略すると、「土日」だけが除かれる。

✔ 曜日の条件指定

テク 135 土日祝を除いて、●ヶ月後の日付を求めたい

使うのはコレ! WORKDAY+EDATE関数

テク134のWORKDAY関数は日数しか指定できない。しかし、**EDATE関数**で求めた●ヶ月後の日付を**WORKDAY関数**の引数の[開始日]に使うと、土日祝を除く●ヶ月後の日付が求められる。

いまの状態

	A	B	C	D
1	工事一覧表			
2	工事コード	着手日	期間	完了予定日
3	0000012000	2023/4/5(水)	10	
4	0000015000	2023/9/1(金)	20	
5	0000028000	2023/11/1(水)	15	
6				
7				
8	祝日			
9	2023/4/29			
10	2023/5/3			
11	2023/5/4			
12	2023/5/5			

ここに『着手日』から『期間』の月数後の『完了予定日』を土日祝を除いて求めたい

目指す状態

	A	B	C	D
1	工事一覧表			
2	工事コード	着手日	期間	完了予定日
3	0000012000	2023/4/5(水)	10	2024/2/5(月)
4	0000015000	2023/9/1(金)	20	2025/5/1(木)
5	0000028000	2023/11/1(水)	15	2025/2/3(月)
6				
7				
8	祝日			
9	2023/4/29			
10	2023/5/3			
11	2023/5/4			
12	2023/5/5			

	A	B	C	D
1	工事一覧表			
2	工事コード	着手日	期間	完了予定日
3	0000012000	2023/4/5(水)	10	2024/2/5(月)
4	0000015000	2023/9/1(金)	20	2025/5/1(木)
5	0000028000	2023/11/1(水)	15	2025/2/3(月)
6				
7				
8	祝日			
9	2023/4/29			
10	2023/5/3			
11	2023/5/4			
12	2023/5/5			

1. 『完了予定日』を求めるセル(D3セル)を選択し、「=WORKDAY(EDATE(」と入力する。
2. [開始日]…『着手日』のセルを選択する。
3. [月]…『期間』のセルを選択する。
4. WORKDAY関数の[開始日]に戻り、「-1」と入力する。
5. [日数]…「1」と入力する。
6. [祭日]…『祝日』のセル範囲を選択し、F4キーを1回押して[$]記号をつけ絶対参照にしたら、Enterキーで数式を確定する。
7. シリアル値で求められるので、日付の表示形式に変更して、数式を必要なだけ複写する。

数式解説

WORKDAY関数の引数の[開始日]に「EDATE(B3,C3)」と指定すると、『着手日』から『期間』の月数後の日付を開始日として指定できる。「=WORKDAY(EDATE(B3,C3)-1,1,$A$9:$A$25))」と数式を作成することで、『着手日』から『期間』の月数後の日付を、「土日」とA9セル～A25セルの『祝日』を除いて求められる。

Change!

従来 =WORKDAY(EDATE(B3,C3)-1,1,$A$9:$A$25)

↓

スピル =WORKDAY(EDATE(B3:B5*1,C3:C5*1)-1,1,A9:A25)

ここがポイント！　土日祝と重なる場合は前日で日付を求めるには？

WORKDAY関数の引数の［日数］には、指定できる日数がないため、「0」を入力しなければならないが、「0」は指定できないため、「1」と指定し、［開始日］に「-1」と指定して「0」になるように調整して数式を作成する。
土日祝と重なる場合は前日で日付を求めるには、［開始日］には「+1」、［日数］には「-1」と指定して「0」になるように「=WORKDAY(EDATE(B3,C3)+1,-1,$A$9:$A$25)」と数式を作成しよう。

併せて覚え テク　●ヶ月後の指定日や、●日締め▲日払いの日が土日祝だったら前日か後日で求めるには?

1テク132や2テク133の数式を、操作のようにWORKDAY関数の引数の［開始日］に組み合わせることで、●ヶ月後の指定の日や、●日締め▲日払いの日が土日祝だったら、前日か後日で求めることができる。

「●ヶ月後の指定の日」が土日祝だったら後日で求める

=WORKDAY(DATE(YEAR(B3),MONTH(B3)+1,15)-1,1,$A$7:$A$8)

1

「●日締め▲日払いの日」が土日祝だったら後日で求める

=WORKDAY(DATE(YEAR(B3),MONTH(B3)+1+(DAY(B3)>25),15)-1,1,$A$7:$A$10)

2

第5章

✓ 曜日の条件指定

テク136 特定の曜日を除いて、●日後の日付を求めたい

使うのはコレ! WORKDAY.INTL関数

月曜など特定の曜日を除く●日後の日付は、**WORKDAY.INTL関数**を使うと求められる。除きたい曜日が土日ではなく、平日ならWORKDAY関数ではなくWORKDAY.INTL関数を使おう。

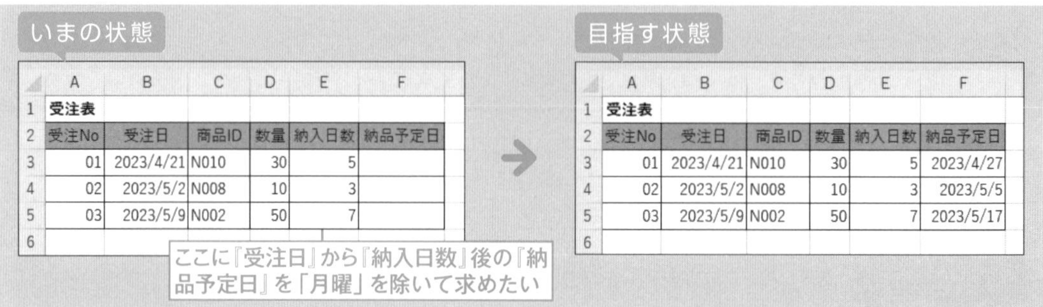

いまの状態
ここに『受注日』から『納入日数』後の『納品予定日』を「月曜」を除いて求めたい
目指す状態

	A	B	C	D	E	F
1	受注表					
2	受注No	受注日	商品ID	数量	納入日数	納品予定日
3	01	2023/4/21	N010	30	5	
4	02	2023/5/2	N008	10	3	
5	03	2023/5/9	N002	50	7	
6						

	A	B	C	D	E	F
1	受注表					
2	受注No	受注日	商品ID	数量	納入日数	納品予定日
3	01	2023/4/21	N010	30	5	2023/4/27
4	02	2023/5/2	N008	10	3	2023/5/5
5	03	2023/5/9	N002	50	7	2023/5/17
6						

1. 『納品予定日』を求めるセル(F3セル)を選択し「=WORKDAY.INTL(」と入力する。
2. [開始日]…『受注日』のセルを選択する。
3. [日数]…『納入日数』のセルを選択する。
4. [週末]…除く曜日の週末番号(月曜は「12」)を入力する。
5. [祭日]…この表では祭日を除かないので省略して、Enter キーで数式を確定する。
6. シリアル値で求められるので、日付の表示形式に変更して、数式を必要なだけ複写する。

F3　=WORKDAY.INTL(B3,E3,12)

	A	B	C	D	E	F
1	受注表					
2	受注No	受注日	商品ID	数量	納入日数	納品予定日
3	01	2023/4/21	N010	30	5	2023/4/27
4	02	2023/5/2	N008	10	3	2023/5/5
5	03	2023/5/9	N002	50	7	2023/5/17
6						

数式解説

「=WORKDAY.INTL(B3,E3,12)」の数式は、『受注日』から『納入日数』後の『納品予定日』を、「月曜」を除いて求める。

Change!

従来 `=WORKDAY.INTL(B3,E3,12)`

↓

スピル `=WORKDAY.INTL(B3:B5*1,E3:E5*1,12)`

ここがポイント! 日付の表示形式に変更する

WORKDAY.INTL関数はシリアル値(解説は本章のテク131「ここがポイント!」参照)で求められるため、必ず日付の表示形式に変更しておこう。
引数の[週末][祭日]は省略すると、土日だけが除かれる。引数の[週末]には除く「曜日」を週末番号で指定しよう(週末番号は巻末の関数一覧参照)。

✔ 曜日の条件指定

テク 137 複数の特定の曜日を除いて、●日後の日付を求めたい

使うのはコレ! WORKDAY.INTL関数

「月曜と木曜」など複数の曜日を除く●日後の日付は、複雑な数式が必要になるが、テク136の**WORKDAY.INTL関数**を使えば、関数1つで求められる。

いまの状態

	A	B	C	D	E	F
1	受注表					
2	受注No	受注日	商品ID	数量	納入日数	納品予定日
3	01	2023/4/21	N010	30	5	
4	02	2023/5/2	N008	10	3	
5	03	2023/5/9	N002	50	7	
6						

ここに『受注日』から『納入日数』後の『納品予定日』を「月曜と水曜」を除いて求めたい

目指す状態

	A	B	C	D	E	F
1	受注表					
2	受注No	受注日	商品ID	数量	納入日数	納品予定日
3	01	2023/4/21	N010	30	5	2023/4/28
4	02	2023/5/2	N008	10	3	2023/5/6
5	03	2023/5/9	N002	50	7	2023/5/19
6						

1 『納品予定日』を求めるセル(F3セル)を選択し、「=WORKDAY.INTL(」と入力する。
2 [開始日]…『受注日』のセルを選択する。
3 [日数]…『納入日数』のセルを選択する。
4 [週末]…除く曜日の文字列「"1010000"」を入力する。
5 [祭日]…この表では日数から除かないので省略して、Enter キーで数式を確定する。

F3 =WORKDAY.INTL(B3,E3,"1010000")

	A	B	C	D	E	F
1	受注表					
2	受注No	受注日	商品ID	数量	納入日数	納品予定日
3	01	2023/4/21	N010	30	5	2023/4/28
4	02	2023/5/2	N008	10	3	2023/5/6
5	03	2023/5/9	N002	50	7	2023/5/19
6						

6 シリアル値で求められるので、日付の表示形式に変更して、数式を必要なだけ複写する。

数式解説

「=WORKDAY.INTL(B3,E3,"1010000")」の数式は、『受注日』から『納入日数』後の『納品予定日』を、「月曜と水曜」を除いて求める。

Change!

従来 =WORKDAY.INTL(B3,E3,"1010000")

↓

スピル =WORKDAY.INTL(B3:B5*1,E3:E5*1,"1010000")

ここがポイント! **[週末番号]の一覧にない曜日は7文字で指定する**

WORKDAY.INTL関数の引数の[週末]には、除く曜日を週末番号だけでなく文字列でも可能。月曜日から始まる各曜日を、稼働日を表す数値「0」と非稼働日を表す数値「1」にした7文字で表し[""(ダブルクォーテーション)]で囲んで入力する。つまり、「"1010000"」と入力すると、月曜と水曜を休日(非稼働日)と指定できる。引数の[週末番号]に指定できない曜日は、7文字で指定しよう。

✓ 曜日の条件指定

テク 138 ●日後以降で特定の曜日になる最初の日付を求めたい

使うのはコレ! WORKDAY.INTL関数

10日後以降で最初の土曜の日付など、●日後以降で特定の曜日になる最初の日付を求める関数はないが、**WORKDAY.INTL関数**の引数の[週末]に指定する文字の指定次第で求めることができる。

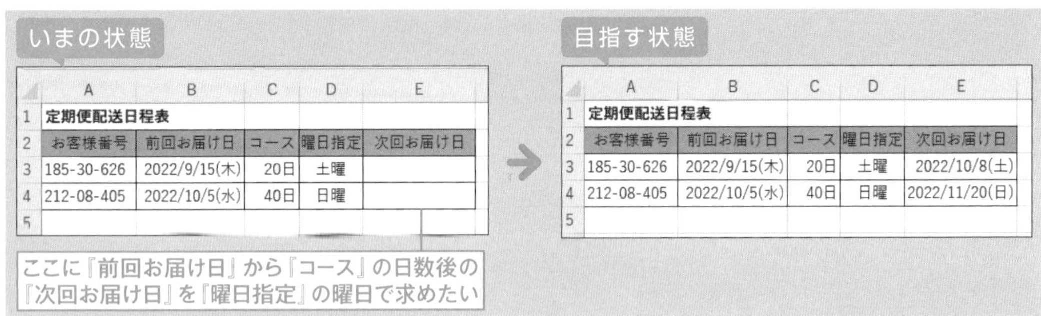

いまの状態

	A	B	C	D	E
1	定期便配送日程表				
2	お客様番号	前回お届け日	コース	曜日指定	次回お届け日
3	185-30-626	2022/9/15(木)	20日	土曜	
4	212-08-405	2022/10/5(水)	40日	日曜	
5					

ここに『前回お届け日』から『コース』の日数後の『次回お届け日』を『曜日指定』の曜日で求めたい

目指す状態

	A	B	C	D	E
1	定期便配送日程表				
2	お客様番号	前回お届け日	コース	曜日指定	次回お届け日
3	185-30-626	2022/9/15(木)	20日	土曜	2022/10/8(土)
4	212-08-405	2022/10/5(水)	40日	日曜	2022/11/20(日)
5					

1. F列のセルに月曜日から始まる各曜日を、『曜日指定』の曜日を「0」、それ以外を「1」にした7文字で入力しておく。
2. 『次回お届け日』を求めるセル（E3セル）を選択し、「=WORKDAY.INTL(」と入力する。
3. [開始日]…「『前回お届け日』のセル＋『コース』のセル-1」を入力する。
4. [日数]…「1」と入力する。
5. [週末]…F列の除く曜日の文字列のセルを選択したら、Enter キーで数式を確定する。
6. シリアル値で求められるので、日付の表示形式に変更して、数式を必要なだけ複写する。

E3　=WORKDAY.INTL(B3+C3-1,1,F3)

	A	B	C	D	E	F
1	定期便配送日程表					
2	お客様番号	前回お届け日	コース	曜日指定	次回お届け日	
3	185-30-626	2022/9/15(木)	20日	土曜	2022/10/8(土)	1111101
4	212-08-405	2022/10/5(水)	40日	日曜	2022/11/20(日)	1111110
5						

数式解説

「=WORKDAY.INTL(B3+C3-1,1,F3)」の数式は、「前回お届け日」の日付から「コース」の日数後の日付を、「曜日指定」の「土曜」の日付で求める。

Change!

従来　=WORKDAY.INTL(B3+C3-1,1,F3)

スピル　=WORKDAY.INTL(B3:B4+C3:C4-1,1,F3:F4)

ここがポイント！　求めたい曜日は「0」、除きたい曜日は「1」で指定する

WORKDAY.INTL関数の引数の［週末］には、除く曜日を週末番号だけでなく文字列でも指定できる（前テク137「ここがポイント！」参照）。求めたい曜日（稼働日）を「0」、除く曜日（非稼働日）を「1」で指定して、「"1111101"」で指定することで、「土曜」の日付が求められる。ただし、手順❶のようにセルに7文字を入力する場合は、必ずセルの表示形式を「文字列」にして数値にならないようにしておこう。

ここがポイント！　●日後以前で特定の曜日になる最初の日付を求めるには？

●日後以前で特定の曜日になる最初の日付を求めるには、引数［開始日］に「+1」、［日数］に「-1」を指定して数式を作成しよう。

併せて覚え テク　●ヶ月後以降で特定の曜日になる最初の日付を求めるには?

●ヶ月後の日付はEDATE関数で求められるので（テク131参照）、WORKDAY.INTL関数の❶引数［開始日］にEDATE関数を組み合わせることで、●ヶ月後以降で特定の曜日になる最初の日付を求めることができる。

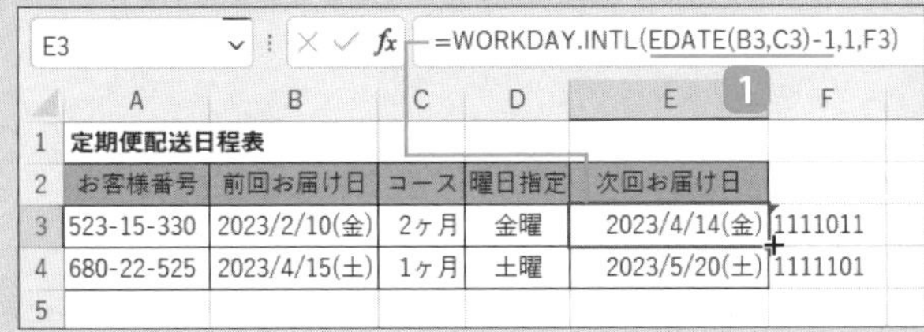

	A	B	C	D	E	F
1	定期便配送日程表					
2	お客様番号	前回お届け日	コース	曜日指定	次回お届け日	
3	523-15-330	2023/2/10(金)	2ヶ月	金曜	2023/4/14(金)	1111011
4	680-22-525	2023/4/15(土)	1ヶ月	土曜	2023/5/20(土)	1111101
5						

第5章

5-3 年／月／日／週／曜日ごとの集計をマスター！

第4章では、表から項目ごとに集計するために、条件付き集計を行う関数を使う方法を紹介した。

	A	B	C	D	E	F	G	H
1	アロマキャンドル売上表							
2	日付	店舗名	香り	単価	数量		香り	売上数
3	4/1	本店	ローズ	2,500	10		ローズ	47
4	4/1	本店	ラベンダー	3,200	7		ラベンダー	44
5	4/1	モール店	ラベンダー	3,200	12		ジャスミン	27
6	4/2	本店	ジャスミン	2,000	15			
7	4/2	モール店	ローズ	3,000	18			
8	4/2	モール店	ジャスミン	3,000	8			
9	4/2	ネット店	ローズ	3,500	11			
10	4/2	ネット店	ラベンダー	2,700	20			
11	4/3	本店	ローズ	2,500	8			
12	4/3	モール店	ラベンダー	2,700	5			
13	4/3	モール店	ジャスミン	2,000	4			
14								

条件付きの集計ができる関数を使えば、項目ごとに集計できる

しかし、日付データを扱う中で、「月」ごとの集計など、日付の一部を条件にした集計値が必要になるケースもある。

	A	B	C	D	E	F	G	H	I
1	アロマキャンドル売上表								
2	日付	店舗名	香り	単価	数量		月別売上数		
3	4/1	本店	ローズ	2,500	10		4	月	101
4	4/1	本店	ラベンダー	3,200	7		5	月	122
5	4/1	モール店	ラベンダー	3,200	12				
6	4/2	本店	ジャスミン	2,000	15				
7	4/2	モール店	ローズ	3,000	18				
8	4/2	モール店	ジャスミン	3,000	8				
9	4/2	ネット店	ローズ	3,500	11				
10	4/2	ネット店	ラベンダー	2,700	20				
11	5/1	本店	ジャスミン	2,000	8				
12	5/1	モール店	ジャスミン	2,500	25				
13	5/2	本店	ローズ	2,500	11				
14	5/2	本店	ラベンダー	2,200	13				
15	5/2	モール店	ローズ	3,000	25				
16	5/2	モール店	ローズ	3,500	12				
17	5/2	ネット店	ラベンダー	2,200	28				
18									

なのに、ずらりと並ぶ日付。どうやって集計したらいいのかわからない……。本節では、そんな日付データをもとに、年／月／日／週／曜日ごとの集計を行うテクニックをマスターしよう！

✔ 年／月／日／週／曜日ごと集計

テク 139 年／月／日／週／曜日ごとに集計したい

Excel2021/365対応

使うのはコレ! SUM+FILTER+
年/YEAR関数　月/MONTH関数　日/DAY関数
週/WEEKNUM関数　曜日/TEXT関数

表の日付をもとに年／月／日／週／曜日ごとの集計をするには、**FILTER関数**で年／月／日／週／曜日それぞれを条件にデータを抽出し、SUM関数やAVERAGE関数で集計しよう。

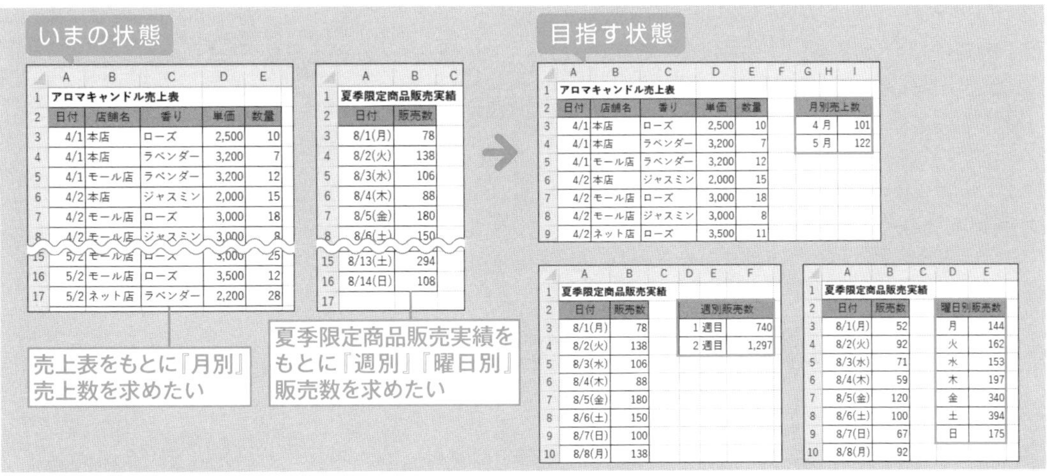

いまの状態
目指す状態
売上表をもとに『月別』売上数を求めたい
夏季限定商品販売実績をもとに『週別』『曜日別』販売数を求めたい

月別売上数を求める

1. 『月別売上数』を求めるセル（I3セル）を選択し、［数式］タブの［関数ライブラリ］グループの［合計］ボタンをクリックする。
2. 「FILTER(」と入力する。
3. ［配列］…抽出する『数量』のセル範囲を選択して、F4 キーを1回押して［$］記号をつけ絶対参照にする。
4. ［含む］…MONTH関数で「日付から取り出した月が集計する月である場合」の条件式を入力する。
5. ［空の場合］…省略して、Enter キーで数式を確定する。
6. 数式を必要なだけ複写する。

=SUM(FILTER($E$3:$E$17,MONTH($A$3:$A$17)=G3))

数式解説

「FILTER($E$3:$E$17,MONTH($A$3:$A$17)=G3))」の数式は、A3セル～A17セルの『日付』がG3セルの「4」月の条件を満たすE3セル～E17セルの『数量』を抽出する。抽出したデータをSUM関数の引数に使い、数式を作成することで、「4」月の「数量」の合計が求められる。数式をコピーすると月別の『数量』の合計が求められる。

ここがポイント！　年別や日別に集計するには？

手順4の条件式は、年別に集計するならYEAR関数、日別に集計するならDAY関数を使って作成しよう。

週別販売数を求める

1 『週別販売数』を求めるセル（F3セル）を選択し、［数式］タブの［関数ライブラリ］グループの［合計］ボタンをクリックする。
2 「FILTER(」と入力する。
3 ［配列］…抽出する『数量』のセル範囲を選択して、F4キーを1回押して［$］記号をつけ絶対参照にする。
4 ［含む］…WEEKNUM関数で「日付から取り出した週が集計する週である場合」の条件式を入力する。
5 ［空の場合］…省略して、Enterキーで数式を確定する。
6 数式を必要なだけ複写する。

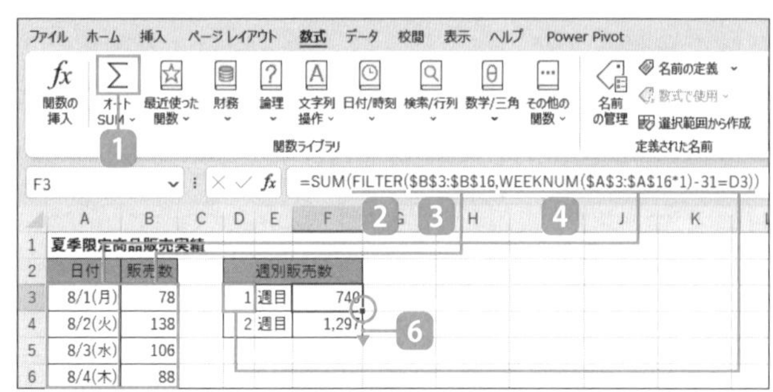

数式解説

「FILTER($B$3:$B$16,WEEKNUM($A$3:$A$16*1)-31=D3)」」の数式は、A3セル～A16セルの『日付』がD3セルの「1」週の条件を満たすB3セル～B16セルの『販売数』を抽出する。抽出したデータをSUM関数の引数に使い、数式を作成することで、「1」週目の『販売数』の合計が求められる。数式をコピーすると週別の『販売数』の合計が求められる。

曜日別販売数を求める

1 『曜日別販売数』を求めるセル（E3セル）を選択し、［数式］タブの［関数ライブラリ］グループの［合計］ボタンをクリックする。
2 「FILTER(」と入力する。
3 ［配列］…抽出する『数量』のセル範囲を選択して、F4キーを1回押して［$］記号をつけ絶対参照にする。
4 ［含む］…「TEXT関数で日付から取り出した曜日が集計する曜日である場合」の条件式を入力する。
5 ［空の場合］…省略して、Enterキーで数式を確定する。
6 数式を必要なだけ複写する。

数式解説

「FILTER($B$3:$B$16,TEXT($A$3:$A$16,"aaa")=D3)」の数式は、A3セル～A16セルの「日付」がD3セルの「月」の条件を満たすB3セル～B16セルの「販売数」を抽出する。抽出したデータをSUM関数の引数に使い、数式を作成することで、「月」の「販売数」の合計が求められる。
数式をコピーすると曜日別の「販売数」の合計が求められる。

ここがポイント！　Excel2019/2016で利用できるように求めるには？

スピルに対応したFILTER関数を使わずに数式を作成するなら、以下のように、SUM関数で条件式を作成して求めよう。Excel2019/2016でブックを開くと自動で配列数式になり、Excel2019/2016でも利用できるようになる。

- **月別**　=SUM((MONTH($A$3:$A$17)=G3)*$E$3:$E$17)
- **週別**　=SUM((WEEKNUM($A$3:$A$16*1)-31=D3)*$B$3:$B$16)
- **曜日別**　=SUM((TEXT($A$3:$A$16,"aaa")=D3)*$B$3:$B$16)

ここがポイント！　そのほかの集計方法で求めるには？

平均ならAVERAGE関数、件数ならCOUNT(A)関数を使って求めよう。

✓ 年／月／日／週／曜日ごと集計

テク140 年／月／日／週／曜日ごとに集計したい

Excel2019/2016対応

使うのはコレ! SUMIF＋
年/YEAR関数　月/MONTH関数　日/DAY関数
週/WEEKNUM関数　曜日/TEXT関数

表の日付をもとに年／月／日／週／曜日ごとに集計するには、まず、**YEAR関数**で年、**MONTH関数**で月、**DAY関数**で日、**WEEKNUM関数**で週、**TEXT関数**で曜日を取り出しておこう。取り出した値を条件にSUMIF関数やAVERAGEIF関数で集計しよう。

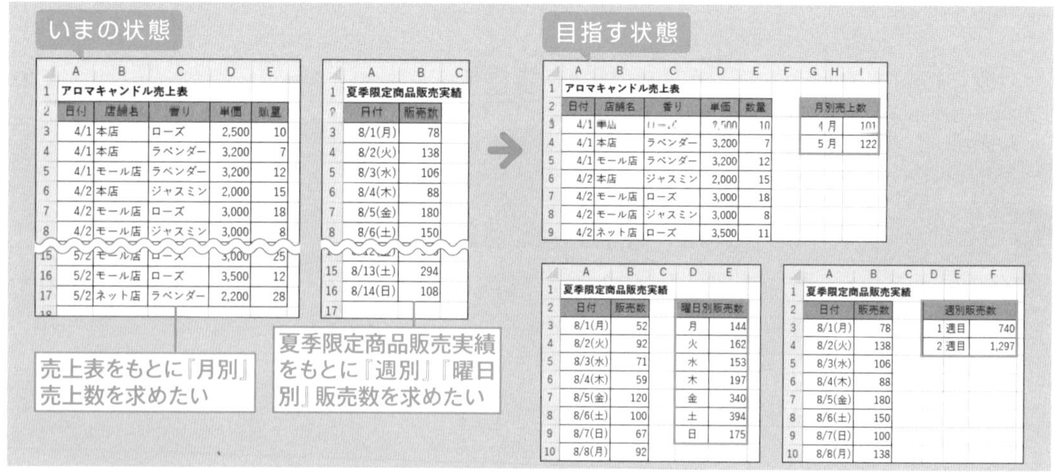
いまの状態
目指す状態
売上表をもとに『月別』売上数を求めたい
夏季限定商品販売実績をもとに『週別』『曜日別』販売数を求めたい

月別売上数を求める

1. F列のセルを選択し、「=MONTH(」と入力する。
2. ［シリアル値］…『日付』のセルを入力したら、Enterキーで数式を確定する。
3. 数式を必要なだけ複写する。
4. 『月別売上数』を求めるセル（J3セル）を選択し、「=SUMIF(」と入力する。
5. ［範囲］…F列のセル範囲を選択し、F4キーを1回押して［$］記号をつけ絶対参照にする。
6. ［検索条件］…集計する月のH3セルを選択する。
7. ［合計範囲］…合計する『数量』のセル範囲を選択し、F4キーを1回押して［$］記号をつけ絶対参照にしたら、Enterキーで数式を確定する。
8. 数式を必要なだけ複写する。

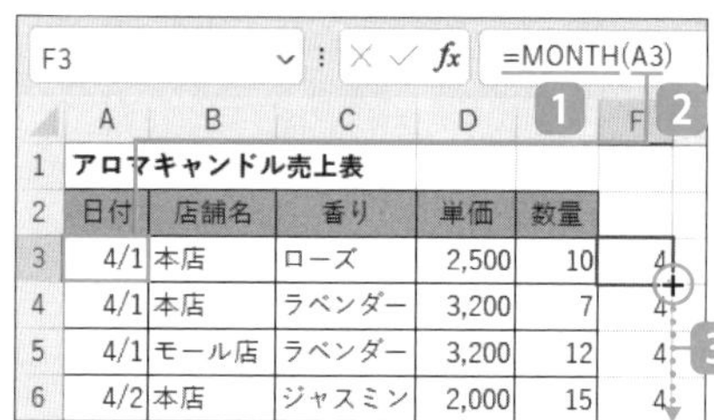
=MONTH(A3)

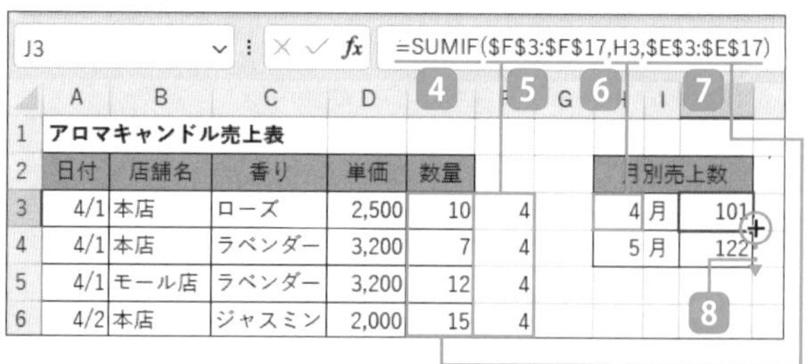
=SUMIF($F$3:$F$17,H3,$E$3:$E$17)

数式解説

「=MONTH(A3)」の数式は、A3セルの日付「4/1」から「4」の月を取り出す。取り出した月を条件にして「=SUMIF($F$3:$F$17,H3,$E$3:$E$17)」の数式を作成すると、H3セルの「4」月の売上数が求められる。数式をコピーすると月別の『数量』の合計が求められる。

ここがポイント！　年別や日別で集計するには？

手順1～3では、年別に集計するならYEAR関数で「年」、日別に集計するならDAY関数で「日」を取り出しておこう。

週別販売数を求める

1 C列のセルを選択し、「=WEEKNUM(」と入力する。
2 [シリアル値]…「日付」のセルを選択し、月の最初の週を1週目とするので「1」となるように「)」に続けて「-31」と入力したら、Enterキーで数式を確定する。
3 数式を必要なだけ複写する。
4 『週別販売数』を求めるセル（G3セル）を選択し、「=SUMIF(」と入力する。
5 [範囲]…条件「週」を含むC列のセル範囲を選択し、F4キーを1回押して[$]記号をつけ絶対参照にする。
6 [検索条件]…集計する週のE3セルを選択する。
7 [合計範囲]…合計する『販売数』のセル範囲を選択し、F4キーを1回押して[$]記号をつけ絶対参照にしたら、Enterキーで数式を確定する。
8 数式を必要なだけ複写する。

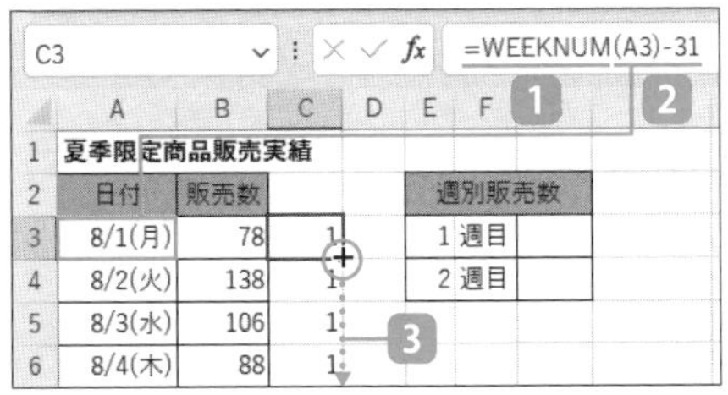

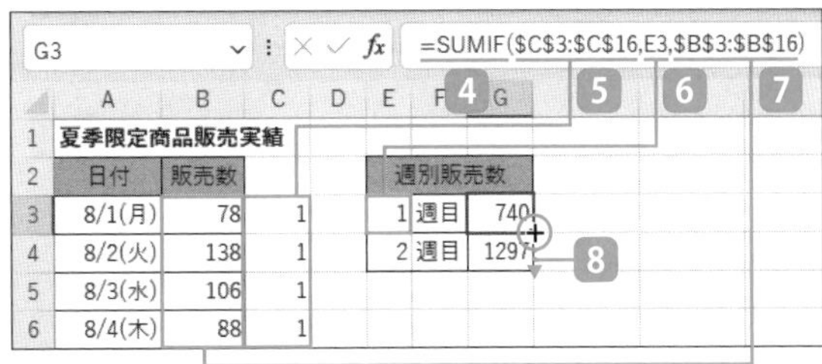

数式解説

「=WEEKNUM(A3)-31」の数式は、A3セルの日付「8/1（月）」から「1」の週を取り出す。
取り出した週を条件にして「=SUMIF($C$3:$C$16,E3,$B$3:$B$16)」の数式を作成すると、R3セルの「1」週目の販売数が求められる。数式をコピーすると週別の「販売数」の合計が求められる。

曜日別販売数を求める

1 C列のセルを選択し、「=TEXT(」と入力する。
2 [値]…『日付』のセルを選択する。
3 [表示形式]…「"aaa"」を入力したら、Enterキーで数式を確定する。
4 数式を必要なだけ複写する。
5 曜日別販売数を求めるセル（F3セル）を選択し、「=SUMIF(」と入力する。
6 [範囲]…条件「曜日」を含むC列のセル範囲を選択し、F4キーを1回押して[$]記号をつけ絶対参照にする。
7 [検索条件]…集計する曜日のE3セルを選択する。

8 ［合計範囲］…合計する『販売数』のセル範囲を選択し、F4 キーを1回押して［$］記号をつけ絶対参照にしたら、Enter キーで数式を確定する。

9 数式を必要なだけ複写する。

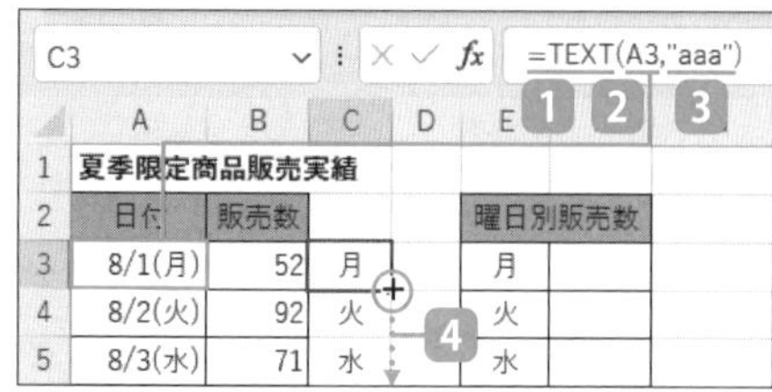

F3 =SUMIF($C$3:$C$16,E3,$B$3:$B$16)

5 6 7 8

	A	B	C	D	E	F
1	夏季限定商品販売実績					
2	日付	販売数			曜日別販売数	
3	8/1(月)	52	月		月	144
4	8/2(火)	92	火		火	162
5	8/3(水)	71	水		水	153

9

数式解説

「=TEXT(A3,"aaa")」の数式は、A3セルの日付「8/1（月）」から「月」の表示形式で曜日を取り出す。取り出した曜日を条件にして「=SUMIF($C$3:$C$16,E3,$B$3:$B$4)」の数式を作成すると、E3セルの「月」の曜日の販売数が求められる。数式をコピーすると曜日別の『販売数』の合計が求められる。

ここがポイント！　そのほかの集計方法で求めるには？

平均ならAVERAGEIF関数、件数ならCOUNTIF関数を使って求めよう。

併せて覚え テク　別のブックに集計するには?

別のブックにあるデータを年／月／日／週／曜日ごとに集計する場合、SUMIF関数は集計元ブックを閉じるとエラー値になってしまう。別ブックなら、代わりに**SUMPRODUCT関数**を使って集計しよう。なお、テク139の「ここがポイント！Excel2019/2016で利用できるように求めるには？」で解説のSUM関数で条件式を作成して配列数式で求める数式にしておくとエラー値にはならない。併せて覚えておこう。

1 集計先「月別集計.xlsx」と集計元「売上表.xlsx」を開いておき、ウィンドウの左右に並べる。タイトルバーをドラッグして左右に並べるか、［表示］タブ→［ウィンドウ］グループ→［整列］ボタンで表示された［ウィンドウの整列］ダイアログボックスで［左右に並べて表示］をオンにする。

2 「売上表.xlsx」のF列のセルを選択し、「=MONTH(A3)」と入力して数式を必要なだけ複写する。

3 「月別集計.xlsx」の『月別売上数』を求めるセル（C3セル）を選択し、「=SUMPRODUCT(([売上表.xlsx]月別!$F$3:$F$17=A3)*[売上表.xlsx]月別!$E$3:$E$17)」と入力して、数式を必要なだけ複写する。

操作テク 数式内のブック名とシート名は別ブックのセル範囲を直接選択することで自動入力される。

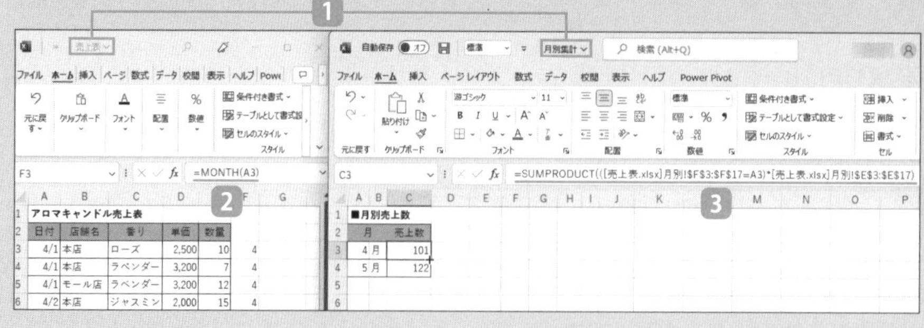

集計編

テク141 年／月／日／週／曜日ごとに小計行を挿入したい

使うのはコレ! 小計機能＋
年/YEAR関数　月/MONTH関数　日/DAY関数
週/WEEKNUM関数　曜日/TEXT関数

テク140のようにあらかじめ表の横に**YEAR関数**で年、**MONTH関数**で月、**DAY関数**で日、**WEEKNUM関数**で週、**TEXT関数**で曜日を取り出しておけば、**小計機能**と併せることで表の年／月／日／週／曜日ごとに小計行が挿入できる。

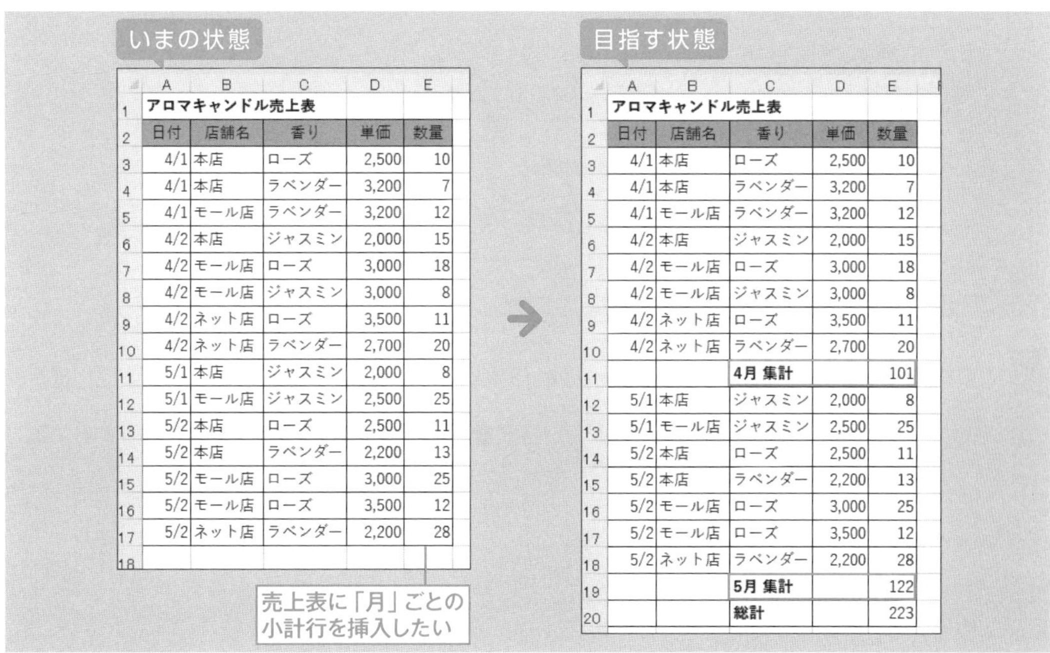

いまの状態

	A	B	C	D	E
1	アロマキャンドル売上表				
2	日付	店舗名	香り	単価	数量
3	4/1	本店	ローズ	2,500	10
4	4/1	本店	ラベンダー	3,200	7
5	4/1	モール店	ラベンダー	3,200	12
6	4/2	本店	ジャスミン	2,000	15
7	4/2	モール店	ローズ	3,000	18
8	4/2	モール店	ジャスミン	3,000	8
9	4/2	ネット店	ローズ	3,500	11
10	4/2	ネット店	ラベンダー	2,700	20
11	5/1	本店	ジャスミン	2,000	8
12	5/1	モール店	ジャスミン	2,500	25
13	5/2	本店	ローズ	2,500	11
14	5/2	本店	ラベンダー	2,200	13
15	5/2	モール店	ローズ	3,000	25
16	5/2	モール店	ローズ	3,500	12
17	5/2	ネット店	ラベンダー	2,200	28
18					

目指す状態

	A	B	C	D	E
1	アロマキャンドル売上表				
2	日付	店舗名	香り	単価	数量
3	4/1	本店	ローズ	2,500	10
4	4/1	本店	ラベンダー	3,200	7
5	4/1	モール店	ラベンダー	3,200	12
6	4/2	本店	ジャスミン	2,000	15
7	4/2	モール店	ローズ	3,000	18
8	4/2	モール店	ジャスミン	3,000	8
9	4/2	ネット店	ローズ	3,500	11
10	4/2	ネット店	ラベンダー	2,700	20
11			4月 集計		101
12	5/1	本店	ジャスミン	2,000	8
13	5/1	モール店	ジャスミン	2,500	25
14	5/2	本店	ローズ	2,500	11
15	5/2	本店	ラベンダー	2,200	13
16	5/2	モール店	ローズ	3,000	25
17	5/2	モール店	ローズ	3,500	12
18	5/2	ネット店	ラベンダー	2,200	28
19			5月 集計		122
20			総計		223

1. F列のセルを選択し、「=MONTH(」と入力する。
2. ［シリアル値］…『日付』のセルを選択したら、Enterキーで数式を確定する。
3. 数式を必要なだけ複写する。

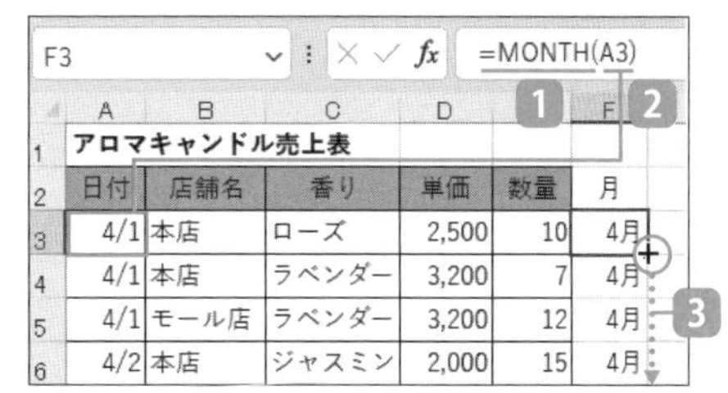

	A	B	C	D	E	F
1	アロマキャンドル売上表					
2	日付	店舗名	香り	単価	数量	月
3	4/1	本店	ローズ	2,500	10	4月
4	4/1	本店	ラベンダー	3,200	7	4月
5	4/1	モール店	ラベンダー	3,200	12	4月
6	4/2	本店	ジャスミン	2,000	15	4月

数式解説

「=MONTH(A3)」の数式は、A3セルの日付「4/1」から「4」の月を取り出す。数式をコピーすると、それぞれの『日付』から月が取り出される。

第5章

4 ［データ］タブの［アウトライン］グループの［小計］ボタンをクリックする。
5 表示された［集計の設定］ダイアログボックスで、［グループの基準］に「月」、［集計の方法］に「合計」、［集計するフィールド］に「数量」を指定する。
6 ［OK］ボタンをクリックする。

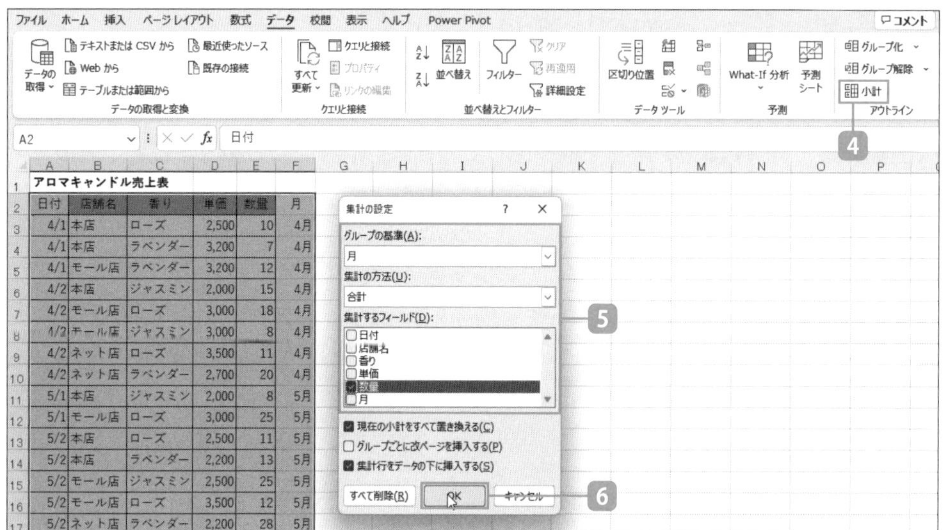

ここがポイント！　年／日／週／曜日ごとに小計行を挿入するには、それぞれの要素を日付／時刻関数で取り出す

年／日／週／曜日ごとに小計行を挿入するには、手順1～2でそれぞれの要素を日付／時刻関数で取り出して（本章のテク140参照）、小計機能の［グループの基準］に指定しよう。

集計編

テク142 複数行・複数列にある日付データを年／月／日／週／曜日ごとに集計したい

使うのはコレ! SUM＋MONTH関数

複数の行・列にある日付データを年／月／日／週／曜日ごとに集計するには、テク140のように**日付／時刻関数で取り出した要素**を条件にして、SUM関数やAVERAGE関数で集計しよう。

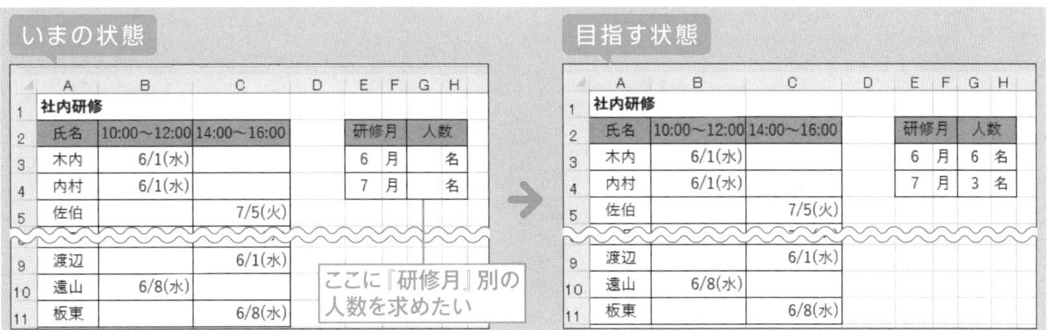

1. 『研修月』別人数を求めるセル（G3セル）を選択し、[数式]タブの[関数ライブラリ]グループの[合計]ボタンをクリックする。
2. MONTH関数で「研修の日付の月が「6」である場合の条件式」を入力し、[*1]と入力したら、Enterキーで数式を確定する。
   操作テク Excel2019/2016の場合はCtrl＋Shift＋Enterキーで数式を確定する。
3. 数式を必要なだけ複写する。

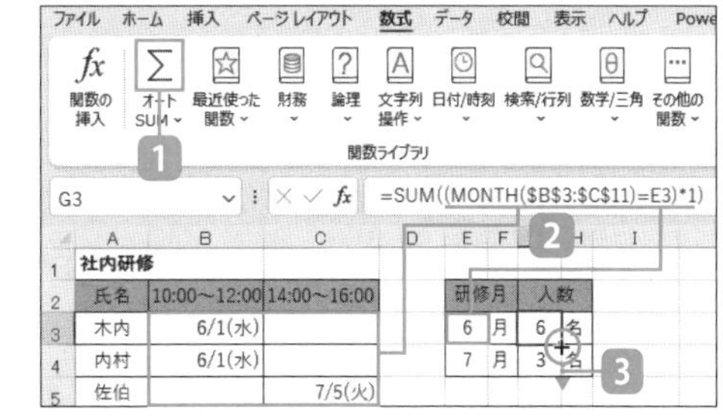

数式解説

「=SUM((MONTH($B$3:$C$11)=E3)*1)」の数式は、「B3セル～C11セルの日付の「月」がE3セルの「6」の月である場合」の条件式が作成される。結果、条件を満たす場合にその数が合計されるため、「6」月の研修人数が求められる。数式をコピーすると研修月別人数が求められる。
Excel2019/2016では配列数式で求める必要があるため、Ctrl＋Shift＋Enterキーで数式を確定する。

ここがポイント! そのほかの集計方法で求めるには？

件数ではなく、合計を求めるなら、条件式に合計するセル範囲を乗算しよう。
=SUM((MONTH($B$3:$C$11)=E3)*合計するセル範囲)

ここがポイント! Excel2019/2016で配列数式を使いたくないときはSUMPRODUCT関数を使う

Excel2019/2016で配列数式を使いたくないときは、引数を指定するだけで配列計算できるSUMPRODUCT関数を使って、「=SUMPRODUCT((MONTH($B$3:$C$11)=E3)*1)」と数式を作成しよう。

テク 143 平日と土日祝で別々に集計したい

使うのはコレ! SUM+FILTER+WORKDAY関数
Excel2019/2016 WEEKDAY+COUNTIF+SUMIFS関数

土日祝を除いた平日だけを集計するには、日付が祝日を除く平日の条件が必要。その条件の日付を**FILTER関数**で抽出して、**SUM関数**や**AVERAGE関数**で集計しよう。Excel2019/2016なら平日と祝日以外の2条件で集計できる**SUMIFS関数**や**AVERAGEIFS関数**で集計しよう。

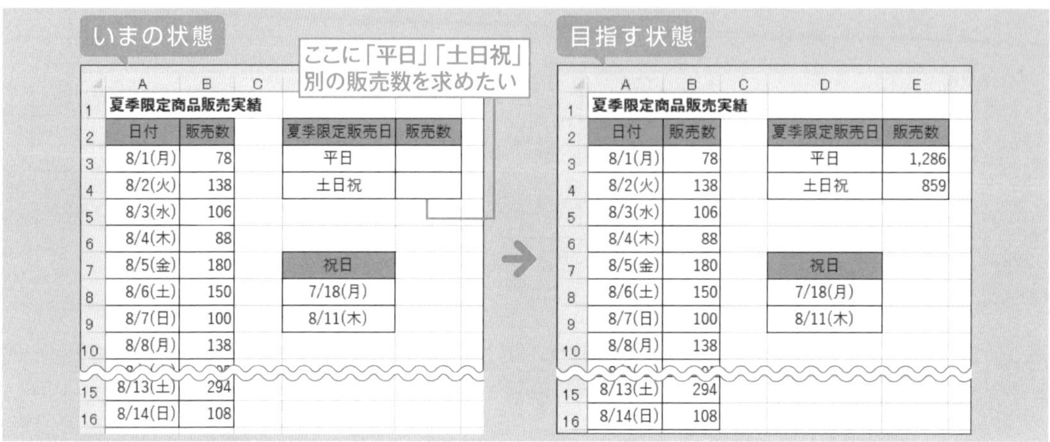

Excel2021/365の数式

1. 平日の『販売数』を求めるセル（E3セル）を選択し、［数式］タブの［関数ライブラリ］グループの［合計］ボタンをクリックする。
2. 「FILTER(」と入力する。
3. ［配列］…抽出する『販売数』のセル範囲を選択する。
4. ［含む］…WORKDAY関数で「それぞれの『日付』が祝日を除く平日である場合」の条件式を作成する。
5. ［空の場合］…省略して、Enterキーで数式を確定する。
6. 土日祝の『販売数』は「=SUM(B3:B14)-G3」と入力すると求められる。

数式解説

「(FILTER(B3:B16,WORKDAY(A3:A16-1,1,D8:D9)=A3:A16)」の数式は、A3セル～A16セルの『日付』が土日祝を除く日付である場合の条件を満たすB3セル～B16セルの『販売数』を抽出する。抽出したデータをSUM関数の引数に使い、数式を作成することで、平日の『販売数』の合計が求められる。土日祝の『販売数』は、「販売数の合計－平日の販売数」なので、「=SUM(B3:B16)-G3」の数式で求められる。

ここがポイント！　そのほかの集計方法で求めるには？

手順❶では、平均ならAVERAGE関数、件数ならCOUNT(A)関数を使って求めよう。

ここがポイント！　Excel2019/2016で利用できるように求めるには？

スピルに対応したFILTER関数を使わずに数式を作成するなら、「=SUM((WORKDAY(A3:A16-1,1,D8:D9)=A3:A16)*B3:B16)」とSUM関数で条件式を作成して求めよう。Excel2019/2016でブックを開くと自動で配列数式になり、Excel2019/2016でも利用できるようになる。

Excel2019/2016の数式

1. C列のセルを選択し、「=WEEKDAY(」と入力する。
2. ［シリアル値］…『日付』のセルを選択する。
3. ［種類］…「2」を入力したら、Enterキーで数式を確定する。
4. 数式を必要なだけ複写する。
5. D列のセルを選択し、「=COUNTIF(」と入力する。
6. 範囲］…『祝日』のセル範囲を選択して、F4キーを1回押して［$］記号をつけ絶対参照にする。
7. ［検索条件］…条件『日付』のセルを選択したら、Enterキーで数式を確定する。
8. 数式を必要なだけ複写する。

日付	販売数	C	D
8/1(月)	78	1	0
8/2(火)	138	2	0
8/3(水)	106	3	0
8/4(木)	88	4	0
8/5(金)	180	5	0
8/6(土)	150	6	0
8/7(日)	100	7	0
8/8(月)	138	1	0

9. 平日の『販売数』を求めるセル（G3セル）を選択し、「=SUMIFS(」と入力する。
10. ［合計対象範囲］…合計する『販売数』のセル範囲を選択する。
11. ［条件範囲1］…1つ目の条件を含むC列のセル範囲を選択する。
12. ［条件1］…1つ目の条件「"<=5"（曜日の整数が5以下）」を入力する。
13. ［条件範囲2］…2つ目の条件を含むD列のセル範囲を選択する。
14. ［条件2］…2つ目の条件「0」を入力したら、Enterキーで数式を確定する。
15. 土日祝の『販売数』は「=SUM(B3:B14)-G3」と入力すると求められる。

数式解説

「=WEEKDAY(A3,2)」の数式は、『日付』から曜日を、「1（月曜）」～「7（日曜）」の整数で求める。
「=COUNTIF($F$8:$F$9,A3)」の数式は、F8セル～F9セルの『祝日』にある『日付』のセルの数を数える。
平日（月曜日～金曜日）は、WEEKDAY関数で求めた整数が「5」以下であり、COUNTIF関数で求めた数値が「0」、つまり祝日リストにない場合になるので、「<=5」と「0」の2つの条件を指定して、「=SUMIFS(B3:B14,C3:C14,"<=5",D3:D14,0)」の数式を作成すると、平日の『販売数』が求められる。

ここがポイント！　そのほかの集計方法で求めるには？

手順❾～⓮では、平均ならAVERAGEIF関数、件数ならCOUNTIF関数を使って求めよう。

集計編

テク144 各日付のデータを年月ごとに集計したい

使うのはコレ! SUM+FILTER+TEXT関数
Excel2019/2016　SUMIF+TEXT関数

複数年で作成した日付ごとのデータを「2023年4月」など年月ごとに集計するには、日付から**TEXT関数**で「yyyy年m月」の表示形式で取り出した年月を条件に、**FILTER関数**で抽出し、そのデータをもとにSUM関数やAVERAGE関数で集計しよう。Excel2019/2016ならSUMIF関数やAVERAGEIF関数で集計しよう。

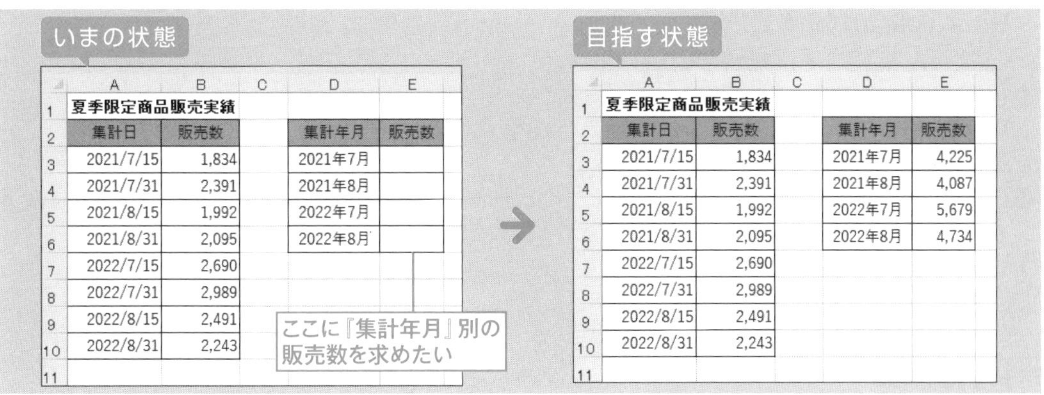

Excel2021/365の数式

1. 『販売数』を求めるセル（E3セル）を選択し、［数式］タブの［関数ライブラリ］グループの［合計］ボタンをクリックする。
2. 「FILTER(」と入力する。
3. ［配列］…抽出する『販売数』のセル範囲を選択して、F4 キーを1回押して［$］記号をつけ絶対参照にする。
4. ［含む］…TEXT関数で「それぞれの『集計日』の年月が集計する年月である場合」の条件式を入力する。
5. ［空の場合］…省略して、Enter キーで数式を確定する。
6. 数式を必要なだけ複写する。

数式解説

「FILTER($B$3:$B$10,TEXT($A$3:$A$10,"yyyy年m月")*1=D3)」の数式は、A3セル～A10セルの『集計日』から「yyyy年m月」の表示形式で取り出した年月がD3セルの「2021年7月」の条件を満たす場合に、B3セル～B10セルの『販売数』を抽出する。抽出したデータをSUM関数の引数に使い数式を作成することで、「2021年7月」の『販売数』の合計が求められる。数式をコピーすると『集計年月』別の『販売数』の合計が求められる。

ここがポイント！　そのほかの集計方法で求めるには？

手順❶では、平均ならAVERAGE関数、件数ならCOUNT(A)関数を使って求めよう。

ここがポイント！　Excel2019/2016で利用できるように求めるには？

スピルに対応したFILTER関数を使わずに数式を作成するなら、「=SUM((TEXT($A$3:$A$10,"yyyy年m月")*1=D3)*$B$3:$B$10)」とSUM関数で条件式を作成して求めよう。Excel2019/2016でブックを開くと自動で配列数式になり、Excel2019/2016でも利用できるようになる。

Excel2019/2016の数式

1. C列のセルを選択し、「=TEXT(」と入力する。
2. ［値］…『集計日』のセルを選択する。
3. ［表示形式］…年月の表示形式「"yyyy年m月"」を入力したら、Enterキーで数式を確定する。
4. 数式を必要なだけ複写する。
5. 『販売数』を求めるセル（F3セル）を選択し、「=SUMIF($C$3:$C$10,E3,$B$3:$B$10)」と入力し、と入力し、C列の年月を条件に販売数の合計を求める数式を作成する。
6. 数式を必要なだけ複写する。

C3　=TEXT(A3,"yyyy年m月")

	A	B	C	D	E	F
1	夏季限定商品販売実績					
2	集計日	販売数			集計年月	販売数
3	2021/7/15	1,834	2021年7月		2021年7月	
4	2021/7/31	2,391	2021年7月		2021年8月	
5	2021/8/15	1,992	2021年8月		2022年7月	
6	2021/8/31	2,095	2021年8月		2022年8月	
7	2022/7/15	2,690	2022年7月			
8	2022/7/31	2,989	2022年7月			
9	2022/8/15	2,491	2022年8月			
10	2022/8/31	2,243	2022年8月			

F3　=SUMIF($C$3:$C$10,E3,$B$3:$B$10)

	A	B	C	D	E	F
1	夏季限定商品販売実績					
2	集計日	販売数			集計年月	販売数
3	2021/7/15	1,834	2021年7月		2021年7月	4,225
4	2021/7/31	2,391	2021年7月		2021年8月	4,087
5	2021/8/15	1,992	2021年8月		2022年7月	5,679
6	2021/8/31	2,095	2021年8月		2022年8月	4,734
7	2022/7/15	2,690	2022年7月			
8	2022/7/31	2,989	2022年7月			
9	2022/8/15	2,491	2022年8月			
10	2022/8/31	2,243	2022年8月			

数式解説

「=TEXT(A3,"yyyy年m月")」の数式は、A3セルの日付「2021/7/15」から「2021年7月」の表示形式で年月を取り出す。
取り出した年月を条件にして「=SUMIF($C$3:$C$10,E3,$B$3:$B$10)」の数式を作成すると、E3セルの「2021年7月」の販売数が求められる。数式をコピーすると『集計年月』別の『販売数』の合計が求められる。

ここがポイント！　そのほかの集計方法で求めるには？

手順❺では、平均ならAVERAGEIF関数、件数ならCOUNTIF関数を使って求めよう。

✔ 年／月／日／週／曜日ごと集計

テク145 各日付のデータを年度ごとに集計したい

使うのはコレ! SUM+FILTER+YEAR+MONTH関数
Excel2019/2016　SUMIF+YEAR+MONTH関数

「4月始まり」で『年度』別に集計したいときは、**YEAR関数**と**MONTH関数**で「4月始まり」での年を取り出してから、その年を条件に**FILTER関数**で抽出して、SUM関数やAVERAGE関数で集計しよう。Excel2019/2016では、SUMIF関数やAVERAGEIF関数で集計しよう。

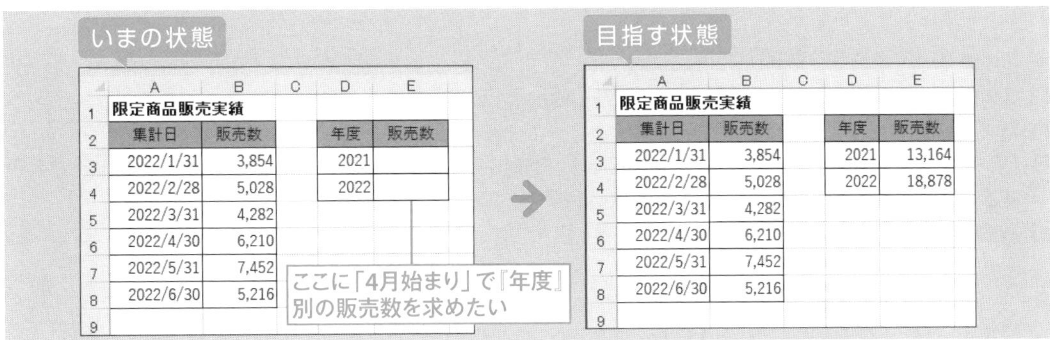

Excel2021/365の数式

1. 『販売数』を求めるセル(E3セル)を選択し、[数式]タブの[関数ライブラリ]グループの[合計]ボタンをクリックする。
2. 「FILTER(」と入力する。
3. [配列]…抽出する『販売数』のセル範囲を選択して、F4キーを1回押して[$]記号をつけ絶対参照にする。
4. [含む]…「『集計日』から取り出した4月始まりの年が、集計する『年度』である場合」の条件式を入力する。
5. [空の場合]…省略して、Enterキーで数式を確定する。
6. 数式を必要なだけ複写する。

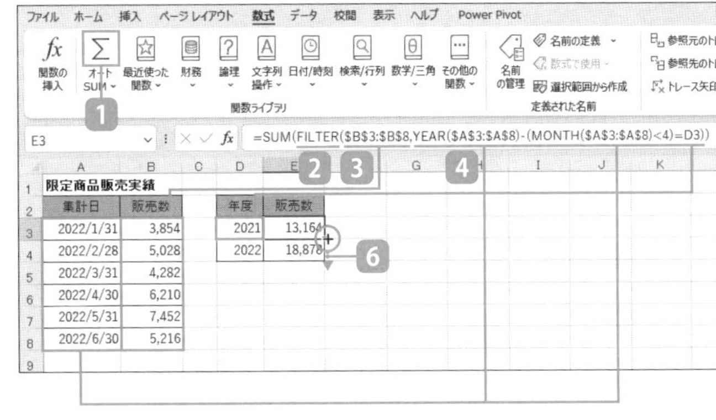

数式解説

「FILTER($B$3:$B$8,YEAR($A$3:$A$8)-(MONTH($A$3:$A$8)<4)=D3)」の数式は、A3セル～A8セルの『集計日』から「4月始まり」で取り出した年がD3セルの「2021」年度の条件を満たす場合に、B3セル～B8セルの『販売数』を抽出する。抽出したデータをSUM関数の引数に使い、数式を作成することで、「2021」年度の『販売数』の合計が求められる。数式をコピーすると『年度』別の『販売数』の合計が求められる。

ここがポイント！　そのほかの集計方法で求めるには？

手順❶では、平均ならAVERAGE関数、件数ならCOUNT(A)関数を使って求めよう。

ここがポイント！　Excel2019/2016で利用できるように求めるには？

スピルに対応したFILTER関数を使わずに数式を作成するなら、「=SUM((YEAR($A$3:$A$8)-(MONTH($A$3:$A$8)<4)=D3)*$B$3:$B$8)」とSUM関数で条件式を作成して求めよう。Excel2019/2016でブックを開くと自動で配列数式になり、Excel2019/2016でも利用できるようになる。

● Excel2019/2016の数式

1. C列のセルを選択し、「=YEAR(A3)-(MONTH(A3)<4)」と入力する。
2. 数式を必要なだけ複写する。
3. 『販売数』を求めるセル（F3セル）を選択し、「=SUMIF($C$3:$C$8,E3,$B$3:$B$8)」と入力し、C列の年度を条件に販売数の合計を求める数式を作成する。
4. 数式を必要なだけ複写する。

集計編

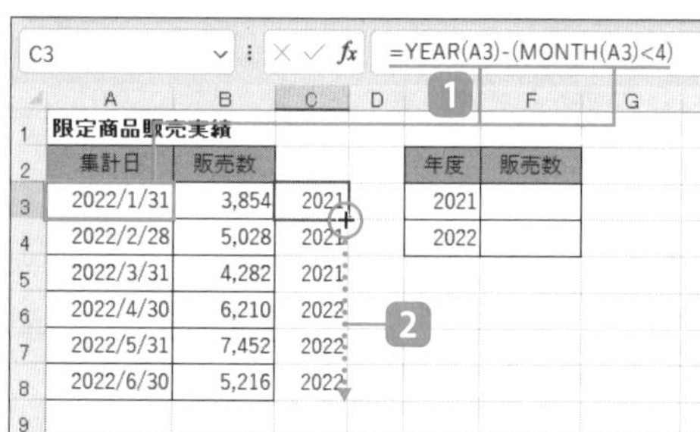

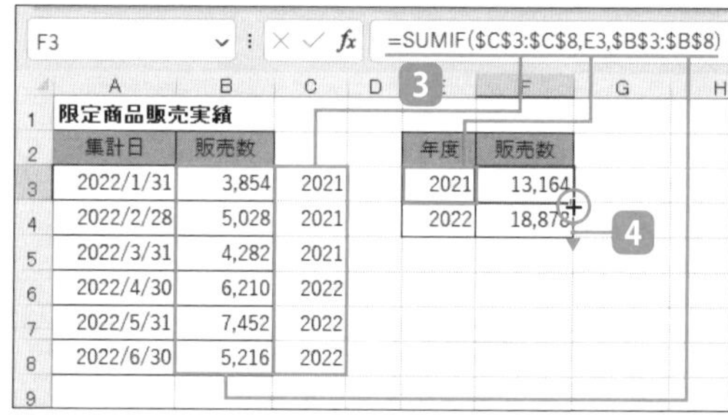

数式解説

「MONTH(A3)<4」の数式は、『集計日』から取り出した「月」が4未満（1～3）である場合は「TRUE」、4以上（4～12）である場合は「FALSE」を求める。
「TRUE」は「1」、「FALSE」は「0」で計算されるので、「=YEAR(A3)-(MONTH(A3)<4)」と数式を作成すると、1月～3月なら「1」引いた「年」で、4月～12月なら「年」がそのまま日付から取り出される。つまり、4月～翌3月を1年として「年」が取り出される。
取り出した「年」を条件にして「=SUMIF($C$3:$C$8,E3,$B$3:$B$8)」の数式を作成してコピーすると、「4月始まり」の『年度』別販売数が求められる。

ここがポイント！　そのほかの集計方法で求めるには？

手順❸では、平均ならAVERAGEIF関数、件数ならCOUNTIF関数を使って求めよう。

テク146 各日付のデータを半期や四半期ごとに集計したい

使うのはコレ! SUM+FILTER+XLOOKUP+MONTH関数
Excel2019/2016　VLOOKUP+MONTH+SUMIF関数

複数年月のデータをもとに、上半期や第1四半期など、半期や四半期別に日付を集計するなら、**月による半期や四半期別名の表**を別途作成しておこう。**表から抽出した名称**を条件に集計するだけでいい。ここでは、4月始まりの年度で半期・四半期の集計方法を解説する。

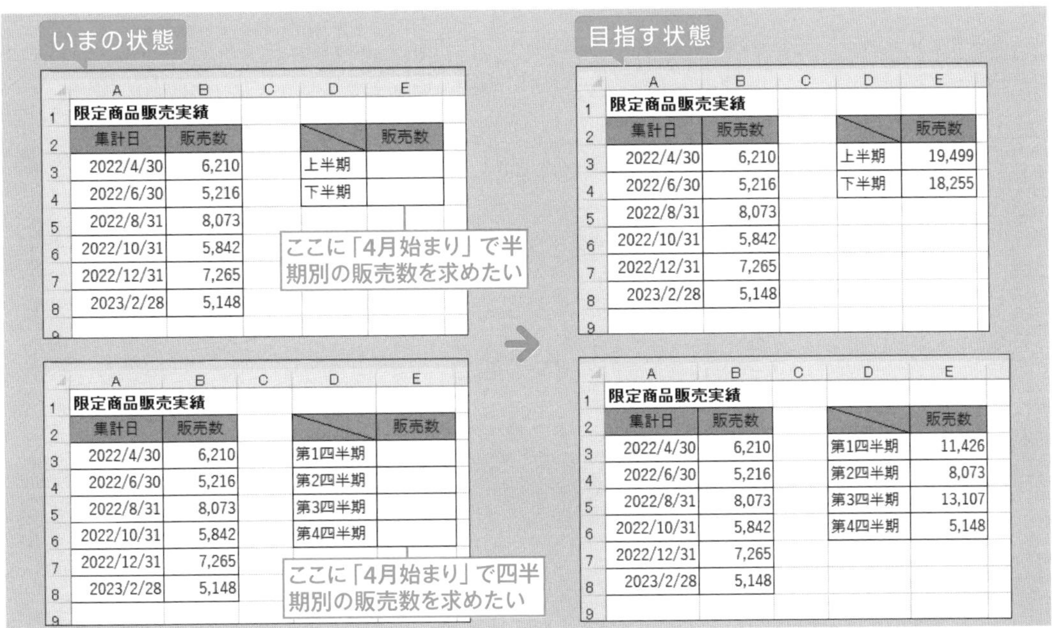

Excel2021/365の数式

1 半期や四半期の各区切りの開始月とその名称の表を作成しておく。

1	下半期
4	上半期
10	下半期

1	第4四半期
4	第1四半期
7	第2四半期
10	第3四半期

2 『販売数』を求めるセル(E3セル)を選択し、[数式]タブの[関数ライブラリ]グループの[合計]ボタンをクリックする。
3 「FILTER(」と入力する。
4 [配列]…抽出する『販売数』のセル範囲を選択して、F4 キーを1回押して[$]記号をつけ絶対参照にする。
5 [含む]…XLOOKUP関数で「それぞれの「日付」の月に該当する半期や四半期の名称がD3セルの名称である場合」の条件式を作成する。

6 ［空の場合］…省略して、Enter キーで数式を確定する。
7 数式を必要なだけ複写する。

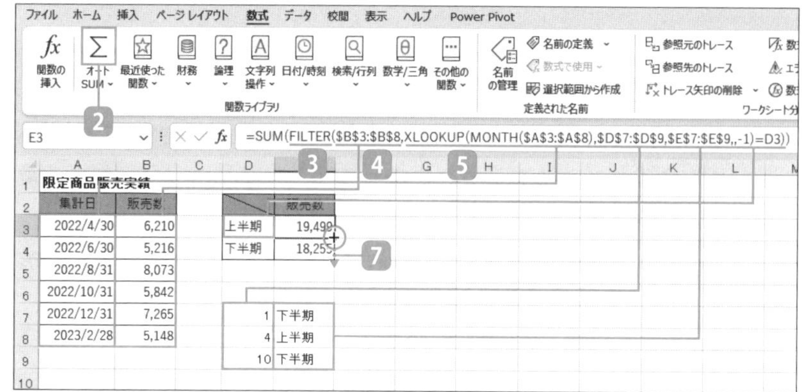

数式解説

「FILTER($B$3:$B$8,XLOOKUP(MONTH($A$3:$A$8),$D$7:$D$9,$E$7:$E$9,,-1)=D3)」の数式は、手順1で作成した月による名称の表から、『集計日』から取り出した月を検索し、同じ行にある名称を抽出する。抽出したデータをSUM関数の引数に使い、数式を作成することで、「上半期」や「第1四半期」の『販売数』の合計が求められる。数式をコピーすると、半期別や四半期別の『販売数』の合計が求められる。

ここがポイント！　そのほかの集計方法で求めるには？

手順2では、平均ならAVERAGE関数、件数ならCOUNT(A)関数を使って求めよう。

ここがポイント！　Excel2019/2016で利用できるように求めるには？

スピルに対応したFILTER関数やXLOOKUP関数を使わずに数式を作成するなら、「=SUM((VLOOKUP(MONTH($A$3:$A$8),$D$7:$E$9,2)=D3)*$B$3:$B$8)」とSUM関数で条件式を作成して求めよう。Excel2019/2016でブックを開くと自動で配列数式になり、Excel2019/2016でも利用できるようになる。

● Excel2019/2016の数式

1 半期や四半期の各区切りの開始月とその名称の表を作成しておく。
2 D列に「=VLOOKUP(」と入力する。
3 ［検索値］…MONTH関数で日付のセルから月を取り出す数式を入力する。
4 ［範囲］…抽出する表のセル範囲を選択して、F4 キーを1回押して［$］記号をつけ絶対参照にする。
5 ［列番号］…抽出する列の番目「2」を入力する。
6 ［検索方法］…省略して、Enter キーで数式を確定する。
7 数式を必要なだけ複写する。
8 半期や四半期別の『販売数』を求めるセル（E3セル）を選択し、「=SUMIF($C$3:$C$8,D3,$B$3:$B$8)」と入力し、D列の半期を条件に販売数の合計を求める数式を作成する。
9 数式を必要なだけ複写する。

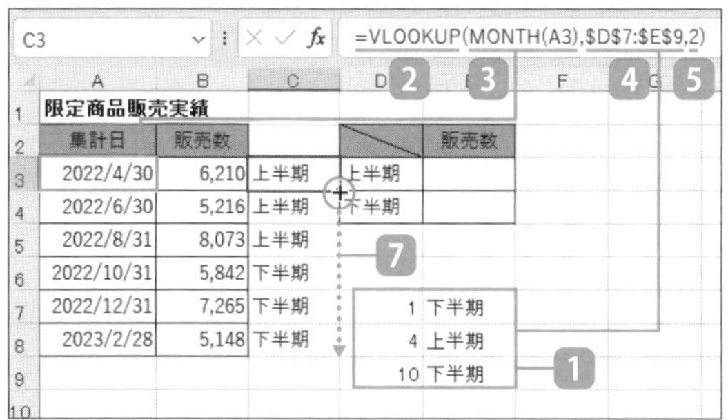

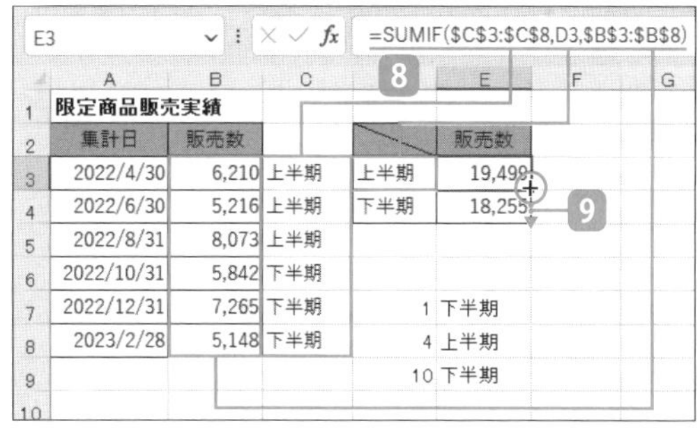

数式解説

「=VLOOKUP(MONTH(A3),$D$7:$E$9,2)」の数式は、手順❶で作成した月による名称の表から、『集計日』から取り出した月を検索し、同じ行にある名称を抽出する。
「=SUMIF($C$3:$C$8,E3,$B$3:$B$8)」の数式は、抽出した名称の範囲の中で、E3セルの「上半期」や「第1四半期」と一致する『販売数』の合計を求める。数式をコピーすると、半期別や四半期別の『販売数』の合計が求められる。

ここがポイント！　そのほかの集計方法で求めるには？

手順❽では、平均ならAVERAGEIF関数、件数ならCOUNTIF関数を使って求めよう。

ここがポイント！　半期や四半期が1月始まりの場合は？

1月始まりで集計するなら、手順❶の半期と四半期の表は以下のように作成しよう。

1	上半期
7	下半期

1	第1四半期
4	第2四半期
7	第3四半期
10	第4四半期

併せて覚え テク　年度も付けて集計するには?

2022年度上半期など、年度も付けて集計するなら、1月始まりならテク140のYEAR関数で取り出した年、4月始まりならテク145の数式で取り出した年を上記のXLOOKUP関数またはVLOOKUP関数の数式の前に結合して求めよう。

✔ 年／月／日／週／曜日ごと集計

テク147 ●日締めで、月ごとに集計したい

使うのはコレ! SUM+FILTER+MONTH+EDATE関数
Excel2019/2016　SUMIF+MONTH+EDATE関数

日付データを月ごとに集計するにはテク140の数式でできるが、10日締めなど「●日締め」で集計するには、**MONTH関数**に**EDATE関数**を使って月を取り出そう。取り出した月を条件に**FILTER関数**で抽出して、SUM関数やAVERAGE関数で集計しよう。Excel2019/2016ならSUMIF関数やAVRAGEIF関数で集計しよう。

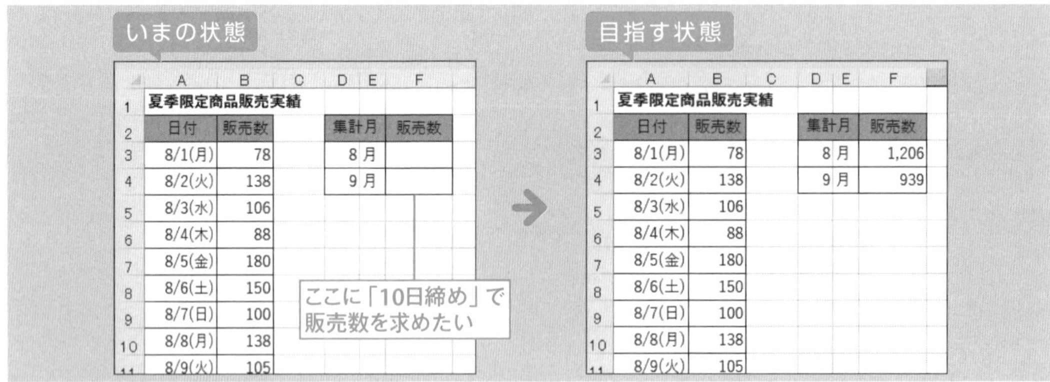

● Excel2021/365の数式

1. 『販売数』を求めるセル（F3セル）を選択し、［数式］タブの［関数ライブラリ］グループの［合計］ボタンをクリックする。
2. 「FILTER(」と入力する。
3. ［配列］…抽出する『販売数』のセル範囲を選択して、F4キーを1回押して［$］記号をつけ絶対参照にする。
4. 含む］…MONTH関数で「日付から取り出した10日締めによる月が集計する月である場合」の条件式を入力する。
5. ［空の場合］…省略して、Enterキーで数式を確定する。
6. 数式を必要なだけ複写する。

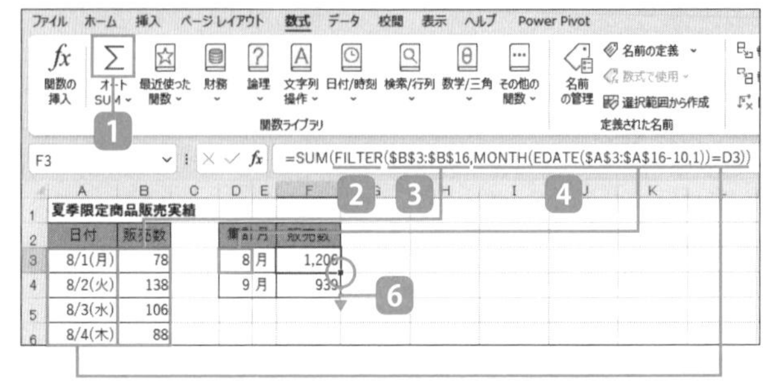

数式解説

「FILTER($B$3:$B$16,MONTH(EDATE($A$3:$A$16-10,1))=D3)」の数式は、A3セル～A16セルの『日付』の10日締めによる月がD3セルの「8」月の条件を満たすB3セル～B16セルの『販売数』を抽出する。抽出したデータをSUM関数の引数に使い、数式を作成することで、10日締めで「8」月の『販売数』の合計が求められる。数式をコピーすると10日締めで月別の『販売数』の合計が求められる。

ここがポイント！　Excel2019/2016で利用できるように求めるには？

スピルに対応したFILTER関数を使わずに数式を作成するなら、「=SUM((MONTH(EDATE($A$3:$A$16-10,1))=D3)*$B$3:$B$16)」とSUM関数で条件式を作成して求めよう。Excel2019/2016でブックを開くと自動で配列数式になり、Excel2019/2016でも利用できるようになる。

ここがポイント！　そのほかの集計方法で求めるには？

手順❶では、平均ならAVERAGE関数、件数ならCOUNT(A)関数を使って求めよう。

Excel2019/2016の数式

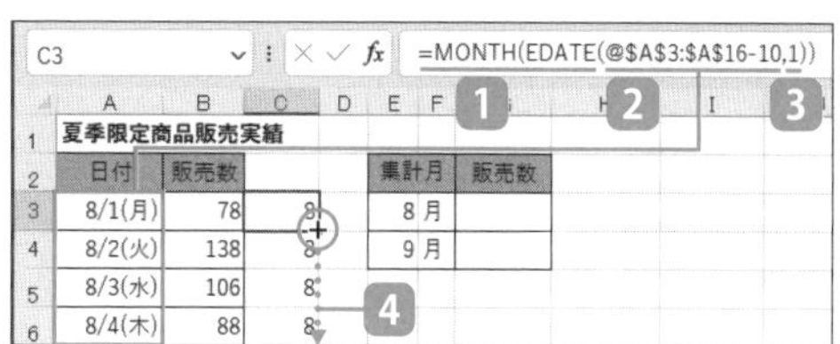

1. C列のセルを選択し、「=MONTH(EDATE(」と入力する。
2. [開始日]…「『日付』のセル－締め日の数値」を入力する。
3. [月]…「1」を入力したら、Enterキーで数式を確定する。
4. 数式を必要なだけ複写する。
5. 『販売数』を求めるセル(G3セル)を選択し、「=SUMIF($C$3:$C$16,E3,$B$3:$B$16)」と入力と入力し、C列の月を条件に販売数の合計を求める数式を作成する。
6. 数式を必要なだけ複写する。

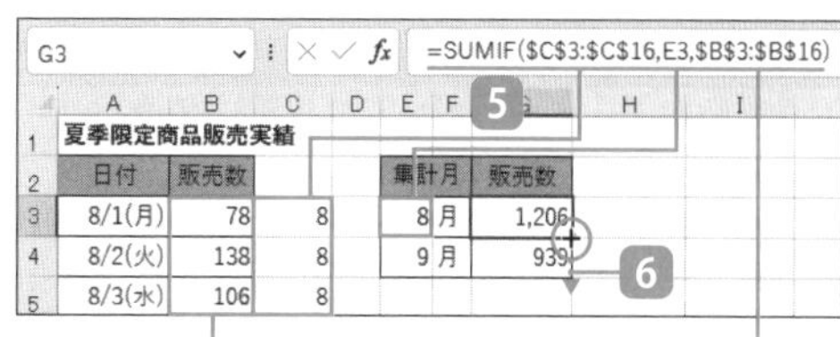

数式解説

「EDATE(A3-10,1)」の数式は、A3セルの『日付』が10日までなら前月の日付の1ヶ月後、10日より後なら当月から1ヶ月後の日付を求める。求められた日付をもとにMONTH関数で「月」を取り出すと、10日まではその日付の「月」、10日を過ぎると次の「月」が取り出される。取り出した「月」を条件にして「=SUMIF($C$3:$C$14,E3,$B$3:$B$14)」の数式を作成すると、10日締めで「8」月の販売数が求められる。数式をコピーすると10日締めで月別の販売数が求められる。

ここがポイント！　締め日によって引き算する数値を変更する

20日締めなら「=MONTH(EDATE(A3-20,1))」のように、締め日によって引き算する数値は変更して数式を作成しよう。

ここがポイント！　そのほかの集計方法で求めるには？

手順❺では、平均ならAVERAGEIF関数、件数ならCOUNTIF関数を使って求めよう。

✓ 年／月／日／週／曜日ごと集計

テク 148 期間を指定して集計したい

使うのはコレ! SUMIFS関数

2022/8/1～2022/8/5のように期間を指定して集計するには、「～以上」「～以下」のAND条件なので、**AND条件で集計できる関数**を使おう。合計はSUMIFS関数、平均はAVERAGEIFS関数、セルの数はCOUNTIFS関数を使って集計する。

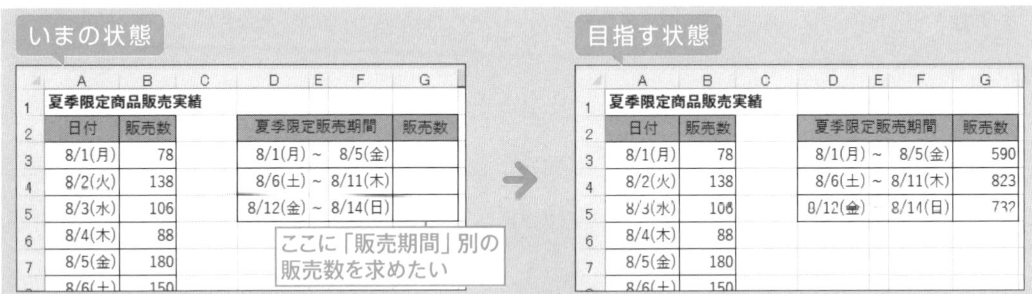

集計編

1. 『販売数』を求めるセル(G3セル)を選択し、「=SUMIFS(」と入力する。
2. [合計対象範囲]…合計する『販売数』のセル範囲を選択して、F4キーを1回押して[$]記号をつけ絶対参照にする。
3. [条件範囲1]…『日付』のセル範囲を選択して、F4キーを1回押して[$]記号をつけ絶対参照にする。
4. [条件1]…開始日のセルを「">="&D3」で入力する。
5. [条件範囲2]…『日付』のセル範囲を選択して、F4キーを1回押して[$]記号をつけ絶対にする。
6. [条件2]…終了日のセルを「"<="&F3」で入力したら、Enterキーで数式を確定する。
7. 数式を必要なだけ複写する。

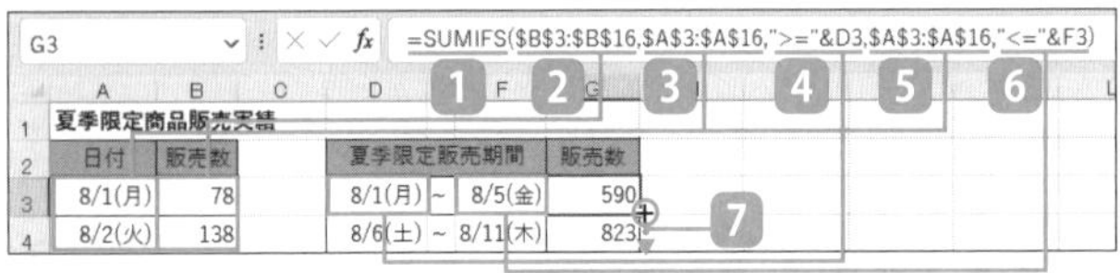

数式解説

「=SUMIFS($B$3:$B$16,$A$3:$A$16,">="&D3,$A$3:$A$16,"<="&F3)」の数式は、『日付』の中で、期間の開始日以上であり終了日以下の『販売数』の合計を求める。

Change!

従来 =SUMIFS($B$3:$B$16,$A$3:$A$16,">="&D3,$A$3:$A$16,"<="&F3)

スピル =SUMIFS(B3:B16,A3:A16,">="&D3:D5,A3:A16,"<="&F3:F5)

ここがポイント！ そのほかの集計方法で求めるには？

手順1では、平均ならAVERAGEIF関数、件数ならCOUNTIF関数を使って求めよう。

テク149 各雇用者の雇用期間をもとに月別の雇用人数を求めたい

使うのはコレ! COUNTIFS+EOMONTH関数

複数の日付の期間をもとにした月別の件数を求めるには、それぞれの月初め～月末までに含まれる件数を数えると求められる。つまり、「月初め以上月末以下」の2条件なので、**COUNTIFS関数**で数式を作成することで求められる。

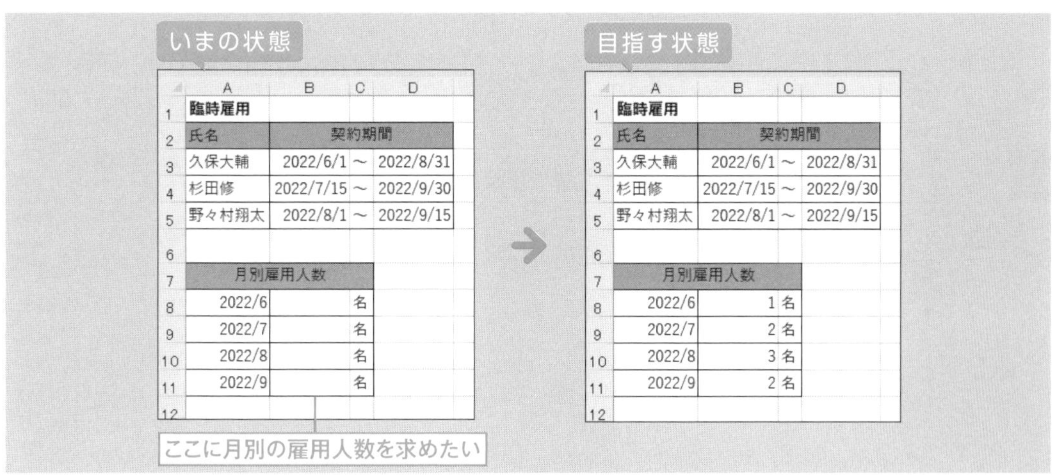

	A	B	C	D
1	臨時雇用			
2	氏名	契約期間		
3	久保大輔	2022/6/1	～	2022/8/31
4	杉田修	2022/7/15	～	2022/9/30
5	野々村翔太	2022/8/1	～	2022/9/15
6				
7	月別雇用人数			
8	2022/6	1	名	
9	2022/7	2	名	
10	2022/8	3	名	
11	2022/9	2	名	
12				

1. 集計する年月（または月）は、月初めの日付で入力した表を作成しておく。
2. 月別人数を求めるセル（B8セル）を選択し、「=COUNTIFS(」と入力する。
3. [検索条件範囲1]…終了日のセル範囲を選択して、F4 キーを1回押して[$]記号をつけ絶対参照にする。
4. [検索条件1]…集計する月のセルを「">="&A8」で入力する。
5. [検索条件範囲2]…開始日のセル範囲を選択して、F4 キーを1回押して[$]記号をつけ絶対参照にする。
6. [検索条件2]…集計する月のセルを「"<="&EOMONTH(A8,0)」で入力して、Enter キーで数式を確定する
7. 数式を必要なだけ複写する。

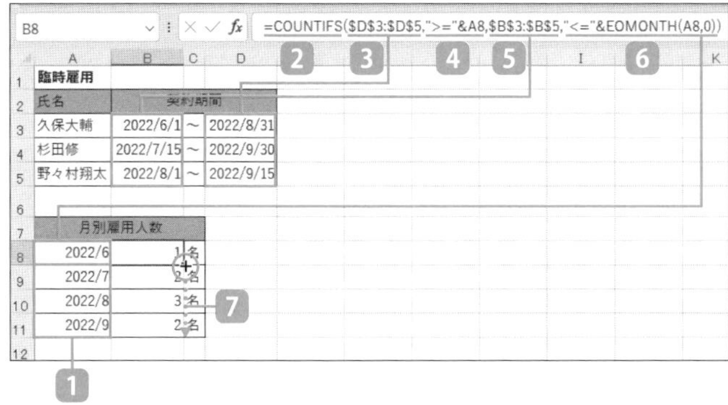

数式解説

「=COUNTIFS($B$3:$B$5,"<="&EOMONTH(A8,0),$D$3:$D$5,">="&A8)」の数式は、集計する月初めの日付以上集計する月末の日付以下の条件を満たす、すべての『契約期間』内の件数を求める。

Change!

従来
```
=COUNTIFS($B$3:$B$5,"<="&EOMONTH(A8,0),$D$3:$D$5,">
="&A8)
```

↓

スピル
```
=COUNTIFS(D3:D5,">="&A8:A11*1,B3:B5,"<="&EOMONTH(A8
:A11*1,0))
```

ここがポイント！　そのほかの集計方法で求めるには？

手順❷では、合計ならSUMIFS関数、平均ならAVERAGEIF関数を使って求めよう。

集計編

✔ 日付合算集計

テク150 複数ある期間の合計を「●年▲ヶ月」の形式で求めたい

使うのはコレ! SUM+DATEDIF関数、セルの表示形式

2022/8/1～2022/8/5のような期間が複数あるときに、合計を「●年▲ヶ月」で求めるには、**DATEDIF関数**でそれぞれの期間を月数で求めて合計しよう。あとは「●年▲ヶ月」の表示形式を付けるだけでいい。

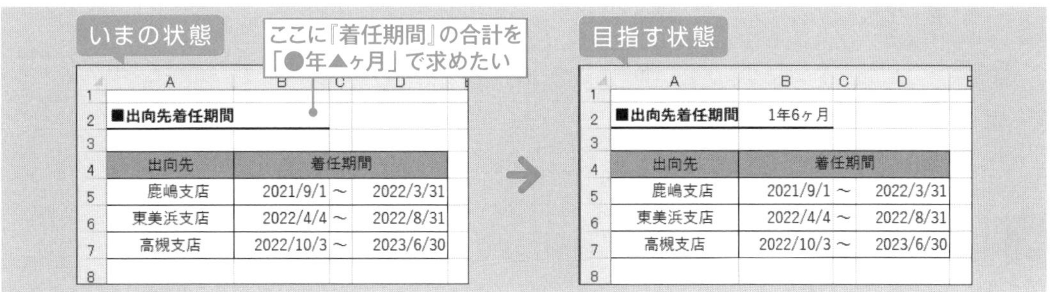

1 E列のセルを選択し、「=DATEDIF(」と入力して、着任期間の開始日～終了日までの月数を求める数式を入力する。
2 数式を必要なだけ複写する。
3 『出向先着任期間』を求めるセル(B2セル)を選択し、「=SUM(E5:E7)/12」と入力する。
4 右クリックし、「セルの書式設定」を選択して[セルの書式設定]ダイアグボックスで「#"年"#0"ヶ月"」と入力して Ctrl + J キーを押して改行したら「/12」と入力する。
5 [ホーム]タブ→[配置]グループで[上揃え]ボタンか[上下中央揃え]ボタン、[折り返して全体を表示する]ボタンをクリックする。

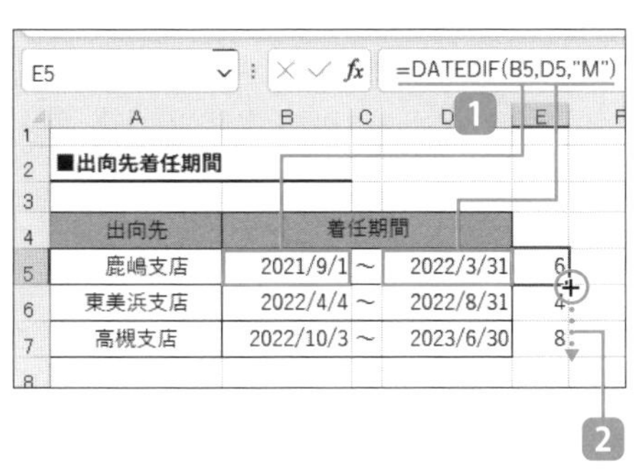

数式解説

「=DATEDIF(B5,D5,"M")」の数式は、B5セルの「2021/9/1」からC1セルの「2022/3/31」までの月数を求める。
「=SUM(E5:E7)/12」の数式は、求めたE5セル～E7セルの月数の合計を「12」（1年は12ヶ月のため）で除算して年数を求める。
Excel2021/365ではスピルが適用されるので、SUM関数の引数にDATEDIF関数を組み合わせるだけで求められる。

Change!

従来 =DATEDIF(B5,D5,"M") =SUM(E5:E7)/12

↓

スピル =SUM(DATEDIF(B5:B7,D5:D7,"M"))/12

ここがポイント！　表示形式の改行は Ctrl ＋ J キーを押す

手順❹で［セルの書式設定］ダイアグボックスの「ユーザー定義」で、表示形式を入力するとき、改行するときは、Alt ＋ Enter キーが使えないので Ctrl ＋ J キーを押そう。
2行目に改行した文字は、［折り返して全体を表示する］にすることで、2行目に改行され、［上揃え］か［上下中央揃え］ボタンか、行幅に合わせて調整して配置することで、1行幅に収まり「●年▲ヶ月」だけがセルに表示される。ただし、セル幅を既定より広めにとっている場合は、2行目が見えないように行幅の調整が必要。

ここがポイント！　そのほかの集計方法で求めるには？

平均ならAVERAGE関数、件数ならCOUNT(A)関数を使って求めよう。

5-4 時間の計算をマスター!

Excelで給与計算をするにあたり、タイムカードの集計や、独自で作成した勤務表の集計は必須となる。

	A	B	C	D
1	タイムカード			
2	日付	出勤	退勤	勤務時間
3	4/3(月)	9:50	19:42	8:52
4	4/4(火)	9:52	18:05	7:13
5	4/5(水)	10:25	18:10	6:45
6	4/6(木)	9:40	20:55	10:15
7	4/7(金)	9:55	23:22	12:27
8	4/10(月)	9:48	18:08	7:20
9				

『退勤』−『出勤』−『休憩』の数式を作成して勤務時間を求めている

さらに、終了時刻を切り捨てて時間数を求めたい場合や、時間によって時給が違うので勤務時間数を時間ごとに分けて求めたい場合がある。

	A	B	C	D
1	タイムカード			
2	日付	出勤	退勤	勤務時間
3	4/3(月)	9:50	19:42	8:30
4	4/4(火)	9:52	18:05	7:00
5	4/5(水)	10:25	18:10	6:30
6	4/6(木)	9:40	20:55	9:45
7	4/7(金)	9:55	23:22	12:15
8	4/10(月)	9:48	18:08	7:00
9				

終了時刻を切り捨てて時間数を求めたい!

	A	B	C	D	E	F
1	4月勤務表					
2		基本時間		10:00	～	18:00
3		普通残業		18:00	～	22:00
4		深夜残業		22:00	～	5:00
5	日付	出勤	退勤	基本	残業	深夜
6	4/3(月)	10:00	19:30	7:00	1:30	0:00
7	4/4(火)	10:00	18:00	7:00	0:00	0:00
8	4/5(水)	10:30	18:00	6:30	0:00	0:00
9	4/6(木)	10:00	20:45	7:00	2:45	0:00
10	4/7(金)	10:00	23:15	7:00	4:00	1:15
11						

勤務時間数を時間ごとに分けて求めたい!

本節では、どんな時間計算や勤務計算でも対応できるように、勤務計算に関する必須のテクニックをマスターしよう！

✔ 基本時間計算

テク 151 日付と時刻を別々に入力した場合の総時間数を求めたい

使うのはコレ! SUM関数

日付と時刻を別々に入力している場合、日付と時刻を**足し算**することで総時間数を求めることができる。時間数を求めるなら、日付と時刻を足し算して1つにしてから計算しよう。

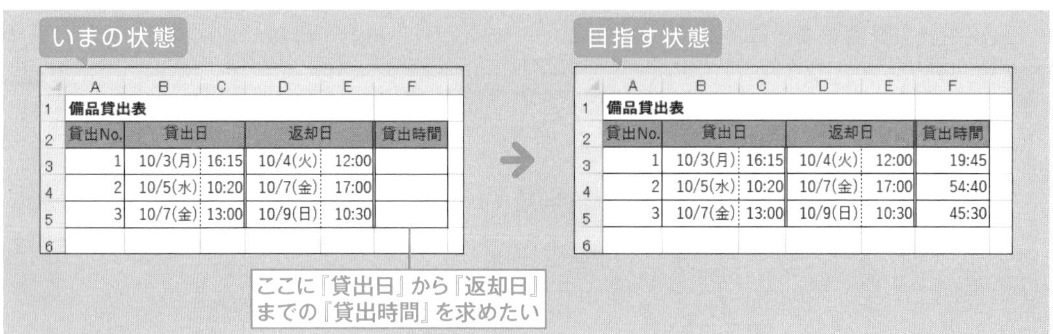

いまの状態
目指す状態
ここに『貸出日』から『返却日』までの『貸出時間』を求めたい

貸出No.	貸出日		返却日		貸出時間
1	10/3(月)	16:15	10/4(火)	12:00	19:45
2	10/5(水)	10:20	10/7(金)	17:00	54:40
3	10/7(金)	13:00	10/9(日)	10:30	45:30

1. 『貸出時間』を求めるセル(F3セル)を選択し、[数式] タブの [関数ライブラリ] グループの [合計] ボタンをクリックする。
2. [数値1] …『返却日』の日付と時刻のセル範囲を選択する。
3. 「)-SUM(」と入力する。
4. [数値1] …『貸出日』の日付と時刻のセル範囲を選択して、Enter キーで数式を確定する。
5. 数式を必要だけ複写して、表示形式を時刻に変更する。

=SUM(D3:E3)-SUM(B3:C3)

数式解説

「=SUM(D3:E3)-SUM(B3:C3)」の数式は、「10/4(火) 12:00-10/3(月) 16:15」の結果を求める。シリアル値(本章の2節テク131「ここがポイント!」参照)で求められるため、表示形式を時刻に変更することで時間数が求められる。

✓ 基本時間計算

テク152 数値で入力した「分」の合計を●時間▲分で求めたい

使うのはコレ! SUM関数

数値で入力した分数の合計を「●時間▲分」で求めるには、表示形式を時刻にしただけでは求められない。数値の合計を**時刻に変換**してから**表示形式を時刻に変更**しよう。

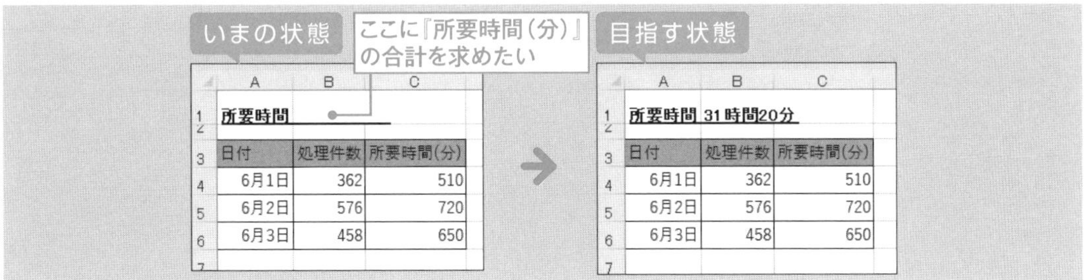

1. 『所要時間』の合計を求めるセル（B1セル）を選択し、［数式］タブの［関数ライブラリ］グループの［合計］ボタンをクリックする。
2. ［数値］…『所要時間（分）』のセル範囲を選択する。
3. 「)/24/60」と入力して、Enter キーで数式を確定する。
4. 表示形式を「[h]"時""間"mm"分"」に変更する。

数式解説

「=SUM(C4:C6)/24/60」の数式は、C4セル～C6セルの『所要時間（分）』の数値を時刻に変換する。1日は24時間、24時間は「24*60＝1440分」なので、数値の合計を1440で除算することで時刻として求められる。

✔ 勤務時間計算

テク 153 勤務時間をもとに給与計算したい

使うのはコレ! 「*24」

時給に勤務時間数を乗算して支給額を求める時、「時給×時間数」では求められない。時間数を**1時間単位や1分単位の数値に変換**してから、時給に乗算しよう。

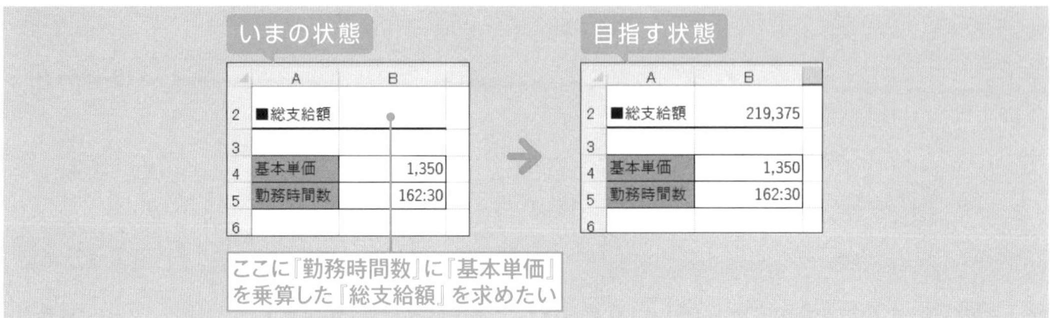

1 『総支給額』を求めるセル（B2セル）を選択する。
2 「=B4*B5*24」と入力したら、Enter キーで数式を確定する。

数式解説

時刻と数値を使って計算するには、時刻を1時間単位や1分単位の数値に変換しなければできない。『基本単価』は数値なので、時間数を1時間単位の数値に変換してから乗算する。時間数を1時間単位の数値に変換するには「24」を乗算するため、「=B4*B5*24」の数式で、『基本単価』×『勤務時間数』の結果が求められる。

テク154 深夜の退勤時刻や休憩時間に対応して勤務時間数を求めたい

使うのはコレ! 条件式、TIME関数

勤務時間数は「退勤－出勤－休憩」で求められるが、退勤時刻の「26：00」を「2：00」で入力したり、休憩時間を「30分」「60分」で入力したりすると正しく求められない。深夜「2：00」は**「24:00」が足し算**されるように、数値の時刻なら**時刻表示**に調整してから、引き算しよう。

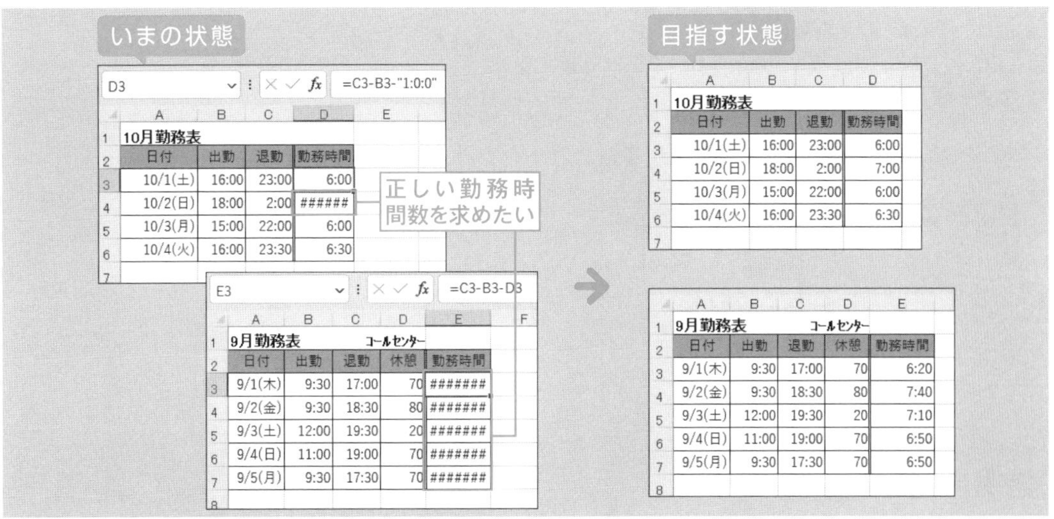

退勤「2：00」の時刻表示で勤務時間を求める

1. 『勤務時間』を求めるセル(D3セル)を選択し、「=退勤+(退勤<出勤)-出勤-"1:0:0"」と入力して、Enterキーで数式を確定する。
2. 数式を必要なだけ複写する。

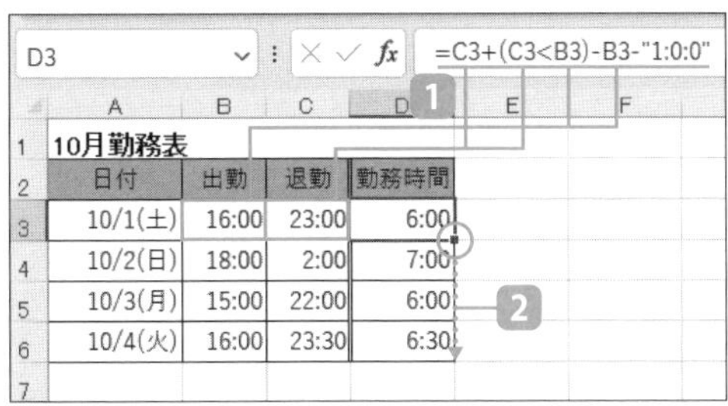

数式解説

「(C3<B3)」の条件式では、『退勤』時刻が『出勤』時刻より早い場合は「TRUE(1)」、遅い場合は「FALSE(0)」が求められる。2行目の勤務時間は「2:00+1-18:00-1:0:0」となり、「1」は24時間で計算されるため、『退勤』時刻に24時間を加算して勤務時間数が求められる。

Change!

従来　=C3+(C3<B3)-B3-"1:0:0"

スピル　=C3:C6+(C3:C6<B3:B6)-B3:B6-"1:0:0"

● 休憩時間を「30」分表示で勤務時間を求める

1. 『勤務時間』を求めるセル（E3セル）を選択し、「=『退勤』のセル-『出勤』のセル」と入力する。
2. 「-TIME(」と入力する。
3. ［時］…「0」と入力する。
4. ［分］…『休憩』のセルを選択する。
5. ［秒］…「0」と入力して、Enterキーで数式を確定する。
6. 数式を必要なだけ複写する。

	A	B	C	D	E
1	9月勤務表		コールセンター		
2	日付	出勤	退勤	休憩	勤務時間
3	9/1(木)	9:30	17:00	70	6:20
4	9/2(金)	9:30	18:30	80	7:40
5	9/3(土)	12:00	19:30	20	7:10
6	9/4(日)	11:00	19:00	70	6:50
7	9/5(月)	9:30	17:30	70	6:50
8					

数式解説

TIME関数は引数の［時］［分］［秒］に指定した数値を時刻に変換する。［0］［数値］［0］と指定すると、分の時刻を作成できるため、1行目なら、「17:00-9:30-1:10」の結果が求められる。

Change!

従来　=C3-B3-TIME(0,D3,0)

スピル　=C3:C7-B3:B7-TIME(0,D3:D7,0)

✓ 勤務時間計算

テク155 「10:15」が「1015」の形式で入力されている場合に、勤務時間数を求めたい

使うのはコレ! TEXT関数

勤務時間を数値で入力し、時刻の表示形式を付けている勤務表では、引き算をしても勤務時間数は求められない。そんな勤務表なら、**TEXT関数**で数値に時刻の表示形式を付けてから、引き算して求めよう。

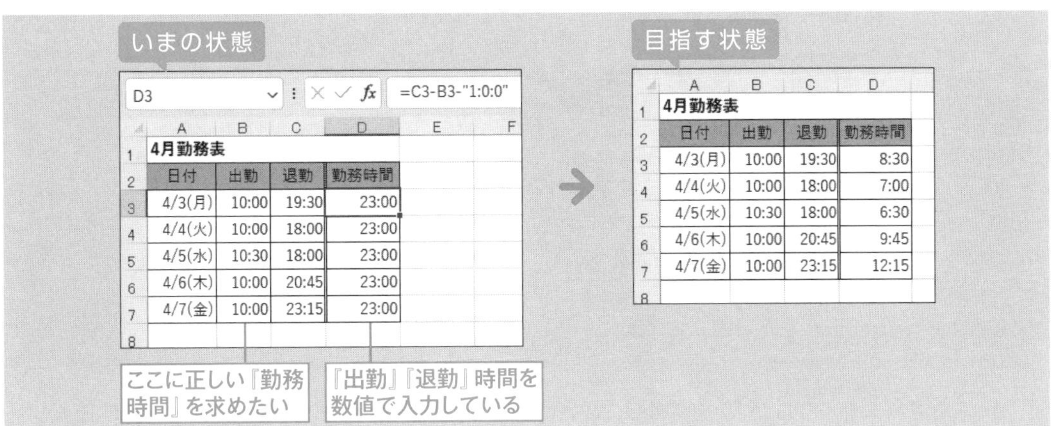

いまの状態

日付	出勤	退勤	勤務時間
4/3(月)	10:00	19:30	23:00
4/4(火)	10:00	18:00	23:00
4/5(水)	10:30	18:00	23:00
4/6(木)	10:00	20:45	23:00
4/7(金)	10:00	23:15	23:00

目指す状態

日付	出勤	退勤	勤務時間
4/3(月)	10:00	19:30	8:30
4/4(火)	10:00	18:00	7:00
4/5(水)	10:30	18:00	6:30
4/6(木)	10:00	20:45	9:45
4/7(金)	10:00	23:15	12:15

1. 『勤務時間』を求めるセル(D3セル)を選択し、「=(TEXT(」と入力する。
2. [値]…『退勤』のセルを選択する。
3. [表示形式]…「"0!:00"」と入力する。
4. 「)-TEXT(」と入力する。
5. [値]…『出勤』のセルを選択する。
6. [表示形式]…「"0!:00"」と入力する。
7. 「))*1-"1:0:0"」と入力して、Enterキーで数式を確定する。
8. 数式を必要なだけ複写する。

D3 =(TEXT(C3,"0!:00")-TEXT(B3,"0!:00"))*1-"1:0:0"

4月勤務表

日付	出勤	退勤	勤務時間
4/3(月)	10:00	19:30	8:30
4/4(火)	10:00	18:00	7:00
4/5(水)	10:30	18:00	6:30
4/6(木)	10:00	20:45	9:45
4/7(金)	10:00	23:15	12:15

数式解説

TEXT関数の引数の[表示形式]に「"0!:00"」と指定すると、引数の[値]に指定した数値に時刻の表示形式を付けることができるため、1行目なら、「19:30-10:00-1:00」の結果が求められる。

Change!

従来 `=(TEXT(C3,"0!:00")-TEXT(B3,"0!:00"))*1-"1:0:0"`

↓

スピル `=(TEXT(C3:C7,"0!:00")-TEXT(B3:B7,"0!:00"))*1-"1:0:0"`

✓ 勤務時間計算

テク156 複数の休憩時間がある場合の勤務時間数を求めたい

使うのはコレ! SUM関数

『出勤』と『退勤』の時間内に複数の休憩時間を含む場合は、『出勤』時刻より遅い休憩開始時刻から、『退勤』時刻より早い休憩終了時刻までにある**休憩時間を合算**して求めて、「退勤－出勤」の時間数から引き算して勤務時間数を求めよう。

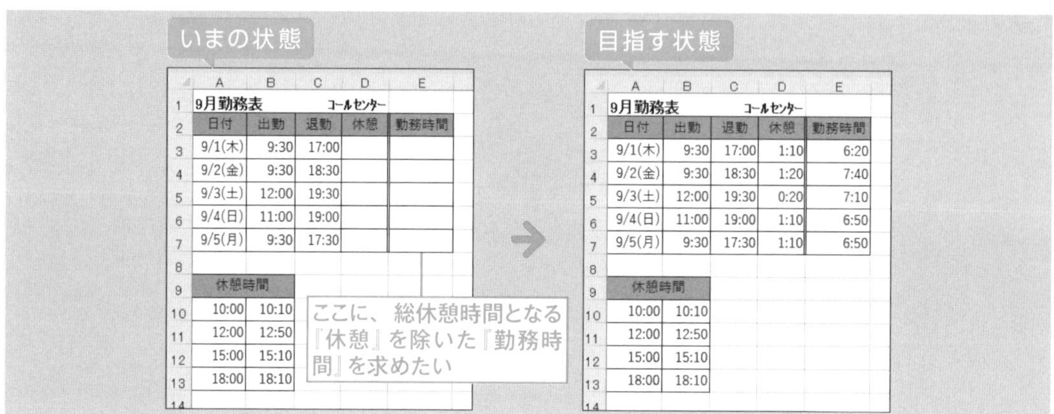

いまの状態
目指す状態
ここに、総休憩時間となる『休憩』を除いた『勤務時間』を求めたい

1 『休憩』を求めるセル(D3セル)を選択し、[数式]タブの[関数ライブラリ]グループの[合計]ボタンをクリックする。

2 『出勤』時刻が休憩時間の開始時刻より早い場合であり、『退勤』時刻が休憩時間の終了時刻より遅い場合の条件式を入力する。

3 「*(」と入力し「休憩時間の終了時刻-休憩時間の開始時刻」の数式を入力して、Enterキーで数式を確定する。

操作テク Excel2019/2016の場合はCtrl＋Shift＋Enterキーで数式を確定する。

4 数式を必要なだけ複写する。

5 『勤務時間』(E3セル)は「『退勤』セル-『出勤』セル-『休憩』セル」の数式を入力して、数式を必要なだけ複写する。

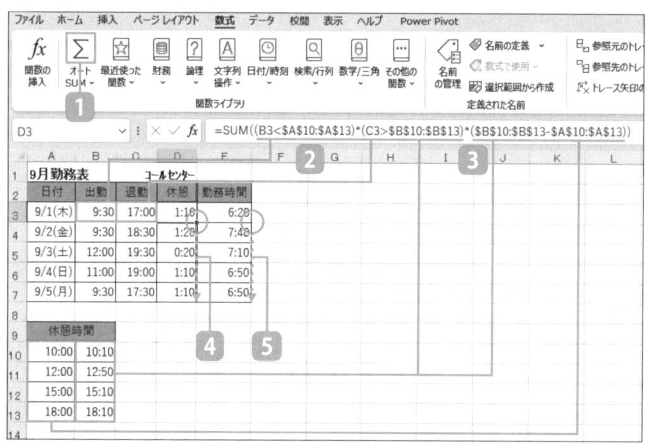

=SUM((B3<$A$10:$A$13)*(C3>$B$10:$B$13)*($B$10:$B$13-$A$10:$A$13))

Excel 2019/2016の数式

{=SUM((B3<$A$10:$A$13)*(C3>$B$10:$B$13)*($B$10:$B$13-$A$10:$A$13))}

数式解説

「(B3<$A$10:$A$13)*(C3>$B$10:$B$13)」の条件式を満たす場合は「TRUE(1)」、満たさない場合は「FALSE(0)」が求められる。つまり、条件を満たす『出勤』時刻より遅い時刻～『退勤』時刻より早い時刻までは「1」が求められ、「*($B$10:$B$13-$A$10:$A$13)」として休憩時間数を乗算することで、『出勤』時刻より遅い時刻～『退勤』時刻より早い時刻までにある休憩時間数の合計が求められる。Excel2019/2016では配列数式で求める必要があるため、Ctrl＋Shift＋Enterキーで数式を確定する。

ここがポイント！　FILTER関数で求めるには？

Excel2021/365で、スピルに対応したFILTER関数を使うなら、「=SUM(FILTER($B$10:$B$13-$A$10:$A$13,(B3<$A$10:$A$13)*(C3>$B$10:$B$13)))」と数式を作成して求めよう。

ここがポイント！　Excel2019/2016で配列数式を使いたくないときはSUMPRODUCT関数を使う

Excel2019/2016で配列数式を使いたくないときは、引数を指定するだけで配列計算できるSUMPRODUCT関数を使って、「=SUMPRODUCT((B3<$A$10:$A$13)*(C3>$B$10:$B$13)*($B$10:$B$13-$A$10:$A$13))」と数式を作成して、ほかの行に数式を複写しよう。

テク157 時刻を切り上げ／切り捨てして勤務時間数を求めたい

使うのはコレ! FLOOR.MATH+MAX+CEILING.MATH関数

タイムカードの打刻を、●分単位で『出勤』時刻は切り上げ、『退勤』時刻は切り捨てて勤務時間数を計算しなければならないときは、時刻を**FLOOR.MATH関数**で切り捨て、**CEILING.MATH関数**で切り上げして計算に使おう。

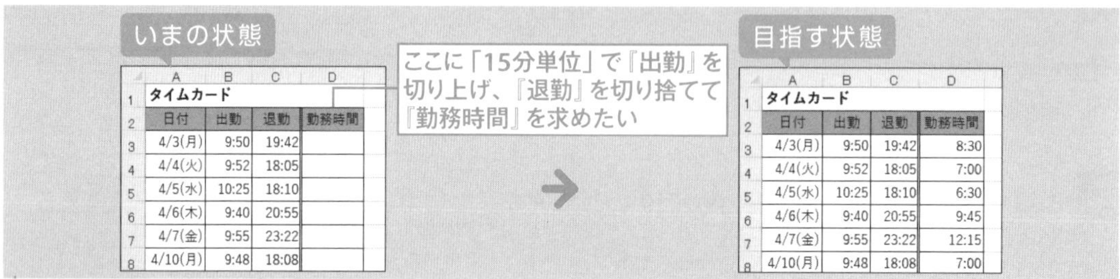

いまの状態

	A	B	C	D
1	タイムカード			
2	日付	出勤	退勤	勤務時間
3	4/3(月)	9:50	19:42	
4	4/4(火)	9:52	18:05	
5	4/5(水)	10:25	18:10	
6	4/6(木)	9:40	20:55	
7	4/7(金)	9:55	23:22	
8	4/10(月)	9:48	18:08	

目指す状態

	A	B	C	D
1	タイムカード			
2	日付	出勤	退勤	勤務時間
3	4/3(月)	9:50	19:42	8:30
4	4/4(火)	9:52	18:05	7:00
5	4/5(水)	10:25	18:10	6:30
6	4/6(木)	9:40	20:55	9:45
7	4/7(金)	9:55	23:22	12:15
8	4/10(月)	9:48	18:08	7:00

1. 『勤務時間』を求めるセル（D3セル）を選択し、「=FLOOR.MATH(」と入力する。
2. [数値]…『退勤』のセルを選択する。
3. [基準値]…15分で切り捨てるので「"0:15"」と入力する。
4. 「-MAX(」と入力する。
5. [数値1]…「"10:00"」を入力する。
6. [数値2]…CEILING.MATH関数で『出勤』を15分で切り上げる数式を入力する。
7. 続けて「-"1:0:0"」と入力したら、Enter キーで数式を確定する。
8. 数式を必要なだけ複写する。

D3 =FLOOR.MATH(C3,"0:15")-MAX("10:00",CEILING.MATH(B3,"0:15"))-"1:0:0"

	A	B	C	D
1	タイムカード			
2	日付	出勤	退勤	勤務時間
3	4/3(月)	9:50	19:42	8:30
4	4/4(火)	9:52	18:05	7:00

数式解説

「FLOOR.MATH(C3,"0:15")」の数式は、15分単位で切り捨てた『退勤』時刻を求める。
「MAX("10:00",CEILING.MATH(B3,"0:15"))」の数式は、15分単位で切り上げた『出勤』時刻と「10:00」を比較して遅い方の時刻を『出勤』時刻として求める。
求められたそれぞれの時刻を使って引き算すると、『出勤』時刻は15分単位で切り上げられ、『退勤』時間は15分単位で切り捨てられて『勤務時間』が求められる。さらに、休憩時間を引くため、1時間「"1:0:0"」を引き算して数式を作成する。

併せて覚えテク 演算誤差が生じたらTEXT関数を使おう

Excelでの時刻の計算は、1日の0時0分0秒～翌日の0時0分0秒までの時刻を0.0～1.0のシリアル値で行う。そのため、切り上げ切り捨てで演算誤差が生じるときは、1 **TEXT関数**の 2 引数[値]に時刻の引き算式を入力し、3 [表示形式]に時刻の表示形式を入力して求めよう。

=TEXT(退勤-出勤-休憩,"h:mm")*1

（1: TEXT　2: 退勤-出勤-休憩　3: "h:mm"）

✔ 勤務時間計算

テク 158 勤務時間数を時間内・時間外に分けて求めたい

使うのはコレ! MIN関数

勤務時間数が8時間までなら『時間内』、それ以降は『時間外』に分けて求めるなら、8時間と勤務時間数を比較して**早いほうが『時間内』の時間数**として求められるように数式を作成しよう。

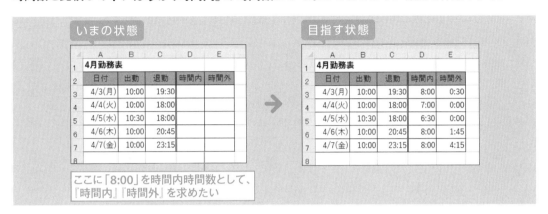

いまの状態

	A	B	C	D	E
1	4月勤務表				
2	日付	出勤	退勤	時間内	時間外
3	4/3(月)	10:00	19:30		
4	4/4(火)	10:00	18:00		
5	4/5(水)	10:30	18:00		
6	4/6(木)	10:00	20:45		
7	4/7(金)	10:00	23:15		
8					

ここに「8:00」を時間内時間数として、『時間内』『時間外』を求めたい

→

目指す状態

	A	B	C	D	E
1	4月勤務表				
2	日付	出勤	退勤	時間内	時間外
3	4/3(月)	10:00	19:30	8:00	0:30
4	4/4(火)	10:00	18:00	7:00	0:00
5	4/5(水)	10:30	18:00	6:30	0:00
6	4/6(木)	10:00	20:45	8:00	1:45
7	4/7(金)	10:00	23:15	8:00	4:15
8					

1. 『時間内』を求めるセル(D3セル)を選択し、[数式]タブの[関数ライブラリ]グループの[合計]ボタンの[▼]→[最小値]を選択する。
2. [数値1]…「退勤-出勤-休憩」の数式を入力する。
3. [数値2]…時間内の時間数「"8:00"」を入力して、Enter キーで数式を確定する。
4. 数式を必要なだけ複写する。
5. 『時間外』(E3セル)は、「退勤-出勤-時間内-休憩」の数式を入力して、Enter キーで数式を確定したら、数式を必要なだけ複写する。

数式解説

「=MIN(C3-B3-"1:0:0","8:00")」の数式は、「退勤-出勤-休憩」の時間数と「8:00」と比較して早いほうの時間数を『時間内』として求める。
『時間外』の時間数は、「退勤-出勤-休憩」の時間数から『時間内』を引き算した残りの時間数となるので、「=C3-B3-D3-"1:0:0"」の数式で求められる。

第5章

✓ 勤務時間計算

テク159 勤務時間数を「通常」「残業」「深夜」の時間帯別に求めたい

使うのはコレ! MIN+MAX関数

就業時間内・残業・深夜で時給が変わるため、それぞれの時間帯別に勤務時間を求める必要があるときは、**「出勤」時刻と時間帯別の開始時刻、「退勤」時刻と時間帯別の終了時刻**をそれぞれ比較する数式を作成しよう。

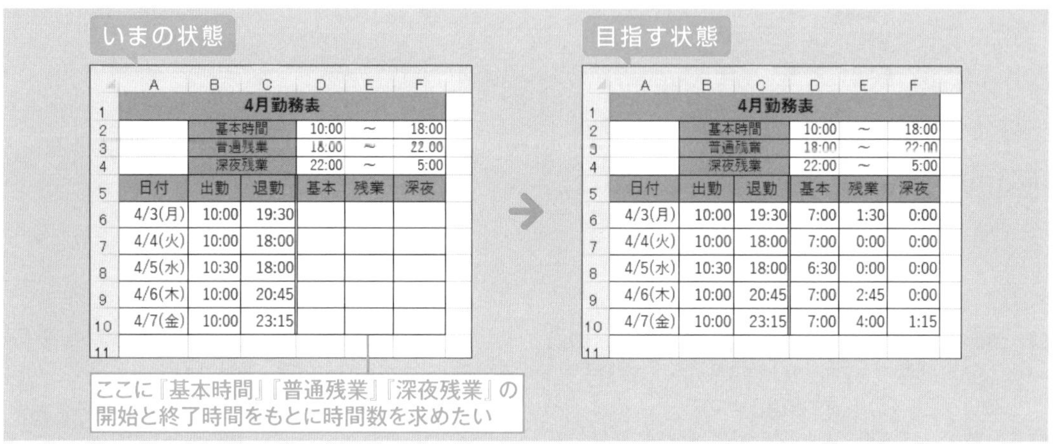

いまの状態

	A	B	C	D	E	F
1	4月勤務表					
2		基本時間		10:00	~	18:00
3		普通残業		18:00	~	22:00
4		深夜残業		22:00	~	5:00
5	日付	出勤	退勤	基本	残業	深夜
6	4/3(月)	10:00	19:30			
7	4/4(火)	10:00	18:00			
8	4/5(水)	10:30	18:00			
9	4/6(木)	10:00	20:45			
10	4/7(金)	10:00	23:15			

目指す状態

	A	B	C	D	E	F
1	4月勤務表					
2		基本時間		10:00	~	18:00
3		普通残業		18:00	~	22:00
4		深夜残業		22:00	~	5:00
5	日付	出勤	退勤	基本	残業	深夜
6	4/3(月)	10:00	19:30	7:00	1:30	0:00
7	4/4(火)	10:00	18:00	7:00	0:00	0:00
8	4/5(水)	10:30	18:00	6:30	0:00	0:00
9	4/6(木)	10:00	20:45	7:00	2:45	0:00
10	4/7(金)	10:00	23:15	7:00	4:00	1:15

基本時間数を求める

1. 『基本時間』を求めるセル(D6セル)を選択し、「=MIN(」と入力する。
2. [数値1]…『基本時間』の終了時間のセルを選択する。
3. [数値2]…勤務時間の『退勤』のセルを選択する。
4. 「)-MAX(」と入力する。
5. [数値1]…『基本時間』の開始時間のセルを選択する。
6. [数値2]…勤務時間の『出勤』のセルを選択する。
7. 「)-"1:0:0"」と入力して、Enterキーで数式を確定する。
8. 数式を必要なだけ複写する。

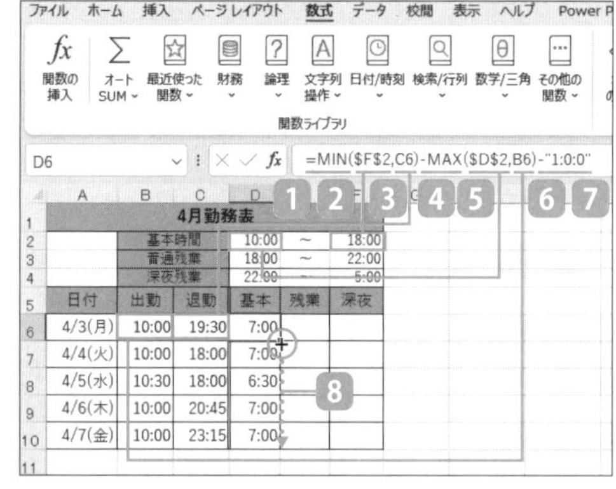

数式解説

MIN関数の引数の[数値1]、[数値2]に2つの時刻を指定すると早いほうの時刻が求められ、MAX関数の引数の[数値1]、[数値2]に2つの時刻を指定すると遅いほうの時刻が求められる。

「=MIN($F$2,C6)-MAX($D$2,B6)-"1:0:0"」の数式は、**『基本時間』の終了時間**と**勤務時間の『退勤』時刻**を比較し早いほうの時刻から、**『基本時間』の開始時間**と**勤務時間の『出勤』時刻**と比較し遅いほうの時刻を引き算し、休憩時間「1時間」を引き算する。結果、「基本時間 10:00～18:00」をもとに『基本』の時間数が求められる。

残業時間数を求める

1. 『残業時間』を求めるセル(E6セル)を選択し、「=MAX(」と入力する。
2. [数値1]…MIN関数で『普通残業』の終了時間と、勤務時間の『退勤』のセルを比較して早い時刻から『基本』時間数を引き算する数式を入力する。
3. [数値2]…「0」と入力して、Enter キーで数式を確定する。
4. 数式を必要なだけ複写する。

E6 =MAX(MIN($F$3,C6)-$D$3,0)

	A	B	C	D	E	F
1	4月勤務表					
2		基本時間		10:00	～	18:00
3		普通残業		18:00	～	22:00
4		深夜残業		22:00	～	5:00
5	日付	出勤	退勤	基本	残業	深夜
6	4/3(月)	10:00	19:30	7:00	1:30	
7	4/4(火)	10:00	18:00	7:00	0:00	
8	4/5(水)	10:30	18:00	6:30	0:00	
9	4/6(木)	10:00	20:45	7:00	2:45	
10	4/7(金)	10:00	23:15	7:00	4:00	

数式解説

「MIN($F$3,C6)-$D$3」の数式は、**『普通残業』の終了時間**と**勤務時間の『退勤』時刻**を比較し早いほうの時刻から、『普通残業』の開始時間を引き算する。
これにより、「基本時間 10:00～18:00」を除く『残業』の時間数が求められる。
このとき、勤務時間の『退勤』時刻が『普通残業』の開始時間より前の場合はエラー値になるため、「=MAX(MIN($F$3,C6)-$D$3,0)」として、『残業』の時間数と「0」を比較する数式を作成することで、「0:00」で求められるようになる。

深夜残業時間数を求める

1. 『深夜時間』を求めるセル(F6セル)を選択し、「『退勤』-『出勤』-(『基本』+『残業』)-『休憩』」の数式を入力して、Enter キーで数式を確定する。
2. 数式を必要なだけ複写する。

数式解説

『深夜』の時間数は、「勤務時間」から『基本』の時間数と『残業』の時間数を引き算した残りの時間数で求められる。

✓ 勤務時間計算

テク160 シフトによって勤務時間が異なる場合に、勤務時間の合計を求めたい

使うのはコレ! SUM関数+条件式

シフトが「A」なら7時間、「B」なら6時間など、シフトによって時間数が異なる場合に、勤務時間数を求めたいときは、**シフトによる時間数の表**を作成しておこう。**SUM関数で条件式**を作成するだけで求められる。

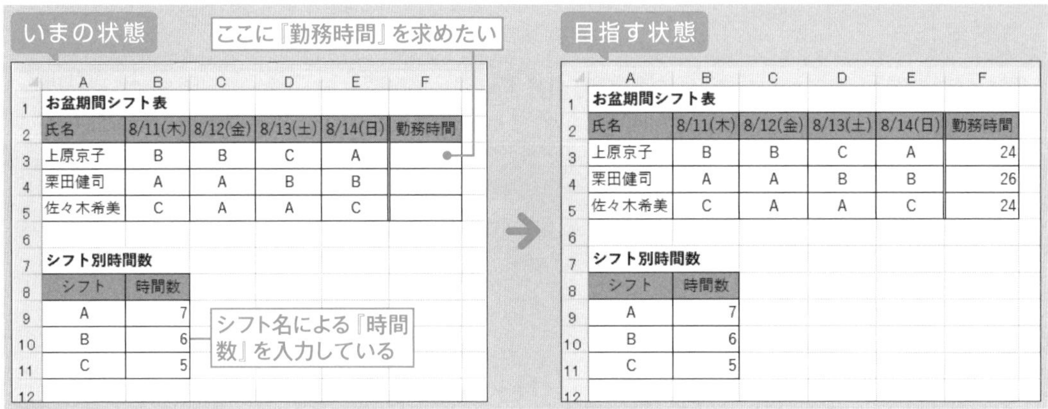

いまの状態

	A	B	C	D	E	F
1	お盆期間シフト表					
2	氏名	8/11(木)	8/12(金)	8/13(土)	8/14(日)	勤務時間
3	上原京子	B	B	C	A	
4	栗田健司	A	A	B	B	
5	佐々木希美	C	A	A	C	
6						
7	シフト別時間数					
8	シフト	時間数				
9	A	7				
10	B	6				
11	C	5				

目指す状態

	A	B	C	D	E	F
1	お盆期間シフト表					
2	氏名	8/11(木)	8/12(金)	8/13(土)	8/14(日)	勤務時間
3	上原京子	B	B	C	A	24
4	栗田健司	A	A	B	B	26
5	佐々木希美	C	A	A	C	24
6						
7	シフト別時間数					
8	シフト	時間数				
9	A	7				
10	B	6				
11	C	5				

1. 『勤務時間』を求めるセル(F3セル)を選択し、[数式]タブの[関数ライブラリ]グループの[合計]ボタンをクリックする。
2. [数値1]…「日付ごとのシフトの記号が『シフト別時間数』表の『シフト』の記号である場合」の条件式を作成する。
3. [*]と入力して、シフト別時間数の表の『時間数』のセル範囲を選択して、F4キーを1回押して[$]記号をつけ絶対参照にして、Enterキーで数式を確定する。
   操作テク Excel2019/2016の場合はCtrl+Shift+Enterキーで数式を確定する。
4. 数式を必要なだけ複写する。

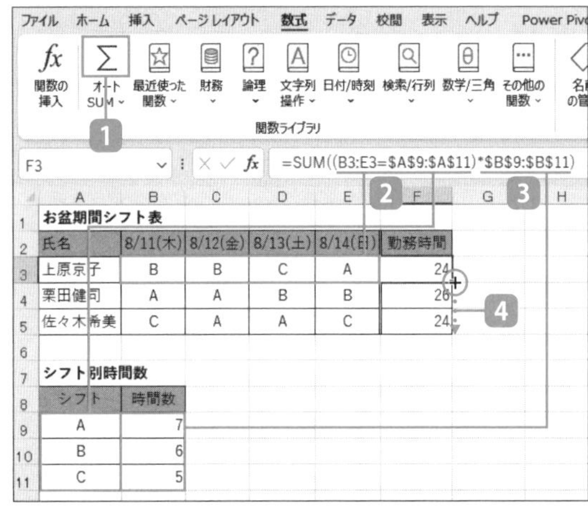

	A	B	C	D	E	F
1	お盆期間シフト表					
2	氏名	8/11(木)	8/12(金)	8/13(土)	8/14(日)	勤務時間
3	上原京子	B	B	C	A	24
4	栗田健司	A	A	B	B	26
5	佐々木希美	C	A	A	C	24
6						
7	シフト別時間数					
8	シフト	時間数				
9	A	7				
10	B	6				
11	C	5				

数式解説

「(B3:E3=$A$9:$A$11)」は、「日付ごとのシフトの記号がシフト表の記号である場合」の条件式。満たす場合は「TRUE(1)」、満たさない場合は「FALSE(0)」が求められる。続けて「*$B$9:$B$11」としてシフトに対応する時間数を乗算することで、表にある記号の時間数だけが求められる。その結果をSUM関数の引数に入れて数式を作成することで、シフト表による記号で勤務時間数が求められる。Excel2019/2016では配列数式で求める必要があるため、Ctrl＋Shift＋Enterキーで数式を確定する。

ここがポイント！　Excel2019/2016で配列数式を使いたくないときはSUMPRODUCT関数を使う

Excel2019/2016で配列数式を使いたくないときは、引数を指定するだけで配列計算できるSUMPRODUCT関数を使って、「=SUMPRODUCT((B3:E3=$A$9:$A$11)*$B$9:$B$11)」と数式を作成しよう。

第5章

第2部
抽出編

第6章
数式が苦手なら「抽出機能」を使いこなそう

6-1 「セル」からの抽出は3つの分割機能をマスター！

1つのセル内にさまざまな情報を入力していたが、あとから別々のセルに分割したいケースもあるだろう。たとえば、セル内の文字列を、区切り文字や、全角と半角で分割して別々のセルに抽出したい場合などだ。

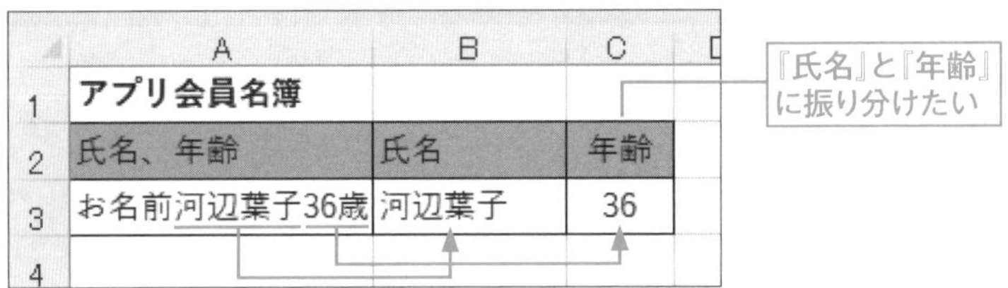

分割したい文字列のセルが1つであれば、文字列を切り取って別セルに貼り付ければいい。しかし、セルが複数になってしまうと、この操作を何度も繰り返すことになり、とても手間になる。

	A	B	C
1	**アプリ会員名簿**		
2	氏名、年齢	氏名	年齢
3	お名前河辺葉子36歳	河辺葉子	36
4	お名前田口康則52歳	田口康則	52
5	お名前堀千恵26歳	堀千恵	26
6			

切り取って貼り付け
切り取って貼り付け
切り取って貼り付け

セル内のデータを切り貼りするのではなく、複数セルを一瞬で分割できるようにしたい。本節では、**「フラッシュフィル」「区切り位置指定ウィザード」「Power Query」**を使って、セル内の文字列をスピーディーに分割するテクニックをマスターしよう！

抽出編

✔ 分割抽出

テク 161 文字と数値を区切りに分割したい

使うのはコレ! フラッシュフィル

文字＋数値や、英字＋数値のような入力データは、**フラッシュフィル**を使えば、それぞれを別々に抽出できる。たとえば、名前と年齢を別々のセルに抽出したい時でも一瞬で分割ができる。

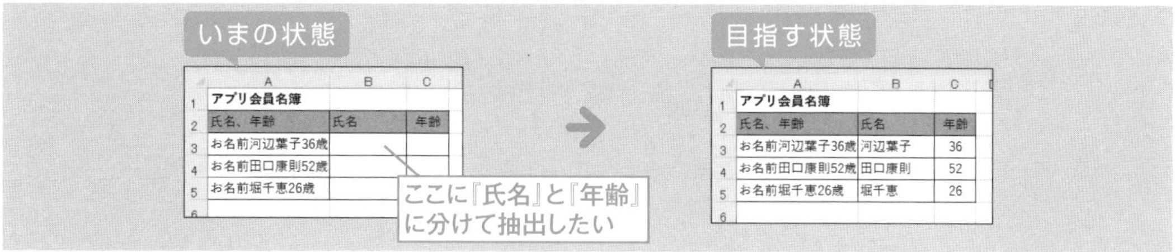

●『氏名』を抽出する

1. 分割する最初の『氏名』と『年齢』を入力する。
2. 『氏名』のセル（B3セル）を選択して、［データ］タブの［データツール］グループの［フラッシュフィル］ボタンをクリックする。

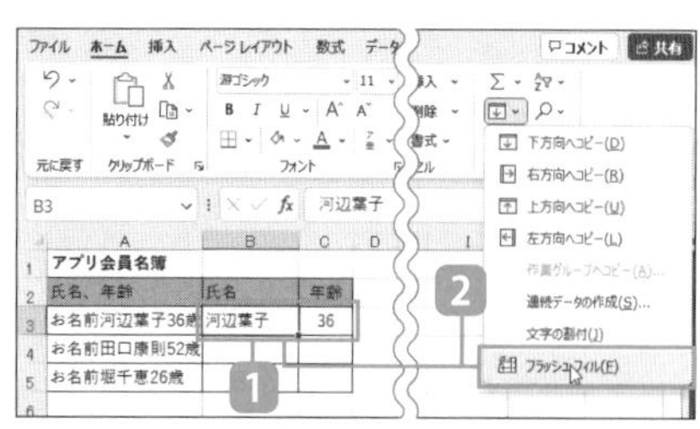

●『年齢』を抽出する

3. 『年齢』のセル（C3セル）を選択して、［データ］タブの［データツール］グループの［フラッシュフィル］ボタンをクリックする。

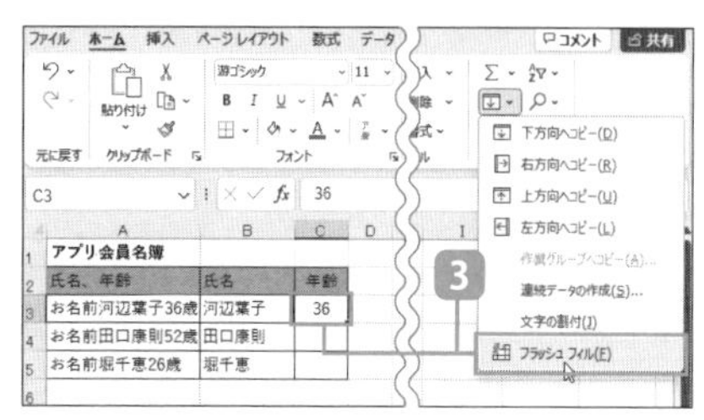

ここがポイント! フラッシュフィルは、データに規則性がある場合に機能する

フラッシュフィルとは、認識したデータのパターンを自動判別して、数式を使わなくても残りのデータを自動的に入力してくれる機能。フラッシュフィルは、データに何らかの規則性がある場合に機能する。たとえば、ここでは文字（または全角）と数値（または半角）と規則性があるので分割できる。また、「230401」の日付を「23」「0401」のように2桁と4桁に分割する場合も規則性があるので分割できる。一方、規則性がない場合などは正しく機能しないことがあるので注意しよう。また、「河辺葉子youk@****.ne.jp」のような、名前とメールアドレスも正しく分割できない（スペース等で区切られている場合は、次テクを参照）。

規則性があるのにフラッシュフィルが使えない場合は、［ファイル］タブから［オプション］→［詳細設定］で、［オートコンプリートを使用する］と［フラッシュフィルを自動的に行う］にチェックが付いているかどうか確認しておこう。

✔ 分割抽出

テク162 「スペース」や「スラッシュ」を区切りに分割したい

使うのはコレ! フラッシュフィル

入力データがスペースやスラッシュ等で区切られていて、スペースやスラッシュ等ごとに抽出したい時も、テク161の**フラッシュフィル**を使えば一瞬で分割ができる。数式作成に困った時は、フラッシュフィルで分割しよう。

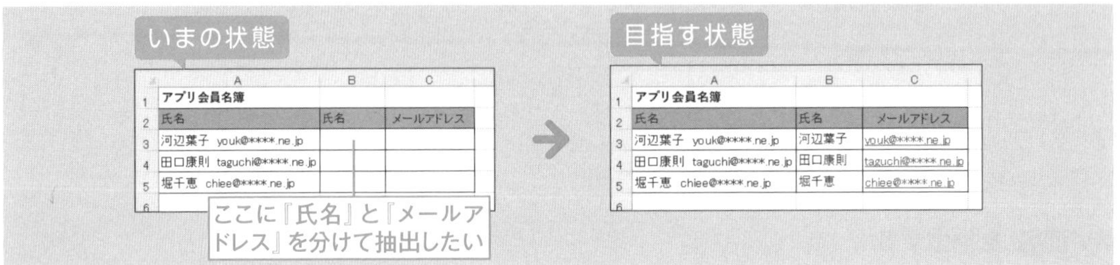

●「スペース」までの文字を抽出する

1 分割する最初の『氏名』と『メールアドレス』を入力する。

2 『氏名』のセル(B3セル)を選択して、[データ]タブの[データツール]グループの[フラッシュフィル]ボタンをクリックする。

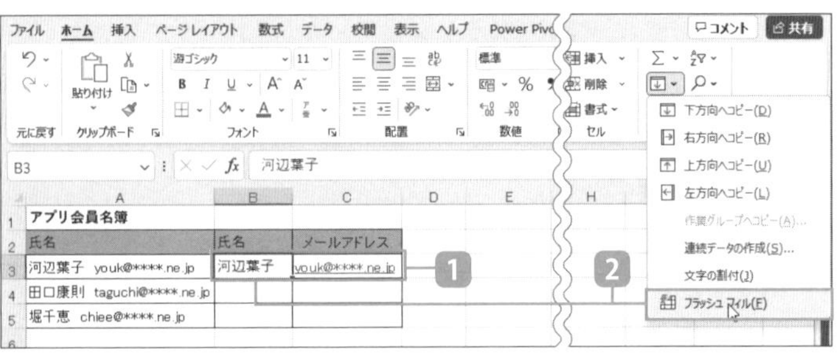

●「スペース」より後の文字を抽出する

3 『メールアドレス』のセル(C3セル)を選択して、[データ]タブの[データツール]グループの[フラッシュフィル]ボタンをクリックする。

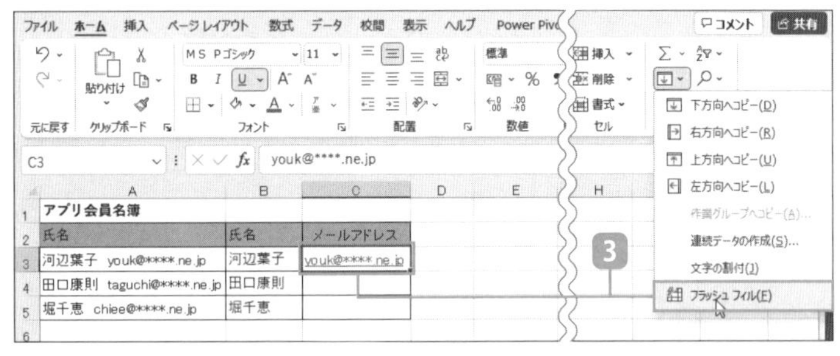

ここがポイント! フラッシュフィルは、データに規則性がある場合に機能する

フラッシュフィルは、データに何らかの規則性がある場合に機能する。ここでは「全角スペース」の規則性があるので分割できる。

抽出編

テク163 複数の「スペース」や「スラッシュ」を区切りに分割したい

使うのはコレ! 区切り位置指定ウィザード

テク161、162でご紹介したフラッシュフィルは1列ごとにしか分割できない。「年/月/日」など入力データが複数のスペースやスラッシュ等で区切られている場合に、手早く別々に抽出するなら**区切り位置指定ウィザード**を使おう。

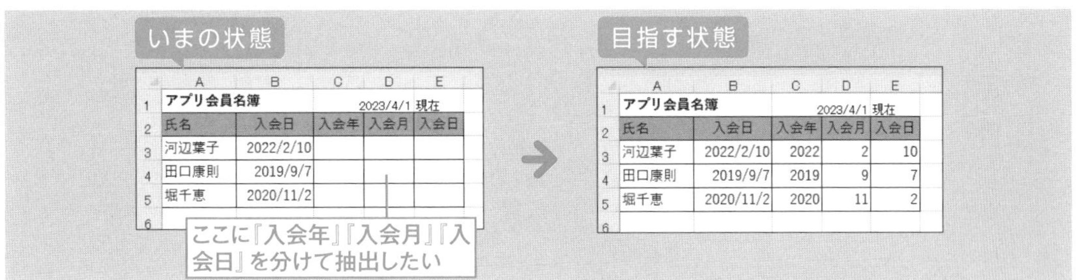

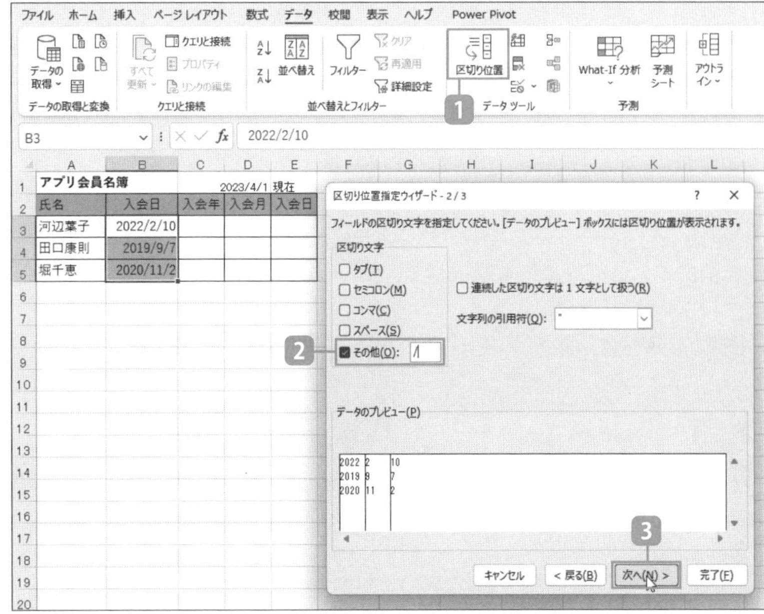

1. 分割する『入会日』のセル(B3セル～B5セル)を範囲選択し、[データ]タブの[データツール]グループの[区切り位置]ボタンをクリックする。
2. 表示された[区切り位置指定ウィザード1/3]で「カンマやタブなどの区切り文字によってフィールドごとに区切られたデータ」を選び、[区切り位置指定ウィザード2/3]で[区切り文字]の[その他]にチェックを入れて「/」と入力する。
3. [次へ]ボタンをクリックする。次の[区切り位置指定ウィザード3/3]で[表示先]に『入会年』の先頭セルを指定して[OK]ボタンをクリックする。

✔ 分割抽出

テク164 区切り文字や指定の文字数で分割したい（データの追加・変更対応）

使うのはコレ! Power Query

データの追加や変更に対応して、区切り文字や文字数で分割するなら**Power Query**を使おう。データを入力していくと、別シートに自動で分割した表を作成することができる。

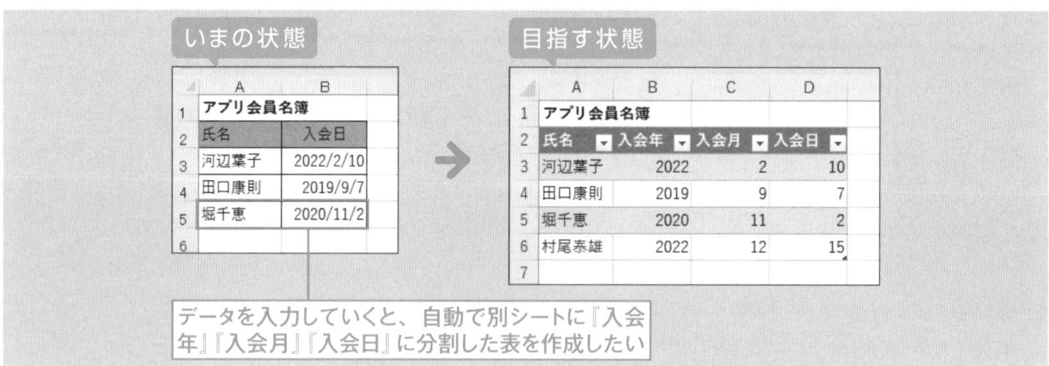

	A	B
1	アプリ会員名簿	
2	氏名	入会日
3	河辺葉子	2022/2/10
4	田口康則	2019/9/7
5	堀千恵	2020/11/2
6		

	A	B	C	D
1	アプリ会員名簿			
2	氏名	入会年	入会月	入会日
3	河辺葉子	2022	2	10
4	田口康則	2019	9	7
5	堀千恵	2020	11	2
6	村尾泰雄	2022	12	15
7				

1. 表内のセルを選択し、[データ] タブ→[データの取得と変換]（Excel2016では[取得と変換]）グループ→[テーブルまたは範囲から]（Excel2016では[テーブルから]ボタンをクリックして、Power Queryエディターを起動する。

操作テク 表をテーブルに変換していない場合は[テーブルの作成] ダイアログボックスが表示される。テーブルに変換するとPower Queryエディターが起動する。

2. 分割する『入会日』の列を選択して、[ホーム] タブ→[変換] グループ→[列の分割] ボタン→[区切り記号による分割] を選択する。

操作テク [列の分割] ボタンでは、分割する内容を選択する。

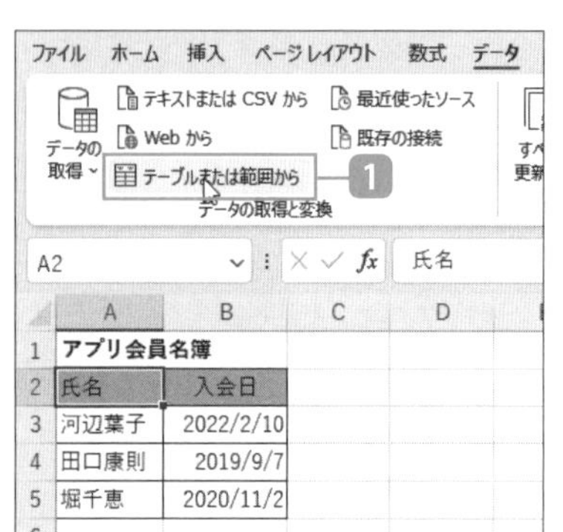

	A	B	C	D
1	アプリ会員名簿			
2	氏名	入会日		
3	河辺葉子	2022/2/10		
4	田口康則	2019/9/7		
5	堀千恵	2020/11/2		

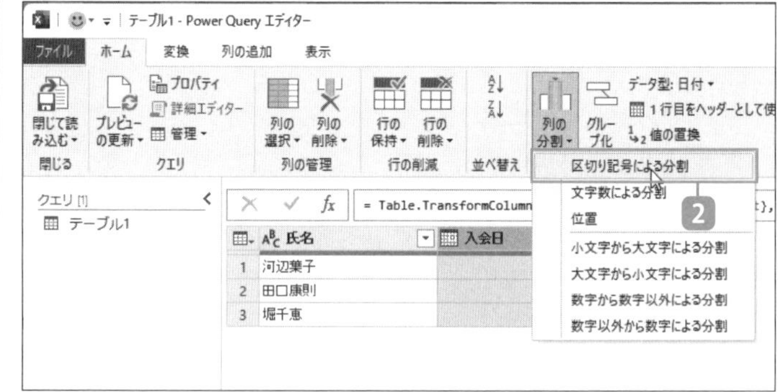

3. [区切り記号による列の分割] ダイアログボックスが表示されるので、区切り文字「/」を確認する。
4. [OK] ボタンをクリックする。

操作テク 区切る文字が違う場合は入力して修正する。

5. 「/」で年月日が分割されるので、列見出しをダブルクリックして「入会年」「入会月」「入会日」に修正する。
6. [ホーム] タブ→[閉じて読み込む] ボタン→[閉じて次に読み込む] を選択する。

抽出編

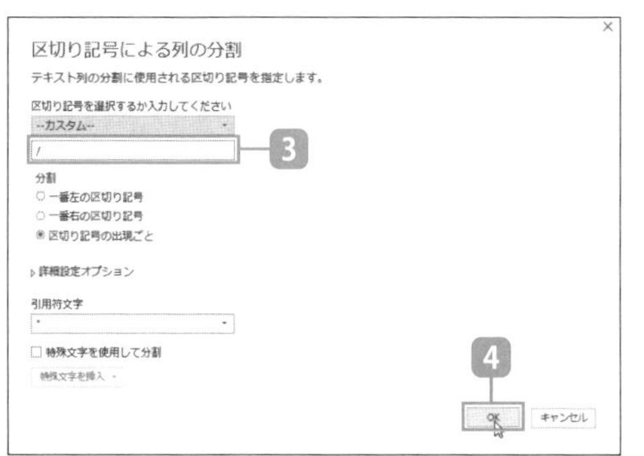

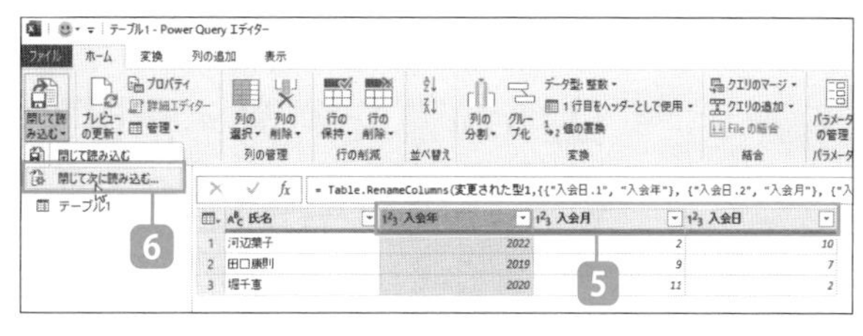

7 表示された[データのインポート]ダイアログボックスで、[既存のワークシート]を選択して取り込むシートのセルを選択したら 8 [OK]ボタンをクリックすると、クエリとして取り込まれる。

操作テク 新規シートに取り込む場合は[閉じて読み込む]ボタンをクリックすると新規シートに取り込まれる。

9 データを表に追加したら、クエリとして取り込んだ表内のセルを選択し、[クエリ]タブ→[取り込み]グループ→[更新]ボタンをクリックする。

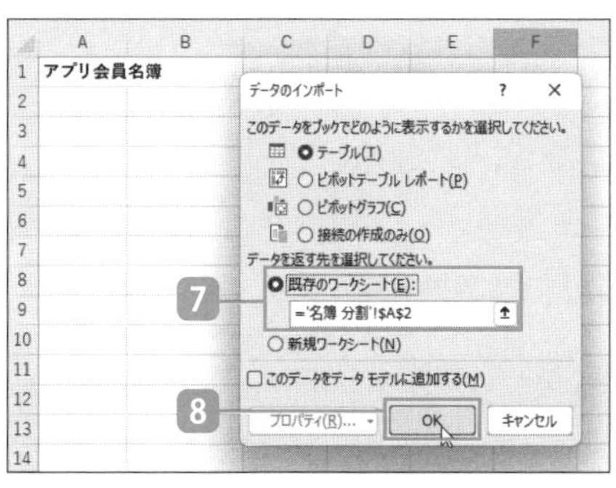

ここがポイント！　一番左か右の区切り記号だけで分割するには？

手順3～4の[区切り記号による列の分割]ダイアログボックスでは、初期設定で「分割」に[区切り記号の出現ごと]が選択される。一番左の区切り記号で分割するなら[一番左の区切り記号]、一番右の区切り記号で分割するなら[一番右の区切り記号]を選択しよう。

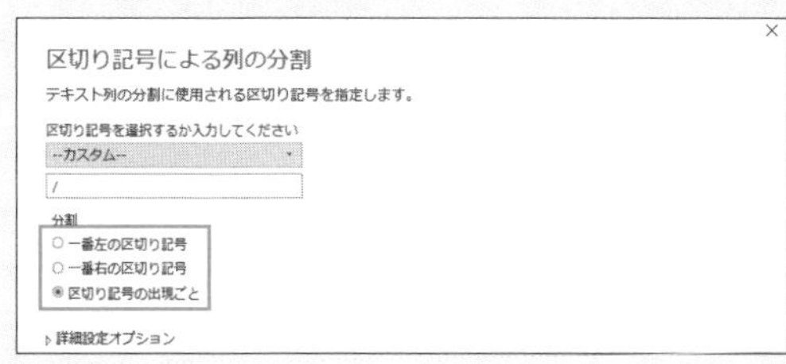

ここがポイント！　Power Queryを使用する際のポイント

Power Queryを使用する際のポイントは、第3章3節テク053「ここがポイント！」で解説しているので参考にしよう。

✓分割抽出

テク165 住所が都道府県・市区町村・番地に自動で分割される表を作成したい

使うのはコレ! Power Query

住所データを都道府県・市区町村・番地に分割するのは、第7章1節で解説する数式で可能だが、数式が苦手なら**Power Query**を使おう。一度設定しておけば、住所データの変更や追加があっても、自動で分割した表を作成することができる。

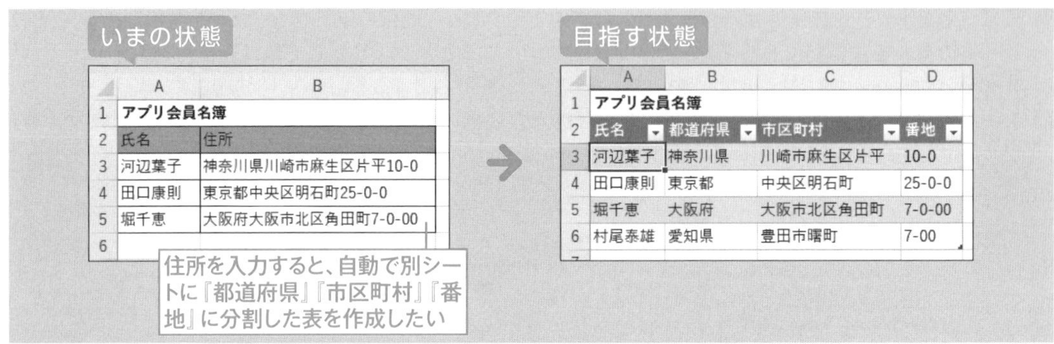

いまの状態
アプリ会員名簿
氏名
住所
河辺葉子
神奈川県川崎市麻生区片平10-0
田口康則
東京都中央区明石町25-0-0
堀千恵
大阪府大阪市北区角田町7-0-00
住所を入力すると、自動で別シートに『都道府県』『市区町村』『番地』に分割した表を作成したい
目指す状態
アプリ会員名簿
氏名
都道府県
市区町村
番地
河辺葉子
神奈川県
川崎市麻生区片平
10-0
田口康則
東京都
中央区明石町
25-0-0
堀千恵
大阪府
大阪市北区角田町
7-0-00
村尾泰雄
愛知県
豊田市曙町
7-00

●『住所』を「道→道/」「県→県/」「府→府/」「東京都→東京都/」に置き換える

1 表内のセルを選択し、[データ]タブ→[データの取得と変換](Excel2016では[取得と変換])グループ→[テーブルまたは範囲から](Excel2016では[テーブルから])ボタンをクリックして、Power Queryエディターを起動する。

操作テク 表をテーブルに変換していない場合は[テーブルの作成]ダイアログボックスが表示されるのでテーブルに変換するとPower Queryエディターが起動する。

2 『住所』の列を選択し、[ホーム]タブ→[変換](Excel2019では[任意の列])グループ→[値の置換]ボタンをクリックする。

3 表示された[値の置換]ダイアログボックスで、[検索する値]に「道」、[置換後]に「道/」と入力する。

4 [OK]ボタンをクリックする。同様に、「県→県/」「府→府/」「東京都→東京都/」に置き換える。

操作テク ここでは区切り文字に[/]を使用しているが、番地で使う[-]以外であれば、好きな区切り文字を指定して分割しよう。

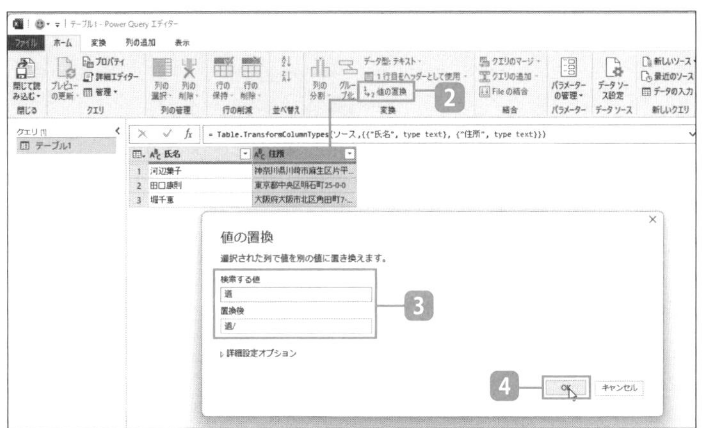

抽出編

「/」で分割する

5 ［ホーム］タブ→［変換］グループ→［列の分割］ボタン→［区切り記号による分割］を選択する。
6 ［区切り記号による列の分割］ダイアログボックスが表示されるので、区切り文字「/」を確認し［一番左の区切り記号］を選択する。
7 ［OK］ボタンをクリックする。

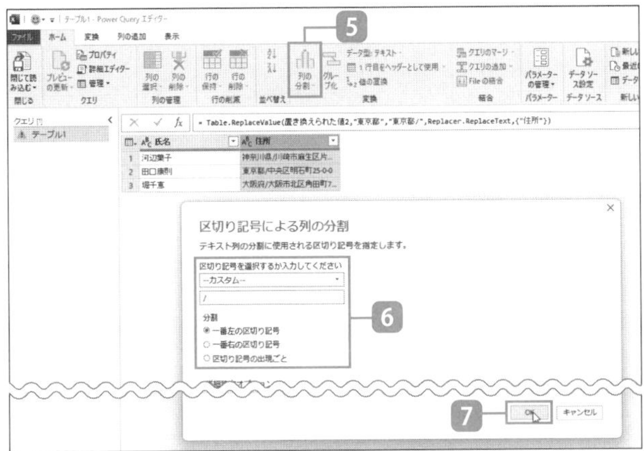

数字以外と数字を分割して、数字の列を1列に結合する

8 分割された『住所2』の列を選択し、［ホーム］タブ→［変換］グループ→［列の分割］ボタン→［数字以外から数字による分割］を選択する。
9 分割された番地の列をすべて選択して、［変換］タブ→［テキストの列］グループ→［列のマージ］ボタンをクリックする。
10 表示された［列のマージ］ダイアログボックスで［OK］ボタンをクリックすると番地が1列に結合される。

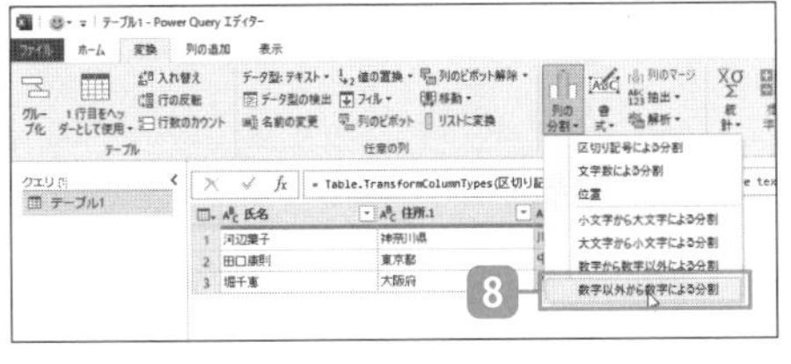

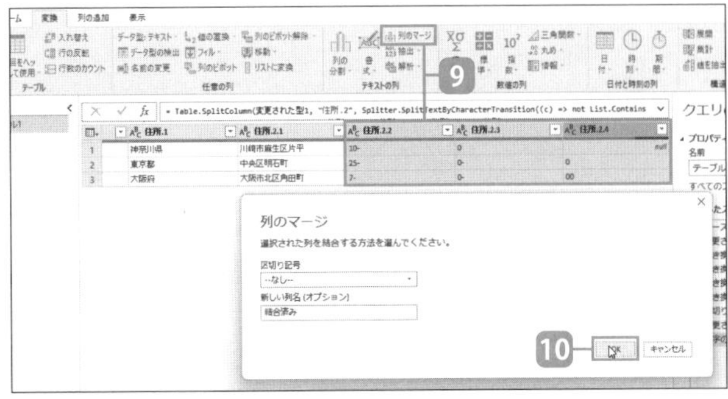

11 列見出しをダブルクリックして修正する。
12 ［ホーム］タブ→［閉じて読み込む］ボタン→［閉じて次に読み込む］を選択して、表示された［データのインポート］ダイアログボックスで、［既存のワークシート］を選択して取り込むシートのセルを選択して［OK］ボタンをクリックすると、クエリとして取り込まれる。

操作テク 新規シートに取り込む場合は［閉じて読み込む］ボタンをクリックすると新規シートに取り込まれる。

13 データを表に追加したら、クエリとして取り込んだ表内のセルを選択し、［クエリ］タブ→［取り込み］グループ→［更新］ボタンをクリックする。

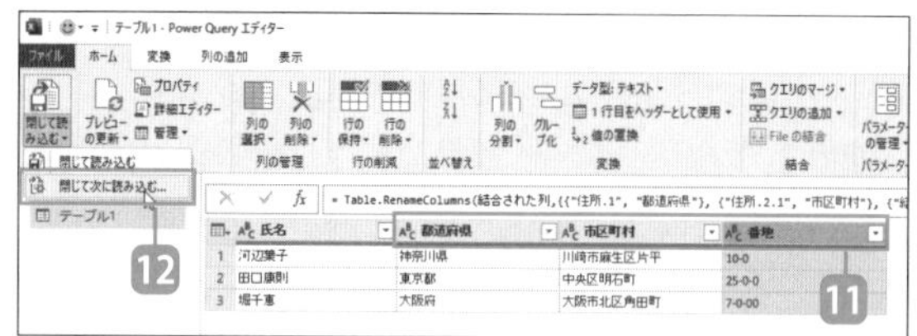

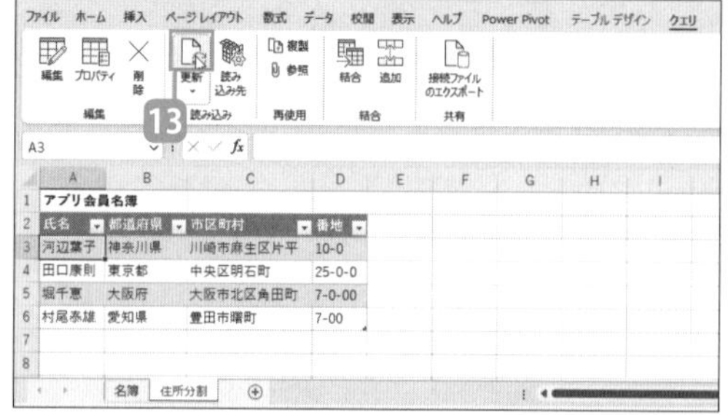

ここがポイント！　[数字以外から数字による分割] メニューがないときはバージョンを確認しよう

Excel2019/2016では、古いバージョンだと、手順7の [列の分割] ボタンのメニューに [数字以外から数字による分割] は表示されない。そのため、この操作で分割できるのは「都道府県」「市区町村番地」となる。利用したいときは、常に最新のバージョンに更新しておこう。

ここがポイント！　Power Queryを使用する際のポイント

Power Queryを使用する際のポイントは、第3章3節テク053「ここがポイント！」で解説しているので参考にしよう。

6-2 「表」からの抽出は4つの機能をマスター!

表を作成したら、条件に該当するデータだけを資料として提出しなければならない場合もある。しかし、該当のデータを別表にコピー&貼り付けすることしか知らないと、大量のデータでは思わぬ時間を費やしてしまう。

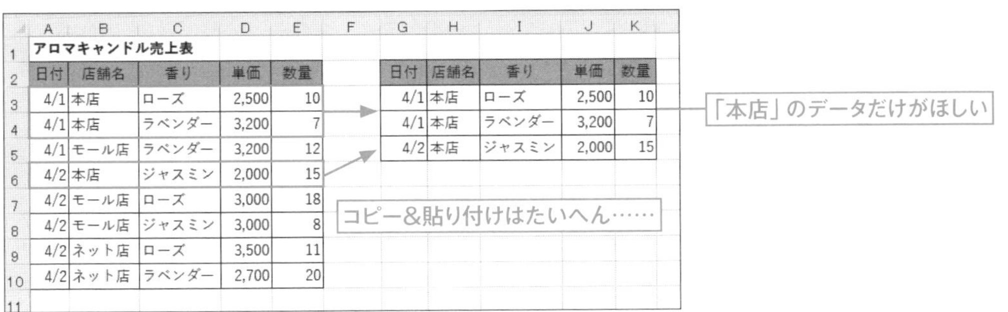

アロマキャンドル売上表

日付	店舗名	香り	単価	数量
4/1	本店	ローズ	2,500	10
4/1	本店	ラベンダー	3,200	7
4/1	モール店	ラベンダー	3,200	12
4/2	本店	ジャスミン	2,000	15
4/2	モール店	ローズ	3,000	18
4/2	モール店	ジャスミン	3,000	8
4/2	ネット店	ローズ	3,500	11
4/2	ネット店	ラベンダー	2,700	20

日付	店舗名	香り	単価	数量
4/1	本店	ローズ	2,500	10
4/1	本店	ラベンダー	3,200	7
4/2	本店	ジャスミン	2,000	15

そこで、条件を満たすデータの表を手早く抽出してくれるのが、Excelの抽出機能**「アウトライン」「フィルター」「テーブル」「フィルターオプションの設定」**だ。

●「フィルター」で抽出

アロマキャンドル売上表

日付	店舗名	香り	単価	数量
4/1	本店	ローズ	2,500	10
4/1	本店	ラベンダー	3,200	7
4/2	本店	ジャスミン	2,000	15

『店舗名』が「本店」のデータのみ抽出する

●「フィルターオプションの設定」で抽出

アロマキャンドル売上表

日付	店舗名	香り	単価	数量
4/1	本店	ローズ	2,500	10
4/1	本店	ラベンダー	3,200	7
4/1	モール店	ラベンダー	3,200	12
4/2	本店	ジャスミン	2,000	15
4/2	モール店	ローズ	3,000	18
4/2	モール店	ジャスミン	3,000	8
4/2	ネット店	ローズ	3,500	11
4/2	ネット店	ラベンダー	2,700	20

日付	店舗名	香り	単価	数量
4/1	本店	ローズ	2,500	10
4/1	本店	ラベンダー	3,200	7
4/2	本店	ジャスミン	2,000	15

『店舗名』が「本店」のデータのみの表を指定の場所に抽出する

本節では、Excelの抽出機能を使って、表からデータを抽出するテクニックをマスターしよう!

✔ 基本抽出

テク 166 表から小計だけを抽出したい

使うのはコレ! アウトライン

表から小計だけを表示して、印刷したり、確認したりしたい時は**アウトライン**を使おう。アウトラインボタンのクリックだけで複数の小計でも小計だけを抽出できる。

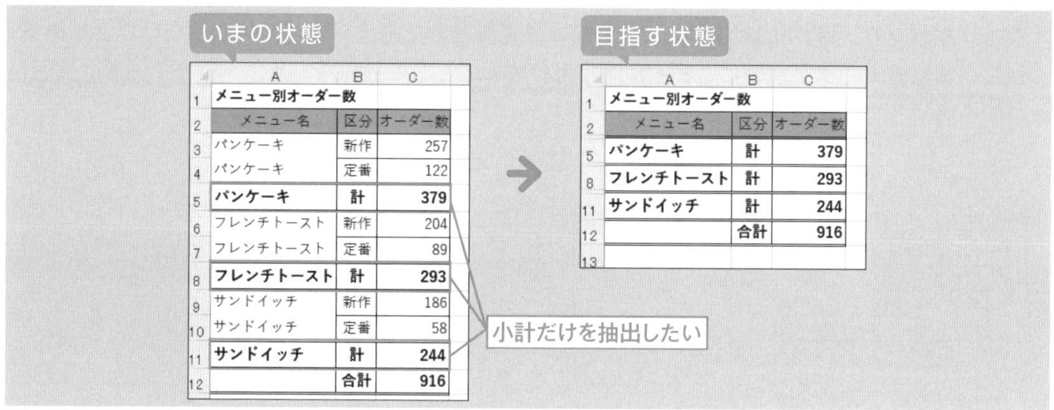

1. 表内のセルを1つ選択し、[データ] タブ→ [アウトライン] グループ→ [グループ化] ボタンから [アウトラインの自動作成] を選択する。
2. レベル「2」ボタンをクリックすると小計だけが抽出される。

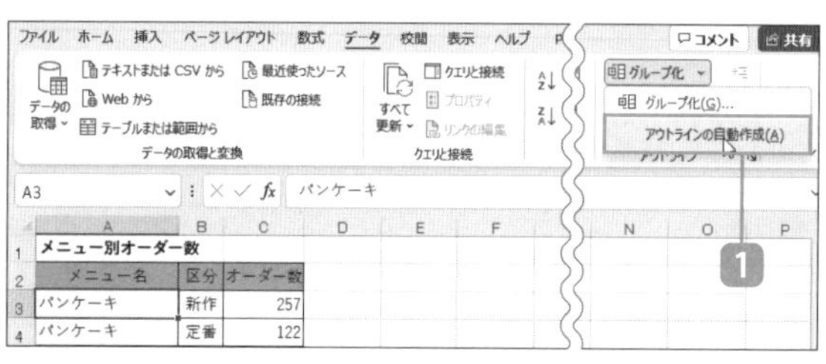

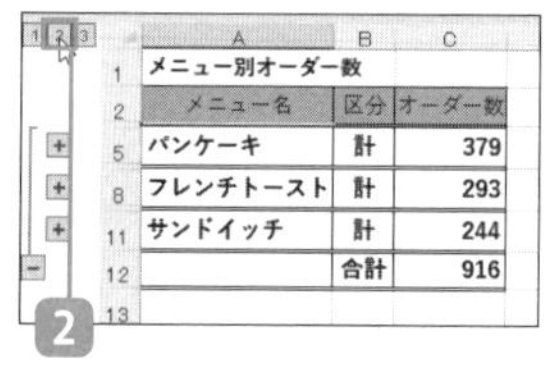

ここがポイント! ほかのレベルボタンの役割

1. レベル「1」ボタンをクリックすると、表の合計だけが表示される。
2. レベル「3」ボタンをクリックすると、すべてが表示される。
3. アウトラインを外して元の表に戻すには、[データ] タブ→ [アウトライン] グループ→ [グループ解除] ボタンから [アウトラインのクリア] を選択する。

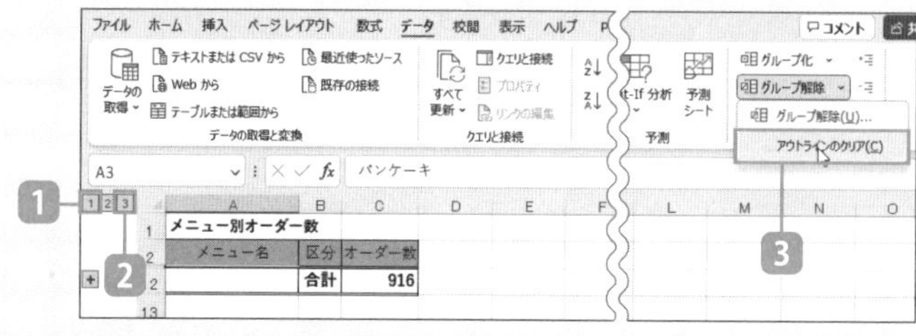

✓ 基本抽出

テク 167 条件に一致するデータを抽出したい

使うのはコレ! フィルター

表のデータを条件に一致するデータだけ表示するには、**フィルター**を使おう。フィルターボタンを使ってさまざまな条件を指定して抽出できる。

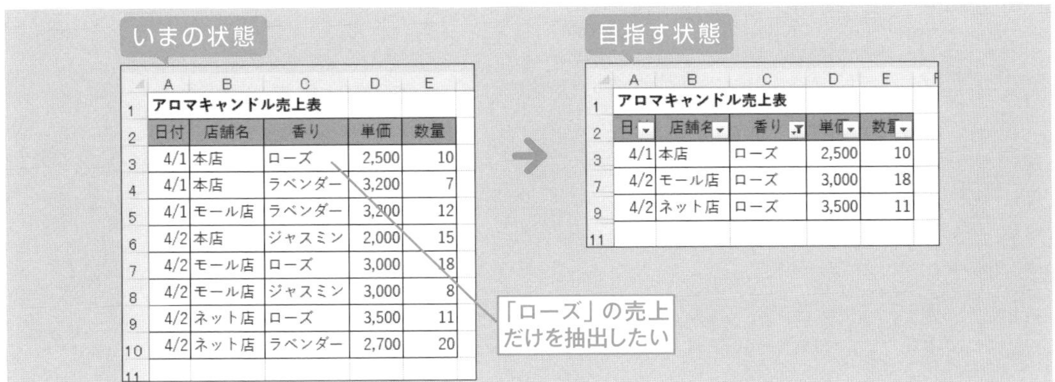

日付	店舗名	香り	単価	数量
4/1	本店	ローズ	2,500	10
4/1	本店	ラベンダー	3,200	7
4/1	モール店	ラベンダー	3,200	12
4/2	本店	ジャスミン	2,000	15
4/2	モール店	ローズ	3,000	18
4/2	モール店	ジャスミン	3,000	8
4/2	ネット店	ローズ	3,500	11
4/2	ネット店	ラベンダー	2,700	20

日付	店舗名	香り	単価	数量
4/1	本店	ローズ	2,500	10
4/2	モール店	ローズ	3,000	18
4/2	ネット店	ローズ	3,500	11

1. 表内のセルを1つ選択し、[データ]タブ→[並べ替えとフィルター]グループ→[フィルター]ボタンをクリックする。
2. 『香り』のフィルターボタンをクリックし、表示されたメニューで[すべて選択]のチェックを外す。
3. 抽出する「ローズ」にチェックを入れる。
4. [OK]ボタンをクリックすると「ローズ」のデータが抽出される。
5. その他の条件で抽出するには、「テキストフィルター」の一覧から設定を行おう。

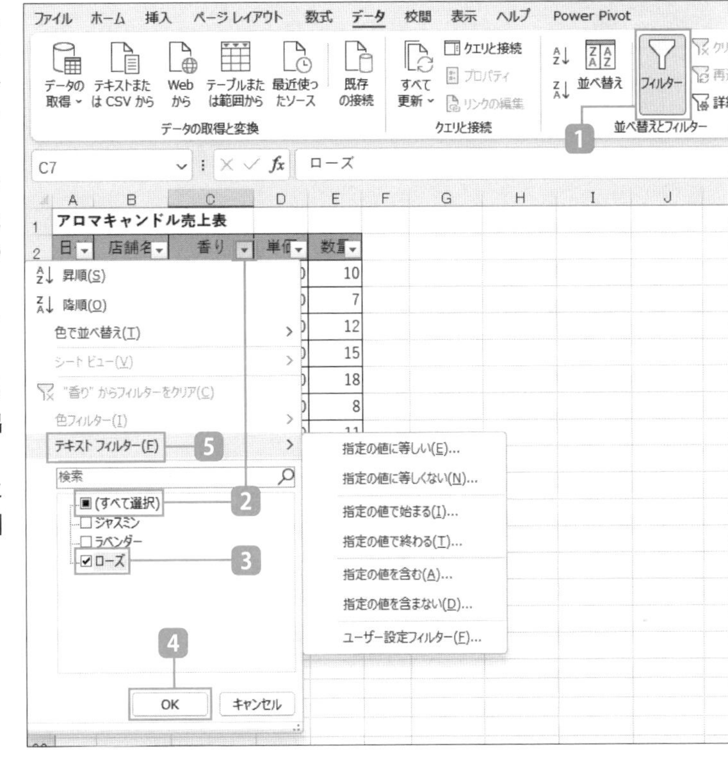

ここがポイント！　フィルターをクリアにするには？

フィルターを解除して元の状態に戻す場合、条件ごとに解除するには、条件を付けた項目名のフィルターボタンをクリックし、表示されるメニューから1［●●からフィルターをクリア］を選択する。複数の項目のフィルターボタンで抽出を行っている場合に、すべて解除するには、2［データ］タブの［並べ替えとフィルター］グループの［クリア］ボタンをクリックする。

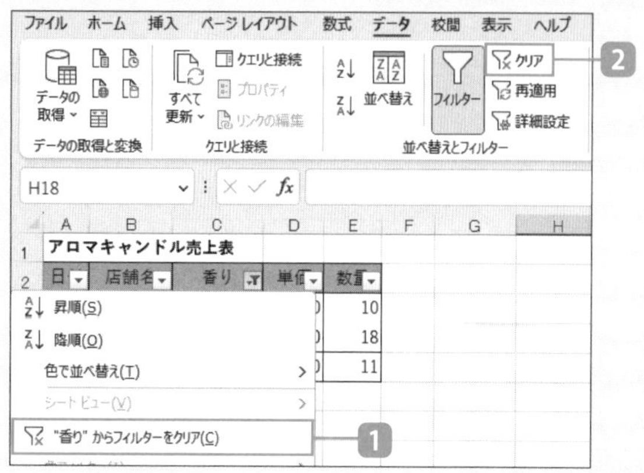

併せて覚えテク　データによってフィルターメニューは変更される

フィルターメニューは、データが文字列なら操作のように**「テキストフィルター」**、数値なら1**「数値フィルター」**、日付なら2**「日付フィルター」**に変更される。また。データに色の書式を付けている時は、3**「色フィルター」**も表示される。それぞれを選択すると、条件を詳細に設定できるメニューが表示される。併せて覚えておこう。

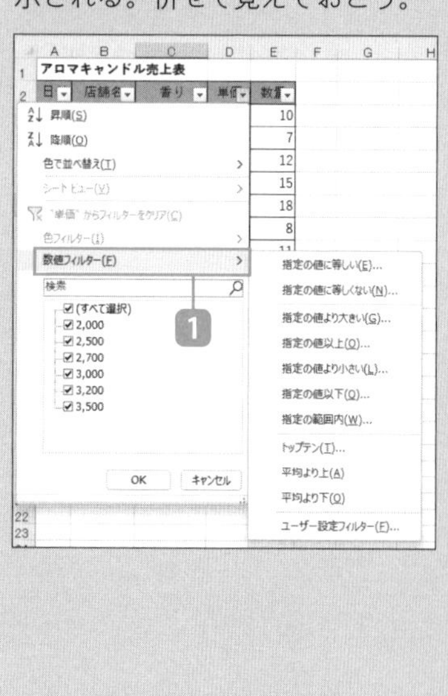

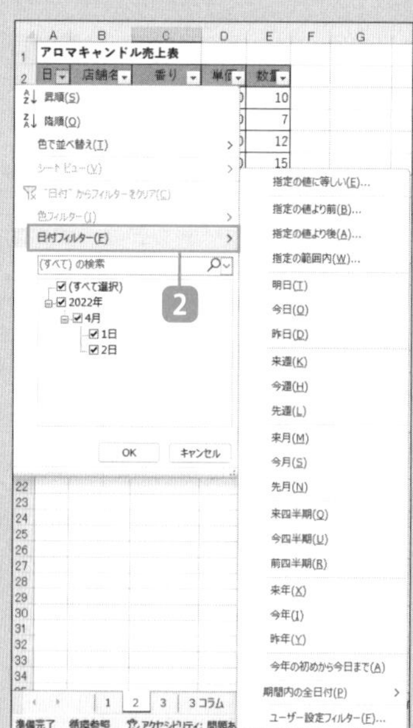

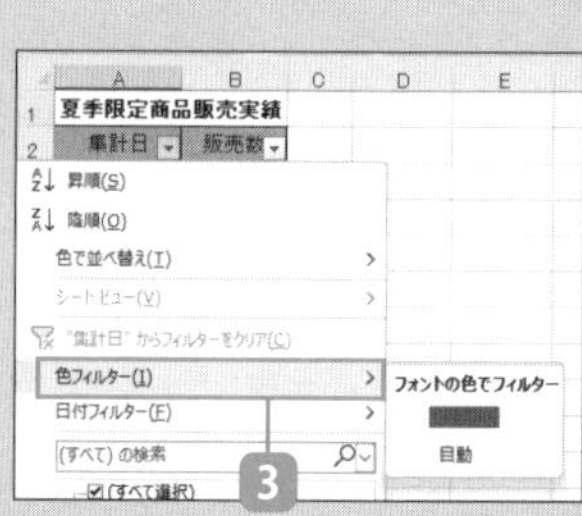

抽出編

✓ 基本抽出

テク168 複数の表それぞれで条件に一致するデータを抽出したい

使うのはコレ! テーブル

表を**テーブル**に変換すると、列見出しにフィルターボタンが付き、テク167のフィルターと同じように抽出できる。テーブルを使えば、1つのシートに複数の表を作成していても、それぞれにフィルターボタンを使って条件で抽出することができる。

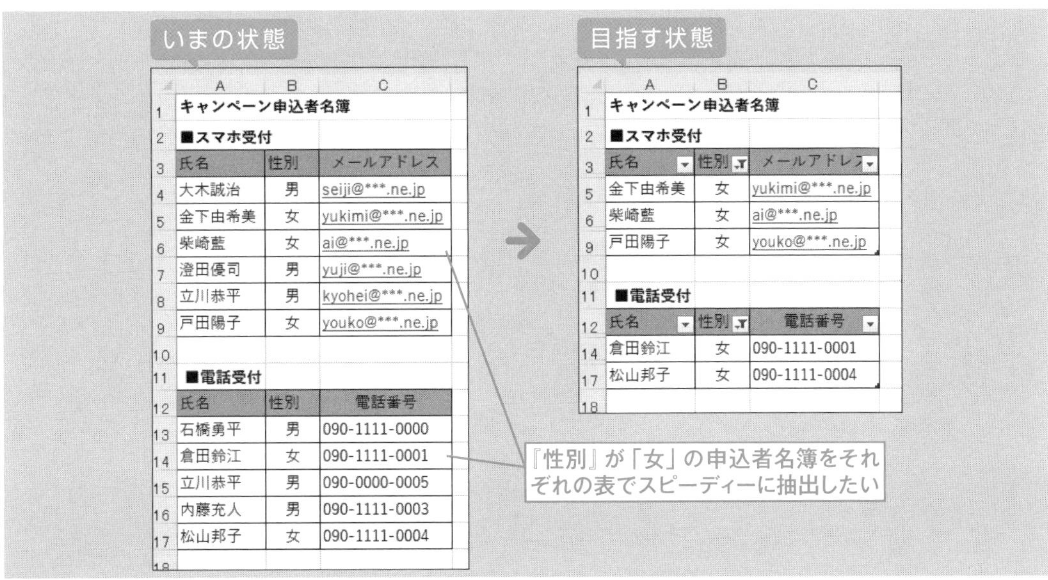

1. 列見出しを含めて表全体を範囲選択し、表示された[クイック分析]ボタンをクリックする。
2. 表示されたメニューから、[テーブル]タブを選択する。
3. [テーブル]ボタンをクリックすると表がテーブルに変換される。
4. 2つ目の表も同様にテーブルに変換して、それぞれの表の『性別』のフィルターボタンで「女」を抽出する。

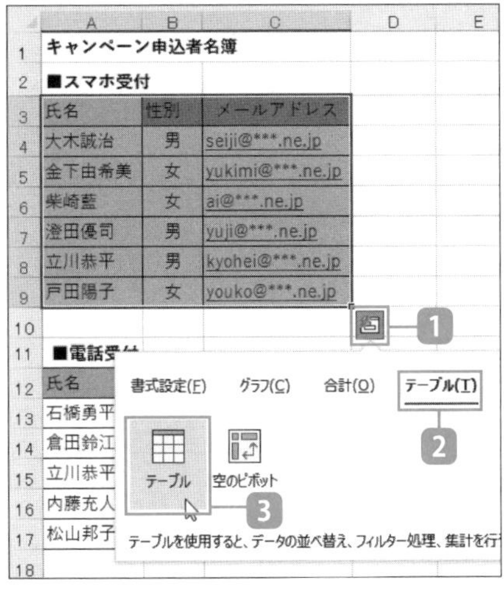

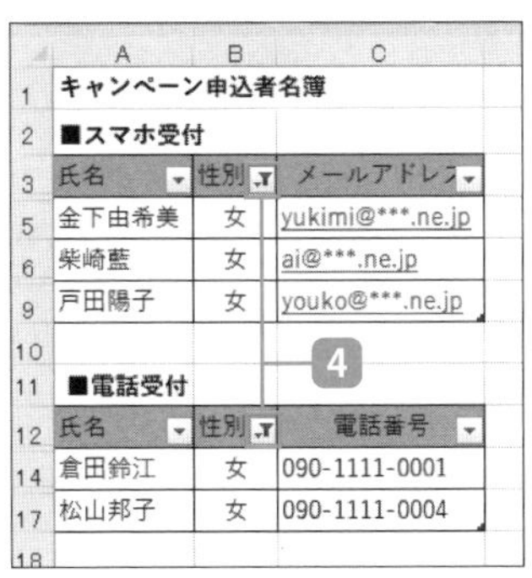

ここがポイント！　フィルターボタンの使い方はフィルターと同じ

フィルターボタンの使い方はテク167のフィルターと同じ。テク167「併せて覚えテク」のようにデータによってフィルターメニューは変更される。

併せて覚え テク　フィルターにはないテーブルでしかできないこと

テーブルを使うと、大きな表でスクロールして列見出しが画面に表示されなくなっても、列番号が表の列見出しに自動で変更されるため、常にフィルターボタンを使って抽出することができる。
また、ピボットテーブルのようにスライサーを使ってワンクリックで抽出条件を切り替えることができる（第3章2節テク048参照）。抽出条件を頻繁に切り替える必要があるときや、抽出条件をリストでわかりやすくしたいときは、スライサーを使って抽出しよう。

1 テーブル内のセルを選択し、［テーブルデザイン］タブ（［デザイン］タブ）→［ツール］グループ→［スライサーの挿入］ボタンをクリックする。
2 表示された［スライサーの挿入］ダイアログボックスで、抽出したいフィールド（ここでは「性別」）にチェックを入れる。
3 ［OK］ボタンをクリックする。
4 「性別」のスライサーが表示されるので、抽出したい条件をクリックすると、その条件の表にスピーディーに切り替えられる。

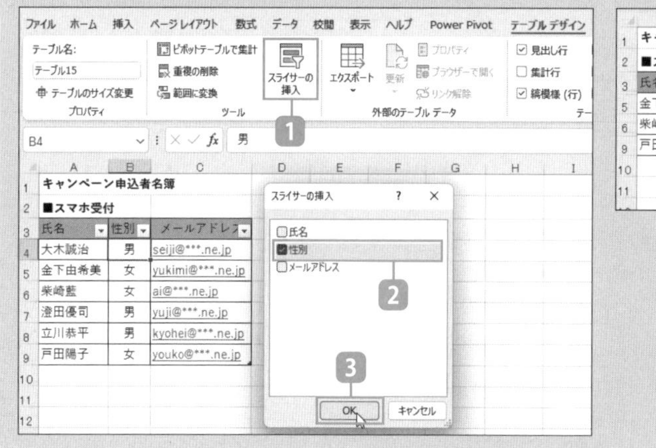

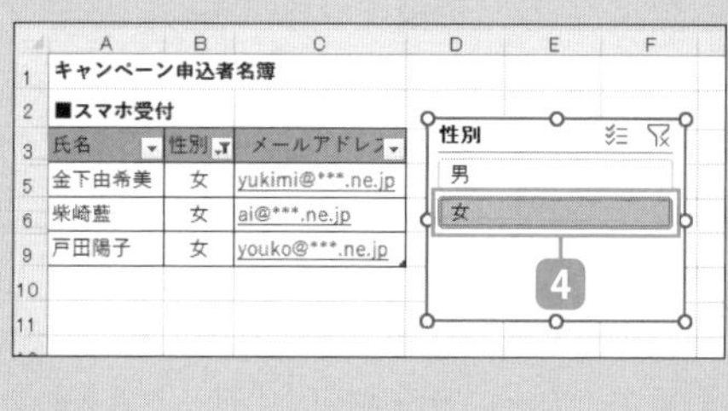

✔ 基本抽出

テク169 表内に結合セルがあっても、フィルターで抽出したい

使うのはコレ! ジャンプ機能+Ctrl+Enterキー

条件にしたいデータを結合セルに入力していると、フィルターを使っても正しく抽出できない。**1行ずつ入力したデータを別の列に作成**してその列でフィルターを使おう。

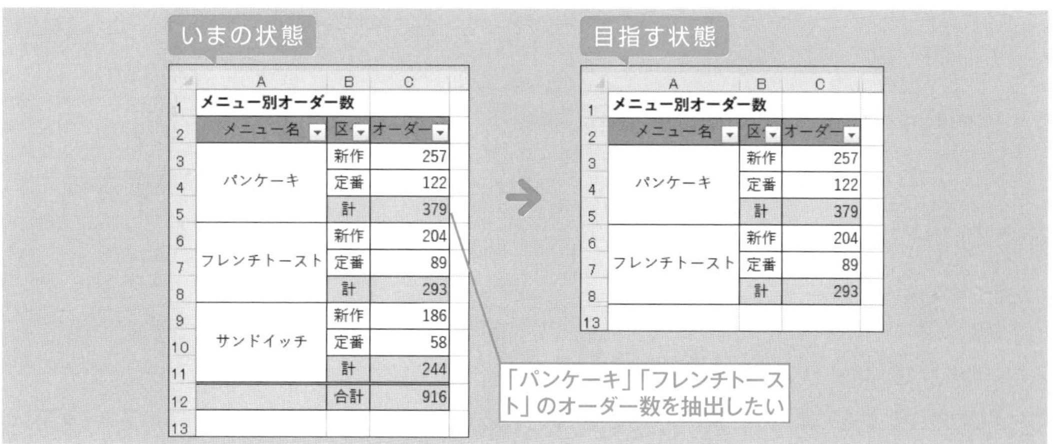

いまの状態
目指す状態
「パンケーキ」「フレンチトースト」のオーダー数を抽出したい

1. 『メニュー名』のセル範囲(A3セル～A11セル)を選択し、[ホーム]タブ→[クリップボード]グループ→[コピー]ボタンをクリックする。
2. D列のセルを選択し、[ホーム]タブ→[クリップボード]グループ→[貼り付け]ボタンの[▼]をクリックして表示されるメニューから「値」を選択して貼り付ける。
3. [ホーム]タブの[編集]グループの[検索と選択]ボタンから[条件を選択してジャンプ]を選択する。
4. 表示された[選択オプション]ダイアログボックスで、[空白セル]を選ぶ。
5. [OK]ボタンをクリックする。
6. 「=D3」と入力し、Ctrl+Enterキーで数式を確定する。
7. 作成したD列にもフィルターボタンを付けて、フィルターボタンから「パンケーキ」「フレンチトースト」にチェックを入れて抽出する。

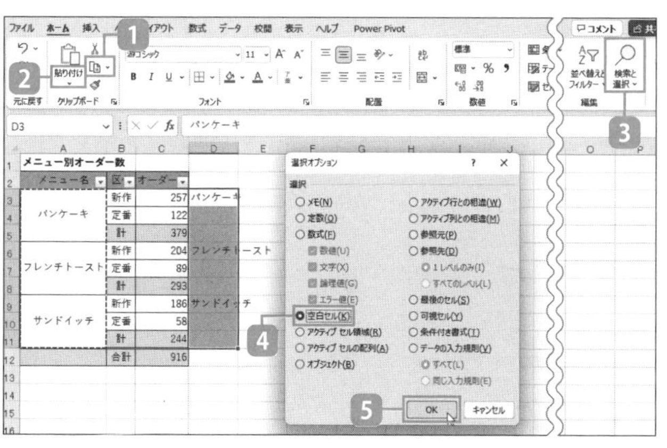

	A	B	C	D
1	メニュー別オーダー数			
2	メニュー名	区	オーダー	
3	パンケーキ	新作	257	パンケーキ
4		定番	122	=D3
5		計	379	
6	フレンチトースト	新作	204	フレンチトースト
7		定番	89	
8		計	293	
9	サンドイッチ	新作	186	サンドイッチ
10		定番	58	
11		計	244	
12		合計	916	

6

✔ 基本抽出

テク170 条件に一致するデータを別表に抽出したい

使うのはコレ! フィルターオプションの設定

条件に一致するデータを別表に抽出する場合は、**フィルターオプションの設定**を使おう。条件の入力だけで、手早く指定の場所に抽出できる。

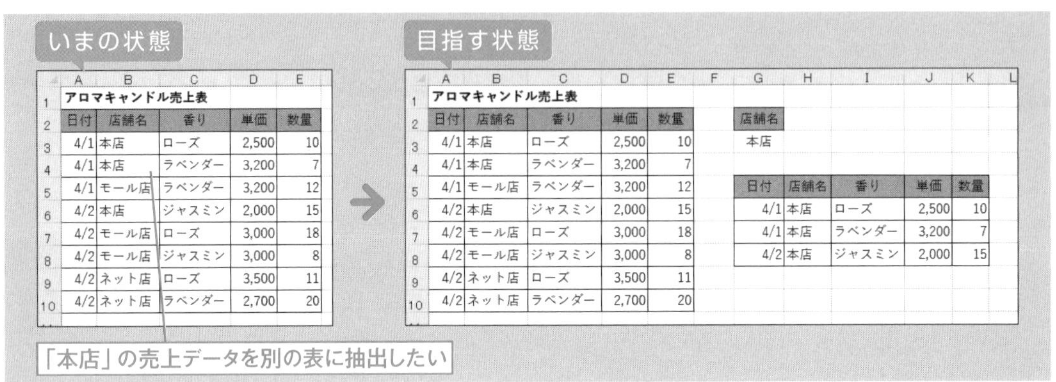

1 抽出の条件となる列見出しとデータを入力する。ここでは、条件の列見出し『店舗名』の下に「本店」と入力して作成する。
2 表内のセルを1つ選択し、[データ]タブ→[並べ替えとフィルター]グループ→[詳細設定]ボタンをクリックする。
3 表示された[フィルターオプションの設定]ダイアログボックスで、[抽出先]に[指定した範囲]を選ぶ。
4 [リスト範囲]にA2セル～E10セルを範囲選択する。
5 [検索条件範囲]に作成した条件のG2セル～G3セルを範囲選択する。
6 [抽出範囲]にG5セルを選択する。
7 [OK]ボタンをクリックする。

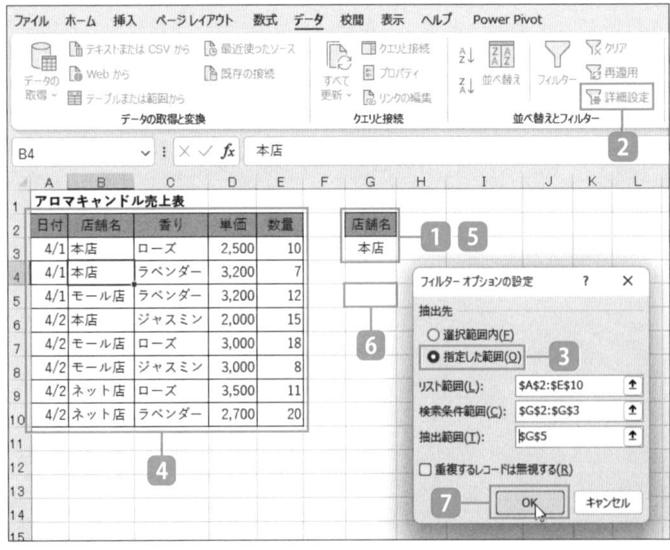

ここがポイント！　複数条件で別表に抽出するには？

フィルターオプションの設定では、複数条件でも抽出できる。
この場合の条件の入力は、1 OR条件なら違う行に、2 AND条件なら同じ行に入力する。3 両方を組み合わせた複雑条件も可能。
「2022/4/2～2022/4/3」のように日付に演算子を付ける条件の場合は、4 演算子を[""]（ダブルクォーテーション）で囲み、[&]で[""]（ダブルクォーテーション）で囲んだ日付を結合して指定しよう。

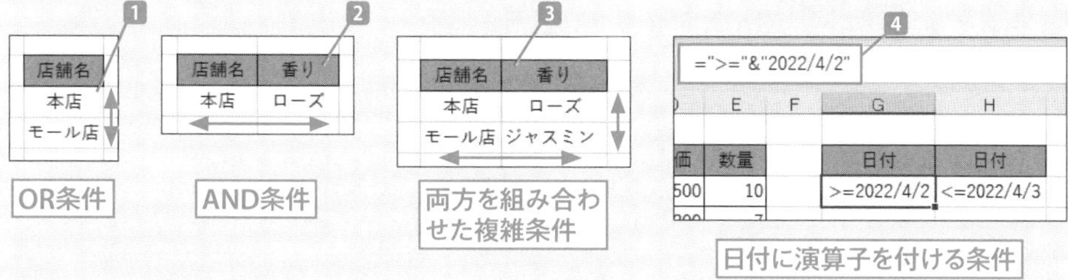

併せて覚えテク　別のシートに抽出するには?

フィルターオプションの設定で別のシートに抽出する場合、[抽出先]で抽出するシートのセル範囲を選択しても抽出できない。別シートに抽出するには、抽出するシートでフィルターオプションの設定を実行しよう。

1 抽出するシートで、[データ]タブ→[並べ替えとフィルター]グループ→[詳細設定]ボタンをクリックする。
2 表示された[フィルターオプションの設定]ダイアログボックスで、[抽出先]に[指定した範囲]を選ぶ。
3 [リスト範囲]に抽出元の「売上表」シートをクリックして、前ページ4～7の手順で操作を行うと、「本店」シートに「売上表」シートの「本店」の売上データが抽出される。

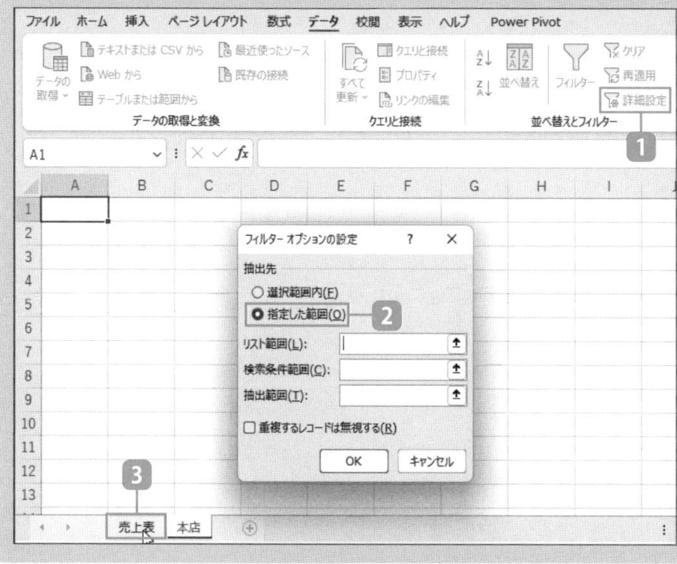

✔ 部分抽出

テク171 条件に部分的に一致するデータを抽出したい

使うのはコレ! フィルター／テーブル+検索ボックス

テク167と168で解説のフィルター／テーブルは、**条件に部分的に一致するデータ**も抽出できる。抽出するには、フィルターのメニューにある**検索ボックス**や**[カスタムオートフィルター]**（[オートフィルターオプション]）ダイアログボックスを使おう。

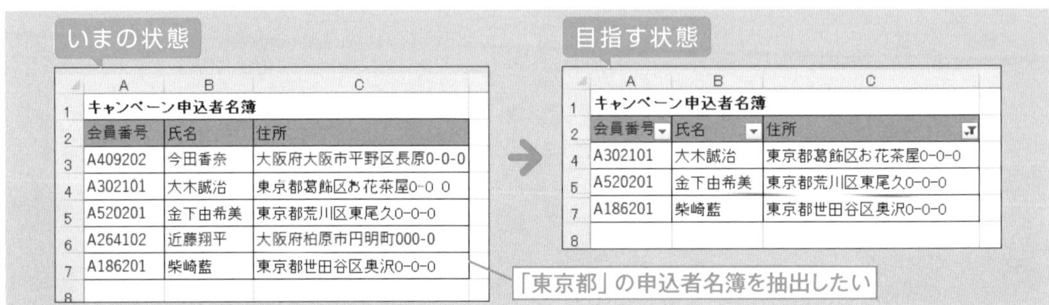

● **住所に「東京都」が含まれるデータを抽出する**

1. 表をテーブルに変換するか、[データ] タブ→[並べ替えとフィルター] グループ→[フィルター] ボタンをクリックする。
2. 「住所」のフィルターボタンをクリックし、検索ボックスに「東京都」と入力する。
3. [OK] ボタンをクリックする。

● **会員番号の下2桁が「02」のデータを抽出する**

4. 『会員番号』のフィルターボタンをクリックし、検索ボックスに「?????02」と入力する。
5. [OK] ボタンをクリックする。

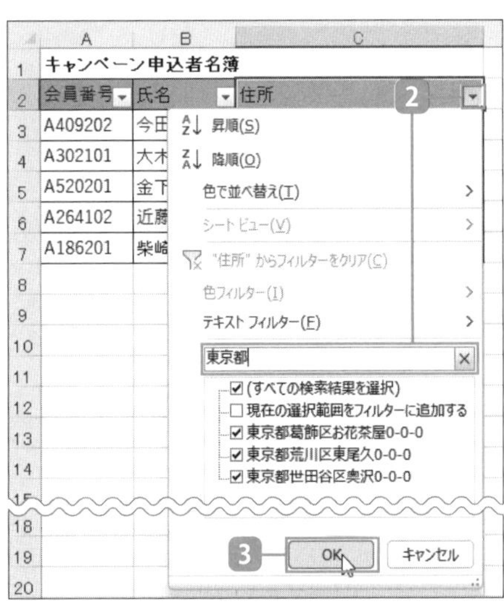

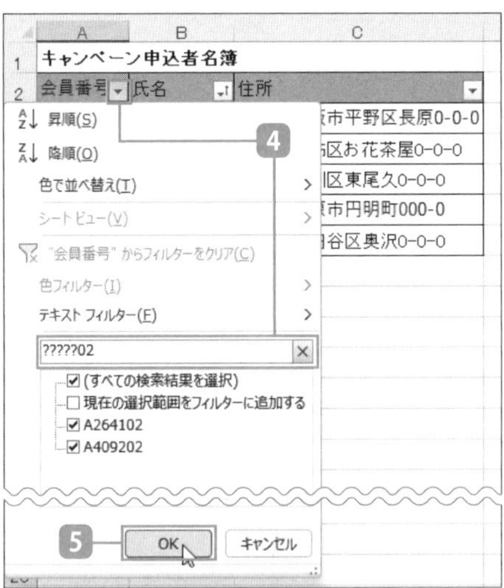

ここがポイント！　一部がある場所を指定して抽出するにはワイルドカードを使う

「?」はワイルドカードの1つ。**ワイルドカード**とは、任意の文字を表す特殊な文字記号のこと。ワイルドカードには以下の3つがあり、条件にする一部の文字と一緒に使うことで、一部の条件が指定できる。

ワイルドカード(読み方)	意味	使用例	指定できる条件
*(アスタリスク)	あらゆる文字列を表す	*	数値以外の文字
		*旭	「旭」で終わる文字列
		旭*	「旭」で始まる文字列
		旭、*旭*	「旭」を含む文字列
?(クエスチョンマーク)	「?」で1文字を表す	??旭	「旭」の前に2文字ある文字列
		??	2文字の文字列
~(チルダ)	「*」「?」をワイルドカードと認識させないようにする	~?	「?」の記号
		~*	「*」の記号

つまり、「?????02」と入力すると、6～7文字目が「02」の「会員番号」が抽出できる。
手順の「東京都」は「東京都*」「*東京都*」「*東京都」をすべて指定したことになるので、位置を指定したい場合は、ワイルドカードを付けて検索ボックスに入力しよう。

併せて覚え テク　2つまでの部分一致を条件に抽出する

2つまでの部分一致を条件に抽出するなら、[カスタムオートフィルター](Excel2019/2016では[オートフィルターオプション])ダイアログボックスを使おう。
たとえば、荒川区、世田谷区を含む住所を抽出するなら、[テキストフィルター](本章のテク167)→[指定の値を含む]を選択して表示される[カスタムオートフィルター](Excel2019/2016では[オートフィルターオプション])ダイアログボックスで、1「荒川区を含む」2 OR 3「世田谷区を含む」を指定して、4[OK]ボタンをクリックしよう。

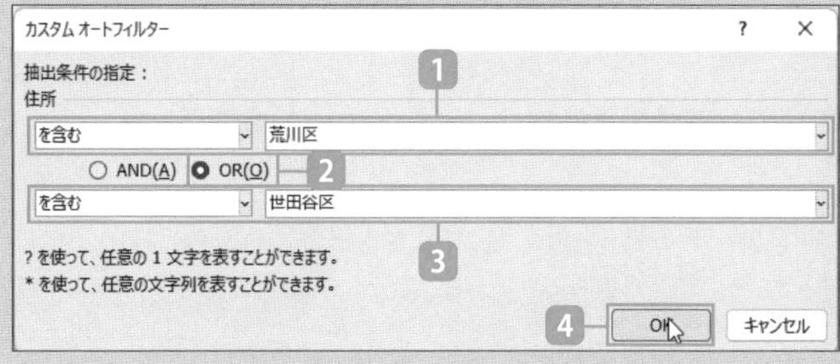

第6章

✔ 部分抽出

テク172 条件に部分的に一致するデータを別表に抽出したい

使うのはコレ! フィルターオプションの設定+ワイルドカード

テク170で解説の**フィルターオプションの設定**を使うと、条件に部分的に一致するデータを別表に抽出することができる。別表に抽出するには、ワイルドカードを条件に使う。

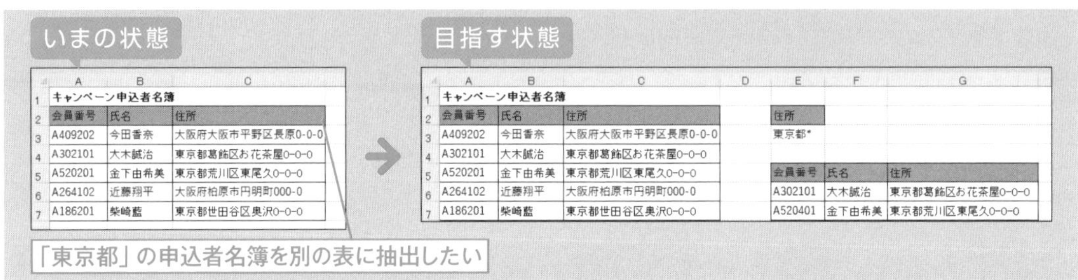

1 抽出の条件として列見出しとデータを入力する。ここでは条件の列見出し『住所』の下に「東京都*」と入力して作成する。
2 表内のセルを1つ選択し、[データ]タブ→[並べ替えとフィルター]グループ→[詳細設定]ボタンをクリックする。
3 表示された[フィルターオプションの設定]ダイアログボックスで、[抽出先]に[指定した範囲]を選ぶ。
4 [リスト範囲]にA2セル～C7セルを範囲選択する。
5 [抽出条件範囲]に作成した条件のE2セル～E3セルを範囲選択する。
6 [抽出範囲]にE5セルを選択する。
7 [OK]ボタンをクリックする。

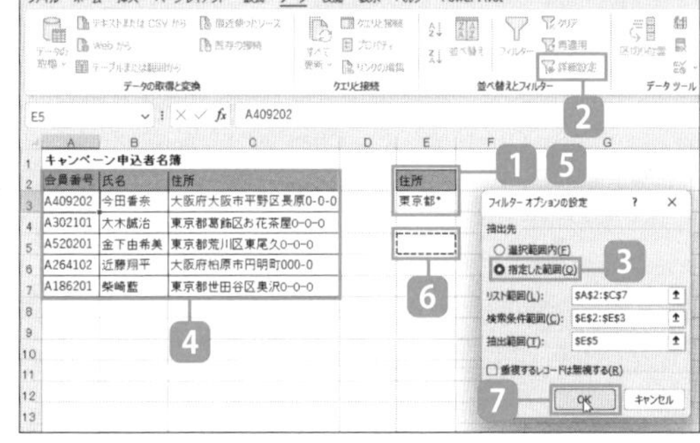

ここがポイント! 任意の文字を指定して抽出するにはワイルドカードを使う

「*」はワイルドカードの1つ。ワイルドカードについてはテク171「ここがポイント！」で解説しているが、フィルターやテーブルで使用する場合とは少し異なるので、以下の表を参考にしよう。

ワイルドカード(読み方)	意味	使用例	指定できる条件
*(アスタリスク)	あらゆる文字列を表す	旭、旭*	「旭」で始まる文字列
		="=*旭"	「旭」で終わる文字列
		*旭、*旭*	「旭」を含むすべての文字列
?(クエスチョンマーク)	「?」で1文字を表す	="=??"	2文字の文字列
		="=?旭"	「旭」の前に1文字ある文字列
		="=旭?"	「旭」の後に1文字ある文字列
		?旭?	「旭」の前後1文字
~(チルダ)	「*」「?」をワイルドカードと認識させないようにする	~*	「*」の記号
		~?	「?」の記号

抽出編

✔ 部分抽出

テク173 年／月／日を条件にしてデータを抽出したい

使うのはコレ! フィルター／テーブル+検索ボックス

日付データから年だけ、月だけ、日だけを条件にデータを抽出する場合は、**フィルター／テーブルの検索ボックス横のボタン**を使おう。複数年月でも年、月、日の数値を入力するだけで抽出できる。

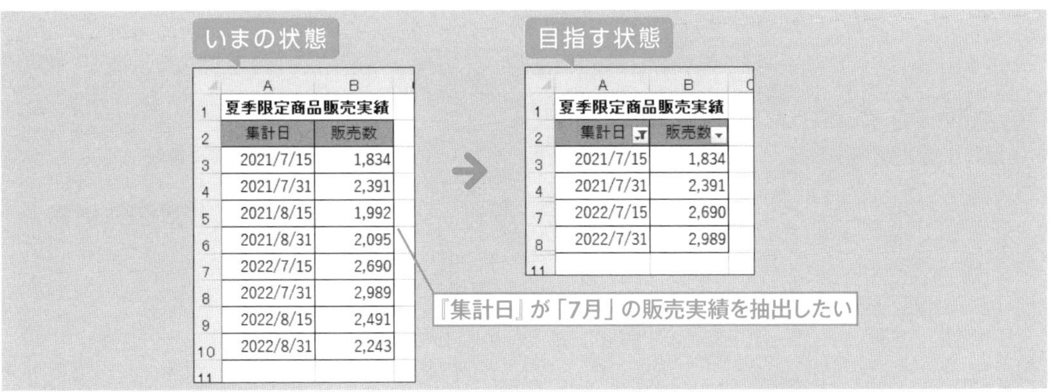

1. 表をテーブルに変換するか、[データ]タブ→[並べ替えとフィルター]グループ→[フィルター]ボタンをクリックする。
2. 『集計日』のフィルターボタンをクリックし、検索ボックスの[▽]をクリックして[月]を選択する。
3. 検索ボックスに「7」と入力する。
4. [OK]ボタンをクリックする。

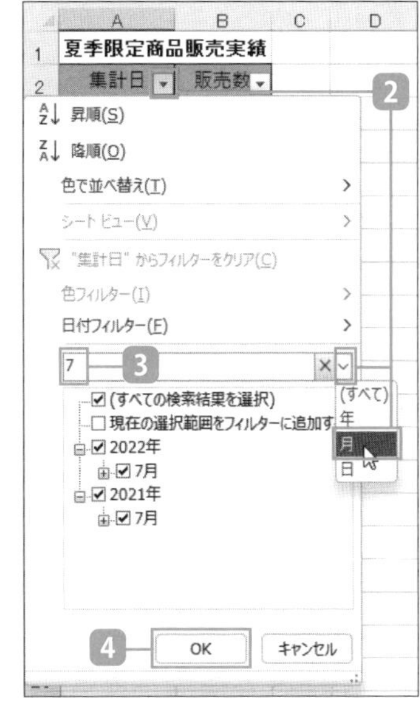

ここがポイント! 年の条件は[年]、日の条件は[日]を選ぶ

検索ボックスの[▽]をクリックして表示されるメニューから[年]を選ぶと年を条件に、[日]を選ぶと日を条件に指定できる。日付データが多いとフィルターメニューの項目にチェックを入れて抽出するのは大変なので、覚えておこう。

✔ 並び指定／切り替え抽出

テク174 抽出列と並び順を指定して、条件に一致するデータを別表に抽出したい

使うのはコレ! フィルターオプションの設定

テク170と172で解説の**フィルターオプションの設定**は、抽出する列とその並び順を指定して、条件に一致するデータを別表に抽出する。抽出後に削除や移動を行わずに希望の体裁で抽出することができる。

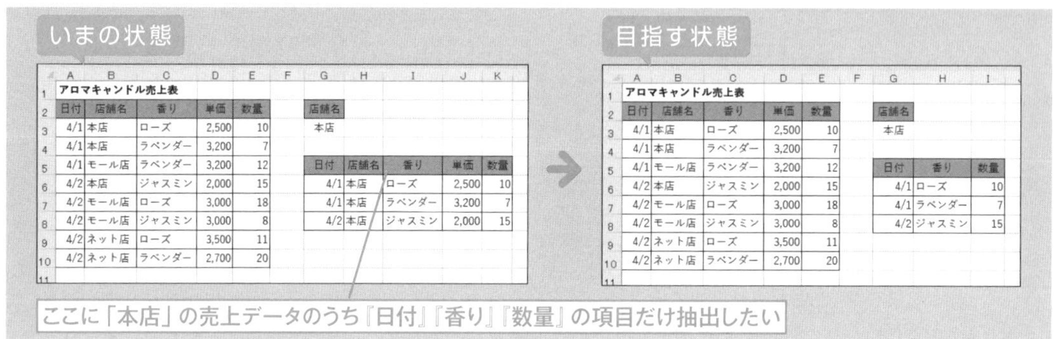

1. 抽出の条件上として列見出しとデータを入力する。ここでは条件の列見出し『店舗名』の下に「本店」と入力して作成する。
2. 抽出する列見出しだけを抽出したい順番で入力する。
3. 表内のセルを1つ選択し、[データ]タブ→[並べ替えとフィルター]グループ→[詳細設定]ボタンをクリックする。
4. 表示された[フィルターオプションの設定]ダイアログボックスで、[抽出先]に[指定した範囲]を選ぶ。
5. [リスト範囲]にA2セル～E10セルを範囲選択する。
6. [抽出条件範囲]に作成した条件のG2セル～G3セルを範囲選択する。
7. [抽出範囲]に作成した見出しのG5セル～I5セルを範囲選択する。
8. [OK]ボタンをクリックする。

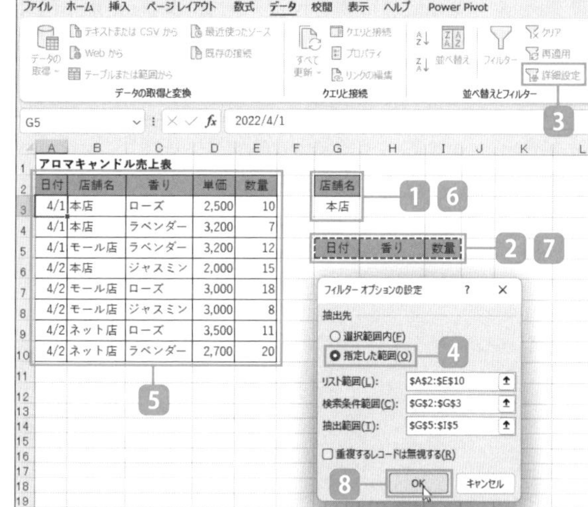

ここがポイント! [抽出範囲]に抽出したい列見出しを指定する

指定の列見出しのデータだけを指定の並び順で抽出するには、[フィルターオプションの設定]ダイアログボックスで[抽出範囲]に、その列見出しや並びを指定したセル範囲を選択するのがコツ。

✓ 並び指定／切り替え抽出

テク 175 抽出条件や行列の非表示を登録して、必要なときに表を一瞬で切り替えたい

使うのはコレ! フィルター+ユーザー設定のビュー

フィルターで抽出した条件は**ユーザー設定のビュー**に登録しておけば、ビューボタン1つで一瞬に抽出条件の表に切り替えられる。決まった抽出条件が複数あっても、それぞれ登録しておくことで、それぞれの行列の非表示やページレイアウトも同時に反映させて、瞬時に表を切り替えることができる。

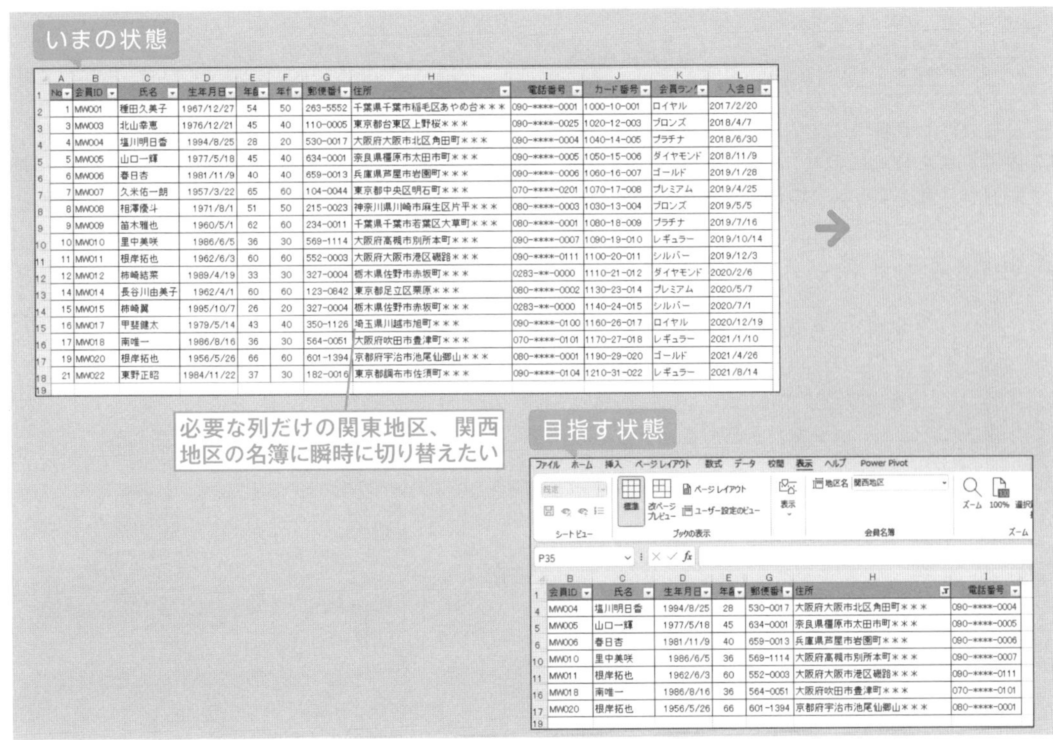

No	会員ID	氏名	生年月日	年齢	年	郵便番	住所	電話番号	カード番号	会員ラン	入会日
1	MW001	種田久美子	1967/12/27	54	50	263-5552	千葉県千葉市稲毛区あやめ台＊＊＊	090-＊＊＊＊-0001	1000-10-001	ロイヤル	2017/2/20
3	MW003	北山幸恵	1976/12/21	45	40	110-0005	東京都台東区上野桜＊＊＊	090-＊＊＊＊-0025	1020-12-003	ブロンズ	2018/4/7
4	MW004	塩川明日香	1994/8/25	28	20	530-0017	大阪府大阪市北区角田町＊＊＊	090-＊＊＊＊-0004	1040-14-005	プラチナ	2018/6/30
5	MW005	山口一輝	1977/5/18	45	40	634-0001	奈良県橿原市太田市町＊＊＊	090-＊＊＊＊-0005	1050-15-006	ダイヤモンド	2018/11/9
6	MW006	春日杏	1981/11/9	40	40	659-0013	兵庫県芦屋市岩園町＊＊＊	090-＊＊＊＊-0006	1060-16-007	ゴールド	2019/1/28
7	MW007	久米佑一朗	1957/3/22	65	60	104-0044	東京都中央区明石町＊＊＊	070-＊＊＊＊-0201	1070-17-008	プレミアム	2019/4/25
8	MW008	相澤優斗	1971/8/1	51	50	215-0023	神奈川県川崎市麻生区片平＊＊＊	080-＊＊＊＊-0003	1030-13-004	ブロンズ	2019/5/5
9	MW009	笛木雅也	1960/5/1	62	60	234-0011	千葉県千葉市若葉区大草町＊＊＊	080-＊＊＊＊-0001	1080-18-009	プラチナ	2019/7/16
10	MW010	里中美咲	1986/6/5	36	30	569-1114	大阪府高槻市別所本町＊＊＊	090-＊＊＊＊-0007	1090-19-010	レギュラー	2019/10/14
11	MW011	根岸拓也	1962/6/3	60	60	552-0003	大阪府大阪市港区磯路＊＊＊	090-＊＊＊＊-0111	1100-20-011	シルバー	2019/12/3
12	MW012	柿崎結菜	1989/4/19	33	30	327-0004	栃木県佐野市赤坂町＊＊＊	0283-＊＊-0000	1110-21-012	ダイヤモンド	2020/2/6
14	MW014	長谷川由美子	1962/4/1	60	60	123-0842	東京都足立区栗原＊＊＊	080-＊＊＊＊-0002	1130-23-014	プレミアム	2020/5/7
15	MW015	柿崎翼	1995/10/7	26	20	327-0004	栃木県佐野市赤坂町＊＊＊	0283-＊＊-0000	1140-24-015	シルバー	2020/7/1
16	MW017	甲斐健太	1979/5/14	43	40	350-1126	埼玉県川越市旭町＊＊＊	090-＊＊＊＊-0100	1160-26-017	ロイヤル	2020/12/19
17	MW018	南唯一	1986/8/16	36	30	564-0051	大阪府吹田市豊津町＊＊＊	070-＊＊＊＊-0101	1170-27-018	レギュラー	2021/1/10
19	MW020	根岸拓也	1956/5/26	66	60	601-1394	京都府宇治市池尾仙郷山＊＊＊	080-＊＊＊＊-0001	1190-29-020	ゴールド	2021/4/26
21	MW022	東野正昭	1984/11/22	37	30	182-0016	東京都調布市佐須町＊＊＊	090-＊＊＊＊-0104	1210-31-022	レギュラー	2021/8/14

会員ID	氏名	生年月日	年齢	郵便番	住所	電話番号
MW004	塩川明日香	1994/8/25	28	530-0017	大阪府大阪市北区角田町＊＊＊	090-＊＊＊＊-0004
MW005	山口一輝	1977/5/18	45	634-0001	奈良県橿原市太田市町＊＊＊	090-＊＊＊＊-0005
MW006	春日杏	1981/11/9	40	659-0013	兵庫県芦屋市岩園町＊＊＊	090-＊＊＊＊-0006
MW010	里中美咲	1986/6/5	36	569-1114	大阪府高槻市別所本町＊＊＊	090-＊＊＊＊-0007
MW011	根岸拓也	1962/6/3	60	552-0003	大阪府大阪市港区磯路＊＊＊	090-＊＊＊＊-0111
MW018	南唯一	1986/8/16	36	564-0051	大阪府吹田市豊津町＊＊＊	070-＊＊＊＊-0101
MW020	根岸拓也	1956/5/26	66	601-1394	京都府宇治市池尾仙郷山＊＊＊	080-＊＊＊＊-0001

1. 希望のページレイアウトや用紙の向き、タイトルなどを設定しておく。
2. 必要な列以外、非表示にしたら、『住所』のフィルターボタンで関東地区の住所を抽出する。
3. [表示] タブ→[ブックの表示] グループ→[ユーザー設定のビュー] ボタンをクリックする。表示された [ユーザー設定のビュー] ダイアログボックスで [追加] ボタンをクリックする。
4. 表示された [ビューの追加] ダイアログボックスで、[名前] に「関東地区」と入力する。
5. [OK] ボタンをクリックする。関西地区の住所も『住所』のフィルターボタンから抽出して、手順3～5を行い、「ユーザー設定のビュー」に登録しておく。

操作テク〉ユーザ設定のビューは、テーブルでは使えない。ほかのシートにテーブルがあったり、ユーザ設定のビューに登録したあとほかのシートでテーブルを作成したりすると使えなくなるので注意が必要。

第6章

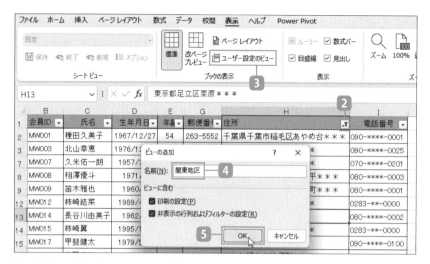

❻ リボンの上で右クリックし、表示されたメニューから［リボンのユーザー設定］を選択する。

❼ 表示された［Excelのオプション］ダイアログボックスで［リボンのユーザー設定］から［メインタブ］を選択し、追加するタブの追加したい位置（［表示］→［表示］ボタン）を選択し、❽［新しいグループ］ボタンをクリックする。

❾［名前の変更］ボタンをクリックして、付けたいグループ名（会員名簿）を入力し、［OK］ボタンをクリックする。

❿［コマンドの選択］から［すべてのコマンド］を選択し、「ユーザー設定のビュー」を選択する。

⓫［追加］ボタンをクリックし、作成したグループに追加する。

⓬［OK］ボタンをクリックする。

⓭ 作成されたビューボタンから名前を選択すると、その名前で登録した条件で名簿が抽出される。

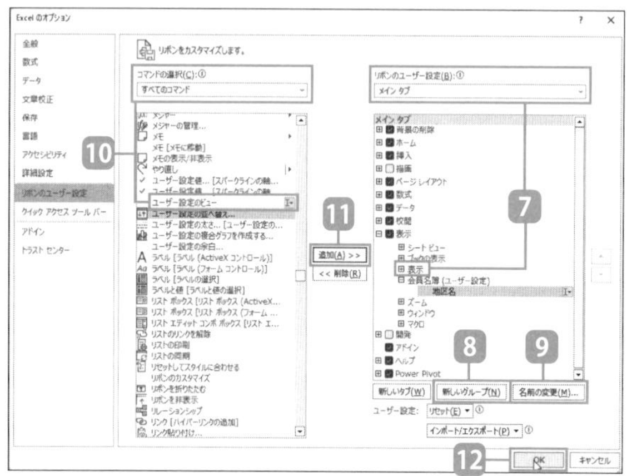

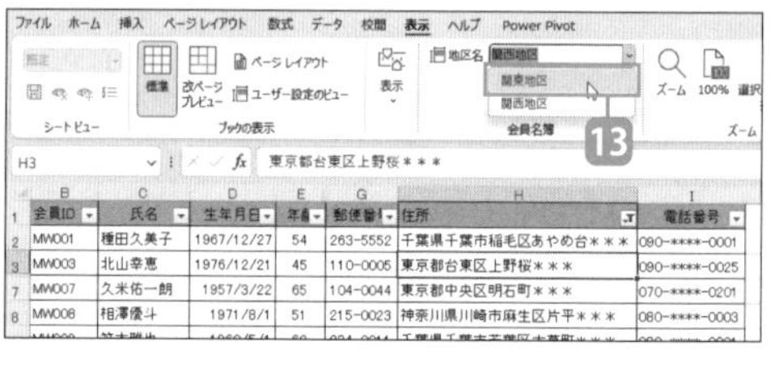

ここがポイント！　ビューボタンなしでも切り替えられる

手順❻～⓭でビューボタンを追加しなくても、［表示］タブの［ブックの表示］グループの［ユーザー設定のビュー］ボタンをクリックして表示された［ユーザー設定のビュー］ダイアログボックスで付けた名前を選択して［表示］ボタンをクリックすることでも切り替えられる。

第2部

抽出編

第7章

セルから「必要な値だけ」を抽出するテクを網羅

7-1 文字列から文字の一部や関連情報を抽出するテクをマスター!

第6章1節では、セル内の文字列をExcelの分割機能を使って抽出する方法を紹介したが、分割機能だけではできない抽出もある。たとえば、以下のようなケースだ。

データの変更に対応したいので「フラッシュフィル」が使えない。
区切り文字で縦方向に分割したいので「区切り位置指定ウィザード」が使えない。
住所を分割したいが「Power Query」が使えない環境……。

	A
1	MW001,1000-10-001,2017/2/20,種田久美子,1967/12/27,263-5552,千葉県千葉市稲毛区あやめ台＊＊＊,090-****-0001

↓

2		
3	会員ID	MW001
4	カード番号	1000-10-001
5	入会日	2017/2/20
6	氏名	種田久美子
7	生年月日	1967/12/27
8	郵便番号	263-5552
9	住所	千葉県千葉市稲毛区あやめ台＊＊＊
10	電話番号	090-****-0001
11		

[,] で区切ったデータを縦方向に分割して抽出したい

	A	B	C	D
1	アプリ会員名簿			
2	住所	都道府県	市区町村	番地
3	神奈川県川崎市麻生区片平10-0	神奈川県	川崎市麻生区片平	10-0
4	東京都中央区明石町25-0-0	東京都	中央区明石町	25-0-0
5	大阪府大阪市北区角田町7-0-00	大阪府	大阪市北区角田町	7-0-00
6				

Power Queryが使えなくても、住所を『都道府県』『市区町村』『番地』に分割したい

どんな場合でもセル内から抽出したい。そこで、本節では、Excelの分割機能が使えないときでも困らないように、**関数**を使ってあらゆるセル内の文字を抽出するテクニックをマスターしよう！

抽出編

✓ 文字数で分割抽出

テク 176 指定の文字数だけ文字列を抽出したい

使うのはコレ! LEFT関数、MID関数、RIGHT関数

セル内の文字列から文字を抽出するとき、2文字など文字数を指定して抽出するには、文字列の左端からは**LEFT関数**、真ん中からは**MID関数**、右端からは**RIGHT関数**を使おう。

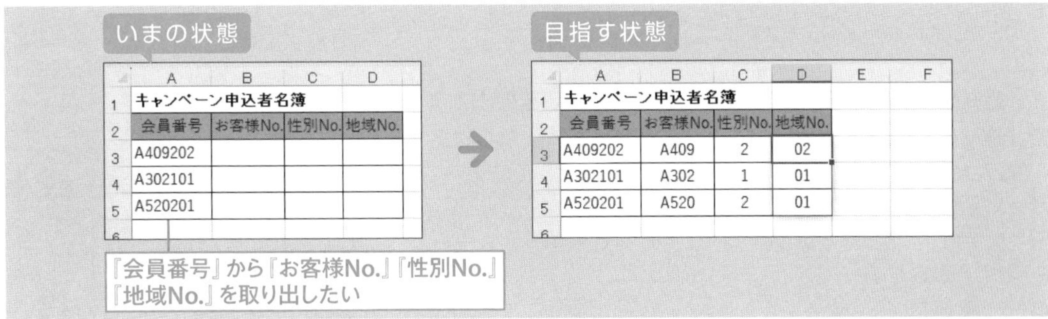

『会員番号』の左端から4文字分の『お客様No.』を抽出する

1. 『お客様No.』を求めるセル(B3セル)を選択し、「=LEFT(」と入力する。
2. [文字列]…『会員番号』のセルを選択する。
3. [文字数]…抽出する文字数「4」を入力して、Enterキーで数式を確定する。
4. 数式を必要なだけ複写する。

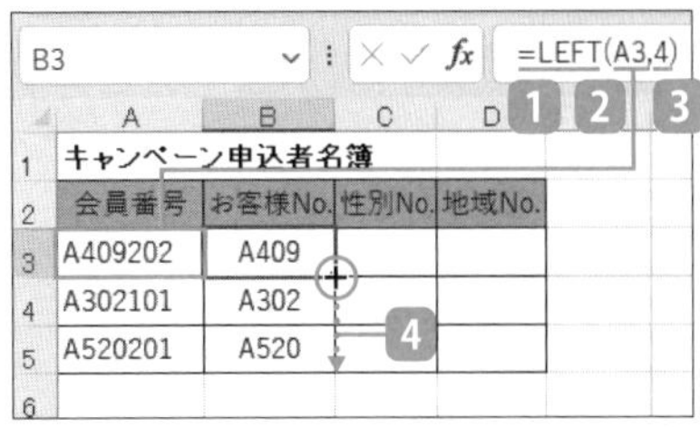

数式解説

「=LEFT(A3,4)」の数式は、「A409202」の左端から4文字分の「A409」を抽出する。

Change!

従来 =LEFT(A3,4)

スピル =LEFT(A3:A5,4)

『会員番号』の左端から5番目で1文字分の『性別No.』を抽出する

1. 『性別No.』を求めるセル(C3セル)を選択し、「=MID(」と入力する。
2. [文字列]…『会員番号』のセルを選択する。
3. [開始位置]…抽出を開始する文字数「5」を入力する。
4. [文字数]…抽出する文字数「1」を入力して、Enterキーで数式を確定する。
5. 数式を必要なだけ複写する。

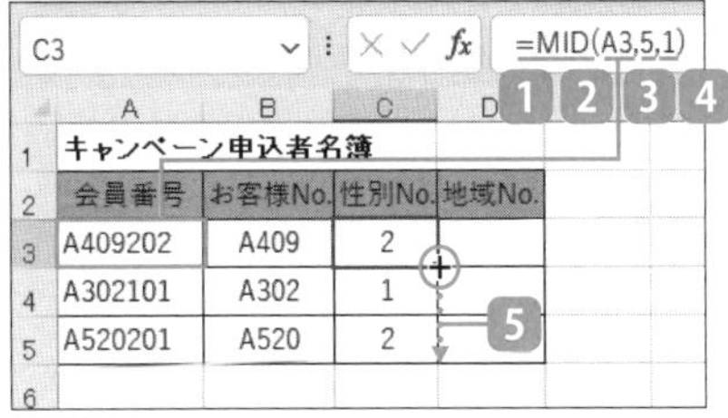

数式解説

「=MID(A3,5,1)」の数式は、「A409202」の左端から5番目で1文字分の「2」を抽出する。

Change!

従来 =MID(A3,5,1)

スピル =MID(A3:A5,5,1)

『会員番号』の右端から2文字分の『地域No.』を抽出する

1. 『地域No.』を求めるセル(D3セル)を選択し、「=RIGHT(」と入力する。
2. [文字列]…『会員番号』のセルを選択する。
3. [文字数]…抽出する文字数「2」を入力して、Enter キーで数式を確定する。
4. 数式を必要なだけ複写する。

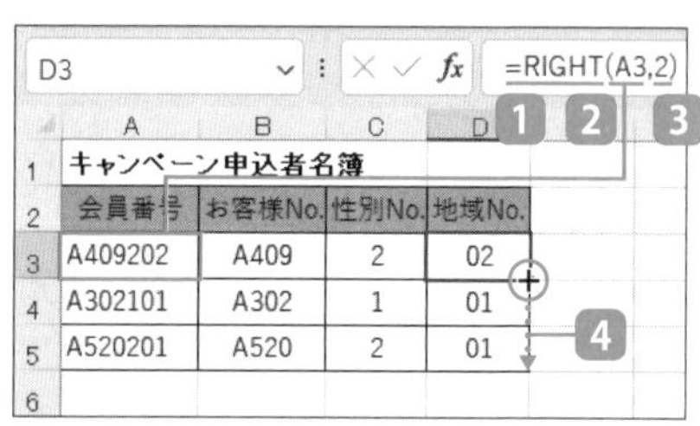

数式解説

「=RIGHT(A3,2)」の数式は、「A409202」の右端から2文字の「02」を抽出する。

Change!

従来 =RIGHT(A3,2)

スピル =RIGHT(A3:A5,2)

併せて覚え テク **抽出したい文字数がバラバラの場合は?**

名前の姓と名の間にスペースを入れていないが分割したいといったように、区切りがなく字数もバラバラの文字列を、それぞれ指定の位置で抽出するには、1あらかじめ抽出したい文字数を別の列に入力して、2引数[文字数]に指定して数式を作成しよう。

スピル使用の数式
=LEFT(A3:A5,D3:D5)

✓ 区切り文字で分割抽出

テク177 区切り文字で文字列を縦並びに分割したい

使うのはコレ! Microsoft365　TEXTSPLIT関数
Excel2021/2019/2016　TRIM+MID+SUBSTITUTE+REPT+ROW関数

区切り文字で分割できる第6章1節テク163の区切り位置指定ウィザードでは、横並びにしか分割できない。**縦並びの分割**は、Microsoft365なら**TEXTSPLIT関数**1つでできる。Excel2021/2019/2016なら、**SUBSTITUTE関数**で区切り文字を空白に置き換えてから分割しよう。数式なので元データの変更にも対応できる。

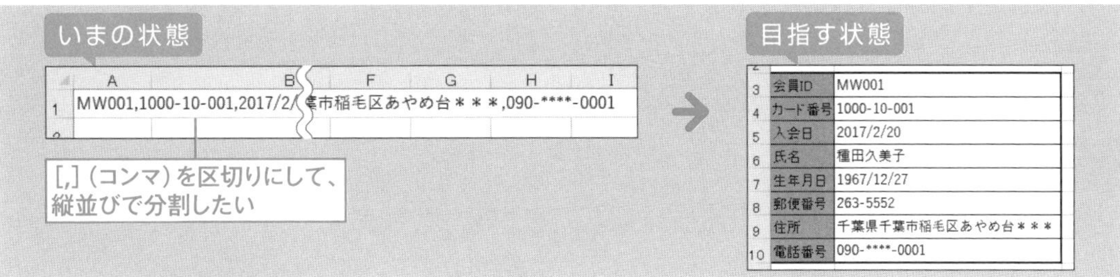

● Microsoft365の数式

1. 抽出するセル（B3セル）を選択し、「=TEXTSPLIT(」と入力する。
2. ［文字列］…A1セルを選択する。
3. ［列区切り］…省略。
4. ［行区切り］…区切る文字の［,］を入力する。
5. ［空文字の無視］…省略。
6. ［一致モード］…省略。
7. ［空の場合の値］…省略して、Enterキーで数式を確定する。

=TEXTSPLIT(A1,,",")

	A	B
1	MW001	1000-10-001,2017/2/20,種田久美子,1967/12/27,263
2		
3	会員ID	MW001
4	カード番号	1000-10-001
5	入会日	2017/2/20
6	氏名	種田久美子
7	生年月日	1967/12/27
8	郵便番号	263-5552

数式解説

「=TEXTSPLIT(A1,,",")」は、A1セルの文字列を［,］で区切って縦並びに分割する。

● Excel2021/2019/2016の数式

1. 抽出するセル（B3セル）を選択し、「=TRIM(」と入力する。
2. ［文字列］…「MID(」と入力する。
3. MID関数の［文字列］…「SUBSTITUTE($A$1,",",REPT(" ",100))」と入力する。
4. ［開始位置］…「ROW(A1)*100-99」と入力する。
5. ［文字数］…「100」を入力して、Enterキーで数式を確定する。
6. 数式を必要なだけ複写する。

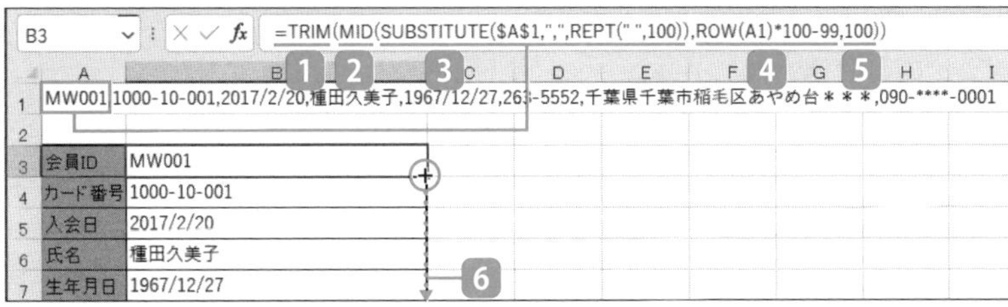

数式解説

「SUBSTITUTE($A$1,",",REPT(" ",100))」の数式は、区切り文字の[,]を[" "](半角スペース)100個に置き換える。置き換えると、

MW001(半角スペース100個)1000-10-001(半角スペース100個)2017/2/20(半角スペース100個)種田久美子(半角スペース100個)1967/12/27(半角スペース100個)263-5552(半角スペース100個)千葉県千葉市稲毛区あやめ台＊＊＊(半角スペース100個)090-****-0001

となり、この文字列をTRIM関数の引数の[文字列]に指定して「MID(SUBSTITUTE($A$1,",",REPT(" ",100)),ROW(A1)*100-99,100)」と数式を作成すると、1文字目から100文字の「MW001(半角スペース95個)」が抽出される。この時、余分な半角スペースが文字列の末尾に残るので、TRIM関数で削除する数式を作成する。結果、区切り文字の[,]までの「会員ID」が抽出される。この数式を縦方向にコピーすると、区切り文字の[,]ごとに分割して抽出される。なお、数式内の「100」の数値はセル内の文字数で調整しよう。

Change!

従来 `=TRIM(MID(SUBSTITUTE($A$1,",",REPT(" ",100)),ROW(A1)*100-99,100))`

スピル `=TRIM(MID(SUBSTITUTE(A1,",",REPT(" ",100)),ROW(A1:A8)*100-99,100))`

ここがポイント！　区切り文字で横並びに分割するには？

第6章1節テク163の区切り位置ウィザードのように、区切り文字で横並びに分割するには、TEXTSPLIT関数の数式では、引数[列区切り]に区切り文字を入力、Excel2021/2019/2016の数式では、MID関数の引数[開始位置]に「COLUMN(A1)*100-99」と指定して数式を作成しよう。

併せて覚え テク　TEXTSPLIT関数だけで、いろいろな区切り文字分割ができる(Microsoft365)

Microsoft365なら、**TEXTSPLIT関数**1つで、区切り文字で行列分割や、複数の種類の区切り文字すべての分割が可能。
たとえば、[,]で横並び、[;]で縦並びに分割するなら、❶引数[列区切り]に[,]、❷[行区切り]に[;]を入力して数式を作成しよう。

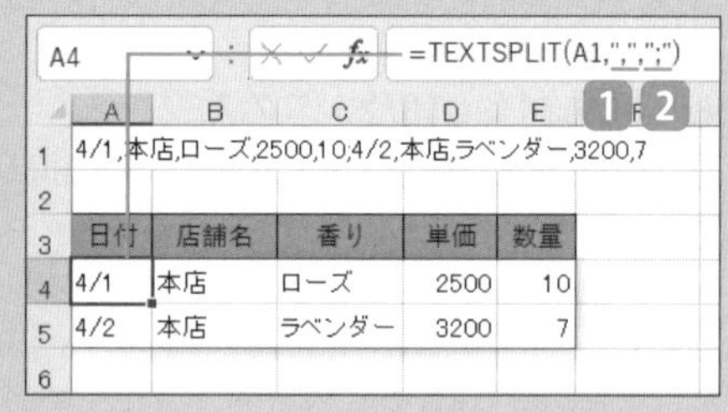

複数の区切り文字が同じセル内にある場合に、すべて横並びや縦並びに分割するなら、引数[列区切り]や[行区切り]にすべての区切り文字を配列定数で入力しよう。たとえば、半角スペース／全角スペースで区切られた名前を横並びに姓と名に分割抽出するなら、引数[列区切り]を以下のように入力して数式を作成しよう。

抽出編

✓ 区切り文字で分割抽出

テク178 区切り文字で文字列を左／真ん中／右から別々に抽出したい

使うのはコレ! Microsoft365　TEXTBEFORE関数、TEXTAFTER関数
Excel2021/2019/2016　左/LEFT関数　真ん中/MID関数　右/RIGHT関数
+LEN+FIND関数

区切り文字で左端・真ん中・右端からそれぞれ抽出したいなら、Microsoft365は**TEXTBEFORE/TEXTAFTER関数**、Excel2021/2019/2016はテク176の**LEFT/MID/RIGHT関数**の引数［文字数］に**FIND関数**で数式を作成しよう。

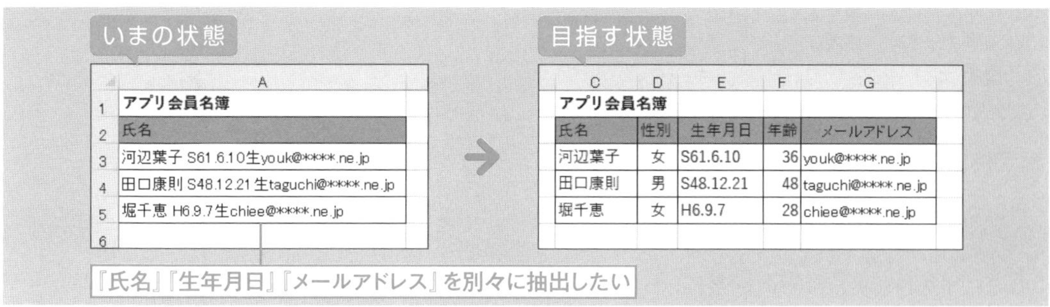

● Microsoft365の数式　「半角スペース」より前にある『氏名』を抽出する

1. 『氏名』を求めるセル（C3セル）を選択し、「=TEXTBEFORE(」と入力する。
2. ［文字列］…抽出する『氏名』のセル範囲を選択する。
3. ［区切り文字］…半角スペース「" "」を入力する。
4. ［区切り位置］…省略。
5. ［一致モード］…省略。
6. ［末尾一致］…省略。
7. ［既定値］…省略して、Enter キーで数式を確定する。

=TEXTBEFORE(A3:A5," ")

数式解説

「=TEXTBEFORE(A3:A5," ")」の数式は、A3セル～A5セルの半角スペース「" "」より前にある『氏名』を抽出する。

● Microsoft365の数式　「生」より後にある『メールアドレス』を抽出する

1. 『氏名』を求めるセル（C3セル）を選択し、「=TEXTAFTER(」と入力する。
2. ［文字列］…『氏名』のセル範囲を選択する。
3. ［区切り文字］…「"生"」を入力する。
4. ［区切り位置］…省略。
5. ［一致モード］…省略。
6. ［末尾一致］…省略。
7. ［既定値］…省略して、Enter キーで数式を確定する。

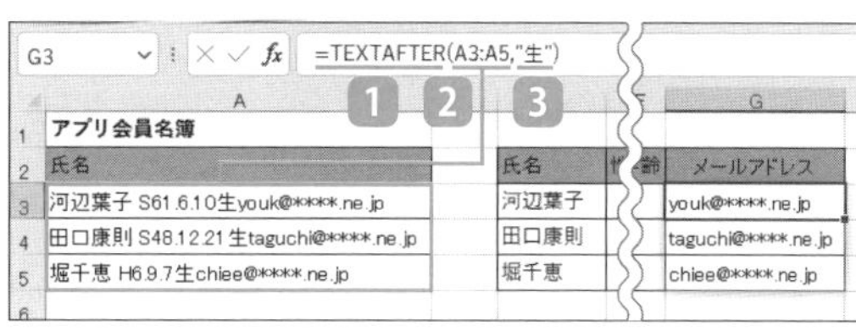

数式解説

「=TEXTAFTER(A3:A5,"生")」の数式は、A3セル～A5セルの「生」より後にある『メールアドレス』を抽出する。

● Microsoft365の数式 「半角スペース」と「生」の間にある『生年月日』を抽出する

1. 『生年月日』を求めるセル(E3セル)を選択し、「=TEXTBEFORE(」と入力する。
2. [文字列]…「TEXTAFTER(A3:A5," ")」と入力する。
3. [区切り文字]…「"生"」を入力する。
4. [区切り位置]…省略。
5. [一致モード]…省略。
6. [末尾の一致]…省略。
7. [既定値]…省略して、Enterキーで数式を確定する。

E3 =TEXTBEFORE(TEXTAFTER(A3:A5," "),"生")

	A	B	C	D	E
1	アプリ会員名簿				
2	氏名		氏名	性別	生年月日
3	河辺葉子 S61.6.10生youk@****.ne.jp		河辺葉子		S61.6.10
4	田口康則 S48.12.21生taguchi@****.ne.jp		田口康則		S48.12.21
5	堀千恵 H6.9.7生chiee@****.ne.jp		堀千恵		H6.9.7

数式解説

「TEXTAFTER(A3:A5," ")」の数式は、半角スペース「" "」より後にある生年月日とメールアドレスを抽出する。抽出した生年月日とメールアドレスをTEXTBEFORE関数の引数[文字列]に指定して、[区切り文字]に「"生"」を指定することで、「生」より前にある「生年月日」だけが抽出される。

● Excel2021/2019/2016の数式 「半角スペース」より前にある『氏名』を抽出する

1. 『氏名』を求めるセル(B3セル)を選択し、「=LEFT(」と入力する。
2. [文字列]…抽出する『氏名』のセルを選択する。
3. [文字数]…「" "」(半角スペース)より1文字前までの文字数を求める数式「FIND(" ",A3)-1」を入力して、Enterキーで数式を確定する。
4. 数式を必要なだけ複写する。

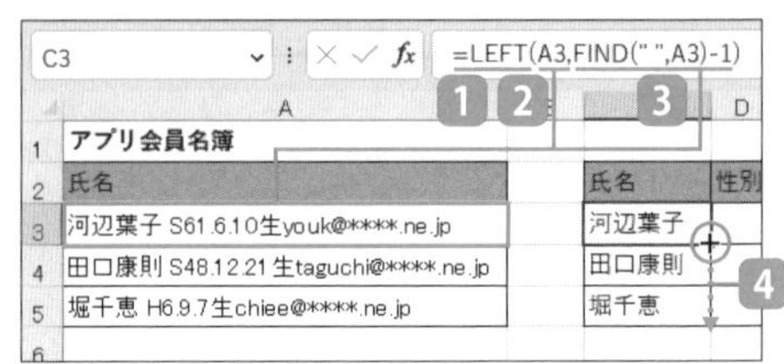

数式解説

「FIND(" ",A3)」の数式は、「河辺葉子 S61.6.10生youk@****.ne.jp」の左端から「半角スペース」までの位置を求める。「求めた位置-1」として「半角スペース」より1文字前までの位置を使い、「「=LEFT(A3,FIND(" ",A3)-1)」の数式を作成することで、「河辺葉子 S61.6.10生youk@****.ne.jp」の左端から「" "」(半角スペース)より前にある「河辺葉子」が抽出される。

Change!

従来 =LEFT(A3,FIND(" ",A3)-1)

スピル =LEFT(A3:A5,FIND(" ",A3:A5)-1)

● Excel2021/2019/2016の数式　「生」より後にある『メールアドレス』を抽出する

1 『メールアドレス』を求めるセル（G3セル）を選択し、「=RIGHT(」と入力する。
2 [文字列]…抽出する『氏名』のセルを選択する。
3 [文字数]…「生」より1文字後からの文字数を求める数式「LEN(A3)-FIND("生",A3)」を入力して、Enterキーで数式を確定する。
4 数式を必要なだけ複写する。

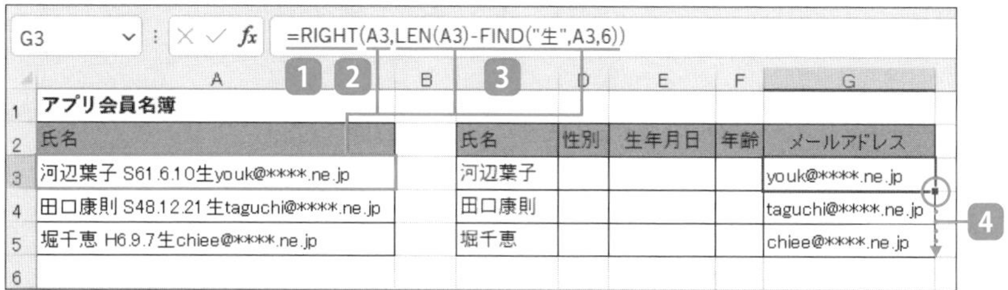

数式解説

「LEN(A3)-FIND("生",A3)」の数式は、『氏名』の文字数から「生」までの文字数を引いた文字数、つまり、残りの『メールアドレス』の文字数を求める。この数式をRIGHT関数の引数の「文字数」に使うことで、「河辺葉子 S61.6.10生youk@****.ne.jp」の右端から「youk@****.ne.jp」が抽出される。

Change!

従来　=RIGHT(A3,LEN(A3)-FIND("生",A3,6))

スピル　=RIGHT(A3:A5,LEN(A3:A5)-FIND("生",A3:A5,6))

● Excel2021/2019/2016の数式　「半角スペース」と「生」の間にある『生年月日』を抽出する

1 『生年月日』を求めるセル（E3セル）を選択し、「=MID(」と入力する。
2 [文字列]…『氏名』のセルを選択する。
3 [開始位置]…「半角スペース」の位置＋1を求める数式「FIND(" ",A3)+1」を入力する。
4 [文字数]…「生」の位置から「半角スペース」の位置までを引いた文字数-1を求める数式「FIND("生",A3)-FIND(" ",A3)-1」を入力して、Enterキーで数式を確定する。
5 数式を必要なだけ複写する。

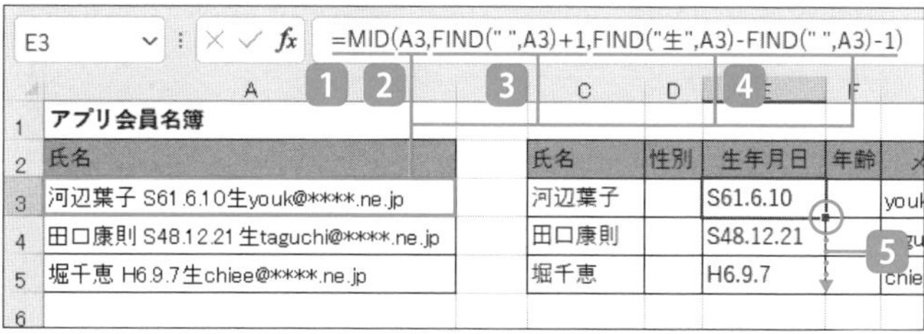

数式解説

「=MID(A3,FIND(" ",A3)+1,FIND("生",A3)-FIND(" ",A3)-1)」の数式は、「河辺葉子 S61.6.10生youk@****.ne.jp」の「半角スペース」の1文字後から「生」の1文字前までの文字数分の「S61.6.10」が抽出される。

Change!

従来
```
=MID(A3,FIND(" ",A3)+1,FIND("生",A3)-FIND(" ",A3)-1)
```

↓

スピル
```
=MID(A3:A5,FIND(" ",A3:A5)+1,FIND("生",A3:A5)-FIND(" ",A3:A5)-1)
```

併せて覚え テク 半角スペース／全角スペースが混在するときは?

TEXTBEFORE/TEXTAFTER関数は、TEXTSPLIT関数と同じく(テク177コラム参照)、1複数の区切り文字を配列定数で指定できる。たとえば、半角スペース／全角スペースで区切られた名前から姓だけを抽出するなら、引数[区切り文字]を以下のように指定して数式を作成しよう。

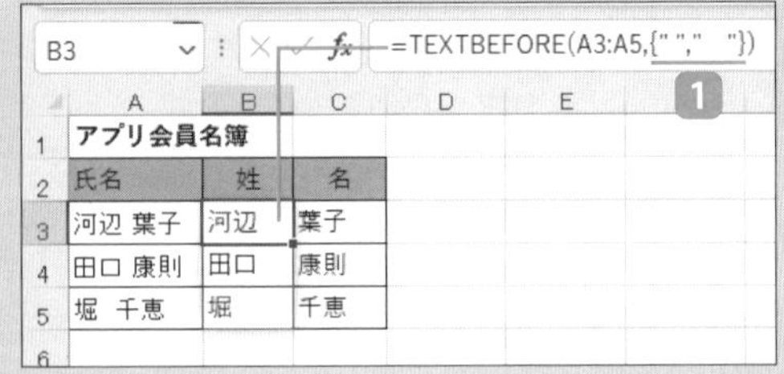

併せて覚え テク 区切り文字がないときはすべて抽出するには?

氏名が姓しか入力されていないなど、区切り文字が見つからない文字列だと、操作の数式ではエラー値が求められてしまう。見つからないときはすべての文字列で求めるには、TEXTBEFORE/TEXTAFTER関数の1引数[既定値]に、「1」(文字列の末尾を区切り文字として扱う)を指定して数式を作成しよう。2 Excel2021/2019/2016なら、FIND関数の引数[対象]に区切り文字を結合して数式を作成しよう。

抽出編

✔ 区切り文字で分割抽出

テク179 複数の同じ区切り文字のうち、指定の番目の区切り文字で分割したい

使うのはコレ! Microsoft365　TEXTAFTER関数
Excel2021/2019/2016　LEFT+FIND+SUBSTITUTE関数

テク178で解説の**TEXTBEFORE/TEXTAFTER関数**は、同じ区切り文字が複数ある場合でも、区切り文字がある番目を指定して抽出することができる。Excel2021/2019/2016なら**LEFT/RIGHT関数**の引数[文字数]に番目が指定できる**FIND＋SUBSTITUTE関数**を組み合わせて抽出しよう。

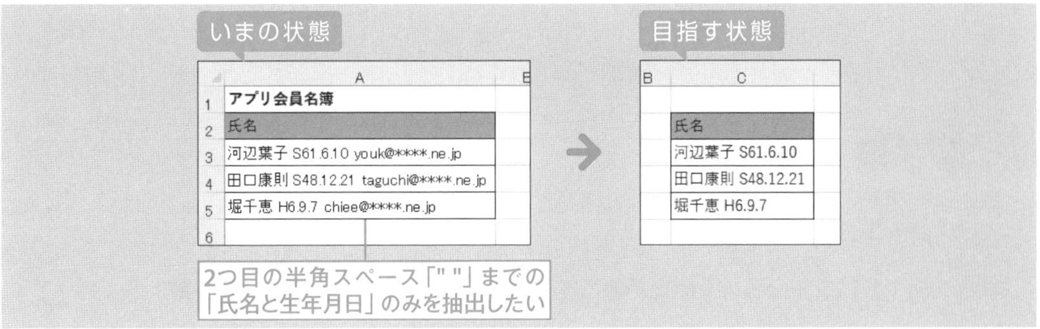

Microsoft365の数式

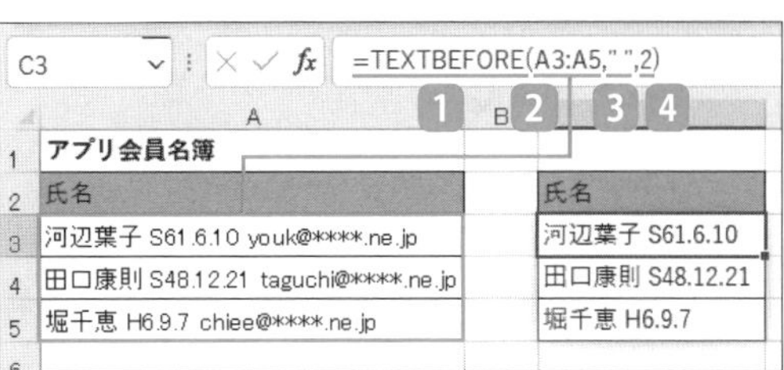

1. 『氏名』を求めるセル(C3セル)を選択し、「=TEXTBEFORE(」と入力する。
2. [文字列]…抽出する『氏名』のセル範囲を選択する。
3. [区切り文字]…半角スペース「" "」を入力する。
4. [区切り位置]…2番目なので「2」と入力する。
5. [一致モード]…省略。
6. [末尾一致]…省略。
7. [既定値]…省略して、Enterキーで数式を確定する。

数式解説

「=TEXTBEFORE(A3:A5," ",2)」の数式は、A3セル～A5セルの2番目の半角スペース「" "」より前にある『氏名』『生年月日』を抽出する。

Excel2021/2019/2016の数式

1. 『氏名』を求めるセル（C3セル）を選択し、「=LEFT(」と入力する。
2. ［文字列］…抽出する『氏名』のセルを選択する。
3. ［文字数］…「FIND("●",SUBSTITUTE(A3," ","●",2))-1」と入力して、Enter キーで数式を確定する。
4. 数式を必要なだけ複写する。

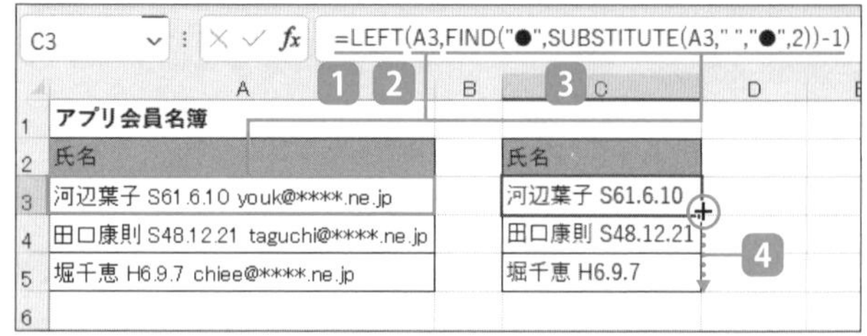

数式解説

「FIND("●",SUBSTITUTE(A3," ","●",2))-1」の数式は、半角スペース「" "」を「●」に置き換えて2番目にある「●」の位置より1文字前までの位置を求める。つまり、2つ目の「半角スペース」より1文字前までの位置となり、「=LEFT(A3,FIND("●",SUBSTITUTE(A3," ","●",2))-1)」の数式を作成することで、2つ目の半角スペース「" "」までの「氏名」「生年月日」が抽出される。

Change!

従来 =LEFT(A3,FIND("●",SUBSTITUTE(A3," ","●",2))-1)

↓

スピル =LEFT(A3:A5,FIND("●",SUBSTITUTE(A3:A5," ","●",2))-1)

併せて覚え テク 特定の要素だけを抽出するには?（Microsoft365）

操作のように●番目の区切り文字までをすべて抽出するのではなく、2番目だけや2番目と6番目だけの区切り文字を基準に別々のセルに抽出したいときは、テク177のTEXTSPLIT関数を配列から列を取り出すことができるCHOOSECOLS関数（11章3節テク272参照）に組み合わせて数式を作成しよう。

2番目の半角スペース「" "」を基準に「氏名」を抽出する

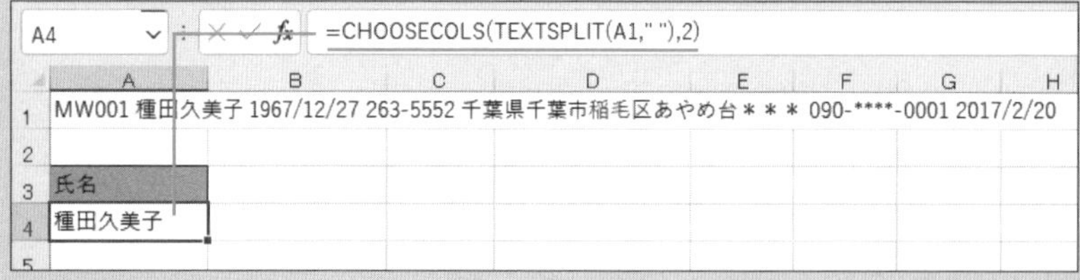

2番目と6番目の半角スペース「" "」を基準に「氏名」「電話番号」を抽出する

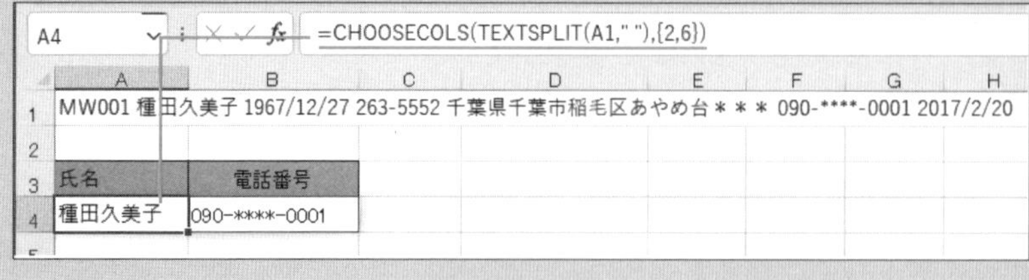

✔ その他の基準で分割抽出

テク 180 全角と半角を別々に抽出したい

使うのはコレ! LEFT (RIGHT) +LENB+LEN関数

全角と半角を別々に抽出するには、第6章1節テク161で解説のフラッシュフィルでできるが、名前とメールアドレスは正しく抽出できない場合がある。うまく抽出できないときは、**全角／半角の文字数**を求めて、その文字数を基準に抽出しよう。

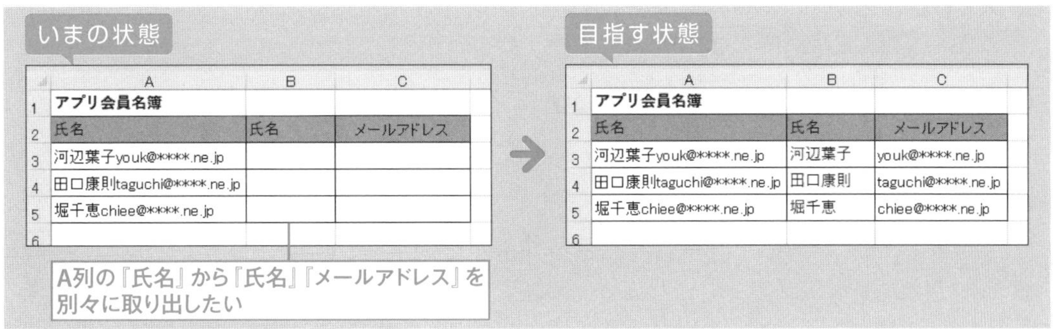

● **全角の『氏名』を抽出する**

1. 『氏名』を求めるセル（B3セル）を選択し、「=LEFT(」と入力する。
2. [文字列]…抽出する『氏名』のセル（A3セル）を選択する。
3. [文字数]…抽出する文字数を求める数式「LENB(A3)-LEN(A3)」を入力して、Enter キーで数式を確定する。
4. 数式を必要なだけ複写する。

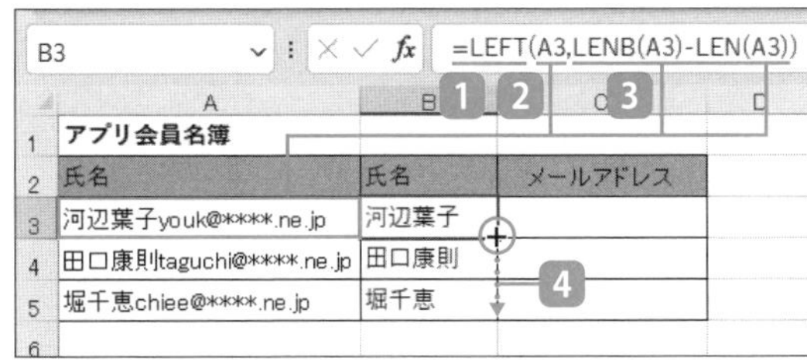

数式解説

「LENB(A3)-LEN(A3)」の数式は、全角の文字数を求める。求められた全角の文字数をLEFT関数の引数の[文字数]に指定することで、「河辺葉子youk@****.ne.jp」から全角の「河辺葉子」が抽出される。

Change!

従来 =LEFT(A3,LENB(A3)-LEN(A3))

↓

スピル =LEFT(A3:A5,LENB(A3:A5)-LEN(A3:A5))

半角の『メールアドレス』を抽出する

1 『メールアドレス』を求めるセル（C3セル）を選択し、「=RIGHT(」と入力する。
2 ［文字列］…抽出する『氏名』のセル（A3セル）を選択する。
3 ［文字数］…抽出する文字数を求める数式「LEN(A3)*2-LENB(A3)」を入力して、Enterキーで数式を確定する。
4 数式を必要なだけ複写する。

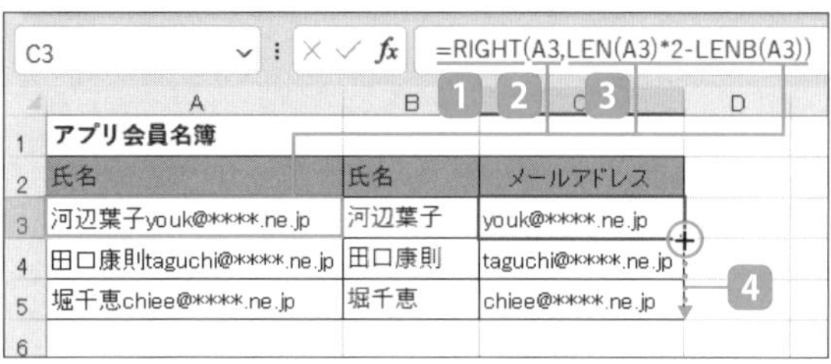

数式解説

「LEN(A3)*2-LENB(A3)」の数式は、半角の文字数を求める。求められた半角の文字数をRIGHT関数の引数の［文字数］に指定することで、「河辺葉子youk@****.ne.jp」から半角の「youk@****.ne.jp」が抽出される。

Change!

従来 =RIGHT(A3,LEN(A3)*2-LENB(A3))

スピル =RIGHT(A3:A5,LEN(A3:A5)*2-LENB(A3:A5))

併せて覚え テク メールアドレスにハイパーリンクを付けて抽出するには?

抽出したメールアドレスをクリックしたらメール作成画面が開けるようにするには、抽出したメールアドレスに**HYPERLINK関数**でハイパーリンクを付けて、以下のように数式を作成する。なお、必ず、抽出したメールアドレスの前には1「mailto:」を結合しよう。

=HYPERLINK("mailto:"&RIGHT(A3,LEN(A3)*2-LENB(A3)),RIGHT(A3,LEN(A3)*2-LENB(A3)))
1

抽出編

✓ その他の基準で分割抽出

テク 181 住所を都道府県・市区町村・番地に分割したい

使うのはコレ! 都道府県：LEFT+MID関数
市区町村：MID+LEN関数
番地：RIGHT+LEN+LENB+ASC関数

住所を都道府県・市区町村・番地に分割するには、都道府県を**LEFT＋MID関数**、番地をテク180の半角を抽出する数式で抽出した後、都道府県と番地の文字数以外の残りの文字数を使って**MID＋LEN関数**で市区町村を抽出しよう。

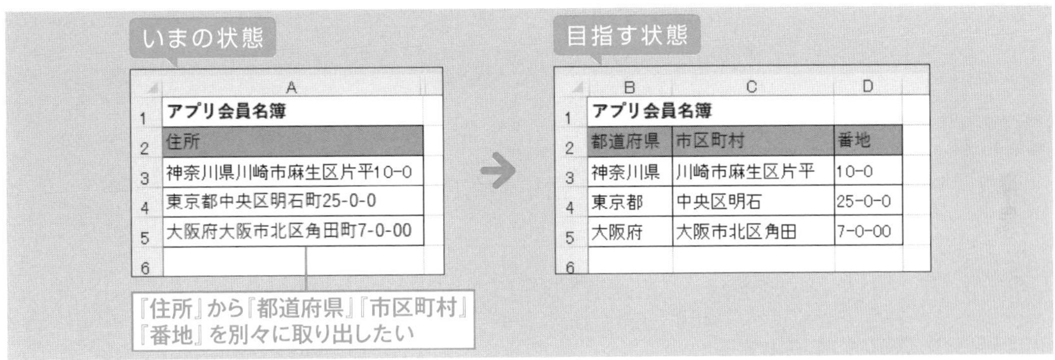

	A
1	アプリ会員名簿
2	住所
3	神奈川県川崎市麻生区片平10-0
4	東京都中央区明石町25-0-0
5	大阪府大阪市北区角田町7-0-00
6	

	B	C	D
1	アプリ会員名簿		
2	都道府県	市区町村	番地
3	神奈川県	川崎市麻生区片平	10-0
4	東京都	中央区明石	25-0-0
5	大阪府	大阪市北区角田	7-0-00
6			

● 住所の『都道府県』を抽出する

1. 『都道府県』を求めるセル（B3セル）を選択し、「=LEFT(」と入力する。
2. [文字列]…『住所』のセルを選択する。
3. [文字数]…『都道府県』の文字数を求める数式「(MID(A3,4,1)="県")+3」を入力して、Enter キーで数式を確定する。
4. 数式を必要なだけ複写する。

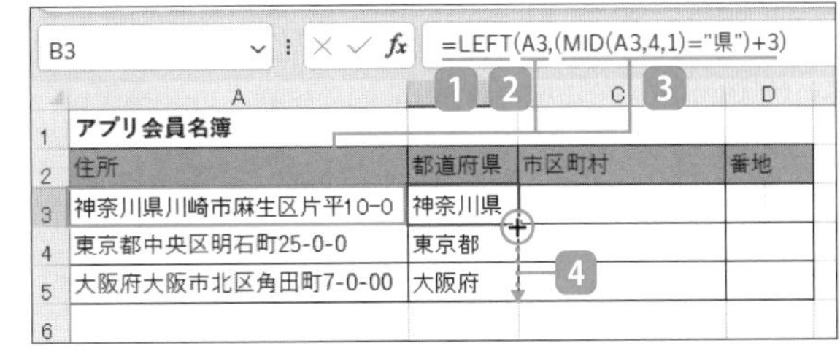

	A	B	C	D
1	アプリ会員名簿			
2	住所	都道府県	市区町村	番地
3	神奈川県川崎市麻生区片平10-0	神奈川県		
4	東京都中央区明石町25-0-0	東京都		
5	大阪府大阪市北区角田町7-0-00	大阪府		
6				

数式解説

「MID(A3,4,1)="県"」の数式は、A3セルの『住所』の左端から4文字目から1文字取り出した文字列が「県」の場合は[TRUE(1)]、違う場合は[FALSE(0)]を求める。つまり、「=LEFT(A3,(MID(A3,4,1)="県")+3)」の数式を作成すると、「県」を含む『住所』は4文字、含まない『住所』は3文字分、『住所』の左端から抽出される。結果、『住所』から「都道府県」が抽出される。

Change!

従来 =LEFT(A3,(MID(A3,4,1)="県")+3)

↓

スピル =LEFT(A3:A5,(MID(A3:A5,4,1)="県")+3)

住所の「番地」を抽出する

1. 『番地』を求めるセル（D3セル）を選択し、「=RIGHT(」と入力する。
2. ［文字列］…『住所』のセルを選択する。
3. ［文字数］…『番地』の文字数を求める数式「LEN(A3)*2-LENB(ASC(A3))」を入力して、Enter キーで数式を確定する。
4. 数式を必要なだけ複写する。

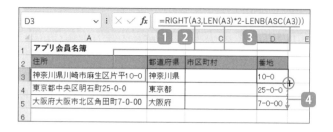

D3　=RIGHT(A3,LEN(A3)*2-LENB(ASC(A3)))

1 2 3 4

	A	B	C	D
1	アプリ会員名簿			
2	住所	都道府県	市区町村	番地
3	神奈川県川崎市麻生区片平10-0	神奈川県		10-0
4	東京都中央区明石町25-0-0	東京都		25-0-0
5	大阪府大阪市北区角田町7-0-00	大阪府		7-0-00
6				

数式解説

「LEN(A3)*2-LENB(ASC(A3))」の数式は、A3セルの『住所』から半角の文字数、つまり『番地』の文字数を求める。この文字数をRIGHT関数の引数の［文字数］に指定して、「=RIGHT(A3,LEN(A3)*2-LENB(ASC(A3)))」と数式を作成すると、『住所』の右端から『番地』が抽出される。

Change!

従来　=RIGHT(A3,LEN(A3)*2-LENB(ASC(A3)))

スピル　=RIGHT(A3:A5,LEN(A3:A5)*2-LENB(ASC(A3:A5)))

住所の『市区町村』を抽出する

1. 『市区町村』を求めるセル（C3セル）を選択し、「=MID(」と入力する。
2. ［文字列］…『住所』のセルを選択する。
3. ［開始位置］…『市区町村』の最初の位置を求める数式「LEN(B3)+1」を入力する。
4. ［文字数］…『市区町村』の文字数を求める数式「LEN(A3)-LEN(B3&D3)」を入力して、Enter キーで数式を確定する。
5. 数式を必要なだけ複写する。

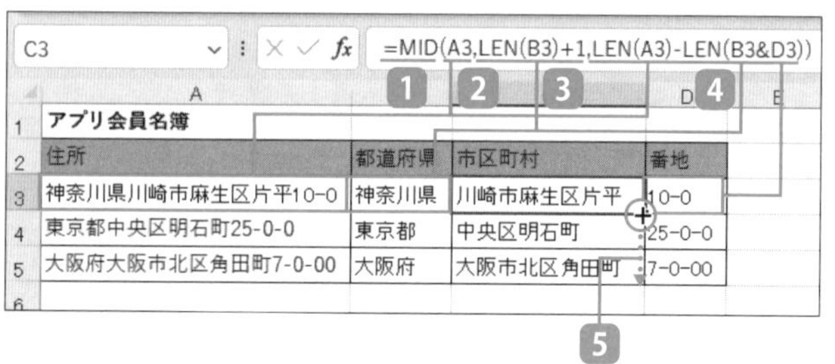

	A	B	C	D
1	アプリ会員名簿			
2	住所	都道府県	市区町村	番地
3	神奈川県川崎市麻生区片平10-0	神奈川県	川崎市麻生区片平	10-0
4	東京都中央区明石町25-0-0	東京都	中央区明石町	25-0-0
5	大阪府大阪市北区角田町7-0-00	大阪府	大阪市北区角田町	7-0-00
6				

数式解説

「LEN(B3)+1,LEN(A3)-LEN(B3&D3)」の数式は、A3セルの『住所』の『市区町村』の文字数を求める。この文字数をMID関数の引数の［文字数］に指定して、「=MID(A3,LEN(B3)+1,LEN(A3)-LEN(B3&D3))」と数式を作成すると、B3セルの『都道府県』の文字数＋1の位置から『市区町村』の文字数分が抽出され、結果、『住所』から『市区町村』が抽出される。

Change!

従来　=MID(A3,LEN(B3)+1,LEN(A3)-LEN(B3&D3))

スピル　=MID(A3:A5,LEN(B3:B5)+1,LEN(A3:A5)-LEN(B3:B5&D3:D5))

抽出編

併せて覚え テク

「●丁目」や「●番地」など文字列付きの番地を抽出するには?

住所の番地が「●丁目」や「●番地」など文字列付きの場合は、手順のように半角の文字数をもとに抽出できないので、RIGHT＋LEN＋MIN＋FIND＋ASC関数の数式を作成して抽出しよう。

1 『番地』を求めるセル（D3セル）を選択し、「=RIGHT(」と入力する。
2 『住所』のセル、『番地』の文字数を求める数式「ASC(LEN(A3))-MIN(FIND({0,1,2,3,4,5,6,7,8,9},ASC(A3)&1234567890)-1))」を入力して、Enter キーで数式を確定する。
3 数式を必要なだけ複写すると、それぞれの『住所』から『番地』が抽出される。

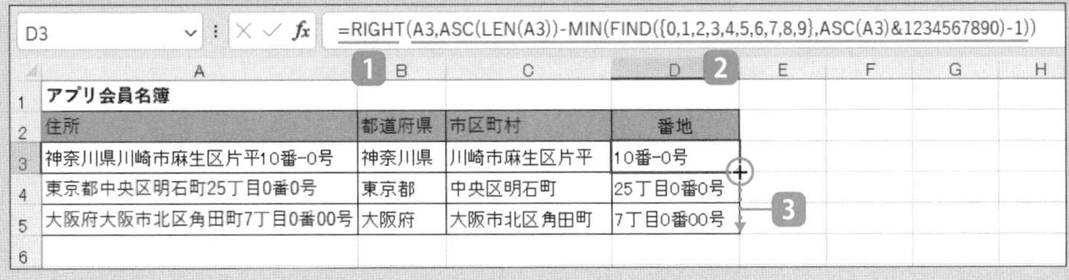

	A	B	C	D
1	アプリ会員名簿			
2	住所	都道府県	市区町村	番地
3	神奈川県川崎市麻生区片平10番-0号	神奈川県	川崎市麻生区片平	10番-0号
4	東京都中央区明石町25丁目0番0号	東京都	中央区明石町	25丁目0番0号
5	大阪府大阪市北区角田町7丁目0番00号	大阪府	大阪市北区角田町	7丁目0番00号
6				

第7章

✔ ふりがな抽出

テク 182 ふりがなを抽出したい

使うのはコレ! PHONETIC関数

名前からふりがなを抽出するには**PHONETIC関数**を使おう。ただし、名前にふりがな情報がないと抽出できない。抽出したふりがなが違うときは、名前のふりがなを修正しておこう。

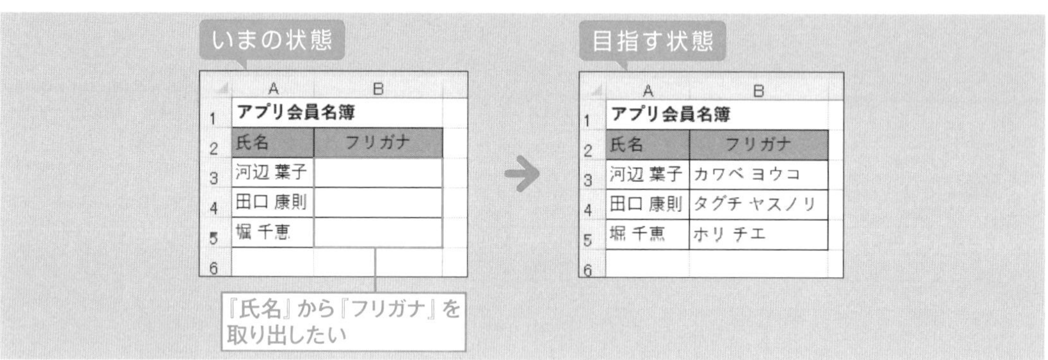

1. 『フリガナ』を求めるセル(B3セル)を選択し、「=PHONETIC(」と入力する。
2. [参照]…『氏名』のセル(A3セル)を選択して、Enter キーで数式を確定する。
3. 数式を必要なだけ複写する。

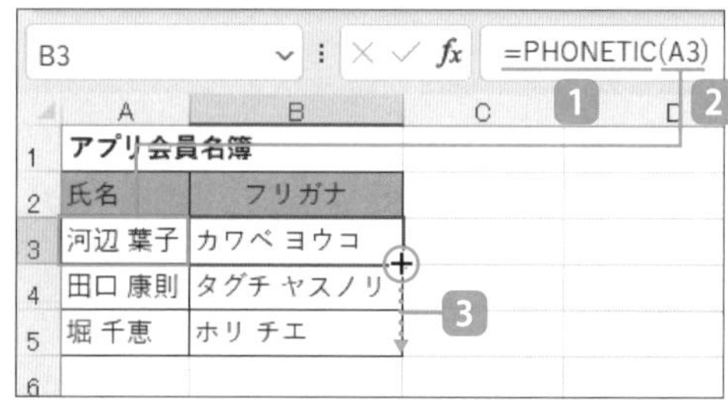

数式解説

「=PHONETIC(A3)」の数式は、A3セルの「河辺 葉子」からフリガナを抽出する。

ここがポイント!　別の種類のふりがなを抽出するには?

操作では『氏名』のふりがなが全角カタカナで表示されているため、全角カタカナで抽出される。他の種類のふりがなで抽出するには、『氏名』を範囲選択し、[ホーム]タブ→[フォント]グループ→[ふりがなの表示/非表示]の[▼]→[ふりがなの設定]を選択して表示される[ふりがなの設定]ダイアログボックスの[ふりがな]タブの「種類」でふりがなの種類を変更しておこう。

併せて覚え テク　ふりがなが抽出されない時は?

氏名を他のアプリケーションから貼り付けると、ふりがな情報がないため、PHONETIC関数を使ってもふりがなは抽出できない。このような場合は、氏名のセルを選択し、Alt + Shift + ↑ キーを押してふりがなを表示させておこう。

抽出編

✔ ふりがな抽出

テク 183 法人格を除いてふりがなを抽出したい

使うのはコレ! SUBSTITUTE+PHONETIC関数

テク182で解説のPHONETIC関数でふりがなを抽出すると、法人格付きの会社名は、法人格のふりがなも抽出される。法人格のふりがなを除くには、**PHONETIC関数**で抽出した法人格のふりがなを**SUBSTITUTE関数**で空白に置き換えよう。

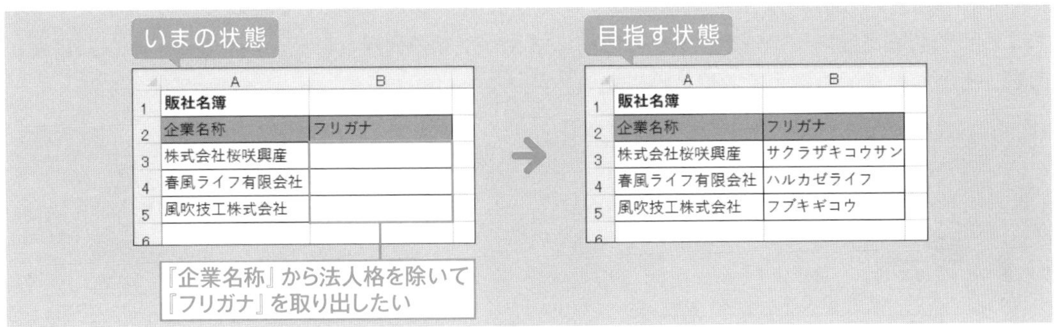

1. 『フリガナ』を求めるセル(B3セル)を選択し、「=SUBSTITUTE(」と入力する。
2. [文字列]…「SUBSTITUTE(PHONETIC(A3),"カブシキガイシャ","")」と入力する。
3. [検索文字列]…「"ユウゲンガイシャ"」と入力する。
4. [置換文字列]…[""](空白)を入力して、Enterキーで数式を確定する。
5. 数式を必要なだけ複写する。

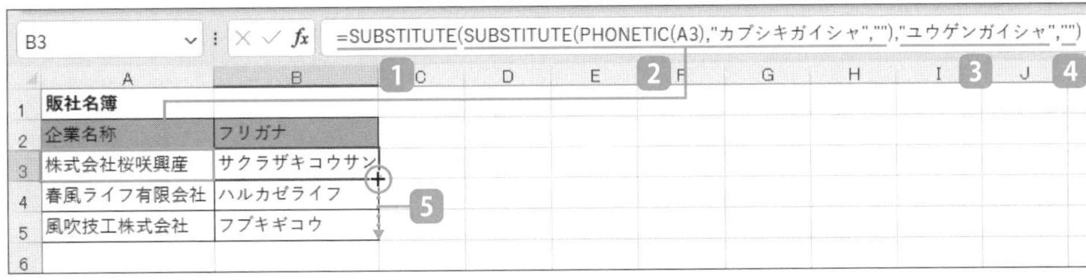

数式解説

「SUBSTITUTE(PHONETIC(A3),"カブシキガイシャ","")」の数式は、『企業名称』から抽出したふりがなの「カブシキガイシャ」を空白に置き換える。置き換えた文字列をもう1つのSUBSTITUTEの引数[文字列]に指定することで「ユウゲンガイシャ」も空白にしてふりがなが抽出される。結果、『企業名称』から法人格を除いて『フリガナ』が抽出される。

✔ ふりがな抽出

テク184 抽出した名前からふりがなを抽出したい

使うのはコレ！ PHONETIC+XLOOKUP関数
Excel2019/2016　PHONETIC+INDEX+MATCH関数

VLOOKUP/LOOKUP関数で抽出した名前からは、テク182のPHONETIC関数を使ってもふりがなは抽出できない。そんなときは、セル参照で抽出できる**XLOOKUP関数**（Excel2019/2016は**INDEX＋MATCH関数**）で名前を抽出して、その名前から**PHONETIC関数**でふりがなをゲットしよう。別部署と連携しているブックの名前にはふりがなの列がない…、しかしふりがなだけがほしい。そんなときでも覚えておくと役に立つ。

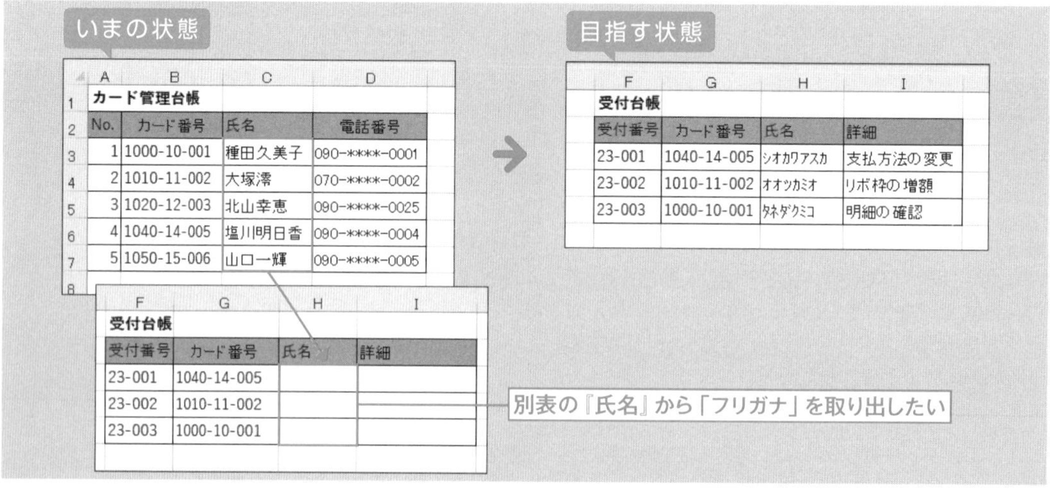

Excel2021/365の数式

1. 『氏名』を求めるセル（H3セル）を選択し、「=PHONETIC(」と入力する。
2. ［参照］…「XLOOKUP(」と入力する。
3. ［検索値］…検索する『カード番号』のG3セルを選択する。
4. ［検索範囲］…『カード番号』を含むB3セル～B7セルを選択し、F4キーを1回押して［$］記号をつけ絶対参照にする。
5. ［戻り範囲］…抽出する『氏名』のC3セル～C7セルを選択し、F4キーを1回押して［$］記号をつけ絶対参照にする。
6. ［見つからない場合］［一致モード］［検索モード］…省略して、Enterキーで数式を確定する。
7. 数式を必要なだけ複写する。

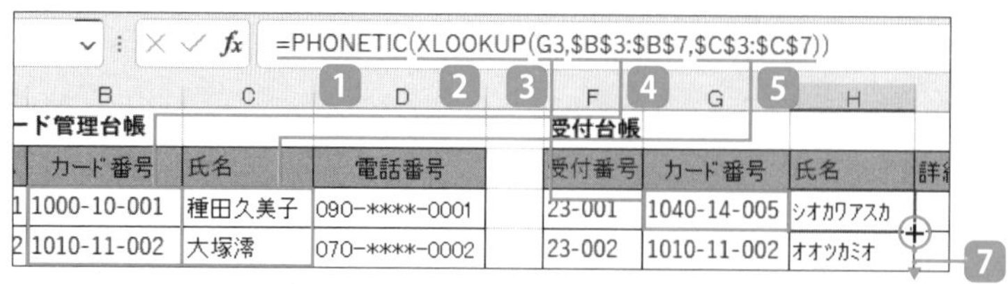

数式解説

「XLOOKUP(G3,$B$3:$B$7,$C$3:$C$7)」の数式は、B3セル～B7セルの『カード番号』の中でG3セルの「1040-14-005」を検索し、一致した行位置に対応するC3セル～C7セルにあるC6セルのセル参照を返す。返されたC6セルのセル参照をPHONETIC関数の引数に指定して数式を作成することで、C6セルの「塩川明日香」のふりがなが抽出される。

Excel2019/2016の数式

1. 『氏名』のフリガナを抽出するセル(H3セル)を選択し、「=PHONETIC(」と入力する。
2. [参照]…「INDEX(」と入力する。
3. [参照]…『氏名』のC3セル～C7セルを選択し、F4キーを1回押して[$]記号をつけ絶対参照にする。
4. [行番号]…MATCH関数で、G3セルと同じデータが入力された別表の『カード番号』の位置を求める数式を入力する。
5. ([列番号])[領域番号]…省略して、Enterキーで数式を確定する。
6. 数式を必要なだけ複写する。

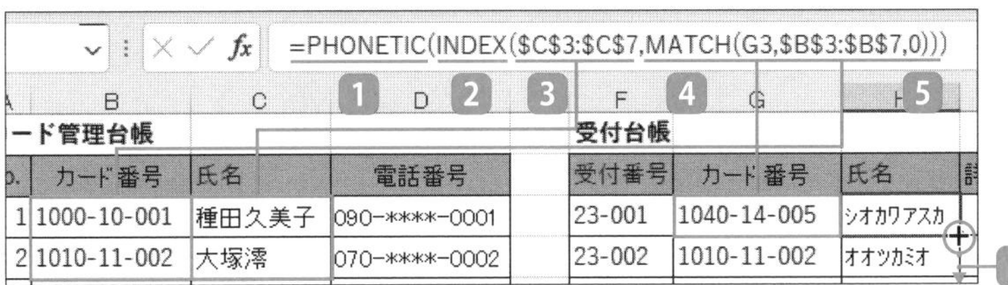

数式解説

「INDEX($C$3:$C$7,MATCH(G3,$B$3:$B$7,0))」の数式は、G3セルの『カード番号』と同じ行にあるC6セルのセル参照を返す。返されたC6セルのセル参照をPHONETIC関数の引数に指定して数式を作成することで、C6セルの「塩川明日香」のふりがなが抽出される。

✔ 数式抽出

テク 185 数式を別のセルに表示したい

使うのはコレ! FORMULATEXT関数

セルに入力した数式は数式バーでしか確認できない。どんな数式が入力されているのかがわかるように、セルに数式を表示させるには、**FORMULATEXT関数**を使おう。

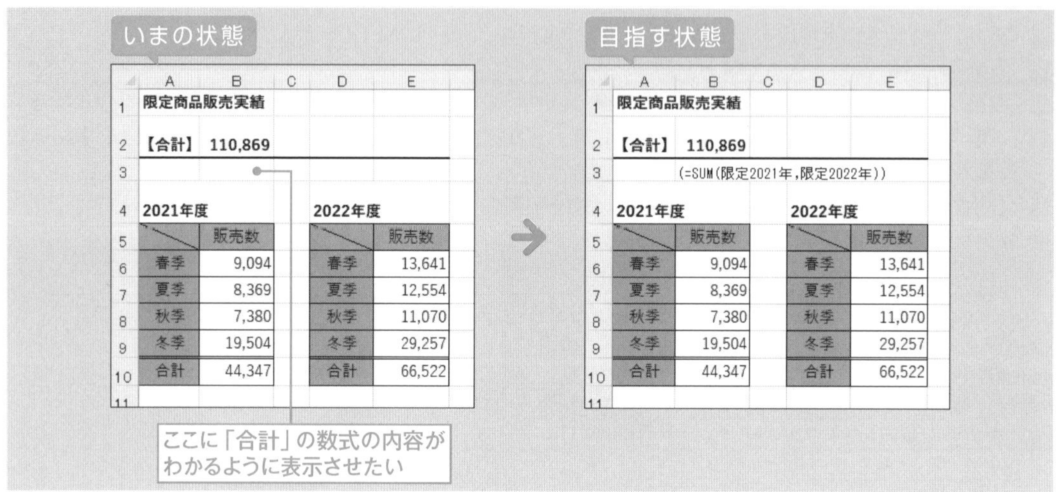

1 数式を表示するセル(B3セル)を選択し、「=FORMULATEXT(」と入力する。
2 [参照]…合計したセル(B2セル)を選択して、Enter キーで数式を確定する。
操作テク ここではわかりやすいように「合計」は名前を付けたセル番地を使って、数式を作成している。

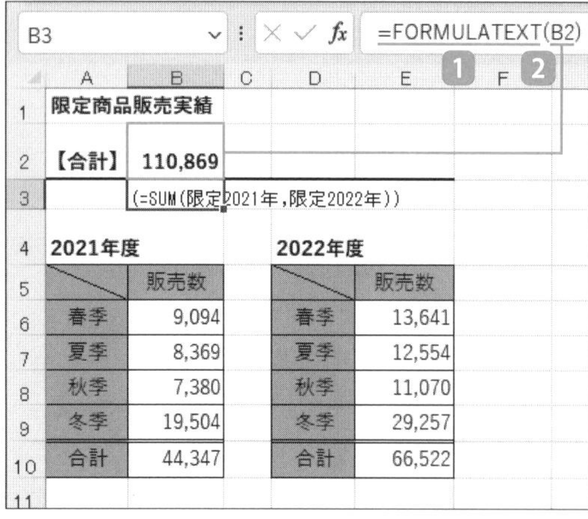

数式解説

「=FORMULATEXT(B2)」の数式は、B2セルの数式「=SUM(限定2021年,限定2022年)」を抽出する。なお、操作では、セルの書式設定を「(@)」にしている。

抽出編

7-2 日付や時刻から日時の一部や関連情報を抽出するテクをマスター！

前節では、セル内の文字列から抽出する関数を紹介したが、日付／時刻データから一部の日時を抽出することはできない。なぜなら、日付／時刻は「シリアル値」という数値に日付／時刻の表示形式を付けているからだ。

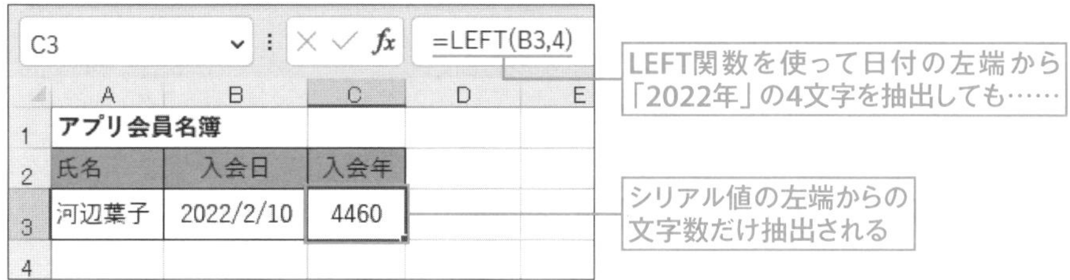
C3
=LEFT(B3,4)
LEFT関数を使って日付の左端から「2022年」の4文字を抽出しても……
アプリ会員名簿
氏名
入会日
入会年
河辺葉子
2022/2/10
4460
シリアル値の左端からの文字数だけ抽出される

しかし、日付から年／月／日だけを抽出したい場合や、日付から曜日の列を作成したい場合がある。

日付から年／月／日だけを抽出

	A	B	C	D	E
1	アプリ会員名簿				
2	氏名	入会日	入会年	入会月	入会日
3	河辺葉子	2022/2/10	2022	2	10
4	田口康則	2019/9/7	2019	9	7
5	堀千恵	2020/11/2	2020	11	2
6					

日付から曜日の列を作成

	A	B	C
1	2023年5月		
2	日付		日程
3	5/1	月	
4	5/2	火	
5	5/3	水	
6	5/4	木	
7	5/5	金	
8	5/6	土	
9			

そこで、本節では、日付／時刻データから一部の日時や関連情報を、**関数**を使って抽出するテクニックをマスターしよう！

✓日付・時刻の抽出

テク186 現在の日付や時刻をパソコンの内蔵時計から抽出したい

使うのはコレ! TODAY関数、NOW関数

現在の日付や時刻をパソコンの内蔵時計から抽出するには、日付なら**TODAY関数**、日付と時刻なら**NOW関数**を使おう。

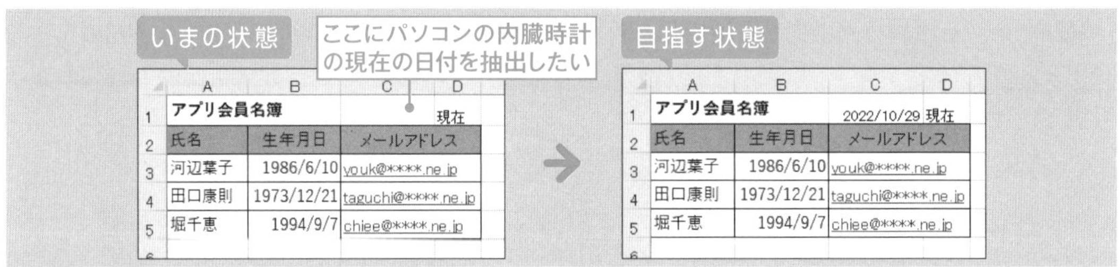

1 現在の日付を求めるセル(C1セル)を選択し、「=TODAY()」と入力して、Enterキーで数式を確定する。
2 現在の日付と時刻を抽出するには、「=NOW()」と入力して、Enterキーで数式を確定する。

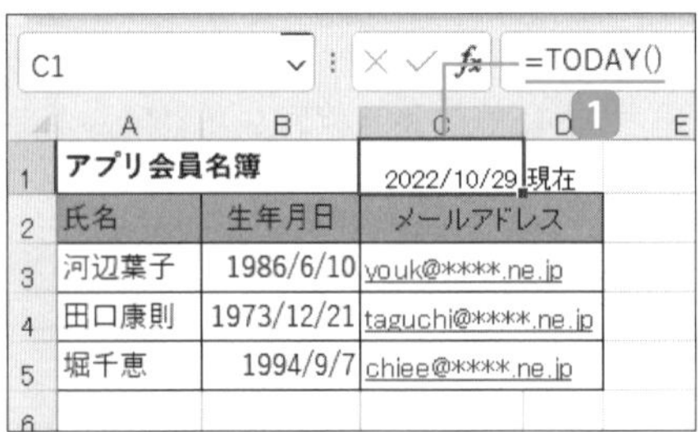

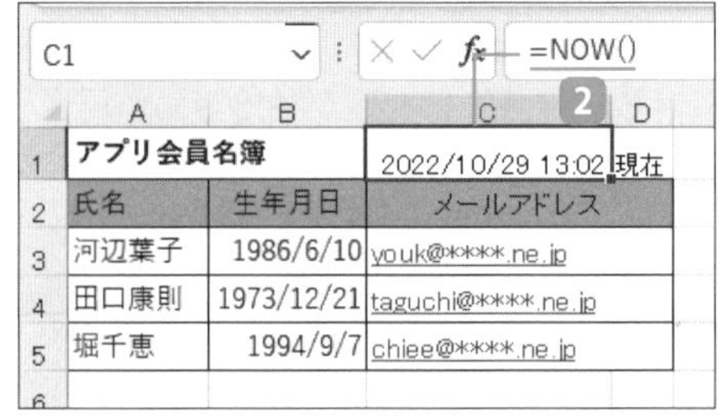

数式解説

「=TODAY()」の数式は、パソコンの内臓時計から現在の日付を抽出する。
「=NOW()」の数式は、パソコンの内臓時計から現在の日付と時刻を抽出する。

ここがポイント!　抽出した現在の日付/時刻が更新されないようにするには?

TODAY関数やNOW関数で抽出した現在の日付/時刻は、ファイルを開いたり、シート上で操作を行ったり、F9キーを押したりすると更新されるが、更新されないようにするには現在の日付ならCtrl+;キー。時刻ならCtrl+:キーを押してセルに表示させておこう。

併せて覚えテク　NOW関数で現在の時刻を秒まで抽出するには?

NOW関数では秒も抽出が可能。秒まで抽出するには、セルの表示形式を「yyyy/m/d h:mm:ss」に変更しておこう。なお、NOW関数で時刻だけを抽出するには、「h:mm:ss」に変更する。

✓ 日付・時刻の抽出

テク 187 時刻データから時・分・秒を別々に抽出したい

使うのはコレ! HOUR関数、MINUTE関数、SECOND関数

時刻データから時だけ、分だけ、秒だけを別セルに抽出したいなら、時は**HOUR関数**、分は**MINUTE関数**、秒は**SECOND関数**を使って抽出しよう。

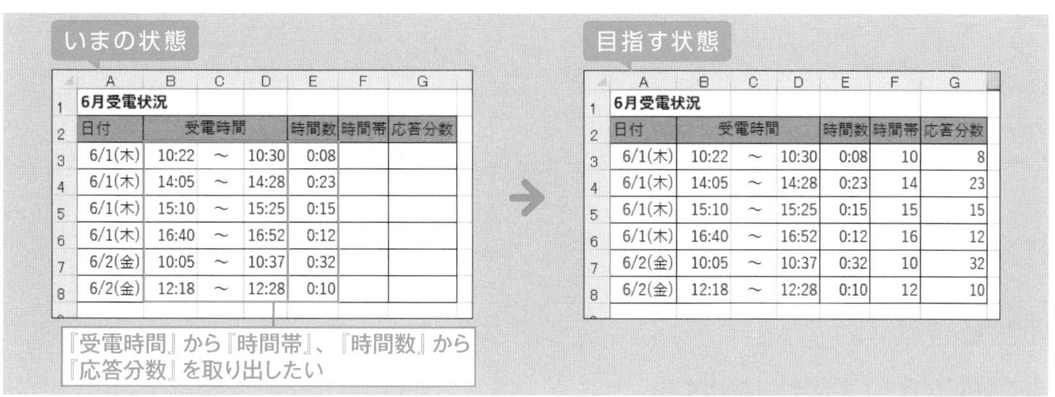

いまの状態
目指す状態
『受電時間』から『時間帯』、『時間数』から『応答分数』を取り出したい

いまの状態

	A	B	C	D	E	F	G
1	6月受電状況						
2	日付	受電時間			時間数	時間帯	応答分数
3	6/1(木)	10:22	～	10:30	0:08		
4	6/1(木)	14:05	～	14:28	0:23		
5	6/1(木)	15:10	～	15:25	0:15		
6	6/1(木)	16:40	～	16:52	0:12		
7	6/2(金)	10:05	～	10:37	0:32		
8	6/2(金)	12:18	～	12:28	0:10		

目指す状態

	A	B	C	D	E	F	G
1	6月受電状況						
2	日付	受電時間			時間数	時間帯	応答分数
3	6/1(木)	10:22	～	10:30	0:08	10	8
4	6/1(木)	14:05	～	14:28	0:23	14	23
5	6/1(木)	15:10	～	15:25	0:15	15	15
6	6/1(木)	16:40	～	16:52	0:12	16	12
7	6/2(金)	10:05	～	10:37	0:32	10	32
8	6/2(金)	12:18	～	12:28	0:10	12	10

1. 『時間帯』を求めるセル(F3セル)を選択し、「=HOUR(」と入力する。
2. [シリアル値]…『受電時間』の開始時刻のB3セルを選択して、Enterキーで数式を確定する。
3. 数式を必要なだけ複写し、『時間帯』を抽出する。
4. 『応答分数』を求めるセル(G3セル)を選択し、「=MINUTE(」と入力する。
5. [シリアル値]…『時間数』のE3セルを選択して、Enterキーで数式を確定する。
6. 数式を必要なだけ複写し、『応答分数』を抽出する。

F3 =HOUR(B3)

G3
=MINUTE(E3)
4
5
6

数式解説

「=HOUR(B3)」の数式は、B3セルの「10:22」から時の「10」を抽出する。
「=MINUTE(E3)」の数式は、E3セルの「0:08」から分の「8」を抽出する。

Change!

従来 =HOUR(B3)　　=MINUTE(E3)

↓

スピル =HOUR(B3:B8)　　=MINUTE(E3:E8)

併せて覚え テク 時刻データから秒を抽出するには?

時刻データから秒を抽出するには、SECOND関数を使って数式を作成しよう。

✓日付・時刻の抽出

テク188 日付データから年・月・日を別々に抽出したい

使うのはコレ! YEAR関数、MONTH関数、DAY関数

日付データから年だけ、月だけ、日だけを別セルに抽出したい時は、年は**YEAR関数**、月は**MONTH関数**、日は**DAY関数**を使って抽出しよう。

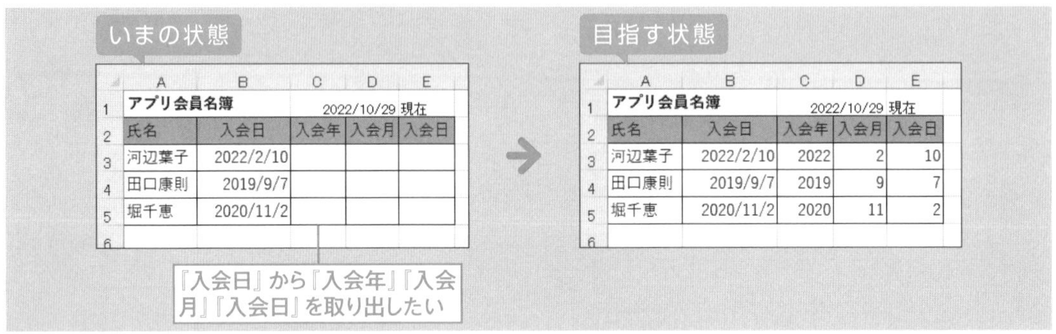

『入会日』から『入会年』を抽出する

1 『入会年』を求めるセル(C3セル)を選択し、「=YEAR(」と入力する。
2 [シリアル値]…『入会日』のB3セルを選択して、Enterキーで数式を確定する。
3 数式を必要なだけ複写する。

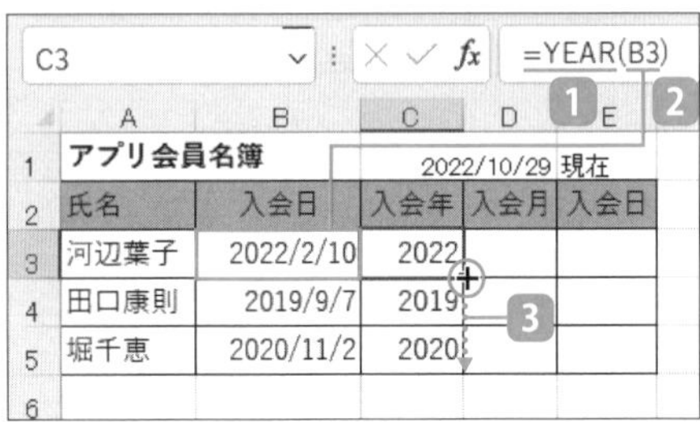

数式解説

「=YEAR(B3)」の数式は、B3セルの「2022/2/10」から年の「2022」を抽出する。

Change!

従来 =YEAR(B3)

スピル =YEAR(B3:B5)

抽出編

『入会日』から『入会月』を抽出する

1. 『入会月』を求めるセル（D3セル）を選択し、「=MONTH」と入力する。
2. ［シリアル値］…『入会日』のB3セルを選択して、Enter キーで数式を確定する。
3. 数式を必要なだけ複写する。

数式解説

「=MONTH(B3)」の数式は、B3セルの「2022/2/10」から月の「2」を抽出する。

Change!

従来 =MONTH(B3)

スピル =MONTH(B3:B5)

『入会日』から『入会日』を抽出する

1. 『入会日』を求めるセル（E3セル）を選択し、「=DAY(」と入力する。
2. ［シリアル値］…『入会日』のB3セルを選択して、Enter キーで数式を確定する。
3. 数式を必要なだけ複写する。

数式解説

「=DAY(B3)」の数式は、B3セルの「2022/2/10」から日の「10」を抽出する。

Change!

従来 =DAY(B3)

スピル =DAY(B3:B5)

✔ 日付・時刻の抽出

テク189 日付データから年月を抽出したい

使うのはコレ! TEXT関数

テク188で解説のYEAR/MONTH関数は、日付データから年だけ、月だけを抽出できるが、複数年で作成したデータから年月で抽出するならTEXT関数で年月の表示形式を付けて抽出しよう。

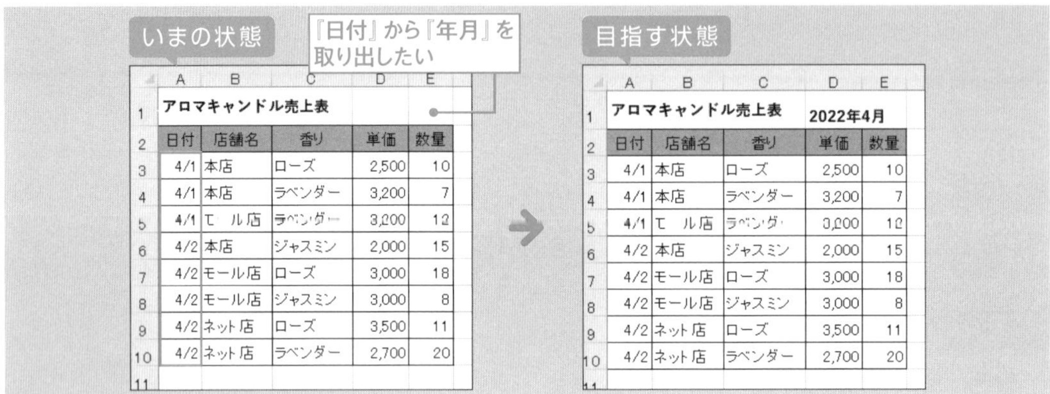

1 年月を求めるセル(D1セル)を選択し、「=TEXT(」と入力する。
2 [値]…『日付』のA3セルを選択する。
3 [表示形式]…年月の表示形式「"yyyy年m月"」を入力して、Enterキーで数式を確定する。

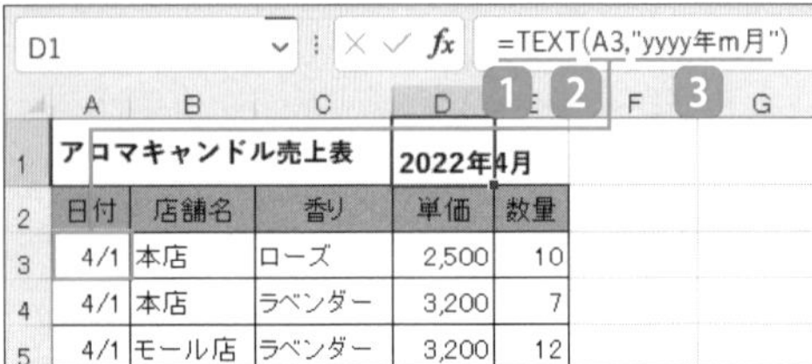

数式解説

「=TEXT(A3,"yyyy年m月")」の数式は、A3セルの「2022/4/1」に「2022年4月」の表示形式を付けて求める。

抽出編

✔ 年度・締め日抽出

テク190 日付データから年度（4月始まり）を抽出したい

使うのはコレ! YEAR+EDATE関数

日付データから、4月～翌3月を1年とした4月始まりで何年度にあたるのかを抽出したい場合は、3ヶ月前の年で求める必要があるので、第5章2節テク131で解説の**EDATE関数**で3ヶ月前の日付を求めて、テク188の**YEAR関数**で年を抽出して求めよう。

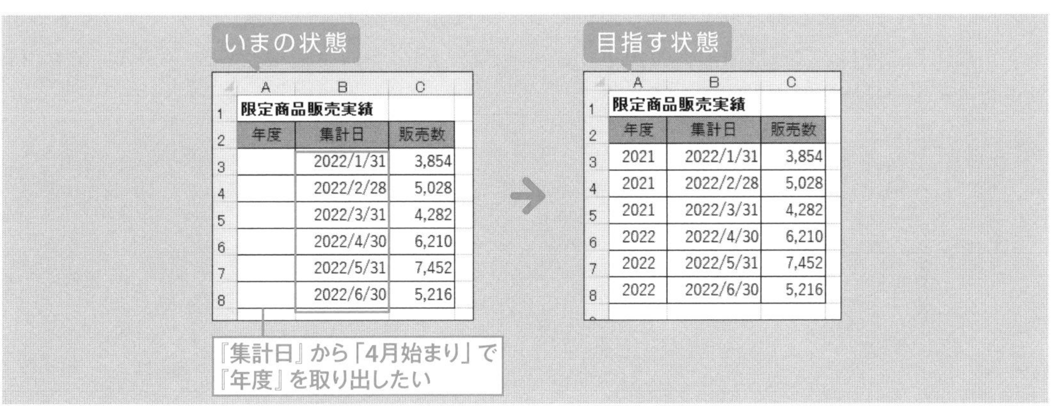

いまの状態
目指す状態
『集計日』から「4月始まり」で『年度』を取り出したい

いまの状態

	A	B	C
1	限定商品販売実績		
2	年度	集計日	販売数
3		2022/1/31	3,854
4		2022/2/28	5,028
5		2022/3/31	4,282
6		2022/4/30	6,210
7		2022/5/31	7,452
8		2022/6/30	5,216

目指す状態

	A	B	C
1	限定商品販売実績		
2	年度	集計日	販売数
3	2021	2022/1/31	3,854
4	2021	2022/2/28	5,028
5	2021	2022/3/31	4,282
6	2022	2022/4/30	6,210
7	2022	2022/5/31	7,452
8	2022	2022/6/30	5,216

1. 『年度』を求めるセル（A3セル）を選択し、「=YEAR(EDATE」と入力する。
2. ［開始日］…『集計日』のB3セルを選択する。
3. ［月］…「-3」と入力して、Enter キーで数式を確定する。
4. 数式を必要なだけ複写する。

A3 =YEAR(EDATE(B3,-3))

	A	B	C
1	限定商品販売実績		
2	年度	集計日	販売数
3	2021	2022/1/31	3,854
4	2021	2022/2/28	5,028
5	2021	2022/3/31	4,282
6	2022	2022/4/30	6,210
7	2022	2022/5/31	7,452
8	2022	2022/6/30	5,216

数式解説

「EDATE(B3,-3)」の数式は、B3セルの「2022/1/31」の日付から3ヶ月前の日付を求める。求めた日付から年を抽出する数式「=YEAR(EDATE(B3,-3))」を作成すると、常に3ヶ月前の日付から年が抽出されるので、結果、『集計日』から「4月始まり」で『年度』が取り出される。

Change!

従来 =YEAR(EDATE(B3,-3))

↓

スピル =YEAR(EDATE(B3:B8*1,-3))

第7章

✓ 年度・締め日抽出

テク 191 日付データから年度（4月始まり）を和暦で抽出したい

令和元年対応

使うのはコレ! TEXT+DATE+YEAR+EDATE関数

日付データから、4月始まりで何年度かを和暦で求める場合、テク190の数式と同じく3ヶ月前の日付を求めて年を取り出すことで可能だが、数値の年のため和暦の表示形式を付けることはできない。取り出した年を**DATE関数**で再び日付にして、**TEXT関数**で和暦の表示形式を付けて求めよう。なお、ここでは、3ヶ月前の日付が2019（平成31年）4/1～4/30の場合は、平成31年度ではなく令和元年で求める場合の数式を解説する。

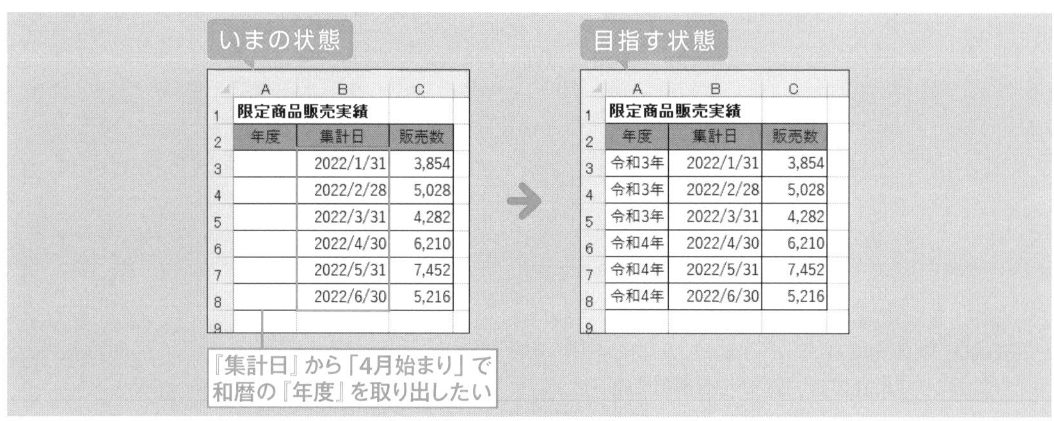

いまの状態
目指す状態
『集計日』から「4月始まり」で
和暦の『年度』を取り出したい

いまの状態

	A	B	C
1	限定商品販売実績		
2	年度	集計日	販売数
3		2022/1/31	3,854
4		2022/2/28	5,028
5		2022/3/31	4,282
6		2022/4/30	6,210
7		2022/5/31	7,452
8		2022/6/30	5,216
9			

目指す状態

	A	B	C
1	限定商品販売実績		
2	年度	集計日	販売数
3	令和3年	2022/1/31	3,854
4	令和3年	2022/2/28	5,028
5	令和3年	2022/3/31	4,282
6	令和4年	2022/4/30	6,210
7	令和4年	2022/5/31	7,452
8	令和4年	2022/6/30	5,216
9			

1. 『年度』を求めるセル（A3セル）を選択し、「=TEXT(DATE(」と入力する。
2. ［年］…YEAR関数とEDATE関数でB3セルの『集計日』の3ヶ月前の日付を求める数式を入力する。
3. ［月］…「5」と入力する。
4. ［日］…「1」と入力する。
5. TEXT関数の［表示形式］…「"［$-ja-JP-x-gannen］ggge年"」と入力して、Enterキーで数式を確定する。
6. 数式を必要なだけ複写する。

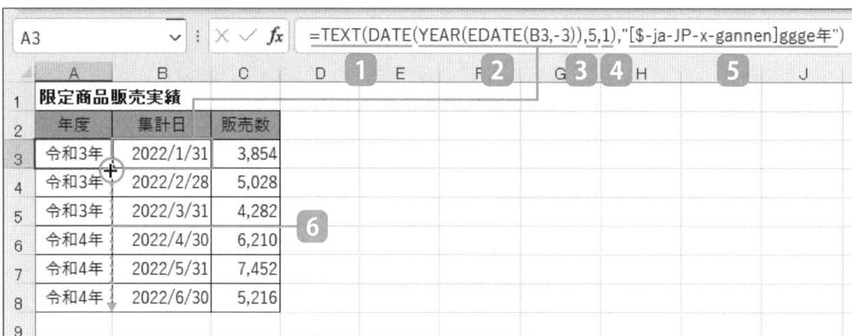

A3
=TEXT(DATE(YEAR(EDATE(B3,-3)),5,1),"[$-ja-JP-x-gannen]ggge年")
1
2
3
4
5
6

	A	B	C
1	限定商品販売実績		
2	年度	集計日	販売数
3	令和3年	2022/1/31	3,854
4	令和3年	2022/2/28	5,028
5	令和3年	2022/3/31	4,282
6	令和4年	2022/4/30	6,210
7	令和4年	2022/5/31	7,452
8	令和4年	2022/6/30	5,216
9			

抽出編

数式解説

「EDATE(B3,-3)」の数式で求めた3ヶ月前の日付が2019/4/1～4/30にならないように「DATE(YEAR(EDATE(B3,-3)),5,1)」として、3ヶ月前の日付から取り出した年と5/1で日付を作成する。たとえば、3ヶ月前の日付が「2019/4/1」なら「2019/5/1」の日付が作成される。この日付をTEXT関数の引数[値]に組み合わせて、
「=TEXT(DATE(YEAR(EDATE(B3,-3)),5,1),"[$-ja-JP-x-gannen]ggge年")」
として、和暦の表示形式を付けると、3ヶ月前の日付が2019/4/1～4/30でも平成31年度ではなく令和元年で求められる。
なお、3ヶ月前の日付が2019/5/1以降になる日付データしかない表なら、DATE関数の引数[月]には「1」～「12」で可能。

Change!

従来 =TEXT(DATE(YEAR(EDATE(B3,-3)),5,1),"[$-ja-JP-x-gannen] ggge年")

スピル =TEXT(DATE(YEAR(EDATE(B3:B8*1,-3)),5,1),"[$-ja-JP-x-gannen] ggge年")

ここがポイント!　和暦の表示形式について

令和元年ではなく、令和1年で年度を取り出すなら、TEXT関数の引数[表示形式]には「"ggge年"」と指定するだけでいい。

第7章

✓ 年度・締め日抽出

テク 192 日付データから何月締めになるのかを抽出したい

使うのはコレ! MONTH+EDATE関数

日付データから、25日締めで月を抽出したい場合は、テク188でご紹介したMONTH関数だけではできない。**EDATE関数**で締め日による1ヶ月後の日付を求めて、**MONTH関数**で月を抽出して求めよう。

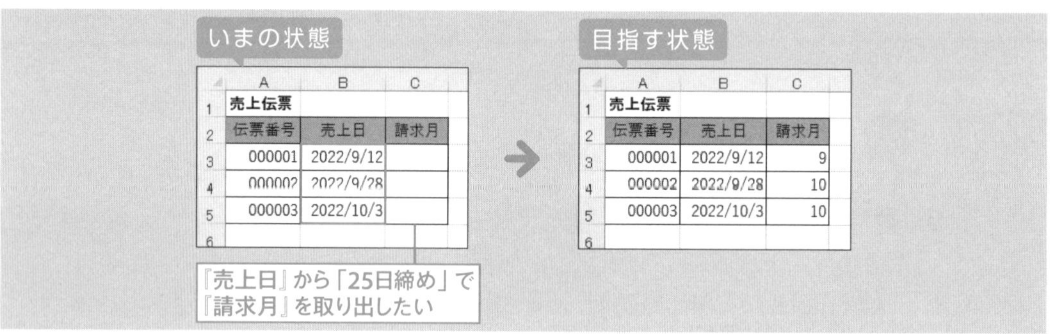

1. 『請求月』を求めるセル(C3セル)を選択し、「=MONTH(EDATE(」と入力する。
2. [開始日]…『売上日』のB3セルを選択して、「-25」と入力する。
3. [月]…「1」と入力して、Enterキーで数式を確定する。
4. 数式を必要なだけ複写する。

数式解説

「EDATE(B3-25,1)」の数式は、B3セルの『売上日』が25日までなら前月の日付の1ヶ月後、25日より後なら当月から1ヶ月後の日付を求める。求められた日付をもとに「=MONTH(EDATE(B3-25,1))」の数式を作成すると、25日まではその日付の月、25日を過ぎると次の月が取り出される。結果、『売上日』から「25日締め」で『請求月』が抽出される。

Change!

従来 =MONTH(EDATE(B3-25,1))

↓

スピル =MONTH(EDATE(B3:B5*1-25,1))

ここがポイント! 締めにする日で数式の数値を変更する

締めにする日で数式の数値を変更しよう。たとえば、10日締めで月を抽出する場合は、「=MONTH(EDATE(B3-10,1))」と数式を作成する。

✔ 週・曜日抽出

テク193 日付データから何週目にあたるのかを抽出したい

使うのはコレ! WEEKNUM関数

日付データから何週目にあたるのかを抽出するには、**WEEKNUM関数**を使おう。WEEKNUM関数は日付の「1/1」から数えて何週目にあるかを求めるが、使い方次第で日付の月の何週目にあるかも抽出できる。

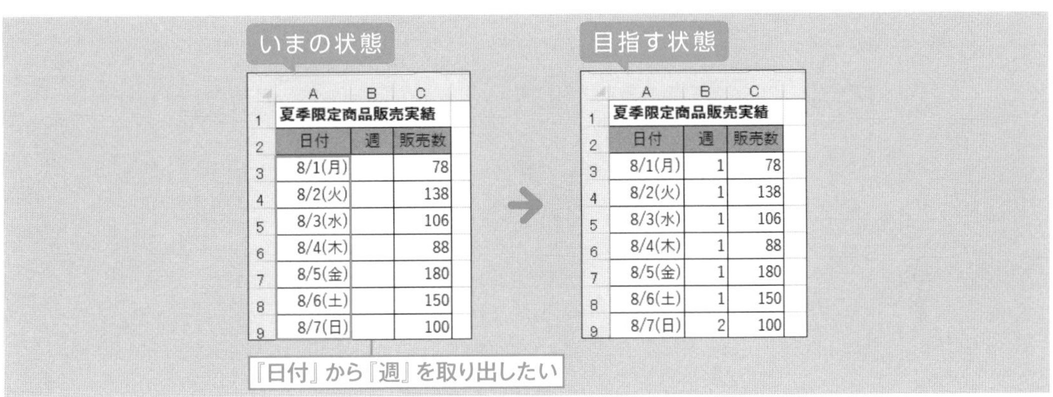

	A	B	C
1	夏季限定商品販売実績		
2	日付	週	販売数
3	8/1(月)		78
4	8/2(火)		138
5	8/3(水)		106
6	8/4(木)		88
7	8/5(金)		180
8	8/6(土)		150
9	8/7(日)		100

	A	B	C
1	夏季限定商品販売実績		
2	日付	週	販売数
3	8/1(月)	1	78
4	8/2(火)	1	138
5	8/3(水)	1	106
6	8/4(木)	1	88
7	8/5(金)	1	180
8	8/6(土)	1	150
9	8/7(日)	2	100

1. 『週』を求めるセル(B3セル)を選択し、「=WEEKNUM(」と入力する。
2. [シリアル値]…『日付』のA3セルを選択し、「)-31」と入力したら、Enterキーで数式を確定する。
3. 数式を必要なだけ複写する。

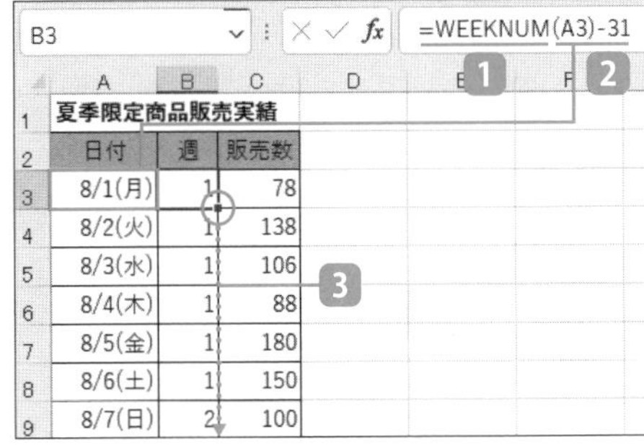

	A	B	C
1	夏季限定商品販売実績		
2	日付	週	販売数
3	8/1(月)	1	78
4	8/2(火)	1	138
5	8/3(水)	1	106
6	8/4(木)	1	88
7	8/5(金)	1	180
8	8/6(土)	1	150
9	8/7(日)	2	100

数式解説

「=WEEKNUM(A3)」の数式は、A3セルの「8/1(月)」から週を求める。「32」で求められるので、月初めの週を「1」にするため、「31」を引いて調整した数式を作成する。

Change!

従来 =WEEKNUM(A3)-31

スピル =WEEKNUM(A3:A16*1)-31

第7章

✔ 週・曜日抽出

テク194 日付データから曜日を抽出したい

使うのはコレ! TEXT関数

日付による曜日を別の列に表示したいときは、**TEXT関数**を使おう。日付にTEXT関数で曜日の表示形式を付けるだけで求められる。

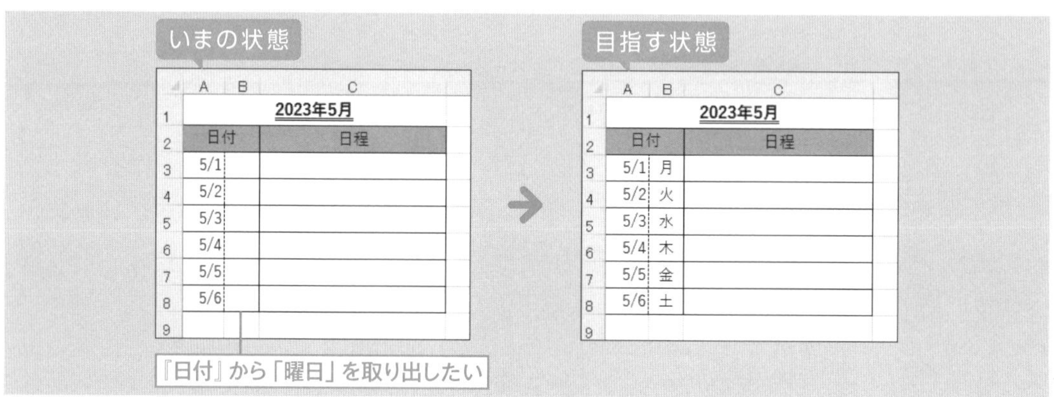

1. 『曜日』を求めるセル(B3セル)を選択し、「=TEXT(」と入力する。
2. [値]…『日付』のA3セルを選択する。
3. [表示形式]…曜日の表示形式「"aaa"」を入力して、Enter キーで数式を確定する。
4. 数式を必要なだけ複写する。

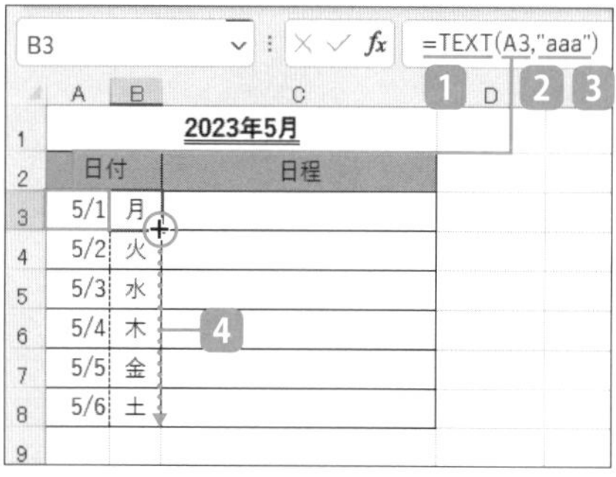

数式解説

「=TEXT(A3,"aaa")」の数式は、A3セルの「5/1」に曜日の表示形式「"aaa"」を付けて「月」の曜日を抽出する。

Change!

従来 =TEXT(A3,"aaa")

スピル =TEXT(A3:A8,"aaa")

抽出編

✓ 週・曜日抽出

テク195 日付データから曜日を抽出し、祝日は別の表記にしたい

使うのはコレ! IF+COUNTIF+TEXT関数

日付による曜日を別の列に表示し、祝日は(祝)のように別の表記にしたいときは、**祝日リストに日付がある場合のみ「(祝)」と表示される**ように条件式を作成して抽出しよう。

いまの状態

	A	B	C	D	E
1	2023年5月				
2	日付		日程		祝日
3	5/1	月			5/3(水)
4	5/2	火			5/4(木)
5	5/3	水			5/5(金)
6	5/4	木			
7	5/5	金			
8	5/6	土			

『日付』から「曜日」を取り出しているが、祝日リストにある日付は「(祝)」で取り出したい

目指す状態

	A	B	C	D	E
1	2023年5月				
2	日付		日程		祝日
3	5/1	月			5/3(水)
4	5/2	火			5/4(木)
5	5/3	(祝)			5/5(金)
6	5/4	(祝)			
7	5/5	(祝)			
8	5/6	土			

1 「曜日」を求めるセル(B3セル)を選択し、「=IF(」と入力する。
2 [論理式]…COUNTIF関数で「『日付』が祝日リストにある場合」の条件式を入力する。
3 [値が真の場合]…祝日リストにある場合に表示する値として、「"(祝)"」を入力する。
4 [値が偽の場合]…条件を満たさない場合に表示する値として、TEXT関数で「日付」に「aaa」の表示形式を付ける数式を入力して Enter キーで数式を確定する。
5 数式を必要なだけ複写する。

B3 =IF(COUNTIF($E$3:$E$5,A3),"(祝)",TEXT(A3,"aaa"))

数式解説

「=IF(COUNTIF($E$3:$E$5,A3),"(祝)",TEXT(A3,"aaa"))」の数式は、A3セルの「5/1」がE3セル～E5セルの祝日リストにある場合は「(祝)」、ない場合は「"aaa"」の表示形式で曜日が抽出される。結果、『日付』から「曜日」が抽出され、祝日リストにある『祝日』は「(祝)」で抽出される。

Change!

従来 =IF(COUNTIF($E$3:$E$5,A3),"(祝)",TEXT(A3,"aaa"))

↓

スピル =IF(COUNTIF(E3:E5,A3:A8),"(祝)",TEXT(A3:A8,"aaa"))

第7章

テク196 日付データから曜日を抽出し、曜日に応じて指定の表記にしたい

使うのはコレ! CHOOSE+WEEKDAY関数

日付による曜日を別の列に表示し、曜日によって指定の表記にしたいときは、**WEEKDAY関数**で抽出した曜日の整数に、**CHOOSE関数**で曜日の名前を付けて抽出しよう。

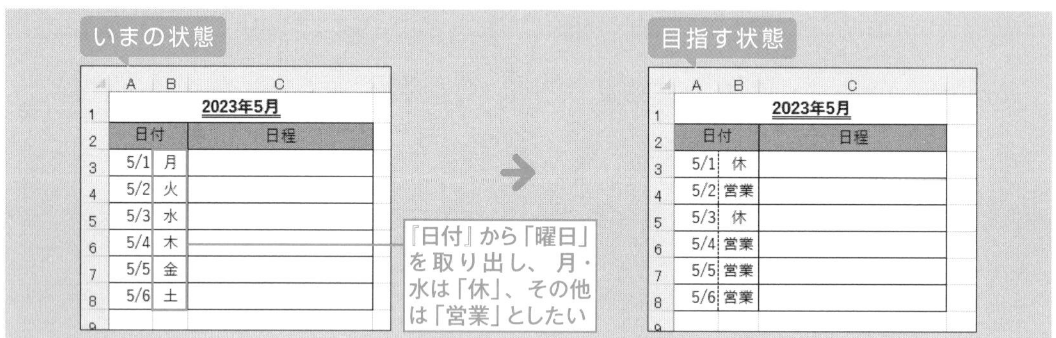

1. 「曜日」を求めるセル(B3セル)を選択し、「=CHOOSE(」と入力する。
2. [インデックス]…WEEKDAY関数で『日付』から曜日の整数を抽出する数式を入力する。
3. [値1]…「"営業"」と入力する。
4. [値2]…「"休"」と入力する。
5. [値3]…「"営業"」と入力する。
6. [値4]…「"休"」と入力する。
7. [値5]~[値7]…「"営業"」と入力して、Enterキーで数式を確定する。
8. 数式を必要なだけ複写する。

=CHOOSE(WEEKDAY(A3),"営業","休","営業","休","営業","営業","営業")

数式解説

「WEEKDAY(A3)」の数式はA3セルの「5/1」の「曜日」の整数「2」を求める。CHOOSE関数の引数[インデックス]に組み合わせて数式を作成すると、日付の曜日の整数が「2」「4」なら「休」、それ以外なら「営業」が抽出される。

Change!

従来 =CHOOSE(WEEKDAY(A3),"営業","休","営業","休","営業","営業","営業")

↓

スピル =CHOOSE(WEEKDAY(A3:A8),"営業","休","営業","休","営業","営業","営業")

第2部
抽出編

第8章
大量データから即ピックアップ!「検索抽出」を極める

8-1 検索値で抽出する「基本の検索抽出」をマスター!

必要な値を別の表から検索して抽出したいとき、大量のデータから瞬時に探し出すのは難しい。探すことができても、転記ミスが生じてしまう場合も少なくはない。

「検索値を入力するだけで、該当のデータを瞬時に正確に抽出したい！」

そんなときのために、Excelには**検索値をもとに該当のデータを抽出する関数**が用意されている。検索抽出できる関数で数式を作成しておけば、検索値を入力するたび、複数行列の表から、該当のデータをほしい列（行）位置から正確に抽出してくれる。

	A	B	C	D	E
1	商品在庫検索				
2	商品No.	在庫数			
3	LAV01	56			
4					
5	商品No.	香り	形	単価	在庫数
6	ROS01	ローズ	円柱(小)	2,500	35
7	ROS02	ローズ	円柱(中)	3,500	50
8	ROS03	ローズ	球体	3,000	82
9	LAV01	ラベンダー	円柱(小)	2,200	56
10	LAV02	ラベンダー	円柱(中)	3,200	77
11	LAV03	ラベンダー	球体	2,700	92
12	JAS01	ジャスミン	円柱(小)	2,000	110
13	JAS02	ジャスミン	円柱(中)	3,000	87
14	JAS03	ジャスミン	球体	2,500	72
15					

『商品No.』を入力するたび、該当する行の『在庫数』（5列目）を抽出できる

	A	B	C	D	E
1	商品在庫検索				
2	商品No.	在庫数			
3	JAS01	110			
4					
5	商品No.	香り	形	単価	在庫数
6	ROS01	ローズ	円柱(小)	2,500	35
7	ROS02	ローズ	円柱(中)	3,500	50
8	ROS03	ローズ	球体	3,000	82
9	LAV01	ラベンダー	円柱(小)	2,200	56
10	LAV02	ラベンダー	円柱(中)	3,200	77
11	LAV03	ラベンダー	球体	2,700	92
12	JAS01	ジャスミン	円柱(小)	2,000	110
13	JAS02	ジャスミン	円柱(中)	3,000	87
14	JAS03	ジャスミン	球体	2,500	72
15					

本節では、表から検索値をもとに該当するデータを抽出する基本的なテクニックをマスターしよう！

✔ 指定列から検索抽出

テク197 検索値に該当するデータのうち、特定の項目（列）だけ抽出したい

使うのはコレ! XLOOKUP関数
Excel2019/2016　VLOOKUP関数

複数列の表から検索値に一致するデータを指定の列から抽出するなら、**XLOOKUP関数**や**VLOOKUP関数**を使おう。XLOOKUP関数なら、検索範囲と抽出範囲を選択するだけでスピーディーに検索抽出できる。

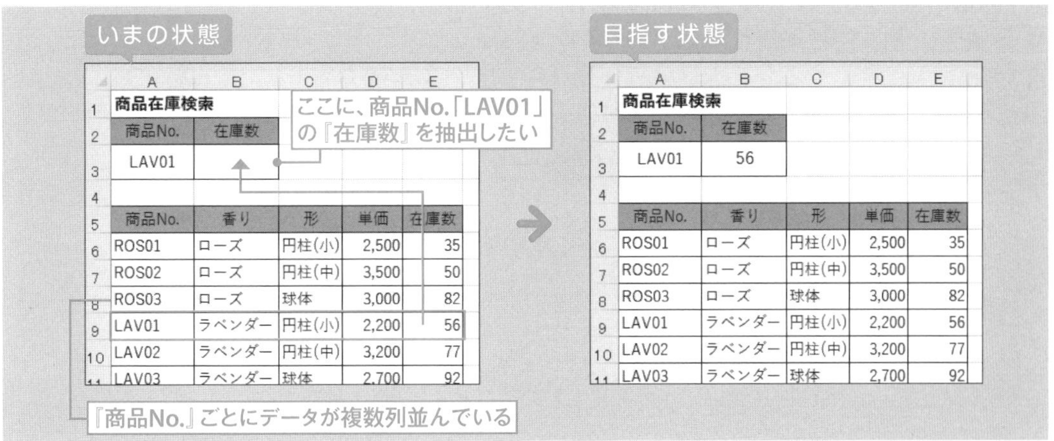

Excel2021/365の数式

1. 指定した商品No.の『在庫数』を求めるセル（B3セル）を選択し「=XLOOKUP(」と入力する。
2. ［検索値］…「LAV01」のセル（A3セル）を選択する。
3. ［検索範囲］…検索する『商品No.』のセル範囲を選択する。
4. ［戻り範囲］…抽出する『在庫数』のセル範囲を選択する。
5. ［見つからない場合］…［""］（空白）を入力する。
6. ［一致モード］［検索モード］…省略して、Enterキーで数式を確定する。

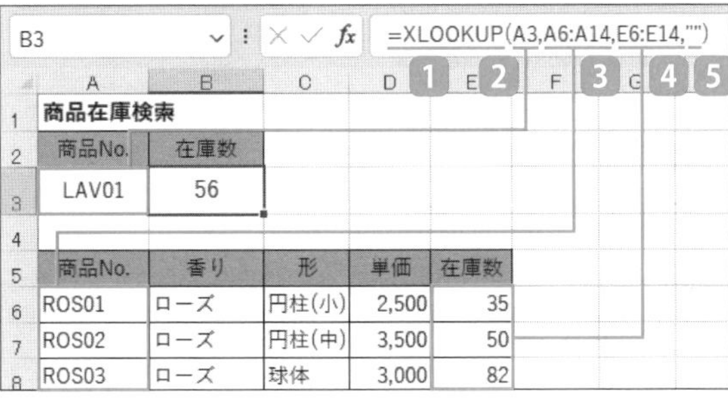

数式解説

「=XLOOKUP(A3,A6:A14,E6:E14,"")」の数式は、A3セルの「LAV01」を在庫表のA6セル～A14セルの『商品No.』から検索し、一致した行にあるE6セル～E14セルの在庫数「56」を抽出する。引数［見つからない場合］に［""］を入力しておくと『在庫数』が見つからない場合に、空白が求められる。見つからない場合にコメントを求めたいときは、コメントを入力しよう。

Excel2019/2016の数式

1. 指定した商品No.の『在庫数』を求めるセル（B3セル）を抽出するセルを選択し、「=VLOOKUP(」と入力する。
2. ［検索値］…「LAV01」のセル（A3セル）を選択する。
3. ［範囲］…抽出する表のセル範囲を選択する。
4. ［列番号］…抽出する列の番目「5」を入力する。
5. ［検索方法］…完全一致なので「0」と入力して、Enter キーで数式を確定する。

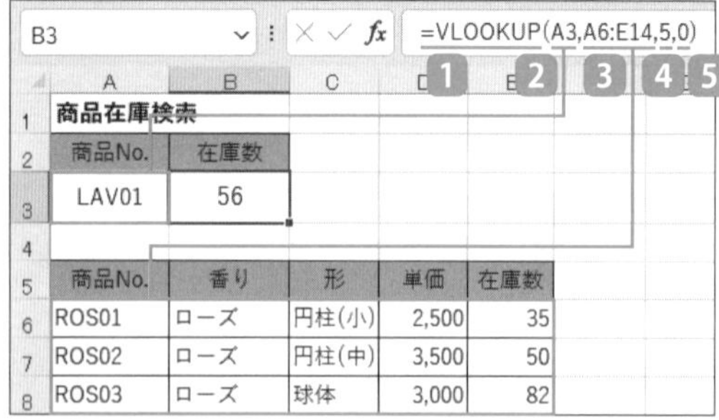

	A	B	C	D	E
1	商品在庫検索				
2	商品No.	在庫数			
3	LAV01	56			
4					
5	商品No.	香り	形	単価	在庫数
6	ROS01	ローズ	円柱(小)	2,500	35
7	ROS02	ローズ	円柱(中)	3,500	50
8	ROS03	ローズ	球体	3,000	82

数式解説

「=VLOOKUP(A3,A6:E14,5,0)」の数式は、A3セルの「LAV01」を在庫表のA6セル～A14セルの『商品No.』から検索し、一致した行にある5列目の在庫数「56」を抽出する。

ここがポイント！　LOOKUP関数かVLOOKUP関数かで迷ったときは？

LOOKUP関数を使えば、XLOOKUP関数のように検索範囲と抽出範囲の選択だけで数式を作成できるが、本章2節テク201のコラムでも解説しているように、検索範囲は文字コードの昇順に並べ替えたデータでなければ正しく抽出できない。Excel2019/2016でこの例のようなときはVLOOKUP関数で検索抽出しよう。

ここがポイント！　検索／抽出範囲が縦並びの場合は？

縦並びの表から検索値をもとに抽出対象の行を指定して抽出する場合も、XLOOKUP関数なら操作の手順で抽出できるが、Excel2019/2016なら**HLOOKUP関数**を使って数式を作成しよう。

抽出編

併せて覚え テク　VLOOKUP関数で検索値が見つからないエラー値を空白やコメントにするには?

XLOOKUP/VLOOKUP関数で検索値が見つからないときはエラー値が求められる。引数だけで対処できないVLOOKUP関数でエラー値を空白やコメントで求める場合は、1 **IFNA(IFERROR)関数**の引数[値]に2 VLOOKUP関数の数式を組み合わせて、3 [NAの場合の値](エラーの場合の値)に[""](空白)やコメントを入力して数式を作成しよう。

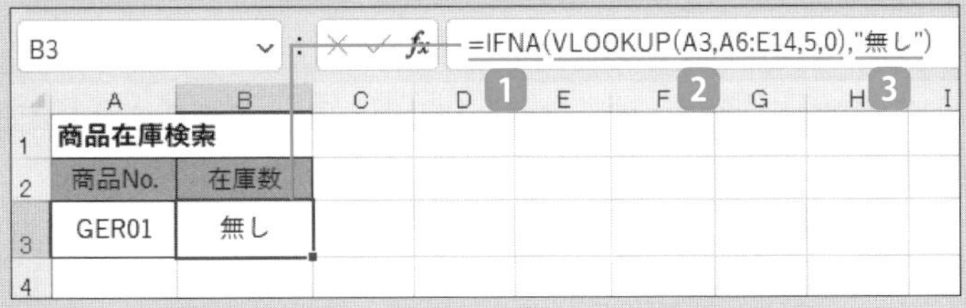

ここがポイント!　別のブックの表から検索抽出するには?

別のブックの表から検索抽出するには、別ブックはあらかじめ開いておき、)[表示]タブ→[ウィンドウ]グループ→[ウィンドウの切り替え]ボタンでブックを切り替えながら、もしくは、第4章7節テク117のようにウィンドウの左右にブックを並べて、数式を作成しよう。

併せて覚え テク　検索する表のデータの追加に対応するには?

検索する表のデータの追加に対応するなら、1表をテーブルに変換しておこう。データを追加しても、数式の参照範囲は自動で拡張されるので、常に検索値に該当するデータを抽出できる。

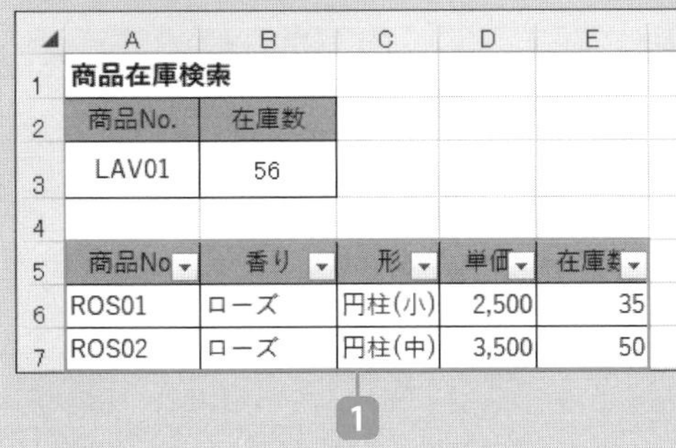

第8章

✓ 複数列・行から検索抽出

テク198 検索値に該当するデータのうち、連続列をスピーディーに抽出したい

使うのはコレ! XLOOKUP関数
Excel2019/2016 VLOOKUP+COLUMN関数

表から検索値に一致するデータを2列～4列など連続する列で抽出したいとき、いちいち数式で抽出する列を指定せずに求めたい。**XLOOKUP関数**なら引数[戻り範囲]にすべての列のセル範囲を指定、**VLOOKUP関数**なら引数[列番号]に**COLUMN関数**を組み合わせた数式で可能。

いまの状態

ここに、会員ID「MW003」のすべての会員情報を抽出したい

	A	B	C	D	E	F	G	H	I	J
1	会員ID	MW003								
2										
3	会員ID	氏名	生年月日	年齢	郵便番号	住所	電話番号	カード番号	会員ランク	入会日
4										
5										
6	会員ID	氏名	生年月日	年齢	郵便番号	住所	電話番号	カード番号	会員ランク	入会日
7	MW001	種田久美子	1967/12/27	55	263-5552	千葉県千葉市稲毛区あやめ台＊＊＊	090-＊＊＊＊-0001	1000-10-001	ロイヤル	2017/2/20
8	MW002	大塚澪	1970/7/3	52	471-0835	愛知県豊田市曙町＊＊＊	070-＊＊＊＊-0002	1010-11-002	プレミアム	2017/8/12
9	MW003	北山幸恵	1976/12/21	46	110-0005	東京都台東区上野桜＊＊＊	090-＊＊＊＊-0025	1020-12-003	ブロンズ	2018/4/7
10	MW004	塩川明日香	1994/8/25	28	530-0017	大阪府大阪市北区角田町＊＊＊	090-＊＊＊＊-0004	1040-14-005	プラチナ	2018/6/30

目指す状態

	A	B	C	D	E	F	G	H	I	J
1	会員ID	MW003								
2										
3	会員ID	氏名	生年月日	年齢	郵便番号	住所	電話番号	カード番号	会員ランク	入会日
4	MW003	北山幸恵	1976/12/21	46	110-0005	東京都台東区上野桜＊＊＊	090-＊＊＊＊-0025	1020-12-003	ブロンズ	2018/4/7

● Excel2021/365の数式

A4 =XLOOKUP(B1,A7:A27,A7:J27,"")
1 2 3 4 5

	A	B	C	D	E	F	…	J
1	会員ID	MW003						
2								
3	会員ID	氏名	生年月日	年齢	郵便番号	住所	…ク	入会日
4	MW003	北山幸恵	1976/12/21	46	110-0005	東京都台東…	…ズ	2018/4/7
5								
6	会員ID	氏名	生年月日	年齢	郵便番号	住所	…ク	入会日
7	MW001	種田久美子	1967/12/27	55	263-5552	千葉県千葉市稲…	…ル	2017/2/20
8	MW002	大塚澪	1970/7/3	52	471-0835	愛知県豊田市曙…	…ム	2017/8/12

1 求めるセル(A4セル)を選択し、「=XLOOKUP(」と入力する。
2 [検索値]…「MW003」のセル(B1セル)を選択する。
3 [検索範囲]…検索する『会員ID』のセル範囲を選択する。
4 [戻り範囲]…抽出する表のセル範囲を選択する。
5 [見つからない場合]…[""](空白)を入力する。
6 [一致モード][検索モード]…省略して、Enterキーで数式を確定する。

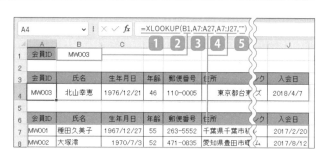

数式解説

「=XLOOKUP(B1,A7:A27,A7:J27,"")」の数式は、B1セルの「MW003」を表の『会員ID』(A7セル～A27セル)から検索し、一致した行にあるA7セル～J27セルのデータを抽出する。見つからない場合は、空白を求める。

Excel2019/2016の数式

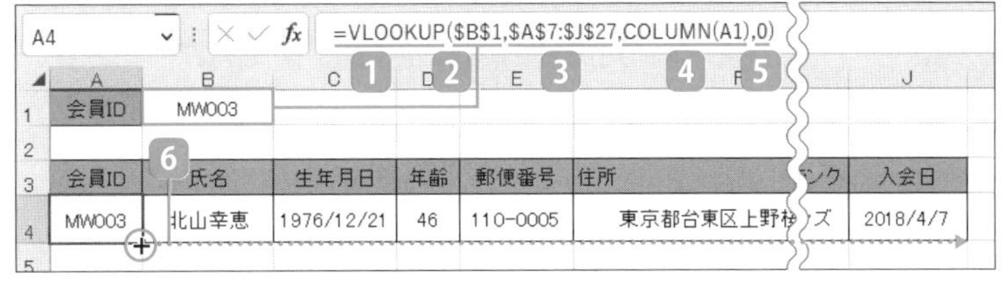

1 求めるセル(A4セル)を選択し、「=VLOOKUP(」と入力する。
2 [検索値]…「MW003」のセルを選択して、F4キーを1回押して[$]記号をつけ絶対参照にする。
3 [範囲]…抽出する表のセル範囲を選択して、F4キーを1回押して[$]記号をつけ絶対参照にする。
4 [列番号]…抽出する列の番目「1」を「COLUMN(A1)」で入力する。
5 [検索方法]…完全一致なので「0」と入力して、Enterキーで数式を確定する。
6 数式を必要なだけ複写する。

数式解説

VLOOKUP関数の引数[検索値][範囲]に指定するセル範囲は、コピーしてもズレないように絶対参照(第0章テク004参照)にする必要がある。引数[列番号]にはCOLUMN関数は列番号を求めるのがコツ。「COLUMN(A1)」の数式を横方向にコピーすると、『氏名』のセルには「COLUMN(B1)」、『生年月日』のセルには「COLUMN(C1)」の数式が作成される。つまり、数式をコピーすると、VLOOKUP関数の引数の[列番号]に『氏名』のセルには「2」、『生年月日』のセルには「3」、『年齢』のセルには「4」が指定されるので、結果、『会員ID』に該当するすべての列の名簿が抽出される。

ここがポイント!　抽出元の表をテーブルにしておけば引数[範囲]に絶対参照はいらない

抽出元の表をテーブルに変換(操作は第1章テク008参照)しておけば、表にテーブル名が付けられるので、このテーブル名を引数[範囲]に指定することで、数式をコピーしてもズレることはない。

=VLOOKUP($B$1,テーブル名,COLUMN(A1),0)

併せて覚え テク　検索値に該当する連続行のデータをスピーディーに抽出するには?

検索値に該当する連続行のデータを抽出する場合は、XLOOKUP関数なら、1引数[検索値]にすべての行のセル範囲を選択するだけで、数式の確定と同時に抽出できる。併せて覚えておこう。VLOOKUP関数なら、2引数[範囲]には手順のように絶対参照にして、ほかの行に数式をコピーしよう。ただし、あらかじめほかの行に数式を入力しておきたいときは、検索値がないので、引数だけでは対処できないVLOOKUP関数ではエラー値が求められてしまう。この場合は、テク197のコラムで解説したように3IFNA(IFERROR)関数の引数[値]にVLOOKUP関数の数式を組み合わせて数式を作成しよう。なお、表をテーブルに変換している場合は、1行目に数式を作成しておけば、データを追加しても自動で数式がコピーされるので、あらかじめほかの行にコピーは不要。

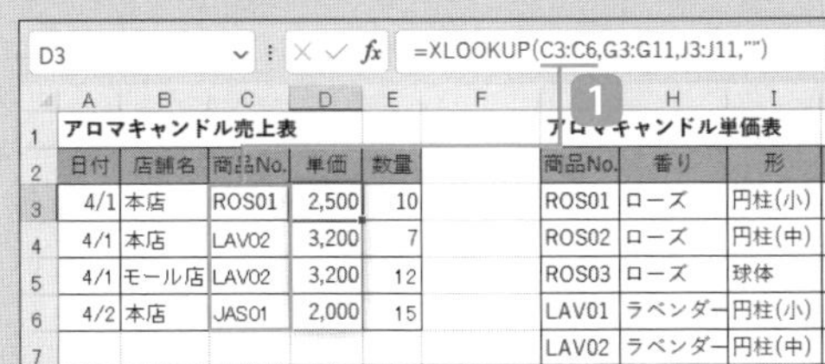

✓ 複数列・行から検索抽出

テク199 複数の検索値に該当するデータのうち、連続列を抽出したい

Microsoft365対応

使うのはコレ! CHOOSEROWS+XMATCH関数

複数列の表から、検索値に一致する行ごとに2列～4列など連続する列で抽出したいときは、**CHOOSEROWS関数**（第11章3節テク272参照）の引数［行番号］に**XMATCH関数**を組み合わせて数式を作成することで、数式確定と同時に一発で抽出できる。

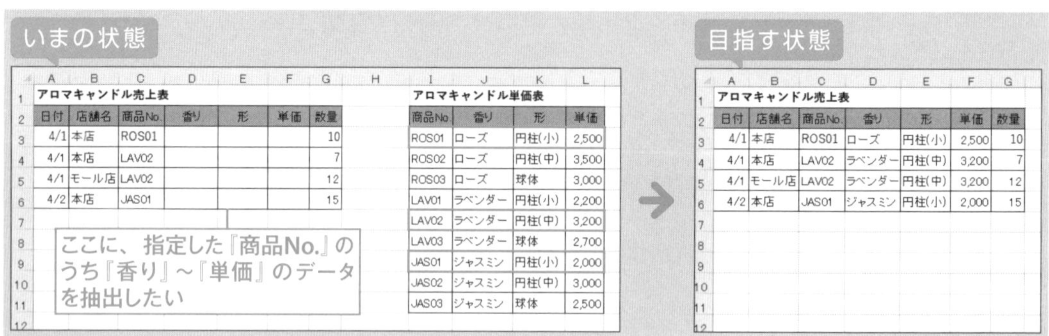

1. 求めたいセル（D3セル）を選択し、「=CHOOSEROWS(」と入力する。
2. ［配列］…抽出する表のセル範囲を選択する。
3. ［行番号1］…「XMATCH(」と入力する。
4. ［検索値］…『商品No.』のセル範囲を選択する。
5. ［検索範囲］…検索する『商品No.』のセル範囲を選択する。
6. ［一致モード］［検索モード］…省略して、Enter キーで数式を確定する。

D3　=CHOOSEROWS(J3:L11,XMATCH(C3:C6,I3:I11))

アロマキャンドル売上表

日付	店舗名	商品No.	香り	形	単価	数量
4/1	本店	ROS01	ローズ	円柱(小)	2,500	10
4/1	本店	LAV02	ラベンダー	円柱(中)	3,200	7
4/1	モール店	LAV02	ラベンダー	円柱(中)	3,200	12
4/2	本店	JAS01	ジャスミン	円柱(小)	2,000	15

アロマキャンドル単価表

商品No.	香り	形	単価
ROS01	ローズ	円柱(小)	2,500
ROS02	ローズ	円柱(中)	3,500
ROS03	ローズ	球体	3,000
LAV01	ラベンダー	円柱(小)	2,200
LAV02	ラベンダー	円柱(中)	3,200
LAV03	ラベンダー	球体	2,700
JAS01	ジャスミン	円柱(小)	2,000
JAS02	ジャスミン	円柱(中)	3,000
JAS03	ジャスミン	球体	2,500

数式解説

「XMATCH(C3:C6,I3:I11)」の数式は、検索値『商品No.』（C3セル～C6セル）が、I3セル～I11セル『商品No.』の中でそれぞれ何番目にあるかを求める。CHOOSEROWS関数の引数［行番号1］に組み合わせて数式を作成することで、検索値『商品No.』と一致した行にある『香り』『形』『単価』が抽出される。

✓ 複数列・行から検索抽出

テク200 検索値に該当するデータのうち、離れた複数列を抽出したい

使うのはコレ! XLOOKUP+XLOOKUP関数
Excel2019/2016　VLOOKUP+MATCH関数

複数列の表から検索値に一致するデータを、2列目、5列目、7列目…などの離れた複数の列を抽出するときも、テク199のようにスピーディーに求めたい。このテクでは数式のコピーだけで検索抽出する操作を解説する。

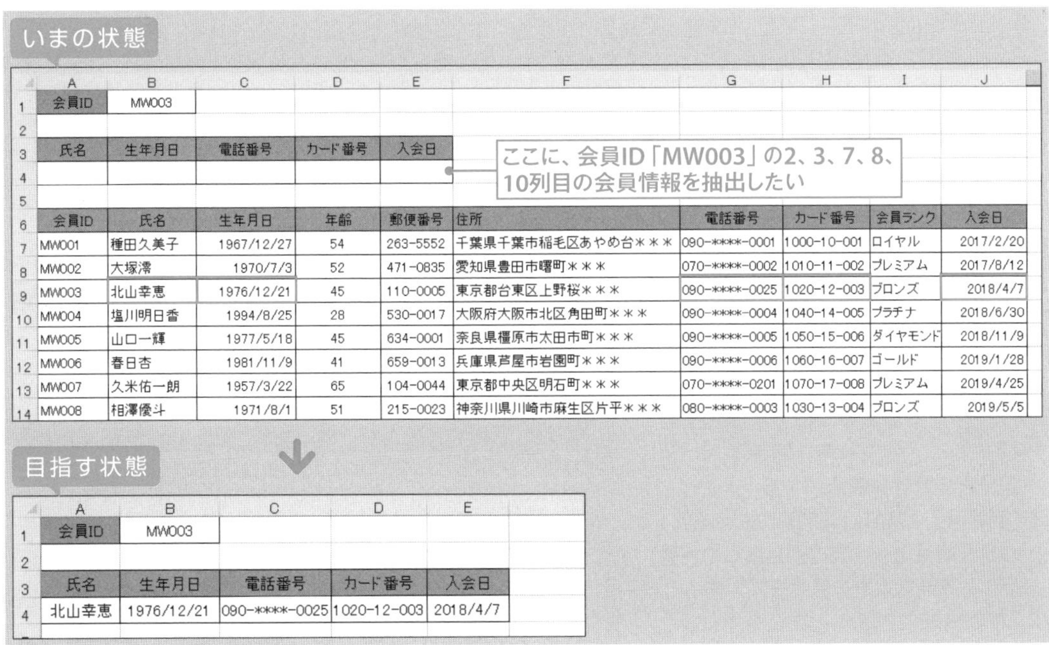
いまの状態
ここに、会員ID「MW003」の2、3、7、8、10列目の会員情報を抽出したい
目指す状態

いまの状態

	A	B	C	D	E	F	G	H	I	J
1	会員ID	MW003								
2										
3	氏名	生年月日	電話番号	カード番号	入会日					
4										
5										
6	会員ID	氏名	生年月日	年齢	郵便番号	住所	電話番号	カード番号	会員ランク	入会日
7	MW001	種田久美子	1967/12/27	54	263-5552	千葉県千葉市稲毛区あやめ台＊＊＊	090-＊＊＊＊-0001	1000-10-001	ロイヤル	2017/2/20
8	MW002	大塚澪	1970/7/3	52	471-0835	愛知県豊田市曙町＊＊＊	070-＊＊＊＊-0002	1010-11-002	プレミアム	2017/8/12
9	MW003	北山幸恵	1976/12/21	45	110-0005	東京都台東区上野桜＊＊＊	090-＊＊＊＊-0025	1020-12-003	ブロンズ	2018/4/7
10	MW004	塩川明日香	1994/8/25	28	530-0017	大阪府大阪市北区角田町＊＊＊	090-＊＊＊＊-0004	1040-14-005	プラチナ	2018/6/30
11	MW005	山口一輝	1977/5/18	45	634-0001	奈良県橿原市太田市町＊＊＊	090-＊＊＊＊-0005	1050-15-006	ダイヤモンド	2018/11/9
12	MW006	春日杏	1981/11/9	41	659-0013	兵庫県芦屋市岩園町＊＊＊	090-＊＊＊＊-0006	1060-16-007	ゴールド	2019/1/28
13	MW007	久米佑一朗	1957/3/22	65	104-0044	東京都中央区明石町＊＊＊	070-＊＊＊＊-0201	1070-17-008	プレミアム	2019/4/25
14	MW008	相澤優斗	1971/8/1	51	215-0023	神奈川県川崎市麻生区片平＊＊＊	080-＊＊＊＊-0003	1030-13-004	ブロンズ	2019/5/5

目指す状態

	A	B	C	D	E
1	会員ID	MW003			
2					
3	氏名	生年月日	電話番号	カード番号	入会日
4	北山幸恵	1976/12/21	090-＊＊＊＊-0025	1020-12-003	2018/4/7

● Excel2021/365の数式

1. 求めるセル（A4セル）を選択し「=XLOOKUP(」と入力する。
2. ［検索値］…「MW003」のセル（B1セル）を選択して、F4 キーを1回押して［$］記号をつけ絶対参照にする。
3. ［検索範囲］…検索する『会員ID』のセル範囲を選択して、F4 キーを1回押して［$］記号をつけ絶対参照にする。
4. ［戻り範囲］…XLOOKUP関数で、抽出先の列見出しと同じ列位置にある表のデータを抽出する数式を入力して、Enter キーで数式を確定する。
5. ［見つからない場合］…［""］（空白）を入力する。
6. ［一致モード］［検索モード］…省略して、Enter キーで数式を確定する。
7. 数式を必要なだけ複写する。

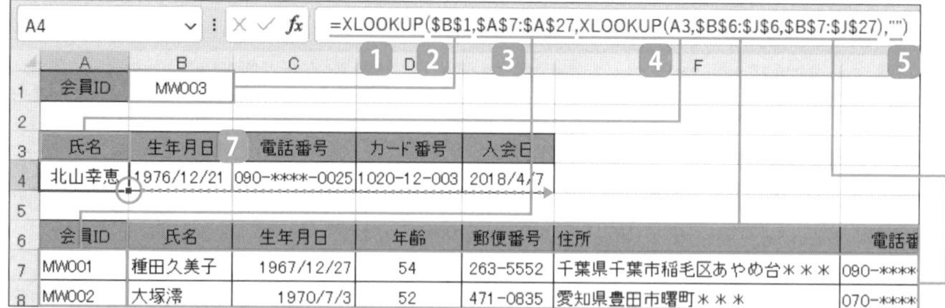

数式解説

「XLOOKUP(A3,$B$6:$J$6,$B$7:$J$27)」の数式は、A3セルの『氏名』が表の列見出しと一致する列にあるデータを抽出する。このデータをXLOOKUP関数の引数［戻り範囲］に組み合わせて数式を作成することで、B1セルの「MW003」と一致した行にあるA3セルの『氏名』が抽出される。数式をコピーするだけで、それぞれの抽出したい列見出しと同じ列位置にあるデータが抽出できるので、結果、『氏名』『生年月日』『電話番号』『カード番号』『入会日』が抽出できる。

Excel2019/2016の数式

1. 求めるセル（A4セル）を選択し、「=VLOOKUP(」と入力する。
2. ［検索値］…「MW003」のセル（B1セル）を選択して、F4キーを1回押して［$］記号をつけ絶対参照にする。
3. ［範囲］…抽出する表のセル範囲を選択して、F4キーを1回押して［$］記号をつけ絶対参照にする。
4. ［列番号］…MATCH関数で抽出する1つ目の列見出しが表の列見出しの何番目にあるかを求める数式を入力する。
5. ［検索方法］…完全一致なので「0」と入力して、Enterキーで数式を確定する。
6. 数式を必要なだけ複写する。

A4　=VLOOKUP($B$1,$A$7:$J$27,MATCH(A3,$A$6:$J$6,0),0)

会員ID	MW003				
氏名	生年月日	電話番号	カード番号	入会日	
北山幸恵	1976/12/21	090-****-0025	1020-12-003	2018/4/7	
会員ID	氏名	生年月日	年齢	郵便番号	住所
MW001	種田久美子	1967/12/27	54	263-5552	千葉県千葉市稲毛区あ
MW002	大塚澪	1970/7/3	52	471-0835	愛知県豊田市曙町＊＊
MW003	北山幸恵	1976/12/21	45	110-0005	東京都台東区上野桜＊
MW004	塩川明日香	1994/8/25	28	530-0017	大阪府大阪市北区角田
MW005	山口一輝	1977/5/18	45	634-0001	奈良県橿原市太田市町
MW006	春日杏	1981/11/9	41	659-0013	兵庫県芦屋市岩園町＊
MW007	久米佑一朗	1957/3/22	65	104-0044	東京都中央区明石町＊
MW008	相澤優斗	1971/8/1	51	215-0023	神奈川県川崎市麻生区

数式解説

「MATCH(A3,$A$6:$J$6,0)」の数式は、A3セルの『氏名』が表の列見出しの何番目にあるかを求める。この番目をVLOOKUP関数の引数［列番号］に組み合わせて数式を作成することで、B1セルの「MW003」と一致した行にあるA3セルの『氏名』が抽出される。数式をコピーするだけで、それぞれの抽出したい列見出しが表の列見出しの何番目にあるかが求められるので、結果、『氏名』『生年月日』『電話番号』『カード番号』『入会日』が抽出できる。

抽出編

併せて覚え テク　VLOOKUP関数を使う場合、少ない列ならこうしよう

VLOOKUP関数を使って検索抽出する場合、2列目と4列目から抽出するなど、少ない列なら、1 引数［検索値］はセルの列番号の前に［$］記号を付けて列番号を固定し、2［範囲］は絶対参照にして数式を作成しておけば、3 数式をコピーして、4 抽出する列番号を変更するだけですむ。併せて覚えておこう。

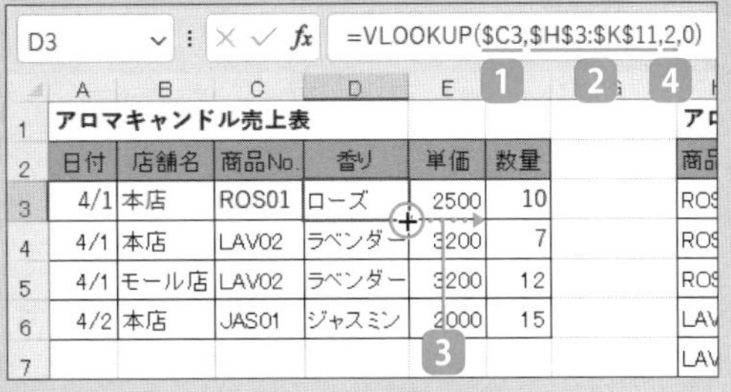

D3　=VLOOKUP($C3,$H$3:$K$11,2,0)

	A	B	C	D	E	F	G	H
1	アロマキャンドル売上表							アロ
2	日付	店舗名	商品No.	香り	単価	数量		商品
3	4/1	本店	ROS01	ローズ	2500	10		ROS
4	4/1	本店	LAV02	ラベンダー	3200	7		ROS
5	4/1	モール店	LAV02	ラベンダー	3200	12		ROS
6	4/2	本店	JAS01	ジャスミン	2000	15		LAV
7								LAV

併せて覚え テク　Microsoft365なら数式のコピーなしで抽出できる

Microsoft365なら、**CHOOSECOLS関数**（第11章3節テク272参照）の引数［行番号］にXMATCH関数を組み合わせた数式を使えば、数式のコピーなしして数式の確定と同時に抽出できる。この場合、引数［配列］にはXLOOKUP関数を組み合わせて数式を作成するのがコツ。

1 求めるセル（A4セル）を選択し、「=CHOOSECOLS(」と入力する。
2［配列］…XLOOKUP関数で、検索値と同じ行にあるすべてのデータを抽出する数式を入力する。
3［列番号1］…XMATCH関数で、抽出する列見出しが表の何番目にあるかを求める数式を入力して、Enterキーで数式を確定する。

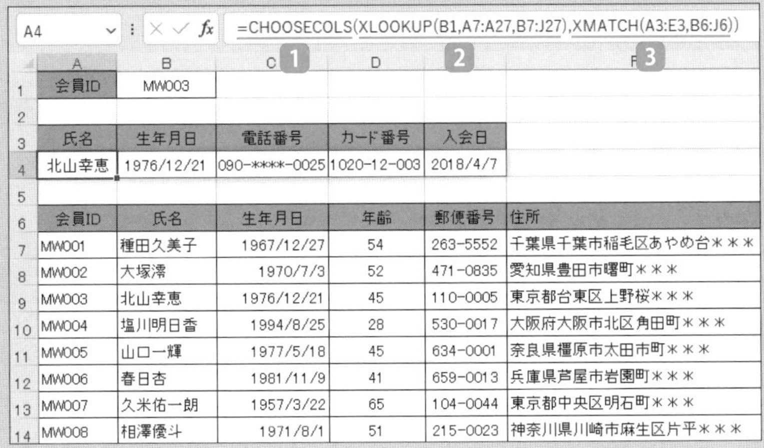

A4　=CHOOSECOLS(XLOOKUP(B1,A7:A27,B7:J27),XMATCH(A3:E3,B6:J6))

	A	B	C	D	E	F
1	会員ID	MW003				
2						
3	氏名	生年月日	電話番号	カード番号	入会日	
4	北山幸恵	1976/12/21	090-****-0025	1020-12-003	2018/4/7	
5						
6	会員ID	氏名	生年月日	年齢	郵便番号	住所
7	MW001	種田久美子	1967/12/27	54	263-5552	千葉県千葉市稲毛区あやめ台＊＊＊
8	MW002	大塚澪	1970/7/3	52	471-0835	愛知県豊田市曙町＊＊＊
9	MW003	北山幸恵	1976/12/21	45	110-0005	東京都台東区上野桜＊＊＊
10	MW004	塩川明日香	1994/8/25	28	530-0017	大阪府大阪市北区角田町＊＊＊
11	MW005	山口一輝	1977/5/18	45	634-0001	奈良県橿原市太田市町＊＊＊
12	MW006	春日杏	1981/11/9	41	659-0013	兵庫県芦屋市岩園町＊＊＊
13	MW007	久米佑一朗	1957/3/22	65	104-0044	東京都中央区明石町＊＊＊
14	MW008	相澤優斗	1971/8/1	51	215-0023	神奈川県川崎市麻生区片平＊＊＊

数式解説

「=CHOOSECOLS(XLOOKUP(B1,A7:A27,B7:J27),XMATCH(A3:E3,B6:J6))」の数式は、「XLOOKUP(B1,A7:A27,B7:J27)」の数式で、B1セルの『会員ID』と一致した行にあるデータを抽出し、そのデータの中で、「XMATCH(A3:E3,B6:J6)」で抽出したい列位置だけのデータを抽出する。結果、B1セルの『会員ID』と一致した行にある、『氏名』『生年月日』『電話番号』『カード番号』『入会日』が一度に抽出できる。

8-2 あらゆる表から検索抽出するテクをマスター!

前節では「検索値の右列を抽出」「1行1件形式の表から抽出」というように、抽出元の位置や表の形式が決まっていた。しかし、下記のように、そうとは限らないケースもある。

● 検索値の左列を抽出（Excel2021/365はXLOOKUP関数で抽出可能）

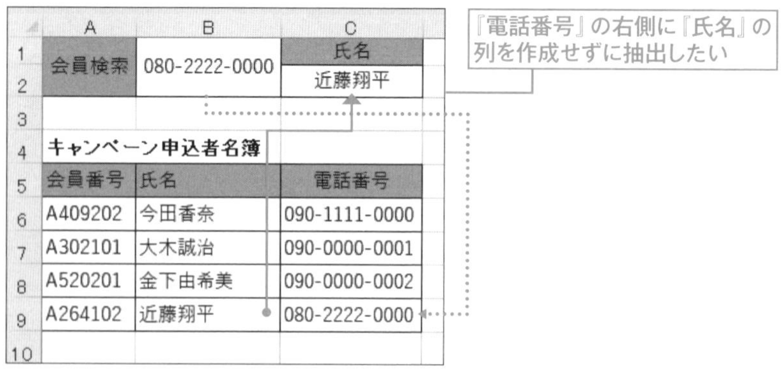

	A	B	C
1	会員検索	080-2222-0000	氏名
2			近藤翔平
3			
4	キャンペーン申込者名簿		
5	会員番号	氏名	電話番号
6	A409202	今田香奈	090-1111-0000
7	A302101	大木誠治	090-0000-0001
8	A520201	金下由希美	090-0000-0002
9	A264102	近藤翔平	080-2222-0000
10			

『電話番号』の右側に『氏名』の
列を作成せずに抽出したい

● クロス表からの検索抽出

	A	B	C	D	E
1	店舗名	香り	売上数		
2	モール店	ジャスミン	12		
3					
4	4月アロマキャンドル売上表				
5	店舗名 / 香り	本店	モール店	ネット店	合計
6	ローズ	35	18	11	64
7	ラベンダー	7	17	20	44
8	ジャスミン	15	12	0	27
9	合計	57	47	31	135
10					

クロス表から、指定の行と列が交差する売上数を抽出したい

本節では、特殊な位置に検索値がある表から該当するデータを抽出するテクニックをマスターしよう！

テク 201 検索対象列の左にあるデータを抽出したい (Excel2019/2016対応)

使うのはコレ! INDEX+MATCH関数

VLOOKUP関数は、検索対象の右側に抽出データが並ぶ表でなければ抽出できないため左側に抽出データがある場合は表の右側に抽出データを作成しなければならない。**INDEX＋MATCH関数**を使えば、表をそのままにして抽出できる。

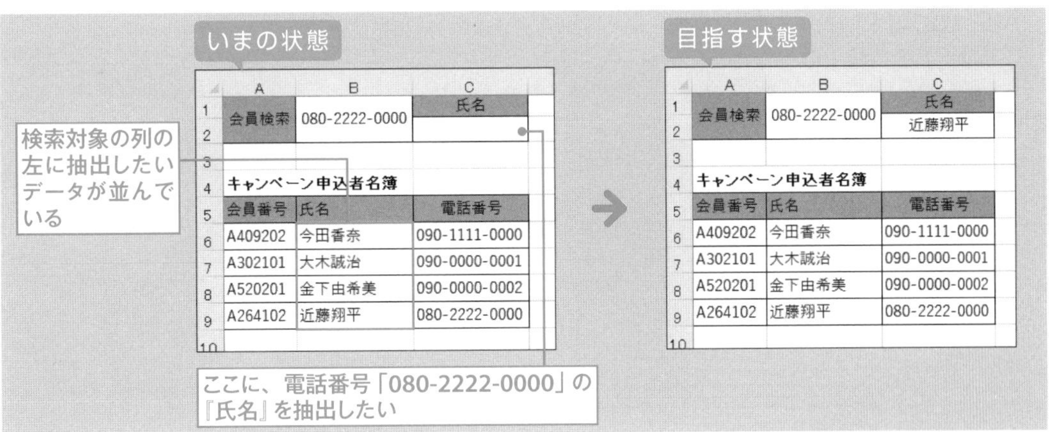

1. 『氏名』を求めるセル（C2セル）を選択し、「=INDEX(」と入力する。
2. ［参照］…抽出する『氏名』のセル範囲を選択する。
3. ［行番号］…MATCH関数で検索値のセルが表の『電話番号』の何番目にあるかを求める数式を入力する。
4. ［列番号］［領域番号］…省略して、Enterキーで数式を確定する。

数式解説

「MATCH(B1,C6:C9,0)」の数式は、B1セルの「080-2222-0000」が名簿の『電話番号』の何番目にあるかを求める。求めた番目をINDEX関数の引数の［行番号］に使い「=INDEX(B6:B9,MATCH(B1,C6:C9,0))」の数式を作成すると、その番目と同じ行にあるB6セル～B9セルの範囲の「近藤翔平」が抽出される。

ここがポイント！　Excel2021/365ならXLOOKUP関数を使おう

Excel2021/365で利用できるXLOOKUP関数は、検索範囲と抽出範囲を別々に指定できるので、検索対象の列の左にある範囲からでも抽出できる。

併せて覚えテク　検索対象の列のデータが昇順並びなら、LOOKUP関数で抽出できる

さきほどの手順ではINDEX＋MATCH関数の数式を解説しているが、検索範囲と抽出範囲が別々に指定できる**LOOKUP関数**でも可能。ただし、引数の［検査範囲］に指定する範囲のデータは、以下のように**文字コードの昇順に並べ替えたデータ**でなければ正しく抽出できない。よって、五十音順に並べられた名前などからは正しく抽出できないので注意が必要。

1 『担当者』を求めるセル（C2セル）を選択し、「=LOOKUP(」と入力する。
2 ［検査値］…検索する『店舗No.』のセルを選択する。
3 ［検査範囲］…検索する『店舗No.』のセル範囲を選択する。
4 ［対応範囲］…抽出する『担当者』のセル範囲を選択して、Enterキーで数式を確定する。

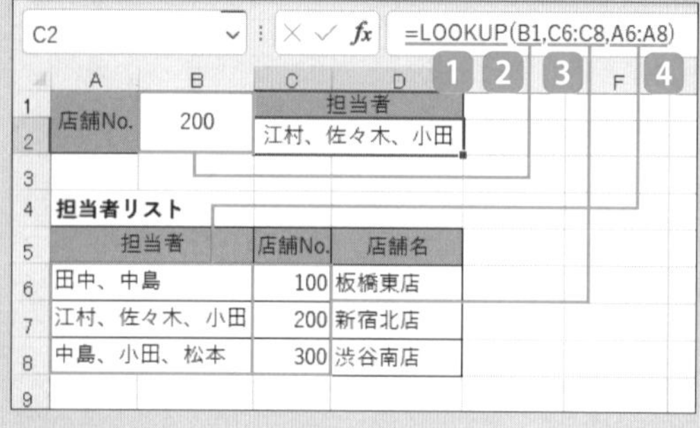

数式解説

「=LOOKUP(B1,C6:C8,A6:A8)」の数式は、『店舗No.』のセル範囲（C6セル～C8セル）からB1セルの「200」を検索し、同じ番目にあるA6セル～A8セルの範囲の『担当者』を抽出する。

✔ 指定の検索／抽出範囲から抽出

テク202 どの列を検索対象にしても抽出したい

使うのはコレ! FILTER+XLOOKUP関数
Excel2019/2016　INDEX+SUMPRODUCT+ROW+COLUMN関数

検索値に電話番号を入力しても、名前を入力しても、該当するデータを表から抽出したい。そんなときは、**検索値があるデータの列を抽出**してから、検索値と一致する行のデータを抽出する数式を作成して求めよう。

Excel2021/365の数式

1. 求めるセル（A4セル）を選択し、「=FILTER(」と入力する。
2. ［配列］…抽出する名簿のセル範囲を選択する。
3. ［含む］…XLOOKUP関数でA1セルの検索する列見出しがある列から抽出したデータがB1セルの検索値である場合の条件式を入力する。
4. ［空の場合］…［""］（空白）を入力して、Enter キーで数式を確定する。

	A	B	C	D	E	F	G
1	電話番号	090-****-0025					
2							
3	会員ID	氏名	生年月日	年齢	郵便番号	住所	電話番号
4	MW003	北山幸恵	1976/12/21	45	110-0005	東京都台東区上野桜＊＊＊	090-****-(
5							
6	会員ID	氏名	生年月日	年齢	郵便番号	住所	電話番号
7	MW001	種田久美子	1967/12/27	54	263-5552	千葉県千葉市稲毛区あやめ台＊＊＊	090-****-(
8	MW002	大塚澪	1970/7/3	52	471-0835	愛知県豊田市曙町＊＊＊	070-****-(
9	MW003	北山幸恵	1976/12/21	45	110-0005	東京都台東区上野桜＊＊＊	090-****-(
10	MW004	塩川明日香	1994/8/25	28	530-0017	大阪府大阪市北区角田町＊＊＊	090-****-(
11	MW005	山口一輝	1977/5/18	45	634-0001	奈良県橿原市太田市町＊＊＊	090-****-(
12	MW006	春日杏	1981/11/9	41	659-0013	兵庫県芦屋市岩園町＊＊＊	090-****-(
13	MW007	久米佑一朗	1957/3/22	65	104-0044	東京都中央区明石町＊＊＊	070-****-(
14	MW008	相澤優斗	1971/8/1	51	215-0023	神奈川県川崎市麻生区片平＊＊＊	080-****-(
15	MW009	笛木雅也	1960/5/1	62	234-0011	千葉県千葉市若葉区大草町＊＊＊	080-****-(
16	MW010	里中美咲	1986/6/5	36	569-1114	大阪府高槻市別所本町＊＊＊	090-****-(
17							

数式解説

「=FILTER(A7:J16,XLOOKUP(A1,A6:J6,A7:J16)=B1,"")」の数式は、検索するA1セルの『電話番号』と一致した列にあるデータがB1セルの「090-****-0025」である場合の条件を満たす、A7セル～J16セルのデータを抽出する。結果、常に、A1セルの列見出しのB1セルの値に該当するデータが抽出される。

ここがポイント！　FILTER関数は検索値に一致するすべてのデータを抽出する

FILTER関数は検索値に一致するデータをすべて抽出するため（第9章参照）、同姓同名の名前なら両方が抽出される。

Excel2019/2016の数式

1. 求めるセル（A4セル）を選択し、「=INDEX(」と入力する。
2. ［参照］…抽出するセル範囲を選択して、F4 キーを1回押して［$］記号をつけ絶対参照にする。
3. ［行番号］…SUMPRODUCT関数とROW関数でB1セルの検索値が名簿の何行目にあるかを求める数式を入力する。
4. ［列番号］…「COLUMN(A1)」と入力して、Enter キーで数式を確定する。
5. 数式を必要なだけ複写する。

	A	B	C	D	E	F	G	H	I	J
1	電話番号	090-****-0025								
2										
3	会員ID	氏名	生年月日	年齢	郵便番号	住所	電話番号	カード番号	会員ランク	入会日
4	MW003	北山幸恵	1976/12/21	45	110-0005	東京都台東区上野桜＊＊＊	090-****-0025	1020-12-003	ブロンズ	2018/4/7
5										
6	会員ID	氏名	生年月日	年齢	郵便番号	住所	電話番号	カード番号	会員ランク	入会日
7	MW001	種田久美子	1967/12/27	54	263-5552	千葉県千葉市稲毛区あやめ台＊＊＊	090-****-0001	1000-10-001	ロイヤル	2017/2/20
8	MW002	大塚澪	1970/7/3	52	471-0835	愛知県豊田市曙町＊＊＊	070-****-0002	1010-11-002	プレミアム	2017/8/12
9	MW003	北山幸恵	1976/12/21	45	110-0005	東京都台東区上野桜＊＊＊	090-****-0025	1020-12-003	ブロンズ	2018/4/7
10	MW004	塩川明日香	1994/8/25	28	530-0017	大阪府大阪市北区角田町＊＊＊	090-****-0004	1040-14-005	プラチナ	2018/6/30
11	MW005	山口一輝	1977/5/18	45	634-0001	奈良県橿原市太田市町＊＊＊	090-****-0005	1050-15-006	ダイヤモンド	2018/11/9
12	MW006	春日杏	1981/11/9	41	659-0013	兵庫県芦屋市岩園町＊＊＊	090-****-0006	1060-16-007	ゴールド	2019/1/28
13	MW007	久米佑一朗	1957/3/22	65	104-0044	東京都中央区明石町＊＊＊	070-****-0201	1070-17-008	プレミアム	2019/4/25
14	MW008	相澤優斗	1971/8/1	51	215-0023	神奈川県川崎市麻生区片平＊＊＊	080-****-0003	1030-13-004	ブロンズ	2019/5/5
15	MW009	笛木雅也	1960/5/1	62	234-0011	千葉県千葉市若葉区大草町＊＊＊	080-****-0001	1080-18-009	プラチナ	2019/7/16
16	MW010	里中美咲	1986/6/5	36	569-1114	大阪府高槻市別所本町＊＊＊	090-****-0007	1090-19-010	レギュラー	2019/10/14
17										

数式解説

「SUMPRODUCT(($A$7:$J$16=$B$1)*ROW($A$1:$A$10))」の数式は、表のデータがB1セルの「090-****-0025」である場合に表内の行の番目が求められる。INDEX関数の引数［行番号］に組み合わせて数式を作成することで、電話番号「090-****-0025」1列目の会員IDが抽出される。数式をコピーすることで、抽出する列番号が「2」「3」…と指定されるので、電話番号「090-****-0025」に該当するデータが抽出される。結果、常に、B1セルの値に該当するデータが抽出される。

✓クロス表検索抽出

テク203 クロス集計表からデータを抽出したい

使うのはコレ! XLOOKUP+XLOOKUP関数
Excel2019/2016　INDEX+MATCH関数

クロス集計表から、指定の行・列の項目が交差する位置にあるデータを抽出するには、**XLOOKUP関数**なら引数［戻り範囲］にもう1つ**XLOOKUP関数を組み合わせる**だけで可能。Excel2019/2016なら、**MATCH関数**で指定の行・列の項目の位置を求めて、その位置をもとに**INDEX関数**で抽出しよう。

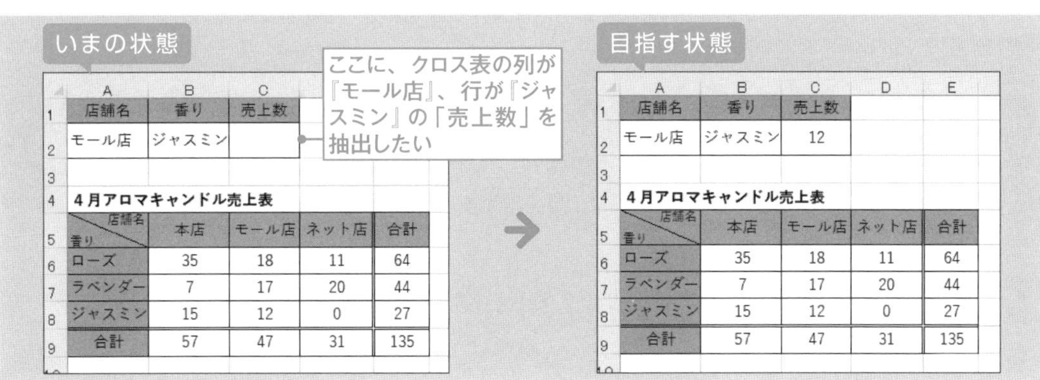

いまの状態
ここに、クロス表の列が『モール店』、行が『ジャスミン』の「売上数」を抽出したい
目指す状態

	A	B	C	D	E
1	店舗名	香り	売上数		
2	モール店	ジャスミン	12		
3					
4	4月アロマキャンドル売上表				
5	店舗名／香り	本店	モール店	ネット店	合計
6	ローズ	35	18	11	64
7	ラベンダー	7	17	20	44
8	ジャスミン	15	12	0	27
9	合計	57	47	31	135

● Excel2021/365の数式

1. 『売上数』を求めるセル（C2セル）を選択し、「=XLOOKUP(」と入力する。
2. ［検索値］…クロス表の列見出しの検索値A2セルを選択する。
3. ［検索範囲］…検索するクロス表の列見出しのセル範囲を選択する。
4. ［戻り範囲］…「XLOOKUP(」と入力する。
5. ［検索値］…クロス表の行見出しの検索値B2セルを選択する。
6. ［検索範囲］…検索するクロス表の行見出しのセル範囲を選択する。
7. ［戻り範囲］…抽出するセル範囲を選択する。
8. ［見つからない場合］［一致モード］［検索モード］…省略して、Enterキーで数式を確定する。

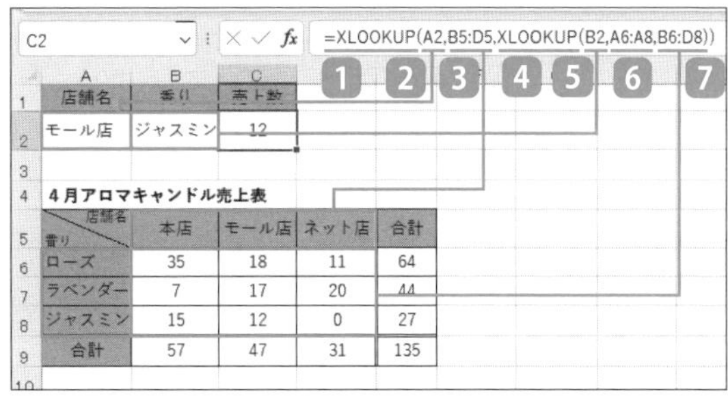

C2
=XLOOKUP(A2,B5:D5,XLOOKUP(B2,A6:A8,B6:D8))
1 2 3 4 5 6 7
4月アロマキャンドル売上表

数式解説

「XLOOKUP(B2,A6:A8,B6:D8)」の数式は、B2セルの「ジャスミン」がある行の売上数のセル範囲を抽出する。この抽出したセル範囲をもう1つのXLOOKUP関数の引数［戻り範囲］に組み合わせて、A2セルの「モール店」を検索値にして抽出する数式を作成することで、A2セルの「モール店」とB2セルの「ジャスミン」が交差する売上数「12」が抽出される。行列の項目が空白や見つからないときは空白で求めるなら、両方のXLOOKUP関数の引数［見つからない場合］に［""］（空白）を入力して数式を作成しよう。

Excel2019/2016の数式

1. 『売上数』を求めるセル（C2セル）を選択し、「=INDEX(」と入力する。
2. [参照]…抽出するセル範囲を選択する。
3. [行番号]…MATCH関数で検索値のB2セルがクロス表の何行目にあるかを求める数式を入力する。
4. [列番号]…MATCH関数で検索値のA2セルがクロス表の何列目にあるかを求める数式を入力して、Enter キーで数式を確定する。

C2 =INDEX(B6:D8,MATCH(B2,A6:A8,0),MATCH(A2,B5:D5,0))

店舗名	香り	売上数
モール店	ジャスミン	12

4月アロマキャンドル売上表

香り＼店舗名	本店	モール店	ネット店	合計
ローズ	35	18	11	64
ラベンダー	7	17	20	44
ジャスミン	15	12	0	27
合計	57	47	31	135

数式解説

「MATCH(B2,A6:A8,0)」の数式は、B2セルの「ジャスミン」が売上表の何行目にあるかを求め、「MATCH(A2,B5:D5,0)」の数式は、A2セルの「モール店」が売上表の何列目にあるかを求める。求めた番目をINDEX関数の引数の[行番号][列番号]に組み合わせて数式を作成することで、A2セルの「モール店」とB2セルの「ジャスミン」が交差する売上数「12」が抽出される。

併せて覚え テク　行見出しが複数列のクロス表から抽出するには?

行見出しが複数列のクロス表から抽出する場合は、XLOOKUP関数なら1行見出しをすべて[&]で結合して[検索値]と[検索範囲]に指定して数式を作成しよう。
INDEX関数の数式では、2まず行見出しをすべて[&]で結合した列を作成しておく。3[行番号]のMATCH関数の[検査値]には、行見出しをすべて[&]で結合して指定し、4[検査範囲]には、作成した列を指定して数式を作成しよう。

Excel2021/365の数式

D2 =XLOOKUP(A2,C5:E5,XLOOKUP(B2&C2,A6:A12&B6:B12,C6:E12))

店舗名	香り	単価	売上数
モール店	ローズ	3,000	18

4月アロマキャンドル売上表

香り	単価	本店	モール店	ネット店	合計
ローズ	2,500	35	0	0	35
ローズ	3,000	0	18	0	18
ローズ	3,500	0	0	11	11
ラベンダー	2,700	0	5	20	25
ラベンダー	3,200	7	12	0	19
ジャスミン	2,000	15	4	0	19
ジャスミン	3,000	0	8	0	8
合計		57	47	31	135

Excel2019/2016の数式

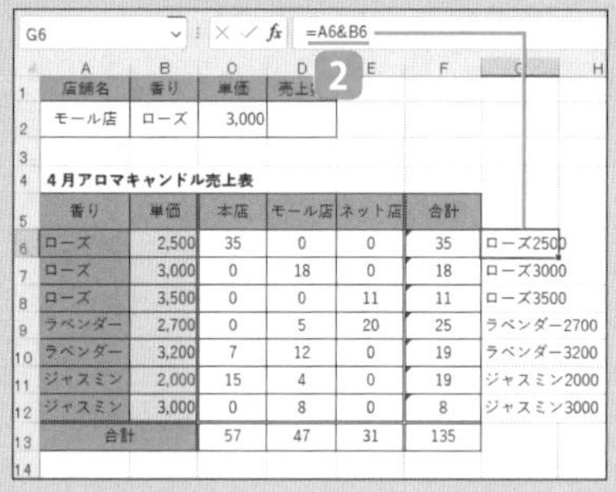

G6 =A6&B6

店舗名	香り	単価	売上数
モール店	ローズ	3,000	

4月アロマキャンドル売上表

香り	単価	本店	モール店	ネット店	合計	
ローズ	2,500	35	0	0	35	ローズ2500
ローズ	3,000	0	18	0	18	ローズ3000
ローズ	3,500	0	0	11	11	ローズ3500
ラベンダー	2,700	0	5	20	25	ラベンダー2700
ラベンダー	3,200	7	12	0	19	ラベンダー3200
ジャスミン	2,000	15	4	0	19	ジャスミン2000
ジャスミン	3,000	0	8	0	8	ジャスミン3000
合計		57	47	31	135	

D2 =INDEX(C6:E12,MATCH(B2&C2,G6:G12,0),MATCH(A2,C5:E5,0))

店舗名	香り	単価	売上数
モール店	ローズ	3,000	18

4月アロマキャンドル売上表

香り	単価	本店	モール店	ネット店	合計	
ローズ	2,500	35	0	0	35	ローズ2500
ローズ	3,000	0	18	0	18	ローズ3000
ローズ	3,500	0	0	11	11	ローズ3500
ラベンダー	2,700	0	5	20	25	ラベンダー2700
ラベンダー	3,200	7	12	0	19	ラベンダー3200
ジャスミン	2,000	15	4	0	19	ジャスミン2000
ジャスミン	3,000	0	8	0	8	ジャスミン3000
合計		57	47	31	135	

テク204 クロス表の見出しとデータを入れ替えた別のクロス表を作成したい

使うのはコレ! XLOOKUP+TEXT関数
Excel2019/2016　IFNA+INDEX+MATCH+TEXT関数

クロス表のデータを見出しにした別のクロス表を作成したいときは、**XLOOKUP関数**の引数［検索範囲］に**XLOOKUP関数**を組み合わせた数式を作成しよう。Excel2019/2016では、作成するクロス表の各行見出しが、抽出するクロス表の何行目にあるかを**MATCH関数**の引数［検査範囲］に**INDEX関数**を入れて求めるのがコツ。

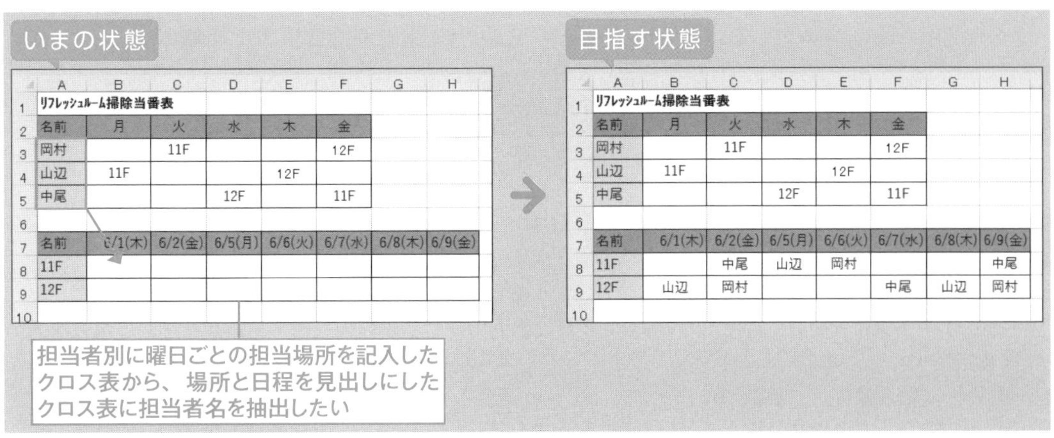

Excel2021/365の数式

1. 作成するクロス表のセル（B8セル）を選択し、「=XLOOKUP(」と入力する。
2. ［検索値］…抽出先の行見出しのセル範囲を選択して、F4キーを1回押して［$］記号をつけ絶対参照にする。
3. ［検索範囲］…XLOOKUP関数で、TEXT関数で抽出した列見出しの日付の曜日をもとにクロス表から抽出する数式を入力する。
4. ［戻り範囲］…抽出する『名前』のセル範囲を選択して、F4キーを1回押して［$］記号をつけ絶対参照にする。
5. ［見つからない場合］…［""］（空白）を入力する。
6. ［一致モード］［検索モード］…省略して、Enterキーで数式を確定する。
7. 数式をほかの列に複写する。

第8章

B8　=XLOOKUP($A8:$A9,XLOOKUP(TEXT(B7,"aaa"),$B$2:$F$2,$B$3:$F$5,""),$A$3:$A$5,"")

1 2 3 4 5

リフレッシュルーム掃除当番表

名前	月	火	水	木	金
岡村		11F			12F
山辺	11F			12F	
中尾			12F		11F

名前	6/1(木)	6/2(金)	6/5(月)	6/6(火)	6/7(水)	6/8(木)	6/9(金)
11F		中尾	山辺	岡村			中尾
12F	山辺	岡村			中尾	山辺	岡村

7

数式解説

「XLOOKUP(TEXT(B7,"aaa"),$B$2:$F$2,$B$3:$F$5,"")」の数式は、日程表の日付の曜日が抽出元のクロス表の曜日と一致する列にある場所名のセル範囲を抽出する。この抽出したセル範囲をもう1つのXLOOKUP関数の引数［検索範囲］に組み合わせて、A8～A9セルの場所名を検索値にして抽出する数式を作成することで、場所名と日程に該当する『名前』が抽出される。

● Excel2019/2016の数式

1. 作成するクロス表（B8セル）のセルを選択し、「IFNA(」と入力する。
2. 「値」…「=INDEX(」と入力する。
3. ［参照］…抽出するセル範囲を選択して、F4 キーを1回押して［$］記号をつけ絶対参照にする。
4. ［行番号］…MATCH関数で行見出しのA8セルが抽出元のクロス表の何行目にあるかを求める数式を入力する。
5. ［列番号］［領域番号］…省略する。
6. IFNA関数の［NAの場合の値］…［""］（空白）を入力して、Enter キーで数式を確定する。
7. 数式を必要なだけ複写する。

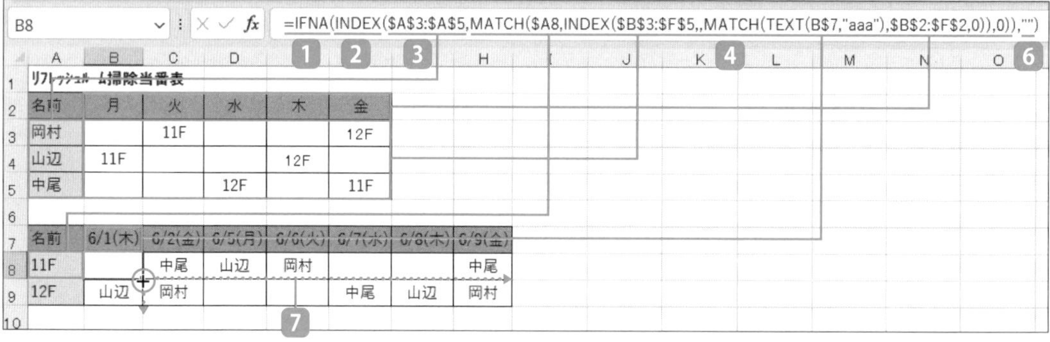

数式解説

「MATCH($A8,INDEX($B$3:$F$5,,MATCH(TEXT(B$7,"aaa"),$B$2:$F$2,0)),0)」の数式は、A8セルの場所名が抽出元のクロス表の何行目にあるかを求める。この行の番目をINDEX関数の引数［行番号］に組み合わせて「=IFNA(INDEX($A$3:$A$5,MATCH($A8,INDEX($B$3:$F$5,,MATCH(TEXT(B$7,"aaa"),$B$2:$F$2,0)),0)),"")」の数式を作成することで、場所名と日程に該当する『名前』が抽出される。

抽出編

✔ クロス表検索抽出

テク205 ピボットテーブルの行ラベルと列ラベルを入れ替えても正しく抽出したい

使うのはコレ! GETPIVOTDATA関数

ピボットテーブルから、指定の行・列の項目が交差する位置にあるデータを抽出する場合、テク203の数式では、行ラベルと列ラベルを入れ替えたりして表の形を変更するとエラー値になってしまう。変更しても正しく抽出するには**GETPIVOTDATA関数**で数式を作成しよう。

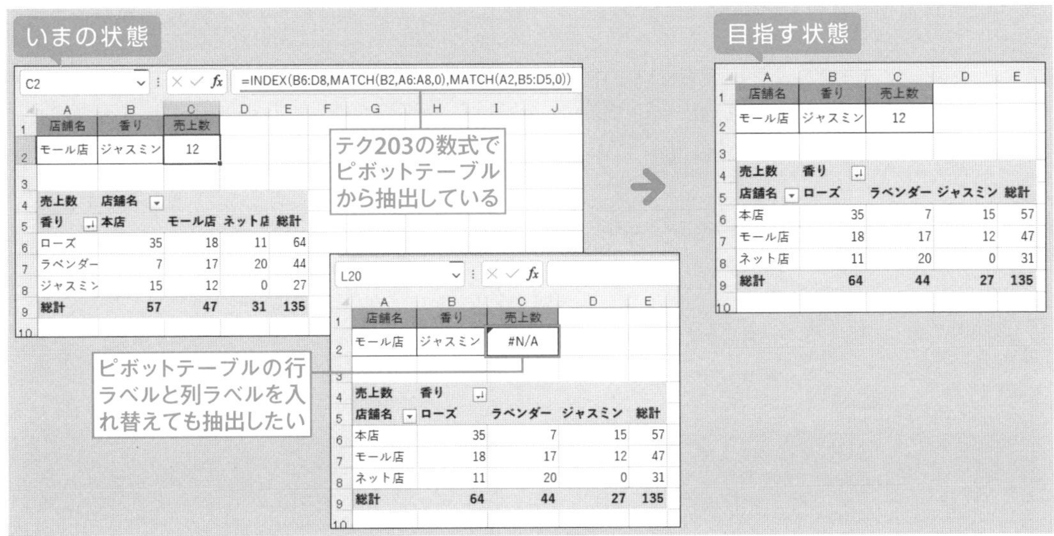

1 『売上数』を求めるセル（C2セル）を選択し、「=」と入力する。
2 ピボットテーブルの抽出したいセルを選択したら、自動でGETPIVOTDATA関数の数式が入力されるので、Enter キーで数式を確定する。

数式解説

ピボットテーブルを選択して自動で入力される「=GETPIVOTDATA("数量",$A$4,"店舗名","モール店","香り","ジャスミン")」の数式は、ピボットテーブルのフィールド名『店舗名』のアイテム名「モール店」、フィールド名『香り』のアイテム名「ジャスミン」が交差する「数量」の「12」を抽出する。

ここがポイント！ GETPIVOTDATA関数は引数でフィールド名とアイテム名を指定する

GETPIVOTDATA関数は引数でフィールド名とアイテム名を指定して抽出するため、ピボットテーブルのレイアウトを変更しても常に該当の値が抽出される。
操作ではピボットテーブルのセルを選択してGETPIVOTDATA関数を入力しているが、直接入力しても可能。
なお、ピボットテーブルを選択しても、GETPIVOTDATA関数が入力されない場合は、[ファイル]→[オプション]→[数式]で[ピボットテーブル参照にGetPivotData関数を使用する]にチェックを入れておこう。

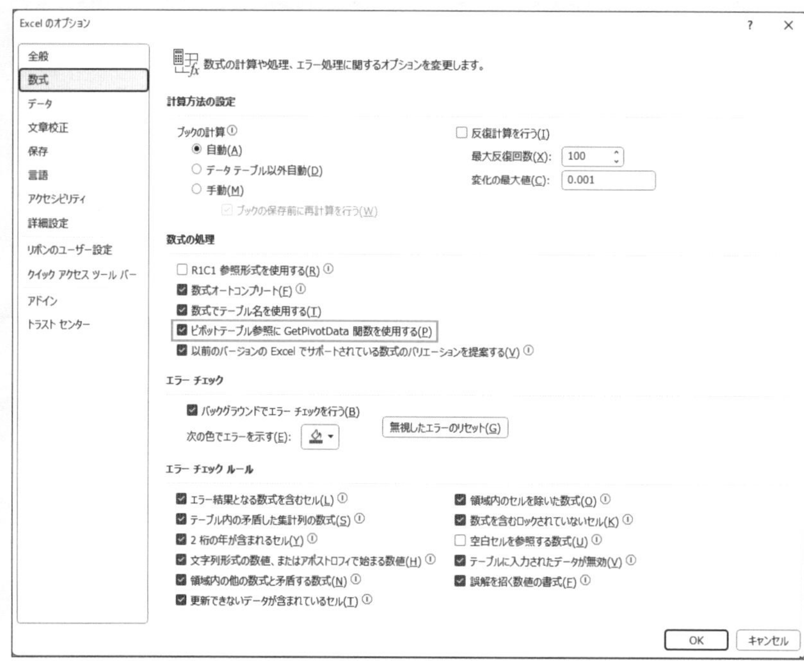

抽出編

8-3 特殊な検索値で抽出するテクをマスター!

別表から検索して抽出するときは、「検索値に完全一致するデータがある」セル範囲から検索する、とは限らない。たとえば、下記のようなケースである。

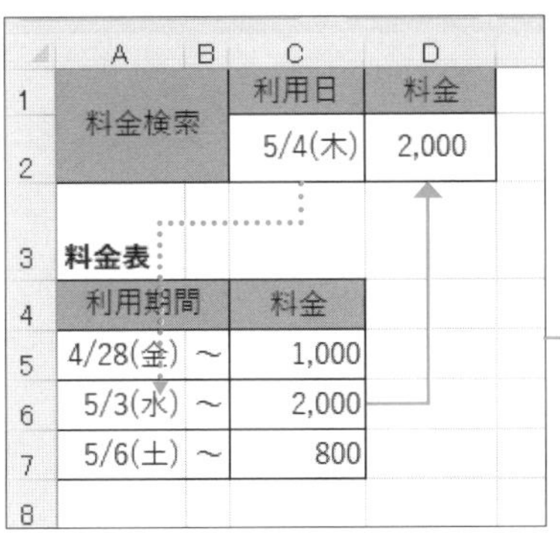

	A	B	C	D
1	料金検索		利用日	料金
2			5/4(木)	2,000
3	料金表			
4	利用期間		料金	
5	4/28(金)	～	1,000	
6	5/3(水)	～	2,000	
7	5/6(土)	～	800	
8				

日付を検索値にして期間の表から『料金』を抽出したい

	A	B	C	D
1	会員検索	氏名	携帯電話	住所
2		金下由希美	090-0000-0009	大阪府八尾市旭ケ丘0-0-0
3				
4	会員名簿			
5	No.	氏名	携帯電話	住所
6	1	今田香奈	090-1111-0000	大阪府大阪市平野区長原0-0-0
7	2	大木誠治	090-0000-0001	東京都葛飾区お花茶屋0-0-0
8	3	金下由希美	090-0000-0002	東京都荒川区東尾久0-0-0
9	4	近藤翔平	080-2222-0000	大阪府柏原市円明町000-0
10	5	金下由希美	090-0000-0009	大阪府八尾市旭ケ丘0-0-0
11				

『氏名』『携帯電話』の2つを検索値にして『住所』を抽出したい

本節では、特殊な検索値/範囲で検索抽出、特殊なデータを検索抽出するテクニックをマスターしよう!

✔ 最終から検索抽出

テク206 同じ検索値のうち、最終行のデータを抽出したい

Excel2019/2016対応

使うのはコレ! LOOKUP関数+条件式

VLOOKUP関数は、同じ検索値が複数あると最初に見つかった検索値をもとに抽出する。常に最終にある該当データを抽出するなら、**LOOKUP関数**を使おう。LOOKUP関数に**条件式**を使うのがコツ。

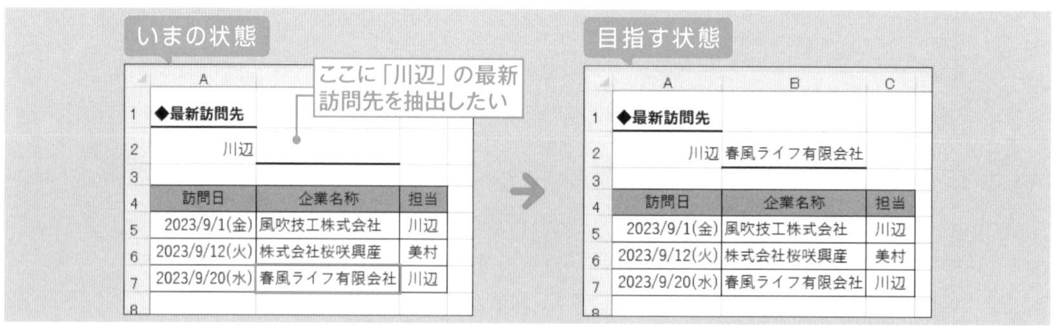

いまの状態
ここに「川辺」の最新訪問先を抽出したい
◆最新訪問先
川辺
訪問日
企業名称
担当
2023/9/1(金)
風吹技工株式会社
川辺
2023/9/12(火)
株式会社桜咲興産
美村
2023/9/20(水)
春風ライフ有限会社
川辺
目指す状態
◆最新訪問先
川辺
春風ライフ有限会社

1 「川辺」の最新訪問先を求めるセル(B2セル)を選択し、「=LOOKUP(」と入力する。
2 [検査値]…「1」と入力する。
3 [検査範囲]…検索する『担当』のセル範囲がA2セル(川辺)である場合の条件式を「0」で除算する数式を入力する。
4 [対応範囲]…抽出する『企業名称』のセル範囲を選択して、Enter キーで数式を確定する。

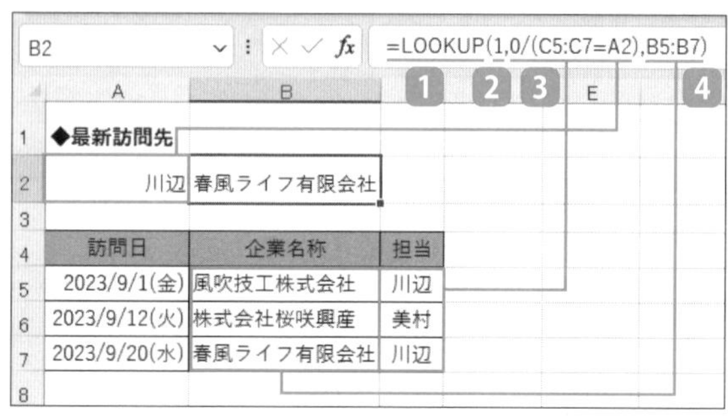

数式解説

「0/(C5:C7=A2),」の数式は、「川辺」が『担当』のセル範囲にある場合は「0/1(TRUE)」となるため「0」を求め、ない場合は「0/0(FALSE)」となるためエラー値を求める。LOOKUP関数の[検査値]に「1」を指定して数式を作成することで、「0」に対応するエラー値以外の『企業名称』、つまり、「川辺」が最後に訪問した「春風ライフ有限会社」が抽出される。

ここがポイント! **Excel2021/365ならXLOOKUP関数1つで可能**

Excel2021/365ならXLOOKUP関数の引数[検索モード]に、「-1」と入力して数式を作成するだけで可能。

=XLOOKUP(A2,C5:C7,B5:B7,,,-1)

✔ 部分一致検索抽出

テク207 日付を検索して、該当する期間のデータを抽出したい

使うのはコレ! XLOOKUP関数の［一致モード］に「-1」
Excel2019/2016　VLOOKUP関数の［検索方法］に「1」又は省略

期間ごとのデータが入力された表から、指定の日付を検索値にして該当データを抽出するなど、完全一致がない表から検索抽出するには、**XLOOKUP関数**や**VLOOKUP関数**で抽出する検索の方法を変更するだけでできる。

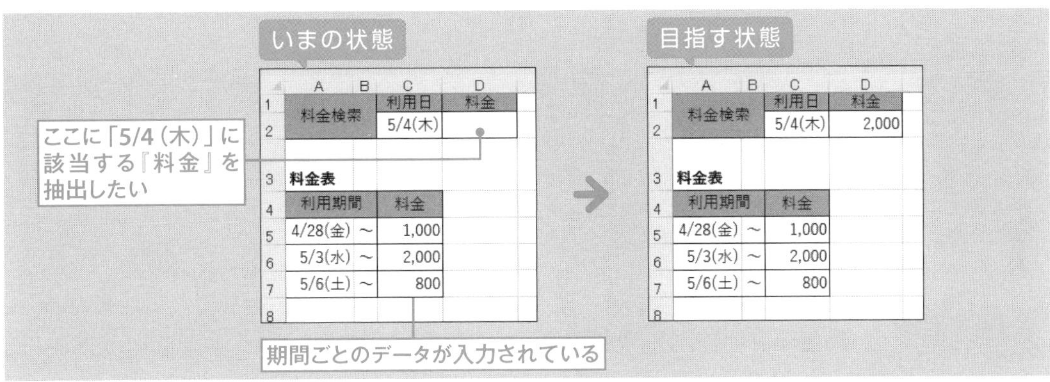

Excel2021/365の数式

1. 『料金』を求めるセル（D2セル）を選択し、「=XLOOKUP(」と入力する。
2. ［検索値］…『利用日』のセル（C2セル）を選択する。
3. ［検索範囲］…検索する『利用期間』の開始日のセル範囲を選択する。
4. ［戻り範囲］…抽出する『料金』のセル範囲を選択する。
5. ［見つからない場合］…［""］（空白）を入力する。
6. ［一致モード］…「-1」と入力する。
7. ［検索モード］…省略して、Enterキーで数式を確定する。

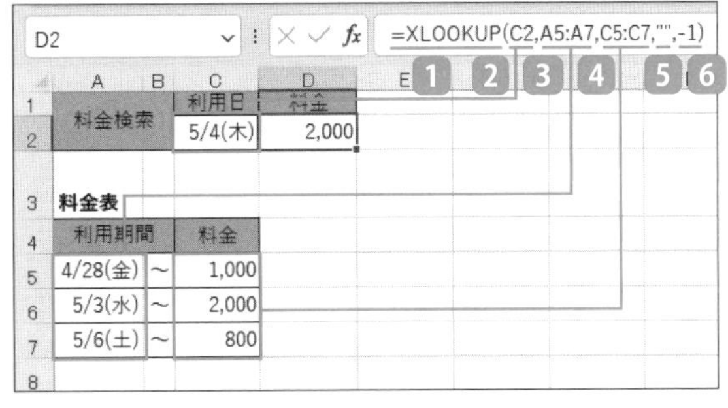

数式解説

「=XLOOKUP(C2,A5:A7,C5:C7,"",-1)」の数式は、C2セルの「5/4（木）」を料金表のA5セル～C7セルの範囲から検索し、一致した行にあるC5セル～C7セルの料金「2,000」を抽出する。引数の［一致モード］に「-1」を指定すると、［検索値］が見つからないとき、次に小さい値を検索する。つまり、［検索値］は「5/4（木）」なので検索範囲の「5/3（水）」を検索して同じ行にあるデータが抽出される。

Excel2019/2016の数式

1. 『料金』を求めるセル(C2セル)を選択し、「=VLOOKUP(」と入力する。
2. [検索値]…『利用日』のセル(B2セル)を選択する。
3. [範囲]…抽出する表のセル範囲を選択する。
4. [列番号]…抽出する列の番目「3」を入力する。
5. [検索方法]…「1」と入力または省略して、Enter キーで数式を確定する。

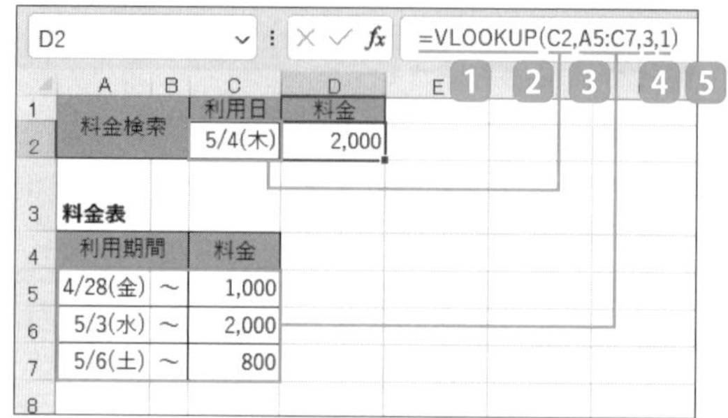

数式解説

「=VLOOKUP(C2,A5:C7,3,1)」の数式は、C2セルの「5/4(木)」を料金表のA5セル～C7セルの範囲から検索し、一致した行にある4列目の料金「2,000」を抽出する。
VLOOKUP関数の引数の[検索方法]に「1」を入力または省略して指定すると、[検索値]が見つからないとき、次に小さい値を検索する。つまり、[検索値]は「5/4(木)」なので検索範囲の「5/3(水)」を検索して同じ行にあるデータが抽出される。

併せて覚え テク　完全一致がない行や列見出しのクロス表から抽出する

クロス表から抽出する数式は本章2節テク203で解説しているが、完全一致ではない行や列見出しのクロス表から抽出するなら、操作と同じように、1 XLOOKUP関数なら引数[一致モード]に「-1」、2 MATCH関数なら引数[照合の種類]に「1」か省略して数式を作成しよう。

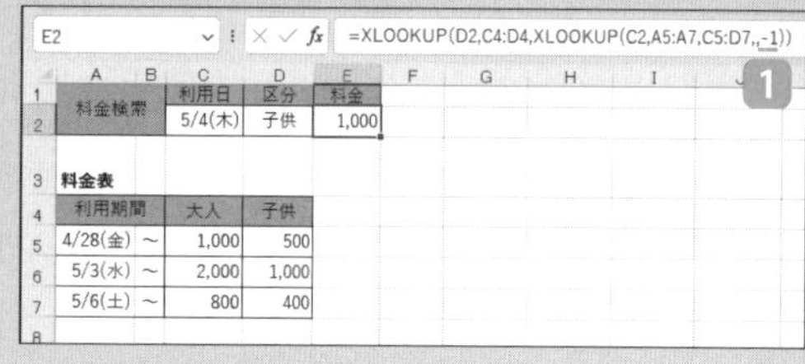

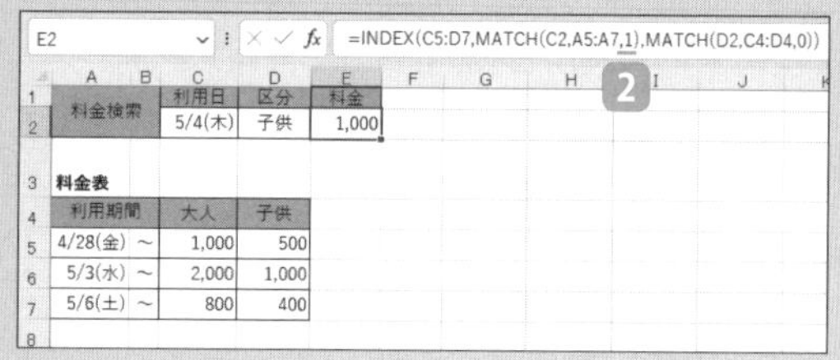

✓ 部分一致検索抽出

テク208 検索値を含むワードを検索して、該当データを抽出したい

使うのはコレ! XLOOKUP関数の［検索値］に［*］、［一致モード］に「2」
Excel2019/2016　VLOOKUP関数の［検索値］に［*］

検索値が検索対象の列のデータと完全一致ではなく、部分的に一致する場合は、**XLOOKUP関数**や**VLOOKUP関数**の引数の［検索値］に**ワイルドカード**を使って抽出しよう。

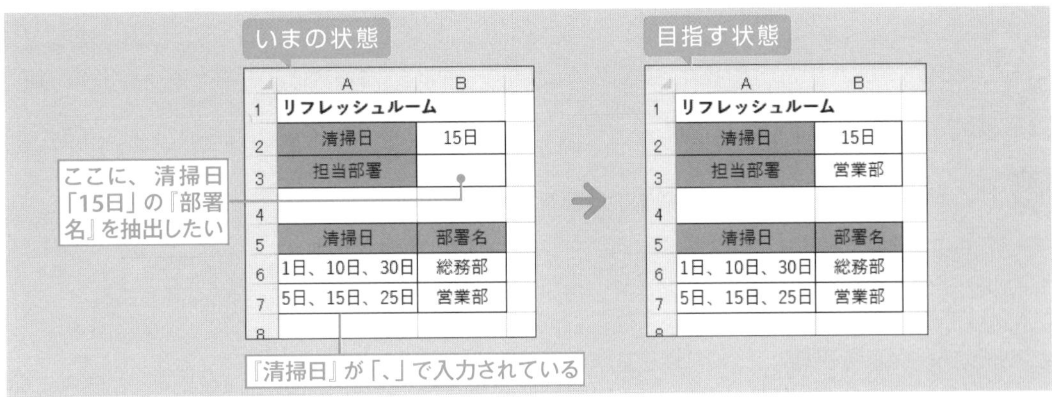

Excel2021/365の数式

1. 『担当部署』を求めるセル（B3セル）を選択し、「=XLOOKUP(」と入力する。
2. ［検索値］…「15日」のセル（B2セル）を「"*"&B2&"*"」で入力する。
3. ［検索範囲］…検索する『清掃日』のセル範囲を選択する。
4. ［戻り範囲］…抽出する『部署名』のセル範囲を選択する。
5. ［見つからない場合］…［""］（空白）を入力する。
6. ［一致モード］…「2」と入力する。
7. ［検索モード］…省略して、Enter キーで数式を確定する。

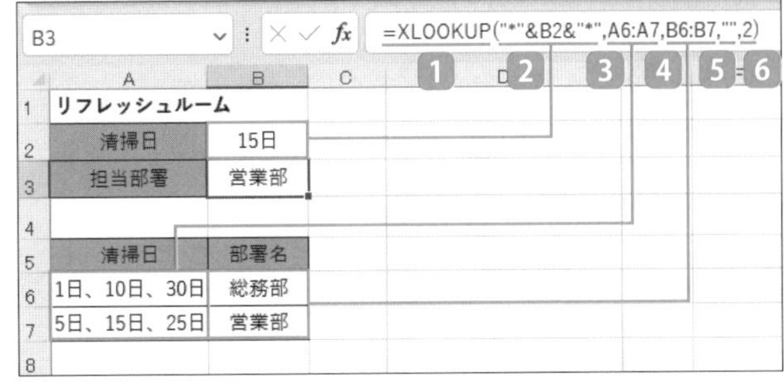

数式解説

「=XLOOKUP("*"&B2&"*",A6:A7,B6:B7,"",2)」の数式は、B2セルの「15日」を含む清掃日をA6セル～A7セルの範囲から検索し、一致した行にあるB6セル～B7セルの部署名「営業部」を抽出する。ワイルドカードを［検索値］に指定する場合は、引数の［一致モード］に「2」を指定して数式を作成する。

Excel2019/2016の数式

1. 『担当部署』を求めるセル（B3セル）を選択し、「=VLOOKUP(」と入力する。
2. ［検索値］…「15日」のセル（B2セル）を「"*"&B2&"*"」で入力する。

3 [範囲]…抽出する表のセル範囲を選択する。
4 [列番号]…抽出する列の番目「2」を入力する。
5 [検索方法]…「0」と入力して、Enter キーで数式を確定する。

数式解説

「=VLOOKUP("*"&B2&"*",A6:B7,2,0)」の数式は、B2セルの「15日」を含む清掃日をA6セル～B7セルの範囲から検索し、一致した行にある2列目の部署名「営業部」を抽出する。

ここがポイント！ [*]で検索値の一部を指定する

[*]は**ワイルドカード**の1つ。ワイルドカードとは、任意の文字を表す特殊な文字記号のこと（詳しい解説は第4章1節テク065「ここがポイント!」参照）。検索値にする一部の文字と一緒に使うことで、一部の検索値が指定できる。この例のようにセル参照で条件を指定するときは、[*]（アスタリスク）を[""]で囲んで条件のセル番地と[&]で結合して「"*"&F2&"*"」と入力する必要がある。

併せて覚え テク DGET関数で1件分をスピーディーに抽出する

この例の数式を使えば、数式をコピーしてほかの行にも求められる。ほかの行に求める必要がなく1件だけ抽出するなら、**DGET関数**を使えばスピーディーに抽出可能。ただし、データベース関数（詳しい使い方は第4章1節テク063参照）のため、列見出しを付けた1行1件形式の表である必要があり、あらかじめ、1条件枠を作成して、条件の上に表と同じ列見出しをつける必要がある。また、部分一致のデータを抽出するなら、2条件にワイルドカードをつけて入力しなければならない。

3『部署名』を抽出するセル（B3セル）を選択し、「=DGET(」と入力する。
4 [データベース]…抽出する表のセル範囲を列見出しを含めて選択する。
5 [フィールド]…抽出する列見出しのセルを選択する。
6 [条件]…入力した条件を列見出しを含めて範囲選択して、Enter キーで数式を確定する。

数式解説

「=DGET(A5:B7,B5,A2:A3)」の数式は、A5セル～B7セルの表から、「15日」を含む清掃日の行の『部署名』の列から「営業部」を抽出する。

✔ 部分一致検索抽出

テク209 検索値の一部であるワードを検索して、該当データを抽出したい

使うのはコレ! XLOOKUP+FIND関数
Excel2019/2016　LOOKUP+FIND関数

検索値の一部しかない検索対象のデータから、該当データを抽出するなら、**XLOOKUP/LOOKUP関数**の引数［検索範囲］に**FIND関数**を使って数式を作成しよう。

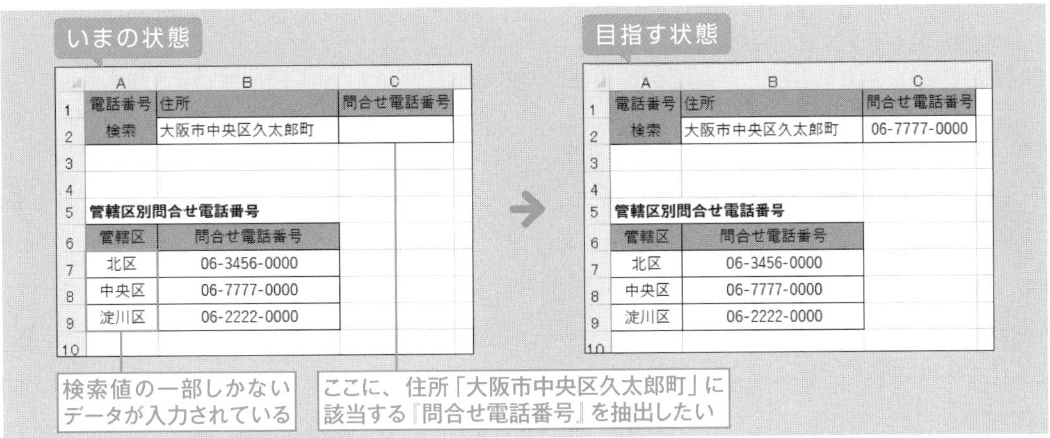

いまの状態
目指す状態
検索値の一部しかないデータが入力されている
ここに、住所「大阪市中央区久太郎町」に該当する『問合せ電話番号』を抽出したい

Excel2021/365の数式

1. 『問合せ電話番号』を求めるセル（C2セル）を選択し、「=XLOOKUP(」と入力する。
2. ［検索値］…「0」と入力する。
3. ［検索範囲］…検索する『管轄区』のセル範囲を「0*FIND(A7:A9,B2)」で入力する。
4. ［戻り範囲］…抽出する『問合せ電話番号』のセル範囲を選択する。
5. ［見つからない場合］…［""］（空白）を入力する。
6. ［一致モード］［検索モード］…省略して、Enterキーで数式を確定する。

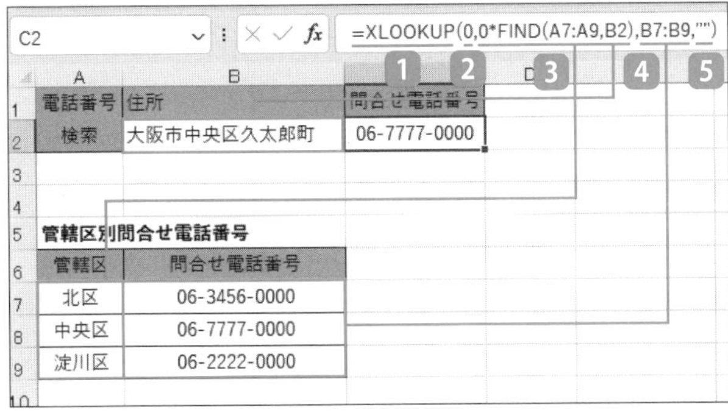

=XLOOKUP(0,0*FIND(A7:A9,B2),B7:B9,"")

数式解説

FIND関数は、位置が見つからないとエラー値「#VALUE!」を求める。そのため、「FIND(A7:A9,B2)」の数式は、2行目の「中央区」だけ位置の「4」を求め、その他はエラー値を求める。これを「0」で乗算すると「4」だけは「0」が求められる。この値をXLOOKUP関数の［検索値］に組み合わせて「=XLOOKUP(0,0*FIND(A7:A9,B2),B7:B9,"")」の数式を作成すると、「0」に対応する『問合せ電話番号』が抽出される。結果、住所「大阪市中央区久太郎町」に該当する問合せ電話番号「06-7777-0000」」が抽出される。

Excel2019/2016の数式

1. 『問合せ電話番号』を抽出するセルを選択し、「=LOOKUP(」と入力する。
2. ［検査値］…「0」と入力する。
3. ［検査範囲］…検索する『管轄区』のセル範囲を「0*FIND(A7:A9,B2)」で入力する。
4. ［対応範囲］…抽出する『問合せ電話番号』のセル範囲を選択したら、Enterキーで数式を確定する。

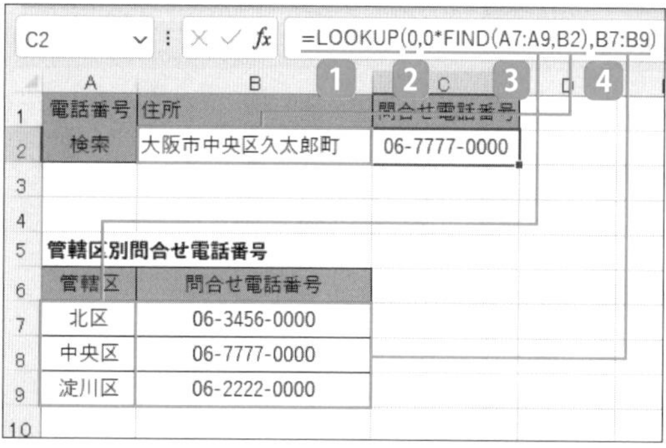

数式解説

LOOKUP関数の［検査値］に「0」を指定して、［検査範囲］にXLOOKUP関数と同じように「0*FIND(A7:A9,B2)」を指定して数式を作成すると、「0」に対応する『問合せ電話番号』が抽出される。結果、住所「大阪市中央区久太郎町」に該当する問合せ電話番号「06-7777-0000」」が抽出される。

✔ 複数条件検索抽出

テク210 複数ある検索値のすべてに該当するデータを抽出したい

使うのはコレ! XLOOKUP/VLOOKUP関数の［検索値］に「&」

XLOOKUP/VLOOKUP関数は1つの検索値でしか抽出できないが、複数ある検索値でも**1つの文字列**にしてしまえば抽出できる。名前は同じでも電話番号が違う同姓同名から該当するデータを抽出したい場合などに活用しよう。

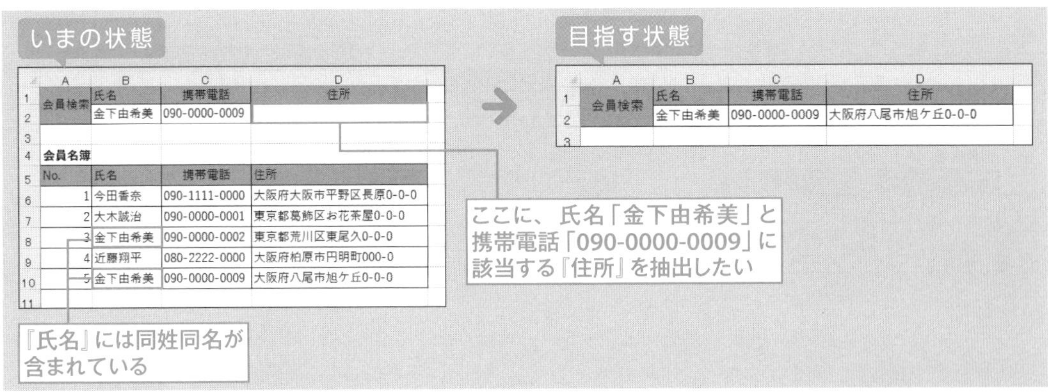

Excel2021/365の数式

1. 『住所』を求めるセル（D2セル）を選択し、「=XLOOKUP(」と入力する。
2. ［検索値］…「『氏名』のセル&『携帯番号』のセル」で入力する。
3. ［検索範囲］…「『氏名』のセル範囲&『携帯番号』のセル範囲」で入力する。
4. ［戻り範囲］…抽出する『住所』のセル範囲を選択する。
5. ［見つからない場合］…［""］（空白）を入力する。
6. ［一致モード］［検索モード］…省略して、Enterキーで数式を確定する。

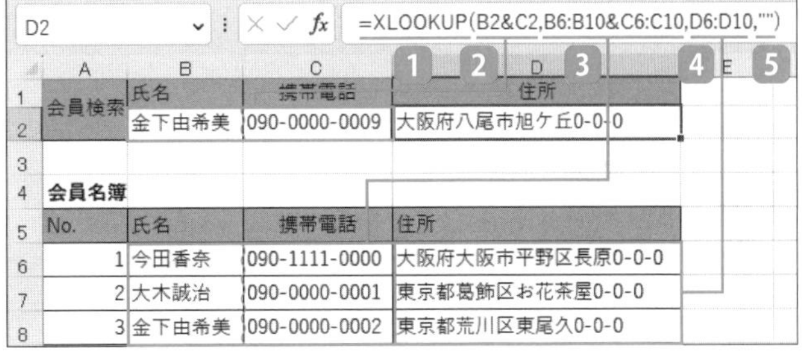

数式解説

「=XLOOKUP(B2&C2,B6:B10&C6:C10,D6:D10,"")」の数式は、「金下由希美090-0000-0009」を表の「『氏名』のセル範囲&『携帯電話』のセル範囲」から検索し、一致した行にあるD6セル～D10セルの『住所』を抽出することができる。結果、「金下由希美」と「090-0000-0009」の2つのキーで『住所』が抽出される。

Excel2019/2016の数式

1. A列のセルを選択し、『氏名』のセルと『携帯番号』のセルを [&] で結合する数式を入力する。
2. 数式を必要なだけ複写する。
3. 『住所』を抽出するセル（E2セル）を選択し、「=VLOOKUP(」と入力する。
4. [検索値]…検索値の『氏名』と『携帯電話』を「『氏名』のセル&『携帯番号』のセル」で入力する。
5. [範囲]…抽出する表のセル範囲を選択する。
6. [列番号]…抽出する列の番目「5」を入力する。
7. [検索方法]…完全一致なので「0」と入力して、Enter キーで数式を確定する。

A6 =C6&D6

	A	B	C	D
1		会員検索	氏名	携帯電話
2			金下由希美	090-0000-0009
3				
4		会員名簿		
5		No.	氏名	携帯電話
6	今	1	今田香奈	090-1111-0000
7	大	2	大木誠治	090-0000-0001
8	金	3	金下由希美	090-0000-0002

E2 =VLOOKUP(C2&D2,A6:E10,5,0)

	A	B	C	D	E
1		会員検索	氏名	携帯電話	住所
2			金下由希美	090-0000-0009	大阪府八尾市旭ケ丘0-0-0
3					
4		会員名簿			
5		No.	氏名	携帯電話	住所
6	今	1	今田香奈	090-1111-0000	大阪府大阪市平野区長原0-0-0
7	大	2	大木誠治	090-0000-0001	東京都葛飾区お花茶屋0-0-0
8	金	3	金下由希美	090-0000-0002	東京都荒川区東尾久0-0-0

数式解説

「=C6&D6」の数式を作成して他の行にもコピーして、『氏名』&『携帯電話』の列を作成しておく。[&] でつないで1つの文字列にしておけば、検索値が1つになるのでVLOOKUP関数で抽出できるようになる。この場合、VLOOKUP関数の引数の [検索値] にも複数の検索値を1つの文字列にした値を指定する必要があるので「=VLOOKUP(C1&D2,A6:E10,5,0)」と数式を作成する。結果、「金下由希美」と「090-0000-0009」の2つのキーで『住所』が抽出される。

併せて覚えテク　2列のデータを検索値にしてクロス表に抽出する

2列のデータを検索値にしてクロス表に抽出する場合も、1 2列のデータを [&] で結合して1つのデータにし、2 クロス表に抽出するときは行列見出しを [&] で結合して1つの検索値にすることで抽出できる。併せて覚えておこう。

Excel2021/365の数式

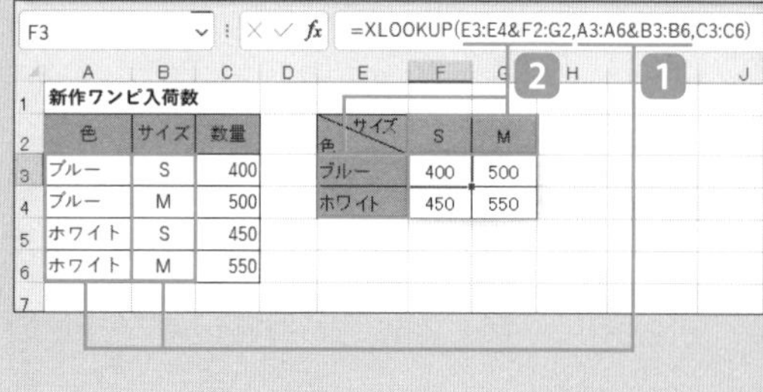

Excel2016/2019の数式

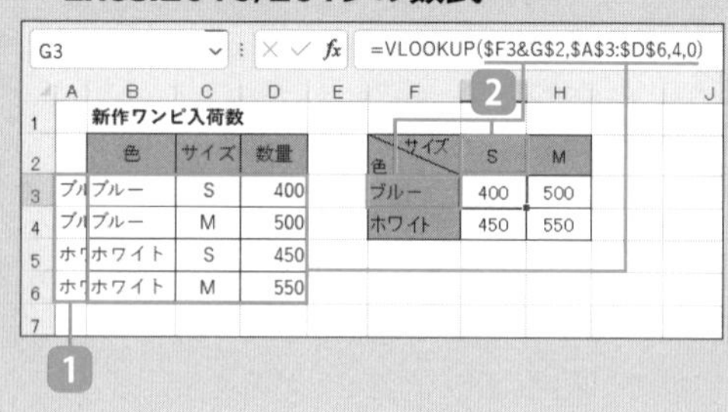

抽出編

✔ 複数条件検索抽出

テク 211 期間や年代などを検索して、該当データを抽出したい

使うのはコレ！ XLOOKUP関数+条件式
Excel2019/2016　LOOKUP関数+条件式

期間や年代など完全一致でない複数の検索値で該当データを抽出する場合は、テク210のように1つの文字列にできない。このような場合は**XLOOKUP/LOOKUP関数**の引数［検索範囲］に条件式を使って抽出しよう。

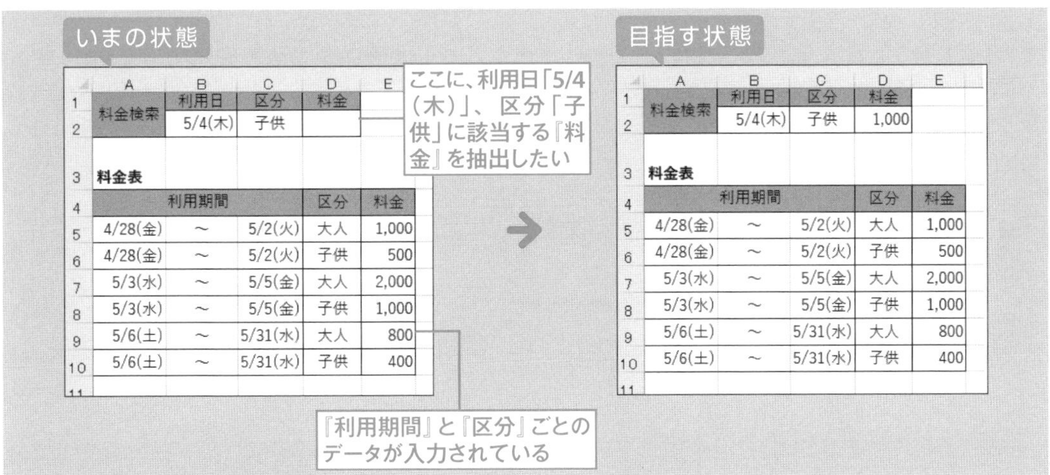

● Excel2021/365の数式

1 『料金』を求めるセル（E2セル）を選択し、「=XLOOKUP(」と入力する。
2 ［検索値］…「1」と入力する。
3 ［検索範囲］…検索値の『利用日』と『区分』が含まれるセル範囲を求める数式「(A5:A10<=C2)*(C5:C10=D2)」を入力する。
4 ［戻り範囲］…抽出する『料金』のセル範囲を選択する。
5 ［見つからない場合］…［""］（空白）を入力する。
6 ［一致モード］…「-1」と入力する。
7 ［検索モード］…省略して、Enter キーで数式を確定する。

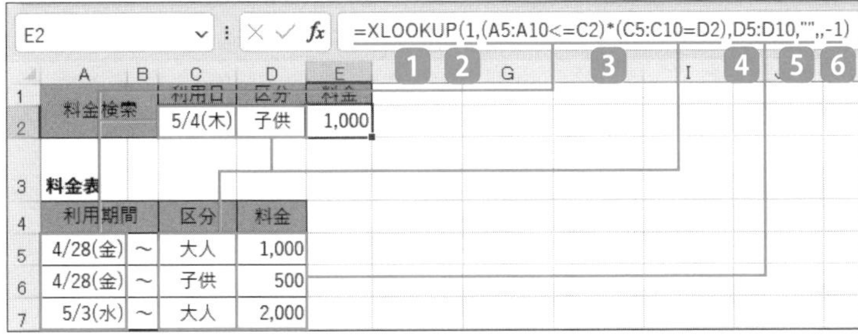

数式解説

「(A5:A10<=C2)*(C5:C10=D2)」の数式は、「(A5:A10<=C2)」「(C5:C10=D2)」の2つの条件式を満たすと「1*1」で「1」を返し、満たさないと「0*0」「1*0」「0*1」などになるため「0」が返される。XLOOKUP関数の引数[検索範囲]に組み合わせて、「=XLOOKUP(1,(A5:A10<=C2)*(C5:C10=D2),D5:D10,"",-1)」の数式を作成すると、「1」に対応する『料金』が抽出される。結果、『利用日』と『区分』に該当する『料金』が抽出される。

● Excel2019/2016の数式

1. 『料金』を求めるセル(D2セル)を選択し、「=LOOKUP(」と入力する。
2. [検査値]…「1」と入力する。
3. [検査範囲]…検索値の『利用日』と『区分』が含まれるセル範囲を求める数式「0/(A5:A10<=C2)/(C5:C10=D2)」を入力する。
4. [対応範囲]…『料金』のセル範囲を選択したら、Enterキーで数式を確定する。

数式解説

「0/(A5:A10<=C2)/(C5:C10=D2)」の数式は、「(A5:A10<=C2)」「(C5:C10=D2)」の2つの条件式を満たすと「0/1/1」で「0」を返し、満たさないと「0/0/0」「0/1/0」「0/0/0」などになるため「#DIV/0!」が返される。LOOKUP関数の引数[検査値]に「1」を指定して「=LOOKUP(1,0/(A5:A10<=C2)/(C5:C10=D2),D5:D10)」の数式を作成すると、「1」に対応する『料金』が抽出される。結果、『利用日』と『区分』に該当する『料金』が抽出される。

テク 212 検索値で画像を抽出したい

使うのはコレ! 名前+XLOOKUP関数
Excel2019/2016 名前+INDEX+MATCH関数

XLOOKUP関数と**INDEX関数**はセル参照を抽出できるため、セルに貼り付けた写真や図を検索値で抽出することができる。ただし、**数式は名前の参照範囲に入力**するのがコツ。

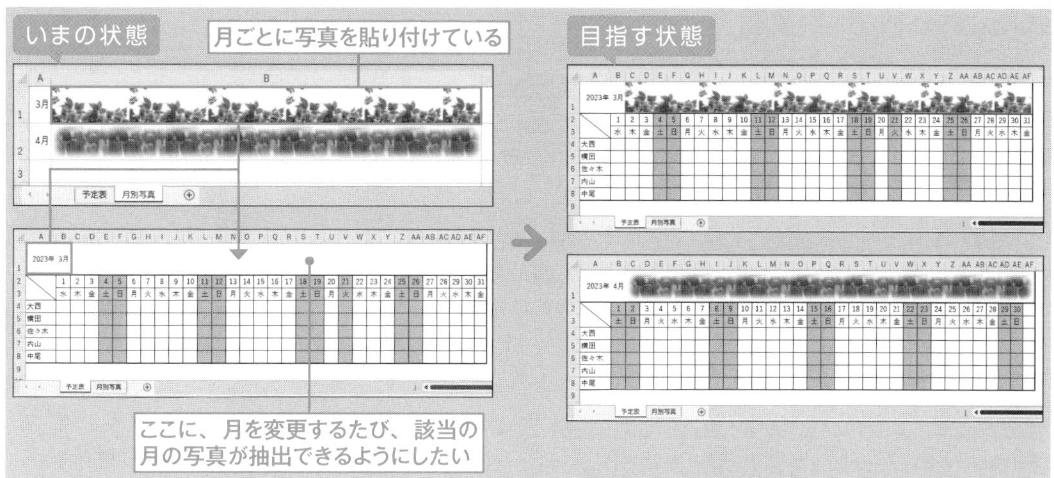

①名前の参照範囲に抽出する数式を入力する(Excel2021/365の数式)

1. [数式]タブ→[定義された名前]グループ→[名前の定義]ボタンをクリックする。
2. 表示された[新しい名前]ボックスで[名前]に「写真」と入力する。
3. [参照範囲]に「=XLOOKUP($B$1,月別写真!$A$1:$A$2,月別写真!$B$1:$B$2)」と入力する。
4. [OK]ボタンをクリックする。

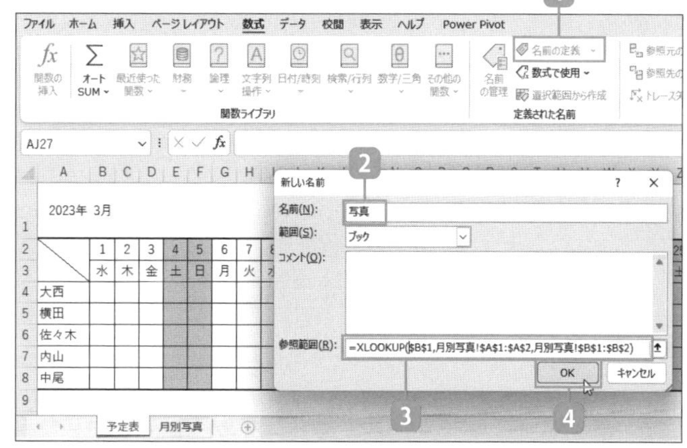

数式解説

「=XLOOKUP($B$1,月別写真!$A$1:$A$2,月別写真!$B$1:$B$2)」の数式は、B1セルの月名を「月別写真」シートのA1セル~A2セルの月名から検索し、一致した行にある「月別写真」シートのB1セル~B2セルの写真を抽出する。

①名前の参照範囲に抽出する数式を入力する(Excel2016/2019の数式)

1 [数式]タブ→[定義された名前]グループ→[名前の定義]ボタンをクリックする。
2 表示された[新しい名前]ボックスで[名前]に「写真」と入力する。
3 [参照範囲]に「=INDEX(月別写真!$B$1:$B$2,MATCH($B$1,月別写真!$A$1:$A$2,0))」と入力する。
4 [OK]ボタンをクリックする。

数式解説

「MATCH($B$1,月別写真!$A$1:$A$2,0)」の数式は、B1セルの月名が「月別写真」シートのA1セル～A2セルの何行目にあるかを求める。求めた番目をINDEX関数の引数の[行番号]に組み合わせて数式を作成することで、B1セルの月名に一致した行にある「月別写真」シートのB1セル～B2セルの写真が抽出される。

②写真に作成した名前をリンクさせる

5 写真を挿入するセル(C1セル)を選択し、Ctrl+Cキーでコピーする。
6 [ホーム]タブ→[クリップボード]グループ→[貼り付け]ボタンの[▼]→[図として貼り付け]ボタンをクリックする。
7 貼り付けた図を選択し、数式バーに「=写真」と手順2で付けた名前をリンクさせたら、Enterキーで確定する。

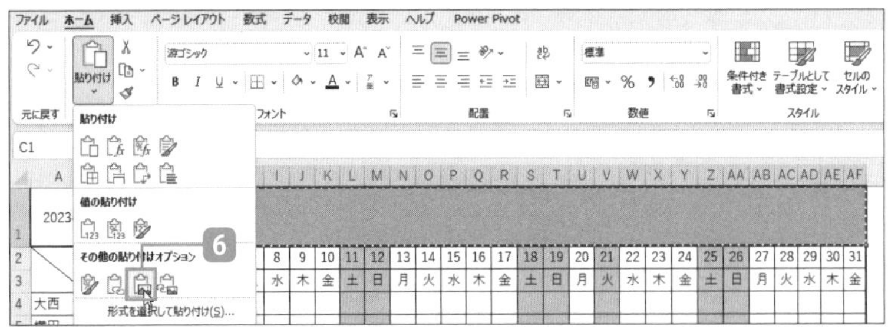

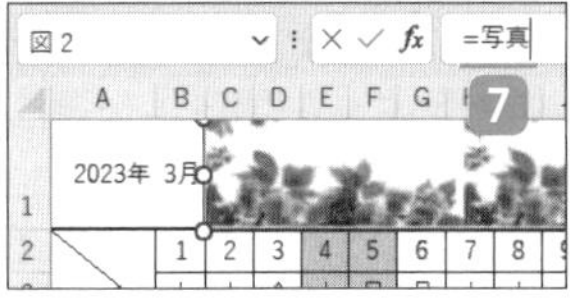

ここがポイント! JPG形式などの写真ならコピペでOK

JPG形式などの写真を抽出する場合は、手順5～6で図としてコピーしなくても、抽出するセルに写真をコピーして貼り付けるだけで可能。

抽出編

8-4 複数表／シート／ブックから検索抽出するテクをマスター!

検索して抽出したい表は1つではなく、複数シート／ブックで作成した表からも、検索抽出したい場合がある。

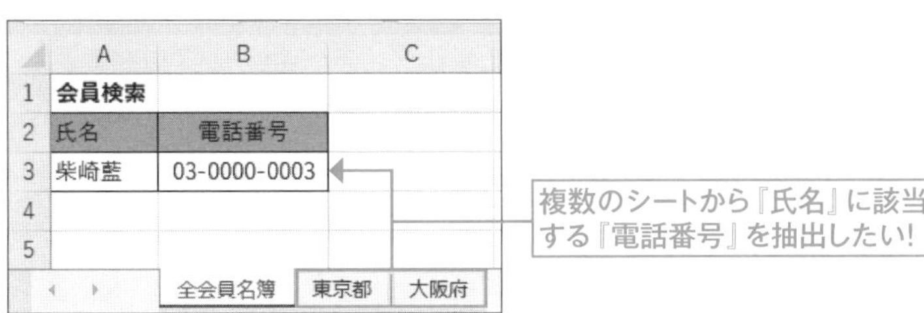

そこで、本節では、さまざまなシート／ブックから検索して抽出するテクニックをマスターしよう！　たとえば、下記のようなケースにも対応できるようになる。

大量のシートでもスピーディーに抽出

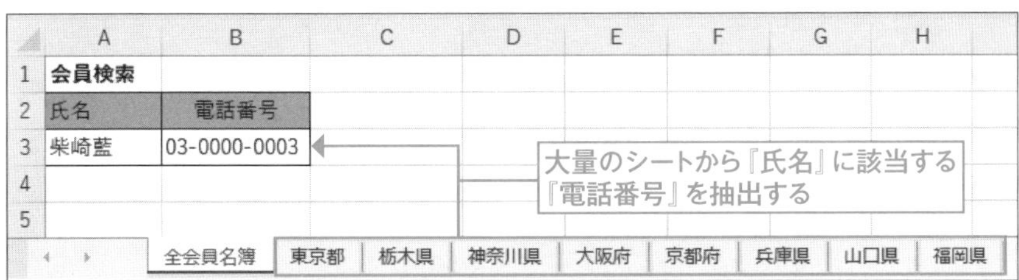

ブックを指定して抽出

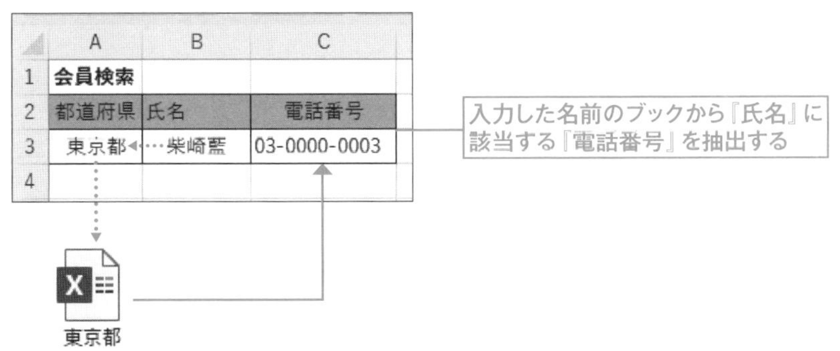

✓ 1つの表にして検索抽出

テク 213 複数シートから検索抽出したい

Microsoft365対応

使うのはコレ! XLOOKUP/VLOOKUP+VSTACK関数

複数の表／シートから検索して抽出するなら、**VSTACK関数**で1つの配列にしてから、**XLOOKUP/VLOOKUP関数**を使おう。大量のシートでも一瞬で検索値に該当するデータを探し出して抽出できる。

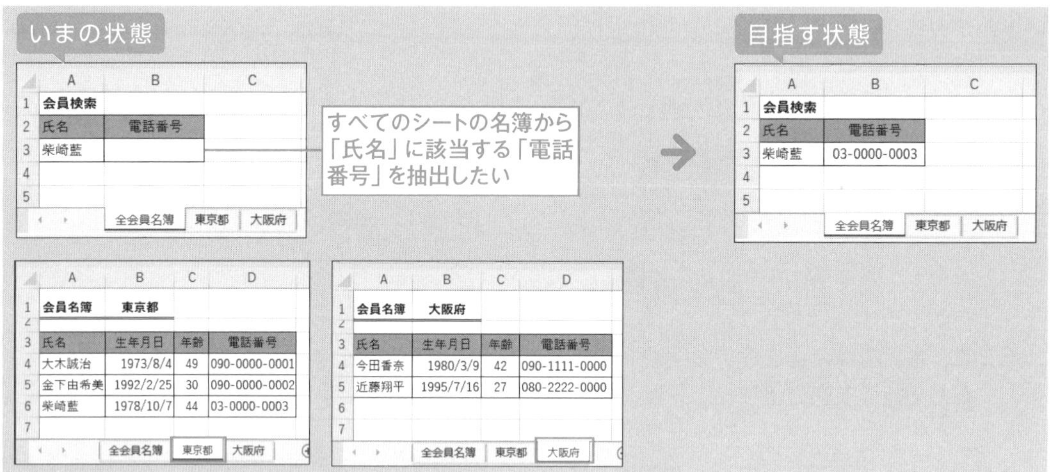

1 「全会員名簿」シートの『電話番号』を求めるセル(B3セル)を選択し、「=VLOOKUP(」と入力する。
2 [検索値]…『氏名』のセル(A3セル)を選択する。
3 [範囲]…「VSTACK(」と入力する。
4 [配列1]…「東京都」シートの抽出する表のセル範囲を選択する。
5 [配列2]…「大阪府」シートの抽出する表のセル範囲を選択する。
6 [列番号]…抽出する列の番目「4」を入力する。
7 [検索方法]…完全一致なので「0」と入力して、Enter キーで数式を確定する。

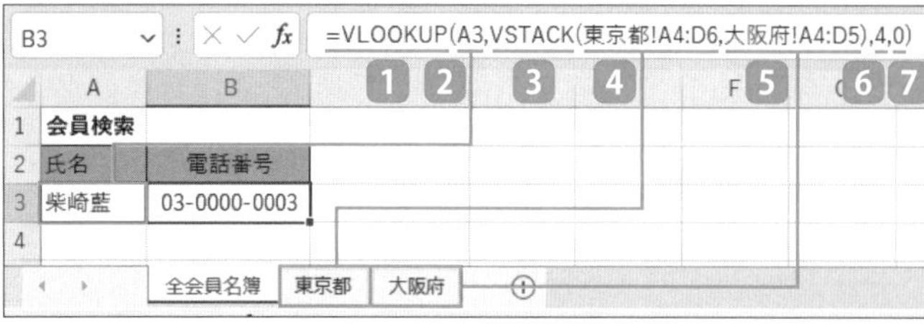

数式解説

「VSTACK(東京都!A4:D6,大阪府!A4:D5)」の数式は、「東京都」シートのA4セル～D6セルの名簿と「大阪府」シートのA4セル～D5セルの名簿を縦方向に結合する。結合して1つにしたデータの範囲をVLOOKUP関数の引数[範囲]に組み合わせて数式を作成することで、A3セルの「柴崎藍」を「東京都」シートと「大阪府」シートの名簿から検索し、一致した行にある4列目の電話番号「03-0000-0003」が抽出される。

併せて覚え テク

複数のブックの表も1つにできる

VSTACK関数の引数には、ほかのブックのセル範囲も選択できる。複数のブックの表から検索抽出したいときは、すべてのブックを開いて、1[表示]タブ→[ウィンドウ]グループ→[ウィンドウの切り替え]ボタンでブックを切り替えながら、2引数[配列]にそれぞれのブックの表のセル範囲を選択して数式を作成しよう。

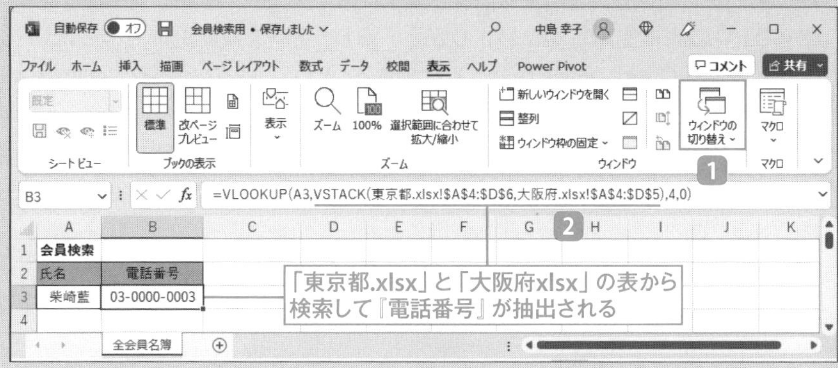

併せて覚え テク

Excel2021/2019/2016ならPower Queryやクリップボードで1つの表にまとめよう

VSTACK関数がないExcel2021/2019/2016では、第3章3節テク053のように、Power Queryで1つのテーブルにまとめてしまえば、VLOOKUP関数で抽出できる。シートが追加されても[更新]ボタンのクリックだけで、自動で反映できるのが利点。データの変更に対応しなくてもかまわないなら、第3章3節テク052で解説のクリップボードで1つの表にまとめる手段もある。併せて覚えておこう。

テク 214 複数シートから検索抽出したい

Excel2021/2019/2016対応

使うのはコレ! XLOOKUP+XLOOKUP関数
Excel2019/2016 IFNA+VLOOKUP+VLOOKUP関数

テク213の関数がないExcel2021/2019/2016では、第3章3節テク052やテク053のようにクリップボードやPowerQueryで1つの表にするしかない。しかし、もし「データの変更に対応したい(クリップボードが使えない)」「PowerQueryが使えないブックである」というケースはどうすればいいだろうか。そんなときは、検索値に該当するデータが1つ目のシートにない場合は2つ目のシートから検索抽出する数式で対応しよう。検索抽出するシートの数だけ、**XLOOKUP/VLOOKUP関数**を組み合わせて数式を作成すればいい。

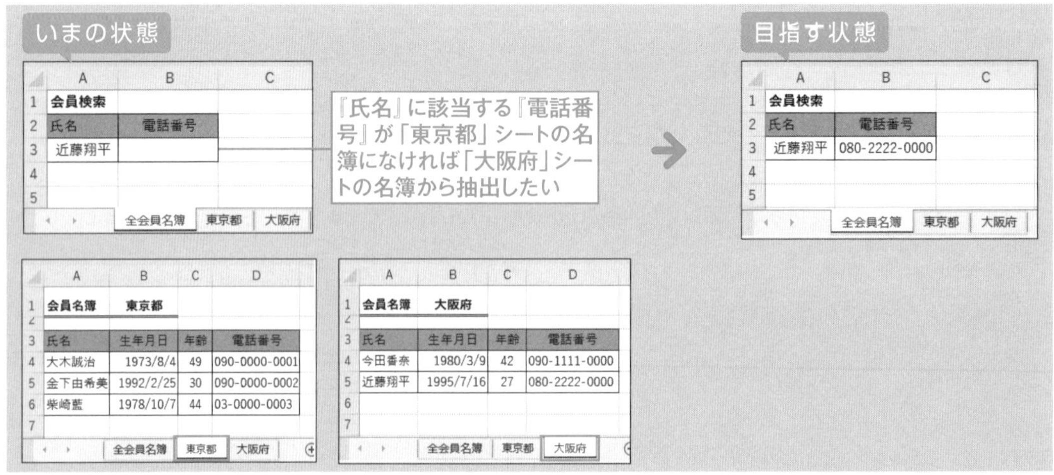

● Excel2021/365の数式

1. 「全会員名簿」シートの『電話番号』を求めるセル(B3セル)を選択し、「=XLOOKUP(」と入力する。
2. [検索値]…『氏名』のセル(A3セル)を選択する。
3. [検索範囲]…検索する「東京都」シートの『氏名』のセル範囲を選択する。
4. [戻り範囲]…抽出する「東京都」シートの『電話番号』のセル範囲を選択する。
5. [見つからない場合]…「=XLOOKUP(」と入力する。
6. [検索値]…「氏名」のセルを選択する。
7. [検索範囲]…検索する「大阪府」シートの『氏名』のセル範囲を選択する。
8. [戻り範囲]…抽出する「大阪府」シートの『電話番号』のセル範囲を選択する。
9. [見つからない場合]…[""](空白)を入力する。
10. [一致モード][検索モード]…省略して、Enterキーで数式を確定する。

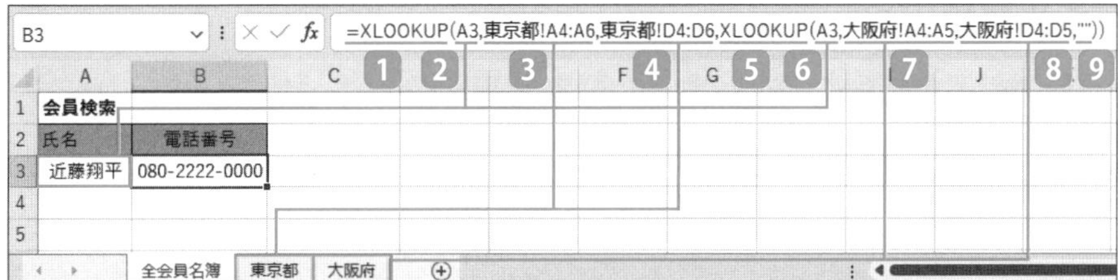

Excel2019/2016の数式

1. 「全会員名簿」シートの『電話番号』を求めるセル（B3セル）を選択し、「IFNA(」と入力する。
2. ［値］…VLOOKUP関数で、A3セルの検索値で「東京都」シートから『電話番号』を抽出する数式を入力する。
3. ［NAの場合の値］…VLOOKUP関数で、A3セルの検索値で「大阪府」シートから『電話番号』を抽出する数式を入力して、Enterキーで数式を確定する。

数式解説

それぞれの数式は、「東京都」シートのA4セル～D6セルからA3セルの「近藤翔平」を検索し、見つかった場合は一致した行にある『電話番号』を抽出し、見つからない場合は、「大阪府」シートのA4セル～D5セルからA3セルの「近藤翔平」を検索し、一致した行にある『電話番号』を抽出する。

ここがポイント！　シートの数だけ数式を組み合わせる

検索抽出するシートが2つある場合なら、さらに以下のようにXLOOKU/IFNA＋VLOOKUP関数を組み合わせて数式を作成しよう。

Excel2021/365の数式

=XLOOKUP(A3,東京都!A4:A6,東京都!D4:D6,XLOOKUP(A3,大阪府!A4:A5,大阪府!D4:D5,XLOOKUP(A3,兵庫県!A4:A5,兵庫県!D4:D5,"")))

Excel2019/2016の数式

=IFNA(VLOOKUP(A3,東京都!A4:D6,4,0),IFNA(VLOOKUP(A3,大阪府!A4:D5,4,0),VLOOKUP(A3,兵庫県!A4:D5,4,0)))

テク 215 同じ検索対象のデータがある複数シートから、シートを選んで検索抽出したい

使うのはコレ! XLOOKUP/VLOOKUP+INDIRECT関数+名前

シートごとに検索対象のデータが同じ場合は、テク214の数式では抽出できない。そんなときは各シートの表に**名前**を付けておこう。**INDIRECT関数**を使って、名前の指定で抽出するシートの表を間接的に参照して検索抽出することができる。

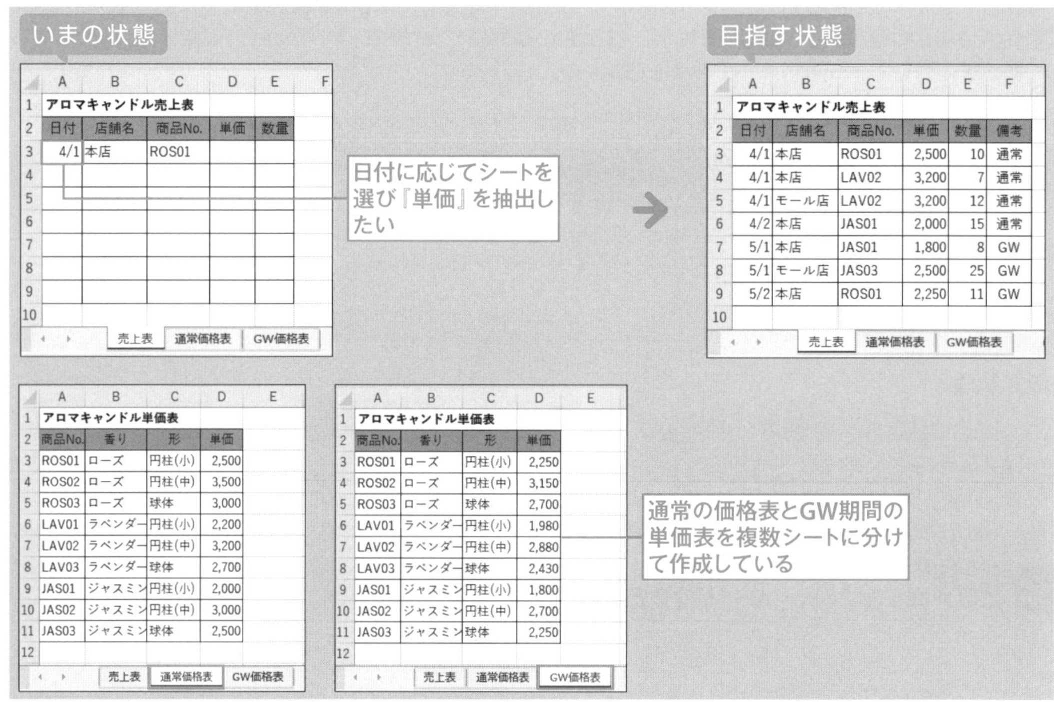

1. シートごとの表を範囲選択し、それぞれの名前ボックスに名前を付けておく。
2. 「売上表」シートのF列に、抽出する表の名前を入力する。
3. 『単価』を求めるセル(D3セル)を選択し、「=VLOOKUP(」と入力する。
4. [検索値]…『商品No.』のセル(C3セル)を選択する。
5. [範囲]…INDIRECT関数で、付けた名前のセル範囲を関接的に参照する数式を入力する。
6. [列番号]…抽出する列の番目「4」を入力する。
7. [検索方法]…完全一致なので「0」と入力して、Enter キーで数式を確定する。
8. 数式を必要なだけ複写する。

抽出編

1

通常 ROS01

	A	B	C	D
1	アロマキャンドル単価表			
2	商品No.	香り	形	単価
3	ROS01	ローズ	円柱(小)	2,500
4	ROS02	ローズ	円柱(中)	3,500
5	ROS03	ローズ	球体	3,000
6	LAV01	ラベンダー	円柱(小)	2,200
7	LAV02	ラベンダー	円柱(中)	3,200
8	LAV03	ラベンダー	球体	2,700
9	JAS01	ジャスミン	円柱(小)	2,000
10	JAS02	ジャスミン	円柱(中)	3,000
11	JAS03	ジャスミン	球体	2,500
12				

売上表 通常価格表 GW価格表

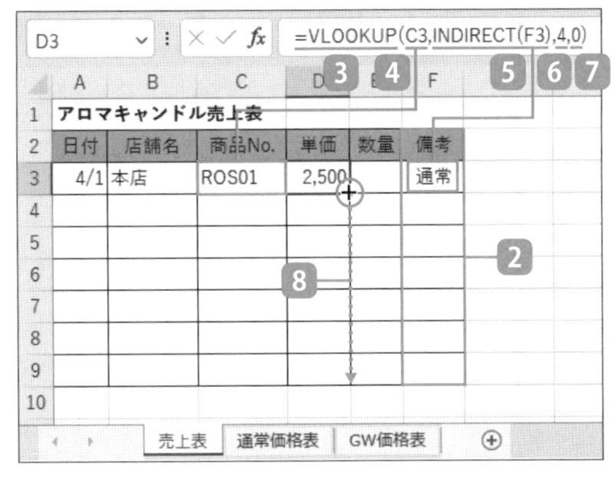

数式解説

「INDIRECT(F3)」の数式は、F3セルに入力した名前「通常」のセル範囲である「通常価格表」シートの表のセル範囲を間接的に参照することができる。VLOOKUP関数の引数［範囲］に組み合わせることで、C3セルの「ROS01」を「通常価格表」シートの表のセル範囲から検索し、一致した行にある4列目の単価「2,500」が抽出される。

Change!

従来 =VLOOKUP(C3,INDIRECT(F3),4,0)

スピル =VLOOKUP(C3:C9,INDIRECT(F3:F9),4,0)

ここがポイント！　XLOOKUP関数を使う場合は？

この例の表では、短い数式で作成できるVLOOKUP関数で数式を作成している。検索対象の列の左に抽出したいデータがある表から検索抽出するなら、XLOOKUP関数（Excel2019/2016ではLOOKUP関数）で数式を作成し、［検索範囲］［戻り範囲］（［検査範囲］［対応範囲］）の両方にINDIRECT関数を組み合わせて数式を作成しよう。

第8章

✔各シートから検索抽出

テク216 シート名と検索値を入力して該当データを抽出したい

使うのはコレ! XLOOKUP/VLOOKUP+INDIRECT関数

複数の表／シートから該当データを抽出する場合、テク213やテク214の数式では、シートの数だけ、関数や名前の作成が必要になる。大量のシートでもスピーディーに検索抽出したいなら、**シート名と検索値の両方**で検索抽出できるように数式を作成しよう。

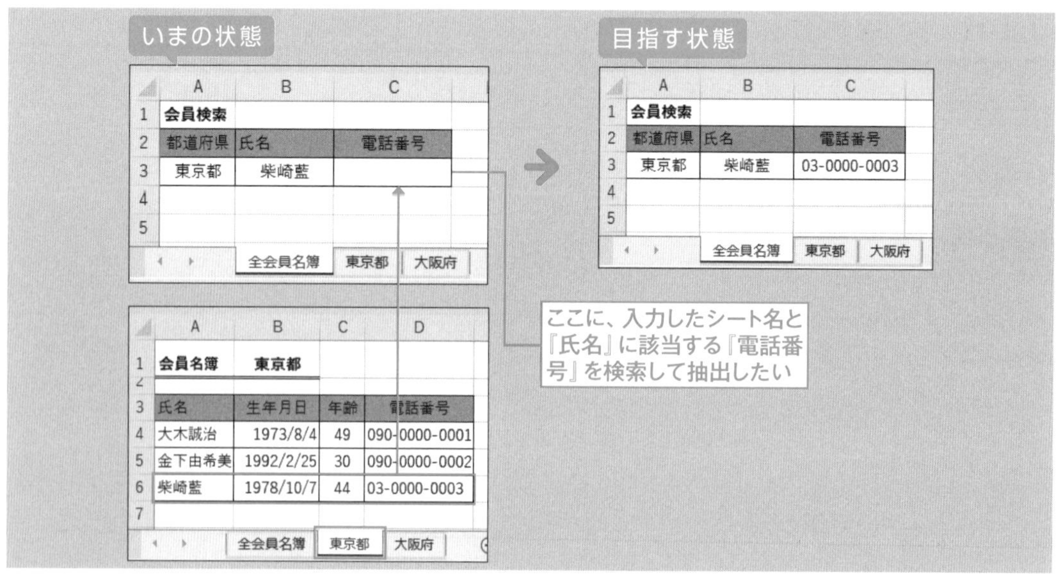

1 「全会員名簿」シートの『電話番号』を求めるセル(C3セル)を選択し、「=VLOOKUP(」と入力する。
2 [検索値]…『氏名』のセル(B3セル)を選択する。
3 [範囲]…「INDIRECT(」と入力する。
4 [参照文字列]…参照するA3セルのシート名のセル範囲のアドレスを文字列で入力する。
5 [列番号]…抽出する列の番目「4」を入力する。
6 [検索方法]…完全一致なので「0」と入力して、Enter キーで数式を確定する。

C3 =VLOOKUP(B3,INDIRECT(A3&"!A4:D6"),4,0)

	A	B	C
1	会員検索		
2	都道府県	氏名	電話番号
3	東京都	柴崎藍	03-0000-0003
4			

全会員名簿 東京都 大阪府

数式解説

「INDIRECT(A3&"!A4:D6")」の数式は、「東京都」シートのA4セル～D6セルの値を間接的に参照する。VLOOKUP関数の[範囲]に組み合わせて数式を作成することで、B3セルの「柴崎藍」をA3セルの「東京都」シートの名簿から検索し、一致した行にある4列目の電話番号「03-0000-0003」が抽出される。

ここがポイント！　XLOOKUP関数を使う場合は？

この例の表では、短い数式で作成できるVLOOKUP関数で数式を作成している。検索対象の列の左に抽出したいデータがある表から検索抽出するなら、XLOOKUP関数（Excel2019/2016ではLOOKUP関数）で数式を作成し、［検索範囲］［戻り範囲］（［検査範囲］［対応範囲］）の両方にINDIRECT関数を組み合わせて数式を作成しよう。

ここがポイント！　シート名に[-]やスペースがある場合は[']（シングルクォーテーション）を使う

INDIRECT関数でシートのセル範囲を間接参照する場合、シート名に[-]やスペースがあると正しく抽出されない。このような場合は、「=VLOOKUP(B3,INDIRECT("'"&A3&"'!A4:D6"),4,0)」のようにシート名を入力したセル番地を[']（シングルクォーテーション）で囲んで数式を作成しよう。

✓ 各シートから検索抽出

テク217 検索対象のシートがわからなくても、複数シートから検索値に該当するデータを抽出したい

使うのはコレ! VLOOKUP+INDIRECT+LOOKUP+COUNTIF関数

複数の表／シートから検索値に該当するデータを抽出する場合、テク215やテク216で解説の数式では、検索対象のシートや名前がわからないと抽出できない。どこにあるかわからなくても抽出するには、**VLOOKUP関数**に**INDIRECT＋LOOKUP＋COUNTIF関数**を組み合わせて数式を作成しよう。

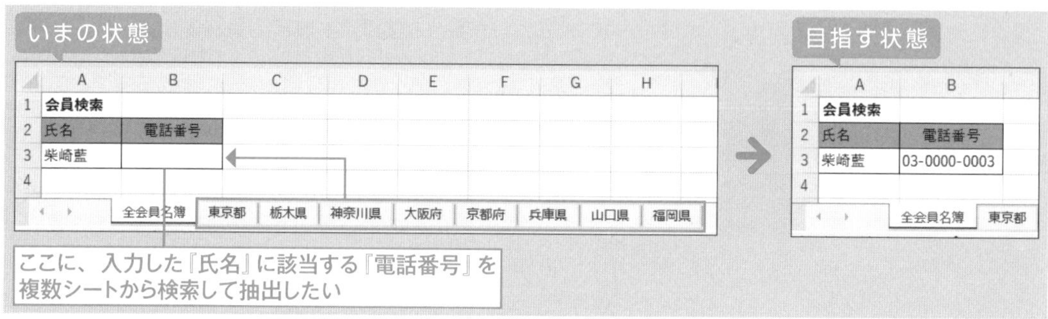

1 「全会員名簿」シートに抽出対象のシート名をすべて入力しておく。
2 『電話番号』を求めるセル（B3セル）を選択し、「=VLOOKUP(」と入力する。
3 ［検索値］…『氏名』のセル（A3セル）を選択する。
4 ［範囲］…「INDIRECT(LOOKUP(1,0/COUNTIF(INDIRECT(A7:A14&"!A4:A6"),A3),A7:A14)&"!A4:D6")」と入力する。
5 ［列番号］…抽出する列の番目「4」を入力する。
6 ［検索方法］…完全一致なので「0」と入力して、Enter キーで数式を確定する。

操作テク Excel2019/2016の場合は Ctrl ＋ Shift ＋ Enter キーで数式を確定する。

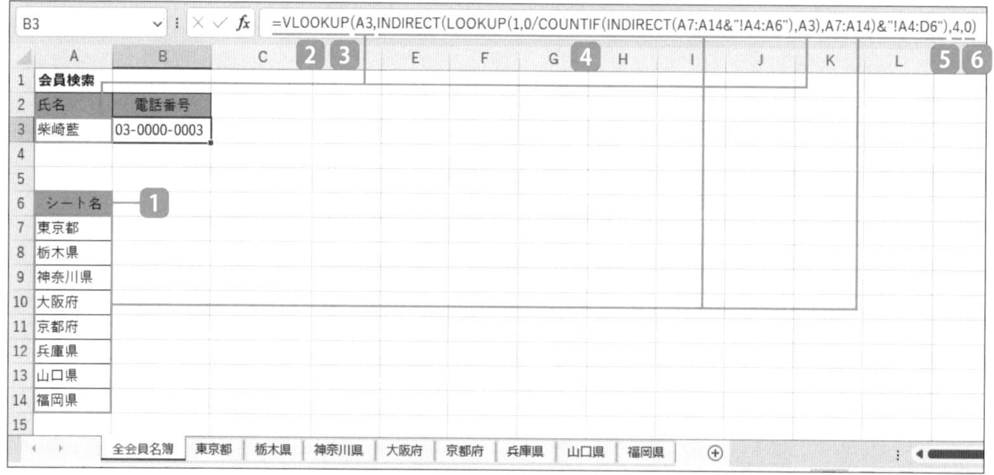

抽出編

数式解説

「INDIRECT(LOOKUP(1,0/COUNTIF(INDIRECT(A7:A14&"!A4:A6"),A3),A7:A14)&"!A4:D6")」の数式では、A7セル～A14セルに入力したシート名にあるA4セル～D6セルの値を間接的に参照することができる。この数式をVLOOKUP関数の引数の[範囲]に組み合わせて数式を作成することで、A7セル～A14セルに入力したどれかのシート名の中から『氏名』に該当する『電話番号』が抽出される。Excel2019/2016では配列数式で求める必要があるため、Ctrl＋Shift＋Enterキーで数式を確定する。

ここがポイント！　シートが増えてもシート名の入力だけで検索対象に追加できる

シートが増えても、手順1でシート名を入力し、数式のセル範囲を変更すれば、検索対象のシートとして追加できる。

ここがポイント！　Microsoft365ならVSTACK関数で1つの配列にして検索抽出しよう

Microsoft365なら、本節のテク213のように1VSTACK関数で複数のシートのデータを1つの配列にしてから、2XLOOKUP／VLOOKUP関数で検索抽出しよう。VSTACK関数の引数[配列]にはシートのグループ化ができるので、それぞれのシートの表が同じ位置にあるなら、3[配列1]で、Shiftキーを押しながらすべてのシートをグループ化してセル範囲を指定して数式を作成すると、大量のシートでもスピーディーに検索抽出できる。

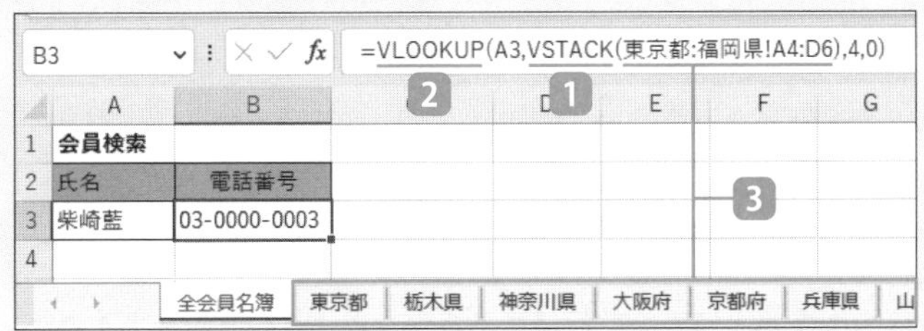

✓ 複数クロス表検索抽出

テク 218 複数のクロス表から検索値に該当するデータを抽出したい

使うのはコレ! INDEX関数の［領域番号］

INDEX関数は複数のセル範囲を抽出範囲に指定することができる。つまり、クロス表が複数あっても、検索値に該当するデータを抽出できる。この場合、抽出するクロス表を**番号**で指定して抽出する。

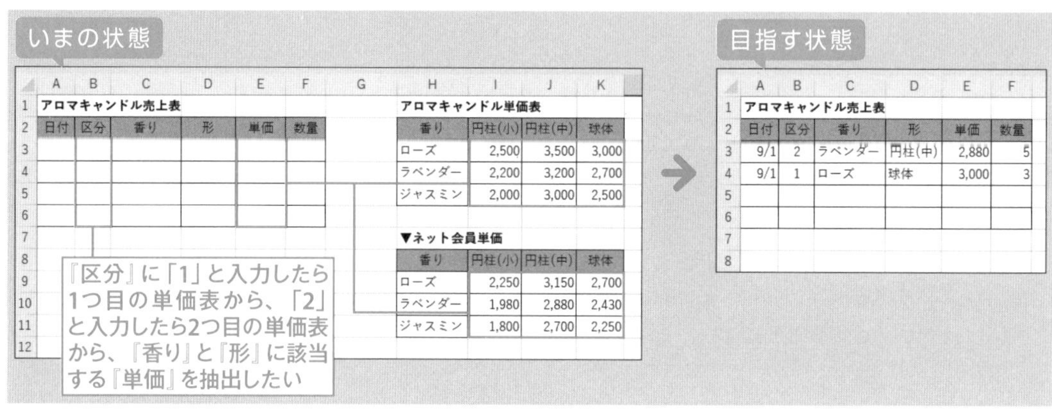

1 抽出する表の番号の列『区分』(B列)を作成しておく。
2 『単価』を求めるセル(E3セル)を選択し、「=INDEX(」と入力する。
3 ［参照］…抽出する2つの単価表のセル範囲を Ctrl キーで選択し、F4 キーを1回押して［$］記号をつけ絶対参照にしてから、［( )］で囲んで入力する。
4 ［行番号］…MATCH関数で検索値『香り』のセルが単価表の何行目にあるかを求める数式を入力する。
5 ［列番号］…MATCH関数で検索値『形』のセルが単価表の何列目にあるかを求める数式を入力する。
6 ［領域番号］…『区分』のセルを選択したら、Enter キーで数式を確定する。
7 数式を必要なだけ複写する。

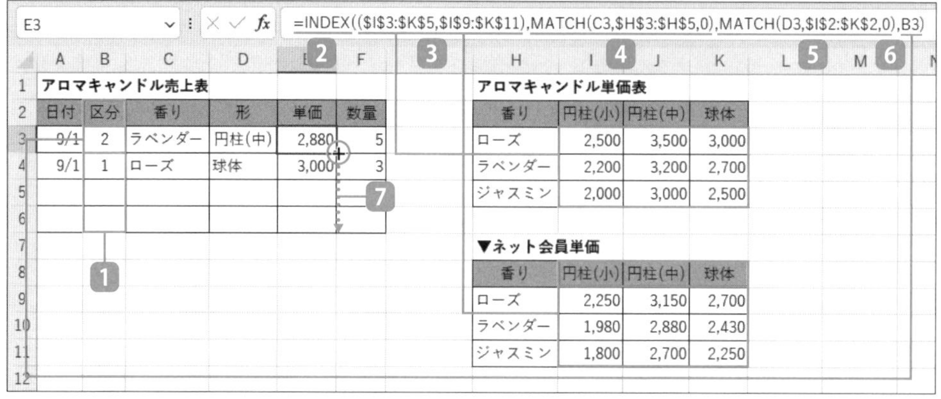

数式解説

INDEX関数の引数の［参照］に複数のセル範囲を指定した場合は、引数の［領域番号］には何番目のセル範囲を検索対象にするかを番号で指定する。1つ目のセル範囲なら「1」、2つ目のセル範囲なら「2」を指定すると、その番号のセル範囲から抽出される。
「=INDEX(($I$3:$K$5,$I$9:$K$11),MATCH(C3,$H$3:$H$5,0),MATCH(D3,$I$2:$K$2,0),B3)」の数式は、引数の［領域番号］に「2」が指定されるので、引数の［参照］に指定した2つ目のI9セル～K11セルにある単価表から『香り』と『形』が交差する『単価』が抽出される。

Change!

従来
```
=INDEX(($I$3:$K$5,$I$9:$K$11),MATCH(C3,$H$3:$H$5,0),
MATCH(D3,$I$2:$K$2,0),B3)
```

↓

スピル
```
=INDEX((I3:K5,I9:K11),MATCH(C3:C6,H3:H5,0),MATCH(D3:
D6,I2:K2,0),B3:B6)
```

ここがポイント！　複数のセル範囲は必ず［( )］で囲んで指定する

INDEX関数の引数の［参照］に複数のセル範囲を指定する場合は、必ずセル範囲を［( )］で囲んで指定しよう。

✔ 複数クロス表検索抽出

テク219 シートごとのクロス表から検索値に該当するデータを抽出したい

使うのはコレ! VLOOKUP+INDIRECT+MATCH関数

INDEX関数は、テク218で解説のとおり、複数のセル範囲を抽出範囲として指定できるが、別のシートにあるクロス表は指定できない。シートごとに作成したクロス表から検索抽出するなら、テク216のようにシート名を使い、行見出しを**検索値**として列見出しの位置を**MATCH関数**で求めて交差するデータを抽出しよう。

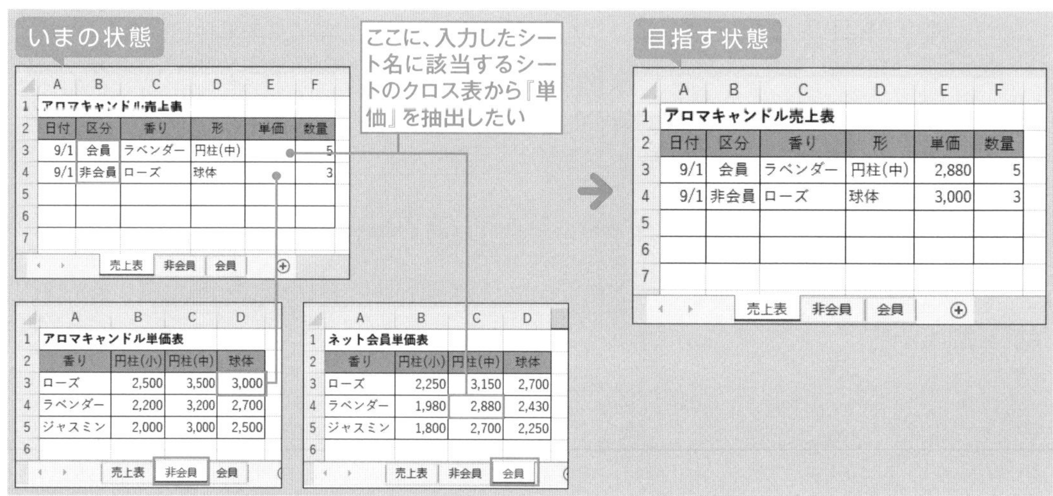

	A	B	C	D	E	F
1	アロマキャンドル売上表					
2	日付	区分	香り	形	単価	数量
3	9/1	会員	ラベンダー	円柱(中)	2,880	5
4	9/1	非会員	ローズ	球体	3,000	3

	A	B	C	D
1	アロマキャンドル単価表			
2	香り	円柱(小)	円柱(中)	球体
3	ローズ	2,500	3,500	3,000
4	ラベンダー	2,200	3,200	2,700
5	ジャスミン	2,000	3,000	2,500

	A	B	C	D
1	ネット会員単価表			
2	香り	円柱(小)	円柱(中)	球体
3	ローズ	2,250	3,150	2,700
4	ラベンダー	1,980	2,880	2,430
5	ジャスミン	1,800	2,700	2,250

1. 「売上表」シートの『単価』を求めるセル(E3セル)を選択し、「=VLOOKUP(」と入力する。
2. [検索値]…『香り』のセル(C3セル)を選択する。
3. [範囲]…INDIRECT関数で『区分』に入力したシート名のセル範囲を間接的に参照する数式を入力する。
4. [列番号]…MATCH関数で、『区分』のシート名の列見出しの何列目に『形』があるかを求める数式を入力する。
5. [検索方法]…完全一致なので「0」と入力して、Enter キーで数式を確定する。
6. 数式を必要なだけ複写する。

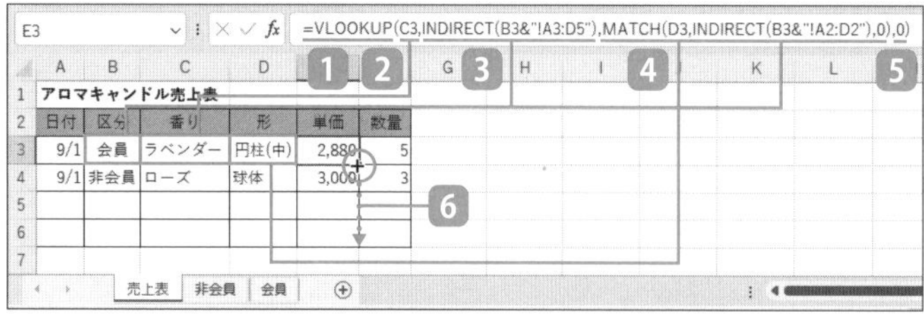

数式解説

「=VLOOKUP(C3,INDIRECT(B3&"!A3:D5"),MATCH(D3,INDIRECT(B3&"!A2:D2"),0),0)」の数式は、C3セルの「ラベンダー」をB3セルの「会員」シートのA3セル～D5セルから検索し、一致した行にあるD3セルの「円柱(中)」がある2列目から『単価』を抽出する。

抽出編

✔ 複数ブック検索抽出

テク220 複数ブックからブック名と検索値に該当するデータを抽出したい

使うのはコレ！ XLOOKUP/VLOOKUP＋SWITCH関数
Excel2016　VLOOKUP＋CHOOSE関数

これまでのテクではINDIRECT関数でシート名を間接的に参照して検索抽出する方法を解説しているが、ブック名でも可能。ただし、抽出先のブックだけを開くとエラー値が表示されてしまう。抽出先のブックだけを開き、ブック名と検索値で検索抽出するなら、**SWITCH関数**（Excel2016では**CHOOSE関数**）で抽出元のブックのセル範囲を切り替えて抽出しよう。

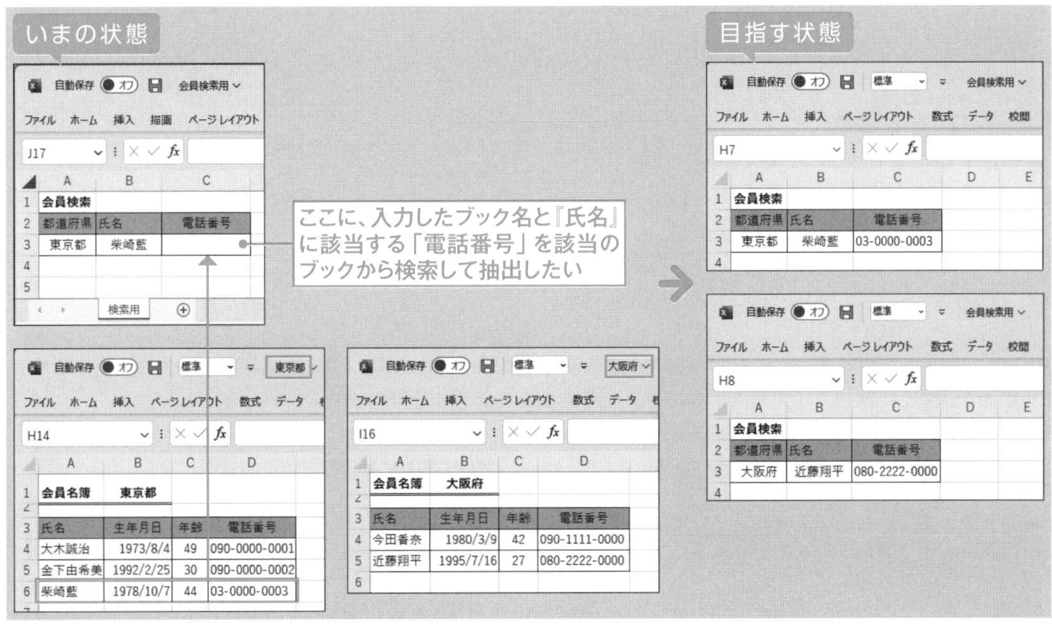

● Excel2021/2019/365の数式

1. 抽出するブックはすべて開く。
2. 『電話番号』を求めるセル（C3セル）を選択し、「=VLOOKUP(」と入力する。
3. ［検索値］…『氏名』のセル（B3セル）を選択する。
4. ［範囲］…「SWITCH(」と入力する。
5. ［式］…A3セルを選択する。
6. ［値1］…「"東京都"」と入力する。
7. ［結果1］…［ウィンドウの切り替え］ボタンから「東京都」ブックを選択して抽出するセル範囲を選択する。
8. ［値2］…「"大阪府"」と入力する。
9. ［結果2］…［ウィンドウの切り替え］ボタンから「大阪府」ブックを選択して抽出するセル範囲を選択する。
10. ［既定または値3］…［""］（空白）を入力する。
11. ［列番号］…抽出する列の番目「4」を入力する。
12. ［検索方法］…完全一致なので「0」と入力して、Enter キーで数式を確定する。

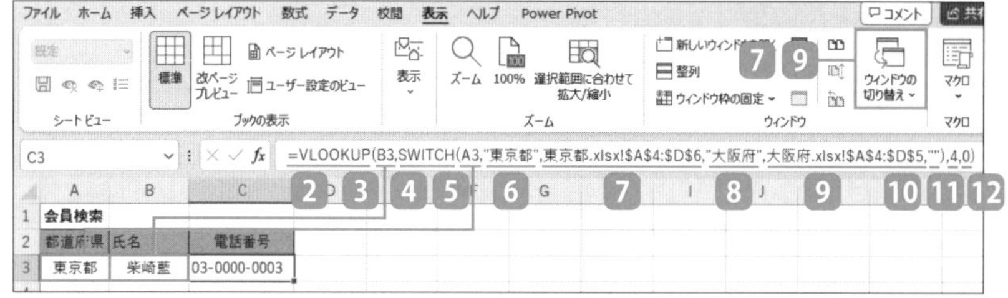

数式解説

「SWITCH(A3,"東京都",東京都.xlsx!$A$4:$D$6,"大阪府",大阪府.xlsx!$A$4:$D$5)」の数式は、A3セルのブック名が「東京都」なら「東京都.xlsx」のA4セル～D6セル、「大阪府」なら「大阪府.xlsx」のA4セル～D5セルのセル範囲を抽出する。VLOOKUP関数の引数［範囲］に組み合わせることで、B3セルの「柴崎藍」をA3セルの「東京都」ブックのA4セル～D6セルのセル範囲から検索し、一致した行にある4列目の電話番号「03-0000-0003」が抽出される。

● Excel2016の数式

1. 抽出するブックはすべて開く。
2. 表外のセル（A4セル）を選択し、A3セルに都道府県を入力したら「1」からの連続した番号が入力されるようにIF関数で条件式を入力する。
3. 『電話番号』を求めるセル（C3セル）を選択し、「=VLOOKUP(」と入力する。
4. ［検索値］…『氏名』のセル（B3セル）を選択する。
5. ［範囲］…「CHOOSE(A4,」と入力する。
6. ［ウィンドウの切り替え］ボタンからブックを切り替えながら、［値1］に「東京都」ブックの抽出するセル範囲を選択、［値2］に「大阪府」ブックの抽出するセル範囲を選択する。
7. ［列番号］…抽出する列の番目「4」を入力する。
8. ［検索方法］…完全一致なので「0」と入力して、Enter キーで数式を確定する。

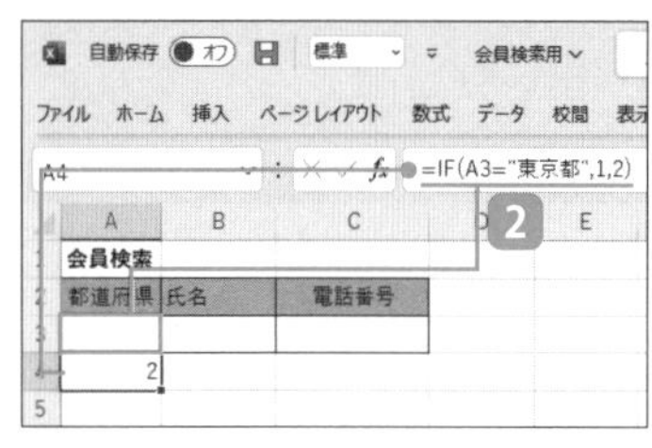

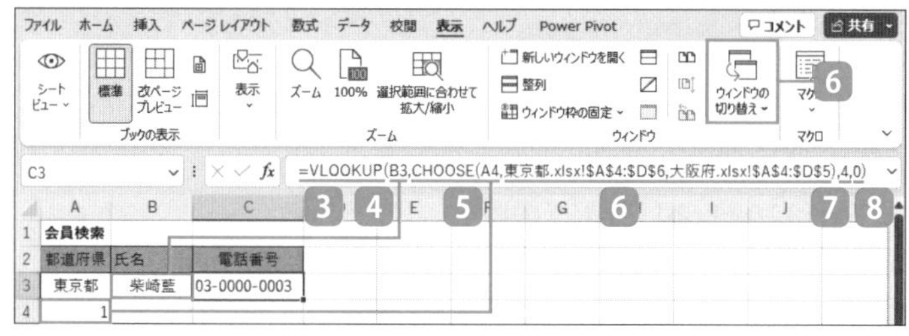

数式解説

「=IF(A3="東京都",1,2)」の数式は、A3セルに「東京都」と入力したら「1」、「大阪府」と入力したら「2」が求められるように条件式を作成する（シートの数だけIF関数を組み合わせて条件式を作成する）。
「CHOOSE(A3,[東京都会員名簿.xlsx]東京都!$A$4:$D$6,[大阪府会員名簿.xlsx]大阪府!$A$4:$D$5)」の数式は、A4セルに「1」が入力されると引数［値1］の「東京都会員名簿」ブックの「東京都」シートのA4セル～D6セル、A4セルに「2」が入力されると、引数［値2］の「大阪府会員名簿」ブックの「大阪府」シートのA4セル～D5セルのセル範囲を抽出する。
VLOOKUP関数の［範囲］に組み合わせることで、B3セルの「柴崎藍」をA3セルの「東京都」ブックのA4セル～D6セルのセル範囲から検索し、一致した行にある4列目の電話番号「03-0000-0003」が抽出される。

ここがポイント！　ブックの数だけSWITCH/CHOOSE関数の引数に入力する

SWITCH関数（CHOOSE関数）の引数には、抽出対象にしたいブックのセル範囲をすべて入力しておこう。引数の［結果1］（［値1］）には1つ目のブックのセル範囲、［結果2］（［値2］）には2つ目のブックのセル範囲、［結果3］（［値3］）には3つ目のブックのセル範囲のように入力して数式を作成する。

ここがポイント！　抽出元のブックを閉じるとフルパスで自動で入力される

別ブックのセル範囲を対象に数式を作成するには、ブックのフルパスが必要だが、手順のように対象のブックを開いてそのセル範囲を直接選択すると、ブックを閉じてもフルパスで数式に自動入力されるので、手入力する必要はない。

併せて覚え テク　検索値がどのブックにあるかわからないときは?

ブック名を入力せずに、検索値だけで該当のデータを抽出するなら、1数式を作成したブック内の別シートにすべてのブックを1つにまとめたテーブルとしてPower Queryで取り込んでおき（操作は第3章3節テク053参照）、そのテーブルをもとに検索抽出する数式を作成しよう。この場合、同じブック内のシートから検索抽出できるので、2 XLOOKUP/VLOOKUP関数だけで検索抽出でき、ブックの追加や変更があっても［更新］ボタン1つで反映させることができる。

また、参照元のブックがたとえ1つの場合でも、**共有フォルダ内などのネットワーク上にブックを作成している**とき、数式を入れた参照先のブックを開き、次に参照元のブックを開いて編集を有効にするボタンを押すと、「#N/A」や「#REF!」のエラーになってしまい、正しく参照できないトラブルが起きることがある。そんなときの対処法には色々があるが、数式を作成したブック内のシートに、参照元のブックをPower Queryで取り込んでおけば、そのテーブルをもとに検索抽出する数式を作成することで対処できる。併せて覚えておこう。

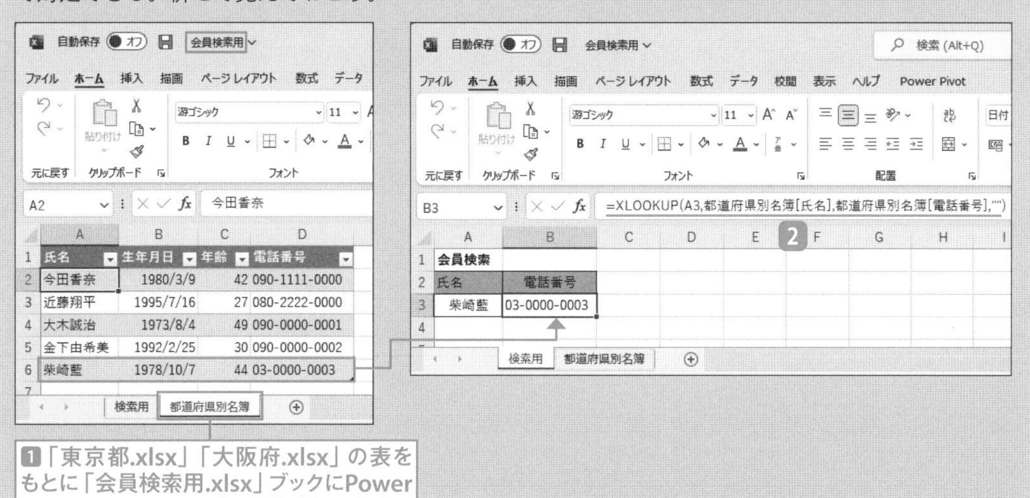

1「東京都.xlsx」「大阪府.xlsx」の表をもとに「会員検索用.xlsx」ブックにPower Queryで1つのテーブルを作成しておく

第2部
抽出編

第9章
目的のデータを導く!「条件抽出」を習得しよう

9-1 条件を満たすデータを抽出する「基本の条件抽出」をマスター!

第6章2節では、条件を満たすデータを別表に抽出できる「フィルターオプションの設定」を解説しているが、条件や抽出元の表のデータを変更した場合は、再度実行しなければならない。

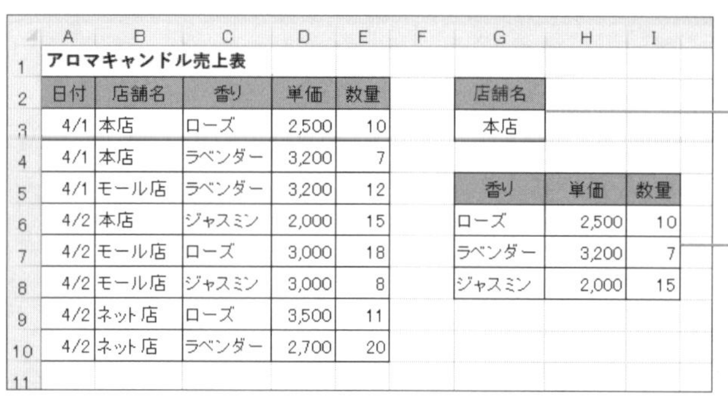

	A	B	C	D	E	F	G	H	I
1	アロマキャンドル売上表								
2	日付	店舗名	香り	単価	数量		店舗名		
3	4/1	本店	ローズ	2,500	10		本店		
4	4/1	本店	ラベンダー	3,200	7				
5	4/1	モール店	ラベンダー	3,200	12		香り	単価	数量
6	4/2	本店	ジャスミン	2,000	15		ローズ	2,500	10
7	4/2	モール店	ローズ	3,000	18		ラベンダー	3,200	7
8	4/2	モール店	ジャスミン	3,000	8		ジャスミン	2,000	15
9	4/2	ネット店	ローズ	3,500	11				
10	4/2	ネット店	ラベンダー	2,700	20				
11									

「本店」を条件に抽出したが、条件を別の店舗名に変更したら、再実行しなければならない……

	A	B	C	D	E	F	G	H	I
1	アロマキャンドル売上表								
2	日付	店舗名	香り	単価	数量		店舗名		
3	4/1	本店	ローズ	2,500	10		モール店		
4	4/1	本店	ラベンダー	3,200	7				
5	4/1	モール店	ラベンダー	3,200	12		香り	単価	数量
6	4/2	本店	ジャスミン	2,000	15		ラベンダー	3,200	12
7	4/2	モール店	ローズ	3,000	18		ローズ	3,000	18
8	4/2	モール店	ジャスミン	3,000	8		ジャスミン	3,000	8
9	4/2	ネット店	ローズ	3,500	11				
10	4/2	ネット店	ラベンダー	2,700	20				
11									

条件を変更したら、自動で抽出したい!

	A	B	C	D	E	F	G	H	I
1	アロマキャンドル売上表								
2	日付	店舗名	香り	単価	数量		店舗名		
3	4/1	本店	ローズ	2,500	10		ネット店		
4	4/1	本店	ラベンダー	3,200	7				
5	4/1	モール店	ラベンダー	3,200	12		香り	単価	数量
6	4/2	本店	ジャスミン	2,000	15		ローズ	3,500	11
7	4/2	モール店	ローズ	3,000	18		ラベンダー	2,700	20
8	4/2	モール店	ジャスミン	3,000	8				
9	4/2	ネット店	ローズ	3,500	11				
10	4/2	ネット店	ラベンダー	2,700	20				
11									

本節では、条件を満たすデータを、条件やデータの変更に対応すべく、数式で別表に抽出するさまざまなテクニックをマスターしよう!

抽出編

✔ 基本の条件抽出

テク 221 条件を満たすデータを抽出したい

Excel2021/365対応

使うのはコレ! FILTER関数

条件を満たすデータを別表から抽出するなら**FILTER関数**を使おう。条件式の入力だけでスピーディーに抽出できる。第6章2節で解説のフィルターオプションの設定とは違い、数式なので条件を変更しても、該当のデータを自動で抽出できる。

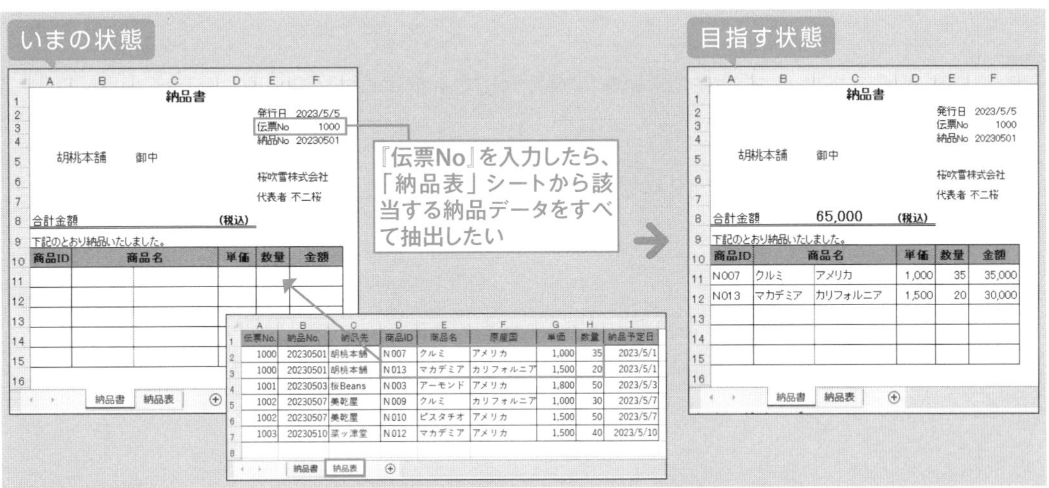

いまの状態
目指す状態
『伝票No』を入力したら、「納品表」シートから該当する納品データをすべて抽出したい

1 「納品書」シートのデータを求める左上のセル(A11セル)を選択し、「=FILTER(」と入力する。
2 [配列]…抽出する「納品表」シートの『商品ID』〜『数量』のセル範囲を選択する。
3 [含む]…「納品表の『伝票No』が納品書の『伝票No』である場合」の条件式を入力する。
4 [空の場合]…省略して、Enter キーで数式を確定する。

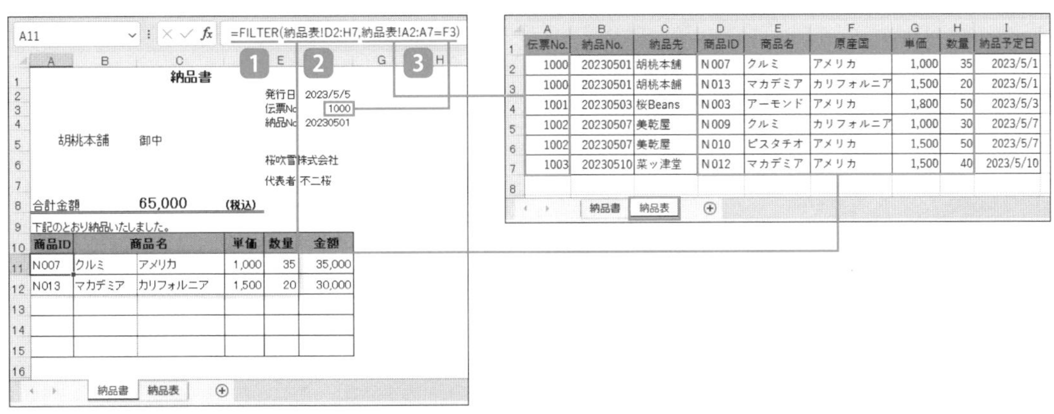

=FILTER(納品表!D2:H7,納品表!A2:A7=F3)

数式解説

「=FILTER(納品表!D2:H7,納品表!A2:A7=F3」の数式は、「納品表」シートの『伝票No』(A2セル～A7セル)が「納品書」シートの伝票No(F3セル)である場合の条件を満たす、「納品表」シートのD2セル～H7セル『商品ID』～『数量』を抽出する。

ここがポイント！　日付はシリアル値で抽出される

FILTER関数で抽出された日付はシリアル値で抽出される。抽出後は日付の表示形式に変更しておこう。

ここがポイント！　条件式に日付を直接入力して指定するには？

FILTER関数の引数[含む]に、条件の日付を直接入力する場合は、「日付のセル範囲="2023/4/1"*1」のように、日付を年月日で入力して、[" "](ダブルクォーテーション)で囲み、「*1」としてシリアル値に変換した値で指定しよう。

テク222 条件を満たすデータを抽出したい

Excel2019/2016対応

使うのはコレ! IF+ROW関数、IFERROR+INDEX+SMALL+ROW関数

Excel2019/2016で、条件を満たすデータを別表から抽出するなら、**IF＋ROW関数**で該当するデータの表内の位置を求めて、その位置をもとに**IFERROR＋INDEX＋SMALL＋ROW関数**で抽出する数式を作成しよう。

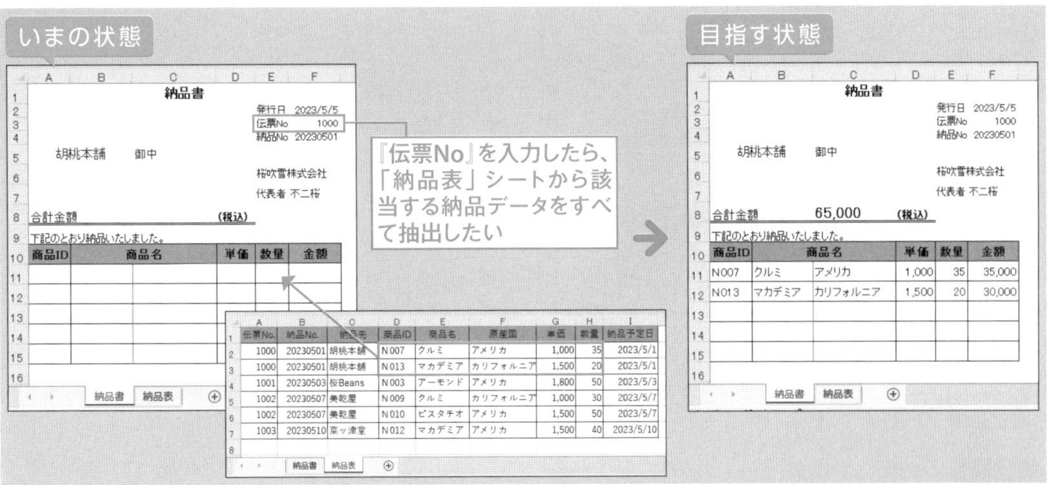
いまの状態
目指す状態
『伝票No』を入力したら、「納品表」シートから該当する納品データをすべて抽出したい

1 抽出元(「納品表」シート)のJ列のセルを選択し、「=IF(」と入力する。
2 [論理式]…「納品表の『伝票No』が納品書の『伝票No』の場合」の条件式を入力する。
3 [値が真の場合]…条件を満たす場合に表示する値として「ROW(A1)」を入力する。
4 [値が偽の場合]…条件を満たさない場合に表示する空白[""]を入力して、Enter キーで数式を確定する。
5 数式を必要なだけ複写する。

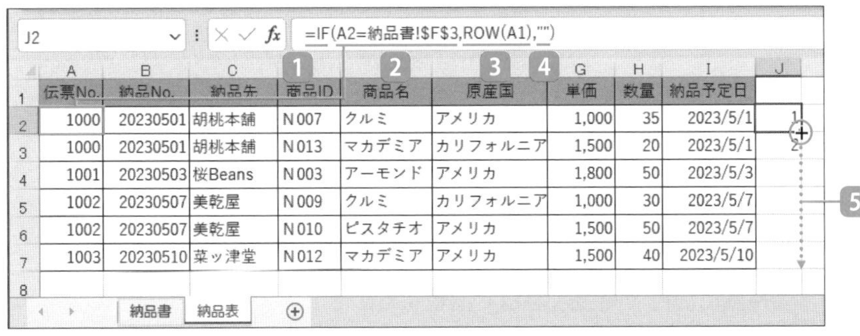
J2
=IF(A2=納品書!$F$3,ROW(A1),"")
1
2
3
4
5

	A	B	C	D	E	F	G	H	I	J
1	伝票No.	納品No.	納品先	商品ID	商品名	原産国	単価	数量	納品予定日	
2	1000	20230501	胡桃本舗	N007	クルミ	アメリカ	1,000	35	2023/5/1	1
3	1000	20230501	胡桃本舗	N013	マカデミア	カリフォルニア	1,500	20	2023/5/1	2
4	1001	20230503	桜Beans	N003	アーモンド	アメリカ	1,800	50	2023/5/3	
5	1002	20230507	美乾屋	N009	クルミ	カリフォルニア	1,000	30	2023/5/7	
6	1002	20230507	美乾屋	N010	ピスタチオ	アメリカ	1,500	50	2023/5/7	
7	1003	20230510	菜ッ津堂	N012	マカデミア	アメリカ	1,500	40	2023/5/10	
8										

6 データを求める抽出先（「納品書」シート）のセル（A11セル）を選択し、「=IFERROR(」と入力する。
7 [値]…INDEX関数で、「納品表」シートのJ列に求めた表内の番目が小さいほうから順番に『商品ID』を抽出する数式を入力する。
8 [エラーの場合の値]…エラーでない場合に表示する空白[""]を入力して、Enterキーで数式を確定する。
9 数式を必要なだけ複写して、横方向の複写はINDEX関数の引数[列番号]を抽出する列番号にそれぞれ変更する。

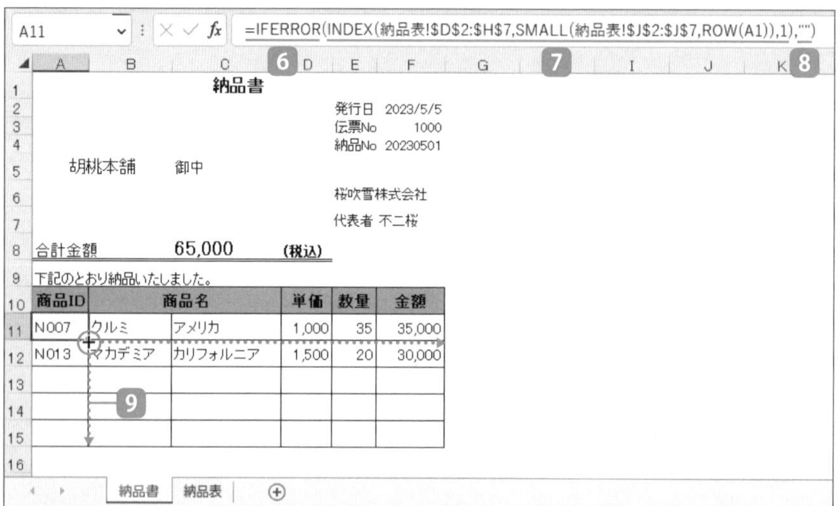

数式解説

「=IF(A2=納品書!$F$3,ROW(A1),"")」の数式は、「納品表」シートの『伝票No』（A2セル）が「納品書」シートの『伝票No』（F3セル）である場合に表内の番目を求め、違う場合は空白[""]を求める。数式をコピーすることで、「納品書」シートの『伝票No』に該当する納品表の行にだけ表内の番目が付けられる。
「SMALL(納品表!$J$2:$J$7,ROW(A1))」の数式は、「納品表」シートのJ列に作成された表内の番目の小さいほうから1番目の値を抽出する。INDEX関数の引数の[行番号]に組み合わせて数式を作成すると、J列の番目「1」の行にある1列目の商品ID（伝票Noが1000のときは「N007」）が抽出される。数式をコピーすると、次の行にはROW関数で求められた行が「2」で指定された数式になるので、J列の行番号の小さいほうから2番目の値である、番目「2」の行にある1列目の商品ID（伝票Noが1000のときは「N013」）が抽出される。こうして他の行列に数式をコピーすると、伝票Noに該当する『商品ID』～『数量』が「納品表」シートからすべて抽出される。
IFERROR関数の引数[値]にINDEXの数式の数式を組み合わせているため、抽出するデータがない行でもエラー値が表示されずに空白で求められる。

ここがポイント！　条件式に日付を直接入力して指定するには？

IF関数の引数[論理式]に、条件の日付を直接入力する場合は、「日付のセル範囲="2023/4/1"*1」のように、日付を年月日で入力して[" "]（ダブルクォーテーション）で囲み、「*1」としてシリアル値に変換した値で指定しよう。

テク223 複数条件を満たすデータを抽出したい

使うのはコレ! FILTER関数＋AND/OR条件式
Excel2019/2016　IF関数＋AND/OR条件式＋ROW関数、INDEX＋SMALL＋ROW関数

複数条件を満たすデータを別表から抽出するなら、Excel2021/365では**FILTER関数の引数［含む］**に、Excel2019/2016では**IF関数の引数［論理式］**に**AND/OR条件式**を入力してテク221やテク222のように抽出する数式を作成しよう。

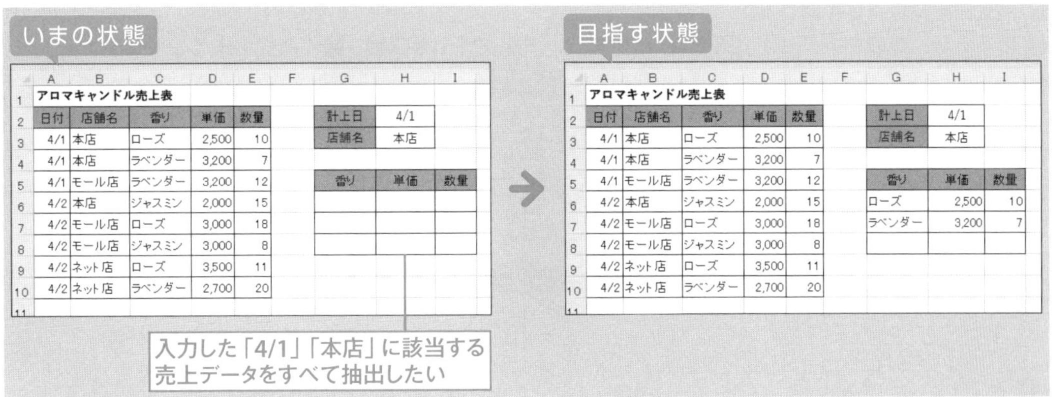

Excel2021/365の数式

1. データを求める左上のセル（G6セル）を選択し、「=FILTER(」と入力する。
2. ［配列］…抽出する売上表のセル範囲を選択する。
3. ［含む］…「『日付』が「4/1」であり、『店舗名』が「本店」である場合」の条件式を入力する。
4. ［空の場合］…省略して、Enter キーで数式を確定する。

数式解説

FILTER関数の引数[含む]には複数の条件式が指定できる。複数の条件式を指定するときは、それぞれの条件は[( )]で囲み、AND条件は[*]、OR条件は[+]の演算子でそれぞれの条件式を結合して数式を作成する。「=FILTER(C3:E10,(A3:A10=H2)*(B3:B10=H3))」の数式は、『日付』が「4/1」で『店舗名』が「本店」の条件を満たす『香り』『単価』『数量』を抽出する。

Excel2019/2016の数式

1. F列のセルを選択し、「=IF(」と入力して、「『日付』が「4/1」であり、『店舗名』が「本店」である場合」の条件式を入力し、条件を満たす場合に表示する値として「ROW(A1)」を入力、条件を満たさない場合に表示する空白[""]を入力して、Enterキーで数式を確定する。
2. 数式を必要なだけ複写する。
3. 求めるデータの左上のセル(G6セル)を選択し、テク222の手順6～9で数式を作成して抽出する。

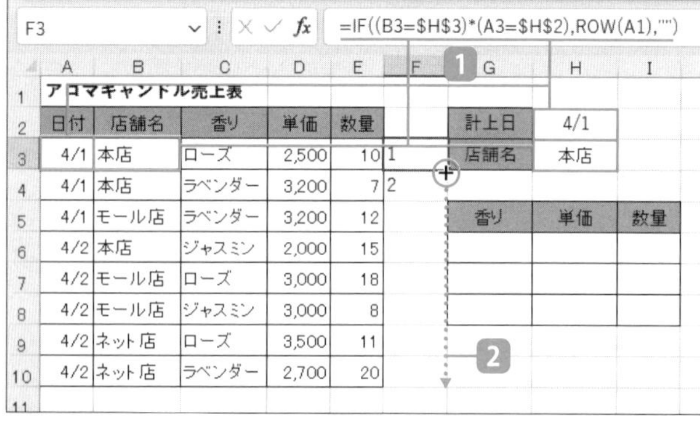

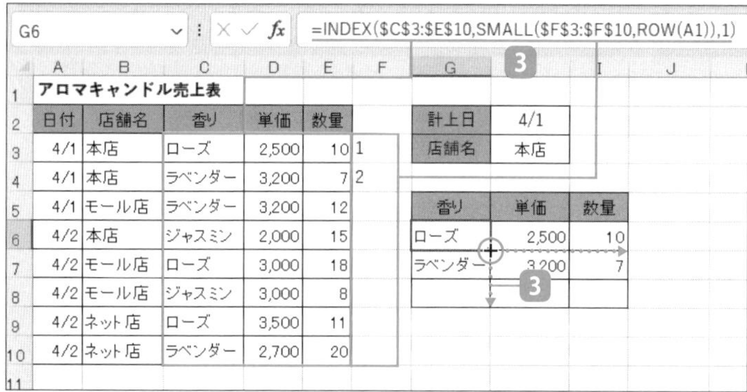

数式解説

「=IF((B3=$H$3)*(A3=$H$2),ROW(A1),"")」の数式は、B3セルの『店舗名』がH3セルの条件「本店」であり、A3セルの『日付』がH2セルの条件「4/1」である場合は行番号の「1」を返し、違う場合は空白[""]を求める。数式をコピーすることで、条件「4/1」「本店」がある売上表の行にだけ表内の番目が付けられる。F列に作成した表内の番目を使い、テク222の手順6～9で数式を作成して抽出することで、『日付』が「4/1」で『店舗名』が「本店」の条件を満たす『香り』『単価』『数量』が抽出される。

抽出編

✔ 複数条件抽出

テク224 複数条件のリストをもとに該当するデータを抽出したい

Excel2021/365対応

使うのはコレ! FILTER+ISNUMBER+MATCH関数

FILTER関数の引数［含む］に複数の条件を指定するには、テク223のように条件ごとに条件式の入力が必要になる。複数でも**条件を範囲選択**しただけで求めるなら、**MATCH関数**でそれぞれの条件の位置を求めて、その位置を条件に**FILTER関数**で抽出しよう。

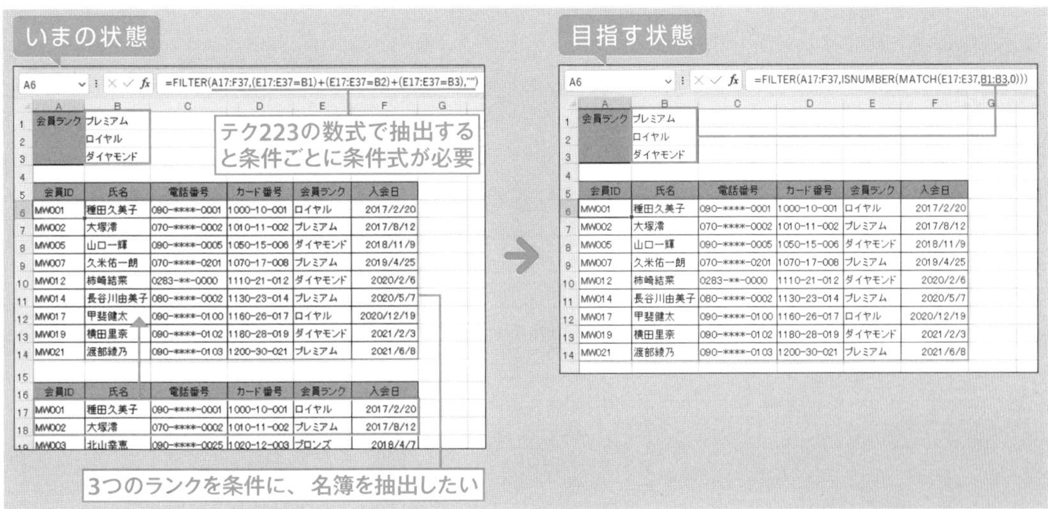

1 データを求めるセル（A6セル）を選択し、「=FILTER(」と入力する。
2 ［配列］…抽出する表のセル範囲を選択する。
3 ［含む］…ISNUMBER関数で「表の『会員ランク』中に条件の『会員ランク』がある位置はエラー値でなく数値である場合」の条件式を入力する。
4 ［空の場合］…省略して、Enterキーで数式を確定する。

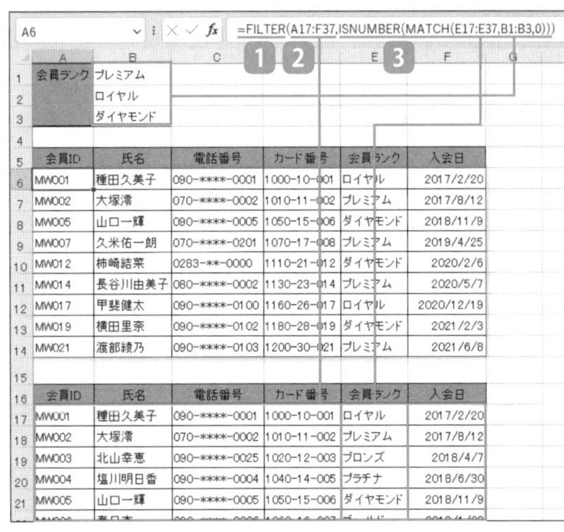

数式解説

「ISNUMBER(MATCH(E17:E37,B1:B3,0))」の数式は、条件のB1セル～B3セルのランクがE17セル～E37セルの『会員ランク』にある場合に「TRUE」を返す。FILTER関数の引数［含む］に組み合わせることで、B1セル～B3セルの条件を満たす名簿が抽出される。

✔ 日付／部分一致抽出

テク225 年／月／日の条件を満たすデータを抽出したい

使うのはコレ! FILTER+MONTH関数
Excel2019/2016　IF+MONTH+ROW関数、INDEX+SMALL+ROW関数

別表から4月のデータを抽出したいなど、日付データの年／月／日の条件を満たすデータを抽出するなら、Excel2021/365では**FILTER関数の引数［含む］**に、Excel2019/2016では**IF関数の引数［論理式］**に**YEAR/MONTH/DAY関数**で条件式を入力してテク221やテク222のように抽出する数式を作成しよう。

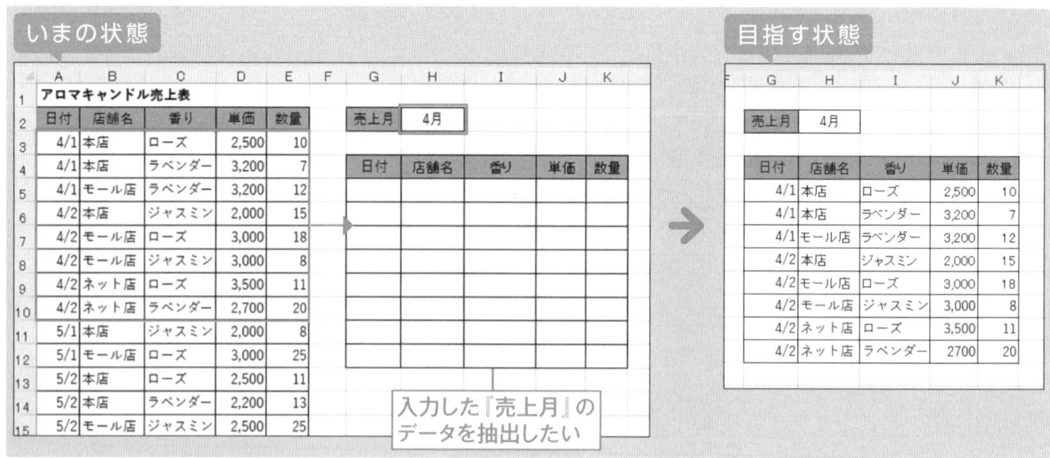

● Excel2021/365の数式

1. データを求めるセル（G5セル）を選択し、「=FILTER(」と入力する。
2. ［配列］…抽出する表のセル範囲を選択する。
3. ［含む］…「MONTH関数で売上表の『日付』から取り出した月がH2セルの『4月』である場合」の条件式を入力する。
4. ［空の場合］…省略して、Enter キーで数式を確定する。

抽出編

数式解説

「=FILTER(A3:E17,MONTH(A3:A17)=H2)」の数式は、A3セル～A17セルの『日付』から取り出した月がH2セルの「4」月の条件を満たすA3セル～E17セルの売上データを抽出する。

Excel2019/2016の数式

1. F列のセルを選択し、「=IF(」と入力して「A3セルの「4/1」から取り出した月がH2セルの「4月」の場合」の条件式を入力し、条件を満たす場合に表示する値として「ROW(A1)」を入力、条件を満たさない場合に表示する空白[""]を入力して、Enterキーで数式を確定する。
2. 数式を必要なだけ複写する。
3. 抽出する表の左上のセルを選択し、テク222の手順6～9で数式を作成して抽出する。

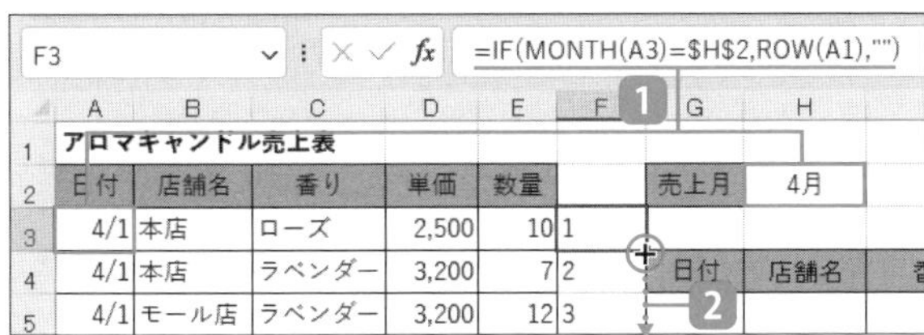

	A	B	C	D	E	F	G	H
1	アロマキャンドル売上表							
2	日付	店舗名	香り	単価	数量		売上月	4月
3	4/1	本店	ローズ	2,500	10	1		
4	4/1	本店	ラベンダー	3,200	7	2	日付	店舗名
5	4/1	モール店	ラベンダー	3,200	12	3		

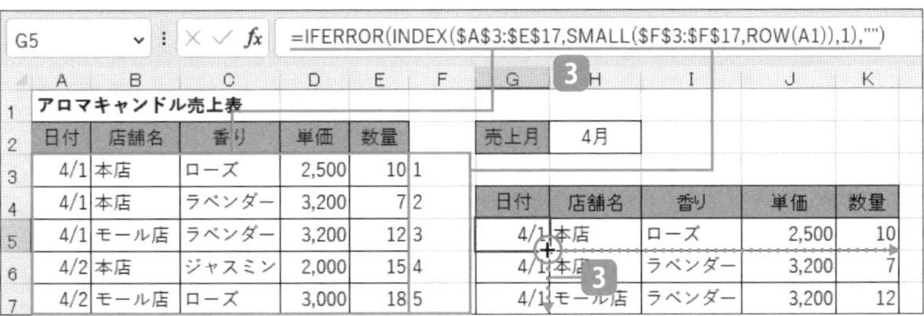

	A	B	C	D	E	F	G	H	I	J	K
1	アロマキャンドル売上表										
2	日付	店舗名	香り	単価	数量		売上月	4月			
3	4/1	本店	ローズ	2,500	10	1					
4	4/1	本店	ラベンダー	3,200	7	2	日付	店舗名	香り	単価	数量
5	4/1	モール店	ラベンダー	3,200	12	3	4/1	本店	ローズ	2,500	10
6	4/2	本店	ジャスミン	2,000	15	4	4/1	本店	ラベンダー	3,200	7
7	4/2	モール店	ローズ	3,000	18	5	4/1	モール店	ラベンダー	3,200	12

数式解説

「=IF(MONTH(A3)=$H$2,ROW(A1),"")」の数式は、A3セルの「4/1」から取り出した月がH2セルの「4」月の場合は表内の番目を求め、違う場合は空白[""]を求める。数式をコピーすることで、条件「4月」がある売上表の行にだけ表内の番目が付けられる。
F列に作成した表内の番目を使い、テク222の手順6～9で数式を作成して抽出することで、H2セルの「4」月の条件を満たすA3セル～E17セルの売上データが抽出される。

✔ 日付／部分一致抽出

テク226 部分一致の条件を満たすデータを抽出したい

使うのはコレ! FILTER+IFERROR+FIND関数
Excel2019/2016　IF+COUNTIF+ROW関数、INDEX+SMALL+ROW関数

「東京都を含む」など、部分一致の条件を満たすデータを抽出するなら、Excel2021/365では**FILTER関数の引数[含む]にIFERROR関数**、Excel2019/2016では**IF関数の引数[論理式]にCOUNTIF関数**で条件式を入力してテク221やテク222のように抽出する数式を作成しよう。

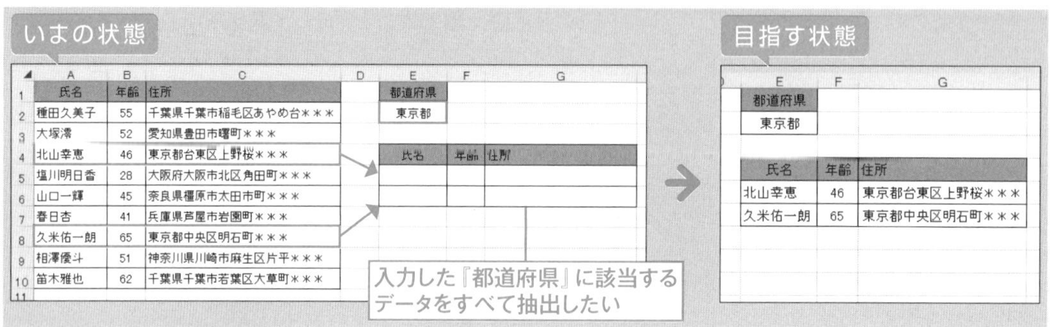
いまの状態
目指す状態
入力した『都道府県』に該当するデータをすべて抽出したい

Excel2021/365の数式

1. データを求めるセル（E5セル）を選択し、「=FILTER(」と入力する。
2. [配列]…抽出する名簿のセル範囲を選択する。
3. [含む]…IFERROR関数で『住所』内からE3セルの「東京都」を含む住所を検索し、あれば表内の位置を、なければ「0」を返す数式を入力する。
4. [空の場合]…省略して、Enter キーで数式を確定する。

=FILTER(A2:C10,IFERROR(FIND(E2,C2:C10),0)>=1)
1
2
3

数式解説

「=FILTER(A2:C10,IFERROR(FIND(E2,C2:C10),0)>=1)」の数式は、E3セルの「東京都」を含む住所を表の「住所」から検索し、ある場合の位置を条件に名簿を抽出する。結果、「東京都」を含む名簿だけが抽出される。

抽出編

Excel2019/2016の数式

1. D列のセルを選択し、「=IF(」と入力する。
2. COUNTIF関数で、「『住所』の一部がE3セルの「東京都」である場合」の条件式、条件を満たす場合に表示する「ROW(A1)」、満たさない場合に表示する空白[""]を入力したら、Enter キーで数式を確定する。
3. 数式を必要なだけ複写して、INDEX関数の引数[列番号]を抽出する列番号にそれぞれ変更する。
4. 抽出する表の左上のセルを選択し、テク222の手順6～9で数式を作成して抽出する。

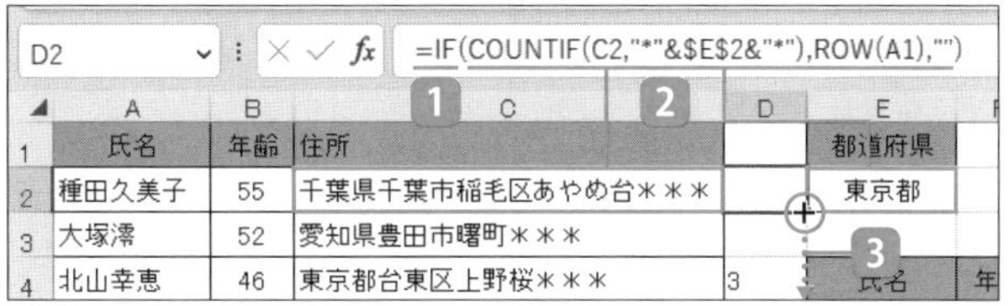

E5 =IFERROR(INDEX($A$2:$C$10,SMALL($D$2:$D$10,ROW(A1)),1),"")

	A	B	C	D	E	F	G
1	氏名	年齢	住所		都道府県		
2	種田久美子	55	千葉県千葉市稲毛区あやめ台＊＊＊		東京都		
3	大塚澪	52	愛知県豊田市曙町＊＊＊				
4	北山幸恵	46	東京都台東区上野桜＊＊＊	3	氏名	年齢	住所
5	塩川明日香	28	大阪府大阪市北区角田町＊＊＊		北山幸恵	46	東京都台東区上野桜＊＊
6	山口一輝	45	奈良県橿原市太田市町＊＊＊		久米佑一朗	65	東京都中央区明石町＊＊
7	春日杏	41	兵庫県芦屋市岩園町＊＊＊				

数式解説

「COUNTIF(C3,"*"&$E$3&"*")」の数式は、E3セルの「東京都」を含む『住所』の個数を求める。IF関数の引数[論理式]に組み合わせることで、C3セルの『住所』の中にE3セルの「東京都」を含む場合は表内の番目を求め、違う場合は空白[""]を求める。数式をコピーすることで、条件「東京都」を含む名簿の行にだけ表内の番目が付けられる。

D列に作成した表内の番目を使い、テク222の手順6～9で数式を作成して抽出することで、「東京都」を含む名簿が抽出される。

併せて覚え テク　左端から／右端からの文字を条件に抽出するには?

FILTER関数で、セル内の左端から／右端から2文字など、指定の文字数分の文字を条件に抽出するなら、引数[含む]にはLEFT/RIGHT関数で条件式を作成することでも抽出できる。たとえば『カード番号』の左端からの2文字が「12」であるデータをすべて抽出するなら、LEFT関数で右図のように数式を作成しよう（LEFT/RIGHT関数の使い方は第7章1節テク176参照）。

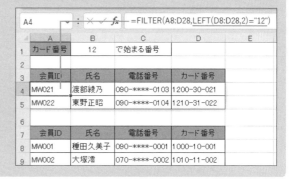

A4 =FILTER(A8:D28,LEFT(D8:D28,2)="12")

	A	B	C	D	E
1	カード番号	12	で始まる番号		
2					
3	会員ID	氏名	電話番号	カード番号	
4	MW021	渡部綾乃	090-＊＊＊＊-0103	1200-30-021	
5	MW022	東野正昭	090-＊＊＊＊-0104	1210-31-022	
6					
7	会員ID	氏名	電話番号	カード番号	
8	MW001	種田久美子	090-＊＊＊＊-0001	1000-10-001	
9	MW002	大塚澪	070-＊＊＊＊-0002	1010-11-002	

第9章

テク227 複数の部分一致の条件を満たすデータを抽出したい

Excel2021/365対応

使うのはコレ! FILTER＋MMULT＋IFERROR＋FIND＋TRANSPOSE＋ROW関数

複数の部分一致の条件を指定するには、テク226の条件式が条件ごとに必要になる。しかし、Excel2021/365なら、**FILTER関数**の引数［含む］に**MMULT関数**を組み合わせて数式を作成することで、スピーディーに抽出できる。

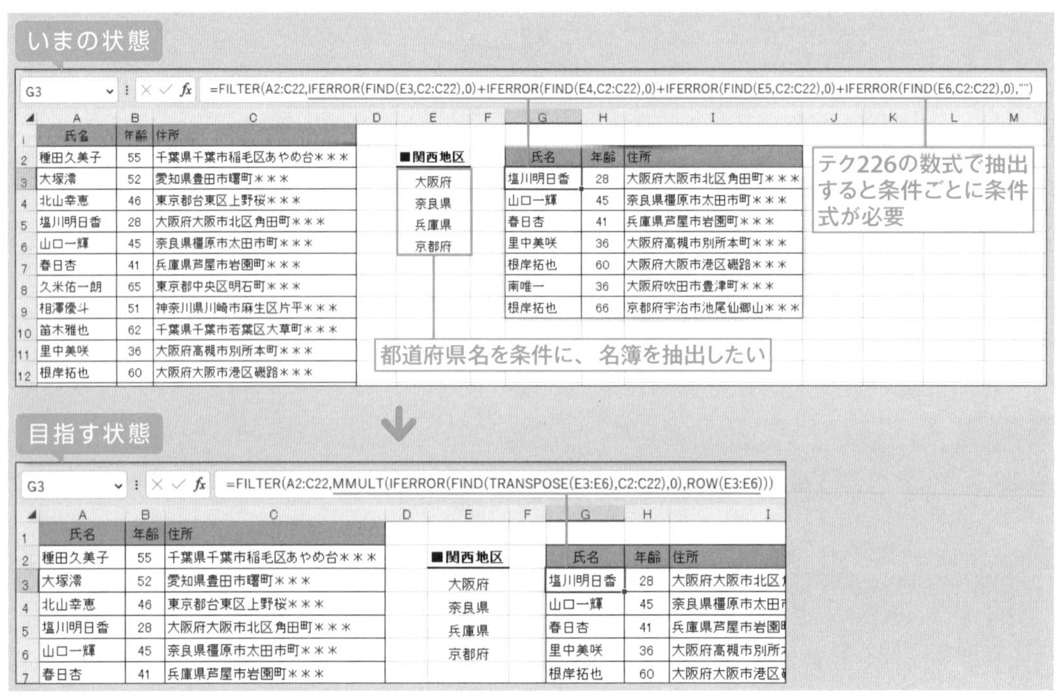

1 データを求めるセル（G3セル）を選択し、「=FILTER(」と入力する。
2 ［配列］…抽出する名簿のセル範囲を選択する。
3 ［含む］…「MMULT(」と入力する。
4 ［配列1］…IFERROR関数で、行の配列に入れ替えた条件のF3セル～F6セルの都道府県を含む住所が表の『住所』にある場合にその位置を返し、ない場合は「0」を返す数式を入力する。
5 ［配列2］…ROW関数で列の配列を入力する。
6 FILTER関数の［空の場合］…省略して、Enter キーで数式を確定する。

G3 =FILTER(A2:C22,MMULT(IFERROR(FIND(TRANSPOSE(E3:E6),C2:C22),0),ROW(E3:E6)))

	A	B	C	D	E	F	G	H	I
1	氏名	年齢	住所						
2	種田久美子	55	千葉県千葉市稲毛区あやめ台＊＊＊		■関西地区		氏名	年齢	住所
3	大塚澪	52	愛知県豊田市曙町＊＊＊		大阪府		塩川明日香	28	大阪府大阪市北区
4	北山幸恵	46	東京都台東区上野桜＊＊＊		奈良県		山口一輝	45	奈良県橿原市太田市
5	塩川明日香	28	大阪府大阪市北区角田町＊＊＊		兵庫県		春日杏	41	兵庫県芦屋市岩園町
6	山口一輝	45	奈良県橿原市太田市町＊＊＊		京都府		里中美咲	36	大阪府高槻市別所
7	春日杏	41	兵庫県芦屋市岩園町＊＊＊				根岸拓也	60	大阪府大阪市港区

数式解説

「IFERROR(FIND(TRANSPOSE(F3:F6),D2:D23),0)」の数式は、TRANSPOSE関数で行の配列に入れ替えたF3セル～F6セルの都道府県を含む住所が表の『住所』にある場合にその位置を返し、ない場合は「0」を返す。MMULT関数の引数[配列1]に組み合わせ、[配列2]に列の配列の「ROW(F3:F6)」を組み合わせることで、行列の積が返され、FILTER関数の引数[含む]にF3セル～F6セルの都道府県を条件として指定することができる。結果、F3セル～F6セルの都道府県を含む住所が抽出される。

ここがポイント！　条件のセル範囲を変更するときは？

条件のセル範囲を変更するときは、TRANSPOSE関数とROW関数の両方のセル範囲を変更して数式を修正しよう。

第9章

9-2 希望の形で条件抽出するテクをマスター!

前節で解説のとおり、Excel2021/Microsoft365で使えるFILTER関数は、たった1つで条件を満たすデータを抽出できる。素晴らしい関数だが、抽出したいデータは連続した列ですべての行だけとは限らない。離れた列や行数を指定して抽出しなければならない場合もある。

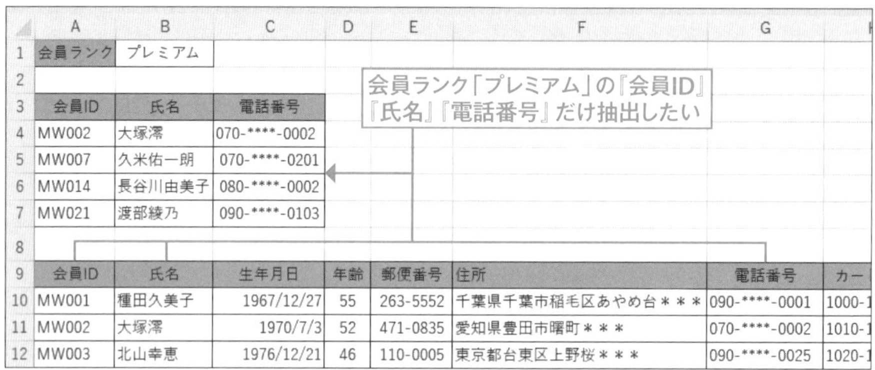

	A	B	C
1	会員ランク	プレミアム	
2			
3	会員ID	氏名	電話番号
4	MW002	大塚澪	070-****-0002
5	MW007	久米佑一朗	070-****-0201
6	MW014	長谷川由美子	080-****-0002
7	MW021	渡部綾乃	090-****-0103

	A	B	C	D	E	F	G	H
9	会員ID	氏名	生年月日	年齢	郵便番号	住所	電話番号	カー
10	MW001	種田久美子	1967/12/27	55	263-5552	千葉県千葉市稲毛区あやめ台＊＊＊	090-****-0001	1000-1
11	MW002	大塚澪	1970/7/3	52	471-0835	愛知県豊田市曙町＊＊＊	070-****-0002	1010-1
12	MW003	北山幸恵	1976/12/21	46	110-0005	東京都台東区上野桜＊＊＊	090-****-0025	1020-1

さらに、条件を満たすデータを横並びで抽出したい、「、」などの区切り文字で区切って抽出したいなど、希望の形で抽出しなければならない場合もある。

	A	B	C
1	6月社内研修		
2	課	氏名	研修日
3	1課	内村	1日(木)
4	1課	大山	1日(木)
5	1課	遠山	8日(木)
6	2課	木内	1日(木)
7	2課	板東	8日(木)
8	2課	渡辺	1日(木)

研修日	氏名			
1日(木)	内村	大山	木内	渡辺
8日(木)	遠山	板東		

研修日	氏名
1日(木)	内村、大山、木内、渡辺
8日(木)	遠山、板東

本節では、条件を満たすデータを、さまざまな希望の形で別表に抽出するテクニックをマスターしよう！

テク228 条件を満たすデータを横並びで抽出したい

使うのはコレ! TRANSPOSE+FILTER関数
Excel2019/2016　COUNTIF関数、IFNA+INDEX+MATCH+COLUMN関数

条件に該当するデータを横並びに抽出するなら、Excel2021/365なら**FILTER関数**で抽出したデータを**TRANSPOSE関数**で横並びに入れ替えて求めよう。Excel2019/2016なら、**COUNTIF関数**で条件ごとに連番を付けて、条件+連番をもとに**INDEX+MATCH+COLUMN関数**で抽出しよう。

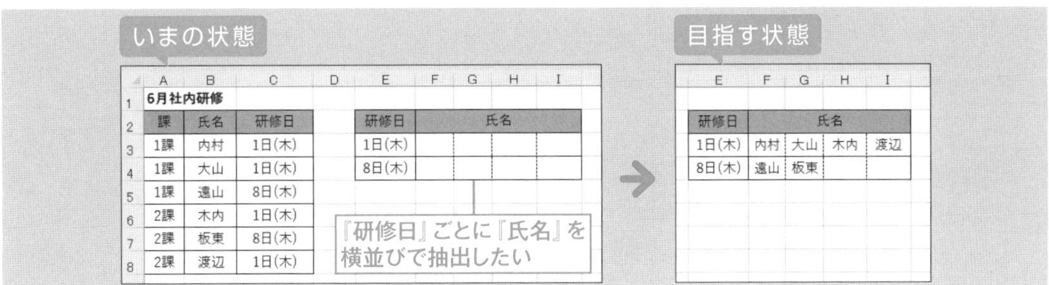

Excel2021/365の数式

1 データを求めるセル(F3セル)を選択し、「=TRANSPOSE(FILTER(」と入力する。
2 [配列]…抽出する『氏名』のセル範囲を選択して、F4キーを1回押して[$]記号をつけ絶対参照にする。
3 [含む]…「C3セル～C8セルの『研修日』がE3セルの研修日である場合」の条件式を入力する。
4 [空の場合]…省略して、Enterキーで数式を確定する。
5 数式をほかの行に複写する。

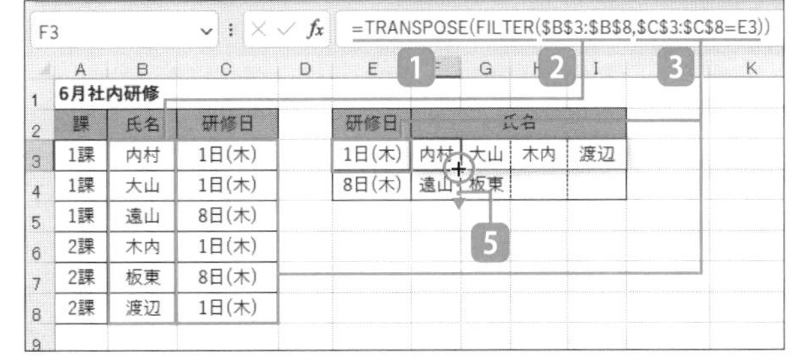

数式解説

「=TRANSPOSE(FILTER($B$3:$B$8,$C$3:$C$8=E3))」の数式は、C3セル～C8セルの『研修日』がE3セルの研修日「1日(木)」である場合の条件を満たす、『氏名』(B3セル～B8セル)の行列を入れ替えて抽出する。ほかの行にコピーすることで、『研修日』ごとに『氏名』が横並びで抽出される。

Excel2019/2016の数式

1 D列のセルを選択し、「=C3&COUNTIF($C$3:C3,C3)」と入力したら、Enterキーで数式を確定する。
2 数式を必要なだけ複写する。
3 データを求める表の左上のセル(F3セル)を選択し、「=IFNA(INDEX(」と入力する。
4 [参照]…抽出する『氏名』のセル範囲を選択して、F4キーを1回押して[$]記号をつけ絶対参照にする。
5 [行番号]…MATCH関数で条件「研修日&1」のセルが表のD列の「研修日&連番」の何番目にあるかを求める数式を入力する。

6 ［列番号］［領域番号］…省略する。
7 ［NAの場合の値］…［""］(空白)を入力して、Enter キーで数式を確定する。
8 数式を必要なだけ複写する。

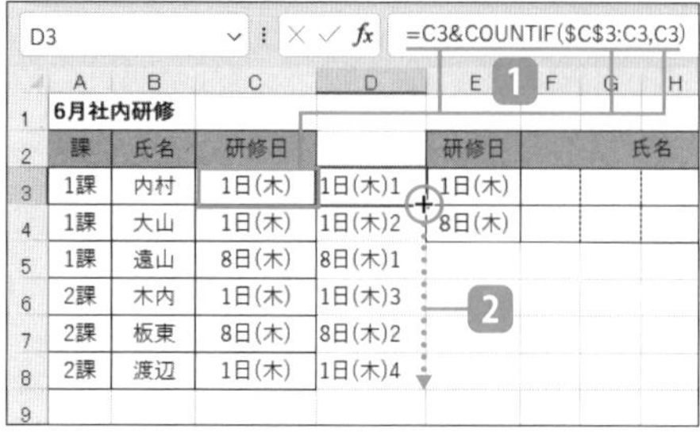

D3 =C3&COUNTIF($C$3:C3,C3)

	A	B	C	D	E	F	G	H
1	6月社内研修							
2	課	氏名	研修日		研修日	氏名		
3	1課	内村	1日(木)	1日(木)1	1日(木)			
4	1課	大山	1日(木)	1日(木)2	8日(木)			
5	1課	遠山	8日(木)	8日(木)1				
6	2課	木内	1日(木)	1日(木)3				
7	2課	板東	8日(木)	8日(木)2				
8	2課	渡辺	1日(木)	1日(木)4				

F3 =IFNA(INDEX($B$3:$B$8,MATCH($E3&COLUMN(A1),$D$3:$D$8,0)),"")

	A	B	C	D	E	F	G	H	I
1	6月社内研修								
2	課	氏名	研修日		研修日	氏名			
3	1課	内村	1日(木)	1日(木)1	1日(木)	内村	大山	木内	渡辺
4	1課	大山	1日(木)	1日(木)2	8日(木)	遠山	板東		
5	1課	遠山	8日(木)	8日(木)1					
6	2課	木内	1日(木)	1日(木)3					
7	2課	板東	8日(木)	8日(木)2					
8	2課	渡辺	1日(木)	1日(木)4					

数式解説

「=C3&COUNTIF($C$3:C3,C3)」の数式を作成してコピーすると、それぞれの『研修日』に、同じ『研修日』が1つなら「1」、2つあるなら「2」とカウントされた数をつなげた1つの文字列が作成される。
「MATCH($E3&COLUMN(A1),$D$3:$D$8,0)」の数式は、E3セルの「1日(木)」&1がD3セル～D8セルに作成した文字列内の何番目にあるかを求める。求められた番目をINDEX関数の引数の［行番号］に組み合わせて数式を作成すると、「1日(木)」の『氏名』が抽出される。数式をコピーすると、次の列にはCOLUMN関数で求められた列番号が「2」「3」「4」で指定された数式になるので、「1日(木)」の2つ目、3つ目4つ目の『氏名』が抽出される。次の行にコピーすると、「=IFNA(INDEX($B$3:$B$8,MATCH($E4&COLUMN(A2),$D$3:$D$8,0)),"")」、とMATCH関数の引数の［検査値］に「8日(木)」が指定されるので、『研修日』ごとに『氏名』が横並びで抽出される。

ここがポイント！　縦並びで抽出するには？

Excel2019/2016の数式で、条件を満たすデータを縦並びで抽出するなら、MATCH関数の引数［検査値］にROW関数を組み合わせて右図のように数式を作成しよう。

=IFNA(INDEX($B$3:$B$8,MATCH(E$3&ROW(A1),$D$3:$D$8,0)),"")

D	E	F
	研修日	
日(木)1	1日(木)	8日(木)
日(木)2	内村	遠山
日(木)1	大山	板東
日(木)3	木内	
日(木)2	渡辺	

抽出編

✔ 指定の形で抽出

テク229 条件を満たすデータを「・」「、」「／」で結合して抽出したい

使うのはコレ! TEXTJOIN+FILTER関数
Excel2019　TEXTJOIN+REPT関数+配列数式
Excel2016　IF関数、VLOOKUP関数

条件に該当するデータを[、][・][／]などの**区切り文字**で結合して抽出するなら、抽出したデータと区切り文字を**TEXTJOIN関数**で結合して求めよう。TEXTJOIN関数がないExcel2016では[&]で結合して求めよう。

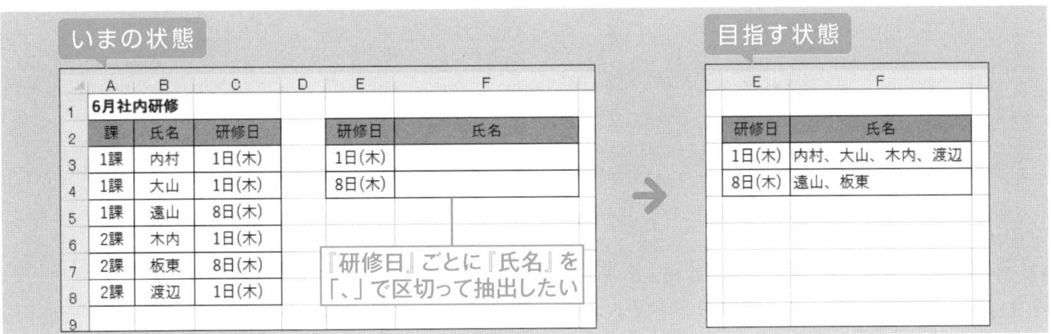

● **Excel2021/365の数式**

1 『氏名』を求めるセル(F3セル)を選択し、「=TEXTJOIN(」と入力する。
2 [区切り記号]…区切り文字「"、"」を入力する。
3 [空のセルは無視]…省略する。
4 [テキスト1]…FILTER関数で、『研修日』がE3セルの「1日(木)」の条件を満たす『氏名』を抽出する数式を入力して、Enter キーで数式を確定する。
5 数式を必要なだけ複写する。

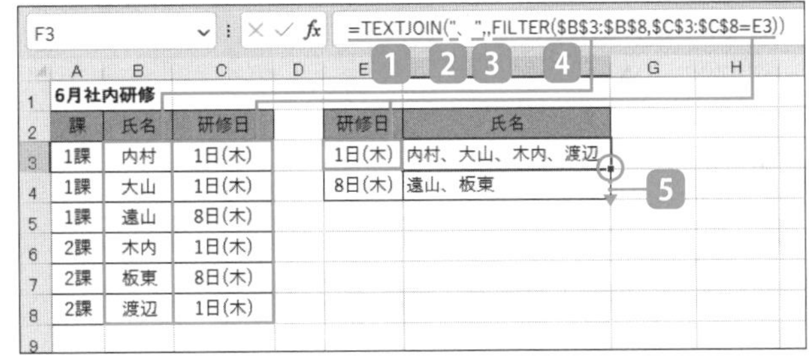

数式解説

「=TEXTJOIN("、",FILTER($B$3:$B$8,$C$3:$C$8=E3))」の数式は、C3セル～C8セルの『研修日』がE3セルの研修日「1日(木)」である場合の条件を満たす、B3セル～B8セルの『氏名』を「、」で結合して抽出する。

● **Excel2019の数式**

1 『氏名』を求めるセル(F3セル)を選択し、「=TEXTJOIN(」と入力する。
2 [区切り記号]…区切り文字「"、"」を入力する。
3 [空のセルは無視]…省略する。
4 [テキスト1]…REPT関数で、『研修日』がRE3セルの「1日(木)」の条件を満たす『氏名』を繰り返して求

める数式を入力して、Ctrl＋Shift＋Enterキーで数式を確定する。

5 数式を必要なだけ複写する。

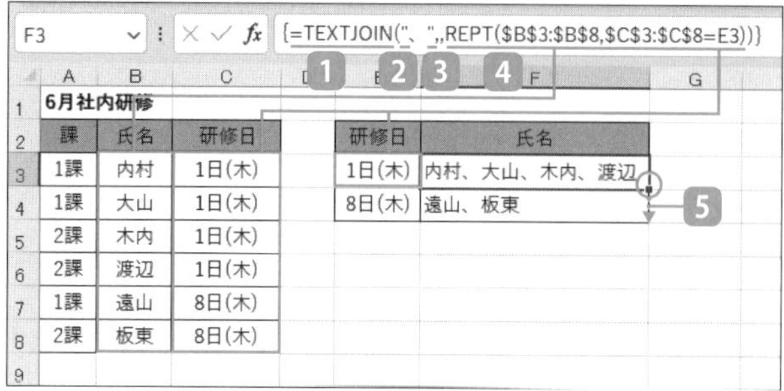

数式解説

「REPT($B$3:$B$8,$C$3:$C$8=E3)」の数式は、『研修日』がE3セルの「1日(木)」である場合の条件を満たす「内村」「大山」「木内」「渡辺」を求める。TEXTJOIN関数の引数[テキスト1]に組み合わせることで、研修日が「1日(木)」の『氏名』を「、」で結合して抽出できる。配列数式で求める必要があるため、Ctrl＋Shift＋Enterキーで数式を確定する。

Excel2016の数式

1 条件を含む『研修日』の列(C列)を並べ替えておく。

2 D列にIF関数で、1つ下の『研修日』と同じ場合は『氏名』を「、」で結合し、違う場合はそのまま『氏名』を求める数式を入力する。

3 数式を必要なだけ複写する。

4 『氏名』を求めるセル(F3セル)を選択し、VLOOKUP関数で、E3セルの「1日(木)」を検索値として、作成したD列の氏名を抽出する数式を入力する。

5 数式を必要なだけ複写する。

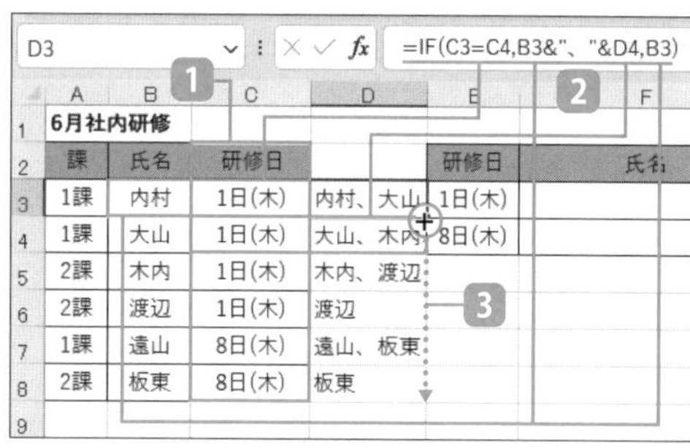

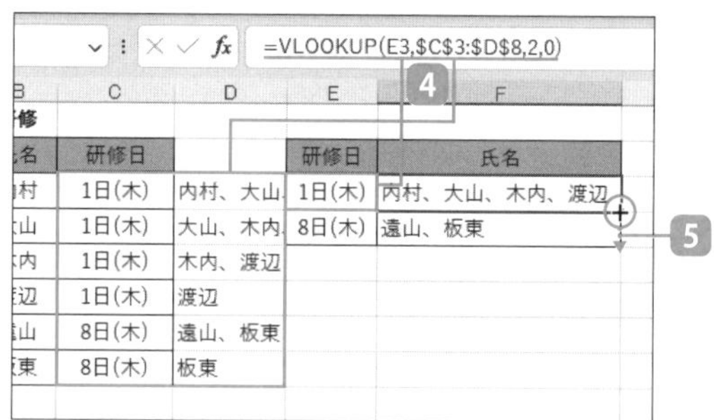

数式解説

「=IF(C3=C4,B3&"、"&D4,B3)」の数式は、同じ『研修日』の『氏名』を[、]で結合して求める。求めた『氏名』の列をVLOOKUP関数の引数[範囲]に組み合わせて数式を作成することで、研修日が「1日(木)」の『氏名』を「、」で結合して抽出できる。

✓ 必要な列・行数抽出

テク230 条件を満たす離れた複数列のデータを数式の確定と同時に抽出したい（FILTER関数で抽出） Excel2021/365対応

使うのはコレ! FILTER+FILTER+COUNTIF関数

本章1節で解説したとおり、FILTER関数を使えば、数式の確定と同時に複数列の条件を満たすデータを抽出できる。ただし、引数[配列]には1つのセル範囲しか選択できない。条件を満たす離れた複数列のデータを抽出するなら、1つ目の**FILTER関数**で条件抽出したデータをもとに、2つ目の**FILTER関数**で、抽出する列見出しが表の列見出しにあるかどうかを条件に抽出しよう。

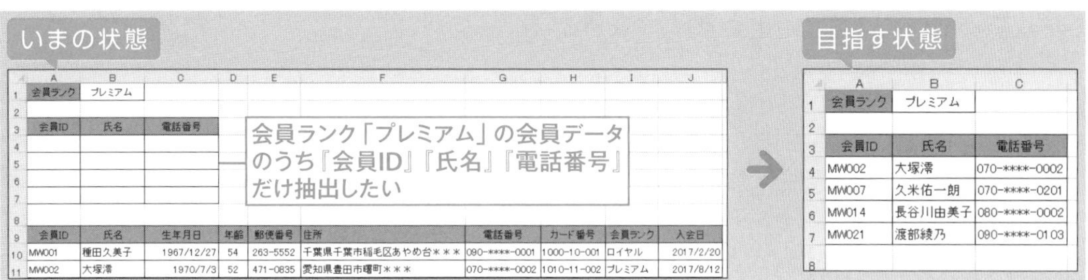

1 データを求めるセル（A4セル）を選択し、「=FILTER(」と入力する。
2 [配列]…もう1つのFILTER関数で『会員ランク』がB1セルの「プレミアム」の条件で名簿を抽出する数式を入力する。
3 [含む]…COUNTIF関数で抽出するA3セル～C3セルの列見出しが名簿の列見出しにある個数を求める数式を入力する。
4 [空の場合]…省略して、Enterキーで数式を確定する。

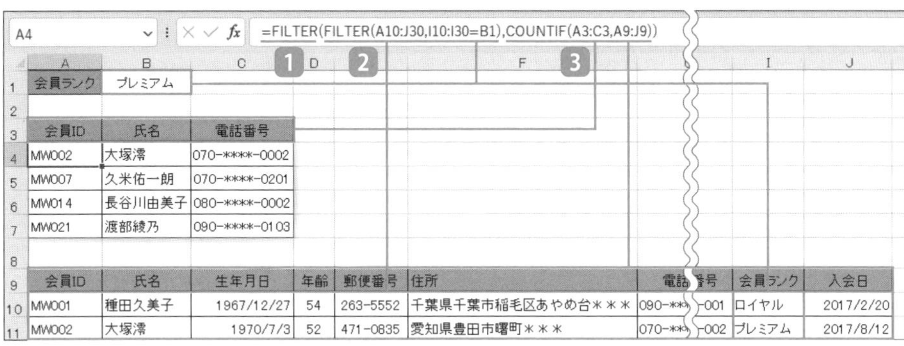

数式解説

「COUNTIF(A3:C3,A9:J9)」の数式は、抽出する『会員ID』『氏名』『電話番号』が表の列見出しにある場合は「1」、ない場合は「0」を求めるので、{1,1,0,0,0,0,1,0,0,0}の配列が返される。FILTER関数の引数[含む]に組み合わせることで、『会員ランク』が「プレミアム」の条件で抽出された名簿から、{1,1,0,0,0,0,1,0,0,0}の配列の「1」の列にある『会員ID』『氏名』『電話番号』だけが抽出される。

ここがポイント！　テク231の数式でも可能だが数式のコピーが必要

次のテク231の数式でも可能だが、数式のコピーが必要になる。この例の数式なら、数式の確定と同時にスピーディーに抽出が可能。

併せて覚えテク　条件式は配列定数でも可能

COUNTIF関数で返される{1,1,0,0,0,0,1,0,0,0}の配列は、直接入力して数式を作成することが可能。この場合、抽出する列を「1」、抽出しない列を「0」として配列定数を入力するのがコツ。ただし、抽出する列が変更になった場合は配列定数内の「1」と「0」の配置を変更して数式を入力し直す手間が必要。

=FILTER(FILTER(A10:J30,I10:I30=B1),{1,1,0,0,0,0,1,0,0,0})

抽出編

✔ 必要な列・行数抽出

テク231 条件を満たす離れた複数列のデータを指定の順番で抽出したい（FILTER関数で抽出）

Excel2021/365対応

使うのはコレ! XLOOKUP+FILTER関数

テク222のExcel2019/2016のINDEX関数を使った数式では、抽出したい列を指定すれば、条件を満たすデータを指定の順番で抽出できる。ただし、Excel2021/365の**FILTER関数**の数式ではできない。FILTER関数を使うときは、**XLOOKUP関数**の引数［戻り範囲］に組み合わせて、抽出したい列位置にあるデータだけ抽出できるように数式を作成しよう。

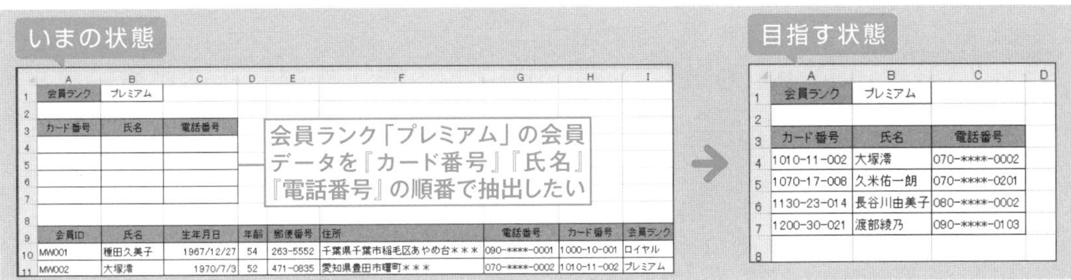

1. データを求めるセル（A4セル）を選択し、「=XLOOKUP(」と入力する。
2. ［検索値］…抽出する1列目の列見出しのセルを選択する。
3. ［検索範囲］…表の列見出しのセル範囲を選択して、F4 キーを1回押して［$］記号をつけ絶対参照にする。
4. ［戻り範囲］…FILTER関数で『会員ランク』がB1セルの「プレミアム」である場合の条件を満たす名簿を抽出する数式を入力する。
5. ［見つからない場合］…［""］（空白）を入力する。
6. ［一致モード］［検索モード］…省略して、Enter キーで数式を確定する。
7. 数式をほかの列に複写する。

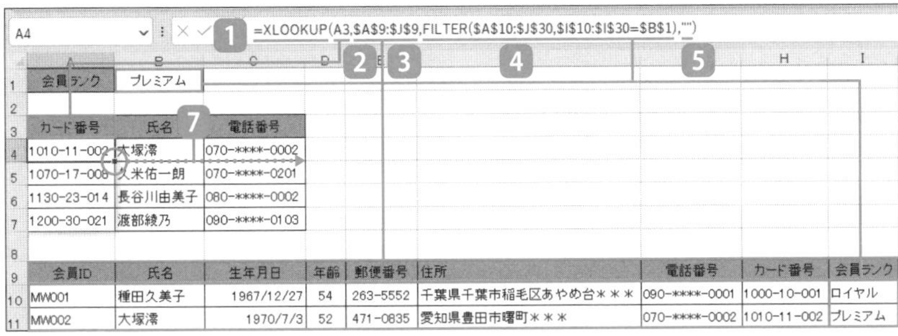

数式解説

「=XLOOKUP(A3,$A$9:$J$9,FILTER($A$10:$J$30,$I$10:$I$30=$B$1),"")」の数式は、抽出する列見出しの1列目のA3セルの『カード番号』をA9セル～J9セルの表の列見出しから検索し、一致した列にあるB1セルの「プレミアム」に該当する名簿を抽出する。数式をほかの列にコピーすることで、それぞれの抽出する列見出しがある列から抽出される。結果、入力した列見出しの順番で「プレミアム」に該当する名簿が抽出される。

第9章

ここがポイント！　1列だけ抽出するとき、スピーディーに抽出できる

この例の数式を使えば、条件を満たすデータが1列だけほしいときも、スピーディーに抽出することができる。

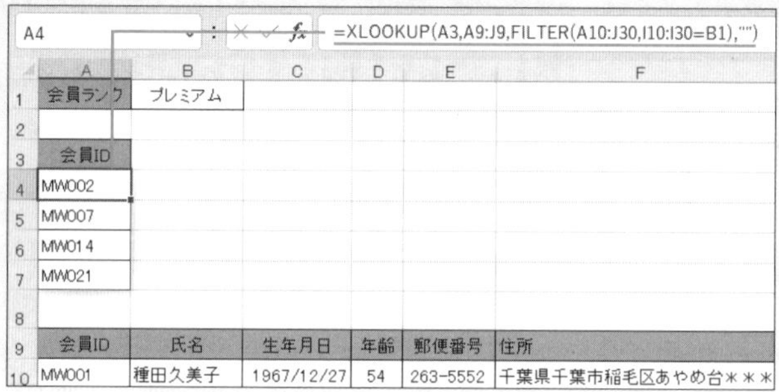

併せて覚え テク　CHOOSECOLS関数で数式コピーなしで抽出する（Microsoft365）

Microsoft365なら、**CHOOSEROWS関数**（第11章3節テク272参照）の引数［配列］にFILTER関数で条件抽出したデータを組み合わせて、XMATCH関数で抽出したい列位置にあるデータだけ抽出できるように数式を作成することで、数式の確定と同時にスピーディーに抽出できる。併せて覚えておこう。

1. データを求めるセル（A4セル）を選択し、「=CHOOSECOLS(」と入力する。
2. ［配列］…FILTER関数で『会員ランク』がB1セルの「プレミアム」である場合の条件を満たす名簿を抽出する数式を入力する。
3. ［列番号1］…XMATCH関数で抽出する列見出しが表の列見出しにある位置を求める数式を入力して、Enterキーで数式を確定する。

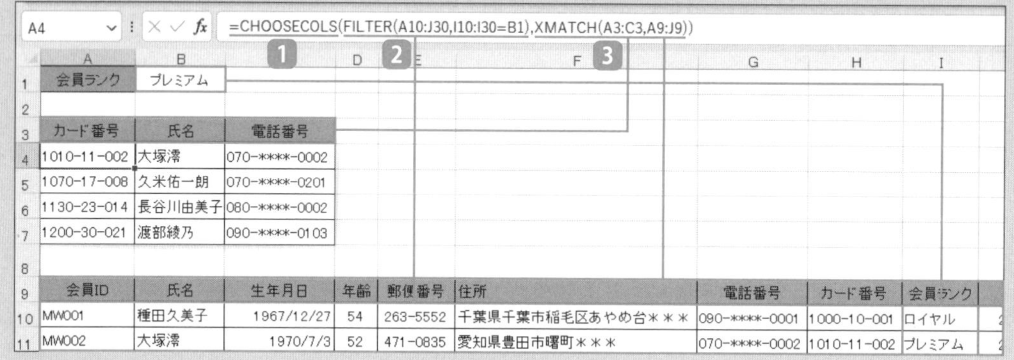

数式解説

「XMATCH(A3:C3,A9:J9)」の数式は、『カード番号』『氏名』『電話番号』のそれぞれの列位置を求める。この列位置をCHOOSECOLS関数の引数［列番号1］に組み合わせて数式を作成することで、B1セルの「プレミアム」の条件を満たすA10セル～J30セルの名簿から、『カード番号』『氏名』『電話番号』の順番で名簿が抽出される。

✔ 必要な列・行数抽出

テク232 条件を満たすデータの行数を指定して抽出したい（FILTER関数で抽出）

Excel2021/365対応

使うのはコレ! Microsoft365　CHOOSEROWS+FILTER+SEQUENCE関数
Excel2021　INDEX+FILTER+SEQUENCE関数

テク222のExcel2019/2016のINDEX関数を使った数式では、抽出したい行数だけ数式をコピーすることで、条件を満たすデータを行数を指定して抽出できる。ただし、Excel2021/365の**FILTER関数**の数式ではすべて抽出されてしまう。FILTER関数を使うときは、**CHOOSEROWS関数/INDEX関数**に組み合わせて、FILTER関数で抽出したデータを、**SEQUENCE関数**で求めた行数分の配列だけで抽出する数式を作成しよう。

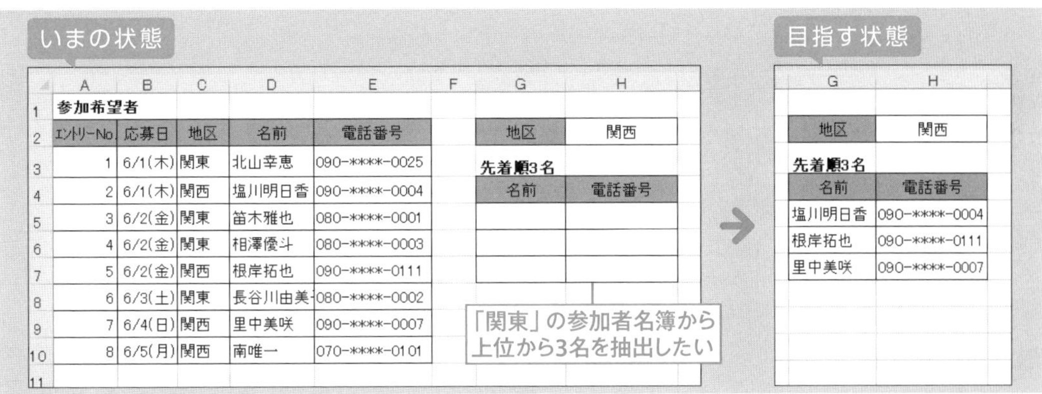

Microsoft365の数式

1. データを求めるセル（G5セル）を選択し、「=CHOOSEROWS(」と入力する。
2. ［配列］…FILTER関数で『地区』がH2セルの「関東」である場合の条件を満たす名簿を抽出する数式を入力する。
3. ［行番号1］…SEQUENCE関数で「3」行の配列を作成する数式を入力して、Enterキーで数式を確定する。

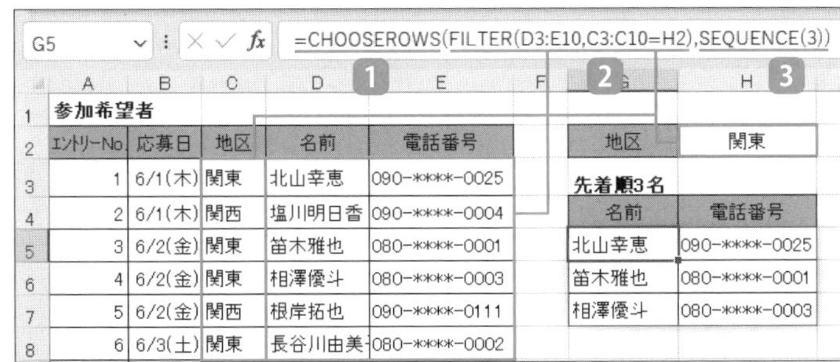

数式解説

「=CHOOSEROWS(FILTER(D3:E10,C3:C10=H2),SEQUENCE(3))」の数式は、C3セル～C10セルの『地区』がH2セルの「関東」の条件を満たす名簿から、3行分の『名前』『電話番号』を抽出する。

ここがポイント！　SEQUENCE関数を使わずに配列定数でも求められる

数式内の「SEQUENCE(3)」は、「{1;2;3}」と行の区切り記号 [;] を使用して配列定数で入力することでも可能。ただし、行数が多い場合は行数分の数値入力が必要なため、SEQUENCE関数の方がスピーディーに数式を作成できる。

Excel2021の数式

1. データを求めるセル（G5セル）を選択し、「=INDEX(」と入力する。
2. [参照]…FILTER関数で『地区』がH2セルの「関東」である場合の条件を満たす名簿を抽出する数式を入力する。
3. [行番号]…SEQUENCE関数で「3」行の配列を求める数式を入力する。
4. [列番号]…抽出する列の番目「1」「2」を{1,2}で入力する。
5. [領域番号]…省略して、Enter キーで数式を確定する。

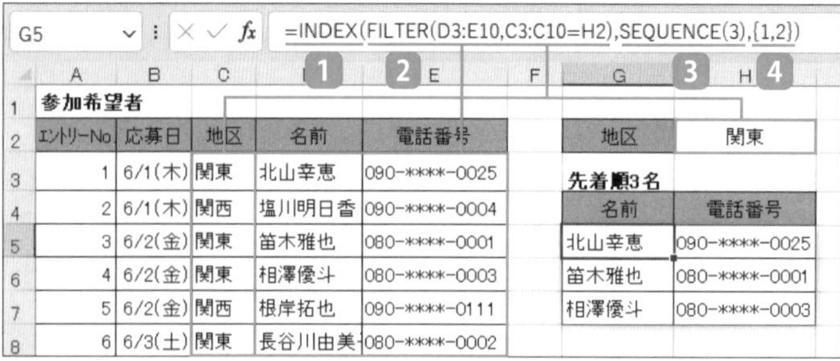

数式解説

「=INDEX(FILTER(D3:E10,C3:C10=H2),SEQUENCE(3),{1,2})」の数式は、C3セル～C10セルの『地区』がH2セルの「関東」の条件を満たす名簿から、3行分の1列目の『名前』と2列目の『電話番号』を抽出する。1列だけを抽出する場合は、INDEX関数の引数[列番号]を省略しても可能。

抽出編

9-3 複数表／シートから条件抽出するテクをマスター！

これまでの節で解説した「条件を満たすデータを抽出する関数」は、1つの表や1つのシートからしか抽出できない。よって以下のような抽出にも対応できない。

● 複数表や複数シートからの抽出

	A	B	C	D	E
1	アロマキャンドル売上表				
2	店舗名	本店			
3					
4	日付	店舗名	香り	単価	数量
5	4/1	本店	ローズ	2,500	10
6	4/1	本店	ラベンダー	3,200	7
7	4/2	本店	ジャスミン	2,000	15
8	5/1	本店	ジャスミン	2,000	8
9	5/2	本店	ローズ	2,500	11
10	5/2	本店	ラベンダー	2,200	13
11	5/3	本店	ラベンダー	2,700	17
12					

● シートを指定して抽出

「本店」の売上データを「入力した名前のシート」から抽出したい

	A	B	C	D	E
1	アロマキャンドル売上表				
2	売上月	4月			
3	店舗名	本店			
4					
5	日付	店舗名	香り	単価	数量
6	4/1	本店	ローズ	2,500	10
7	4/1	本店	ラベンダー	3,200	7
8	4/2	本店	ジャスミン	2,000	15
9					
10					
11					

	A	B	C	D	E
1	アロマキャンドル売上表				
2	売上月	5月			
3	店舗名	本店			
4					
5	日付	店舗名	香り	単価	数量
6	5/1	本店	ジャスミン	2,000	8
7	5/2	本店	ローズ	2,500	11
8	5/2	本店	ラベンダー	2,200	13
9	5/3	本店	ラベンダー	2,700	17
10					
11					

年間売上表　4月　5月

本節では、複数の表／シートのデータをもとに、数式で条件を満たすデータを抽出するテクニックをマスターしよう！

✔ 複数表／シート抽出

テク233 複数表／シートから条件を満たすデータをすべて抽出したい

Microsoft365対応

使うのはコレ! FILTER+VSTACK関数

条件を満たすデータを複数の表／シートから検索して、そのすべてを抽出したい。そんなときMicrosoft365なら、第8章5節テク213のように**VSTACK関数**で1つの表にまとめてしまえば**FILTER関数**で可能。

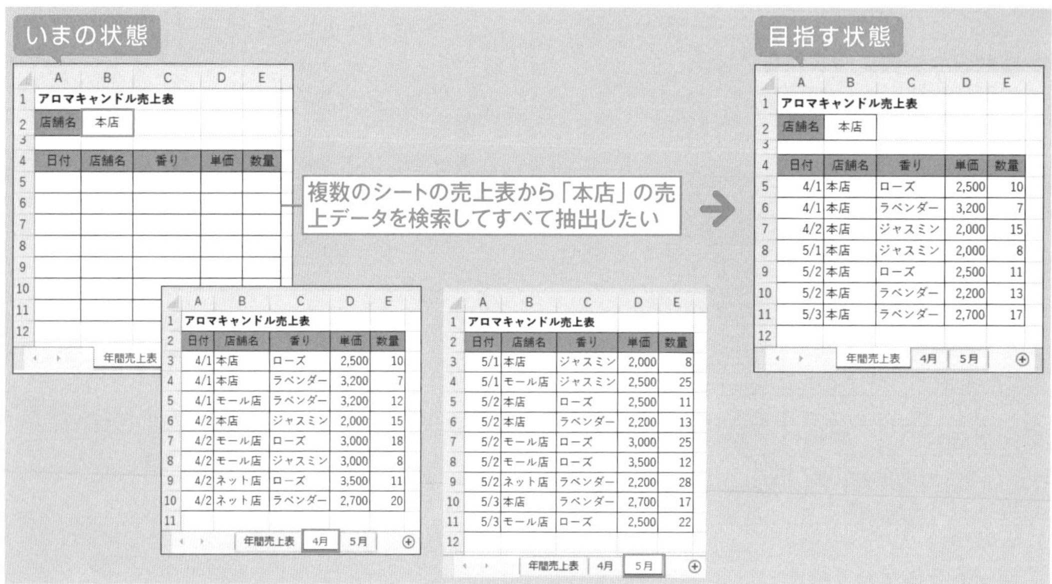

いまの状態
目指す状態
複数のシートの売上表から「本店」の売上データを検索してすべて抽出したい

	A	B	C	D	E
1	アロマキャンドル売上表				
2	店舗名	本店			
3					
4	日付	店舗名	香り	単価	数量

（年間売上表）

	A	B	C	D	E
1	アロマキャンドル売上表				
2	日付	店舗名	香り	単価	数量
3	4/1	本店	ローズ	2,500	10
4	4/1	本店	ラベンダー	3,200	7
5	4/1	モール店	ラベンダー	3,200	12
6	4/2	本店	ジャスミン	2,000	15
7	4/2	モール店	ローズ	3,000	18
8	4/2	モール店	ジャスミン	3,000	8
9	4/2	ネット店	ローズ	3,500	11
10	4/2	ネット店	ラベンダー	2,700	20

（4月）

	A	B	C	D	E
1	アロマキャンドル売上表				
2	日付	店舗名	香り	単価	数量
3	5/1	本店	ジャスミン	2,000	8
4	5/1	モール店	ジャスミン	2,500	25
5	5/2	本店	ローズ	2,500	11
6	5/2	本店	ラベンダー	2,200	13
7	5/2	モール店	ローズ	3,000	25
8	5/2	モール店	ローズ	3,500	12
9	5/2	ネット店	ラベンダー	2,200	28
10	5/3	本店	ラベンダー	2,700	17
11	5/3	モール店	ローズ	2,500	22

（5月）

	A	B	C	D	E
1	アロマキャンドル売上表				
2	店舗名	本店			
3					
4	日付	店舗名	香り	単価	数量
5	4/1	本店	ローズ	2,500	10
6	4/1	本店	ラベンダー	3,200	7
7	4/2	本店	ジャスミン	2,000	15
8	5/1	本店	ジャスミン	2,000	8
9	5/2	本店	ローズ	2,500	11
10	5/2	本店	ラベンダー	2,200	13
11	5/3	本店	ラベンダー	2,700	17

（年間売上表）

1. データを求めるセル（A5セル）を選択し、「=FILTER(」と入力する。
2. ［配列］…「VSTACK(」と入力する。
3. ［配列1］…「4月」シートの抽出する表のセル範囲を選択する。
4. ［配列2］…「5月」シートの抽出する表のセル範囲を選択する。
5. ［含む］…VSTACK関数で結合した「4月」シートと「5月」シートの『店舗名』が条件の「本店」である場合の条件式を入力する。
6. ［空の場合］…省略して、Enter キーで数式を確定する。

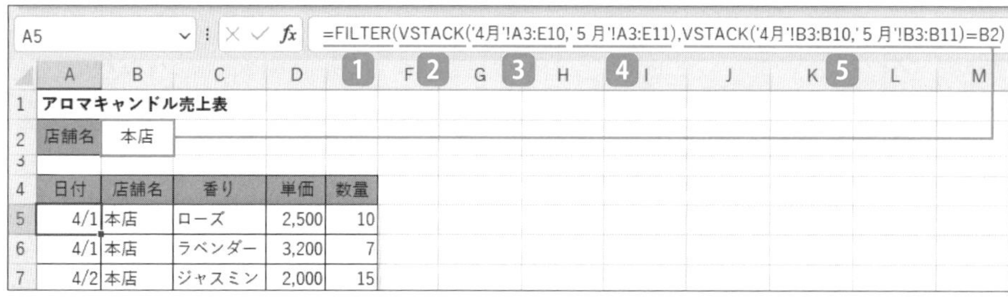

A5
=FILTER(VSTACK('4月'!A3:E10,'5月'!A3:E11),VSTACK('4月'!B3:B10,'5月'!B3:B11)=B2)
1 2 3 4 5

	A	B	C	D	E
1	アロマキャンドル売上表				
2	店舗名	本店			
3					
4	日付	店舗名	香り	単価	数量
5	4/1	本店	ローズ	2,500	10
6	4/1	本店	ラベンダー	3,200	7
7	4/2	本店	ジャスミン	2,000	15

抽出編

数式解説

「VSTACK('4月'!A3:E10,'5月'!A3:E11)」の数式は、「4月」シートと「5月」シートの表のデータを縦方向に結合する。「VSTACK('4月'!B3:B10,'5月'!B3:B11)=B2)の数式は、「4月」シートと「5月」シートの『店舗名』を結合して1つにしたデータが条件の「本店」である場合の条件式になる。結果、条件の店舗名「本店」の「4月」シートと「5月」シートの売上データがすべて抽出される。

併せて覚え テク

条件の列位置を指定するだけで条件の変更に対応するには？(Microsoft365)

この例の数式では、条件がある列が変更になったとき、引数[含む]の条件式のセル範囲を変更しなければならないが、引数[含む]のVSTACK関数の数式を以下のように1 CHOOSECOLS関数と組み合わせることで、2条件の列位置を変更するだけですむ。併せて覚えておこう。

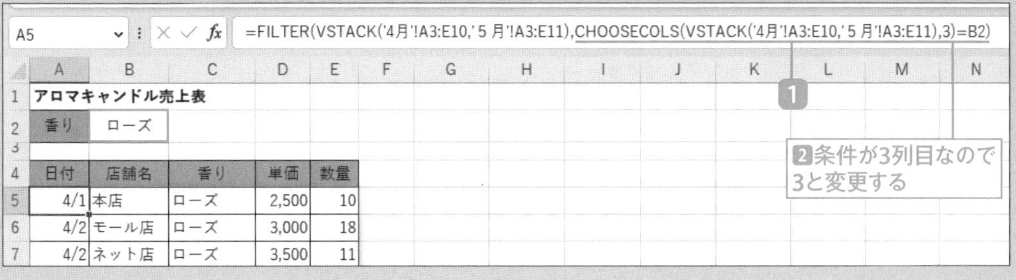

A5 =FILTER(VSTACK('4月'!A3:E10,'5月'!A3:E11),CHOOSECOLS(VSTACK('4月'!A3:E10,'5月'!A3:E11),3)=B2)

	A	B	C	D	E
1	アロマキャンドル売上表				
2	香り	ローズ			
3					
4	日付	店舗名	香り	単価	数量
5	4/1	本店	ローズ	2,500	10
6	4/2	モール店	ローズ	3,000	18
7	4/2	ネット店	ローズ	3,500	11

1
2条件が3列目なので3と変更する

数式解説

「CHOOSECOLS(VSTACK('4月'!A3:E10,'5月'!A3:E11),3)=B2」と数式を作成すると、「4月」シートと「5月」シートの結合したデータの3列目のデータがB2セルの「ローズ」である場合の条件式が作成できる。

併せて覚え テク

Excel2021/2019/2016ならPower Queryやクリップボードで1つの表にまとめよう

VSTACK関数がないExcel2021/2019/2016では、第3章3節テク053の「併せて覚えテク」のように、Power Queryで1つのテーブルにまとめてしまえば、第9章1節テク221、222の数式で抽出できる。シートが追加されても[更新]ボタンのクリックだけで、自動で反映できるのが利点。データの変更に対応しなくてもかまわないなら、第3章3節テク052で解説のクリップボードで1つの表にまとめる手段もある。併せて覚えておこう。

✔ 複数表／シート抽出

テク234 抽出するシートを指定して条件を満たすデータをすべて抽出したい

使うのはコレ! SWITCH+FILTER関数
Excel2019/2016　IF+ROW関数、IFERROR+INDEX+INDIRECT+SMALL+ROW関数

条件を満たすデータを、指定のシートから検索してそのすべてを抽出するなら、**FILTER関数**でシートごとに抽出したデータを、**SWITCH関数**で切り替えて抽出する数式を作成しよう。Excel2019/2016なら、**INDIRECT関数**でシート名を間接的に参照して、本章1節テク222の数式で抽出しよう。

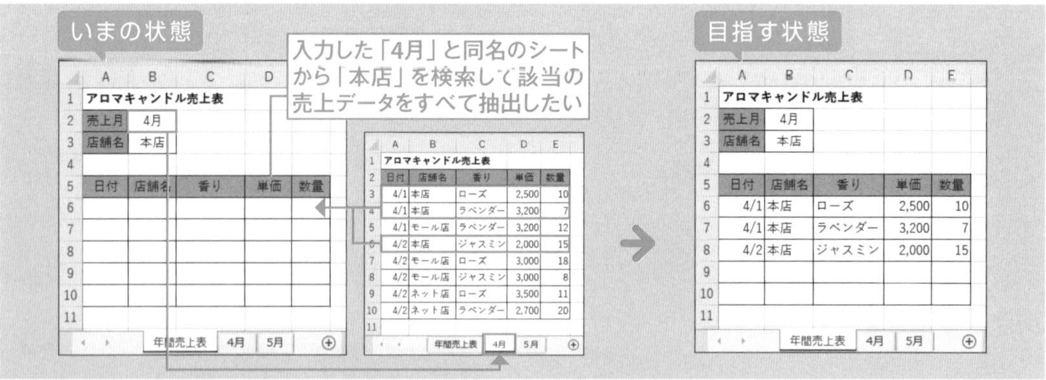

Excel2021/365の数式

1. データを求めるセル（A6セル）を選択し、「=SWITCH(」と入力する。
2. ［式］…切り替えるシート名のB2セルを選択する。
3. ［値1］…「"4月"」と入力する。
4. ［結果1］…FILTER関数で、B3セルの「本店」のデータを「4月」シートからすべて抽出する数式を入力する。
5. ［値2］…「"5月"」と入力する。
6. ［結果2］…FILTER関数で、B3セルの「本店」のデータを「5月」シートからすべて抽出する数式を入力する。
7. ［既定または値3］…［""］（空白）を入力して、Enterキーで数式を確定する。

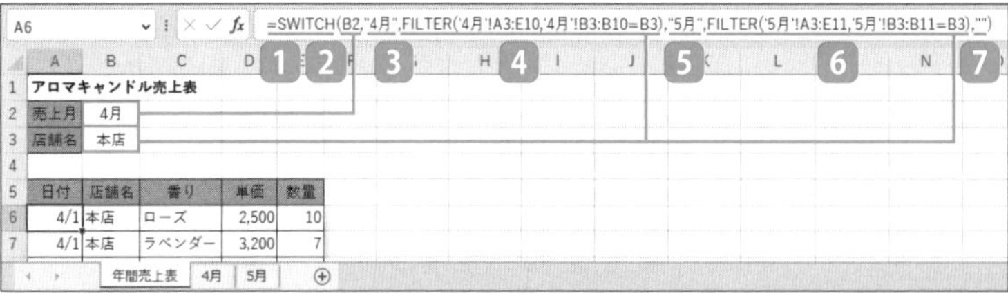

数式解説

「=SWITCH(B2,"4月",FILTER('4月'!A3:E10,'4月'!B3:B10=B3),"5月",FILTER('5月'!A3:E11,'5月'!B3:B11=B3),"")」の数式は、B3セルの「本店」の売上データをB2セルのシート名が「4月」なら「4月」シートから、「5月」なら「5月」シートから抽出する。

抽出編

ここがポイント！　シートの数だけSWITCH関数の引数に指定する

SWITCH関数の引数［値］［結果］には、シートの数だけ入力しよう。たとえば、「4月」「5月」「6月」の3つのシートを切り替えて抽出するなら、以下のように数式を作成しよう。

=SWITCH(B2,"4月",FILTER('4月'!A3:E10,'4月'!B3:B10=B3),"5月",FILTER('5月'!A3:E11,'5月'!B3:B11=B3),"6月",FILTER('6月'!A3:E10,'6月'!B3:B10=B3),"")

Excel2019/2016の数式

1. それぞれのシートのF列にIF関数で、B3セルの『店舗名』が「年間売上表」シートのA3セルの『店舗名』である場合の条件を満たす場合に、表内の番目を求め、違う場合は空白［""］を求める数式を作成する。
2. 数式を必要なだけ複写する。

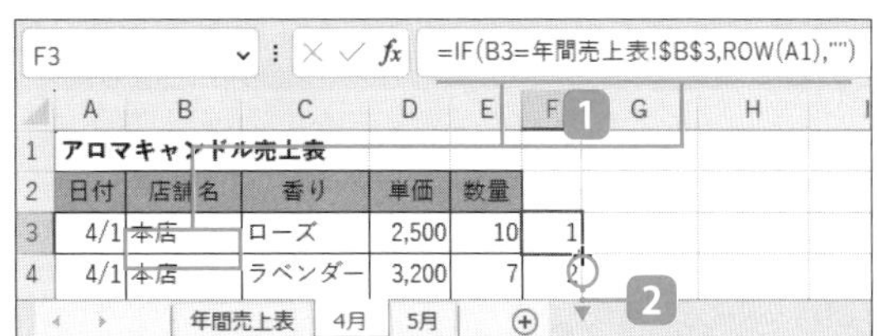

3. 抽出先の左上のセル（A6セル）を選択し、「=IFERROR(」と入力する。
4. ［値］…INDEX関数で、B2セルのシートのF列に求めた表内の番目が小さいほうから順番に『日付』を抽出する数式を入力する。
5. ［エラーの場合の値］…エラーでない場合に表示する空白［""］を入力して、Enterキーで数式を確定する。
6. 数式を必要なだけ複写して、横方向の複写はINDEX関数の引数［列番号］を抽出する列番号にそれぞれ変更する。

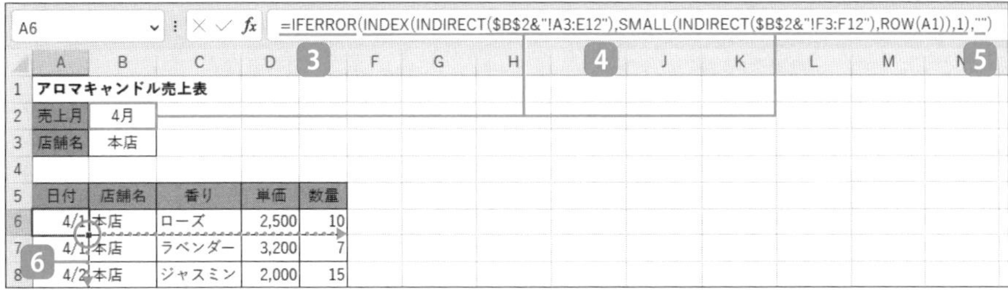

数式解説

「=IF(B3=年間売上表!$B$3,ROW(A1),"")」の数式は、この章の1節テク222の数式解説参照。
「INDIRECT($B$2&"!A3:E12")」の数式は、B2セルの「4月」シートのA3セル～E12セルのセル範囲を間接的に参照する。「SMALL(INDIRECT($B$2&"!F3:F12"),ROW(A1))」の数式は、間接的に参照したB2セルの「4月」シートのF3セル～F12セルの表内の番目の小さいほうから1番目の値を抽出する。INDEX関数の引数にそれぞれを組み合わせて数式を作成すると、「4月」シートのF3セル～F12セルの番目「1」の行にある1列目の日付「4/1」が抽出される。数式をコピーすると、次の行にはROW関数で求められた行が「2」で指定された数式になるので、F列の行番号の小さいほうから2番目の値である、番目「2」の行にある日付「4/1」が抽出される。こうして他の行列に数式をコピーすると、「4月」シートから「本店」のデータがすべて抽出される。
IFERROR関数の引数［値］にINDEXの数式の数式を組み合わせているため、抽出するデータがない行でもエラー値が表示されずに空白で求められる。

第2部
抽出編

第10章

データの傾向を知りたい!「数値の抽出」をモノにする

10-1 数値の大きさを条件にした抽出をマスター!

数値を入力している表では、数値の大きさからデータの傾向を把握しておきたい。しかし、大量のデータでは視覚的に判断しづらい。

	A	B	C	D
1	限定商品販売実績			
2	季節	商品名	販売数	
3	春季	桜ぷるゼリー	1,542	
4	春季	春花杏仁	958	
5	夏季	涼波アイス	1,036	
6	夏季	流氷チョコパ	1,525	
7	夏季	冷甘クッキー	836	
8	夏季	水涼羊羹	527	
9	秋季	秋色の林檎パイ	982	
10	秋季	巨峰パイ	527	
11	冬季	蜜柑玉ゼリー	1,525	
12	冬季	雪花タルト	773	
13	冬季	粉雪プリン	1,426	
14				

数値がずらりと並ぶと大きさがわかりづらい

そこで、数値の大きさがわかるように、表とは違うセルに指定の順位にある数値を抽出したい。

	A	B	C	D	E	F	G	H
1	限定商品販売実績							
2	季節	商品名	販売数		◆販売数	1	位	1,542
3	春季	桜ぷるゼリー	1,542			2	位	1,525
4	春季	春花杏仁	958			3	位	1,426
5	夏季	涼波アイス	1,036					
6	夏季	流氷チョコパ	1,525			▼ワースト		
7	夏季	冷甘クッキー	836			1	位	527
8	夏季	水涼羊羹	527			2	位	773
9	秋季	秋色の林檎パイ	982			3	位	836
10	秋季	巨峰パイ	527					
11	冬季	蜜柑玉ゼリー	1,525					
12	冬季	雪花タルト	773					
13	冬季	粉雪プリン	1,426					
14								

数値のランキングがわかる

本節では、数値の大きさを判定して、大小や最頻値をもとに抽出するさまざまなテクニックをマスターしよう！

✔ 数値の大小で抽出

テク235 ●番目の順位にある数値を抽出したい

使うのはコレ! MAX関数、MIN関数、LARGE関数、SMALL関数

数値の最大値は**MAX関数**、最小値は**MIN関数**で抽出できる。これらの関数は、[合計]ボタンを使えば自動挿入される(第2章1節の扉ページで解説。使い方はテク012～014と同じ)。2番目など●番目の順位にある数値の抽出は、大きいほうからは**LARGE関数**、小さいほうからは**SMALL関数**で抽出しよう。

いまの状態

	A	B	C	D	E	F	G	H
1	限定商品販売実績							
2	季節	商品名	販売数		◆販売数	1	位	
3	春季	桜ぷるゼリー	1,542			2	位	
4	春季	春花杏仁	958					
5	夏季	涼波アイス	1,036			▼ワースト		
6	夏季	流氷チョコパ	1,525			1	位	
7	夏季	冷甘クッキー	836			2	位	
8	夏季	水涼羊羹	527					

ここに、それぞれの「1位」「2位」の『販売数』を抽出したい

目指す状態

	A	B	C	D	E	F	G	H
1	限定商品販売実績							
2	季節	商品名	販売数		◆販売数	1	位	1,542
3	春季	桜ぷるゼリー	1,542			2	位	1,525
4	春季	春花杏仁	958					
5	夏季	涼波アイス	1,036			▼ワースト		
6	夏季	流氷チョコパ	1,525			1	位	527
7	夏季	冷甘クッキー	836			2	位	836
8	夏季	水涼羊羹	527					

● 1位／ワースト1位の『販売数』を抽出する

1. 販売数1位を求めるセル(H2セル)を選択し、[数式]タブの[関数ライブラリ]グループの[合計]ボタンの[▼]から[最大値]を選択すると、自動で「=MAX(」が入力される。
2. 『販売数』のセル範囲を選択して、Enter キーで数式を確定する。
3. 販売数ワースト1位は、[合計]ボタンの[▼]から[最小値]を選択すると、自動で「=MIN(」が入力されるので同様の操作で抽出する。

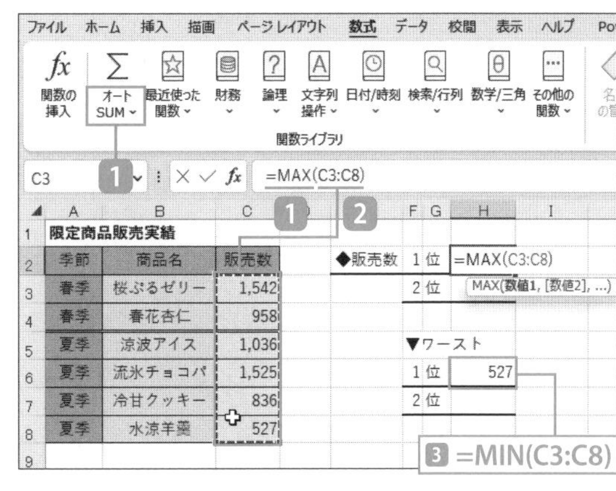

数式解説

「=MAX(C3:C8)」の数式はC3セル～C8セルの『販売数』の最大値、「=MIN(C3:C8)」の数式はC3セル～C8セルの『販売数』の最小値を抽出する。

● 2位／ワースト2位の『販売数』を抽出する

1. 販売数2位を求めるセル(H3セル)を選択し、「=LARGE(」と入力する。
2. [配列]…『販売数』のセル範囲を選択する。
3. [順位]…抽出したい順位のセル(F3セル)を選択して、Enter キーで数式を確定する。
4. ワースト2位は、「=SMALL(」と入力して、同様の操作で抽出する。

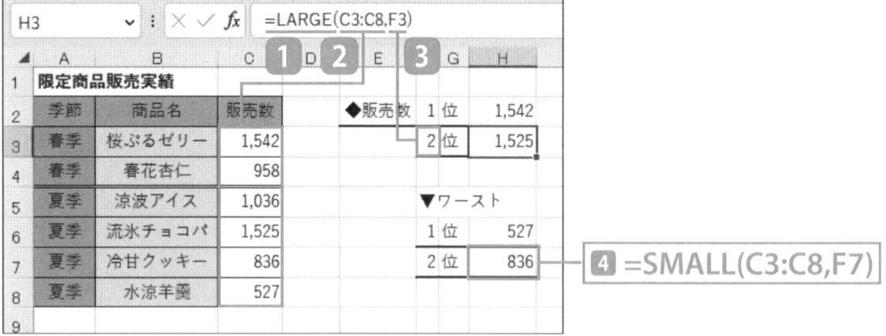

数式解説

「=LARGE(C3:C8,F3)」の数式は、C3セル～C8セルの『販売数』の中で上位から「2」番目にある販売数「1,525」を抽出する。「=SMALL(C3:C8,F7)」の数式は、C3セル～C8セルの『販売数』の中で下位から「2」番目にある販売数「836」を抽出する。

併せて覚え テク　それぞれの番目にある数値を数式のコピーで求めるには?

LARGE/SMALL関数の引数[順位]に「1」を入力すると1番目に大きい／小さい数値を抽出するので、MAX/MIN関数と同じ結果が得られる。1位～3位までの数値を数式のコピーで一度に求めたいなら、次のテク236の手順❼～❽のように、❶引数の[配列]は絶対参照にしたセル範囲、❷[順位]はセル参照で数式を作成すると、❸数式のコピーでそれぞれの番目にある数値が求められる。
なお、スピルが使用できるExcel2021/365では、絶対参照は不要。❹引数[配列][順位]にすべてのセル範囲を指定して数式を作成するだけで可能。

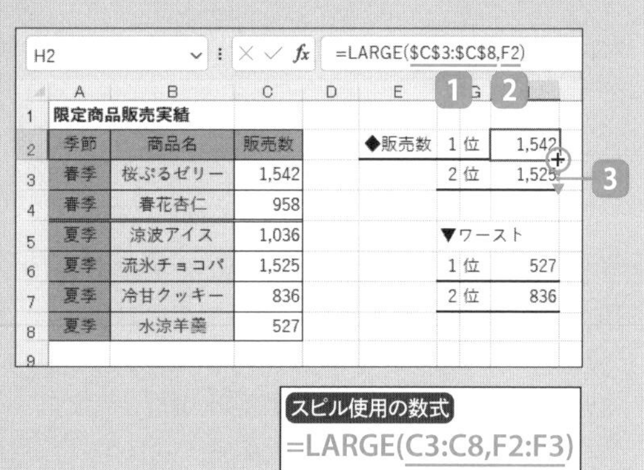

併せて覚え テク　数値が複数表に分かれている場合、●番目の順位の数値を抽出するには?

これらの関数は、複数の表の数値をもとに抽出できる。それぞれの表のセル範囲は、第2章1節テク014のように、Ctrlキーを押しながら選択することで可能。LARGE/SMALL関数は、引数[配列]にそれぞれの表のセル範囲をCtrlキーを押しながら選択したら、❶[( )]で囲んで数式を作成しよう。

✔ 数値の大小で抽出

テク236 小計やエラー値を除いて●番目の順位にある数値を抽出したい

使うのはコレ! AGGREGATE関数+置換機能

小計やエラー値を含む表で、指定の番目の順位にある数値を抽出するには、小計やエラー値以外のセル範囲を選択しなければならない。大きな表だとめんどうな作業になるので、**AGGREGATE関数**を使えば、1つの範囲を選択するだけで抽出できる。

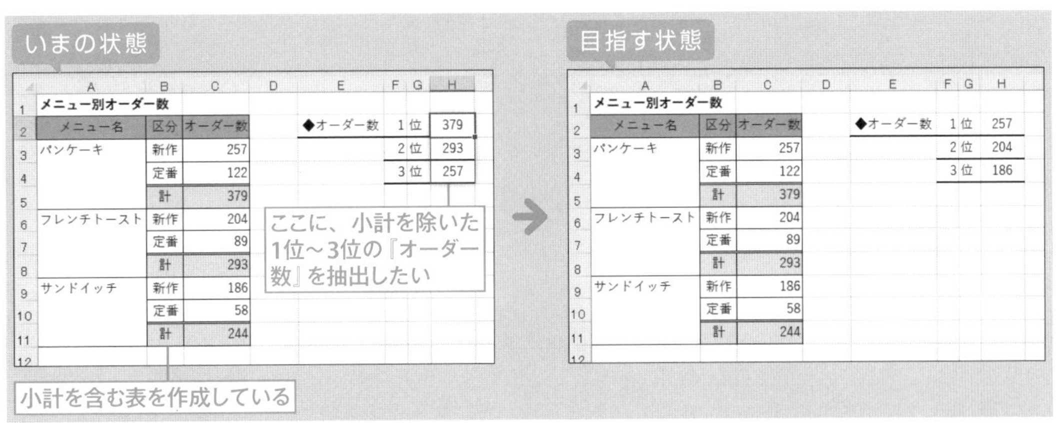

いまの状態
目指す状態
ここに、小計を除いた1位～3位の『オーダー数』を抽出したい
小計を含む表を作成している

1 「オーダー数」のセル範囲(C3セル～C11セル)を選択し、[ホーム]タブの[編集]グループの[検索と選択]ボタンをクリックする。
2 表示された[検索と置換]ダイアログボックスの[置換]タブで[検索する文字列]に「SUM(」、[置換後の文字列]に「SUBTOTAL(9,」と入力する
3 [すべて置換]ボタンをクリックする。

4 『オーダー数』1位を求めるセル(H2セル)を選択し、「=AGGREGATE(」と入力する。
5 [集計方法]…集計する方法の数値「14」を入力する。

6 [オプション]…無視する内容の数値「1」を入力する。
7 [参照1]…集計する範囲C3セル～C11セルを選択し、F4キーを1回押して[$]記号をつけ絶対参照にする。
8 [順位]…抽出したい順位のセル(F2)セルを選択して、Enterキーで数式を確定する。
9 数式を必要なだけ複写する。

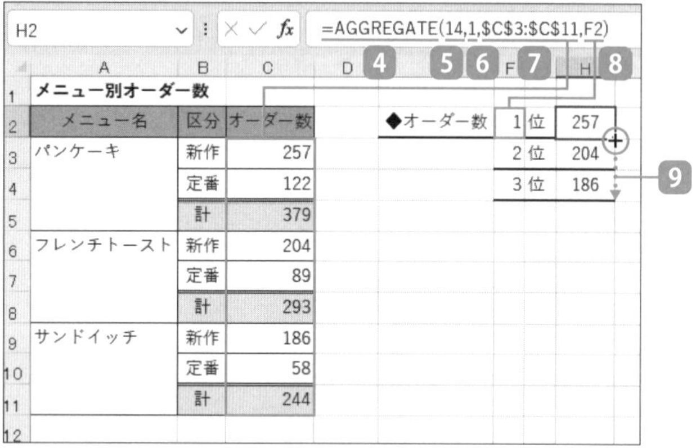

数式解説

AGGREGATE関数は、SUBTOTAL関数(第2章2節テク029参照)と同様に、ほかのSUBTOTAL(AGGREGATE)関数の数式で求められた値を集計範囲に含んでいると、その値を除外して計算が行われる。そのため、この表のようにSUM関数で小計を求めている場合は、数式を入力する前に、SUM関数を置換機能で一気にSUBTOTAL(AGGREGATE)関数に置き換えておこう。
「=AGGREGATE(14,1,C3:C11,F2)」の数式は、SUBTOTAL関数の数式を含むセル(小計のセル)を除外してC3セル～C11セルの『オーダー数』の中で上位から「1」番目にあるオーダー数「257」を抽出する。

ここがポイント！　小計を除き、小さいほうから●番目の順位の数値を抽出するには？

小計を除いて小さいほうから●番目の順位にある数値を抽出するには、AGGREGATE関数の引数[集計方法]に「15」を指定して数式を作成しよう。

ここがポイント！　引数の[オプション]を「2」にするとエラー値も同時に除ける

小計だけでなくエラー値も除いて●番目の順位にある数値を抽出するには、AGGREGATE関数の引数の[オプション]に「2」を指定して数式を作成しよう。

抽出編

✔ 条件を満たす数値の大小抽出

テク237 条件を満たす最大値／最小値を抽出したい

使うのはコレ! MAXIFS/MINIFS関数
Excel2016　MAX関数+配列数式／MIN+IF関数+配列数式

条件を満たす最大値は**MAXIFS関数**、最小値は**MINIFS関数**で抽出しよう。Excel2016では、最大値は**MAX関数**、最小値は**MIN＋IF関数**で条件式を作成して配列数式で抽出しよう。

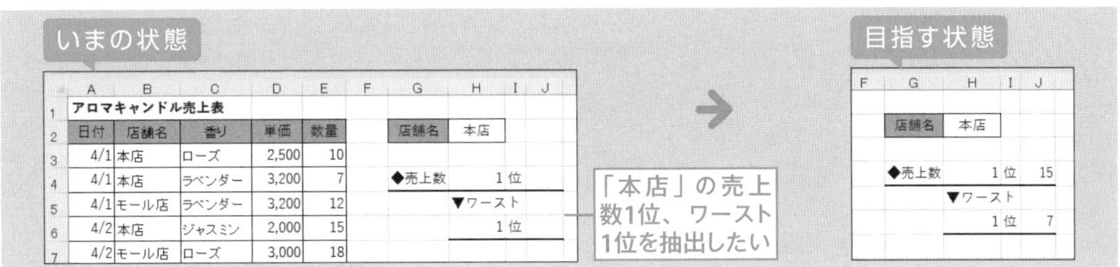

いまの状態
目指す状態
「本店」の売上数1位、ワースト1位を抽出したい

Excel2021/2019/365の数式

1. 「本店」の売上数1位を求めるセル（J4セル）を選択し、「=MAXIFS(」と入力する。
2. [最大範囲]…最大値を抽出する『数量』のセル範囲を選択する。
3. [条件範囲1]…条件「本店」を含むセル範囲を選択する。
4. [条件1]…条件「本店」のセルを選択したら、Enterキーで数式を確定する。
5. 「本店」のワースト1位は、「=MINIFS(」と入力して、同様の操作で抽出する。

=MAXIFS(E3:E13,B3:B13,H2)
5 =MINIFS(E3:E13,B3:B13,H2)

数式解説

「=MAXIFS(E3:E13,B3:B13,H2)」「=MINIFS(E3:E13,B3:B13,H2)」の数式は、B3セル～B13セルの『店舗名』の中で「本店」の条件に該当するセルを探し、E3セル～E13セルの中でそのセルと同じ番目にある『数量』の最大値／最小値を抽出する。

Excel2016の数式　「本店」の売上数1位を抽出する

1. 「本店」の売上数1位を求めるセル（J4セル）を選択し、[数式]タブの[関数ライブラリ]グループの[合計]ボタンの[▼]から[最大値]を選択する。
2. 『店舗名』が条件「本店」である場合の条件式と、最大値を抽出する『数量』を[*]で乗算する数式を入力して、Ctrl＋Shift＋Enterキーで数式を確定する。

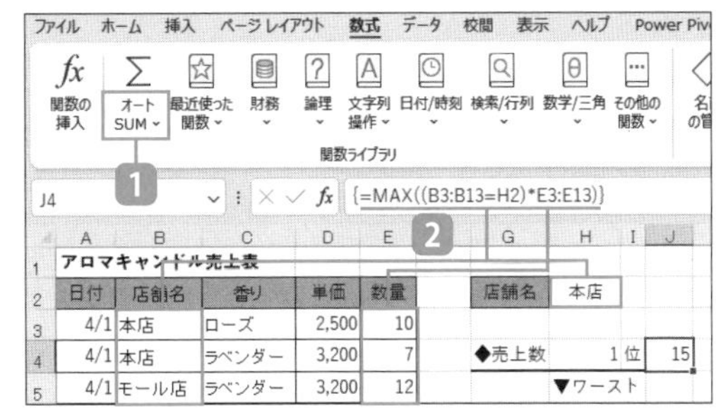

{=MAX((B3:B13=H2)*E3:E13)}

数式解説

「(B3:B13=H2)」の数式は、B3セル～B13セルの『店舗名』がH2セルの「本店」である場合の条件式。条件式を満たす場合は「TRUE」、満たさない場合は「FALSE」が返されるが、数式内では「TRUE」は「1」、「FALSE」は「0」として計算される。
E3セル～E13セルの『数量』を乗算することで、「本店」である場合だけに『数量』が求められる。MAX関数に組み合わせることで、「本店」の『数量』の最大値が抽出される。
この数式は、配列を扱うため、Ctrl＋Shift＋Enterキーで数式を確定して配列数式で求める必要がある。

Excel2016の数式　「本店」のワースト1位を抽出する

1 「本店」のワースト1位を求めるセル（J6セル）を選択し、「=MIN(IF」と入力する。
2 ［論理式］…『店舗名』が「本店」である場合の条件式を入力する。
3 ［値が真の場合］…「本店」の場合に表示する値として、『数量』のセル範囲を選択する。
4 ［値が偽の場合］…条件を満たさない場合に表示する空白［""］を入力して、Ctrl＋Shift＋Enterキーで数式を確定する。

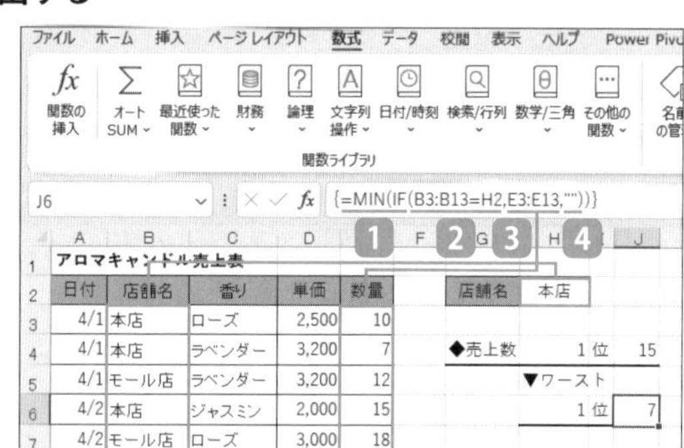

数式解説

「IF(B3:B13=H2,E3:E13,"")」の数式は、「B3セル～B13セルの『店舗名』が「本店」である場合はE3セル～E13セルの『数量』を求め、違う場合は空白を求める」という条件式。求められた『数量』をMIN関数の引数に指定して配列数式で求めることで、「本店」の『数量』の最小値が抽出される。数式の詳しい解説は、第10章1節テク245「ここがポイント！」で紹介しているので、参考にしよう。

抽出編

✔ 条件を満たす数値の大小抽出

テク 238 複数条件を満たす最大値／最小値を抽出したい

使うのはコレ！ MAXIFS/MINIFS関数

Excel2016　MAX関数+配列数式／MIN+IF関数+配列数式

複数の条件を満たす最大値／最小値は、テク237と同じ関数で抽出しよう。【ANDの複数条件】で抽出することができる。

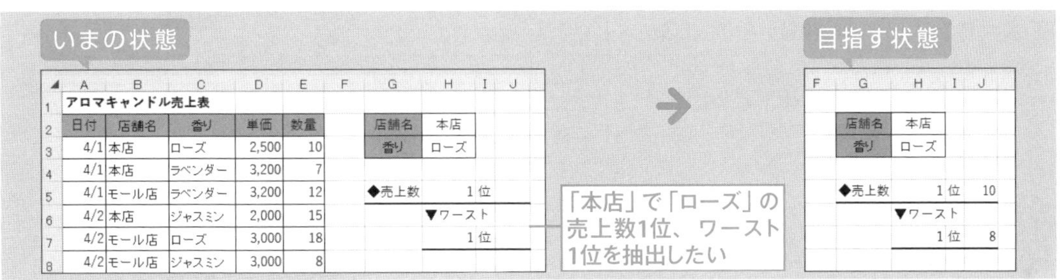

Excel2021/2019/365の数式

1. 「本店」で「ローズ」の売上数1位を求めるセル（J5セル）を選択し、「=MAXIFS(」と入力する。
2. ［最大範囲］…最大値を抽出する『数量』のセル範囲を選択する。
3. ［条件範囲1］…1つ目の条件「本店」を含むセル範囲を選択する。
4. ［条件1］…1つ目の条件「本店」のセルを選択する。
5. ［条件範囲2］…2つ目の条件「ローズ」を含むセル範囲を選択する。
6. ［条件2］…2つ目の条件「ローズ」のセルを選択したら、Enterキーで数式を確定する。
7. 「本店」で「ローズ」のワースト1位は、「=MINIFS(」と入力して、同様の操作で抽出する。

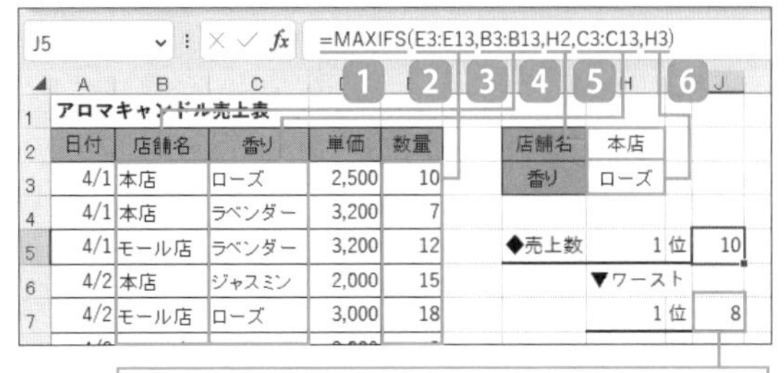

数式解説

「=MAXIFS(E3:E13,B3:B13,H2,C3:C13,H3)」「=MINIFS(E3:E13,B3:B13,H2,C3:C13,H3)」の数式は、B3セル～B13セルの『店舗名』の中で「本店」、C3セル～C13セルの『香り』の中で「ローズ」の両方の条件に該当するセルを探し、E3セル～E13セルの中でそのセルと同じ番目にある『数量』の最大値／最小値を抽出する。

ここがポイント！　条件の数だけ［条件範囲］［条件］を対で入力する

これらの関数の引数［条件範囲］［条件］は、条件の数だけ、対で入力しよう。条件は126個まで指定できる。

第10章

Excel2016の数式 「本店」で「ローズ」の売上数1位を抽出する

1. 「本店」で「ローズ」の売上数1位を求めるセル(J5セル)を選択し、[数式]タブの[関数ライブラリ]グループの[合計]ボタンの[▼]から[最大値]を選択する。
2. 『店舗名』が条件「本店」である場合の条件式と、『香り』が「ローズ」である場合の条件式を[*]で結合する。
3. 最大値を抽出する『数量』を[*]で乗算する数式を入力して、Ctrl＋Shift＋Enterキーで数式を確定する。

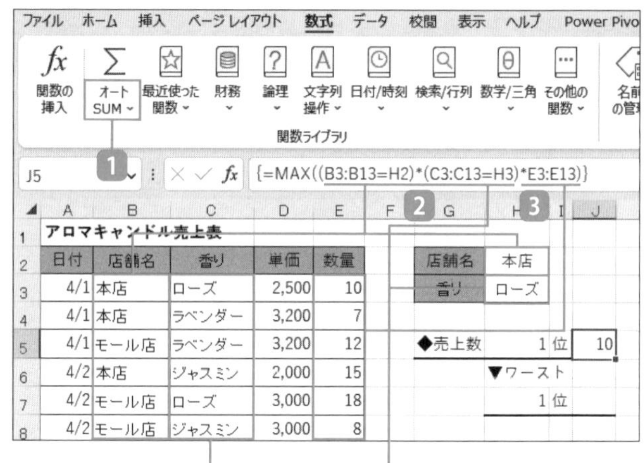

数式解説

複数条件の場合、それぞれの条件は[( )]で囲み、AND条件は[*]、OR条件は[+]の演算子でそれぞれの条件式を結合して数式を作成する(第4章1節テク060参照)。
「(B3:B13=H2)*(C3:C13=H3)」の数式は、B3セル～B13セルの『店舗名』がH2セルの「本店」であり、C3セル～C13セルの『香り』がH3セルの「ローズ」である場合は「TRUE」(1)、違う場合は「FALSE」(0)が求められる。そこに、E3セル～E13セルの『数量』を乗算することで、「本店」の「ローズ」である場合だけに『数量』が求められる。さらに、MAX関数と組み合わせることで、「本店」の「ローズ」の『数量』の最大値が抽出される。
この数式は、配列を扱うため、Ctrl＋Shift＋Enterキーで数式を確定して配列数式で求める必要がある。

Excel2016の数式 「本店」で「ローズ」のワースト1位を抽出する

1. 「本店」で「ローズ」のワースト1位を求めるセル(J7セル)を選択し、「=MIN(IF」と入力する。
2. [論理式]…『店舗名』が「本店」である場合の条件式と『香り』が「ローズ」である場合の条件式を[*]で結合して入力する。
3. [値が真の場合]…「本店」の場合に表示する値として、『数量』のセル範囲を選択する。
4. [値が偽の場合]…条件を満たさない場合に表示する空白[""]を入力して、Ctrl＋Shift＋Enterキーで数式を確定する。

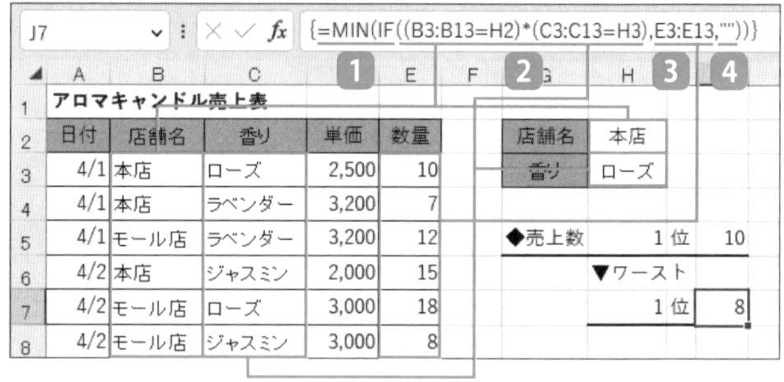

{=MIN(IF((B3:B13=H2)*(C3:C13=H3),E3:E13,""))}

数式解説

「IF((B3:B13=H2)*(C3:C13=H3),E3:E13,"")」の数式は、「B3セル～B13セルの『店舗名』がH2セルの「本店」であり、C3セル～C13セルの『香り』がH3セルの「ローズ」である場合はE3セル～E13セルの『数量』を求め、違う場合は空白を求める」という条件式。
求められた『数量』をMIN関数の引数に指定して配列数式で求めることで、「本店」「ローズ」の『数量』の最小値が抽出される。

ここがポイント！　OR条件を満たす最大値／最小値を抽出するには？

さきほどの例では、AND条件で最大値／最小値を抽出した。もしOR条件で抽出するなら、数式の[*]を[+]に変更して数式を作成しよう。Excel2021/365での数式は、次のテク239「併せて覚えテク」で解説しているので参考にしよう。

併せて覚え テク　複数の条件を範囲選択しただけで最大値／最小値を抽出するには?

さきほどの例の数式を使えば、ほかの行にも数式をコピーして抽出できる。しかし、そんな必要はなく1件だけ抽出したい、条件が多く数式作成がめんどう。そんなときは、**DMAX/DMIN関数**を使おう。これらの関数はデータベース関数。条件のリストを範囲選択しただけで、複数のAND/OR条件や、複雑なAND＋OR条件でも1つの関数でスピーディーに抽出できる（使い方は第4章1節テク063参照）。利用するには、1条件枠を作成する必要があり、条件の上には必ず条件を含む表の列見出しを入力する。条件枠は、それぞれの条件を違う行に入力して作成するとOR条件、同じ行に入力して作成するとAND条件が指定される。たとえば、2「本店」の「ローズ」の売上数1位はDMAX関数、3ワースト1位はDMIN関数で以下のように数式を作成しよう。

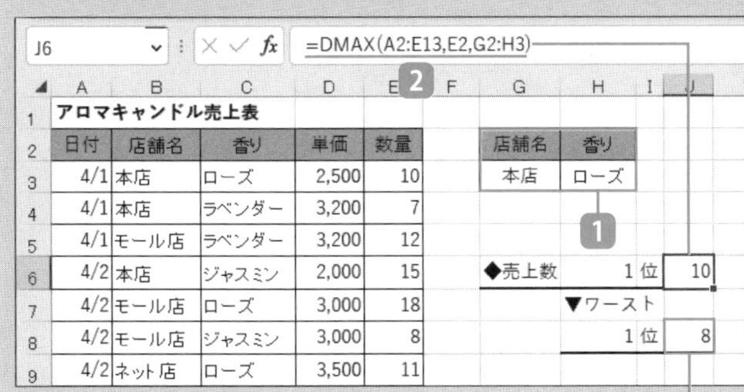

✓ 条件を満たす数値の大小抽出

テク239 条件を満たす値のうち、●番目の順位にある数値を抽出したい

使うのはコレ! LARGE/SMALL+FILTER関数
Excel2019/2016　LARGE/SMALL+IF関数+配列数式

前テクの2番目、3番目など、条件を満たす●番目の順位にある数値を抽出するには、Excel2021/365なら第4章1節テク062の数式の組み合わせ方と同じ。**FILTER関数**（Excel209/2016は**IF関数**）を使い条件で抽出した数値をもとに**LARGE/SMALL関数**で抽出しよう。

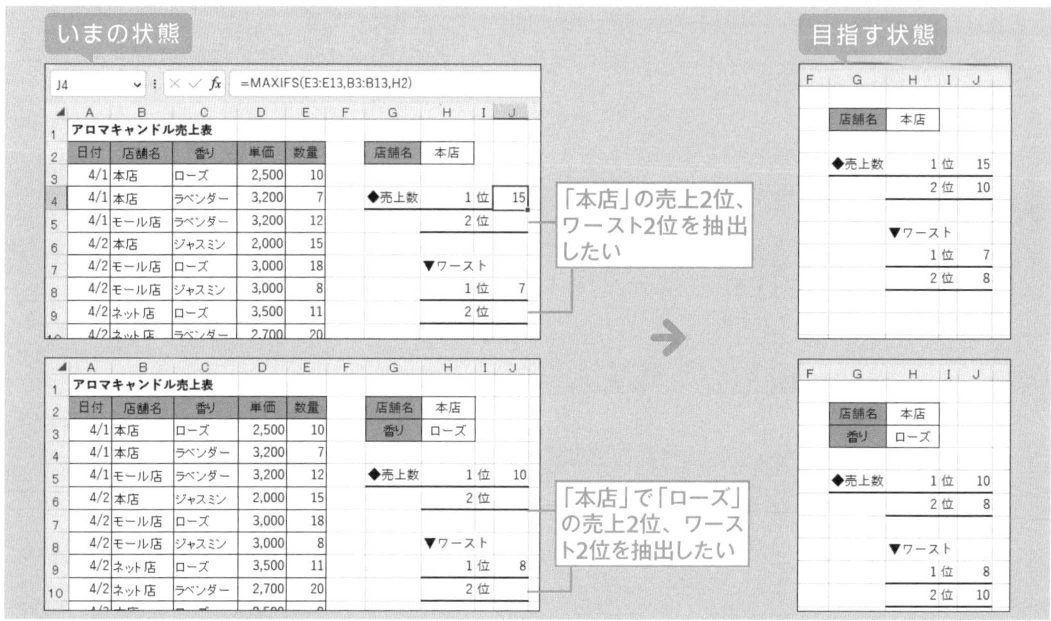

Excel2021/365の数式

1. 「本店」の売上数2位を求めるセル（J5セル）を選択し、「=LARGE(」と入力する。
2. ［配列］…FILTER関数で『店舗名』が「本店」の条件を満たす『数量』を抽出する数式を入力する。
3. ［順位］……順位の番目のセルを選択して、Enterキーで数式を確定する。
4. 「本店」のワースト2位は、「=SMALL(」と入力して、同様の操作で抽出する。
5. 「本店」の「ローズ」の2位は、『香り』が「ローズ」である場合の条件式を[*]で結合して追加すると抽出できる。

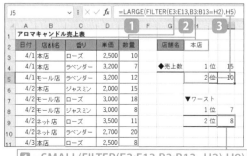

=LARGE(FILTER(E3:E13,B3:B13=H2),H5)

4 =SMALL(FILTER(E3:E13,B3:B13=H2),H9)

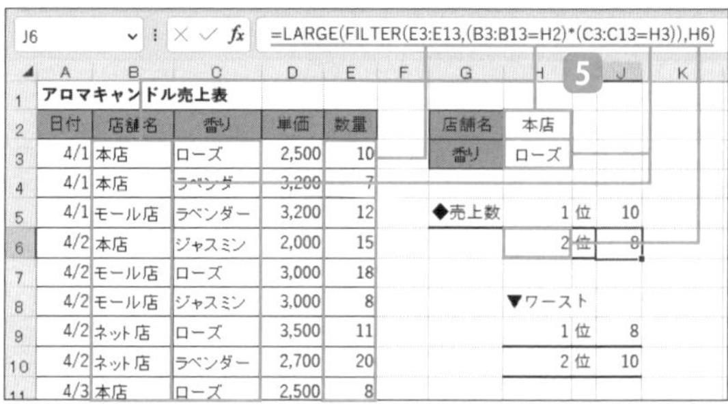

数式解説

「=LARGE(FILTER(E3:E13,B3:B13=H2),H5)」「=SMALL(FILTER(E3:E13,B3:B13=H2),H9)」の数式は、『店舗名』がH2セルの「本店」の条件を満たす、大きい／小さいほうから「2」位の『数量』を抽出する。
「=LARGE(FILTER(E3:E13,(B3:B13=H2)*(C3:C13=H3)),H6)」「=SMALL(FILTER(E3:E13,(B3:B13=H2)*(C3:C13=H3)),H6)」の数式は、『店舗名』がH2セルの「本店」であり、『香り』がH3セルの「ローズ」の条件を満たす、大きい／小さいほうから「2」位の『数量』を抽出する。
なお、OR条件で抽出するなら、[*]を[+]に変更して数式を作成しよう。

併せて覚え テク　関数がないOR条件で最大値／最小値を抽出する場合は?

テク237のMAXIFS/MINIFS関数はAND条件でしか抽出できない。OR条件で抽出したいときは**FILTER関数**が役に立つ。1 FILTER関数＋OR条件で抽出した数値をもとに、2 MAX/MIN関数で抽出すればいい。
たとえば、「本店」または「モール店」の売上数1位／ワースト1位を抽出するなら右図のように、3 各条件を[+]で結合して数式を作成しよう。

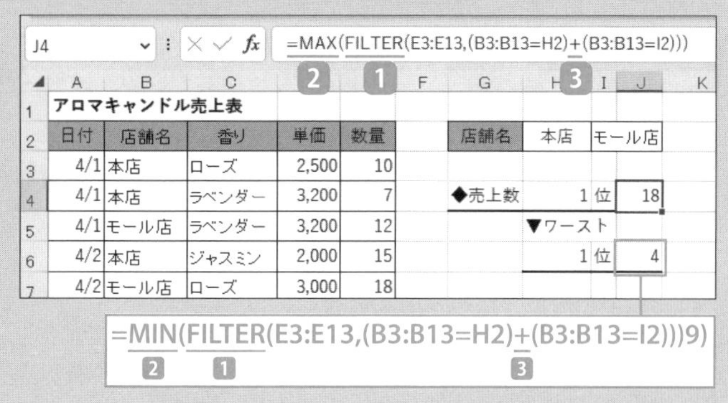

J4 =MAX(FILTER(E3:E13,(B3:B13=H2)+(B3:B13=I2)))

	A	B	C	D	E	F	G	H	I	J
1	アロマキャンドル売上表									
2	日付	店舗名	香り	単価	数量		店舗名	本店	モール店	
3	4/1	本店	ローズ	2,500	10					
4	4/1	本店	ラベンダー	3,200	7		◆売上数	1	位	18
5	4/1	モール店	ラベンダー	3,200	12			▼ワースト		
6	4/2	本店	ジャスミン	2,000	15			1	位	4
7	4/2	モール店	ローズ	3,000	18					

=MIN(FILTER(E3:E13,(B3:B13=H2)+(B3:B13=I2)))9)

Excel2019/2016の数式

1 「本店」の2位を求めるセル(J5セル)を選択し、「=LARGE(IF(」と入力する。
2 [論理式]…『店舗名』が「本店」である場合の条件式を入力する。
3 [値が真の場合]…「本店」の場合に表示する値として、『数量』のセル範囲を選択する。
4 [値が偽の場合]…条件を満たさない場合に表示する空白[""]を入力する。
5 LARGE関数の[順位]…順位の番目のセルを選択して、Ctrl＋Shift＋Enterキーで数式を確定する。
6 「本店」のワースト2位は、「=SMALL(」と入力して、同様の操作で抽出する。
7 「本店」の「ローズ」の2位は、『香り』が「ローズ」である場合の条件式を[*]で結合して追加すると抽出できる。

J5 {=LARGE(IF(B3:B13=H2,E3:E13,""),H5)}

	A	B	C	D	E	F	G	H	I	J
1	アロマキャンドル売上表									
2	日付	店舗名	香り	単価	数量		店舗名	本店		
3	4/1	本店	ローズ	2,500	10					
4	4/1	本店	ラベンダー	3,200	7		◆売上数	1	位	15
5	4/1	モール店	ラベンダー	3,200	12			2	位	10
6	4/2	本店	ジャスミン	2,000	15					
7	4/2	モール店	ローズ	3,000	18			▼ワースト		
8	4/2	モール店	ジャスミン	3,000	8			1	位	7
9	4/2	ネット店	ローズ	3,500	11			2	位	8
10	4/2	ネット店	ラベンダー	2,700	20					

6 {=SMALL(IF(B3:B13=H2,E3:E13,""),H9)}

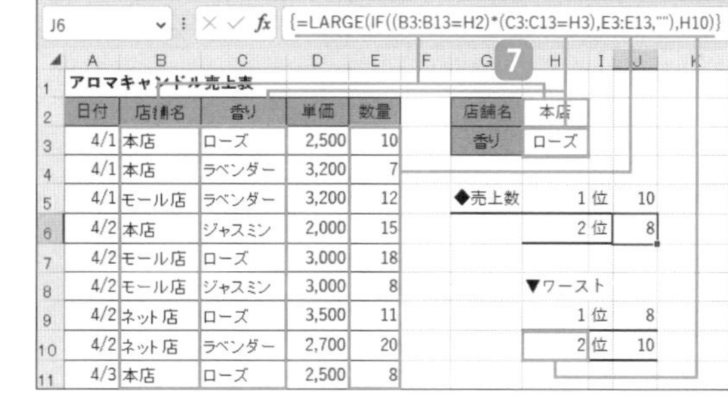

J6 {=LARGE(IF((B3:B13=H2)*(C3:C13=H3),E3:E13,""),H10)}

	A	B	C	D	E	F	G	H	I	J
1	アロマキャンドル売上表									
2	日付	店舗名	香り	単価	数量		店舗名	本店		
3	4/1	本店	ローズ	2,500	10		香り	ローズ		
4	4/1	本店	ラベンダー	3,200	7					
5	4/1	モール店	ラベンダー	3,200	12		◆売上数	1	位	10
6	4/2	本店	ジャスミン	2,000	15			2	位	8
7	4/2	モール店	ローズ	3,000	18					
8	4/2	モール店	ジャスミン	3,000	8			▼ワースト		
9	4/2	ネット店	ローズ	3,500	11			1	位	8
10	4/2	ネット店	ラベンダー	2,700	20			2	位	10
11	4/3	本店	ローズ	2,500	8					

第10章

数式解説

「IF(B3:B13=H2,E3:E13,"")」の数式は、「B3セル～B13セルの『店舗名』が「本店」である場合はE3セル～E13セルの『数量』を求め、違う場合は空白を求める」という条件式。求められた『数量』をLARGE関数の引数に指定して配列数式で求めることで、「本店」の『数量』の2位が抽出される。
「IF((B3:B13=H2)*(C3:C13=H3),E3:E13,"")」の数式は、「B3セル～B13セルの『店舗名』がH2セルの「本店」であり、C3セル～C13セルの『香り』がH3セルの「ローズ」である場合はE3セル～E13セルの『数量』を求め、違う場合は空白を求める」という条件式。
求められた『数量』をLARGE関数の引数に指定して配列数式で求めることで、「本店」「ローズ」の『数量』のワースト2位が抽出される。
なお、OR条件で抽出するなら、[*]を[+]に変更して数式を作成しよう。

併せて覚え テク　条件を満たす上位から●番目の順位にある数値はAGGREGATE関数でも抽出できる

Excel2019/2016で配列数式を使いたくない場合は、上位からの●番目の抽出に限れば、1 **AGGREGATE関数**でも抽出できる。この場合、AGGREGATE関数の2引数[集計方法]には「14」、3[配列]に手順の条件式を入力して『数量』を乗算する数式を入力する。4[順位]には抽出する番目のセルを選択して抽出しよう。

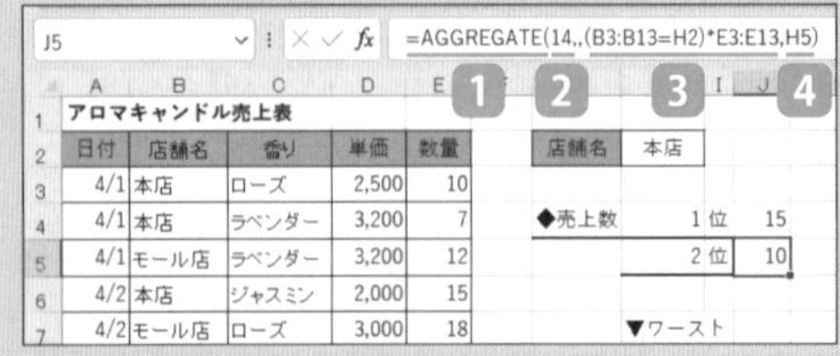

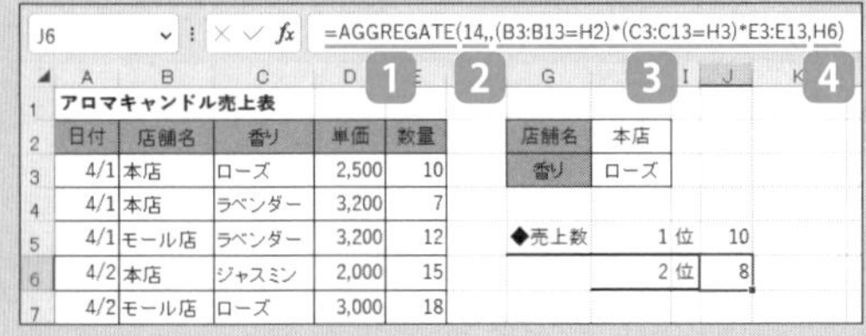

併せて覚え テク　OR条件を満たす●番目の順位にある数値を抽出するには?

OR条件を満たす●番目の順位にある数値を抽出するには、それぞれの数式の[*]を[+]に変更するだけで抽出できる。併せて覚えておこう。

抽出編

✓ 抽出しにくい数値の大小抽出

テク240 同じ数値が複数ある表から●番目の順位にある数値を抽出したい

使うのはコレ! LARGE/SMALL+UNIQUE関数
Excel2019　MAXIFS/MINIFS関数
Excel2016　MAX関数+配列数式／MIN+IF関数+配列数式

テク235で解説したLARGE/SMALL関数は同じ数値が複数あると、指定の番目の順位にある数値を正しく抽出できない。Excel2021/365なら**UNIQUE関数**で数値の重複を除外してから**LARGE/SMALL関数**で抽出しよう。Excel2019/2016なら**1つ上(下)の数値の大きさを条件**にテク237の関数で抽出しよう。

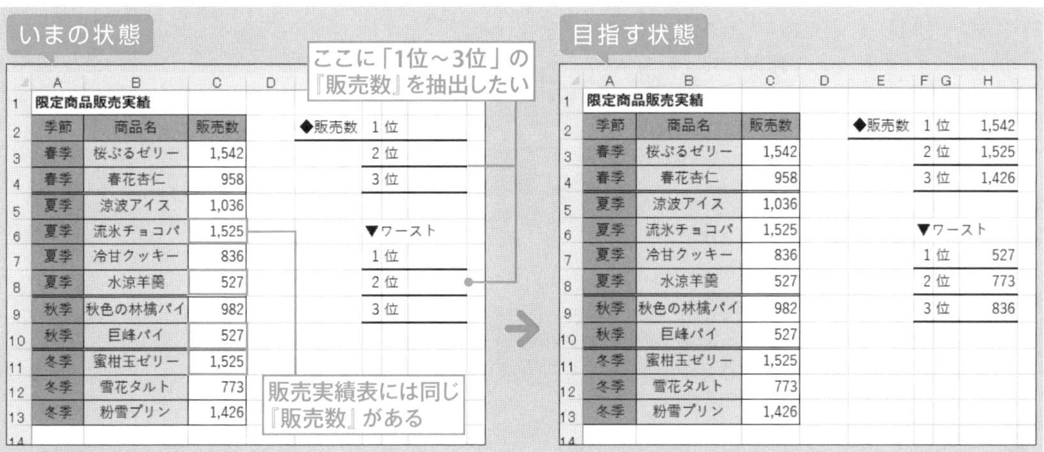

いまの状態

季節	商品名	販売数
春季	桜ぷるゼリー	1,542
春季	春花杏仁	958
夏季	涼波アイス	1,036
夏季	流氷チョコバ	1,525
夏季	冷甘クッキー	836
夏季	水涼羊羹	527
秋季	秋色の林檎パイ	982
秋季	巨峰パイ	527
冬季	蜜柑玉ゼリー	1,525
冬季	雪花タルト	773
冬季	粉雪プリン	1,426

目指す状態

◆販売数	
1位	1,542
2位	1,525
3位	1,426

▼ワースト	
1位	527
2位	773
3位	836

● Excel2021/365の数式

1. 販売数1位を求めるセル(H2セル)を選択し、「=LARGE(」と入力する。
2. [配列]…UNIQUE関数で『販売数』の重複を除いて抽出する数式を入力する。
3. [順位]……順位の番目のセル範囲を選択して、Enter キーで数式を確定する。
4. ワースト1位～3位は、「=SMALL(」と入力して、同様の手順で抽出する。

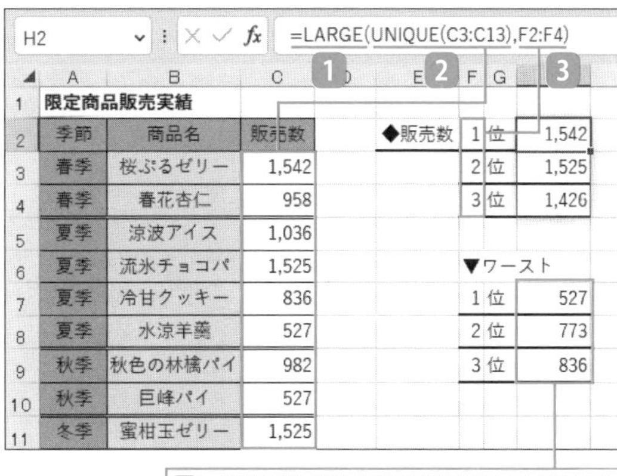

数式解説

「=LARGE(UNIQUE(C3:C13),F2:F4)」「=SMALL(UNIQUE(C3:C13),F7:F9)」の数式は、C3セル～C13セルの『販売数』の重複を除いて、大きい／小さいほうから1位～3位の『販売数』を抽出する。結果、同じ『販売数』があっても、大きい／小さいほうから1位～3位の『販売数』を1件ずつ抽出できる。

● Excel2019の数式

1. 販売数1位は最大値なので、H2セルに「=MAX(C3:C13)」を入力し抽出する。
2. 2位の販売数を求めるセル（H3セル）を選択し、「=MAXIFS(」と入力する。
3. [最大範囲]…最大値を抽出する『販売数』のセル範囲を選択して、F4キーを1回押して[$]記号をつけ絶対参照にする。
4. [条件範囲1]…『販売数』のセル範囲を選択して、F4キーを1回押して[$]記号をつけ絶対参照にする。
5. [条件1]…「販売数1位未満」の条件を入力する。
6. 数式を必要なだけ複写する。
7. ワースト1位は最小値なのでH7セルに「=MIN(C3:C13)」を入力し抽出する。
8. ワースト2位はH8セルに「=MINIFS(」と入力し、[条件1]には「ワースト1位より多い」の条件を入力して、同様の手順で抽出する。

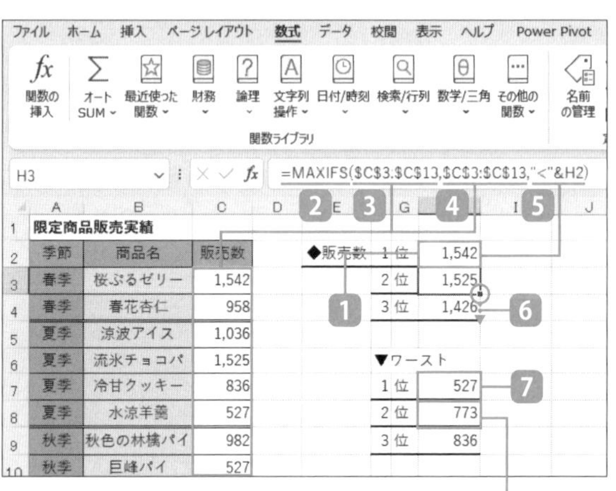

数式解説

「=MAXIFS($C$3:$C$13,$C$3:$C$13,"<"&H2)」の数式は、「1つ上の順位の販売数未満」を条件に『販売数』の最大値、「=MINIFS($C$3:$C$13,$C$3:$C$13,">"&H7)」の数式は、「1つ上の順位より多い販売数」を条件に『販売数』の最小値を抽出する。つまり、「1位」より小さい(MINIFS関数は大きい)「2位」の『販売数』が抽出される。数式をコピーすることで、同じ『販売数』があっても、大きい／小さいほうから1位～3位の『販売数』を1件ずつ抽出できる。

● Excel2016の数式　上位1位～3位の『販売数』を抽出する

1. 販売数1位はH2セルに「=MAX(C3:C13)」と入力して抽出する。
2. 2位の販売数を求めるセル（H3セル）を選択し、「=MAX(」と入力する。
3. 「販売数1位未満」の条件式と最大値を抽出する『販売数』を[*]で乗算する数式を入力して、Ctrl＋Shift＋Enterキーで数式を確定する。
4. 数式を必要なだけ複写する。

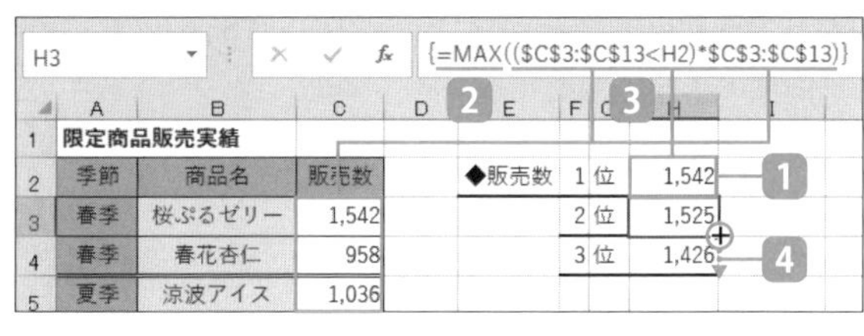

抽出編

数式解説

「($C$3:$C$13<H2)」の数式は、「C3セル～C13セルの『販売数』がH2セルの「1位」の「1,542」より小さい場合」の条件式。条件を満たす場合は「TRUE」(1)、違う場合は「FALSE」(0)が求められる。つまり、「1位」の「1,542」以外は「1」となり、続けて「*$C$3:$C$13」とすると、「1位」の「1,542」以外の『販売数』が求められる。求められた『販売数』をMAX関数の引数に指定して配列数式で求めることで、「1位」より小さい「2位」の「1,525」の『販売数』が抽出される。数式をコピーすることで、同じ『販売数』があっても1位～3位の『販売数』を1件ずつ抽出できる。

Excel2016の数式　ワースト1位～3位の『販売数』を抽出する

1. ワースト1位はH2セルに「=MIN(C3:C13)」と入力して抽出する。
2. ワースト2位の販売数を求めるセル（H3セル）を選択し、「=MIN(IF(」と入力する。
3. ［論理式］…「販売数がワースト1位より多い場合」の条件式を入力する。
4. ［値が真の場合］…多い場合に表示する値として、『販売数』のセル範囲を選択する。
5. ［値が偽の場合］…条件を満たさない場合に表示する空白[""]を入力して、Ctrl＋Shift＋Enterキーで数式を確定する。
6. 数式を必要なだけ複写する。

H8　{=MIN(IF($C$3:$C$13>H7,$C$3:$C$13,""))}

	A	B	C	D	E	F	H	I
1	限定商品販売実績							
2	季節	商品名	販売数		◆販売数	1位	1,542	
3	春季	桜ぷるゼリー	1,542			2位	1,525	
4	春季	春花杏仁	958			3位	1,426	
5	夏季	涼波アイス	1,036					
6	夏季	流氷チョコパ	1,525			▼ワースト		
7	夏季	冷甘クッキー	836			1位	527	
8	夏季	水涼羊羹	527			2位	773	
9	秋季	秋色の林檎パイ	982			3位	836	
10	秋季	巨峰パイ	527					

数式解説

「IF($C$3:$C$13>H7,$C$3:$C$13,"")」の数式は、「C3セル～C13セルの『販売数』がH7セルの「ワースト1位」の「527」より大きい場合はC3セル～C13セルの『販売数』を求め、違う場合は空白を求める」という条件式。求められた『販売数』をMIN関数の引数に指定して配列数式で求めることで、「ワースト1位」より多い「ワースト2位」の「773」の『販売数』が抽出される。数式をコピーすることで、同じ『販売数』があってもワースト1位～3位の『販売数』を1件ずつ抽出できる。

テク241 計算結果は指定した下限以上（上限以下）の数値で求めたい

使うのはコレ! MAX関数、MIN関数

0より小さい数値は「0」で求めたいなど、下限（上限）を設定して計算結果を求めるには、下限は**MAX関数**、上限は**MIN関数**を使って数式を作成しよう。

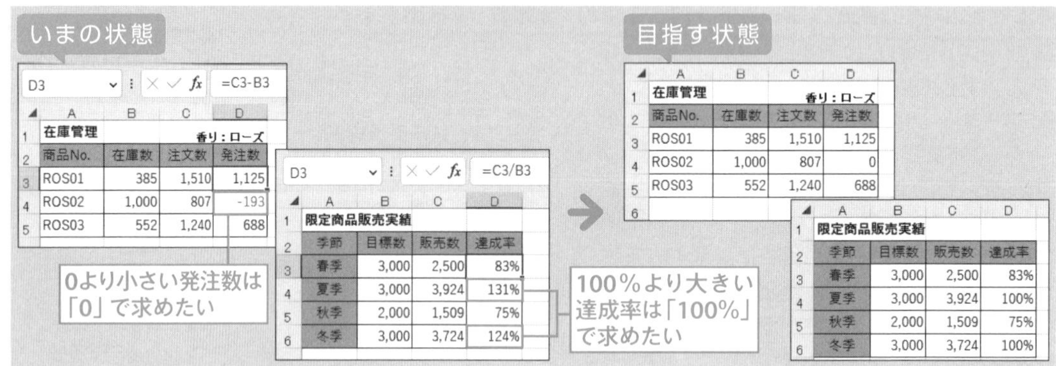

0より小さい発注数は「0」で求める

1. 『発注数』を求めるセル（D3セル）を選択し、[数式] タブの [関数ライブラリ] グループの [合計] ボタンの [▼] をクリックし [最大値] を選択する。
2. [数値1]…「『注文数』-『在庫数』」の数式を入力する。
3. [数値2]…「0」を入力したら、Enter キーで数式を確定する。
4. 数式を必要なだけ複写する。

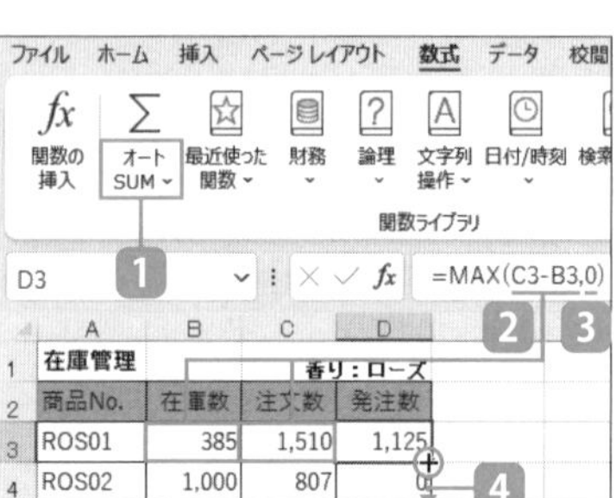

数式解説

「=MAX(C3-B3,0)」の数式は、『注文数』-『在庫数』で求められる発注数と0を比較し大きいほうの数値を求める。結果、『発注数』が0より小さくても「0」で求められる。

100%より大きい達成率は「100%」で求める

1. 『達成率』を求めるセル（D3セル）を選択し、[数式] タブの [関数ライブラリ] グループの [合計] ボタンの [▼] をクリックし [最小値] を選択する。
2. [数値1]…「『販売数』/『目標数』」の数式を入力する。
3. [数値2]…「1」を入力したら、Enter キーで数式を確定する。
4. 数式を必要なだけ複写する。

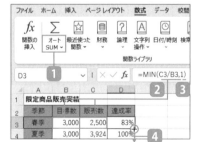

数式解説

「=MIN(C3/B3,1)」の数式は、『販売数』/『目標数』で求められる達成率と1（100%）を比較し小さいほうの数値を求める。結果、『達成数』が1（100%）より大きくても「1（100%）」で求められる。

✓ 抽出しにくい数値の大小抽出

テク 242 計算結果は指定した上限〜下限の数値で求めたい

使うのはコレ! MIN関数+MAX関数

計算結果を「50〜100」のように指定の範囲内の数値で求めるには、MAX関数で求めた下限値からMIN関数で求めた上限値までの間で求められるように、**MIN関数**に**MAX関数**を組み合わせて数式を作成しよう。

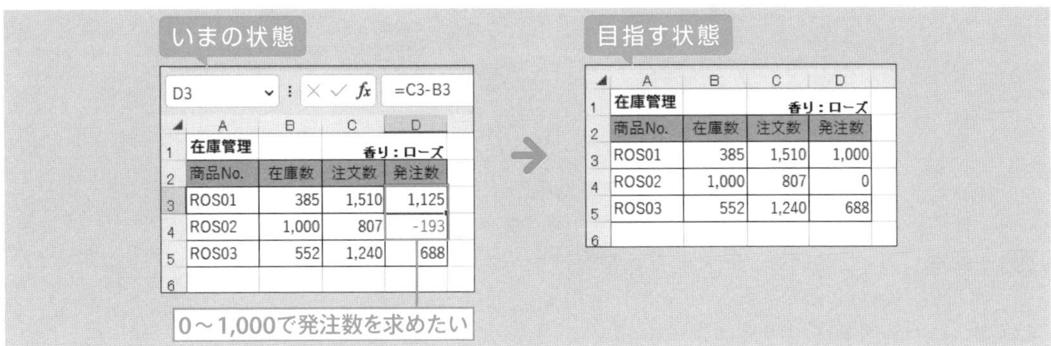

1. 『発注数』を求めるセル(D3セル)を選択し、[数式]タブの[関数ライブラリ]グループの[合計]ボタンの[▼]をクリックし[最小値]を選択する。
2. [数値1]…「MAX(C3-B3,0)」の数式を入力する。
3. [数値2]…「1000」を入力したら、Enterキーで数式を確定する。
4. 数式を必要なだけ複写する。

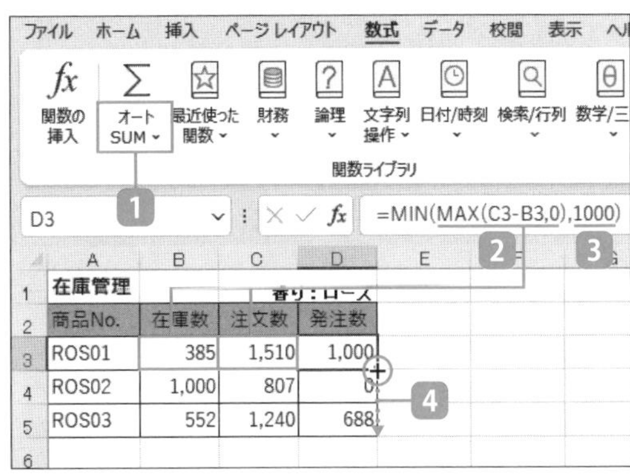

数式解説

「=MIN(MAX(C3-B3,0),1000)」の数式は、『注文数』−『在庫数』で求められる発注数が、0より小さい場合は「0」を求め、1,000より大きい場合は「1,000」を求める。結果、0〜1,000で『発注数』が求められる。

✔ 最頻値抽出

テク243 最も多く出現する数値を抽出したい

使うのはコレ! MODE.SNGL関数

表内の数値の中で最も多い数値や、最も多い時刻や日付は、**MODE.SNGL関数**で抽出しよう。複数の数値でも、その数値のセル範囲を選択するだけで手早く抽出できる。

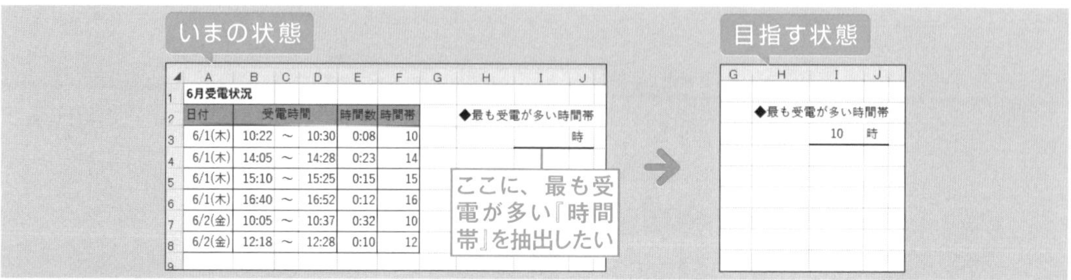

1 最も受電が多い『時間帯』を求めるセルを選択し、「=MODE.SNGL(」と入力する。
2 [数値1]…『時間帯』のセル範囲を選択したら、Enterキーで数式を確定する。

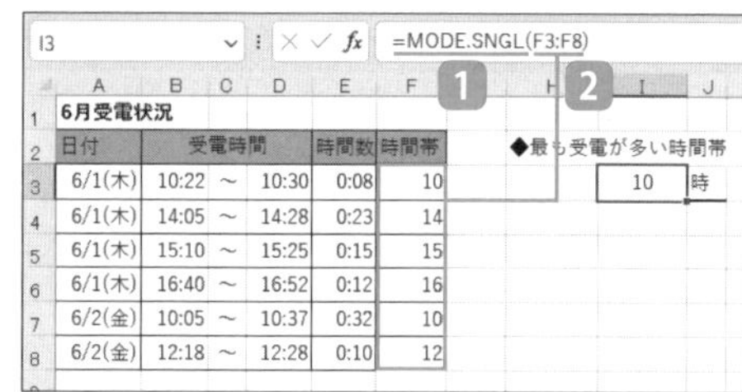

数式解説

「=MODE.SNGL(F3:F8)」の数式は、F3セル～F8セルの『時間帯』の中で最も多い『時間帯』を抽出する。

ここがポイント! 日付や時刻はシリアル値だから抽出できる

日付や時刻も**シリアル値**という数値のためMODE.SNGL関数で抽出できる。日付や時刻の場合は、シリアル値の最頻値が抽出される。

併せて覚え テク 複数の最頻値をすべて抽出するには?

最も多い数値が複数ある時は、**MODE.MULT関数**を使うと、すべて抽出することができる。なお、Excel2019/2016では、最頻値の数だけ抽出するセルを範囲選択してから関数を設定して配列数式で求める必要がある。

1 最も受電が多い『時間帯』を求めるセル(I3セル)を選択し、「=MODE.MULT(」と入力する。
操作テク Excel2019/2016では求めるセル範囲を選択し、「=MODE.MULT(」と入力する。
2 『時間帯』のセル範囲を入力したら、Enterキーで数式を確定する。
操作テク Excel2019/2016の場合はCtrl+Shift+Enterキーで数式を確定する。

✓ 最頻値抽出

テク 244 最も多く出現する文字列を抽出したい

使うのはコレ! INDEX+MODE.SNGL+MATCH関数

最も多く出現する文字列は、**MATCH関数**でそれぞれの文字列の位置を求めて、その位置が最も多い位置にある文字列を**INDEX関数**で抽出しよう。

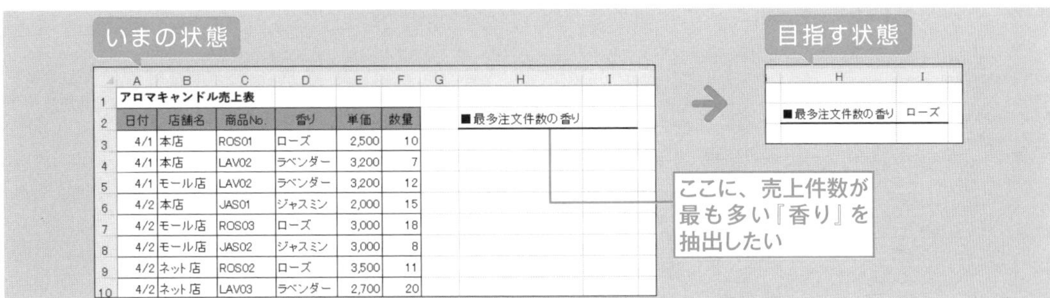

いまの状態
目指す状態
ここに、売上件数が最も多い『香り』を抽出したい

	A	B	C	D	E	F	G	H	I
1	アロマキャンドル売上表								
2	日付	店舗名	商品No.	香り	単価	数量		■最多注文件数の香り	
3	4/1	本店	ROS01	ローズ	2,500	10			
4	4/1	本店	LAV02	ラベンダー	3,200	7			
5	4/1	モール店	LAV02	ラベンダー	3,200	12			
6	4/2	本店	JAS01	ジャスミン	2,000	15			
7	4/2	モール店	ROS03	ローズ	3,000	18			
8	4/2	モール店	JAS02	ジャスミン	3,000	8			
9	4/2	ネット店	ROS02	ローズ	3,500	11			
10	4/2	ネット店	LAV03	ラベンダー	2,700	20			

H	I
■最多注文件数の香り	ローズ

1. 売上件数が最も多い『香り』を抽出するセル(I2セル)を選択し、「=INDEX(」と入力する。
2. [参照]…抽出する『香り』のセル範囲を選択する。
3. [行番号]…MODE.SNGL関数で、それぞれの香りがある表内の番目が一番多い番目を抽出する数式を入力する。
4. [列番号]…省略して、Enter キーで数式を確定する。

I2 =INDEX(D3:D17,MODE.SNGL(MATCH(D3:D17,D3:D17,0)))

	A	B	C	D	E	F	G	H	I
1	アロマキャンドル売上表								
2	日付	店舗名	商品No.	香り	単価	数量		■最多注文件数の香り	ローズ
3	4/1	本店	ROS01	ローズ	2,500	10			
4	4/1	本店	LAV02	ラベンダー	3,200	7			
5	4/1	モール店	LAV02	ラベンダー	3,200	12			

数式解説

「MODE.SNGL(MATCH(D3:D17,D3:D17,0))」の数式は、D3セル～D17セルの『香り』のそれぞれの位置が最も多い位置を求める。INDEX関数の引数[行番号]に組み合わせて数式を作成することで、最も多い位置にある「ローズ」が抽出される。

ここがポイント! 最も多く出現する文字列が複数ある場合は?

最も多く出現する文字列が複数ある場合は、本節のテク243の「併せて覚えテク」で解説の**MODE.MULT関数**を組み合わせて以下のように数式を作成して抽出しよう。

● Excel2021/365の数式

=INDEX(D3:D17,MODE.MULT(MATCH(D3:D17,D3:D17,0)))

● Excel2019/2016の数式

{=INDEX(D3:D17,MODE.MULT(MATCH(D3:D17,D3:D17,0)))}

第10章

✓ 最頻値抽出

テク245 条件を満たす最も多く出現する数値を抽出したい

使うのはコレ! MODE.SNGL+FILTER関数
Excel2019/2016 MODE.SNGL+IF関数+配列数式

条件を満たす最も多く出現する数値は、テク221と同じく、**FILTER関数**（Excel2019/2016は**IF関数**）を使い条件で抽出したデータをもとに**MODE.SNGL関数**で抽出しよう。

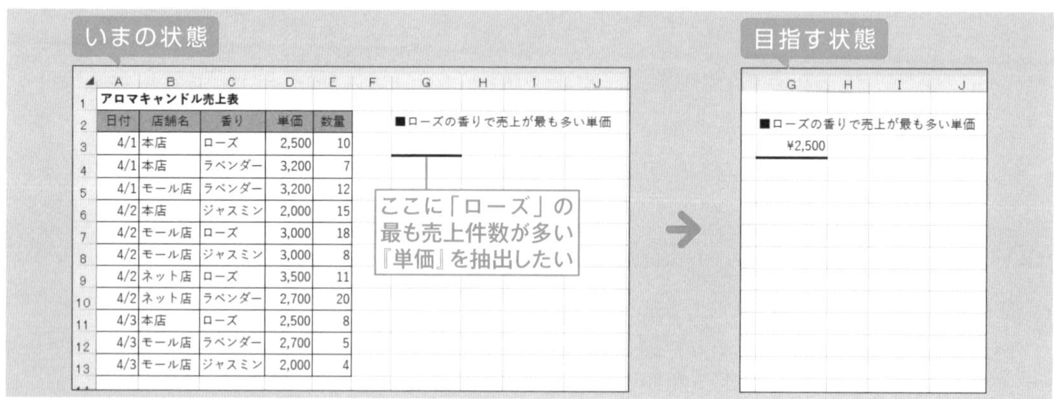

日付	店舗名	香り	単価	数量
4/1	本店	ローズ	2,500	10
4/1	本店	ラベンダー	3,200	7
4/1	モール店	ラベンダー	3,200	12
4/2	本店	ジャスミン	2,000	15
4/2	モール店	ローズ	3,000	18
4/2	モール店	ジャスミン	3,000	8
4/2	ネット店	ローズ	3,500	11
4/2	ネット店	ラベンダー	2,700	20
4/3	本店	ローズ	2,500	8
4/3	モール店	ラベンダー	2,700	5
4/3	モール店	ジャスミン	2,000	4

● Excel2021/365の数式

1 ローズの最も売上件数が多い『単価』を求めるセル（G3セル）を選択し、「=MODE.SNGL(」と入力する。
2 ［数値1］…FILTER関数で「ローズ」の『単価』を抽出する数式を入力して、Enterキーで数式を確定する。

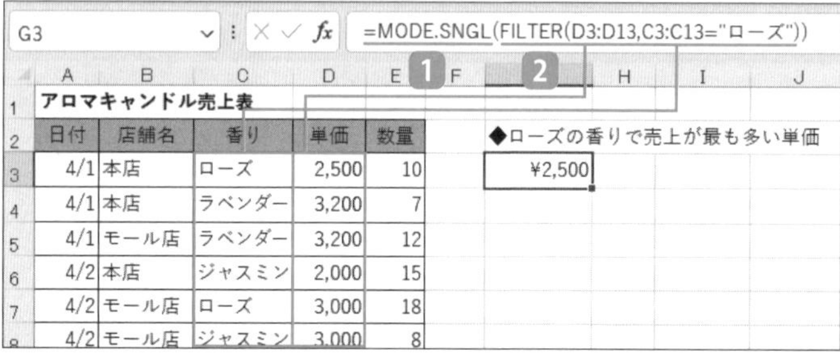

数式解説

「FILTER(D3:D13,C3:C13="ローズ")」の数式は、C3セル～C13セル『香り』が「ローズ」の条件を満たす『単価』を抽出する。MODE.SNGL関数の引数［数値1］に組み合わせることで「ローズ」の最も売上件数が多い『単価』が出される。

● Excel2019/2016の数式

1 ローズの最も売上件数が多い『単価』を求めるセル（G3セル）を選択し、「=MODE.SNGL(IF(」と入力する。
2 ［数値1］…IF関数で、「香りが「ローズ」の場合」の条件を満たす場合は、『単価』のセル範囲を返し、満たさない場合は空白［""］を返す条件式を入力したら、Ctrl＋Shift＋Enterキーで数式を確定する。

抽出編

G3 {=MODE.SNGL(IF(C3:C13="ローズ",D3:D13,""))}

アロマキャンドル売上表

日付	店舗名	香り	単価	数量
4/1	本店	ローズ	2,500	10
4/1	本店	ラベンダー	3,200	7
4/1	モール店	ラベンダー	3,200	12
4/2	本店	ジャスミン	2,000	15
4/2	モール店	ローズ	3,000	18
4/2	モール店	ジャスミン	3,000	8

◆ローズの香りで売上が最も多い単価

¥2,500

数式解説

「IF(C3:C13="ローズ",D3:D13,"")」の数式は、「C3セル～C13セルの香りが「ローズ」の香りである場合はD3セル～D13セルの『単価』を求め、違う場合は空白を求める」という条件式。求められた単価をMODE.SNGL関数の引数に指定して配列数式で求めることで、「ローズ」の最も売上件数が多い『単価』が抽出される。

ここがポイント！　なぜIF＋配列数式を使うと求められる？

表とは別の列にIF関数の数式で条件を満たす値だけを表示させておけば、その値を使って集計が行える。たとえば、「ローズ」の最も売上件数が多い『単価』を抽出する場合なら、1F列に「香りがローズの場合は単価を表示し、違う場合は空白を表示する」の数式をIF関数で作成し、2その値を使って、MODE.SNGL関数で最も多い『単価』を抽出することで結果が求められる。

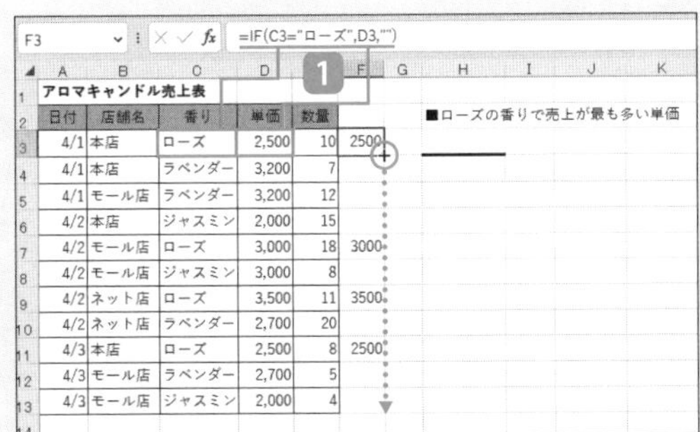
F3 =IF(C3="ローズ",D3,"")

アロマキャンドル売上表

日付	店舗名	香り	単価	数量	F
4/1	本店	ローズ	2,500	10	2500
4/1	本店	ラベンダー	3,200	7	
4/1	モール店	ラベンダー	3,200	12	
4/2	本店	ジャスミン	2,000	15	
4/2	モール店	ローズ	3,000	18	3000
4/2	モール店	ジャスミン	3,000	8	
4/2	ネット店	ローズ	3,500	11	3500
4/2	ネット店	ラベンダー	2,700	20	
4/3	本店	ローズ	2,500	8	2500
4/3	モール店	ラベンダー	2,700	5	
4/3	モール店	ジャスミン	2,000	4	

■ローズの香りで売上が最も多い単価

H3 =MODE.SNGL(F3:F13)

アロマキャンドル売上表

日付	店舗名	香り	単価	数量	F
4/1	本店	ローズ	2,500	10	2500
4/1	本店	ラベンダー	3,200	7	
4/1	モール店	ラベンダー	3,200	12	
4/2	本店	ジャスミン	2,000	15	
4/2	モール店	ローズ	3,000	18	3000
4/2	モール店	ジャスミン	3,000	8	
4/2	ネット店	ローズ	3,500	11	3500
4/2	ネット店	ラベンダー	2,700	20	
4/3	本店	ローズ	2,500	8	2500
4/3	モール店	ラベンダー	2,700	5	
4/3	モール店	ジャスミン	2,000	4	

■ローズの香りで売上が最も多い単価

¥2,500

「=IF(C3="ローズ",D3,"")」と「=MODE.SNGL(F3:F13)」の2つの数式は配列数式を使うことで、1つの数式にすることができる。配列数式で入力するには、すべてのセル範囲（配列）を数式で指定する必要があるので、すべてのセル範囲を使い、以下のように数式を作成する。これにより、香り「ローズ」の売上が最も多い『単価』が求められる。

{=MODE.SNGL(IF(C3:C13="ローズ",D3:D13,""))}

10-2 数値の大きさで順位を付けるテクをマスター!

数値の大きさを知りたいとき、前節では、別のセルに抽出したが、それぞれの数値の横に順位を付けておけば、それぞれの数値が全体の数値の中でどれくらいの大きさなのかわかりやすくなる。

	A	B	C	D	E
1	限定商品販売実績				
2	季節	商品名	価格	販売数	順位
3	春季	桜ぷるゼリー	300	1,542	1
4	春季	春花杏仁	250	958	7
5	夏季	涼波アイス	200	1,036	5
6	夏季	流氷チョコパ	200	1,525	2
7	夏季	冷甘クッキー	300	836	8
8	夏季	水涼羊羹	450	527	10
9	秋季	秋色の林檎パイ	450	982	6
10	秋季	巨峰パイ	500	527	10
11	冬季	蜜柑玉ゼリー	300	1,525	2
12	冬季	雪花タルト	500	773	9
13	冬季	粉雪プリン	300	1,426	4
14					

また、このような全体の数値を対象にする順位付けだけではない。たとえば、項目ごとに順位を付けたい、同順位のデータは別の項目の数値が大きいほうを上の順位にしたいなど、必要に応じて付けたい順位の基準はさまざまだ。

	A	B	C	D	E
1	限定商品販売実績				
2	季節	商品名	価格	販売数	順位
3	春季	桜ぷるゼリー	300	1,542	1
4	春季	春花杏仁	250	958	2
5	夏季	涼波アイス	200	1,036	2
6	夏季	流氷チョコパ	200	1,525	1
7	夏季	冷甘クッキー	300	836	3
8	夏季	水涼羊羹	450	527	4
9	秋季	秋色の林檎パイ	450	982	1
10	秋季	巨峰パイ	500	527	2
11	冬季	蜜柑玉ゼリー	300	1,525	1
12	冬季	雪花タルト	500	773	3
13	冬季	粉雪プリン	300	1,426	2
14					

季節ごとに『販売数』の順位を付けたい

	A	B	C	D	E
1	限定商品販売実績				
2	季節	商品名	価格	販売数	順位
3	春季	桜ぷるゼリー	300	1,542	1
4	春季	春花杏仁	250	958	7
5	夏季	涼波アイス	200	1,036	5
6	夏季	流氷チョコパ	200	1,525	3
7	夏季	冷甘クッキー	300	836	8
8	夏季	水涼羊羹	450	527	11
9	秋季	秋色の林檎パイ	450	982	6
10	秋季	巨峰パイ	500	527	10
11	冬季	蜜柑玉ゼリー	300	1,525	2
12	冬季	雪花タルト	500	773	9
13	冬季	粉雪プリン	300	1,426	4
14					

同じ『販売数』は『価格』が高いほうに上の順位を付けたい

本節では、どんな順位でも付けられるように、順位付けのテクニックをマスターしよう!

✔ 数値の大小で順位

テク246 数値の大きさに対応した順位を付けたい

使うのはコレ! RANK.EQ関数

桁数が多い数値の大きさを判断したいとき、見た目ではわかりづらいが、**順位**を付けておくとわかりやすい。数値に対応した順位は、**RANK.EQ関数**を使えば付けられる。

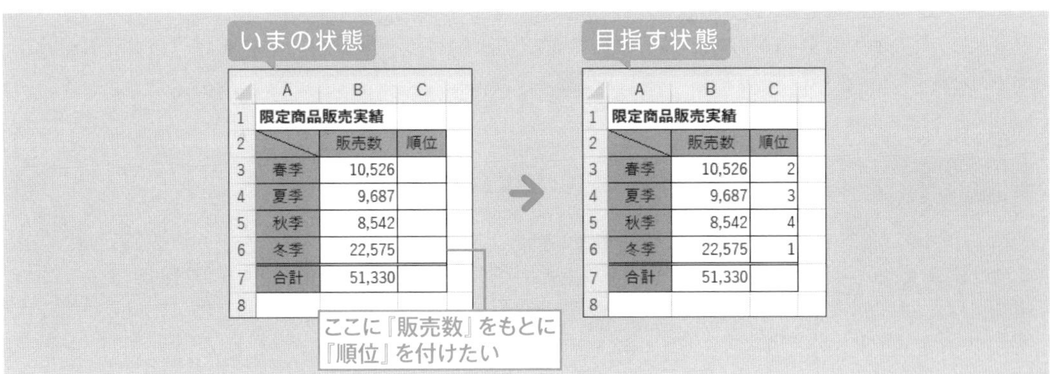

1. 『順位』を付けるセル(C3セル)を選択し、「=RANK.EQ(」と入力する。
2. [数値]…順位を付ける『販売数』のセルを選択する。
3. [参照]…順位を付ける『販売数』のセル範囲を選択して、F4キーを1回押して[$]記号をつけ絶対参照にする。
4. [順序]…降順で並べた時の順位を付けるので[0]と入力したら、Enterキーで数式を確定する。
5. 数式を必要なだけ複写する。

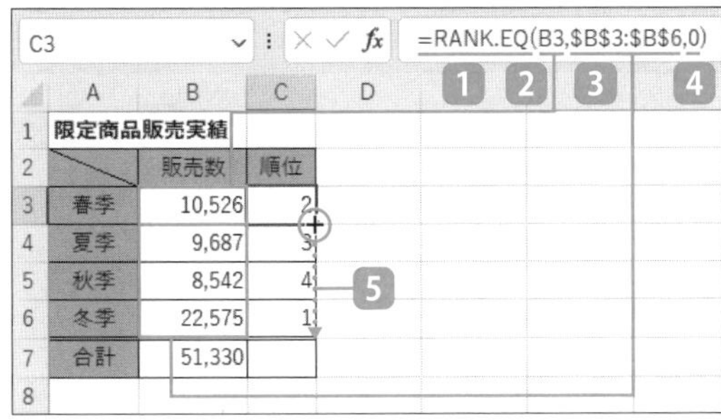

数式解説

「=RANK.EQ(B3,$B$3:$B$6,0)」の数式は、B3セルの販売数「10,526」に、『販売数』を降順で並べたときの『順位』を付ける。

Change!

従来　=RANK.EQ(B3,$B$3:$B$6,0)

スピル　=RANK.EQ(B3:B6,B3:B6,0)

ここがポイント！　同じ数値にはその平均の順位を付ける

RANK.EQ関数は同じ数値があると同じ順位を付ける。同じ数値は平均の順位を付けるには**RANK.AVG関数**で数式を作成しよう。

併せて覚えテク　複数の表に通して順位を付けるには？

複数表の数値に通して順位を付けるなら、本章1節テク235の「併せて覚えテク」と同じで、1それぞれのセル範囲を[Ctrl]キーで選択したら、[( )]で囲んで引数[参照]に指定して数式を作成しよう。2つ目の表には、2 1つ目の順位の数式をコピーして貼り付けるだけで、順位を付けられる。

G4　=RANK.EQ(F4,($B$4:$B$7,$F$4:$F$7),0)

限定商品販売実績

◆本店	販売数	順位	◆支店	販売数	順位
春季	10,526	5	春季	8,421	8
夏季	9,687	6	夏季	11,624	4
秋季	8,542	7	秋季	12,813	3
冬季	22,575	1	冬季	18,060	2
合計	51,330		合計	50,918	

2

スピル使用の数式
=RANK.EQ(B4:B7,($B$4:$B$7,$F$4:$F$7),0)

✓ 数値の大小で順位

テク 247 同じ数値があっても、数値の大きさに対応した順位を付けたい

使うのはコレ! IF＋MATCH＋ROW関数、RANK.EQ関数

テク246で解説のRANK.EQ関数を使うと数値に順位が付けられるが、同じ数値があると、次の順位は飛ばされてしまう。同じ数値があっても、順位が飛ばされないようにするには、**同じ数値の2つ目以降は空白**になる列を作成しておこう。

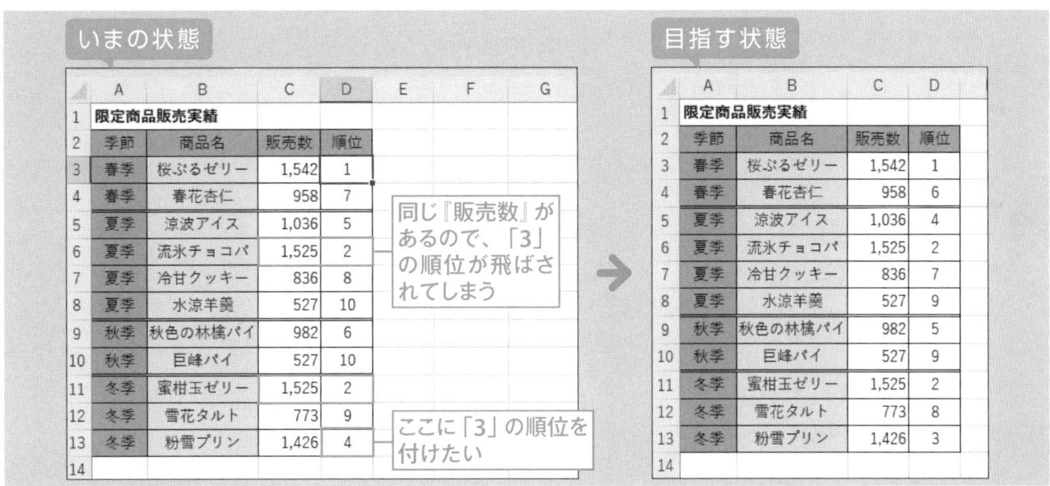

いまの状態

	A	B	C	D
1	限定商品販売実績			
2	季節	商品名	販売数	順位
3	春季	桜ぷるゼリー	1,542	1
4	春季	春花杏仁	958	7
5	夏季	涼波アイス	1,036	5
6	夏季	流氷チョコパ	1,525	2
7	夏季	冷甘クッキー	836	8
8	夏季	水涼羊羹	527	10
9	秋季	秋色の林檎パイ	982	6
10	秋季	巨峰パイ	527	10
11	冬季	蜜柑玉ゼリー	1,525	2
12	冬季	雪花タルト	773	9
13	冬季	粉雪プリン	1,426	4

目指す状態

	A	B	C	D
1	限定商品販売実績			
2	季節	商品名	販売数	順位
3	春季	桜ぷるゼリー	1,542	1
4	春季	春花杏仁	958	6
5	夏季	涼波アイス	1,036	4
6	夏季	流氷チョコパ	1,525	2
7	夏季	冷甘クッキー	836	7
8	夏季	水涼羊羹	527	9
9	秋季	秋色の林檎パイ	982	5
10	秋季	巨峰パイ	527	9
11	冬季	蜜柑玉ゼリー	1,525	2
12	冬季	雪花タルト	773	8
13	冬季	粉雪プリン	1,426	3

1. E列のセルを選択し、「=IF」と入力する。
2. [論理式]…MATCH関数で「C3セルの『販売数』が『販売数』の中にある番目が「1」である場合」の条件式を入力する。
3. [値が真の場合]…「1」である場合に表示する値として、『販売数』のセルを選択する。
4. [値が偽の場合]…条件を満たさない場合に表示する空白[""]を入力して、Enterキーで数式を確定する。
5. 数式を必要なだけ複写する。

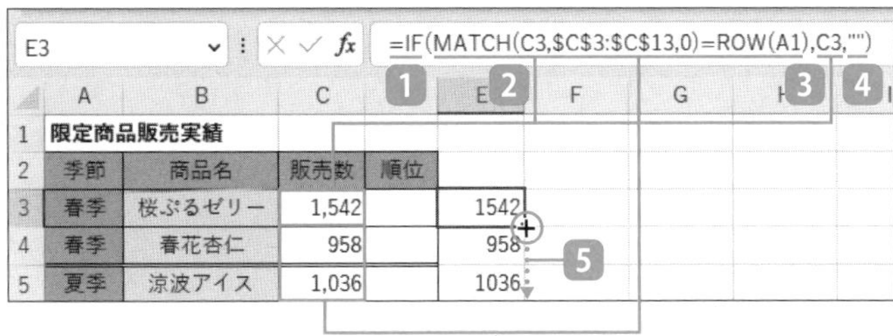

	A	B	C	D	E
1	限定商品販売実績				
2	季節	商品名	販売数	順位	
3	春季	桜ぷるゼリー	1,542		1542
4	春季	春花杏仁	958		958
5	夏季	涼波アイス	1,036		1036

6. 『順位』を付けるセル(D3セル)を選択し、「=RANK.EQ(」と入力して、引数[参照]には作成したE列のセル範囲を指定して数式を作成する。
7. 数式を必要なだけ複写する。

	A	B	C	D	E	F	G
1	限定商品販売実績						
2	季節	商品名	販売数	順位			
3	春季	桜ぷるゼリー	1,542	1	1542		
4	春季	春花杏仁	958	6	958		
5	夏季	涼波アイス	1,036	4	1036		

D3 =RANK.EQ(E3,$E$3:$E$13,0)

6

7

数式解説

「=IF(MATCH(C3,$C$3:$C$13,0)=ROW(A1),C3,"")」の数式は、販売数「1,542」が『販売数』の中にある番目が「1」なら「1,542」、違うなら空白を求める。「1,542」は1番目にあるので「1,542」が求められる。数式をコピーすると、ROW関数はそれぞれの行番号を求めるため、同じ数値がある2つ目の「1,525」には空白が求められる。
その値を使い、「=RANK.EQ(C3,$E$3:$E$13,0)」と数式を作成すると、『販売数』の『順位』が飛ばされずに付けられる。

Change!

従来
```
=IF(MATCH(C3,$C$3:$C$13,0)=ROW(A1),C3,"")
=RANK.EQ(C3,$E$3:$E$13,0)
```

↓

スピル
```
=IF(MATCH(C3:C13,C3:C13,0)=ROW(A1:A11),C3:C13,"")
=RANK.EQ(C3:C13,E3#,0)
```

抽出編

✔ 条件別順位

テク248 項目ごとに、数値の大きさに対応した順位を付けたい

使うのはコレ! COUNTIFS関数

項目ごとに、数値の大きさに対応した順位を付けるには、**COUNTIFS関数**を使おう。商品別、店舗別などの順位を数式のコピーで手早く付けられる。

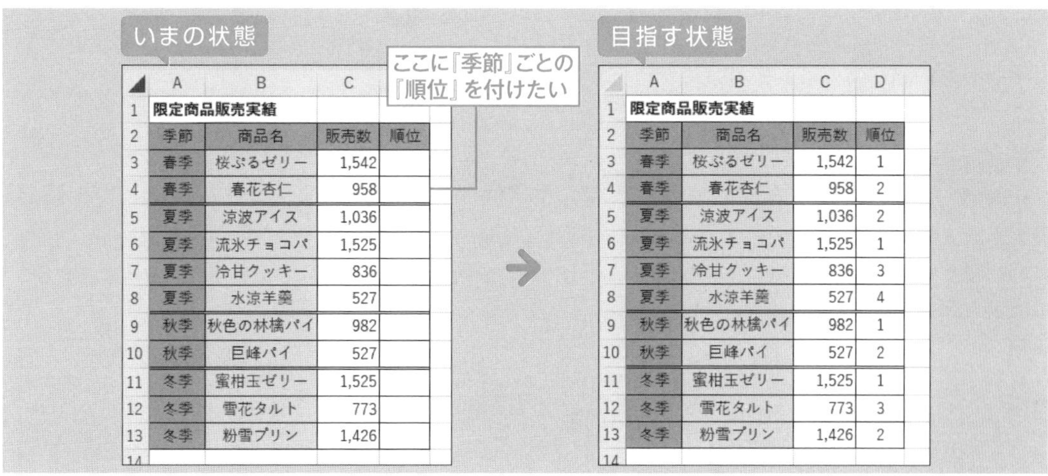

いまの状態

	A	B	C	D
1	限定商品販売実績			
2	季節	商品名	販売数	順位
3	春季	桜ぷるゼリー	1,542	
4	春季	春花杏仁	958	
5	夏季	涼波アイス	1,036	
6	夏季	流氷チョコパ	1,525	
7	夏季	冷甘クッキー	836	
8	夏季	水涼羊羹	527	
9	秋季	秋色の林檎パイ	982	
10	秋季	巨峰パイ	527	
11	冬季	蜜柑玉ゼリー	1,525	
12	冬季	雪花タルト	773	
13	冬季	粉雪プリン	1,426	

目指す状態

	A	B	C	D
1	限定商品販売実績			
2	季節	商品名	販売数	順位
3	春季	桜ぷるゼリー	1,542	1
4	春季	春花杏仁	958	2
5	夏季	涼波アイス	1,036	2
6	夏季	流氷チョコパ	1,525	1
7	夏季	冷甘クッキー	836	3
8	夏季	水涼羊羹	527	4
9	秋季	秋色の林檎パイ	982	1
10	秋季	巨峰パイ	527	2
11	冬季	蜜柑玉ゼリー	1,525	1
12	冬季	雪花タルト	773	3
13	冬季	粉雪プリン	1,426	2

1. 『順位』を付けるセル(D3セル)を選択し、「=COUNTIFS(」と入力する。
2. [検索条件範囲1]…順位を付ける項目『季節』のセル範囲を選択して、F4 キーを1回押して[$]記号をつけ絶対参照にする。
3. [検索条件1]…1つ目の項目「春季」のセルを選択する。
4. [検索条件範囲2]…順位を付ける『販売数』のセル範囲を選択して、F4 キーを1回押して[$]記号をつけ絶対参照にする。
5. [検索条件2]…「">"&順位を付けるセル」の条件を入力する。
6. 「)+1」と入力したら Enter キーで数式を確定する。
7. 数式を必要なだけ複写する。

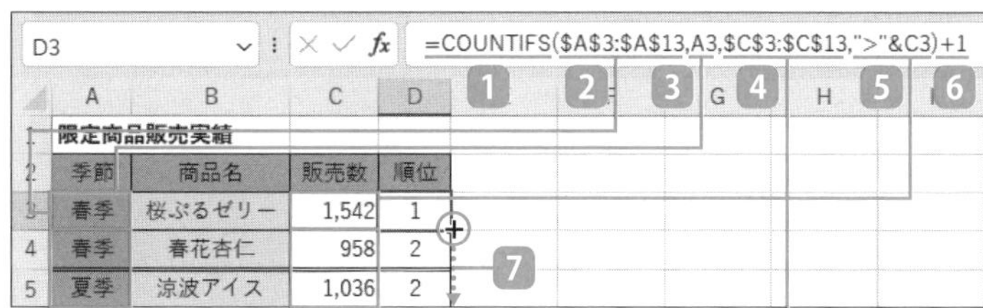

数式解説

「=COUNTIFS($A$3:$A$13,A3,$C$3:$C$13,">"&C3)+1」の数式は、『季節』が「春季」であり『販売数』が「1,542」より多いという条件で商品名の数を求める。つまり、1行目は0個が求められる。それを順位にするには、それぞれのセル自身を数に入れる必要があるため「+1」として数式を作成する。数式をコピーすることで、『季節』ごとに『順位』がつけられる。

Change!

従来 =COUNTIFS($A$3:$A$13,A3,$C$3:$C$13,">"&C3)+1

スピル =COUNTIFS(A3:A13,A3:A13,C3:C13,">"&C3:C13)+1

ここがポイント！ 項目ごとの順位を昇順で付けるには？

項目ごとに、数値の大きさに対応した順位を昇順で付けるには、数式の演算子［>］を［<］に変更するだけでできる。

併せて覚え テク 特定の項目だけや小計以外に順位を付ける

特定の項目だけに順位を付けるなら、IF関数で条件式を作成しよう。たとえば、『種別』が「和菓了」だけに順位を付けるなら、1「和菓子」である場合の条件を満たす場合は、2この例の数式で順位を付け、3満たさない場合は空白［""］で求められるように数式を作成しよう。

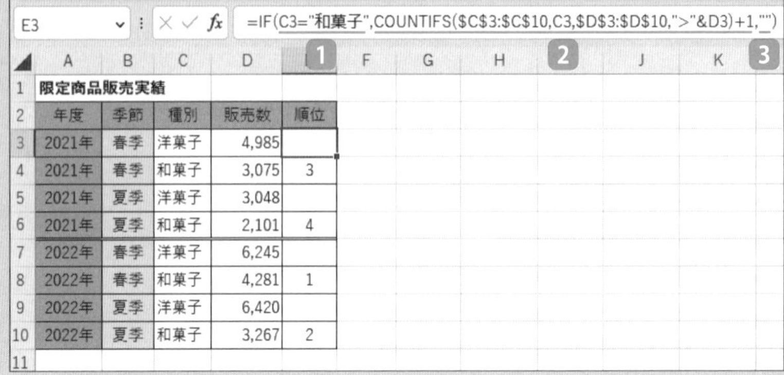

E3
=IF(C3="和菓子",COUNTIFS($C$3:$C$10,C3,$D$3:$D$10,">"&D3)+1,"")
1
2
3

	A	B	C	D	E
1	限定商品販売実績				
2	年度	季節	種別	販売数	順位
3	2021年	春季	洋菓子	4,985	
4	2021年	春季	和菓子	3,075	3
5	2021年	夏季	洋菓子	3,048	
6	2021年	夏季	和菓子	2,101	4
7	2022年	春季	洋菓子	6,245	
8	2022年	春季	和菓子	4,281	1
9	2022年	夏季	洋菓子	6,420	
10	2022年	夏季	和菓子	3,267	2
11					

スピル使用の数式
=IF(C3:C10="和菓子",COUNTIFS(C3:C10,C3:C10,D3:D10,">"&D3:D10)+1,"")

抽出編

✔ 複数キー順位

テク 249 複数条件で順位を付けたい（別の数値が大きいほうに上の順位を付ける場合）

使うのはコレ! 条件の数値を繋いだ数値、RANK.EQ関数

同じ『販売数』であれば『価格』が高い商品のほうに上の『順位』を付けたい場合には、すべての条件の数値を**1つの数値**にして、その数値をもとに**RANK.EQ**関数を使おう。

いまの状態

	A	B	C	D	E	F
1	限定商品販売実績					
2	季節	商品名	価格	販売数	順位	
3	春季	桜ぷるゼリー	300	1,542	1	
4	春季	春花杏仁	250	958	7	
5	夏季	涼波アイス	200	1,036	5	
6	夏季	流氷チョコパ	200	1,525	2	
7	夏季	冷甘クッキー	300	836	8	
8	夏季	水涼羊羹	450	527	10	
9	秋季	秋色の林檎パイ	450	982	6	
10	秋季	巨峰パイ	500	527	10	
11	冬季	蜜柑玉ゼリー	300	1,525	2	

同じ『販売数』の場合『価格』が高いほうに、上の順位を付けたい

目指す状態

	A	B	C	D	E
1	限定商品販売実績				
2	季節	商品名	価格	販売数	順位
3	春季	桜ぷるゼリー	300	1,542	1
4	春季	春花杏仁	250	958	7
5	夏季	涼波アイス	200	1,036	5
6	夏季	流氷チョコパ	200	1,525	3
7	夏季	冷甘クッキー	300	836	8
8	夏季	水涼羊羹	450	527	11
9	秋季	秋色の林檎パイ	450	982	6
10	秋季	巨峰パイ	500	527	10
11	冬季	蜜柑玉ゼリー	300	1,525	2

1. F列のセルを選択し、「=D3*1000+C3」と入力して、Enter キーで数式を確定する。
   操作テク ここで作成する数値は『価格』と『販売数』で桁をズラして合算するのがコツ。
2. 数式を必要なだけ複写する。
3. 『順位』を付けるセル（E3セル）を選択し、「=RANK.EQ(」と入力して、引数には作成したF列のセル範囲を指定して数式を作成する。
4. 数式を必要なだけ複写する。

F3 =D3*1000+C3

	A	B	C	D	E	F
1	限定商品販売実績					
2	季節	商品名	価格	販売数	順位	
3	春季	桜ぷるゼリー	300	1,542		1542300
4	春季	春花杏仁	250	958		958250
5	夏季	涼波アイス	200	1,036		1036200

E3 =RANK.EQ(F3,$F$3:$F$13,0)

	A	B	C	D	E	F
1	限定商品販売実績					
2	季節	商品名	価格	販売数	順位	
3	春季	桜ぷるゼリー	300	1,542	1	1542300
4	春季	春花杏仁	250	958	7	958250
5	夏季	涼波アイス	200	1,036	5	1036200

数式解説

「=D3*1000+C3」の数式は、「1542300」の数値を作成する。数式をコピーすると、同じ『販売数』でも『価格』が高いほうに大きい数値が作成される。
その数値をもとに「=RANK.EQ(F3,$F$3:$F$13,0)」の数式を作成することで、『販売数』が同じだと『価格』が高いほうに上の『順位』がつけられる。

Change!

従来

```
=D3*1000+C3
=RANK.EQ(F3,$F$3:$F$13,0)
```

スピル

```
=D3:D13*1000+C3:C13
=RANK.EQ(F3#,F3:F13,0)
```

✓ 複数キー順位

テク250 複数条件で順位を付けたい（別の数値が小さいほうに上の順位を付ける場合）

使うのはコレ! 条件の数値を繋いだ数値、RANK.EQ関数

同じ『リピーター数』は『経験年数』が短いほうに上の『順位』を付けたいなど、別の数値が小さいほうに上の順位を付けるには、**別の数値が小さいほうは大きくなるように条件の数値を1つの数値**にして、その数値をもとに**RANK.EQ関数**を使おう。

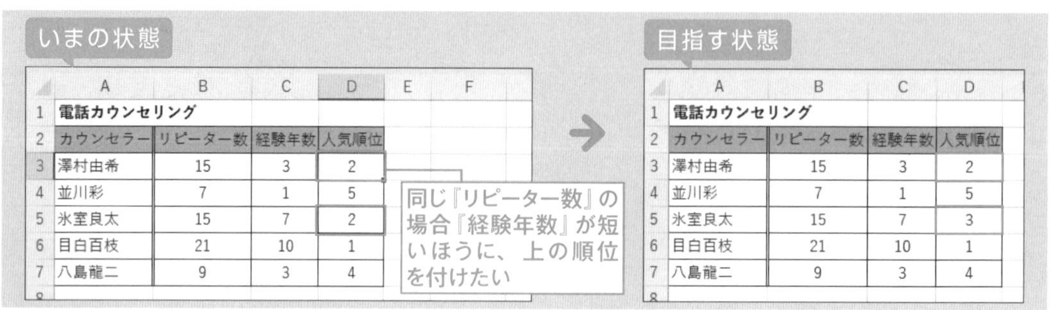

1. F列のセルを選択し、「=B3*100+(10-C3)」と入力して、Enterキーで数式を確定する。
   操作テク ここで作成する数値は『リピーター数』と「10-『経験年数』」で桁をズラして合算するのがコツ。
2. 数式を必要なだけ複写する。
3. 『順位』を付けるセル（D3セル）を選択し、「=RANK.EQ(」と入力して、引数［参照］には作成したE列のセル範囲を指定して数式を作成する。
4. 数式を必要なだけ複写する。

E3 =B3*100+(10-C3)

	A	B	C	D	E
1	電話カウンセリング				
2	カウンセラー	リピーター数	経験年数	人気順位	
3	澤村由希	15	3		1507
4	並川彩	7	1		709

D3 =RANK.EQ(E3,$E$3:$E$7,0)

	A	B	C	D	E
1	電話カウンセリング				
2	カウンセラー	リピーター数	経験年数	人気順位	
3	澤村由希	15	3	2	1507
4	並川彩	7	1	5	709

数式解説

「=B3*100+(10-C3)」の数式は、「1507」の数値を作成する。「(10-C3)」の数式は結果がマイナスにならないように『経験年数』の最大値「10」を指定する。この数式をコピーすると、同じ『リピーター数』でも『経験年数』が少ないほうに大きい数値が作成される。
その数値をもとに「=RANK.EQ(E3,$E$3:$E$7,0)」の数式を作成することで、『リピーター数』が同じだと『経験年数』が少ないほうに上の『順位』が付く。

Change!

従来
```
=B3*100+(10-C3)
=RANK.EQ(E3,$E$3:$E$7,0)
```
↓

スピル
```
=B3:B7*100+(10-C3:C7)
=RANK.EQ(E3#,E3:E7,0)
```

第 2 部

抽出編

第 11 章

こんなデータを表から抽出したい!「あらゆる抽出」を制覇

11-1 フィルター抽出を＋数式で完全にマスター!

第6章2節で解説のExcelの抽出機能「フィルター」「テーブル」を使うと、どんなに大きな表でも、条件に該当する値を簡単に抽出できる。

限定商品販売実績
年度
季節
種別
販売数

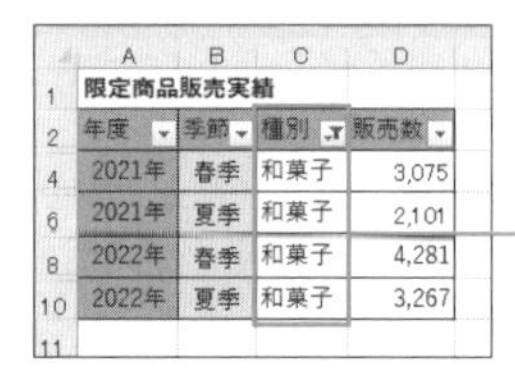

限定商品販売実績
年度
季節
種別
販売数

『種別』が「和菓子」のデータをフィルターで簡単に抽出できる

しかし、「データに付けた順位は一部の順位しか表示されない」「フィルターメニューにないので、目的のデータを抽出できない」などの不都合も生じる。

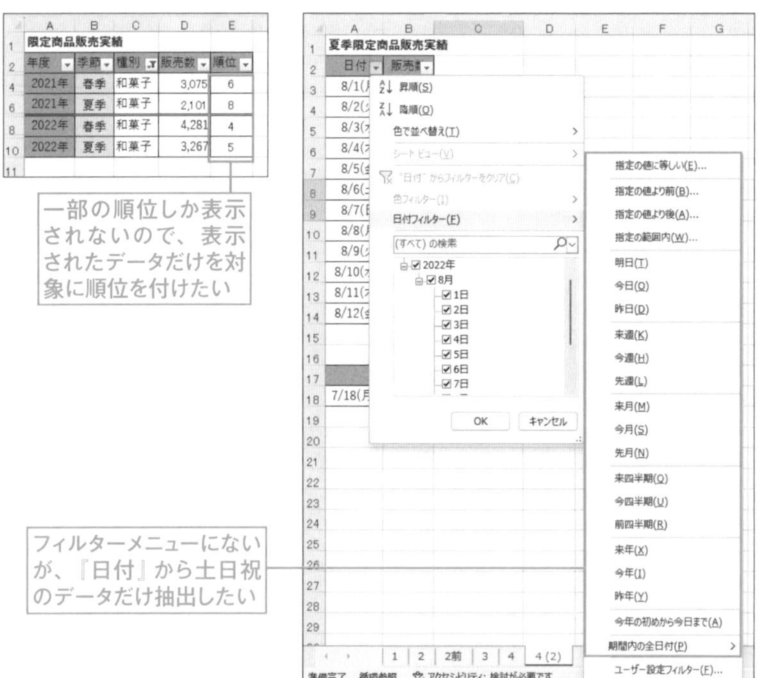

限定商品販売実績
一部の順位しか表示されないので、表示されたデータだけを対象に順位を付けたい
夏季限定商品販売実績
日付フィルター(F)
フィルターメニューにないが、『日付』から土日祝のデータだけ抽出したい

そこで、本節では、あらゆるフィルター抽出に対応できるように、関数を追加して克服するテクニックをマスターしよう！

✓ 複数条件スピード抽出

テク 251 複数列にそれぞれ条件をつけて、フィルター1つで抽出したい

使うのはコレ! AND関数

フィルターを使って複数列にそれぞれ違う条件をつける場合、その都度列ごとにフィルターを使うのはめんどう。そんなときは、別途、**AND関数**で条件式を作成した列を作成しておこう。フィルター1つで抽出できる。

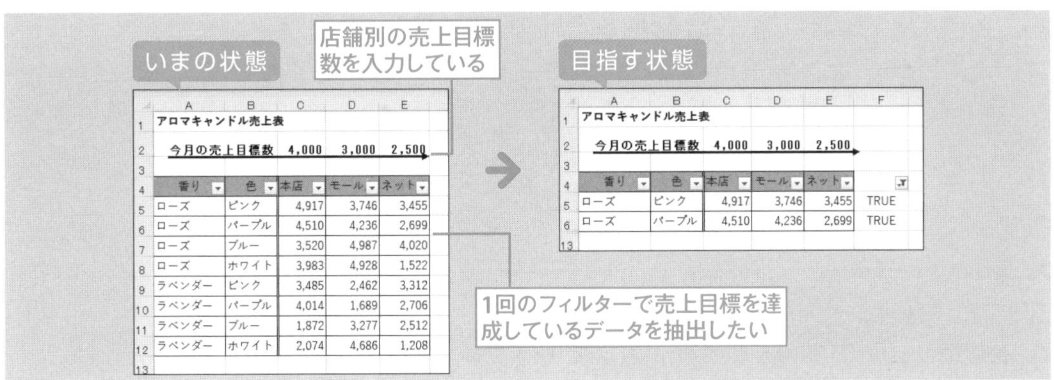

1. F列のセルを選択し、「=AND(」と入力する。
2. [論理式1]…1つ目の条件式「C5>=$C$2」を入力する。
3. [論理式2]…2つ目の条件式「D5>=$D$2」を入力する。
4. [論理式3]…3つ目の条件式「E5>=$E$2」を入力して、Enter キーで数式を確定する。
5. 数式を必要なだけ複写する。
6. F列にも[データ]タブの[並べ替えとフィルター]グループの[フィルター]ボタンをクリックしてフィルターをつける。
7. F列のフィルターボタンで[TRUE]を抽出する。

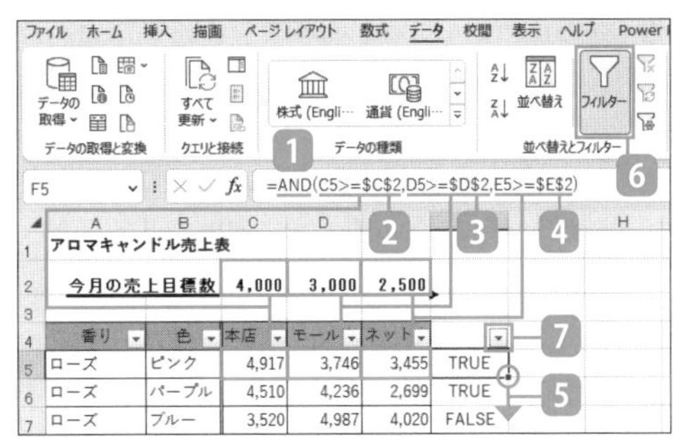

数式解説

「=AND(C5>=$C$2,D5>=$D$2,E5>=$E$2)」の数式は、「本店」の売上が目標「4,000以上」、「モール店」の売上が目標「3,000以上」、「ネット店」の売上が目標「2,500以上」の3つの条件をすべて満たす売上データに「TRUE」、1つでも満たさないデータに「FALSE」を求める。「TRUE」だけをフィルターで抽出することで、すべての店舗の売上目標を達成するデータが抽出される。

併せて覚え テク いずれかの条件を満たしているデータを一回のフィルターで抽出するには?

いずれかの条件を満たしているデータを1回のフィルターで抽出するには、F列に**OR関数**を使って同様に数式を作成しよう。

✓フィルター順位抽出

テク252 隠れたデータを除いてトップテンフィルターしたい

使うのはコレ! IF+SUBTOTAL関数

第6章2節テク167の「併せて覚えテク」で解説の「数値フィルター」を使うと、**トップテンフィルター**で上位／下位からの順位にある数値を抽出できる。しかし、すでにフィルターを使って条件抽出した表では使えない。可能にするなら**フィルター抽出したデータだけが表示された列**を作成して、その列でトップテンフィルターを使おう。

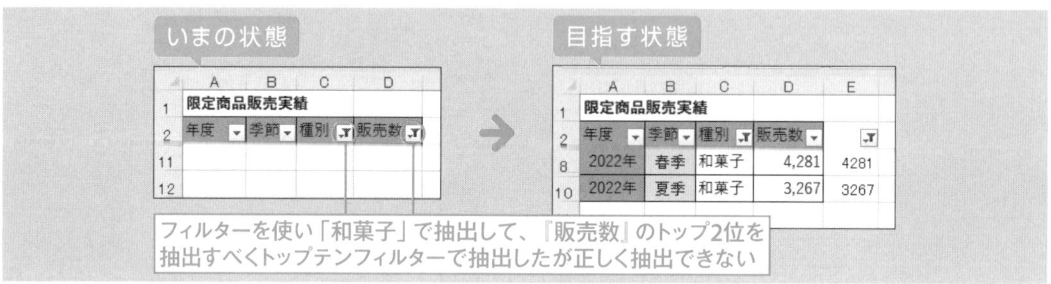

1. F列のセルを選択し、「=IF(」と入力する。
2. [論理式]…SUBTOTAL関数で「非表示にしたとき『販売数』の個数がある場合」の条件式を入力する。
3. [値が真の場合]…『販売数』の個数がある場合に表示する値として、『販売数』のセルを選択する。
4. [値が偽の場合]…条件を満たさない場合に表示する空白[""]を入力して、Enterキーで数式を確定する。
5. 数式を必要なだけ複写する。
6. 『種別』のフィルターで「和菓子」を抽出したあと、作成したE列のフィルターボタンをクリックし、[数値フィルター]→[トップテン]を選択し、表示された[トップテンフィルター]ダイアログボックスで[上位][2][項目]を選択して、[OK]ボタンをクリックすると、「和菓子」のトップ2位が抽出される。

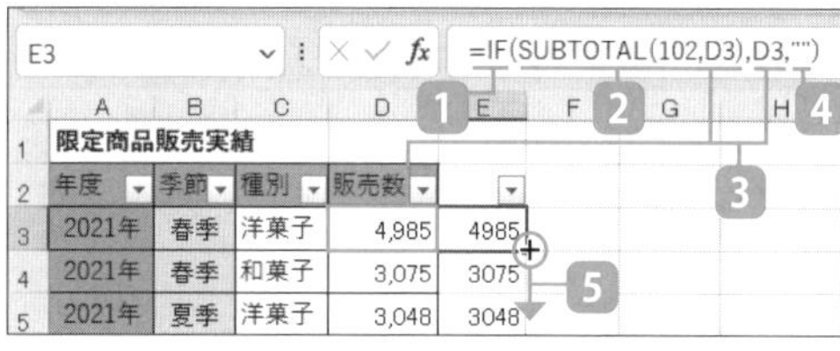

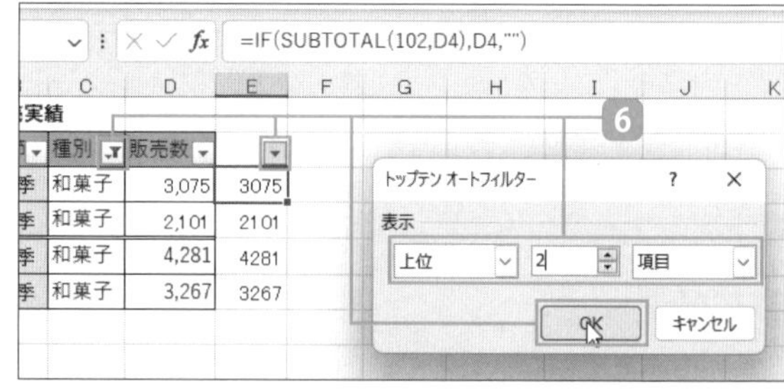

数式解説

「=IF(SUBTOTAL(102,D3),D3,"")」の数式は、フィルターで非表示にしたとき、表示された値のみに『販売数』を表示する。そのため、この『販売数』をもとに「トップテンフィルター」を使うことで、フィルターで抽出したデータをもとに、トップからの順位のデータが抽出できる。

抽出編

✓ フィルター順位抽出

テク 253 隠れたデータを除いて順位を付けたい

使うのはコレ! IF+SUBTOTAL関数、RANK.EQ関数

数値の順位はRANK.EQ関数で付けられるが、フィルターで抽出すると隠れてデータの順位が抜けてしまう。対応するには**IF＋SUBTOTAL関数**で別途、数値を作成して、その数値をもとに**RANK.EQ関数**で順位をつけよう。

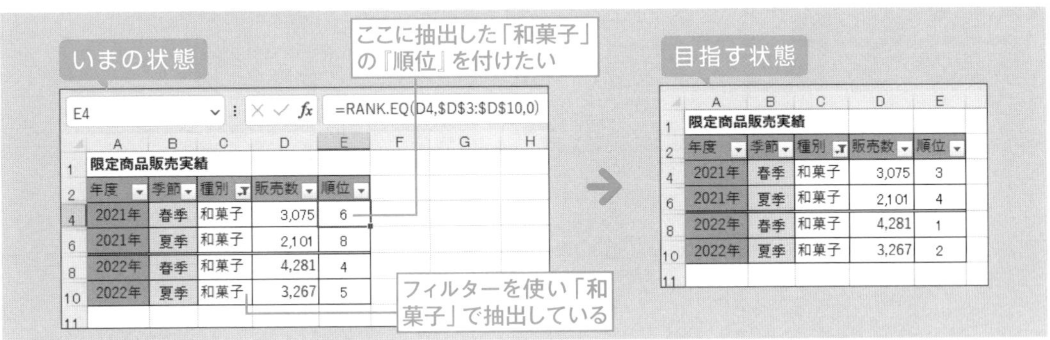

1. F列のセルを選択し、「=IF(」と入力する。
2. [論理式]…SUBTOTAL関数で「非表示にしたとき『販売数』の個数がある場合」の条件式を入力する。
3. [値が真の場合]…『販売数』の個数がある場合に表示する値として、『販売数』のセルを選択する。
4. [値が偽の場合]…条件を満たさない場合に表示する空白[""]を入力して、Enter キーで数式を確定する。
5. 数式を必要なだけ複写する。
6. 順位を付けるセル(E3セル)を選択し、「=RANK.EQ(」と入力して、引数[参照]には作成したE列のセル範囲を指定して数式を作成する。
7. 数式を必要なだけ複写する。

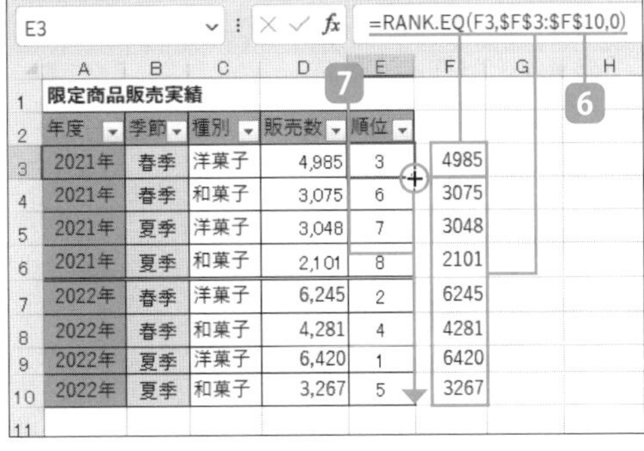

数式解説

「=IF(SUBTOTAL(102,D3),D3,"")」の数式は、フィルターで非表示にしたとき、表示された値のみに「販売数」を表示する。このフィルターで表示された「販売数」を使い、「=RANK.EQ(F3,$F$3:$F$10,0)」と数式を作成することで、フィルターで抽出した「和菓子」の「販売数」に順位が付けられる。

✔ フィルター順位抽出

テク254 隠れたデータを除いて●番目の順位にあるデータを抽出したい

使うのはコレ! AGGREGATE関数

●番目の順位にあるデータの抽出は、第10章1節テク235のLARGE(SMALL)関数で可能だが、フィルターで抽出したデータだけを対象に抽出できない。フィルターや行の非表示で隠れたデータを除いて●番目の順位にあるデータを抽出するには、**AGGREGATE関数**を使おう。

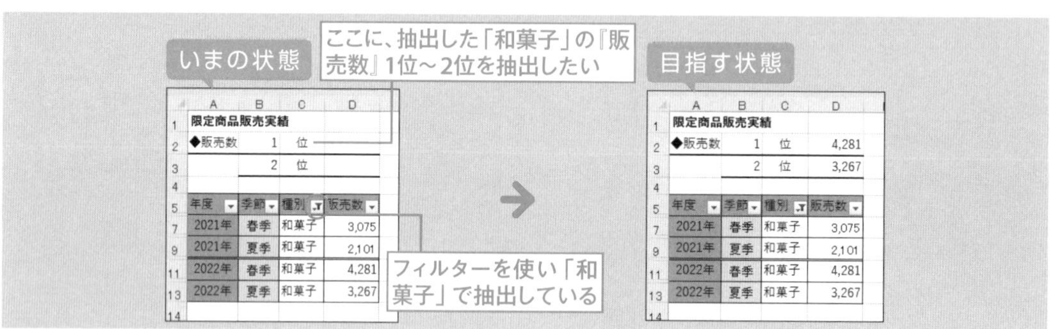

1. 1位の『販売数』を抽出するセル(D2セル)を選択し、「=AGGREGATE(」と入力する。
2. [集計方法]…集計方法(上位からの順位)の数値「14」を入力する。
3. [オプション]…集計から無視する内容(非表示の行無視)の数値「5」を入力する。
4. [配列]…抽出する『販売数』のセル範囲を選択して、F4 キーを1回押して[$]記号をつける。
5. [順位]…求めたい順位のセル(B2セル)を選択する。
6. 数式を必要なだけ複写する。

=AGGREGATE(14,5,$D$6:$D$13,B2)

	A	B	C	D
1	限定商品販売実績			
2	◆販売数	1	位	6,420
3		2	位	6,245
4				
5	年度	季節	種別	販売数
6	2021年	春季	洋菓子	4,985
7	2021年	春季	和菓子	3,075
8	2021年	夏季	洋菓子	3,048

数式解説

「=AGGREGATE(14,5,$D$6:$D$13,B2)」の数式は、非表示の行を除外、つまり、フィルターによる非表示の行を除外してD6セル～D13セルの『販売数』の中で上位から「1」番目にある販売数を抽出する。

ここがポイント! 行の非表示でも可能

操作の数式は、フィルターだけではなく行の非表示でも●番目の順位にあるデータを抽出できる。

ここがポイント! 隠れたデータを除いて、小さいほうからの順位/最大値/最小値を抽出するには?

AGGREGATE関数で引数[集計方法]の数値には、小さいほうからの順位なら「15」、最大値なら「4」、最小値なら「5」を指定して数式を作成しよう(巻末の関数一覧参照)。

✔ フィルター曜日抽出

テク255 フィルターで土日祝や平日のデータを抽出したい

使うのはコレ! WORKDAY関数

フィルターには土日祝や平日のデータを抽出するメニューがない。しかし、**WORKDAY関数を使った条件式の列**を作成しておけば、フィルターを使って抽出することができる。

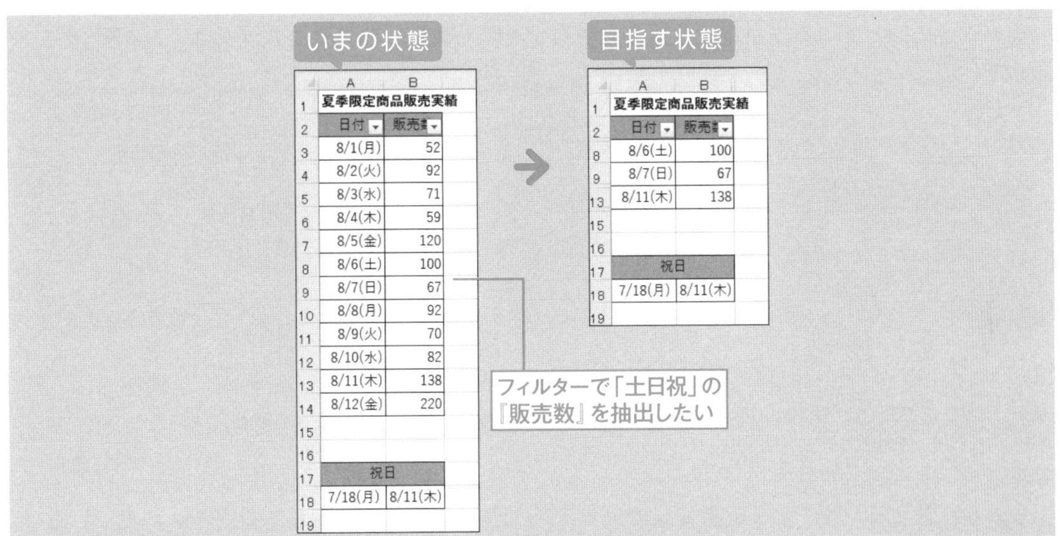

1. C列のセルを選択し、WORKDAY関数で「『日付』が「土日祝」でない場合」の条件式を入力する。
2. 数式を必要なだけ複写する。
3. C列にも［データ］タブの［並べ替えとフィルター］グループの［フィルター］ボタンをクリックしてフィルターをつけて、［FALSE］で抽出する。

ここがポイント! 数字による分割はExcel2021/365にしかない

「=WORKDAY(A3-1,1,$A$18:$B$18)=A3」の数式は、「『日付』が「土日祝」でない場合」の条件式を満たす販売実績に「TRUE」、満たさない販売実績に「FALSE」を求める。「FALSE」だけをフィルターで抽出することで、「土日祝」の販売実績が抽出される。

ここがポイント! フィルターで平日のデータを抽出するには「TRUE」で抽出する

フィルターで平日のデータを抽出するには、手順3で「TRUE」を抽出しよう。

11-2 データの重複を条件にした抽出をマスター!

データが重複している表から、重複の数や重複を除く数を数えるテクニックは、第4章3節で解説している。

	A	B	C	D	E	F
1	キャンペーン申込者名簿					
2	氏名	電話番号		◆申込人数	7	名
3	大木誠治	090-0000-0001		重複申込	1	件
4	金下由希美	090-0000-0002				
5	柴崎藍	03-0000-0003				
6	澄田優司	090-0000-0004				
7	立川恭平	090-0000-0005				
8	戸田陽子	080-0000-0006				
9	澄田優司	090-0000-0004				
10	根川幸代	03-0000-0008				
11						

しかし、数えるだけでなく、重複しているデータがあるなら、削除して重複のない表にしたい。もちろん、重複しているデータを抽出して何のデータが重複しているのかも知りたい。

	A	B
1	キャンペーン申込者名簿	
2	氏名	電話番号
3	大木誠治	090-0000-0001
4	金下由希美	090-0000-0002
5	柴崎藍	03-0000-0003
6	澄田優司	090-0000-0004
7	立川恭平	090-0000-0005
8	戸田陽子	080-0000-0006
9	澄田優司	090-0000-0004
10	根川幸代	03-0000-0008
11		

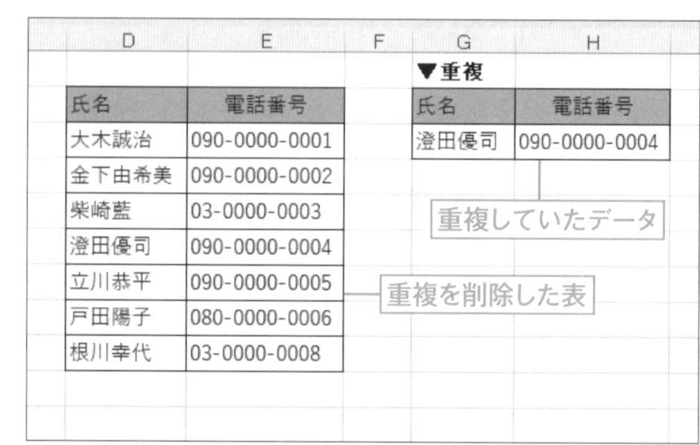

D	E	F	G	H
			▼重複	
氏名	電話番号		氏名	電話番号
大木誠治	090-0000-0001		澄田優司	090-0000-0004
金下由希美	090-0000-0002			
柴崎藍	03-0000-0003			
澄田優司	090-0000-0004			
立川恭平	090-0000-0005			
戸田陽子	080-0000-0006			
根川幸代	03-0000-0008			

本節では、重複のデータや重複を除くデータを抽出する、重複に関するあらゆる抽出テクニックをマスターしよう！

✔ 重複・重複除外抽出

テク256 重複を除いた表を手早く作成したい

使うのはコレ! [重複の削除] ボタン

データ入力時に、重複に気付かずに入力してしまったなら、**[重複の削除] ボタン**を使おう。一瞬で重複データを削除した表にすることができる。

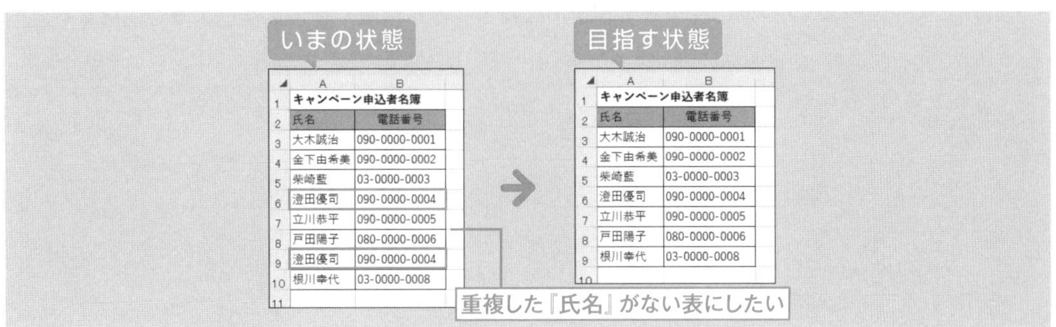

	A	B
1	キャンペーン申込者名簿	
2	氏名	電話番号
3	大木誠治	090-0000-0001
4	金下由希美	090-0000-0002
5	柴崎藍	03-0000-0003
6	澄田優司	090-0000-0004
7	立川恭平	090-0000-0005
8	戸田陽子	080-0000-0006
9	澄田優司	090-0000-0004
10	根川幸代	03-0000-0008

	A	B
1	キャンペーン申込者名簿	
2	氏名	電話番号
3	大木誠治	090-0000-0001
4	金下由希美	090-0000-0002
5	柴崎藍	03-0000-0003
6	澄田優司	090-0000-0004
7	立川恭平	090-0000-0005
8	戸田陽子	080-0000-0006
9	根川幸代	03-0000-0008

1. 表内のセルを1つ選択し、[データ] タブの [データツール] グループの [重複の削除] ボタンをクリックする。
2. 表示された [重複の削除] ダイアログボックスで、「先頭行をデータの見出しとして使用する」にチェックを入れる。
3. 重複を削除する項目『氏名』以外のチェックを外す。
4. [OK] ボタンをクリックする。
5. 重複の数と残りの数を伝えるメッセージダイアログボックスが表示されるので、[OK] ボタンをクリックする。

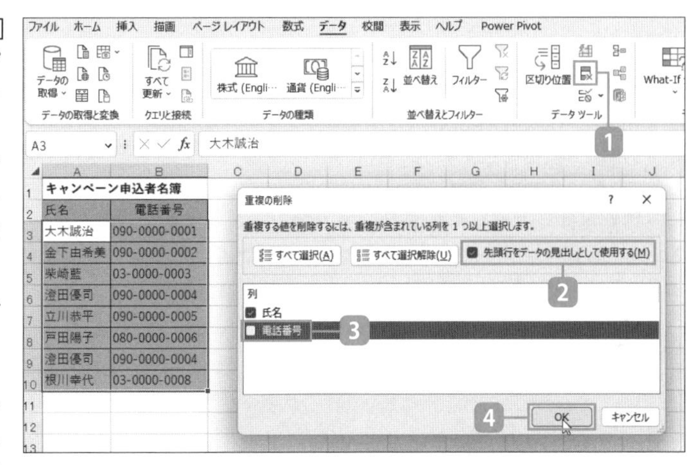

ここがポイント! 重複を削除する項目だけにチェックを入れる

[重複の削除] ダイアログボックスでは、重複を削除する項目だけにチェックを入れる。たとえば、1 同姓同名がある名簿で『氏名』と『電話番号』の2条件で重複を削除したいなら、2『氏名』と『電話番号』にチェックを入れて [OK] ボタンをクリックしよう。

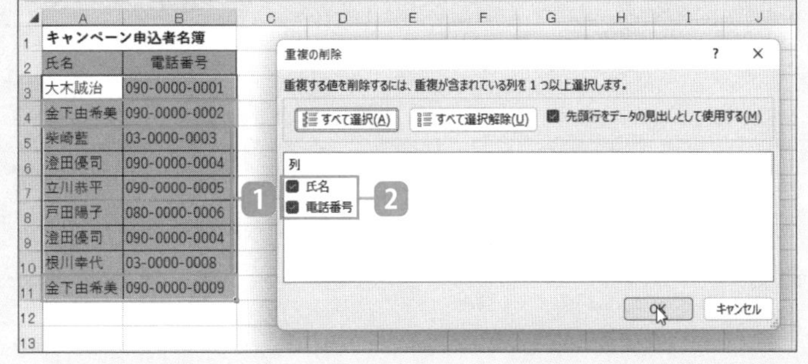

✔ 重複・重複除外抽出

テク257 フィルターで常に重複を除いた表にしたい

使うのはコレ! COUNTIF関数+テーブル

フィルターには、重複を除いて抽出するメニューがない。抽出するなら、**COUNTIF関数**を使い、同じデータの数が「1」「2」とカウントされていくように列を追加しておこう。表は**テーブルに変換**しておけば、その列のフィルターで「1」を抽出するだけで、常に重複を除いた表にすることができる。

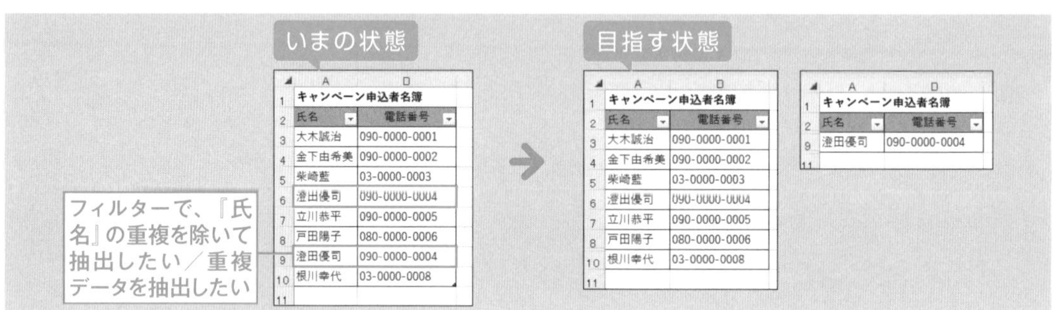

いまの状態
目指す状態
フィルターで、『氏名』の重複を除いて抽出したい／重複データを抽出したい

1. 表をテーブルに変換しておく(作成方法は第1章1節テク008参照)。
2. C列に「=COUNTIF(」と入力する。
3. [範囲]…重複を数える『氏名』のA3セルを「$A$3:[@氏名]」で入力する。
4. [検索条件]…A3セルを選択して、Enterキーで数式を確定する。
5. フィルターボタンで[1]を抽出すると、重複していないデータが抽出される。フィルターボタンで[1]以外を抽出すると、重複しているデータが抽出される。

数式解説

『重複』列の数式を作成すると、同じ『氏名』の数が「1」「2」とカウントされていく。1個しかない場合は重複がない『氏名』となるので、フィルターボタンで[1]を抽出することで重複を除くデータ、[1]以外を抽出すると、重複しているデータが抽出される。なお、テーブル内のそれぞれのセルを参照する場合は、「この行の」を意味する**[@]**を付けて「=COUNTIF($A$3:[@氏名],[@氏名])」の数式を作成する必要がある。ただし、直接入力しなくてもテーブル内のセルを選択するだけで自動挿入される。

併せて覚えテク テーブルではないフィルターを使う場合は?

[データ]タブ→[並べ替えとフィルター]グループ→[フィルター]でフィルターを使う場合は、第4章3節テク086で解説の重複を除外した件数を数えるときと同じで、1右図の数式で可能。ただし、テーブルのようにデータを追加しても自動で数式はコピーされないので、追加したら数式もコピーしよう。

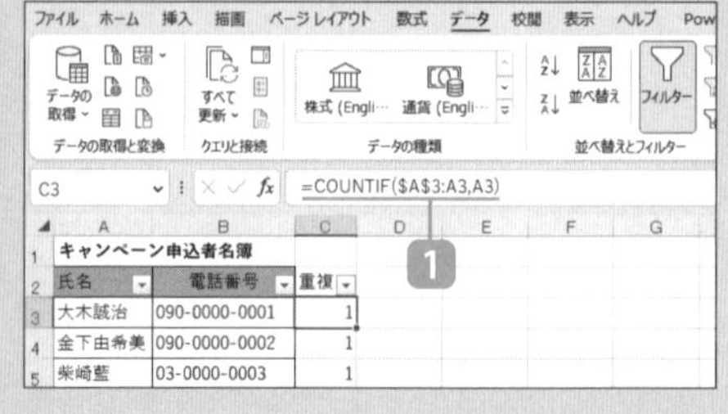

=COUNTIF($A$3:A3,A3)
1

✔ 重複・重複除外抽出

テク 258 重複データを別表に抽出したい

使うのはコレ! COUNTIF関数+フィルターオプションの設定

表から重複を削除したデータを別表や別シートに抽出するには、**フィルターオプションの設定**を使おう。条件に**COUNTIF関数**を使えば、重複したデータだけを抽出することもできる。

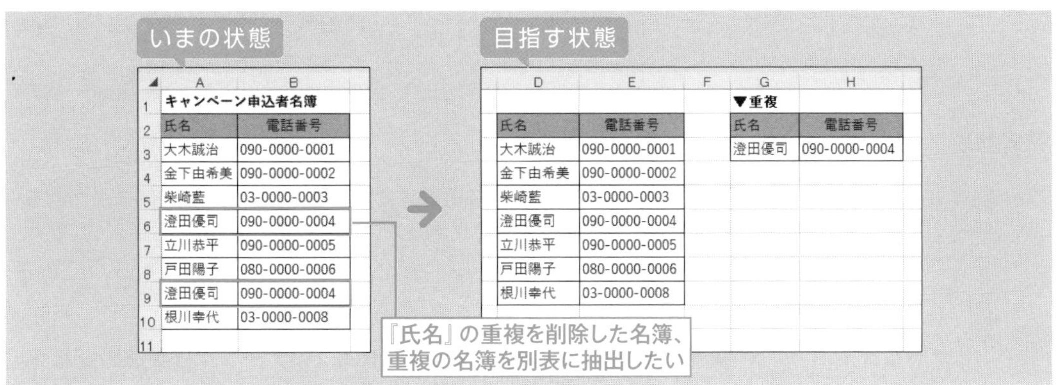

重複データを削除して別表に抽出する

1. 表内のセルを1つ選択し、[データ]タブの[並べ替えとフィルター]グループの[詳細設定]ボタンをクリックして、[フィルターオプションの設定]ダイアログボックスを表示する。
2. [抽出先]…[指定した範囲]を選ぶ。
3. [リスト範囲]…A2セル～B10セルを範囲選択する。
4. [検索条件範囲]…省略する。
5. [抽出範囲]…抽出するD2セルを選択する。
6. [重複するレコードは無視する]にチェックを入れる。
7. [OK]ボタンをクリックする。

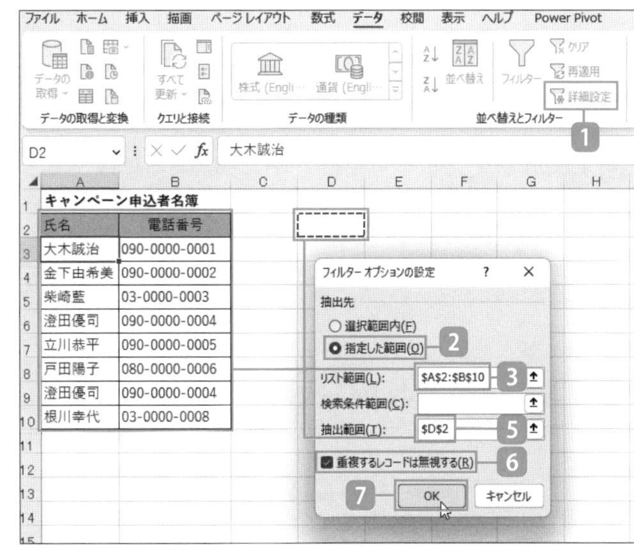

重複データを別表に抽出する

1. D3セルに抽出の条件を「=COUNTIF($A$3:A3,A3)>=2」と入力する。
2. 表内のセルを1つ選択し、先の手順1～3を行う。
3. [検索条件範囲]…作成した条件のD2セル～D3セルを範囲選択する。
4. [抽出範囲]…抽出するF2セルを選択する。
5. [OK]ボタンをクリックする。

D3 =COUNTIF($A$3:A3,A3)>=2

	A	B	C	D	E
1	キャンペーン申込者名簿				
2	氏名	電話番号			
3	大木誠治	090-0000-0001		FALSE	
4	金下由希美	090-0000-0002			

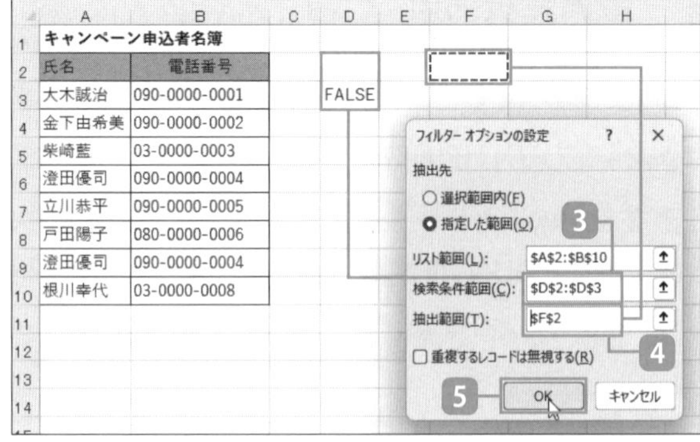

数式解説

「=COUNTIF($A$3:A3,A3)>=2」の数式は、「同じ『氏名』の数が2個以上である場合」の条件式が作成される。この条件式を[検索条件範囲]にしてフィルターオプションの設定を実行すると、『氏名』が重複した名簿が別の表に抽出される。

ここがポイント！ [検索条件範囲]の条件に該当する「TRUE」のデータだけが抽出される

フィルターオプションの設定では、[検索条件範囲]の条件に該当する「TRUE」のデータだけが抽出される。つまり、[検索条件範囲]に「=COUNTIF($A$3:A3,A3)>=2」の条件式を指定して実行すると、条件を満たした結果が「TRUE」となるのは、表内の7行目の「澄田優司」なので、「澄田優司」の名簿が抽出される。

ここがポイント！ 別シートに抽出するには、抽出するシートで実行する

別シートに抽出するには、抽出するシートのセルを選択して、[データ]タブの[並べ替えとフィルター]グループの[詳細設定]ボタンをクリックしよう。抽出元のシートで実行してもフィルターオプションの設定の[抽出範囲]で、別シートのセル範囲が指定できないので注意しよう。

併せて覚え テク 複数のキーで別表に抽出するには？

フィルターオプションの設定で、同性同名に対応して、重複を抽出するには、1COUNTIFS関数を使い、2『氏名』3『電話番号』の2つの条件で同じデータがカウントされるように、条件式を作成しよう。

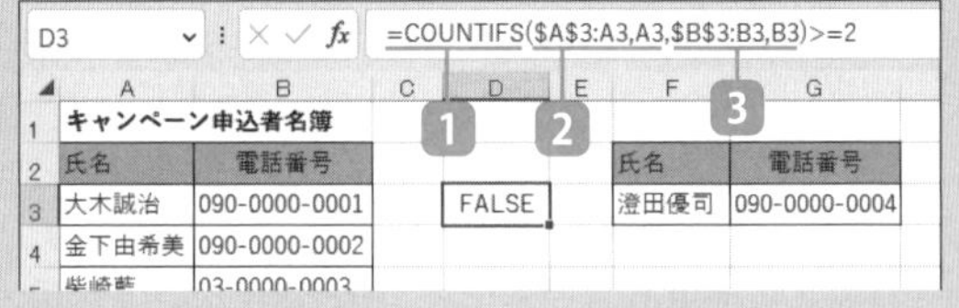

数式解説

「=COUNTIFS($A$3:A3,A3,$B$3:B3,B3)>=2」の数式は、「同じ『氏名』と『電話番号』の数が2個以上である場合」の条件式が作成される。この条件式を[検索条件範囲]にしてフィルターオプションの設定を実行すると、『氏名』と『電話番号』の2つのキーで重複した名簿が別の表に抽出される。

✔ 重複・重複除外抽出

テク259 重複を除いた表を作成したい（データの変更対応）

使うのはコレ！ UNIQUE関数
Excel2019/2016　IF+ROW関数、IFERROR+INDEX+SMALL+ROW関数

データの変更に対応して、重複を削除したデータを別表に抽出するなら、**UNIQUE関数**を使おう。Excel2019/2016では**重複していないデータの表内の番目**をもとに、第9章1節テク222の数式で抽出しよう。

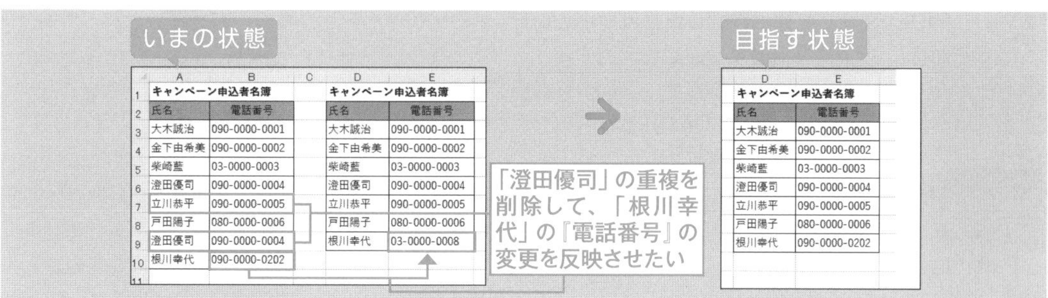

Excel2021/365の数式

1. 求めるセル（D3セル）を選択し、「=UNIQUE(」と入力する。
2. ［配列］…重複を除くセル範囲を選択する。
3. ［列の比較］［回数指定］…省略して、Enterキーで数式を確定する。

数式解説

「=UNIQUE(A3:B10)」の数式は、A3セル～B10セルの重複を除いて抽出する。

併せて覚え テク　**1回しか出現しないデータを抽出する**

UNIQUE関数の引数［配列］に1「TRUE」と入力すると、重複していない（1件しかない）データを抽出することができる。

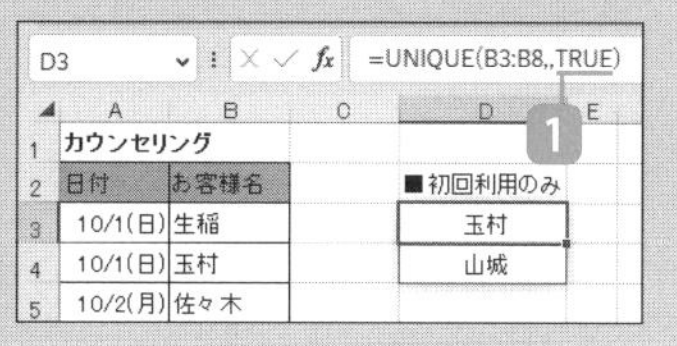

ここがポイント！　**横方向に重複を除いて抽出するには？**

横方向に重複を除いて抽出するなら、本章の5節テク279で解説した、行列を入れ替える1TRANSPOSE関数の引数［配列］に組み合わせて、以下のように数式を作成しよう。
=TRANSPOSE(UUNIQUENIQUE(A3:B10))

Excel2019/2016の数式

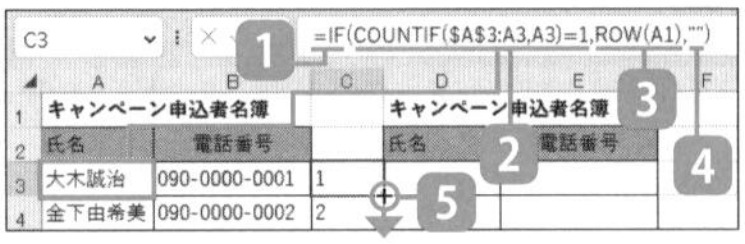

1 C列に「=IF(」と入力する。
2 [論理式]…COUNTIF関数で「同じ『氏名』の数が1個の場合」の条件式を入力する。
3 [値が真の場合]…1個の場合に表示する値として、「ROW(A1)」と入力する。
4 [値が偽の場合]…条件を満たさない場合に表示する空白[""]を入力して、Enterキーで数式を確定する。
5 数式を必要なだけ複写する。

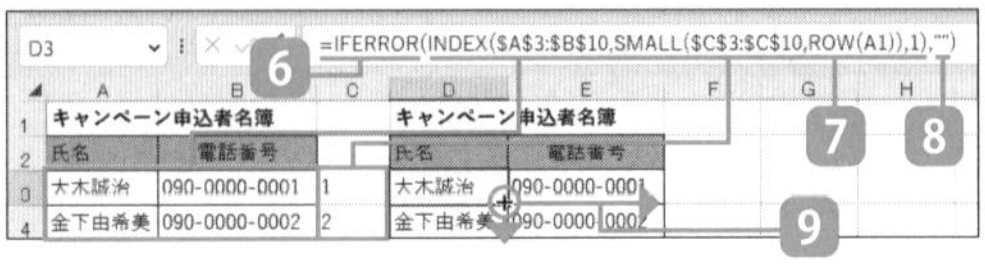

6 求めるセル(D3セル)を選択し、「=IFERROR(」と入力する。
7 [値]…INDEX関数でC列に作成した番目が小さいほうから順番に『氏名』を抽出する数式を入力する。
8 [エラーの場合の値]…エラーの場合に表示する空白[""]を入力する。
9 数式を必要なだけ複写して、INDEX関数の引数[列番号]を抽出する列番号に変更する。

数式解説

「=IF(COUNTIF($A$3:A3,A3)=1,ROW(A1),"")」の数式は、同じ『氏名』が1個しかない場合は表内の番目を求める。数式をコピーすると、引数の[検索条件]に最初のセル番地を絶対参照と相対参照の組み合わせで指定しているため、次のセルには「=IF(COUNTIF($A$3:A4,A4)=1,ROW(A2),"")」となり、同じ『氏名』には空白が求められ、1つしかない『氏名』だけに表内の番目が求められる。
求められた番目をSMALL関数の引数[参照]に組み合わせて数式を作成してコピーすることで、番目が小さいほうから順番に『氏名』が抽出される。『電話番号』のセルに数式をコピーすると、番目が小さいほうから順番に『電話番号』が抽出される。

ここがポイント!　横方向に重複を除いて抽出するには?

横方向に重複を除いて抽出するなら、1 SMALL関数の引数[順位]はCOLUMN関数に変更して、本章の5節テク279で解説する、行列を入れ替える 2 TRANSPOSE関数の引数[配列]に組み合わせて、以下のように配列数式で作成しよう。

$$\{=\underbrace{\text{TRANSPOSE}}_{2}\text{(IFERROR(INDEX(\$A\$3:\$B\$10,SMALL(\$C\$3:\$C\$10,}\underbrace{\text{COLUMN(A1)}}_{1}\text{),1),""))}\}$$

ここがポイント!　複数のキーで重複を除外して抽出するには?

UNIQUE関数の引数[配列]には、指定したセル範囲で重複がチェックされる。そのため、同性同名があっても、この例のように『電話番号』の列も含めたセル範囲選択しておくと、同性同名は重複とみなされずに重複だけが除外されて抽出される。
Excel2019/2016の数式では、C列の数式は、テク258の「併せて覚えテク」のように、1 COUNTIFS関数を使い、2『氏名』3『電話番号』の2つの条件で同じデータがカウントされるように、以下のように条件式を作成しよう。

$$\text{=IF(}\underbrace{\text{COUNTIFS(}}_{1}\underbrace{\text{\$A\$3:A3,A3,}}_{2}\underbrace{\text{\$B\$3:B3,B3}}_{3}\text{)=1,ROW(A1),"")}$$

抽出編

✓ 重複・重複除外抽出

テク260 重複を除いた表を作成したい（データの変更・追加対応）

使うのはコレ! UNIQUE関数+テーブル
Excel2019/2016　IF+ROW関数+テーブル、IFERROR+INDEX+SMALL+ROW関数

データの変更だけでなく追加にも対応しながら重複を除いた抽出をするなら、**表をテーブルに変換**してテク259の数式を使おう。データを追加するたび、別表に重複を除いて抽出できる。ただし、数式内のセル範囲は**テーブル名と[ ]で囲んだ列名**で指定する必要がある。なお、直接入力しなくても、テーブル内のセル範囲を選択するだけで自動挿入される。

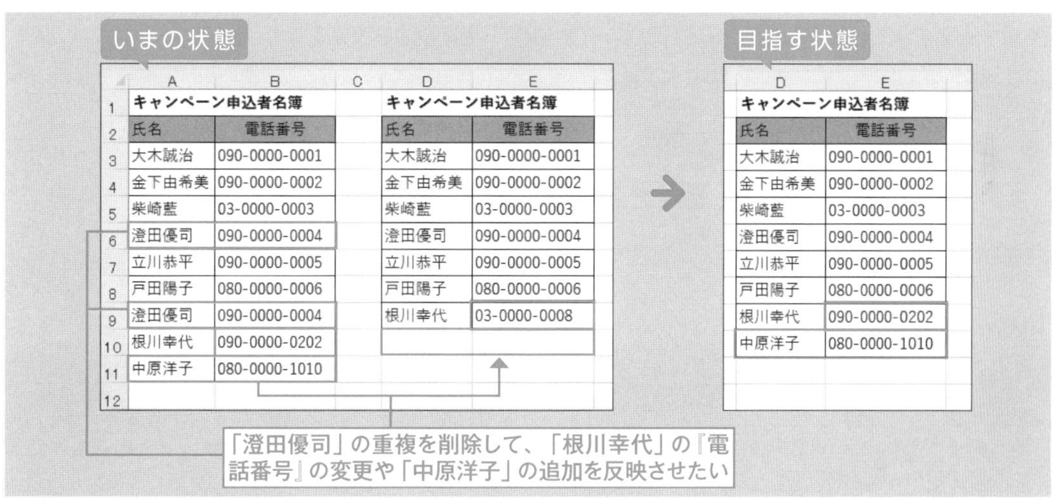

いまの状態
目指す状態
キャンペーン申込者名簿
「澄田優司」の重複を削除して、「根川幸代」の『電話番号』の変更や「中原洋子」の追加を反映させたい

いまの状態

	A	B	C	D	E
1	キャンペーン申込者名簿			キャンペーン申込者名簿	
2	氏名	電話番号		氏名	電話番号
3	大木誠治	090-0000-0001		大木誠治	090-0000-0001
4	金下由希美	090-0000-0002		金下由希美	090-0000-0002
5	柴崎藍	03-0000-0003		柴崎藍	03-0000-0003
6	澄田優司	090-0000-0004		澄田優司	090-0000-0004
7	立川恭平	090-0000-0005		立川恭平	090-0000-0005
8	戸田陽子	080-0000-0006		戸田陽子	080-0000-0006
9	澄田優司	090-0000-0004		根川幸代	03-0000-0008
10	根川幸代	090-0000-0202			
11	中原洋子	080-0000-1010			
12					

目指す状態

D	E
キャンペーン申込者名簿	
氏名	電話番号
大木誠治	090-0000-0001
金下由希美	090-0000-0002
柴崎藍	03-0000-0003
澄田優司	090-0000-0004
立川恭平	090-0000-0005
戸田陽子	080-0000-0006
根川幸代	090-0000-0202
中原洋子	080-0000-1010

● Excel2021/365の数式

1. 表をテーブルに変換し（作成方法は第1章1節テク008参照）、テーブル名「名簿」を付けておく。
2. 求めるセル（D3セル）を選択し、「=UNIQUE(」と入力する。
3. ［配列］…この例で重複を除くのはすべてのセル範囲なのでテーブル名「名簿」で指定する。
4. ［列の比較］［回数指定］…省略して、Enterキーで数式を確定する。

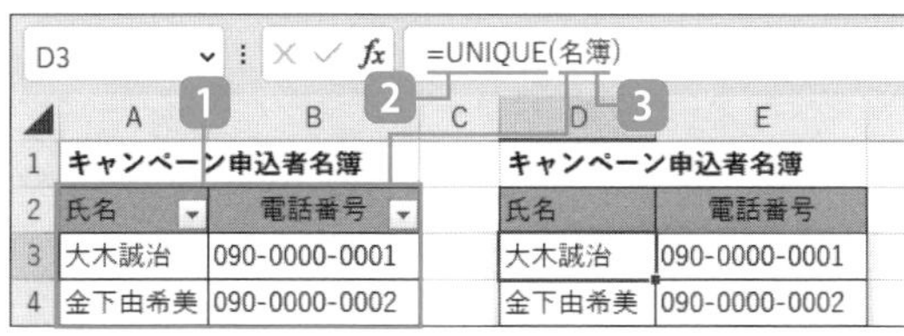

D3
=UNIQUE(名簿)
1
2
3

	A	B	C	D	E
1	キャンペーン申込者名簿			キャンペーン申込者名簿	
2	氏名	電話番号		氏名	電話番号
3	大木誠治	090-0000-0001		大木誠治	090-0000-0001
4	金下由希美	090-0000-0002		金下由希美	090-0000-0002

数式解説

「=UNIQUE(名簿)」の数式は、「名簿」テーブルのデータの重複を除いて抽出する。データを追加しても、テーブルの範囲は自動で拡張されるので、常に追加したデータの重複を除いて抽出される。

Excel2019/2016の数式

1. 表をテーブルに変換し（作成方法は第1章1節テク008参照）、テーブル名「名簿」を付けておく。
2. C列に、テク259の数式とテーブル内のセルを使った「=IF(COUNTIF($A$3:[@氏名],[@氏名])=1,ROW(A1),"")」を入力する。

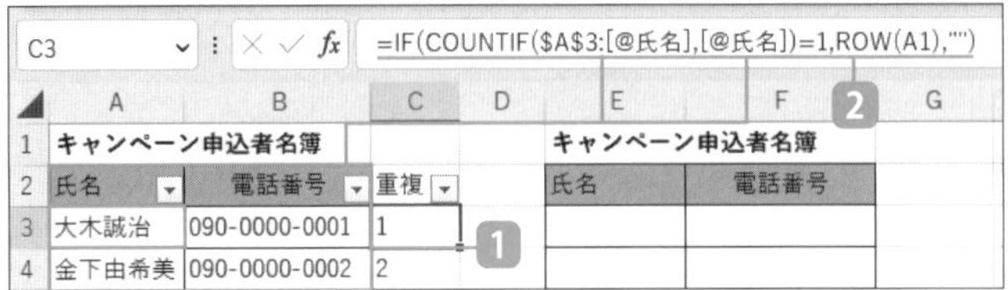

3. 重複を除く名簿を抽出するセル（E3セル）には、テク259の数式とテーブル内のセルを使い「=IFERROR(INDEX(名簿[[氏名]:[電話番号]],SMALL(名簿[重複],ROW(A1)),1),"")」を入力する。
4. 数式を必要なだけ複写して、INDEX関数の引数［参照］［列番号］を調整する。

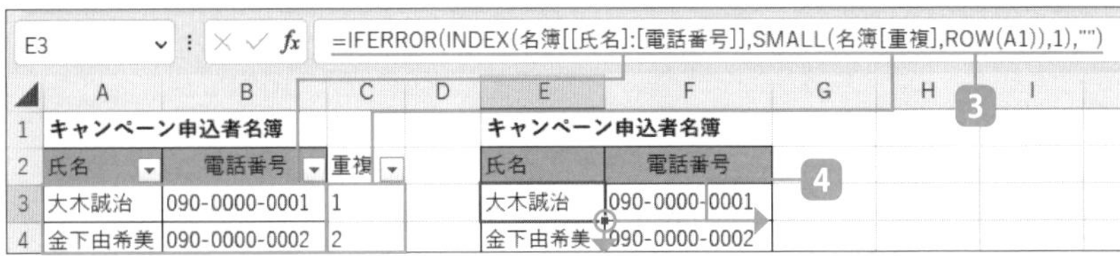

数式解説

『重複』列の数式は、同じ『氏名』が1個しかない場合は表内の番目を求める。テーブル内のそれぞれのセルを参照する場合は、「この行の」を意味する[@]を付けて「=IF(COUNTIF($A$3:[@氏名],[@氏名])=1,ROW(A1),"")」の数式を作成する必要がある。ただし、直接入力しなくてもテーブル内のセルを選択するだけで自動挿入される。
「=IFERROR(INDEX(名簿[[氏名]:[電話番号]],SMALL(名簿[重複],ROW(A1)),1),"")」の数式は、「名簿」テーブルの『重複』の列から、番目が小さいほうから順番に『氏名』の列から抽出する。あらかじめ多めに数式をコピーしておくことで、データを追加しても、テーブルの範囲は自動で拡張されるので、常に追加したデータの重複を除いて抽出される。

併せて覚え テク　複数のキーで抽出するには?

UNIQUE関数の引数［配列］には、指定したセル範囲で重複がチェックされる。そのため、同性同名があっても、この例のように『電話番号』の列も含めたセル範囲選択しておくと、同性同名は重複とみなされずに重複だけが除外されて抽出される。
Excel2019/2016の数式では、C列の数式は、テク258の「併せて覚えテク」のように、1 COUNTIFS関数を使い、2 テーブル内のセルを使い、条件の数だけ数式を作成しよう。

=IF(COUNTIFS($C$3:[@氏名],[@氏名],$D$3:[@電話番号],[@電話番号])=1,ROW(A1),"")

（1: COUNTIFS　2: $C$3:[@氏名],[@氏名],$D$3:[@電話番号],[@電話番号]）

抽出編

✔ 希望の形で重複除外抽出

テク 261 重複を除いたデータを「・」「、」「／」で結合して抽出したい

(Excel2021/2019/365対応)

使うのはコレ！ TEXTJOIN+UNIQUE関数
Excel2019　TEXTJOIN+IF+MATCH+ROW関数+配列数式

重複を除いて、そのデータを［・］や［、］［／］などの区切り文字で区切って抽出するなら、重複を削除したデータを、**TEXTJOIN関数**に組み合わせて数式を作成しよう。

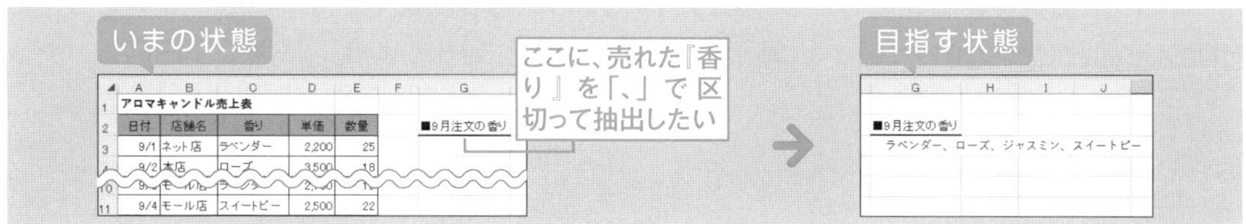

Excel2021/365の数式

1. 求めるセル（G3セル）を選択し、「=TEXTJOIN(」と入力する。
2. ［区切り文字］…区切り文字「"、"」を入力する。
3. ［空のセルは無視］…省略する。
4. ［テキスト1］…UNIQUE関数で、「香り」の重複を除いて抽出する数式を入力して、Enter キーで数式を確定する。

数式解説

「=TEXTJOIN("、",,UNIQUE(C3:C11))」の数式は、C3セル～C11セルの重複を除いて抽出した1件ずつの「香り」を［、］で結合して抽出する。

Excel2019の数式

1. 求めるセル（G3セル）を選択し、「=TEXTJOIN(」と入力する。
2. ［区切り文字］…区切り文字「"、"」を入力する。
3. ［空のセルは無視］…省略する。
4. ［テキスト1］…IF関数で、『香り』の表内の同じ番目が1個しかない場合に『香り』を1個ずつ抽出する数式を作成して Ctrl ＋ Shift ＋ Enter キーで数式を確定する。

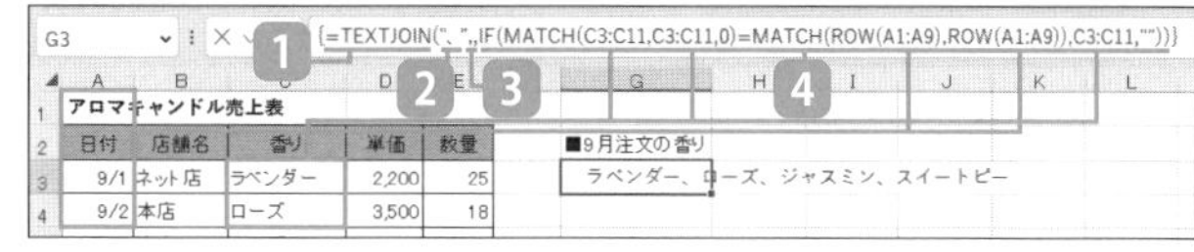

数式解説

「IF(MATCH(C3:C11,C3:C11,0)=MATCH(ROW(A1:A9),ROW(A1:A9)),C3:C11,"")」の数式は、最初に見つかった位置にある『香り』だけがC3セル～C11セルから抽出される。つまり、同じ『香り』は1件ずつ抽出される。TEXTJOIN関数の引数［テキスト1］に組み合わせて数式を作成することで、重複を除いた1件ずつの『香り』を［、］で結合して抽出される。
配列を扱うため、Ctrl ＋ Shift ＋ Enter キーで数式を確定して配列数式で求める必要がある。

✔ 希望の形で重複除外抽出

テク262 複数行列の重複を除いたデータを縦並びで別表に抽出したい

使うのはコレ! Microsoft365 UNIQUE+TOCOL関数
Excel2021 UNIQUE+INDEX+ROW+MOD関数
Excel2019/2016 INDEX+ROW+MOD関数+[重複の削除]ボタン

複数行列のデータをもとにそのすべてを対象にして重複を除いて抽出するには、Microsoft365なら**TOCOL関数**で、それ以外なら**INDEX＋ROW＋MOD関数**で1列にしたデータをもとに**UNIQUE関数**(Excel2019/2016は**[重複の削除]ボタン**)で抽出しよう。

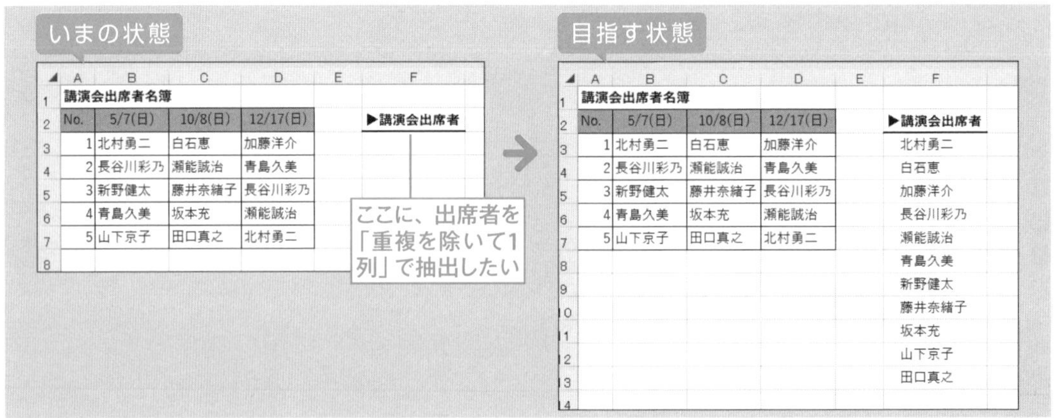

No.	5/7(日)	10/8(日)	12/17(日)
1	北村勇二	白石恵	加藤洋介
2	長谷川彩乃	瀬能誠治	青島久美
3	新野健太	藤井奈緒子	長谷川彩乃
4	青島久美	坂本充	瀬能誠治
5	山下京子	田口真之	北村勇二

▶講演会出席者
北村勇二
白石恵
加藤洋介
長谷川彩乃
瀬能誠治
青島久美
新野健太
藤井奈緒子
坂本充
山下京子
田口真之

● Microsoft365の数式

1. 重複を除いて求めるセル(F3セル)を選択し、「=UNIQUE(TOCOL」と入力する。
2. [配列]…名簿のセル範囲を選択する。
3. [無視する値][検索方法]…省略して、Enter キーで数式を確定する。

数式解説

「TOCOL(B3:D7)」の数式は、B3セル～D7セルの出席者を1列に抽出する。UNIQUE関数の引数[配列]に組み合わせて数式を作成することで、重複を除いて1列に抽出することができる。

● Excel2021の数式

1. 重複を除いて求めるセル(F3セル)を選択し、「=UNIQUE(INDEX(」と入力する。
2. [参照]…抽出するセル範囲を選択する。

抽出編

3 ［行番号］…抽出する行番号「ROW(A3:A17)/3」を入力する。
4 ［列番号］…抽出する列番号「MOD(ROW(A3:A17),3)+1)」を入力し、Enter キーで数式を確定する。

数式解説

「=INDEX(B3:D7,ROW(A3)/3,MOD(ROW(A3),3)+1)」の数式は、行番号が「3」なので引数の［行番号］に「1」、［列番号］に「1」が指定されて、B3セル～D7セルの出席者から1行1列目の「北村勇二」を抽出する。数式をコピーすると、それぞれの行番号が指定されるので、出席者が1列で抽出される。UNIQUE関数の引数［配列］に組み合わせて数式を作成することで、重複を除いて1列に抽出することができる。

Excel2019/2016の数式

1 求めるセル（F3セル）に、Excel2021の数式でUNIQUE関数に組み合わせた「=INDEX($B$3:$D$7,ROW(A3)/3,MOD(ROW(A3),3)+1)」の数式を入力して、数式を必要なだけ複写する。
2 作成した数式をコピーして［貼り付け］ボタンの［▼］→［値］ボタンをクリックして値にする。
3 抽出したセルを1つ選択し、［データ］タブの［データツール］グループの［重複の削除］ボタンをクリックする。
4 ［OK］ボタンをクリックする。

ここがポイント！ 列数によって数式の数値は変更する

INDEX関数の数式では、表の列数によって数式の数値は変更しよう。たとえば表が5列なら、「=INDEX($B$3:$D$7,ROW(A5)/5,MOD(ROW(A5),5)+1)」と数式を作成する。

✔条件重複除外抽出

テク263 条件を満たすデータの重複を除いて別表に抽出したい

使うのはコレ! UNIQUE+FILTER関数　(Excel2021/365対応)

第9章で解説のFILTER関数を使えば条件を満たすデータを抽出できるが、重複していてもすべて抽出されてしまう。条件を満たすデータの重複を除いて抽出するなら、**FILTER関数**で抽出した条件を満たすデータを**UNIQUE関数**で重複を除いて抽出しよう。

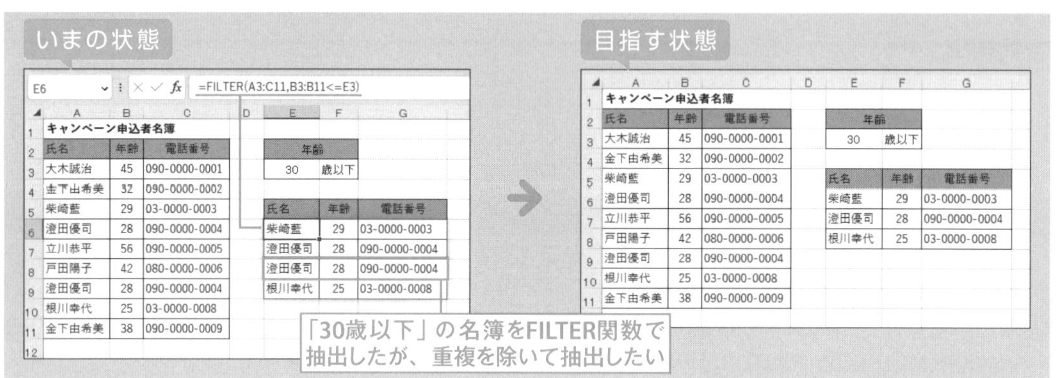

キャンペーン申込者名簿

氏名	年齢	電話番号
大木誠治	45	090-0000-0001
金下由希美	32	090-0000-0002
柴崎藍	29	03-0000-0003
澄田優司	28	090-0000-0004
立川恭平	56	090-0000-0005
戸田陽子	42	080-0000-0006
澄田優司	28	090-0000-0004
根川幸代	25	03-0000-0008
金下由希美	38	090-0000-0009

年齢	
30	歳以下

いまの状態（抽出結果）

氏名	年齢	電話番号
柴崎藍	29	03-0000-0003
澄田優司	28	090-0000-0004
澄田優司	28	090-0000-0004
根川幸代	25	03-0000-0008

目指す状態（抽出結果）

氏名	年齢	電話番号
柴崎藍	29	03-0000-0003
澄田優司	28	090-0000-0004
根川幸代	25	03-0000-0008

1. 重複を除いて求めるセル(E6セル)を選択し、「=UNIQUE(」と入力する。
2. [配列]…FILTER関数で「30歳以下」の条件を満たす名簿を抽出する数式を入力する。
3. [列の比較][回数指定]…省略して、Enter キーで数式を確定する。

E6　=UNIQUE(FILTER(A3:C11,B3:B11<=E3))

数式解説

「FILTER(A3:C11,B3:B11<=E3)」の数式は、『年齢』がE3セルの「30」以下の名簿を抽出する。この抽出したデータをUNIQUE関数の[配列]に組み合わせて数式を作成することで、「30」以下の名簿を、重複を除いて抽出することができる。

併せて覚え テク　空白を含むデータから重複を除いて抽出するには?

UNIQUE関数は引数[配列]に空白を含むセル範囲を指定すると、空白は「0」として抽出されてしまう。このようなときもFILTER関数が役に立つ。**1** FILTER関数で空白以外のデータを抽出して、そのデータをもとにUNIQUE関数で抽出する数式を作成すればいい。併せて覚えておこう。

キャンペーン申込者名簿

氏名	電話番号
大木誠治	090-0000-0001
金下由希美	090-0000-0002
柴崎藍	03-0000-0003
澄田優司	090-0000-0004
立川恭平	090-0000-0005
戸田陽子	
澄田優司	090-0000-0004
根川幸代	03-0000-0008

キャンペーン申込者名簿

氏名	電話番号
大木誠治	090-0000-0001
金下由希美	090-0000-0002
柴崎藍	03-0000-0003
澄田優司	090-0000-0004
立川恭平	090-0000-0005
根川幸代	03-0000-0008

✓ 条件重複除外抽出

テク264 部分一致の条件を満たすデータの重複を除いて別表に抽出したい

Excel2021/365対応

使うのはコレ! UNIQUE+FILTER+IFERROR+FIND関数

第9章1節テク226では、**FILTER関数**で部分一致のデータを抽出する操作を解説しているが、このデータを**UNIQUE関数**に組み合わせることで、部分一致の条件を満たすデータの重複を除いて抽出することができる。

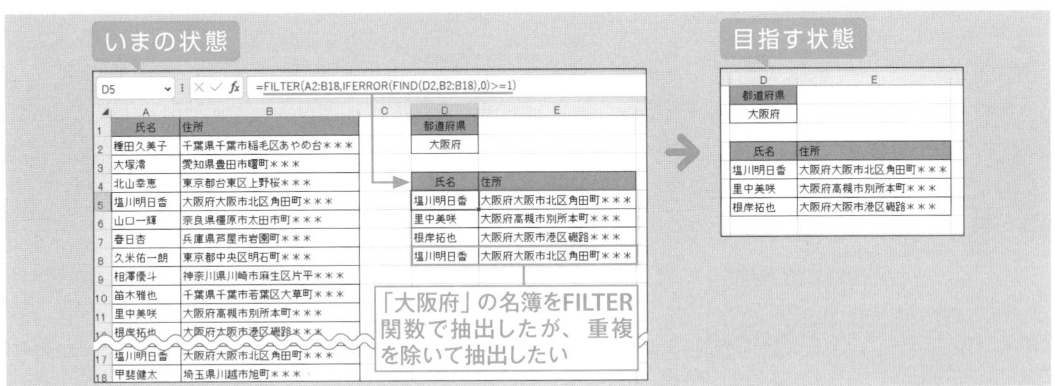

1. 重複を除いて求めるセル(D5セル)を選択し、「=UNIQUE(」と入力する。
2. [配列]…FILTER関数で、部分一致で名簿を抽出する数式(第9章1節テク226参照)を入力する。
3. [列の比較][回数指定]…省略して、Enter キーで数式を確定する。

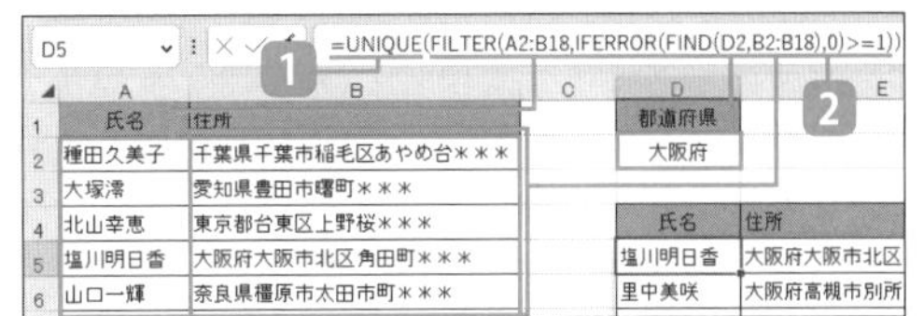

数式解説

「FILTER(A2:B18,IFERROR(FIND(D2,B2:B18),0)>=1))」の数式は、「大阪府」を含む『住所』の名簿を抽出する(数式解説は第9章1節テク226参照)。この抽出したデータをUNIQUE関数の[配列]に組み合わせて数式を作成することで、「大阪府」の名簿を、重複を除いて抽出することができる。

併せて覚え テク 日時のデータから日付の重複を除いて抽出するには?

日時のデータをもとに、日付だけの重複を除いて抽出する場合は、日時はシリアル値のため、この例の数式では抽出できない。この場合は、1時刻のシリアル値である小数点以下の数値をINT関数で切り捨て日付だけにして、UNIQUE関数に組み合わせて抽出しよう。

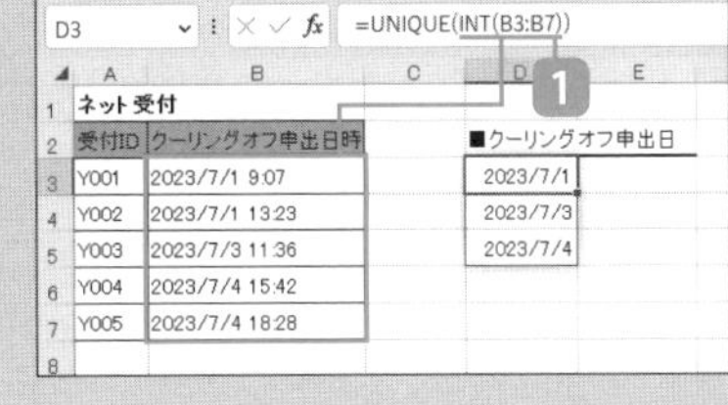

第11章

✔ 複数表の重複・不一致抽出

テク265 2つの表／シートで重複しているデータを抽出したい

使うのはコレ! フィルターオプションの設定

フィルターオプションの設定は、表から条件をつけて抽出できるだけでなく、使い方次第で別の表／シートと重複しているデータを抽出できる。フィルターオプションの設定で、抽出する条件の範囲に別の表を指定するだけでいい。

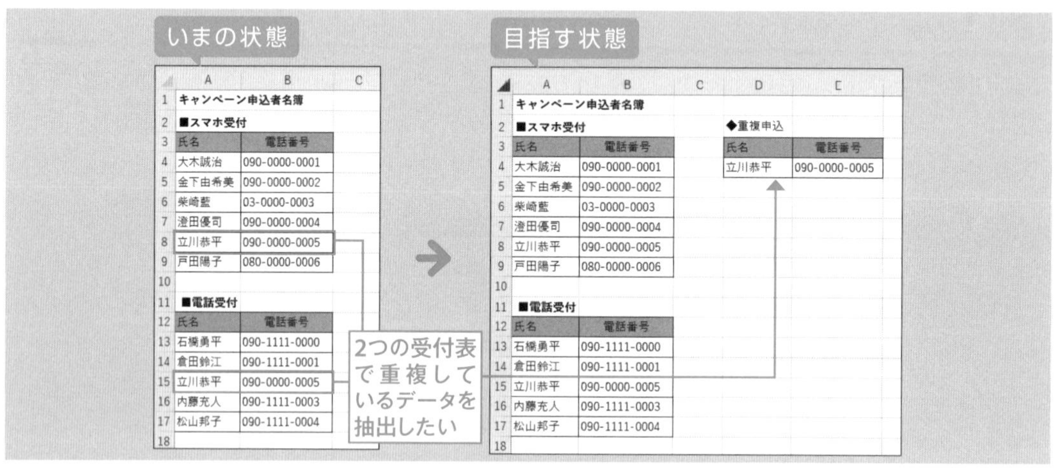

1. 表内のセルを1つ選択し、[データ] タブの [並べ替えとフィルター] グループの [詳細設定] ボタンをクリックする。
2. 表示された [フィルターオプションの設定] ダイアログボックスで、[抽出先] に [指定した範囲] を選ぶ。
3. [リスト範囲] に抽出する表のセル範囲を選択する。
4. [検索条件範囲] に下の表の重複を調べる『氏名』のセル範囲を選択する。
5. [抽出範囲] にD3セルを選択する。
6. [OK] ボタンをクリックする。

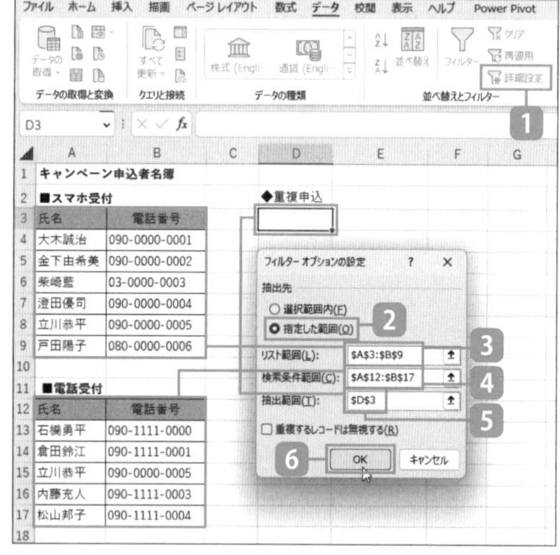

ここがポイント! 複数のキーで抽出するには?

「フィルターオプションの設定」を使って、複数のキーで重複しているデータを抽出するには、引数[検索条件範囲] に条件を含む列をすべて指定しよう。
たとえば、『氏名』と『電話番号』の2条件で重複しているデータを抽出するには、[検索条件範囲] に『氏名』と『電話番号』のセル範囲を選択する。

✔ 複数表の重複・不一致抽出

テク266 2つの表／シートで重複しているデータを抽出したい（データの変更・追加対応）

使うのはコレ! FILTER+COUNTIF関数+テーブル
Excel2019/2016　IF+COUNTIF関数+テーブル、IFERROR+INDEX+SMALL+ROW関数

データの変更・追加に対応して、2つの表／シートで重複しているデータを抽出するなら、**表をテーブルに変換**して、同じデータが別表に1個でもある場合を条件に**FILTER関数**（Excel2019/2016は**IFERROR＋INDEX関数**）で抽出しよう。

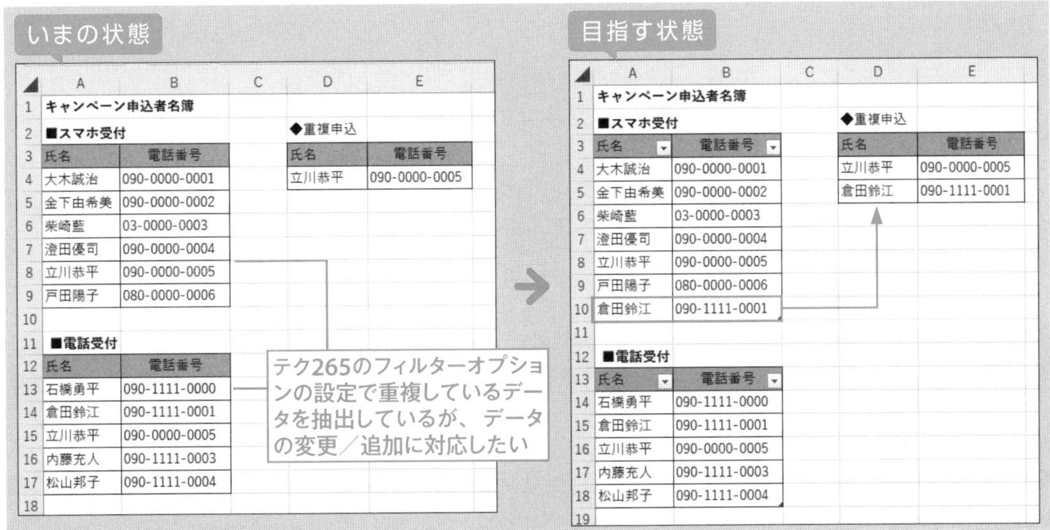
いまの状態
目指す状態
キャンペーン申込者名簿
■スマホ受付
◆重複申込
■電話受付
テク265のフィルターオプションの設定で重複しているデータを抽出しているが、データの変更／追加に対応したい

Excel2021/365の数式

1. 2つの表をテーブルに変換し（作成方法は第1章1節テク008参照）、テーブル名「スマホ受付」、「電話受付」を付けておく。
2. 抽出する左上のセルを選択し、「=FILTER(」と入力する。
3. [配列]…抽出する1つ目の表のセル範囲を選択する。
4. [含む]…COUNTIF関数で「「スマホ受付」テーブルの『氏名』が「電話受付」テーブルの『氏名』に1個でもある場合」の条件式をテーブル名と列名で入力する。
5. [空の場合]…省略して、Enter キーで数式を確定する。

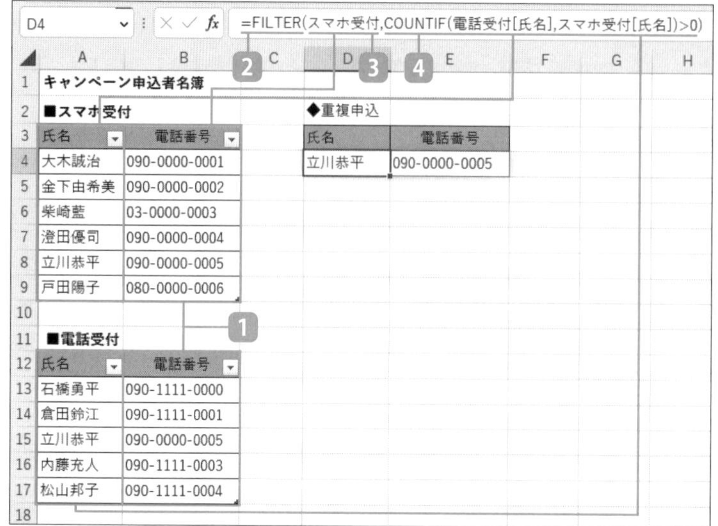

数式解説

「=FILTER(スマホ受付,COUNTIF(電話受付[氏名],スマホ受付[氏名])>0)」の数式は、「「スマホ受付」テーブルの『氏名』が「電話受付」テーブルの『氏名』に1個でもある場合」の条件を満たす、「スマホ受付」テーブルのデータを抽出する。

● Excel2019/2016の数式

1. 2つの表をテーブルに変換し（作成方法は第1章1節テク008参照）、テーブル名「スマホ受付」、「電話受付」を付けておく。
2. C列のセルを選択し、「=IF(」と入力する。
3. [論理式]…「「スマホ受付」テーブルの『氏名』が「電話受付」テーブルの『氏名』に1個でもある場合」の条件式をテーブル名と列名で入力する。
4. 条件を満たす場合に表示する値として「ROW(A1)」を入力する。
5. [値が偽の場合]…条件を満たさない場合に表示する空白[""]を入力して、Enter キーで数式を確定する。

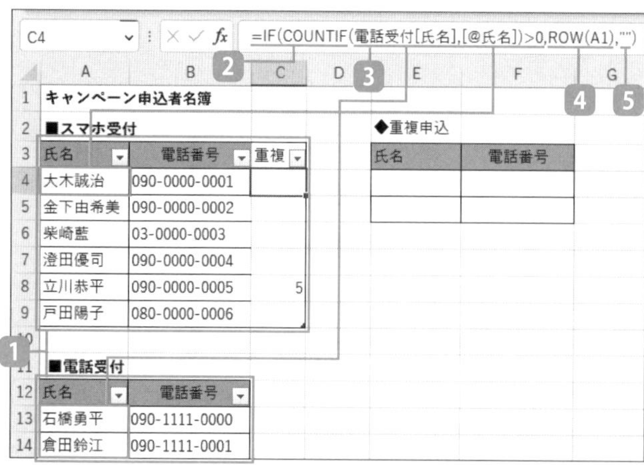

C4
=IF(COUNTIF(電話受付[氏名],[@氏名])>0,ROW(A1),"")
2
3
4
5
1
キャンペーン申込者名簿
■スマホ受付
氏名
電話番号
重複
大木誠治 090-0000-0001
金下由希美 090-0000-0002
柴崎藍 03-0000-0003
澄田優司 090-0000-0004
立川恭平 090-0000-0005 5
戸田陽子 080-0000-0006
■電話受付
氏名
電話番号
石橋勇平 090-1111-0000
倉田鈴江 090-1111-0001
◆重複申込
氏名
電話番号

6 抽出先の左上のセル(E4セル)を選択し、「=IFERROR(」と入力する。
7 [値]…INDEX関数で、C列に求めた表内の番目が小さいほうから順番に『氏名』『電話番号』を抽出する数式をテーブル名と列名で入力する。
8 [エラーの場合の値]…エラーでない場合に表示する空白[""]を入力して、Enter キーで数式を確定する。
9 数式を必要なだけ複写して、それぞれの抽出する列に変更する。

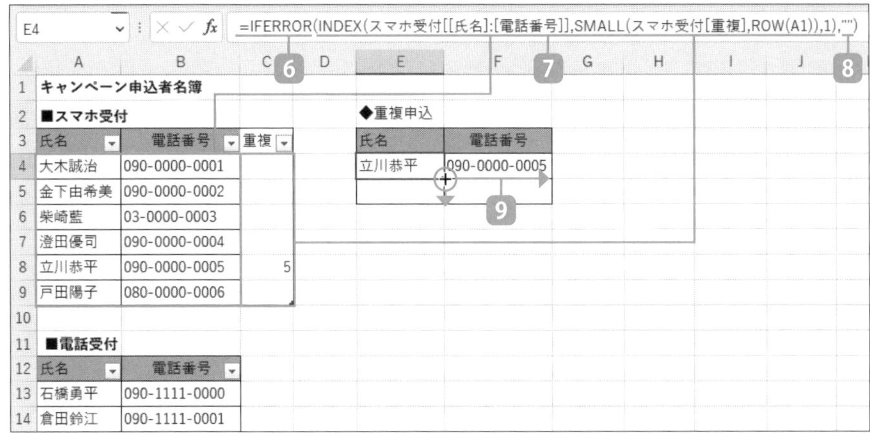

数式解説

「=IF(COUNTIF(電話受付[氏名],[@氏名])>0,ROW(A1),"")」の数式は、「「スマホ受付」テーブルの『氏名』が「電話受付」テーブルの『氏名』に1個でもある場合」に、行番号の「1」を返し、違う場合は空白を求める。数式をコピーすることで、「電話受付」テーブルの『氏名』に1個でもある行に表内の番目が付けられる。
「SMALL(スマホ受付[重複],ROW(A1))」の数式は、「重複」列に作成された表内の番目の小さい方から1番目の値を抽出する。INDEX関数の引数の[行番号]に組み合わせて数式を作成すると、「重複」列の番目「5」の行にある1列目の氏名「立川恭平」が抽出される。他の行列に数式をコピーして、それぞれの抽出する列に変更することで、「スマホ受付」テーブルの『氏名』が「電話受付」テーブルの『氏名』にある重複データが抽出される。

ここがポイント!　複数のキーで抽出するには?

『氏名』と『電話番号』の2つのキーで抽出する場合は、1 COUNTIFS関数で、テーブル内のセルを使い、2『氏名』3『電話番号』の2つの条件で同じデータがカウントされるように、以下のように条件式を作成しよう。

=FILTER(スマホ受付,COUNTIFS(電話受付[氏名],スマホ受付[氏名],電話受付[電話番号],スマホ受付[電話番号])>0)
1 2 3

Excel2019/2016の「重複」列の数式

=IF(COUNTIFS(電話受付[氏名],[@氏名],電話受付[電話番号],[@電話番号])>0,ROW(A1),"")
1 2 3

✔ 複数表の重複・不一致抽出

テク267 複数シートのいずれにも存在しないデータを抽出したい（シートの追加対応）

使うのはコレ! SUM+COUNTIF(S)+INDIRECT関数
Excel2021/365　+FILTER関数
Excel2019/2016　+フィルターオプションの設定

該当の表のデータが、ほかの複数シートの表に存在しないデータを、シートの追加に対応して抽出したい。そんなときは、それぞれのシートに**1個もデータがない条件の列**を追加して**FILTER関数**（**フィルターオプションの設定**）で抽出しよう。このテクでは、追加したシート名の入力で抽出する操作を解説する。

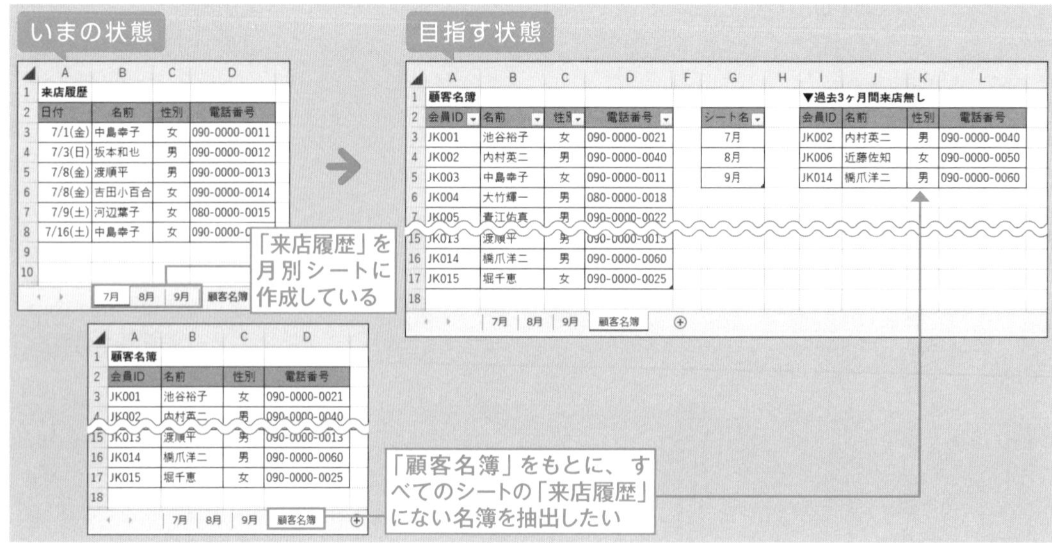

1. シート名の表を作成し、テーブルに変換し（作成方法は第1章1節テク008参照）、テーブル名「シート名」を付けておく。抽出する表もテーブルに変換しておく。
2. E列に『作業列』の見出しを付けて、セルに「=SUM(COUNTIF(」と入力する。
3. [範囲]…INDIRECT関数でそれぞれのシート名のセル範囲を間接的に参照する数式を「シート名[シート名]&"!$B$3:$B$10"」で入力する。
4. [検索条件]…重複を数える「名前」のB3セルを「[@名前]」で入力する。
5. 「)=0」と入力したら、Enter キーで数式を確定する。

操作テク Excel2019/2016の場合は Ctrl ＋ Shift ＋ Enter キーで数式を確定する。

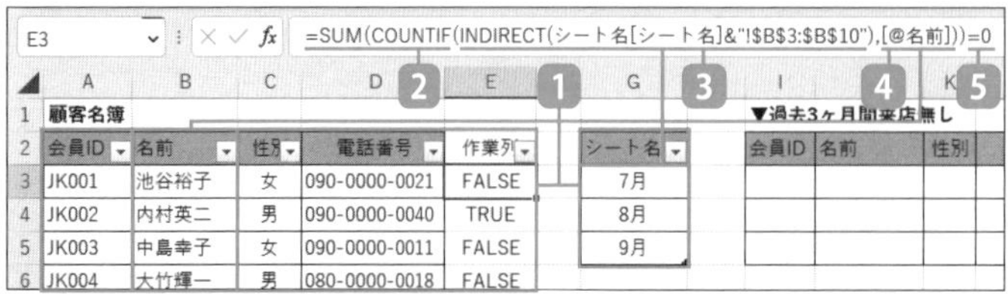

Excel2021/365の数式

6 求めるセル（I3セル）を選択し、「=FILTER(」と入力する。
7 ［配列］…抽出するセル範囲を「名簿［［会員ID］:［電話番号］］」で入力する。
8 ［含む］…「『作業列』のデータが「TRUE」である場合」の条件式を「名簿［作業列］=TRUE」で入力する。
9 ［空の場合］…省略して、Enter キーで数式を確定する。
10 シートを追加したらシート名をG列に入力するだけで抽出される。

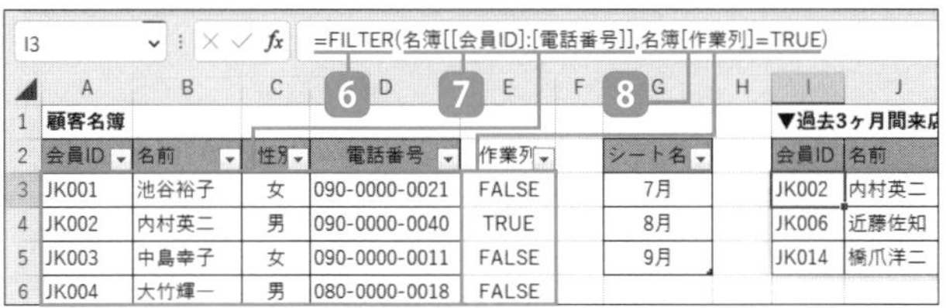

Excel2019/2016の数式

6 G9セルに『作業列』の見出しとその下に抽出条件「TRUE」を入力する。
7 表内のセルを1つ選択し、［データ］タブの［並べ替えとフィルター］グループの［詳細設定］ボタンをクリックする。
8 表示された［フィルターオプションの設定］ダイアログボックスで、［抽出先］に［指定した範囲］を選ぶ。
9 ［リスト範囲］にA2セル～E17セルを範囲選択する。
10 ［検索条件範囲］に作成した条件のG9セル～G10セルを範囲選択する。
11 ［抽出範囲］に抽出する見出しのI2セル～L2セルを選択する。
12 ［OK］ボタンをクリックする。
13 シートを追加したらシート名をG列に入力して、手順7～12を行って再抽出する。

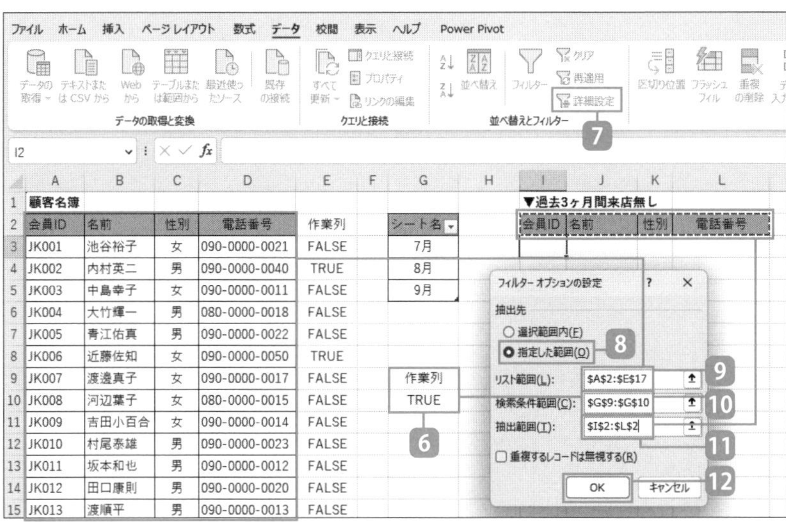

第11章

数式解説

「=SUM(COUNTIF(INDIRECT(シート名[シート名]&"!$B$3:$B$10"),[@名前]))=0」の数式は、「「名簿」テーブルの『名前』がG3セル〜G5セルに入力したシートのB3セル〜B10セルの「来店履歴」の『名前』にない場合」の条件を満たすと、「TRUE」、満たさないと「FALSE」が求められる。この「TRUE」を条件にしてFILTER関数（フィルターオプションの設定）で抽出すると、すべてのシートの「来店履歴」にない『名前』が「顧客名簿」から抽出される。

併せて覚え テク　複数のキーで抽出するには?

この例の数式は「名前」だけの重複を対象にして抽出している。「名前」「電話番号」の2つのキーで抽出するなら、E列の数式で、1 COUNTIFS関数を組みあわせて、2「名前」と3「電話番号」の2条件でそれぞれに1個もない条件が指定できるように数式を作成しよう。

=SUM(COUNTIFS(INDIRECT(シート名[シート名]&"!$B$3:$B$10"),[@名前],
INDIRECT(シート名[シート名]&"!$D$3:$D$10"),[@電話番号]))=0

（1: COUNTIFS　2: INDIRECT(シート名[シート名]&"!$B$3:$B$10"),[@名前]　3: INDIRECT(シート名[シート名]&"!$D$3:$D$10"),[@電話番号]）

抽出編

✔ 複数表の重複・不一致抽出

テク268 複数表／シート／ブックから重複を除いて1つの表にしたい

Microsoft365対応

使うのはコレ! VSTACK+UNIQUE関数

複数シートのデータをもとに重複を除く件数を数えるなら、**VSTACK関数**で複数のシートの表を縦方向にまとめて、**UNIQUE関数**で重複を除いて抽出しよう。

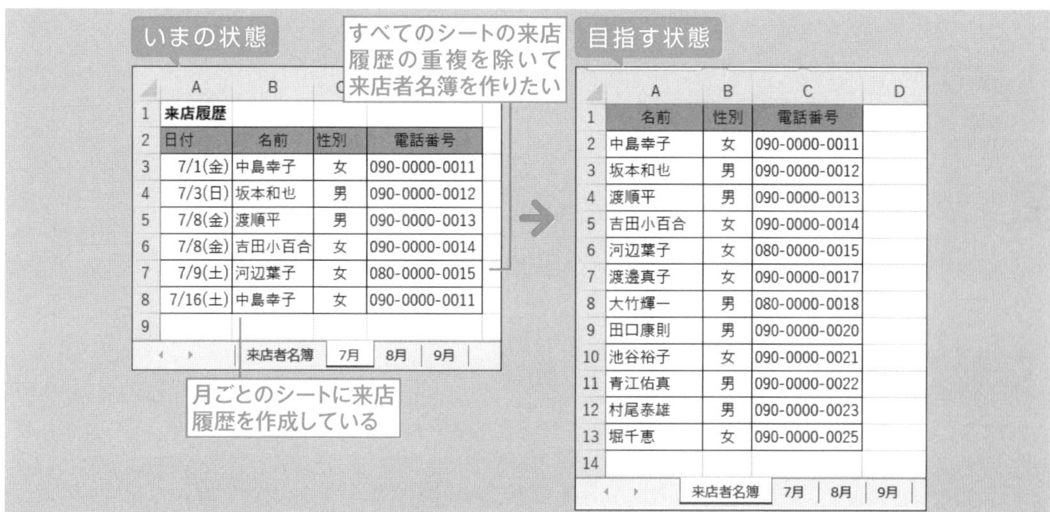

1. 求めるセル（A2セル）を選択し、「=UNIQUE(」と入力する。
2. [配列]…VSTACK関数で引数[配列1]～[配列3]に「7月」シート～「9月」シートのそれぞれのセル範囲を指定した数式を入力する。
3. [列の比較][回数指定]…省略して、Enter キーで数式を確定する。

数式解説

「=UNIQUE(VSTACK('7月'!B3:D8,'8月'!B3:D7,'9月'!B3:D6))」の数式は、縦方向に結合した「7月」シート～「9月」シートのセル範囲のデータの重複を除いて抽出する。

ここがポイント！　複数シートの同じセル範囲ならシートをグループ化しよう

この例の数式では、1シートごとにVSTACK関数の引数にセル範囲を指定して作成しているが、それぞれのシートの表のセル範囲が同じなら、1**シートをグループ化**して指定しよう。大量のシートでも、セル範囲は1つ入力するだけですむ。

=UNIQUE(VSTACK('7月:9月'!B3:D8))
1（'7月:9月'!B3:D8）

ここがポイント！　横方向に結合する場合は？

それぞれの表を横方向に結合するなら、**HSTACK関数**を使おう。

併せて覚え テク　複数ブックならウィンドウの切り替えボタンを使おう

複数ブックのデータをもとに重複を除く件数を数えるなら、すべてのブックを開いておき、[表示]タブ→[ウィンドウ]グループ→[ウィンドウの切り替え]ボタンでブックを切り替えながら数式を作成しよう（詳しい操作は第2章3節テク038の「併せて覚えテク」参照）。

併せて覚え テク　365以外ならクリップボードを使う

Microsoft365以外で、データの変更に対応する必要がないなら、クリップボード（使い方は第3章3節テク052参照）で複数の表／シートを1つの表にまとめて、Excel2021ならUNIQUE関数、Excel2019/2016なら、第11章2節テク256で解説の[重複の削除]ボタンで重複を削除して抽出しよう。

✔ 複数表の重複・不一致抽出

テク269 複数ブックから重複を除いて1つの表にしたい（ブックの追加対応）

使うのはコレ! Power Query

Power Queryを使うと、複数シート／ブックのデータを、重複を除いて1つのテーブルにまとめることができる。また、あとからシート／ブックを追加しても、「更新」ボタン1つで自動反映させることもできる。このテクでは、自動で連番が付ける方法も併せて解説する。

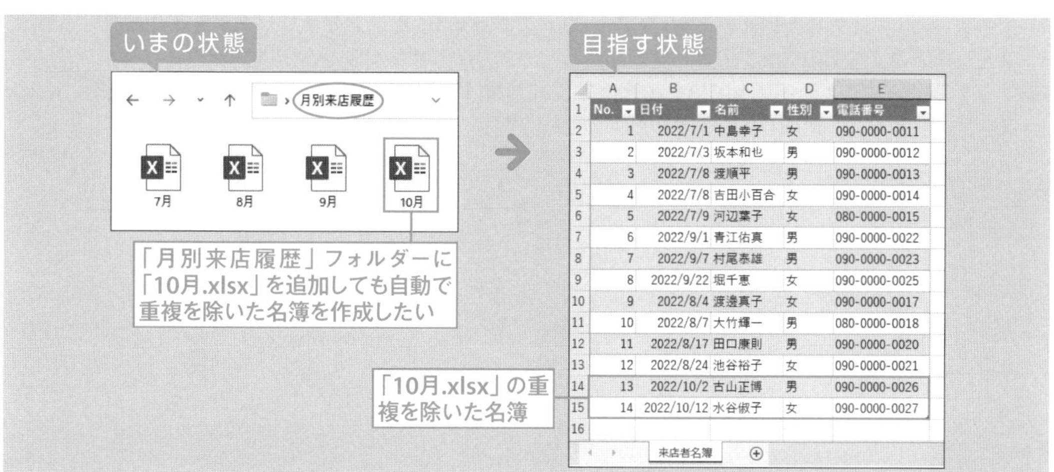

No.	日付	名前	性別	電話番号
1	2022/7/1	中島幸子	女	090-0000-0011
2	2022/7/3	坂本和也	男	090-0000-0012
3	2022/7/8	渡順平	男	090-0000-0013
4	2022/7/8	吉田小百合	女	090-0000-0014
5	2022/7/9	河辺薫子	女	080-0000-0015
6	2022/9/1	青江佑真	男	090-0000-0022
7	2022/9/7	村尾泰雄	男	090-0000-0023
8	2022/9/22	堀千恵	女	090-0000-0025
9	2022/8/4	渡邊真子	女	090-0000-0017
10	2022/8/7	大竹輝一	男	080-0000-0018
11	2022/8/17	田口康則	男	090-0000-0020
12	2022/8/24	池谷裕子	女	090-0000-0021
13	2022/10/2	古山正博	男	090-0000-0026
14	2022/10/12	水谷俶子	女	090-0000-0027

1. あらかじめ、すべてのブックを1つのフォルダー（ここでは「月別来店履歴」フォルダー）に格納しておき、それぞれのブックはテーブルに変換し、テーブル名は「テーブル1」で統一しておく。

   操作テク テーブルに変換していない表の場合は、シート名を統一しておこう。

2. 第3章3節テク053の1～5の手順でPower Queryエディターを起動して、「7月.xlsx」「8月.xlsx」「9月.xlsx」の3つのブックが結合されたクエリ「月別来店履歴」（クエリ名はフォルダー名が自動で付けられる）を作成する。

   操作テク ここでは、クエリ名を「来店者名簿」に変更するので、右端の『名前』に「来店者名簿」と入力する。

3. ブック名の列が不要なときは、列を選択して［ホーム］タブ→［列の管理］グループ→［列の削除］を選択して削除しておく。
4. 重複を削除したい列を選択（この例では『名前』『電話番号』）して、［ホーム］タブ→［行の削減］グループ→［行の削除］ボタン→［重複の削除］を選択して削除する。

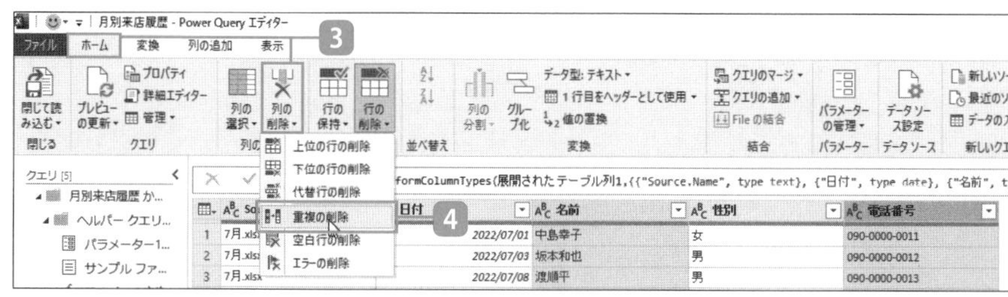

5. 連番を付けるには［列の追加］タブ→［全般］グループ→［インデックス列］の［▼］→［1から］を選択する。

6 最後列に追加されるので、列を選択して右クリックし、[移動]→[先頭に移動]を選択する。

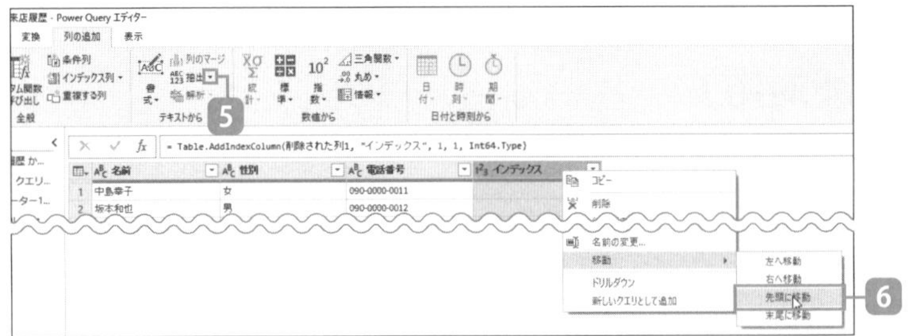

7 列名を『No.』に変更したら、[ホーム]タブ→[閉じて読み込む]ボタンをクリックすると、「月別来店履歴」フォルダーのすべてのブックのデータを結合したクエリで作成されたテーブルが作成される。

8 ブックを追加して、テーブル内のセルを選択し、[クエリ]タブ→[読み込み]グループ→[更新]ボタンをクリックすると、追加したブックの名簿の重複を除いたデータがテーブルに追加される。

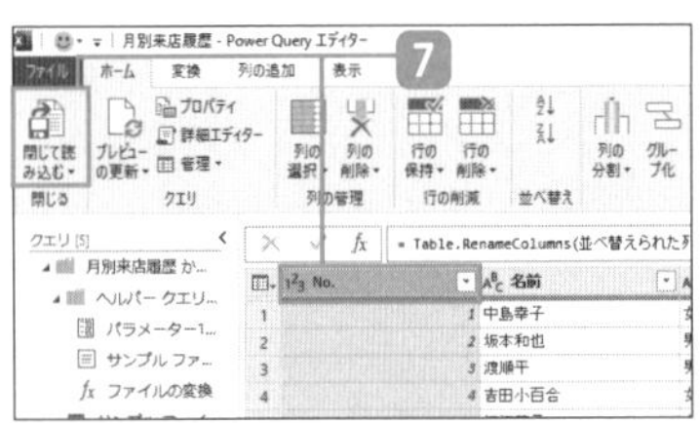

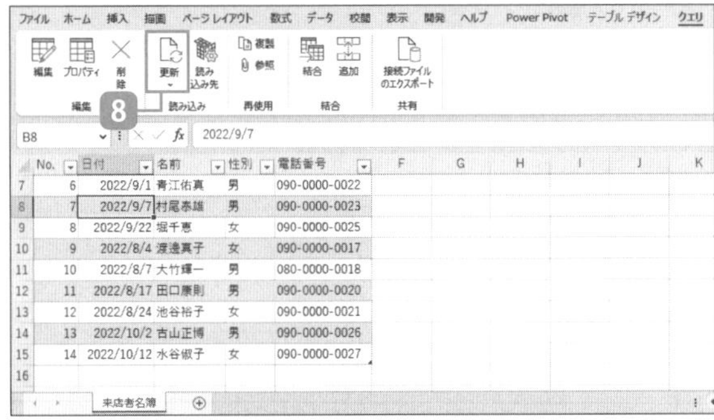

ここがポイント！　シートの追加に対応するには？

シートの追加に対応するには、第3章3節テク053の「併せて覚えテク」の操作で1つのブックに取り込み、Power Queryエディターで操作を行おう。
そのほかのPower Queryを使用する際のポイントは、第3章3節テク053の「ここがポイント！」で解説しているので参考にしよう。

併せて覚え テク　重複データを除いて並べ替えて抽出するには?

それぞれのブックにふりがなの列を作成しておけば、Power Queryエディターで、ふりがなの列を選択し、1[ホーム]タブ→[並べ替え]グループ→[昇順で並べ替え]ボタンをクリックするだけで、常に重複データを除いて五十音順に並べ替えて抽出できる。併せて覚えておこう。2なお、この例のように連番を付けるときは、必ず並べ替えてから、本文の手順5～6を行おう。

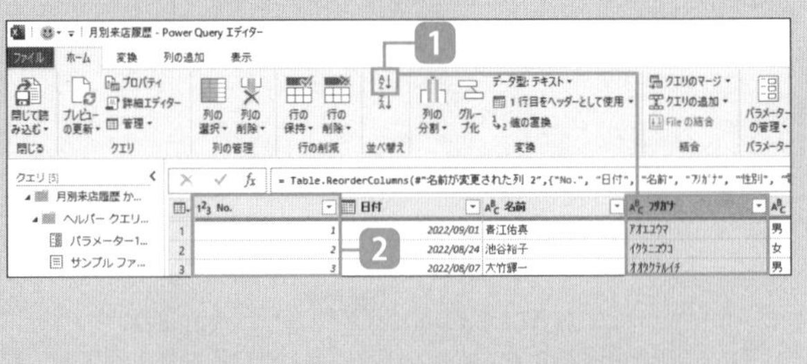

抽出編

11-3 指定の行列から抽出するテクをマスター!

入力した大きな表から必要な列だけ、行だけの表がほしい場合は、「行列の非表示」で対処することができる。ショートカットキーを使うなら、非表示にしたい列を選択して Ctrl ＋ 0 キー、非表示にしたい行を選択して Ctrl ＋ 9 キーを押そう。

	B	E	F
1	氏名	郵便番号	住所
2	種田久美子	263-5552	千葉県千葉市稲毛区あやめ台＊＊＊
3	大塚澪	471-0835	愛知県豊田市曙町＊＊＊
4	北山幸恵	110-0005	東京都台東区上野桜＊＊＊
5	塩川明日香	530-0017	大阪府大阪市北区角田町＊＊＊
6	山口一輝	634-0001	奈良県橿原市太田市町＊＊＊
7	春日杏	659-0013	兵庫県芦屋市岩園町＊＊＊
8	久米佑一朗	104-0044	東京都中央区明石町＊＊＊
9	相澤優斗	215-0023	神奈川県川崎市麻生区片平＊＊＊
10	笛木雅也	234-0011	千葉県千葉市若葉区大草町＊＊＊
11	里中美咲	569-1114	大阪府高槻市別所本町＊＊＊
12	根岸拓也	552-0003	大阪府大阪市港区磯路＊＊＊
13	柿崎結菜	327-0004	栃木県佐野市赤坂町＊＊＊
14	水口幸子	501-6207	岐阜県羽島市足近町＊＊＊
15	長谷川由美子	123-0842	東京都足立区栗原＊＊＊
16	柿崎翼	327-0004	栃木県佐野市赤坂町＊＊＊
17			

『氏名』『郵便番号』『住所』の列だけにしたい

しかし、別のシートに、指定の列だけの表が必要な場合もある。そのときにコピー&貼り付けで作成すると、元データの変更や追加に対応できなくなる。

	A	B	C
1	氏名	郵便番号	住所
2	種田久美子	263-5552	千葉県千葉市稲毛区あやめ台＊＊＊
3	大塚澪	471-0835	愛知県豊田市曙町＊＊＊
4	北山幸恵	110-0005	東京都台東区上野桜＊＊＊
5	塩川明日香	530-0017	大阪府大阪市北区角田町＊＊＊
6	山口一輝	634-0001	奈良県橿原市太田市町＊＊＊
7	春日杏	659-0013	兵庫県芦屋市岩園町＊＊＊
8	久米佑一朗	104-0044	東京都中央区明石町＊＊＊
9	相澤優斗	215-0023	神奈川県川崎市麻生区片平＊＊＊
10	笛木雅也	234-0011	千葉県千葉市若葉区大草町＊＊＊
11	里中美咲	569-1114	大阪府高槻市別所本町＊＊＊
12	根岸拓也	552-0003	大阪府大阪市港区磯路＊＊＊
13	柿崎結菜	327-0004	栃木県佐野市赤坂町＊＊＊

名簿　送付先

「名簿」シートの変更追加に対応した送付先リストを「送付先」シートに作成したい!

本節では、表をデータの変更や追加に対応して指定の行列だけ抽出テクニックをマスターしよう!

第11章

✔ 可変最終抽出

テク270 常に最後の行／列にあるデータを抽出したい（データの追加対応）

使うのはコレ! TAKE関数+テーブル
Exce2021/l2019/2016　LOOKUP+LEN関数+テーブル

表の最後のデータを抽出したい場合、常にデータを追加する表では、その都度、変更しなければならない。追加に対応するには、**表をテーブルに変換**しておき、Microsoft365なら**TAKE関数**、Exce2021/2019/2016なら**LOOKUP関数**に**LEN関数**を使って抽出しよう。

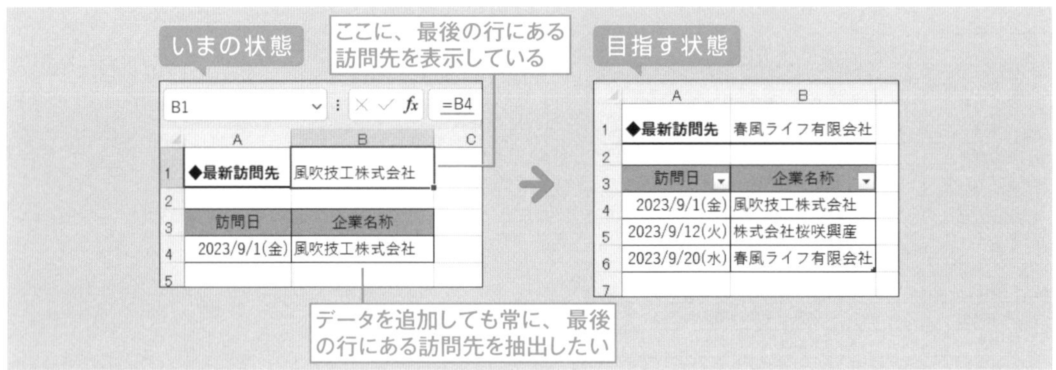

● Microsoft365の数式

1. 表をテーブルに変換し（作成方法は第1章1節テク008参照）、テーブル名「訪問先」を付けておく。
2. 最新訪問先を求めるセル（B1セル）を選択し、「=TAKE(」と入力する。
3. ［配列］…抽出する『企業名称』を「訪問先［企業名称］」で指定する。
4. ［行数］…「-1」と入力する。
5. ［列数］…省略して、Enter キーで数式を確定する。

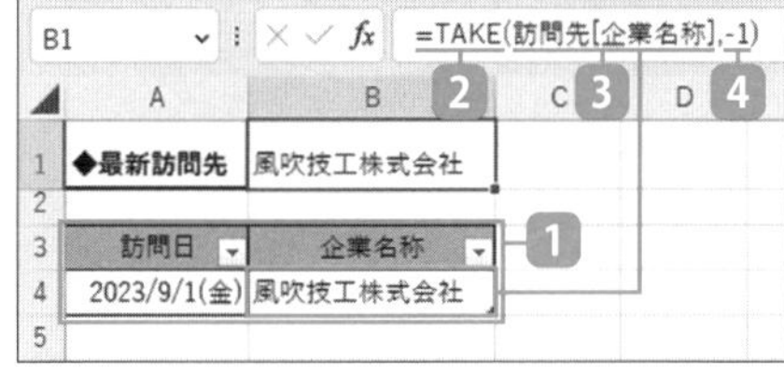

数式解説

TAKE関数を使うと、配列の先頭や最終から行数や列数を指定して抽出することができる。引数［行数］［列数］には、先頭からは正の数、最終からは負の数を指定する。この例のように最終から1行目は引数［行数］に「-1」と指定することで抽出できる。表をテーブルに変換して、「=TAKE(訪問先［企業名称］,-1)」の数式を作成することで、常に最後の行にある訪問先を抽出することができる。

ここがポイント!　**TAKE関数の逆を抽出するならDROP関数を使う**

DROP関数を使えば、配列の先頭や最終から行数や列数を削除して残りの配列を抽出することができる。セットで覚えておくと便利。

Exce2021/2019/2016の数式

1. 表をテーブルに変換し（作成方法は第1章1節テク008参照）、テーブル名「訪問先」を付けておく。
2. 「最新訪問先」を求めるセルを選択し、「=LOOKUP(」と入力する。
3. ［検査値］…「1」と入力する。
4. ［検査範囲］…『企業名称』の文字数を「0」で除算する数式を「0/LEN(訪問先［企業名称］)」で指定する。
5. ［対応範囲］…抽出する『企業名称』のセル範囲を「訪問先［企業名称］」で指定して、Enter キーで数式を確定する。

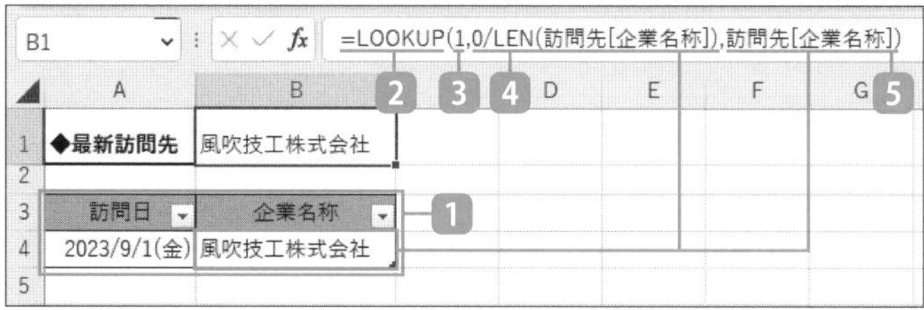

数式解説

数式での空白セルの文字数は「0」が求められる。そのため、「LEN(訪問先［企業名称］)」の数式結果の空白は「0」、そのほかは文字数を求める。これを「0」で除算すると、数式が入力されたセルにはエラー値、数値には「0」が求められるので、LOOKUP関数の［検査値］に「1」を指定して数式を作成すると、「1に対応するエラー値以外の『企業名称』、つまり、最後に入力した『企業名称』が抽出される。

併せて覚え テク　テーブルに変換できない表ならこうしよう

表をテーブルに変換できない以下のような表でデータの追加に対応する場合、TAKE関数で抽出するなら、1 FILTER関数で空白以外のデータを抽出したデータを引数［配列］に組み合わせた数式を作成しよう。2 LOOKUP＋LEN関数の数式なら、あらかじめ多めにセル範囲を指定して数式を作成するだけでいい。これらの数式では、以下のように3数式での空白を含んでいても常に最後のデータが抽出される。

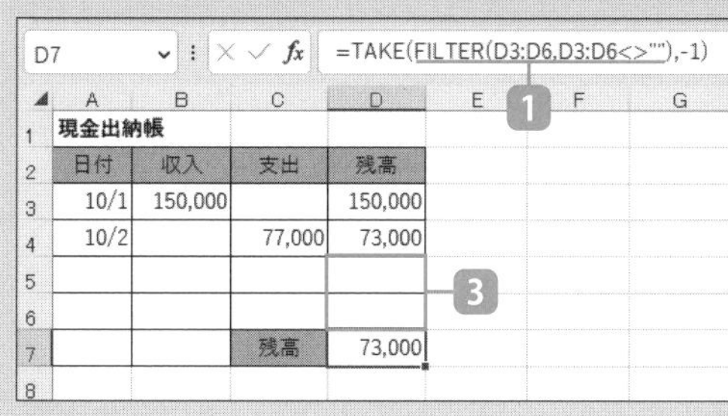

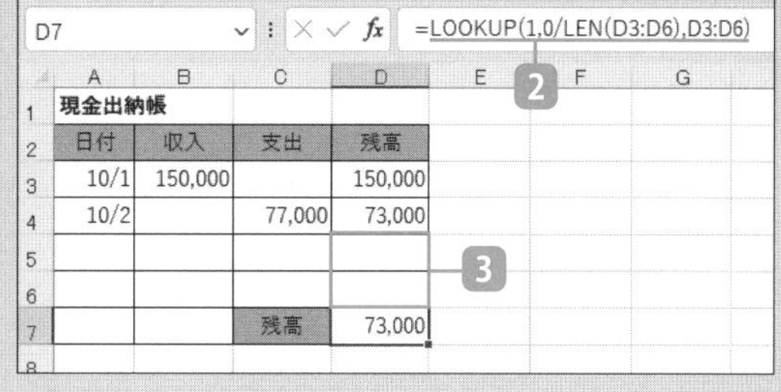

数式解説

「FILTER(D3:D6,D3:D6<>"")」の数式は、D3セル～D6セルの空白以外の『残高』を抽出する。TAKE関数の引数［配列］に組み合わせて数式を作成することで、空白以外の最後から1行目にある『残高』が抽出される。

✓ 可変最終抽出

テク 271 常に最後の行／列から●件のデータを抽出したい（データの追加対応）

使うのはコレ! INDEX＋COUNTA＋ROW関数＋テーブル

表の最後の行または列から3件、5件などのデータを抽出したい場合、常にデータを追加する表では、その都度変更しなければならない。追加に対応するには、**表をテーブルに変換**しておき、**INDEX関数**に**COUNTA関数**と**ROW関数**を使って抽出しよう。なお、Microsoft365ならテク270の**TAKE関数**1つで抽出できるのでこのテクの数式は不要。

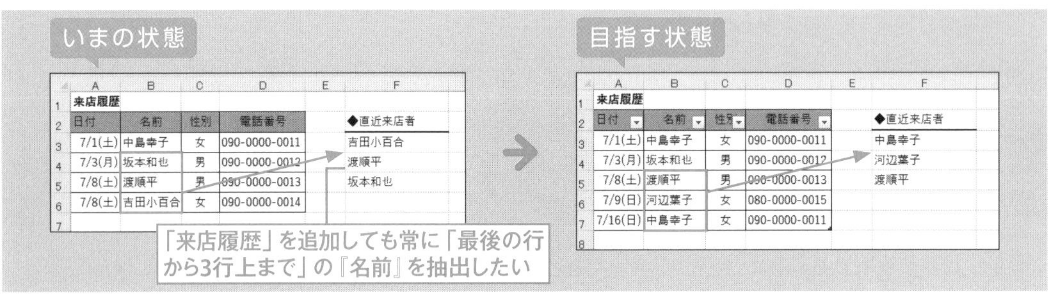

いまの状態
目指す状態
「来店履歴」を追加しても常に「最後の行から3行上まで」の『名前』を抽出したい

1 表をテーブルに変換し（作成方法は第1章1節テク008参照）、テーブル名「来店履歴」を付けておく。
2 直近来店者を抽出するセルを選択し、「=INDEX(」と入力する。
3 [参照]…抽出する『名前』を「来店履歴[名前]」で指定する。
4 [行番号]…COUNTA関数で『名前』の件数から数式のコピーで「3」「2」「1」件分引かれるように数式を入力する。
5 [列番号]…省略して、Enter キーで数式を確定する。
6 数式を3行分複写する。

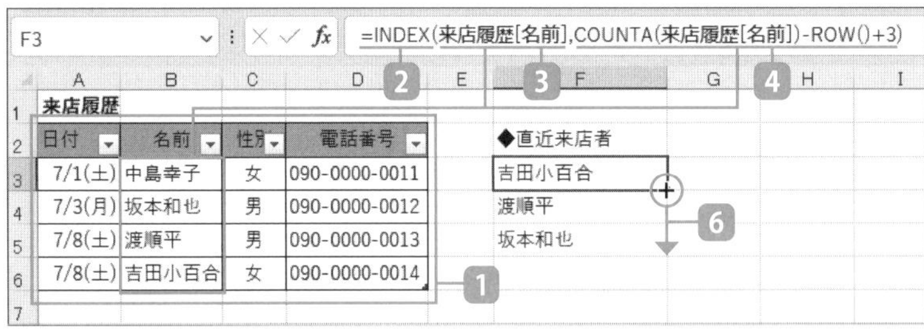

=INDEX(来店履歴[名前],COUNTA(来店履歴[名前])-ROW()+3)

数式解説

「=INDEX(来店履歴[名前],COUNTA(来店履歴[名前])-ROW()+3)」の数式は、「来店履歴」テーブルの『名前』の列の4行目にある『名前』のセル参照を抽出する。つまり、最後の行にある「吉田小百合」が抽出される。数式をコピーすると、2行目には行番号が1つ増えるため、最後の行から1行上の「渡順平」、3行目には行番号が2つ増えるため、最後の行から3つ上の「坂本和也」が抽出される。結果、最終行から3件が抽出される。データを追加しても数式は『名前』の列を参照しているので、常に最後の行から3行上までの『名前』が抽出される。

ここがポイント！　常に最後の列から●件のデータを抽出する場合は？

データが追加されても、常に最後の列から●件のデータを抽出する場合も、INDEX関数、COUNTA関数で指定するセル範囲をデータのセル範囲に変更するだけでできる。

ここがポイント！　Microsoft365ならTAKE関数だけで抽出できる

Microsoft365ならテク270の**TAKE関数**1つで抽出できるので、この例では操作を割愛する。この例なら、最終から3行分抽出するので、TAKE関数で引数［行数］に「-3」と指定して以下のように数式を作成しよう。

=TAKE(来店履歴［名前］,-3)

ここがポイント！　テーブルに変換できない表なら多めに範囲指定する

表をテーブルに変換できなくても、データの追加に対応したいなら、1INDEX関数の引数［参照］、2COUNTA関数の引数［値1］のセル範囲を多めに指定して数式を作成しよう。

✔ 指定の行列抽出

テク272 複数の列／行位置を指定し、該当データを抽出したい

Microsoft365対応

使うのはコレ! CHOOSECOLS/CHOOSEROWS関数

CHOOSECOLS関数を使うと指定の列位置、**CHOOSEROWS関数**を使うと指定の行位置からデータを抽出できる。大きな表から2列目、5列目、8列目など複数の列でも、数式確定と同時に一度に抽出できる。

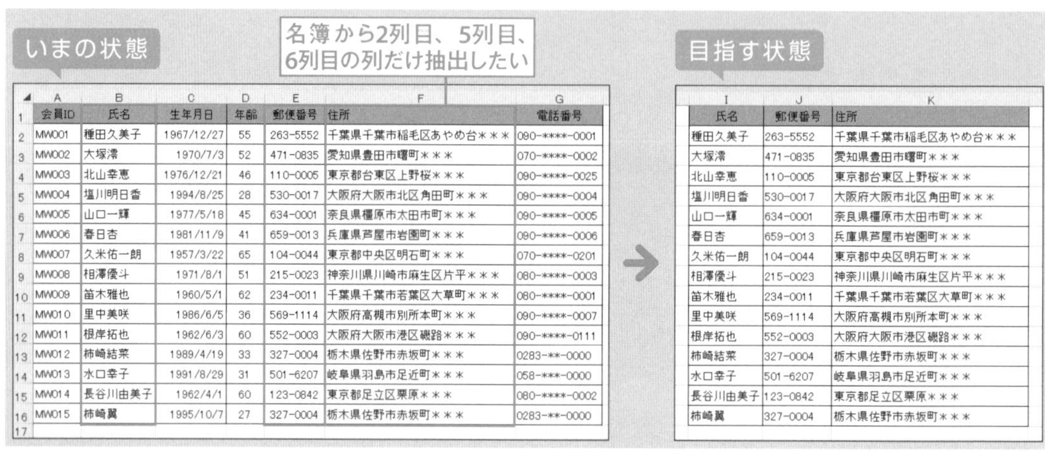

	A	B	C	D	E	F	G
1	会員ID	氏名	生年月日	年齢	郵便番号	住所	電話番号
2	MW001	種田久美子	1967/12/27	55	263-5552	千葉県千葉市稲毛区あやめ台＊＊＊	090-****-0001
3	MW002	大塚澪	1970/7/3	52	471-0835	愛知県豊田市曙町＊＊＊	070-****-0002
4	MW003	北山幸恵	1976/12/21	46	110-0005	東京都台東区上野桜＊＊＊	090-****-0025
5	MW004	塩川明日香	1994/8/25	28	530-0017	大阪府大阪市北区角田町＊＊＊	090-****-0004
6	MW005	山口一輝	1977/5/18	45	634-0001	奈良県橿原市太田市町＊＊＊	090-****-0005
7	MW006	春日杏	1981/11/9	41	659-0013	兵庫県芦屋市岩園町＊＊＊	090-****-0006
8	MW007	久米佑一朗	1957/3/22	65	104-0044	東京都中央区明石町＊＊＊	070-****-0201
9	MW008	相澤優斗	1971/8/1	51	215-0023	神奈川県川崎市麻生区片平＊＊＊	080-****-0003
10	MW009	笛木雅也	1960/5/1	62	234-0011	千葉県千葉市若葉区大草町＊＊＊	080-****-0001
11	MW010	里中美咲	1986/6/5	36	569-1114	大阪府高槻市別所本町＊＊＊	090-****-0007
12	MW011	根岸拓也	1962/6/3	60	552-0003	大阪府大阪市港区磯路＊＊＊	090-****-0111
13	MW012	柿崎結菜	1989/4/19	33	327-0004	栃木県佐野市赤坂町＊＊＊	0283-**-0000
14	MW013	水口幸子	1991/8/29	31	501-6207	岐阜県羽島市足近町＊＊＊	058-***-0000
15	MW014	長谷川由美子	1962/4/1	60	123-0842	東京都足立区栗原＊＊＊	080-****-0002
16	MW015	柿崎翼	1995/10/7	27	327-0004	栃木県佐野市赤坂町＊＊＊	0283-**-0000
17							

I	J	K
氏名	郵便番号	住所
種田久美子	263-5552	千葉県千葉市稲毛区あやめ台＊＊＊
大塚澪	471-0835	愛知県豊田市曙町＊＊＊
北山幸恵	110-0005	東京都台東区上野桜＊＊＊
塩川明日香	530-0017	大阪府大阪市北区角田町＊＊＊
山口一輝	634-0001	奈良県橿原市太田市町＊＊＊
春日杏	659-0013	兵庫県芦屋市岩園町＊＊＊
久米佑一朗	104-0044	東京都中央区明石町＊＊＊
相澤優斗	215-0023	神奈川県川崎市麻生区片平＊＊＊
笛木雅也	234-0011	千葉県千葉市若葉区大草町＊＊＊
里中美咲	569-1114	大阪府高槻市別所本町＊＊＊
根岸拓也	552-0003	大阪府大阪市港区磯路＊＊＊
柿崎結菜	327-0004	栃木県佐野市赤坂町＊＊＊
水口幸子	501-6207	岐阜県羽島市足近町＊＊＊
長谷川由美子	123-0842	東京都足立区栗原＊＊＊
柿崎翼	327-0004	栃木県佐野市赤坂町＊＊＊

1. 求めるセル（I2セル）を選択し、「=CHOOSECOLS(」と入力する。
2. ［配列］…抽出する表のセル範囲を選択する。
3. ［行番号1］…「2」と入力する。
4. ［行番号2］…「5」と入力する。
5. ［行番号3］…「6」と入力して、Enter キーで数式を確定する。

数式解説

「=CHOOSECOLS(A2:G16,2,5,6)」の数式は、A2セル～G16セルから2列目、5列目、6列目にある名簿を抽出する。

抽出編

ここがポイント！　複数の行位置から抽出するには、CHOOSEROWS関数を使う

2行目、5行目など、複数の行位置から一度に抽出する場合は、CHOOSEROWS関数を使おう。CHOOSECOLS/CHOOSEROWS関数を使用した数式は、本節のテク274のほかに、第8章1節テク199、テク200の「併せて覚えテク」、第9章の2節のテク231の「併せて覚えテク」、テク232、3節のテク233の「併せて覚えテク」で解説しているので参考にしよう。

併せて覚え テク　複数の表の列位置や行位置にあるデータを1つの表に抽出する

Microsoft365なら、複数の表のデータを、**VSTACK関数**で縦方向に、**HSTACK関数**で横方向に結合することができる。複数の表の列位置にあるデータを1つの表に抽出するなら、CHOOSECOLS関数の引数[配列]にVSTACK関数を組み合わせて数式を作成しよう。

「関東」シートと「関西」シートの2・5・6列目だけ抽出する

1 求めるセル（A1セル）を選択し、「CHOOSECOLS(VSTACK(」と入力する。
2 [配列1]…「関東」シートの抽出する表のセル範囲を選択する。
3 [配列2]…「関西」シートの抽出する表のセル範囲を選択する。
4 CHOOSECOLSの[行番号1]に「2」、[行番号2]に「5」、[行番号3]に「6」と入力して、Enterキーで数式を確定する。

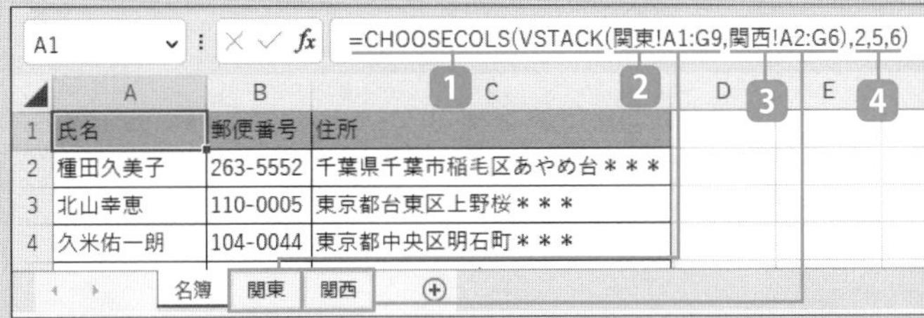

数式解説

「=CHOOSECOLS(VSTACK(関東!A1:G9,関西!A2:G6),2,5,6)」の数式は、「関東」シートのA1セル～G9セルの名簿と「関西」シートのA2セル～G6セルの名簿を縦方向に結合して1つの表にした表から、2列目、5列目、6列目にある名簿を抽出する。

第11章

✔ 指定の行列抽出

テク 273 複数の列見出しを指定し、該当データを抽出したい

使うのはコレ! XLOOKUP関数
Excel2019/2016　INDEX+MATCH関数

大きな表から指定の複数の見出しの列だけ抽出したい、そんなときは**XLOOKUP関数**1つで抽出できる。Excel2019/2016なら**MATCH関数**で見出しの位置を求めて、その位置をもとに**INDEX関数**で抽出しよう。

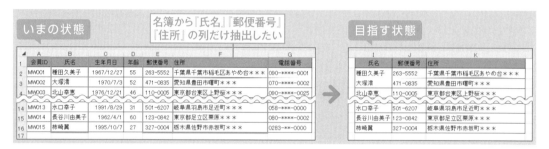

いまの状態

名簿から『氏名』『郵便番号』『住所』の列だけ抽出したい

	A	B	C	D	E	F	G
1	会員ID	氏名	生年月日	年齢	郵便番号	住所	電話番号
2	MW001	種田久美子	1967/12/27	55	263-5552	千葉県千葉市稲毛区あやめ台＊＊＊	090-＊＊＊＊-0001
3	MW002	大塚澪	1970/7/3	52	471-0835	愛知県豊田市曙町＊＊＊	070-＊＊＊＊-0002
4	MW003	北山幸恵	1976/12/21	46	110-0005	東京都台東区上野桜＊＊＊	090-＊＊＊＊-0025
14	MW013	水口幸子	1991/8/29	31	501-6207	岐阜県羽島市足近町＊＊＊	058-＊＊＊-0000
15	MW014	長谷川由美子	1962/4/1	60	123-0842	東京都足立区栗原＊＊＊	080-＊＊＊＊-0002
16	MW015	柿崎翼	1995/10/7	27	327-0004	栃木県佐野市赤坂町＊＊＊	0283-＊＊-0000
17							

目指す状態

I	J	K
氏名	郵便番号	住所
種田久美子	263-5552	千葉県千葉市稲毛区あやめ台＊＊＊
大塚澪	471-0835	愛知県豊田市曙町＊＊＊
北山幸恵	110-0005	東京都台東区上野桜＊＊＊
水口幸子	501-6207	岐阜県羽島市足近町＊＊＊
長谷川由美子	123-0842	東京都足立区栗原＊＊＊
柿崎翼	327-0004	栃木県佐野市赤坂町＊＊＊

● **Excel2021/365の数式**

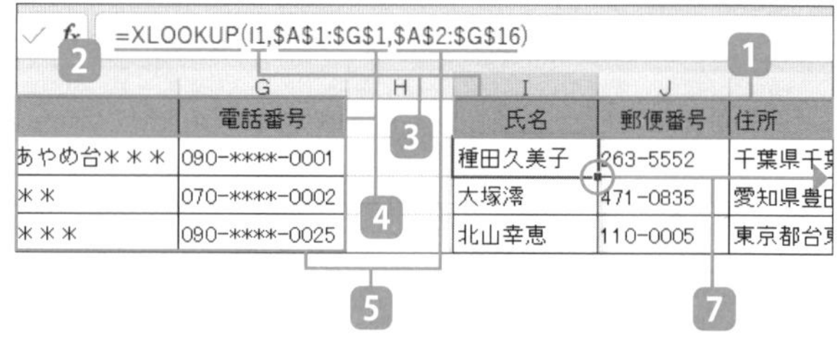

1 抽出する列見出しを入力しておく
2 求めるセル(I2セル)を選択し、「=XLOOKUP(」と入力する。
3 [検索値]…抽出する列見出しのセルを選択する。
4 [検索範囲]…抽出元の列見出しのセル範囲を選択して、F4キーを1回押して[$]記号をつけ絶対参照にする。
5 [戻り範囲]…抽出する名簿のセル範囲を選択する。
6 [見つからない場合][一致モード][検索モード]…省略して、Enterキーで数式を確定する。
7 数式を横方向に複写する。

数式解説

「=XLOOKUP(I1,$A$1:$G$1,$A$2:$G$16)」の数式は、I1セルの『氏名』を表のA1セル～G1セルの列見出しから検索し、一致した列にあるA2セル～G16セルの名簿を抽出する。数式をコピーすることで、『郵便番号』『住所』の列見出しを検索値にして抽出できるので、結果、『氏名』『郵便番号』『住所』の列だけが抽出される。

ここがポイント!　**XLOOKUP関数だけでスピーディーに抽出できる**

Microsoft365なら、**CHOOSECOLS関数**でも抽出できるが、抽出する見出しを指定するなら、ほかの関数との組み合わせが必要。XLOOKUP関数なら、1つの関数だけでスピーディーに抽出できる。

Excel2019/2016の数式

1 抽出する列見出しを入力しておく
2 求めるセル(I2セル)を選択し、「=INDEX(」と入力する。
3 [参照]…抽出するセル範囲を選択して、F4キーを1回押して[$]記号をつけ絶対参照にする。
4 [行番号]…省略する。
5 [列番号]…MATCH関数で抽出する列見出しが抽出元の列見出しの何列目にあるかを求める数式を入力して、Enterキーで数式を確定する。
6 数式を必要なだけ複写する。

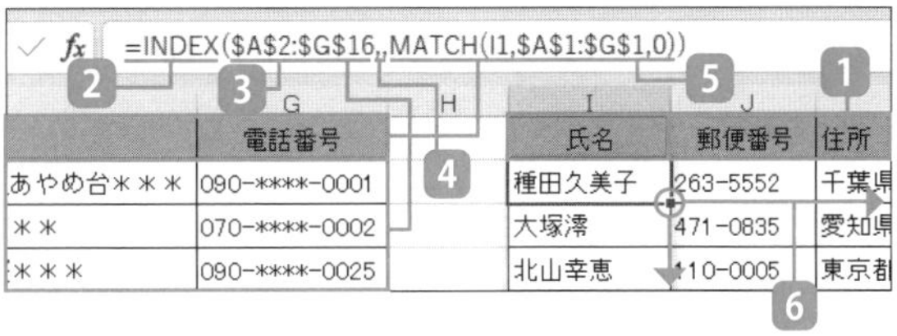

=INDEX($A$2:$G$16,,MATCH(I1,$A$1:$G$1,0))

	G	H	I	J	
	電話番号		氏名	郵便番号	住所
あやめ台＊＊＊	090-＊＊＊＊-0001		種田久美子	263-5552	千葉県
＊＊	070-＊＊＊＊-0002		大塚澪	471-0835	愛知県
＊＊＊	090-＊＊＊＊-0025		北山幸恵	110-0005	東京都

数式解説

「MATCH(I1,$A$1:$G$1,0)」の数式は、I1セルの『氏名』がある表のA1セル～G1セルの列見出しの列位置を求める。この列位置をINDEX関数の引数[列番号]に組み合わせて数式を作成することで、『氏名』の列が抽出される。数式をコピーすることで、『郵便番号』『住所』の列見出しの列位置がINDEX関数の引数[列番号]に指定されて抽出できるので、結果、『氏名』『郵便番号』『住所』の列だけが抽出される。

第11章

テク274 指定の行列数ごとに表を切り分けて抽出したい

Microsoft365対応

使うのはコレ! CHOOSEROWS+XLOOKUP+SEQUENCE関数

大きな表を5行ごと、10行ごとに指定の列だけ、別の表に切り替えて抽出したいときは、**CHOOSEROWS関数**を使い、**XLOOKUP関数**で指定の列だけ抽出したセル範囲をもとに**SEQUENCE関数**で取得した行数分だけ抽出する数式を作成しよう。

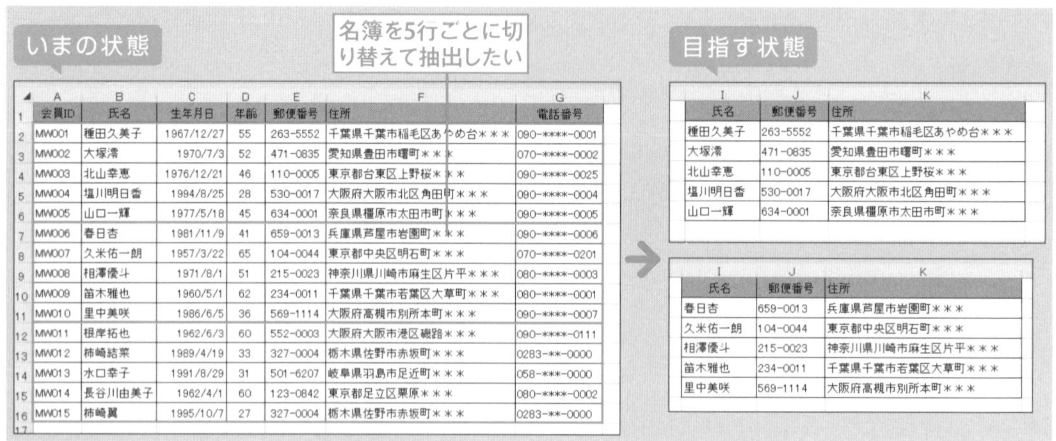

会員ID	氏名	生年月日	年齢	郵便番号	住所	電話番号
MW001	種田久美子	1967/12/27	55	263-5552	千葉県千葉市稲毛区あやめ台＊＊＊	090-＊＊＊＊-0001
MW002	大塚濡	1970/7/3	52	471-0835	愛知県豊田市曙町＊＊＊	070-＊＊＊＊-0002
MW003	北山幸恵	1976/12/21	46	110-0005	東京都台東区上野桜＊＊＊	090-＊＊＊＊-0025
MW004	塩川明日香	1994/8/25	28	530-0017	大阪府大阪市北区角田町＊＊＊	090-＊＊＊＊-0004
MW005	山口一輝	1977/5/18	45	634-0001	奈良県橿原市太田市町＊＊＊	090-＊＊＊＊-0005
MW006	春日杏	1981/11/9	41	659-0013	兵庫県芦屋市岩園町＊＊＊	090-＊＊＊＊-0006
MW007	久米佑一朗	1957/3/22	65	104-0044	東京都中央区明石町＊＊＊	070-＊＊＊＊-0201
MW008	相澤優斗	1971/8/1	51	215-0023	神奈川県川崎市麻生区片平＊＊＊	080-＊＊＊＊-0003
MW009	笛木雅也	1960/5/1	62	234-0011	千葉県千葉市若葉区大草町＊＊＊	080-＊＊＊＊-0001
MW010	里中美咲	1986/6/5	36	569-1114	大阪府高槻市別所本町＊＊＊	090-＊＊＊＊-0007
MW011	根岸拓也	1962/6/3	60	552-0003	大阪府大阪市港区磯路＊＊＊	090-＊＊＊＊-0111
MW012	柿崎結菜	1989/4/19	33	327-0004	栃木県佐野市赤坂町＊＊＊	0283-＊＊-0000
MW013	水口幸子	1991/8/29	31	501-6207	岐阜県羽島市足近町＊＊＊	058-＊＊＊-0000
MW014	長谷川由美子	1962/4/1	60	123-0842	東京都足立区栗原＊＊＊	080-＊＊＊＊-0002
MW015	柿崎翼	1995/10/7	27	327-0004	栃木県佐野市赤坂町＊＊＊	0283-＊＊-0000

氏名	郵便番号	住所
種田久美子	263-5552	千葉県千葉市稲毛区あやめ台＊＊＊
大塚濡	471-0835	愛知県豊田市曙町＊＊＊
北山幸恵	110-0005	東京都台東区上野桜＊＊＊
塩川明日香	530-0017	大阪府大阪市北区角田町＊＊＊
山口一輝	634-0001	奈良県橿原市太田市町＊＊＊

氏名	郵便番号	住所
春日杏	659-0013	兵庫県芦屋市岩園町＊＊＊
久米佑一朗	104-0044	東京都中央区明石町＊＊＊
相澤優斗	215-0023	神奈川県川崎市麻生区片平＊＊＊
笛木雅也	234-0011	千葉県千葉市若葉区大草町＊＊＊
里中美咲	569-1114	大阪府高槻市別所本町＊＊＊

1. M2セルに「1」「6」「11」のドロップダウンリストを入力規則で作成しておく。
   操作テク 抽出元の何行目のデータを抽出するかのリストを作成する。今回の場合、5行ごとに抽出するため、1行目、6行目、11行目のリストになる。
2. 求めるセル(I2セル)を選択し、「=CHOOSECOLS(」と入力する。
3. [配列]…XLOOKUP関数で指定の列見出しで名簿を抽出する数式(テク273参照)を入力する。
4. [行番号1]…SEQUENCE関数でM2セルの行目から「5」行分の配列を作成する数式を入力して、Enterキーで数式を確定する。
5. 数式を横方向に複写する。

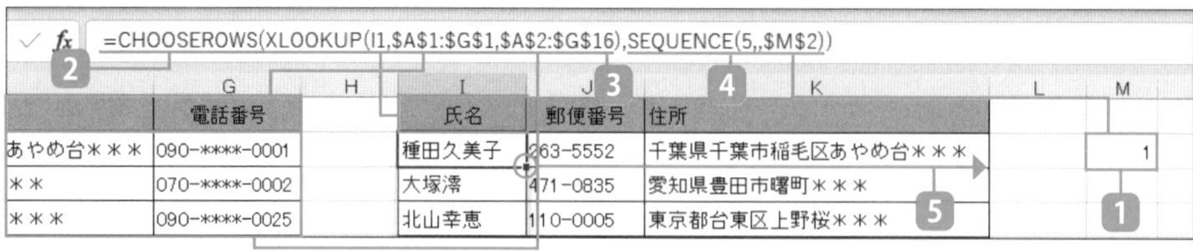

	電話番号		氏名	郵便番号	住所		
あやめ台＊＊＊	090-＊＊＊＊-0001		種田久美子	263-5552	千葉県千葉市稲毛区あやめ台＊＊＊		1
＊＊	070-＊＊＊＊-0002		大塚濡	471-0835	愛知県豊田市曙町＊＊＊		
＊＊＊	090-＊＊＊＊-0025		北山幸恵	110-0005	東京都台東区上野桜＊＊＊		

数式解説

「SEQUENCE(5,,$M$2)」の数式は、「1」から「5」行分の配列を作成する。CHOOSEROWS関数の引数[行番号]に組み合わせて数式を作成することで、XLOOKUP関数で抽出した『氏名』『郵便番号』『住所』の名簿(数式解説はテク273参照)の1行目～5行目が抽出される。

11-4 見出しや項目名を抽出するテクをマスター!

指定の順位にある数値は、第10章1節で解説のように、MAX/MIN/LARGE/SMALL関数で抽出できる。しかし、数値ではなく、どの商品がランキングしているのか知りたいことも多いだろう。

	A	B	C	D	E	F	G	H
1	限定商品販売実績							
2	季節	商品名	販売数		◆販売数	1	位	1,542
3	春季	桜ぷるゼリー	1,542			2	位	1,525
4	春季	春花杏仁	958					
5	夏季	涼波アイス	1,036			▼ワースト		
6	夏季	流氷チョコパ	1,525			1	位	527
7	夏季	冷甘クッキー	836			2	位	836
8	夏季	水涼羊羹	527					
9								

	A	B	C	D	E	F	G	H
1	限定商品販売実績							
2	季節	商品名	販売数		◆販売数	1	位	桜ぷるゼリー
3	春季	桜ぷるゼリー	1,542			2	位	流氷チョコパ
4	春季	春花杏仁	958					
5	夏季	涼波アイス	1,036			▼ワースト		
6	夏季	流氷チョコパ	1,525			1	位	水涼羊羹
7	夏季	冷甘クッキー	836			2	位	冷甘クッキー
8	夏季	水涼羊羹	527					
9								

売れている商品名、売上低迷な商品名が知りたい!

本節では、入力値や集計値をもとに、表の見出しや項目を抽出するテクニックをマスターしよう!

テク275 複数の数値が並ぶ中で、0以外の右端の列見出しを抽出したい

使うのはコレ! XLOOKUP関数
Excel2019/2016　LOOKUP関数

複数の数値が並ぶ中で、0以外の右端の列見出しを抽出するなら、検索値を「1」にして検索抽出できるように数式を調整しよう。

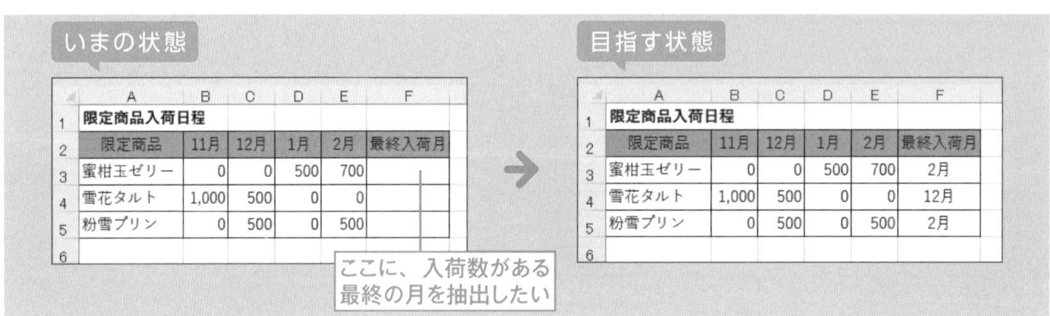

いまの状態

	A	B	C	D	E	F
1	限定商品入荷日程					
2	限定商品	11月	12月	1月	2月	最終入荷月
3	蜜柑玉ゼリー	0	0	500	700	
4	雪花タルト	1,000	500	0	0	
5	粉雪プリン	0	500	0	500	
6						

目指す状態

	A	B	C	D	E	F
1	限定商品入荷日程					
2	限定商品	11月	12月	1月	2月	最終入荷月
3	蜜柑玉ゼリー	0	0	500	700	2月
4	雪花タルト	1,000	500	0	0	12月
5	粉雪プリン	0	500	0	500	2月
6						

● Excel2021/365の数式

1. 『最終入荷月』を求めるセル（F3セル）を選択し、「=XLOOKUP(」と入力する。
2. ［検索値］…「1」を入力する。
3. ［検索範囲］…「0以外」の数値のセル範囲を指定する数式を入力する。
4. ［戻り範囲］…抽出する列見出しのセル範囲を選択して、F4キーを1回押して［$］記号をつけ絶対参照にする。
5. ［見つからない場合］［一致モード］…省略する。
6. ［検索モード］…「-1」と入力して、Enterキーで数式を確定する。
7. 数式を必要なだけ複写する。

	A	B	C	D	E	F
1	限定商品入荷日程					
2	限定商品	11月	12月	1月	2月	最終入荷月
3	蜜柑玉ゼリー	0	0	500	700	2月
4	雪花タルト	1,000	500	0	0	12月
5	粉雪プリン	0	500	0	500	2月
6						

数式解説

「1*(B3:E3<>0)」の数式は、「0」以外は「1」、「0」は「0」が求められる。これらの配列を引数［検索範囲］に組み合わせて、「1」の［検索値］で検索抽出して、末尾から抽出することで、「0」以外の右端にある数値の列位置にある月名が抽出される。
Excel2019/2016のLOOKUP関数の数式と同じように引数［検索範囲］に「0/B3:E3」と指定する場合は、［検索値］に「0」を指定して数式を作成しよう。

Excel2019/2016の数式

1 『最終入荷月』を求めるセル（F3セル）を選択し、「=LOOKUP(」と入力する。
2 ［検査値］…「1」を入力する。
3 ［検査範囲］…数値があるセル範囲を「0」で除算する数式を入力する。
4 ［対応範囲］…抽出する列見出しのセル範囲を選択して、F4 キーを1回押して［$］記号をつけ絶対参照にして、Enter キーで数式を確定する。
5 数式を必要なだけ複写する。

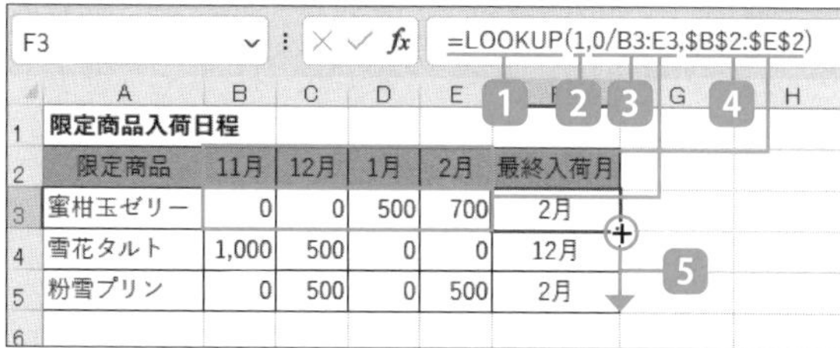

=LOOKUP(1,0/B3:E3,$B$2:$E$2)

限定商品入荷日程					
限定商品	11月	12月	1月	2月	最終入荷月
蜜柑玉ゼリー	0	0	500	700	2月
雪花タルト	1,000	500	0	0	12月
粉雪プリン	0	500	0	500	2月

数式解説

「0/B3:E3」の数式は、「0」以外は「0」、「0」は「#DIV/0!」が求められる。これらの配列を引数［検査範囲］に組み合わせて「1」の［検査値］で検索抽出することで、「0」以外の数値の列位置にある月名が抽出される。引数［検査値］に指定する数値は「1」でなくても「0」以上の数値で可能。

併せて覚え テク　複数の数値が並ぶ中で、0以外の左端の列見出しを抽出するには？

複数の数値が並ぶ中で、0以外の左端の列見出しを抽出するには、XLOOKUP関数の数式なら1引数［検索モード］を省略するだけでいい。Excel2019/2016では、2 0以外の数値の中で一番小さい列番号を抽出して、その列番号にある列見出しを3 INDEX関数で抽出する数式を配列数式で作成しよう。

Excel2021/365の数式

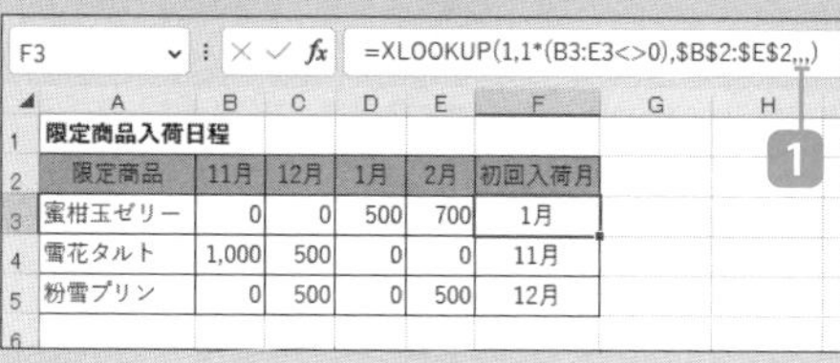

=XLOOKUP(1,1*(B3:E3<>0),$B$2:$E$2,,,)

限定商品入荷日程					
限定商品	11月	12月	1月	2月	初回入荷月
蜜柑玉ゼリー	0	0	500	700	1月
雪花タルト	1,000	500	0	0	11月
粉雪プリン	0	500	0	500	12月

Excel2019/2016の数式

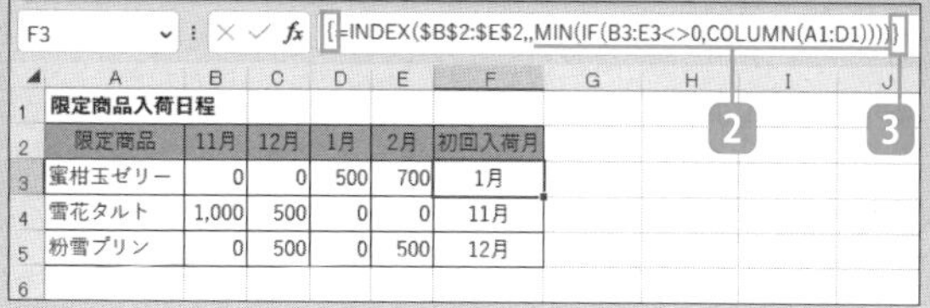

{=INDEX($B$2:$E$2,,MIN(IF(B3:E3<>0,COLUMN(A1:D1))))}

限定商品入荷日程					
限定商品	11月	12月	1月	2月	初回入荷月
蜜柑玉ゼリー	0	0	500	700	1月
雪花タルト	1,000	500	0	0	11月
粉雪プリン	0	500	0	500	12月

✔ 同じ行／列に複数データの見出し抽出

テク276 同じ行／列にある複数のデータの見出しをすべて連続したセルに抽出したい

使うのはコレ! FILTER関数

Excel2019/2016　IFERROR+INDEX+AGGREGATE+COLUMN関数

同じ行／列にある複数のデータの見出しをすべて連続したセルに抽出するなら、第9章で解説の**FILTER関数**1つでできる。Excel2019/2016なら、**AGGREGATE関数**で条件式を作成して抽出しよう。

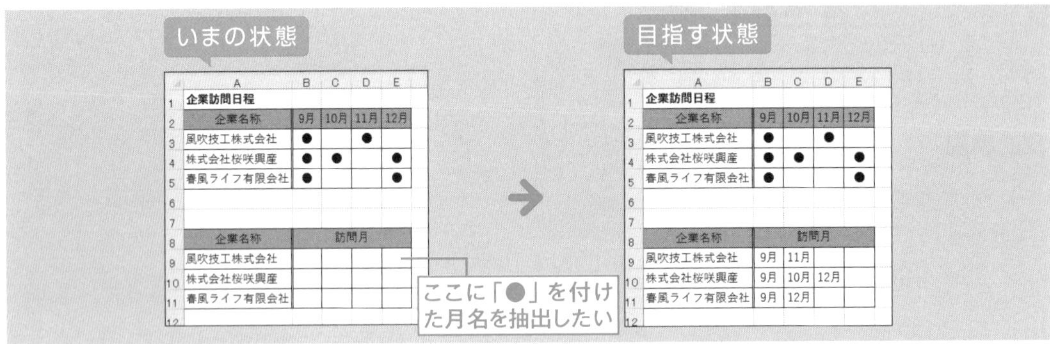

● Excel2021/365の数式

1. データを求める表の左上のセル（B9セル）を選択し、「=FILTER(」と入力する。
2. [配列]…抽出する列見出しのセル範囲を選択して、F4キーを1回押して[$]記号をつけ絶対参照にする。
3. [含む]…「1行目のセル範囲が「"●"」である場合」の条件式を入力する。
4. [空の場合]…省略して、Enterキーで数式を確定する。
5. ほかの行に数式を複写する。

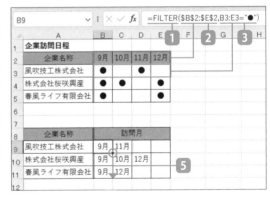

B9　=FILTER($B$2:$E$2,B3:E3="●")

	A	B	C	D	E
1	企業訪問日程				
2	企業名称	9月	10月	11月	12月
3	風吹技工株式会社	●		●	
4	株式会社桜咲興産	●	●		●
5	春風ライフ有限会社	●			●
6					
7					
8	企業名称	訪問月			
9	風吹技工株式会社	9月	11月		
10	株式会社桜咲興産	9月	10月	12月	
11	春風ライフ有限会社	9月	12月		

数式解説

「=FILTER($B$2:$E$2,B3:E3="●")」の数式は、B3セル～E3セルのデータが「●」である場合の条件を満たす、B2セル～E2セルの月名を抽出する。

● Excel2019/2016の数式

1. データを求める表の左上のセル（B9セル）を選択し、「=IFERROR(INDEX」と入力する。
2. [参照]…抽出する列見出しのセル範囲を選択する。
3. [行番号]…「1」と入力する。
4. [列番号]…AGGREGATE関数で「1行目のセル範囲が「"●"」である場合」は列位置が抽出されるように数式を入力する。

抽出編

5 IFERROR関数の［エラーの場合の値］…［""］（空白）を入力して、Enter キーで数式を確定する。
6 数式を必要なだけ複写する。

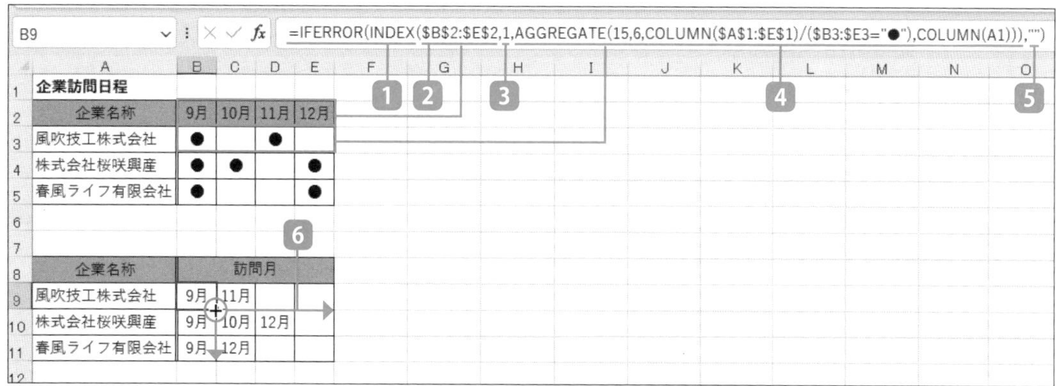

数式解説

「COLUMN($A$1:$E$1)/($B3:$E3="●")」の数式は、「●」があるセルには「1」からの数値が求められ、ないセルにはエラー値「#DIV/0!」が求められる。つまり、1行目なら「1」「#DIV/0!」「3」「#DIV/0!」が求められる。これらの配列をAGGREGATE関数の引数［配列］に組み合わせて数式を作成すると、エラー値を除いて小さい方からの数値が抽出される。1行目なら「1」「3」が抽出される。この数値をINDEX関数の引数［列番号］に組み合わせて数式を作成して他の行列にコピーすることで、「●」がある列の月名を連続したセルに抽出することができる。

併せて覚え テク　同じ行／列に1つしかないデータの見出しを抽出する（Excel2019/2016）

Excel2019/2016で、同じ行／列に1つしかないデータの見出しを抽出するなら、データの位置をMATCH関数で求めて、その位置をもとにINDEX関数で見出しを抽出する数式で可能。

1 データを求める（B9セル）を選択し、「=INDEX(」と入力する。
2 ［参照］…抽出する月名の列見出しのセル範囲を選択して、F4 キーを1回押して［$］記号をつけ絶対参照にする。
3 ［行番号］…省略する。
4 ［列番号］…MATCH関数で「●」がある同じ行内の位置を求める数式を入力して、Enter キーで数式を確定する。
5 数式を必要なだけ複写する。

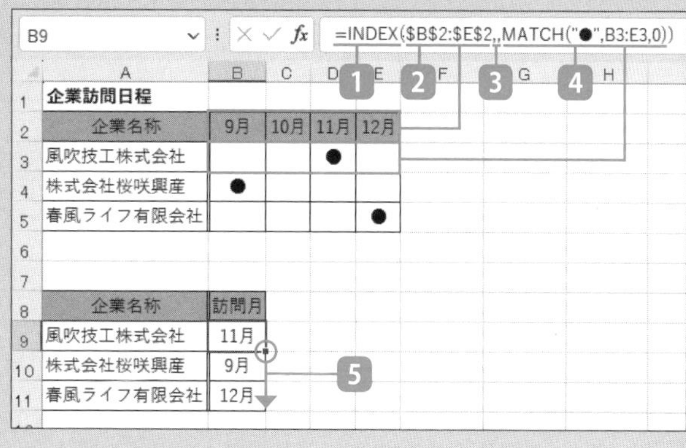

数式解説

「MATCH("●",B3:E3,0)」の数式は、「●」が同じ行内の何番目にあるかを求める。求めた番目をINDEX関数の引数の［行番号］に使い「=INDEX($B$2:$E$2,,MATCH("●",B3:E3,0))」の数式を作成すると、その番目と同じ列位置にあるB2セル～E2セルの月名が抽出される。

第11章

✓ 順位による項目名抽出

テク277 大きい／小さいほうから●番目の順位にある項目名を抽出したい

使うのはコレ! XLOOKUP+LARGE(SMALL)関数
Excel2019/2016 VLOOKUP+LARGE(SMALL)関数

1位～3位の販売数の商品名を抽出したいなど、指定の順位にある数値の項目名を抽出するには、**LARGE/SMALL関数**で抽出した●番目にある順位にある数値を検索値にして、**XLOOKUP/VLOOKUP関数**で抽出しよう。

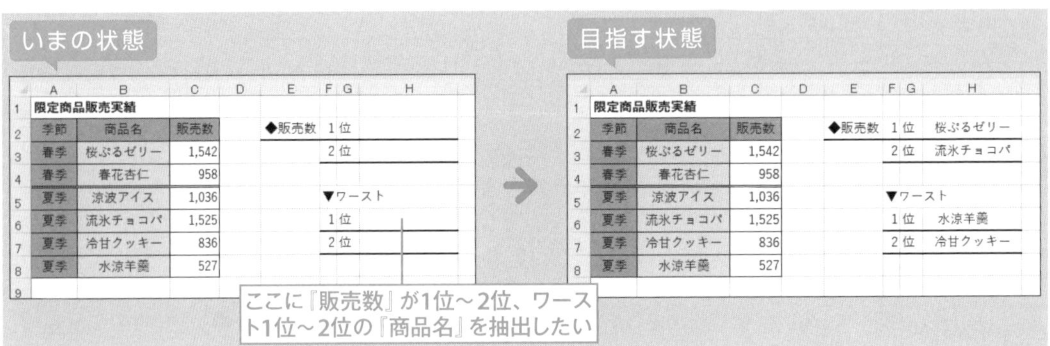

● Excel2021/365の数式

1. 販売数1位の『商品名』を求めるセル(H2セル)を選択し、「=XLOOKUP(」と入力する。
2. [検索値]…LARGE関数で「1」位「2」位の『販売数』を抽出する数式を入力する。
3. [検索範囲]…『販売数』のセル範囲を選択する。
4. [戻り範囲]…抽出する『販売数』のセル範囲を選択する。
5. [見つからない場合][一致モード][検索モード]…省略して、Enterキーで数式を確定する。
6. ワースト1位は、XLOOKUP関数の[検索値]にSMALL関数を組み合わせて数式を作成して抽出する。

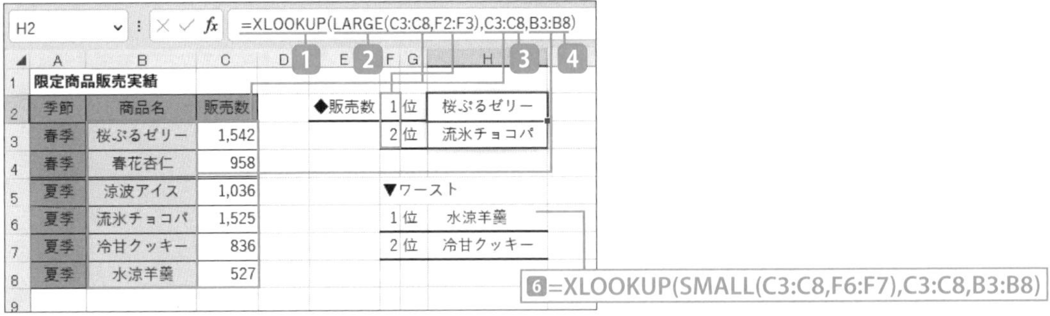

数式解説

「LARGE(C3:C8,F2:F3)」の数式は、C3セル～C8セルの大きいほうから1位～2位の『販売数』を抽出する。XLOOKUP関数の引数[検索値]に組み合わせて数式を作成することで、1位～2位の『販売数』と一致した行にある『商品名』が抽出される。

Excel2019/2016の数式

1 表の左端に『販売数』の列をコピーしておく。
2 販売数1位の『商品名』を求めるセル（I2セル）を選択し、「=VLOOKUP(」と入力する。
3 ［検索値］…LARGE関数で「1」位の『販売数』を抽出する数式を入力する。
4 ［範囲］…検索するセル範囲を選択して、F4 キーを1回押して［$］記号をつけ絶対参照にする。
5 ［列番号］…抽出する列の番目「3」を入力する。
6 ［検索方法］…完全一致なので「0」と入力して、Enter キーで数式を確定する。
7 数式を必要なだけ複写する。
8 ワースト1位は、VLOOKUP関数の［検索値］にSMALL関数を組み合わせて数式を作成して抽出する。

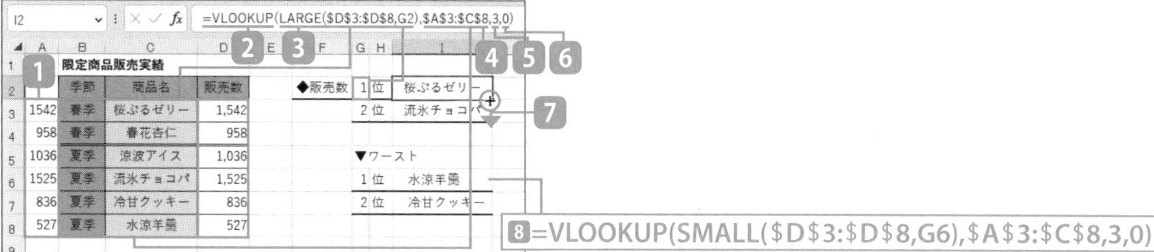

数式解説

「LARGE($A$3:$A$8,G2)」の数式は、A3セル～A8セルの大きいほうから1位の『販売数』を抽出する。VLOOKUP関数の引数［検索値］に組み合わせて数式を作成することで、1位の『販売数』と一致した行にある3列目の『商品名』が抽出される。数式をコピーすると、2位の『販売数』と一致した行にある3列目の『商品名』が抽出される。

併せて覚え テク　表の左端に列を作成できないときはINDEX+MATCH関数を使おう

Excel2019/2016で、手順のように表の左端に列を作成できないときは、LARGE（SMALL）関数で求めた指定の順位にある数値の位置をMATCH関数で求めて、その位置をもとにINDEX関数で抽出しよう。

1 販売数1位の『商品名』を抽出するセル（H2セル）を選択し、「=INDEX(」と入力する。
2 ［参照］…抽出する『商品名』の列見出しのセル範囲を選択して、F4 キーを1回押して［$］記号をつけ絶対参照にする。
3 ［行番号］…MATCH関数で「1」位の『販売数』がある表内の行位置を求める数式を入力する。
4 ［列番号］…省略して、Enter キーで数式を確定する。
5 数式を必要なだけ複写する。
6 ワースト1位は、MATCH関数の［検査値］にSMALL関数で「1」位の『販売数』がある表内の行位置を求める数式を入力して、数式を作成する。

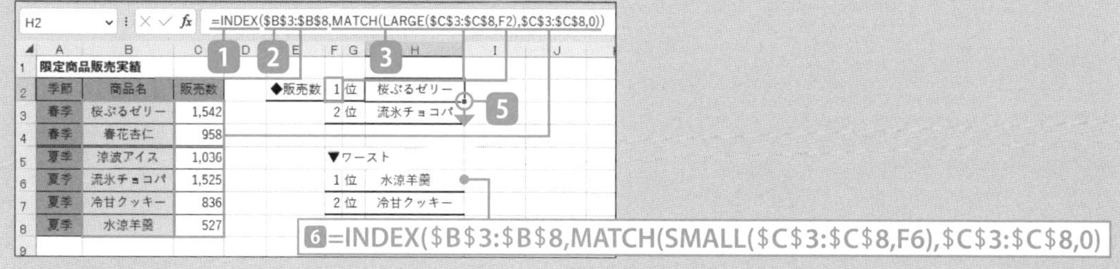

数式解説

「MATCH(LARGE($C$3:$C$8,F2),$C$3:$C$8,0)」の数式は、C3セル～C8セルの上位から1番目の『販売数』がC3セル～C8セルの範囲内の何番目にあるかが求められる。求められた番目をINDEX関数の引数の［行番号］に指定して数式を作成してコピーすると、『販売数』が1位～2位の『商品名』が抽出される。

併せて覚え テク 「1位」、「ワースト1位」だけの項目名を抽出するには？

販売数1位の項目名だけなら1 MAX関数、ワースト1位の項目名だけならMIN関数を、XLOOKUP/VLOOKUP関数の引数［検索値］に、前ページのコラムのINDEX関数の数式なら、MATCH関数の引数［検査値］に使って数式を作成して抽出できる。併せて覚えておこう。

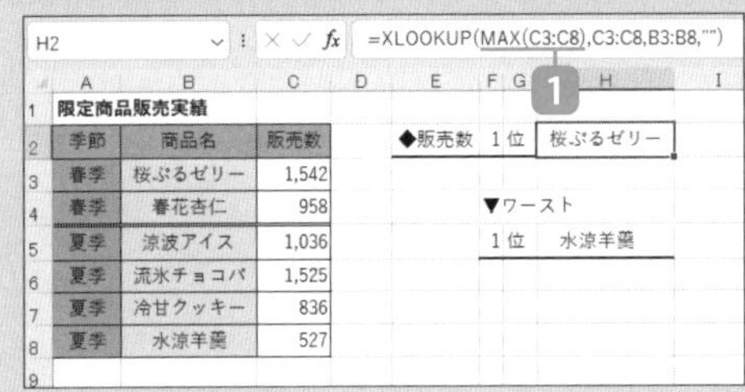

抽出編

✓ 順位による項目名抽出

テク278 項目ごとの集計値が多い順番で項目名を抽出したい

使うのはコレ! SORTBY+UNIQUE+SUMIF関数
Excel20019/2016　SUMIF関数、VLOOKUP+LARGE関数

同じ項目が複数ある表で、項目ごとの集計値が多い順番にある項目名を抽出するには、**SUMIF関数**で項目ごとの集計値を求めて、Microsoft365なら**SORTBY関数**（テク281参照）で降順に並べ替えて、Excel2019/2016ならテク277の関数で数式を作成して抽出しよう。

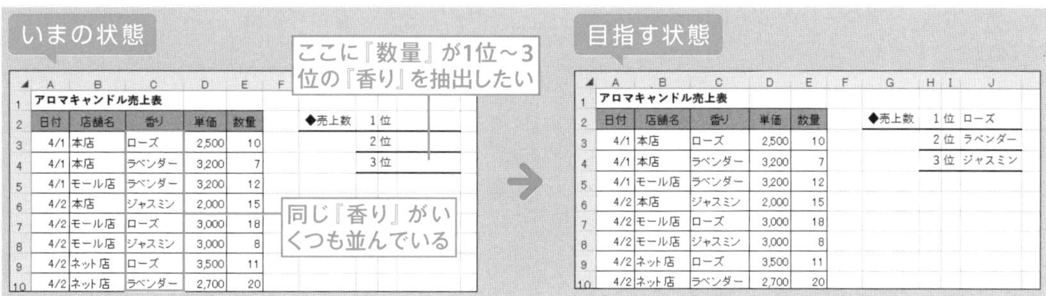

Excel2021/365の数式

1. 売上数1位の『香り』を求めるセル（J2セル）を選択し、「=SORTBY(」と入力する。
2. [配列]…UNIQUE関数で『香り』の重複を除いて抽出する数式を入力する。
3. [基準配列1]…SUMIF関数で重複を除いた『香り』ごとの『数量』の合計を求める数式を入力する。
4. [並べ替え順序1]…降順で並べ替えるので「-1」と入力して、Enterキーで確定する。

数式解説

「SUMIF(C3:C13,UNIQUE(C3:C13),E3:E13)」の数式は、UNIQUE関数でC3セル～C13セルの『香り』の重複を除いて1件ずつ抽出した「ローズ」「ラベンダー」「ジャスミン」をもとに、『香り』ごとの『数量』の合計を求める。SORTBY関数の引数[基準配列]に組み合わせて数式を作成することで、「ローズ」「ラベンダー」「ジャスミン」が『数量』の降順に並べ替えて抽出される。

Excel2019/2016の数式

1. J7セル～J9セルに『香り』の項目を1つずつ入力しておく。
   操作テク 項目が多いなら、[重複の削除]ボタンを使おう（第11章2節テク256参照）。
2. I7セルにSUMIF関数で『香り』ごとの『数量』の合計を求める数式を入力して、数式を必要なだけ複写する。
3. 売上数1位の『香り』を求めるセル（J2セル）を選択し、「=VLOOKUP(」と入力する。
4. [検索値]…LARGE関数で指定の順位の『数量』を抽出する数式を入力する。
5. [範囲]…手順1～2で入力した項目のセル範囲を選択して、F4キーを1回押して[$]記号をつけ絶対参照にする。
6. [列番号]…抽出する列の番目「2」を入力する。
7. [検索方法]…完全一致なので「0」と入力して、Enterキーで数式を確定する。
8. 数式を必要なだけ複写する。

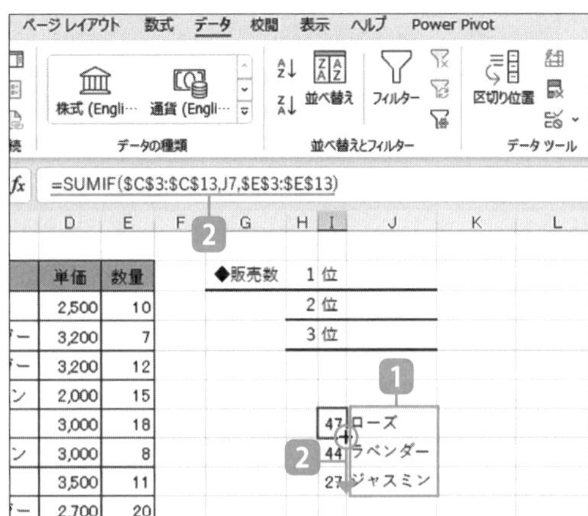

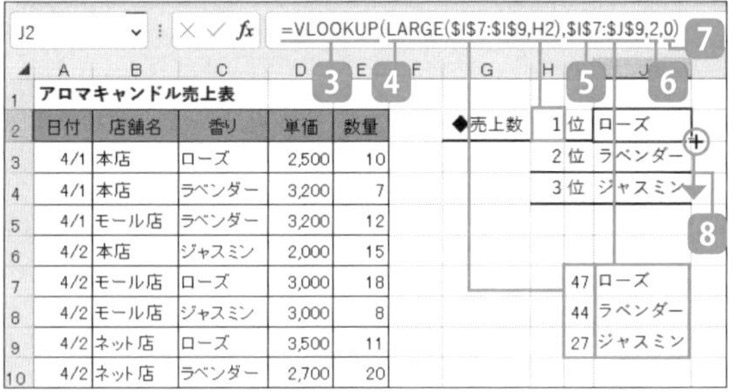

数式解説

「=SUMIF($C$3:$C$13,G7,$E$3:$E$13)」の数式は、『香り』別の『数量』の合計を求める。LARGE関数の[配列]に組み合わせて数式を作成することで、大きいほうから1位の『数量』を抽出する。VLOOKUP関数の引数[検索値]に組み合わせて数式を作成することで、1位の『数量』と一致した行にある2列目の「ローズ」が抽出される。数式をコピーすると、2位の『数量』と一致した行にある2列目の「ラベンダー」が抽出される。

併せて覚え テク　小さいほうからの順位で抽出するには?

同じ項目が複数ある表で、小さいほうからの順位で項目ごとの集計値が●番目の順位にあるデータの見出しを抽出するには、SORTBY関数の引数[並べ替え順序]は省略するか「1」を指定して数式を作成しよう。Excel2021/365の数式では、LARGE関数の代わりにSMALL関数を使って数式を作成しよう。

抽出編

11-5 思い通りの順番にする「並べ替え／入れ替え抽出」をマスター！

入力済みの表を目的の形に入れ替えたり、並べ替えたりしたい場合、Excelには「行列を入れ替えて貼り付ける機能」「並べ替える機能」を使って対応できる。

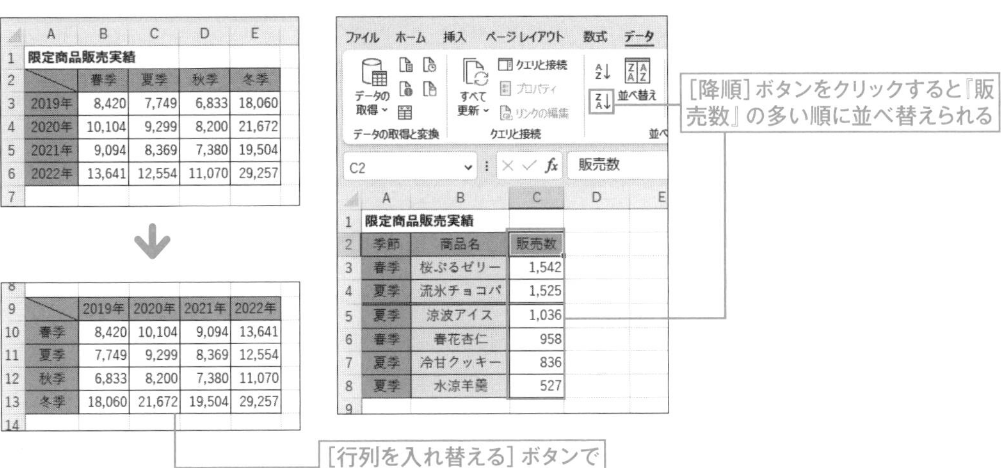
[降順] ボタンをクリックすると『販売数』の多い順に並べ替えられる
[行列を入れ替える] ボタンで表の行列が入れ替えられる

しかし、数式が入ったセルを入れ替えて貼り付けると計算結果に狂いが出てしまう。あるいは、元の表はそのままで、ランキング表は別に作成したい場合もある。

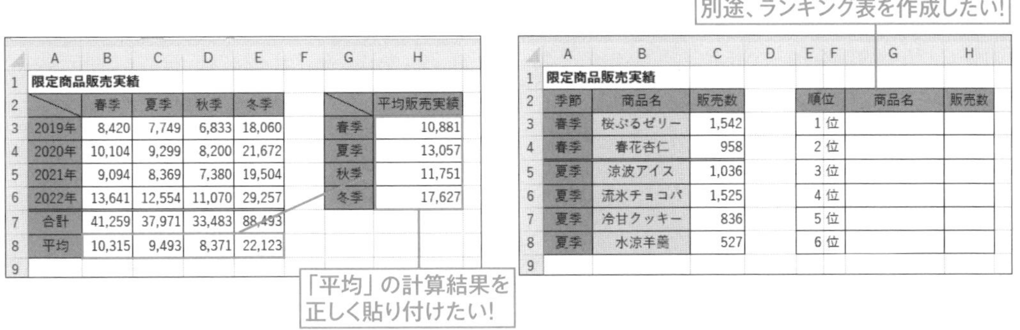
別途、ランキング表を作成したい！
「平均」の計算結果を正しく貼り付けたい！

これらのケースに対応するために、本節ではデータを希望の表に並べ替え／入れ替えして抽出するテクニックをマスターしよう！

✔ 入れ替え抽出

テク 279 数式が入力された表の行列を入れ替えて抽出したい

使うのはコレ! TRANSPOSE関数

数式が入ったセルの行列を入れ替えて抽出したい場合、[貼り付け]ボタンの[▼]→[行列を入れ替える]で貼り付けても、数式の参照先がズレてしまい正しく入れ替えられない。そんなときは、**TRANSPOSE関数**を使おう。数式の参照先をそのままにして行列を入れ替えて抽出できる。

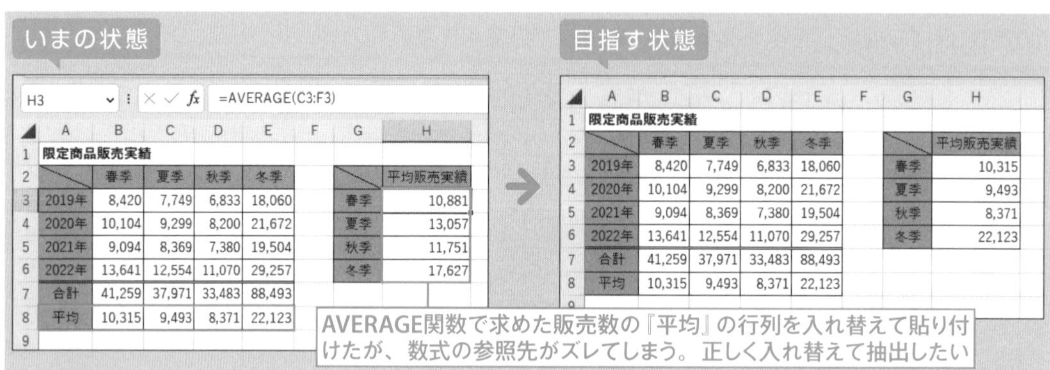

1 入れ替えて求めるセル(H3セル。Excel2019/2016の場合はH3セル～H7セル範囲)を選択し、「=TRANSPOSE(」と入力する。

2 [配列]…入れ替える『平均』のセル範囲を選択して、Enter キーで数式を確定する。

操作テク Excel2019/2016の場合は Ctrl ＋ Shift ＋ Enter キーで数式を確定する。

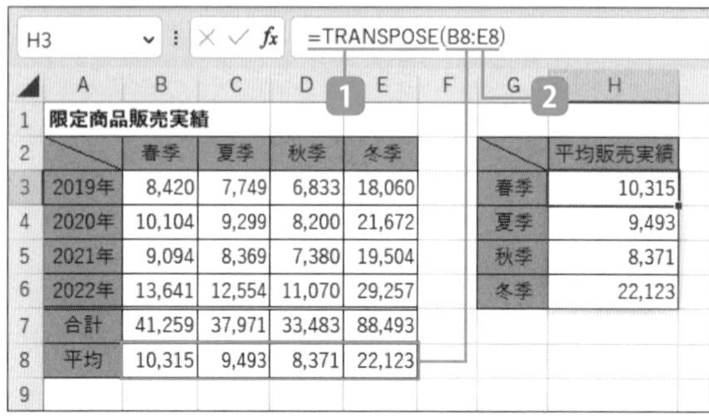

数式解説

「=TRANSPOSE(B8:E8)」の数式は、B8セル～E8セルの『平均』を、行列を入れ替えて抽出する。Excel2019/2016では配列数式で求める必要があるため、Ctrl ＋ Shift ＋ Enter キーで数式を確定する。

抽出編

✓ 並べ替え抽出

テク280 数値を並べ替えて別表に抽出したい

使うのはコレ! SORT関数
Excel2019/2016　VLOOKUP+LARGE(SMALL)関数

元の表のデータをそのままにして、別の表に数値が多い順番に並べ替えたい。そんなときは、**SORT関数**を使おう。Excel2019/2016なら、本章の4節テク277の数式で可能。

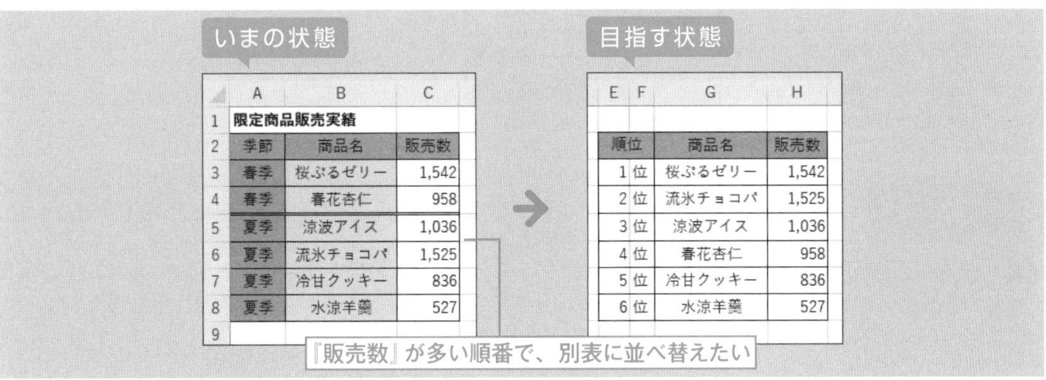

いまの状態
目指す状態
『販売数』が多い順番で、別表に並べ替えたい

	A	B	C
1	限定商品販売実績		
2	季節	商品名	販売数
3	春季	桜ぷるゼリー	1,542
4	春季	春花杏仁	958
5	夏季	涼波アイス	1,036
6	夏季	流氷チョコパ	1,525
7	夏季	冷甘クッキー	836
8	夏季	水涼羊羹	527
9			

F	G	H
順位	商品名	販売数
1位	桜ぷるゼリー	1,542
2位	流氷チョコパ	1,525
3位	涼波アイス	1,036
4位	春花杏仁	958
5位	冷甘クッキー	836
6位	水涼羊羹	527

● Excel2021/365の数式

1. 並べ替えるセル(G3セル)を選択し、「=SORT(」と入力する。
2. [配列]…並べ替えるセル範囲を選択する。
3. [並べ替えインデックス]…並べ替える基準の列位置「2」を入力する。
4. [並べ替え順序]…降順で並べ替えるので「-1」と入力する。
5. [並べ替え基準]…省略して、Enter キーで確定する。

G3　=SORT(B3:C8,2,-1)

	A	B	C	D	E	F	G	H
1	限定商品販売実績							
2	季節	商品名	販売数			順位	商品名	販売数
3	春季	桜ぷるゼリー	1,542			1位	桜ぷるゼリー	1,542
4	春季	春花杏仁	958			2位	流氷チョコパ	1,525
5	夏季	涼波アイス	1,036			3位	涼波アイス	1,036
6	夏季	流氷チョコパ	1,525			4位	春花杏仁	958
7	夏季	冷甘クッキー	836			5位	冷甘クッキー	836
8	夏季	水涼羊羹	527			6位	水涼羊羹	527
9								

数式解説

「=SORT(B3:C8,2,-1)」の数式は、B3セル～C8セルのデータを『販売数』の降順に並べ替えて抽出する。

ここがポイント!　昇順や横方向で並べ替えて抽出するには?

数値を昇順に並べ替えて抽出するには、SORT関数の引数[並べ替え順序]は省略するか「1」を指定しよう。横方向で並べ替えて抽出するなら、引数[並べ替え基準]に「TRUE」と入力しよう。

第11章

Excel2019/2016の数式

1 本章の4節テク277「Excel2019/2016の数式」で入力した数式をA列とH3セルにそれぞれ入力する。
2 ほかの行列には数式をコピーして、VLOOKUP関数の引数［列番号］を変更して抽出しよう。数式解説は4節テク277の数式解説参照。

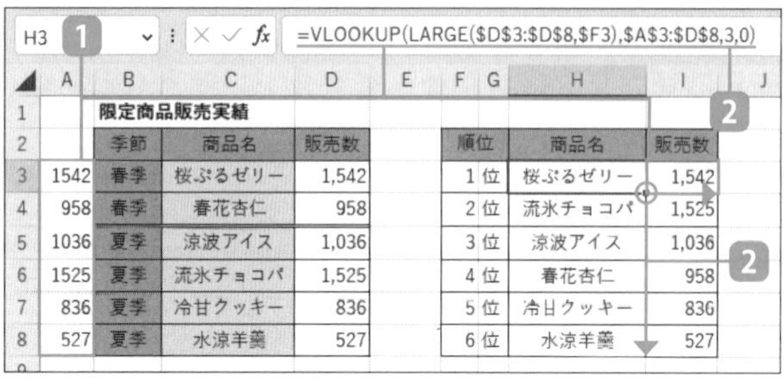

H3 =VLOOKUP(LARGE($D$3:$D$8,$F3),$A$3:$D$8,3,0)

	A	B	C	D	E	F	G	H	I
1		限定商品販売実績							
2		季節	商品名	販売数		順位		商品名	販売数
3	1542	春季	桜ぷるゼリー	1,542		1	位	桜ぷるゼリー	1,542
4	958	春季	春花杏仁	958		2	位	流氷チョコバ	1,525
5	1036	夏季	涼波アイス	1,036		3	位	涼波アイス	1,036
6	1525	夏季	流氷チョコバ	1,525		4	位	春花杏仁	958
7	836	夏季	冷甘クッキー	836		5	位	冷甘クッキー	836
8	527	夏季	水涼羊羹	527		6	位	水涼羊羹	527

併せて覚え テク 条件を満たす／重複を除くデータを並べ替えて抽出する（Excel2021/365）

SORT関数の引数［配列］に**FILTER関数**（第9章1節テク221参照）を組み合わせると、条件を満たすデータを並べ替えて抽出でき、**UNIQUE関数**（本章の2節テク259参照）を組み合わせると、重複を除くデータを並べ替えて抽出することができる。

条件を満たすデータを並べ替えて抽出する

第9章1節テク225では、FILTER関数で月を条件に抽出しているが、このデータを『数量』の多い順番で抽出するなら、1第9章1節テク225の数式を2SORT関数の引数［配列］に組み合わせて数式を作成しよう。

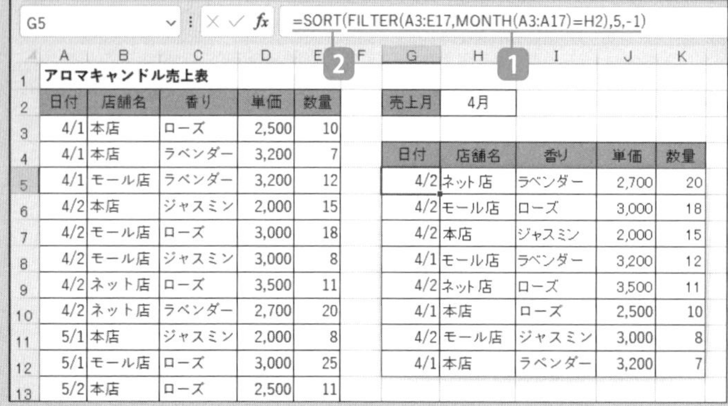

G5 =SORT(FILTER(A3:E17,MONTH(A3:A17)=H2),5,-1)

	A	B	C	D	E	F	G	H	I	J	K
1	アロマキャンドル売上表										
2	日付	店舗名	香り	単価	数量		売上月	4月			
3	4/1	本店	ローズ	2,500	10						
4	4/1	本店	ラベンダー	3,200	7		日付	店舗名	香り	単価	数量
5	4/1	モール店	ラベンダー	3,200	12		4/2	ネット店	ラベンダー	2,700	20
6	4/2	本店	ジャスミン	2,000	15		4/2	モール店	ローズ	3,000	18
7	4/2	モール店	ローズ	3,000	18		4/2	本店	ジャスミン	2,000	15
8	4/2	モール店	ジャスミン	3,000	8		4/1	モール店	ラベンダー	3,200	12
9	4/2	ネット店	ローズ	3,500	11		4/2	ネット店	ローズ	3,500	11
10	4/2	ネット店	ラベンダー	2,700	20		4/1	本店	ローズ	2,500	10
11	5/1	本店	ジャスミン	2,000	8		4/2	モール店	ジャスミン	3,000	8
12	5/1	モール店	ローズ	3,000	25		4/1	本店	ラベンダー	3,200	7
13	5/2	本店	ローズ	2,500	11						

重複を除くデータを並べ替えて抽出する

本章の2節テク259の重複を除いて抽出したデータを2列目の年齢順に並べ替えて抽出するなら、1本章の2節テク259の数式を2SORT関数の引数［配列］に組み合わせて数式を作成しよう。

E3 =SORT(UNIQUE(A3:C10),2)

	A	B	C	D	E	F	G
1	キャンペーン申込者名簿				キャンペーン申込者名簿		
2	氏名	年齢	電話番号		氏名	年齢	電話番号
3	大木誠治	42	090-0000-0001		柴崎藍	22	090-0000-0101
4	金下由希美	28	090-0000-0002		金下由希美	28	090-0000-0002
5	柴崎藍	22	090-0000-0101		澄田優司	35	090-0000-0004

✓ 並べ替え抽出

テク 281 複数キーで数値を並べ替えて別表に抽出したい

使うのはコレ! SORTBY関数

Excel2019/2016　条件の数値を繋いだ数値、VLOOKUP+LARGE関数

同じ売上は価格が高いほうを上の順位で並べ替えたいなど、複数のキーで並べ替えて別表に抽出するなら、**SORTBY関数**を使おう。Excel2019/2016なら、並べ替える数値を1つの数値にして本章の4節テク277の数式で抽出しよう。

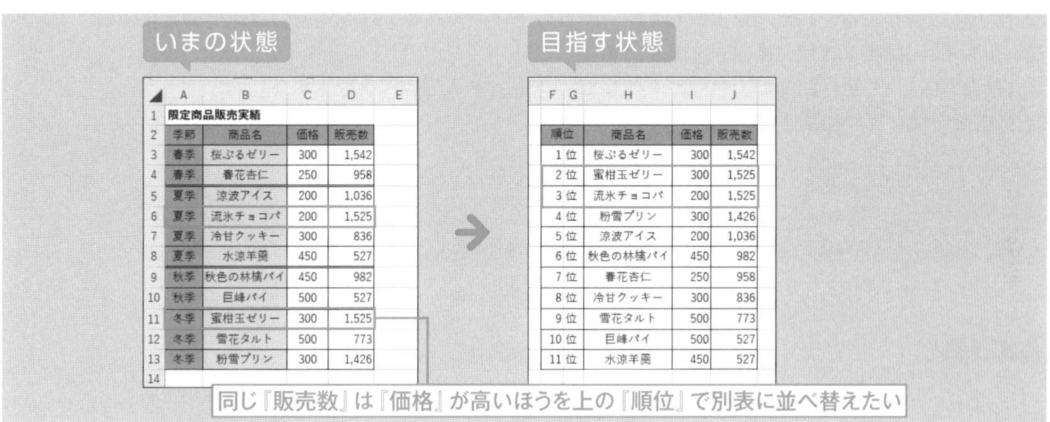

いまの状態
目指す状態
同じ『販売数』は『価格』が高いほうを上の『順位』で別表に並べ替えたい

限定商品販売実績

季節	商品名	価格	販売数
春季	桜ぷるゼリー	300	1,542
春季	春花杏仁	250	958
夏季	涼波アイス	200	1,036
夏季	流氷チョコパ	200	1,525
夏季	冷甘クッキー	300	836
夏季	水涼羊羹	450	527
秋季	秋色の林檎パイ	450	982
秋季	巨峰パイ	500	527
冬季	蜜柑玉ゼリー	300	1,525
冬季	雪花タルト	500	773
冬季	粉雪プリン	300	1,426

順位	商品名	価格	販売数
1位	桜ぷるゼリー	300	1,542
2位	蜜柑玉ゼリー	300	1,525
3位	流氷チョコパ	200	1,525
4位	粉雪プリン	300	1,426
5位	涼波アイス	200	1,036
6位	秋色の林檎パイ	450	982
7位	春花杏仁	250	958
8位	冷甘クッキー	300	836
9位	雪花タルト	500	773
10位	巨峰パイ	500	527
11位	水涼羊羹	450	527

● Excel2021/365の数式

1. 求めるセル(H3セル)を選択し、「=SORTBY(」と入力する。
2. [配列]…並べ替えるセル範囲を選択する。
3. [基準配列1]…並べ替える最優先キーの『販売数』のセル範囲を選択する。
4. [並べ替え順序1]…降順で並べ替えるので「-1」と入力する。
5. [基準配列2]…並べ替える次のキーの『価格』のセル範囲を選択する。
6. [並べ替え順序2]…降順で並べ替えるので「-1」と入力して、Enterキーで確定する。

H3　=SORTBY(B3:D13,D3:D13,-1,C3:C13,-1)

限定商品販売実績

季節	商品名	価格	販売数
春季	桜ぷるゼリー	300	1,542
春季	春花杏仁	250	958
夏季	涼波アイス	200	1,036
夏季	流氷チョコパ	200	1,525
夏季	冷甘クッキー	300	836
夏季	水涼羊羹	450	527
秋季	秋色の林檎パイ	450	982
秋季	巨峰パイ	500	527
冬季	蜜柑玉ゼリー	300	1,525
冬季	雪花タルト	500	773
冬季	粉雪プリン	300	1,426

順位	商品名	価格	販売数
1位	桜ぷるゼリー	300	1,542
2位	蜜柑玉ゼリー	300	1,525
3位	流氷チョコパ	200	1,525
4位	粉雪プリン	300	1,426
5位	涼波アイス	200	1,036
6位	秋色の林檎パイ	450	982
7位	春花杏仁	250	958
8位	冷甘クッキー	300	836
9位	雪花タルト	500	773
10位	巨峰パイ	500	527
11位	水涼羊羹	450	527

数式解説

「=SORTBY(B3:D13,D3:D13,-1,C3:C13,-1)」の数式は、D3セル～D13セルの『販売数』を最優先するキー、『価格』を次のキーで表を降順で並べ替えて抽出する。結果、同じ『販売数』は『価格』が高いほうが上の順番で並べ替えて抽出される。

ここがポイント！　昇順に並べ替えて抽出するには？

数値を昇順に並べ替えて抽出するには、SORTBY関数の引数［並べ替え順序］は省略するか「1」を指定して数式を作成しよう。

Excel2019/2016の数式

1. 表の左端のセルを選択し、「=D3*1000+C3」と入力して数式を必要なだけ複写する。
2. 販売数1位の『商品名』を求めるセル（I3セル）を選択し、「=VLOOKUP(」と入力する。
3. ［検索値］…LARGE関数で「1」位の『販売数』を抽出する数式を入力する。
4. ［範囲］…検索するセル範囲を選択して、F4 キーを1回押して［$］記号をつけ絶対参照にする。
5. ［列番号］…抽出する列の番目「3」を入力する。
6. ［検索方法］…完全一致なので「0」と入力して、Enter キーで数式を確定する。
7. 数式を必要なだけ複写する。

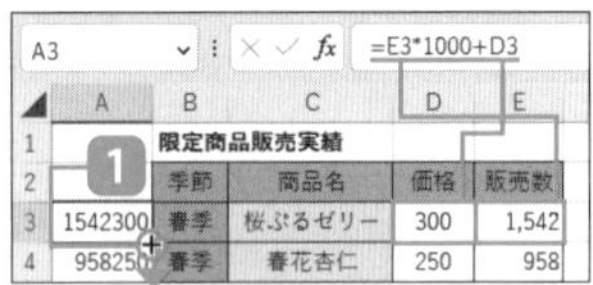

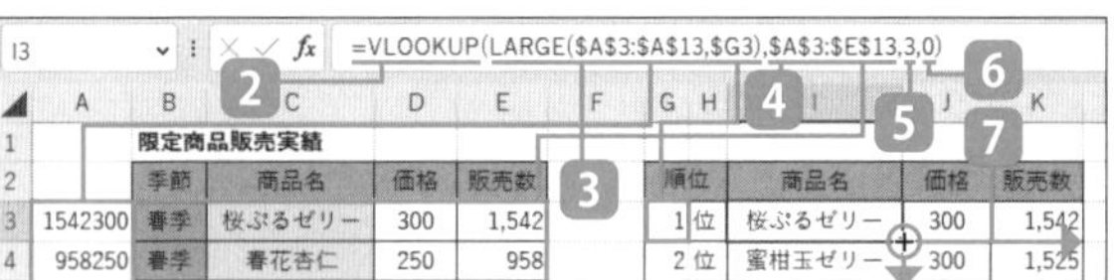

数式解説

「=D3*1000+C3」の数式は､「1542300」の数値を作成する。数式をコピーすると、同じ『販売数』でも『価格』が高いほうに大きい数値が作成される。この数値をもとに、「=VLOOKUP(LARGE($A$3:$A$13,$G3),$A$3:$E$13,3,0)」の数式で抽出する（数式解説は本章の4節テク277参照）。

併せて覚え テク　SORTBY関数でうまく抽出できないときは、並べ替えるキーの数だけSORT関数を組み合わせよう

数式で月を条件に抽出したデータを『数量』が同じなら『単価』が高いほうで並べ替えるときなどには、SORTBY関数の引数［配列］にFILTER関数の数式を組み合わせただけでは抽出できない。そんなときは、並べ替えの優先順位でSORT関数を組み合わせて数式を作成しよう。たとえば、月を条件に抽出したデータを『数量』が同じなら『単価』が高いほうで並べ替えるなら、1 SORT関数で月を条件に抽出したデータを『単価』の降順で並べ替えたデータを、2 もう1つのSORT関数の引数［配列］に組み合わせて､『数量』の降順で並べ替える数式を作成しよう。

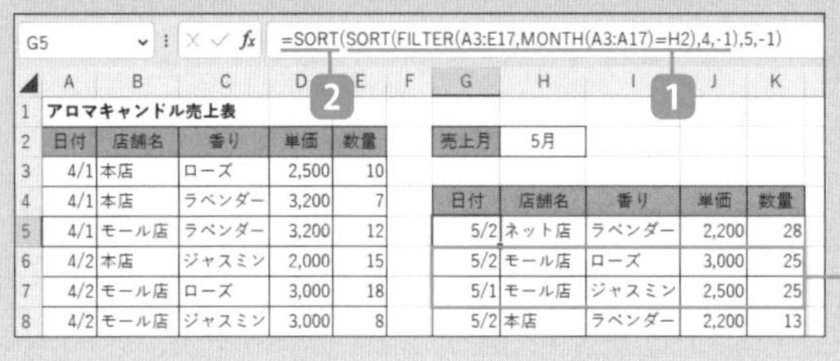

『数量』が同じなら『単価』が高いほうが上になるように並べ替える

抽出編

✔ 並べ替え抽出

テク282 同順位の項目は「、」で連結して1行にまとめたランキング表を作成したい

Excel2021/2019/365対応

使うのはコレ! SORT+UNIQUE関数、TEXTJOIN+FILTER関数
Excel2019　IF+MATCH+ROW関数、RANK.EQ関数、TEXTJOIN+REPT関数、VLOOKUP関数

同順位の項目名を「、」で区切ってランキング表を作成するなら、同順位の項目名を**FILTER関数**（Excel2019は**REPT関数**）ですべて抽出し、それぞれのデータを**TEXTJOIN関数**で「、」で結合して抽出しよう。

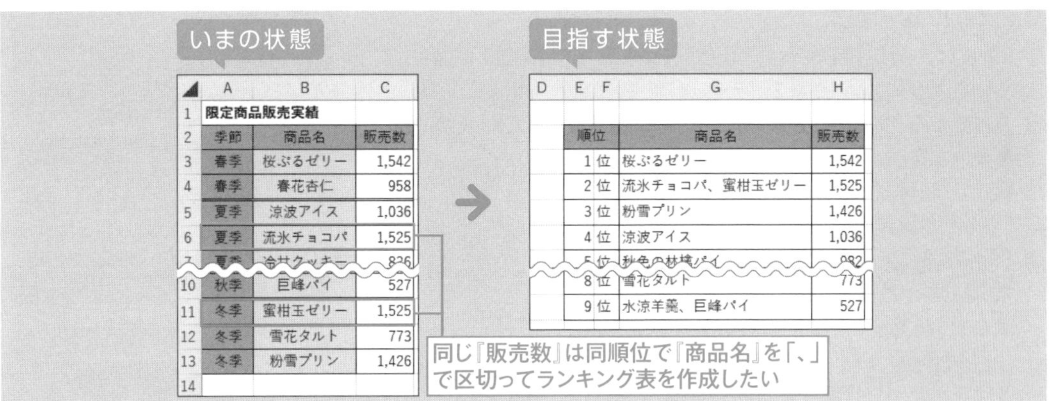
いまの状態
目指す状態
同じ『販売数』は同順位で『商品名』を「、」で区切ってランキング表を作成したい

Excel2021/365の数式

1. 並べ替える『販売数』のセル（H3セル）を選択し、UNIQUE関数で『販売数』の重複を除いて1件ずつ抽出したデータをもとにSORT関数で降順に並べ替える数式を入力する。
2. 並べ替える『商品名』のセル（G3セル）を選択し、「=TEXTJOIN(」と入力する。
3. ［区切り記号］…区切り文字「"、"」を入力する。
4. ［空のセルは無視］…省略する。
5. ［テキスト1］…FILTER関数で、『販売数』が手順1で抽出した『販売数』である場合の条件を満たす『商品名』を抽出する数式を入力して、Enterキーで数式を確定する。
6. 数式を必要なだけ複写する。

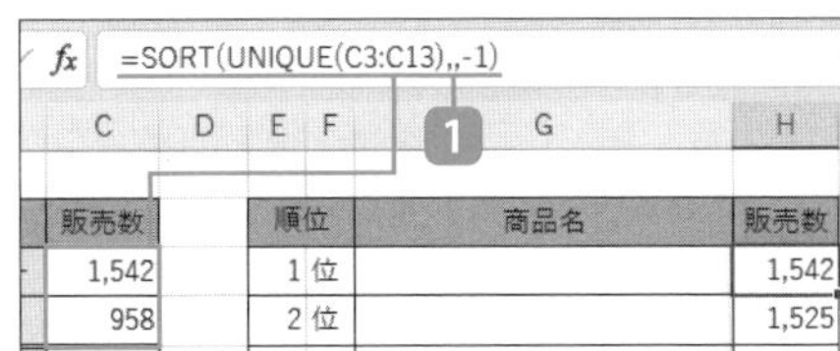
=SORT(UNIQUE(C3:C13),,-1)
1

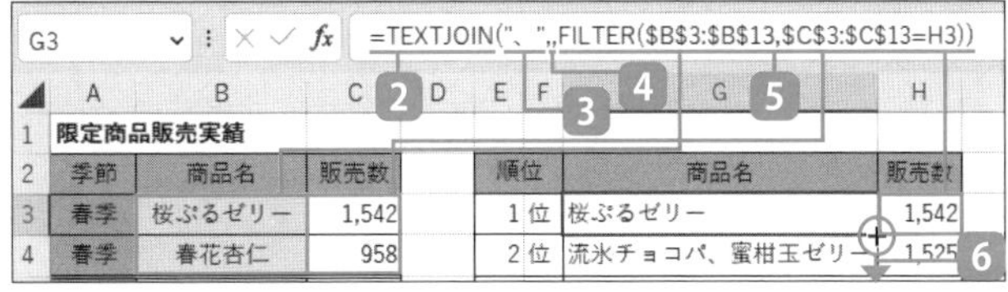
=TEXTJOIN("、",,FILTER($B$3:$B$13,$C$3:$C$13=H3))
2
3
4
5
6

数式解説

「=SORT(UNIQUE(C3:C13),,-1)」の数式は、『販売数』の重複を除いて降順に並べ替えて抽出する。「=TEXTJOIN("、",,FILTER($B$3:$B$13,$C$3:$C$13=H3))」の数式は、抽出した『販売数』の『商品名』をすべて抽出して、「、」で結合して抽出する。結果、同じ『販売数』は「、」で区切って『商品名』が抽出される。

ここがポイント！　昇順に並べ替えて抽出するには？

数値を昇順に並べ替えるには、SORT関数の引数［並べ替え順序］は省略するか「1」を指定して数式を作成しよう。

Excel2019の数式

1. E列には、同じ『販売数』は順位が飛ばされずに『順位』が付けられるように、第10章2節テク247の数式を入力する。

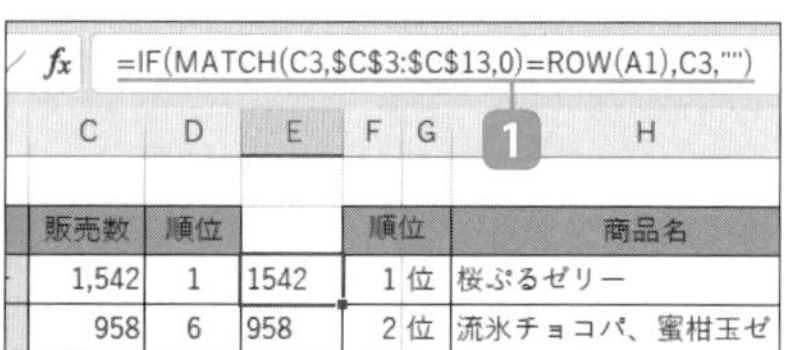

2. 並べ替える『商品名』のセル（H3セル）を選択し、「=TEXTJOIN(」と入力する。
3. ［区切り記号］…区切り文字「"、"」を入力する。
4. ［空のセルは無視］…省略する。
5. ［テキスト1］…REPT関数で、手順1で抽出した『順位』が抽出する順位である場合の条件を満たす『商品名』を抽出する数式を入力して、Ctrl＋Shift＋Enterキーで数式を確定して、数式を必要なだけ複写する。

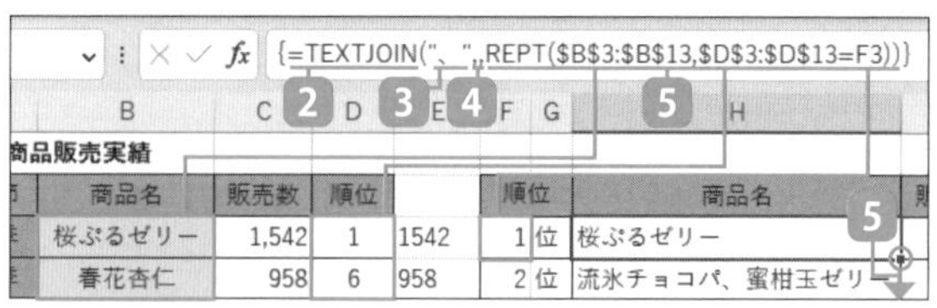

6. 並べ替える『販売数』のセル（I3セル）を選択し、「=VLOOKUP(」と入力し、指定の順位を［検索値］にして、手順1で作成したE列の『販売数』を抽出する数式を入力して、数式を必要なだけ複写する。

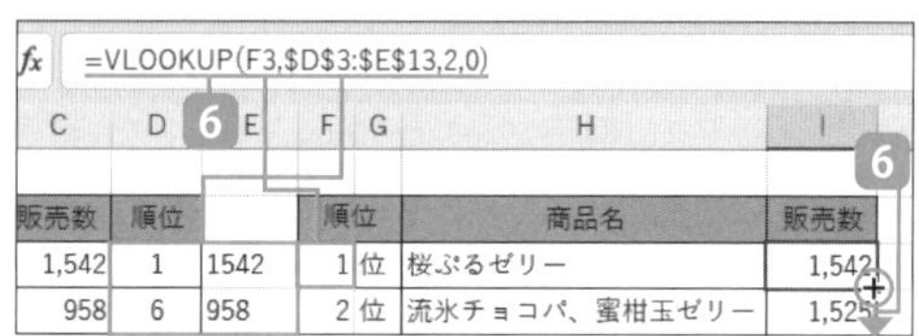

数式解説

「=IF(MATCH(C3,$C$3:$C$13,0)=ROW(A1),C3,"")」「=RANK.EQ(C3,$E$3:$E$13,0)」の数式は、同じ数値があっても、順位が飛ばされないように順位をつける（数式解説は第10章2節テク247参照）。
「{=TEXTJOIN("、",,REPT($B$3:$B$13,$D$3:$D$13=F3))}」の数式は、指定の順位の『販売数』の『商品名』をすべて抽出して「、」で結合する。結果、同じ『販売数』は、「、」で区切って『商品名』が抽出される。
「=VLOOKUP(F3,$D$3:$E$13,2,0)」の数式は、指定の順位を［検索値］にして、手順1で作成したE列の『販売数』を抽出する数式を入力する。

ここがポイント！　昇順に並べ替えて抽出するには？

数値を昇順に並べ替えるには、RANK.EQ関数の引数［順序］に「-1」を指定して数式を作成しよう。

✓ 並べ替え抽出

テク283 五十音順に並べ替えて別表に抽出したい

使うのはコレ! PHONETIC+テーブル、SORT関数
Excel2019/2016　PHONETIC関数、COUNTIF関数+テーブル、INDEX+MATCH+ROW関数

別表に氏名を入力しているが、追加するたび、五十音順に並べ替えるのはめんどう！　そんなときは、ふりがなを基準に**SORT関数**で別表に抽出しよう。Excel2019/2016なら、**COUNTIF関数**でふりがなの文字コードの順番で番号を付けて抽出しよう。**表をテーブルに変換**しておくことで、氏名を入力するたび、自動で五十音順に並べ替えられた表が作成できる。

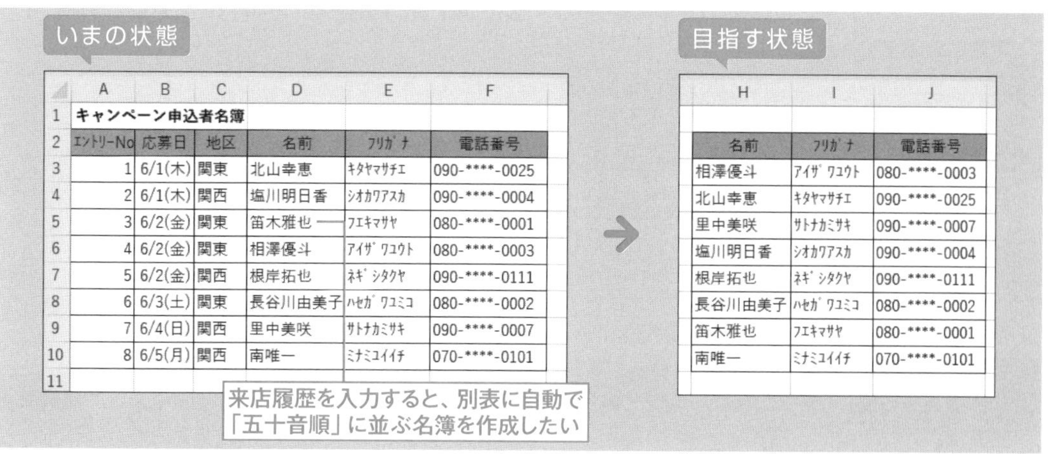

	A	B	C	D	E	F
1	キャンペーン申込者名簿					
2	ｴﾝﾄﾘｰNo	応募日	地区	名前	ﾌﾘｶﾞﾅ	電話番号
3	1	6/1(木)	関東	北山幸恵	ｷﾀﾔﾏｻﾁｴ	090-****-0025
4	2	6/1(木)	関西	塩川明日香	ｼｵｶﾜｱｽｶ	090-****-0004
5	3	6/2(金)	関東	笛木雅也	ﾌｴｷﾏｻﾔ	080-****-0001
6	4	6/2(金)	関東	相澤優斗	ｱｲｻﾞﾜﾕｳﾄ	080-****-0003
7	5	6/2(金)	関西	根岸拓也	ﾈｷﾞｼﾀｸﾔ	090-****-0111
8	6	6/3(土)	関東	長谷川由美子	ﾊｾｶﾞﾜﾕﾐｺ	080-****-0002
9	7	6/4(日)	関西	里中美咲	ｻﾄﾅｶﾐｻｷ	090-****-0007
10	8	6/5(月)	関西	南唯一	ﾐﾅﾐﾕｲｲﾁ	070-****-0101
11						

H	I	J
名前	ﾌﾘｶﾞﾅ	電話番号
相澤優斗	ｱｲｻﾞﾜﾕｳﾄ	080-****-0003
北山幸恵	ｷﾀﾔﾏｻﾁｴ	090-****-0025
里中美咲	ｻﾄﾅｶﾐｻｷ	090-****-0007
塩川明日香	ｼｵｶﾜｱｽｶ	090-****-0004
根岸拓也	ﾈｷﾞｼﾀｸﾔ	090-****-0111
長谷川由美子	ﾊｾｶﾞﾜﾕﾐｺ	080-****-0002
笛木雅也	ﾌｴｷﾏｻﾔ	080-****-0001
南唯一	ﾐﾅﾐﾕｲｲﾁ	070-****-0101

Excel2021/365の数式

1. 表をテーブルに変換し（作成方法は第1章1節テク008参照）、テーブル名「名簿」を付けておく。
2. PHONETIC関数で『名前』からふりがなを抽出した『ﾌﾘｶﾞﾅ』の列を作成しておく。
3. 並べ替えて求めるセル（H3セル）を選択し、「=SORT(」と入力する。
4. ［配列］…抽出するセル範囲を「名簿[[名前]:[電話番号]]」で指定する。
5. ［並べ替えインデックス］…並べ替える『ﾌﾘｶﾞﾅ』の列位置「2」を入力する。
6. ［並べ替え順序］［並べ替え基準］…省略して、Enterキーで確定する。

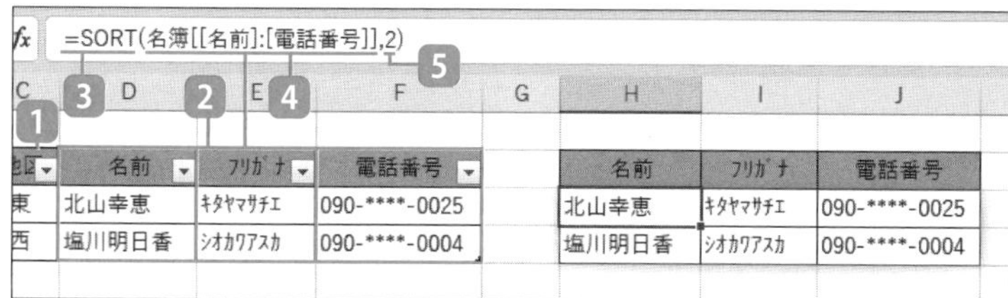

C	D	E	F	G	H	I	J
地区	名前	ﾌﾘｶﾞﾅ	電話番号		名前	ﾌﾘｶﾞﾅ	電話番号
東	北山幸恵	ｷﾀﾔﾏｻﾁｴ	090-****-0025		北山幸恵	ｷﾀﾔﾏｻﾁｴ	090-****-0025
西	塩川明日香	ｼｵｶﾜｱｽｶ	090-****-0004		塩川明日香	ｼｵｶﾜｱｽｶ	090-****-0004

数式解説

「=SORT(名簿[[名前]:[電話番号]],2)」の数式は、「名簿」テーブルの『名前』～『電話番号』を、2列目の『ﾌﾘｶﾞﾅ』を基準に昇順に並べ替えて抽出することで、『名前』が五十音順に並べ替えて抽出される。データを追加しても、テーブルの範囲は自動で拡張されるので、常に追加したデータの『名前』を五十音順の位置に配置して並べ替えた表が作成される。

Excel2019/2016の数式

1. 表をテーブルに変換し（作成方法は第1章1節テク008参照）、テーブル名「名簿」を付けておく。
2. PHONETIC関数で『名前』からふりがなを抽出した『ﾌﾘｶﾞﾅ』の列を作成しておく。
3. 表の左端列に「=COUNTIF(」と入力する。
4. [範囲]…『ﾌﾘｶﾞﾅ』のセル範囲を「[ﾌﾘｶﾞﾅ]」で指定する。
5. [検索条件]…それぞれの『ﾌﾘｶﾞﾅ』未満の条件を「"<"&[@ﾌﾘｶﾞﾅ]」で指定して、「)+1」と入力して Enter キーで数式を確定する。

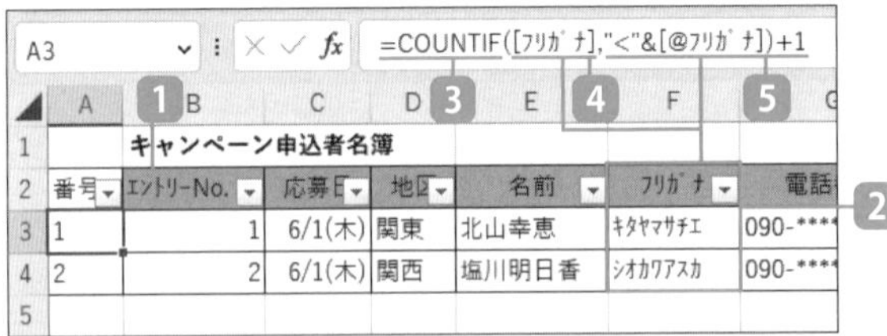

6. 並べ替えて求めるセル（I3セル）を選択し、「=IFNA(」と入力する。
7. [値]…VLOOKUP関数で作成した『番号』の小さいほうから『名前』を抽出する数式を入力する。
8. [NAの場合の値]…見つからないエラーの場合に求める[""]（空白）を入力して、Enter キーで数式を確定する。
9. 数式を必要なだけ複写して、VLOOKUP関数の引数[列番号]、SMALL関数の引数[配列]を調整する。

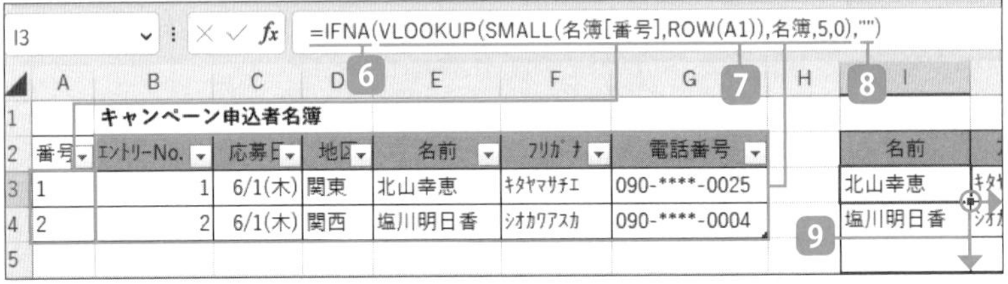

数式解説

「=COUNTIF([ﾌﾘｶﾞﾅ],"<"&[@ﾌﾘｶﾞﾅ])+1」の数式は、それぞれのふりがなの文字コードを基準に昇順での順位を付ける。

「=IFNA(VLOOKUP(SMALL(名簿[番号],ROW(A1)),名簿,5,0),"")」の数式は、求めた順位を小さいほうから順番にVLOOKUP関数の引数[検索値]に指定して、「名簿」テーブルの5列目の『名前』を抽出して見つからない場合は空白で求める。この数式をほかの行列にコピーして、該当の列や列名に変更することで、「名簿」テーブルの『名前』～『電話番号』が『ﾌﾘｶﾞﾅ』の昇順に並べ替えれる。結果、『名前』が五十音順に並べ替えて抽出される。データを追加しても、テーブルの範囲は自動で拡張されるので、常に追加したデータの『名前』を五十音順の位置に配置して並べ替えた表が作成される。

併せて覚え テク　条件を満たす／重複を除く名称を五十音順に並べ替えて抽出する

テク280の「併せて覚えテク」のように、SORT関数の引数[配列]にFILTER関数（第9章1節テク221参照）を組み合わせると、条件を満たす氏名や商品名を五十音順に並べ替えて抽出でき、UNIQUE関数（本章の2節テク259参照）を組み合わせると、重複を除く氏名や商品名を五十音に並べ替えて抽出することができる。Excel2019/2016なら、条件を満たすデータだけに、重複していないデータだけにふりがな文字コードの昇順に番号が付けられるように数式を作成しよう。

条件を満たす『名前』を五十音順に並べ替えて抽出する

この例で、『名前』を五十音順に並べ替えて「関東」の申込名簿だけを抽出するなら、1第9章1節テク221の数式を2SORT関数の引数[配列]に組み合わせて数式を作成しよう。

操作テク この例ではテーブルに変換し、そのテーブル内のセル範囲を数式で選択しているため、第9章1節テク221の数式とは記述が異なるので注意。

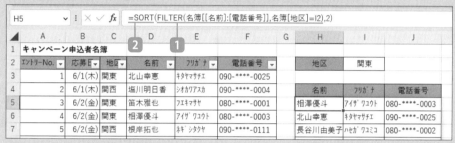

H5　=SORT(FILTER(名簿[[名前]:[電話番号]],名簿[地区]=I2),2)

（2：SORT(　1：FILTER(名簿[[名前]:[電話番号]],名簿[地区]=I2)）

	A	B	C	D	E	F	G	H	I	J
1	キャンペーン申込者名簿									
2	ｴﾝﾄﾘｰNo.	応募日	地区	名前	ﾌﾘｶﾞﾅ	電話番号		地区	関東	
3	1	6/1(木)	関東	北山幸恵	ｷﾀﾔﾏｻﾁｴ	090-****-0025				
4	2	6/1(木)	関西	塩川明日香	ｼｵｶﾜｱｽｶ	090-****-0004		名前	ﾌﾘｶﾞﾅ	電話番号
5	3	6/2(金)	関東	笛木雅也	ﾌｴｷﾏｻﾔ	080-****-0001		相澤優斗	ｱｲｻﾞﾜﾕｳﾄ	080-****-0003
6	4	6/2(金)	関東	相澤優斗	ｱｲｻﾞﾜﾕｳﾄ	080-****-0003		北山幸恵	ｷﾀﾔﾏｻﾁｴ	090-****-0025
7	5	6/2(金)	関西	根岸拓也	ﾈｷﾞｼﾀｸﾔ	090-****-0111		長谷川由美子	ﾊｾｶﾞﾜﾕﾐｺ	080-****-0002

Excel2019/2016なら、この例のA列の数式を、『地区』が「関東」の場合だけ、ふりがなの文字コードの昇順で番号が付けられるようにIF関数で条件式を作成しよう。

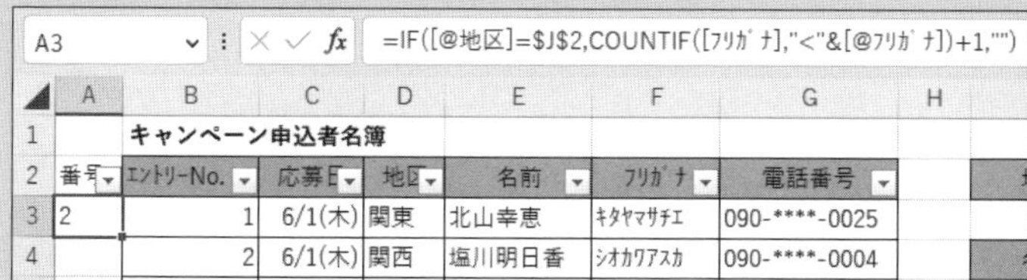

A3　=IF([@地区]=$J$2,COUNTIF([ﾌﾘｶﾞﾅ],"<"&[@ﾌﾘｶﾞﾅ])+1,"")

	A	B	C	D	E	F	G	H
1		キャンペーン申込者名簿						
2	番号	ｴﾝﾄﾘｰNo.	応募日	地区	名前	ﾌﾘｶﾞﾅ	電話番号	
3	2	1	6/1(木)	関東	北山幸恵	ｷﾀﾔﾏｻﾁｴ	090-****-0025	
4		2	6/1(木)	関西	塩川明日香	ｼｵｶﾜｱｽｶ	090-****-0004	

重複を除いて『名前』を五十音順に並べ替えて抽出する

この例で、重複を除いて『名前』を五十音順に並べ替えて抽出するなら、UNIQUE関数の引数[配列]にこの例の数式を組み合わせて以下のように作成しよう。

=UNIQUE(SORT(名簿[[名前]:[電話番号]],2))

Excel2019/2016なら、この例のA列に、『名前』が1個の場合だけふりがなの文字コードの昇順に番号が付けられるように、IF関数で条件式を作成しよう。

=IF(COUNTIF($F$3:[@名前],[@名前])=1,COUNTIF([ﾌﾘｶﾞﾅ],"<"&[@ﾌﾘｶﾞﾅ])+1,"")

テク284 複数ブックのデータを指定の順番で並べ替えて1つのブックにまとめたい（ブックの追加対応）

使うのはコレ！ Power Query

Power Queryを使うと、複数ブックのデータを並べ替えて1つにブックにまとめることができる（第11章2節テク269参照）。指定の順番で並べ替えたいときは、**項目を並べ替える順番で作成した表**と、第3章3節テクのように**［マージ］ダイアログボックス**で関連付けて作成しよう。

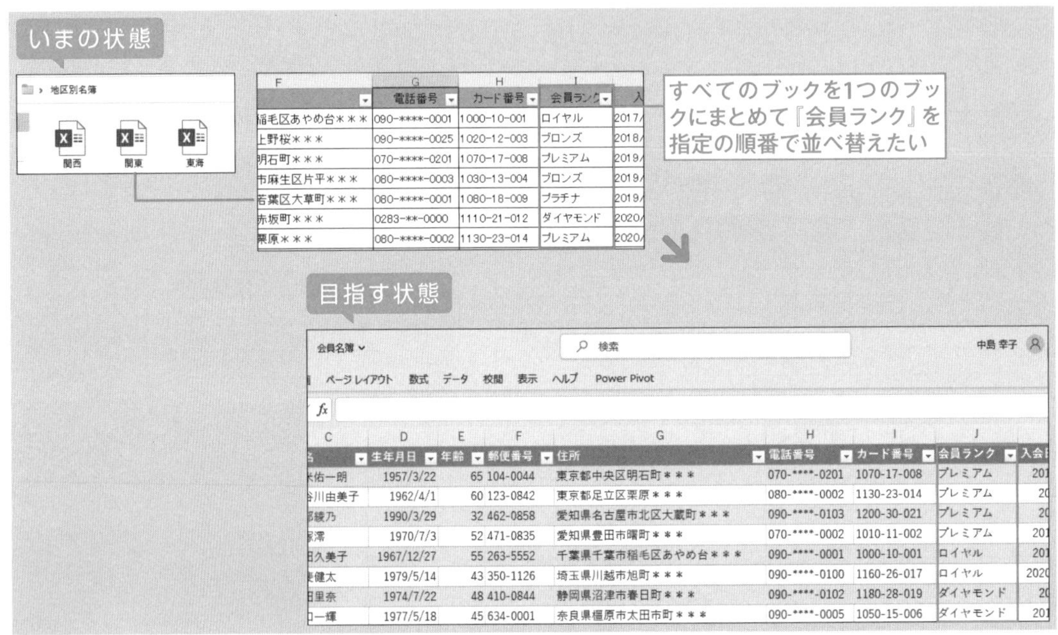
いまの状態
すべてのブックを1つのブックにまとめて『会員ランク』を指定の順番で並べ替えたい
目指す状態

1 別のシートにランク名の表を作成し、並べ替える順番で番号を付けた『ランク順』の列を作成しておく。
2 表内のセルを選択し、［データ］タブ→［データの取得と変換］（Excel2016では［取得と変換］）グループ→［テーブルまたは範囲から］（Excel2016では［テーブルから］）ボタンをクリックする。［テーブルの作成］ダイアログボックスが表示されるので［OK］ボタンをクリックすると、Power Queryエディターが起動する。
3 クエリの名前「会員ランク」を付ける。
4 ［ホーム］タブ→［閉じて読み込む］ボタンをクリックすると、クエリで作成された「会員ランク」テーブルが作成される。

5 Power Queryを使い、第3章3節テク053の手順1～9ですべてのブックのデータを1つのクエリで作成された「地区別名簿」テーブルにまとめておく。
6 取り込んだどちらかのテーブルで、[クエリ]タブ→[結合]グループ→[結合]ボタンをクリックする。

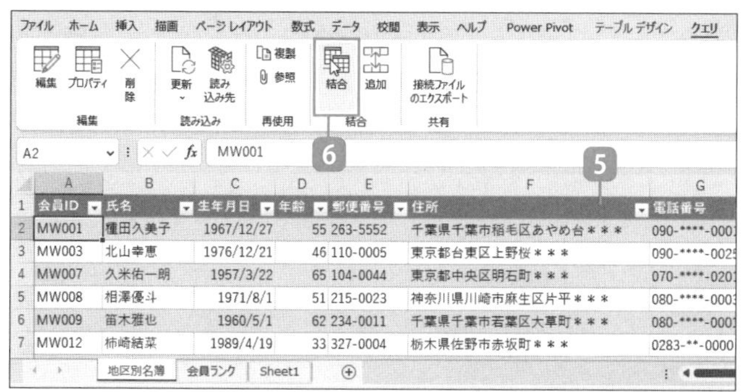

7 表示された[マージ]ダイアログボックスで、共通フィールドの「会員ランク」を関連付けるために、8テーブル「地区別名簿」9「会員ランク」10テーブル「会員ランク」11「会員ランク」の4つを選択する。
12 [結合の種類]で結合の種類を選択する。ここでは初期設定の左外部の結合のままにする。
13 [OK]ボタンをクリックする。
14 Power Queryエディターが起動するので、右端に結合されたテーブル「単価表」の[展開]ボタンをクリックする。
15 表示されたダイアログボックスの[元の列名をプレフィックスとして使用します]のチェックを外す。
操作テク 表をテーブルに変換していると、列名にクエリの名前がついてしまうので、必ずチェックを外しておく。
16 [OK]ボタンをクリックすると、データが展開されて、2つのテーブルのデータが共通フィールド「会員ランク」で結合して表示される。

第11章

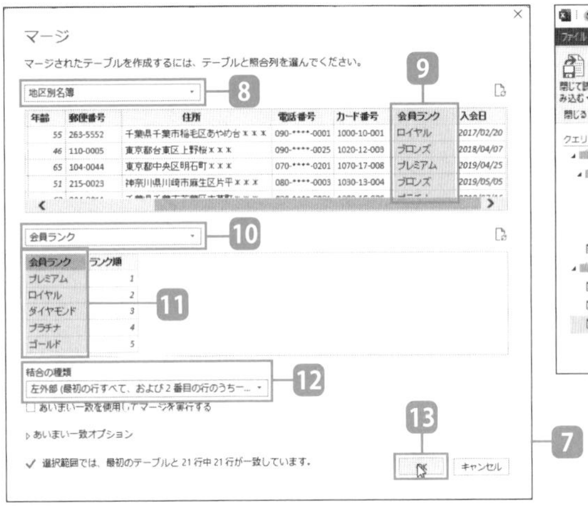

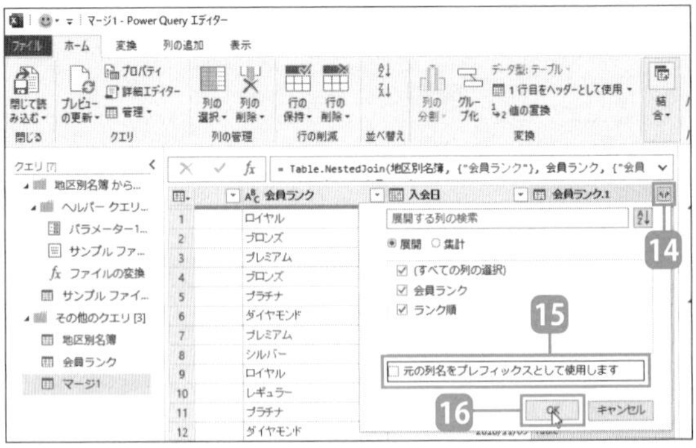

⑰ 共通フィールドの「会員ランク」テーブルの「会員ランク」も表示されるので、選択して［ホーム］タブ→［列の管理］グループ→［列の削除］ボタンで削除して、希望の体裁に整えておく。

⑱ 「会員ランク」テーブルの『ランク順』の列を選択し、［ホーム］タブ→［並べ替え］グループ→［昇順で並べ替え］ボタンをクリックする。

⑲ ［ホーム］タブの［閉じて読み込む］ボタンをクリックすると、すべてのブックの「会員ランク」が指定の順番で並べ替えられて1つのブックにまとめられる。

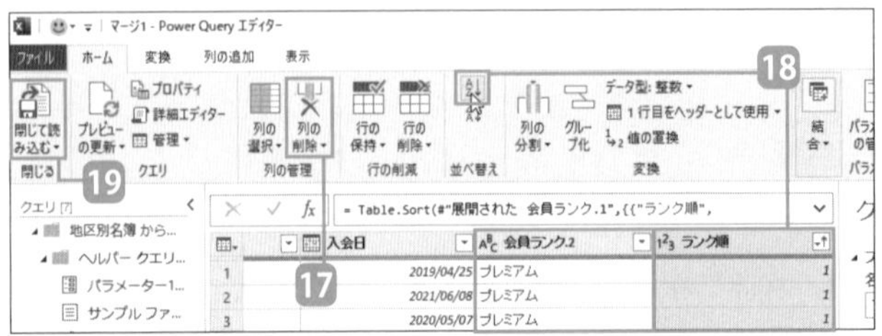

⑳ ブックを追加して、テーブル内のセルを選択し、［データ］タブ→［クエリと接続］グループ→［すべて更新］ボタンをクリックすると、追加したブックのデータが指定の会員ランクの位置に並べ替えられて追加される。

操作テク Power Queryを使用する際のポイントは、第3章3節テク053の「ここがポイント！」にまとめているので参考にしよう。

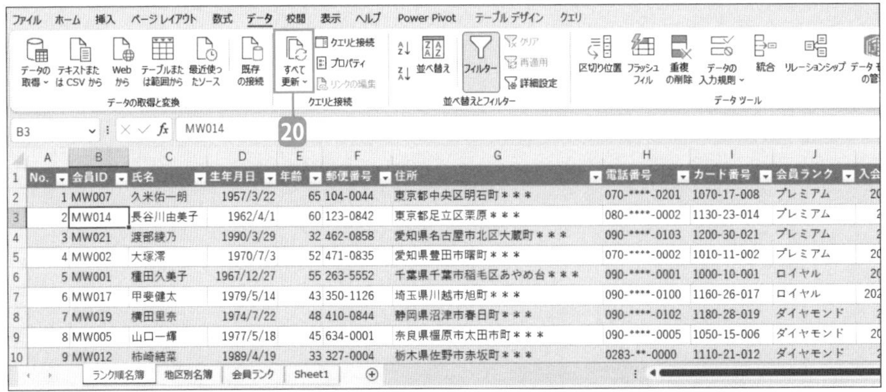

抽出編

第2部
抽出編

第12章
手作業だとめんどうな「複数シート／ブックの抽出」を完全攻略

12-1 各シートへデータを振り分けるテクをマスター！

表を作成した後で、店舗名ごとや商品名ごと、シートに分けて管理したくなることもある。

	A	B	C	D	E
1	アロマキャンドル売上表				
2	日付	店舗名	香り	単価	数量
3	4/1	本店	ローズ	2,500	10
4	4/1	本店	ラベンダー	3,200	7
5	4/1	モール店	ラベンダー	3,200	12
6	4/2	本店	ジャスミン	2,000	15
7	4/2	モール店	ローズ	3,000	18
8	4/2	モール店	ジャスミン	3,000	8
9	4/2	ネット店	ローズ	3,500	11
10	4/2	ネット店	ラベンダー	2,700	20
11					

売上データを店舗名ごとのシートに管理したい

しかし、大量のデータを各シートに仕分けるのは、手作業だと現実的ではない。

	A	B	C	D	E
1	アロマキャンドル売上表				
2	日付	店舗名	香り	単価	数量
3	4/1	本店	ローズ	2,500	10
4	4/1	本店	ラベンダー	3,200	7
5	4/1	モール店	ラベンダー	3,200	12
6	4/2	本店	ジャスミン	2,000	15
7	4/2	モール店	ローズ	3,000	18
8	4/2	モール店	ジャスミン	3,000	8
9	4/2	ネット店	ローズ	3,500	11
10	4/2	ネット店	ラベンダー	2,700	20
11					

全店 | ネット店 | モール店 | 本店

項目ごとに分割するのはたいへん……

店舗名ごとのシートを作成するのもめんどう……

「どんなに大量のデータでも、できるだけ、手早くシートに振り分けたい！」

そこで、本節では、**「ピボットテーブル」「Power Query」「関数」**を使って、スピーディーに表を項目ごとのシートに分割できるようにマスターしよう！

抽出編

テク285 表のデータを項目ごとに各シートへ振り分けたい

使うのはコレ! ピボットテーブルの「レポートフィルターページの表示」

表を項目ごとにデータが抽出されたシートに分割したとき、手早く分割するなら、**ピボットテーブルの「レポートフィルターページの表示」**を使おう。どんなに複数の項目でも一瞬で見事に分割できる。

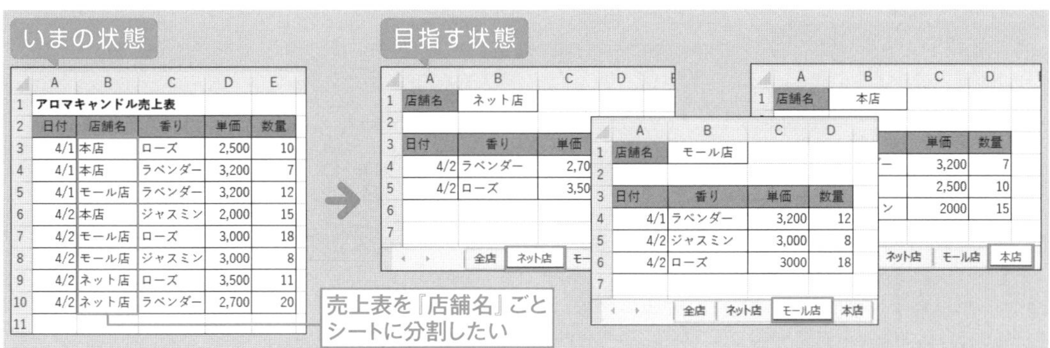

いまの状態
目指す状態
売上表を『店舗名』ごとシートに分割したい

1 表内のセルを1つ選択し、[挿入]タブの[テーブル]グループの[ピボットテーブル]ボタンをクリックする。表示された[ピボットテーブルの作成]ダイアログボックスで、[テーブルまたは範囲を選択]に売上表のセル範囲を選択する。

操作テク ここではピボットテーブルを表の横に作成するので、作成する場所の指定で[既存のワークシート]をオンにし、[場所]に表の横のセルを選択する。

2 表示された[ピボットテーブルのフィールド]ウィンドウで、「フィルター」エリアに『店舗名』、「行」エリアに残りのフィールドをすべてドラッグしてピボットテーブルを作成する。

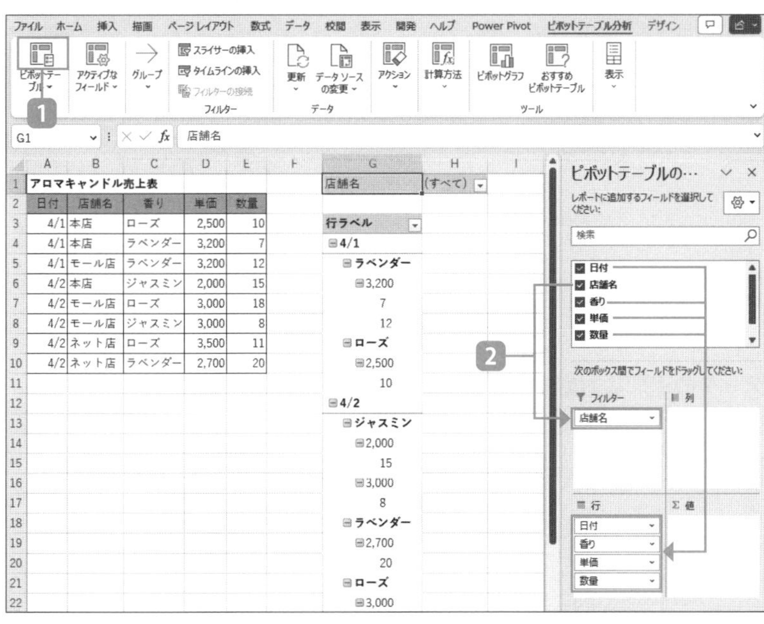

3 [デザイン] タブの [レイアウト] グループで、[レポートのレイアウト] ボタンから [表形式で表示]、[アイテムのラベルをすべて繰り返す]、[総計] ボタンから [行と列の集計を行わない]、[小計] ボタンから [小計を表示しない] を選択する。

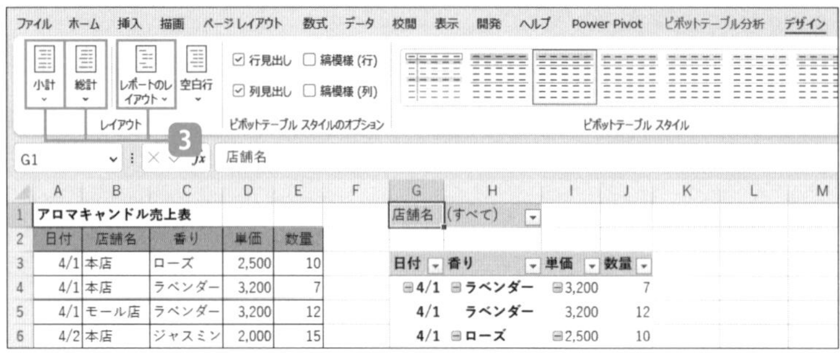

4 [ピボットテーブル分析] ([分析]) タブ→の [ピボットテーブル] ボタン→ [オプション] の [▼] → [レポートフィルターページの表示] を選択する。

5 表示された [レポートフィルターページの表示] ダイアログボックスで『店舗名』を選択し、[OK] ボタンをクリックする。

6 シート名をすべて選択し、ctrl + A キーでシート全体を選択する。

7 [ホーム] タブの [クリップボード] グループの [コピー] ボタンをクリックする。

8 [ホーム] タブの [クリップボード] グループの [貼り付け] ボタンの [▼] をクリックして表示されるメニューから [値と数値の書式] を選択して、ピボットテーブルの書式を削除したら、希望の書式を付けて体裁を整える。

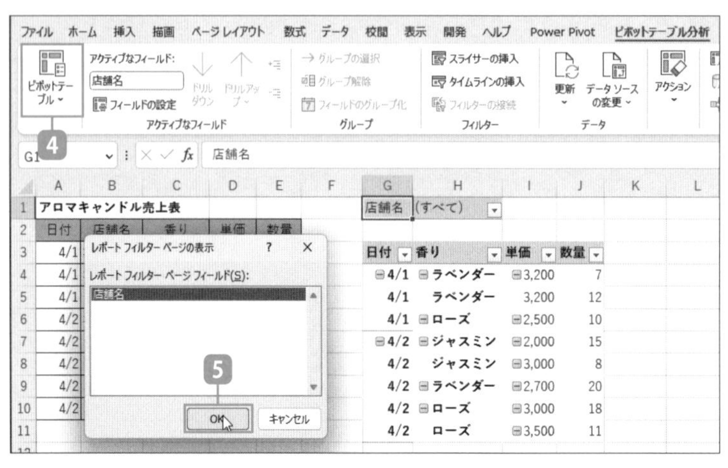

ここがポイント！　データの追加に対応するには？

データの追加がある場合は、手順6～8の操作を行わずにピボットテーブルのままにしておけば、分割前のピボットテーブルで [ピボットテーブル分析] ([分析]) タブ→ [データ] グループの [更新] ボタン→ [すべて更新] ボタンをクリックするだけで、それぞれのシートのピボットテーブルに追加が反映される。

テク286 複数ブックのデータを項目ごとに各シートへ振り分けたい（ブックの追加対応）

使うのはコレ! Power Query

Power Queryを使うと、テーブル形式で項目ごとのシートに分割できる。複数ブック／シートでデータを作成していても手軽に分割でき、あとからブックを追加しても、同じフォルダー内にブックを保存するだけで分割したシートに追加することができる。

1. Power Queryを使い、第3章3節テク053の手順1～5の手順で、Power Queryエディターを起動して、「4月.xlsx」「5月.xlsx」「6月.xlsx」の3つのブックが結合されたクエリ「月別売上表」を作成する。
   操作テク＞クエリ名はフォルダー名が自動で付けられる。
2. クエリ「月別売上表」を右クリックし、表示されたメニューから［複製］を選択して、分割する店舗名の数だけクエリをコピーしておく。

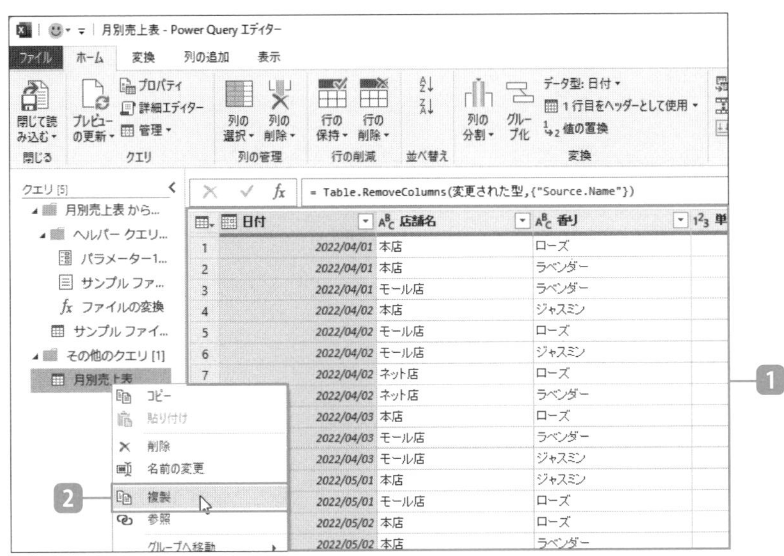

3 それぞれのクエリを店舗名（分割するシート名）に変更して、それぞれのクエリの『店舗名』のフィルターボタンで該当の店舗名を抽出する。

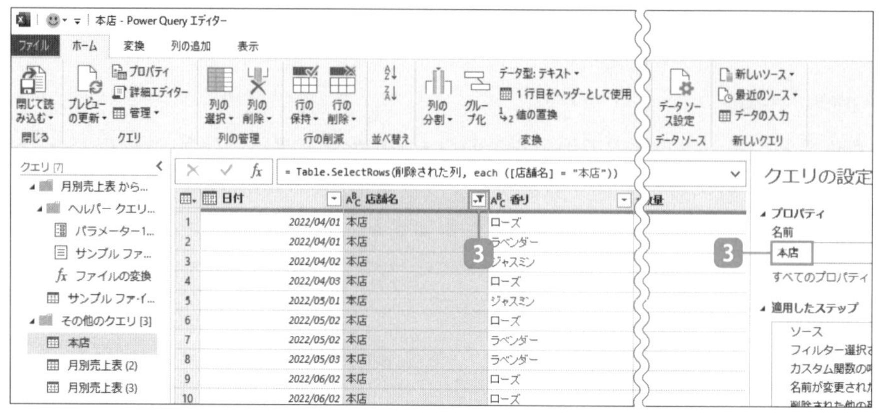

4 不要な列は［ホーム］タブ→［列の管理］グループ→［列の削除］ボタンで削除しておく。

5 ［ホーム］タブ→［閉じて読み込む］ボタンをクリックすると、「4月.xlsx」「5月.xlsx」「6月.xlsx」の3つのブックの売上が店舗別シートに分割される。

6 「7月.xlsx」を同じフォルダー内に追加して、［データ］タブ→［クエリと接続］グループ→［すべて更新］ボタンをクリックすると、すべてのシートに追加される

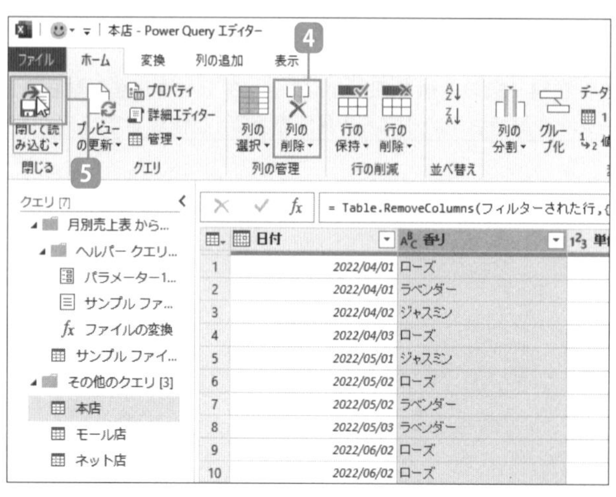

日付	香り	単価	数量
2022/4/1	ローズ	2500	10
2022/4/1	ラベンダー	3200	7
2022/4/2	ジャスミン	2000	15
2022/4/3	ローズ	2500	8
2022/5/1	ジャスミン	2000	8
2022/5/2	ローズ	2500	11
2022/5/2	ラベンダー	2200	13
2022/5/3	ラベンダー	2700	17
2022/6/2	ローズ	3500	11
2022/6/2	ローズ	2500	16
2022/6/4	ジャスミン	3000	14
2022/7/2	ジャスミン	2000	10
2022/7/2	ラベンダー	2200	20
2022/7/4	ジャスミン	2000	19

ここがポイント！　シートの追加に対応するには？

シートの追加に対応するには、第3章3節テク053のコラムの操作で1つのブックに取り込み、Power Queryエディターで操作を行おう。

そのほかのPower Queryを使用する際のポイントは、第3章3節テク053の「ここがポイント！」にまとめているので参考にしよう。

✓関数で分割

テク287 項目ごとのデータを各シートの独自の表へ振り分けたい

使うのはコレ! FILTER関数
Excel2019/2016 IF+ROW関数、IFERROR+INDEX+SMALL+ROW関数

表を項目ごとのデータが抽出されたシートに分割したいとき、テク285、286で解説した方法では表の形式が決められてしまう。独自の表へ分割するなら**数式**を使おう。第9章1節テク221、222の数式をシートの数だけコピーして、項目をシートごとに変更するだけでいい。

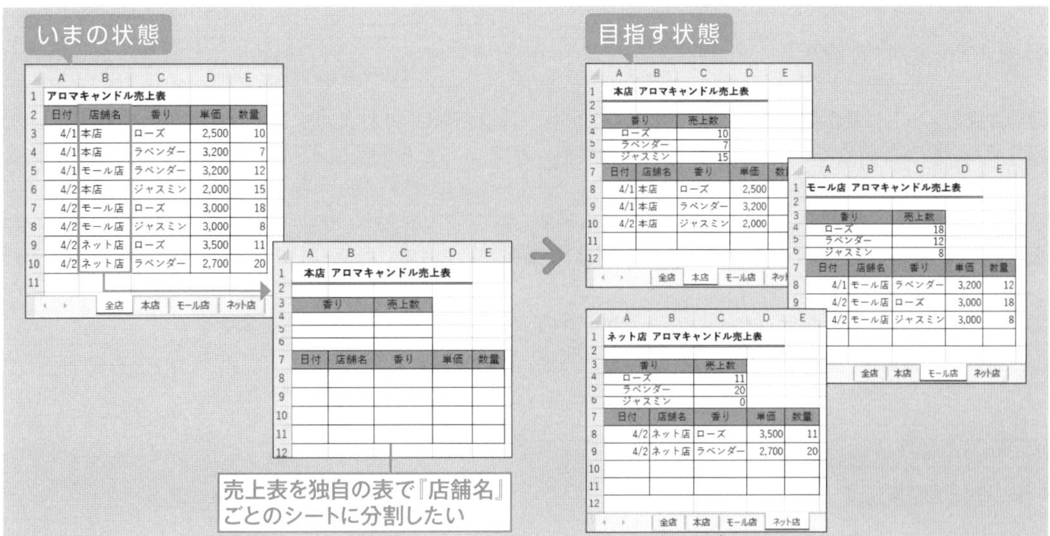

● Excel2021/365の数式

1. 「本店」シートの抽出先のセル(A8セル)を選択し、「=FILTER(」と入力する。
2. [配列]…抽出する「全店」シートのセル範囲を選択する。
3. [含む]…「全店シートの『店舗名』が本店シートのA1セルである場合」の条件式を入力する。
4. [空の場合]…省略して、Enterキーで数式を確定する。
5. シートを分割する数だけコピーして、それぞれのシートのA1セルの店舗名を変更する。

Excel2019/2016の数式

1 「本店」シートのF列のセルを選択し、「=IF(」と入力する。
2 ［論理式］…「全店シートの『店舗名』が本店シートのA1セルである場合」の条件式を入力する。
3 ［値が真の場合］…条件を満たす場合に表示する値として「ROW(A1)」を入力する、
4 ［値が偽の場合］…条件を満たさない場合に表示する空白［""］を入力して、Enterキーで数式を確定する。
5 数式を必要なだけ複写する。

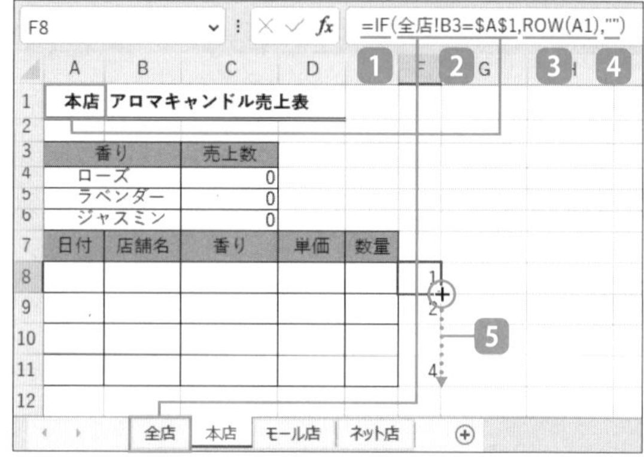

6 「本店」シートの抽出先のセル（A8セル）を選択し、「=IFERROR(」と入力する。
7 ［値］…INDEX関数で、F列に求めた表内の番目が小さい方から順番に『日付』～『数量』を抽出する数式を入力する。
8 ［エラーの場合の値］…エラーでない場合に表示する空白［""］を入力して、Enterキーで数式を確定する。
9 数式を必要なだけ複写して、横方向の複写はINDEX関数の引数［列番号］を抽出する列番号にそれぞれ変更する。
10 シートを分割する数だけコピーして、それぞれのシートのA1セルの店舗名を変更する。

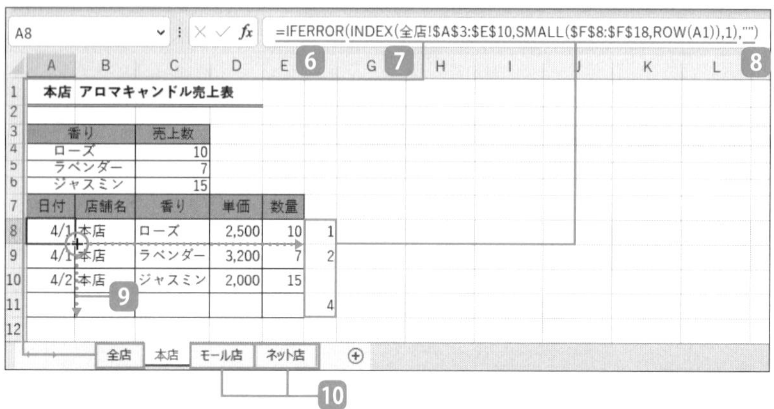

数式解説

Excel2021/365の数式解説は第9章1節テク221、Excel2019/2016の数式解説は第9章1節テク222参照。ただし、Excel2019/2016の数式で、IF関数の数式は、第9章1節テク222とは違い、抽出先の表の右端に作成しよう。

抽出編

併せて覚え テク 部分一致の項目で項目ごとのシートに分割するには?

部分一致の項目で項目ごとのシートに分割するなら、第9章1節テク226の数式をシートの数だけコピーして、部分一致の項目をシートごとに変更するだけでいい。併せて覚えておこう。住所を都道府県別のシートに分割する場合は、以下のとおり。

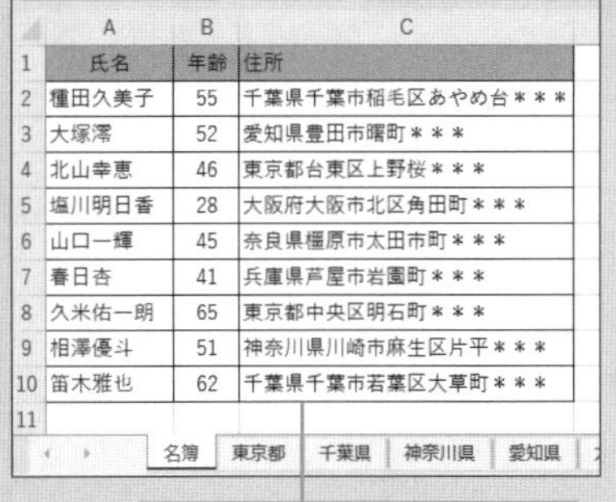

	A	B	C
1	氏名	年齢	住所
2	種田久美子	55	千葉県千葉市稲毛区あやめ台＊＊＊
3	大塚澪	52	愛知県豊田市曙町＊＊＊
4	北山幸恵	46	東京都台東区上野桜＊＊＊
5	塩川明日香	28	大阪府大阪市北区角田町＊＊＊
6	山口一輝	45	奈良県橿原市太田市町＊＊＊
7	春日杏	41	兵庫県芦屋市岩園町＊＊＊
8	久米佑一朗	65	東京都中央区明石町＊＊＊
9	相澤優斗	51	神奈川県川崎市麻生区片平＊＊＊
10	笛木雅也	62	千葉県千葉市若葉区大草町＊＊＊

Excel2021/365の数式

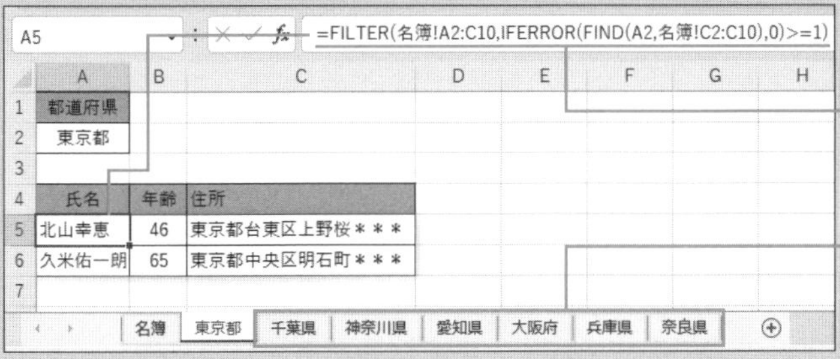

Excel2019/2016の数式

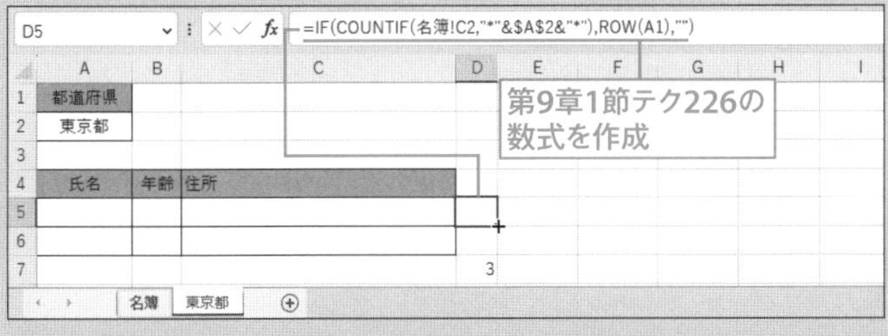

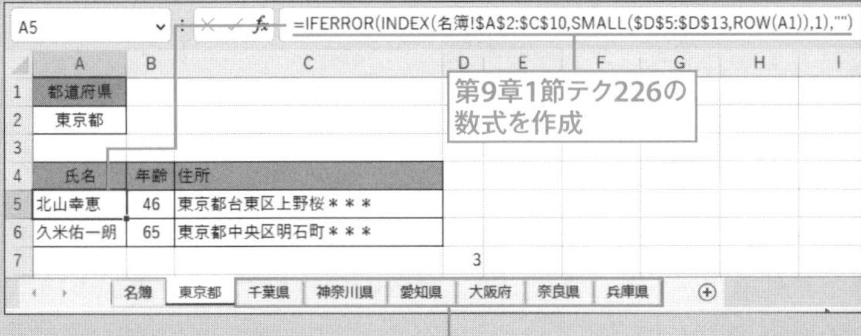

12-2 複数シート／ブックを扱うあらゆる抽出テクをマスター！

複数のシート／ブックでデータを作成している場合は「検索して抽出」「重複を扱う抽出」以外にも、あらゆる抽出作業が発生する。たとえば、「表中のデータを、各シートの特定の位置に振り分ける」などが挙げられる。

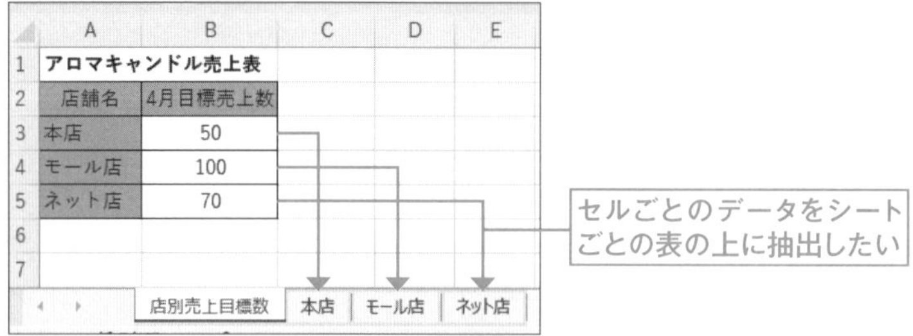

これを実現するには、各シートの特定の位置で数式を作成する方法もある。しかし、シートが大量にあると、シートごとに数式を入力するのはとてもたいへん。

そこで、数式のコピーやシートのグループ化を利用すれば、手早く抽出できるようになる。

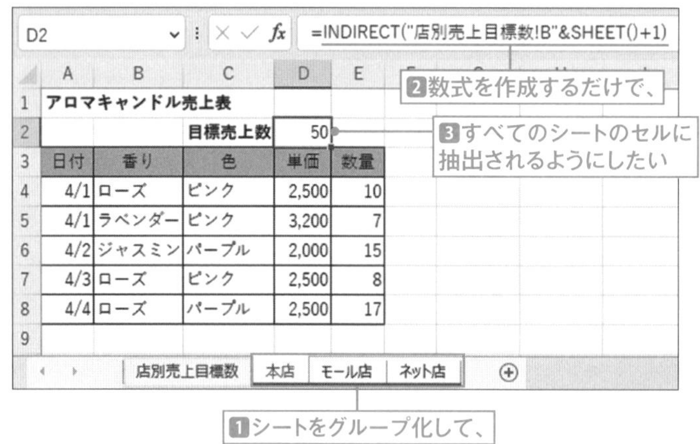

ほかにも「各シートの同じセル番地のデータを、1つの表にまとめたい」を含めたあらゆる抽出ができるようになれば、業務がさらに効率化される。本節では、複数のシート／ブックを扱う抽出がスピーディーにできるようになろう！

✓ その他の抽出

テク288 各シートの同じセル番地にあるデータを1つの表にまとめたい

使うのはコレ! VSTACK関数
Excel2021/2019/2016　INDIRECT関数

各シートの同じセル番地のデータを1つの表に抽出するには、セルの値をコピー&貼り付けしなければならないが、シートが多いとめんどう。Microsoft365なら**VSTACK関数**で一発抽出ができる。Excel2021/2019/2016なら、**INDIRECT関数**を使えば、数式のコピーだけで抽出できる。

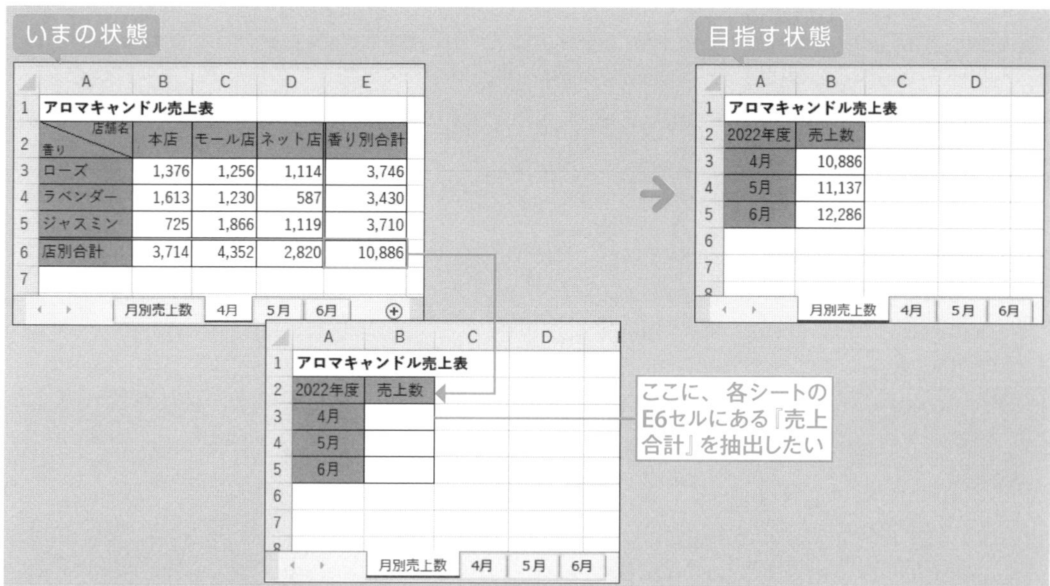

Microsoft365の数式

1. 「月別売上数」シートの『売上数』を求めるセル(B3セル)を選択し「=VSTACK(」と入力する。
2. [配列1]…「4月」シート〜「6月」シートを Shift キーを押しながら選択し、E6セルを選択して、Enter キーで数式を確定する。

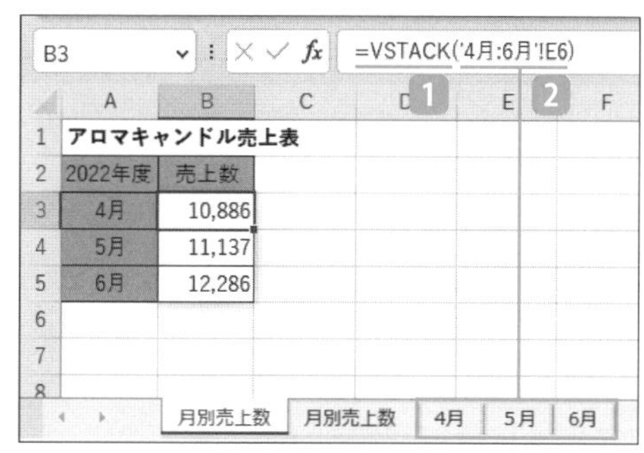

数式解説

「=VSTACK('4月:6月'!E6)」の数式は、「4月」シート〜「6月」シートのE6セルの合計を縦方向に結合する。結果、それぞれのシートのE6セルの合計が抽出される。

Excel2021/2019/2016の数式

1 「月別売上数」シートの『売上数』を求めるセル（B3セル）を選択し「=INDIRECT(」と入力する。
2 ［参照文字列］…「シート名のセル&"!抽出するセル"」を入力する。
3 ［参照形式］…省略して、Enter キーで数式を確定する。
4 数式を必要なだけ複写する。

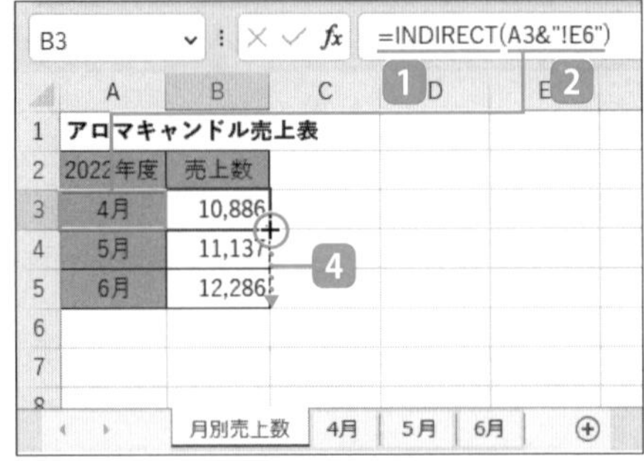

数式解説

「=INDIRECT(A3&"!E6")」の数式は、「4月」シートのE6セルの値を間接的に参照する。つまり合計の「10,886」を抽出する。数式をコピーすると、それぞれのシート名が指定されるので、それぞれのシートのE6セルの合計が抽出される。

抽出編

✓ その他の抽出

テク289 表に入力されたデータを、各シートの所定のセル番地に振り分けたい

使うのはコレ! INDIRECT+SHEET関数

テク288とは反対に、1つの表に入力されたデータを、各対応シートの所定のセル番地に抽出するには、**INDIRECT関数**に**SHEET関数**を使って数式を作成しよう。数式のコピーですべて抽出できる。

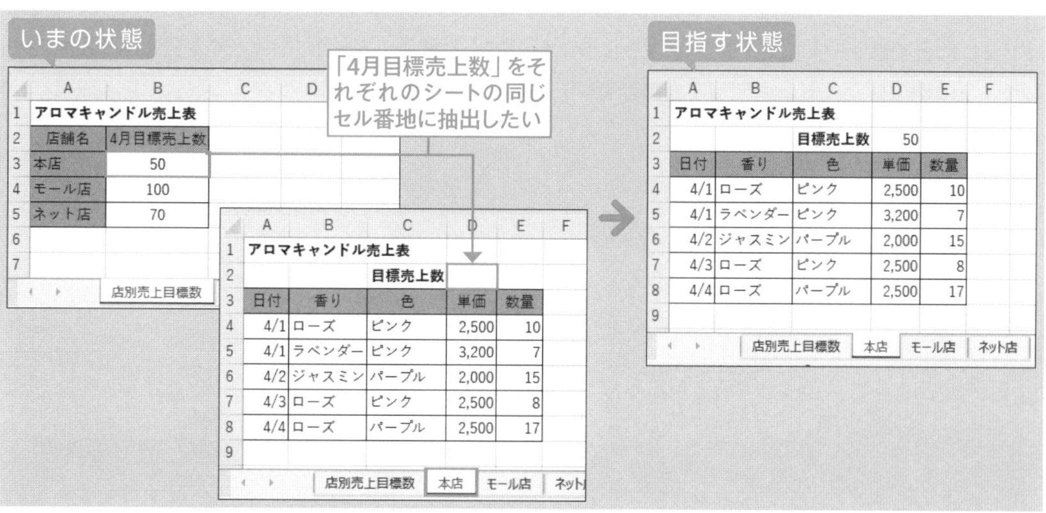

1 抽出先のすべてのシートを選択する。
2 『目標売上数』を求めるセル(「本店」シートのD2セル)を選択し、「=INDIRECT(」と入力する。
3 [参照文字列]…抽出する「店別売上目標数」シートのセル番地を求める数式「"店別売上目標数!B"&SHEET()+1」を入力する。
4 [参照形式]…省略し、Enter キーで数式を確定して、シートのグループ化を解除する。

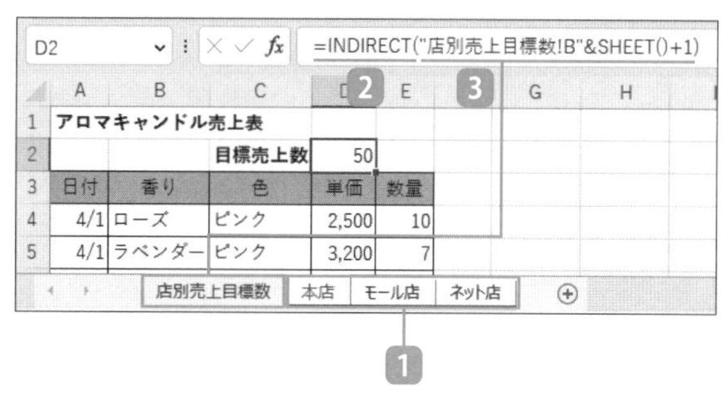

数式解説

「=INDIRECT("店別売上目標数!B"&SHEET()+1)」の数式は、「=INDIRECT("店別売上目標数!B"&3)」となり、「店別売上目標数」シートのB3セルの値を間接的に参照する。つまり、「本店」シートの『目標売上数』のセルには「店別売上目標数」シートのB3セルの「57」が抽出される。「モール店」シートの『目標売上数』のセルには、「=INDIRECT("店別売上目標数!B"&4)」となり、「店別売上目標数」シートのB4セルの「59」が抽出される。このようにそれぞれのシート番号が数式に入るため、それぞれのシートの『目標売上数』のセルに、「店別売上目標数」シートの「4月目標売上数」が上から順番に抽出される。

第12章

✓ その他の抽出

テク290 シート名をクリックしたら該当シートにジャンプするリストを作りたい（シートの追加対応） Excel2021/2019/365対応

使うのはコレ! REPLACE+CELL+FIND関数
Microsoft365　+VSTACK関数、HYPERLINK関数
Excel2021/2019　+TEXTJOIN関数、HYPERLINK+TRIM+MID+SUBSTITUTE+REPT+ROW関数

ブック内に複数のシートでデータを作成している場合は、シート名のリストを作成し、シート名をクリックしたら該当シートにジャンプできるようにしておくと便利。ジャンプには**HYPERLINK関数**を使おう。この例ではシートを追加しても自動でシート名のリストに追加されるように数式を解説する。

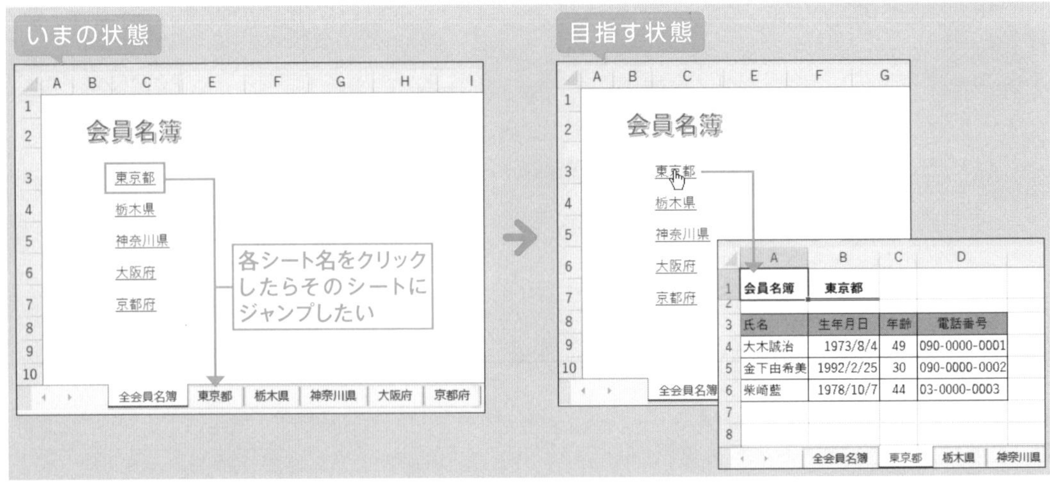

1 シート名の右端に空の「終了」シートを作成しておく。
2 ジャンプ先のすべてのシートを Shift キーを押しながら選択し、「東京都」シートのB1セルにシート名を抽出する数式を入力して、Enter キーで数式を確定する。

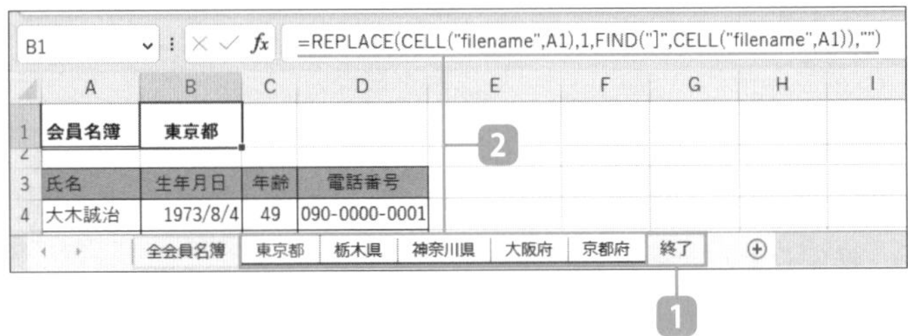

数式解説

「CELL("filename",A1)」の数式は、A1セルのファイルのフルパス名を求める。「FIND("]",CELL("filename",A1))」の数式は、A1セルのファイルのフルパス名の「]」の位置を求める。それぞれをREPLACE関数の引数に組み合わせて数式を作成すると、A1セルのファイルのフルパス名の1文字目から「]」が空白に置き換えられるので、シート名だけが抽出される。

抽出編

Microsoft365の数式

3 「全会員名簿」シートのD3セルを選択し、「=VSTACK(」と入力する。
4 [配列1]…「東京都」シート～「終了」シートを Shift キーを押しながら選択し、シート名を抽出したB1セルを選択して、Enter キーで数式を確定する。
5 シートのリンクを作成するセル(C3セル)を選択し、「=HYPERLINK(」と入力する。
6 [リンク先]…「"#"&」と入力して、D3セルに抽出したシート名のセルを選択する。続けて「&"!A1"」と入力する。
7 [別名]…D3セルを選択して、Enter キーで数式を確定する。
8 数式を追加するシートの数を考慮して多めに複写する。
追加するシートは「終了」シートの左側に挿入すると、自動でシート名が抽出される。

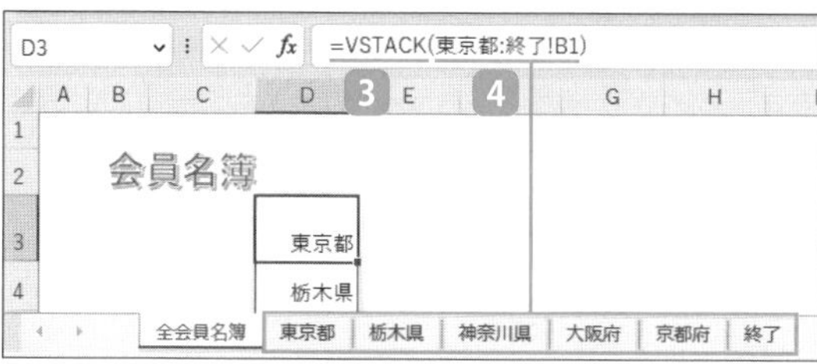

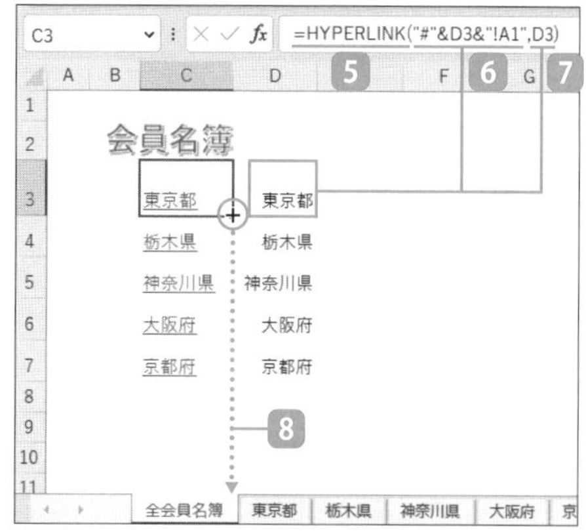

数式解説

「=VSTACK(東京都:終了!B1)」の数式は、「東京都」シート～「終了」シートのB1セルのシート名を縦方向に結合するHYPERLINK関数の引数に組み合わせて数式を作成すると、抽出したシート名にハイパーリンクが付けられる。この場合、引数の[リンク先]には、必ず、**[#]**を付けて指定する必要がある。

ここがポイント!　**データがないため表示される「0」は非表示にしておく**

データがないため、表示される「0」は、セルの表示形式を「#;」にして非表示にしておこう。

Excel2021/2019の数式

3 「全会員名簿」シートのD3セルを選択し、「=TEXTJOIN(」と入力する。
4 [区切り記号]…区切り文字「"/"」を入力する。
5 [空のセルは無視]…省略する。
6 [テキスト1]…「東京都」シート～「終了」シートを Shift キーを押しながら選択し、シート名を抽出したB1セルを選択して、Enter キーで数式を確定する。

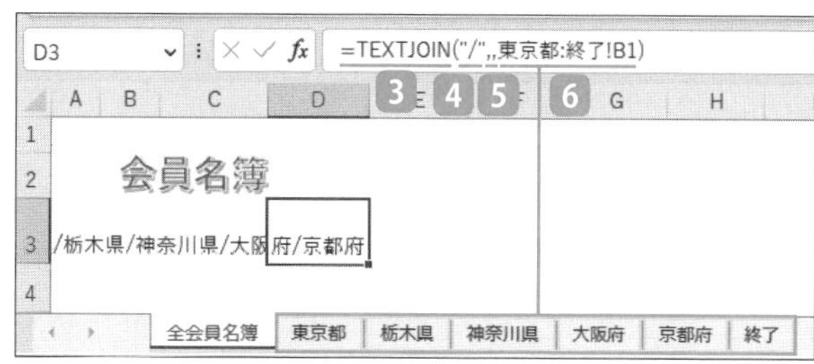

7 シートのリンクを作成するセル（C3セル）を選択し、「=HYPERLINK(」と入力する。
8 ［リンク先］…「"#"&」と入力して、D3セルに抽出したシート名を「"/"」で分割する数式を入力する。続けて「&"!A1"」と入力する。
9 ［別名］…D3セルに抽出したシート名を「"/"」で分割する数式を入力して、Enter キーで数式を確定する。
10 数式を必要なだけ複写する。

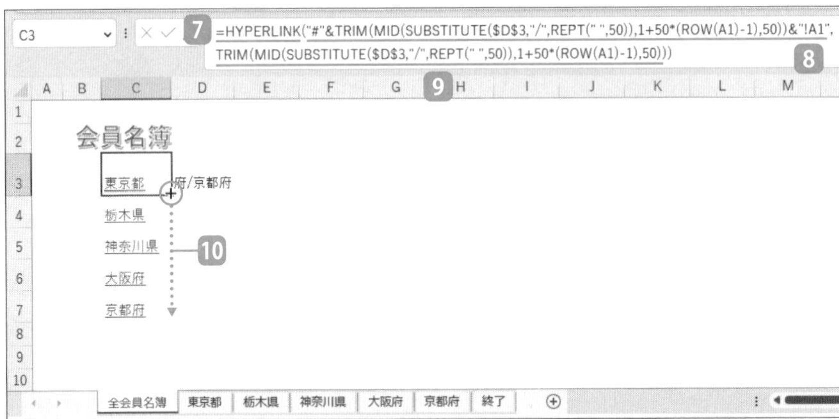

数式解説

「=TEXTJOIN("/",,東京都:終了!B1)」の数式は、「東京都」シート～「終了」シートのB1セルシート名を［/］で結合する。
「MID(SUBSTITUTE($D$3,"/",REPT(" ",50)),1+50*(ROW(A1)-1),50)」の数式は、D3セルに抽出した［/］で結合したシート名の［/］を空白に置き換える。TRIM関数の引数に組み合わせて数式を作成すると、余分な空白は削除され、結果シート名だけが抽出される。この抽出したシート名をHYPERLINK関数の引数に組み合わせて数式を作成することで、抽出されたシート名にハイパーリンクが付けられる。この場合、引数の［リンク先］には、必ず、**[#]** を付けて指定する必要がある。

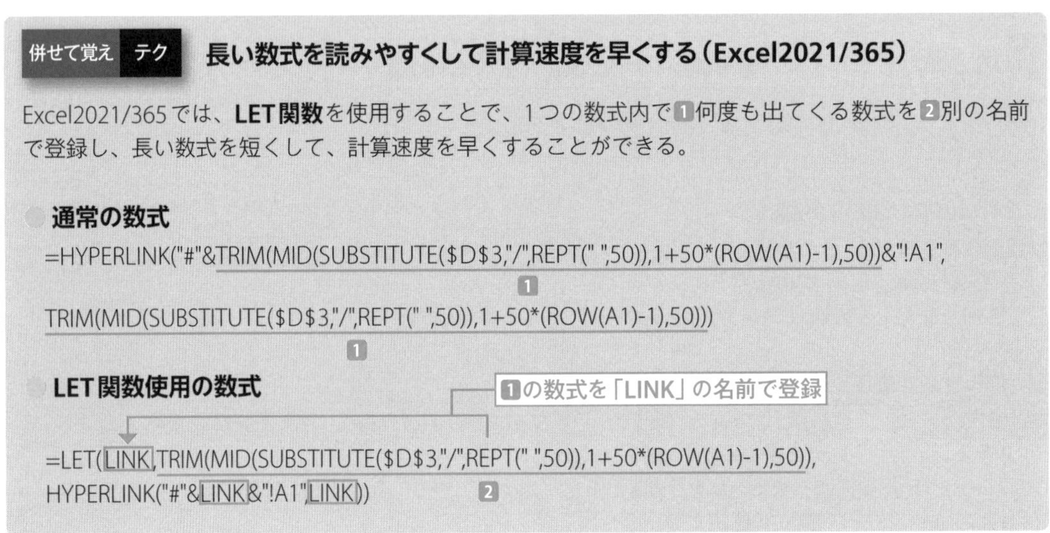

併せて覚え テク

長い数式を読みやすくして計算速度を早くする（Excel2021/365）

Excel2021/365では、**LET関数**を使用することで、1つの数式内で1何度も出てくる数式を2別の名前で登録し、長い数式を短くして、計算速度を早くすることができる。

通常の数式

=HYPERLINK("#"&TRIM(MID(SUBSTITUTE($D$3,"/",REPT(" ",50)),1+50*(ROW(A1)-1),50))&"!A1",
1
TRIM(MID(SUBSTITUTE($D$3,"/",REPT(" ",50)),1+50*(ROW(A1)-1),50)))
1

LET関数使用の数式

1の数式を「LINK」の名前で登録

=LET(LINK,TRIM(MID(SUBSTITUTE($D$3,"/",REPT(" ",50)),1+50*(ROW(A1)-1),50)),
HYPERLINK("#"&LINK&"!A1",LINK))
2

抽出編

併せて覚え テク　Excel4.0マクロ関数を使う場合（Excel2019/2016）

本文では対応していないExcel2016の場合、Excel4.0マクロ関数（Excel4.0まで使われていた旧式のマクロ）の**GET.WORKBOOK関数**を使おう。
Excel4.0マクロ関数は、直接、ワークシートに入力しても使えず、Excel4.0マクロシートに入力してマクロを実行するか、名前に定義して使う。使う場合は必ず、ファイルの種類を「Excelマクロ有効ブック」にして保存する必要がある。
Excel2019でも、本文の数式より短くなるので、併せて覚えておこう。

1 ［数式］タブ→［定義された名前］グループ→［名前の定義］ボタンをクリックする。
2 表示された［新しい名前］ダイアログボックスで、［名前］に「シート名」と入力し、［範囲］に「ブック」を選択する。
3 ［参照範囲］に「=GET.WORKBOOK(1)&T(NOW())」と入力する。
4 ［OK］ボタンをクリックする。
5 シート名を抽出するセルを選択し、「=HYPERLINK(」と入力する。
6 ［リンク先］…ジャンプしたいシートのセル番地を求める数式「"#"&REPLACE(INDEX(シート名,ROW(A2)),1,FIND("]",シート名),"")&"!A1"」を入力する。
7 ［別名］…セルに表示させる文字列を求める数式「"#"&REPLACE(INDEX(シート名,ROW(A2)),1,FIND("]",シート名),"")&"!A1"」を入力して、Enter キーで数式を確定する。
8 数式を必要なだけ複写する。

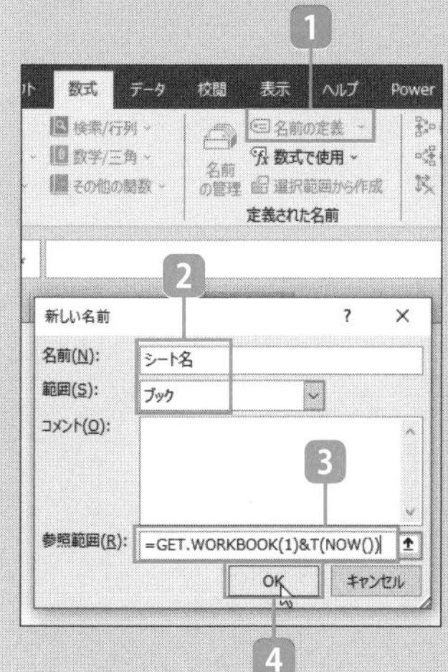

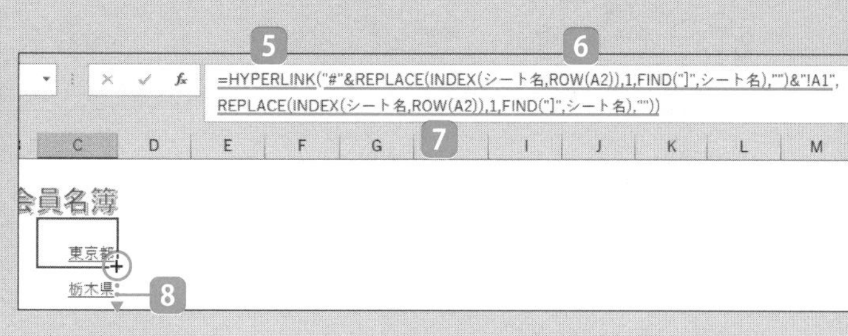

巻末　関数一覧

■ AGGREGATE

構文	セル範囲形式	=AGGREGATE(集計方法,オプション,参照1[,参照2]…[,参照252])
	配列形式	=AGGREGATE(集計方法,オプション,配列[,順位])

指定の集計方法と無視する内容を指定して、その集計値を求める関数。
引数の[集計方法]には集計方法を「1」～「19」の数値、[オプション]には無視する内容を「0」～「7」の数値で以下のように指定する。

[集計方法]	集計内容	求められる関数
1	平均	AVERAGE
2	数値の個数	COUNT
3	空白以外の個数	COUNTA
4	最大値	MAX
5	最小値	MIN
6	積	PRODUCT
7	標本に基づく標準偏差	STDEV.S
8	母集団の標準偏差	STDEV.P
9	合計	SUM
10	標本に基づく分散	VAR.S
11	母集団の分散	VAR.P
12	中央値	MEDIAN
13	最頻値	MODE.SNGL
14	上位からの順位	LARGE
15	下位からの順位	SMALL
16	百分率での位置	PERCENTILE.INC
17	四分位数での位置	QUARTILE.INC
18	百分率での位置	PERCENTILE.EXC
19	四分位数での位置	QUARTILE.EXC

[オプション]	無視する内容
0または省略	引数の[参照(配列)]に指定したセル範囲内のAGGREGATE関数、SUBTOTAL関数の数式を含むセル
1	非表示の行、引数の[参照(配列)]に指定したセル範囲内のAGGREGATE関数、SUBTOTAL関数の数式を含むセル
2	エラー値、引数の[参照(配列)]に指定したセル範囲内のAGGREGATE関数、SUBTOTAL関数の数式を含むセル
3	非表示の行、エラー値、引数の[参照(配列)]に指定したセル範囲内のAGGREGATE関数、SUBTOTAL関数の数式を含むセル
4	何も無視しない
5	非表示の行
6	エラー値
7	非表示の行、エラー値

■ AND

構文	=AND(論理式1[,論理式2]…[,論理式255])

すべての条件を満たしているかどうかを調べる関数。

■ ASC

構文	=ASC(文字列)

全角英数カナ文字を半角英数カナ文字に変換する関数。

■ AVERAGE

構文	=AVERAGE(数値1[,数値2]…[,数値255])

数値の平均を求める関数。

■ AVERAGEIF

構文	=AVERAGEIF(範囲,条件[,平均対象範囲])

条件を満たす値を平均する関数。

■ AVERAGEIFS

構文	=AVERAGEIFS(平均対象範囲,条件範囲1,条件1[,条件範囲2,条件2]…[,条件範囲127,条件127])

複数の条件を満たす値を平均する関数。

■ CEILING.MATH

構文	=CEILING.MATH(数値[,基準値][,モード])

数値を基準値の倍数にするために、最も近い数値を切り上げる関数。

■ CELL

構文	=CELL(検査の種類[,対象範囲])

セルの情報を得る関数。引数の[検査の種類]に指定したセルの情報が返される。[検査の種類]にはセル情報の種類を[""]で囲んで指定する。

[検査の種類]	戻り値
"address"	[対象範囲]の左上隅にあるセルの参照を表す文字列を返す
"col"	[対象範囲]の左上隅にあるセルの列番号を返す
"color"	負の数を色で表す書式がセルに設定されている場合は「1」、それ以外の場合は「0」を返す
"contents"	[対象範囲]の左上隅にあるセルの値を返す
"filename"	ファイルの名前(絶対パス名)を表す文字列を返す。ファイルがまだ保存されていない場合は、空白文字列「""」になる
"format"	セルの表示形式に対応する文字列定数を返す
"parentheses"	正の数またはすべての値を括弧で囲む書式がセルに設定されている場合は「1」、それ以外の場合は「0」を返す
"prefix"	セルに入力する文字列の配置に対応する、下記の文字列定数を返す。 [']（シングルクォーテーション）：左詰めの文字列を含む [""]（ダブルクォーテーション）：右詰めの文字列を含む [^]（キャレット）：中央配置の文字列を含む [\]（円記号）：両揃えの文字列を含む [""""]（空白文字列）：そのほかのデータが入力されている
"protect"	セルがロックされていない場合は「0」、ロックされている場合は「1」を返す
"row"	[対象範囲]の左上隅のセルの行番号を返す
"type"	セルに含まれるデータのタイプに対応する文字列定数を返す。セルが空白の場合は「b」(Blankの頭文字)、セルに文字列定数が入力されている場合は「l」(Labelの頭文字)、そのほかの値が入力されている場合は「v」(Valueの頭文字)を返す
"width"	2つの項目を含む配列を返す

■CHOOSE

構文	=CHOOSE(インデックス,値1[,値2]…[,値254])

引数のリストから値を取り出す関数。

■CHOOSECOLS

構文	=CHOOSECOLS(配列,列番号1[,列番号]…[,列番号253])

配列から指定された列を返す関数。[配列]で指定したデータから[列番号]のデータを取り出す。

[配列]	配列やセル範囲を指定する
[列番号]	取り出す列番号を指定する

■CHOOSEROWS

構文	=CHOOSEROWS(配列,行番号1[,行番号]…[,行番号253])

配列から指定された行を返す関数。[配列]で指定したデータから[行番号]のデータを取り出す。

[配列]	配列やセル範囲を指定する
[行番号]	取り出す行番号を指定する

■COLUMN

構文	=COLUMN(参照)

セルの列番号を求める関数。

■COUNT

構文	=COUNT(値1[,値2]…[,値255])

数値のセルの個数を数える関数。

■COUNTA

構文	=COUNTA(値1[,値2]…[,値255])

空白以外のセルの個数を数える関数。

■COUNTIF

構文	=COUNTIF(範囲,検索条件)

条件を満たすセルの数を数える関数。

■COUNTIFS

構文	=COUNTIFS(検索条件範囲1,検索条件1[,検索条件範囲2,検索条件2]…[,検索条件範囲127,検索条件127])

複数の条件を満たす値を合計する関数。

■DATE

構文	=DATE(年,月,日)

年、月、日を表す数値を日付にする関数。

■DATEDIF

構文	=DATEDIF(開始日,終了日,単位)

開始日から終了日までの期間を指定の単位で求める関数。[単位]は求める期間の単位を[""]で囲んで指定する。

[単位]	単位の種類
"Y"	満年数
"M"	満月数
"D"	満日数
"YM"	1年未満の月数
"YD"	1年未満の日数
"MD"	1ヶ月未満の日数

DAVERAGE

構文 =DAVERAGE(データベース,フィールド,条件)

条件を満たす平均を求める関数。

DAY

構文 =DAY(シリアル値)

日付から日を取り出す関数。

DCOUNT

構文 =DCOUNT(データベース,フィールド,条件)

条件を満たす数値のセルの個数を数える関数。

DCOUNTA

構文 =DCOUNTA(データベース,フィールド,条件)

条件を満たす空白以外のセルの個数を数える関数。

DGET

構文 =DGET(データベース,フィールド,条件)

条件を満たすデータを抽出する関数。

DROP

構文 =DROP(配列,行数[,列数])

[配列]で指定したデータから[行数][列数]の除外したデータを取り出す。配列から除外する連続する行や列を取り出す。

[配列]	配列やセル範囲を指定する
[行数]	除外する行数を指定する。負の値を指定すると後ろからの行数が指定される
[列数]	除外する列数を指定する。負の値を指定すると後ろからの列数が指定される

DSUM

構文 =DSUM(データベース,フィールド,条件)

条件を満たす合計を求める関数。

DMAX

構文 =DMAX(データベース,フィールド,条件)

条件を満たす最大値を求める関数。

DMIN

構文 =DMIN(データベース,フィールド,条件)

条件を満たす最小値を求める関数。

■ EDATE

構文	=EDATE(開始日,月)

開始日から指定の月数後(前)の日付を求める関数。引数の[月]に正の数値を指定すると指定の月数後、負の数値を指定すると指定の月数前の日付が求められる。

■ EOMONTH

構文	=EOMONTH(開始日,月)

開始日から指定の月数後(前)の最終日を求める関数。引数の[月]に正の数値を指定すると指定の月数後の最終日、負の数値を指定すると指定の月数前の最終日が求められる。

■ FILTER

構文	=FILTER(配列,含む[,空の場合])

条件に一致する行を抽出する関数。[配列]から[含む]の条件に該当する行を抽出する。

[配列]	検索対象の範囲を指定する
[含む]	検索する条件を指定する
[空の場合]	条件に一致する行がない場合に返す値を指定する

■ FIND

構文	=FIND(検索文字列,対象[,開始位置])

検索文字列が文字列の左端から数えて何番目にあるかを求める関数。

■ FLOOR.MATH

構文	=FLOOR.MATH(数値[,基準値][,モード])

数値を基準値の倍数にするために、最も近い数値を切り捨てる関数。

■ FORMULATEXT

構文	=FORMULATEXT(参照)

数式を文字列として返す関数。

■ FREQUENCY

構文	=FREQUENCY(データ配列,区間配列)

指定の区間に含まれる値の個数を求める関数。引数の[区間配列]にはデータの範囲の区切りとする値が入力されたセル範囲を指定することで、その値以下に含まれる個数が求められる。ただし、必ず配列数式で入力する必要がある。

■ GETPIVOTDATA

構文	=GETPIVOTDATA(データフィールド,ピボットテーブル[,フィールド1,アイテム1]…[,フィールド126,アイテム126])

ピボットテーブルからデータを取り出す関数。

[データフィールド]	取り出すデータを含むデータフィールドの名前を指定する
[ピボットテーブル]	データを取り出すピボットテーブルのセルやセル範囲を指定する
[フィールド]	取り出したいフィールドを指定する
[アイテム]	取り出したいアイテムを指定する

■ GET.WORKBOOK

構文	=GET.WORKBOOK(検査の種類[,ブック名])

ブックファイルの情報を返す関数。

■ HLOOKUP

構文	=HLOOKUP(検索値,範囲,行番号[,検索方法])

範囲を横方向に検索し、指定の行から検索値に該当する値を抽出する関数。[検索方法]は下記のように[検索値]との一致の種類を指定する。

[検索方法]	一致の種類
0、FALSE	[検索値]と完全一致する値を検索する
1、TRUE、省略	[検索値]が見つからないとき、検索値未満の最大値を検索する。この場合は、必ず[範囲]の左端列を文字コードの昇順に並べ替えておく必要がある

■ HOUR

構文	=HOUR(シリアル値)

時刻から時を取り出す関数。

■ HSTACK

構文	=HSTACK(配列1[,配列2]…[,配列254])

横方向へ配列を追加する関数。[配列]で指定したデータを横方向に追加する。

[配列]	横方向に積み重ねたい配列を指定する

■ HYPERLINK

構文	=HYPERLINK(リンク先[,別名])

値にハイパーリンクを付ける関数。

■ IF

構文	=IF(論理式,[値が真の場合],[値が偽の場合])

条件を満たすか満たさないかで処理を分岐する関数。引数の[論理式]に指定した条件式を満たす場合は[真の場合]に指定した値を返し、満たさない場合は[偽の場合]に指定した値を返す。

■ IFERROR

構文	=IFERROR(値,エラーの場合の値)

エラーの場合に指定の値を返す関数。

■ IFNA

構文	=IFNA(値,NAの場合の値)

エラー値[#N/A]の場合に、指定の値を返す関数。

■ INDEX

構文		
	配列形式	=INDEX(配列,行番号[,列番号])
	セル範囲形式	=INDEX(参照,行番号[,列番号][,領域番号])

指定の行列番号が交差するセル参照を求める関数。

■ INDIRECT

構文	=INDIRECT(参照文字列[,参照形式])

セル参照を表す文字列が示す先を間接的に参照する関数。

■ INT

構文	=INT(数値)

数値の小数点以下を切り捨てる関数。

■ ISNUMBER

構文	=ISNUMBER(テストの対象)

セルの値が数値かどうかを調べる関数。

■ ISTEXT

構文	=ISTEXT(テストの対象)

セルの値が文字列かどうかを調べる関数。

■ LARGE

構文	=LARGE(配列,順位)

大きいほうから指定の順位にある値を求める関数。

■ LEFT

構文	−LEFT(文字列[,文字数])

文字列の左端から指定の文字数分取り出す関数。

■ LEN

構文	=LEN(文字列)

文字列の文字数を求める関数。

■ LENB

構文	=LENB(文字列)

文字列のバイト数を求める関数。

■ LOOKUP

構文	ベクトル形式	=LOOKUP(検査値,検査範囲[,対応範囲])
	配列形式	=LOOKUP(検査値,配列)

検索値に該当する値を対応する範囲内の同じ番目から抽出する関数。

■ LET

構文	=LET(名前1,名前値1,計算または名前2[,名前値2,計算または名前3]…[,名前値127,計算または名前127])

計算結果を名前に割り当てる関数。[名前値]に付けた[名前]を使用した[計算]の結果を求める。[名前][名前値]は必ずセットで入力する。計算(引数名は[計算または名前])は必ず最後の引数で指定する必要がある。

[名前]	[名前値]に付ける名前
[名前値]	[名前]に割り当てる数式、セル参照、数値、文字列等
[計算または名前]	[名前]を使用した計算式

■ MATCH

構文	=MATCH(検査値,検査範囲,[照合の種類])

範囲内にある検索値の相対的な位置を求める関数。[照合の種類]は[検査値]との一致の種類を指定する。

[照合の種類]	一致の種類
0、FALSE	[検査値]と完全一致する値を検索する
1、TRUE、省略	"[検査値]が見つからない場合、検査値以下の最大値を検索する。この場合は、必ず[検査範囲]のデータは昇順に並べ替えておく必要がある
-1	[検査値]が見つからない場合、検査値以上の最小値を検索する。この場合は、必ず[検査範囲]のデータは降順に並べ替えておく必要がある

■ **MAX**

構文	=MAX(数値1[,数値2]…[,数値255])

数値の最大値を求める関数。

■ **MAXIFS**

構文	=MAXIFS(最大範囲,条件範囲1,条件1[,条件範囲2,条件2]…[,条件範囲126,条件126])

条件を満たす最大値を求める関数。

■ **MID**

構文	=MID(文字列,開始位置,文字数)

文字列の指定の位置から指定の文字数分取り出す関数。

■ **MIN**

構文	=MIN(数値1[,数値2]…[,数値255])

数値の最小値を求める関数。

■ **MINIFS**

構文	=MINIFS(最小範囲,条件範囲1,条件1[,条件範囲2,条件2]…[,条件範囲126,条件126])

条件を満たす最小値を求める関数。

■ **MINUTE**

構文	=MINUTE(シリアル値)

時刻から分を取り出す関数。

■ **MMULT**

構文	=MMULT(配列1,配列2)

2つの配列の積を求める関数。[配列1]と[配列2]で指定した行列の積を求める。[配列1]と[配列2]は同じセル数である必要がある。

■ **MOD**

構文	=MOD(数値,除数)

数値を除算したときの余りを求める関数。

■ **MODE.SNGL**

構文	=MODE.SNGL(数値1[,数値2]…[,数値254])

値の最頻値を求める関数。

■ **MONTH**

構文	=MONTH(シリアル値)

日付から月を取り出す関数。

■ **N**

構文	=N(値)

日付、時刻、論理値などを数値に変換する関数。

■ **NETWORKDAYS**

構文	=NETWORKDAYS(開始日,終了日[,祭日])

開始日から終了日までの日数を土日祝を除いて求める関数。[祭日]は省略すると、土日だけが除かれる。

■ NETWORKDAYS.INTL

構文	=NETWORKDAYS.INTL(開始日,終了日[,週末][,祭日])

開始日から終了日までの日数を指定した曜日と祝日を除いて求める関数。引数の[週末][祭日]は省略すると、土日だけが除かれる。引数の[週末]は、除く曜日を以下の週末番号で指定する。

[週末]	週末の曜日
1または省略	土曜日と日曜日
2	日曜日と月曜日
3	月曜日と火曜日
4	火曜日と水曜日
5	水曜日と木曜日
6	木曜日と金曜日
7	金曜日と土曜日
11	日曜日のみ
12	月曜日のみ
13	火曜日のみ
14	水曜日のみ
15	木曜日のみ
16	金曜日のみ
17	土曜日のみ

■ NOW

構文	=NOW()

現在の日付と時刻を求める関数。現在の日付と時刻はパソコンの内臓時計をもとに表示される。

■ OFFSET

構文	=OFFSET(参照,行数,列数[,高さ][,幅])

指定した行と列にあるセルやセル範囲の参照を返す関数。基準の「行数」と「列数」だけ移動した位置にある「高さ」と「幅」のセル範囲を参照する。

■ PHONETIC

構文	=PHONETIC(参照)

ふりがなの文字列を取り出す関数。

■ RANK.EQ

構文	=RANK.EQ(数値,参照[,順序])

数値の順位を求める関数。引数の[順序]には、範囲内の数値を並べる方法を以下のように数値で指定する。

[順位]	並べ替えの種類
0または省略	降順に並べ替え
0以外の数値	昇順に並べ替え

■ REPT

構文	=REPT(文字列,繰り返し回数)

文字列を指定した回数だけ繰り返す関数。

■ RIGHT

構文	=RIGHT(文字列[,文字数])

文字列の右端から指定の文字数分取り出す関数。

■ ROW

構文	=ROW(参照)

セルの行番号を求める関数。

■ SECOND

構文	=SECOND(シリアル値)

時刻から秒を取り出す関数。

■ SEQUENCE

構文	=SEQUENCE(行[,列][,開始][,目盛り])

連続した数値の配列を作成する関数。[行]で指定した行数と[列]で指定した列数の配列を[開始]の数値から[目盛り]の増分で作成する。

[行]	作成する配列の行数を指定する
[列]	作成する配列の列数を指定する(省略すると1を指定)
[開始]	連続する数値の開始値を指定する(省略すると1を指定)
[目盛り]	数値の増分の値を指定する(省略すると1を指定)

■ SHEET

構文	=SHEET(値)

シートのシート番号を求める関数。

■ SMALL

構文	=SMALL(配列,順位)

小さいほうから指定の順位にある値を求める関数。

■ SORT

構文	=SORT(配列[,並べ替えインデックス][,並べ替え順序][,並べ替え基準])

データを並べ替えて取り出す関数。[配列]を[並べ替えインデックス]で指定した行または列を基準にして昇順や降順に並べ替えて取り出す。

<table>
<tr><td>[配列]</td><td>並べ替える範囲または配列</td></tr>
<tr><td>[並べ替えインデックス]</td><td>並べ替えの基準となる行または列を示す数値を指定(省略すると1を指定)</td></tr>
<tr><td>[並べ替え順序]</td><td>並べ替え順序を指定。<table><tr><td>1</td><td>昇順(既定)</td></tr><tr><td>-1</td><td>降順</td></tr></table></td></tr>
<tr><td>[並べ替え基準]</td><td>並べ替える方向を示す論理値を指定<table><tr><td>FALSE、省略</td><td>行で並べ替え</td></tr><tr><td>TRUE</td><td>列で並べ替え</td></tr></table></td></tr>
</table>

■ SORTBY

構文	=SORTBY(配列,基準配列1[,並べ替え順序1][,基準配列2,並べ替え順序2]…[,基準配列126,並べ替え順序126])

データを複数の基準で並べ替えて取り出す関数。[配列]を[基準配列]で指定した範囲または配列を基準にして昇順や降順に並べ替えて取り出す。
複数の基準で並べ替えるには、優先順位の順番で[基準配列]に指定する。

[配列]	並べ替える範囲または配列
[基準配列]	並べ替えの基準にする配列または範囲(126組まで指定可能)
[並べ替え順序]	並べ替え順序を指定(126組まで指定可能) 1：昇順(既定) -1：降順

■ SUBSTITUTE

構文	=SUBSTITUTE(文字列,検索文字列,置換文字列[,置換対象])

文字列を指定の文字列に置き換える関数。

■ SUBTOTAL

構文	=SUBTOTAL(集計方法,参照1[,参照2]…[,参照254])

指定の集計方法でその集計値を求める関数。引数の[集計方法]には集計方法の数値を指定し、指定できる集計方法は11個。
「1」～「11」の数値を指定すると、フィルター機能で非表示のセルを除外して計算できる。あるいは「101」～「111」の数値を指定すると、フィルターと行の非表示機能で非表示のセルを除外して計算される。

[集計方法]		集計内容	集計内容と同等の関数
フィルター機能で非表示のセルを除外	フィルターと行の非表示機能で非表示のセルを除外		
1	101	平均	AVERAGE
2	102	数値の個数	COUNT
3	103	空白以外の個数	COUNTA
4	104	最大値	MAX
5	105	最小値	MIN
6	106	積	PRODUCT
7	107	標本に基づく標準偏差	STDEV
8	108	母集団の標準偏差	STDEVP
9	109	合計	SUM
10	110	標本に基づく分散	VAR
11	111	母集団の分散	VARP

■ SUM

構文	=SUM(数値1[,数値2]…[,数値255])

数値の合計を求める関数。

■ SUMIF

構文	=SUMIF(範囲,検索条件[,合計範囲])

条件を満たす値を合計する関数。

■ SUMIFS

構文	=SUMIFS(合計対象範囲,条件範囲1,条件1[,条件範囲2,条件2]…[,条件範囲127,条件127])

複数の条件を満たす値を合計する関数。

■ SUMPRODUCT

構文	=SUMPRODUCT(配列1[,配列2]…[,配列255)

要素の積を合計する関数。

■ SWITCH

構文	=SWITCH(式,値1,結果1[,値2,結果2]…[,既定値])

値の一覧を検索し、最初に一致する値に対応する結果を返す関数。[式]に一致する値を探し、最初に一致する[値]に対応する[結果]を返す。[値]と[結果]はセットで指定する。

[式]	検索する値を指定する
[値]	検索するための条件を指定する
[結果]	[値]で指定した条件に対応して表示する結果を指定する
[既定値]	[式]に一致するものがないときに返す値を指定する

■ TAKE

構文	=TAKE(配列,行数[,列数])

配列から連続する行や列を取り出す。[配列]で指定したデータから[行数][列数]のデータを取り出す。

[配列]	配列やセル範囲を指定する
[行数]	取り出す行数を指定する。負の値を指定すると後ろからの行数が指定される
[列数]	取り出す列数を指定する。負の値を指定すると後ろからの列数が指定される

■ TEXT

構文	=TEXT(値,表示形式)

数値や日付/時刻を指定の表示形式を付けて文字列に変換する関数。引数の[表示形式]には、[セルの書式設定]ダイアログボックスの[表示形式]タブにある組み込み書式が指定できる。ただし、「標準」[*](アスタリスク)、色などの表示形式は使えない。

■ TEXTAFTER

構文	=TEXTAFTER(文字列,区切り文字[,区切り位置][,一致モード][,末尾一致][,既定値])

区切り文字の後の文字列を取り出す関数。[文字列]から[区切り文字]より後にある文字列を取り出す。

<table>
<tr><td>[文字列]</td><td>文字列を指定する</td></tr>
<tr><td>[区切り文字]</td><td>区切る文字を指定する</td></tr>
<tr><td>[区切り位置]</td><td>何番目の区切り文字で区切るかと指定する。負の値を指定すると後ろから何番目の区切り文字かを指定でき、省略すると1が指定される</td></tr>
<tr><td>[一致モード]</td><td><table><tr><td>0または省略</td><td>大文字と小文字を区別する</td></tr><tr><td>1</td><td>大文字と小文字を区別しない</td></tr></table></td></tr>
<tr><td>[末尾一致]</td><td><table><tr><td>0または省略</td><td>文字列の末尾を区切り文字としない</td></tr><tr><td>1</td><td>文字列の末尾を区切り文字とする</td></tr></table></td></tr>
<tr><td>[既定値]</td><td>区切り文字が見つからない場合に返す値を指定する。省略すると見つからない場合はエラー値「#N/A」が返される</td></tr>
</table>

■ TEXTBEFORE

構文	=TEXTBEFORE(文字列,区切り文字 [,区切り位置] [,一致モード] [,末尾一致] [,既定値])

区切り文字の前の文字列を取り出す関数。[文字列] から [区切り文字] より前にある文字列を取り出す。引数の詳細はTEXTAFTER関数と同じ。

■ TEXTJOIN

構文	=TEXTJOIN(区切り文字,空のセルは無視,テキスト1 [,テキスト2] … [,テキスト252])

<table>
<tr><td>[区切り文字]</td><td colspan="2">区切る文字を指定する</td></tr>
<tr><td rowspan="3">[空のセルは無視]</td><td colspan="2">空のセルを結合するかしないか指定する</td></tr>
<tr><td>TRUEまたは省略</td><td>空の [文字列] は結合せず、[区切り文字] も挿入しない</td></tr>
<tr><td>FALSE</td><td>空の [文字列] は結合して、[区切り文字] も挿入する</td></tr>
<tr><td>[文字列]</td><td colspan="2">結合したい文字列やセル範囲を指定する</td></tr>
</table>

■ TEXTSPLIT

構文	=TEXTSPLIT(文字列 [,列区切り] [,行区切り] [,空文字の無視] [,一致モード] [,空の場合の値])

文字列を複数列または複数行に分割する関数。[文字列] を [列区切り] と [行区切り] で区切って複数列または複数行に分割して取り出す。

<table>
<tr><td>[文字列]</td><td colspan="2">文字列を指定する</td></tr>
<tr><td>[列区切り]</td><td colspan="2">[文字列] を列に区切るための区切り文字を指定する</td></tr>
<tr><td>[行区切り]</td><td colspan="2">[文字列] を行に区切るための区切り文字を指定する（省略すると1を指定）</td></tr>
<tr><td rowspan="2">[空文字の無視]</td><td>TRUEまたは省略</td><td>空のセルを無視して詰めて表示する</td></tr>
<tr><td>FALSE</td><td>空のセルを無視しない</td></tr>
<tr><td rowspan="2">[一致モード]</td><td>0または省略</td><td>大文字と小文字を区別する</td></tr>
<tr><td>1</td><td>大文字と小文字を区別しない</td></tr>
<tr><td>[空いたセルの値]</td><td colspan="2">分割時に、空いて不足したセルに表示する値を指定する</td></tr>
</table>

■ TOCOL

構文	=TOCOL(配列,無視する値 [,検索方向])

配列を1列に並べる関数。[配列] に指定した配列を1列に並べる。

<table>
<tr><td>[配列]</td><td colspan="2">1列に並べたい配列を指定する</td></tr>
<tr><td rowspan="5">[無視する値]</td><td colspan="2">空のセルやエラー値を無視するかどうかを指定する</td></tr>
<tr><td>0または省略</td><td>すべての値を対象にする</td></tr>
<tr><td>1</td><td>エラーを無視する</td></tr>
<tr><td>2</td><td>空のセルを無視する</td></tr>
<tr><td>3</td><td>空のセルとエラーを無視する</td></tr>
<tr><td rowspan="3">[検索方向]</td><td colspan="2">データを取り出す方向を指定する</td></tr>
<tr><td>FALSEまたは省略</td><td>横方向にデータを取り出す</td></tr>
<tr><td>TRUE</td><td>縦方向にデータを取り出す</td></tr>
</table>

■ TODAY

構文	=TODAY()

現在の日付を求める関数。現在の日付はパソコンの内臓時計をもとに表示される。

■ TOROW

構文	=TOROW(配列,無視する値[,検索方向])

配列を1行に並べる関数。[配列]に指定した配列を1行に並べる。[無視する値][検索方向]の詳細はTOCOL関数と同じ。

■ TRANSPOSE

構文	=TRANSPOSE(配列)

指定した範囲の行と列位置を入れ替える関数。

■ TRIM

構文	=TRIM(文字列)

文字列から不要な空白文字を削除する関数。

■ UNIQUE

構文	=UNIQUE(配列[,列の比較][,回数指定])

重複しないデータを返す関数。[配列]に指定したデータから重複を除いて取り出す。

[配列]	重複を削除するセル範囲を指定する	
[列の比較]	検索する方向を指定する	
	FALSE、省略	縦方向に検索する
	TRUE	横方向に検索する
[回数指定]	配列(範囲)で1回だけ出現する行(列)を論理値で指定する	
	FALSE、省略	重複しないすべての行または列を返す
	TRUE	1回だけ出現する行または列を返す

■ VALUE

構文	=VALUE(文字列)

文字列として入力されている数字を数値として返す関数。

■ VLOOKUP

構文	=VLOOKUP(検索値,範囲,列番号[,検索方法])

範囲を縦方向に検索し、指定の列から検索値に該当する値を抽出する関数。[検索方法]は[検索値]との一致の種類を指定する。

[検索方法]	一致の種類
0、FALSE	[検索値]と完全一致する値を検索する
1、TRUE、省略	[検索値]が見つからないとき、検索値未満の最大値を検索する。この場合は、必ず[範囲]の左端列は文字コードの昇順に並べ替えておく必要がある

■ VSTACK

構文	=VSTACK(配列1[,配列2]…[,配列254])

縦方向へ配列を追加する関数。[配列]で指定したデータを縦方向に追加する。

[配列]	縦方向に積み重ねたい配列を指定する

■ WEEKDAY

構文	=WEEKDAY(シリアル値[,種類])

日付から曜日を整数で取り出す関数。引数の[種類]には、どのような整数で取り出したいかを以下の数値で指定する。

[種類]	戻り値
1または省略	1(日曜)～7(土曜)
2	1(月曜)～7(日曜)
3	0(月曜)～6(日曜)
11	1(月曜)～7(日曜)
12	1(火曜)～7(月曜)
13	1(水曜)～7(火曜)
14	1(木曜)～7(水曜)
15	1(金曜)～7(木曜)
16	1(土曜)～7(金曜)
17	1(日曜)～7(土曜)

■ WEEKNUM

構文	=WEEKNUM(シリアル値[,週の基準])

日付がその年の第何週目にあるかを求める関数。引数の[週の基準]は、週の始まりを以下の数値で指定する。

[週の基準]	週の始まり
1または省略	日曜日
2	月曜日
11	月曜日
12	火曜日
13	水曜日
14	木曜日
15	金曜日
16	土曜日
17	日曜日
21	月曜日

■ WORKDAY

構文	=WORKDAY(開始日,日数[,祭日])

開始日から指定の日数後(前)の日付を土日祝を除いて求める関数。引数の[日数]に「正の数値」を指定すると指定の日数「後」、「負の数値」を指定すると指定の日数「前」の日付が、「土日」と引数[祭日]で指定した「祝日」を除いて求められる。[祭日]は省略すると、「土日」だけが除かれる。

■ WORKDAY.INTL

構文	=WORKDAY.INTL(開始日,日数[,週末][,祭日])

開始日から指定の日数後(前)の日付を指定した曜日と祝日を除いて求める関数。引数の[日数]に「正の数値」を指定すると指定の日数「後」、「負の数値」を指定すると指定の日数「前」の日付が、引数[週末]で指定した曜日と[祭日]で指定した祝日を除いて求められる。引数の[週末][祭日]は省略すると、土日だけが除かれる。
引数の[週末]には除く「曜日」を以下の週末番号で指定する。

[週末]	週末の曜日
1または省略	土曜日と日曜日
2	日曜日と月曜日
3	月曜日と火曜日
4	火曜日と水曜日
5	水曜日と木曜日
6	木曜日と金曜日
7	金曜日と土曜日
11	日曜日のみ
12	月曜日のみ
13	火曜日のみ
14	水曜日のみ
15	木曜日のみ
16	金曜日のみ
17	土曜日のみ

■ XLOOKUP

構文	=XLOOKUP(検索値,検索範囲,戻り範囲[,見つからない場合][,一致モード][,検索モード])

検索値に該当する値を対応する範囲内の同じ番目から抽出する関数。[検索値]を[検索範囲]から検索し、対応する[戻り範囲]の値を抽出する。

<table>
<tr><td>[検索値]</td><td>検索する値を指定する</td></tr>
<tr><td>[検索範囲]</td><td>検索する範囲を指定する</td></tr>
<tr><td>[戻り範囲]</td><td>抽出する範囲を指定する</td></tr>
<tr><td>[見つからない場合]</td><td>[検索値]が見つからない場合に表示する値を指定する。省略すると見つからない場合はエラー値「#N/A」が返される</td></tr>
<tr><td>[一致モード]</td><td>[検索値]との一致の種類を指定する
<table>
<tr><td>0または省略</td><td>[検索値]と完全一致</td></tr>
<tr><td>-1</td><td>[検索値]と完全一致。見つからない場合、次に小さい項目</td></tr>
<tr><td>1</td><td>[検索値]と完全一致。見つからない場合、次に大きい項目</td></tr>
<tr><td>2</td><td>ワイルドカード文字との一致</td></tr>
</table></td></tr>
<tr><td>[検索モード]</td><td>検索を行う方向を指定する
<table>
<tr><td>1または省略</td><td>先頭の項目から検索</td></tr>
<tr><td>-1</td><td>末尾の項目から検索</td></tr>
<tr><td>2</td><td>昇順で並べ替えられた範囲を検索</td></tr>
<tr><td>-2</td><td>降順で並べ替えられた検索を検索</td></tr>
</table></td></tr>
</table>

■ XMATCH

構文	=XMATCH(検索値,検索範囲[,一致モード][,検索モード])

範囲内にある検索値の相対的な位置を求める関数。[検索値]が[検索範囲]の何番目にあるかを求める。引数の詳細はXLOOKUP関数と同じ。

■ YEAR

構文	=YEAR(シリアル値)

日付から年を取り出す関数。

●ご注意

本書刊行時点(2023年6月現在)では、Microsoft 365で追加された関数の引数名は英字です。本書に記載した引数名は独自に調査した名称であるため、実際にExcel上で表示される引数名と異なる場合があります。

INDEX

記号・数字

……… 207, 581
* ……… 143, 244, 342
,（コンマ） ……… 81
? ……… 342
@ ……… 159, 510
~（チルダ） ……… 342
～以下 ……… 194, 196, 198, 200, 201
～以上 ……… 130, 195, 196, 198, 200
+ ……… 237, 244
●行～●行 ……… 209
●行おき ……… 227
●行まで ……… 209
●時間▲分 ……… 307
●日締め ……… 269, 270, 298
●年▲ヶ月 ……… 261, 303
●番目の順位 ……… 480, 483, 548
●列おき ……… 227
2列ごと ……… 228

英字

A

AGGREGATE ……… 224, 473, 506, 584
AND ……… 503, 584
AND条件 ……… 133, 140, 244, 443
ASC ……… 361, 584
AVERAGE ……… 138, 585
AVERAGEIF ……… 129, 155, 585
AVERAGEIFS ……… 133, 198, 585

C

CEILING.MATH ……… 314, 585
CELL ……… 158, 580, 585
CHOOSE ……… 382, 433, 586
CHOOSECOLS ……… 393, 460, 538, 586
CHOOSEROWS ……… 390, 461, 538, 586
COLUMN ……… 388, 586
COUNT ……… 586
COUNTA ……… 84, 586
COUNTIF ……… 129, 586
COUNTIFS ……… 133, 586

D

DATE ……… 251, 269, 270, 376, 586
DATEDIF ……… 249, 586
DAVERAGE ……… 140, 587
DAY ……… 270, 279, 587
DCOUNT ……… 140, 587
DCOUNTA ……… 140, 587

DGET 410, 587
DMAX 140, 479, 587
DMIN 140, 479, 587
DROP 534, 587
DSUM 140, 587

E

EDATE 267, 588
EOMONTH 256, 268, 301, 588

F

FALSE 244, 439, 588
FIND 179, 588
FLOOR.MATH 314, 588
FORMULATEXT 368, 588
FREQUENCY 194, 588

G

GET.WORKBOOK 583, 588
GETPIVOTDATA 403, 588

H

HLOOKUP 386, 589
HOUR 371, 589
HSTACK 530, 539, 589
HYPERLINK 360, 580, 589

I

IF 589
IFERROR 589
IFNA 589
INDEX 209, 395, 589
INDIRECT 577, 589
INT 264, 589
ISNUMBER 445, 590
ISTEXT 177, 590

L

LARGE 221, 471, 590
LEFT 349, 590
LEN 51, 590
LENB 359, 361, 590
LET 582, 590
LOOKUP 53, 406, 544, 590

M

MATCH 210, 395, 590
MAX 471, 475, 591
MAXIFS 475, 477, 591
MID 349, 591
MIN 471, 475, 591
MINIFS 475, 477, 591
MINUTE 371, 591
MMULT 56, 450, 591
MOD 264, 518, 591
MODE.SNGL 488, 591
MONTH 269, 279, 591

N・O

N 234, 591

NETWORKDAYS ······ 255, 591
NETWORKDAYS.INTL ··· 257, 258, 259, 592
NOW ······ 370, 592
NUMBERVALUE······ 254, 208, 219, 592
OR条件 ······ 136, 138, 140, 244, 443, 479, 481, 482

P

PHONETIC ······ 364, 592
Power Pivot ······ 125
Power Pivotタブの表示 ······ 126
Power Query······ 116, 122, 190, 245, 326, 328, 531, 564, 571
Power Queryのポイント ······ 118

R

RANK.EQ ······ 493, 592
REPLACE ······ 580
REPT ······ 592
RIGHT ······ 349, 593
ROW ······ 228, 593

S

SECOND······ 371, 593
SEQUENCE ······ 461, 542, 593
SHEET······ 86, 579, 593
SMALL ······ 471, 593
SORT ······ 555, 559, 561, 593
SORTBY ······ 551, 557, 594
SUBSTITUTE ······ 594
SUBTOTAL ······ 67, 160, 594
SUM ······ 594
SUMIF······ 129, 131, 594
SUMIFS ······ 133, 146, 198, 300, 595
SUMPRODUCT ······ 55, 242, 284, 397, 595
SWITCH ······ 433, 466, 595

T

TAKE ······ 534, 537, 595
TEXT ······ 262, 279, 595
TEXTAFTER······ 353, 357, 595
TEXTBEFORE ······ 353, 596
TEXTJOIN ······ 455, 517, 596
TEXTSPLIT ······ 351, 352, 596
TIME ······ 309
TOCOL ······ 518, 596
TODAY ······ 253, 370, 597
TOROW ······ 597
TRANSPOSE ······ 196, 450, 453, 554, 597
TRIM ······ 351, 580, 597
TRUE ······ 244

U・V

UNIQUE ······ 513, 597
VALUE······ 50, 597
VLOOKUP ······ 78, 385, 597
VSTACK ······ 577, 597

W

WEEKDAY ······ 71, 288, 598

WEEKNUM……279, 598
WORKDAY……271, 598
WORKDAY.INTL……274, 275, 276, 599

X・Y

XLOOKUP……385, 388, 599
XMATCH……390, 600
YEAR……269, 279, 600

五十音

あ行

アウトライン……332
値フィールドの設定……97
色フィルター……92, 334
ウィンドウの切り替え……83
エラー……52, 168, 224
エラーインジケーター……49
[エラーチェックオプション]ボタン……49
オートカルク……33
オートフィル……26

か行

下位●件……222
階層見出しの集計表……95
下限……486, 487
[カスタムオートフィルター]
ダイアログボックス……340
合算……29, 51, 54, 56, 57, 58
空のシート……85, 236
関数の書式……23
[関数の挿入]ボタン……25
関数の入力方法……23
[関数の引数]ダイアログボックス……24
期間の算出……249, 255, 260
期間の算出(●年▲ヶ月)……261, 303
期間の集計……300
期間の抽出……407
揮発性関数……219
行の非表示……533
クイック分析ツール……35
区切り位置指定ウィザード……250, 325
区切り文字で結合……455
区切り文字で抽出……351, 353, 357
区切り文字で分割……324, 325, 326
串刺し演算……83
クリップボード……114, 187
グループ集計……99
[グループの選択]ボタン……99
クロス集計……146, 148, 150
クロス集計表……95, 114, 116
クロス表からの抽出……399, 109
クロス表の集計……107
形式を選択して貼り付け……39
結合セル……153, 337
検索値で抽出……385
検索ボックス……340, 343
減少件数……225, 226
合計値……53
[合計]ボタン……45

構造化参照…… 132
項目別集計表…… 93, 114, 116
ゴースト…… 26

さ行

[最近使った関数]ボタン …… 25
最大値／最小値…… 475, 477
最頻値…… 488, 490
シートのグループ化…… 82, 84, 530
シートのコピー…… 87
シートの追加対応…… 85, 86, 116, 526, 580
シート名で集計…… 232
シート名で抽出…… 426, 580
時間数の合算…… 306, 307
四半期…… 295
ジャンプ…… 62, 151, 337
集計行…… 91, 97
集計値…… 33, 35, 45, 47, 48, 50
集計範囲の自動変更…… 204
集計表の切り替え…… 101, 103
集計表の作成…… 93, 114, 116, 120, 122, 125
集計フィールド…… 98
集計方法の切り替え…… 37
集計列…… 98
週ごとの集計…… 285, 285
住所の分割…… 328, 361
順位付け…… 493, 495, 497
順位付け（複数条件） …… 499, 500
上位●件…… 221, 222, 223
小計…… 40, 42, 78, 285
小計行…… 40, 42, 285
小計だけ集計…… 64, 65
小計だけ抽出…… 332
小計の挿入…… 78
小計を除いて集計…… 67
小計を右列に求める…… 70, 71, 72, 74, 76
上限…… 486, 487
条件に一致（集計） …… 129, 131
条件に一致（抽出） …… 333, 335, 338, 439, 441
条件に部分一致（集計） …… 143, 145
条件に部分一致（抽出） …… 340, 342
条件範囲の自動変更…… 204
シリアル値…… 267
数式オートコンプリート…… 23
数式の入力方法…… 22
数値フィルター…… 334
ステータスバー…… 33
スピル…… 26
スピル演算子…… 207
スピル範囲…… 207
スピルを使用しない…… 159
スライサー…… 102
絶対参照…… 28
セル結合…… 153, 337
セル参照…… 22
セルの表示形式…… 303
セル番地の修正…… 22
増加件数…… 225, 226
相対参照…… 28

た行

タイムライン……102
置換……67, 254, 473
抽出表の切り替え……345
重複件数……166, 173, 187
重複抽出……511, 522, 523
[重複の削除]ボタン……509, 518
重複を除く件数……166, 168, 170, 173, 175, 177, 179, 182, 185, 187, 190, 241
重複を除く抽出……509, 513, 515, 517, 520, 521, 529, 533
直近●件……208, 536
データテーブル……148
データベース関数……140, 148
テーブル……37, 204, 335, 340, 343
テーブル内のセル参照……510
テーブルに変換……37
テキストフィルター……334
統合……107, 111
トップテンフィルター……504
土日祝の除外……255, 271, 272

な行

名前の指定……424
名前の定義……417
ネスト……23
年度……293, 375, 376
年齢の算出……253

は行

配列……29
配列数式……29, 76, 138
配列数式の修正……30
配列定数……59, 137
半期……295
引数……23
日付フィルター……334
非表示……533
非表示除外抽出……504
非表示の除外集計……158, 162, 163
ピボットテーブル……93
ピボットテーブルウィザード……109
ビューボタン……345
表示形式……303
表示形式の改行……304
フィールドリスト……98
フィルター……333, 340, 343, 345
フィルターエリア……101
フィルターオプションの設定……338, 342, 344, 511, 522, 526
フィルターのクリア……334
フィルターメニュー……334
複合参照……147, 150
複数キーの重複……173
複数シート集計……81, 84, 85, 111, 114, 120, 237, 239
複数シート抽出……422, 424, 428, 464, 522, 523, 526, 529, 577
複数シートに抽出……568, 569, 579

複数シートのクロス表集計…………107, 109
複数シートの重複……………………187, 241
複数条件で順位付け…………………499, 500
複数条件に一致（抽出）…………………443
複数条件のいずれかに一致（集計） 136, 138
複数条件のすべてに一致（集計） ………133
複数条件のリスト………………139, 141, 445
複数ブックのクロス表集計………………107
複数ブックの集計… 111, 114, 122, 125, 245
複数ブックの抽出………………529, 531, 564
複数ブックの重複………………187, 190, 245
ブックの追加対応……… 116, 245, 531, 564
部分一致集計…………………………143, 145
部分一致抽出…………… 340, 342, 407, 409, 411, 448, 450, 521
フラッシュフィル……………………323, 324
ふりがな抽出……………………359, 365, 366
ふりがなの表示……………………………364

ま行

文字数で抽出………………………………349
文字数で分割………………………………326
文字数の合計…………………………………51
文字の結合…………………………………455
文字の分割………………………325, 326, 328
文字列の件数…………………………………84

や行

ユーザー設定のビュー……………………345
曜日ごとの集計………………………279, 282
曜日の除外……………… 257, 258, 274, 275
曜日の抽出………………………380, 381, 382
曜日の日数…………………………………259

ら行

リレーションシップ………………………120
リンク………………………………………580
列の非表示…………………………………533
レポートフィルターページの表示………569

わ行

ワイルドカード…………………144, 341, 342
割引率…………………………………………53

●著者略歴●

不二 桜（ふじ さくら）

滋賀県長浜市出身、大阪府在住。
PC雑誌「アスキーPC」（1998年4月～2013年8月）で、Excel関数の連載を9年間行う。同時にテクニカルライターとして、多数のムック、雑誌、書籍を発売。
現在は、フリーでさまざまな企業の集計業務に携わりながら、その実務経験をもとにOffice関連の書籍の執筆を行う。直近の著書に『Excel最強集計術』『ほしいデータを瞬時に「検索」「出力」するExcel活用術』（技術評論社）がある。

●カバーデザイン　菊池 祐
（株式会社ライラック）
●カバーイラスト　大野 文彰
●本文DTP　BUCH+

Excel集計・抽出テクニック大全集

［改訂新版］

2017年12月18日　初版　第1刷発行
2023年 8 月12日　第2版　第1刷発行

著　者　不二 桜
発行者　片岡 巌
発行所　株式会社技術評論社
東京都新宿区市谷左内町21-13
電話　03-3513-6150 販売促進部
03-3513-6160 書籍編集部
印刷／製本　図書印刷株式会社

定価はカバーに表示してあります。

ISBN978-4-297-13631-4　C3055
Printed in Japan

■お問い合わせに関しまして

本書に関するご質問については、本書に記載されている内容に関するもののみとさせていただきます。本書の内容を超えるものや、本書の内容と関係のないご質問につきましては、一切お答えできませんので、あらかじめご了承ください。また、電話でのご質問は受け付けておりませんので、ウェブの質問フォームにてお送りください。FAXまたは書面でも受け付けております。
本書に掲載されている内容に関して、各種の変更などのカスタマイズは必ずご自身で行ってください。弊社および著者は、カスタマイズに関する作業は一切代行いたしません。
ご質問の際に記載いただいた個人情報は、質問の返答以外の目的には使用いたしません。また、質問の返答後は速やかに削除させていただきます。

●質問フォームのURL

https://gihyo.jp/book/2023/978-4-297-13631-4
※本書内容の修正・訂正・補足についても上記URLにて行います。あわせてご活用ください。

●FAXまたは書面の宛先

〒162-0846　東京都新宿区市谷左内町21-13
株式会社技術評論社　書籍編集部
「Excel集計・抽出テクニック大全集［改訂新版］」係
FAX：03-3513-6167